Quantenphysik in der Nanowelt

Hans Lüth

Quantenphysik in der Nanowelt

Schrödingers Katze bei den Zwergen

Professor Dr. Dr. h.c. Hans Lüth
Forschungszentrum Jülich GmbH
Institut für Bio- und Nanosyteme
52425 Jülich
h.lueth@fz-juelich.de

ISBN 978-3-540-71042-4 e-ISBN 978-3-540-71043-1

DOI 10.1007/978-3-540-71043-1

Bibliografische Information der Deutschen Nationalbibliothek
Die Deutsche Bibliothek verzeichnet diese Publikation in der Deutschen Nationalbibliografie; detaillierte bibliografische Daten sind im Internet über http://dnb.d-nb.de abrufbar.

Satz und Herstellung: le-tex publishing services oHG, Leipzig
Einbandgestaltung: WMXDesign, Heidelberg

Gedruckt auf säurefreiem Papier

9 8 7 6 5 4 3 2 1

springer.de

Für Roswitha

Vorwort

Es gibt eine große Zahl hervorragender Lehrbücher über Quantenmechanik und Quantenphysik. Fast all diesen Büchern ist gemeinsam, dass die Quantenmechanik dort als eine der wichtigsten und erfolgreichsten Theorien zur Lösung von Problemen dargestellt wird. Dies ist ganz im Sinne der meisten Physiker, die bis in die 70er Jahre des 20. Jahrhunderts in einer „ersten Revolution" die Quantenmechanik mit überwältigendem Erfolg nicht nur auf die Atomphysik sondern auf fast alle Wissenschaftszweige bis in die Chemie, Biologie oder die Astrophysik hinein anwendeten, ohne über grundsätzliche, offene Fragen innerhalb der Theorie selbst nachzudenken.

Diese Situation hat sich seit den letzten Jahrzehnten des 20. Jahrhunderts geändert. Seitdem gibt es in der Quantenoptik, in der Atom- und Ionenphysik sowie in der Nanoelektronik Experimente, die Entscheidungen über Grundannahmen der Quantenmechanik zulassen, die also die Quantentheorie an sich berühren und auf den Prüfstand stellen. Solche Fragestellungen, wie z. B. nach der Bedeutung des Begriffs der Verschränkung sind darüber hinaus grundlegend für sich rasant entwickelnde Gebiete wie Quantenteleportation, Quantenkryptographie oder Quanteninformation allgemein.

Von dieser „zweiten Quantenrevolution", wie Alain Aspect, einer der Pioniere des Gebiets, diese Weiterentwicklung des quantenphysikalischen Denkens nennt, erwartet man nicht nur ein tieferes Verständnis der Quantenphysik selbst, sondern auch eine ingenieurmäßige Anwendung der Grundprinzipien wie Teilchen-Welle-Dualismus oder Verschränkung u. ä. Man spricht in diesem Zusammenhang manchmal schon von Quantum-Engineering.

Vor diesem Hintergrund habe ich das vorliegende Buch geschrieben. Die speziellen Quantenphänomene an sich stehen mehr im Vordergrund des Interesses als der mathematische Formalismus. Dabei bevorzuge ich eine mehr anschauliche und oft intuitive Beschreibung dieser Phänomene, und dies gestützt auf neueste experimentelle Befunde und Ergebnisse aus der Forschung an nanoelektronischen Systemen. Auch die Verbindungen zu anderen Gebieten wie der Elementarteilchenphysik, der Quantenelektronik, der Quanteninformation oder Anwendungen der Kernspinresonanz in der Medizin werden gestreift.

Beim Formalismus beschränke ich mich im Wesentlichen auf die ersten Näherungsschritte, die für Experimentalphysiker oder Ingenieure bei der Anwendung der Theorie oder einer größenordnungsmäßigen Abschätzung experimenteller Ergebnisse von Interesse sind. Andererseits wird die Diracsche Bra-Ket-Formulierung quantenmechanischer Ausdrücke anschaulich in Analogie zu dreidimensionalen Vektoren eingeführt und verwendet. Ähnliches gilt für die Kommutator-Algebra, die im Grunde nur einfaches Addieren und Subtrahieren von Symbolen (Operatoren) verlangt. Demnach werden an mathematischer Kenntnis nur einfachste Funktionen und Differentialgleichungen sowie Grundkenntnisse der Matrizenalgebra vorausgesetzt. Ich entschuldige mich bei meinen mehr mathematisch interessierten Kollegen für manchmal fehlende mathematische Schärfe.

Statt einer axiomatischen Einführung wesentlicher Begriffe und Gleichungen habe ich es vorgezogen, die „Erfindung“ wichtiger Grundgleichungen wie der Schrödinger-Gleichung oder der mathematischen Ansätze zur Quantisierung von Feldern durch physikalisch naheliegende Gedankengänge plausibel zu machen.

Das Buch ist aus Manuskripten zu Vorlesungen entstanden, die ich vor Physik- und Elektrotechnikstudenten über Quantenphysik und Nanoelektronik gehalten habe. Dabei sind natürlich wesentliche Erweiterungen durch meine eigene wissenschaftliche Tätigkeit im Bereich der Quantenelektronik miteingeflossen. Hierbei hat vor allem die Betreuung von Doktoranden in diesem Arbeitsgebiet und die vielen Gespräche mit ihnen großen Einfluss auf die Art der Darstellung gehabt; ihnen muss ich danken für diese Diskussionen, die mir selbst eine tiefere Einsicht in dieses faszinierende Gebiet der Quantenphysik ermöglichten.

Mein Dank gilt weiterhin meinen früheren Mitarbeitern Arno Förster, Michel Marso, Michael Indlekofer und Thomas Schäpers, die in vielen „heißen“ Auseinandersetzungen zur Klärung mancher Fragen beigetragen haben.

Für Hilfe bei der Fertigstellung der Abbildungen danke ich Wolfgang Albrecht und für das Schreiben des Manuskriptes und manchen klugen Hinweis auf zu behebende Inkonsistenzen Beate Feldmann. Sie beide haben in der Endphase der Fertigstellung des Buches vor allem ermutigend auf mich eingewirkt.

Mein ganz besonderer Dank gilt meiner Frau Roswitha, die mich nicht nur in jeder Weise bei der Arbeit am Buch unterstützt hat, sondern auch den Untertitel „Schrödingers Katze bei den Zwergen“ erfunden hat. Dieser Titel bringt treffend zum Ausdruck, dass das Buch sich bemüht, die tieferen physikalischen und auch philosophischen Zusammenhänge (Paradigma: Schrödingers Katze) darzulegen, und dies vor allem im Zusammenhang mit der Nanowelt, den „Zwergen“. Sie konnte diesen Aspekt des Buches nach einigen Diskussionen anschaulich in Worte fassen, die mir fehlten.

Jülich und Aachen, Juli 2008 *Hans Lüth*

Inhaltsverzeichnis

1 Einleitung

Die Quantenphysik gilt zu Recht als eine der größten geistigen Leistungen des 20. Jahrhunderts. Ihre Geschichte begann beim Umbruch vom 19. zum 20. Jahrhundert. Ihre tief greifenden naturwissenschaftlichen, technologischen und philosophischen Implikationen beschäftigen uns heute mehr denn je. Nicht nur in wissenschaftlichen Originalarbeiten und in Lehrbüchern, sondern auch in der populärwissenschaftlichen Literatur häufen sich Titel mit den Begriffen Quantentheorie, Quantenmechanik, Quantenphysik, Quantenwelt u. ä. Manchmal dienen diese Titel sogar dazu, recht fragwürdige okkulte und esoterische Abhandlungen mit einem quasi-wissenschaftlichen Hintergrund zu versehen. Was hat es also auf sich mit diesem Gebiet der Quantenphysik, das zu Recht die wichtigste Säule in der Ausbildung von Physikern und hoffentlich, was die Grundlagen angeht, bald auch von Chemikern, Biologen, Ingenieuren und Philosophen darstellt?

1.1 Allgemeine und historische Bemerkungen

Isaak Newton schuf vor mehr als 300 Jahren mit der Aufstellung seiner Bewegungsgesetze für feste Körper und mit seiner Gravitationstheorie die Grundlagen für das, was wir heute als klassische Physik bezeichnen. Der Erfolg dieser Theorie für die deterministische Beschreibung von Bewegungen, insbesondere der von Himmelskörpern leitete Newton wohl auch dazu, dem Licht Korpuskelcharakter zuzuschreiben. Er konnte mit der Vorstellung von Lichtteilchen, die sich in einem Lichtstrahl geradlinig bewegen, eine Reihe interessanter optischer Phänomene, bis hin zur Brechung von Lichtstrahlen konsistent erklären. Die Beugungs- und Interferenzexperimente von Christian Huygens, einem Zeitgenossen von Newton, und etwas später, zu Anfang des 19. Jahrhunderts von Thomas Young und Augustin Fresnel jedoch ebneten den Weg für die Wellentheorie des Lichtes, damals noch Wellen in einem nicht verstandenen Äther.

Der Triumph der Wellentheorie des Lichtes war nicht mehr aufzuhalten, als es dem bedeutenden schottischen Physiker James Clark Maxwell gelang, die Natur des Lichtes auf die wellenförmig sich ausbreitenden Änderungen elektrischer und magnetischer Felder zurückzuführen und damit die Synthese zwischen Optik und Elektrizität herzustellen. Die Entdeckung von Radiowellen durch Heinrich Hertz um 1887 führte dann zu dem uns vertrauten theoretischen System der Elektrodynamik und der elektromagnetischen Wellen.

Gleichzeitig formte sich im 19. Jahrhundert der Begriff des Atoms und Moleküls gegen vielfältige philosophische Einwände heraus. Meilensteine, die das Bild vom atomaren Aufbau der Materie erhärteten, waren sicherlich die kinetische Gastheorie von Ludwig Boltzmann gegen Ende des 19. Jahrhunderts und die Erklärung der Brownschen Molekularbewegung durch atomare Stöße mit Pollenkörnern durch Einstein 1905.

Zu Beginn des 20. Jahrhunderts häuften sich Entdeckungen, die dann wesentlich zur Entwicklung einer neuen Physik, der Quantenphysik, beitrugen. Es seien nur genannt die Entdeckung der Kathodenstrahlen in Vakuumröhren, die der Röntgenstrahlen und die Radioaktivität. Vor allem aber ist das Rutherfordsche Atommodell zu nennen, das Ernest Rutherford vorschlug, um seine Streuexperimente mit α-Teilchen an Metallfolien zu erklären. Hier wird das Atom schon vorgestellt als ein massiver Kern, in dem fast die ganze Atommasse konzentriert ist, und eine ausgedehnte Elektronenwolke, die die Ausdehnung der Atome bestimmt.

Hier nun beginnt das Zeitalter der Quantenphysik. Wegen der Unmöglichkeit, mittels der erfolgreichen, von Maxwell entwickelten Elektrodynamik die Emission scharfer Spektrallinien angeregter Atome zu erklären, kam Bohr zu den von ihm aufgestellten heuristischen Postulaten über stabile Bohrsche Elektronenbahnen. Es gelang ihm 1913 das Spektrum des von Wasserstoff ausgesendeten Lichtes zu erklären, oder besser: plausibel zu machen.

Vorher jedoch war schon Max Planck ein sehr wichtiger Schritt in das unverstandene Neuland der Physik gelungen. Gegen Ende des 19. Jahrhunderts gab es das Rätsel der Hohlraumstrahlung. Ein sogenannter Schwarzer Körper sendet ein Spektrum von Lichtwellen aus, das in seiner Gestalt stark von der Temperatur des Hohlraums abhängt. Mittels der klassischen elektromagnetischen Theorie rechnete man für die kürzesten Wellen immer ein unendliches Ansteigen der Strahlungsleistung aus, die sogenannte Ultraviolett (UV)-Katastrophe. Planck, der im tiefsten Inneren ein konservativer Physiker war, machte die revolutionäre Annahme, dass der schwarze Körper mit dem Lichtfeld Energie nur in kleinsten Quanten austauschen kann; er konnte so die UV-Katastrophe beheben. In einer Art von Verzweiflung muss er wohl diesen Schluss der Quantelung des Lichtfeldes gezogen haben, der in krassem Widerspruch zur elektromagnetischen Feldtheorie von kontinuierlichen elektrischen und magnetischen Feldern stand. Die Annahme führte in der Tat auf die verworfene Korpuskulartheorie des Lichtes von Newton zurück. Er formulierte den Begriff Quanten, der dem ganzen späteren Gebiet, der Quantenphysik, den Namen gab. In seiner theoretischen Annahme müssen diese Quanten eine Energie E haben, die proportional zur Frequenz ν des Lichtes ist. Die Konstante $h = E/\nu$ ist zu seinen Ehren Plancksche Konstante genannt worden.

Es folgen eine Serie sehr aufschlussreicher Entdeckungen (Kap. 2), vor allem die Erklärung des Photoeffektes durch Einstein (Abschn. 2.1), die dann zur Formulierung der heutigen Quantenphysik führen.

1.2 Bedeutung für Wissenschaft und Technik

Während die Quantentheorie ursprünglich als eine Theorie zum Verständnis der atomaren Welt, der Atome, Moleküle und Elementarteilchen, vor allem des Elektrons, konzipiert war, hat sich mittlerweile herausgestellt, dass diese Theorie universelle Bedeutung für das Verständnis der ganzen uns umgebenden Welt, bis hin zu kosmologischen Fragestellungen hat; kein Wunder, denn unsere Welt besteht ja aus Atomen, Elementarteilchen und Feldern von Energie, die in enger Wechselwirkung mit Materie sind. So lässt sich etwa die Stabilität der uns umgebenden Materie nur durch diese Theorie verstehen (Abschn. 5.7.2).

Die Grundprinzipien der Quantentheorie, wie der Teilchen-Welle-Dualismus, die Unschärferelation, das fundamental statistische Geschehen im atomaren Bereich sind deshalb an irgendeiner Stelle in fast jeder modernen Natur- oder Ingenieurwissenschaft zu berücksichtigen, auch wenn weite Bereiche dieser Wissenschaftsgebiete, zum Teil aus historischen, zum Teil aus praktischen Gesichtspunkten mit Modellen der klassischen Physik, Mechanik, Chemie u. ä. operieren. Dies ist in Abb. 1.1 in etwas qualitativer Weise veranschaulicht. Alle dort aufgeführten Wissenschaftsgebiete partizipieren mehr oder weniger in ihren theoretischen Modellen, apparativen Hilfsmitteln oder Denkansätzen an dieser allumfassenden Quantenphysik. Hier ist nicht gemeint, dass die in den jeweils betrachteten Bereichen vorliegenden Phänomene oder Systeme nur zum Teil der Quantenphysik gehorchen. Nein, alles, was an Materiellem in der Medizin oder in der Chemie, bis hin zur Astrophysik betrachtet wird, unterliegt nach unserem Verständnis den atomaren Gesetzen und daher der Quantenphysik. Das mehr oder weniger starke Hineinragen in den Kreis der Quantenphysik (Abb. 1.1) soll in einer qualitativen Weise vermitteln, bis zu welchem Grad man sich in den jeweiligen Disziplinen quantenmechanischer Methoden oder Überlegungen bedient.

Nehmen wir als Beispiel die Chemie. Alles was chemisch im Labor, in der Industrie usw. geschieht, hat mit chemischen Bindungen zu tun und unterliegt den Gesetzen der Quantenphysik. Dennoch muss ein im Labor arbeitender Chemiker nicht immer an die Gesetze der Quantenphysik denken. Über viele Jahre hinweg haben sich typisch chemische Regeln für die Reaktionsfähigkeit zwischen Molekülkomplexen und Radikalen entwickelt, die man anwenden muss, um ein gewisses Produkt herzustellen. Aber der erfolgreiche Chemiker wird bei schwierigen Fragen bis in Details der chemischen Bindungen, ihre quantenphysikalischen Grundlagen vordringen müssen, um eine spezielle Fragestellung mit Erfolg zu beantworten.

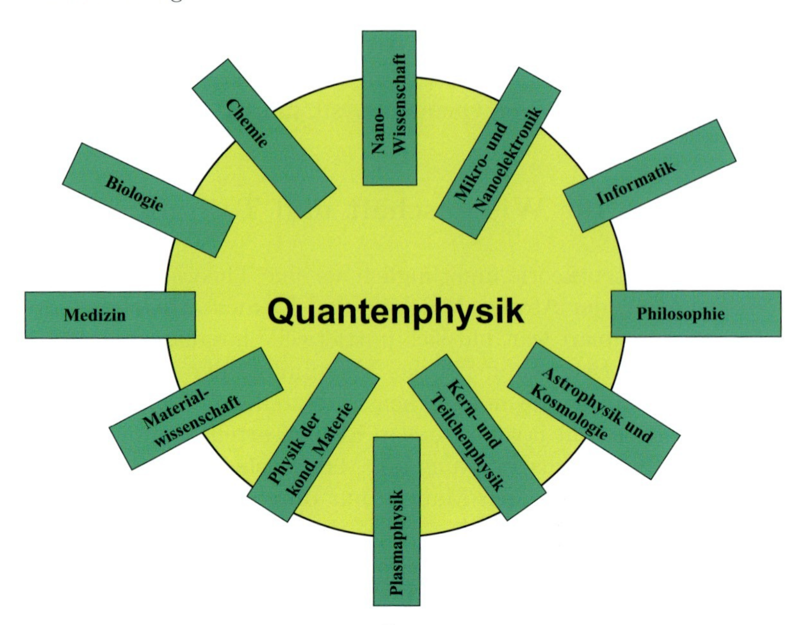

Abb. 1.1. Qualitative Darstellung des Überlappens wichtiger Wissenschaftsgebiete mit der Quantenphysik. Das Überlappen mit dem „Quantenphysikkreis" soll angeben, inwieweit man sich in den verschiedenen Disziplinen quantenphysikalischer Methoden, experimentell und theoretisch, bedient

Ähnlich in der Medizin, bei den bildgebenden Verfahren NMR (nuclear magnetic resonance, Abschn. 6.5.3) oder PET (positron emission tomography) ist meist die in der Medizin-Ausbildung erworbene Fähigkeit zur Interpretation von Bildern ausreichend. Aber in schwierigen Grenzfällen der Interpretation muss man bis zu den Elementarprozessen, z. B. der Abklingzeit einer Spin-Präzession, vorstoßen, um zu einer Aussage zu gelangen. Ähnliches gilt für alle nuklear-medizinischen Methoden der Krebsbehandlung, wo die Wechselwirkung hoch-energetischer Strahlung mit Biomolekülen im Vordergrund steht, typisch quantenphysikalische Fragestellungen.

Die Biologie stellt ein sehr breites Wissenschaftsfeld dar, das von der Tierbeobachtung, der Evolutionsbiologie (Theorie) über die Zellbiologie bis hin zur Molekularbiologie reicht. Dieser letzte Teil, der einen immer stärkeren Einfluss zur Erklärung auf atomarer und molekularer Ebene liefert, ist durch die Quantenphysik erst ermöglicht worden. Die Entschlüsselung der DNA und ihrer Funktion bei der Vererbung geschah auf dem Boden der Quantenphysik. Die Berechnung von Faltungsmöglichkeiten und damit verbundener biologischer Aktivität von Proteinen geschieht mit quantenphysikalischen Methoden auf Großrechnern.

Dass Astrophysik und Kosmologie nur etwa zur Hälfte in den Quantenphysik-Kreis hineinragen, liegt daran, dass in diesen Wissenschaftszweigen neben der Quantenphysik die Relativitätstheorie in allen Modellen und Denkansätzen eine ebenso wichtige, wenn nicht noch bedeutendere Rolle spielt. Ähnliches gilt für die Plasmaphysik (Kernfusion), wo neben der Quantenphysik der Elementarprozesse in Plasmen die klassische Disziplin der Magneto-Hydrodynamik eine sicherlich vergleichbare Rolle zum Verständnis spielt.

Die Disziplinen Kern- und Teilchenphysik sowie die Physik der kondensierten Materie ragen fast ganz in den Kreis Quantenphysik hinein. Beide Disziplinen sind auf der Basis der Quantenmechanik entstanden und sind nur in diesem Rahmen zu verstehen. Klassisch physikalische Modelle werden manchmal nur für Analogieschlüsse herangezogen.

Interessant sind die Gebiete der Materialwissenschaft, der Mikro- und Nanoelektronik sowie der Nanowissenschaft (Wissenschaft von nanostrukturierten Materialien). Diese Disziplinen ragen zu einem merklichen Teil in den Quantenkreis hinein, weil viele theoretische Modelle und experimentelle Methoden nur mit Quantenphysik zu erfassen sind. Man denke an die Beschreibung des elektrischen Widerstandes, der die Streuung von Ladungsträgern an atomaren Störstellen und Gitterschwingungen beinhaltet, oder an das Raster-Elektronen-Tunnelmikroskop, das Strukturuntersuchungen auf atomarer Ebene erlaubt. Auf der anderen Seite existieren in diesen Gebieten viele klassisch makroskopische Untersuchungs- und Präparationsmethoden, bei denen man ohne Quantenphysik auskommt; man denke an Härteprüfungsmethoden in der Materialforschung oder an Schaltungsentwurf in der Mikro- und Nanoelektronik. In diesen Gebieten ist jedoch der deutliche Trend zu atomistischen Denkansätzen und zu Strukturen auf der Nanometer-Skala zu beobachten (Transistoren mit 5–10 nm Dimensionen). Dies setzt mehr und mehr quantenphysikalisches Denken und Experimentieren voraus. Diese Gebiete werden sich also in absehbarer Zeit wesentlich stärker in den Quantenkreis hineinbewegen, als dies in Abb. 1.1 angedeutet ist.

Die Informatik, charakterisiert durch ihre historischen Wurzeln, das Shannonsche Informationsmaß und die Turing-Maschine (abstraktes Modell eines Rechners) kam bis vor kurzem weitgehend ohne Quantenphysik aus. Natürlich arbeiten Rechner mit Halbleiterchips nach Quantengesetzen; doch dies ist nicht das Wissenschaftsgebiet der Informatik. Dies hat sich geändert, seitdem Quanteninformation ein starkes und sich schnell entwickelndes Gebiet der Informatik geworden ist. Superpositionszustände, die nur in der Quantenphysik möglich sind (Abschn. 7.1), erlauben eine extrem parallele Datenverarbeitung. Ihre Realisierung in Quantencomputern (Abschn. 7.5) sowie die Erstellung dementsprechend angepasster Algorithmen ist ein mächtiger Zweig der Informatik geworden.

Hand in Hand mit der Bedeutung der Quantenphysik für die Wissenschaftswelt (Abb. 1.1) kann ihr Einfluss auf die Alltagswelt gar nicht hoch genug eingeschätzt werden. Viele industrielle Produkte, derer wir uns ohne Nachdenken bedienen, wären ohne Quantenphysik nicht vorhanden. Die Entwicklung des Lasers, ein Produkt der Quantenphysik, führte zu wichtigen Anwendungen in der Augenheilkunde, der Materialverarbeitung und zu unseren CD (compact disk)-Spielern. Unsere Parabolspiegel-Antennen zum Fernsehempfang enthalten Verstärkertransistoren, die nur durch quantenphysikalische Entwicklungen in der Mikroelektronik ermöglicht wurden. Atomuhren, die beim Betrieb unserer Navigationssysteme (GPS) zum Einsatz kommen, sind Produkte der Quantenphysik. Gleiches gilt für alle bildgebenden Verfahren (NMR, CT, PET ...) der Medizin. Unser ganzes Informationszeitalter, basierend auf integrierten Halbleiterchips, wurde nur möglich, weil man mithilfe der Quantenmechanik die elektronische Struktur der Halbleiter zu verstehen lernte (Physik der kondensierten Materie, Abb. 1.1) und auf dieser Basis Transistoren entwickeln konnte. Wettervorhersage und Klimamodelle können nur auf Großrechnern ermittelt werden, die durch Halbleiterelektronik möglich wurden.

Quantenphysik ist eine wichtige Basis unserer modernen Welt, in der Wissenschaft wie im Alltag. Es gibt eine Schätzung, dass etwa ein Viertel des erwirtschafteten Bruttosozialproduktes auf Entwicklungen zurückgeht, die direkt oder indirekt durch die Quantenphysik ermöglicht wurden. Nicht umsonst enthält die Broschüre „Die Hightech-Strategie für Deutschland“ des Bundesministeriums für Bildung und Forschung der Bundesrepublik Deutschland an entscheidender Stelle ein Kapitel mit der Überschrift „Innovation aus der Quantenwelt“. [1]

1.3 Philosophische Implikationen

In Abb. 1.1 ist ein deutliches Eindringen der Disziplin Philosophie in den Quantenkreis angedeutet. Wenn irgendeine physikalische Theorie für Aufregung bei den Philosophen, zumindest bei denen mit einem Blick für die Naturwissenschaften und die Erkenntnistheorie, gesorgt hat, dann ist es die Quantenphysik. Dies liegt daran, dass keine andere physikalische Theorie sich so extrem in philosophische Fragestellungen eingemischt hat wie in Probleme: was ist real, was können wir prinzipiell erkennen, ist unser Wissen über die Natur reine Vorstellung usw.?

Doch sehen wir uns zuerst einmal die Bedeutung der Quantentheorie für das Gesamtgebäude der physikalischen Erkenntnis an. In ihren Grundaussagen, z. B. dem prinzipiell statistischen Geschehen auf atomarer Ebene, dem Teilchen-Welle-Dualismus (Kap. 3), der Unschärferelation für gewisse Messgrößen (Abschn. 3.3) und der Existenz quantisierter Felder (Kap. 8) stellt sie einen nichtklassischen Rahmen des Denkens dar, der in all den Unterdisziplinen, wie Elementarteilchenphysik, Physik der kondensierten Materie, Astrophysik usw. immer wieder zu experimentell bestätigten Ergebnissen führte. Diese Grundaussagen gelten nach unserem bisherigen Wissen, unabhängig davon, ob wir die nichtrelativistische Näherung der Schrödinger-Theorie für die Beschreibung von kondensierter Materie oder die hoch entwickelten Feldtheorien des Standardmodells (Abschn. 5.6.4) der Elementarteilchenphysik

(Chromodynamik etc.) betrachten. Die Grundaussagen der Quantenphysik sind damit als die einer „Hypertheorie" aufzufassen, denen wahrscheinlich auch alle noch aufzustellenden Theorien über noch unbekannte Phänomene, z. B. die Dunkle Materie des Kosmos oder die Vereinigung von Quanten- und Relativitätstheorie (Quantengravitation) gehorchen müssen.

In die Klasse solcher Hypertheorien fallen sicherlich auch die Relativitätstheorie und die Darwinsche Evolutionstheorie in der Biologie. Kein seriöser Biologe, oder allgemeiner, Naturwissenschaftler würde es wagen, eine Theorie aufzustellen, die im Widerspruch zu den Grundannahmen der Darwinschen Theorie, nicht zu irgendwelchen Seitenannahmen, steht. Genau so liefert die Relativitätstheorie das Grundgerüst für unsere Vorstellung von Raum und Zeit sowie Gravitation, dem jede physikalische Theorie zumindest näherungsweise gehorchen muss. Jedoch muss hier eine Einschränkung gemacht werden. Die Relativitätstheorie, in der wohldefinierte Raum-Zeit-Kurven existieren, ist verglichen mit der Quantentheorie eine klassische Theorie. Es gibt nicht den Teilchen-Welle-Dualismus und keine Unschärferelation. Von daher erwarten wir, dass in einer noch zu entwickelnden Vereinheitlichung der Quanten- und der Relativitätstheorie letztere sich den Grundprinzipien der Quantenphysik anpassen muss. In diese Richtung gehen jedenfalls die ersten Ansätze zu einer Theorie der Quantengravitation (Loop-Theorie, String-Theorie).

Es ist interessant festzustellen, dass in beiden Hypertheorien, der Quanten- und der Evolutionstheorie von Darwin, der Zufall eine übergeordnete Rolle spielt. Beide Theorien gewinnen ihre wesentlichen Aussagen aus der übergeordneten Rolle zufälligen Geschehens. Zufällige Mutationen ermöglichen erst Entwicklung zu Neuem in der Biologie („Zufall und Notwendigkeit", wie es Jaques Monod [2] treffend ausdrückt). Hierbei ist der Begriff der Mutation in der biologischen Evolutionstheorie direkt verknüpft mit dem zufälligen Geschehen auf molekularer Ebene, wie es in der Quantenphysik definiert ist.

Die weitaus stärkste Wechselwirkung zwischen der Quantenphysik und der Philosophie ist zweifellos auf dem Gebiet der Erkenntnistheorie (Epistomologie) gegeben. Zwei fundamentale Aussagen der Quantentheorie haben vor allem das philosophische Denken beunruhigt, das inhärent statistische, somit nicht-deterministische Geschehen auf der Ebene elementarer atomistischer Prozesse und die Verwicklung des menschlichen Beobachters im physikalischen Messprozess, also die Mitbestimmung unseres Wissens über die Natur durch das beobachtende Subjekt. Lange Zeit dachte man, dass der „Kollaps des Wellenpaketes" bei einer Messung und der Übergang eines vorliegenden quantenmechanischen Zustandes in einen Eigenzustand der gemessenen Observablen (Abschn. 3.5) Ausdruck dafür ist, dass unser Wissen nicht eine externe Realität des Seins betrifft, sondern zum überwiegenden Teil durch die Messanordnung und den Beobachter bedingt ist. Die Kopenhagener Interpretation der Quantenmechanik (Bohr, Heisenberg) hat in diesem Sinne manchmal subjektivistische und idealistische Züge, in der eine Realität außerhalb unseres Erkenntnishorizontes geleugnet wird. Sowohl ein besseres Verständnis des quantenphysikalischen Messvorganges (Abschn. 7.4) wie auch Entwicklungen in der Philosophie, wie z. B. in der Evolutionären Erkenntnistheorie [3], haben hier eine Rückkehr zu einer kritisch realistischen Betrachtungsweise der Erkenntnis bewirkt.

Vor allem die philosophischen Entwürfe der **Evolutionären Erkenntnistheorie** [3] im Zusammenhang mit einem **Hypothetischen Realismus** [4] sind der Quantenphysik angemessen und stellen ihre Erkenntnisse in einen größeren philosophischen Zusammenhang. So führt Popper eine detaillierte Analyse zum Realismus und Subjektivismus in der Physik aus und kommt zu dem Schluss [5]:

> Es gibt also nicht den geringsten Grund, entweder die Heisenbergsche oder Bohrsche subjektivistische Interpretation der Quantenmechanik zu akzeptieren. Die Quantenmechanik ist eine statistische Theorie, weil die Probleme, die sie lösen will – z. B. spektrale Intensitäten –, statistische Probleme sind. Es besteht also keinerlei Notwendigkeit für irgendeine philosophische Verteidigung ihres akausalen Charakters.

Dies ist vor allem vor dem Hintergrund zu sehen, dass die Quantenphysik zwar auf der Ebene elementarer Ereignisse nicht-deterministisch und akausal ist, dass aber die Berechnung von Wahrscheinlichkeiten und mittleren Messwerten für große Ensembles von Teilchen deterministisch durch Differentialgleichungen mit Rand- und Anfangswerten geschieht (Abschn. 3.5).

Das Problem des physikalischen Messprozesses, das in der Vergangenheit zu viel Diskussion um Realitätserkenntnis und Subjektivismus Anlass gab, ist in der Quantenphysik mittlerweile durch neuere Experimente (Abschn. 2.4.2, Abschn. 8.2.4) und durch den Begriff der Verschränkung (Abschn. 7.2) entschärft. Der menschliche Beobachter spielt in dieser Argumentation nur die Rolle des Zuschauers. Die Verschränkung (spezifisch quantenmechanische Korrelation) zwischen Messapparatur und real existierendem, zu erkennendem Objekt steht zwischen uns erkennenden Menschen und der Realität draußen. Dies besagt, dass wir uns aufgrund unserer Experimente zwar nur ein Abbild von der außerhalb existierenden Realität machen können, aber dass wir Schritt für Schritt dieser Realität in unserer Erkenntnis näher kommen können.

Wie in der Erkenntnistheorie des hypothetischen Realismus ausgeführt, haben alle Aussagen über die Welt Hypothese-Charakter, die dann nach Popper [5] falsifiziert werden müssen, um Schritt für Schritt mittels besserer Hypothesen die Realität adäquater zu beschreiben. Die „Erfindung" der Schrödinger-Gleichung oder der Feldquantisierung (Abschn. 3.5, Kap. 8) sind geradezu Musterbeispiele für das Aufstellen von Hypothesen. Diese Hypothesen konnten in ihren Geltungsbereichen (für die Schrödinger-Gleichung der nichtrelativistische Bereich) bisher nicht falsifiziert worden, sie haben also soweit Gültigkeit zur Beschreibung der Realität.

Wesentlich ist, dass die moderne Quantenphysik in diesem Sinn die Existenz einer strukturierten Realität außerhalb unserer Sinne und unserer Erkenntnis nicht negiert. Es ist ganz im Sinne dieser Theorie, wenn Vollmer [3] sagt:

> Wir nehmen an, dass es eine reale Welt gibt, dass sie gewisse Strukturen hat und dass diese Strukturen teilweise erkennbar sind, und prüfen, wie weit wir mit diesen Hypothesen kommen.

Hierbei müssen wir uns immer wieder vor Augen halten, dass ein philosophischer Realismus nicht beweisbar, weder verifizierbar noch falsifizierbar ist [6]. Aber nach Popper [5] und vielen anderen philosophischen Realisten ist es wohl die vernünftigste Hypothese, um sich als Mensch in dieser Umwelt zurecht zu finden.

Im Sinne dieser realistischen Philosophie bereitet der unanschauliche Charakter der Quantenphysik, z. B. der Teilchen-Welle-Dualismus, der sich zwar mathematisch formal, aber nicht anschaulich unseren Sinnen erschließt, keine Schwierigkeiten. In der Evolutionären Erkenntnistheorie ist die menschliche Erkenntnis maßgeblich durch die Begrenztheit unserer Sinneswahrnehmung und der Struktur unseres Gehirns bestimmt, beides Folgen der biologischen Evolution des Menschen, der sich an eine makroskopische, nicht an eine atomistische Umwelt optimal anpassen musste. A. Shimony drückt dies so aus [7]:

> Die menschliche Wahrnehmungsfähigkeit ist genauso ein Ergebnis der natürlichen Auslese wie jedes andere Merkmal von Organismen. Dabei begünstigt die Selektion im allgemeinen ein besseres Erkennen der objektiven Züge der Umwelt, in der unsere vormenschlichen Ahnen lebten.

Literaturverzeichnis

1. Bundesministerium für Bildung und Forschung (BMBF): Die Hightech-Strategie für Deutschland, *http://www.bmbf.de*
2. J. Monod: Zufall und Notwendigkeit, R. Pieper und Co. Verlag, München (1971) (Le hasard et la nécessité, Editions du Seuil, Paris 1970)
3. G. Vollmer: Evolutionäre Erkenntnistheorie, (3. Auflage), S. Hirzel Verlag, Stuttgart (1983)
4. D.T. Campbell: Inquiry **2**, 152 (1959)
5. K.R. Popper: Objektive Erkenntnis (Objective Knowledge), Hoffmann und Campe, Hamburg (1983), S. 317
6. B. Russel: Probleme der Philosophie, Suhrkamp-TB (1967) (The problems of philosophy, 1912)
7. A. Shimony: J. Philosophy **68**, 571 (1971)

2 Einige grundlegende Experimente

Es ist sehr interessant, die Entwicklung der heutigen Quantenmechanik historisch anhand von Interpretationsschwierigkeiten wichtiger experimenteller Befunde zu verfolgen. Vor allem gegen Ende des 19. und Anfang des 20. Jahrhunderts häuften sich empirische Fakten, die bei ihrer Interpretation die Unzulänglichkeit der klassischen Physik, der Newtonschen Mechanik und auch der Theorie elektromagnetischer Felder (Maxwell Theorie) aufzeigten. Ein solcher historischer Zugang ist jedoch nicht im Sinne des vorliegenden Buches; wir wollen statt dessen einige wenige grundlegende Experimente herausgreifen, die unmittelbar auf die Eigentümlichkeiten atomarer Systeme hinweisen. Die Experimente sind so ausgewählt, dass sie wesentliche Grundannahmen der Quantenmechanik direkt begründen.

2.1 Photoelektrischer Effekt

Bestrahlt man eine Metalloberfläche mit Licht der Frequenz ω (ultraviolett oder auch sichtbares Licht bei Alkalimetallen), so werden Elektronen aus dem Metall emittiert. Für die Durchführung des Experiments kann das elektronenemittierende Metall als Kathode in einer Elektronenröhre ausgebildet sein und die Elektronen werden über eine positiv vorgespannte Anode abgesaugt (Abb. 2.1). Diese Anordnung ist der Grundbaustein jedes Sekundärelektronenvervielfachers, bei dem durch eine Reihe von Zusatzanoden der Elektronenstrahl um ein Vielfaches kaskadenartig verstärkt wird, bevor er an der letzten Anode gemessen wird.

Man beobachtet bei Beleuchtung, auch bei verschwindender Zugspannung, schon einen Photostrom, ja selbst bei Anliegen einer Bremsspannung (beleuchtetes elektronenemittierendes Metall positiv) treten noch Elektronen aus. Der emittierte Strom verschwindet erst oberhalb einer maximalen Bremsspannung U_{max} (Abb. 2.1c). Diese Messung erlaubt also die Messung der Energie der austretenden Elektronen, nämlich vermittels der Energiedifferenz eU_{max}, gegen die sie noch anlaufen können. Hierbei gilt natürlich $eU_{\mathrm{max}} = mv^2/2$. Nach der klassischen Elektrodynamik, wo die Energiestromdichte im Lichtstrahl durch den Poynting-Vektor $\mathbf{S} = \boldsymbol{\mathcal{E}} \times \mathbf{H}$ gegeben ist, würde man bei kleiner Lichtintensität erwarten, dass erst nach einer gewissen Zeit genügend Energie übertragen worden ist, um Elektronen herauszulösen.

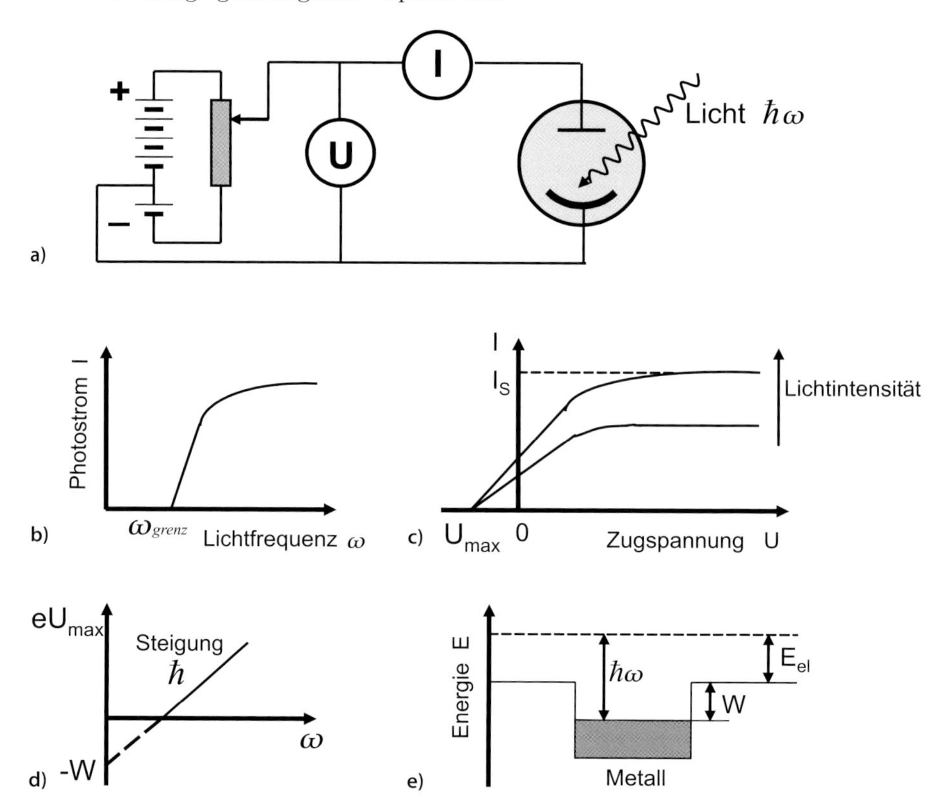

Abb. 2.1a–e. Der Photoeffekt. **a** Experimentelle Anordnung, bei der durch Licht einer Photonenergie $\hbar\omega$ aus einer Photokathode Elektronen befreit werden, die durch eine Vorspannung U einen Photostrom I erzeugen. **b** Photostrom I als Funktion der Lichtfrequenz ω. **c** Photostrom I als Funktion der angelegten Spannung U. Positives U bedeutet, dass die belichtete Elektrode die Kathode ist. U_{max} ist die größte negative Vorspannung, gegen die die Elektronen noch anlaufen können. Der Sättigungsstrom I_{s} hängt in seiner Stärke von der Lichtintensität ab. **d** Maximale Bremsenergie eU_{max} als Funktion der Lichtfrequenz ω. Aus dieser Auftragung lassen sich die Naturkonstante $\hbar$ als Steigung und die Austrittsarbeit W der Elektronen aus dem Kathodenmetall als Achsenabschnitt bestimmen. **e** Erklärung des Photoeffekts durch das Potentialtopfmodell freier Elektronen (*schattiert*) im Metall. Die eingestrahlte Photonenenergie $\hbar\omega$ reicht aus, um ein Metallelektron über die Austrittsarbeit W hinaus anzuregen, sodass es dann noch die kinetische Energie E_{el} besitzt

Die Energie eU_{max} der Photoelektronen, gemessen über die Bremsspannung sollte mit zunehmender Strahlungsleistung zunehmen. Dies ist nicht der Fall. Man findet, dass die Energie der Photoelektronen nicht von der Lichtintensität, d. h. der Strahlungsleistung abhängt. Stattdessen beobachtet man eine charakteristische Abhängigkeit des Effektes von der Frequenz ω des Lichtes. Es existiert eine Grenzfrequenz $\omega_{\mathrm{grenz}} = 2\pi\nu_{\mathrm{grenz}}$, unterhalb derer keine

Emission von Elektronen beobachtet wird (Abb. 2.1b). Diese Grenzfrequenz ist materialspezifisch. Ferner setzt die Elektronenemission schon bei geringer Strahlungsintensität des Lichtes ein, wenn auch mit kleinen Stromstärken, d. h. geringer Anzahl austretender Elektronen. Trägt man die Energie E_{el} der emittierten Elektronen ($= eU_{\max}$, gemessen über Bremsspannung) gegen die Frequenz des Lichtes auf, so findet man einen linearen Zusammenhang

$$E_{\mathrm{el}} = eU_{\max} = \frac{1}{2}mv^2 = \hbar\omega - W \,. \tag{2.1a}$$

Hierbei ist W die sog. Austrittsarbeit des Metalls, die überwunden werden muss, bevor ein Elektron das Metall verlassen kann. Die Konstante

$$\hbar = h/2\pi = 6{,}6 \cdot 10^{-16}\,\mathrm{eV\,sec} \tag{2.1b}$$

ist die Plancksche Konstante, die experimentell auf die beschriebene Weise bestimmt wird.

Eine Erklärung all dieser Phänomene wurde erst möglich durch die Einsteinsche Lichtquantenhypothese [1] (1905, Nobelpreis an Einstein 1921). Einsteins entscheidende Grundannahme ist, dass das Lichtfeld aus kleinsten Partikeln, den Photonen besteht, deren Energie gerade gleich $\hbar\omega = h\nu$ ist. Nur in solchen Quanten kann das Licht Energie an das Metall übertragen und Elektronen herauslösen. Jeweils ein Elektron, das mit der Energie (2.1a) das Metall verlässt, hat die Energie eines Photons übernommen. Die Intensität eines Lichtstrahls, d. h. die Energiestromdichte bei einer festen Photonenenergie $\hbar\omega$ ist dann proportional zur Anzahl der Photonen $\hbar\omega$, die im Strahl sind.

Wir können noch weitere Aussagen über diese Photonen machen. Aus der Relativitätstheorie wissen wir, dass die Lichtgeschwindigkeit c die größte überhaupt denkbare Geschwindigkeit und dies für alle sich relativ zueinander bewegenden Inertialsysteme ist. Photonen, die kleinsten Lichtquanten (Partikel), bewegen sich also mit der Geschwindigkeit c in Fortpflanzungsrichtung des Lichtes (Wellenvektor $\mathbf{k}$). Aus der Konstanz der Lichtgeschwindigkeit folgt in der Relativitätstheorie für die Energie einer Masse m die sich mit dem Impuls p bewegt

$$E = \sqrt{p^2c^2 + m^2c^4} \,. \tag{2.2}$$

Licht und damit auch seine charakteristischen Partikel, die Photonen, sind masselos. Weiterhin kennen wir die Dispersionsbeziehung für Lichtwellen $\omega = ck$; damit folgt aus (2.2):

$$E = \hbar\omega = \hbar ck = pc \,. \tag{2.3}$$

Wir müssen also diesen masselosen Lichtpartikeln, den Photonen, einen Impuls $p = \hbar k$ zuordnen. Damit kommt man zu dem Schluss, dass das auf makroskopischer Skala kontinuierlich erscheinende elektromagnetische Feld aus Partikeln, den Photonen, aufgebaut ist, denen wir die

$$\text{Energie } E = \hbar\omega = h\nu \quad \text{und den} \tag{2.4a}$$

$$\text{Impuls } \mathbf{p} = \hbar\mathbf{k} \tag{2.4b}$$

zuordnen müssen. Das in der klassischen Maxwellschen Feldtheorie kontinuierliche Lichtfeld hat offenbar einen „körnigen“ Charakter; es kann mit Materie nur Energie in Quanten der Energie $\hbar\omega$ austauschen.

2.2 Compton-Effekt

Ganz deutlich zeigt sich der Teilchencharakter des Lichtes auch im Compton-Effekt, der von Compton und Simon 1925 entdeckt wurde [2]. Streut man Röntgenstrahlung, z. B. mit einer Photonenenergie $h\nu$ zwischen 10^3 und 10^6 eV an freien oder schwach gebundenen Elektronen, so tritt neben der Rayleigh-Streustrahlung (gleiche Wellenlänge λ wie einfallende Strahlung) noch ein zweiter um $\Delta\lambda$ verschobener Anteil von Streustrahlung auf, der unabhängig vom Streumaterial ist (Abb. 2.2). Rayleigh-Streuung entsteht, weil Elektronen ihrerseits Strahlung mit der Frequenz aussenden, mit der sie zu Schwingungen angeregt wurden (z. B. im Feld der positiven Kerne). Die zusätzliche in ihrer Wellenlänge verschobene Streustrahlung zeigt nun eine Abhängigkeit der Wellenlängenverschiebung $\Delta\lambda$ vom Streuwinkel ϑ (Abb. 2.2). Dieser Effekt kann quantitativ nur erklärt werden, wenn man einen elastischen Stoß mit Energie- und Impulserhaltung zwischen Elektronen und

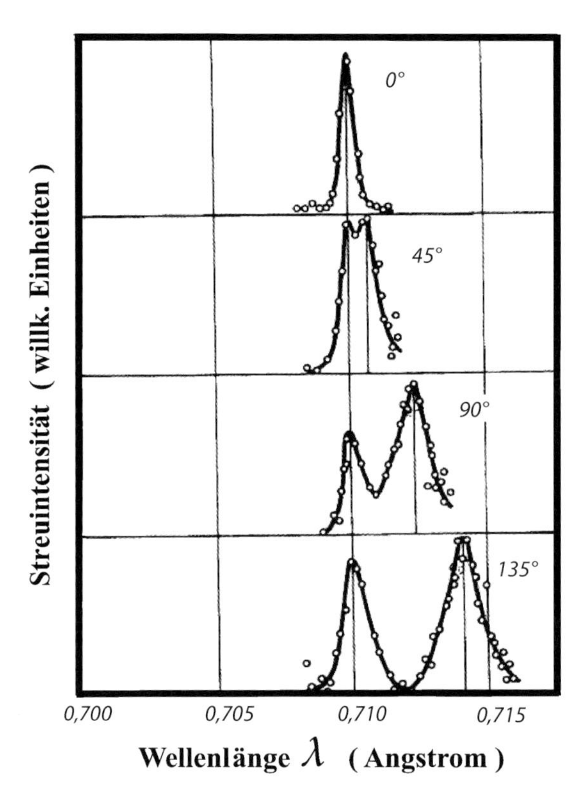

Abb. 2.2. Originalmesskurven des Compton-Effektes [2]. K_α-Strahlung von Mo fällt auf Graphit und wird unter verschiedenen Winkeln ϑ zur Einfallsrichtung (0° bis 135°) teils elastisch ($\lambda = 0{,}71$ Å) ohne λ-Verschiebung, teils inelastisch mit λ-Erhöhung gestreut

Lichtpartikeln, den Photonen, als zugrundeliegenden Mechanismus fordert. Versuchen wir diesen Ansatz und schreiben entsprechend Abb. 2.3b die Impulserhaltung in x und y-Richtung hin:

$$\frac{h\nu}{c} = \frac{h\nu'}{c}\cos\vartheta + mv\cos\varphi\,, \tag{2.5a}$$

$$o = \frac{h\nu'}{c}\sin\vartheta - mv\sin\varphi\,. \tag{2.5b}$$

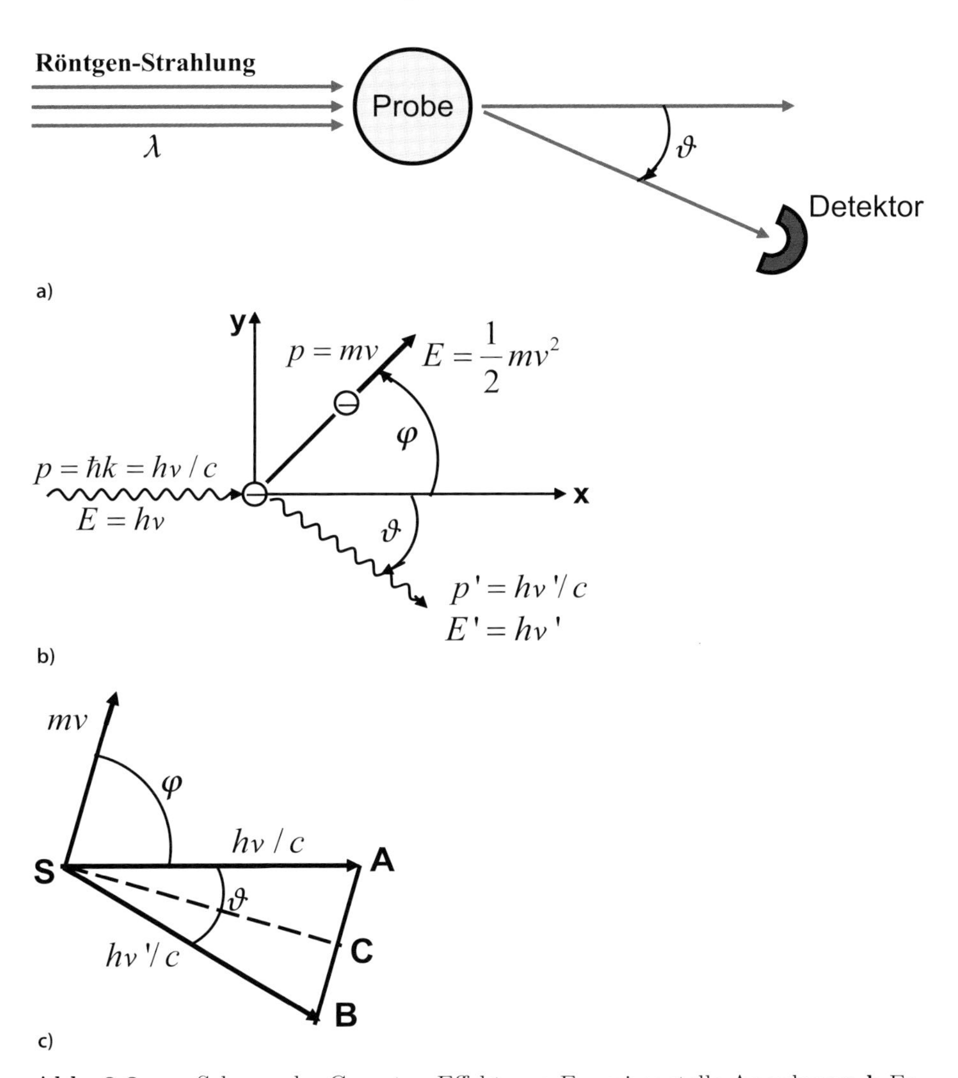

Abb. 2.3a–c. Schema des Compton-Effektes. **a** Experimentelle Anordnung. **b** Erklärung der Streuparameter und der Teilchenparameter für das Röntgenlicht ($h\nu$ Energie, $h\nu/c$ Impuls) und das gestreute Elektron ($mv^2/2$ Energie, mv Impuls). **c** Impulserhaltung beim Compton-Effekt

Hierbei ist natürlich m die bewegte Masse des Elektrons, die nach der Relativitätstheorie wie folgt mit der Ruhemasse m_o zusammenhängt.

$$m = m_o(1 - v^2/c^2)^{-1/2} . \tag{2.6}$$

Weiterhin haben wir wie schon bei der Interpretation des Photoeffekts (2.4b) dem Photon den Impulsbetrag $p = \hbar k = h/\lambda = h\nu/c$ zugeordnet. Der Impulsänderung des Photons bei der Streuung Δp entspricht damit eine Frequenzänderung $\Delta\nu = \nu - \nu'$ des Röntgenlichts.

Neben der Impulserhaltung (2.5) muss die relativistische Energieerhaltung für die Teilchen gelten, d. h. mit $E = h\nu$ (2.4a) für die Energie des Photons muss gelten

$$h\nu + m_o c^2 = h\nu' + mc^2 . \tag{2.7}$$

Hierbei wurde das Elektron zu Beginn als ruhend (Ruhemasse m_o) angenommen. Durch Quadrieren von (2.7) und mithilfe von (2.6) erhält man nach Umschreiben auf die Frequenzänderung $\Delta\nu$:

$$h^2 (\Delta\nu)^2 + 2m_0 c^2 h\Delta\nu = m_0^2 c^4 \frac{v^2}{c^2 - v^2} . \tag{2.8}$$

Aus (2.5) lassen sich $\sin\varphi$ und $\cos\varphi$ eliminieren, indem man $\sin^2\varphi + \cos^2\varphi = 1$ benutzt. Man erhält nach Umformung:

$$h^2 \left[\, (\Delta\nu)^2 + 2\nu\,(\nu + \Delta\nu)\,(1 - \cos\vartheta)\,\right] = m_0^2 c^4 \frac{v^2}{c^2 - v^2} . \tag{2.9}$$

Aus (2.8) und (2.9) ergibt sich durch Gleichsetzen der linken Seiten:

$$m_0 c^2 h\Delta\nu = h^2 \nu\,(\nu + \Delta\nu)\,(1 - \cos\vartheta) . \tag{2.10}$$

Mit

$$\Delta\lambda = \frac{c}{\nu} - \frac{c}{\nu + \Delta\nu} = \frac{c\Delta\nu}{\nu\,(\nu + \Delta\nu)} \tag{2.11a}$$

folgt aus (2.10)

$$\Delta\lambda = \frac{h}{m_o c}\,(1 - \cos\vartheta) = \lambda_c\,(1 - \cos\vartheta) . \tag{2.11b}$$

Hierbei ist

$$\lambda_c = \frac{h}{m_o c} = 3{,}86 \cdot 10^{-11}\,\mathrm{cm} \tag{2.12}$$

die sogenannte Compton-Wellenlänge, die nur noch Naturkonstanten enthält. Dies ist eine interessante Größe, da die Quantenenergie einer Strahlung mit der Wellenlänge λ_c gerade gleich der Ruheenergie des Elektrons ist:

$$\frac{hc}{\lambda_c} = h\nu = m_o c^2 = 511\,\mathrm{keV} \tag{2.13}$$

Gleichung (2.11) beschreibt quantitativ die bei der Streuung beobachtete Frequenzverschiebung $\Delta\nu$, bzw. $\Delta\lambda$ in Abhängigkeit vom Beobachtungswinkel ϑ.

Wem die relativistische Rechnung (2.5–2.12) zu aufwendig ist, der überzeuge sich mittels einer nichtrelativistischen Rechnung (Abb. 2.3c) für den Grenzfall kleiner Frequenzänderungen und $m \approx m_0$ von der Richtigkeit des Ergebnisses (2.11) auch im nichtrelativistischen Grenzfall. Für den Grenzfall $\nu \approx \nu'$ ergeben sich in Abb. 2.3c fast gleich lange Impulsvektoren $h\nu/c \approx h\nu'/c$ für das einfallende und das gestreute Photon, sodass man aus den beiden rechtwinkligen Dreiecken SCB und SCA mittels der Impulserhaltung ($mv = \bar{A}\bar{B}$) abliest:

$$\frac{1}{2}mv = \frac{h\nu}{c}\sin\frac{\vartheta}{2} \,. \tag{2.14}$$

Damit schreibt sich die Änderung der kinetischen Energie des Elektrons (zu Beginn ruhend), an dem die Photonen gestreut werden, als Änderung der Photonenenergie ($h\nu - h\nu'$):

$$\frac{1}{2}mv^2 = \frac{1}{2}\frac{(mv)^2}{m} = \frac{4h^2\nu^2\sin^2\vartheta/2}{2mc^2} = h\nu - h\nu' \,. \tag{2.15}$$

Mit $\nu' \approx \nu$ und Kürzen durch $h\nu^2$ folgt:

$$\frac{2h}{mc^2}\sin^2\frac{\vartheta}{2} = \frac{\nu - \nu'}{\nu^2} \approx \frac{1}{\nu'} - \frac{1}{\nu} \,. \tag{2.16}$$

Umgeschrieben in eine Änderung der Wellenlänge $\Delta\lambda$ ergibt sich:

$$\Delta\lambda = \lambda' - \lambda = \frac{2h}{mc}\sin^2\frac{\vartheta}{2} = \frac{h}{mc}(1 - \cos\vartheta) \,. \tag{2.17}$$

Für den nichtrelativistischen Grenzfall ($m \approx m_o$) ist diese Gleichung identisch mit der allgemeineren relativistischen Beziehung (2.11).

2.3 Beugung von Materieteilchen

Während die experimentellen Befunde zum Photoeffekt und zum Compton-Effekt nur durch den Partikelcharakter (Photon) der elektromagnetischen Strahlung erklärt werden können, gibt es mittlerweile Beugungsexperimente mit Strahlen von fast allen Materieteilchen, z. B. Elektronen, Neutronen, Atomen, Molekülen usw. die zweifelsfrei zeigen, dass die Ausbreitung dieser Teilchen im Wellenbild beschrieben werden muss.

Schon 1919 beobachteten Davisson und Germer bei der Reflexion langsamer Elektronen an Kristalloberflächen Intensitätsmodulationen im reflektierten Elektronenstrahl als Funktion des Beobachtungswinkels [3]. Die Erklärung wurde durch die De Brogliesche Hypothese möglich, dass die Bewegung der Elektronen mit Wellenausbreitung verknüpft ist [4]. Analog zum

Lichtteilchen, dem Photon, forderte De Broglie auch für Materieteilchen die fundamentale Beziehung (2.4b) $p = h/\lambda$ zwischen Impuls und Wellenlänge. Drückt man den Impuls $p = mv$ durch die kinetische Energie $E_{\text{kin}} = \frac{1}{2}mv^2$ des Teilchens aus, so folgt für die Wellenlänge der Elektronenwelle

$$\lambda = h\,(2mE_{\text{kin}})^{-\frac{1}{2}} \ , \tag{2.18a}$$

d. h. Elektronen, die eine Beschleunigungsspannung von U Volt durchlaufen haben, entspricht eine Wellenlänge

$$\lambda = 12{,}3\,\text{Å}/\sqrt{U} \ . \tag{2.18b}$$

Aus dem Experiment von Davisson und Germer hat sich eine Standardcharakterisierungsmethode für die atomare Struktur von Festkörperoberflächen entwickelt, das LEED (low energy electron diffraction), das in jedem oberflächenphysikalischen Laboratorium heute anzutreffen ist. Die experimentelle Anordnung eines LEED-Experiments ist schematisch in Abb. 2.4 dargestellt. In einer Vakuumkammer (Druck üblicherweise $\lesssim 10^{-10}$ Torr) ist die Kristalloberfläche vor einem gekrümmten Leuchtschirm angeordnet. Durch eine Öffnung im Schirm fällt der Elektronenstrahl mit einer wohldefinierten kinetischen Teilchenenergie $E_{\text{kin}} = eU$, die durch eine Beschleunigungsspannung U in der Größenordnung 30 V bis 200 V eingestellt wird. Damit die von der Kristalloberfläche zurück gestreuten Elektronen auf dem Leuchtschirm sichtbar gemacht werden können, müssen sie durch eine Spannung von einigen 1000 V am Beschleunigungsgitter vor Auftreffen auf den Schirm beschleunigt werden. Bei kristallinen Proben beobachtet man immer mehr oder weniger scharfe helle Intensitätsmaxima auf dem Leuchtschirm, sog. LEED-Reflexe. Die an einer ZnO-Kristalloberfläche beobachteten Reflexe sind in Abb. 2.5 abgebildet.

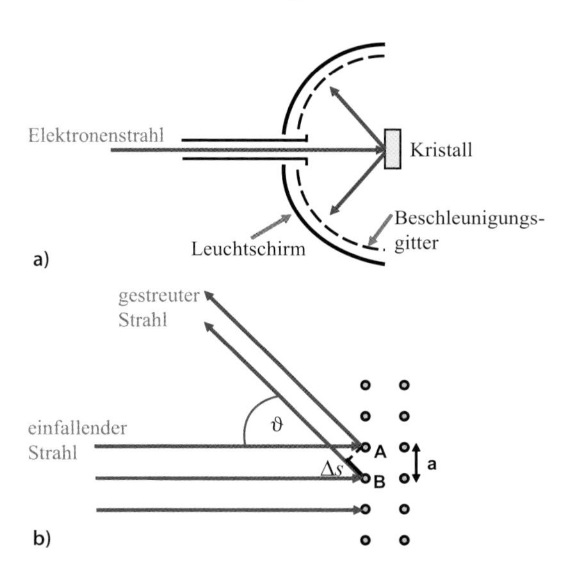

Abb. 2.4a,b. Schema eines LEED (low energy electron diffraction)-Beugungsexperimentes mit langsamen Elektronen. **a** Experimentelle Anordnung im Ultrahochvakuum (UHV). **b** Darstellung der Beugung eines einfallenden Elektronenstrahls an der obersten Atomlage eines Kristalls. Von den Atomen A und B gehen Kugelwellen aus, die sich je nach Gangunterschied Δs entweder verstärken (Bragg-Reflex) oder auslöschen. a ist der Atomabstand

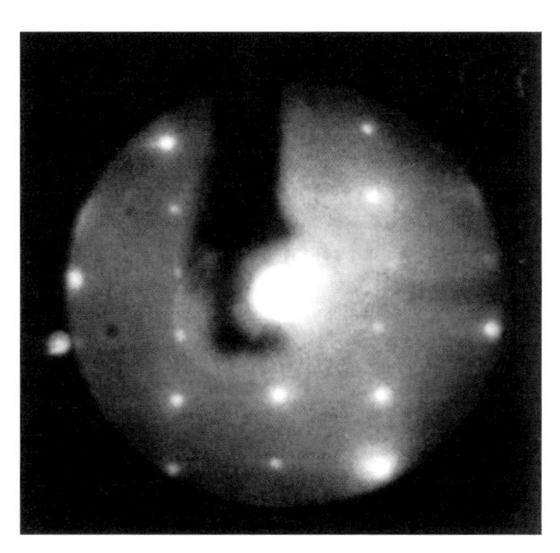

Abb. 2.5. LEED-Beugungsbild von Elektronen einer kinetischen Energie $eU = 140\,\mathrm{eV}$ an einer Zn0(10$\bar{1}$0)-Oberfläche. Die Elektronen fallen senkrecht auf die Kristalloberflächen und helle Punkte zeigen als Bragg-Reflexe die sich verstärkende Überlagerung der Wellen an. Der dunkle Schatten im Bild rührt vom Kristallhalter her

Die Erklärung des Reflexmusters ist nur möglich, indem man den Elektronen im Strahl eine Welle zuordnet. Trifft diese Elektronenwelle auf die Atome des Kristallgitters (Abb. 2.4), so gehen von diesen gestreute Kugelwellen aus, die sich in gewissen Raumrichtungen konstruktiv überlagern und sonst gegenseitig auslöschen.

Da Elektronen niedriger Energie ($\sim 100\,\mathrm{eV}$) überwiegend an der ersten Atomlage gestreut werden, ergibt sich nach Abb. 2.4b für den Gangunterschied zweier Teilwellen, die von Streuung an den Atomen A und B berühren, $\Delta s = a \sin\vartheta$ mit a als Atomabstand. Für konstruktive Interferenz muss Δs einem Vielfachen der Wellenlänge der Elektronenwelle entsprechen; damit folgt als Bedingung

$$a \sin\vartheta = n\lambda \,. \tag{2.19}$$

Beugungsintensität würde man also auf einem Kegel mit dem Öffnungswinkel $(\frac{\pi}{2} - \vartheta)$ um die Atomreihe längs A und B erwarten. Die Kristalloberfläche ist jedoch zweidimensional, sodass eine zu (2.19) analoge Bedingung für konstruktive Interferenz auch für die Richtung senkrecht zu AB existiert. Dies schränkt die konstruktive Interferenz auf nur eine Richtung, d. h. einen speziellen LEED-Reflex ein. Die verschiedenen Beugungsreflexe in Abb. 2.5 resultieren aus höheren Ordnungen, d. h. verschiedenen n in (2.19) und der analogen zweiten Gleichung für die dazu senkrechte Richtung. Bei der quantitativen Auswertung des Beugungsbilds errechnet man aus der kinetischen Energie des einfallenden Elektronenstrahls (2.18a) bzw. der Beschleunigungsspannung U die Elektronenwellenlänge und kann aus dem Beugungswinkel ϑ Information über den Atomabstand bekommen. Dies ist mittlerweile eine Standardmethode in der Oberflächenphysik; jedes dieser Experimente, immer wieder „rund um den Erdball“ ausgeführt, belegt den Wellencharakter von Elektronen.

Nicht nur die Bewegung von Elektronen gehorcht Gesetzen der Wellenausbreitung. Schon 1930 wiesen Estermann und Stern [5] nach, dass He und H_2-Strahlen an Festkörperoberflächen Beugungsphänomenen unterliegen. Ein schönes Beispiel aus neuerer Zeit sind Beugungsexperimente mit He-Strahlen an Platinoberflächen [6], die durch einen präzisen Schräganschliff eine regelmäßige Abfolge von atomaren Stufen im Abstand $a = 20\,\text{Å}$ aufweisen. Der für die Beugungsversuche verwendete He-Atomstrahl wird durch Überschallexpansion aus einer Düse hergestellt und in einer Vakuumkammer (Druck $p \lesssim 10^{-10}$ Torr) auf die gestufte Pt-Oberfläche geschossen. In Abb. 2.6 ist die gebeugte Intensität als Funktion des Streuwinkels ϑ_r bei einem festen Einfallswinkel $\vartheta_i = 85°$ zur Oberflächennormalen dargestellt. Die beobachteten Beugungsmaxima im reflektierten Strahl rühren nicht von den Pt-Oberflächenatomen her, sondern von den in regelmäßigem Abstand angeordneten Stufen, von denen gestreute Wellen ausgehen, die miteinander interferieren. Da Stufen eindimensionale Streuzentren sind, lässt sich zur Beschreibung der Beugungsfigur unmittelbar Gleichung (2.19) anwenden, nur

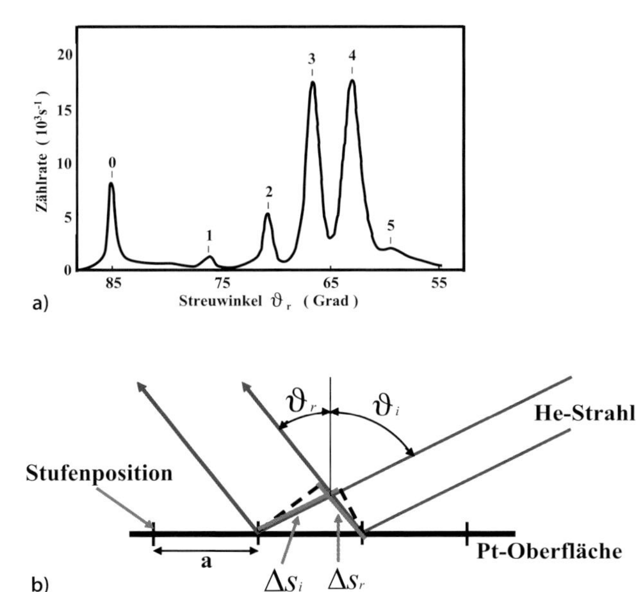

Abb. 2.6a,b. Beugung eines He-Atomstrahls an einer Pt-Oberfläche mit regelmäßig angeordneten Stufen im Abstand von $a = 2\,\text{nm}$ [6]. Wie bei einem Echelette-Gitter in der Lichtoptik erhält man maximale Intensität in den Beugungsordnungen, die in Richtung der Spiegelreflexion am Wechselwirkungspotential liegen. **a** Gebeugte Intensität als Funktion des Streuwinkels ϑ_r; Einfallswinkel $\vartheta_i = 85°$ zur Normalen der Pt-Oberfläche. Die mit $0, 1, \ldots, 5$ gekennzeichneten Reflexwinkel sind aus dem Stufenabstand $a = 2\,\text{nm}$ errechnet. **b** Schema der Streugeometrie. Die Gangunterschiede Δs_i und Δs_r bestimmen die Reflexionswinkel, unter denen Beugungsreflexe erscheinen

dass sich der Gangunterschied zwischen zwei benachbarten Strahlen aus den Beträgen Δs_i und Δs_r in der einfallenden und reflektierten Welle zusammensetzt. Damit wird die Lage der Beugungsmaxima beschrieben durch

$$a\,(\sin\vartheta_i - \sin\vartheta_r) = n\lambda\,. \tag{2.20}$$

Aus der nach (2.18a) berechneten Wellenlänge λ der He-Strahlen von 0,56 Å und dem Stufenabstand $a = 20$ Å ergeben sich die in Abb. 2.6a eingezeichneten und mit $n = 0, 1, 2, \ldots$ durchnummerierten Maxima. Sie stimmen in ihrer Winkellage hervorragend mit den experimentellen Beugungsmaxima überein. Wie bei einem optischen Echelett-Gitter wird dabei die Richtung der Spiegelreflexion (Maxima 3 und 4) intensitätsmäßig bevorzugt.

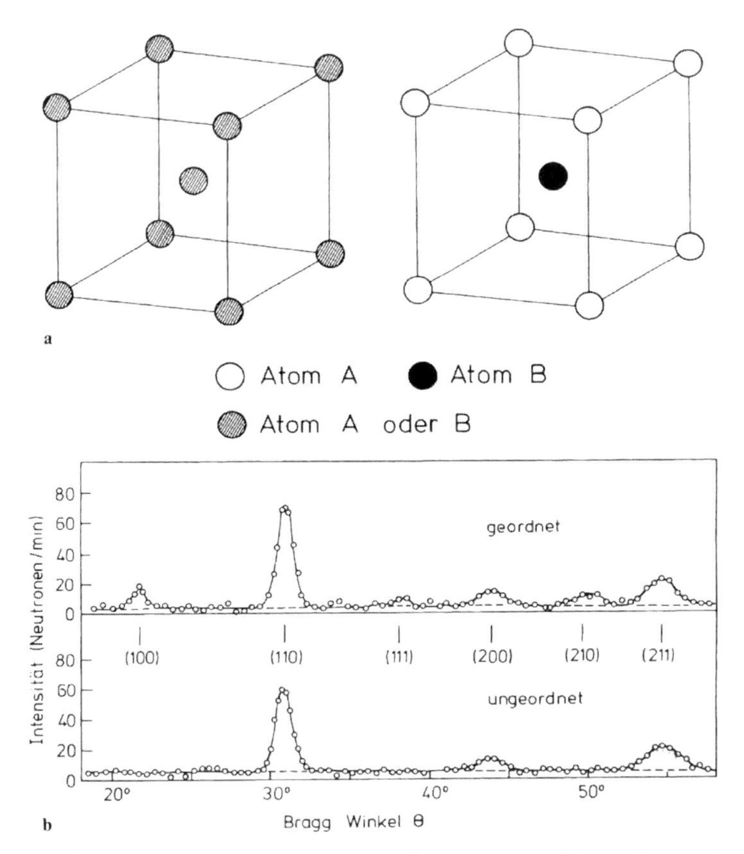

Abb. 2.7. Neutronenbeugung an einer FeCo-Legierung [7]. **a** Ungeordnete und geordnete Phase von FeCo. **b** Neutronendiffraktogramm der geordneten und der ungeordneten Phase von FeCo. Wegen der niedrigen Zählraten in der Neutronenstreuung sind lange Messzeiten erforderlich

Neutronen wechselwirken wegen ihrer fehlenden Ladung nur sehr schwach mit Materie. Sie durchdringen größere kristalline Proben fast ungeschwächt. Aber auch hier beobachtet man neben dem direkt durchgehenden Strahl eine Reihe von wohldefinierten scharfen Strahlen unter gewissen Beugungswinkeln, bezogen auf die Primärstrahlrichtung (Abb. 2.7). Die quantitative Auswertung der Experimente basiert wieder, ähnlich wie bei Elektronen und He-Atomen, auf der Beugung der dem Neutron zugeordnete Welle an den regelmäßig angeordneten Atomen, genauer den Atomkernen [7].

All diese Experimente zeigen, dass es eine allgemeine Eigenschaft aller Materieteilchen ist, dass sie bei ihrer Bewegung im Raum durch eine Wellenausbreitung beschrieben werden müssen. Anders könnte man die immer wieder beobachteten Beugungs- und Interferenzphänomene nicht verstehen, die mittlerweile in Standardcharakterisierungsverfahren der Festkörper- und Oberflächenphysik zur strukturellen Untersuchung von Festkörpern eingesetzt werden.

2.4 Teilcheninterferenz am „Doppelspalt"

Beugung am Doppelspalt und die hinter dem Spalt auf einem Schirm beobachtbaren hellen und dunklen Interferenzlinien führten schon in der Frühgeschichte der Physik Th. Young zur Welleninterpretation des Lichtes. Statt zweier Spalte benutzte A.J. Fresnel das sog. Biprisma (Abb. 2.8a) zur Demonstration der gleichen Art von Doppelspaltinterferenz.

In diesem experimentellen Aufbau fällt Licht einer festen Wellenlänge λ von einem Spalt S auf ein Doppelprisma mit geringen Prismenwinkeln. Das Biprisma vereinigt zwei Teilbündel auf einem dahinter stehenden Schirm. Infolge ihres geringen Gangunterschieds sind die Teilbündel kohärent. Wie aus Abb. 2.8a ersichtlich scheinen diese beiden Teilbündel von zwei eng benachbarten virtuellen Spalten S', S'' zu kommen; auf dem Beobachtungsschirm erzeugen sie also das gleiche Interferenz-Streifenmuster, als ob sie von zwei reellen Spalten wie im Youngschen Experiment kämen. Die Intensität I erreicht immer dann ein Maximum, wenn der Gangunterschied der von S' und S'' herkommenden Strahlen sich gerade um ein Vielfaches n der Lichtwellenlänge λ unterscheidet. Auslöschung resultiert aus Gangunterschieden eines ungeraden Vielfachen von $\lambda/2$. Solche Interferenzmuster (Abb. 2.8a) können nur durch Ausbreitung von Wellen erklärt werden; eine Interpretation im Teilchenbild ist ausgeschlossen.

2.4.1 Doppelspaltexperimente mit Elektronen

Ein Doppelspaltexperiment für Elektronen wurde schon 1956 von G. Möllenstedt und H. Dücker mittels eines Biprismas für Elektronen durchgeführt [8]. Das Biprisma bestand in diesem Fall aus einem positiv geladenen metallischen Faden zwischen zwei planaren Elektroden auf Erdpotential (Abb. 2.8b).

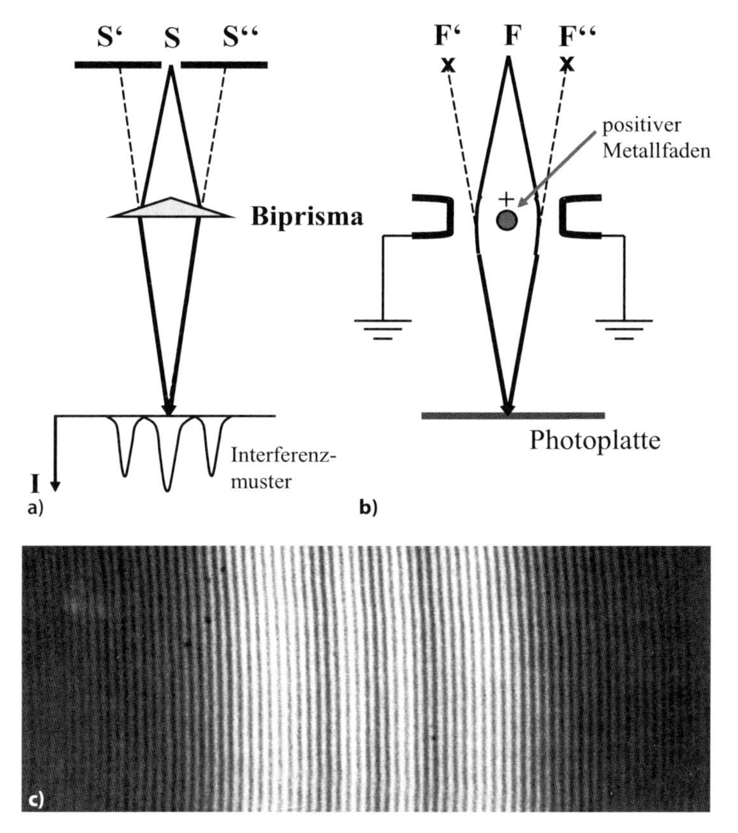

Abb. 2.8a–c. Doppeltspaltbeugung von Licht und von Elektronen. **a** Anordnung zur Beobachtung optischer Zweistrahlinterferenz von monochromatischen Lichtwellen mittels eines optischen Biprismas. **b** Analoge Anordnung zur Zweistrahl-Elektronenbeugung. Das Biprisma wird durch einen positiv geladenen Metallfaden in einer Elektronenmikroskopsäule realisiert. **c** Elektronenbeugungsbild, das mittels der Biprisma-Anordnung in (**b**) erzeugt wurde [8]

Durch diese Anordnung wird ein Elektronenstrahl, der in einer Elektronenmikroskopsäule im Fokus F fokussiert wurde, in zwei Teilstrahlen getrennt. Die Elektronen fliegen an dem positiv aufgeladenen Metallfaden vorbei und werden von ihm zur Mitte hin abgelenkt. Das Feld eines solchen Drahtes ist proportional zu r^{-1} (r Abstand vom Draht). Ein Elektron, das nahe am Draht vorbei fliegt, erfährt eine starke seitliche Kraftkomponente, aber nur für kurze Zeit. Fliegt das Elektron in größerem Abstand vorbei, dann ist die seitlich ablenkende Kraft kleiner, aber wirkt längere Zeit. Im Feld des Drahtes hängt daher überraschenderweise der Gesamtablenkwinkel eines Elektrons nicht vom Abstand vom Draht ab, sondern nur von seiner Energie. Elektronen einer bestimmten Energie verhalten sich also genau so wie monochromatisches Licht am Fresnel-Biprisma oder beim Youngschen Doppelspaltexperi-

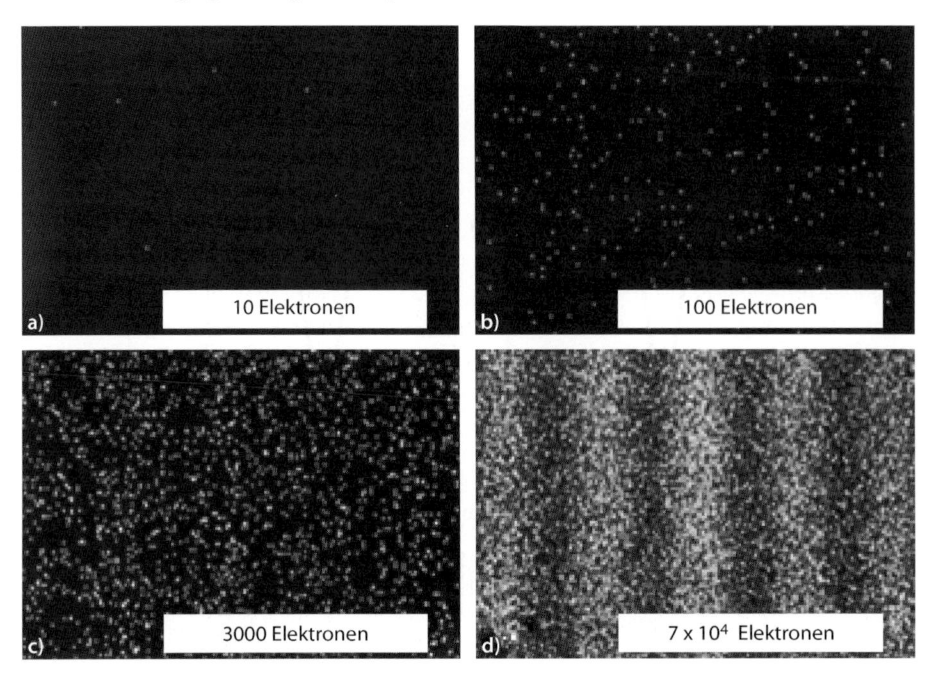

Abb. 2.9a–d. Sukzessive Ausbildung eines Zweistrahl-Elektronenbeugungsbilds, das mit einer Biprisma-Anordnung nach Abb. 2.8b erzeugt wurde [9]. Die Elektronendichte im Strahl ist so niedrig, dass jeweils nur ein einzelnes Elektron die Säule des Elektronenmikroskops passiert und jeweils nur einzelne Elektronen nacheinander auf dem 2-dimensionalen, örtlich auflösenden Detektorschirm als Pixel detektiert werden. Die Beugungsbilder (**a**) bis (**d**) wurden nach Passieren verschiedener Elektronenzahlen aufgenommen

ment. Sie erzeugen auf einer hinter dem Biprisma angeordneten Photoplatte ein Interferenzstreifenmuster (Abb. 2.8c), wiederum ein klarer Beweis für die wellenartige Ausbreitung der Elektronenstrahlen.

Das Experiment von Möllenstedt und Düker wurde 1989 von Tonomura et al. [9] mit verfeinerten technischen Mitteln wiederholt. Insbesondere verwendeten diese Autoren modernste ortsauflösende Halbleiterdetektoranordnungen zur bildhaften Aufzeichnung des Elektroneninterferenzmusters. Diese Halbleiterdetektoren besitzen eine so hohe Nachweisempfindlichkeit, dass das Auftreffen einzelner Elektronen registriert wird. Ein detektiertes Elektron erzeugt einen Stromimpuls im Detektor, der auf einem elektronisch angekoppelten Bildschirm vergrößert einen Lichtblitz lokal aufgelöst erzeugt. Der Ort des Lichtblitzes auf dem Schirm entspricht dem Ansprechen eines gewissen lokal definierten Detektors (Pixel) in der Gesamtanordnung von Detektoren. Das Ergebnis der Experimente (Abb. 2.9) zeigt ganz klar das unerwartete und anschaulich nicht zu verstehende Verhalten von Elektronen bei ihrer Bewegung durch den Raum.

Elektronen breiten sich gemäß den Gesetzen von Wellen aus, sie erzeugen Interferenzmuster. Diese werden aber nur sichtbar, wenn genügend viele Elektronen beobachtet wurden. Betrachtet man den Bildschirm, nachdem nur 10 Elektronen das Biprisma passiert haben (Abb. 2.9a), so sehen wir das statistisch verteilte Aufblitzen dieser 10 Elektronen auf dem Bildschirm. Ein Interferenzmuster ist nicht zu erkennen. Offenbar spricht irgendein Pixel-Detektor auf der Detektoranordnung irgendwo, irgendwann an. Sammelt man die Ereignisse, indem 100, 3000 oder gar 70 000 Elektronen die Anordnung passiert haben und detektiert wurden, so ist das Doppelspaltinterferenzmuster klar zu erkennen (Abb. 2.9d). In ihrer Gesamtheit gehorchen die Elektronen Gesetzen der Wellenausbreitung, aber das einzelne Elektron wird statistisch, völlig unvorhersehbar irgendwo auf der Detektoranordnung als „punktförmige Anregung“ registriert. Es hat dort die ihm zukommende kinetische Energie an den speziellen Pixel-Detektor abgegeben.

Es ist besonders hervorzuheben, dass in der betrachteten experimentellen Anordnung eine Elektron-Elektron Wechselwirkung ausgeschlossen werden kann, weil aufeinander folgende Elektronen sich zeitlich und räumlich nicht „sehen“ konnten. Während ein Elektron im Detektor gerade registriert wird, ist das darauf folgende Elektron noch nicht einmal aus der Kathode des Elektronenmikroskops emittiert worden, so gering ist die Intensität im Elektronenstrahl.

Einzelne Elektronen haben die Wahl, den einen oder den anderen Weg – durch den einen oder den anderen Spalt – zu gehen, sie werden als Teilchen punktförmig, statistisch verteilt auf dem Pixel-Detektor registriert. Wir wissen nicht, welchen Weg sie genommen haben, aber in ihrer Gesamtheit formen sie das Interferenzbild, ohne etwas „voneinander zu wissen“. Dieser Teilchen-Welle-Dualismus, der jeder Anschauung widerspricht, ist das „Herz“ der Quantenmechanik. Feynman [10] beschreibt dieses Verhalten, das sich im Doppelspaltexperiment zeigt als: „impossible, absolutely impossible to explain in any classical way, and has in it the heart of quantum mechanics“. Wir müssen uns also daran gewöhnen, dass auf atomarer Ebene und auf Größenskalen darunter die Natur sich völlig unanschaulich verhält, nach Gesetzen, an die wir Menschen mit einer „natürlichen“ Längenskala von Zentimeter bis Meter nicht gewöhnt sind. Es wäre auf der anderen Seite aber auch erstaunlich, wenn unsere Wahrnehmungsorgane und unser Gehirn, das sich in mehr als 100 Millionen Jahren biologischer Evolution in Anpassung an die uns mit unseren Augen und Händen zugängliche Umwelt entwickelt hat, die Realität des Gesamtkosmos, des sehr Kleinen und sehr Großen erfassen könnte. In diesen Phasen der überlebensnotwendigen Anpassung von Lebewesen an eine Umwelt im Mikrometer, Zentimeter und Metermaßstab war es für das Überleben wichtiger, den Abstand zwischen Ästen eines Baumes und die Breite eines Wassergrabens abschätzen zu können als den Weg einzelner Elektronen auf einer Skala im Nanometerbereich verfolgen zu können. Wir sollten uns also nicht darüber wundern, dass das atomare und subatomare Geschehen, wie es sich in der Quantenmechanik zeigt, unserer begrenzten Vorstellungswelt nicht zugänglich ist. Wundern sollten wir uns allerdings, dass wir mithilfe der Mathematik – und sei es nur in der Beschreibung statistischen Geschehens – in der Lage sind, uns ein abstraktes Abbild dieses unanschaulichen Geschehens auf subatomarer Skala zu machen, das auch noch nachprüfbare und nachmessbare Ergebnisse vorherzusagen gestattet. Eine mögliche Erklärung dafür ist, dass es offensichtlich eine wohlstrukturierte Realität außerhalb und über unsere Wahrnehmung hinaus gibt, die logischen Gesetzen gehorcht. Mathematik und Logik reichen offenbar über die unseren Sinnen zugängliche Welt hinaus und gestatten die Erstellung theoretischer Systeme, wie das der Quantenmechanik, die weitere Bereiche der Realität beschreiben als unsere Zentimeter- und Meter-Umwelt.

2.4.2 Teilcheninterferenz und „Welcher Weg"-Information

Noch „verrückter" wird das Verhalten von atomaren oder subatomaren Teilchen im Doppelspaltexperiment, wenn wir die Frage stellen, durch welchen Spalt ist das Teilchen nun wirklich geflogen, falls wir die in Abschn. 2.4.1 beschriebene Interferenz beobachten. Schon in den frühen Jahren der Quantenmechanik um 1920 wurde diese Frage ausführlich von Heisenberg, Einstein und anderen sowie später von Feynman [10] anhand von Gedankenexperimenten diskutiert. Die wesentliche Schlussfolgerung aller Diskussionen war immer, dass die Interferenz nur beobachtbar ist, wenn wir auf die Information, durch welchen Spalt das Teilchen geflogen ist („Welcher Weg"-Information) verzichten. Jede denkbare Messung des detaillierten Weges, zum Beispiel über Streuung an einem Photon vor einem der beiden Spalte (siehe Compton-Streuung, Abschn. 2.2) überträgt an das Elektron soviel Impuls $p = \hbar k$, dass das Interferenzbild verwischt wird. In der Argumentation von Heisenberg und Feynman können wir zwar die Photonenenergie des Messlichts so gering machen, dass der Einfluss auf das Elektron vernachlässigt werden kann; dann muss man jedoch die Wellenlänge λ des Messlichts wegen $p = \hbar k = h/\lambda$ so groß machen, dass der räumliche Abstand zwischen den beiden Spalten nicht mehr aufgelöst werden kann (mikroskopische Abbildung einer Strukturgröße d verlangt $\lambda \ll d$).

Und schon ist eine Ortsbestimmung, der Elektrontrajektorie (durch welchen Spalt?) nicht mehr möglich. In diesem Gedankenexperiment wird aber das Auftreten der Elektronen-Doppelspaltinterferenz damit verknüpft, dass die Bewegung des Teilchens nicht durch den Einfluss, d. h. den Impulsübertrag eines Messteilchens gestört wird. Eine Messung der genauen Trajektorie verlangt eine Lichtwellenlänge $\lambda <$ Spaltabstand, die mit einem merklichen Impulsübertrag an das Teilchen verbunden ist, der zu einer Auslöschung des Interferenzmusters führt.

In jüngster Zeit nun sind wirkliche Experimente möglich geworden, bei denen die Auslesung der „Welcher Weg"-Information ohne merklichen Übertrag von Impuls an das gebeugte Teilchen im Doppelspaltexperiment gelingt.

Und siehe da! Das Interferenzmuster verschwindet. Es ist nur zu sehen, wenn man auf die Information verzichtet, durch welchen Spalt, d. h. über welchen Weg das Teilchen gelaufen ist. S. Dürr, T. Nonn und G. Rempe [11, 12] haben ein Experiment mit Rb-Atomen durchgeführt, bei dem ein Strahl dieser Atome an stehenden Laserlichtwellen gebeugt wird. Wie wir später in Kap. 8 sehen werden, stellen hochintensive stehende Lichtwellen mit ihren räumlich konstanten Knoten (Intensität = 0) und Bäuchen für einen Atomstrahl ein Beugungsgitter mit einem Gitterabstand der halben Lichtwellenlänge dar, so wie in Abschn. 2.3 die periodische Anordnung von Atomen im Kristall. Gemäß Abb. 2.10a führt die Beugung der Rb-Atome an einer ersten stehenden Welle zu einem durchlaufenden Strahl C (0. Beugungsordnung) und einem in erste Ordnung abgebeugten Strahl B. Diese Atomstrahlen treffen auf eine zweite stehende Laser-Lichtwelle und werden durch Beugung in die Atomstrahlen D, E und F, G zerlegt, die paarweise miteinander interferieren und die beiden phasenmäßig gegeneinander verschobenen Interferenzmuster in einem ortsauflösenden Detektor dahinter erzeugen. Abbildung 2.10b zeigt die wirklich gemessenen Interferenzintensitäten für zwei verschiedene Laser-Lichtwellenlängen mit Knotenabstand (Gitterperiode) $d = 1{,}3$ und $3{,}1\,\mu\text{m}$.

Das Besondere an diesem Experiment besteht nun darin, dass es sich um gebeugte Atome handelt, die außer durch ihre „Ortskoordinate“, d. h. die Wahrscheinlichkeit für ihr Vorhandensein an einem gewissen Ort, auch noch durch innere Freiheitsgrade, zum Beispiel die Anregung in gewisse Anregungszustände (Spineinstellung etc.) charakterisiert werden können. Die Details dieses Experiments werden wir erst viel später in diesem Buch (Abschn. 8.2.4), nachdem wir viel über Quantenmechanik gelernt haben, verstehen können. Dennoch sei hier vorweggenommen, dass man durch Einstrahlung von Mikrowellenstrahlung der Frequenz 3 GHz die Rb-Atome vor ihrem Eintritt in das erste Beugungsgitter (1. Laserwellenfeld) in einen inneren angeregten Zustand versetzen kann, sodass nach der Aufspaltung in die zwei Teilbündel B und C ein weiterer Mikrowellenimpuls die Unterscheidung möglich macht, ob das in den Interferenzfiguren (Strahlen D und E bzw. F und G) beteiligte Atom, aus dem Teilbündel B oder C herrührte.

In diesem Experiment sind die Teilchenstrahlen aus den beiden Spalten also durch die Teilbündel B und C realisiert und mittels Mikrowellenimpulsen vor und nach Durchlaufen des ersten Beugungsgitters (1. stehende Laserwelle) kann zwischen dem Weg über B oder C unterschieden werden. Man kann leicht abschätzen, dass mit den Mikrowellenimpulsen einer Frequenz von 3 GHz kein Impulsübertragung auf die schweren Rb-Atome übertragen werden kann, der zu einer Verschmierung des Interferenzbilds führen könnte. Dennoch führt das Einschalten der Mikrowellenstrahlung zur völligen Auslöschung des Interferenzbilds (Abb. 2.10c). Nur ein monotoner Intensitätsuntergrund, der dem Mittelwert der ankommenden Rb-Atomdichte in den Strahlen D und E bzw. F und G entspricht, wird detektiert. Dieses Messresultat wird gefunden, unabhängig davon, ob die Information über den

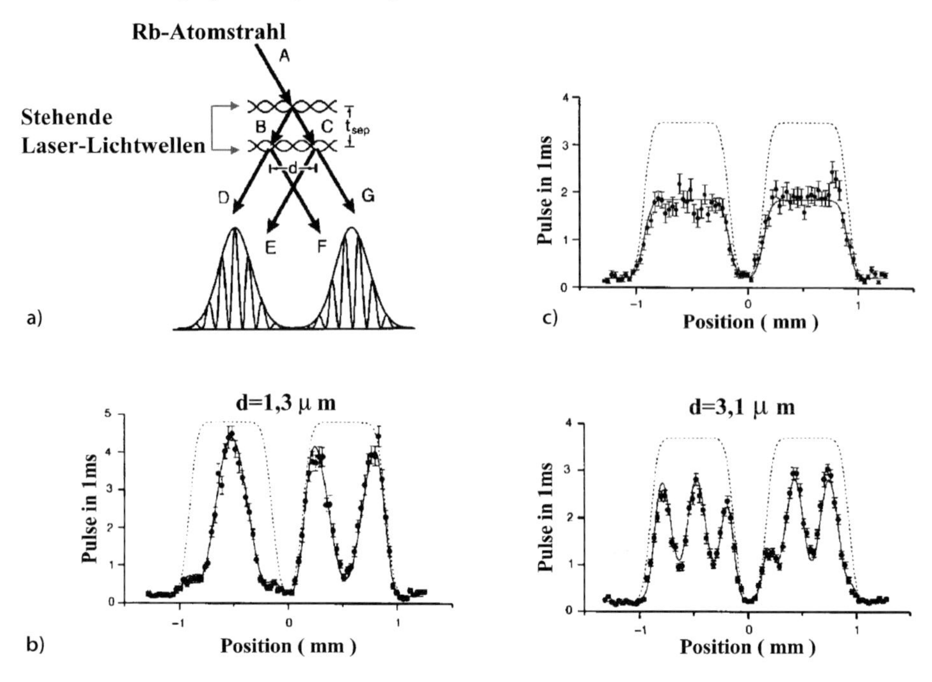

Abb. 2.10a–c. Zweistrahl-Interferenz zweier Rb-Atomstrahlen, bei denen ein innerer Freiheitsgrad der Atome (Spineinstellung) eine Information darüber ermöglicht, welchen Weg ein einzelnes Atom genommen hat [11, 12]. **a** Schema des Atom-Interferometers: Bragg-Reflexion an einer stehenden Laser-Lichtwelle teilt den einfallenden Strahl A in zwei Teilbündel B und C. Eine zweite stehende Lichtwelle spaltet diese Teilstrahlen in die Atomstrahlen D und E bzw. F und G auf, die paarweise miteinander interferieren. Einstrahlen von Mikrowellen kann die Rb-Atome vor Eintritt in das erste optische Gitter (Laser-Welle) anregen und ein zweiter Mikrowellenimpuls zwischen den beiden optischen Gittern (1. und 2. Laserwelle) dient dazu, die „Welcher Weg"-Information über die interferierenden Atomstrahlen auszulesen (siehe auch Abschn. 8.2.4 und Abb. 8.5). **b** Gemessene Atomstrahlinterferenzen aus den Bündeln D und E bzw. F und G, wenn die „Welcher Weg"-Information nicht abgefragt wurde (keine Mikrowellenimpulse); zwei verschiedene Gitterperioden (Knotenabstände der Laser-Wellen) $d = 1{,}3\,\mu\text{m}$ und $d = 3{,}1\,\mu\text{m}$ wurden eingestellt. Die durchgezogenen Kurve wurden theoretisch ermittelt. **c** Gemessene Strahlintensitäten in der Überlagerung von D und E bzw. F und G bei abfragen der „Welcher Weg"-Information

Weg, B oder C (welcher von den beiden Spalten?), ausgelesen wird, oder ob die Messung ohne Auslesung und Registrierung durch den Experimentator durchgeführt wurde.

Was können wir aus diesem Experiment lernen?

Einmal sehen wir, dass nicht der beobachtende Experimentator (Mensch) entscheidend ist, ob die Doppelspalt-Interferenz erscheint oder nicht. Allein die Funktion der Messordnung für die „Welcher Weg"-Information ist entscheidend; ob sie an- oder ausgeschaltet ist, allein dies hat Einfluss auf das Erscheinen des Interferenzbilds.

Die „reale Welt“ schert sich nicht darum, ob ein Mensch sie beobachtet oder nicht. (Realismus statt Idealismus!) Weiterhin muss es eine Korrelation zwischen den zu beobachtenden Teilchen und der Messanordnung geben, die nicht auf Impuls- oder Energieübertrag vom Messsystem auf die Teilchen zurückzuführen ist. Dies ist ein Phänomen, das offenbar typisch für atomare und subatomare Teilchen ist und das jenseits unserer klassischen Vorstellung existiert. Wir werden dieses Phänomen, das man „Verschränkung“ (Entanglement) nennt, später im Rahmen der Quantenmechanik besser verstehen (Kap. 7).

Literaturverzeichnis

1. A. Einstein: Ann. Phys. **17**, 132 (1905)
2. A.H. Compton, A. Simon: Phys. Rev. **25**, 306 (1925)
3. C.J. Davisson, L.H. Germer: Phys. Rev. **30**, 705 (1927)
4. L. de Broglie: Comptes Rendus Acad. Sci. Paris **177**, 507, 548 (1923)
5. I. Estermann, O. Stern: Z. Physik **61**, 95 (1930)
6. G. Comsa, G. Mechtersheimer, B. Poelsema, S. Tomoda: Surface Sci. **89**, 123 (1979)
7. C.G. Shull, S. Siegel: Phys. Rev. **75**, 1008 (1949)
8. G. Möllenstedt, H. Dücker: Z. Physik **145**, 366 (1956), und C. Jönsson: Z. Physik **161**, 454 (1961)
9. A. Tonomura, J. Endo, T. Matsuda, T. Kaeasaki, E. Ezawa: American Journ. of Physics **57**, 157 (1989)
10. R.P. Feymann, R.B. Leighton, M. Sands: „The Feymann Lectures on Physics – Quantum Mechanics“, Addison-Wesley Publishing Comp.; Reading, Massachusetts, 1965
11. S. Dürr, T. Nonn, G. Rempe: Nature **395**, 33 (1998)
12. S. Dürr, G. Rempe: Adv. in Atomic, Molecular and Optical Physics **42**, 29 (2000)

3 Teilchen-Welle-Dualismus

3.1 Die Wellenfunktion und ihre Interpretation

Die in Kap. 2 beschriebenen Experimente zeigen zweifelsfrei, dass sowohl Lichtwellen, die sich im Raum ausbreiten als auch atomare und subatomare Teilchen, wie zum Beispiel Elektronen und Atome, die sich von einem Ort zum anderen bewegen, eines gemeinsam haben. Ihre Ausbreitung bzw. Bewegung gehorcht Gesetzen der Wellenlehre. Nur diese kann das Zustandekommen von Beugung und Interferenz, wesentlich nicht lokale Phänomene, beschreiben. Andererseits zeigen sowohl elektromagnetische Strahlung wie auch Elektronen und Atome bei der Detektion und bei Streuexperimenten (Compton-Effekt) ihren Teilchencharakter. Man kann vereinfacht sagen: „Alles, Materie und Energiefelder, ist zugleich Welle und Teilchen".

Wir kommen so zu der aus den Experimenten in Kap. 2 folgenden Entsprechung des Teilchen- und Wellenbilds bezüglich Energie E und Impuls $\mathbf{p}$:

$$E = \frac{1}{2}mv^2 = \hbar\omega \ , \tag{3.1}$$

$$\mathbf{p} = m\boldsymbol{v} = \hbar\mathbf{k} = \hbar\frac{2\pi}{\lambda}\frac{\mathbf{k}}{|k|} \ . \tag{3.2}$$

Hierbei sind Masse und Geschwindigkeit v die dem Teilchenbild adäquaten Größen, während Frequenz ω und Wellenzahlvektor $\mathbf{k}$ bzw. Wellenlänge λ die Beschreibung im Wellenbild ermöglichen. Gleichungen (3.1) und (3.2) können zuvor zur ersten quantitativen Beschreibung der Experimente herangezogen werden; aber es muss noch eine tiefergehende kohärente mathematische Theorie der Dynamik von Teilchen und Wellen entwickelt werden, die die auf den ersten Blick widersprechenden Phänomene Teilchen und Welle konsistent beinhaltet. Dies gelang zum ersten Mal mit Schrödingers Wellenmechanik:

Die Propagation eines Teilchens, zum Beispiel eines Elektrons wird durch eine Wellenfunktion ψ, im einfachsten Fall eines sich geradlinig bewegenden Teilchens, mit einer ebenen Welle beschrieben:

$$\psi\left(\mathbf{r}, t\right) = c\mathrm{e}^{\mathrm{i}(\mathbf{k}\cdot\mathbf{r}-\omega t)} \ , \tag{3.3}$$

bei der Wellenvektor $\mathbf{k}$ und Frequenz ω gerade über (3.1) und (3.2) die Beziehung zum Teilchenbild herstellen. Diese Wellenfunktion ψ ist analog zur Welle eines Lichtfelds. Sie erlaubt die Beschreibung der Interferenzexperimente in Abschn. 2.4. Insbesondere ergibt sich das Interferenzmuster des Doppelspaltexperiments für Elektronen (Abschn. 2.4.1), indem wir zwei Wellen ψ_1 und ψ_2, die von den beiden Spalten 1 und 2 (Orte $\mathbf{r}_1$, $\mathbf{r}_2$) ausgehen, in großer Entfernung auf einem Detektorschirm bei $\mathbf{r}$ additiv überlagern.

In großer Entfernung können Kugel- oder Zylinderwellen (je nachdem ob bei $\mathbf{r}_1$, $\mathbf{r}_2$ runde Löcher oder Spalte sind) als ebene Wellen dargestellt werden. Es gilt deshalb in einer Entfernung $\mathbf{r}$, d. h. am Beobachtungspunkt der Interferenz

$$\psi = \psi_1 + \psi_2 \text{ mit } \psi_i = c e^{i[\mathbf{k}\cdot(\mathbf{r}-\mathbf{r}_i)-\omega t]} . \tag{3.4}$$

Wie bei Lichtwellen fordern wir, dass die beobachtbare Größe „Intensität des Interferenzmusters" (bei Licht die Intensität als Quadrat der Feldamplitude) das Absolutquadrat der komplexen Wellenamplitude ψ ist. Die Intensität I, d. h. die bei großen Elektronenzahlen in Abb. 2.9 beobachtete „Schwärzung" des Schirms in Form heller und dunkler Interferenzstreifen muss sich so ergeben als

$$I = |\psi(\mathbf{r}, t)|^2 = |\psi_1|^2 + |\psi_2|^2 + 2c^2 \cos \mathbf{k} \cdot (\mathbf{r}_2 - \mathbf{r}_1) . \tag{3.5}$$

Hierbei wurde für die beiden Teilstrahlen aus $\mathbf{r}_1$ und $\mathbf{r}_2$ der Wellenvektor angenähert gleich $\mathbf{k}$ angenommen (Abb. 3.1).

Der cos-Term, in dem die den Teilchen zugeordnete Wellenlänge $\lambda = 2\pi/k$ und der Abstand der beiden Spalte $(\mathbf{r}_2 - \mathbf{r}_1)$ die Periodizität des Interferenz-Streifenmusters bestimmen, beschreibt dabei genau das im Experiment beobachtete Interferenzmuster.

$\mathbf{k} \cdot (\mathbf{r}_2 - \mathbf{r}_1)$ ist der Gangunterschied der beiden Teilwellen ψ_1 und ψ_2 in Einheiten der Teilchenwellenlänge und bestimmt damit das Auftreten von Interferenzmaxima und -minima. Andererseits stellen die Amplitudenquadrate $|\psi_1|^2$ und $|\psi_2|^2$ einen Intensitätsuntergrund dar. Dieser Untergrund ist das Signal, das man im Doppelspaltexperiment von Abb. 2.10c beobachtet, wenn durch eine zusätzliche Messung „Welcher-Weg" Information gewonnen wird, die das Interferenzmuster des Doppelspalts zum Erlöschen bringt. Eine mögliche Information über den Weg, den das Teilchen nimmt, ob durch Spalt 1 oder 2, löscht also den cos-Term in (3.5) aus.

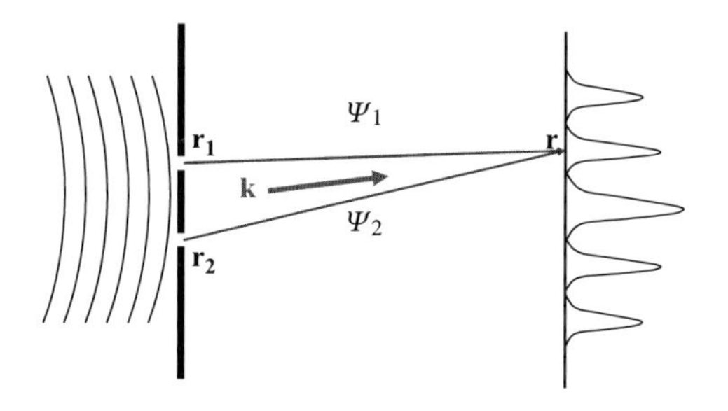

Abb. 3.1. Schema der Doppelspaltbeugung zweier Teilchenwellen ψ_1 und ψ_2. Eine näherungsweise ebene Welle (eigentlich Kugelwelle) erzeugt an den Spalten bei $\mathbf{r}_1$ und $\mathbf{r}_2$ zwei neue Teilwellen, die am Ort $\mathbf{r}$ interferieren

Aus den Ergebnissen des Doppelspaltexperiments mit variierender Gesamtzahl von Elektronen (Abb. 2.9) wissen wir, dass das durch die Wellenausbreitung erzeugte Interferenzmuster nur bei genügend großer Elektronenzahl in Erscheinung tritt. Jedes einzelne Elektron wird statistisch zufällig auf dem Beobachtungsschirm detektiert. Über das Einzelteilchen lässt sich nichts Definitives sagen, sein Verhalten ist statistisch und regellos.

Daraus folgt, dass $\psi(\mathbf{r},t)$ nur eine statistische Aussage machen kann, die für sehr viele Elektronen erst Gültigkeit hat. Je mehr Elektronen beobachtet werden, umso besser beschreibt (3.5) das Interferenzmuster. Wir werden so unmittelbar zu der Aussage geführt, dass $|\psi(\mathbf{r},t)|^2$ in (3.5) proportional zur Wahrscheinlichkeit ist, ein Elektron bei $\mathbf{r}$ zur Zeit t anzutreffen. Fragen wir aber nach der Wahrscheinlichkeit dP ein Teilchen in einem Raumvolumen d^3r anzutreffen, so ist diese umso größer, je größer d^3r gewählt wird und umso größer $|\psi|^2$ dort ist, d. h.

$$\mathrm{d}P \propto |\psi(\mathbf{r},t)|^2\,\mathrm{d}^3r\,. \tag{3.6}$$

$|\psi|^2$ ist also eine Wahrscheinlichkeitsdichte für den Aufenthalt eines Elektrons bei $\mathbf{r}$ zur Zeit t. Dementsprechend bezeichnen wir die Wellenfunktion $\psi(\mathbf{r},t)$ als eine Wahrscheinlichkeitsamplitude.

Wenn das Elektron, oder allgemeiner irgendein Teilchen, das durch eine Wellenfunktion $\psi(\mathbf{r},t)$ beschrieben wird, sich irgendwo in unserer Apparatur mit einem Volumen V aufhalten muss – wir wissen aber nicht wo – dann können wir nur sagen, das Teilchen ist mit Sicherheit im Volumen V. Es kann irgendwo bei $\mathbf{r}_1, \mathbf{r}_2, \mathbf{r}_3, \ldots, \mathbf{r}_\nu$ innerhalb von V sein. Die Gesamtwahrscheinlichkeit, es entweder bei $\mathbf{r}_1$ oder $\mathbf{r}_2$, ... oder $\mathbf{r}_\nu$, d. h. irgendwo in V zu finden, ist dann identisch gleich eins. Das Teilchen wird mit Sicherheit irgendwo im Volumen V gefunden. Wahrscheinlichkeiten unabhängiger Ereignisse – „entweder oder“ – addieren sich zur Gesamtwahrscheinlichkeit. Deshalb muss für die Gesamtwahrscheinlichkeit das Teilchen, irgendwo im Volumen V zu finden, gelten

$$P(\text{Teilchen in } V) = \int_\nu \mathrm{d}^3r\,|\psi(\mathbf{r})|^2 = 1\,. \tag{3.7}$$

Die Wellenfunktion muss als Wahrscheinlichkeitsdichte im Sinne von (3.7) über dem Volumen V des Gesamtsystems, das wir betrachten, normiert sein. Je nach Problemstellung, werden wir sehen, kann V auch der gesamte unendliche Raum, das Weltall, sein.

Wie üblicherweise in der Beschreibung elektromagnetischer Wellen und Wechselströme haben wir in (3.4) eine komplexwertige Wellenfunktion auch für die Beschreibung der Teilchenausbreitung angenommen. Für elektromagnetische Wellen geschieht dies aus reiner Bequemlichkeit, weil man mit Exponentialfunktionen leichter als mit cos- oder sin-Funktionen rechnen kann. Alle wirklichen physikalischen Größen sind immer die Real- oder Imaginärteile der Wellenamplituden, z. B. gemessene elektrische oder magnetische Feldstärken. Für die Wellenfunktion einer Teilchenwelle in der Quantenmechanik ist dies grundsätzlich anders. Stellen wir uns einen räumlich ausgedehnten, homogenen Elektronenstrahl vor, in dem ein Elektron durch eine ebene Welle (3.3) beschrieben wird, dann ist die Wahrscheinlichkeitsdichte $|\psi|^2 = \psi^*\psi$ eine Konstante c^2, genau so wie wir es fordern müssen, damit ein Elektron überall im Strahl mit gleicher Wahrscheinlichkeit angetroffen wird. Würden wir hingegen sin- oder cos-Wellen, d. h. nur realwertige Wellenfunktionen zulassen, dann hätten die Aufenthaltswahrscheinlichkeiten $\cos^2$- bzw. $\sin^2$-Charakter, d. h. räumlich und zeitlich auftretende Bereiche, wo sich Elektronen nicht aufhalten dürfen. Damit könnten wir keine räumlich konstante Aufenthaltswahrscheinlichkeit für ein Elektron beschreiben. Die Wellenbeschreibung der Teilchenausbreitung verlangt also komplexwertig Wellenfunktionen $\psi(\mathbf{r}, t)$. Wir werden sehen, dass die allgemein komplexwertige Wellenfunktion für gewisse Probleme auch einmal nur einen Real- oder Imaginärteil haben kann. Dennoch muss man festhalten: Teilchenwellen $\psi(\mathbf{r}, t)$ müssen im Allgemeinen eine Amplitude und eine Phase haben, bzw. sie müssen durch einen Real- und Imaginärteil beschrieben werden.

Wir fassen zusammen: Atomare und subatomare Teilchen werden durch komplexwertige Wellenfunktionen $\psi(\mathbf{r}, t)$ beschrieben, die für Teilchen gemäß (3.7) auf eins normiert sein müssen. Die geradlinige freie Bewegung eines Teilchens im Raum wird dabei durch eine ebene Welle (3.3) dargestellt, wobei der Wellenvektor $\mathbf{k}$ in seiner Richtung die Bewegungsrichtung des Teilchens angibt. Aussagen über ein einzelnes Teilchen sind jedoch aufgrund der Wellenfunktion unmöglich, da sie in Form ihres Absolutquadrats $|\psi(r, t)|^2$ nur eine Wahrscheinlichkeitsdichte für den Aufenthalt an einem Ort $\mathbf{r}$ zur Zeit t angibt. Für sehr viele Teilchen (siehe Abb. 2.9) beschreibt $|\psi|^2$ das Verhalten der Gesamtheit korrekt. Das „Schicksal“ eines einzelnen Teilchens ist prinzipiell unbestimmt. In diesem Punkt ist die statistische Aussage der Quantenmechanik fundamentaler als die in der klassischen Physik benutzte statistische Theorie vieler Teilchen. Klassische Bewegungsgesetze erlauben bei Kenntnis der Anfangsbedingungen (Ort und Geschwindigkeit) eine genaue Vorhersage über die Zukunft eines einzelnen Teilchens. Die statistische Beschreibung (z. B. kinetische Gastheorie, Brownsche Molekularbewegung etc.) eines Ensembles vieler Teilchen ist dort ein Konstrukt, das uns hilft, trotz ungenauer Angaben über die Anfangsbedingungen dennoch eine Aussage über das Verhalten des Ensembles insgesamt zu machen. Nach allem was wir bisher wissen – und unser Wissen ist mittlerweile experimentell sehr fundiert begründet – gibt es keine sogenannten „verborgenen Parameter“, die die Bewegung eines einzelnen atomaren Teilchens beschreiben und die unterhalb der statistischen Beschreibungsebene der ψ-Funktion die „Welt regieren“.

Noch eine Bemerkung zur Wellenfunktion und zum Teilchencharakter: Was von beiden, das Teilchen in seiner uns gewohnten räumlich begrenzten Partikelgestalt, oder die ausgedehnte Welle als „Vehikel“ für eine Wahrscheinlichkeitsaussage ist realer? Wir sollten uns hüten, dem einen oder dem anderen mehr Realitätsgehalt zuzuordnen. Die Wellenfunktion ist jedem einzelnen Teilchen gleichermaßen zugeordnet, obwohl nur sehr viele Teilchen unabhängig voneinander im Experiment ein Verhalten zeigen, dass durch $|\psi|^2$ beschrieben wird.

3.2 Wellenpaket und Teilchengeschwindigkeit

Mittels der Energie-Frequenzbeziehung (3.1) und der Verknüpfung von Teilchenimpuls mit Wellenzahl k (3.2) sowie der Beschreibung der Teilchenausbreitung durch eine Welle $\psi(\mathbf{r}, t)$ (3.3 und 3.4) ist der Ausgangspunkt für den Teilchen-Welle-Formalismus geschaffen. Insbesondere die statistische Interpretation der Wahrscheinlichkeitsdichte $\psi^*\psi$ für den Aufenthalt eines Teilchens am Ort $\mathbf{r}$ zur Zeit t hilft uns, die anschaulich schwierige Situation des Teilchen-Welle-Dualismus für Materie in einem mathematischen Formalismus auszudrücken. Es besteht noch die Schwierigkeit, dass für eine räumlich ausgedehnte Welle – im Grenzfall über den unendlichen Raum – die Geschwindigkeit eines Teilchens nicht zu beschreiben ist. Mit dem Begriff der Geschwindigkeit ist zweifellos die Geschwindigkeit eines mehr oder weniger räumlich begrenzten „Etwas“ verknüpft, eben eines in seiner Ausdehnung begrenzten Teilchens. Wie ist dieses Bild der Teilchen-Propagation mit dem ausgedehnter Wellen vereinbar? Hier hilft uns der mathematische Formalismus der Fourier-Transformation. Jede „normale“ Funktion (auf mathematische Details gehen wir nicht ein) lässt sich durch Superposition von ebenen Wellen, d. h. durch Aufsummation, bzw. ein Integral über unendlich viele Wellen mit kontinuierlich dicht liegenden Wellenzahlen k darstellen.

Ein Teilchen, das sich in einem begrenzten Raumbereich, in einer Dimension durch eine „Ausdehnung“ Δx beschrieben, lässt sich im einfachsten Fall durch eine Wellenfunktion ψ darstellen, die die Form einer Gauß-Glocke hat. $\psi^*\psi$ gibt dann die Wahrscheinlichkeitsdichte an, das Teilchen gerade im lokal begrenzten Bereich der Gauß-Funktion zu finden. Die Fourier-Entwicklung dieser Gauß-Funktion $\psi(x)$ nach ebenen Wellen stellt sich dar als

$$\psi(x) = \frac{1}{\sqrt{2\pi}} \int_{-\infty}^{\infty} a(k)\, \mathrm{e}^{\mathrm{i}kx}\, \mathrm{d}k \;, \tag{3.8a}$$

wobei $a(k)$ die Verteilung von Wellenzahlen k angibt, die nötig ist, um im Realraum auf der x-Achse die räumlich begrenzte Gauß-Glocke darzustellen. Die Wellenfunktion wird einfachheitshalber bei der Zeit $t = 0$ betrachtet. Es gilt dann allgemein für Fourier-Transformationen der Form (3.8a) die Umkehrtransformation:

$$a(k) = \frac{1}{\sqrt{2\pi}} \int_{-\infty}^{\infty} \psi(x)\, \mathrm{e}^{-\mathrm{i}kx}\, \mathrm{d}x \;. \tag{3.8b}$$

Nehmen wir also für $\psi(x)$ in (3.8a) eine Gauß-Funktion

$$\psi\left(x\right)=\left[2\pi\left(\Delta x\right)^{2}\right]^{-\frac{1}{4}}\exp\left(-\frac{x^{2}}{4\left(\Delta x\right)^{2}}\right) \tag{3.9}$$

an. Der Vorfaktor trägt der Normierung des Betragsquadrats $\psi^{*}\psi$ auf 1 Rechnung. Damit ergibt sich nach (3.8b) für die Verteilung $a(k)$ von Wellenzahlen k, die das Gauß-Paket (wir sprechen anschaulich von einem Paket von Wellen mit verschiedenem k) aufbauen.

$$\begin{aligned}a\left(k\right)&=\frac{1}{\sqrt{2\pi}}\int\limits_{-\infty}^{\infty}\left[2\pi\left(\Delta x\right)^{2}\right]^{-\frac{1}{4}}\exp\left(-\frac{x^{2}}{4\left(\Delta x\right)^{2}}\right)\exp\left(-\mathrm{i}kx\right)\,\mathrm{d}x\\&=\frac{1}{\sqrt[4]{\left(2\pi\right)^{3}\left(\Delta x\right)^{2}}}\int\limits_{-\infty}^{\infty}\exp\left(-\frac{x^{2}}{4\left(\Delta x\right)^{2}}\right)\exp\left(-\mathrm{i}kx\right)\,\mathrm{d}x\;.\end{aligned} \tag{3.10}$$

Mit

$$\begin{aligned}-\frac{x^{2}}{4\left(\Delta x\right)^{2}}-\mathrm{i}kx&=\frac{(-1)}{4\left(\Delta x\right)^{2}}\left(x^{2}+\mathrm{i}4\left(\Delta x\right)^{2}kx-4\left(\Delta x\right)^{4}k^{2}+4\left(\Delta x\right)^{4}k^{2}\right)\\&=\frac{(-1)}{4\left(\Delta x\right)^{2}}\left[\left(x+2\mathrm{i}\left(\Delta x\right)^{2}k\right)^{2}+4\left(\Delta x\right)^{4}k^{2}\right]\end{aligned} \tag{3.11a}$$

und

$$\gamma=\frac{\left(x+2\mathrm{i}\left(\Delta x\right)^{2}k\right)}{2\left(\Delta x\right)}\quad\text{bzw.}\quad\frac{\mathrm{d}\gamma}{\mathrm{d}x}=\frac{1}{2\left(\Delta x\right)} \tag{3.11b}$$

folgt

$$a(k)=\frac{2\left(\Delta x\right)}{\sqrt[4]{\left(2\pi\right)^{3}\left(\Delta x\right)^{2}}}\exp\left[-\left(\Delta x\right)^{2}k^{2}\right]\int\limits_{-\infty}^{\infty}\exp\left(-\gamma^{2}\right)\,\mathrm{d}\gamma\;. \tag{3.12a}$$

Das letzte bestimmte Integral ist gleich $\sqrt{\pi}$ und es ergibt sich schließlich für $a(k)$:

$$a\left(k\right)=\left(\frac{2}{\pi}\right)^{\frac{1}{4}}\left(\Delta x\right)^{\frac{1}{2}}\exp\left[-\left(\Delta x\right)^{2}k^{2}\right]=\left[\frac{4\left(\Delta x\right)^{2}}{2\pi}\right]^{\frac{1}{4}}\exp\left[-\left(\Delta x\right)^{2}k^{2}\right]\;. \tag{3.12b}$$

Dies ist wiederum eine Gauß-Kurve als Funktion von k. Eine Wellenfunktion $\psi(x)$ mit Gauß-Glockengestalt im Ortsraum stellt sich also als Superposition von ebenen Wellen $\exp(\mathrm{i}kx)$ dar, in der die Verteilung von k-Werten $a(k)$ wiederum durch eine Gauß-Kurve (3.12b) beschrieben wird.

Vergleichen wir (3.12b) mit der üblichen Darstellung einer Gauß-Kurve als Funktion von k mit Δk als Breite der k-Verteilung.

$$a(k) = \frac{1}{2\pi(\Delta k)^2} \exp\left[-\frac{k^2}{4(\Delta k)^2}\right] , \tag{3.12c}$$

so muss gelten

$$\Delta k \Delta x = \frac{1}{2} . \tag{3.13}$$

Wir können zusammenfassen: Teilchen- und Wellenbild lassen sich vereinen, indem wir dem räumlich begrenzten Teilchen eine räumlich begrenzte Wellenfunktion $\psi(x)$ (3.8) zuordnen, die sich durch eine unendlich große Anzahl ebener Wellen $\exp(\mathrm{i}kx)$ mit einer Verteilung der k-Werte gemäß $a(k)$ (3.10, 3.12) darstellen lässt. Die Propagation eines räumlich lokalisierten Teilchens kann durch die Ausbreitung unendlich vieler ebener Wellen im Raum beschrieben werden. Für eine gaußförmige Wellenfunktion mit der räumlichen Breite Δx zur Beschreibung des Teilchens wird eine gaußförmige Wellenzahlverteilung $a(k)$ benötigt, die die Breite $\Delta k = \frac{1}{2}(\Delta x)^{-1}$ besitzt.

Wir bezeichnen – recht anschaulich – die räumlich begrenzte Wellenfunktion $\psi(x)$ eines Teilchens als Wellenpaket. Dieses Wellenpaket setzt sich aus unendlich vielen gaußverteilten ebenen Wellen zusammen.

Bisher haben wir Wellenpaket $\psi(x)$ und die zugehörige k-Verteilung $a(k)$ beim Zeitpunkt $t = 0$ betrachtet. Die Zeitentwicklung des Wellenpakets lässt sich einfach darstellen unter Hinzunahme der Frequenzen $\omega(k) = \frac{1}{\hbar}E(k)$ der beteiligten ebenen Wellen. Das in der Zeit sich bewegende gaußförmige Wellenpaket stellt sich dann dar als:

$$\psi(x,t) = \int \mathrm{d}k a(k)\, \mathrm{e}^{\mathrm{i}(kx-\omega t)} \propto \int \mathrm{d}k\, \mathrm{e}^{-\left(\frac{k-k_0}{2\Delta k}\right)^2} \mathrm{e}^{\mathrm{i}(kx-\omega(k)t)} . \tag{3.14}$$

Hierbei ist die Verteilung der beteiligten ebenen Wellen um eine zentrale Wellenzahl k_0 gaußförmig mit der Breite Δk verteilt. Alle diese Wellen bewegen sich in der Zeit mit den Frequenzen $\omega(k)$. Falls die Gaußverteilung $a(k)$ nicht zu breit ist, können wir $\omega(k)$ um k_0 herum entwickeln:

$$\omega(k) = \omega(k_0) + \frac{\partial \omega}{\partial k}\Big|_{k_0} (k - k_0) . \tag{3.15}$$

Damit folgt aus (3.14) nach Multiplikation mit $\exp(\mathrm{i}k_0 x)\exp(-\mathrm{i}k_0 x) = 1$

$$\psi(x,t) \propto \mathrm{e}^{\mathrm{i}(k_0 x-\omega(k_0)t)} \int \mathrm{d}k\, \mathrm{e}^{-\left(\frac{k-k_0}{2\Delta k}\right)^2} \mathrm{e}^{\mathrm{i}\left(x-\frac{\partial\omega}{\partial k}t\right)(k-k_0)} . \tag{3.16}$$

Diese Wellenfunktion ist leicht zu interpretieren als gaußförmiges Wellenpaket, dessen Maximum sich nicht bei x sondern bei $x - \frac{\partial \omega}{\partial k}|_{k_0} t$ befindet.

Das Wellenpaket ist multipliziert mit der ebenen Welle $\exp[\mathrm{i}(k_0 x - \omega(k_0)t)]$, die der zentralen Wellenzahl k_0 bzw. deren Frequenz $\omega(k_0)$ entspricht. Das Maximum dieses Wellenpakets bewegt sich also mit der Geschwindigkeit

$$v = \left. \frac{\partial \omega}{\partial k} \right|_{k_0} \tag{3.17}$$

längs der x-Achse.

Man bezeichnet (3.17) als Gruppengeschwindigkeit des Wellenpakets im Gegensatz zur Phasengeschwindigkeit $v_{\text{phase}} = \omega/k$ der einzelnen ebenen Wellen (ω, k), aus denen das Paket aufgebaut ist. Im Teilchen-Wellen-Bild wird die Gruppengeschwindigkeit (3.17) mit der Geschwindigkeit eines sich bewegenden Teilchens identifiziert. Im dreidimensionalen Raum (3D) gilt der gleiche Formalismus, d. h. die Integrale (3.8–3.10) sind über 3D-Vektoren $\mathbf{r}$ und $\mathbf{k}$ mittels $\mathrm{d}^3 r$ und $\mathrm{d}^3 k$ auszuführen und die Gruppengeschwindigkeit ist als Gradient der Frequenz bzw. Energie des Teilchens aufzufassen:

$$v = \nabla_k \omega(k) = \frac{1}{\hbar} \nabla_k E(k) \ . \tag{3.18}$$

Bei Lichtwellen im Vakuum mit $\omega = ck$ ist die Gruppengeschwindigkeit $\partial\omega/\partial k$ gleich der Phasengeschwindigkeit $\omega/k = c$, d. h. eine Konstante, die Lichtgeschwindigkeit c. Alle ebenen Lichtwellen, die ein Wellenpaket aufbauen, laufen mit der gleichen Geschwindigkeit c. Das Wellenpaket behält seine Gestalt während der Propagation durch den Raum bei.

Für Materiewellen gilt $E = \hbar\omega = \hbar^2 k^2/2m$, d. h. die Gruppengeschwindigkeit des Teilchens $\partial\omega/\partial k = \hbar k/m = p/m$ ist nicht gleich der Phasengeschwindigkeit $\omega/k = \hbar k/2m$ der einzelnen Wellen (ω, k), die das Paket aufbauen. Während sich also der Schwerpunkt des Wellenpakets, mit der Teilchengeschwindigkeit p/m fortbewegt, laufen die einzelnen Wellen (ω, k), die das Paket aufbauen, mit verschiedenen Geschwindigkeiten. Kurzwellige Wellen (größeres k) laufen schneller als langwellige, sie überholen diese.

Dies führt zu einer Verbreiterung des Wellenpakets während der Propagation (Abb. 3.2). Dieses Phänomen nennt man Dispersion. Materiewellen zeigen Dispersion, während Lichtwellen im Vakuum sich wegen $\omega \propto k$ dispersionsfrei fortbewegen.

Die hier als Gruppengeschwindigkeit $v = \partial\omega/\partial k$ eines Wellenpakets definierte Teilchengeschwindigkeit muss zu konsistenten Aussagen bezüglich der Energie-Frequenz und Impuls-Wellenzahlvektor-Beziehungen (3.1) und (3.2) führen. Wir können wegen der klassischen Teilchenenergie $E = \frac{1}{2}mv^2$ die Geschwindigkeit eines Teilchens im Partikelbild $v = \partial E/\partial p$ (mit $p = mv$) und im Wellenbild $v = \partial\omega/\partial k$ nur miteinander verbinden, wenn sowohl E proportional zur Frequenz ω als auch p über die gleiche Konstante $\hbar$ zur Wellenzahl k ist. Diese Konstante $\hbar = h/2\pi$ ist gerade die in Abschn. 2.1 betrachtete Plancksche Konstante. Da wir später sehen werden, dass bei der Streuung von Wellen aneinander die Summe der Wellenzahlen erhalten bleibt, andererseits aber auch in einem Partikelstoß die Summe der Impulse $\hbar k$ erhalten bleibt, muss $\hbar$ bzw. h eine universelle Konstante für alle Teilchen bzw. deren Wellendarstellung sein.

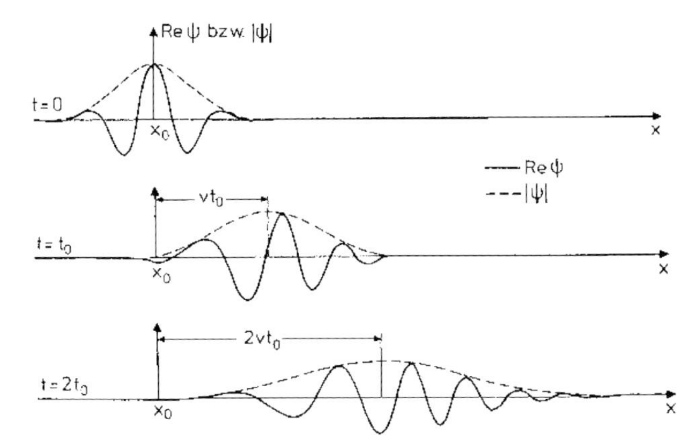

Abb. 3.2. Schematische Darstellung eines Wellenpakets ($Re\psi$: durchgezogene Linie, $|\psi|$: gestrichelt), das die Bewegung eines räumlich lokalisierten freien Elektrons beschreibt, für verschiedene Zeiten $t = 0, t_0, 2t_0, \ldots$. Das Zentrum des Wellenpakets, d. h. im Teilchenbild das Elektron selbst, wandert mit der Gruppengeschwindigkeit $v = \partial\omega/\partial k$, wobei sich die Halbwertsbreite von $|\psi|$ mit der Zeit vergrößert. Die Wellenlänge der Oszillationen von $Re\psi$ wird beim „Auseinanderlaufen" des Paketes auf der Vorderseite kleiner und sie wächst auf der Rückseite

3.3 Die Unschärfe-Relation

Aus der wellenartigen Darstellung eines Teilchens durch ein Wellenpaket mit der räumlichen Ausdehnung Δx folgt unmittelbar nach (3.13), dass die Halbwertsbreite Δk der dazu erforderlichen Wellenzahlenverteilung $a(k)$ umgekehrt proportional zur räumlichen Halbwertsbreite des Paketes ist. Für ein gaußförmiges Wellenpaket folgt quantitativ (3.13). Das gaußförmige Wellenpaket ist ein Spezialfall einer im Raum eingeschränkten Wellenfunktion, die ein lokalisiertes Teilchen beschreiben kann. Wir können uns viele andere mathematische Darstellungen räumlich über einen begrenzten Bereich Δx eingeschränkter Funktionen ausdenken, z. B. einen rechteckigen Kasten der Breite Δx oder die Funktion $\sin^2 x/x^2$. Je nach Problemstellung sind alle diese Wellenpakete in der Lage, die Propagation eines Teilchens im Raum zu beschreiben. Entwickeln wir diese räumlich beschränkten Funktionen (Wellenpaket) in eine Fourier-Reihe, so werden wir immer eine im Raum der Wellenzahlen k beschränkt ausgedehnte Verteilung $a(k)$ finden, bei der sich eine, wie auch immer im Detail definierte, Spreizung der k-Werte über einen endlichen Bereich Δk ergeben wird (Abb. 3.3). Hierbei gilt immer analog zu (3.13)

$$\Delta x \cdot \Delta k \sim 1 \ . \tag{3.19}$$

Diese Beziehung zwischen der „Breite" einer Ortsfunktion Δx und der ihrer Fourier-Transformierten Δk führt auf eine wichtige physikalische Aussage. Im Sinne der Wahrscheinlichkeitsinterpretation der Wellenfunktion (Abschn. 3.1) müssen wir die Breite des Wellenpakets Δx als den Raumbereich

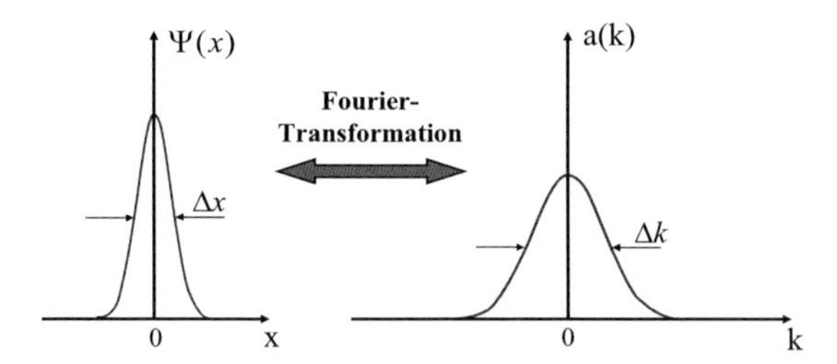

Abb. 3.3. Gaußförmiges Wellenpaket $\psi(x)$ einer Breite Δx im Ortsraum und dessen Fourier-Zerlegung $a(k)$ im Raum der Wellenzahlen k. $a(k)$ sind die Amplituden von harmonischen Wellen, die als Summe (Integral) über k $\psi(x)$ aufbauen. Die Verteilung $a(k)$ ist wieder gaußförmig

auffassen, in dem das Teilchen bei einer Messung gefunden werden kann, wo auch immer genau in Δx ist völlig unbestimmt. Dementsprechend ist dann aber auch der Wellenzahlverkehr k des Teilchens unbestimmt und zwar innerhalb eines Bereiches Δk. Da $p = \hbar k$ der Impuls des Teilchens ist, können wir Ort und Impuls des Teilchens nur innerhalb gewisser Bandbreiten Δx und Δp mit

$$\Delta x \cdot \Delta p \sim \hbar \tag{3.20}$$

angeben.

Eine „scharfe" Messung des Ortes $\Delta x = 0$ beinhaltet gleichzeitig eine unendlich große p-Unschärfe, d. h. Unkenntnis des Teilchenimpulses, und umgekehrt. (3.20) ist die berühmte, erstmals von Heisenberg aufgestellte **Unschärfereaktion** [1]. Wäre $\hbar$ vernachlässigbar klein, wie in der klassischen Physik angenommen, dann könnten wir Ort und Impuls gleichzeitig beliebig genau messen, so wie dies auch in der Newtonschen Mechanik der Fall ist. Die Unschärferelation ist also fundamental für den Teilchen-Welle-Dualismus der Quantenmechanik und für das im atomaren Bereich statistische Verhalten von Teilchen. Wir werden sehen, dass es außer Ort und Impuls viele Messgrößen gibt, die nicht gleichzeitig beliebig genau gemessen werden können. Man nennt solche Messgrößen komplementär oder inkommensurabel und das Prinzip der nicht gleichzeitigen Messbarkeit das Komplementaritätsprinzip. Größen, die gleichzeitig messbar sind, heißen kommensurabel.

Hier ist es besonders interessant, darauf hinzuweisen, dass schon in der klassischen Mechanik genau die komplementären Messgrößen Ort und Impuls als sog. kanonisch konjugierte Variable auftreten. Darüber mehr im folgenden Abschnitt.

Die Unschärferelation muss natürlich allgemeine Gültigkeit haben, d. h. auch in der makroskopischen Welt. Betrachten wir z. B. ein Geschoss, das sich mit einer Geschwindigkeit von $v = 10^5\,\mathrm{cm/sec}$ (Überschallgeschwindigkeit) und einer Unsicherheit in der Geschwindigkeit von $\Delta v = 10^{-2}\,\mathrm{cm/sec}$ ($\Delta p = m \cdot 10^{-2}\,\mathrm{cm/sec}$) bewegt, so ist die Unschärfe in der Ortsbestimmung $\Delta x \approx (1/m) \cdot 10^{-25}\mathrm{gcm}$. Bei einer Masse von nur $10^{-3}\mathrm{g}$ führt dies auf eine

Ortsunschärfe Δx von etwa 10^{-22} cm, d. h. etwa 10^{-14} Atomradien. Selbst für kleine makroskopische Körper ist die Unschärfereaktion also belanglos. Sie gewinnt erst Bedeutung im atomaren Bereich.

Aus der Orts-Impulsunschärfe eines Teilchens können wir gleich eine weitere „sekundäre" Unschärferelation ableiten. Ein Teilchen, dessen Ort nur innerhalb einer Unschärfe Δx festgelegt ist, bewegt sich über eine Stelle x innerhalb einer gewissen Zeitspanne Δt hinweg.

$$\Delta t = \frac{\Delta x}{v} = \frac{m\Delta x}{p} \tag{3.21}$$

ist also die Zeit, die ein Wellenpaket mit der linearen Ausdehnung Δx für den Durchgang durch den Ort x benötigt. Wegen $E = p^2/2m$ und $\Delta E = p\Delta p/m$ folgt aus (3.20) und (3.21)

$$\Delta E \cdot \Delta t = \Delta x \Delta p \sim \hbar \, . \tag{3.22}$$

Es gilt also auch für Energie und Zeit eine Unschärferelation, die jedoch einen anderen Charakter hat als die Orts-Impuls-Unschärfe. Ort und Impuls sind beobachtbare Größen, während die Zeit die Rolle eines Parameters in der nichtrelativistischen Physik spielt.

Dennoch wollen wir festhalten, dass eine Energiemessung mit der Genauigkeit ΔE mindestens eine Zeit $\Delta t \approx \hbar/\Delta E$ benötigt.

Die Energie-Zeit-Unschärferelation (3.22) hat auch Gültigkeit für den Fall, dass ein angeregter atomarer Zustand (angeregtes Atom, radioaktiver Kern oder instabiles Elementarteilchen) zur Aussendung eines Teilchens führt. Hat der instabile angeregte Zustand eine mittlere Lebensdauer τ, so steht das emittierte Teilchen während der Zeit τ mit dem instabilen Objekt in Wechselwirkung. Die Zeitunschärfe für die Aussendung ist also τ. Damit wird das Teilchen mit einer Energieunschärfe

$$\Delta E \approx \hbar/\tau \tag{3.23}$$

ausgesendet. Die Energiebreite der Emissionslinie auf der Energieskala gibt also Auskunft über die mittlere Lebensdauer des angeregten Zustandes, aus dem die Emission des Teilchens erfolgt.

3.4 Ein Ausflug in die klassische Mechanik

Wir haben gesehen, dass die Unschärferelation (3.20) eine wesentliche Voraussetzung der Quantenmechanik ist, dass sie jedoch für viele Atome in einem makroskopischen Körper, selbst wenn er sehr klein ist, keine Bedeutung besitzt. Dies ist wesentlich, weil im Grenzfall vieler atomarer Teilchen die Gesetze der Quantenmechanik in die der klassischen, deterministischen Newtonschen Mechanik übergehen müssen. Für unsere gewohnte makroskopische

Umwelt ist die klassische Mechanik „richtig“. Ingenieure berechnen Brücken, Autos und Flugzeuge nach ihren Gesetzen und liefern uns verlässliche Systeme, in denen wir „überleben“.

Man kann die klassische Mechanik also auch als eine Extrapolation der Quantenmechanik in makroskopische Dimensionen auffassen. Dementsprechend erwarten wir eine sehr große Ähnlichkeit quantenmechanischer Prinzipien zu Regeln der klassischen Mechanik, anders wäre die Korrespondenz zwischen beiden Theorien nicht zu verstehen. Dies wiederum hilft uns, die Gesetze der Quantenmechanik zu erraten oder zu verstehen, indem wir auf wichtige Zusammenhänge der klassischen Physik „schielen“ und sie zu erweitern trachten. Dieses Prinzip der Ähnlichkeit zwischen klassischer Mechanik und Quantenmechanik nennt man deshalb **Korrespondenzprinzip**.

Das Korrespondenzprinzip begegnet uns schon bei der Unschärferelation, in der zwei Messgrößen, Ort und Impuls eines Teilchens, nicht gleichzeitig messbar, d. h. inkommensurabel sind. Genau diese beiden Größen sind schon in der klassischen Mechanik als sog. kanonisch konjugierte Variable ausgezeichnet. Um dies besser zu verstehen, müssen wir eine Formulierung der klassischen Mechanik betrachten, die von Hamilton (1805–1865) als völlig gleichwertig zur Newtonschen Mechanik eingeführt wurde.

Die Grundgleichung für die (Beschleunigung $\ddot{x}$) eines Massenpunkts der Masse m lautet nach Newton

$$m\ddot{x} = K(x) = -\frac{\mathrm{d}V}{\mathrm{d}x} , \tag{3.24}$$

wo $K(x)$, die wirkende Kraft, als Gradient eines Potentials $V(x)$ darstellbar ist. Hierbei ist $p = m\dot{x}$, der Impuls, eine bei Stößen wichtige Erhaltungsgröße. Hamilton fand nun heraus, dass sich für komplexe Systeme die Bewegungsgleichung (3.24) mathematisch einfacher lösen lässt, wenn man von der sog. **Hamiltonschen Funktion** H ausgeht, die die Gesamtenergie eines mechanischen Systems darstellt, d. h. für einen Massenpunkt

$$H = T + V = \frac{p^2}{2m} + V(x) , \tag{3.25}$$

wo $T = p^2/2m$ die kinetische und $V(x)$ die potentielle Energie ist.

Im Rahmen dieser Beschreibung liefern dann die Hamiltonschen Gleichungen einen formal einfachen Weg, ein dynamisches Problem zu lösen. Diese Gleichungen, wunderschön in ihrer Symmetrie, lauten

$$\dot{x} = \frac{\partial H}{\partial p} , \tag{3.26a}$$

$$\dot{p} = -\frac{\partial H}{\partial x} . \tag{3.26b}$$

Wenden wir z. B. (3.26a) auf (3.25) an, so erhalten wir $p = m\dot{x}$, die Beziehung zwischen Impuls und Geschwindigkeit. (3.26b) angewendet auf

(3.25) ergibt

$$\dot{p} = m\ddot{x} = -\frac{\partial H}{\partial x} = -\frac{\partial V}{\partial x} = K(x) \ , \tag{3.27}$$

d. h. die Newtonsche Bewegungsgleichung. Die Variablen x und p werden hier als unabhängig voneinander betrachtet. Im Hamilton-Formalismus, ausgedrückt durch (3.25) und (3.26), ist die Newtonsche Mechanik also vollständig wiedergegeben.

Jedoch ist der Hamilton-Formalismus erweiterungsfähig auf andere Bewegungsgrößen als x und p. Dies führt zu mathematischen Vereinfachungen, wenn eine sich bewegende Masse Zwangsbedingungen unterliegt, d. h. sog. Führungskräfte gewisse Freiheitsgrade der Bewegung ausschalten. Als Beispiel betrachten wir das ebene Pendel, bei dem eine Masse im Schwerefeld (mg = Schwerkraft) durch einen Faden der Länge l auf Abstand gehalten um ein Zentrum P schwingt. Die Führungskraft, durch den Faden vermittelt, hält die Masse auf einer Kreisbahn um P (Zwangsbedingung) (Abb. 3.4). Statt die zweidimensionale Bewegung der Pendelmasse durch x und y zu beschreiben, bietet es sich an, der Zwangsbedingung Rechnung zu tragen und als verallgemeinerte „Ortskoordinate“ den Winkel φ (Abb. 3.4) einzuführen. Da der Weg der Masse auf der Kreisbahn um P $s = l\varphi$ ist, ergibt sich für die Hamilton-Funktion

$$\begin{aligned} H = T + V &= \frac{1}{2}m\dot{s}^2 + mgl\,(1 - \cos\varphi) \\ &= \frac{1}{2}ml^2\dot{\varphi}^2 + mgl\,(1 - \cos\varphi) \ . \end{aligned} \tag{3.28}$$

Im Hamilton-Formalismus (3.25) und (3.26) ersetzen wir also x durch die verallgemeinerte Koordinate $q = \varphi$ d. h. $\dot{q} = \dot{\varphi}$ und erhalten aus (3.26b) und (3.28)

$$\dot{p} = -\frac{\partial H}{\partial \varphi} = -mgl\sin\varphi \ . \tag{3.29a}$$

Analog zum Koordinatenpaar $(x, p = m\dot{x})$ muss $p \propto \dot{\varphi}$ sein. Damit folgt aus (3.26a) und (3.28)

$$\dot{q} = \dot{\varphi} = \frac{\partial H}{\partial p} \propto \frac{\partial H}{\partial \dot{\varphi}} = ml^2\dot{\varphi} \ . \tag{3.29b}$$

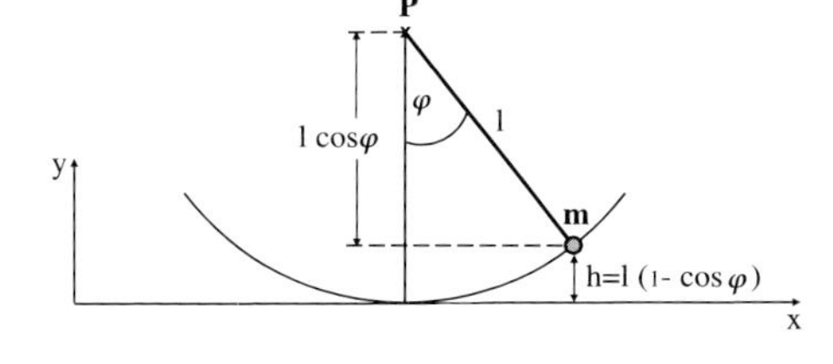

Abb. 3.4. Ideales Pendel, bei dem der Massenpunkt m im Abstand l um das Drehzentrum P auf einer Kreisbahn schwingt

Hiermit ergibt sich sofort

$$\dot{q} = \frac{\partial H}{\partial\,(ml^2\dot{\varphi})} = \frac{\partial H}{\partial p}\;, \tag{3.29c}$$

d. h.

$$p = ml^2\dot{\varphi}\;.$$

(3.29a) zusammen mit (3.29b) und (3.29c) ergeben die Bewegungsgleichung des Pendels

$$\dot{p} = ml^2\ddot{\varphi} = -mgl\sin\varphi\;,$$

bzw.

$$\ddot{\varphi} + \frac{g}{l}\sin\varphi = 0\;. \tag{3.30}$$

Für kleine Auslenkungen ($\varphi \ll \pi$) folgt mit der Schwingungsfrequenz $\omega^2 = g/l$ die bekannte Pendelgleichung

$$\ddot{\varphi} + \omega^2\varphi = 0\;, \tag{3.31}$$

die sinusförmige Winkelauslenkungen φ der Masse m um ihre Ruhelage $\varphi = 0$ ergibt.

Das einfache Beispiel des Pendels sollte nur zeigen, dass in der Hamiltonschen Mechanik jeweils zwei verallgemeinerte, sog. kanonisch-konjugierte Variable ($q = x$, $p = m\dot{x}$) oder beim Pendel ($q = \varphi$, $p = ml^2\dot{\varphi}$) auftreten, nach denen die Hamilton-Funktion abgeleitet wird, um die Zeitableitung der jeweils anderen Koordinate zu liefern. Genau diese kanonisch-konjugierten Variablen der Hamiltonschen Mechanik unterliegen in der Quantenmechanik der Unschärferelation, sie sind dort inkommensurabel. Wie es die Unschärferelation (3.20) verlangt, hat das Produkt dieser Variablen immer die Dimension einer Wirkung (= Energie · Zeit), so wie das Plancksche Wirkungsquantum $h = 2\pi\hbar$. Man prüfe leicht nach, dass die Dimension von $\varphi ml^2\dot{\varphi}$ gerade gleich Joule-Sekunde ist.

Ein weiterer Vorteil der Hamiltonschen Formulierung der klassischen Mechanik besteht darin, dass sie sofort auf Vielteilchenprobleme in der Form

$$\dot{p}_i = -\frac{\partial H}{\partial q_i} \quad \text{und} \quad \dot{q}_i = \frac{\partial H}{\partial p_i} \tag{3.32}$$

übertragbar ist. Hierbei sind p_i und q_i die verallgemeinerten Orts- und Impulskoordinaten der mit i nummerierten Teilchen. (3.32) liefert $2n$-Gleichungen ersten Grades für ein System mit n Freiheitsgraden.

Die hier gefundene Korrespondenz zwischen den quantenmechanisch inkommensurablen Größen Ort und Impuls und den kanonisch-konjugierten Variablen q und p der Hamilton-Mechanik werden wir in Zukunft verallgemeinern und sie als Leitlinie zum Auffinden weiterer inkommensurabler Größen in der Quantenmechanik benutzen. Weiterhin wird uns die Hamilton-Funktion (3.25) als Hilfe bei der Aufstellung der allgemeinen quantenmechanischen Bewegungsgleichung, der Schrödinger-Gleichung, dienen.

3.5 Observable, Operatoren und Schrödinger-Gleichung

Wellenfunktionen $\psi(\mathbf{r}, t)$ geben in der Form $\psi^* \psi d^3 r$ nur noch Wahrscheinlichkeiten für den Aufenthalt eines Teilchens innerhalb des Volumenelements $d^3 r$ bei $\mathbf{r}$ zur Zeit t an. Liege für ein physikalisches System also eine Wellenfunktion $\psi(\mathbf{r}, t)$ vor, so wird eine Ortsmessung an einem Teilchen zwar einen bestimmten Ort $\mathbf{r}$ zu einer Zeit t ergeben, aber viele gleichartige Ortsmessungen an ein und derselben Wellenfunktion werden statistisch verteilte Orte $\mathbf{r}$ als Messergebnis liefern, eben weil das atomare Geschehen nur statistisch beschreibbar ist. Wir können den Ausgang einer Ortsmessung zur Zeit t bei Vorliegen der Wellenfunktion $\psi(\mathbf{r}, t)$ also nur durch einen Mittelwert der Ortskoordinate $\langle r \rangle$ zur Zeit t beschreiben. Eine mittlere Ortskoordinate $\langle r \rangle$ ergibt sich natürlich auch wie beim Doppelspaltexperiment, wenn sehr viele Teilchen als Ensemble unter gleichartigen Bedingungen beobachtet werden.

In der klassischen Statistik wird ein Mittelwert $\langle Y \rangle$ durch Wichtung einer statistisch, diskret verteilten Größe Y_i mit deren Wahrscheinlichkeit w_i (für ihr Auftreten) errechnet:

$$\langle Y \rangle = \frac{\sum_i w_i Y_i}{\sum_i w_i} \ . \tag{3.33}$$

Meistens ist dabei w_i normiert, sodass gilt $\sum_i w_i = 1$. Analog bilden wir den Ortsmittelwert $\langle r \rangle$ als mittleres Ergebnis, d. h. als Erwartungswert, vieler gleichartiger Ortsmessungen an ein und derselben Wellenfunktion, bzw. der Beobachtung an einem Ensemble vieler Teilchen

$$\langle \mathbf{r} \rangle = \int \mathrm{d}^3 r \, |\psi|^2 \, \mathbf{r} = \int \mathrm{d}^3 r \psi^* (\mathbf{r}, t) \, \mathbf{r} \, \psi (\mathbf{r}, t) \ . \tag{3.34}$$

Hierbei geht ein, dass die Wellenfunktion eines Teilchens normiert ist (Abschn. 3.1).

Die Wellenfunktion eines räumlich begrenzten Wellenpakets (z. B. Gaußpaket, Abschn. 3.2) ist von dem Typ, dass eine mittlere Koordinate $\langle x \rangle$ das Maximum der räumlichen Verteilung angibt und deren Änderung in der Zeit $\frac{\partial}{\partial t} \langle x \rangle$ gerade der Teilchengeschwindigkeit $v = \partial \omega / \partial k$ (Gruppengeschwindigkeit) entspricht.

Wegen der Unschärferelation (Abschn. 3.3) ist für ein solches Wellenpaket aber auch der Impuls $\mathbf{p}$ bei einer Impulsmessung nur als statistischer Mittelwert $\langle \mathbf{p} \rangle$ an einem Ensemble von vielen Teilchen definiert. Jede einzelne Impulsmessung an einem speziellen Teilchen ergibt statistisch schwankende Zahlen für den Impulswert. Analog zu (3.34) ist der Mittelwert einer Impulsmessung an einem Ensemble von Teilchen

$$\langle \mathbf{p} \rangle = \int \mathrm{d}^3 r \psi^* (\mathbf{r}, t) \, \mathbf{p} \, \psi (\mathbf{r}, t) \ . \tag{3.35}$$

Weil Teilchenwellen Dispersion zeigen, d. h. weil $E(\mathbf{k}) = \hbar \omega(\mathbf{k}) = h^2 k^2 / 2m$ gilt, sind bei einer statistischen Verteilung der Impulse $\mathbf{p} = \hbar \mathbf{k}$ auch die

Teilchenenergien $E = \hbar\omega(\mathbf{k})$ statistisch verteilt. An einem Wellenpaket kann eine Energiemessung also auch nur durch einen Energiemittelwert

$$\langle E \rangle = \langle \hbar\omega \rangle = \int \mathrm{d}^3 r \psi^* (\mathbf{r}, t)\, \hbar\omega \psi (\mathbf{r}, t) \tag{3.36}$$

beschrieben werden.

Für ebene Wellen $\exp[\mathrm{i}(\mathbf{k} \cdot \mathbf{r} - \omega t)]$ und Wellenpakete, die daraus aufgebaut sind, lassen sich in (3.35) und (3.36) die beiden letzten Terme in den Integralen auch durch Differenzieren der Wellenfunktion erhalten:

$$\mathbf{p}\psi (\mathbf{r}, t) = \frac{\hbar}{\mathrm{i}} \boldsymbol{\nabla} \psi (\mathbf{r}, t) \ , \tag{3.37}$$

$$E\psi = \hbar\omega\psi (\mathbf{r}, t) = -\frac{\hbar}{\mathrm{i}} \frac{\partial}{\partial t} \psi (\mathbf{r}, t) \ . \tag{3.38}$$

Die Mittelwerte (3.35) und (3.36) lassen sich also auch schreiben als

$$\langle \mathbf{p} \rangle = \int \mathrm{d}^3 r \psi^* \left(\frac{\hbar}{\mathrm{i}} \boldsymbol{\nabla} \right) \psi \ , \tag{3.39}$$

$$\langle E \rangle = \int \mathrm{d}^3 r \psi^* \left(\mathrm{i}\hbar \frac{\partial}{\partial t} \right) \psi \ . \tag{3.40}$$

Hierbei ist natürlich die Reihenfolge ψ^* – Differenziervorschrift – ψ streng einzuhalten, weil bei einer vertauschten Reihenfolge nicht p und E gemittelt würden, sondern ein völlig anderes Ergebnis herauskäme.

Da nun schon einmal eine Messgröße – man sagt auch **Observable** – in der Quantenmechanik bei Vorliegen einer allgemeinen Wellenfunktion nur statistisch variierende Einzelwerte bei den entsprechenden Messungen ergibt (Messungen an einem Ensemble von Teilchen ergeben Mittelwerte), nimmt man am besten Abschied von der Beschreibung des Impulses oder der Energie durch feste wohldefinierte Werte wie in der klassischen Mechanik. Dies entspricht genau dem Geiste der Unschärferelation. Man ordnet den Observablen „Impuls“ und „Energie“ sog. Operatoren $\hat{\mathbf{p}}$ bzw. $\hat{H}$ (für Energie) mittels folgender Vorschrift zu:

$$\hat{\mathbf{p}} = \frac{\hbar}{\mathrm{i}} \boldsymbol{\nabla} \ , \tag{3.41}$$

$$\hat{H} = \mathrm{i}\hbar \frac{\partial}{\partial t} \ . \tag{3.42}$$

Hierdurch umgehen wir u. a. ein Problem, das wir bei der Darstellung von $\langle \mathbf{p} \rangle$ in (3.35) stillschweigend unterdrückt haben: Da $\mathbf{p}$ und $\mathbf{r}$ nicht gleichzeitig beliebig genau angebbar sind (Unschärferelation), könnten wir (3.34), (3.35) bzw. (3.36) eigentlich gar nicht ausrechnen mit $\mathbf{p}$ und $\mathbf{r}$ als Zahlenangaben. Solche Messzahlen existieren nicht gleichzeitig.

Operatoren, d. h. Rechenvorschriften, die auf eine Wellenfunktion wirken, also immer nur vor einer Wellenfunktion angeordnet sind, kennzeichnen wir im Folgenden, wie in (3.41) und (3.42), durch das Dachsymbol $\wedge$ über dem Buchstaben. Der Energieoperator $\hat{H}$ wird üblicherweise mit Blick auf die Hamiltonfunktion (Abschn. 3.4) als **Hamilton-Operator** (Hamiltonian) bezeichnet. Damit lassen sich die Mittelwerte – man sagt auch anschaulich Erwartungswerte – von Impuls bzw. Energiemessungen schreiben

$$\langle \mathbf{p} \rangle = \int \mathrm{d}^3 r \psi^* \hat{\mathbf{p}} \psi \,, \tag{3.43}$$

$$\langle E \rangle = \int \mathrm{d}^3 r \psi^* \hat{H} \psi \,. \tag{3.44}$$

Führt man an einem einzigen Teilchen jedoch eine Energie- oder Impulsmessung durch, so liefert diese Messung natürlich eine feste wohldefinierte Zahl E oder einen Vektor $\mathbf{p}$. Hierbei schwanken die Messzahlen an einem Ensemble gleicher Teilchen unter gleichen Bedingungen natürlich gemäß $|\psi|^2$ bzw. (3.43) und (3.44). Für die möglichen Ergebnisse $\mathbf{p}$ bzw. E von Einzelmessungen gelten dabei (3.37) und (3.38) bzw. in der Schreibweise der Operatoren:

$$\hat{\mathbf{p}} \psi (\mathbf{r}, t) = \mathbf{p} \, \psi (\mathbf{r}, t) \;, \tag{3.45}$$

$$\hat{H} \psi (\mathbf{r}, t) = E \psi \; (\mathbf{r}, t) \;. \tag{3.46}$$

Analog können wir auch der Ortsobservablen $\mathbf{x}$ (oder $\mathbf{r}$) einen Ortsoperator $\hat{\mathbf{x}}$ (oder $\hat{\mathbf{r}}$) zuordnen, der nichts anderes als Multiplikation der Wellenfunktion mit der Zahl x, oder dem Vektor $\mathbf{r}$ bedeutet:

$$\hat{\mathbf{x}} \psi (\mathbf{r}, t) = \mathbf{r} \psi (\mathbf{r}, t) \;. \tag{3.47}$$

Für alle Funktionen von $\mathbf{r}$ bzw. $\mathbf{x}$, z. B. das Potential $V(\mathbf{r})$, in dem sich ein Massenpunkt bewegt, gilt analog, dass der Operator $\hat{V}$ nur Multiplikation von $V(\mathbf{r})$ mit der Wellenfunktion bedeutet.

Die Gleichungen (3.45)–(3.47) heißen Eigenwertgleichungen für die jeweiligen Operatoren $\hat{\mathbf{p}}$, $\hat{H}$ und $\hat{\mathbf{x}}$. Aus der Mathematik der Matrizen (lineare Algebra) sind Eigenwertgleichungen bekannt. Dort haben sie die Gestalt (s. Abschn. 4.3.1)

$$\underline{\underline{A}} \begin{pmatrix} \alpha \\ \beta \end{pmatrix} = \begin{pmatrix} a & b \\ c & d \end{pmatrix} \begin{pmatrix} \alpha \\ \beta \end{pmatrix} = \lambda \begin{pmatrix} \alpha \\ \beta \end{pmatrix} . \tag{3.48}$$

Eine Matrix $\underline{\underline{A}}$ (hier zweidimensional) multipliziert mit einem Vektor (sie „wirkt" auf den Vektor), ergibt wiederum den Vektor selbst, multipliziert mit einer „einfachen" Zahl λ. Dies ist nur unter gewissen Bedingungen möglich, aber dann repräsentiert diese Zahl λ die Wirkung der ganzen Matrix. Ist (3.48) erfüllt, nennt man die Zahl λ Eigenwert zur Matrix $\underline{\underline{A}}$. Für diesen Fall einer zweispaltigen Matrix gibt es zwei Eigenwerte λ_1, λ_2. Für höhere Dimensionen existieren natürlich so viele Eigenwerte wie die Anzahl der Dimensionen. Analog kann man sagen, dass wegen der Gleichungen (3.45)–(3.47) die Operatoren $\hat{\mathbf{p}}$ (Impuls), $\hat{H}$ (Energie), $\hat{\mathbf{x}}$ (Ort) als Eigenwerte gerade die möglichen Impuls-, Energie-, bzw. Ortskoordinatenwerte liefern, die bei den entsprechenden Messungen an einem Teilchen erwartet werden können. Eine Messung an einem einzelnen Teilchen liefert jeweils einen speziellen Eigenwert (aus der Vielzahl, die bei einem Operator möglich sind), der aber von Messung zu Messung statistisch variiert. Eine Messung an einem Ensemble vieler Teilchen liefert die Mittelwerte bzw. Erwartungswerte $\langle \mathbf{p} \rangle$, $\langle E \rangle$, $\langle \mathbf{r} \rangle$.

Wir wollen als allgemeine Regel festhalten:

Messgrößen, Observable, werden in der Quantenmechanik durch Operatoren $\hat{\Omega}$ beschrieben, die auf eine Wellenfunktion φ wirken. Ihre Eigenwerte ω, bestimmt aus der Eigenwertgleichung

$$\hat{\Omega}\varphi = \omega\varphi \;, \tag{3.49}$$

sind die möglichen Messwerte, die sich aus einer Messung der Obervablen Ω ergeben. Kennen wir also zu einer gewissen Observablen Ω den Operator $\hat{\Omega}$, so können wir durch Lösung der Eigenwertgleichung (3.49) die bei einer Ω-Messung überhaupt zu erwartenden möglichen Werte ω, die als Messwerte auftreten können, ermitteln. Wir werden sehen, dass nicht nur die Gestalt des Operators $\hat{\Omega}$ für die möglichen Eigenwerte (Messwerte) entscheidend ist, sondern auch Randbedingungen des Problems, ob das Teilchen z. B. frei ist oder in einen Kasten eingesperrt ist. Man kann sagen, dass der Operator in der Eigenwertgleichung so ähnlich wie ein Frequenz- oder Wellenlängenfilter in der Elektrotechnik wirkt. Man stelle sich z. B. das Gaußsche Wellenpaket $\psi(x)$ (3.8a) vor, das aus unendlich vielen ebenen Wellen mit verschiedenen k-Werten besteht. Die Anwendung des Operators $(\hbar/\mathrm{i})\partial/\partial x = \hat{p}$ auf das Wellenpaket siebt aus der unendlichen Vielfalt von k-Werten einen speziellen heraus.

Wegen des fundamental statistischen Geschehens im subatomaren Bereich beschreiben Operatoren das dynamische Geschehen einzelner Teilchen statt zahlenmäßig festgelegter dynamischer Variablen wie Ort und Impuls in der klassischen Mechanik.

Es liegt also nahe, auch die fundamentale Gleichung für die Dynamik atomarer und subatomarer Teilchen durch Operatoren auszudrücken. Wir „schielen" wieder entsprechend dem Korrespondenzprinzip (Abschn. 3.4) auf die fundamentale Gleichung der klassischen Mechanik, die Hamilton-Funktion (3.25) für die Gesamtenergie eines sich in einem Potential $V(\mathbf{r})$ bewegenden Teilchens. Nach Schrödinger ersetzen wir einfach p^2 und $V(\mathbf{r})$ durch die entsprechenden Operatoren $\hat{p}^2$ und $\hat{V}$ und erhalten mit (3.41) und (3.47) einen Hamilton-Operator

$$\hat{H} = \frac{\hat{p}^2}{2m} + \hat{V}(\mathbf{r}) = -\frac{\hbar^2}{2m}\boldsymbol{\nabla}^2 + V(\mathbf{r}) \;. \tag{3.50}$$

Andererseits haben wir bereits in (3.42) einen Ausdruck für den $\hat{H}$-Operator gefunden, der natürlich mit (3.50) übereinstimmen muss. Wir setzen die Operatoren (3.42) und (3.50) gleich und wenden sie auf eine zu bestimmende Wellenfunktion $\psi(\mathbf{r},t)$ an. Damit ergibt sich die fundamentale dynamische Gleichung der Quantenmechanik für ein Teilchen, die es gestattet, Wellenfunktionen für bestimmte Probleme auszurechnen, die **Schrödinger-Gleichung** [2]

$$\boxed{\mathrm{i}\hbar\frac{\partial}{\partial t}\psi(\mathbf{r},t) = \left(-\frac{\hbar^2}{2m}\Delta + V(\mathbf{r})\right)\psi(\mathbf{r},t)\ .} \tag{3.51}$$

Hierbei gilt $\boldsymbol{\nabla}^2 = \Delta$ (Nabla-Quadrat-Operator = Delta-Operator). In einer Dimension x lautet die Schrödinger-Gleichung

$$\mathrm{i}\hbar\frac{\partial}{\partial t}\psi(x,t) = \left[-\frac{\hbar^2}{2m}\frac{\partial^2}{\partial x^2} + V(x)\right]\psi(x,t)\ . \tag{3.52}$$

Wie in allen fundamental neuen physikalischen Theorien können die grundlegenden Gleichungen, hier die Schrödinger-Gleichung, nicht rein deduktiv abgeleitet werden, sie werden erraten, aber klug, mit einer Menge von Vorwissen und unter Berücksichtigung all der Fakten, für die diese Gleichung gültig sein soll. Wir haben versucht, diesen Weg des Erratens etwas plausibel zu machen (vielleicht nicht ganz so wie Schrödinger es gemacht hat). Es sei vorweggenommen, dass die Schrödinger-Gleichung alle uns bekannten Phänomene für einzelne atomare oder subatomare Teilchen im nichtrelativistischen Bereich bestens beschreibt. Hat man einmal eine solche in der Zeit und im Ort lineare Differentialgleichung (3.51) zur Hand, dann lassen sich unter Berücksichtigung der durch das spezielle Problem vorgegebenen Randbedingungen Wellenfunktionen $\psi(\mathbf{r},t)$ errechnen, aus denen mittels (3.34), (3.39), (3.40) zu erwartende mittlere Messwerte, sog. **Erwartungswerte** von Ort, Impuls oder Energie für ein Teilchenensemble bestimmt werden können. Diese können mit experimentellen Werten verglichen werden und bestätigen oder widerlegen die Grundgleichung. Im vorliegenden Fall ist klar, die Schrödinger-Gleichung wurde immer wieder bestätigt.

Wir gehen noch einen Schritt weiter, indem wir benutzen, dass der Hamilton-Operator $\hat{H}$ (3.50) nicht von der Zeit abhängt. Für diesen Fall kann die Schrödinger-Gleichung (3.51)

$$\mathrm{i}\hbar\frac{\partial}{\partial t}\psi(\mathbf{r},t) = \hat{H}\psi(\mathbf{r},t) \tag{3.53}$$

nach Ort und Zeit separiert werden, indem wir für die Wellenfunktion den Ansatz machen:

$$\psi(\mathbf{r},t) = f(t)\,\varphi(\mathbf{r})\ . \tag{3.54}$$

Dies eingesetzt in (3.53) ergibt:

$$\frac{1}{f(t)}\mathrm{i}\hbar\frac{\partial}{\partial t}f(t) = \frac{1}{\varphi(\mathbf{r})}\hat{H}\varphi(\mathbf{r}) = E\ . \tag{3.55}$$

Hier ist die linke Seite nur noch von t und die rechte nur noch von $\mathbf{r}$ abhängig, d. h. beide Seiten müssen eine Konstante E ergeben. E ist, wenn wir die Dimension der rechten Seite von (3.55) ansehen, die Gesamtenergie des Systems (eine Bewegungskonstante).

Damit folgt für $f(t)$

$$\mathrm{i}\hbar\frac{\partial}{\partial t}f(t) = Ef(t) \ , \tag{3.56a}$$

d. h.

$$f(t) = \mathrm{e}^{-\mathrm{i}Et/\hbar} \ . \tag{3.56b}$$

Andererseits folgt für den Ortsanteil der Wellenfunktion:

$$\hat{H}\varphi(\mathbf{r}) = E\varphi(\mathbf{r}) \ . \tag{3.57}$$

Dies ist die sog. **zeitunabhängige Schrödinger-Gleichung**, eine Eigenwertgleichung des Typs (3.45)–(3.48). Ihre Lösungen ergeben für ein gewisses physikalisches Problem, d. h. bei entsprechenden Randbedingungen, wie schon oben diskutiert, die möglichen Energie-Messwerte bei einer Energie-Messung. Diese Energiewerte sind Bewegungskonstanten, sie ändern sich wegen der Zeitunabhängigkeit von $\hat{H}$ nicht in der Zeit. In diesem Fall stellt sich die Wellenfunktion $\psi(\mathbf{r},t)$ als Lösung von (3.53) wegen (3.54) und (3.56b) immer dar als

$$\psi(\mathbf{r},t) = \varphi(\mathbf{r})\,\mathrm{e}^{-\mathrm{i}Et/\hbar} \tag{3.58}$$

d. h. obwohl die möglichen Energien des Systems E zeitlich konstant sind, ist ψ zeitabhängig; Et bestimmt die Phase der Wellenfunktion. Jedoch $|\psi|^2$ und alle aus ψ gebildeten Erwartungswerte des Typs (3.43), die als beobachtbare Größen einer Messung zugänglich sind, sind zeitunabhängig. Eine Wellenfunktion des Typs (3.58) kennzeichnet immer ein stationäres physikalisches System, dessen Hamilton-Operator $\hat{H}$ zeitunabhängig ist.

3.6 Einfache Lösungen der Schrödinger-Gleichung

Die Schrödinger-Gleichung als fundamentale dynamische Gleichung für ein Teilchen ist eine lineare Differentialgleichung erster Ordnung in der Zeit und zweiter Ordnung in den Ortskoordinaten. Ihre Lösung ist nur möglich, wenn man Randbedingungen angibt, d. h. das Verhalten der Wellenfunktion $\psi(\mathbf{r},t)$ auf einem räumlichen Rand, der durch das physikalische Problem gegeben ist. Dieser Rand kann auch im Unendlichen liegen. In dem Fall muss $\psi(\mathbf{r},t)$ jedoch im Unendlichen verschwinden, sodass die Normierungsbedingung (3.7) erfüllt werden kann. Von allen möglichen Lösungen, kommen nur normierbare Lösungen als physikalisch sinnvoll in Frage.

Weiterhin können wir uns im Falle eines stationären Problems, d. h. eines zeitunabhängigen Hamilton-Operators $\hat{H}$ gemäß (3.58) darauf beschränken, nur die zeitunabhängige Eigenwertgleichung (3.57) zu lösen. Die Gesamtwellenfunktion $\psi(\mathbf{r},t)$ ergibt sich dann sofort durch Multiplikation der zeitunabhängigen Eigenfunktionen mit dem Faktor $\exp(-\mathrm{i}Et/\hbar)$, wo E der jeweilige

Energieeigenwert der zeitunabhängigen Gleichung (3.57) ist. Wir wollen jetzt einige einfache Probleme behandeln, die dennoch für viele Anwendungen von großer Bedeutung sind.

3.6.1 „Eingesperrte" Elektronen: Gebundene Zustände

In einem Metall sind freie Elektronen „eingesperrt", wie wir aus der elektrischen Leitfähigkeit wissen. Sie können nur unter Überwindung der Austrittsarbeit W [Abschn. 2.1 (2.1a)] das Metall verlassen. In modernen Nanostrukturen sind Elektronen auf Raumbereiche einiger weniger Nanometer (nm) eingesperrt. Selbst beim Atom, z. B. dem Wasserstoffatom, können wir das Elektron als eingesperrt in das Coulomb-Potential $-e^2/4\pi\varepsilon_o r$ des positiv geladenen Kerns, des Protons, auffassen. Hier hat das Elektron noch eine Bewegungsfreiheit von überschlagsmäßig 0,1 bis 0,2 nm im Durchmesser. Das einfachste Modell, das dieses „Einsperren" eines Elektrons beschreibt, ist das sog. Potentialtopfmodell. Hierbei nimmt man einen kubischen Kasten der Kantenlänge L als Einsperrvolumen an. Im Kasten sei das Potential $V(\mathbf{r})$ in der Schrödinger-Gleichung als räumlich konstant angenommen (Abb. 3.5). Wir können wegen des frei verschiebbaren Nullpunktes der Energieskala $V(\mathbf{r}) = V_o = 0$ ansetzen. Auf den Rändern des Kastens $x = y = z = 0$ und $x = y = z = L$ steige das Potential auf unendlich hohe Werte an, die für das Elektron ein Verlassen des Kastens unmöglich machen (ideale Einsperrung), d. h.

$$V(\mathbf{r}) = \begin{cases} V_o = 0 & \text{für } 0 < x, y, z < L \\ \to \infty & \text{bei } x, y, z = 0;\ x, y, z = L\ . \end{cases} \tag{3.59}$$

Wir werden sehen, dass auch das Einsperren von Elektronen in null (0D)-, ein (1D)- und zwei-dimensionalen (2D) Potentialen in physikalisch realisierten Nanostrukturen von großem Interesse ist. Man spricht dann von Quantenpunkten, Quantendrähten und 2D-Quantentrögen. Wegen des zeitunabhängigen Kastenpotentials (3.59) brauchen wir nur die zeitunabhängige Schrödinger-Gleichung

$$-\frac{\hbar^2}{2m}\Delta\varphi(\mathbf{r}) = E\varphi(\mathbf{r}) \tag{3.60}$$

für den Raumbereich des quaderförmigen Kastens zu lösen. Da ein Elektron den Kasten nicht verlassen kann, muss die Wellenfunktion auf der Berandung verschwinden, d. h. wir haben die einfachen Randbedingungen:

$$\varphi(x = 0, y = 0, z = 0) = 0\ , \tag{3.61a}$$

$$\varphi(x = L, y = L, z = L) = 0\ . \tag{3.61b}$$

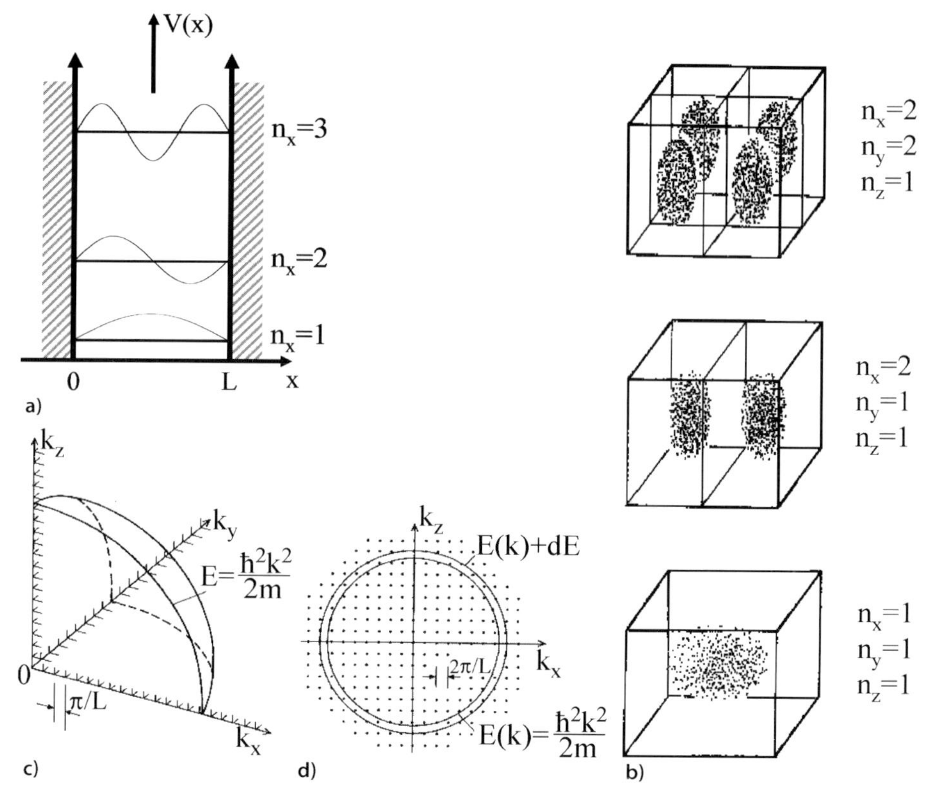

Abb. 3.5a–d. Elektronen im Potentialkasten. **a** Grundzustand ($n_x = 1$) und niedrigste angeregte Zustände ($n_x = 2, 3$) in einem 1D-Potentialkasten der Länge L mit unendlich hohen Potentialwänden. **b** Räumliche „Wolkendarstellung" der Wahrscheinlichkeitsdichten $|\psi(x, y, z)|^2$ einiger niedrig indizierten 3D-Wellenfunktionen eines Elektrons in einem kubischen Potentialkasten. Hohe Punktdichte bedeutet große Wahrscheinlichkeitsdichte. **c** Darstellung der Zustände eines Elektrons im Potentialkasten durch ein Punktgitter im k-Raum der Wellenzahlvektoren. Für feste Randbedingungen liegen die Zustandspunkte nur in einem Oktanten und haben einen linearen Abstand π/L. Wegen der beiden Spineinstellungen beschreibt ein Punkt zwei Zustände. **d** Für periodische Randbedingungen wird der gesamte k-Raum überdeckt, dafür ist der lineare Abstand zwischen zwei Zustandspunkten $2\pi/L$ (Schnitt längs der k_x, k_y-Ebene). In **c** und **d** sind Kugeln konstanter Energie $E(\mathbf{k})$ und $E(\mathbf{k}) + dE$ dargestellt

Gleichung (3.60) wird gelöst durch die ebene Welle $\varphi(\mathbf{r}) = A \exp(\mathrm{i}\mathbf{k} \cdot \mathbf{r}) = A[\cos \mathbf{k} \cdot \mathbf{r} + \mathrm{i} \sin \mathbf{k} \cdot \mathbf{r}]$, d. h. also auch durch die cos- und sin-Anteile getrennt. Mit $\cos \mathbf{k} \cdot \mathbf{r}$ kann die Randbedingung (3.61a) nicht erfüllt werden. Als Lösung ergibt sich damit

$$\varphi(\mathbf{r}) = C (\sin k_x x) (\sin k_y y) (\sin k_z z) \ . \tag{3.62}$$

Hierbei verlangt die Randbedingung (3.61b), dass in (3.62) die Wellenzahlen k_x, k_y, k_z nur diskret liegende Werte

$$\begin{aligned} k_x &= n_x \pi / L\ , \quad n_x = 1, 2, 3 \ldots \\ k_y &= n_y \pi / L\ , \quad n_y = 1, 2, 3 \ldots \\ k_z &= n_z \pi / L\ , \quad n_z = 1, 2, 3 \ldots \end{aligned} \tag{3.63}$$

annehmen dürfen. Der Nullpunkt $(n_x, n_y, n_z) = \mathbf{0}$ führt zu einem identisch verschwindenden φ und damit zu einer nicht-normierbaren, physikalisch nicht-sinnvollen Lösung. Ferner führen negative n_x, n_y und n_z nur zu Vorzeichenänderungen in $\varphi(\mathbf{r})$, d. h. nicht zu neuen, linear-unabhängigen Lösungen. Die Mannigfaltigkeit der Lösungen lässt sich einfach in dem sog. reziproken **k**-Raum der Wellenzahlen als ein Punktgitter (Abb. 3.5c) im positiven Oktanten darstellen. Die möglichen Eigenlösungen, d. h. die Zustände, die ein Elektron gemäß (3.62) einnehmen kann, unterscheiden sich in k_x, k_y, k_z um den Wert π/L (3.63). Im **k**-Raum kommt einem elektronischen Zustand ein Volumen $(\pi/L)^3$ zu. In Abb. 3.5a sind die Wellenfunktionen für den 1D-Fall eines „Quantendrahts" dargestellt. Es handelt sich um stehende Wellen, die jeweils mit einem Vielfachen ($n_x = 1, 2, \ldots$) ihrer halben Wellenlänge auf die Länge L des Drahtes passen müssen. Für den 3D-Potentialkasten haben wir für die energetisch niedrigsten elektronischen Zustände (3.62) die Wahrscheinlichkeitsdichte $|\varphi|^2$ in einer Wolkendarstellung wiedergegeben (Abb. 3.5b). Dabei ist die Punktdichte im Raum ein Maß für die Größe von $|\varphi|^2$. Ähnlich können die Wahrscheinlichkeitsdichten $|\varphi|^2$ für den 2D-Fall eines ebenen Potentialtopfs dargestellt werden. Hier würde die Wolkendarstellung $|\varphi|^2$ Chladnischen Klangfiguren gleichen, die man durch Anstreichen einer mit Pulver bestreuten Glasplatte mittels eines Geigenbogens erhält. Die Wellenfunktionen $\varphi(x)$ des 1D-Potentialkastens (Abb. 3.5a) lassen sich dementsprechend vergleichen mit den Schwingungen einer eingespannten Geigenseite. Elektronenwellen verhalten sich, wenn man sie „einsperrt" oder an den Enden, d. h. auf dem Rand, festlegt nicht anders als klassische Wellen, sie bilden stehende Wellen aus, die sich durch Überlagerung je einer hin- und einer rücklaufenden Welle beschreiben lassen. Wie im Fall der eingespannten Seite sind nur ganz spezifische, diskret verteilte Schwingungsformen (Abb. 3.5a,b) möglich. Dementsprechend sind auch die möglichen Energiewerte E, die das Elektron annehmen kann, die Eigenwerte, als Lösung von (3.60) gequantelt, d. h. diskret liegende Werte. Sie ergeben sich natürlich aus (3.60) zu $E = \hbar^2 k^2 / 2m$, d. h. mit der aus den Randbedingungen folgenden **k**-Quantelung (3.63) zu

$$E_{n_x, n_y, n_z} = \frac{\hbar^2}{2m} \left(k_x^2 + k_y^2 + k_z^2 \right) = \frac{\hbar^2}{2m} \left(\frac{\pi}{L} \right)^2 \left(n_x^2 + n_y^2 + n_z^2 \right)\ , \qquad n_x, n_y, n_z = 1, 2, 3 \ldots . \tag{3.64}$$

Die möglichen Energiewerte eines Elektrons, das in einen Potentialtopf „eingesperrt" ist, eines sog. gebundenen Elektrons, bilden immer ein Spektrum diskreter Niveaus auf der Energieskala. Dies gilt nicht nur für einfache

Potentialmulden des Typs (3.59), sondern für alle denkbaren bindenden Potentiale, z. B. auch das Coulombpotential des positiven Atomkerns. Gebundene Zustände von Elektronen haben ein diskretes Spektrum von Eigenzuständen mit quantisierten Energien. Dies erklärt zwangsläufig die scharfen Energieniveaus von Elektronen in Atomen und Molekülen, die zu scharfen Spektrallinien bei der Aussendung von Licht Anlass geben.

Schauen wir uns einmal den energetischen Abstand ΔE dieser Energieniveaus an, so folgt wegen $E = \hbar^2 k^2/2m$ unmittelbar

$$\Delta E \sim \frac{\hbar^2}{m} k \Delta k \, . \tag{3.65}$$

Mit wachsendem k nimmt ΔE proportional zu k zu (Abb. 3.5a) und Δk kann sich wegen (3.64) nur in Sprüngen von π/L ändern.

Wir können den energetischen Abstand zwischen den beiden niedrigsten Energieniveaus aus (3.64) abschätzen, indem wir $n_y = n_z = 0$ und $n_x = 2$ bzw. 1 setzen; damit wird

$$\Delta E = E_{2,0,0} - E_{1,0,0} = \frac{3\hbar^2}{2m} \left(\frac{\pi}{L}\right)^2 \, . \tag{3.66}$$

Die räumliche Ausdehnung des bindenden Potentials L bestimmt also reziprok quadratisch den energetischen Abstand der Niveaus:

- Für makroskopische Potentialkästen, z. B. einen kubischen Metallkristall der Kantenlänge $L = 1\,\text{cm}$ ist ΔE (3.66) in der Größenordnung von $10^{-18}\,\text{eV}$. Dies ist weit unterhalb jeder Auflösung, mit der eine Energiemessung den Quantencharakter der Energie erfassen könnte. Für makroskopische Systeme ergibt sich wiederum quasiklassisches Verhalten; die möglichen Energieniveaus liegen quasi-kontinuierlich. Wir könnten die Schrödinger-Gleichung hier auch für den unendlich ausgedehnten Raum lösen und erhalten ebene Wellen mit kontinuierlich dicht liegenden Wellenzahlen k.
- Für mesoskopische Strukturen, d. h. Potentialmulden mit Durchmessern im Bereich von 10 nm folgt ein Niveauabstand (3.66) in der Größenordnung von 0,25 meV. Solche Strukturen können mittels moderner Strukturierungsmethoden (Elektronenstrahl-Lithographie) hergestellt werden. Bei tiefen Temperaturen kann der Quantencharakter in diesen Strukturen durch spektroskopische Messungen aufgelöst werden, wenn man bedenkt, dass bei einer Temperatur von 1 K die Niveaus, mit einer thermischen „Verschmierung" von etwa $kT_{1K} \simeq 0{,}13\,\text{meV}$ gemessen werden können.
- Bei nanoskopischen, d. h. molekularen Strukturen, haben wir charakteristische Längen von $L \simeq 1\,\text{nm}$. Hier ist der energetische Abstand der Elektronenniveaus ΔE (3.66) schon in der Größenordnung einiger Elektronenvolt (eV). Schon bei Zimmertemperatur ($kT_{300K} \simeq 0{,}04\,\text{eV}$) können spektroskopische, energieauflösende Messmethoden die Quantelung der Energie leicht auflösen. Molekülspektren zeigen scharfe optische Absorptionslinien.

- Für atomare Bindungspotentiale mit räumlichen Ausdehnungen im 0,1 nm Bereich ergeben sich Energieniveau-Abstände ΔE (3.66) in der Größenordnung von 100 eV. Dies sind typische Bindungsenergien von Elektronen in Atomen, die man aus der Röntgenspektroskopie kennt.

Für makroskopische Festkörper mit mehr als 10^{22} Atomen/cm^3 spielen in den meisten Fällen die Oberflächen – pro cm^{-2} Oberfläche gibt es etwa 10^{15} Atome – keine große Rolle. Hier führen die Randbedingungen (3.61) verschwindender Wellenfunktion auf der Oberfläche (sog. feste Randbedingungen) zu der mathematisch unschönen Beschränkung möglicher Wellenzahlen nur auf den positiven Oktanten des **k**-Raumes (Abb. 3.5c). Aus Symmetriegründen wäre es wesentlich einfacher, wenn die möglichen Energiezustände eines Elektrons Wellenzahlen k im gesamten reziproken **k**-Raum hätten. Unter Vernachlässigung von Oberflächeneffekten führt man deshalb meist sog. periodische Randbedingungen ein, bei denen man nur verlangt, dass $\varphi(x = o, y = o, z = o) = \varphi(x = L, y = L, z = L)$ ist, statt eines Verschwindens von φ auf beiden Rändern. Dies ist naheliegend, wenn man sich das makroskopische Stück eines Festkörpers aus einem großen geschlossenen Ring des Materials (ein Umlauf über den Ring führt zu periodischem Verhalten) herausgeschnitten denkt. Bei periodischen Randbedingungen ergibt sich statt (3.61) die schwächere Forderung, dass wegen der allgemeinen Form der Wellenfunktion $\varphi \propto \exp(\mathrm{i}\mathbf{k}\cdot\mathbf{r})$ nur gelten muss

$$\mathrm{e}^{\mathrm{i}k_x L}\,\mathrm{e}^{\mathrm{i}k_y L}\,\mathrm{e}^{\mathrm{i}k_z L} = \mathrm{e}^o = 1\,. \tag{3.67}$$

Damit folgt folgende Quantisierung der Wellenzahlen k:

$$\begin{aligned} k_x &= n_x\left(\frac{2\pi}{L}\right), \quad & n_x &= 0, \pm 1, \pm 2, \ldots \\ k_y &= n_y\left(\frac{2\pi}{L}\right), \quad & n_y &= 0, \pm 1, \pm 2, \ldots \\ k_z &= n_z\left(\frac{2\pi}{L}\right), \quad & n_z &= 0, \pm 1, \pm 2, \ldots\,. \end{aligned} \tag{3.68}$$

Im Gegensatz zu festen Randbedingungen führt $n_x = n_y = n_z = 0$ wegen $\mathrm{e}^o = 1$ zu einer normierbaren, d. h. physikalisch sinnvollen Wellenfunktion; der 0-Punkt des reziproken k-Raumes liefert einen möglichen Zustand des Elektrons. Weiterhin liefern auch negative k-Werte linear-unabhängige neue Lösungen für die Wellenfunktion. Jedoch liegen die k-Werte der Wellenfunktionen φ jetzt weniger dicht im **k**-Raum. Ihr linearer Abstand beträgt $2\pi/L$ (Abb. 3.5d); ein Zustand nimmt das k-Raumvolumen $(2\pi/L)^3$ ein. Für makroskopische Festkörper sind feste und periodische Randbedingungen völlig gleichwertig, wenn wir Oberflächeneffekte wegen der geringen Anzahl von Oberflächenatomen vernachlässigen. Man sieht dies unter anderem, wenn wir die Zustandsdichte $D^{(3)}(E)$ pro Volumen L^3 berechnen, die angibt, wieviel elektronische Zustände (Energieniveaus) bei der Energie E in einem Energieintervall $\mathrm{d}E$ liegen. Wegen $E = \hbar^2 k^2/2m$ sind die Flächen konstanter Energie im k-Raum Kugelflächen (Abb. 3.6). Das Volumen zwischen E und $E+\mathrm{d}E$ ist eine Kugelschale mit dem Volumen $4\pi k^2\,\mathrm{d}k$. Da bei periodischen Randbedingungen jeder elektronische Zustand ein Volumen $(2\pi/L)^3$ einnimmt, ergibt sich die Zustandsdichte pro Realvolumen L^3 zu:

$$D^{(3)}(E)\,\mathrm{d}E = \frac{1}{(2\pi)^3} 4\pi k^2\,\mathrm{d}k\ . \tag{3.69}$$

Wegen $\hbar k = \sqrt{2mE}$ folgt daraus

$$D^{(3)}(E)\,\mathrm{d}E = \frac{1}{2\pi^2}\frac{m}{\hbar^3}\sqrt{2mE}\,\mathrm{d}E\ . \tag{3.70}$$

Der gleiche Ausdruck ergibt sich für feste Randbedingungen (3.63) weil nur ein Achtel der Energiekugelschale ($E, E+\mathrm{d}E$) berücksichtigt wird, jedoch das Volumen eines Zustandes statt $(2\pi/L)^3$ auch nur ein Achtel, nämlich $(\pi/L)^3$ beträgt.

Während die Zustandsdichte $D^{(3)}(E)$ für einen 3D-Potentialkasten mit der Quadratwurzel der Energie zunimmt [(3.69) und Abb. 3.7a)], erhalten wir für niedrigere Dimensionen des Problems andere Abhängigkeiten (Abb. 3.7). Für ein zweidimensionales Elektronengas, in einem 2D-Potentialkasten, wie es in manchen modernen Halbleiterbauelementen oder in sehr dünnen Metallfilmen realisiert ist, ist auch der reziproke Raum der Wellenzahlen k zweidimensional. Der k-Raumbereich zwischen den Energien E und $E+\mathrm{d}E$ ist ein Kreisring (Abb. 3.6) der Fläche $2\pi k\,\mathrm{d}k$. Ein elektronischer Zustand nimmt bei periodischen Randbedingungen die Fläche $(2\pi/L)^2$ ein. Damit folgt wegen $\mathrm{d}E = h^2 k\,\mathrm{d}k/m$ für die 2D-Zustandsdichte pro Realvolumen L^2:

$$D^{(2)}(E)\,\mathrm{d}E = \frac{2\pi k\,\mathrm{d}k}{(2\pi)^2} = \frac{m}{2\pi\hbar^2}\,\mathrm{d}E\ . \tag{3.71}$$

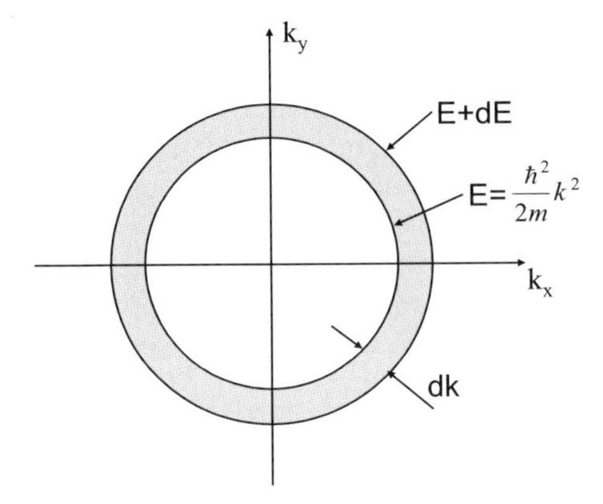

Abb. 3.6. Flächen konstanter Energie für ein Elektron im Potentialkasten. Die Anzahl der Zustandspunkte (Abb. 3.5) zwischen den Kugelschalen mit E und $E+\mathrm{d}E$ bestimmt die Zustandsdichte im k-Raum

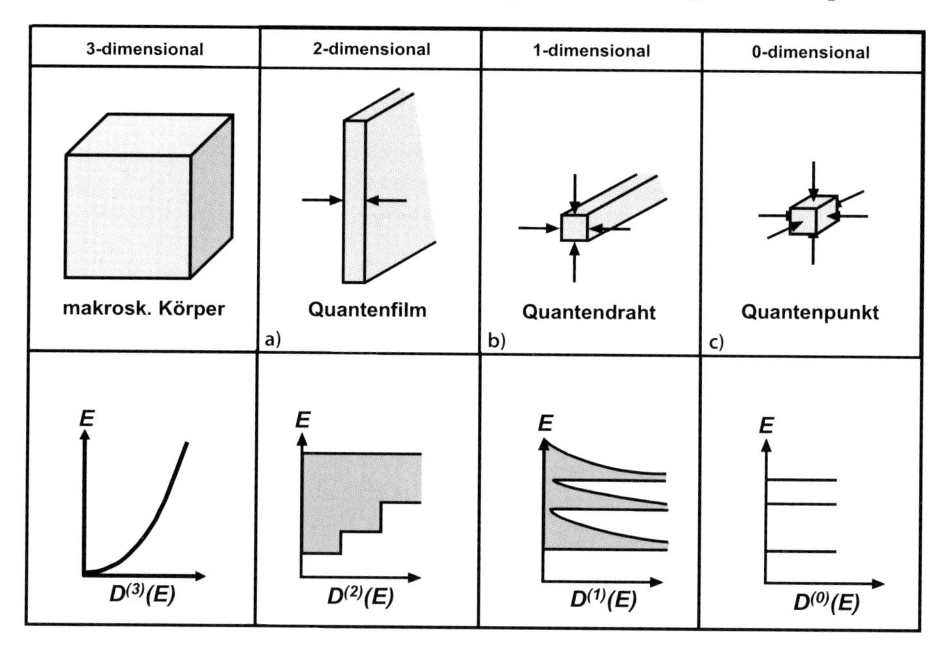

Abb. 3.7. Elektronische Zustandsdichten $D^{(0)}(E), \cdots D^3(E)$ für Elektronen in Potentialkästen verschiedener Dimensionen

Die Zustandsdichte nimmt also nicht mit der Energie der Elektronen zu, sie ist konstant gleich $m/2\pi\hbar^2$. Für den eindimensionalen Fall eines sog. Quantendrahts fragen wir danach, wie viel Zustände mit einem linearen „Volumen" $2\pi/L$ auf einer Länge $\mathrm{d}k$ Platz haben; d. h. die 1D-Zustandsdichte ergibt sich zu

$$D^{(1)}(E)\,\mathrm{d}E = \frac{1}{2\pi}\,\mathrm{d}k = \frac{m}{2\pi\hbar}\,\frac{1}{\sqrt{2mE}}\,\mathrm{d}E\,, \tag{3.72}$$

sie wird singulär. Die elektronischen Zustände des Elektrons sind nicht mehr über einen weiten Energiebereich verteilt, sondern stark konzentriert angeordnet. Diese Konzentration ist noch verstärkt in einem nulldimensionalen Quantentopf, einem sog. Quantenpunkt, wo nur noch ein scharfes Energieniveau eingenommen werden kann.

Auch bei 2D-Potentialkästen (Quantenscheiben) zweidimensionaler Elektronengase oder bei 1D-Quantendrähten werden die elektronischen Zustände natürlich durch Wellenfunktionen $\psi(\mathbf{r})$ beschrieben, die von allen drei Koordinaten x, y, z abhängen. Bei einer 2D-Quantenscheibe geschieht die Einsperrung des Elektrons längs einer Koordinate z auf einer mesoskopischen oder nanoskopischen Längenskala längs einer Länge l_z. Längs l_z müssen wir also feste Randbedingungen (3.61) anwenden und erhalten in z sinusförmige Anteile der Wellenfunktion. Demgegenüber ist eine Quantenscheibe in x- und y-Richtung makroskopisch weit ausgedehnt. Der Rand spielt keine Rolle und wir können periodische Randbedingungen (3.67) in der xy-Ebene anwenden.

Die Wellenfunktion eines Elektrons stellt sich demnach dar als:

$$\psi(\mathbf{r}) = C\,\mathrm{e}^{\mathrm{i}k_x x}\,\mathrm{e}^{\mathrm{i}k_y y}\sin k_z z\,, \tag{3.73}$$

wobei k_x und k_y der Quantisierung (3.68), d. h. $k_x = n_x 2\pi/L$ und $k_y = n_y 2\pi/L$ unterliegen, während k_z der Quantisierung (3.63), d. h. $k_z = n_z\pi/l_z$ gehorcht. Dementsprechend folgt für die Energieniveaus des Elektrons

$$E_{k_\parallel, n_z} = \frac{\hbar^2\pi^2}{2ml_z^2}n_z^2 + \frac{\hbar^2\left(k_x^2 + k_y^2\right)}{2m}\,. \tag{3.74}$$

Der erste Term beschreibt scharfe Energieniveaus, die einer Quantelung für die z-Richtung entsprechen und mit $n_z = 1, 2, 3\ldots$ durchnummeriert werden. Der zweite Term beschreibt die kinetische Energie von Elektronen, die sich in x- und y-Richtung wie (fast) freie Wellen bewegen können. Wegen der makroskopischen 2D-Ausdehnung spielt, wie oben ausgeführt, die k_x, k_y-Quantelung keine Rolle, man kann k_x und k_y als quasikontinuierlich annehmen. Man spricht dann von Subbändern, die durch die Quantenzahl n_z durchnummeriert werden, und in denen die Elektronen sich in x- und y-Richtung frei bewegen, d. h. in k_x und k_y den parabolischen $E(k_x, k_y)$-Zusammenhang [2. Term in (3.74)] aufweisen. Dementsprechend haben wir für dieses System statt der wurzelförmigen 3D-Zustandsdichte (3.69) eine Zustandsdichte, die sich treppenförmig aus jeweils konstanten Anteilen $D^{(2)}(E)$ (3.70) zusammensetzt (Abb. 3.7).

Bei einem 1D-Quantendraht haben wir nanoskopische Dimensionen in x- und y-Richtung, d. h. hierfür feste Randbedingungen mit Quantisierung in k_x und k_y, während längs z makroskopische Dimensionen (periodische Randbedingungen) vorliegen. Längs z kann sich ein Elektron (quasi) frei bewegen. Hier sind die Energiezustände der Elektronen also in Subbändern angeordnet, die nach Quantenzahlen n_x und n_y nummeriert werden und in denen die Zustandsdichten den Verlauf $D^{(1)}(E)$ (3.71) eindimensionaler Potentialtöpfe haben.

3.6.2 Elektronen strömen

Bei zeitunabhängigem Potential beschreibt die Schrödinger-Gleichung zeitunabhängige Zustände oder Vorgänge, also stationäres Verhalten eines Systems. Dazu zählt natürlich auch ein stationärer Strom von Teilchen, die sich aus einem Raumvolumen herausbewegen und in ein anderes hineinströmen. Klassisch wird dieser Vorgang wegen der Teilchenzahlerhaltung durch die sog. Kontinuitätsgleichung beschrieben:

$$\frac{\partial\rho}{\partial t} + \operatorname{div}\mathbf{j} = o\,. \tag{3.75}$$

Hierbei ist $\rho(\mathbf{r})$ die Dichte der Teilchen an einem Ort $\mathbf{r}$ und $\mathbf{j}$ die Stromdichte. (3.74) besagt also, dass eine Abnahme der Teilchendichte in einem

Volumenelement mit der Zeit t sich in einer Stromdichte aus diesem Volumenelement wiederfinden muss, eben wegen der Erhaltung der Teilchenzahl. In der Quantenmechanik entspricht die Teilchenzahldichte der Aufenthaltswahrscheinlichkeit $\psi^*\psi$ multipliziert mit der Gesamtzahl der Teilchen N. N ist hierbei ein Ensemble von Teilchen, alle im gleichen Zustand, oder N gleichartige Teilchen werden zeitlich hintereinander beobachtet (Abschn. 2.4.1). Wir erwarten für $|\psi|^2 = \psi^*\psi$ deshalb einen ähnlichen Zusammenhang wie (3.75). Wir berechnen also aus der Schrödinger-Gleichung (3.52) die zeitliche Änderung von $\psi^*\psi$ wie folgt:

$$\frac{\partial}{\partial t}\psi^*\psi = \psi^*\dot{\psi} + \dot{\psi}^*\psi \,. \tag{3.76}$$

Die rechte Seite von (3.76) legt nahe, jeweils die zeitabhängige Schrödinger-Gleichung für $\dot{\psi}$ mit ψ^* zu multiplizieren und analog für die konjugiert komplexe Gleichung zu verfahren:

$$\mathrm{i}\hbar\,\psi^*\dot{\psi} = -\frac{\hbar^2}{2m}\psi^*\Delta\psi + V\psi^*\psi \,, \tag{3.77a}$$

$$\mathrm{i}\hbar\,\psi\;\dot{\psi}^* = \frac{\hbar^2}{2m}\psi\Delta\psi^* - V\psi^*\psi \,. \tag{3.77b}$$

Die Addition beider Gleichungen ergibt:

$$\mathrm{i}\hbar\left(\psi^*\dot{\psi} + \dot{\psi}^*\psi\right) = -\frac{\hbar^2}{2m}\left(\psi^*\Delta\psi - \psi\Delta\psi^*\right) \,. \tag{3.78}$$

Mit der einfachen Relation $\Delta = \boldsymbol{\nabla}^2 = \operatorname{div}\operatorname{grad}$ und der Beziehung (3.76) folgt

$$\frac{\partial}{\partial t}\left(\psi^*\psi\right) = -\operatorname{div}\left[\frac{\hbar}{2im}\left(\psi^*\boldsymbol{\nabla}\psi - \psi\boldsymbol{\nabla}\psi^*\right)\right] \,. \tag{3.79}$$

Diese Gleichung ist unmittelbar identifizierbar mit der Kontinuitätsgleichung (3.75) für das Verhalten klassischer Teilchen. Man muss nur

$$\mathbf{j} = \frac{\hbar}{2mi}\left(\psi^*\boldsymbol{\nabla}\psi - \psi\boldsymbol{\nabla}\psi^*\right) = \frac{1}{2m}\left(\psi^*\hat{\mathbf{p}}\psi + \psi\hat{\mathbf{p}}^*\psi^*\right) \tag{3.80}$$

als eine Wahrscheinlichkeitsstromdichte für Elektronen im Zustand $\psi(\mathbf{r},t)$ deuten. Man beachte bei der Operatorschreibweise $\hat{p}/m$ die Ähnlichkeit zur klassischen Geschwindigkeit $\mathbf{v} = \mathbf{p}/m$, mit der die klassische Teilchenstromdichte $\mathbf{j} = N\mathbf{v}$ folgt. Multipliziert man $\mathbf{j}$ mit der (sehr großen) Anzahl N von Elektronen in einem Ensemble, so erhalten wir die Teilchenstromdichte, und multipliziert mit der Elementarladung, darüber hinaus die elektrische Stromdichte.

Bei einem Ensemble von N Elektronen, alle im gleichen Zustand $\psi(\mathbf{r},t)$, ist $N\mathbf{j}\cdot \mathrm{d}\mathbf{A}$ die Anzahl von Teilchen, die pro Zeiteinheit einen Teilchendetektor mit der Fläche $\mathrm{d}\mathbf{A}$ erreichen.

3.6.3 Elektronen laufen gegen eine Potentialstufe

Ein klassisches Teilchen, das gegen eine endlich hohe Potentialstufe läuft, wird entweder daran reflektiert, oder, wenn seine kinetische Energie höher als die Potentialstufe ist, läuft es unter Verringerung seiner kinetischen Energie weiter. Wegen des Wellencharakters verhalten sich Elektronen anders.

Wir lösen die Schrödinger-Gleichung (3.51) für Elektronen, die von links (Gebiet I in Abb. 3.8) gegen eine Potentialschwelle der Höhe V_o (Gebiet II) anlaufen. Dabei betrachten wir die beiden Fälle, dass die Teilchenenergie E größer als V_o ist, oder dass das Teilchen klassisch die Schwelle wegen $E < V_o$ nicht überwinden kann.

Da wir einen stationären Teilchenfluss, d. h. ein zeitunabhängiges Potential $V(x)$ haben, genügt es, die zeitunabhängige Schrödinger-Gleichung (3.57) zu lösen. Die gesamte zeitabhängige Lösung $\psi(\mathbf{r}, t)$ erhält man wie üblich aus

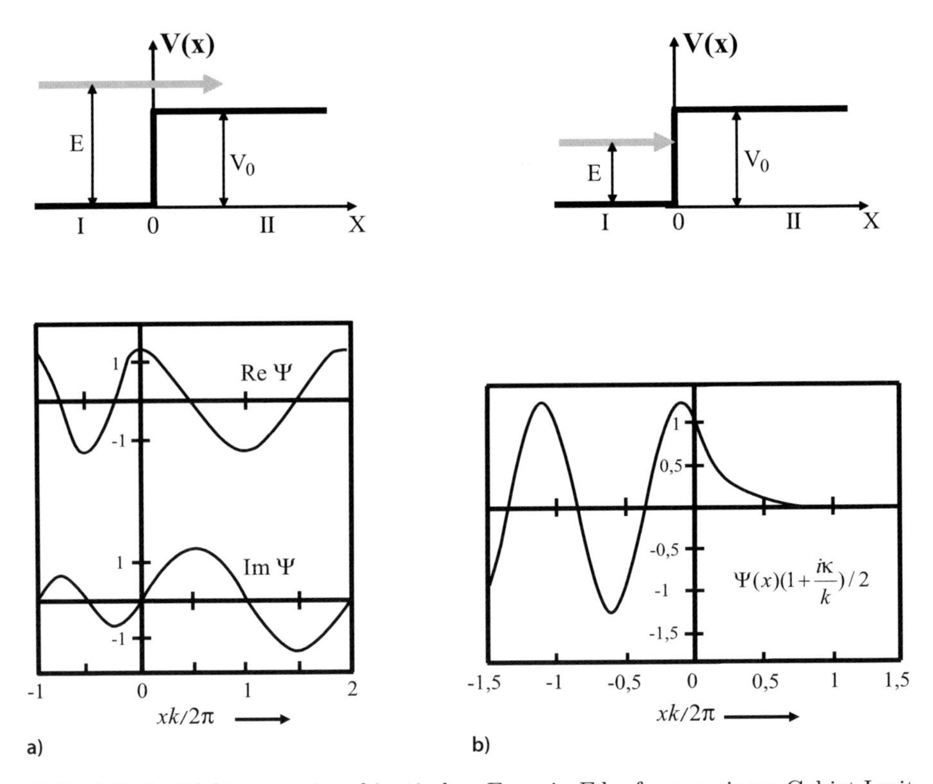

Abb. 3.8a,b. Elektronen einer kinetischen Energie E laufen aus einem Gebiet I mit verschwindendem Potential gegen eine Potentialschwelle ($x = 0$) in ein Gebiet II mit dem Potential V_0. **a** Für $E > V_0$ laufen die Elektronen mit größerer Wellenlänge im Gebiet II weiter, wie die Auftragung von $Re\psi$ und $Im\Psi$ über $xk/2\pi$ zeigt. **b** Für $E < V_0$ klingt die Amplitude der aus I einlaufenden Elektronenwelle im Gebiet II exponentiell ab, wie die um den Faktor $2/(1+i\kappa/k)$ reduzierte Wellenfunktion $\psi(x)$ zeigt

der Kenntnis der Elektronenenergie E nach (3.58). Wir setzen das Stufenpotential (Abb. 3.8) an als:

$$V(x) = V_o \Theta(x) \quad \text{mit} \quad \Theta(x) = \begin{cases} 0\,; & x < o \\ 1\,; & x > o \end{cases} \tag{3.81}$$

und $V_o > 0$.

Wir betrachten die Schrödinger-Gleichung (3.57) gesondert in den Gebieten I ($x < o$) und II ($x > o$), d. h.

$$\frac{\mathrm{d}^2}{\mathrm{d}x^2}\psi = -\frac{2mE}{\hbar^2}\psi \quad \text{in I}\,, \tag{3.82a}$$

$$\frac{\mathrm{d}^2}{\mathrm{d}x^2}\psi = -\frac{2m(E - V_o)}{\hbar^2}\psi \quad \text{in II}\,. \tag{3.82b}$$

– Für **Teilchenenergien oberhalb der Potentialstufe** ($E > V_o$) führt man in den Gebieten I und II verschiedene Wellenzahlen k_1 und k_2 ein und erhält

$$\text{I:} \quad \frac{\mathrm{d}^2}{\mathrm{d}x^2}\psi = -k_1^2\psi\,; \quad k_1 = \sqrt{2mE}/\hbar\,, \tag{3.83a}$$

$$\text{II:} \quad \frac{\mathrm{d}^2}{\mathrm{d}x^2}\psi = -k_2^2\psi\,; \quad k_2 = \sqrt{2m(E - V_o)}/\hbar\,. \tag{3.83b}$$

Dies sind Schwingungsgleichungen, deren Lösungen die Gestalt $\exp(\pm \mathrm{i}kx)$ haben. Da beim Teilchenfluss über die Schwelle Teilchen nicht verloren gehen dürfen, muss der Strom an der Schwelle stetig sein, d. h. wegen (3.79) muss sowohl ψ wie auch ψ' stetig sein. Um an der Potentialstufe also die Randbedingungen (Stetigkeit)

$$\psi_{\mathrm{II}}(x = o) = \psi_{\mathrm{II}}(x = o) \quad \text{und} \tag{3.84a}$$

$$\psi_{\mathrm{I}}'(x = o) = \psi_{\mathrm{II}}'(x = o) \tag{3.84b}$$

erfüllen zu können, setzen wir eine von links einlaufende und eine mit der Wahrscheinlichkeitsamplitude r reflektierte Welle (Gebiet I) sowie eine im Gebiet II hineinlaufende Welle mit der Transmissionsamplitude t an:

$$\psi_{\mathrm{I}}(x) = \mathrm{e}^{\mathrm{i}k_1 x} + r\,\mathrm{e}^{-\mathrm{i}k_1 x}\,, \tag{3.85a}$$

$$\psi_{\mathrm{II}}(x) = t\,\mathrm{e}^{\mathrm{i}k_2 x}\,. \tag{3.85b}$$

Benutzt man die Stetigkeitsbedingungen (3.84) am Ort der Potentialschwelle $x = o$, so folgt unmittelbar

$$1 + r = t \quad \text{und} \quad ik_1(1 - r) = ik_2 t \tag{3.86a}$$

bzw.

$$r = \frac{k_1 - k_2}{k_1 + k_2}\,, \quad t = \frac{2k_1}{k_1 + k_2}\,. \tag{3.86b}$$

Um die Koeffizienten r und t noch anschaulicher zu verstehen, berechnen wir nach (3.79) die Wahrscheinlichkeitsstromdichte $j(x)$ in den Gebieten I und II:

$$
\begin{aligned}
j_{\mathrm{I}}(x) &= \frac{\hbar}{2m\mathrm{i}}\left[\left(\mathrm{e}^{-\mathrm{i}k_1x} + r^*\,\mathrm{e}^{\mathrm{i}k_1x}\right)\mathrm{i}k_1\left(\mathrm{e}^{\mathrm{i}k_1x} - r\,\mathrm{e}^{-\mathrm{i}k_1x}\right) - \text{c.c.}\right] \\
&= \frac{\hbar}{2m\mathrm{i}}\left[\mathrm{i}k_1\left(1 - |r|^2 - r\,\mathrm{e}^{-2\mathrm{i}k_1x} + r^*\,\mathrm{e}^{2\mathrm{i}k_1x}\right) - \text{c.c.}\right] \\
j_{\mathrm{I}}(x) &= \frac{\hbar k_1}{m}\left(1 - |r|^2\right) \equiv j_{\mathrm{in}} - j_{\mathrm{refl}} \qquad (3.87\mathrm{a}) \\
j_{\mathrm{II}}(x) &= \frac{\hbar k_2}{m}\,|t|^2 \equiv j_{\mathrm{trans}}\,. \qquad (3.87\mathrm{b})
\end{aligned}
$$

Da $\hbar k/m = p/m$ die Geschwindigkeit der Teilchen beschreibt, haben wir es bei j_{I} und j_{II} mit Stromdichten wie im klassischen Fall (bezogen auf ein Teilchen: $j = v$) zu tun, und zwar bei j_{I} um die Differenz zwischen einlaufenden und reflektierten Teilchen bzw. bei j_{II} um die Stromdichte der über die Potentialschwelle transmittierten Teilchen. Man kann noch Reflexions (R)- und Transmissionskoeffizienten (T) bzw. Wahrscheinlichkeiten definieren als:

$$
R = \frac{j_{\mathrm{refl.}}}{j_{\mathrm{in}}} = |r|^2\,, \quad T = \frac{j_{\mathrm{trans}}}{j_{\mathrm{in}}} = \frac{k_2}{k_1}\,|t|^2\,. \qquad (3.88)
$$

Wir halten also fest, im quantenmechanischen Fall werden Teilchen an einer Potentialschwelle mit der Wahrscheinlichkeit r reflektiert. In der klassischen Physik würden bei $E > V_o$ alle Teilchen sich vom Gebiet I in das Gebiet II weiterbewegen, wenn auch mit geringerer kinetischer Energie. Reflexion von Teilchen an einer Potentialschwelle ist ein typisch wellenmechanisches Phänomen. Wir kennen es von der Ausbreitung von Licht bei der Reflexion an der Grenzfläche zwischen zwei Medien mit verschiedenem Brechungsindex.

– Für **Teilchenenergien unterhalb der Potentialstufe** ($E < V_o$) (Abb. 3.8b) bleibt die Schrödinger-Gleichung (3.82a) in Gebiet I unverändert. Sie wird wie für $E > V_o$ durch (3.85a) gelöst. Im Bereich der Potentialschwelle (Gebiet II) hingegen muss statt (3.83b) angenommen werden, dass gilt:

$$
\frac{\mathrm{d}^2}{\mathrm{d}x^2}\psi = \kappa^2\psi\,; \quad \kappa = \sqrt{2m\,(V_o - E)}/\hbar\,. \qquad (3.89\mathrm{a})
$$

κ ist wegen $V_o > E$ reell und (3.89) hat damit exponentiell ansteigende und abfallende Lösungen. Die Berechnung der Lösungen mit den Randbedingungen (3.83) ergibt sich sofort, wenn wir wegen (3.89a) $k_2 = i\kappa$ als rein imaginär annehmen. Die Übertragung der Ergebnisse von (3.83) bis (3.85) ergibt, dass im Gebiet II eine Lösung mit endlicher Wahrscheinlichkeitsdichte

$$
\psi_{\mathrm{II}}(x) = t\,\mathrm{e}^{-\kappa x} \qquad (3.89\mathrm{b})
$$

ist. Analog zu (3.86b) folgt für die Reflexions- und Transmissionsamplituden

$$r = \frac{k_1 - i\kappa}{k_1 + i\kappa}, \quad t = \frac{2k_1}{k_1 + i\kappa}. \tag{3.90}$$

Weil aus (3.90) $|r|^2 = 1$ folgt, tritt im Fall $E < V_o$ vollständige Reflexion der Teilchen auf. Dennoch dringen die Teilchen wegen (3.89) bis zu einer mittleren Tiefe κ^{-1} in die Potentialstufe ein. Auch dies ist ein Phänomen, das wir von Lichtwellen her kennen, die auf ein absorbierendes Medium fallen.

Weiterhin können wir aus diesem Ergebnis den Schluss ziehen, dass auch bei der Einsperrung von Elektronen in Potentialtöpfen (Abschn. 3.6.1) die Verhältnisse sich ändern, wenn die Teilchen nicht durch unendlich hohe Energiebarrieren auf den Rändern, sondern durch endlich hohe Potentiale eingesperrt werden. Entsprechend der Höhe der Potentialbarriere V_o am Rande des Topfs und der Energie E des diskreten quantisierten Zustandes im Potentialtopf wird die Wellenfunktion (3.62) auf dem Rand nicht verschwinden, sondern über eine Länge $\kappa^{-1} = (\sqrt{2m(V_o - E)}/\hbar)^{-1}$ über den Rand des Potentialtopfs hinaus nach außen exponentiell abfallen.

3.6.4 Elektronen tunneln durch eine Barriere

Wir haben gesehen, dass Elektronen wegen ihres Wellencharakters ähnlich wie Lichtwellen in eine Potentialstufe eindringen können. Wir erwarten also, dass sie auch durch genügend dünne Potentialbarrieren hindurch laufen können, obwohl ihre kinetische Energie unterhalb der Höhe der Potentialbarriere liegt (Abb. 3.9). Dies wäre natürlich für klassische Teilchen unmöglich, wenn deren Energie nicht ausreicht, die Barriere im freien Flug zu überwinden. Wiederum hilft die Analogie zu Lichtwellen. Genügend dünne Metallfilme sind für Licht durchlässig (halbverspiegelte Fenster).

Zur Beschreibung des Phänomens des Elektronentunnelns nehmen wir, wie in Abb. 3.9, eine rechteckige Potentialbarriere der Breite a (räumliche Ausdehnung in x-Richtung) und der Höhe V_B auf der Energieachse an. Da wir es mit einem stationären „Strömen" von Elektronen über oder durch die

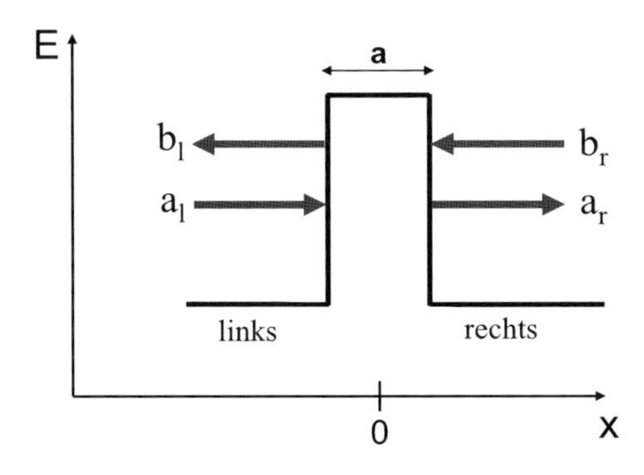

Abb. 3.9. Schematische Darstellung einer Elektronenwelle, die mit der Amplitude a_l von links gegen eine Potentialbarriere der Breite a anläuft. Zur Lösung des Problems eines durch die Barriere tunnelnden Elektrons müssen eine nach links reflektierte Welle mit der Amplitude b_l und im rechten Gebiet Wellen mit den Amplituden a_r und b_r angesetzt werden

Barriere zu tun haben, ist in diesem eindimensionalen Problem das Potential in der Schrödinger Gleichung (3.53) bzw. (3.57) stückweise konstant

$$V(x) = \begin{cases} o & \text{für } x \leq -\frac{a}{2} \quad \text{(links)} \\ V_\mathrm{B} & \text{für } -\frac{a}{2} < x < \frac{a}{2} \\ o & \text{für } x \geq \frac{a}{2} \quad \text{(rechts)}\,. \end{cases} \tag{3.91a}$$

Für ein konstantes Potential hat (3.57) ebene Wellen als Lösungen, sofern die Elektronenenergie $E = \hbar^2 k^2/2m$ oberhalb des Potentialminimums liegt. Für $E = \hbar^2 k^2/2m < V_\mathrm{B}$ müssen wir jedoch analog zu (3.89) innerhalb des Barrierengebiets exponentiell abklingende Lösungen annehmen. Diese ebenen Wellen, im linken (l) Gebiet der Barriere ($x \geq -a/2$) innerhalb der Barriere und rechts (r) von der Barriere ($x \geq a/2$) müssen stetig aneinander angeschlossen werden, und dies nicht nur bezüglich ψ sondern auch bezüglich der Ableitung ψ' [Stromerhaltung (3.80)]. Der allgemeine Ansatz für die Wellenfunktion in den drei Gebieten lautet also:

$$\psi(x) = \begin{cases} a_\mathrm{l}\,\mathrm{e}^{\mathrm{i}kx} + b_\mathrm{l}\,\mathrm{e}^{-\mathrm{i}kx}\,; & x < -a/2 \\ c\mathrm{e}^{-\kappa x} + d\mathrm{e}^{\kappa x}\,; & x < |a/2| \\ a_\mathrm{r}\,\mathrm{e}^{\mathrm{i}kx} + b_\mathrm{r}\,\mathrm{e}^{-\mathrm{i}kx}\,; & x > a/2\,. \end{cases} \tag{3.91b}$$

Betrachten wir den vollständigen Ausdruck einer ebenen Welle mit ihrer Zeitabhängigkeit $\psi \propto \exp(\mathrm{i}kx - \mathrm{i}\omega t)$, so können wir a_l und a_r als die Amplituden der nach rechts laufenden Wellen im linken bzw. rechten Gebiet der Barriere auffassen und b_l und b_r als die Amplituden der jeweils nach links laufenden Wellen. Es werden also links und rechts der Barriere jeweils einlaufende und reflektierte Wellen berücksichtigt. Weiterhin führt Einsetzen der Ansätze (3.91) in die Schrödinger Gleichung (3.57) analog zu (3.82) zu folgenden Energie-Wellenzahl-Beziehungen

$$E = \frac{\hbar^2 k^2}{2m} \quad \text{für} \quad x < -a/2 \quad \text{und } x > a/2 \tag{3.92a}$$

$$V_\mathrm{B} - E = \frac{\hbar^2 \kappa^2}{2m} \quad \text{für} \quad x < |a/2|\,. \tag{3.92b}$$

Stetigkeit von $\psi(x)$ und $\psi'(x)$ an der linken Schwelle $x = -a/2$ der Barriere verlangt gemäß (3.92) also:

$$a_\mathrm{l}\,\mathrm{e}^{ika/2} + b_\mathrm{l}\,\mathrm{e}^{ika/2} = c\mathrm{e}^{\kappa a/2} + d\mathrm{e}^{-\kappa a/2} \tag{3.93a}$$

$$ik\left(a_\mathrm{l}\,\mathrm{e}^{-ika/2} - b_\mathrm{l}\,\mathrm{e}^{ika/2}\right) = -\kappa\left(c\mathrm{e}^{\kappa a/2} - d\mathrm{e}^{-\kappa a/2}\right)\,. \tag{3.93b}$$

In Matrixschreibweise können wir diese Beziehungen wie folgt ausrücken:

$$\begin{pmatrix} \mathrm{e}^{-ika/2} & \mathrm{e}^{ika/2} \\ \mathrm{e}^{-ika/2} & -\mathrm{e}^{ika/2} \end{pmatrix} \begin{pmatrix} a_\mathrm{l} \\ b_\mathrm{l} \end{pmatrix} = \begin{pmatrix} \mathrm{e}^{\kappa a/2} & \mathrm{e}^{-\kappa a/2} \\ \frac{\mathrm{i}\kappa}{k}\,\mathrm{e}^{-\kappa a/2} & -\frac{\mathrm{i}\kappa}{k}\,\mathrm{e}^{-\kappa a/2} \end{pmatrix} \begin{pmatrix} c \\ d \end{pmatrix}\,. \tag{3.93c}$$

Wir benutzen jetzt die Rechenregeln für Matrizen, die entweder schon bekannt sind oder in Abschn. 4.3.1 in allgemeinerem Zusammenhang näher erklärt werden, und lösen nach dem Vektor $(a_\mathrm{l}, b_\mathrm{l})$ auf, d. h. wir schreiben (3.93c) um auf die Form

$$\begin{pmatrix} a_\mathrm{l} \\ b_\mathrm{l} \end{pmatrix} = \underline{\underline{M}}\,(a/2) \begin{pmatrix} c \\ d \end{pmatrix} , \tag{3.94a}$$

wobei dann die Matrix $\underline{\underline{M}}(a/2)$ die Form hat

$$\underline{\underline{M}}\,(a/2) = \frac{1}{2} \begin{pmatrix} \left(1 + \dfrac{\mathrm{i}\kappa}{k}\right) \mathrm{e}^{\kappa a/2 + \mathrm{i}ka/2} & \left(1 - \dfrac{\mathrm{i}\kappa}{k}\right) \mathrm{e}^{-\kappa a/2 + \mathrm{i}ka/2} \\ \left(1 - \dfrac{\mathrm{i}\kappa}{k}\right) \mathrm{e}^{\kappa a/2 - \mathrm{i}ka/2} & \left(1 + \dfrac{\mathrm{i}\kappa}{k}\right) \mathrm{e}^{-\kappa a/2 - \mathrm{i}ka/2} \end{pmatrix} . \tag{3.94b}$$

Da unser Problem der Anpassung von ψ und ψ' an den Schwellen bei $-a/2$ und $a/2$ spiegelsymmetrisch um $x = 0$ ist, gewinnen wir für die Schwelle bei $a/2$ aus (3.94b) sofort die entsprechende Transformationsmatrix, indem wir in (3.94b) $a/2$ durch $-a/2$ ersetzen:

$$\begin{pmatrix} a_\mathrm{r} \\ b_\mathrm{r} \end{pmatrix} = \underline{\underline{M}}\,(-a/2) \begin{pmatrix} c \\ d \end{pmatrix} . \tag{3.94c}$$

Durch Verknüpfung von (3.94a) mit (3.94c) folgt der Zusammenhang zwischen den Amplituden links (Einfluss) und denen im rechten Gebiet (Durchlass = Transfer)

$$\begin{pmatrix} a_\mathrm{l} \\ b_\mathrm{l} \end{pmatrix} = \underline{\underline{M}}\left(\frac{a}{2}\right) \left[\underline{\underline{M}}\left(-\frac{a}{2}\right)\right]^{-1} \begin{pmatrix} a_\mathrm{r} \\ b_\mathrm{r} \end{pmatrix} . \tag{3.95a}$$

Die Matrix

$$\underline{\underline{M}}\left(\frac{a}{2}\right) \left[\underline{\underline{M}}\left(-\frac{a}{2}\right)\right]^{-1} = \underline{\underline{S}}^{-1} \tag{3.95b}$$

heißt deshalb Inverse zur sogenannten Transfermatrix (Transfer von links nach rechts)

$$\underline{\underline{S}} = \underline{\underline{M}}\left(-\frac{a}{2}\right) \left[\underline{\underline{M}}\left(\frac{a}{2}\right)\right]^{-1} . \tag{3.95c}$$

Mit der inversen Matrix

$$\left[\underline{\underline{M}}\left(-\frac{a}{2}\right)\right]^{-1} = \frac{1}{2} \begin{pmatrix} \left(1 - \dfrac{\mathrm{i}k}{\kappa}\right) \mathrm{e}^{\kappa a/2 + \mathrm{i}ka/2} & \left(1 + \dfrac{\mathrm{i}k}{\kappa}\right) \mathrm{e}^{\kappa a/2 - \mathrm{i}ka/2} \\ \left(1 + \dfrac{\mathrm{i}k}{\kappa}\right) \mathrm{e}^{-\kappa a/2 + \mathrm{i}ka/2} & \left(1 - \dfrac{\mathrm{i}k}{\kappa}\right) \mathrm{e}^{-\kappa a/2 - \mathrm{i}ka/2} \end{pmatrix} \tag{3.96}$$

ergibt sich so aus (3.95) der einfache Zusammenhang zwischen linken und rechten Amplituden zu:

$$\begin{pmatrix} a_\mathrm{l} \\ b_\mathrm{l} \end{pmatrix} = \underline{\underline{S}}^{-1} \begin{pmatrix} a_\mathrm{r} \\ b_\mathrm{r} \end{pmatrix} \tag{3.97}$$

$$= \begin{pmatrix} \left(\cosh\kappa a + \frac{\mathrm{i}\varepsilon}{2}\sinh\kappa a\right)\mathrm{e}^{\mathrm{i}ka} & \frac{\mathrm{i}\eta}{2}\sinh\kappa a \\ -\frac{\mathrm{i}\eta}{2}\sinh\kappa a & \left(\cosh\kappa a - \frac{\mathrm{i}\varepsilon}{2}\sinh\kappa a\right)\mathrm{e}^{-\mathrm{i}ka} \end{pmatrix} \begin{pmatrix} a_\mathrm{r} \\ b_\mathrm{r} \end{pmatrix} .$$

Hierbei wurden die Definitionen

$$\varepsilon = \frac{\kappa}{k} - \frac{k}{\kappa} , \tag{3.98a}$$

$$\eta = \frac{\kappa}{k} + \frac{k}{\kappa} \tag{3.98b}$$

benutzt, mit κ^{-1} als der exponentiellen Abklinglänge in der Barriere (3.92, 3.93).

Wir betrachten jetzt den häufigen Spezialfall, wo nur Teilchen von links gegen die Barriere laufen und deren Transmission berechnet werden soll. Dazu setzen wir $b_\mathrm{r} = o$ und erhalten aus (3.97):

$$a_\mathrm{l} = a_\mathrm{r}\left(\cosh\kappa a + \frac{\mathrm{i}\varepsilon}{2}\sinh\kappa a\right)\mathrm{e}^{\mathrm{i}ka} , \tag{3.99a}$$

$$b_\mathrm{l} = a_\mathrm{r}\left(-\frac{\mathrm{i}\eta}{2}\right)\sinh\kappa a . \tag{3.99b}$$

Die Transmissionsamplitude $\overrightarrow{t}$ von links nach rechts beschreibt dann das Tunnelverhalten, d. h. die Abschwächung der Amplitude der einlaufenden Welle a_l beim Durchgang durch die Barriere:

$$\overrightarrow{t} = \frac{a_\mathrm{r}}{a_\mathrm{l}} = \frac{\mathrm{e}^{-\mathrm{i}ka}}{\cosh\kappa a + \mathrm{i}\,(\varepsilon/2)\sinh\kappa a} . \tag{3.100}$$

Während $\overrightarrow{t}$ komplex ist und damit der Phasenverschiebung beim Tunneln Rechnung trägt, ergibt sich die Transmissionswahrscheinlichkeit von links nach rechts als reelles Absolutquadrat

$$\overrightarrow{T} = |\overrightarrow{t}|^2 = \frac{1}{1 + \left(1 + \frac{\varepsilon^2}{4}\right)\sinh^2\kappa a} = \frac{1}{1 + \frac{1}{4}\eta^2\sinh^2\kappa a} . \tag{3.101}$$

Für hohe und breite Barrieren mit geringer Transmission gilt $\kappa a \gg 1$, d. h. $\sinh\kappa a \approx (1/2)$ und $\exp\kappa a \gg 1$. Damit folgt mittels (3.92) und (3.98) für den Grenzfall schwachen Tunnelns eine exponentiell von der Barrierendicke a abhängige Transmissions- oder Tunnelwahrscheinlichkeit:

$$\overrightarrow{T} = |\overrightarrow{t}|^2 \approx \frac{16E}{V_\mathrm{B}}\exp\left(-2\sqrt{2m(V_\mathrm{B} - E)}a/\hbar\right) . \tag{3.102}$$

Der Tunneleffekt, beschrieben durch (3.102), hat bei der Entwicklung der Quantenmechanik eine wichtige Rolle gespielt, weil es 1928 George Gamow gelang, den Alphazerfall von Kernen zu erklären [3]. (α-Teilchen sind He-Kerne, die von radioaktiven Kernen ausgesandt werden). Hierbei tunnelt das α-Teilchen mit der Tunnelwahrscheinlichkeit T durch die um den Kern herum bestehende Potentialschwelle. Klassisch müsste man dem Kern Energie zuführen, damit α-Teilchen emittiert werden. Infolge des Tunneleffekts zerfällt der Kern jedoch ohne äußere Energiezufuhr.

Auch bei der Kernfusion, der Verschmelzung von Wasserstoffkernen zu Heliumkernen muss eine Tunnelbarriere durchdrungen werden. Eine quantitative Beschreibung des Effektes geschieht mittels Tunnelwahrscheinlichkeiten für H-Kerne.

Die wohl wichtigste Anwendung von (3.102) in der modernen Festkörperphysik ist beim Raster-Elektronen-Tunnelmikroskop (**S**canning **T**unneling **M**icroscopy = STM) gegeben (Abb. 3.10) [4]. Hier wird der elektronische Tunnelstrom zwischen einer Metallspitze und der durch einen Vakuumspalt (Tunnelbarriere) getrennten Festkörperoberfläche in Abhängigkeit von der Position in einem Rasterbild aufgezeichnet. Wegen der exponentiellen Abhängigkeit (3.102) reagiert dieser Tunnelstrom sehr empfindlich auf vertikale Unebenheiten. So können atomare Stufen auf Oberflächen oder mit extremer Auflösung die Positionen der Oberflächenatome (Abb. 3.10b) sichtbar gemacht werden [5]. Hierbei ist zu beachten, dass die tunnelnden Elektronen aus den jeweiligen räumlich ausgedehnten Atomorbitalen stammen, deren Gestalt und Lage also die Helligkeitsunterschiede in Abb. 3.10b bestimmen. STM-Bilder haben also zum ersten Mal experimentell Bilder von Atomor-

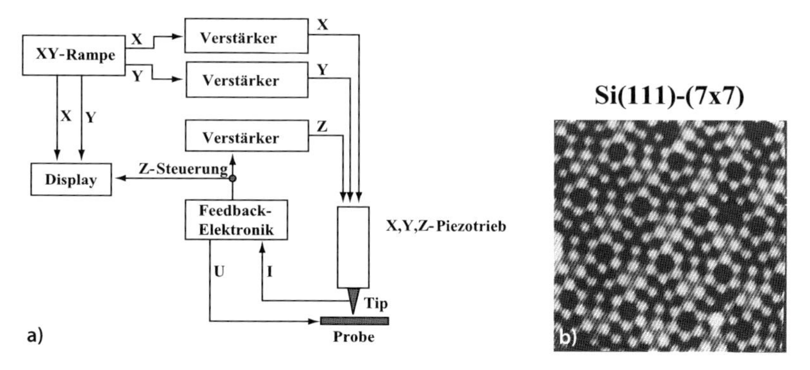

Abb. 3.10a,b. Elektronen-Rastertunnelmikroskopie. **a** Elektronische Komponenten und Aufbau eines Rastertunnelmikroskops (STM, scanning tunneling microscope). Rasterspitze (Tip) sowie Piezoantrieb und Probe befinden sich in einer Ultrahochvakuum (UHV)-Kammer. **b** STM-Bild einer im UHV präparierten $Si(111)$-Oberfläche mit (7×7)-Oberflächenrekonstruktion. Die hellen Punkte werden durch Elektronen erzeugt, die aus besetzten Si-Atomorbitalen heraustunneln [5]

bitalen, d. h. Wellenfunktionen geliefert, die bis dahin nur mathematisch als Lösungen der Schrödinger-Gleichung bekannt waren.

Eine weitere wichtige Anwendung des Tunneleffektes bietet die moderne Halbleiterbauelementphysik. Mittels verschiedener Schichtwachstumsverfahren (MBE molecular beam epitaxy, MOVPE metalorganic vapour phase epitaxy, Anhang) können Halbleiterschichten mit Dicken von wenigen Atomlagen kristallografisch perfekt aufeinander abgeschieden werden. Hierdurch kann man in einen Halbleiter wie GaAs dünne Schichten von z. B. AlAs kristallografisch perfekt einbauen. Im AlAs besitzen die freien Elektronen im Leitungsband eine um etwa 1 eV höhere Energie als in GaAs. Eine dünne AlAs-Schicht im GaAs stellt also eine Energiebarriere für Elektronen im GaAs dar. Leitungselektronen im GaAs können die AlAs-Schicht durchtunneln. Da die AlAs-Barriere andererseits im Falle einer außen anliegenden Spannung eine Zone erhöhten Widerstands darstellt (freie Leitungselektronen sammeln sich im energetisch günstigeren GaAs), fällt darüber Spannung ab. Es lassen sich also durch solche Tunnelbarrieren neue Bauelementfunktionen realisieren. Davon wird im nächsten Abschnitt mehr die Rede sein.

3.6.5 Resonantes Tunneln

Ordnet man zwei Barrieren hintereinander an, so erwartet man interessante Transmissionsphänomene durch diese Barrieren. Zwischen den Barrieren, im sog. Potentialtopf werden sich ähnlich wie im Potentialkasten (Abschn. 3.6.1) gebundene Zustände ausbilden; wegen der endlichen Höhe der Potentialbarrieren werden diese Zustände (quasi-stehende Wellen) jedoch in die Barrieren hinein exponentiell abklingen (Abschn. 3.6.3). Sind die Barrieren genügend dünn und niedrig, so können diese exponentiellen „Schwänze" an ebene Wellen als Zustände freier Elektronen links und rechts der Doppelbarriere ankoppeln und eine einzige kohärente Wellenfunktion über das ganze Gebiet bilden.

Die Situation ist vergleichbar mit Lichtwellen, die durch zwei semitransparente Spiegel laufen (Fabry-Perrot-Interferometer) und dabei quasi-stehende Wellen zwischen den beiden Spiegeln aufbauen. Wir werden sehen, dass eine richtig dimensionierte Doppelbarriere so etwas wie ein Fabry-Perot-Interferometer für Elektronenwellen darstellt.

Zwecks einer eleganten mathematischen Beschreibung des Doppelbarrierenproblems führen wir neben der Transfermatrix $\underline{\underline{S}}$ (3.95) noch die sogenannte Transmissionsmatrix ein, indem wir die für den Durchgang durch eine Barriere relevanten Stetigkeitsbedingungen (3.93) in der Weise umordnen, dass transmittierte und reflektierte Wellenamplitude, jeweils nach rechts bzw. nach links laufend (Abb. 3.9), durch Transmissions (t)- und Reflektionsamplituden (r) beschrieben werden. Damit gilt nach Abb. 3.9:

$$a_\mathrm{r} = \overrightarrow{t}\, a_\mathrm{l} + r_\mathrm{r}\, b_\mathrm{r} \ , \tag{3.103a}$$

$$b_\mathrm{l} = r_\mathrm{l}\, a_\mathrm{l} + \overleftarrow{t}\, b_\mathrm{r} \ . \tag{3.103b}$$

Die durch die Koeffizienten t und r definierte **Transmissionsmatrix** erlaubt damit die Verknüpfung der Amplituden von Wellen, die von der Barriere weglaufen $(a_\mathrm{r}, b_\mathrm{l})$, mit denen, die auf die Barriere zulaufen $(a_\mathrm{l}, b_\mathrm{r})$:

$$\begin{pmatrix} a_\mathrm{r} \\ b_\mathrm{l} \end{pmatrix} = \begin{pmatrix} \overrightarrow{t} & r_\mathrm{r} \\ r_\mathrm{l} & \overleftarrow{t} \end{pmatrix} \begin{pmatrix} a_\mathrm{l} \\ b_\mathrm{r} \end{pmatrix} . \tag{3.103c}$$

Für ideale Verhältnisse bei der Reflektion und beim Durchlaufen der Barriere, sowie aus Symmetriegründen folgt unmittelbar:

$$t = \overleftarrow{t} = \overrightarrow{t} , \tag{3.104a}$$

$$|r|^2 = |r_\mathrm{l}|^2 = |r_\mathrm{r}|^2 , \tag{3.104b}$$

$$|t|^2 + |r|^2 = 1 . \tag{3.104c}$$

Berücksichtigt man desweiteren die Vorzeichen im Exponenten für nach links und rechts laufende Wellen, so folgt weiter:

$$\overrightarrow{t}\, r_\mathrm{r}^* = -r_\mathrm{l}\, \overrightarrow{t}^{\,*} , \tag{3.105a}$$

$$\overleftarrow{t}\, r_\mathrm{l}^* = -r_\mathrm{r}^*\, \overrightarrow{t}^{\,*} . \tag{3.105b}$$

Durch Vergleich von (3.103c) mit (3.95) und Umordnen der Wellenamplituden a_l, b_l, a_r, b_r folgt der Zusammenhang zwischen der Transfermatrix $\underline{\underline{S}}$ und den Elementen der Transmissionsmatrix r und t:

$$\underline{\underline{S}} = \begin{pmatrix} S_{11} & S_{12} \\ S_{21} & S_{22} \end{pmatrix} = \begin{pmatrix} \dfrac{1}{\overleftarrow{t}^{\,*}} & \dfrac{r_\mathrm{r}}{\overleftarrow{t}} \\ \dfrac{r^*}{\overleftarrow{t}^{\,*}} & \dfrac{1}{\overleftarrow{t}} \end{pmatrix} . \tag{3.106}$$

Hierbei gilt außerdem

$$\mathrm{Det}\, \underline{\underline{S}} = \frac{\overrightarrow{t}}{\overleftarrow{t}} = \frac{\overleftarrow{t}^{\,*}}{\overrightarrow{t}^{\,*}} . \tag{3.107}$$

Drücken wir die Transmissionsamplitude t durch ihren Betrag und ihre Phase ϕ_t aus als

$$t = |t| \exp\left(\mathrm{i}\phi_t\right) , \tag{3.108a}$$

so folgt durch Vergleich von (3.97 mit 3.106):

$$\phi_t = \varphi - ka , \tag{3.108b}$$

wobei gilt:

$$\tan\varphi = \frac{1}{2}\left(\frac{k}{\kappa} - \frac{\kappa}{k}\right) \tanh \kappa a = -\frac{1}{2}\varepsilon \tanh \kappa a . \tag{3.108c}$$

ϕ_t (3.108b) drückt also die Phasenverschiebung beim Durchlaufen der Barriere aus, die wesentlich vom Wellenvektor k und von der Abklinglänge $1/\kappa$ der Wellenamplitude in der Barriere abhängt.

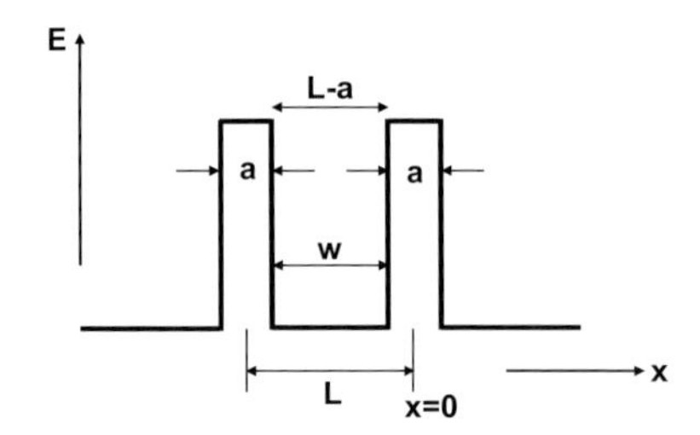

Abb. 3.11. Erklärung der Symbole, mit denen resonantes Tunneln eines Elektrons durch eine Doppelbarrierenstruktur beschrieben wird

Nachdem wir also den Tunneleffekt durch eine Einzelbarriere erschöpfend beschrieben haben, verschieben wir einfach diese Barriere bei $x = o$ nach $x = -L$ (Abb. 3.11), ermitteln die Transformationsvorschrift für diese Verschiebung auf den Tunneleffekt und „schalten" beide Effekte hintereinander.

Verschiebung der Barriere nach $x = -L$ entspricht einer Verschiebung des Koordinatensystems um L in positive Richtung:

$$\psi(x) = a_\mathrm{l}\,\mathrm{e}^{\mathrm{i}kx} + b_\mathrm{l}\,\mathrm{e}^{-\mathrm{i}kx} \rightarrow \psi'(x) = a_\mathrm{l}\,\mathrm{e}^{\mathrm{i}kL}\,\mathrm{e}^{\mathrm{i}kx} + b_\mathrm{l}\,\mathrm{e}^{-\mathrm{i}kL}\,\mathrm{e}^{-\mathrm{i}kx} \,. \tag{3.109}$$

Die Verschiebung um L bedeutet also, dass a_l und b_l in $a'_\mathrm{l} = a_\mathrm{l} \exp(\mathrm{i}kL)$ und $b'_\mathrm{l} = b_\mathrm{l} \exp(-\mathrm{i}kL)$ übergehen, d. h. eine Transformationsvorschrift der Form:

$$\begin{pmatrix} a'_\mathrm{l} \\ b'_\mathrm{l} \end{pmatrix} = \begin{pmatrix} \mathrm{e}^{\mathrm{i}kL} & 0 \\ 0 & \mathrm{e}^{-\mathrm{i}kL} \end{pmatrix} \begin{pmatrix} a_\mathrm{l} \\ b_\mathrm{l} \end{pmatrix} = \underline{\underline{\mathrm{T}}} \begin{pmatrix} a_\mathrm{l} \\ b_\mathrm{l} \end{pmatrix} \,. \tag{3.110a}$$

Hierbei ist natürlich

$$\underline{\underline{T}}^{-1} = \begin{pmatrix} \mathrm{e}^{-\mathrm{i}kL} & 0 \\ 0 & \mathrm{e}^{\mathrm{i}kL} \end{pmatrix} \,. \tag{3.110b}$$

Da die Transfermatrix $\underline{\underline{S}}$ die Beziehung zwischen linken und rechten Wellenamplituden herstellt

$$\begin{pmatrix} a_\mathrm{r} \\ b_\mathrm{r} \end{pmatrix} = \underline{\underline{S}} \begin{pmatrix} a_\mathrm{l} \\ b_\mathrm{l} \end{pmatrix} \,, \tag{3.111}$$

müssen wir noch $\underline{\underline{S}}_L$ für die um L nach links verschobene Barriere ermitteln. Dazu transformieren wir in (3.111) analog zu (3.110a) die Amplitude in das verschobene Koordinatensystem (gestrichen):

$$\begin{pmatrix} a_\mathrm{r} \\ b_\mathrm{r} \end{pmatrix} = \underline{\underline{T}}^{-1} \begin{pmatrix} a'_\mathrm{r} \\ b'_\mathrm{r} \end{pmatrix} = \underline{\underline{S}}\,\underline{\underline{T}}^{-1} \begin{pmatrix} a'_\mathrm{l} \\ b'_\mathrm{l} \end{pmatrix} \tag{3.112a}$$

und erhalten für die um L verschobene Barriere:

$$\begin{pmatrix} a'_\mathrm{r} \\ b'_\mathrm{r} \end{pmatrix} = \underline{\underline{T}}\,\underline{\underline{S}}\,\underline{\underline{T}}^{-1} \begin{pmatrix} a'_\mathrm{l} \\ b'_\mathrm{l} \end{pmatrix} \,. \tag{3.112b}$$

Damit ist die Transformation für die Barriere bei $x = -L$:

$$\underline{\underline{S}}_L = \underline{\underline{T}}\,\underline{\underline{S}}\,\underline{\underline{T}}^{-1} \,. \tag{3.113}$$

Da $\underline{\underline{S}}$ und $\underline{\underline{S}}_L$ jeweils die Wellenamplituden rechts der Barriere mit denen links verknüpften, erhalten wir den Gesamteffekt der Doppelbarriere durch „Hintereinanderschalten“ beider Matrizen,

$$\underline{\underline{S}}_{\text{tot}} = \underline{\underline{S}}_L \, \underline{\underline{S}} \,. \tag{3.114}$$

Dies ergibt schließlich mit (3.106), (3.110), (3.113):

$$\underline{\underline{S}}_{\text{tot}} = \begin{pmatrix} \dfrac{\mathrm{I}}{t^{*2}} + \mathrm{e}^{-2\mathrm{i}kL} \left|\dfrac{r}{t}\right|^2 & \dfrac{r}{t}\left(\dfrac{\mathrm{e}^{-2\mathrm{i}kL}}{t} + \dfrac{1}{t^*}\right) \\ \dfrac{r^*}{t^*}\left(\dfrac{\mathrm{e}^{2\mathrm{i}kL}}{t^*} + \dfrac{1}{t}\right) & \dfrac{1}{t^2} + \mathrm{e}^{2\mathrm{i}kL}\left|\dfrac{r}{t}\right|^2 \end{pmatrix} . \tag{3.115}$$

Damit folgt nach (3.106) aus dem Matrixelement S_{22}^{tot} für die totale Transmissionsamplitude durch die Doppelbarriere:

$$t_{\text{tot}} = \frac{1}{S_{22}^{\text{tot}}} = \frac{t^2}{1 + \frac{t^2}{|t|^2}|r|^2 \,\mathrm{e}^{2\mathrm{i}kL}} = \frac{t^2}{1 + |r|^2 \,\mathrm{e}^{2\mathrm{i}(kL+\phi_t)}} \tag{3.116}$$

und die Transmissionswahrscheinlichkeit

$$T_{\text{tot}} = |t_{\text{tot}}|^2 = \frac{T^2}{\left|1 + |r|^2 \,\mathrm{e}^{2\mathrm{i}(kL+\phi_t)}\right|^2} = \frac{\left(1 - |r|^2\right)^2}{\left|1 + |r|^2 \,\mathrm{e}^{2\mathrm{i}(kL+\phi_t)}\right|^2} \,. \tag{3.117}$$

Im Grenzfall geringer Reflektion $|r|^2 \ll 1$ ist die Transmissionswahrscheinlichkeit nahe bei eins und als Produkt T^2 der Transmissionswahrscheinlichkeiten der Einzelbarrieren darstellbar. Durch Reflektion bedingte Interferenzeffekte zwischen den Barrieren spielen keine Rolle.

Die Transmission für Elektronen durch die Doppelbarriere kann exakt gleich eins werden, wenn $T^2/|1-|r|^2|^2 = T^2/|t|^2 = 1$ gilt. Dies ist genau dann der Fall, wenn

$$\exp\left[2\mathrm{i}\left(kL + \phi_t\right)\right] = -1 \tag{3.118a}$$

gilt. Dieser Grenzfall tritt ein für

$$2\left(kL + \phi_t\right) = (2n+1)\,\pi \,, \quad n = 0, 1, 2, \ldots \tag{3.118b}$$

Nehmen wir eine hohe Barriere, d. h. starke Reflexion und geringe Transmission (Grenzfall: $V_{\mathrm{B}} \to \infty$) an, so folgt aus (3.92b) $\kappa \to \infty$ und aus (3.108c) $\tan\varphi \to -\infty$, bzw. $\varphi \to -\pi 2$. Damit wird wegen $\phi_t = \varphi - ka$ (3.108b) aus (3.118b):

$$2\left(kL - \frac{\pi}{2} - ka\right) = (2n+1)\,\pi \,, \quad n = 0, 1, 2, \ldots \,, \tag{3.118c}$$

und wegen $w = L - a$ (Abb. 3.11)

$$w = (n+1)\,\lambda/2 \,. \tag{3.119}$$

In diesem Grenzfall hoher Barrieren, d. h. hoher Reflexion, ergibt sich für die Doppelbarrierenanordnung also eine Transmissionswahrscheinlichkeit

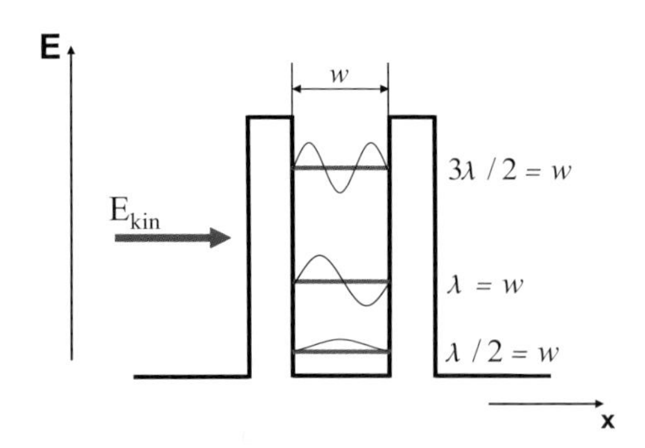

Abb. 3.12. Schematische Darstellung der drei niederenergetischen gebundenen Zustände (Wellenfunktion mit $\lambda = 2w$, $\lambda = w$, $\lambda = 2w/3$), durch die ein Elektron der kinetischen Energie E_{kin} resonant hindurch tunneln kann

von eins (ideale Transmission), wenn ein Vielfaches der halben Wellenlänge der Elektrowelle gerade in den Potentialtopf der Breite w hineinpasst. Die entsprechenden Elektronenenergien gehören zu gebundenen Zuständen im Potentialtopf zwischen den beiden Barrieren (Abb. 3.12). In diesem Fall bildet sich ein zusammenhängender (kohärenter) Einelektronenzustand zwischen der von links einlaufenden, der im Potentialtopf zwischen den Barrieren stehenden Welle und der nach rechts auslaufenden Elektronenwelle aus. Man nennt dieses Phänomen resonantes Tunneln (durch einen gebundenen Zustand).

Schon vorher wurde auf die Analogie des elektronischen Tunnelphänomens zum Durchgang von Licht durch zwei semipermeable Spiegel hingewiesen. Entsprechend können wir auch für Elektronenwellen, die durch eine Doppelbarriere tunneln, die Transmissionsamplitude t_{tot} (3.116) durch Aufsummation von Partialwellen erhalten, die jeweils die beiden Barrieren passiert haben (Abb. 3.13). Nehmen wir der Einfachheit halber sehr dünne Barrieren (mittlerer Abstand $L \approx$ Weite des Potentialtopfs) an, bei denen Phasenverschiebungen während der Barrierentransmission vernachlässigt werden können, dann gilt $t^* \approx t \approx |t|$. Der Übersichtlichkeit halber bezeichnen wir Transmissions- bzw. Reflektionsamplitude der linken Barriere mit t_{l} bzw. r_{l}, die der rechte mit t_{r} bzw. r_{r}.

Nach Abb. 3.13 erhält dann jede Partialwelle, die nach zusätzlicher zweimaliger Reflektion links und rechts im Potentialtopf mit zum Gesamtsignal rechts der Doppelbarrieren beiträgt, zweimal einen zusätzlichen Amplitudenfaktor $\exp(\mathrm{i}kL)$ hinzu. Damit ergibt sich die gesamte transmittierte Amplitude durch Superposition aller Partialwellen zu:

$$t_{\mathrm{tot}} = t_{\mathrm{l}}\,\mathrm{e}^{\mathrm{i}kL} t_{\mathrm{r}} + t_{\mathrm{l}}\,\mathrm{e}^{\mathrm{i}kL} r_{\mathrm{r}}\,\mathrm{e}^{\mathrm{i}kL} r_{\mathrm{l}}\,\mathrm{e}^{\mathrm{i}kL} t_{\mathrm{r}} + t_{\mathrm{l}}\,\mathrm{e}^{\mathrm{i}kL} r_{\mathrm{r}}\,\mathrm{e}^{\mathrm{i}kL} r_{\mathrm{l}}\,\mathrm{e}^{\mathrm{i}kL} r_{\mathrm{r}}\,\mathrm{e}^{\mathrm{i}kL} r_{\mathrm{l}}\,\mathrm{e}^{\mathrm{i}kL} t_{\mathrm{r}} + \ldots \tag{3.120}$$

Wir nehmen jetzt beide Barrieren, links und rechts als gleich an, d. h. $r_{\mathrm{l}} = r_{\mathrm{r}}$ bzw. $t_{\mathrm{l}} = t_{\mathrm{r}}$, und erhalten

$$\begin{aligned} t_{\mathrm{tot}} &= t^2\,\mathrm{e}^{\mathrm{i}kL} + t^2 r^2\,\mathrm{e}^{3\mathrm{i}kL} + t^2 r^4\,\mathrm{e}^{5\mathrm{i}kL} + \ldots \\ &= t^2\,\mathrm{e}^{\mathrm{i}kL}\left[1 + r^2\,\mathrm{e}^{2\mathrm{i}kL} + \left(r^2\,\mathrm{e}^{2\mathrm{i}kL}\right)^2 + \ldots\right] . \end{aligned} \tag{3.121}$$

Da $|r^2 \exp(2\mathrm{i}kL))| < 1$ gilt, können wir die geometrische Reihe (3.121) aufsummieren zu

$$t_{\mathrm{tot}} = \frac{t^2\,\mathrm{e}^{\mathrm{i}kL}}{1 - r^2\,\mathrm{e}^{\mathrm{i}2kL}} \,. \tag{3.122}$$

Die Ähnlichkeit zu (3.116) ist auffallend. Unterschiede erklären sich durch die hier getroffenen vereinfachenden Annahmen über die Barrieren. Maximale Transmission $|t_{\mathrm{tot}}|^2 = 1$ erhalten wir aus (3.122) wegen $t^2 = 1 - r^2$ für $\exp(\mathrm{i}2kL) = 1$, d. h. $2kL = 2\pi n$ $(n = 0, 1, 2, \ldots)$. Es folgt also eine zu (3.119) analoge Bedingung

$$w \approx L = n\frac{\lambda}{2}\,, \quad n = 1, 2, 3, \ldots \tag{3.123}$$

Maximale Transmission $|T| = 1$ wird erreicht, wenn Vielfache der halben Elektronenwellenlänge λ in den Potentialtopf hineinpassen (Abb. 3.12).

In Abb. 3.14 ist die mittels des beschriebenen Formalismus berechnete kohärente Wellenfunktion (Realteil) im Bereich einer Doppelbarriere für den Fall dargestellt, dass die Energie des von links einlaufenden Elektrons der Energie des energetisch niedrigsten Quantenzustands im Quantentrog zwischen den beiden Energiebarrieren entspricht. Im linken Bereich ist die einlaufende ebene Welle zu erkennen, die kohärent anschließt an die im Quantentrog sich ausbildende stehende Welle (laterale Ausdehnung ungefähr $\lambda/2$) und die rechts auslaufende ebene Welle. Im Fall der vorliegenden Resonanz zwischen gebundenem Zustand im Quantentopf und der Energie der ebenen Wellen links und rechts, ist die Wellenamplitude im Topf signifikant überhöht. Hier liegt der Fall idealer Transmission (= 1) durch die Doppelbarriere vor. Die Rechnung wurde für zwei realistische AlAs-Barrieren durchgeführt, die in eine GaAs-Schicht eingebettet sind. Infolge der verschiedenen potentiellen Energien der freien Elektronen in AlAs und GaAs beträgt die Barrierenhöhe etwa 1 eV. Derartige Halbleiterschichtstrukturen lassen sich mittels

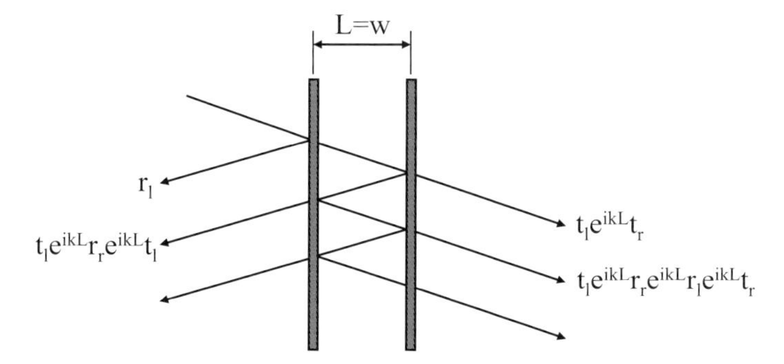

Abb. 3.13. Schematische Darstellung des resonanten Elektronentunnelns durch eine Doppelbarriere als Überlagerung von Teilwellen, die jeweils mit Transmissions- bzw. Reflektionsamplituden t_{l}, t_{r} und r_{l}, r_{r} an der linken (l) bzw. der rechten (r) Barriere transmittiert oder reflektiert werden

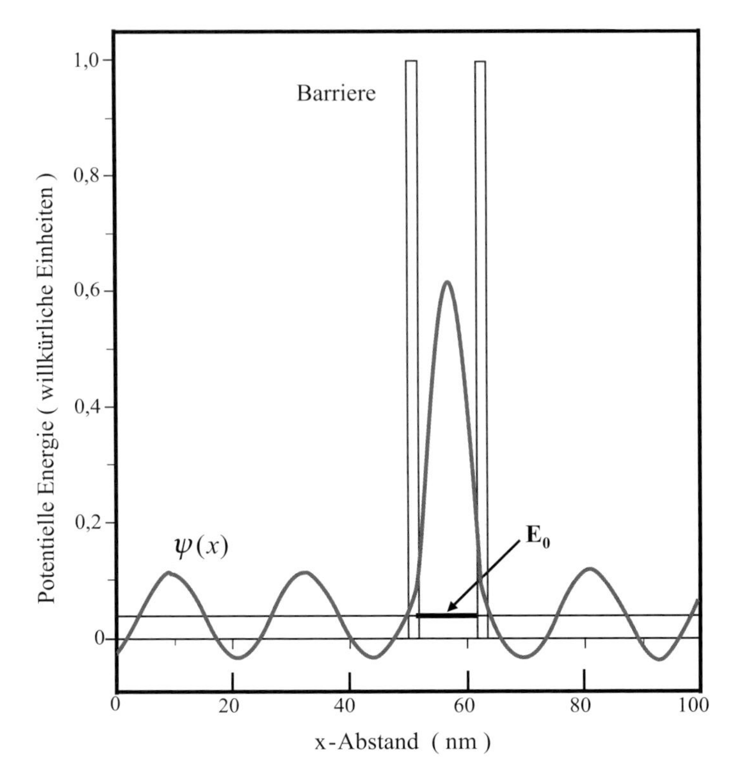

Abb. 3.14. Kohärente Wellenfunktionen $\psi(x)$ (reell) eines Elektrons, das mit einer Energie E_0 von links auf eine Doppelbarriere zuläuft, resonant tunnelt und rechts als freies Elektrons weiterläuft. Zwischen den beiden Potentialbarrieren wächst die Wellenamplitude signifikant an, weil dort ein quasi-gebundener Zustand (Grundzustand E_0) zur Verfügung steht. Die Rechnung wurde für zwei AlAs-Barrieren, eingebettet in GaAs, durchgeführt [6, 7]

moderner Epitaxiemethoden mit atomarer Präzision herstellen, wie aus dem hoch aufgelösten, elektronenmikroskopischen Transmissionsbild (Abb. 3.15) zu ersehen ist [6, 7]. Die für diese Struktur errechneten zwei gebundenen Zustände sind in einer quantitativen Darstellung in Abb. 3.16a dargestellt. Die daraus errechnete Transmissionswahrscheinlichkeit als Funktion der Energie E_{kin} eines von links einlaufenden Elektrons (Abb. 3.16b) zeigt entsprechend diesen gebundenen Zuständen zwei scharfe Transmissionsbanden ($T = 1$) bei Energien von ca. 0,2 eV und 0,5 eV [8]. Die Elektronen tunneln „widerstandslos“ durch die quasi-gebundenen Zustände des Potentialtopfs. Wegen der endlichen Barrierenhöhe (Eindringen der Wellenfunktion in die Barriere) gehorchen die Energien nicht dem einfachen Gesetz (3.119) bzw. der $1/w^2$ Abhängigkeit gebundener Zustände (3.64) im Potentialtopf.

Legt man an eine Schichtstruktur wie in Abb. 3.15 über zwei elektrische Kontakte oben und unten (Diodenstruktur) eine elektrische Spannung

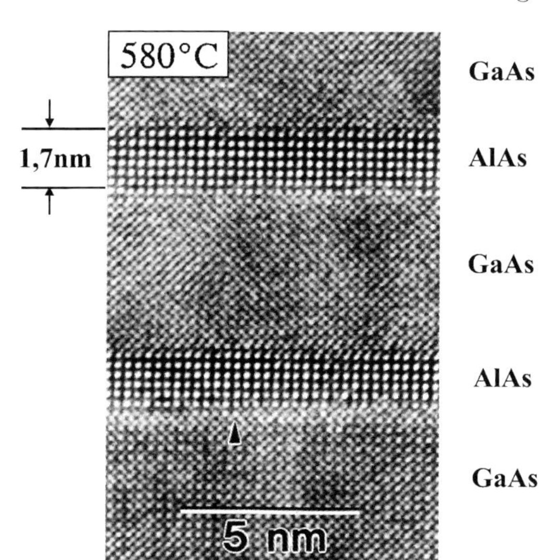

Abb. 3.15. Transmissionselektronenmikroskopisches (TEM) Bild einer durch Molekularstrahl-Epitaxie (MBE) hergestellten Doppelbarrierenstruktur (Anhang B). Die beiden Potentialbarrieren werden durch AlAs-Schichten realisiert, die in GaAs eingebettet sind. Die Punktstruktur des Bildes zeigt die atomare Auflösung des TEM-Bildes: Punkte beschreiben Atomreihen in den Schichten [8]

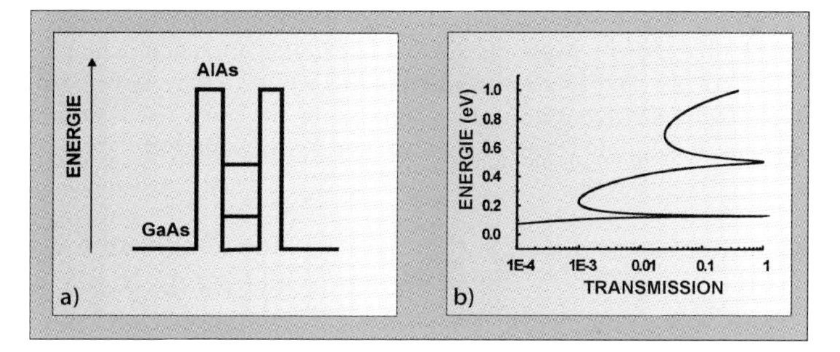

Abb. 3.16a,b. Transmission T einer Doppelbarrierenstruktur beim resonanten Tunneln eines Elektrons. **a** Doppelbarriere mit Energieniveaus der quasi-gebundenen Zustände. **b** Errechnete Transmission T als Funktion der kinetischen Energie des einfallenden Elektrons. Transmissionsmaxima entsprechen in ihrer energetischen Lage den quasi-gebundenen Zuständen der Doppelbarriere

an, so fällt diese Spannung über den Doppelbarrieren (hoher Widerstand) ab und man kann durch Spannungsvariationen die Elektronen in der linken GaAs-Schicht bezüglich ihrer Energie gerade in Resonanz bringen mit dem niedrigsten quasi-gebundenen Zustand zwischen den Barrieren. Wegen der hohen Transmission steigt der Strom durch die sog. Resonanz-Tunneldiode (RTD) auf einen Maximalwert an, um bei weiterer Spannungserhöhung wieder abzufallen, wenn der quasi-gebundene Zustand außer Resonanz gerät. Dieses Verhalten, insbesondere die in einer detaillierten Quantentransportrechnung [9] ermittelte lokale elektronische Zustandsdichte und die daraus resultierende Strom-Spannungs-(I-V)-Kennlinie sind für den Resonanzfall in Abb. 3.17 dargestellt. RTDs des beschriebenen Typs sind quantenelektroni-

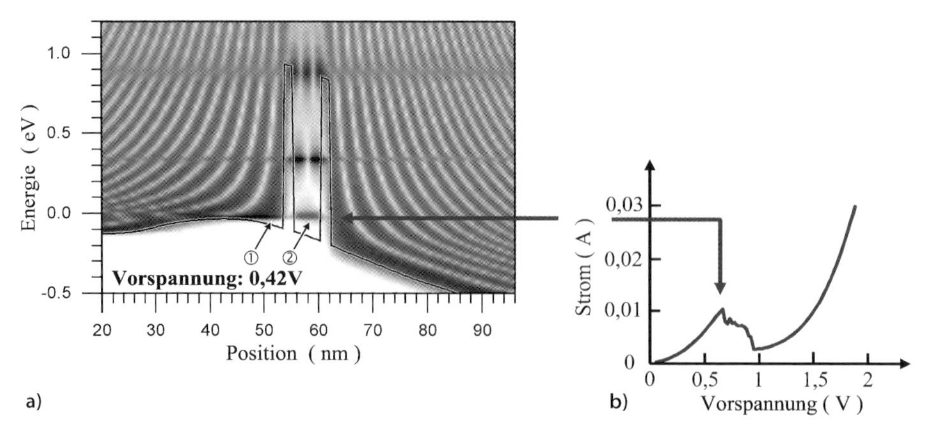

Abb. 3.17a,b. Realistische Quantentransportrechnung für eine Resonanztunneldiode aus einer AlAs/GaAs-Mehrfachheterostruktur und daran gemessener Strom (I)-Spannungs (V)-Charakteristik [9]. **a** Berechnete lokale elektronische Zustandsdichte vor dem Hintergrund der Leitungsbandkante der Heterostruktur. Die AlAs-Barrieren schließen drei quasi-gebundene Zustände ein. Der Grad der Halbtonschwärzung ist ein Maß für die Aufenthaltswahrscheinlichkeitsdichte des tunnelnden Elektrons. Die Diode ist mit 0,42 V vorgespannt. **b** Experimentell an der Diode ermittelte IV-Kennlinie. Das Maximum bei etwa 0,7 V entspricht resonantem Tunneln durch den 1. quasi-gebundenen Zustand in (**a**)

sche Bauelemente, die bei Zimmertemperatur eine komplexe I-V-Kennlinie (Abb. 3.17b) mit negativem differentiellen Widerstand (NDR) aufweisen. Sie können zur Erzeugung hochfrequenter elektromagnetischer Schwingungen bis in den THz Bereich sowie zur Realisierung neuartiger logischer, digitaler Schaltungen eingesetzt werden.

3.7 Einzelektronen-Tunneln

Wir verlassen an dieser Stelle für einen Augenblick die Beschreibung quantenmechanischer Phänomene im Rahmen des strengen Formalismus der Schrödinger-Gleichung und der Wellenfunktion, um uns einem Phänomen zuzuwenden, das für die experimentelle Forschung auf dem Grenzgebiet zwischen Grundlagen der Quantenmechanik, Quantenelektronik und Nanophysik eine wichtige Rolle spielt. Dieses Phänomen des Einzelelektronen-Tunnelns beruht auf dem Tunneleffekt einzelner Elektronen durch zwei hintereinander angeordnete Tunnelbarrieren, die einen Metall- oder Halbleiterbereich mit Dimensionen von einigen Nanometern einschließen (Abb. 3.18). Man kann diese Strukturen als einen Quantenkasten oder Quantenpunkt (box) auffassen, der über zwei Tunnelbarrieren mit einer elektronenzuliefernden (Source, S) Elektrode und einer elektronenabsaugenden (Drain, D) Elektrode verbunden ist

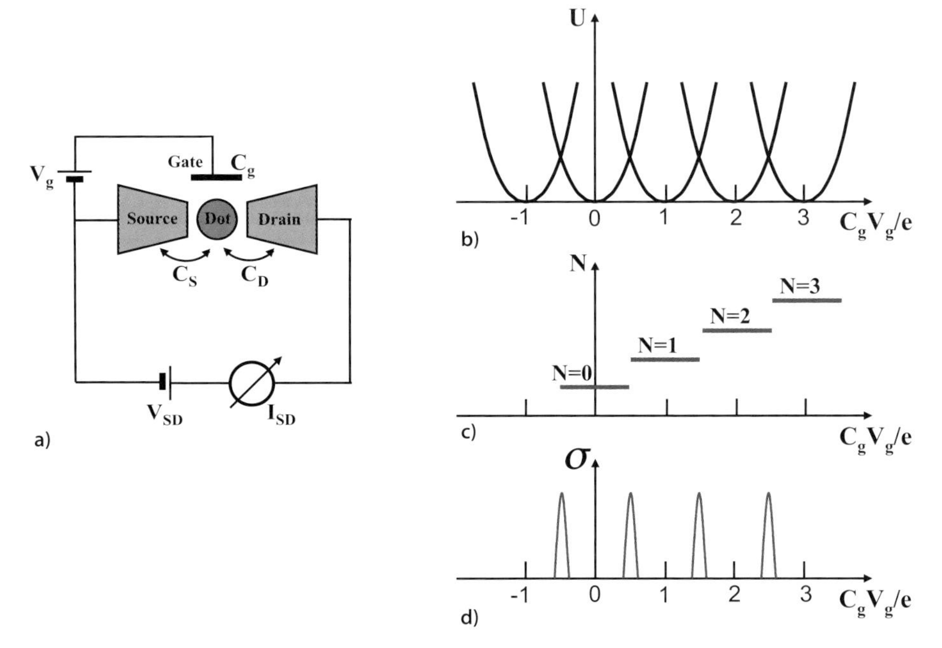

Abb. 3.18a–d. Schema des Einzelelektronen-Tunnels durch einen Quantenpunkt (Dot). **a** Schaltungsprinzip zur Messung des Einzelelektronen-Tunnelns. Durch eine Gate-Elektrode kann das Potential des Quantenpunkts gegenüber der Source-Elektrode verschoben werden. **b** Grundzustandsenergie U des Quantenpunkts (Dot) als Funktion der Gate-Spannung V_g in normierter Auftragung ($C_g V_g/e$). Die verschiedenen Parabeln entsprechen der Besetzung des Dot mit anwachsenden Zahlen der Elektronenbesetzung $N = 0, 1, 2, \ldots$. **c** Besetzung des Quantenpunkts mit jeweils $N = 0, 1, 2, \ldots$ Elektronen als Funktion der Gate-Spannung V_g. **d** Tunnelleitfähigkeit σ zwischen Source- und Drain-Kontakt als Funktion der Gate-Spannung V_g. Diese sog. Coulomb-Blockade-Oszillationen zeigen Maxima, wenn sich die elektronische Besetzung des Quantenpunkts ändert

(Abb. 3.18a). Eine dritte Elektrode, das Gate (G) ist kapazitiv, über eine isolierende Barriere (Schicht) an den Quantenpunkt angekoppelt und gestattet, über eine relativ zu S angelegte Spannung das Potential des Quantenpunkts gegenüber S und D zu verschieben.

Im Experiment kann eine solche Struktur auf verschiedene Weise realisiert werden. Eine resonante Tunnelstruktur, bestehend aus GaAs- und AlAs-Barrieren (Abb. 3.15) kann lateral durch lithographische Strukturierung soweit verkleinert werden, dass der Bereich zwischen den AlAs-Barrieren laterale Dimensionen im 100 nm Bereich bekommt. Dies bedeutet wegen der an der Messoberfläche vorhandenen, elektronenfreien Verarmungsrandschicht (siehe Anhang) eine laterale Eingrenzung der Ladungsträger auf Raumbereiche einiger Nanometer. Eine weitere gebräuchliche Realisierung von Source/Quantenpunkt/Drain-Systemen mit zusätzlicher Gateelektrode basiert auf zweidimensionalen Elektronengasen (2DEG), die in Halbleiterheterostrukturen erzeugt werden können (Anhang). Metallische Elektroden, aufgedampft auf die Oberfläche der Heteroschichtstruktur, verarmen bei negativ anliegender Vorspannung das 2DEG darunter; die negative Spannung „drückt" die Elektronen aus den Raumbereichen darunter hinaus. Geeignet geformte Metallelektroden gestatten so die Erzeugung nichtleitender Tunnelbarrieren zwischen Raumbereichen, in denen das 2DEG noch vorhanden ist (Source, Drain, Gate, Quantenpunkt).

In jedem Fall haben wir es mit einem Quantenpunkt (Quantum dot, box) zu tun, in dem nur wenige Elektronen lateral stark eingeschränkt diskrete Quantenzustände einnehmen können. Nach Abschn. 3.6.1 existieren also diskrete Einzelelektronenniveaus wie in einem Atom. Im Gegensatz zu in der Natur gegebenen Atomen können wir jedoch durch Änderung elektrischer Vorspannungen am Source, Drain oder Gate die elektrischen Potentiale der einzelnen Komponenten gegeneinander verschieben. Wir können sogar Elektronen dazu zwingen, vom Source-Kontakt in den Quantenpunkt über die dazwischen liegende Barriere hinein zu tunneln und dort einen der zur Verfügung stehenden Quantenzustände zu besetzen. Abhängig von den Potentialbedingungen und den Tunnelbarrierendicken und -höhen kann das Elektron den Quantenpunkt über Tunneln durch die zweite Barriere auch wieder in Richtung Drain-Kontakt verlassen. Bei diesem Prozess des Einzelelektronen-Tunnelns begegnet uns ein interessantes Phänomen, die sog. **Coulomb-Blockade**.

Stellen wir uns vor, im Quantenpunkt seien schon einige wenige Elektronen vorhanden, die entsprechende niederenergetische Quantenzustände besetzen. Wir werden im Abschn. 5.6.3 sehen, dass ein elektronischer Zustand von maximal einem Elektron besetzt werden kann (Pauli-Ausschließungsprinzip). Versucht nun ein weiteres Elektron in den Quantenpunkt hineinzutunneln, dann muss es in dem energetisch nächst höheren Zustand „Platz" finden. Außerdem erfährt das Elektron eine elektrostatische Abstoßung durch die im Quantenpunkt schon vorhandenen Elektronen. Dieser Elektron-Elektron-Wechselwirkungseffekt wurde in unserer bisherigen „Einteilchenbeschreibung" nie berücksichtigt. Alle Quantenzustände, die für räumlich eingeschränkte Volumen (Potentialkasten, Quantendraht, Quantenpunkt) ausgerechnet wurden (Abschn. 3.6.1), galten nur für ein einziges Elektron. Wechselwirkung mit schon vorhandenen Elektronen wurden vernachlässigt. Vielteilchenwechselwirkungen dieser Art verlangen eine wesentlich komplexere mathematische Beschreibung (siehe Kap. 8) als das an dieser Stelle des Buches möglich ist. Wir werden deshalb zur Beschreibung des Einzelelektronen-Tunnelns eine quasiklassische Beschreibung für die Vielteilchenwechselwirkung im Rahmen elektrostatischer Aufladephänomene des Quantenpunkts heranziehen und nur den Tunneleffekt zur Überwindung der einzelnen Barrieren zwischen Quantenpunkt und Source- und Drain-Kontakt als quantenmechanisches Phänomen in Erinnerung behalten.

Starten wir zur klassischen Beschreibung des Quantenpunkts mit einem kleinen elektrisch geladenen metallischen Partikel, das in ein dielektrisches Medium eingeschlossen ist. Gegenüber dem Unendlichen besitzt dies Partikel eine Kapazität $C = q/V$ mit q der Ladung auf dem Partikel, und V, der Spannung gegenüber einer im Unendlichen angebrachten Elektrode. Bringen wir eine Ladung $\mathrm{d}q$ auf das Partikel, so erhöhen wir dessen Energie um

$$\mathrm{d}E = V\,\mathrm{d}q = q\,\mathrm{d}q/C\ . \tag{3.124}$$

Wenn wir die Gesamtladung bis zum Wert Q erhöhen, heißt dies, dass die elektrische Energie zunimmt auf

$$E = \int\limits_0^Q \frac{q\,\mathrm{d}q}{C} = \frac{1}{2}\frac{Q^2}{C}\ . \tag{3.125}$$

Die elektrostatische Energie des geladenen leitenden Partikels (Quantenpunkt) beträgt also $E = Q^2/2C$.

Um die Größenordnung der zu erwartenden Effekte abzuschätzen, nehmen wir als Quantenpunkt eine kleine kreisrunde, leitende Scheibe mit Radius $r = 250\,\mathrm{nm}$ im Abstand $a = 70\,\mathrm{nm}$ unterhalb einer ausgedehnten planaren metallischen Gateelektrode an. Der Quantenpunkt sei eingebettet in den Halbleiter GaAs ($\varepsilon_r \approx 13$). Dann ist die Kapazität dieses Quantenpunkts gegenüber der Gateelektrode

$$C = \varepsilon_r \varepsilon_0 \pi r^2/a\ , \tag{3.126}$$

und es ergibt sich ein Wert von $C \approx 10^{-16} F$. Dies führt nach (3.125) zu einer Aufladungsenergie $E_\mathrm{C} = \mathrm{e}^2/2C$ durch Zufuhr eines Elektrons von der Größenordnung 1 meV. Um solche Energiedifferenzen spektroskopisch aufzulösen, müssen die Effekte bei sehr niedriger Temperatur $T < 1\,\mathrm{K}$ untersucht werden. Um Aufladungseffekte bei Zimmertemperatur studieren zu können, müssen die Kapazitäten (3.126) weitaus kleiner, d. h. die Dimensionen des Quantenpunkts in der Größenordnung von Nanometern sein.

In unserer klassischen Beschreibung (orthodoxes Modell) nehmen wir die über Source und Drain transportierte, auf dem Quantenpunkt vorhandene Ladung als durch die Elementarladung $|e|$ quantisiert an, während wir die Wirkung der Gatespannung V_g durch eine kontinuierliche, über die Gatekapazität C_g induzierte Ladung $C_\mathrm{g}V_\mathrm{g}$ beschreiben. Damit folgt aus (3.125) für die elektrostatische Energie (Grundzustandsenergie) des Quantenpunkts

$$U(N) = \left[|e|\,(N - N_0) + C_\mathrm{g}V_\mathrm{g}\right]^2/2C + \sum_n^N E_n\ . \tag{3.127a}$$

Hierbei ist die Elektronenzahl $N = N_0$ bei verschwindender Gatespannung $V_\mathrm{g} = 0$ gegeben. C ist die Gesamtkapazität des Quantenpunkts gegenüber Gate (C_{g}), Source (C_{S}) und Drain (C_{D}):

$$C = C_g + C_{\mathrm{S}} + C_{\mathrm{D}} \tag{3.127b}$$

E_n sind die aus der Lösung der Schrödinger-Gleichung sich ergebenden Einelektronenenergien (Energieeigenwert) eines im Quantenpunkt eingesperrten Elektrons (Abschn. 3.6.1), die bis zur Zahl N mit Elektronen besetzt sind. Der letzte Term in (3.127a) enthält also die Summe der Einteilchenenergien, während der erste Term mittels des Ausdrucks einer klassischen Aufladung die Vielteilchen-Wechselwirkung beschreibt.

Wenn auf einem Quantenpunkt $N-1$ Elektronen vorhanden sind, verlangt das Hinzufügen das N-ten Elektrons eine Energie, das elektrochemische Potential $\mu_{\mathrm{QP}}(N)$ des Quantenpunkts mit N Elektronen ($\mu_{\mathrm{QP}} = \partial U/\partial N$):

$$\begin{aligned}\mu_{\mathrm{QP}}(N) &= U(N) - U(N-1) \\ &= \frac{1}{2C}\Big[\{|e|(N-N_0) + C_{\mathrm{g}}V_{\mathrm{g}}\}^2 \\ &\quad - \{|e|(N-1-N_0) + C_{\mathrm{g}}V_{\mathrm{g}}\}^2 + E_N\Big] .\end{aligned} \tag{3.128a}$$

Hierbei ist E_N der höchste besetzte Einelektronenzustand. Ausrechnen der Klammern in (3.128a) ergibt für das elektrochemische Potential

$$\mu_{\mathrm{QP}}(N) = \left(N - N_0 - \frac{1}{2}\right)\frac{e^2}{C} + |e|\frac{C_{\mathrm{g}}}{C}V_{\mathrm{g}} + E_N . \tag{3.128b}$$

Die Additionsenergie, um ein weiteres Elektron zum Quantenpunkt hinzuzufügen, ergibt sich damit zu

$$\begin{aligned}\Delta\mu(N) &= \mu_{\mathrm{QP}}(N+1) - \mu_{\mathrm{QP}}(N) \\ &= U(N+1) - 2U(N) + U(N+1) \\ &= \frac{e^2}{C} + E_{N+1} - E_N = \frac{e^2}{C} + \Delta E .\end{aligned} \tag{3.129}$$

In der Atomphysik würde man $A = U(N) - U(N+1)$ als Elektronenaffinität und $I = U(N-1) - U(N)$ als Ionisierungsenergie bezeichnen, womit dann die Additionsenergie als Differenz von I und A folgt: $\Delta\mu = I - A$.

Diese Additionsenergie $\Delta\mu(N)$ enthält die Differenz ΔE aus den höchsten Einelektronenenergien, der des höchsten besetzten Niveaus E_N und der, in das das zusätzliche Elektron „hineingeht“ E_{N+1}, sowie die Aufladungsenergie e^2/C herrührend von der Coulomb-Abstoßung zwischen dem hinzukommenden und den vorhandenen Elektronen (Vielteilchenwechselwirkung).

Wir werden später sehen, dass für metallische Quantenpunkte ΔE vernachlässigbar klein ist, gegenüber der Aufladungsenergie, während wir bei Halbleitern die Summe $\sum_n^N E_n$ und damit auch ΔE auf jeden Fall berücksichtigen müssen. Betrachten wir im Folgenden einen metallischen Quantenpunkt und nehmen weiterhin $N_0 = 0$ an; der Quantenpunkt enthält bei $V_g = 0$ keine zusätzliche Ladung. Dann stellt sich seine Grundzustandsenergie (3.127a) der als

$$U(N, V_g) = \frac{1}{2C}(N|e| + C_g V_g)^2 \; . \qquad (3.130)$$

Tragen wir diese Energie als Funktion der Gatespannung V_g auf (Abb. 3.18b), so erhalten wir eine Serie von Parabeln, die jeweils zu Besetzungen des Quantenpunkts mit Elektronenanzahlen $N = 0$, $N = 1$, $N = 2$ usw. gehören. Bei $C_g V_g = \frac{1}{2}e$ kreuzen sich die Parabeln mit $N = 0$ und $N = 1$. Erhöhen wir die Gatespannung über diesen Punkt hinaus, so ist es energetisch günstiger, dass der Quantenpunkt eine Elementarladung aufnimmt, als dass er ladungsfrei bleibt ($N = 0$, Parabel um 0 zentriert). Weiteres Erhöhen der Gatespannung erhöht entsprechend die Besetzung des Quantenpunkts (Abb. 3.18c). Änderung der Besetzung tritt jeweils bei den Kreuzungspunkten der Parabeln auf, während im Zwischenbereich eine stabile Besetzung mit $N = 0$, $N = 1$, $N = 2$ usw. Elektronen vorliegt. In diesem stabilen Besetzungsbereich, in dem also jeder Stromtransport durch den Quantenpunkt blockiert ist, gilt

$$U(N \pm 1, V_g) - U(N, V_g) \leq 0 \; , \qquad (3.131a)$$

d. h. nach Abb. 3.18c

$$\left(N - \frac{1}{2}\right) < C_g V_g / e < \left(N + \frac{1}{2}\right) \; . \qquad (3.131b)$$

Dieses Phänomen der Blockierung von Stromtransport wegen stabiler Besetzung des Quantenpunkts nennt man Coulomb-Blockade.

An den Kreuzungspunkten der Parabeln gilt

$$U(N \pm 1) = U(N) \; . \qquad (3.132)$$

Das System zeigt bei dieser speziellen Gatespannung keine Präferenz für eine Besetzung mit N oder $N \pm 1$ Elektronen. Bei diesen Gatespannungen leitet der Quantenpunkt, seine Elektronenbesetzung kann fluktuieren und es kann über Tunneln ein Elektronenaustausch mit dem Source- und Drainkontakt stattfinden. Die Tunnelleitfähigkeit zwischen Source, Quantenpunkt und Drain zeigt als Funktion von $C_g V_g$ scharfe „Peaks", sog. Coulomb-Blockade-Oszillationen (Abb. 3.18d).

Der hier beschriebene Sachverhalt lässt sich auch analog zur Energie-Ortsdarstellung des Resonanz-Tunneleffekts (Abb. 3.16, 3.17) darstellen. In Abb. 3.19 sind charakteristische Energien in den Raumbereichen Source (S), Drain (D) und Quantenpunkt (QP) auf einer Energieachse E dargestellt. Die drei Bereiche sind durch isolierende Tunnelbarrieren getrennt, in denen im betrachteten Energiebereich keine elektronischen Zustände existieren. Die Barrieren sind jedoch so dünn, dass der Überlapp der elektronischen Wellenfunktionen aus den Bereichen S, D, QP Tunneln von Elektronen erlaubt. In Source und Drain sind die metallischen Verhältnisse durch das Modell

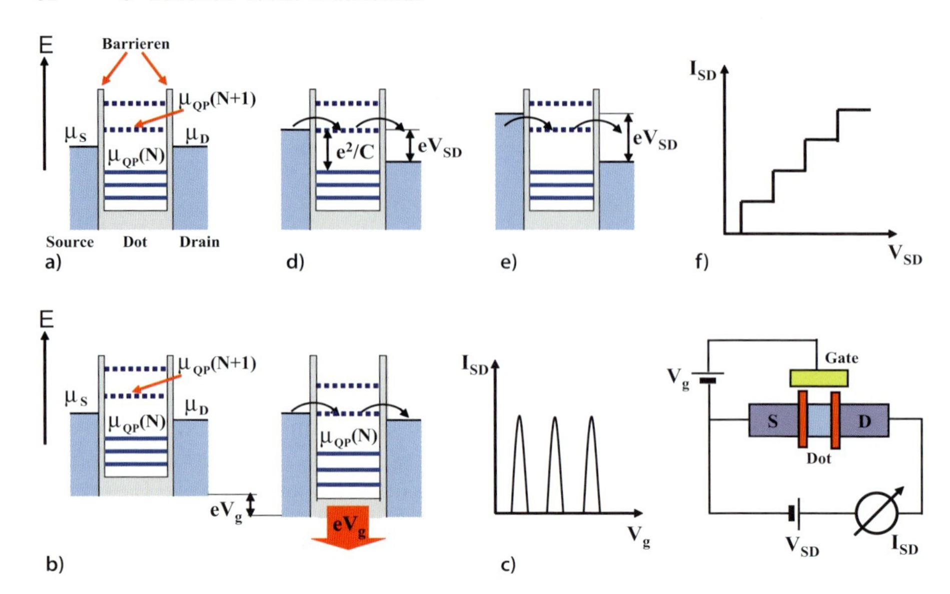

Abb. 3.19a–f. Erklärung der Einzelelektronen-Tunneleffekte in einer Messschaltung mit Source (S), Dot (Quantenpunkt), Drain (D) und Gate (*rechts unten*). **a** Potentialtopf-Schemata für Source, Drain und Dot mit verschwindender (oder sehr kleiner) Spannung zwischen Source und Drain. μ_S und μ_D sind die chemischen Potentiale von Source und Drain, $\mu_{QP}(N)$ und $\mu_{QP}(N+1)$ die chemischen Potentiale des Quantenpunkts bei Besetzung mit N bzw. $N+1$ Elektronen (Coulomb-Blockade). **b** Potentialtopf-Schema bei Anlegen einer Gate-Spannung V_g, die im Dot $\mu_{QP}(N+1)$ in Höhe von μ_S bringt und damit Tunneln eines Elektrons durch den Dot ermöglicht (Aufhebung der Coulomb-Blockade). **c** Source-Drain-Strom I_{SD} als Funktion der Gate-Spannung V_g. Die Coulomb-Blockade-Oszillationen zeigen mit ihren scharfen Banden Situationen wie in (**b**) an. **d,e** Möglicher Tunnelstromtransport durch Änderung der Source-Drain-Spannung V_{SD}. **f** Coulomb-Blockade-Treppencharakteristik, wie sie für den Tunnelstrom I_{SD} als Funktion von V_{SD} bei Vorliegen der Situationen (**d**) und (**e**) gemessen wird

des Potentialkastens (Abschn. 3.6.1) beschrieben, bei dem die elektronischen Zustände quasikontinuierlich dicht auf der Energieachse liegen und bis zu einer Maximalenergie μ_S bzw. μ_D, den chemischen Potentialen, mit Elektronen besetzt sind (schattierte Bereiche). Diese Darstellung setzt das Pauli-Ausschließungsprinzip für Elektronen voraus, nach dem jeder Einelektronenzustand nur von einem einzigen Elektron besetzt werden darf (Ableitung in Abschn. 5.6). Im Quantenpunkt nehmen wir infolge der räumlichen Einsperrung diskrete Energieniveaus an, die aber in der Darstellung in Abb. 3.19 nicht näher betrachtet werden. Jedoch wollen wir den Vielteilcheneffekt der Coulomb-Abstoßung, d. h. den Aufladungseffekt berücksichtigen, in dem das Hinzufügen eines Elektrons gerade die Additionsenergie e^2/C kostet.

$\mu_{\mathrm{QP}}(N+1)$ kennzeichnet dann die Vielteilchenenergie (chemisches Potential) des Quantenpunkts, bei der eine Erhöhung der Besetzung von N nach $N+1$ gerade möglich wird. Liegt das chemische Potential μ_{S} von Source unterhalb von $\mu_{\mathrm{QP}}(N+1)$, so kann kein weiteres Elektron über N hinaus in den Quantenpunkt hineintunneln. Diese Situation der Coulomb-Blockade ist in Abb. 3.19a dargestellt. Äußere Spannungen zwischen den S, D und Gatekontakten verschieben die Energieskalen der Bereiche S, D, QP gegeneinander und damit ihre chemischen Potentiale. In Abb. 3.19b wurde durch eine Gatespannung V_{g} das Potential des Quantenpunkts gegenüber μ_{S} und μ_{D} so verschoben, dass $\mu_{\mathrm{QP}}(N+1)$ auf der Energie von μ_{S} und μ_{D} zu liegen kommt. Der QP kann seine Elektronenbesetzung über Tunneln aus S oder in D hinein um einen Ladungsträger verändern. Bei einer minimalen anliegenden Spannung V_{SD}, d. h. einer geringfügigen Differenz $\mu_{\mathrm{S}} - \mu_{\mathrm{D}} > 0$ fließt ein Tunnelstrom über den Quantenpunkt, die Coulomb-Blockade ist aufgehoben. Diese Situation tritt bei Erhöhung der Gatespannung nach Abb. 3.18b periodisch auf und erklärt das Auftreten der Coulomb-Blockade-Oszillationen (Abb. 3.18c).

Die Coulomb-Blockade kann auch bei festgehaltenem Potential am Quantenpunkt (feste Gatespannung) aufgehoben werden, indem man die Source-Drain-Spannung V_{SD} vergrößert (Abb. 3.19d). Wegen der Spannungsabfälle über beide Barrieren verschieben sich dann die Energien $\mu_{\mathrm{QP}}(N)$ bzw. $\mu_{\mathrm{QP}}(N+1)$ gegenüber μ_{S} und μ_{D} so, dass Tunneln von S über QP nach D möglich wird. Ein Tunnelstrom I_{SD} setzt ein, wenn $\mu_{\mathrm{QP}}(N+1)$ gerade die energetische Lage von μ_{S} erreicht (Abb. 3.19d). Weiteres Absenken von $\mu_{\mathrm{QP}}(N+1)$ erhält diesen Tunnelstrom, weil immer noch besetzte elektronische Zustände im Source-Bereich auf der Höhe von $\mu_{\mathrm{QP}}(N+1)$ liegen (Abb. 3.19e). Erreicht bei weiterer Vergrößerung von V_{SD}, d. h. weiterem Absenken der QP-Energie $\mu_{\mathrm{QP}}(N+2)$ die Source-Energie μ_{S}, dann kann ein weiteres Elektron tunneln und der Tunnelstrom I_{SD} nimmt sprunghaft zu. Auf diese Weise beobachtet man in der $I_{\mathrm{SD}}(V_{\mathrm{SD}})$ Charakteristik die sog. Coulomb-Blockade-Treppen(stair case)-Charakteristik (Abb. 3.19f).

Abschließend sei noch einmal betont, dass die in Abb. 3.19 eingezeichneten Energieniveaus $\mu_{\mathrm{QP}}(N)$, $\mu_{\mathrm{QP}}(N+1)$, usw. Vielteilchenenergien im Sinne des chemischen Potentials sind, und nicht wie in der Diskussion des Resonanztunneleffekts (Abschn. 3.6.5) Einteilchenenergien mit zugehörigen Einteilchenwellenfunktion, durch die im Falle kohärenter Ankopplung an Source und Drain ein Elektron mit kohärenter Wellenfunktion (in S, D, QP) hindurchtunnelt.

Literaturverzeichnis

1. W. Heisenberg: Z. Physik **43**, 172 (1927)
2. E. Schrödinger: Ann. Phys. **79**, 361 (1926)
3. G. Gamow: Z. Physik **51**, 204 (1928)

4. G. Binnig, H. Rohrer, Ch. Gerber, W. Weibel: Appl. Phys. Lett. **40**, 178 (1928)
5. R. Butz (Research Center Jülich): private Mitteilung (1997)
6. A. Förster, J. Lange, D. Gerthsen, C. Dieker, H. Lüth: J. Phys. D.: Appl. Phys. **27**, 127 (1994)
7. A. Förster, private Mitteilung (1994)
8. K. Maezawa and A. Förster: Quantum Transport Devices Based on Resonant Tunneling, in „Nanoelectronics and Information Technology“, Ed. Rainer Waser, Wiley-VCH GmbH & Co, Weinheim 2003, pp. 407
9. M. Indlekofer and J. Malindretos: Free download of WinGreen simulation package: *http://www.fz-juelich.de/isi/mbe/wingreen.html*

4 Quantenmechanische Zustände im Hilbert-Raum

In den vorhergehenden Kapiteln haben wir gesehen, dass wir bei der Beschreibung des atomaren Geschehens Abstand nehmen müssen von einer wohl definierten Bahn, der Trajektorie eines Teilchens, auf der Ort und Geschwindigkeit wohl definiert sind. Es gilt die Unschärferelation für Ort und Impuls. Beide Größen sind nur als statistische Erwartungswerte gleichzeitig zu messen, da das atomare und subatomare Geschehen grundsätzlich statistisch, d. h. nicht-deterministisch ist. Mit Hilfe von Wellenfunktion und Schrödinger-Gleichung waren wir jedoch in der Lage, zumindest das statistische Geschehen, das durch Welle-Teilchen-Dualismus gekennzeichnet ist, in wohl definierte, mathematisch ableitbare Formulierungen zu bringen. Die Schrödinger-Gleichung bestimmt mit Randbedingungen eindeutig die Wellenfunktion. Hierbei hat sich, manchmal etwas verschwommen, der Begriff des quantenmechanischen Zustandes eingeschlichen. In Ermangelung von genauen Angaben über Ort und Impuls haben wir diesen Begriff eines Zustandes benutzt, um das Verhalten eines Elektrons, oder genauer, eines Ensembles von Teilchen in einer mathematisch benutzbaren Form durch Angabe der Wellenfunktion bzw. dessen Energie (Eigenwert) zu beschreiben. Wir werden diesen Begriff des quantenmechanischen Zustandes eines Systems in diesem Kapitel schärfer formulieren und dazu verallgemeinerte Vektoren in einem sog. **Hilbert-Raum** (David Hilbert 1862–1943, berühmter deutscher Mathematiker) benutzen. Auch wenn dies auf den ersten Blick sehr abstrakt erscheint, so ist die Handhabung des mathematischen Formalismus recht einfach, wenn wir uns nur immer wieder die Analogie zu unserem in der Anschauung wohl vertrauten 3D-Raum vor Augen führen.

4.1 Eigenlösungen und Messung von Observablen

Wir starten mit den Eigenlösungen, die wir für ein Elektron als Lösung der zeitunabhängigen Schrödinger-Gleichung (3.60) in einem 1D-Potentialtopf mit festen Randbedingungen erhalten haben:

$$\varphi_n(x) = C \sin k_x x \; . \tag{4.1}$$

Hierbei ist k_x infolge der Randbedingungen gemäß (3.63) gequantelt mit den Werten $k_x = n\pi/L$, wobei die Quantenzahl n die ganzzahligen Werte

$n = 1, 2, 3, \ldots$ annimmt. Die Konstante C ergibt sich aus der Normierungsbedingung (3.7), die über das betrachtete Volumen, d. h. hier die Länge L angewandt, lautet:

$$\int_0^L \varphi_n^*(x)\varphi_n(x)\,\mathrm{d}x = C^2 \int_0^L \sin^2\left(n\frac{\pi}{L}x\right)\mathrm{d}x = 1\;. \tag{4.2}$$

Damit folgt $C = (2/L)^{-2}$, d. h. die normierten Eigenfunktionen (4.1) lauten

$$\varphi_n(x) = \sqrt{\frac{2}{L}}\sin n\frac{\pi}{L}x\;. \tag{4.3}$$

Betrachten wir statt wie in der Normierungsbedingung (4.2) das Integral über zwei verschiedene Eigenlösungen (Wellenfunktionen) φ_m und φ_n mit $m \neq n$, so gilt

$$\begin{aligned}\int_0^L \varphi_m^*(x)\,\varphi_n(x)\,\mathrm{d}x &= \frac{2}{L}\int_0^L \sin\left(\frac{m\pi}{L}x\right)\sin\left(\frac{n\pi}{L}x\right)\mathrm{d}x \\ &= \frac{2}{L}\left[\frac{\sin(m-n)\,\pi}{2\,(m-n)\,\pi/L} - \frac{\sin(m+n)\,\pi}{2\,(m+n)\,\pi/L}\right] = 0\;.\end{aligned} \tag{4.4}$$

Für Eigenfunktionen $\varphi_n(x)$, die Lösungen der zeitunabhängigen Schrödinger-Eigenwertgleichung (3.60) für ein Elektron im Potentialkasten sind, gilt also

$$\int_0^L \varphi_m^*(x)\,\varphi_n(x)\,\mathrm{d}x = \delta_{mn} = \begin{cases}1 \text{ für } m = n \\ 0 \text{ für } m \neq n\end{cases}\;, \tag{4.5}$$

mit δ_{mn} als dem sog. Kronecker-Symbol.

Gleiches Verhalten können wir für die Eigenlösungen der Schrödinger-Gleichung (3.60) bei periodischen Randbedingungen im Potentialtopf (3.68) herleiten. Aus der Darstellung der allgemeinen Lösung $\varphi_k = C\exp(\mathrm{i}k_x x)$ mit der k_x-Quantisierung $k_x = n2\pi/L$ folgt analog zu (4.5) die Beziehung;

$$\int_0^L \varphi_m^*(x)\,\varphi_n(x)\,\mathrm{d}x = C^2 \int_0^L \mathrm{d}x\,\mathrm{e}^{\mathrm{i}(n-m)\frac{2\pi}{L}x}\;, \tag{4.6a}$$

d. h. für $n = m$ ergibt sich die Normierungskonstante zu $C = 1/\sqrt{L}$. Für $n \neq m$ folgt

$$\begin{aligned}\int_0^L \varphi_m^*(x)\,\varphi_n(x)\,\mathrm{d}x &= \frac{1}{L}\int_0^L \mathrm{d}x\,\mathrm{e}^{\mathrm{i}(n-m)\frac{2\pi}{L}x} \\ &= \frac{1}{L}\frac{L}{2\pi\,(n-m)}\left[\mathrm{e}^{\mathrm{i}(n-m)\frac{2\pi}{L}L} - 1\right] = 0\;.\end{aligned} \tag{4.6b}$$

In diesem Fall periodischer Randbedingungen gilt wiederum die allgemeine Beziehung (4.5) für den Satz aller Eigenlösungen $\varphi_n(x)$ der Schrödinger-Gleichung.

Gleichung (4.5) ist der „Einstieg“ in eine wichtige verallgemeinerte Interpretation des Systems der Eigenlösungen $\varphi_n(x)$ des Hamilton-Operators $\hat{H}$ bzw. der Schrödinger-Eigenwertgleichung (3.60).

Wir erinnern uns an Vektoren im dreidimensionalen (3D)-Raum, wo das Skalarprodukt zweier Vektoren **a** und **b** definiert ist als

$$\mathbf{a} \cdot \mathbf{b} = \sum_{i=1}^{3} a_i b_i \ . \tag{4.7a}$$

Falls **a** und **b** senkrecht aufeinander stehen, verschwindet der Ausdruck (4.7); sind **a** und **b** weiter Einheitsvektoren der Länge „eins“, so wird (4.7) identisch gleich „eins“, falls **a** und **b** parallel zueinander sind. Für Einheitsvektoren $|\mathbf{a}| = |\mathbf{b}| = 1$ gilt also

$$\mathbf{a} \cdot \mathbf{b} = \sum_{i=1}^{3} a_i b_i = \begin{cases} 1 & \text{falls } \mathbf{a} \| \mathbf{b} \\ 0 & \text{falls } \mathbf{a} \perp \mathbf{b} \end{cases} \tag{4.7b}$$

Erweitert man diese Beziehung auf unendlich viele Dimensionen x (statt $i = 1, 2, 3$), wobei die x-Werte auch noch kontinuierlich dicht liegen, so entspricht das Intergral in (4.5) der Summe in (4.7a). Die kontinuierlich dicht liegenden x-Werte in (4.5) entsprechen den Vektorkomponenten $i = 1, 2, 3$ und das Integral (4.5) lässt sich auffassen als ein Skalarprodukt zweier Vektoren $\varphi_m^*(x)$ und $\varphi_n(x)$. Wichtig ist hierbei auch, dass wir es mit einem sog. Dualen Vektorraum unendlicher Dimension in x zu tun haben, weil die Vektoren $\varphi_n(x)$ komplexe Werte haben können. Das Skalarprodukt muss dann aus $\varphi_m^* \varphi_n$ gebildet werden, ähnlich dem Skalarprodukt zweier komplexer Zahlen $a^* a$, das ja den Betrag der komplexen Zahl $|a| = (a^* a)^{1/2}$ ergibt.

In Analogie zur Definition im 3D-Raum (4.7) können wir also sagen, die Eigenlösungen $\varphi_n(x)$, $\varphi_m(x)$ zur Schrödinger-Eigenwertgleichung (3.60) bilden ein System verallgemeinerter, unendlichdimensionaler normierter Eigenvektoren in einem unendlich-dimensionalen Raum, dem Hilbert-Raum. Weil die Vektoren $\varphi_n(x)$ im Allgemeinen komplexwertig sind, haben wir es mit einem dualen Vektorraum zu tun, bei dem immer $\varphi_m^*(x)\varphi_n(x)$ in die Bildung des Skalaprodukts (4.5) eingeht. Man sagt, das System der Eigenlösungen $\varphi_n(x)$ bildet ein **orthonormales Funktionssystem**. Die Gesamtheit der Eigenlösungen spannt also ein unendlich dimensionales Koordinatensystem ähnlich den zueinander senkrechten Einheitsvektoren des 3D-Raumes auf, in dem sich jeder allgemeine Vektor darstellen lässt. Wir werden später sehen, dass ein Hilbert-Raum, in dem physikalische Zustände eines atomaren oder subatomaren Systems sich darstellen, auch endlich viele Dimensionen, z. B. nur zwei haben kann.

Erinnern wir uns an den wohl vertrauten Fall des 3D-Raumes: Ein allgemeiner Vektor $\mathbf{r}$ lässt sich durch die drei Einheitsvektoren $\mathbf{a}_1, \mathbf{a}_2, \mathbf{a}_3$ darstellen als

$$\mathbf{r} = \alpha_1 \mathbf{a}_1 + \alpha_2 \mathbf{a}_2 + \alpha_3 \mathbf{a}_3 = \sum_{i=1}^{3} \alpha_i \, \mathbf{a}_i \ . \tag{4.8a}$$

Hierbei erhalten wir die Komponente α_j in j-Richtung als

$$\mathbf{a}_j \cdot \mathbf{r} = \sum_{i=1}^{3} \alpha_i \left(\mathbf{a}_j \cdot \mathbf{a}_i \right) = \sum_{i=1}^{3} \alpha_i \delta_{ij} = \alpha_j \ . \tag{4.8b}$$

Dem entsprechend stellen wir einen allgemeinen Vektor im Hilbertraum, eine allgemeine Wellenfunktion $\psi(\mathbf{r})$ dar als lineare Superposition von orthonormalen Eigenlösungen $\varphi_n(\mathbf{r})$:

$$\psi \left(\mathbf{r} \right) = \sum_n b_n \varphi_n \left(\mathbf{r} \right) \ . \tag{4.9}$$

Hierbei entsprechen die $\varphi_n(\mathbf{r})$ den drei orthogonalen Einheitsvektoren, die im wohl vertrauten Euklidischen Raum die drei x, y, z-Richtungen definieren und die b_n die Vektorkomponenten in x, y, z-Richtung. Analog zu (4.8b) ergeben sich die Entwicklungskoeffizienten zu:

$$\begin{aligned} b_m &= \int \varphi_m^* \left(\mathbf{r} \right) \psi \left(\mathbf{r} \right) \mathrm{d}^3 r = \sum_n b_n \int \varphi_m^* \left(\mathbf{r} \right) \varphi_n \left(\mathbf{r} \right) \mathrm{d}^3 r \\ &= \sum_n b_n \delta_{mn} = b_m \ . \end{aligned} \tag{4.10}$$

Hierbei haben wir die Orthonormalitätsrelation (4.5) für das Funktionssystem $\varphi_n(\mathbf{r})$ benutzt.

Was wir hier für den speziellen Fall der Lösungen der Schrödinger-Gleichung (3.60) im Potentialkasten, d. h. der Eigenwertgleichung $\hat{H}\varphi_n = E_n \varphi_n$ gezeigt haben, lässt sich auf den allgemeinen Fall physikalisch sinnvoller Operatoren $\hat{\Omega}$ ausdehnen:

Ein physikalisch sinnvoller Operator muss also ein orthonormales Funktionssystem $\varphi_n(\mathbf{r})$ als Lösung der Eigenwertgleichung

$$\hat{\Omega} \varphi_n \left(\mathbf{r} \right) = \omega_n \varphi_n \left(\mathbf{r} \right) \tag{4.11}$$

haben. Nach Abschn. 3.5 sind die Eigenwerte ω_n die möglichen Messwerte, die sich bei Messung der Observablen Ω (beschrieben durch den Operator $\hat{\Omega}$) ergeben. Für einen physikalisch sinnvollen Operator müssen wir also weiter fordern, dass er neben einem orthonormalen Eigenfunktionssystem reelle Eigenwerte ω_n besitzt. Nur reelle Zahlen können Messzahlen repräsentieren, die aus einer Messung als Ergebnis folgen.

Damit beide Forderungen für einen physikalisch sinnvollen Operator $\hat{\Omega}$ erfüllt sind, muss allgemein gelten

$$\int \mathrm{d}^3 r \varphi^* (\mathbf{r}) \, \hat{\Omega} \psi (\mathbf{r}) = \int \mathrm{d}^3 r \left(\hat{\Omega} \varphi \right)^* \psi = \int \mathrm{d}^3 r \varphi \, \hat{\Omega}^* \psi^* \; . \tag{4.12a}$$

Hierbei nennt man $\hat{\Omega}^+$ den zu $\hat{\Omega}$ adjungierten Operator, wenn gilt

$$\int \mathrm{d}^3 r \left(\hat{\Omega}^+ \varphi \right)^* \psi = \int \mathrm{d}^3 r \varphi^* \hat{\Omega} \psi \; . \tag{4.12b}$$

Ein Operator, der (4.12a) erfüllt, heißt **hermitescher Operator** (oder selbstadjungierter Operator). Bilden wir für einen solchen Operator zu

$$\int \mathrm{d}^3 r \varphi_n^* \hat{\Omega} \varphi_n = \omega_n \int \varphi_n^* \varphi_n \, \mathrm{d}^3 r \tag{4.13a}$$

die konjugiert komplexe Beziehung

$$\int \mathrm{d}^3 r \varphi_n \hat{\Omega}^* \varphi_n^* = \omega_n^* \int \varphi_n^* \varphi_n \, \mathrm{d}^3 r \; , \tag{4.13b}$$

so folgt wegen (4.12) durch Subtraktion beider Gleichungen

$$\omega_n - \omega_n^* = 0 \; . \tag{4.14}$$

Die Forderung reeller Eigenwerte ist wegen der Hermitizität (4.12a) von $\hat{\Omega}$ erfüllt.

Weiter folgt für zwei verschiedene Eigenlösungen φ_m und φ_n eines hermiteschen Operators aus

$$\hat{\Omega} \varphi_m = \omega_m \varphi_m \; , \quad \hat{\Omega} \varphi_n = \omega_n \varphi_n \tag{4.15}$$

$$\int \mathrm{d}^3 r \varphi_m^* \hat{\Omega} \varphi_n = \omega_n \int \mathrm{d}^3 r \varphi_m^* \varphi_n \quad \text{und} \tag{4.16a}$$

$$\int \mathrm{d}^3 r \varphi_m^* \hat{\Omega} \varphi_n = \int \mathrm{d}^3 r \left(\hat{\Omega}^* \varphi_m^* \right) \varphi_n = \omega_m^* \int \mathrm{d}^3 r \varphi_m^* \varphi_n \; . \tag{4.16b}$$

Subtraktion von (4.16a) und (4.16b) ergibt wegen (4.14)

$$0 = (\omega_n - \omega_m) \int \mathrm{d}^3 r \varphi_m^* \varphi_n \; . \tag{4.17}$$

Wenn also die reellen Eigenwerte $\omega_m \neq \omega_n$ sind, müssen die zugehörigen Eigenfunktionen φ_m und φ_n im Sinne von (4.5) orthonormal sein. Haben mehrere Eigenfunktionen ein- und denselben Eigenwert, so spricht man von **Entartung**. Mann kann leicht zeigen, dass sich in diesem Fall die Eigenfunktionen so wählen lassen, dass sie orthonormal sind.

Wir wollen festhalten: physikalisch sinnvolle Operatoren sind hermitisch im Sinne von (4.12). Sie besitzen reelle Eigenwerte und ein orthonormales Eigenfunktionensystem. Dieses orthonormale Funktionensystem $\varphi_n(r)$ „spannt" also einen verallgemeinerten Vektorraum, einen Hilbertraum, „auf", in dem sich ein allgemeiner Vektor des Hilbertraums, ein quantenmechanischer Zustand oder eine Wellenfunktion $\psi(\mathbf{r})$, als gewichtete Summe (Überlagerung) ihrer Komponenten $\varphi_n(\mathbf{r})$ analog zum 3D-Fall (4.8a) darstellen lässt, so wie es in (4.9) dargestellt ist. Die Wichtung b_n, mit der die einzelnen orthonormalen Eigenvektoren $\varphi_n(\mathbf{r})$ in $\psi(\mathbf{r})$ vertreten sind, ergibt sich nach (4.10) durch die verallgemeinerte Skalarproduktbildung von $\varphi_n(\mathbf{r})$ mit $\psi(\mathbf{r})$.

Damit dies alles gut geht, müssen wir noch voraussetzen, dass das orthonormale Funktionensystem $\varphi_n(\mathbf{r})$ von verallgemeinerten Einheitsvektoren auch *vollständig* ist, d. h. alle in dem jeweiligen Hilbertraum nötigen „Koordinaten" enthält. Man stelle sich vor, man wolle einen allgemeinen 3D-Vektor in seinen Koordinaten wie in (4.8a) darstellen. Wenn man eine Richtung, d. h. einen Einheitsvektor $\mathbf{a}_i$ vergessen hat, ist ein Vektor mit einer Komponente in $\mathbf{a}_i$-Richtung nicht darstellbar. Das Einheitsvektorensystem ist unvollständig. Dies darf bei unseren Orthonormalsystemen von Eigenfunktionen φ_n im Hilbertraum nicht sein. Wir fordern also ein **vollständiges orthonormales** Eigenfunktionensystem. Auf die mathematische Definition der Vollständigkeit gehen wir an dieser Stelle noch nicht ein.

Wir wollen stattdessen die physikalische Bedeutung der Entwicklungskoeffizienten b_n in der Darstellung der Wellenfunktion $\psi(\mathbf{r})$ ergründen. Stellen wir uns vor, ein System werde durch die Wellenfunktion $\psi(\mathbf{r})$ beschrieben und wir führen eine Messung der Observablen Ω daran durch. Wir erwarten als Ergebnis dieser Messung einen der Eigenwerte ω_n, welchen genau, wissen wir nicht, weil der Ausgang der Messung nur statistisch schwankende Ergebnisse für ω_n geben kann. Führen wir die Messung an einem Ensemble durch oder wiederholen wir sie immer wieder an ein und demselben System, beschrieben durch $\psi(\mathbf{r})$, so erhalten wie den Erwartungswert $\langle\Omega\rangle$. Drücken wir $\langle\Omega\rangle$ durch die Entwicklung nach Eigenfunktionen $\varphi_n(\mathbf{r})$ aus, so folgt

$$\begin{aligned}\langle\Omega\rangle &= \int \mathrm{d}^3 r \varphi^* \hat{\Omega}\varphi = \int \mathrm{d}^3 r \sum_{mn} b_m^* \varphi_m^* \hat{\Omega} b_n \varphi_n \\ &= \sum_{mn} b_m^* b_n \omega_n \int \mathrm{d}^3 r \varphi_m^* \varphi_n = \sum_{mn} b_m^* b_n \omega_n \delta_{mn} \\ &= \sum_n |b_n|^2 \omega_n \end{aligned} \tag{4.18}$$

Dies ist aber genau die Formel (3.33) für einen statistischen Mittelwert, in dem $|b_n|^2$ die normierte Wahrscheinlichkeit für das Auftreten des Wertes ω_n innerhalb der Verteilung möglicher ω_m-Werte angibt.

Durch die Messung der Observablen Ω an einem System, das durch die Wellenfunktion (den Zustand) $\psi(\mathbf{r}, t)$ beschrieben wird, wird das System in eine der vielen Eigenlösungen $\varphi_n(\mathbf{r})$ von $\hat{\Omega}$ „gezwungen".

Mit welcher Wahrscheinlichkeit die Messung gerade ein bestimmtes ω_n ergibt, wird durch die Wahrscheinlichkeit $|b_n|^2$ in der Reihenentwicklung

$$\psi(\mathbf{r}, t) = \sum_n b_n(t)\, \varphi_n(\mathbf{r}) \tag{4.19a}$$

bestimmt, wobei die $\varphi_n(\mathbf{r})$ zeitunabhängige Eigenlösungen des Operators $\hat{\Omega}$ gemäß (4.11) sind. Die in (4.19) allgemein angegebene Zeitabhängigkeit von ψ (siehe Abschn. 3.5) stellt sich natürlich im Falle einer Energiemessung in Form der bei stationären Lösungen immer gegebenen $\exp(-\mathrm{i}\omega_n t)$-Faktoren innerhalb der Wahrscheinlichkeitsamplituden $b_n(t)$ dar. Man kann also in (4.19a) auch schreiben

$$b_n(t) = b_n \exp(-\mathrm{i}\omega_n t) \ . \tag{4.19b}$$

Ist das System nach der Ω-Messung also in einem bestimmten Eigenzustand $\varphi_n(\mathbf{r})$, so ist dieser Zustand stationär mit der Zeitabhängigkeit (4.19b).

Wir halten fest, die Ω-Messung ändert die Wellenfunktion $\psi(\mathbf{r}, t)$ in die eines Eigenzustands $\varphi_n(\mathbf{r})$ von $\hat{\Omega}$. Man nennt dieses Phänomen „**Reduktion**" oder „**Kollaps**" **der Wellenfunktion**. Aus der vor der Messung noch möglichen Vielzahl von Eigenlösungen, d. h. Zuständen, geht das System durch die Messung in eine bestimmte Eigenfunktion φ_n mit dem Messergebnis ω_n über. Die Wellenfunktion $\psi(\mathbf{r}, t)$ kann als Ergebnis einer vorher durchgeführten Messung aufgefasst werden. Man sagt, eine vorherige Messung hat den Zustand $\psi(\mathbf{r}, t)$ „präpariert".

4.2 Vertauschbarkeit von Operatoren: Kommutatoren

Wir fragen uns sofort, ob jede Messung einer Observablen B an einem System mit der Wellenfunktion ψ zu einem Kollaps dieser Wellenfunktion führt. Die Antwort ist einfach: Angenommen, durch eine Messung A (Operator $\hat{A}$) wurde das System in einen der Eigenzustände $\varphi_n(\mathbf{r})$ von $\hat{A}$ gebracht, d. h. $\psi = \varphi_n(\mathbf{r})$, und der Operator $\hat{B}$ der darauf folgenden B-Messungen hat das gleiche Eigenfunktionensystem $\{\varphi_m\}$ wie der Operator $\hat{A}$, dann kann eine B-Messung auch nichts anderes bewirken, als aus der Mannigfaltigkeit $\{\varphi_m\}$ nur die schon vorhandene Lösung $\varphi_n(\mathbf{r})$ „herauszusieben". Bei Vorliegen einer Wellenfunktion φ_n, die Eigenfunktion zu $\hat{B}$ (B-Messung) ist, erzeugt die B-Messung keine Reduktion der Wellenfunktion; die Wellenfunktion $\varphi_n(\mathbf{r})$ bleibt bei der Messung erhalten. Man sagt, die beiden Messungen A und B sind miteinander vertauschbar. Dass $\hat{A}$ und $\hat{B}$ ein gleichartiges Eigenfunktionensystem $\{\varphi_n\}$ haben, natürlich mit verschiedenen Eigenwerten (Messzahlen) a_n bzw. b_n besagt

$$\hat{A}\varphi_n = a_n \varphi_n \ , \tag{4.20a}$$

$$\hat{B}\varphi_n = b_n \varphi_n \ . \tag{4.20b}$$

Mit Hilfe von (4.20) können wir sofort bilden

$$\left(\hat{A}\hat{B} - \hat{B}\hat{A}\right)\varphi_n = \hat{A}b_n\varphi_n - \hat{B}a_n\varphi_n = a_nb_n\varphi_n - a_nb_n\varphi_n = 0\ . \tag{4.21}$$

Wir können also einen neuen Operator

$$\left[\hat{A}, \hat{B}\right] = \hat{A}\hat{B} - \hat{B}\hat{A} \quad , \tag{4.22}$$

gebildet aus zwei Operatoren, einführen, der anschaulich **Kommutator** heißt.

Wenden wir den Kommutator wie in (4.21) auf eine beliebige Wellenfunktion an und erhalten null, so kann man auch sagen, der Kommutator als Operator verschwindet:

$$\left[\hat{A}, \hat{B}\right] = 0\,. \tag{4.23}$$

Nach dem Vorhergesagten ist dies gleichbedeutend mit der Aussage, dass die A- und B-Messungen vertauschbar sind, bzw. dass die Operatoren $\hat{A}$ und $\hat{B}$ das gleiche Eigenfunktionensystem $\{\varphi_n\}$ haben. Anknüpfend an Abschn. 3.3 können wir auch sagen: Falls der Kommutator $[\hat{A}, \hat{B}]$ verschwindet, d. h. die Operatoren $\hat{A}$ und $\hat{B}$ vertauschbar sind, sind die Messgrößen A und B kommensurabel. Wir erwarten demnach, dass nichtkommensurable Messgrößen, die einer Unschärferelation unterliegen, durch nicht verschwindende Kommutatoren beschrieben werden. Dies ist in der Tat der Fall. Ort und Impuls sind inkommensurabel und gehorchen der Unschärferelation $\Delta p \Delta x \sim \hbar$. Wir bilden den Kommutator aus den Operatoren $\hat{x} = x$ und $\hat{p} = \frac{\hbar}{\mathrm{i}}\frac{\partial}{\partial x}$ und wenden ihn auf eine beliebige Wellenfunktion $\psi(x)$ an:

$$[\hat{x}, \hat{p}]\,\psi = \hat{x}\hat{p}\,\psi - \hat{p}\hat{x}\psi = \frac{\hbar}{\mathrm{i}}x\psi' - \frac{\hbar}{\mathrm{i}}x\psi' - \frac{\hbar}{\mathrm{i}}\psi = \mathrm{i}\hbar\psi \quad . \tag{4.24}$$

Weil dies für alle möglichen Funktionen ψ gilt, können wir die Operatorgleichung schreiben:

$$[\hat{x}, \hat{p}] = \mathrm{i}\hbar\,. \tag{4.25}$$

Nicht-kommensurable Größen, d. h. Observable, werden also durch nicht verschwindende Kommutatoren wie in (4.25) beschrieben. Solche Messgrößen unterliegen der Unschärferelation (Abschn. 3.3). Das fundamental statistische Geschehen im atomaren und subatomaren Bereich, das in der Unschärferelation seinen Ausdruck findet, zeigt sich also in der Nicht-Vertauschbarkeit gewisser Operatoren. Im Gegensatz zu einfachen Zahlen, die klassische Messgrößen beschreiben, sind viele Operatoren der Quantenmechanik, die an die Stelle von Zahlen treten, nicht kommutierbar. Damit ist die Kommutatorbeziehung (4.25) von grundlegender Bedeutung für die Quantenmechanik. Wir werden sie in vielen Fällen benutzen, wenn wir quantenmechanische Gesetzmäßigkeiten aus klassischen Beziehungen ableiten, oder besser, erraten wollen.

4.3 Darstellungen quantenmechanischer Zustände und Observabler

In Abschn. 4.1 haben wir mit Erfolg die Analogie zwischen der Beschreibung quantenmechanischer Zustände (beschrieben durch Wellenfunktionen φ_n und zugehörigem Eigenwert ω_n) in einem abstrakten Hilbertraum und der Struktur des 3D-Raumes angewendet. Wir wollen diese Analogie noch weiter führen und Weiteres über quantenmechanische Zustände und Observable lernen.

4.3.1 Vektoren von Wahrscheinlichkeitsamplituden und Matrizen als Operatoren

Bisher stand immer die Wellenfunktion als Lösung der Schrödinger-Gleichung im Vordergrund des Interesses. Ein quantenmechanischer Zustand wurde durch Angabe der ψ-Funktion beschrieben. Wir können jedoch einen Zustand auch durch Angabe der komplexen Wahrscheinlichkeitsamplituden a_n beschreiben, die in der Form $a_n^* a_n = |a_n|^2$ die Wahrscheinlichkeit angeben, mit der bei Vorliegen von $\psi(\mathbf{r})$ eine Messung der Observablen A das Messergebnis A_n ergibt gemäß

$$\hat{A}\varphi_n = A_n\varphi_n \ , \tag{4.26}$$

bzw.

$$\psi = \sum_n a_n\varphi_n \quad \text{mit} \quad a_n = \int \mathrm{d}^3 r \varphi_n^* \psi \ . \tag{4.27}$$

Der Satz von Wahrscheinlichkeitsamplituden $(a_1, a_2, a_3, \ldots)$ beschreibt als unendlich-, oder in manchen Problemen auch endlich-dimensionaler Vektor den quantenmechanischen Zustand ψ gleichermaßen. Die Beschreibung eines Zustandes durch die Angabe aller Wahrscheinlichkeitsamplituden a_n, d. h. auch der Wahrscheinlichkeiten $|a_n|^2$, mit denen die Messwerte A_n bei der A-Messung erwartet werden, ist wieder einmal Ausdruck dafür, dass wir im atomaren und subatomaren Bereich ein völlig undeterministisches Geschehen vorfinden. Eine Zustandsangabe verlangt die Angabe aller möglichen Messwerte und aller Wahrscheinlichkeiten, mit denen sie auftreten.

Wie stellt sich ein allgemeiner Operator $\hat{\Omega}$ in dem Vektorraum der Wahrscheinlichkeitsamplituden $(a_1, a_2, a_3, \ldots)$ dar? Dazu berechnen wir den Erwartungswert $\langle \Omega \rangle$ bei Vorliegen von ψ in der φ_n-Darstellung:

$$\begin{aligned}\langle \Omega \rangle &= \int \mathrm{d}^3 r \psi^* (\mathbf{r}) \hat{\Omega} \psi (\mathbf{r}) \\ &= \sum_{mn} a_m^* a_n \int \mathrm{d}^3 r \varphi_m^* \hat{\Omega} \varphi_n = \sum_{mn} a_m^* \Omega_{mn} a_n \ .\end{aligned} \tag{4.28}$$

Hierbei haben wir mit Ω_{mn} Elemente einer rechteckigen Anordnung von komplexen Zahlen, eine *Matrix* $\{\Omega_{mn}\} = \underline{\underline{\Omega}}$ bezeichnet, wobei, gilt

$$\underline{\underline{\Omega}} = \begin{pmatrix} \Omega_{11} & \Omega_{12} & \Omega_{13} & \dots \\ \Omega_{21} & \Omega_{22} & \dots & \dots \\ \dots & \dots & \dots & \dots \\ \dots & \dots & \dots & \dots \end{pmatrix} \quad \text{mit } \Omega_{mn} = \int \mathrm{d}^3 r \varphi_m^* \hat{\Omega} \varphi_n \ . \tag{4.29}$$

Der Erwartungswert $\langle \Omega \rangle$ in (4.28) stellt sich dann dar als die Multiplikation der Matrix $\{\Omega_{mn}\}$ mit dem Vektor $(a_1, a_2, \dots, a_n)$ und der nochmaligen skalaren Multiplikation des sich ergebenden neuen Vektors von links mit dem Vektor $(a_1^*, a_2^*, \dots, a_n^* \dots)$, oder ausgeschrieben:

$$\langle \Omega \rangle = (a_1^*,\ a_2^*,\ a_3^* \dots) \begin{pmatrix} \Omega_{11} & \Omega_{12} & \dots \\ \Omega_{21} & \Omega_{22} & \dots \\ \dots & \dots & \dots \end{pmatrix} \begin{pmatrix} a_1 \\ a_2 \\ \dots \end{pmatrix} . \tag{4.30}$$

Wir erinnern noch einmal am Beispiel der Multiplikation einer 3D Matrix und eines Vektors bzw. zweier 3D-Matrizen daran, wie diese Multiplikation von Matrizen mit Vektoren bzw. von Matrizen mit Matrizen verläuft:

$$\begin{pmatrix} \alpha_{11} & \alpha_{12} & \alpha_{13} \\ \alpha_{21} & \alpha_{22} & \alpha_{23} \\ \alpha_{31} & \alpha_{32} & \alpha_{33} \end{pmatrix} \begin{pmatrix} \beta_1 \\ \beta_2 \\ \beta_3 \end{pmatrix} = \begin{pmatrix} \gamma_1 \\ \gamma_2 \\ \gamma_3 \end{pmatrix} \tag{4.31a}$$

mit der Vektorkomponente $\gamma_2 = \alpha_{21}\beta_1 + \alpha_{22}\beta_2 + \alpha_{23}\beta_3$ und analog γ_1, γ_3.

$$\begin{pmatrix} \alpha_{11} & \alpha_{12} & \alpha_{13} \\ \alpha_{21} & \alpha_{22} & \alpha_{23} \\ \alpha_{31} & \alpha_{32} & \alpha_{33} \end{pmatrix} \begin{pmatrix} \beta_{11} & \beta_{12} & \beta_{13} \\ \beta_{21} & \beta_{22} & \beta_{23} \\ \beta_{31} & \beta_{32} & \beta_{33} \end{pmatrix} = \begin{pmatrix} \gamma_{11} & \gamma_{12} & \gamma_{13} \\ \gamma_{21} & \gamma_{22} & \gamma_{23} \\ \gamma_{31} & \gamma_{32} & \gamma_{33} \end{pmatrix} \tag{4.31b}$$

mit $\gamma_{22} = \alpha_{21}\beta_{12} + \alpha_{22}\beta_{22} + \alpha_{23}\beta_{32}$ und analog γ_{ij}.

Es sei weiter daran erinnert, dass bei der Multiplikation zweier Matrizen die Reihenfolge beachtet werden muss. Matrizen sind im Allgemeinen bei der Produktbildung nicht vertauschbar, genau so wie Operatoren bei ihrer Anwendung auf Funktionen. Wir erkennen hier die völlige Analogie zwischen der Beschreibung durch Operatoren und Wellenfunktionen sowie durch Matrizen und Vektoren von Wahrscheinlichkeitsamplituden.

Erster Formalismus wurde von Schrödinger in Form der sog. Wellenmechanik „erfunden“, während der Zugang zur Quantenmechanik über Matrizen mit dem Namen Heisenberg verbunden ist (ursprünglicher Name: Matrizenmechanik).

Wir wollen noch untersuchen, was die Aussagen „zueinander adjungierte Operatoren bzw. hermitesche Operatoren“ (4.12a,b) in der Matrixdarstellung der Operatoren bedeuten. $\hat{\Omega}^+$ ist zu $\hat{\Omega}$ adjungiert, falls gilt

$$\int \mathrm{d}^3 r \left(\hat{\Omega}^+ \varphi\right)^* \psi = \int \mathrm{d}^3 r \varphi^* \Omega \psi \ . \tag{4.32}$$

Durch Entwickeln von φ und ψ nach dem Eigenfunktionensystem $\{\varphi_n\}$, d. h.

$$\varphi = \sum_n a_n \varphi_n \ , \ \psi = \sum_m b_m \varphi_m \ , \tag{4.33}$$

folgt aus (4.32) für die rechte Seite

$$\sum_{nm} a_n^* \left(\int \mathrm{d}^3 r \varphi_n^* \hat{\Omega} \varphi_m \right) b_m = \sum_{nm} a_n^* \Omega_{nm} b_m \ , \tag{4.34a}$$

bzw. für die linke Seite

$$\sum_{nm} a_n^* \left[\int \mathrm{d}^3 r \varphi_m \left(\hat{\Omega}^+ \right)^* \varphi_n^* \right] b_m = \sum_{nm} a_n^* \Omega_{mn}^* b_m \ . \tag{4.34b}$$

Durch Vergleich von (4.34a) mit (4.34b) erkennt man, dass für zwei zueinander adjungierte Operatoren $\hat{\Omega}$ und $\hat{\Omega}^+$ die entsprechenden Matrizen durch vertauschen von Spalten und Zeilen (Transponieren) sowie das Bilden des konjugiert Komplexen der Elementen auseinander hervorgehen:

$$\Omega_{nm} \to \Omega_{mn}^* \ . \tag{4.35}$$

Physikalisch sinnvolle Operatoren sind selbstadjungiert oder hermitesch im Sinne von $\hat{\Omega}^+ = \hat{\Omega}$ (4.12a). Entsprechend gilt für ihre (sog. hermitesche) Matrizen:

$$\Omega_{mn}^* = \Omega_{nm} \ . \tag{4.36}$$

Die Grundgleichung der Quantenmechanik, die Schrödinger-Gleichung $\mathrm{i}\hbar\dot{\psi} = \hat{H}\psi$ (3.50 und 3.51) lässt sich durch Einsetzen der Entwicklung von ψ nach dem Eigenfunktionensystem $\{\varphi_n\}$ (4.27) unmittelbar in die Matrizenschreibweise überführen:

$$\mathrm{i}\hbar \sum_n \dot{a}_n(t)\, \varphi_n(\mathbf{r}) = \sum_n a_n(t)\, \hat{H} \varphi_n(\mathbf{r}) \ . \tag{4.37}$$

Nach Multiplikation mit φ_m^* und Integration über das Volumen des Systems folgt:

$$\mathrm{i}\hbar \sum_n \dot{a}_n(t) \int \mathrm{d}^3 r \varphi_m^* \varphi_n = \mathrm{i}\hbar \sum_n \dot{a}_n \delta_{mn} = \sum_n a_n(t) \int \mathrm{d}^3 r \varphi_m^* \hat{H} \varphi_n \ , \tag{4.38a}$$

d. h.

$$\boxed{i\hbar \dot{a}_m(t) = \sum_n H_{mn} a_n(t)} \tag{4.38b}$$

(4.38b) ist ein gekoppeltes System von Differentialgleichungen für die Wahrscheinlichkeitsamplituden $a_n(t)$, die sich bei einer Messung der Observablen A (Operator $\hat{A}$) (4.26) ergeben würden.

Mit

$$H_{mn} = \int \mathrm{d}^3 r \varphi_m^* (\mathbf{r}) \hat{H} \varphi_n (\mathbf{r}) \tag{4.39}$$

bezeichnen wir die Matrixelemente des Hamilton-Operators $\hat{H}$ im Eigenfunktionensystem $\{\varphi_n\}$ der Observablen A.

Für zeitunabhängige Probleme genügt es, die zeitunabhängige Schrödinger (Eigenwert)-Gleichung (3.57) zu lösen. In der Matrixschreibweise ergibt sich aus $\hat{H}\psi(\mathbf{r}) = E\psi(\mathbf{r})$ (3.57) durch Einsetzen der Entwicklung von ψ nach dem Eigenfunktionensystem $\{\varphi_n\}$ (4.27), Multiplikation mit φ_m^* und Integration über das Volumen des Systems:

$$\sum_n a_n \int \mathrm{d}^3 r \varphi_m^* \hat{H} \varphi_n = E \sum_n a_n \int \varphi_m^* \varphi_n \mathrm{d}^3 r = E a_m \tag{4.40a}$$

$$\sum_n H_{mn} a_n = E a_m \,. \tag{4.40b}$$

Dies bedeutet nach (4.31a) auf der linken Seite Multiplikation der Matrix $\underline{\underline{H}} = \{H_{mn}\}$ mit dem Vektor $(a_1, a_2, \ldots, a_n, \ldots)$; dies muss wiederum den gleichen Vektor multipliziert mit dem Eigenwert E ergeben. Wie in (3.48) beschrieben, ist dies ein typisches Eigenwertproblem der linearen Algebra von Matrizen und Vektoren. Also auch hier besteht die Analogie zwischen Operatoren und Matrizen.

Wir werden sehen, dass die Matrixformulierungen der quantenmechanischen Grundgleichungen (4.38b) und (4.40b) in vielen Fällen eine modellmäßige Beschreibung von Systemen durch intuitive Annahme über die Matrixelemente H_{mn} des Hamilton-Operators sehr vereinfachen. Dies trifft insbesondere zu, wenn durch stark vereinfachende Annahmen die Matrix $\{H_{mn}\}$ als nur zweidimensional angenommen wird (sog. 2-Niveau-Systeme).

In (4.40b) ist dieses Eigenwertproblem für den Hamilton (Energie)-Operator in Matrixform dargestellt. Jede andere Observable Ω, beschrieben durch den Operator $\hat{\Omega}$, hat jedoch auch Messwerte ω, die durch eine Eigenwertgleichung $\hat{\Omega}\psi = \omega\,\psi$ (3.49) erhalten werden. Durch Entwicklung von ψ nach dem Eigenfunktionensystem $\{\varphi_n\}$ und einer Rechnung analog zu (4.40) erhalten wir das Eigenwertproblem (3.49) für allgemeine Operatoren in Matrixdarstellung zu

$$\sum_n \Omega_{mn} a_n = \omega a_m \quad \text{mit}$$

$$\Omega_{mn} = \int \mathrm{d}^3 r \varphi_m^* \hat{\Omega} \varphi_n \,. \tag{4.41}$$

Bezeichnen wir mit $\mathbf{a} = (a_1, a_2, a_3, \ldots)$ den Vektor der Wahrscheinlichkeitsamplitude, so lautet (4.41) in kompakter Schreibweise

$$\underline{\underline{\Omega}}\mathbf{a} = \omega \mathbf{a} \,. \tag{4.42}$$

Mit

$$\underline{\underline{1}} = \begin{pmatrix} 1 & 0 & 0 & 0 & & \dots \\ 0 & 1 & 0 & \dots & & \dots \\ 0 & 0 & 1 & \dots & & \dots \\ \dots & \dots & \dots & \dots & & \dots \end{pmatrix} \quad \text{und} \quad \underline{\underline{0}} = \begin{pmatrix} 0 & 0 & 0 & \dots \\ 0 & 0 & 0 & \dots \\ \dots & \dots & \dots & \dots \\ \dots & \dots & \dots & \dots \end{pmatrix} \tag{4.43}$$

als Einheits- bzw. Null-Matrix ergibt sich aus (4.42):

$$\left(\underline{\underline{\Omega}} - \omega \underline{\underline{1}}\right) \mathbf{a} = \mathbf{0} \tag{4.44a}$$

bzw.

$$\mathbf{a} = \left(\underline{\underline{\Omega}} - \omega \underline{\underline{1}}\right)^{-1} \underline{\underline{0}} \, . \tag{4.44b}$$

Wir machen uns noch einmal die Lösung dieses Eigenwertproblems der linearen Algebra klar: Damit die Vektorgleichung (4.44b) nichttriviale Lösungen für die Eigenwerte ω ergibt, muss die inverse Matrix $(\underline{\underline{\Omega}} - \omega \underline{\underline{1}})^{-1}$ gegen unendlich streben (genauer: alle ihre Matrixelemente). Allgemein ist die inverse Matrix $\underline{\underline{M}}^{-1}$ zur Matrix $\underline{\underline{M}}$ durch $\underline{\underline{M M}}^{-1} = \underline{\underline{1}}$ definiert. Sie wird aus $\underline{\underline{M}}$ nach der Vorschrift

$$\underline{\underline{M}}^{-1} = \frac{1}{\det \underline{\underline{M}}} \underline{\underline{\tilde{M}}} \tag{4.45}$$

berechnet. Hierbei ist $\underline{\underline{\tilde{M}}}$ die sog. Kofaktorenmatrix. Jedes Matrixelement $\tilde{M}_{ij}$ von $\underline{\underline{\tilde{M}}}$ wird gebildet, indem man in $\underline{\underline{M}}$ die i-te Zeile und j-te Spalte streicht und aus den verbleibenden Elementen von $\underline{\underline{M}}$ eine sog. Unterdeterminante (1 Dimension weniger als $\underline{\underline{M}}$) errechnet; die Unterdeterminanten werden mit schachbrettartigem Vorzeichenwechsel zu einer neuen Matrix kombiniert, die nach Vertauschen von Zeilen und Spalten (Transponierung) $\underline{\underline{\tilde{M}}}$ ergibt. Ein zweidimensionales Beispiel soll dies verdeutlichen:

Aus der Matrix

$$\underline{\underline{M}} = \begin{pmatrix} \alpha & \beta \\ \gamma & \delta \end{pmatrix} \tag{4.46a}$$

errechnen wir die Matrix der Unterdeterminanten mit wechselnden Vorzeichen

$$\underline{\underline{M}}^1 = \begin{pmatrix} \delta & -\gamma \\ -\beta & \alpha \end{pmatrix} . \tag{4.46b}$$

Die eindimensionale Unterdeterminante, hier die einfache Zahl δ in (4.46b), folgt aus (4.46a) durch Streichen der Zeile α, β und der Spalte α, γ als verbleibendes nicht gestrichenes Element.

$\underline{\underline{M}}^1$ in (4.46b) wird transportiert und wir erhalten die Kofaktoren-Matrix

$$\underline{\underline{\tilde{M}}} = \begin{pmatrix} \delta & -\beta \\ -\gamma & \alpha \end{pmatrix} . \tag{4.46c}$$

Mit $\det \underline{\underline{M}} = \alpha\,\delta - \beta\,\gamma$ folgt die inverse Matrix

$$\underline{\underline{M}}^{-1} = \frac{1}{\alpha\,\delta - \beta\,\delta} \begin{pmatrix} \delta & -\gamma \\ -\beta & \alpha \end{pmatrix} . \tag{4.46d}$$

Der Beweis folgt einfach aus:

$$\begin{aligned} \underline{\underline{M M}}^{-1} &= \frac{1}{\alpha\,\delta - \beta\,\gamma} \begin{pmatrix} \alpha & \beta \\ \gamma & \delta \end{pmatrix} \begin{pmatrix} \delta & -\beta \\ -\gamma & \alpha \end{pmatrix} \\ &= \frac{1}{\alpha\,\delta - \beta\,\gamma} \begin{pmatrix} \alpha\,\delta - \beta\,\gamma & -\alpha\,\beta + \alpha\,\beta \\ \gamma\,\delta - \delta\,\gamma & \alpha\,\delta - \beta\,\gamma \end{pmatrix} = \begin{pmatrix} 1 & 0 \\ 0 & 1 \end{pmatrix} = \underline{\underline{1}} . \end{aligned} \tag{4.47}$$

Wegen (4.45) hat (4.44b) also nicht-triviale Lösungen für ω, falls

$$\det(\underline{\underline{\Omega}} - \omega \underline{\underline{1}}) = 0 \tag{4.48}$$

gilt. Falls $\underline{\underline{\Omega}}$ drei (n)-dimensional ist, ist die Determinante in (4.48) ein Polynom dritter (n-ter) Ordnung in ω. (4.48) hat also drei (n) Lösungen für ω, die Eigenwerte $\omega_1, \omega_2, \omega_3 \ldots$ der Matrix-Eigenwertgleichung (4.42). Die nur bis auf einen beliebigen Faktor bestimmten Eigenvektoren $(a_1, a_2, a_3, \ldots)$ zu diesen Eigenwerten ergeben sich durch Einsetzen der Eigenwerte in (4.42).

4.3.2 Drehungen des Hilbertraums

Im kartesischen 3D-Raum kann ein- und derselbe Vektor **a** in beliebig vielen zueinander gedrehten Koordinatensystemen dargestellt werden. Bei Drehung des Koordinatensystems muss natürlich der Vektor selbst in Länge ($= |\mathbf{a}|^{1/2}$) und Richtung erhalten bleiben. Seine Koordinaten sind deshalb in den verschiedenen Koordinatensystemen verschieden, aber jeweils durch eine der Drehung zugeordnete Transformationsmatrix (Drehmatrix) miteinander verknüpft. Für eine Drehung des Koordinatensystems (x, y) nach (x', y') um die z-Achse um den Winkel φ ist dies in Abb. 4.1 dargestellt. Die Beziehung zwischen den entsprechenden Vektorkomponenten lautet:

$$\begin{pmatrix} a' \\ b' \end{pmatrix} = \begin{pmatrix} \cos\varphi & \sin\varphi \\ -\sin\varphi & \cos\varphi \end{pmatrix} \begin{pmatrix} a \\ b \end{pmatrix} = \begin{pmatrix} a\cos\varphi + b\sin\varphi \\ -a\sin\varphi + b\cos\varphi \end{pmatrix} . \tag{4.49}$$

Wegen $\sin^2\varphi + \cos^2\varphi = 1$ bleibt das Betragsquadrat des Vektors bei der Drehung natürlich erhalten:

$$\begin{aligned} a'^2 + b'^2 &= (a\cos\varphi + b\sin\varphi)^2 + (-a\sin\varphi + b\cos\varphi)^2 \\ &= a^2 + b^2 . \end{aligned} \tag{4.50}$$

Gleichung (4.50) ist eine Konsequenz der Tatsache, dass die Drehmatrix orthogonal ist: Spalten und Zeilen, wenn wir sie als Vektoren auffassen, stehen senkrecht aufeinander. Spiegeln wir sie an der Hauptdiagonalen, erhalten wir die inverse Matrix, wie sich leicht nach Abschn. 4.3.1 zeigen lässt.

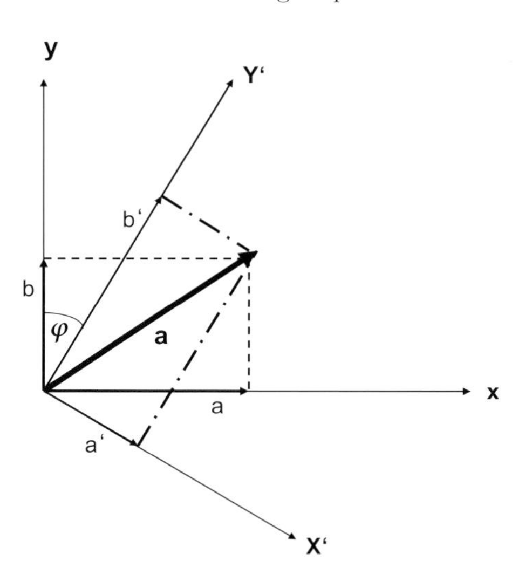

Abb. 4.1. Darstellung eines Vektors **a** im x, y-Koordinatensystem und in dem um den Winkel φ gedrehten x', y'-System

Analoges lässt sich auch für die abstrakten Vektoren $(a_1, a_2, \ldots)$ eines Quantenzustands im Hilbert-Raum zeigen. Wir können einen allgemeinen Zustand, beschrieben durch die Wellenfunktion ψ, in verschiedenen Eigenfunktionensystemen, z. B. $\{\varphi_n\}$ und $\{\psi_n\}$ entwickeln. φ_n seien Eigenlösungen zum Operator $\hat{A}$ wie in (4.26); ψ_n seien Eigenlösungen zu einem anderen Operator $\hat{B}$, sodass neben (4.26) auch gilt

$$\hat{B}\psi_n = B_n\psi_n \,. \tag{4.51}$$

Die beiden Entwicklungen von ψ sind dann

$$\psi = \sum_n a_n\varphi_n \quad \text{mit } a_n = \int \mathrm{d}^3r\varphi_n^*\psi \,, \tag{4.52a}$$

$$\psi = \sum_m b_m\psi_m \quad \text{mit } b_n = \int \mathrm{d}^3r\psi_m^*\psi \,. \tag{4.52b}$$

Der Zusammenhang zwischen diesen beiden Darstellungen von ψ ergibt sich, weil wir ψ_m wiederum nach φ_n entwickeln können:

$$\psi_m = \sum_n T_{mn}\varphi_n \quad \text{mit } T_{mn} = \int \mathrm{d}^3r\varphi_m^*\psi_n \,. \tag{4.53}$$

Hierbei bilden die Entwicklungskoeffizienten T_{mn} eine Transformationsmatrix, über die wir Näheres herausfinden wollen. Wir können (4.53) statt auf die Eigenfunktionensysteme $\{\varphi_n\}$ und $\{\psi_n\}$ auch auf die Vektoren $\{a_n\}$ und $\{b_n\}$ der Wahrscheinlichkeitsamplituden (4.52) beziehen, indem wir die zu (4.53) konjugiert komplexe Beziehung mit $\psi(\mathbf{r})$ multiplizieren und über das Volumen des Systems integrieren:

$$b_m = \int \mathrm{d}^3 r \psi_m^* \psi = \sum_n T_{mn}^* \int \mathrm{d}^3 r \varphi_n^* \psi = \sum_n T_{mn}^* a_n \,. \tag{4.54a}$$

Für die Darstellungen von ψ in den Wahrscheinlichkeitsamplituden gilt also

$$b_m = \sum_n T_{mn}^* a_n \,. \tag{4.54b}$$

Wenn wir verlangen, dass in beiden Eigenfunktions(Koordinaten)-Systemen $\{\varphi_n\}$ und $\{\psi_m\}$ der Vektor des Hilbert-Raumes $\psi(\mathbf{r})$ ähnlich wie der Vektor **a** des 3D-Raumes (4.50) den gleichen Betrag, d. h. die gleiche „Länge“ hat, müssen wir fordern:

$$\int \mathrm{d}^3 r \psi^* \psi = \sum_{nm} a_n^* a_m \int \mathrm{d}^3 \varphi_n^* \varphi_m = \sum_{nm} b_n^* b_m \int \mathrm{d}^3 r \psi_n^* \psi_m \,. \tag{4.55a}$$

Hierbei haben wir die Entwicklung von ψ nach φ_n und ψ_n benutzt. Wegen der Orthonormalität beider Eigenfunktionensysteme folgt sofort

$$\sum_n a_n^* a_n = \sum_n b_n^* b_n \,. \tag{4.55b}$$

Wir setzen in (4.55b) die Beziehung (4.54b) ein und erhalten:

$$\sum_n a_n^* a_n = \sum_{nmm'} T_{nm} T_{nm'}^* a_m^* a_{m'} \,. \tag{4.56}$$

Damit (4.55b) erfüllt ist, muss für die Transformationsmatrix $\underline{\underline{T}}$ gelten:

$$\sum_n T_{nm'}^* T_{nm} = \delta_{m'm} \,. \tag{4.57a}$$

Damit in (4.57a) die richtige Vorschrift für die Multiplikation zweier Matrizen erfüllt ist [Summation immer über die inneren Indizes der Element wie in (4.31b)], muss man in $T_{nm'}^*$ die Indizes vertauschen, d. h. (4.57a) bedeutet, dass die Matrix $\underline{\underline{T}}$ von links multipliziert mit der konjugiert komplexen, transponierten Matrix von $\underline{\underline{T}}$ die Einheitsmatrix ergibt. Solche Matrizen kennen wir schon, sie gehören zu zueinander adjungierten Operatoren (4.32–4.36), wir kennzeichnen sie mit einem Kreuz. Damit liest sich (4.57a) in kompakter Form

$$\underline{\underline{T}}^\dagger \underline{\underline{T}} = \underline{\underline{1}} \,. \tag{4.57b}$$

Matrizen (oder Transformationen) $\underline{\underline{T}}$, die zwischen verschiedene Darstellungen eines Zustandvektors in verschiedenen n vermitteln, gehorchen der

Beziehung (4.57). Sie heißen *unitäre Matrizen* oder Transformationen. Wegen (4.57b) sieht man sofort, dass für solche unitären Matrizen gilt:

$$\underline{\underline{T}}^{\dagger}\underline{\underline{T}}\,\underline{\underline{T}}^{\dagger} = \underline{\underline{T}}^{\dagger} \tag{4.58a}$$

$$\underline{\underline{T}}^{\dagger}\underline{\underline{T}} = \underline{\underline{T}}\,\underline{\underline{T}}^{\dagger} = \underline{\underline{1}} \tag{4.58b}$$

bzw.

$$\underline{\underline{T}}^{-1} = \underline{\underline{T}}^{\dagger} \ . \tag{4.59}$$

Unitäre Transformationen oder Matrizen vermitteln also zwischen verschiedenen Darstellungen (4.52) ein- und desselben Zustandsvektors $\psi(\mathbf{r})$ in verschiedenen Hilberträumen. Sie beschreiben also, wie Messergebnisse einer Variablen A sich in Messergebnisse einer Variablen B abbilden. Die verschiedenen Hilberträume werden aufgebaut aus verschiedenen Eigenfunktionssystemen $\{\varphi_n\}$ und $\{\psi_n\}$, die als Messergebnisse verschiedener Observablen, hier A und B, erhalten werden. In Analogie zum Fall des Euklidischen 3D-Raums (4.49) sagt man, die zu verschiedenen Messungen, A oder B, gehörenden Hilbert-Räume sind zueinander gedreht.

4.3.3 Quantenzustände in Dirac-Notation

Wir haben in Abschn. 4.3.2 gesehen, wie ein und derselbe Zustand eines Quantensystems, beschrieben durch die Wellenfunktion $\psi(\mathbf{r})$, in verschiedenen Eigenfunktionensystemen dargestellt werden kann (4.52):

$$\psi\left(\mathbf{r}\right) = \sum_n a_n \varphi_n = \sum_n b_n \psi_n \ , \tag{4.60}$$

wobei die, die durch $\{\varphi_n\}$ und $\{\psi_n\}$ aufgespannt werden, als zu einander gedreht aufgefasst werden können. Weiter gilt für die Norm (= 1) dieses Zustandes nach (4.55)

$$\int \mathrm{d}^3 r \psi^*\left(\mathbf{r}\right)\psi\left(\mathbf{r}\right) = \sum_n a_n^* a_n = \sum_n b_n^* b_n \ . \tag{4.61}$$

Hierbei handelt es sich immer um den gleichen Quantenzustand des Systems, gleichgültig ob er in dem Hilbert-Raum der kontinuierlich dicht liegenden Koordinaten $\mathbf{r}$ (Integral über $\psi^*\psi$ entspricht einer Summe, Abschn. 4.1) oder in denen der unendlich-dimensionalen, aber diskret, durch Quantenzahlen n beschriebenen Wahrscheinlichkeitsamplituden a_n bzw. b_n dargestellt wird. Die Komponenten a_n oder b_n beschreiben den allgemeinen Quantenzustand gleichermaßen wie die Vektorkomponente a, b oder a', b' den Vektor $\mathbf{a}$ in Abb. 4.1 für den 3D-Raum definieren. Die Bezeichnung $\mathbf{a}$ ist dabei eine koordinatenunabhängige Beschreibung des 3D-Vektors, die in vieler Hinsicht zweckmäßig ist, um allgemeine Zusammenhänge auszudrücken. In Analogie hat Dirac

(1902–1984), einer der Mitschöpfer der Quantentheorie, eine elegante, koordinatenunabhängige Beschreibung von Quantenzuständen erfunden [1]. Anstatt wie in (4.60) den Quantenzustand durch seine Komponenten a_n oder b_n bzw. $\psi(\mathbf{r})$ in den entsprechenden Hilberträumen anzugeben, schreiben wir einfach das Symbol $|\psi\rangle$. Da wir es mit dualen Hilberträumen zu tun haben, in denen Real- und Imaginärteile komplexer Zahlen und Funktionen beschrieben werden müssen, wird folgende Zuordnung getroffen:

$$\psi \to \begin{pmatrix} a_1 \\ a_2 \\ a_3 \\ \dots \end{pmatrix} \to |\psi\rangle \tag{4.62a}$$

$$\psi^* \to (a_1^*, a_2^*, a_3^*, \dots) \to \langle\psi| \; . \tag{4.62b}$$

Damit ergibt sich folgende Definition für das Skalarprodukt, die Norm von ψ in (4.61)

$$\langle\psi\,|\psi\rangle = \int \mathrm{d}^3 r \psi^*\left(\mathbf{r}\right)\psi\left(\mathbf{r}\right) = \sum_n a_n^* a_n \, . \tag{4.63}$$

Aus dieser Schreibweise (Klammer heißt in Englisch bracket = bra(c)|ket) leitet sich die Bezeichnung „*bra*“ für $\langle\psi|$ und „*ket*“ für $|\psi\rangle$ (4.62) her. Wir bilden also ein Skalarprodukt zweier Wellenfunktionen ψ und φ, indem wir „*bra* ψ“ mit „*ket* φ“ nach folgender Vorschrift multiplizieren:

$$\langle\psi|\,\varphi\rangle = \int \mathrm{d}^3 r \psi^* \varphi \, . \tag{4.64}$$

In diesem Sinne stellt sich die Entwicklung der ψ-Funktion nach Eigenzuständen $\{\varphi_n\}$ in koordinatenunabhängiger Schreibweise dar als

$$|\psi\rangle = \sum_n a_n\,|\varphi_n\rangle = \sum_n a_n\,|n\rangle \quad \text{mit } a_n = \langle n|\psi\rangle \; . \tag{4.65}$$

Hier sei noch einmal betont, dass die Wahrscheinlichkeitsamplitude für das Auftreten von $|n\rangle$ im $|\psi\rangle$*ket* die Projektion von $|\psi\rangle$ auf die „Richtung“ $|n\rangle$, nämlich $\langle n|\psi\rangle$ ist. Im letzten Ausdruck von (4.65) wurde eine häufige Schreibweise benutzt, bei der der Eigenzustand $|\varphi_n\rangle$ des Operators $\hat{A}$ (4.26) nur durch die Angabe der Quantenzahl n im *ket*-Symbol beschrieben wird. Die entsprechende Eigenwertgleichung lautet in der koordinatenunabhängigen Dirac-Notation:

$$\hat{A}\,|n\rangle = A_n\,|n\rangle \; . \tag{4.66}$$

Die Orthonormalität der Eigenfunktionen φ_n schreibt sich als

$$\langle m\,|n\,\rangle = \delta_{mn} \, . \tag{4.67}$$

In der *bra-ket* Schreibweise können wir auch sehr elegant zum Ausdruck bringen, was es heißt, dass ein orthonormales Eigenfunktionensystem $\{\varphi_n\}$ auch vollständig ist (Abschn. 4.1), d. h. dass es alle für die Darstellung eines beliebigen Vektors $|\psi\rangle$ nötigen Eigenzustände $|n\rangle$ (Koordinaten-Einheisvektoren) enthält. Mit (4.65) folgt für die Darstellung des *ket*$|\psi\rangle$:

$$|\psi\rangle = \sum_n a_n |n\rangle = \sum_n \langle n|\psi\rangle |n\rangle = \sum_n |n\rangle \langle n|\psi\rangle \ . \tag{4.68}$$

Weil für eine vollständige Darstellung die rechte Seite von (4.68) wieder $|\psi\rangle$ ergeben muss, ergibt sich folgende Bedingung für die **Vollständigkeit** des System der $|n\rangle$*kets*:

$$\sum_n |n\rangle \langle n| = \hat{1} \,, \tag{4.69a}$$

wo $\hat{1}$ der Einheitsoperator, bzw. die Einheitsmatrix ist. Der in (4.69a) wie ein Schmetterling aussehende Operator $|n\rangle\langle n|$ heißt auch **Projektionsoperator** $\hat{P}_n$ für das $|n\rangle$*ket*. Er präpariert (projiziert) aus dem Zustand $|\psi\rangle$ (4.65) genau den Zustand $|n\rangle$ heraus:

$$\begin{aligned}\hat{P}_n |\psi\rangle &= \hat{P}_n \sum_{n'} a_{n'} |n'\rangle = \sum_{n'} a_{n'} |n\rangle \langle n|n'\rangle \\ &= \sum_{n'} a_{n'} |n\rangle\delta_{nn'} = a_n |n\rangle \ ,\end{aligned} \tag{4.69b}$$

d. h. die Projektion des Hilbert-Vektors $|\psi\rangle$ auf die $|n\rangle$-Richtung.

Außerdem folgt sofort eine elegante, koordinatenunabhängige Schreibweise für die Matrixelemente Ω_{mn} (komplexe Zahl) eines Operators $\hat{\Omega}$ im Eigenfunktionensystem $|\varphi_n\rangle = |n\rangle$ (4.29):

$$\langle m| \hat{\Omega} |n\rangle = \langle \varphi_m| \hat{\Omega} |\varphi_n\rangle = \int \mathrm{d}^3 r \varphi_m^* \hat{\Omega} \varphi_n = \Omega_{mn} \ . \tag{4.70}$$

Aus (4.32) schließen wir, dass der zu $\hat{\Omega}$ adjungierte Operator $\hat{\Omega}^\dagger$ der Beziehung

$$\langle m| \hat{\Omega} |n\rangle^* = \langle n| \hat{\Omega}^\dagger |m\rangle \tag{4.71}$$

gehorchen muss.

Unter zweimaliger Verwendung der Vollständigkeitsrelation (4.69a) können wir einen beliebigen Operator $\hat{\Omega}$ durch seine Matrixelemente (4.70) darstellen:

$$\begin{aligned}\hat{\Omega} &= \sum_{nm} |n\rangle \langle n| \hat{\Omega} |m\rangle \langle m| = \sum_{nm} \langle n| \hat{\Omega} |m\rangle |n\rangle \langle m| \\ &= \sum_{nm} \Omega_{nm} |n\rangle \langle m| \ .\end{aligned} \tag{4.72}$$

Weiter können wir unter Verwendung von (4.71) und (4.69) die Beziehung zwischen *ket*$|\psi'\rangle$ und *bra*$\langle\psi'|$ bei Wirkung eines Operators $\hat{\Omega}$ herstellen. Es sei

$$|\psi'\rangle = \hat{\Omega} |\psi\rangle = \sum_n |n\rangle \langle n| \hat{\Omega} |\psi\rangle \ . \tag{4.73a}$$

Dann gilt für den entsprechenden *bra*-Vektor

$$\begin{aligned}\langle\psi'| &= \sum_n \langle n| \langle n| \hat{\Omega} |\psi\rangle^* = \sum_n \langle n| \langle\psi| \hat{\Omega}^\dagger |n\rangle \\ &= \sum_n \langle\psi| \hat{\Omega}^\dagger |n\rangle \langle n| = \langle\psi| \hat{\Omega}^\dagger\end{aligned} \quad . \tag{4.73b}$$

Die Wirkung eines Operators $\hat{\Omega}$ auf ein *ket* (nach rechts) entspricht also der Wirkung des adjungierten Operators $\hat{\Omega}^\dagger$ auf das entsprechende *bra* (nach links).

Die hier dargestellte Dirac-Notation quantenmechanischer Zustände gestattet eine kürzere, wesentlich elegantere und durchsichtigere Darstellung quantenmechanischer Formeln. Wenn man sich den Sinn der Formeln (4.64), (4.65), (4.67) und vor allem von (4.69) vor Augen führt und einprägt, sind quantenmechanische Rechnungen oft ein Spiel mit *bra*- und *ket*-Symbolen.

Wir werden im Folgenden alle bisherigen Darstellungen quantenmechanischer Zustände und Operatoren benutzen, je nachdem welche Form für das spezielle Problem zweckmäßiger ist. Hierbei gestattet die Dirac-Notation oft jedoch die kompakteste und bequemste Schreibweise, ähnlich wie im anschaulichen 3D-Vektorraum die koordinatenunabhängigen „fetten" Vektorsymbole $\mathbf{a}, \mathbf{b}, \mathbf{c}, \ldots$

4.3.4 Quantenzustände mit kontinuierlichem Eigenwertspektrum

Für gebundene Zustände eines Elektrons in einem Potentialtopf (z. B. Kastenpotential in Abschn. 3.6.1) war das Spektrum der Eigenzustände, d. h. auch der Eigenwerte, diskontinuierlich und durchnummerierbar nach diskreten Quantenzahlen n. Für Elektronen jedoch, die sich über Potentialschwellen hinweg bewegen, oder durch Barrieren tunneln (Abschn. 3.6.3 und 3.6.4), liegen die möglichen Wellenzahlen k kontinuierlich dicht. Dies gilt, wenn wir als Gesamtsystem, den unendlichen Raum, betrachten. Auch bei der Lokalisierung eines Elektrons in einem sich bewegenden Wellenpaket (das üblicherweise normiert ist) haben in der Fouriertransformation von $\psi(x,t)$ (Abschn. 3.2) die beteiligten ebenen Wellen kontinuierlich dicht liegende k-Werte in der Verteilung $a(k)$. Wir können in diesen Fällen dem Problem kontinuierlich dicht liegender k-Werte natürlich ausweichen, indem wir als Gesamtsystem einen makroskopischen, „großen" Kasten der Kantenlänge L annehmen. Dann erhalten wir mittels periodischer Randbedingungen (3.67) eine formale Quantelung der k-Werte gemäß (3.63), jedoch mit quasikontinuierlichen k-Werten. Formal müssen wir in diesem Fall bei Integration über den k-Raum immer die Substitution

$$\frac{L^3}{(2\pi)^3} \int \mathrm{d}^3k \to \sum_k \tag{4.74}$$

durchführen, falls wir von unendlichem Raum mit einem k-Kontinuum zum endlichen (großen) Volumen mit quasikontinuierlichem k (3.68) übergehen. Für diskret liegende Zustände wie im Falle gequantelter k-Werte (3.68) ist der bisher beschriebene Formalismus ausreichend. Ein Problem tritt auf, wenn wir Orthogonalität u. ä. für kontinuierlich dicht liegende Quantenzustände eines freien, nicht gebundenen Elektrons beschreiben wollen.

Betrachten wir als Beispiel den Impulsoperator $\hat{p} = \frac{\hbar}{\mathrm{i}} \frac{\mathrm{d}}{\mathrm{d}x}$ für den unendlich ausgedehnten Raum. Sein Spektrum von Eigenwerten ist kontinuierlich. Die Eigenwertgleichung

$$\frac{\hbar}{\mathrm{i}} \frac{\mathrm{d}}{\mathrm{d}x} \psi_p(x) = p \psi_p(x) \quad \text{bzw. } \hat{p} |p\rangle = p |p\rangle \tag{4.75}$$

hat als Eigenlösung $\psi_p(x)$, oder in Diracscher Schreibweise $|p\rangle$, die wohlbekannten ebenen Wellen

$$\psi_p(x) = \frac{1}{\sqrt{2\pi\hbar}} \mathrm{e}^{\mathrm{i}px/\hbar} . \tag{4.76}$$

Die $\psi_p(x)$ bilden als Eigenlösungen von (4.75) ein orthonormales, vollständiges Funktionensystem mit kontinuierlich dicht liegenden Eigenwerten p. Die Orthogonalitätsrelation (4.67) bzw. die Vollständigkeitsrelation (4.69) verlangt also statt einer Summe über diskrete Quantenzahlen ein Integral über x bzw. p; d. h. es muss gelten:

$$\langle \psi_p | \psi_{p'} \rangle = \langle p | p' \rangle = \int \mathrm{d}x \psi_p^*(\chi) \psi_{p'}(\chi) = \frac{1}{2\pi\hbar} \int \mathrm{d}x \, \mathrm{e}^{\mathrm{i}(p'-p)x/\hbar} , \tag{4.77a}$$

$$\int \mathrm{d}p \, |p\rangle \langle p| = \int \mathrm{d}p \psi_p^*(x') \psi_p(x) = \frac{1}{2\pi\hbar} \int \mathrm{d}p \, \mathrm{e}^{\mathrm{i}p(x-x')/\hbar} . \tag{4.77b}$$

Beide Beziehungen (4.77) müssen nach (4.67) bzw. (4.69) einen Ausdruck ergeben, der so etwas ausdrückt wie „eins", etwa im Sinne des Kronecker Symbols δ_{mn} (4.5) oder in dem Sinn, dass in (4.77a) nur für $p = p'$ ein endlicher normierbarer Ausdruck für $\langle p|p'\rangle$ folgt. Die Lösung des Problems wird klar, wenn wir die von der Beschreibung des Wellenpakets (Abschn. 3.2) her bekannte Fourier-Entwicklung einer Funktion $f(x)$ betrachten. Mit $g(k)$ als den Entwicklungskoeffizienten (auch hier liegt k kontinuierlich dicht) gilt:

$$f(x) = \frac{1}{\sqrt{2\pi}} \int_{-\infty}^{\infty} \mathrm{d}k \, g(k) \, \mathrm{e}^{\mathrm{i}kx} , \tag{4.78a}$$

wobei die „Fourier-Transformierte" $g(k)$ lautet

$$g(k) = \frac{1}{\sqrt{2\pi}} \int_{-\infty}^{\infty} \mathrm{d}x' f(x') \, \mathrm{e}^{-\mathrm{i}kx'} . \tag{4.78b}$$

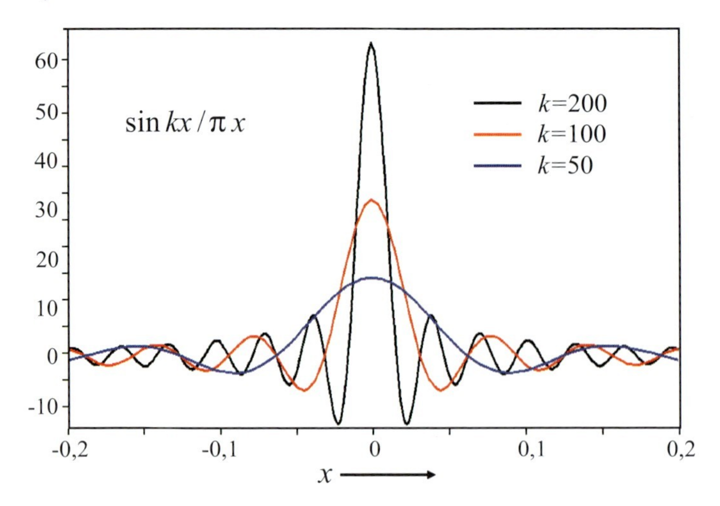

Abb. 4.2. Darstellung der Funktion $\sin kx/\pi x$ für $k = 50, 100, 200$. Für den Grenzwert $k \to \infty$ stellt diese Funktionenfolge eine Deltafunktion (Distribution) $\delta(x)$ dar

Setzen wir $g(k)$ aus (4.78b) wiederum in (4.78a) ein, so folgt durch Vertauschen der Integrale:

$$\begin{aligned} f(x) &= \int \mathrm{d}x' f(x') \left[\frac{1}{2\pi} \int \mathrm{d}k\, \mathrm{e}^{\mathrm{i}k(x-x')} \right] \\ &= \int \mathrm{d}x' f(x')\, \delta(x-x') \,. \end{aligned} \tag{4.79}$$

Das Integral auf der rechten Seite muss also wiederum $f(x)$ ergeben. Stimmt das? Wir haben mit $\delta(x-x')$ folgenden Ausdruck bezeichnet:

$$\begin{aligned} \delta(x-x') &= \frac{1}{2\pi} \int_{-\infty}^{\infty} \mathrm{d}k\, \mathrm{e}^{\mathrm{i}k(x-x')} = \frac{1}{2\pi i} \frac{\mathrm{e}^{\mathrm{i}k(x-x')}}{(x-x')} \bigg|_{-\infty}^{\infty} \\ &= \frac{1}{\pi} \lim_{k\to\infty} \left[\frac{\sin k(x-x')}{(x-x')} \right] \,. \end{aligned} \tag{4.80}$$

Eine graphische Darstellung der Funktion $\sin kx/\pi x$ für anwachsende k-Werte ($k = 50, 100, 200$ in Abb. 4.2) legt nahe, dass die Funktion für $k \to \infty$ einem unendlich hohen „peak“ bei $x = o$ entgegenstrebt, während die Oszillationen um die x-Achse immer dichter werden. Es handelt sich also um eine Funktionenfolge, die im Grenzfall für alle Funktionen $f(x)$

$$f(0) = \int_{-\infty}^{\infty} \mathrm{d}x f(x)\, \delta(x) \tag{4.81a}$$

bzw.

$$f(x) = \int \mathrm{d}x' f(x')\delta(x - x') \tag{4.81b}$$

ergibt. Nur in diesem Sinne ist in (4.79) die Identität zwischen rechter und linker Seite zu verstehen. Der von Dirac eingeführte Begriff $\delta(x - x')$, die sog. **Delta-Funktion**, ist keine eigentliche wohl definierte Funktion. Es gibt außer (4.80) eine Reihe von Funktionenfolgen, z. B. auch

$$\delta(x - x') = \frac{1}{\sqrt{\pi}} \lim_{\Sigma \to 0} \left[\frac{1}{\sqrt{\Sigma}} \mathrm{e}^{-\frac{(x-x')^2}{\Sigma}} \right] , \tag{4.82}$$

mit denen (4.81) erfüllt werden kann und deren Integral gleich eins ist, obwohl der Funktionswert bei null gegen unendlich strebt. Neben (4.81) genügt $\delta(x - x')$ den Forderungen:

$$\delta(x - x') = 0 \quad \text{für } x \neq x' \tag{4.83a}$$

$$\int\limits_{-\infty}^{\infty} \delta(x - x')\,\mathrm{d}x' = 1 \, . \tag{4.83b}$$

Man nennt Ausdrücke, die wie die δ-Funktion nur durch Funktionsfolgen repräsentiert werden, die aber Integralbedingungen wie (4.81) und (4.83b) gehorchen, **Distributionen**. Die Analogie der δ-Funktion für kontinuierliche Verteilungen zum δ_{nm}-Kronecker-Symbol für diskret liegende n, m ist aufgrund (4.83) evident. Die rechten Seiten von (4.77) stellen nach (4.80) genau die Darstellung von $\delta(p' - p) = \delta(p - p')$ bzw. von $\delta(x' - x) = \delta(x - x')$ dar. Damit drücken wir für das kontinuierlich dicht liegende Spektrum von p und x-Werten die Normierungs- bzw. Vollständigkeitsbedingung (4.77) aus als

$$\langle p|p'\rangle = \delta(p - p') \tag{4.84a}$$

$$\int \mathrm{d}p\,|p\rangle\,\langle p| = \delta(x - x') \, . \tag{4.84b}$$

Es sei noch einmal klargestellt, dass für ein Problem mit diskreten, gequantelten Impulseigenwerten, wie z. B. beim Kastenpotential (Abschn. 3.6.1) (4.84a) als $\langle p|p'\rangle = \delta_{pp'}$ geschrieben wird. Betrachten wir als weiteres Beispiel für ein kontinuierlich dichtes Spektrum von Eigenwerten den Ortsoperator $\hat{x}$. In Dirac-Schreibweise lautet die Eigenwertgleichung für die Ortszustände $|x'\rangle$ mit Eigenwerten x'

$$\hat{x}\,|x'\rangle = x'\,|x'\rangle \, . \tag{4.85}$$

Die Orthonormalität der Ortszustände drückt sich aus durch

$$\langle x|x'\rangle = \delta(x - x') \, . \tag{4.86}$$

(4.86) kann auch aufgefasst werden als die Ortsdarstellung eines Ortszustands $|x'\rangle$, nämlich die Projektion von $|x'\rangle$ auf $|x\rangle$. Die δ-Funktion besagt, dass in diesem Fall der Ort des Teilchens scharf bestimmt ist, nämlich exakt bei x'. Entwickeln wir einen allgemeinen Zustand $|\psi\rangle$ nach Ortseigenfunktionen $|x'\rangle$, so gilt:

$$|\psi\rangle = \int \mathrm{d}x' g\left(x'\right) |x'\rangle = \int \mathrm{d}x' \left\langle x'|\psi\right\rangle |x'\rangle \ . \tag{4.87}$$

$g(x') = \langle x'|\psi\rangle$ ist hierbei die Wahrscheinlichkeitsamplitude, ein Elektron genau bei x' zu finden, d. h. unsere wohlvertraute Wellenfunktion $\psi(x)$. Damit haben wir erkannt, dass die Schrödingersche Wellenfunktion (Abschn. 3.1) in der allgemeinen Darstellung von Zustandsvektoren im Hilbertraum eine spezielle Darstellung eines Zustandes ist, nämlich die im Raum der Eigenzustände des Ortsoperators $\hat{x}$. In diesem Sinne stellt sich die zeitabhängige Wellenfunktion $\psi(\mathbf{r}, t)$ für stationäre Zustände dar als:

$$\begin{aligned} \psi\left(\mathbf{r}, t\right) &= \left\langle \mathbf{r}|\psi, t\right\rangle \quad \text{mit} \\ |\psi, t\rangle &= \mathrm{e}^{-\mathrm{i}Et/\hbar} |\psi\rangle \ . \end{aligned} \tag{4.88}$$

In Dirac-Notierung liest sich die Schrödinger-Gleichung

$$\mathrm{i}\hbar\frac{\partial}{\partial t} |\psi, t\rangle = \hat{H} |\psi, t\rangle \ . \tag{4.89}$$

Um zur wohlbekannten Schrödinger-Gleichung zu gelangen, müssen wir nun (4.89) in die Ortsdarstellung bringen, d. h. von links mit dem zeitunabhängigen *bra*$\langle x|$, dem Eigenzustand des Ortsoperators, multiplizieren. Dies bedeutet, dass wir vom Vektor $|\psi, t\rangle$ gerade die Komponente in $\langle x|$-Richtung herausgreifen

$$\mathrm{i}\hbar\frac{\partial}{\partial t} \langle x\,|\psi, t\,\rangle = \langle x|\, \hat{H}\, |\psi, t\rangle \ . \tag{4.90}$$

Links ist die Ortsdarstellung $\langle x|\psi, t\rangle$ schon die zeitabhängige Wellenfunktion $\psi(x, t)$ (4.88). Rechts wenden wir die für die Ortskets $|x\rangle$ gültige Vollständigkeitsrelation

$$\int \mathrm{d}x' \,|x'\rangle \,\langle x'| = \hat{1} \tag{4.91}$$

an und erhalten

$$\mathrm{i}\hbar\frac{\partial}{\partial t}\psi\left(x, t\right) = \int \mathrm{d}x' \,\langle x|\hat{H}\,|x'\rangle \,\langle x'|\psi, t\rangle \ . \tag{4.92}$$

$\langle x|\hat{H}|x'\rangle$ ist der Hamilton-Operator $\hat{H}$ in der Ortsdarstellung, d. h. in der Matrixelementschreibweise (4.70), jedoch mit kontinuierlich dicht liegenden Eigenzuständen $|x\rangle$.

Wie sieht nun das Matrixelement $\langle x|\hat{H}|x'\rangle$ in dem kontinuierlichen Hilbertraum der Ortsvektoren $|x\rangle$ aus? Wir wissen, dass die Eigenvektoren $|x'\rangle$ des Ortsoperators $\hat{x}$ nach (4.86) in Ortsdarstellung gerade $\delta(x - x')$ sind. Analog zur allgemeinen Formel für Matrixelemente Ω_{mn} (4.29) und (4.70) bilden wir also

$$\langle x|\,\hat{H}\,|x'\rangle = \int \mathrm{d}\xi \delta\left(x-\xi\right)\hat{H}\left(\xi\right)\delta\left(x'-\xi\right)\ , \tag{4.93}$$

wo $\hat{H}(\xi)$ der übliche Hamiltonoperator (3.50) für ein Teilchen ist. (4.93) eingesetzt in (4.92) ergibt unter Verwendung der Rechenvorschrift für δ-Funktionen (4.81):

$$\begin{aligned}
\mathrm{i}\hbar\frac{\partial}{\partial t}\psi\left(x,t\right) &= \int \mathrm{d}x' d\xi\delta\left(x-\xi\right)\hat{H}\left(\xi\right)\delta\left(x'-\xi\right)\psi\left(x',t\right) \\
&= \int \mathrm{d}x'\delta\left(x-x'\right)\hat{H}\left(x'\right)\psi\left(x',t\right) = \hat{H}\psi\left(x,t\right)\ .
\end{aligned} \tag{4.94}$$

Dies ist, wie erwartet, die wohl vertraute Schrödinger-Gleichung (3.51). Unsere Rechnung zeigt klar, dass die Schrödinger-Gleichung, so wie wir sie bisher benutzt haben, nichts anderes als die Ortsdarstellung der allgemeinen Gleichung (4.89) in Dirac-Notation ist.

4.3.5 Die Zeitentwicklung in der Quantenmechanik

Eine physikalische Theorie muss Vorhersagen für die Zukunft gestatten. In der klassischen Mechanik liefern die Newtonsche Bewegungsgleichung oder die Hamiltonschen Gleichungen (Abschn. 3.4) bei gegebenen Anfangsbedingungen Aussagen über einen späteren Zustand eines (Viel)teilchensystems von Massenpunkten. In der Quantenmechanik liefert die Schrödinger-Gleichung (4.89) die Information, wie ein zeitabhängiger Quantenzustand $|\psi,t\rangle$ sich in der Zeit entwickelt. Weil in (4.89) nur die erste Zeitableitung auftritt, ist nur die Kenntnis von $|\psi,t=0\rangle$ als Anfangsbedingung erforderlich. Auch wenn dieser Zustand nur durch statistische Messgrößen beschrieben werden kann, so ist die zeitliche Entwicklung der „Statistik“ doch durch (4.89) bei Kenntnis von $|\psi,0\rangle$ wohl definiert. Im Schrödinger-Bild, auch in der Dirac-Notation, ist hierbei der Zustand $|\psi,t\rangle$ zeitabhängig; wir könnten auch schreiben $|\psi(t)\rangle$. Nehmen wir in der Schrödinger-Gleichung (4.89) den Hamilton-Operator $\hat{H}$ als zeitunabhängig an, so folgt aus

$$\mathrm{i}\hbar\frac{\partial}{\partial t}\left|\psi\left(t\right)\right\rangle = \hat{H}\left|\psi\left(t\right)\right\rangle \tag{4.95}$$

durch formale Integration

$$\left|\psi\left(t\right)\right\rangle = \exp\left(\frac{-\mathrm{i}}{\hbar}\hat{H}t\right)\left|\psi\left(0\right)\right\rangle = \hat{U}\left|\psi\left(0\right)\right\rangle\ . \tag{4.96}$$

Wir haben hierbei Operatoren und Vektoren im Hilbert-Raum so behandelt, als ob sie ganz gewöhnliche Zahlen wären. Normalen Funktionen $f(\omega)$

entsprechen also Funktionen von Operatoren $f(\hat{\Omega})$. Dies ist immer zulässig, wenn wir gleichzeitig die Vertauschungsregeln von Operatoren beachten. Ist z. B. $\hat{H}(t)$ zeitabhängig, so ist $\hat{H}(t_1)$ zu einem späteren Zeitpunkt $t_1 > t_0$ nicht mit $\hat{H}(t_0)$ vertauschbar. Unter diesen Umständen wäre (4.96) nicht unmittelbar eine Lösung zu (4.95). Dass (4.96) identisch ist mit (4.95) liegt an der Zeitunabhängigkeit von $\hat{H}$. Die Operatorfunktion $\hat{U} = \exp(-\mathrm{i}\hat{H}t/\hbar)$ ist natürlich durch die Reihenentwicklung der Exponentialfunktion mittels mehrfach wiederholter Anwendung von $\hat{H}$ definiert:

$$\begin{aligned}\hat{U} &= \exp\left(-\mathrm{i}\hat{H}t/\hbar\right) \\ &= 1 - \frac{it}{\hbar}\hat{H} + \frac{1}{2!}\left(\frac{-it}{\hbar}\right)^2 \hat{H}\hat{H} + \frac{1}{3!}\left(\frac{-it}{\hbar}\right)^3 \hat{H}\hat{H}\hat{H}\ldots\end{aligned} \tag{4.97}$$

Ähnlich lassen sich andere Operatorfunktionen, z. B. $\sin\hat{\Omega}$ oder $\cos\hat{\Omega}$ durch die entsprechenden Reihenentwicklungen definieren.

Der Operator $\hat{U}$, der die zeitliche Entwicklung des Zustandes von $|\psi(0)\rangle$ nach $|\psi(t)\rangle$ beschreibt, heißt sehr anschaulich **Progagator**. Was können wir über diesen Progagator lernen? $\hat{H}$ ist ein hermitescher Operator, d. h. es gilt nach (4.12a)

$$\int \mathrm{d}^3 r \varphi^* \hat{H}\psi = \int \mathrm{d}^3 r \left(\hat{H}\varphi\right)^* \psi \,. \tag{4.98}$$

Weil $\hat{U}$ nach (4.97) durch Vielfachanwendung von $\hat{H}$ dargestellt wird, gehorcht $\hat{U}$ auch der Beziehung (4.98) und ist damit hermitisch. Weiterhin gilt $\hat{U}^*\hat{U} = \hat{1}$. Damit ist der Progagator $\hat{U}$ ein unitärer Operator. Nach Abschn. 4.3.2 kann man die zeitliche Entwicklung eines Quantenzustands $|\psi(t)\rangle$ somit als eine Drehung im Hilbertraum beschreiben. Der Vektor $|\psi(0)\rangle$ wird während der Zeit t im Hilbertraum gedreht, wobei die Norm, die „Vektorlänge“

$$\langle\psi\,(t)|\psi\,(t)\rangle = \langle\psi\,(0)|\psi\,(0)\rangle \tag{4.99}$$

erhalten bleibt. Es sei in diesem Zusammenhang noch einmal betont, dass auch bei zeitunabhängigen Hamilton-Operatoren $\hat{H}$, also einem stationären Problem, der Zustand, bzw. die Wellenfunktion gemäß (4.88) zeitabhängig ist. Man stellt sie üblicherweise im „Koordinatensystem“ der zeitunabhängigen Eigenvektoren $|n\rangle$ des Hamilton-Operators dar. Es ist wie im normalen 3D-Raum zweckmäßig, Darstellungen allgemeiner zeitabhängiger Zustände $|\psi(t)\rangle$ in zeitlich konstanten „Koordinatensystemen“ (Eigenfunktionensystemen) vorzunehmen. Man stelle sich vor, welche mathematischen Komplikationen sich auftäten, wenn wir die Drehung eines Vektors in einem sich bewegenden Koordinatensystem beschreiben wollten.

Die Darstellung des Progagators $\hat{U}$ durch seine Matrixelemente U_{nm} lässt sich nach (4.72) sofort angeben:

$$\begin{aligned}\hat{U} &= \sum_{nm} |n\rangle \langle n| \, \mathrm{e}^{-\frac{\mathrm{i}}{\hbar}\hat{H}t} \, |m\rangle \langle m| = \sum_{nm} |n\rangle U_{nm} \langle m| \\ &= \sum_{nm} |n\rangle \, \mathrm{e}^{-\frac{\mathrm{i}}{\hbar}E_m t} \langle n|m\rangle \langle m| = \sum_{n} \mathrm{e}^{-\frac{\mathrm{i}}{\hbar}E_n t} \, |n\rangle \langle n| \ . \end{aligned} \tag{4.100}$$

Hierbei sind $|n\rangle$ die Eigenkets des $\hat{H}$-Operators und es wurde die Orthogonalität $\langle n|m\rangle = \delta_{nm}$ benutzt.

Da die Zeitentwicklung eines Zustandes einer Drehung im Hilbertraum entspricht, können wir uns dennoch eine „ökonomische“ Beschreibung des Zeitgeschehens vorstellen, bei der sich das Koordinatensystem (Eigenzustände) dreht, aber dann gerade mit der gleichen Rate wie die Zustandsvektoren. In einer solchen Basis würden die Vektoren im Gegensatz zu $|\psi(t)\rangle$ als „eingefroren“ erscheinen. Stattdessen würden die Operatoren, die Messvorschriften beschreiben, zeitabhängig werden. Dieser Wechsel der formalen Beschreibung des Zeitverhaltens muss natürlich alle physikalisch messbaren Größen, insbesondere messbare Mittelwerte des Typs $\langle\psi|\hat{\Omega}|\psi\rangle$ unverändert lassen. Berechnen wir also einen solchen Mittelwert unter Verwendung von (4.96):

$$\langle\psi\,(t)|\,\hat{\Omega}\,|\psi\,(t)\rangle = \langle\psi\,(0)|\,\mathrm{e}^{\frac{\mathrm{i}}{\hbar}\hat{H}t}\hat{\Omega}\,\mathrm{e}^{-\frac{\mathrm{i}}{\hbar}\hat{H}t}\,|\psi\,(0)\rangle \ . \tag{4.101}$$

In dieser Schreibweise haben wir die zeitliche Entwicklung des Systems, die bisher in der Zeitabhängigkeit des Zustandes $|\psi(t)\rangle$ enthalten war, auf den nun zeitabhängigen Operator

$$\hat{\hat{\Omega}}\,(t) = \mathrm{e}^{\frac{\mathrm{i}}{\hbar}\hat{H}t}\hat{\Omega}\,\mathrm{e}^{-\frac{\mathrm{i}}{\hbar}\hat{H}t} \tag{4.102}$$

verschoben. Die Zustandsvektoren $|\psi(0)\rangle$ sind in dieser Schreibweise zeitunabhängig, nämlich die des Anfangszustands in der bisher üblichen Darstellung (4.96).

Wegen der Vertauschbarkeit von $\hat{H}$ mit sich selbst und damit auch mit $\exp(\frac{\mathrm{i}}{\hbar}\hat{H}t)$, folgt unmittelbar für den zeitabhängigen Hamilton-Operator:

$$\hat{\hat{H}} = \mathrm{e}^{\frac{\mathrm{i}}{\hbar}\hat{H}t}\hat{H}\,\mathrm{e}^{\frac{\mathrm{i}}{\hbar}\hat{H}t} = \hat{H} \ . \tag{4.103}$$

Für den Hamilton-Operator spielt es also keine Rolle, ob wir die Zustände oder die Operatoren als zeitabhängig ansehen, d. h. ob wir das „Koordinatensystem“ der Eigenkets oder die Zustandsvektoren $|\psi\rangle$ rotieren lassen.

In der Beschreibung des Zeitverhaltens durch zeitabhängige Zustände $|\psi(t)\rangle$ ist die Schrödinger-Gleichung (4.89) die fundamentale dynamische Gleichung der Quantenmechanik. Schieben wir die Zeitabhängigkeit auf die Operatoren $\hat{\hat{\Omega}}(t)$, so muss es eine andere fundamentale dynamische Gleichung, diesmal für die Operatoren geben. Wir erhalten sie, indem wir einfach einen Operator $\hat{\hat{\Omega}}$ (4.102) nach der Zeit differenzieren:

$$\frac{\mathrm{d}}{\mathrm{d}t}\hat{\hat{\Omega}} = \frac{\mathrm{d}}{\mathrm{d}t}\left(\mathrm{e}^{\frac{\mathrm{i}}{\hbar}\hat{H}t}\hat{\Omega}\mathrm{e}^{-\frac{\mathrm{i}}{\hbar}\hat{H}t}\right) = \frac{i}{\hbar}\left(\hat{H}\hat{\hat{\Omega}} - \hat{\hat{\Omega}}\hat{H}\right)$$

$$\boxed{\frac{\mathrm{d}}{\mathrm{d}t}\hat{\hat{\Omega}} = \frac{i}{\hbar}\left[\hat{H}, \hat{\hat{\Omega}}\right]}\,. \tag{4.104}$$

Würde $\hat{\hat{\Omega}}$ noch eine explizite Zeitabhängigkeit, z. B. durch ein sich zeitlich veränderndes Potential enthalten, so müsste (4.104) durch einen Term $(i/\hbar)\partial\hat{\hat{\Omega}}/\partial t$ ergänzt werden.

In dieser nach Heisenberg benannten Bewegungsgleichung für zeitabhängige Operatoren des Typs (4.102) ergibt sich also die Zeitableitung eines Operators aus dem Kommutator (Abschn. 4.2) des Hamilton-Operators mit eben diesem Operator.

Eine wichtige Konsequenz der Bewegungsgleichung (4.104) lautet: Wenn $\hat{\Omega}$ mit $\hat{H}$ vertauschbar ist, so ist wiederum $\hat{\hat{\Omega}} = \hat{\Omega}$ und $\mathrm{d}\hat{\Omega}/\mathrm{d}t = 0$. Die zum Operator $\hat{\Omega}$ gehörende Observable ist dann eine Bewegungskonstante des Systems. Wenn wir in späteren Kapiteln Vielteilchensysteme und das elektromagnetische Feld quantenmechanisch behandeln, werden wir fast immer mit zeitabhängigen Operatoren und zeitlich konstanten Zustandsvektoren arbeiten müssen. Dann wird dieses sog. Heisenberg-Bild der Quantenmechanik von besonderer Bedeutung sein. Aus ökonomischen Gründen werden wir deshalb auch zeitabhängige Operatoren des Typs $\hat{\hat{\Omega}}$ (4.102) nur noch mit einem einfachen Dachsymbol kennzeichnen. Aus dem Zusammenhang erkennt man sofort, ob es sich um die sog. Schrödingersche Zeitabhängigkeit der Zustandsvektoren $|\psi(t)\rangle$ oder um das Heisenberg-Bild mit zeitabhängigen Operatoren handelt.

4.4 Wir spielen mit Operatoren: Der Oszillator

Der harmonische Oszillator ist ein Modellsystem, das von weitragender Bedeutung in vielen Gebieten der Physik ist, sei es für klassische, schwingungsfähige Systeme wie Pendel, eingespannte Balken, an Federn gekoppelte Körper oder aber auch im atomaren Bereich bei Schwingungen von Molekülen und Atomen im Festkörper. Überdies lässt sich die Bewegungsgleichung des Oszillators, sowohl des klassischen wie auch des quantenmechanischen, einfach lösen und die Lösung kann geschlossen dargestellt werden. Dies gibt uns die Möglichkeit an die Hand, vieles von dem was wir über Operatoren, Hilbertraum usw. gelernt haben, am Modell des Oszillators „durchzuspielen“ und dabei ein Gespür für das Wesen der Quantenmechanik zu bekommen.

4.4.1 Der klassische harmonische Oszillator

In seiner einfachsten Form ist der harmonische Oszillator in der klassischen Physik durch eine Masse realisiert, die an eine Feder gekoppelt, in einer Richtung (1D-System) Schwingungen um eine feste Ruhelage ausführen kann. Für kleine Auslenkungen, wo das Hooksche Gesetz die Proportionalität zwischen Auslenkung x und rücktreibender Kraft F durch $F = -kx$ beschreibt, wird die Bewegung der Masse m durch die Newtonsche Bewegungsgleichung

$$m\ddot{x} = -kx \tag{4.105a}$$

bzw.

$$\ddot{x} + \omega^2 x = 0 \tag{4.105b}$$

beschrieben, wo $\omega\sqrt{k/m}$ die Schwingungsfrequenz des Oszillators ist. Aus dem Kraftgesetz $F = -kx$ folgt für das Potential, in dem sich die Masse bewegt, $V = \frac{1}{2}kx^2$ und damit die Hamilton-Funktion (3.25)

$$H = T + V = \frac{p^2}{2m} + \frac{1}{2}m\omega^2 x^2 \ , \tag{4.106}$$

die den Oszillator genauso vollständig beschreibt wie (4.105). Die Anwendung der Hamiltonschen Gleichungen (3.26) auf (4.106) führt unmittelbar auf die Newtonsche Bewegungsgleichung (4.105) zurück. Wir haben diese Beziehung zwischen Newtonscher und Hamiltonscher Formulierung der klassischen Bewegungsgleichungen schon in Abschn. 3.4 am Beispiel des ebenen Pendels studiert, einem anderen klassischen Oszillatorsystem.

Die große allgemeine Bedeutung des Oszillatormodells wird daraus klar, dass wir (4.105) bzw. (4.106) auf alle Probleme anwenden können, bei denen ein Teilchen in einem sehr allgemeinen Potential $V(x)$ (Abb. 4.3) Schwingungen mit kleiner Amplitude in einem Potentialminimum $V(x_0)$ um x_0 als Ruhelage herum ausführt. Ein wie auch immer geartetes Potential mit einem Minimum bei x_0 lässt sich um dieses Minimum herum in eine Taylor-Reihe entwickeln:

$$V(x) = V(x_0) + \left.\frac{\mathrm{d}V}{\mathrm{d}x}\right|_{x_0}(x - x_0) + \frac{1}{2!}\left.\frac{\mathrm{d}^2V}{\mathrm{d}x^2}\right|_{x_0}(x - x_0)^2 + \ \dots \ . \tag{4.107}$$

Den Term $V(x)_0$ können wir als Energienullpunkt definieren und die erste Ableitung $\mathrm{d}V/\mathrm{d}x$ verschwindet im Minimum bei x_0, sodass als erster wichtiger Term in der Entwicklung der in $(x - x_0)$ quadratische auftritt. Alle höheren Entwicklungsterme sind weitaus kleiner und können für kleine Auslenkungen $(x - x_0)$ vernachlässigt werden. Damit ergibt sich in dieser Näherung (nach Setzung $x_0 = 0$) gerade das Potential des harmonischen Oszillators. Somit eröffnet sich durch die Lösung des harmonischen Oszillatorproblems eine weitreichende Klasse physikalischer Probleme einer einfachen Modellbeschreibung, nämlich die Behandlung kleiner Fluktuationen eines Teilchens in der Nähe eines Potentialminimums.

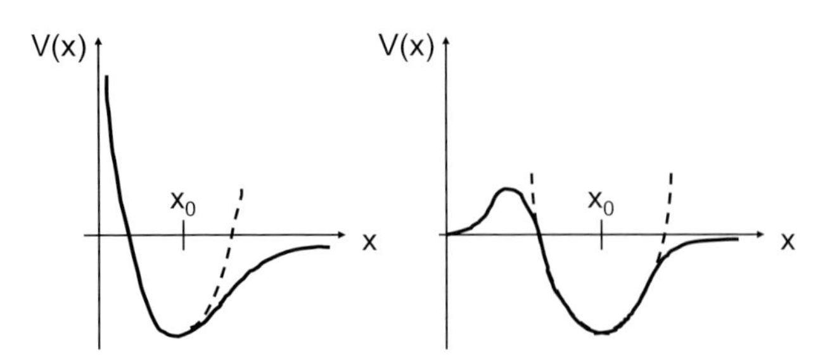

Abb. 4.3. Zwei verschiedene Potentiale $V(x)$ mit Minima bei x_0. Um die Minima herum können die Potentiale durch Parabeln (*gestrichelt*) genähert werden

Wir merken noch an, dass die in einer Schwingung des Oszillators enthaltene Gesamtenergie E eine Erhaltungsgröße ist. Da $x(t) = A\cos(\omega t + \varphi)$ die allgemeine Lösung von (4.105b) ist, folgt für die Gesamtenergie E:

$$E = T + V = \frac{1}{2}m\dot{x}^2 + \frac{1}{2}m\omega^2 x^2 = \frac{1}{2}m\omega^2 A^2 \ , \tag{4.108}$$

wo A die maximale Schwingungsamplitude ist.

4.4.2 Trepp auf – Trepp ab: Stufenoperatoren und Eigenwerte

Zur quantenmechanischen Behandlung des harmonischen Oszillators gehen wir wie gewöhnlich von der klassischen Hamilton-Funktion (4.106) aus, ersetzen die kanonisch konjugierten Variablen p und x durch die entsprechenden Operatoren $\hat{p}$ und $\hat{x}$ und erhalten den Hamilton-Operator

$$\hat{H} = \frac{\hat{p}^2}{2m} + \frac{1}{2}m\omega^2\hat{x}^2 = \hbar\omega\left(\frac{\hat{p}^2}{2m\hbar\omega} + \frac{m\omega}{2\hbar}\hat{x}^2\right) \ . \tag{4.109}$$

Hierbei haben wir die Energie gleich durch die in der Quantenmechanik übliche Energie $\hbar\omega$ (Teilchen-Welle-Dualismus, Abschn. 3.1) ausgedrückt. Wir könnten jetzt $\hat{p}$ durch seine Ortsdarstellung (3.41) repräsentieren, den Ortsoperator $\hat{x}$ durch die in der Ortsdarstellung verlangte Multiplikation mit x ersetzen und die zeitabhängige Schrödinger-Gleichung (3.57) zu lösen versuchen, um die möglichen Eigenzustände (Spektrum der Energieeigenwerte und zugehöriger Wellenfunktionen) zu ermitteln. Es ist klar, dass wir ein diskretes Spektrum von Eigenlösungen erwarten, das wir durch ganzzahlige Quantenzahlen n indizieren können. Das nach oben geöffnete Parabelpotential des Oszillators (Abb. 4.3) ist nämlich ein bindendes Potential, das ein Teilchen einsperrt (Abschn. 3.6.1). Stattdessen werden wir eine elegante Lösung des Problems vorziehen, die nur die allgemeine Darstellung von Operatoren und Zuständen im Hilbert-Raum ausnutzt. Hierzu ist im Wesentlichen die durch die Vertauschungsrelationen von $\hat{p}$ und $\hat{x}$ (4.26) vorgegebene Operatoralgebra erforderlich.

Unter Benutzung der binomischen Formel

$$(\alpha + \mathrm{i}\beta)(\alpha - \mathrm{i}\beta) = \alpha^2 + \beta^2 \qquad (4.110)$$

faktorisieren wir den Oszillator-Hamilton-Operator (4.109), indem wir setzen

$$\hat{\alpha} = \sqrt{\frac{m\omega}{2\hbar}}\hat{x} \quad \text{und} \quad \hat{\beta} = \sqrt{\frac{1}{2m\hbar\omega}}\hat{p}\,. \qquad (4.111)$$

Damit definieren wir zwei neue Operatoren $\hat{b}$ und $\hat{b}^+$, mit denen die Faktorisierung von (4.109) bewerkstelligt wird ($\hat{b} = \hat{\alpha} + \mathrm{i}\hat{\beta}, \hat{b}^+ = \hat{\alpha} - \mathrm{i}\hat{\beta}$):

$$\hat{b} = \sqrt{\frac{m\omega}{2\hbar}}\hat{x} + \mathrm{i}\sqrt{\frac{1}{2m\hbar\omega}}\hat{p}\,, \qquad (4.112a)$$

$$\hat{b}^+ = \sqrt{\frac{m\omega}{2\hbar}}\hat{x} - \mathrm{i}\sqrt{\frac{1}{2m\hbar\omega}}\hat{p}\,. \qquad (4.112b)$$

Durch Multiplikation und Berücksichtigung der Nichtvertauschbarkeit $[\hat{x},\hat{p}] = \mathrm{i}\hbar$ folgt aus (4.112):

$$\hat{b}^+\hat{b} = \frac{1}{\hbar\omega}\frac{\hat{p}^2}{2m} + \frac{1}{\hbar\omega}\frac{m\omega^2}{2}\hat{x}^2 + \frac{i}{2\hbar}[\hat{x},\hat{p}]\ , \qquad (4.113a)$$

d. h. mittels (4.109)

$$\hat{b}^+\hat{b} = \frac{1}{\hbar\omega}\hat{H} - \frac{1}{2}\,. \qquad (4.113b)$$

Aus der Definition der Operatoren $\hat{b}$ und $\hat{b}^+$ (4.112) und aus der Vertauschungsrelation von $\hat{x}$ und $\hat{p}$ gewinnen wir die Vertauschungsrelation für die Operatoren $\hat{b}, \hat{b}^+$ zu:

$$\left[\hat{b},\hat{b}^+\right] = \hat{b}\hat{b}^+ - \hat{b}^+\hat{b} = 1\,. \qquad (4.114)$$

Da $\hat{x}$ und $\hat{p}$ hermitesche (selbstadjungierte) Operatoren sind und $(\hat{b}^+)^* = \hat{b}$ gilt, ist weiterhin $\hat{b}^+$ der zu $\hat{b}$ adjungierte Operator (4.71).

Weiter stellt sich der Hamilton-Operator (4.109) dar als

$$\hat{H} = \left(\hat{b}^+\hat{b} + \frac{1}{2}\right)\hbar\omega\,. \qquad (4.115)$$

Da die Eigenlösungen zu $\hat{H}$ einen Hilbert-Raum mit diskret durchnummerierbaren Eigenzuständen aufspannen müssen, lautet die zeitunabhängige Schrödinger-Eigenwertgleichung, die gelöst werden muss:

$$\hat{H}\,|n\rangle = \hbar\omega\left(\hat{b}^+\hat{b} + \frac{1}{2}\right)|n\rangle = E_n\,|n\rangle\ . \qquad (4.116)$$

Aus den Eigenschaften der Operatoren $\hat{b}$ und $\hat{b}^+$ (4.112), (4.114) leiten wir jetzt alle wesentlichen Aussagen über die Eigenwerte E_n und die Eigenzustände $|n\rangle$ des harmonischen Oszillators her.

i) Betrachten wir für einen beliebigen Eigenzustand $|n\rangle$ von (4.116) den Vektor $\hat{b}|n\rangle$. Weil $\hat{b}^+$ der zu $\hat{b}$ adjungierte Operator ist, folgt für die Norm des Vektors $\hat{b}|n\rangle$:

$$\langle n|\,\hat{b}^+\hat{b}\,|n\rangle \geq 0\;. \tag{4.117}$$

Dies gilt, weil die Norm eines Vektors immer positiv (oder null) sein muss; man denke an die Norm $|\mathbf{a}|^2 = \sum_{i=1}^3 a_i^2$ eines 3D-Vektors im Euklidischen Raum. Aus (4.117) folgt zusammen mit (4.116) sofort, dass alle Energieeigenwerte E_n des harmonischen Oszillators positiv sein müssen.

ii) Wir untersuchen die Wirkung des Operators $\hat{b}^+$ auf einen beliebigen Eigenzustand $|n\rangle$ von (4.116), indem wir auf (4.116) $\hat{b}^+$ von links anwenden

$$\hat{b}^+\hat{H}\,|n\rangle = \hbar\omega\hat{b}^+\left(\hat{b}^+b + \frac{1}{2}\right)|n\rangle = E_n\hat{b}^+\,|n\rangle\;. \tag{4.118a}$$

Wir benutzen auf der linken Seite die Vertauschungsrelationen (4.114), d. h. $\hat{b}^+\hat{b}^+\hat{b} = \hat{b}^+(\hat{b}\hat{b}^+ - 1)$, und erhalten

$$\hbar\omega\left(\hat{b}^+\hat{b}\hat{b}^+ - \frac{1}{2}\hat{b}^+\right)|n\rangle = E_n\hat{b}^+\,|n\rangle\;,$$

bzw.

$$\hbar\omega\left(\hat{b}^+\hat{b} - \frac{1}{2}\right)\hat{b}^+\,|n\rangle = E_n\hat{b}^+\,|n\rangle\;. \tag{4.118b}$$

Mit (4.115) folgt daraus:

$$\hat{H}\left(\hat{b}^+\,|n\rangle\right) = (E_n + \hbar\omega)\left(\hat{b}^+\,|n\rangle\right)\;. \tag{4.119}$$

Dies ist wiederum eine Eigenwertgleichung, analog zu (4.116), aber jetzt für den Zustand $\hat{b}^+|n\rangle$ mit dem Eigenwert $E_n + \hbar\omega$. Der Operator $\hat{b}^+$ angewendet auf irgendeinen Eigenzustand $|n\rangle$, verwandelt diesen Zustand in den nächst höheren $|n+1\rangle$, wobei der Eigenwert E_n um das Quantum $\hbar\omega$ zugenommen hat. Wir kommen also durch wiederholte Anwendung von $\hat{b}^+$ zu immer höheren Eigenzuständen. Hierbei nimmt der Eigenwert jeweils in Stufen von $\hbar\omega$ zu („Trepp auf"), d. h. $E_{n+1} = E_n + \hbar\omega$.

iii) Analog führt die Anwendung von $\hat{b}$ auf einen Eigenzustand $|n\rangle$ mit dem Eigenwert E_n zum nächst niedrigen Eigenwert E_{n-1} („Trepp ab"), wie man leicht durch Anwendung von $\hat{b}$ (von links) auf (4.116) zeigt:

$$\hat{b}\hat{H}\,|n\rangle = \hbar\omega\hat{b}\left(\hat{b}^+\hat{b} + \frac{1}{2}\right)|n\rangle = E_n\hat{b}\,|n\rangle\;,$$

$$\hbar\omega\left(\hat{b}^+b + \frac{3}{2}\right)\hat{b}\,|n\rangle = E_n\hat{b}\,|n\rangle$$

$$\hat{H}\left(\hat{b}\,|n\rangle\right) = (E_n - \hbar\omega)\left(\hat{b}\,|n\rangle\right) \tag{4.120}$$

Hierbei wurden wiederum (4.115) sowie die Vertauschungsrelationen (4.114) angewendet. (4.120) zeigt, dass $\hat{b}|n\rangle$ die Eigenfunktion $|n-1\rangle$ zum Energieeigenwert $E_{n-1} = E_n - \hbar\omega$ darstellt.
Wir können also bei einer vorgegebenen Eigenlösung $|n\rangle$ mit Eigenwert E_n alle höheren und niedrigeren Eigenwerte $\ldots E_{n-2}, E_{n-1}, E_n, E_{n+1} \ldots$ erreichen, indem wir jeweils gleiche Energiequanten $\hbar\omega$ von E_n abziehen oder hinzufügen. Die Eigenwerte bilden eine Serie von energetisch äquidistanten Niveaus, die sich jeweils in ihrer Energie um $\hbar\omega$ unterscheiden, eine „Stufenleiter", d. h. $E_{n\pm1} = E_n \pm \hbar\omega$. Von daher bezeichnet man die Operatoren $\hat{b}$ und $\hat{b}^+$ sehr anschaulich als **Stufenoperatoren.**

iv) Nach oben hin ist die Wirkung von $\hat{b}^+$ unbeschränkt. Die Leiter von Eigenwerten $n\hbar\omega$ kann zu beliebig großen Quantenzahlen n fortgesetzt werden, denn das Potential des idealen harmonischen Oszillators $V(x) \propto x^2$ ist nach oben hin unbeschränkt. Nach unten hin jedoch muss eine Begrenzung existieren, denn nach i) müssen alle Energieeigenwerte positiv sein. Es muss also einen niedrigsten Eigenwert E_0 zu einem Grundzustand $|0\rangle$ geben, d. h. hierfür muss die Eigenwertgleichung (4.116) lauten

$$\hat{H}\,|0\rangle = E_0\,|0\rangle \ . \tag{4.121a}$$

Setzen wir für $\hat{H}$ den Ausdruck (4.115) ein, so folgt

$$\hbar\omega\left(\hat{b}^+\hat{b} + \frac{1}{2}\right)|0\rangle = E_0\,|0\rangle \ , \tag{4.121b}$$

d. h. mit $\hat{b}|0\rangle = 0$ ($|0\rangle$ ist der niedrigste Eigenzustand) ergibt sich für den Grundzustand des Oszillators der niedrigste Eigenwert $E_0 = \frac{1}{2}\hbar\omega$. Alle energetisch höheren Eigenwerte folgen durch schrittweise Addition jeweils eines Quants $\hbar\omega$. Damit haben wir das gesamte Spektrum der Eigenwerte des harmonischen Oszillators ermittelt zu:

$$\boxed{E_n = \left(n + \frac{1}{2}\right)\hbar\omega} \tag{4.122}$$

v) Die Bedingung, dass $|0\rangle$ der niedrigste Eigenzustand ist, bedeutet, dass eine weitere Operation von $\hat{b}$ auf $|0\rangle$ keinen weiteren Eigenzustand geben darf, d. h. wie schon oben ausgeführt, null ergibt. Schreiben wir die Beziehung $\hat{b}|0\rangle = 0$ in der Ortsdarstellung hin, so ist $\langle x|0\rangle$ natürlich durch die Wellenfunktion $\varphi_0(x)$ des Grundzustands gegeben und $\hat{b}$ reduziert sich nach (4.112a) im Wesentlichen auf eine Multiplikation mit x und eine Ortsableitung ($\hat{p} = \frac{\hbar}{\mathrm{i}}\frac{\mathrm{d}}{\mathrm{d}x}$), d. h. $\hat{b}|0\rangle = 0$ lautet:

$$\left(\sqrt{\frac{m\omega}{2\hbar}}x + \sqrt{\frac{\hbar}{2m\omega}}\frac{\mathrm{d}}{\mathrm{d}x}\right)\varphi_0\,(x) = 0 \ . \tag{4.123a}$$

Dies ergibt nach kurzer Umformung

$$\frac{\mathrm{d}\varphi_0}{\varphi_0} = -\frac{m\omega}{\hbar} x \, \mathrm{d}x \; , \tag{4.123b}$$

bzw. nach Integration die Grundzustandswellenfunktion des Oszillators:

$$\varphi_0 (x) = C \exp\left(-\frac{m\omega}{2\hbar} x^2 \right) \; , \tag{4.124}$$

mit $C = (m\omega/\pi\hbar)^{1/4}$ als Normierungskonstante. Wie erwartet, bedeutet dies eine Lokalisierung des Teilchens (Gauß-Glockenfunktion) innerhalb einer endlichen räumlichen Ausdehnung im parabolischen, bindenden Potential des Oszillators.

vi) Weil der Stufenoperator $\hat{b}^+$ angewendet auf einen beliebigen Eigenzustand $|n\rangle$ (4.119) jeweils zum nächst höheren Zustand $|n+1\rangle$ bzw. $\hat{b}$ angewendet auf $|n\rangle$ zum nächst niedrigen Zustand führt, gilt:

$$\hat{b} \, |n\rangle = c_n \, |n-1\rangle \; , \tag{4.125a}$$

$$\hat{b}^+ \, |n\rangle = c'_n \, |n+1\rangle \; , \tag{4.125b}$$

wo c_n und c'_n Normierungskonstanten sind. Um c_n und c'_n zu bestimmen, berücksichtigen wir, dass $\hat{b}^+$ und $\hat{b}$ zueinander adjungiert sind und folgern aus (4.125a):

$$\langle n| \, \hat{b}^+ = \langle n-1| \, c_n^* \; . \tag{4.125c}$$

Damit folgt aus (4.125a) und (4.125c) sofort

$$\langle n| \, \hat{b}^+ \hat{b} \, |n\rangle = \langle n-1|n-1\rangle \, c_n^* c_n \; , \tag{4.126a}$$

bzw. wegen der Normierung $\langle n-1|n-1\rangle = 1$ und (4.115)

$$\langle n| \, \frac{1}{\hbar\omega} \hat{H} - \frac{1}{2} \, |n\rangle = |c_n|^2 \; . \tag{4.126b}$$

Kombinieren wir die Darstellung des $\hat{H}$-Operators (4.115) mit der seiner Eigenwerte (4.122), so lautet die Eigenwertgleichung (4.116)

$$\hbar\omega \left(\hat{b}^+ \hat{b} + \frac{1}{2} \right) |n\rangle = \hbar\omega \left(n + \frac{1}{2} \right) |n\rangle \; , \tag{4.127}$$

d. h. die Anwendung von $\hat{b}^+\hat{b}$ auf $|n\rangle$ liefert die Quantenzahl n des jeweiligen Zustandes, in dem sich der Oszillator befindet:

$$\hat{b}^+ \hat{b} \, |n\rangle = n \, |n\rangle \; . \tag{4.128a}$$

$\hat{n} = \hat{b}^+\hat{b}$ kann man deshalb treffend als **Quantenzahloperator** für den harmonischen Oszillator bezeichnen.

Damit folgt aus (4.126a) für die Normierungskonstante c_n:

$$\langle n|\,\hat{b}^+\hat{b}\,|n\rangle = n\,\langle n|n\rangle = n = |c_n|^2 \ . \tag{4.128b}$$

Nach einer analogen Rechnung für den Operator $\hat{b}^+$, angewendet auf den Zustand $|n\rangle$ folgen somit die wichtigen Aussagen über die Normierungskonstanten c_n und c'_n in (4.125):

$$\boxed{\hat{b}\,|n\rangle = \sqrt{n}\,|n-1\rangle} \tag{4.129a}$$

$$\boxed{\hat{b}^+\,|n\rangle = \sqrt{n+1}\,|n+1\rangle} \tag{4.129b}$$

vii) Mittels (4.129) lässt sich jetzt durch Rekursion eine allgemeine Formel für den allgemeinen Eigenzustand $|n\rangle$ des harmonischen Oszillators angeben. Durch n-fache Anwendung von $\hat{b}^+$ auf den Grundzustand $|0\rangle$ folgt mittels (4.129b) rekursiv

$$\begin{aligned}|n\rangle = \frac{1}{\sqrt{n}}\hat{b}^+\,|n-1\rangle &= \frac{\hat{b}^+}{\sqrt{n}}\frac{\hat{b}^+}{\sqrt{n-1}}\,|n-2\rangle = \dots \\ &= \frac{1}{\sqrt{n!}}\left(\hat{b}^+\right)^n\,|0\rangle\end{aligned} \tag{4.130}$$

gehen wir mit (4.130) in die Ortsdarstellung, wo $\langle x|n\rangle = \varphi_n(x)$ die Wellenfunktion zum n-ten Energieeigenwert (4.122) ist, und benutzen wir mit $\hat{p} = \frac{\hbar}{\mathrm{i}}\frac{\mathrm{d}}{\mathrm{d}x}$ die Ortsdarstellung des Operators $\hat{b}^+$ (4.112b), so lautet (4.130)

$$\begin{aligned}\langle x|n\rangle = \varphi_n\left(x\right) &= \frac{1}{\sqrt{n!}}\left(\sqrt{\frac{m\omega}{2\hbar}}x - \sqrt{\frac{\hbar}{2m\omega}}\frac{\mathrm{d}}{\mathrm{d}x}\right)^n \varphi_0\left(x\right) \\ &= \frac{1}{\sqrt{n!}}\left(\sqrt{\frac{m\omega}{2\hbar}}x - \sqrt{\frac{\hbar}{2m\omega}}\frac{\mathrm{d}}{\mathrm{d}x}\right)^n \sqrt[4]{\frac{m\omega}{\pi\hbar}}\,\mathrm{e}^{-\frac{m\omega}{2\hbar}x^2} \ .\end{aligned} \tag{4.131}$$

Hierbei wurde für die Wellenfunktion $\varphi_0(x)$ die des Grundzustandes (4.124) eingesetzt. (4.131) ist eine Rekursionsformel, ein Algorithmus, der es uns gestattet analytische Ausdrücke für beliebige Wellenfunktionen $\varphi_n(x)$ anzugeben. Computerprogramme wie z. B. MAPLE erledigen diese Aufgabe der Berechnung von $\varphi_n(x)$ im „Handumdrehen“. Einige niedrigindizierte Wellenfunktionen $\varphi_n(x)$ des harmonischen Oszillators sind in Abb. 4.4 graphisch dargestellt.

Führen wir uns am Beispiel des harmonischen Oszillators noch einmal das Verhältnis der Quantenmechanik zur klassischen Beschreibung vor Augen. Dazu betrachten wir ein makroskopisches Pendel, bei dem eine Masse von 1 g

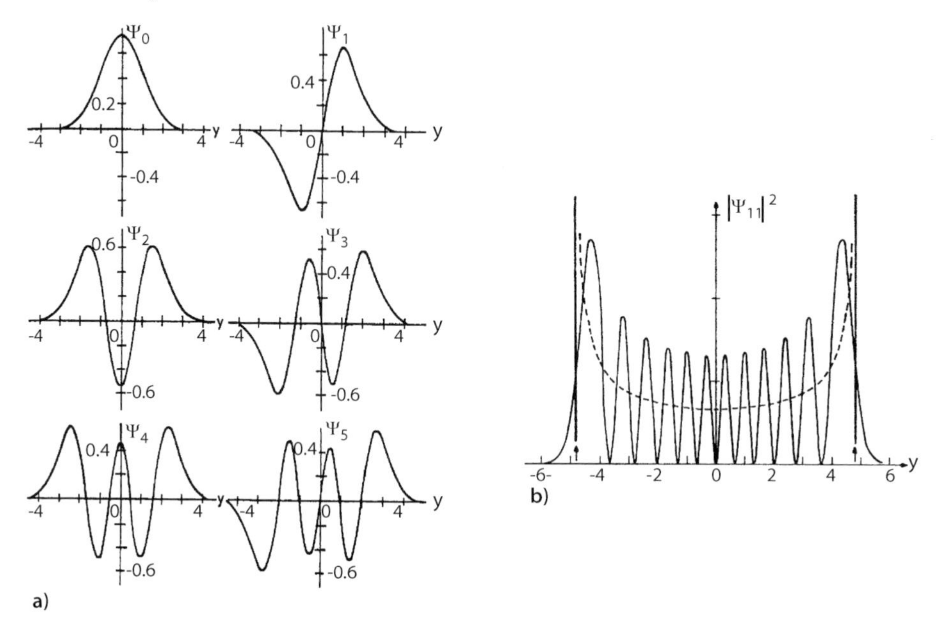

Abb. 4.4a,b. Wellenfunktionen des harmonischen Oszillators [2]. **a** Niedrigindizierte Eigenfunktionen $\psi_0(y)$ bis $\psi_5(y)$ für die Quantenzahlen $n = 0$ bis $n = 5$. Statt der Auftragung über x ist die reduzierte Darstellung $y = x/x_0 = \sqrt{m\omega/\hbar x}$ gewählt. **b** Aufenthaltswahrscheinlichkeit $|\psi_{11}|^2$ für den harmonischen Oszillatorzutand mit $n = 11$. *Gestrichelt* ist die klassische Aufenthaltswahrscheinlichkeit eingezeichnet

mit einer Amplitude $A = 2\,\mathrm{cm}$ während einer Sekunde einmal hin- und herschwingt. Die entsprechende Kreisfrequenz ist dann $\omega \approx 6\,\mathrm{s}^{-1}$. Benutzen wir die klassische Formel (4.108) für die konstante Gesamtenergie E_{klass}, die in dieser Bewegung steckt, so ergibt sich aus $m = 1\,\mathrm{g}$, $A = 2\,\mathrm{cm}$ und $\omega \approx 6\,\mathrm{s}^{-1}$ ein Wert $E_{\mathrm{klass}} \approx 70 \cdot 10^{-7}\,\mathrm{kg\,m^2/s^2}$. Vergleichen wir diese Energie mit dem Abstand $\Delta E = \hbar\omega \approx 6 \cdot 10^{-34}\,\mathrm{kgm^2/s^2}$ zwischen zwei quantenmechanischen Anregungszuständen des Pendels, so sehen wir, dass verglichen mit der klassischen Energie die Quantenzustände in ihrer Diskretheit fast nicht mehr aufgelöst werden können. Klassisch ist das Geschehen quasikontinuierlich. Wir können auch die der klassischen Schwingung entsprechende Quantenzahl n ausrechnen zu

$$n \approx E_{\mathrm{klass}}/\Delta E \approx 10^{28}\,. \tag{4.132}$$

Das klassische Pendel ist also in einem extrem hohen quantenmechanischen Anregungszustand. Für hohe Quantenzahlen geht die Quantenmechanik in die klassische Mechanik über.

4.4.3 Der anharmonische Oszillator

Wir haben schon in Abschn. 4.4.1 diskutiert, dass der harmonische Oszillator mit seinem in der Auslenkung x quadratischen Potential (4.106) nur die niedrigste Näherung für ein allgemeines Potential in der Nähe eines Potentialminimums (4.107) ist. Gehen wir in der Entwicklung des Potentials (4.107) einen Schritt weiter und betrachten auch noch Terme, die in der Auslenkung x kubisch sind, so folgt der Hamilton-Operator für den sog. anharmonischen Oszillator:

$$\hat{H} = \frac{\hat{p}^2}{2m} + \frac{m\omega^2}{2}\hat{x}^2 - \frac{1}{3!}g\hat{x}^3 \; . \tag{4.133}$$

Im letzten Term wird durch $g/3!$ die Abweichung, im Wesentlichen die 3. Ableitung des allgemeinen Potentials (4.107), vom parabolischen Potential des harmonischen Oszillators ausgedrückt. Die Berücksichtigung dieses Terms geht über das Modell des harmonischen Oszillators hinaus; man nennt den Modell-Hamilton-Operator (4.133) deshalb anharmonisch und den letzten Term in $\hat{x}^3$ den anharmonischen Term. Gleichung (4.133) ist natürlich nur dann eine gute Näherung für ein Problem, wenn $|gx| < m\omega^2/2$ gilt. Dann können wir den anharmonischen Term als eine kleine Störung des harmonischen Oszillators ansehen und die Wirkung des anharmonischen Terms auf die Eigenzustände $|n\rangle$ des harmonischen Oszillators betrachten. Wir drücken deshalb die ersten beiden Terme in (4.133) durch die bereits bekannte Form des Hamilton-Operators des harmonischen Oszillators (4.115) aus:

$$\hat{H} = \hbar\omega\left(\hat{b}^+\hat{b} + \frac{1}{2}\right) - \frac{1}{3!}g\hat{x}^3 \; . \tag{4.134}$$

Aus der Darstellung (4.112) der Operatoren $\hat{b}$ und $\hat{b}^+$ durch $\hat{x}$ und $\hat{p}$ gewinnen wir umgekehrt durch Addition von (4.112a) und (4.112b) die Darstellung von $\hat{x}$ in $\hat{b}$ und $\hat{b}^+$ zu

$$\hat{x} = \frac{1}{2}\sqrt{\frac{2\hbar}{m\omega}}\left(\hat{b} + \hat{b}^+\right) = \sqrt{\frac{\hbar}{2m\omega}}\left(\hat{b} + \hat{b}^+\right) \; . \tag{4.135}$$

Damit schreibt sich (4.133) als

$$\hat{H} = \hbar\omega\left(\hat{b}^+\hat{b} + \frac{1}{2}\right) - \frac{1}{3!}g\left(\frac{\hbar}{2m\omega}\right)^{\frac{3}{2}}\left(\hat{b} + \hat{b}^+\right)^3 = \hbar\omega\left(\hat{b}^+\hat{b} + \frac{1}{2}\right) - \hat{h} \; . \tag{4.136}$$

Da der anharmonische Term $\hat{h}$ eine kleine Störung des harmonischen Verhaltens darstellt, können wir als gute Näherung wiederum die Eigenzustände des harmonischen Oszillators $|n\rangle$ (4.130), bzw. $E_n = (n + \frac{1}{2})\hbar\omega$ (4.122) ansehen.

Was ändert sich jedoch durch die Berücksichtigung der Anharmonizität?

Für den harmonischen Oszillator mit dem Hamilton-Operator (4.115) ist der Quantenzahloperator $\hat{n} = \hat{b}^+\hat{b}$ vertauschbar mit $\hat{H}$, der nur die Operatorkombination $\hat{b}^+\hat{b}$ enthält. Damit ist wegen der Heisenbergschen dynamischen Gleichung (4.104) die Quantenzahl n eine Bewegungskonstante: Alle Zustände $|n\rangle$ sind für den harmonischen Oszillator stationäre Zustände. Liegt der

Zustand $|n\rangle$ einmal vor, so ändert er sich nicht mehr in einem harmonischen Potential. Dies ist anders für den anharmonischen Oszillator (4.133). Untersuchen wir die Vertauschbarkeit von $\hat{n} = \hat{b}^+\hat{b}$ mit dem Hamilton-Operator des anharmonischen Oszillators (4.136). $\hat{n}$ ist sicherlich vertauschbar mit dem ersten Term in (4.136), dem Anteil des harmonischen Oszillators. Der zweite Term, der proportional zu $(\hat{b} + \hat{b}^+)^3$ ist, vertauscht jedoch nicht mit $\hat{n} = \hat{b}^+\hat{b}$, wie man schon daran sieht, dass

$$\left[\hat{b}, \hat{b}^+\hat{b}\right] = \hat{b}\hat{b}^+\hat{b} - \hat{b}^+\hat{b}\hat{b} = \hat{b} \tag{4.137}$$

gilt, wenn man die Vertauschungsrelation (4.114) anwendet.

Weil also für den anharmonischen Oszillator (4.136) $[\hat{n}, \hat{H}] \neq 0$ folgt, wird nach der Heisenbergschen Bewegungsgleichung (4.104) die Quantenzahl n, d. h. der Eigenzustand, berechnet für das harmonische Potential, nicht erhalten. Ein kleiner anharmonischer Anteil im Potential bewirkt, dass die Eigenzustände des harmonischen Oszillators nicht mehr stationär sind; sie sind zwar noch gute Lösungen für das Problem (weil die Anharmonizität klein ist), aber sie ändern sich mit der Zeit. Der Oszillator springt von einem Eigenzustand $|n\rangle$ durch die Wirkung der kleinen Anharmonizität in einen anderen Zustand $|n'\rangle$. Welche Sprünge kann der Oszillator machen und nach welchem Gesetz ändert sich ein Zustand $|n\rangle$?

Zur Beantwortung dieser Frage müssen wir natürlich die Schrödinger-Gleichung

$$\mathrm{i}\hbar \frac{\partial}{\partial t} |\psi(t)\rangle = \hat{H} |\psi(t)\rangle \tag{4.138}$$

für einen allgemeinen zeitabhängigen Zustand $|\psi(t)\rangle$ mit dem anharmonischen Oszillator-Hamilton-Operator (4.136) lösen. Wir entwickeln den allgemeinen Zustand $|\psi\rangle$ nach den zeitunabhängigen Eigen-*kets* $|n\rangle$ des harmonischen Oszillators:

$$|\psi(t)\rangle = \sum_n c_n(t) |n\rangle \ , \tag{4.139}$$

wobei jetzt die Zeitabhängigkeit in den Amplituden $c_n(t)$ steckt. Sie geben an, wie sich Zustände $|n\rangle$ unter dem Einfluss von $\hat{h}$ ändern. Weiter multiplizieren wir in der kleinen anharmonischen Störung $\hat{h} = g\hat{x}^3/3!$ mittels (4.135) den Ortsoperator $\hat{x}^3$ als Funktion der Stufenoperatoren aus:

$$\begin{aligned}\hat{x}^3 &= \left(\frac{\hbar}{2m\omega}\right)^{3/2} \left(\hat{b} + \hat{b}^+\right)^3 \\ &= \left(\frac{\hbar}{2m\omega}\right)^{3/2} \left(\hat{b}\hat{b}\hat{b} + \hat{b}\hat{b}\hat{b}^+ + \hat{b}\hat{b}^+\hat{b} + \hat{b}\hat{b}^+\hat{b}^+ + \hat{b}^+\hat{b}\hat{b} + \hat{b}^+\hat{b}\hat{b}^+ \right. \\ &\quad \left. + \hat{b}^+\hat{b}^+\hat{b} + \hat{b}^+\hat{b}^+\hat{b}^+\right) \ .\end{aligned} \tag{4.140}$$

Hierbei muss die Reihenfolge der $\hat{b}$ und $\hat{b}^+$ strikt eingehalten werden.

Einsetzen von (4.139) in (4.138) ergibt dann:

$$\mathrm{i}\hbar \sum_n \dot{c}_n(t)|n\rangle = \sum_n c_n(t)\hbar\omega\left(\hat{b}^+\hat{b}+\frac{1}{2}\right)|n\rangle + \sum_n \hat{h}c_n(t)|n\rangle\,. \tag{4.141a}$$

Multiplikation von links mit dem Eigen-*bra* $\langle m|$ liefert wegen $\langle m|n\rangle = \delta_{mn}$:

$$\mathrm{i}\hbar\dot{c}_m(t) = \left(m+\frac{1}{2}\right)\hbar\omega c_m(t) + \sum_m \langle m|\hat{h}|n\rangle c_n(t)\,, \tag{4.141b}$$

also ein System von gekoppelten Differentialgleichungen, das die Änderung einer bestimmten Amplitude $c_m(t)$ durch Kopplung an alle anderen Amplituden $c_n(t)$ bestimmt.

Würden wir die Anharmonizität $\hat{h}$ vernachlässigen, ergäbe sich aus

$$\mathrm{i}\hbar\dot{c}_m = \left(m+\frac{1}{2}\right)\hbar\omega c_m = E_m c_m \tag{4.142a}$$

gerade die stationäre Lösung

$$c_m(t) = c_m(0)\exp\left(-\frac{\mathrm{i}}{\hbar}E_m t\right) \tag{4.142b}$$

des harmonischen Oszillators zum Energieeigenwert $E_m = (m+\frac{1}{2})\hbar\omega$.

Betrachten wir jetzt die in (4.141b) auftretenden Matrixelemente $\langle m|\hat{h}|n\rangle$ unter Zuhilfenahme von (4.140):

$$\langle m|\hat{h}|n\rangle = \frac{1}{3!}g\left(\frac{\hbar}{2m\omega}\right)^{3/2}\langle m|\hat{b}\hat{b}\hat{b}+\hat{b}\hat{b}\hat{b}^+ + \hat{b}\hat{b}^+\hat{b}\ldots|n\rangle\,, \tag{4.143}$$

dann müssen wir die Beziehungen (4.129) berücksichtigen, die angeben wie $\hat{b}$ und $\hat{b}^+$ auf $|n\rangle$ wirken. Mit $\langle m|n\rangle = \delta_{mn}$ kann deshalb das Matrixelement $\langle m|\hat{b}\hat{b}\hat{b}|n\rangle$ nur von Null verschieden sein, wenn gilt:

$$\langle m|\hat{b}\hat{b}\hat{b}|n\rangle = \langle m|n-3\rangle\sqrt{n(n-1)(n-2)} = \delta_{m,n-3}\sqrt{n(n-1)(n-2)} \tag{4.144a}$$

d. h. wenn $m = n-3$ gilt. Der Quantenzustand mit der Energie $E_m = (m+\frac{1}{2})\hbar\omega$ koppelt über dieses Matrixelement also nur an einen Zustand n an, der um drei Quanten $\hbar\omega$ oberhalb von E_m liegt. Dieser Zustand kann also neben anderen in (4.141b) zur Änderung von $c_m(t)$ beitragen.

Analog liefert das Matrixelement

$$\langle m|\hat{b}^+\hat{b}^+\hat{b}|n\rangle = \langle m|n+1\rangle\sqrt{nn(n+1)} = \delta_{m,n+1}\sqrt{nn(n+1)} \tag{4.144b}$$

eine Ankopplung des Zustandes $|m\rangle$ an einen Zustand, der wegen $m = n+1$, d. h. $n = m-1$, um ein Quant $\hbar\omega$ energetisch tiefer liegt als $|m\rangle$. Für Übergänge in den Grundzustand $|0\rangle$ des Oszillators ist dieses Matrixelement also belanglos.

Fragen wir uns also, aus welchen angeregten Zuständen n können Übergänge in den Grundzustand $|0\rangle (m = 0)$ des Oszillators erfolgen. Aus der Vielfalt der $\hat{b}$ und $\hat{b}^+$ Kombinationen in (4.140) liefern nur folgende Matrixelemente von Null verschiedene Beiträge:

$$\langle 0|\, \hat{b}\hat{b}\hat{b}\, |3\rangle = \langle 0|0\rangle \sqrt{6} = \sqrt{6}\ , \tag{4.145a}$$

$$\langle 0|\, \hat{b}\hat{b}^+\hat{b}\, |1\rangle = \langle 0|0\rangle = 1\ , \tag{4.145b}$$

$$\langle 0|\, \hat{b}\hat{b}\hat{b}^+\, |1\rangle = \langle 0|0\rangle \sqrt{4}\ . \tag{4.145c}$$

Sind also die Zustände $|3\rangle$ und $|1\rangle$ angeregt, so tragen sie mit Wahrscheinlichkeiten (Produkte der Amplituden) im Verhältnis 6:1:4 durch Vermittlung der Anharmonizität zur Besetzung des Grundzustandes $|0\rangle$ bei.

Wir haben hier beim anharmonischen Oszillator ein Beispiel kennen gelernt, wo durch eine kleine Störung Übergänge zwischen Quantenzuständen induziert werden. Wir werden Übergänge zwischen Quantenzuständen in weitaus größerer Allgemeinheit in Abschn. 6.4 bei der zeitabhängigen Störungsrechnung betrachten.

Literaturverzeichnis

1. P.A.M. Dirac: „Principles of Quantum Mechanics“, Oxford University Press (1958), 4th Edition, ISBN 0-198-51208-2
2. F. Schwabl: „Quantenmechanik“, 2. Auflage, Springer Berlin, Heidelberg, New York (1990), S. 45

5 Drehimpuls, Spin und Teilchenarten

Obwohl auf den ersten Blick Bewegungen eines Teilchens auf einer gekrümmten Bahn, im einfachsten Fall auf einer geschlossenen Kreisbahn, nichts Besonders sein sollten und nach den allgemeinen Gesetzen der Teilchendynamik (klassisch: $K = m\dot{v}$) beschrieben werden können, ergeben sich schon in der klassischen Mechanik eine Reihe von Eigentümlichkeiten, die teilweise wegen ihrer auf den ersten Blick gegebenen Unanschaulichkeit eine strenge formale Behandlung erfordern. Man denke nur an das „verrückte" Verhalten von Kreiseln und an die immer schneller werdenden Pirouetten einer Eistänzerin, die ihre Arme an den Körper legt. Wir werden sehen, dass im atomaren Bereich der Begriff des Drehimpulses und seine quantenmechanischen Eigenschaften sehr weit reichende Konsequenzen für unser Verständnis der Materie, selbst bis hin zur Einteilung der Welt in zwei verschiedene Teilchenarten, hat. Beginnen wir aber noch einmal kurz mit der klassischen Beschreibung von Kreisbewegungen.

5.1 Die klassische Kreisbewegung

Ein Teilchen, das sich auf einer Kreisbahn bewegt (Abb. 5.1), wird durch eine Führungskraft (Abschn. 3.4) auf dieser Bahn gehalten. Diese Führungskraft kann durch ein zentralsymmetrisches anziehendes Potential (Coulomb-Potential im Wasserstoffatom) oder im Falle eines makroskopischen Körpers durch eine Schnur gegeben sein, durch die der Körper auf konstantem Abstand zum Drehzentrum gehalten wird. Diese auf das Drehzentrum hingerichtete Führungskraft bewirkt in jedem Zeitpunkt eine Änderung der Geschwindigkeit, d. h. eine Beschleunigung auf das Drehzentrum hin. Hierbei bleibt die Bahngeschwindigkeit $v = \mathrm{d}s/\mathrm{d}t$ längs der Kreisbahn konstant, weil die Zentralkraft senkrecht zur Bahnkurve wirkt. Zusätzlich zur zentralen Führungskraft können jedoch auch Kräfte auf das Teilchen oder den Körper wirken, die in Bahnrichtung eine Beschleunigung bewirken. Solche Kräfte, die eine Komponente senkrecht zum Ortsvektor $\mathbf{r}(|r| = \mathit{Radius\ der\ Kreisbahn})$ haben, werden durch ein **Drehmoment D** beschrieben.

Aus Abb. 5.1 lässt sich die Größe der Zentralbeschleunigung $\mathbf{b}$ (durch die Führungskraft zum Drehzentrum hin) berechnen: Die infinitesimale Ände-

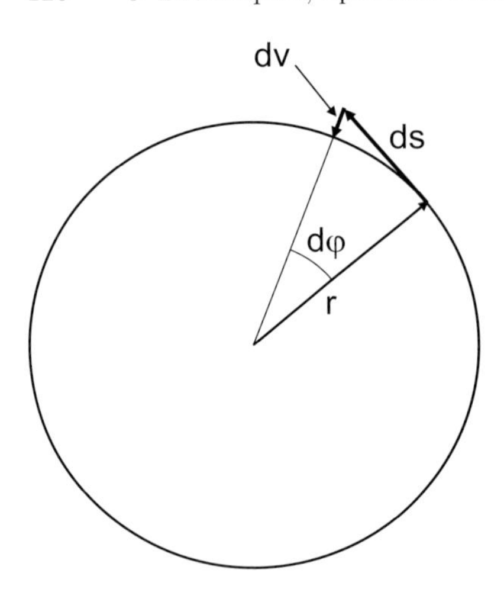

Abb. 5.1. Charakteristische Größen zur Beschreibung einer klassischen Kreisbewegung. Man beachte, die infinitesimale Änderung der Geschwindigkeit $\mathrm{d}v$ steht senkrecht zur Ortsänderung $\mathrm{d}s$ und ist auf das Kreiszentrum hingerichtet

rung der Bahngeschwindigkeit $\mathrm{d}v$ ist parallel zum Radialvektor r und senkrecht zur Bahngeschwindigkeit v gerichtet.

Damit folgt aus der Wegänderung längs der Bahn

$$\mathrm{d}s = r\,\mathrm{d}\varphi = r\dot{\varphi}\,\mathrm{d}t = r\omega\,\mathrm{d}t \tag{5.1a}$$

die Bahngeschwindigkeit

$$v = \frac{\mathrm{d}s}{\mathrm{d}t} = r\omega \tag{5.1b}$$

und schließlich mit $\mathrm{d}v = v\,\mathrm{d}\varphi$ (Abb. 5.1) die Zentralbeschleunigung

$$b = \frac{\mathrm{d}v}{\mathrm{d}t} = v\omega = r\omega^2 \ . \tag{5.1c}$$

Hierbei ist ω die Winkelgeschwindigkeit $\dot{\varphi}$.

Für eine dreidimensionale Vektorbeschreibung ist es zweckmäßig, ω als Vektor $\boldsymbol{\omega}$ aufzufassen, der senkrecht zur Ebene der Kreisbahn (nach oben gerichtet bei positiver Winkeländerung) orientiert ist.

Für die allgemeine Beschreibung der Rotationsdynamik, auch unter Einschluss von Kräften in Richtung der Bahnkurve gehen wir von der klassischen Newtonschen Bewegungsgleichung aus:

$$\mathbf{K} = \frac{\mathrm{d}}{\mathrm{d}t}(m\mathbf{v}) \ . \tag{5.2}$$

Da insbesondere Kräfte senkrecht zum Ortsvektor $\mathbf{r}$ von Interesse für eine Beschleunigung längs der Bahn sind ($\mathbf{K}\perp\mathbf{r}$), definieren wir als Drehmoment $\mathbf{D} = \mathbf{r} \times \mathbf{K}$ und erhalten aus (5.2)

$$\mathbf{D} = \mathbf{r} \times \mathbf{K} = \mathbf{r} \times \frac{\mathrm{d}}{\mathrm{d}t}(m\mathbf{v}) \, . \tag{5.3a}$$

Nun gilt aber

$$\frac{\mathrm{d}}{\mathrm{d}t}(\mathbf{r} \times m\mathbf{v}) = \frac{\mathrm{d}\mathbf{r}}{\mathrm{d}t} \times m\mathbf{v} + \mathbf{r} \times \frac{\mathrm{d}}{\mathrm{d}t}(m\mathbf{v}) = \mathbf{r} \times \frac{\mathrm{d}}{\mathrm{d}t}(m\mathbf{v}), \tag{5.3b}$$

weil $\mathrm{d}\mathbf{r}/\mathrm{d}t = \mathbf{v}$ im Vektorprodukt mit $\mathbf{v}$ verschwindet.

Damit lässt sich (5.3a) schreiben als

$$\mathbf{D} = \mathbf{r} \times \mathbf{K} = \frac{\mathrm{d}}{\mathrm{d}t}(\mathbf{r} \times m\mathbf{v}) = \frac{\mathrm{d}}{\mathrm{d}t}(\mathbf{r} \times \mathbf{p}) \ . \tag{5.3c}$$

Definieren wir also $\mathbf{L} = (\mathbf{r} \times \mathbf{p})$ als eine für Kreisbewegungen charakteristische Größe, den **Drehimpuls**, so lautet das klassische Grundgesetz der Rotationsdynamik

$$\mathbf{D} = \mathbf{r} \times \mathbf{K} = \frac{\mathrm{d}}{\mathrm{d}t}(\mathbf{r} \times \mathbf{p}) = \frac{\mathrm{d}}{\mathrm{d}t}\mathbf{L} \ . \tag{5.4}$$

Der Drehimplus ist somit eine Erhaltungsgröße der Kreisbewegung, wenn keine Kraft senkrecht zum Ortsvektor ($\mathbf{D} = \mathbf{r} \times \mathbf{K} = \mathbf{0}$) wirkt. Dies macht sofort verständlich, dass eine Eistänzerin sich bei einer Pirouette schneller um sich selbst dreht, wenn sie die Arme anzieht: $\mathbf{L} = \mathbf{r} \times \mathbf{p}$ muss erhalten bleiben, weil außer der Reibung auf dem Eis (vernachlässigt) keine Kraft in Richtung der Drehbewegung wirkt. Die Ausdehnung des sich drehenden Körpers (hier Koordinate r) jedoch wird kleiner, d. h. $\mathbf{p}$ und damit die Geschwindigkeit in Drehrichtung muss zunehmen.

Aus der Definition des Drehimpulses $\mathbf{L} = \mathbf{r} \times \mathbf{p}$ lässt sich sofort entnehmen, dass $\mathbf{L}$ ebenfalls wie $\boldsymbol{\omega}$ ein Vektor ist, der senkrecht zur Ebene der Kreisbewegung gerichtet ist. Mittels (5.1b) lässt sich sein Betrag auch durch die Winkelgeschwindigkeit ω ausdrücken als

$$L = mr^2\omega \ . \tag{5.5a}$$

Hierbei bezeichnet man mr^2 auch als das **Trägheitsmoment** eines sich im Abstand r um eine Drehachse bewegenden Massenpunktes.

Weiter lässt sich wegen $v = r\omega$ (5.1b) und (5.5a) die kinetische Energie eines Massenpunktes auf einer Kreisbahn durch den Drehimpuls L ausdrücken als

$$E_{\mathrm{kin}} = \frac{1}{2}mv^2 = \frac{L^2}{2mr^2} \ , \tag{5.5b}$$

eine Beziehung, die wir im Folgenden noch häufiger benutzen werden.

5.2 Der quantenmechanische Drehimpuls

Die Kreisbewegung eines subatomaren oder atomaren Teilchens, z. B. des Elektrons im Coloumb-Potential des Protons im Wasserstoffatom, muss natürlich durch Operatoren beschrieben werden. Wir ordnen also dem klassischen Drehimpuls $\mathbf{L} = \mathbf{r} \times \mathbf{p}$ den Drehimpulsoperator $\hat{\mathbf{L}} = \hat{\mathbf{r}} \times \hat{\mathbf{p}}$ zu. Was können wir erwarten? Da **r** und **p** nicht vertauschbare Operatoren sind, werden die Komponenten des Drehimpulsoperators einer nichttrivialen Vertauschungsalgebra unterliegen. Kreisbewegungen sind räumlich eingeschränkt; ein Elektron im anziehenden Coloumb-Potential ist „eingesperrt", wie in einem Potentialkasten. Wir erwarten also diskrete Eigenwerte auch für den Drehimpulsoperator [er geht nach (5.5b) in die Energie ein]. Weiterhin können wir eine Kreisbewegung in zwei zueinander senkrechte Oszillatorschwingungen zerlegen. Damit sollten die Eigenwerte des Drehimpulsoperators gewisse Ähnlichkeiten zu denen des harmonischen Oszillators (Abschn. 4.4.3) haben. Auch dies weist auf diskret liegende, wahrscheinlich sogar äquidistante Eigenwerte des Drehimpulsoperators hin.

Aus der Definition des Drehimpulsoperators $\hat{\mathbf{L}} = \hat{\mathbf{r}} \times \hat{\mathbf{p}}$ und der Darstellung des Impulsoperators

$$\hat{\mathbf{p}} = \frac{\hbar}{i}\boldsymbol{\nabla} = \frac{\hbar}{i}\left(\mathbf{e}_x\frac{\partial}{\partial x} + \mathbf{e}_y\frac{\partial}{\partial y} + \mathbf{e}_z\frac{\partial}{\partial z}\right), \tag{5.6}$$

mit $\mathbf{e}_x,\mathbf{e}_y$ und $\mathbf{e}_z$ als den Einheitsvektoren in x, y, z-Richtung, ergeben sich sofort folgende Vertauschungsrelationen für die einzelnen Komponenten des Drehimpulses

$$\left[\hat{L}_x, \hat{L}_y\right] = \mathrm{i}\hbar\hat{L}_z \ , \tag{5.7a}$$

$$\left[\hat{L}_y, \hat{L}_z\right] = \mathrm{i}\hbar\hat{L}_x \ , \tag{5.7b}$$

$$\left[\hat{L}_z, \hat{L}_x\right] = \mathrm{i}\hbar\hat{L}_y \ . \tag{5.7c}$$

Wir rechnen dies für (5.7a) wie folgt nach:

$$\begin{aligned}
\left[\hat{L}_x, \hat{L}_y\right] &= \left(\frac{\hbar}{i}\right)^2\left(y\frac{\partial}{\partial z}z\frac{\partial}{\partial x} - z\frac{\partial}{\partial x}y\frac{\partial}{\partial z}\right) , \\
&= \left(\frac{\hbar}{i}\right)^2\left(y\frac{\partial}{\partial x} + yz\frac{\partial^2}{\partial x\partial z} - yz\frac{\partial^2}{\partial x\partial z}\right) , \\
&= \left(\frac{\hbar}{i}\right)^2 y\frac{\partial}{\partial x} = -\mathrm{i}\hbar\left(y\frac{\hbar}{i}\frac{\partial}{\partial x}\right) = -\mathrm{i}\hbar\left(-\hat{L}_z\right) .
\end{aligned} \tag{5.7d}$$

Wie man unter Berücksichtigung der Rechenregeln für das Vektorprodukt leicht zeigen kann, lassen sich die Vertauschungsregeln (5.7) auch kompakt schreiben als

$$\hat{\mathbf{L}} \times \hat{\mathbf{L}} = \mathrm{i}\hbar\hat{\mathbf{L}} \ . \tag{5.8}$$

Beachten wir, dass ein Operator immer mit sich selbst vertauschbar ist und dass gilt

$$\left[\hat{L}_x^2, \hat{L}_z\right] = \hat{L}_x\left[\hat{L}_x, \hat{L}_z\right] + \left[\hat{L}_x, \hat{L}_z\right]\hat{L}_x \ , \tag{5.9}$$

so folgt mittels (5.7)

$$\begin{aligned}\left[\hat{\mathbf{L}}^2, \hat{L}_z\right] &= \left[\hat{L}_x^2 + \hat{L}_y^2 + \hat{L}_z^2, \hat{L}_z\right] = \left[\hat{L}_x^2 + \hat{L}_y^2, \hat{L}_z\right] \\ &= \hat{L}_x \left[\hat{L}_x, \hat{L}_z\right] + \left[\hat{L}_x, \hat{L}_z\right] \hat{L}_x + \hat{L}_y \left[\hat{L}_y, \hat{L}_z\right] + \left[\hat{L}_y, \hat{L}_z\right] \hat{L}_y \\ &= -\mathrm{i}\hbar \hat{L}_x \hat{L}_y - \mathrm{i}\hbar \hat{L}_y \hat{L}_x + \mathrm{i}\hbar \hat{L}_y \hat{L}_x + \mathrm{i}\hbar \hat{L}_x \hat{L}_y = 0 \; . \end{aligned} \tag{5.10}$$

Gleiches gilt natürlich für $[\hat{\mathbf{L}}^2, \hat{L}_x]$ und $[\hat{\mathbf{L}}^2, L_y]$.

Dies bedeutet, dass die einzelnen Komponenten des Drehimpulses nicht vertauschbar sind (5.7), also nicht gleichzeitig mit beliebiger Genauigkeit messbar (nicht-kommensurabel) sind. Das Absolutquadrat $\hat{L}^2$ jedoch vertauscht mit jeder Komponente des Drehimpulses $\hat{L}_x, \hat{L}_y, \hat{L}_z$. Die einzelnen Komponenten des Drehimpulses haben also das gleiche Eigenfunktionensystem wie $\hat{\mathbf{L}}^2$; wir können also folgende Eigenwertgleichungen zur Bestimmung der möglichen Messwerte des Drehimpulses schreiben:

$$\hat{\mathbf{L}}^2 \left|l, m\right\rangle = \Lambda\left(l\right) \hbar^2 \left|l, m\right\rangle \; , \tag{5.11}$$

$$\hat{L}_z \left|l, m\right\rangle = m\hbar \left|l, m\right\rangle \; . \tag{5.12}$$

Hierbei wurde berücksichtigt, dass der Drehimpuls die Dimension einer Wirkung, also die des Planckschen Wirkungsquantums $\hbar$ hat, sodass die möglichen Messwerte für $\hat{L}^2$ und $\hat{L}_z$ durch dimensionslose Zahlen $\Lambda(l)$ [Λ ist Funktion einer Zahl l] und m dargestellt werden. Für l und m erwarten wir, dass sie diskrete Quantenzahlen darstellen, die das Spektrum der Eigenzustände $|l, m\rangle$ durchnummerieren.

Wir wenden uns zuerst dem Eigenwertproblem (5.11) zu und schreiben mit (5.12):

$$\hat{\mathbf{L}}^2 \left|l, m\right\rangle = \left(\hat{L}_x^2 + \hat{L}_y^2 + \hat{L}_z^2\right) \left|l, m\right\rangle = \Lambda\hbar^2 \left|l, m\right\rangle \; , \tag{5.13}$$

$$\hat{L}_z^2 \left|l, m\right\rangle = \hat{L}_z \hat{L}_z \left|l, m\right\rangle = m^2\hbar^2 \left|l, m\right\rangle \; . \tag{5.14}$$

Durch Subtraktion erhalten wir:

$$\left(\hat{L}_x^2 + \hat{L}_y^2\right) \left|l, m\right\rangle = \hbar^2 \left(\Lambda - m^2\right) \left|l, m\right\rangle \; . \tag{5.15}$$

Wir beweisen hier nicht, dass das Matrixelement $\langle l, m| \hat{L}_x^2 + \hat{L}_y^2 |l, m\rangle$ positiv sein muss, jedoch ist dies nahe liegend wegen der Absolutquadrate der Drehimpulskomponenten.

Mit der hier nicht bewiesenen Aussage

$$\left\langle l, m\right| \hat{L}_x^2 + \hat{L}_y^2 \left|l, m\right\rangle = \hbar^2 \left(\Lambda - m^2\right) \left\langle l, m | l, m\right\rangle \geq 0 \tag{5.16}$$

folgt aber für die Eigenwerte von (5.11) und (5.12):

$$\Lambda\left(l\right) - m^2 \geq 0 \; , \tag{5.17}$$

d. h. die Eigenwerte m^2 bzw. $|m|$ von $\hat{L}_z$ sind durch die Eigenwerte $\Lambda(l)$ von $\hat{\mathbf{L}}^2$ nach oben hin beschränkt. Dies ist unmittelbar einsichtig, denn die Messwerte für den Drehimpuls in der speziellen z-Richtung können natürlich nicht die des Gesamtdrehimpulses $\sqrt{L^2}$ übersteigen.

Analog zur Vorgehensweise beim harmonischen Oszillator [(4.110) bis (4.112)] faktorisieren wir jetzt den Operator $\hat{L}_x^2 + L_y^2$ in (5.15) durch die Definition zweier neuer Operatoren

$$\hat{L}_{\pm} = \hat{L}_x \pm \mathrm{i}\hat{L}_y \ , \tag{5.18a}$$

sodass wir schreiben können:

$$\hat{L}_x^2 + \hat{L}_y^2 = \hat{L}_+\hat{L}_- \ . \tag{5.18b}$$

Für diese neuen Operatoren folgen aus (5.7) und (5.10) sofort die Vertauschungsrelationen

$$\left[\hat{\mathbf{L}}^2, \hat{L}_{\pm}\right] = 0 \ , \tag{5.19a}$$

$$\left[\hat{L}_z, \hat{L}_{\pm}\right] = \pm\hbar\hat{L}_{\pm} \ , \tag{5.19b}$$

$$\left[\hat{L}_{\pm}, \hat{L}_z\right] = \mp\hbar\hat{L}_{\pm} \ . \tag{5.19c}$$

Damit folgt mittels (5.19a) aus der Eigenwertgleichung (5.11) bzw. (5.13) für L^2 unmittelbar

$$\hat{L}_{\pm}\hat{\mathbf{L}}^2 \left|l,m\right\rangle = \hbar^2\Lambda\left(\hat{L}_{\pm}\left|l,m\right\rangle\right) \ , \tag{5.20a}$$

$$\hat{\mathbf{L}}^2\left(\hat{L}_{\pm}\left|l,m\right\rangle\right) = \hbar^2\Lambda\left(\hat{L}_{\pm}\left|l,m\right\rangle\right) \ . \tag{5.20b}$$

Wenn $|l,m\rangle$ Eigenzustand zu $\hat{\mathbf{L}}^2$ ist, dann sind auch die Vektoren $\hat{L}_{\pm}|l,m\rangle$ Eigenzustände.

Eine ähnliche Beziehung können wir für die Eigenwertgleichung des Operators $\hat{L}_z$ (5.12) durch Anwendung von $\hat{L}_{\pm}$ herleiten:

$$\hat{L}_{\pm}\hat{L}_z\left|l,m\right\rangle = \hbar m\left|l,m\right\rangle \ . \tag{5.21a}$$

Wegen (5.19c) folgt unmittelbar

$$\left(\hat{L}_z\hat{L}_{\pm} \mp \hbar\hat{L}_{\pm}\right)\left|l,m\right\rangle = \hbar m\left|l,m\right\rangle \ , \tag{5.21b}$$

oder

$$\hat{L}_z\left(\hat{L}_{\pm}\left|l,m\right\rangle\right) = \hbar\left(m \pm 1\right)\left(\hat{L}_{\pm}\left|l,m\right\rangle\right) \ . \tag{5.21c}$$

$\hat{L}_{\pm}|l,m\rangle$ ist also ein Eigenzustand zum Operator $\hat{L}_z$, dem Drehimpuls in z-Richtung, wenn $|l,m\rangle$ Eigenzustand ist, jedoch mit einem um $\hbar$ erhöhten oder erniedrigten Eigenwert, je nachdem ob $\hat{L}_+$ oder $\hat{L}_-$ angewendet wurde. Für die z-Komponente des Drehimpulsoperators sind $\hat{L}_\pm$ also Stufenoperatoren, die die Eigenwerte jeweils um $\hbar$ erhöhen oder erniedrigen, genauso wie die Operatoren $\hat{b}^+$ und $\hat{b}$ im Falle des harmonischen Oszillators (Abschn. 4.4.2). Hierbei muss sich die dimensionslose Quantenzahl m immer um eine ganze Zahl ändern:

$$\hat{L}_\pm |l, m\rangle = |l, m \pm 1\rangle \ . \tag{5.22}$$

Andererseits ist m^2, d. h. auch $|m|$, wegen (5.17) durch den Eigenwert $\Lambda(l)$ des Gesamtdrehimpulses nach oben beschränkt. Es existieren zu einem festen Λ also jeweils Maximal- und Minimalwerte m_{max} und m_{min}, für die gilt

$$\hat{L}_+ |l, m_{\text{max}}\rangle = 0 \ , \tag{5.23a}$$

$$\hat{L}_- |l, m_{\text{min}}\rangle = 0 \ . \tag{5.23b}$$

Hierbei muss wegen (5.22) $(m_{\text{max}} - m_{\text{min}})$ eine ganze Zahl sein. Aus der Algebra für $\hat{L}_x, \hat{L}_y$ (5.7) bzw. der für $\hat{L}_\pm$ (5.18) folgen:

$$\begin{aligned} \hat{L}_\mp \hat{L}_\pm &= \hat{L}_x^2 + \hat{L}_y^2 \mp \hat{L}_z \hbar \\ &= \hat{L}^2 - \hat{L}_z \left(\hat{L}_z \pm \hbar \right) \ . \end{aligned} \tag{5.24}$$

Da $|l, m\rangle$ sowohl Eigenzustände zu $\hat{L}^2$ als auch zu $\hat{L}_z$ sind, folgt durch Anwendung von (5.24) auf $|l, m_{\text{max}}\rangle$ und $|l, m_{\text{min}}\rangle$:

$$\hat{L}_- \hat{L}_+ |l, m_{\text{max}}\rangle = \left[\Lambda(l) - m_{\text{max}}^2 - m_{\text{max}} \right] \hbar^2 |l, m_{\text{max}}\rangle = 0 \tag{5.25a}$$

$$\hat{L}_+ \hat{L}_- |l, m_{\text{min}}\rangle = \left[\Lambda(l) - m_{\text{min}}^2 + m_{\text{min}} \right] \hbar^2 |l, m_{\text{min}}\rangle = 0 \ . \tag{5.25b}$$

Die Ausdrücke verschwinden wegen (5.23); da jedoch $|l, m_{\text{max}}\rangle$ und $|l, m_{\text{min}}\rangle$ existieren, verschwinden die eckigen Klammern auf der rechten Seite und wir erhalten

$$\Lambda(l) = m_{\text{max}} (m_{\text{max}} + 1) = m_{\text{min}} (m_{\text{min}} - 1) \ . \tag{5.26}$$

Hieraus folgt durch einfaches Umformen sofort

$$m_{\text{max}} = -m_{\text{min}} \ . \tag{5.27}$$

Setzen wir weiterhin $l = m_{\text{max}}$, so ergibt sich die Lösung der Eigenwertprobleme für $\hat{\mathbf{L}}^2$ und $\hat{L}_z$ als

$$\hat{L}^2 |l, m\rangle = l(l+1) \hbar^2 |l, m\rangle \ , \tag{5.28a}$$

$$\hat{L}_z |l, m\rangle = m\hbar |l, m\rangle \ , \tag{5.28b}$$

mit $m = -l, -l+1, -l+2, \ldots, 0, \ldots, l-1, l$.

Damit muss gelten:

$$l - \nu = -l \ ,$$

bzw.

$$l = \nu/2, \quad \text{mit} \quad \nu \text{ ganzzahlig.} \tag{5.28c}$$

Dieses Ergebnis bedarf weiterer Analyse. Die Richtungsquantenzahl m kann sich nur ganzzahlig ändern, jedoch bis zu Maximal- bzw. Minimalwerten l und $-l$. Dabei darf aber l auch halbzahlige Werte [z. B. $\nu = 1$ in (5.28c)] annehmen. Für letzteren Fall ist der Drehimpulsmesswert $l = 0$ (kein Drehimpuls) ausgeschlossen, da bei ganzzahliger Änderung vom m nur die Werte $l = \pm\frac{1}{2}$ und höhere halbzahlige Werte zugelassen sind. Damit zerfällt das Eigenwertspektrum von l, der Quantenzahl des Gesamtdrehimpulses (5.28a), in zwei mögliche Folgen:

$$l = 0, 1, 2, 3, \dots \ , \tag{5.29a}$$

$$l = \frac{1}{2}, \frac{3}{2}, \frac{5}{2}, \frac{7}{2}, \dots \ . \tag{5.29b}$$

Um die tiefere physikalische Bedeutung dieser Eigenwerte bzw. Messwerte des Drehimpulses zu verstehen, gehen wir auf die Ortsdarstellung der Operatoren zurück. Weil Kreisbewegungen im Raum beschrieben werden sollen, ist eine Darstellung in Polarkoordinaten sinnvoll. Dazu benutzen wir die aus Abb. 5.2 ersichtliche Darstellung in Polarkoordinaten (r, ϑ, φ). Mit den Einheitsvektoren $\mathbf{e}_r, \mathbf{e}_\vartheta, \mathbf{e}_\varphi$ in r, ϑ und φ-Richtung stellen sich die Bahnelemente in den entsprechenden Richtungen wie folgt dar:

$$\mathrm{d}s_r = \mathrm{d}r\mathbf{e}_r \ , \tag{5.30a}$$

$$\mathrm{d}s_\vartheta = r\,\mathrm{d}\vartheta\mathbf{e}_\vartheta \ , \tag{5.30b}$$

$$\mathrm{d}s_\varphi = r\sin\vartheta\,\mathrm{d}\varphi\mathbf{e}_\varphi \ . \tag{5.30c}$$

Hierbei gilt wegen der Orthogonalität des Polarkoordinatensystems

$$\mathbf{e}_r \times \mathbf{e}_\vartheta = \mathbf{e}_\varphi \ , \tag{5.31a}$$

$$\mathbf{e}_r \times \mathbf{e}_\varphi = -\mathbf{e}_\vartheta \ , \tag{5.31b}$$

$$\mathbf{e}_\varphi \times \mathbf{e}_\vartheta = \mathbf{e}_r \ . \tag{5.31c}$$

Damit folgt für die Darstellung des Nabla-Operators in Polarkoordinaten

$$\begin{aligned} \boldsymbol{\nabla} &= \mathbf{e}_r\frac{\partial}{\partial r} + \mathbf{e}_\vartheta\frac{\partial}{\partial s} + \mathbf{e}_\varphi\frac{\partial}{\partial s_\varphi} \\ &= \mathbf{e}_r\frac{\partial}{\partial r} + \mathbf{e}_\vartheta\frac{1}{r}\frac{\partial}{\partial\vartheta} + \mathbf{e}_\varphi\frac{1}{r\sin\vartheta}\frac{\partial}{\partial\varphi} \ . \end{aligned} \tag{5.32}$$

Für die Berechnung des Drehimpulsoperators

$$\hat{\mathbf{L}} = \hat{\mathbf{r}} \times \hat{\mathbf{p}} = \frac{\hbar}{i}\left(\hat{\mathbf{r}} \times \boldsymbol{\nabla}\right)$$

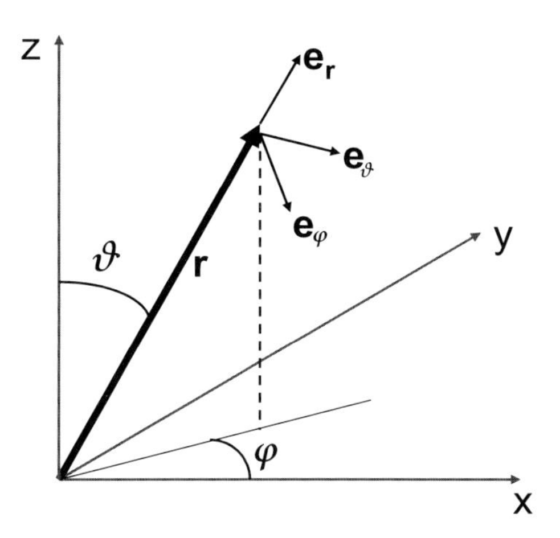

Abb. 5.2. Definition von Kugelkoordinaten durch ihre drei Richtungseinheitsvektoren $\mathbf{e}_r, \mathbf{e}_\vartheta, \mathbf{e}_\varphi$

folgt also mit (5.31):

$$\begin{aligned}
\mathbf{r} \times \boldsymbol{\nabla} &= \mathbf{r} \times \left(\mathbf{e}_r \frac{\partial}{\partial r} + \mathbf{e}_\vartheta \frac{1}{r} \frac{\partial}{\partial \vartheta} + \mathbf{e}_\varphi \frac{1}{r \sin \vartheta} \frac{\partial}{\partial \varphi} \right) \\
&= (\mathbf{e}_r \times \mathbf{e}_\vartheta) \frac{\partial}{\partial \vartheta} - (\mathbf{e}_r \times \mathbf{e}_\varphi) \frac{1}{\sin \vartheta} \frac{\partial}{\partial \varphi} \\
&= \mathbf{e}_\varphi \frac{\partial}{\partial \vartheta} - \mathbf{e}_\vartheta \frac{1}{\sin \vartheta} \frac{\partial}{\partial \varphi} \,, \quad \text{bzw.} \\
\hat{\mathbf{L}} &= \frac{\hbar}{i} \left(\mathbf{e}_\varphi \frac{\partial}{\partial \vartheta} - \mathbf{e}_\vartheta \frac{1}{\sin \vartheta} \frac{\partial}{\partial \varphi} \right) \,. \qquad (5.33)
\end{aligned}$$

Da nach Abb. 5.2 gilt $(\mathbf{e}_\vartheta)_z = -\sin \vartheta$, folgt für die z-Komponente des Drehimpulses unmittelbar

$$\hat{L}_z = \frac{\hbar}{i} (\mathbf{r} \times \boldsymbol{\nabla})_z = \frac{\hbar}{i} \frac{\partial}{\partial \varphi} \,. \qquad (5.34a)$$

In der Ortsdarstellung $\psi_{m,l} = \langle r | l, m \rangle$ lautet die Eigenwertgleichung (5.28b) also

$$-\mathrm{i}\hbar \frac{\partial}{\partial \varphi} \psi_{m,l} = m\hbar \psi_{m,l} \,. \qquad (5.34b)$$

Die Eigenfunktionen von $\hat{L}_z$ haben deshalb die Gestalt

$$\psi_{m,l} \propto \mathrm{e}^{im\varphi} \,. \qquad (5.35a)$$

Da nun aber $\psi_{m,l}$ auf einem Kreisumfang eindeutig sein muss, geht die Wellenfunktion bei einer Änderung von $m\varphi$ um ein Vielfaches von 2π in sich selbst über. Damit muss die Richtungsquantenzahl m ganzzahlig sein; halbzahlige Werte für m sind für Drehimpulsoperatoren $\hat{L}_z$, die sich auf Kreisbewegungen eines Teilchens im Raum beziehen, ausgeschlossen.

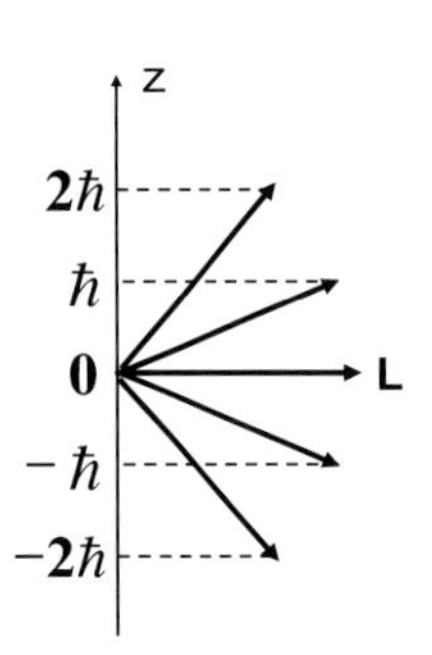

Abb. 5.3. Anschauliche Darstellung der Richtungsquantisierung eines Drehimpulses $\mathbf{L}$ in Einheiten von $\hbar$ längs z-Richtung

Drehimpulse, die sich auf klassische Teilchenbahnen beziehen, haben als mögliche Messwerte also nur $l(l+1)\hbar^2$ für $\hat{L}^2$ und $m\hbar$ für $\hat{L}_z$ mit der Bedingung

$$m = -l, -l+1, \ldots, 0, \ldots, l-1, l; \quad l = 0, 1, 2, \ldots . \tag{5.35b}$$

Dies ist in Abb. 5.3 schematisch für einen Maximaldrehimpuls $L^2 = l(l+1)\hbar$ dargestellt.

Ist nun die aus den Vertauschungsrelationen abgeleitete halbzahlige Folge von l-Werten (5.29b) sinnlos? Ist sie physikalisch nicht realisiert? Wir werden am Experiment sehen, dass dies nicht der Fall ist. Offenbar ist unsere Vertauschungsalgebra aussagekräftiger als die aus der Ortsdarstellung der Wellenfunktionen (5.35) abgeleiteten Aussagen.

Zuvor jedoch noch eine kurze Betrachtung zur allgemeinen Bedeutung des Drehimpulsoperators in Bezug auf Symmetrieeigenschaften.

5.3 Rotationssymmetrie und Drehimpuls; Eigenzustände

Schon aus der klassischen Mechanik wissen wir, dass bei Bewegungen in zentralsymmetrischen Potentialen der Drehimpuls eine Erhaltungsgröße ist. Gilt dies auch in der Quantenmechanik?

Wir betrachten zuerst eine allgemeine Funktion $f(\mathbf{r})$ im Raum und führen eine infinitesimale Verschiebung des Koordinatensystems um $\delta\mathbf{r}$ durch; dadurch ergibt sich der Funktionswert

$$f(\mathbf{r} - \delta\mathbf{r}) = f(\mathbf{r}) - \delta\mathbf{r} \cdot \boldsymbol{\nabla} f(\mathbf{r}) \ . \tag{5.36}$$

Nehmen wir jetzt die infinitesimale Verschiebung $\delta\mathbf{r}$ als eine starre Rotation um den Winkel $\delta\varphi$ um eine Achse an, dann gilt:

$$\delta\mathbf{r} = \delta\boldsymbol{\varphi} \times \mathbf{r} \ , \tag{5.37}$$

wobei $\delta\boldsymbol{\varphi}$ ein Vektor der Länge $\delta\varphi$ in Richtung der Drehachse ist, mit einer Orientierung entsprechend der „rechtshändigen Schraube“. Für diesen Fall stellt sich die Änderung der Funktion $f(\mathbf{r})$ dar als

$$\delta f(\mathbf{r}) = f(\mathbf{r} - \delta\mathbf{r}) - f(\mathbf{r}) = (\delta\boldsymbol{\varphi} \times \mathbf{r}) \cdot \boldsymbol{\nabla} f(\mathbf{r}) \ . \tag{5.38a}$$

Wir wenden die Regel über Vertauschungen bei kombiniertem Vektor- und Skalarprodukt an und erhalten

$$\delta f(\mathbf{r}) = -\delta\varphi \cdot (\mathbf{r} \times \boldsymbol{\nabla} f) = -\frac{i}{\hbar}\delta\boldsymbol{\varphi} \cdot \hat{\mathbf{L}} f(\mathbf{r}) \ , \tag{5.38b}$$

wobei die Definition des Drehimpulsoperators $\hat{\mathbf{L}} = \hat{\mathbf{r}} \times \hat{\mathbf{p}}$ benutzt wurde. Drehen wir also das Koordinatensystem um $\delta\varphi$, so ändert sich die Funktion $f(\mathbf{r})$ um δf gemäß (5.38b). Wir können also im gedrehten Koordinatensystem f' beschreiben als

$$f'(\mathbf{r}) = f(\mathbf{r}) + \delta f = \left(1 - \frac{i}{\hbar}\delta\boldsymbol{\varphi} \cdot \hat{\mathbf{L}}\right) f(\mathbf{r}) \ . \tag{5.38c}$$

Der Operator $(1 - \frac{i}{\hbar}\delta\boldsymbol{\varphi} \cdot \hat{\mathbf{L}})$ erzeugt also die entsprechenden Änderungen an der Funktion $f(\mathbf{r})$, wenn wir das Koordinatensystem um den infinitesimalen Winkel $\delta\boldsymbol{\varphi} = \mathbf{n}\delta\varphi$ ($\mathbf{n}$ = Richtungsnormalenvektor der Drehachse) drehen. Man sagt, dieser Operator erzeugt infinitesimale Rotationen. Wir können daraus leicht den Erzeugungsoperator für endliche Drehwinkel herleiten, in dem wir eine endliche Rotation um φ aus einer Vielzahl N hintereinander durchgeführter infinitesimaler Rotationen $\delta\varphi = \varphi/N$ zusammensetzen. $(N \to \infty, \delta\varphi \to o)$:

$$f'(\mathbf{r}) = \lim_{\substack{N\to\infty \\ \delta\varphi\to 0}} \left(1 - \frac{i}{\hbar}\frac{\varphi}{N}\mathbf{n} \cdot \hat{\mathbf{L}}\right)^N f(\mathbf{r}) \ . \tag{5.39a}$$

Die Eulersche Formel für die Exponentialfunktion, hier angewendet auf Operatoren, liefert sofort

$$f'(\mathbf{r}) = \exp\left(-\frac{\mathrm{i}}{\hbar}\varphi\mathbf{n} \cdot \hat{\mathbf{L}}\right) f(\mathbf{r}) \ . \tag{5.39b}$$

Der Operator in (5.39b), der die Rotation des Koordinatensystems erzeugt, ist analog zu (4.97) durch seine Reihenentwicklung definiert. Statt der Drehung des Koordinatensystems hätten wir auch bei festen Koordinaten die Funktion bzw. die Vektoren $\mathbf{r}$ im Raum drehen können; statt $-\delta\mathbf{r}$ in (5.38a) hätten wir dann $\delta\mathbf{r}$ einsetzen müssen und hätten in (5.39b) im Exponenten ein positives Vorzeichen erhalten.

Definieren wir also mit

$$\hat{U}_\varphi = \exp\left(\frac{i}{\hbar}\varphi\mathbf{n} \cdot \hat{\mathbf{L}}\right) \tag{5.40}$$

den Operator für Drehungen des Zustandes, bzw. der Wellenfunktion im Raum um eine feste Achse $\mathbf{n}$, so sehen wir sofort, dass dieser Operator unitär ist wegen

$$\hat{U}_\varphi^+ = \exp\left(-\frac{i}{\hbar}\varphi\mathbf{n}\cdot\hat{\mathbf{L}}\right) = \hat{U}_\varphi^{-1} , \tag{5.41}$$

weil $\hat{\mathbf{L}}$ hermetisch ist.

Betrachten wir eine Wellenfunktion $\psi(\mathbf{r})$ und drehen das Koordinatensystem $\mathbf{r} \to \mathbf{r}'$, dann wird die Wellenfunktion von $\psi(\mathbf{r})$ in $\psi(\mathbf{r}')$ transformiert, die bezüglich des gedrehten Systems genau so liegt wie $\psi(\mathbf{r})$ im ungedrehten System. Wie sehen allgemeine Operatoren im gedrehten System aus? Nehmen wir die Wirkung eines Operators $\hat{\Omega}$ im ungedrehten System als $\hat{\Omega}\psi(\mathbf{r}) = \varphi(\mathbf{r})$ an. Wegen $\hat{U}^+\hat{U} = 1$ folgt dann

$$\hat{U}\hat{\Omega}\hat{U}^+\left[\hat{U}\psi(\mathbf{r})\right] = \hat{U}\varphi(\mathbf{r}) , \tag{5.42a}$$

oder aber

$$\hat{U}\hat{\Omega}\hat{U}^+\psi(\mathbf{r}') = \varphi(\mathbf{r}') . \tag{5.42b}$$

Damit folgt für den Operator $\hat{\Omega}'$ im gedrehten Koordinatensystem:

$$\hat{\Omega}' = \hat{U}\hat{\Omega}\hat{U}^+ . \tag{5.42c}$$

Wir erkennen in diesen Beziehungen wesentliche Eigenschaften über Drehungen des Hilbert-Raumes (Abschn. 4.3.2) wieder.

Mit Hilfe von (5.38b) können wir interessante Aussagen über rotationssymmetrische Potentiale $V(\mathbf{r})$ herleiten, die nur vom Radius r und nicht von einer Winkeländerung $\delta\varphi$ abhängen, d. h. für die gilt

$$V(r,\varphi) = V(r,\varphi+\delta\varphi) . \tag{5.43a}$$

Mittels (5.38b) können wir auch schreiben

$$V(r,\varphi+\delta\varphi) = V(r,\varphi) + \frac{i}{\hbar}\delta\boldsymbol{\varphi}\cdot\hat{\mathbf{L}}V(r,\varphi) . \tag{5.43b}$$

Hieraus ergibt sich sofort die Vertauschungsrelation von $\hat{V}(r,\varphi)$ (als Operator aufgefasst) und dem Drehimpuls $\hat{\mathbf{L}}$:

$$\begin{aligned}\left[\hat{V},\hat{\mathbf{L}}\right] &= \left[\hat{V} + \frac{i}{\hbar}\delta\boldsymbol{\varphi}\cdot\hat{\mathbf{L}}\hat{V},\hat{\mathbf{L}}\right] \\ &= \left[\hat{V},\hat{\mathbf{L}}\right] + \frac{i}{\hbar}\left[\delta\boldsymbol{\varphi}\cdot\hat{\mathbf{L}}\hat{V},\hat{\mathbf{L}}\right] ,\end{aligned} \tag{5.44a}$$

d. h.

$$\frac{i}{\hbar}\left[\delta\boldsymbol{\varphi}\cdot\hat{\mathbf{L}}\hat{V},\hat{\mathbf{L}}\right] = 0 . \tag{5.44b}$$

Weil natürlich $\hat{\mathbf{L}}$ mit sich selbst vertauscht, gewinnen wir die Aussage, dass der Drehimpulsoperator $\hat{\mathbf{L}}$ mit jedem Operator $\hat{V}(\mathbf{r})$ eines rotationssymmetrischen Potentials vertauscht: $[V(r), \hat{\mathbf{L}}] = 0$.

Betrachten wir ein Teilchen, das sich in einem rotationssymmetrischen Potential bewegt, z. B. ein Elektron im Coulombpotential $V(r) = e/4\pi\varepsilon_0 r^2$ des Protons in einem Wasserstoffatom, oder ein Elektron in einem rotationssymmetrischen nanoskopischen „Quantenpunkt" (Abschn. 5.7.1), so müssen wir noch untersuchen, ob der Drehimpuls $\hat{\mathbf{L}}$ auch mit der kinetischen Energie $\hat{T} = \hat{p}^2/2m$ vertauscht, um weit reichende Schlüsse bezüglich der zeitlichen Konstanz des Drehimpulses zu ziehen. Der Hamilton-Operator $\hat{H} = \hat{T} + \hat{V}$ enthält nämlich kinetische und potentielle Energie.

Uns interessiert also die Vertauschbarkeit $[\hat{\mathbf{L}}, \hat{p}^2]$ von Drehimpuls mit dem Quadrat des Impulses ($\hat{T} = \hat{p}^2/2m$). Dazu betrachten wir von der Vertauschungsrelation

$$\left[\hat{\mathbf{L}}, \hat{p}^2\right] = \left[\hat{\mathbf{r}} \times \hat{\mathbf{p}}, \hat{p}^2\right] \tag{5.45a}$$

die x-Komponente des Drehimpulses:

$$\begin{aligned}\left[(\hat{\mathbf{r}} \times \hat{\mathbf{p}})_x, \hat{p}_x^2 + \hat{p}_y^2 + \hat{p}_z^2\right] &= \left[\hat{y}\hat{p}_z, \hat{p}_x^2 + \hat{p}_y^2 + \hat{p}_z^2\right] \\ &= \left[\hat{y}\hat{p}_z, \hat{p}_y^2\right] \\ &= \hat{y}\hat{p}_z\hat{p}_y^2 - \hat{p}_y^2\hat{y}\hat{p}_z = \hat{p}_z\hat{y}\hat{p}_y^2 - \hat{p}_y^2\hat{y}\hat{p}_z \\ &= \hat{p}_z\left(\hat{p}_y\hat{y} + \mathrm{i}\hbar\right)\hat{p}_y - \hat{p}_y^2\hat{y}\hat{p}_z\ .\end{aligned} \tag{5.45b}$$

Hierbei wurde berücksichtigt, dass alle Impulskomponenten untereinander vertauschen, aber auch $\hat{y}$ mit $\hat{p}_x$ und $\hat{p}_z$, jedoch nicht mit $\hat{p}_y$. Unter Benutzung der Vertauschungsrelation $\hat{y}\hat{p}_y = \hat{p}_y\hat{y} + \mathrm{i}\hbar$ gewinnt man nach Weiterführung der in (5.45b) angedeuteten Rechnung

$$\left[\hat{L}_x, \hat{p}^2\right] = 0\ . \tag{5.45c}$$

Die gleiche Rechnung lässt sich für die beiden anderen Komponenten des Drehimpulses $\hat{L}_y, \hat{L}_z$ durchführen und wir erhalten das wichtige Ergebnis, dass der Drehimpulsoperator $\hat{\mathbf{L}}$ mit dem Operator der kinetischen Energie eines Teilchens vertauschbar ist:

$$\left[\hat{\mathbf{L}}, \hat{p}^2/2m\right] = 0\ . \tag{5.46}$$

Aus (5.44b) und (5.46) folgt, dass für rotationssymmetrische Potentiale $V(r)$, die nur vom Radius r und nicht vom Winkel φ (und oder ϑ bei Kugelsymmetrie) abhängen, der Hamilton-Operator $\hat{H} = \hat{T} + \hat{V}$ mit dem Drehimpulsoperator $\hat{\mathbf{L}}$ vertauschbar ist. Damit folgt aus der Heisenbergschen Bewegungsgleichung (4.104)

$$\frac{\mathrm{d}}{\mathrm{d}t}\hat{\mathbf{L}} = \frac{i}{\hbar}\left[\hat{H}, \hat{\mathbf{L}}\right] = 0\ . \tag{5.47}$$

Für den Fall eines rotationssymmetrischen Potentials ist also der Drehimpuls (Operator) eine Erhaltungsgröße. Die Quantenmechanik bestätigt das klassische Ergebnis.

Die Vertauschbarkeit $[\hat{H}, \hat{\mathbf{L}}]$ bedeutet natürlich auch, dass gilt

$$\left[\hat{H}, \hat{L}^2\right] = 0 \,, \tag{5.48}$$

wenn das in $\hat{H}$ enthaltene Potential rotationssymmetrisch ist. Für diesen Fall gelten natürlich weiterhin die Drehimpuls-Vertauschungsrelationen (5.9) und (5.10). Damit haben wir für rotationssymmetrische Potentiale:

$$\left[\hat{H}, \hat{L}^2\right] = \left[\hat{L}^2, \hat{L}_z\right] = \left[\hat{L}^2, \hat{L}_x\right] = \left[\hat{L}^2, \hat{L}_y\right] = 0 \,. \tag{5.49}$$

Somit haben nicht nur $\hat{L}^2$ und irgendeine Komponente des Drehimpulses, z. B. $\hat{L}_z$, sondern auch gleichzeitig $\hat{H}$ das gleiche Eigenfunktionensystem als Lösung. Dies heißt natürlich nicht, dass $\hat{H}$ und alle $\hat{L}_i$ gleichzeitig eine gemeinsame Basis haben ($[\hat{L}_i, \hat{L}_j] \neq 0$).

Für rotationssymmetrische Probleme lassen sich also die Eigenlösungen in Ortsdarstellung schreiben als

$$\langle r \,| n, l, m \rangle = R_{n,l}\,(r)\, \Upsilon_l^m\,(\vartheta, \varphi) \ . \tag{5.50}$$

Hierbei sind $\Upsilon_l^m(\vartheta, \varphi)$ die Eigenlösungen des Drehimpulsoperators $\hat{L}^2$ bzw. $\hat{L}_z$, sie hängen nur von den Winkeln ϑ und φ ab und heißen Kugelfunktionen.

Der Radialanteil $R_{n,l}(r)$ hängt, neben der Drehimpulsquantenanzahl l, von einer diskreten Quantenzahlfolge n ab, die das diskrete Spektrum von Energieeigenzuständen $E_{n,l}$ durchnummeriert. Dieses Spektrum ist diskret, weil das Elektron in einem zentralsymmetrischen Potential (für gebundene Zustände) eingesperrt, sich um ein Rotationszentrum herum bewegt. Weder $R_{n,l}$ noch $E_{n,l}$ sind von der Richtungsquantenzahl m abhängig, weil ein zentralsymmetrisches Potential keine Richtung im Raum auszeichnet, d. h. die Zustände sind in m entartet; für alle m haben die Zustände gleiche Energie. Nur bei zusätzlich angelegtem magnetischem Feld wird eine Richtung ausgezeichnet und verschiedenen m-Werten entsprechen verschiedene Energien.

Im zentralsymmetrischen Potential lauten die entsprechenden Eigenwertgleichungen in Ortsdarstellung also

$$\hat{H} R_{n,l}\,(r)\, \Upsilon_l^m = E_{n,l} R_{n,l} \Upsilon_l^m \,, \tag{5.51a}$$

$$\hat{L}^2 R_{n,l} \Upsilon_l^m = l\,(l+1)\, \hbar R_{n,l} \Upsilon_l^m \,, \tag{5.51b}$$

$$\hat{L}_z R_{n,l} \Upsilon_l^m = m\hbar R_{n,l} \Upsilon_l^m \,. \tag{5.51c}$$

Während $R_{n.l}(r)$ und die zugehörigen Eigenwerte $E_{n,l}$ von der speziellen Gestalt des rotationssymmetrischen Potentials (Coulomb-Potential im

H-Atom, Parabelpotential für Oszillator, Abschn. 5.7.1) abhängen, sind die Winkelanteile als Eigenfunktion des Drehimpulses davon unabhängig. Diese Wellenfunktionen begegnen uns also bei allen rotations- und kugelsymmetrischen Problemen; wir sollten sie also kurz betrachten.

Ohne die analytische Lösung der Differential-Eigenwertgleichungen (5.51b) und (5.51c) im Einzelnen zu betrachten, geben wir die explizite Gestalt einiger niedrig indizierter normierter Kugelfunktionen an:

$$\Upsilon_0^0 = \frac{1}{\sqrt{4\pi}} \tag{5.52a}$$

$$\Upsilon_0^1 = \sqrt{\frac{3}{4\pi}}\cos\vartheta\,, \quad \Upsilon_1^1 = -\sqrt{\frac{3}{8\pi}}\sin\vartheta\,\mathrm{e}^{\mathrm{i}\varphi}\,, \tag{5.52b}$$

$$\Upsilon_2^0 = \sqrt{\frac{5}{16\pi}}\left(3\cos^2\vartheta - 1\right)\,, \tag{5.52c}$$

$$\Upsilon_2^1 = \sqrt{\frac{15}{8\pi}}\sin\vartheta\cos\vartheta\,\mathrm{e}^{\mathrm{i}\varphi}\,, \quad \Upsilon_2^2 = \sqrt{\frac{15}{32\pi}}\sin^2\vartheta\,\mathrm{e}^{\mathrm{i}2\varphi}\,. \tag{5.52d}$$

Für negative m-Werte gilt dabei:

$$\Upsilon_l^{-m} = (-1)^m\,\Upsilon_l^{m^*}\,. \tag{5.53}$$

In Abb. 5.4 sind Polardiagramme der Drehimpulseigenfunktionen Υ_l^m mit $l = 0, 1, 2, 3$ dargestellt. Kugelsymmetrische Wellenfunktionen mit $l = 0$ nennt man *s-Orbitale*, welche mit $l = 1$, die eine Richtung auszeichnen, heißen **p-Orbitale**, mit $l = 2$ heißen sie **d-Orbitale** und mit $l = 3$ **f-Orbitale**.

Da ohne Auszeichnung einer Achse im Raum alle Zustände zu gleichem l, aber verschiedenem m energetisch gleichwertig sind, können durch lineare Superposition von Υ_1^1 mit Υ_1^{-1} neue Orbitale gewonnen werden, die entlang der x, y, z-Raumachse gleiche Gestalt haben und sich deshalb für anschauliche Überlegungen besser eignen als die Υ_l^m. Sie heißen dem entsprechend p_x, p_y, p_z-Orbitale mit

$$\Upsilon_{p_x} = \frac{-1}{\sqrt{2}}\left(\Upsilon_1^1 - \Upsilon_1^{-1}\right) = \sqrt{\frac{3}{4\pi}}\sin\vartheta\cos\varphi\,, \tag{5.54a}$$

$$\Upsilon_{p_y} = \frac{-1}{\sqrt{2}i}\left(\Upsilon_1^1 - \Upsilon_1^{-1}\right) = \sqrt{\frac{3}{4\pi}}\sin\vartheta\sin\varphi\,, \tag{5.54b}$$

$$\Upsilon_{p_z} = \Upsilon_1^0\,. \tag{5.54c}$$

Ihre dreidimensionale Darstellung ist in Abb. 5.5 vorgestellt.

Nach dieser ausführlichen Darstellung des quantenmechanischen Drehimpulses, seiner Eigenwerte und seiner Eigenfunktionen, wenden wir uns wieder der Frage zu: Wie können wir Drehimpulse im Experiment sehen? Dazu müssen wir eine Beziehung zwischen Drehimpuls eines geladenen Teilchens und magnetischem Moment herstellen.

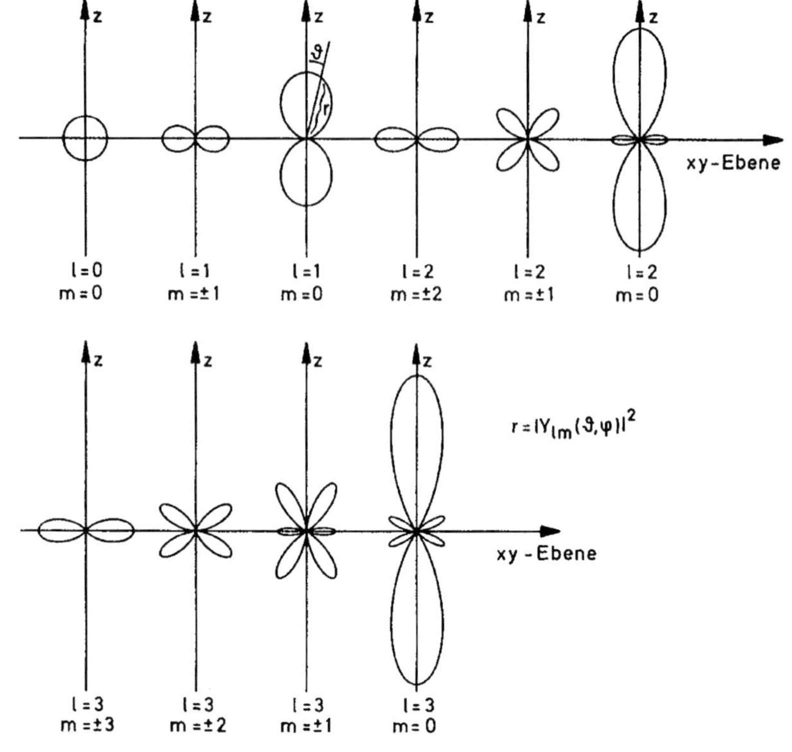

Abb. 5.4. Darstellung der Bahndrehimpulseigenfunktionen Υ_{em} mit $l = 0, 1, 2, 3$ in Polardiagrammen. Die Radialabstände r vom Zentrum (siehe $l = 1, m = 0$) geben den Wert $|\Upsilon_{em}|^2$ als Funktion von ϑ an [11]

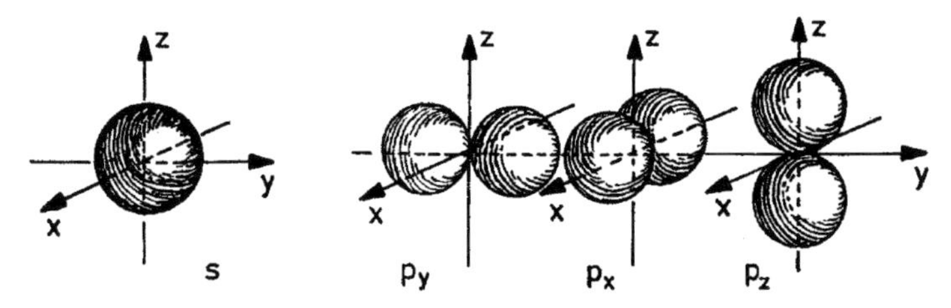

Abb. 5.5. Dreidimensionale Polardarstellung der Absolutbeträge der Winkelfunktionen für das s und die drei p-Orbitale p_x, p_y, p_z [11]

5.4 Kreisende Elektronen im elektromagnetischen Feld

5.4.1 Die Lorentz-Kraft

Wie aus der klassischen Physik bekannt ist, werden Ladungssträger (Ladung e, positiv), die sich im Magnetfeld B bewegen, abgelenkt. Sie unterliegen der sogenannten Lorentz-Kraft

$$m\dot{\mathbf{v}} = \mathbf{F} = e\mathbf{v} \times \mathbf{B} \ . \tag{5.55}$$

Diese Lorentz-Kraft wirkt zu jedem Zeitpunkt senkrecht zur Geschwindigkeit des Teilchens und dem Magnetfeld. Ladungsträger, die senkrecht zu B in ein konstantes $\mathbf{B}$-Feld eingeschossen werden, werden also auf stabile Kreisbahnen gezwungen. Diese sogenannten Zyklotronbahnen sind dadurch gekennzeichnet, dass die mit der Kreisbewegung gegebene Zentrifugalbeschleunigung (5.1c) gerade durch die Lorentz-Kraft (5.55) kompensiert wird, sodass für die mit der stabilen Bahn gegebene Umlauffrequenz, die Zyklonfrequenz ω_c, gilt

$$mr\omega_c^2 = mv\omega_c = evB \ , \tag{5.56a}$$

$$\omega_c = \frac{e}{m} B \ . \tag{5.56b}$$

Da die Lorentz-Kraft senkrecht zur Geschwindigkeit des Teilchens gerichtet ist, verrichtet sie keine Arbeit, sie ändert nicht die Energie des Teilchens. Damit lässt sie sich nicht als Potentialdifferenz, d. h. als Gradient eines Potentials darstellen, so wie die üblichen Kräfte der Mechanik.

Der Grund dafür ist darin zu sehen, dass die Lorentz-Kraft nur im Rahmen der Relativitätstheorie zu verstehen ist [1]. Da die Maxwellschen Gleichungen für das elektromagnetische Feld mit der Relativitätstheorie kompatibel (Lorentz-invariant) sind, sind allgemein elektrische Felder $\boldsymbol{\mathcal{E}}$ und magnetische Felder $\mathbf{B}$ in relativ zueinander sich bewegenden Inertialsystemen nicht unabhängig voneinander. Eine ruhende elektrische Ladung erzeugt in einem sich dazu relativ bewegenden Inertialsystem ein Magnetfeld $\mathbf{B}$ und umgekehrt hat ein Magnetfeld in einem sich relativ dazu bewegenden Inertialsystem ein elektrisches Feld (Kraft auf Ladung) zur Folge. Während wir aber die Wirkung eines elektrischen Feldes $\boldsymbol{\mathcal{E}}$ mittels $\boldsymbol{\mathcal{E}} = -e \,\mathrm{grad}\, \phi$ ohne weiteres über das zugehörige Potential ϕ in die potentielle Energie $V(r)$ der Schrödinger-Gleichung einbringen können, ist dies für das Magnetfeld nicht möglich. Wie können wir also zu einer adäquaten quantenmechanischen Beschreibung der Bewegung geladener Teilchen in elektromagnetischen Feldern, speziell der Wechselwirkung mit Magnetfeldern $\mathbf{B}$ kommen?

Wir müssen einen vernünftigen Ansatz für den Hamilton-Operator $\hat{H}$, bzw. klassisch die Hamilton-Funktion $H(p,q)$ (3.25), finden, der bei Anwendung der dynamischen Gleichungen, klassisch der Hamilton-Gleichung (3.26) oder quantenmechanisch der Schrödinger- oder Heisenbergschen Bewegungsgleichung für Operatoren (4.104), eine Bewegungsgleichung des Typs (5.55) liefert, die relativistischen Ursprungs ist, einen neuen Ansatz für die Schrödinger-Gleichung.

5.4.2 Der Hamilton-Operator mit Magnetfeld

Wir raten einmal intuitiv, in dem wir davon ausgehen, dass ein auf einer Zyklotronbahn umlaufender Ladungsträger das erzeugende Magnetfeld $\mathbf{B}$ umschließt. Der dabei kreisförmig verlaufende Geschwindigkeits- oder Impulsvektor $\mathbf{p}$ hat die gleiche Ortsabhängigkeit wie das Vektorpotential $\mathbf{A}$ des Magnetfeldes $\mathbf{B} = \mathrm{rot}\, \mathbf{A}$. Für ein räumlich konstantes Magnetfeld $\mathbf{B} = (0, 0, B_z)$

lässt sich z. B. $\mathbf{A}$ wählen als

$$\mathbf{A} = \frac{1}{2} B_z r \mathbf{e}_\varphi = \frac{1}{2} \left(y B_z \mathbf{e}_x - x B_z \mathbf{e}_y \right) . \tag{5.57}$$

Einfache Anwendung der Beziehungen zwischen den Einheitsvektoren (5.30), (5.31), bzw. der rot-Berechnung liefert aus (5.57) sofort ein konstantes Magnetfeld B_z in z-Richtung. Es sei ins Gedächtnis gerufen dass die Wahl von $\mathbf{A}$ nicht eindeutig ist. Man kann zu (5.57) irgendeinen Gradienten einer skalaren Funktion hinzu addieren, ohne damit $\mathbf{B} = \operatorname{rot} \mathbf{A}$ zu verändern (siehe Abschn. 5.4.4). Da auf einer Zyklotronbahn der Bahndrehimpuls die räumliche Struktur wie $\mathbf{A}$ (5.57) hat:

$$\mathbf{p} = m v \mathbf{e}_\varphi = m r \omega \, \mathbf{e}_\varphi , \tag{5.58}$$

ergänzen wir versuchsweise im Hamilton-Operator eines freien Teilchens den Impuls $\mathbf{p}$ durch eine dem Vektorpotential $\mathbf{A}$ proportionale Größe, um das Magnetfeld in $\hat{H}$ zu berücksichtigen. Aus Dimensionsgründen muss $\mathbf{A}$ mit der Ladung e multipliziert werden und wir nutzen für ein freies Elektron im Magnetfeld $\mathbf{B} = \operatorname{rot} \mathbf{A}$:

$$\hat{H} = \frac{1}{2m} \left(\hat{\mathbf{p}} - e \hat{\mathbf{A}} \right)^2 . \tag{5.59}$$

Während $\hat{\mathbf{p}}$ der sogenannte kanonische Impuls (kanonische Variable, Abschn. 3.4) ist, nennen wir nun

$$m \dot{\hat{\mathbf{r}}} = \hat{\mathbf{p}} - e \hat{\mathbf{A}} = \hat{\boldsymbol{\pi}} \tag{5.60}$$

den kinetischen Impuls.

Da der Operator $\hat{\mathbf{A}}(\hat{\mathbf{r}})$ eine Vektorfunktion ist, die nur vom Ortsoperator $\hat{\mathbf{r}}$ abhängt, vertauscht $\hat{\mathbf{A}}$ mit $\hat{\mathbf{r}}$, jedoch nicht mit $\hat{\mathbf{p}}$. Mit $\hat{\mathbf{r}} = (\hat{x}_1, \hat{x}_2, \hat{x}_3)$ rechnen wir für $\hat{\boldsymbol{\pi}}$ leicht folgende Vertauschungsregeln nach:

$$\begin{aligned}
\left[\hat{x}_i, m \dot{\hat{x}}_j \right] &= [\hat{x}_i, \hat{\pi}_j] = \mathrm{i}\hbar \delta_{ij} \; ; \\
[\hat{\pi}_i, \hat{\pi}_j] &= \left[m \dot{\hat{x}}_i, m \dot{\hat{x}}_j \right] = \left[\hat{p}_i - e \hat{A}_i, \hat{p}_j - e \hat{A}_j \right] \\
&= - \left[\hat{p}_i, e \hat{A}_j \right] - \left[e \hat{A}_i, \hat{p}_j \right] \\
&= \mathrm{i}\hbar \left[\frac{\partial}{\partial x_i}, e A_j \right] + \mathrm{i}\hbar \left[e A_i, \frac{\partial}{\partial x_j} \right] \\
&= \mathrm{i}\hbar e \left(\frac{\partial}{\partial x_i} A_j + A_j \frac{\partial}{\partial x_i} - A_j \frac{\partial}{\partial x_i} + A_i \frac{\partial}{\partial x_j} - \frac{\partial}{\partial x_j} A_i - A_i \frac{\partial}{\partial x_j} \right)
\end{aligned} \tag{5.61}$$

$$= \mathrm{i}\hbar e \left(\frac{\partial}{\partial x_i} A_j - \frac{\partial}{\partial x_j} A_i \right) = \mathrm{i}\hbar e B_k \tag{5.62a}$$

d. h.

$$[\hat{\pi}_i, \hat{\pi}_j] = \mathrm{i}\hbar e B_k \ . \tag{5.62b}$$

Hierbei ist in (5.62a) wichtig, dass in einem Operatorprodukt eine Differentiation nicht nur auf die Funktion A_i sondern auch auf die nicht ausdrücklich geschriebene folgende Wellenfunktion angewendet werden muss, was die Anwendung der Kettenregel erfordert.

Unter Berücksichtigung dieser Tatsache und mithilfe der Vertauschungsregeln (5.61) und (5.62b) wenden wir die Heisenbergsche Bewegungsgleichung (4.104) für die zeitliche Änderung von Operatoren an. Damit folgt:

$$\hat{\boldsymbol{\pi}} = m\dot{\hat{\mathbf{r}}} = \frac{i}{\hbar}\left[\hat{H}, m\hat{\mathbf{r}}\right] = \frac{i}{\hbar}\left[\frac{\hat{\pi}^2}{2m}, m\hat{\mathbf{r}}\right] = \hat{\mathbf{p}} - e\hat{\mathbf{A}} \tag{5.63}$$

$$\dot{\hat{\boldsymbol{\pi}}} = m\ddot{\hat{\mathbf{r}}} = \frac{i}{\hbar}\left[\hat{H}, m\dot{\hat{\mathbf{r}}}\right] = \frac{i}{\hbar}\left[\hat{H}, \boldsymbol{\pi}\right] = e\dot{\mathbf{r}} \times \mathbf{B} \ . \tag{5.64}$$

Unser durch Analogieschlüsse ermittelter Ansatz eines kinetischen Impulses $\hat{\boldsymbol{\pi}} = \hat{\mathbf{p}} - e\hat{\mathbf{A}}$ im Hamilton-Operator liefert im Heisenberg-Bild zeitabhängiger Operatoren (äquivalent zur Schrödinger-Gleichung) also die zur klassischen Lorentz-Gleichung (5.55) analoge dynamische Gleichung für die entsprechenden Operatoren. Auf Grund dieser Korrespondenz (Abschn. 3.4) ist der Hamilton-Operator $\hat{H} = \hat{\pi}^2/2m$ (5.59) für die Lösung von Problemen anzuwenden, in denen ein magnetisches Feld die Dynamik von Teilchen mitbestimmt.

5.4.3 Drehimpuls und magnetisches Moment

In der klassischen Elektrodynamik erzeugen Kreisströme ein Magnetfeld, das die Stromschleife senkrecht durchdringt. Dieses Feld ist so geartet, dass in einem äußeren festen Magnetfeld $\mathbf{B}$ auf die Schleife eine Kraft bzw. ein Drehmoment wirkt, wie auf einen magnetischen Dipol (Abb. 5.6). Die Kraft auf den Strom durchflossenen Leiter lässt sich unmittelbar aus der Lorentz-Kraft (5.36) auf einzelne Ladungsträger ableiten. Gilt dies alles auch auf atomarem Maßstab, z. B. Für Elektronen in Atomen oder nanoskopischen Ringen in der Halbleiter-Nanoelektronik?

Zur Behandlung dieses Problems starten wir mit dem Hamilton-Operator (5.59) eines Elektrons im Magnetfeld:

$$\hat{H} = \frac{1}{2m}\left(\hat{\mathbf{p}} - e\hat{\mathbf{A}}\right)^2 = \frac{\hat{p}^2}{2m} - \frac{e}{2m}\left(\hat{\mathbf{p}}\cdot\hat{\mathbf{A}} + \hat{\mathbf{A}}\cdot\hat{\mathbf{p}}\right) + \frac{e^2\hat{A}^2}{2m} \ . \tag{5.65}$$

Die Wahl (5.57) für das Vektorpotential liefert ein magnetisches Feld $\mathbf{B} = \operatorname{rot}\mathbf{A} = B_z\mathbf{e}_z$ in z-Richtung. Wir nehmen B genügend klein an, sodass wir den letzten $\hat{A}^2$-Term vorerst vernachlässigen können Dann brauchen wir nur noch die Terme $\hat{\mathbf{p}}\cdot\hat{\mathbf{A}}$ und $\hat{\mathbf{A}}\cdot\hat{\mathbf{p}}$ zu betrachten. Wir berechnen dir Wirkung von $\hat{\mathbf{p}}\cdot\hat{\mathbf{A}}$ auf eine Wellenfunktion ψ in der Ortsdarstellung unter Berücksichtigung der Kettenregel für Differentiation:

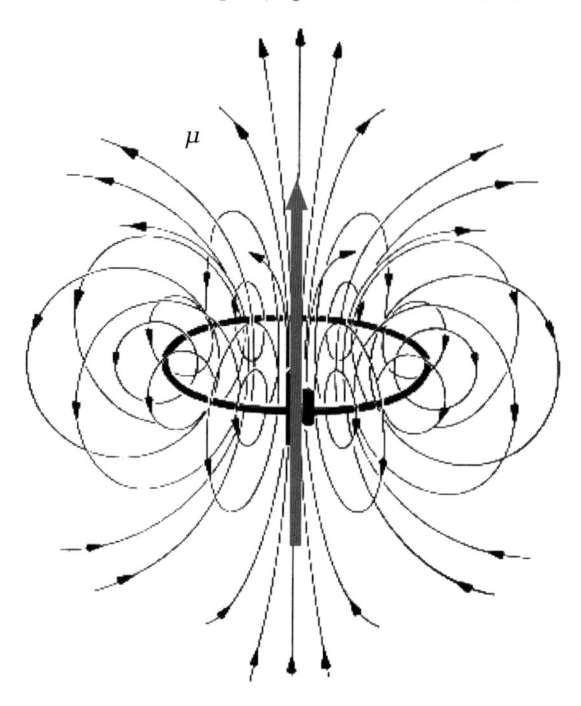

Abb. 5.6. Magnetfeld, das durch eine stromdurchflossene Schleife erzeugt wird. In einiger Entfernung gleicht diese Feld dem eines magnetischen Dipols μ (angedeutet durch *zentralen Pfeil*)

$$\begin{aligned}\hat{\mathbf{p}} \cdot \hat{\mathbf{A}}\psi &= -\mathrm{i}\hbar \boldsymbol{\nabla} \cdot (\mathbf{A}\psi) \\ &= -\mathrm{i}\hbar \left[(\boldsymbol{\nabla} \cdot \mathbf{A})\, \psi + \mathbf{A} \cdot \boldsymbol{\nabla}\psi \right] \\ &= -\mathrm{i}\hbar \mathbf{A} \cdot \boldsymbol{\nabla}\psi = \hat{\mathbf{A}} \cdot \hat{\mathbf{p}}\psi \,. \end{aligned} \tag{5.66}$$

Dem Ergebnis liegt zu Grunde, dass $\boldsymbol{\nabla} \cdot \mathbf{A} = div \mathbf{A} = 0$ gilt. Mit (5.66) können wir den Hamilton-Operator (5.65) in linearer Näherung schreiben:

$$\hat{H} = \frac{\hat{p}^2}{2m} - \frac{e}{2m} \left(2\hat{\mathbf{A}} \cdot \hat{\mathbf{p}} \right) \,. \tag{5.67}$$

Abgesehen von der kinetischen Energie des freien Teilchens $\hat{p}^2/2m$ tritt eine Wechselwirkungsenergie $\hat{H}_{\text{int}} = e\hat{\mathbf{A}} \cdot \hat{\mathbf{p}}/m$ auf, die wir mithilfe der Darstellung des Vektorpotentials (5.57) $\mathbf{A} = \frac{1}{2}(-yB_z\mathbf{e}_x + xB_z\mathbf{e}_y)$ auch schreiben können als

$$\hat{H}_{\text{int}} = -\frac{e}{m}\frac{B_z}{2} \left(-y\hat{p}_x + x\hat{p}_y \right) \,. \tag{5.68a}$$

Da die z-Komponente des Drehimpulses $\hat{\mathbf{L}} = \hat{\mathbf{r}} \times \hat{\mathbf{p}}$ sich darstellt als $\hat{L}_z = x\hat{p}_y - y\hat{p}_x$, gewinnen wir für den Operator der Wechselwirkung mit dem Magnetfeld aus (5.68a)

$$\hat{H}_{\text{int}} = -\frac{e}{2m}\hat{\mathbf{L}} \cdot \mathbf{B} \,. \tag{5.68b}$$

Die Energie eines magnetischen Dipols $\boldsymbol{\mu}$ in einem magnetischen Feld stellt sich dar als $E = -\boldsymbol{\mu} \cdot \mathbf{B}$ (analog zum elektrischen Dipol im $\boldsymbol{\mathcal{E}}$-Feld), d. h. wir können in (5.68b) einem geladenen Teilchen, das sich auf einer Kreisbahn mit dem Drehimpuls $\hat{\mathbf{L}}$ bewegt, ein magnetisches Dipolmoment $\boldsymbol{\mu}$ zuordnen, das als Observable durch den Operator

$$\hat{\boldsymbol{\mu}} = \frac{e}{2m}\hat{\mathbf{L}} \tag{5.69}$$

gegeben ist. Das Dipolmoment ($\|\mathbf{L}$) ist senkrecht zur Schleifenfläche gerichtet. Wichtig ist, dass die Masse des Teilchens bei gegebenem Drehimpuls das magnetische Moment bestimmt. Für Protonen mit einer um etwa 2000 mal größeren Masse als die des Elektrons, erwarten wir bei gleichem Drehimpuls also ein um etwa 2000-fach kleineres magnetisches Moment. Kernmagnetismus tritt wesentlich schwächer in Erscheinung als Magnetismus der Elektronen. Weiterhin ist interessant, dass die quantenmechanisch abgeleitete Beziehung (5.69) zwischen magnetischem Moment und Bahndrehimpuls eines Teilchens identisch ist mit der klassisch abgeleiteten Beziehung. Betrachten wir eine klassische ringförmige Leiterschleife des Radius r, durch den ein Strom I fließt, dann lehrt die Elektrodynamik, dass auf diese Leiterschleife in einem konstanten magnetischen Feld B eine Dipolkraft wirkt, bei der der stromdurchflossenen Schleife ein magnetischer Dipol

$$\mu = I \cdot A \tag{5.70}$$

zugeordnet werden muss, mit A als der Fläche der Schleife ($A = \pi r^2$). Nehmen wir ein einziges Teilchen mit Ladung q an, das den Strom I durch die Schleife trägt, so ist der Strom (Ladung pro Zeit an jedem Punkt des Umlaufs)

$$I = qv/2\pi r \ . \tag{5.71}$$

Damit folgt für das magnetische Moment (5.70)

$$\mu = \frac{qv}{2\pi r}\pi r^2 = \frac{q}{2m}mvr = \frac{q}{2m}L \ , \tag{5.72}$$

wenn man die klassische Formel (5.5) für den Drehimpuls $L = mvr = mr^2\omega$ berücksichtigt. Gleichung (5.72) entspricht also genau der quantenmechanischen Formel (5.69).

Bisher haben wir im Hamilton-Operator (5.65) nur den in $\mathbf{A}$ bzw. $\mathbf{B}$ linearen Term behandelt. Er führt zu magnetischen Dipolen, hervorgerufen durch „kreisende" Elektronen, z. B. in Atomen, die sich in einem äußeren Magnetfeld ausrichten. Dieser Anteil des Magnetismus von Atomen, oder Materie allgemein, beruht also auf der Wechselwirkung bereits vorhandener magnetischer Dipole mit einem äußeren Magnetfeld; er heißt **Paramagnetismus**.

Im Gegensatz dazu gibt es auch den **Diamagnetismus** der Elektronen. Er ist darauf zurück zuführen, dass durch ein äußeres Magnetfeld Kreisströme in atomaren Systemen induziert werden. Nach der Lenzschen Regel ist das mit diesen Kreisströmen verbundene magnetische Moment dem angelegten Feld entgegengesetzt. Die magnetische Suszeptibilität bekommt dadurch einen negativen, diamagnetischen Beitrag. Da das induzierte magnetische Moment proportional zu B ist und weiterhin auch die Energie des induzierten Dipols im magnetischen Feld proportional zu B ist, hängt der diamagnetische Anteil des Magnetismus von B^2 ab. Dies wird aber genau durch den dritten Anteil im Hamilton-Operator (5.65) $e^2\hat{A}^2/2m$ gewährleistet. Dieser Term beschreibt also den diamagnetischen Anteil des Magnetismus von Atomen und Materie allgemein.

Nehmen wir ein äußeres Magnetfeld $\mathbf{B} = B_z \mathbf{e}_z$ in z-Richtung an und wiederum die Darstellung $\mathbf{A} = -\frac{1}{2}(\mathbf{r} \times \mathbf{B})$ für das Vektorpotential, so lautet der dritte diamagnetische Term in (5.65), angewendet auf eine Wellenfunktion Ψ

$$\begin{aligned} \frac{e^2}{2m}\hat{A}^2\psi &= \frac{e^2}{8m}(\mathbf{r} \times \mathbf{B})^2\psi = \frac{e^2}{8m}\left\{r^2B^2 - (\mathbf{r} \cdot \mathbf{B})^2\right\}\psi \\ &= \frac{e^2B_z^2}{8m}\left(x^2 + y^2\right)\psi \, . \end{aligned} \tag{5.73a}$$

Um eine größenordnungsmäßige Abschätzung zu bekommen, bilden wir den Erwartungswert

$$\langle \psi \left| \left(x^2 + y^2\right) e^2B_z^2/8m \right| \psi \rangle \sim \frac{e^2a^2B_z^2}{8m} \, , \tag{5.73b}$$

wobei wir $\langle\psi|x^2 + y^2|\psi\rangle$ durch den Bohr-Radius $a \simeq 0,05\,\mathrm{nm}$ genähert haben. Der Vergleich mit dem paramagnetischen Anteil (5.68b) ist besonders interessant. Dazu schätzen wir im Erwartungswert $\langle\hat{H}_{\mathrm{int}}\rangle$ den Mittelwert $\langle\hat{L}\rangle$ durch $\hbar$ ab. Damit folgt für das Verhältnis aus diamagnetischem zu paramagnetischem Anteil

$$\left(\frac{e^2a^2}{8m} \Big/ \frac{e\hbar}{2m}\right) B_z \approx 1 \cdot 10^{-10} \cdot B_z \,[\mathrm{Gauß}] \, . \tag{5.74}$$

Sogar für extrem große Magnetfelder von $B \sim 10^5$ Gauß spielt der Diamagnetismus in Atomen fast keine Rolle, verglichen mit dem Paramagnetismus.

5.4.4 Eichinvarianz und Aharanov-Bohm-Effekt

Wir haben uns daran gewöhnt, dass die Energie oder das Potential immer nur bis auf eine additive Konstante definiert sind. Kräfte, die wir messen, resultieren aus Potentialdifferenzen, d. h. Gradienten des Potentials. Ähnlich kann das Magnetfeld $\mathbf{B} = \mathrm{rot}\,\mathbf{A}$ durch sein Vektorpotential $\mathbf{A}$ ausgedrückt werden, wobei $\mathbf{A}$ ähnlich wie die Energie nicht eindeutig bestimmt ist. Wir können ein- und dasselbe Magnetfeld aus vielen verschiedenen Vektorpotentialen $\mathbf{A}$ generieren, denn der Gradient eines beliebigen skalaren Feldes $U(r)$ fällt bei der Bildung der Rotation zur Berechnung von $\mathbf{B}$ weg, d. h. falls $\mathbf{B} = \operatorname{rot} \mathbf{A}$ gilt, gilt auch

$$\mathbf{B} = \operatorname{rot}\left[\mathbf{A} + \boldsymbol{\nabla} U(r)\right] = \operatorname{rot} \mathbf{A} \,, \tag{5.75}$$

weil $\boldsymbol{\nabla} \times \boldsymbol{\nabla} U(\mathbf{r}) = \mathbf{0}$ ist. Ohne das Magnetfeld zu ändern, können wir also eine Transformation

$$\mathbf{A} \Rightarrow \mathbf{A}' = \mathbf{A} + \boldsymbol{\nabla} U(\mathbf{r}) \tag{5.76}$$

im Vektorpotential von $\mathbf{A}$ nach $\mathbf{A}'$ vornehmen, die sicherlich einen Niederschlag in unserer dynamischen Grundgleichung, der Schrödinger-Gleichung erwarten lässt, da $\mathbf{A}$ ja im kinetischen Impuls $\hat{\boldsymbol{\pi}} = (\hat{\mathbf{p}} - e\hat{\mathbf{A}})$ auftritt. Wir werden jetzt zeigen, dass die Transformation $\mathbf{A} \Rightarrow \mathbf{A}'$ (5.76) die Gestalt der Schrödinger-Gleichung nicht verändert, wenn wir entsprechend auch eine Transformation in der Wellenfunktion, nämlich

$$\psi(\mathbf{r}, t) \Rightarrow \psi'(\mathbf{r}, t) = \exp\left(\frac{ie}{\hbar} U(\mathbf{r})\right) \psi(\mathbf{r}, t) \tag{5.77}$$

vornehmen. Diese Transformation der Wellenfunktion lässt sogar die Wahrscheinlichkeitsdichte $|\psi'|^2 = |\psi|^2$ unverändert.

Wir starten mit der ursprünglichen Schrödinger-Gleichung für $\psi(\mathbf{r}, t)$:

$$\frac{1}{2m}\left(\frac{\hbar}{i}\boldsymbol{\nabla} - e\mathbf{A}\right)^2 \psi = \mathrm{i}\hbar\frac{\partial}{\partial t}\psi \,, \tag{5.78a}$$

und gehen mit der Definition $\gamma = ie/\hbar$ zwecks einfacher Schreibweise zur eindimensionalen Darstellung über:

$$-\frac{\hbar^2}{2m}\left(\frac{\partial}{\partial x} - \gamma A\right)^2 \psi = \mathrm{i}\hbar\frac{\partial}{\partial t}\psi \,. \tag{5.78b}$$

Jetzt transformieren wir die Wellenfunktion $\psi \rightarrow \psi'$ (5.77) indem wir (5.78b) von links mit $\exp(\gamma\, U(x))$ multiplizieren:

$$-\frac{\hbar^2}{2m}\mathrm{e}^{\gamma U}\left(\frac{\partial}{\partial x} - \gamma A\right)\left(\frac{\partial}{\partial x} - \gamma A\right)\psi = \mathrm{i}\hbar\frac{\partial}{\partial t}\left(\mathrm{e}^{\gamma U}\psi\right) \,. \tag{5.79}$$

Während auf der rechten Seite die Zeitableitung der transformierten Wellenfunktion ψ' erscheint, müssen wir auf der linken Seite von (5.79) den Faktor $\exp(\gamma U)$ über das Produkt der Operatoren $(\frac{\partial}{\partial x} - \gamma A)$ „hinweg ziehen", um ihn mit ψ zu einem ψ' zu vereinigen. Dies nämlich würde auf eine Schrödinger-Gleichung für ψ' führen. Folgende einfache Anwendung der Differentiationskettenregel hilft uns dabei:

$$\left(\frac{\partial}{\partial x} - \frac{\partial g(x)}{\partial x}\right)\mathrm{e}^{g(x)} = \mathrm{e}^{g(x)}\frac{\partial}{\partial x} + \mathrm{e}^{g(x)}\frac{\partial g}{\partial x} - \mathrm{e}^{g(x)}\frac{\partial g}{\partial x} = \mathrm{e}^{g(x)}\frac{\partial}{\partial x} \,. \tag{5.80}$$

Damit erhalten wir aus (5.79) in einem ersten Schritt:

$$-\frac{\hbar^2}{2m}\left(\frac{\partial}{\partial x}-\gamma\frac{\partial U}{\partial x}-\gamma A\right)\mathrm{e}^{\gamma U}\left(\frac{\partial}{\partial x}-\gamma A\right)\psi=\mathrm{i}\hbar\frac{\partial}{\partial t}\left(\mathrm{e}^{\gamma U}\psi\right)\ , \tag{5.81a}$$

und in einem zweiten Schritt

$$-\frac{\hbar^2}{2m}\left(\frac{\partial}{\partial x}-\gamma\frac{\partial U}{\partial x}-\gamma A\right)^2\left(\mathrm{e}^{\gamma U}\psi\right)=\mathrm{i}\hbar\frac{\partial}{\partial t}\left(\mathrm{e}^{\gamma U}\psi\right)\ . \tag{5.81b}$$

Einsetzen von $\gamma = ie/\hbar$ liefert die Schrödinger-Gleichung, wiederum in drei Dimensionen geschrieben:

$$\frac{1}{2m}\left[\frac{\hbar}{i}\boldsymbol{\nabla}-e\mathbf{A}\left(\mathbf{r}\right)-e\boldsymbol{\nabla}U\left(\mathbf{r}\right)\right]^2\left(\mathrm{e}^{\mathrm{i}eU(\mathbf{r})/\hbar}\psi\right)=\mathrm{i}\hbar\frac{\partial}{\partial t}\left(\mathrm{e}^{\mathrm{i}eU(\mathbf{r})/\hbar}\psi\right)\ . \tag{5.82}$$

Mit den Transformationen (5.76) und (5.77) gewinnen wir aber im transformierten System ψ' und A' eine zu (5.78) äquivalente Schrödinger-Gleichung

$$\frac{1}{2m}\left(\frac{\hbar}{i}\boldsymbol{\nabla}-e\mathbf{A}'\right)^2\psi'=\mathrm{i}\hbar\frac{\partial}{\partial t}\psi'\ . \tag{5.83}$$

Wir erhalten also die gleiche Dynamik im transformierten System, in dem $\mathbf{A}$ durch einen beliebigen Gradienten einer Funktion $U(\mathbf{r})$ ergänzt wurde, wenn wir nur die Wellenfunktion durch einen Faktor $\exp(ieU(\mathbf{r})/\hbar)$ der Norm „eins“ ergänzen. Die hier beschriebene gleichzeitige Transformation von $\mathbf{A}$ und ψ nennt man **Eichtransformation**. Die quantenmechanischen Gleichungen sind eichinvariant. Anders ausgedrückt, wir können verschiedene Ansätze für das Vektorpotential $\mathbf{A}$ durch einfache Faktoren der Norm „eins“ in der Wellenfunktion ausdrücken.

Man kann auch umgekehrt die Eichinvarianz für die Schrödinger-Gleichung bei Hinzunahme eines elektromagnetischen Feldes fordern. Dann folgt daraus die in Abschn. 5.4.1 intuitiv hergeleitete Darstellung des Hamilton-Operators mit $\mathbf{p} - e\mathbf{A}$ als kinetischem Impuls.

Die Eigenschaft der Eichinvarianz erlaubt es, in modernen Theorien der Elementarteilchenphysik auf elegante Weise Wechselwirkungen zwischen verschiedenen Teilchen formal einzuführen, in Analogie zur hier betrachteten Wechselwirkung zwischen Elektron und elektromagnetischem Feld.

Wir wollen die Eichinvarianz benutzen, um einen interessanten Elektronen-Interferenzeffekt, den **Aharanov-Bohm-Effekt**, zu verstehen. Dieser Effekt ist einerseits von grundlegender Bedeutung für ein tieferes Verständnis der Wechselwirkung von Ladungsträgern mit magnetischen Feldern, andererseits ist er die Grundlage möglicher Anwendungen in der Quantenelektronik.

Wir denken uns das grundlegende Doppelspalt-Elektroneninterferenzexperiment (Abschn. 2.4.1) in der Weise modifiziert, dass hinter dem Doppelspalt eine „lange“ stromdurchflossene Spule angebracht ist, die im Inneren, also zwischen den beiden interferierenden Strahlen (1) und (2) (Abb. 5.7) ein räumlich stark begrenztes Magnetfeld $\mathbf{B}$ senkrecht zur Ebene der Strahlausbreitung erzeugt. Die Spule ist so lang, dass das Streufeld außerhalb auf den Elekronentrajektorien vernachlässigt werden kann. Die Elektronen laufen also in einem magnetfeldfreien Raum ($B = 0$). Jedoch ist die Spule nach $\mathbf{B} = \operatorname{rot} \mathbf{A}$ mit $\mathbf{A} = \frac{1}{2} B r \mathbf{e}_\varphi$ (5.57) von einem ringförmigen Vektorpotential umgeben, durch das die Elektronen sich bewegen.

Im Raumbereich, wo sich die Elektronen bewegen, gilt also

$$\mathbf{B} = \boldsymbol{\nabla} \times \mathbf{A} = \mathbf{0} \quad \text{mit } \mathbf{A} \neq \mathbf{0} \,. \tag{5.84}$$

Ohne Verletzung diese Beziehung können wir dann wegen (5.75) mit $U(\mathbf{r}) = -W(\mathbf{r})$ setzen

$$\mathbf{A} = \boldsymbol{\nabla} W(\mathbf{r}) \neq \mathbf{0} \,. \tag{5.85a}$$

Hierbei gilt natürlich nach Integration:

$$W(\mathbf{r}) = \int\limits_{r_0}^{r} \mathrm{d}\mathbf{s} \cdot \mathbf{A}(\mathbf{s}) \,. \tag{5.85b}$$

Wegen der Eichinvarianz haben wir dann zwei Möglichkeiten, die Wellenfunktionen der Elektronen, bzw. deren Schrödinger-Gleichungen auszudrücken, entweder in der ursprünglichen Form mit $\mathbf{A} \neq 0$:

$$\frac{1}{2m} \left(\frac{\hbar}{i} \boldsymbol{\nabla} - e\mathbf{A} \right)^2 \psi = \mathrm{i}\hbar\dot{\psi} \,, \tag{5.86a}$$

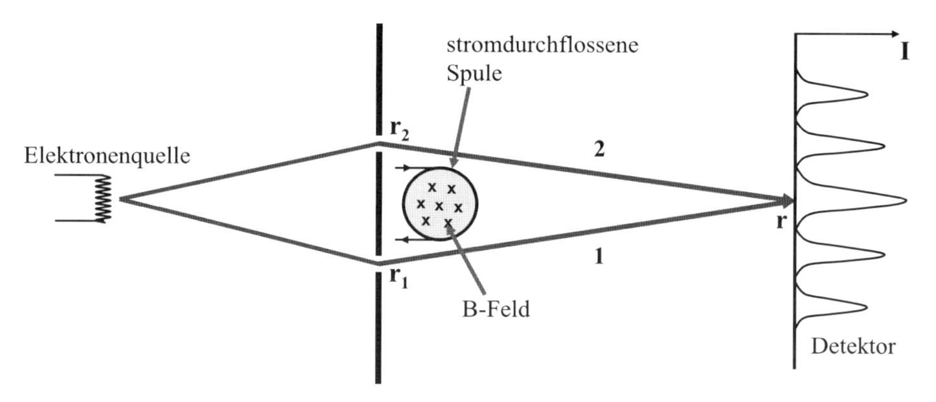

Abb. 5.7. Schematische Darstellung eines Aharanov-Bohm-Interferenzexperimentes. Durch das in der stromdurchflossenen Spule erzeugte Magnetfeld B (senkrecht zur Bildebene) wird die Phasendifferenz zwischen den beiden Elektronenstrahlen 1 und 2 der Doppelspaltbeugung variiert

oder in der transformierten Form mit

$$\mathbf{A}' = \mathbf{A} - \boldsymbol{\nabla} W(\mathbf{r}) = \mathbf{0} :$$
$$\frac{1}{2m}\left(\frac{\hbar}{i}\boldsymbol{\nabla}\right)^2 \psi' = \mathrm{i}\hbar\dot{\psi}' \; . \tag{5.86b}$$

Im letzten Fall ist natürlich im eichtransformierten ψ' die Wirkung von $\mathbf{A}$ im Faktor $\exp\{-ieW/\hbar\}$ verborgen. Mit ψ' als der Wellenfunktion für verschwindendes Magnetfeld $\mathbf{B} = \mathbf{0}$, wird das Vektorpotential in $\psi(\mathbf{r})$ nach (5.85) wie folgt berücksichtigt:

$$\psi(\mathbf{r}) = \psi' \exp\left(\frac{ie}{\hbar} W(\mathbf{r})\right) = \psi' \exp\left[\frac{ie}{\hbar}\int_{r_0}^{r} \mathrm{d}\mathbf{s} \cdot \mathbf{A}(\mathbf{r})\right] \; . \tag{5.87}$$

Gleichung (5.87) liefert also die adäquate Darstellung für die beiden Teilwellen, die links und rechts um das räumlich begrenzte Magnetfeld $\mathbf{B}$ (Abb. 5.7) herumlaufen und die Interferenz auf dem Schirm am Ort $\mathbf{r}$ erzeugen:

$$\psi(r) = \psi_1 \exp\left(\frac{ie}{\hbar}\int_1 \mathrm{d}\mathbf{s} \cdot \mathbf{A}(\mathbf{s})\right) + \psi_2 \exp\left[\frac{ie}{\hbar}\int_2 \mathrm{d}\mathbf{s} \cdot \mathbf{A}(\mathbf{s})\right] \; . \tag{5.88}$$

Hierbei sind ψ_1 und ψ_2 die Wellenfunktionen bei verschwindenden Vektorpotentialen $\mathbf{A} = \mathbf{0}$. Die Wegintegrale sind jeweils durch die Spalte bei $\mathbf{r}_1$ und $\mathbf{r}_2$ definiert. Die Wege (1) und (2), mit entgegengesetzter Richtung durchlaufen, definieren das Umlaufintegral über einen geschlossenen Umlauf um das räumlich begrenzte Magnetfeld $\mathbf{B}$ und somit den Fluss ϕ_B durch den geschlossenen Umlauf:

$$\int_1 \mathrm{d}\mathbf{s} \cdot \mathbf{A} - \int_2 \mathrm{d}\mathbf{s} \cdot \mathbf{A} = \oint \mathrm{d}\mathbf{s} \cdot \mathbf{A}(\mathbf{s}) = \int \mathrm{d}\mathbf{f} \cdot \mathrm{rot}\, \mathbf{A} = \int \mathrm{d}\mathbf{f} \cdot \mathbf{B} = \phi_B \; . \tag{5.89}$$

Klammern wir den zweiten Term in (5.88) aus, so erhalten wir für die durch Überlagerung auf dem Schirm bei $\mathbf{r}$ entstandene Wellenfunktion:

$$\psi(\mathbf{r}) = \exp\left[\frac{ie}{\hbar}\int_2 \mathrm{d}\mathbf{s} \cdot \mathbf{A}(\mathbf{s})\right]\left(\psi_1 \exp\left[\frac{ie}{\hbar}\phi_B\right] + \psi_2\right) \; . \tag{5.90}$$

Erinnern wir uns an das zu Beginn des Buches in Abschn. 2.4 diskutierte Doppelspaltexperiment: Dort wurden die beiden Teilwellen ψ_1 und ψ_2 durch annähernd gleiche Wellenzahlvektoren, aber von verschiedenen Spalten (oder Löchern) bei $\mathbf{r}_1$ und $\mathbf{r}_2$ ausgehend, durch die Überlagerung

$$\psi = \psi_1 + \psi_2 = C'\left[\mathrm{e}^{\mathrm{i}\mathbf{k}\cdot(\mathbf{r}-\mathbf{r}_1)} + \mathrm{e}^{\mathrm{i}\mathbf{k}\cdot(\mathbf{r}-\mathbf{r}_2)}\right] \tag{5.91a}$$

beschrieben. Um den Einfluss des magnetischen Flusses ϕ_B, bzw. des magnetischen Potentials zu berücksichtigen, müssen wir wegen (5.90) nur den Phasenvektor $\exp(\frac{ie}{\hbar}\phi_B)$ bei ψ_1 ergänzen und erhalten

$$\psi = C\,\mathrm{e}^{\mathrm{i}\mathbf{k}\cdot\mathbf{r}}\left[\mathrm{e}^{-\mathrm{i}\left(\mathbf{k}\cdot\mathbf{r}_1+\frac{e}{\hbar}\phi_B\right)}+\mathrm{e}^{-\mathrm{i}\mathbf{k}\cdot\mathbf{r}_2}\right]\,. \tag{5.91b}$$

Analog zu Rechnung in Abschn. 2.4 erhalten wir damit für die elektronische Aufenthaltswahrscheinlichkeit, die Intensität, auf dem Beobachtungsschirm bei $\mathbf{r}$:

$$\begin{aligned}\psi^*(\mathbf{r})\,\psi(\mathbf{r}) &= 2C^*C\left[1+\cos\left\{\mathbf{k}\cdot(\mathbf{r}_1-\mathbf{r}_2)+\frac{e}{\hbar}\phi_B\right\}\right]\\ &= 2C^*C\left[1+\cos\left\{\mathbf{k}\cdot(\mathbf{r}_1-\mathbf{r}_2)+2\pi\frac{\phi_B}{\phi_0}\right\}\right]\,.\end{aligned} \tag{5.92}$$

Hierbei haben wir das sogenannte Flussquant

$$\phi_0 = h/e \approx 4{,}14\cdot 10^{-15}\,\mathrm{JA}^{-1} \tag{5.93}$$

eingeführt, dessen Wert nur aus Naturkonstanten besteht, und das uns immer wieder bei Problemen mit Ringströmen und davon eingeschlossenen Magnetfeldern begegnet.

Aus (5.92) erkennen wir unmittelbar, dass das durch die beiden elektronischen Teilwellen ψ_1 und ψ_2 hervorgerufene Interferenzmuster auf dem Beobachtungsschirm durch das umschlossene Magnetfeld verschoben wird. Maxima und Minima, die ohne Magnetfeld in ihrer Lage nur durch die Phasendifferenz $\mathbf{k}\cdot(\mathbf{r}_1-\mathbf{r}_1)$ bestimmt sind, werden je nach Stärke von $\phi_B = \int \mathrm{d}\mathbf{f}\cdot\mathbf{B}$ verschoben. Oder betrachten wir einen festen Vektor $\mathbf{r}$ auf dem Schirm, so können wir dort durch Variation des magnetischen Flusses ϕ_B maximale oder minimale Interferenzintensität erzeugen.

Das Aharanov-Bohm Experiment in der beschriebenen Art, d. h. mit verschwindendem Magnetfeld $\mathbf{B}$ aber $\mathbf{A} \neq 0$ im Bereich der Elektronentrajektorien, wurde mittlerweile mit hoher Präzision – es ist nicht einfach, $B = 0$ wegen Streufehler zu realisieren – in Elektronenmikroskopen durchgeführt [2]. Das Ergebnis bestätigt die Vorhersage. Es spricht also einiges dafür, dem magnetischen Vektorpotential $\mathbf{A}$ „mehr Realität" als dem üblicherweise gemessenen magnetischen Feld B zuzuordnen. Wir wollen an dieser Stelle diese philosophische Frage nicht näher erörtern. Es sei jedoch darauf hingewiesen, dass bei der Quantisierung des elektromagnetischen Feldes (Abschn. 8.2) $\mathbf{A}$ und $\mathbf{A}^*$ die zu quantisierenden Feldgrößen sind, die als fundamentale Variablen, ähnlich dem Ort $\mathbf{r}$ und dem Impuls $\mathbf{p}$, Vertauschungsrelationen gehorchen.

Aharanov-Bohm Experimente sind in der Quantenelektronik mittlerweile fest etabliert. Mittels Elektronenstrahllithographie werden hier metallische Ringstrukturen mit einem Zuführungskontakt (Source) und einem gegenüberliegenden Ableitungskontakt (Drain) definiert. Die Ringstrukturen müssen in ihrem Durchmesser (<50 nm) so klein dimensioniert sein, dass bei tiefer Temperatur $T \ll 1K$ die freie Weglänge zwischen zwei Elektronenstreuprozessen (von Störstellen oder Gitterschwingungen) größer ist als die Lauflänge der Elektronenwelle (Wellenpaket) im Ring. Der Elektronentransport ist dann ballistisch, sodass die Wellenfunktion kohärent zwischen Eintritt und Austritt aus dem Ring ist; nur dies gewährleistet die Interferenzfähigkeit der beiden Teilwellen über die beiden Teilringe, links und rechts. Ein weiteres Kriterium erfordert, dass die am Drainkontakt interferierenden Teilwellen einen möglichst scharfen k-Vektor haben – Überlagerung von Wellen mit vielen verschiedenen k-Werten würden zur Auslöschung der Interferenz führen. Da es sich bei den Ringstrukturen um 1D-Quantendrähte handelt, müssen die Drahtdicken so klein sein, dass infolge der Einsperrung senkrecht zum Draht, möglichst nur ein Quantenzustand in das Potential des Drahtes „hineinpasst" (Abschn. 3.6.1).

Solche Experimente sind wegen der bei Halbleitern größeren Wellenlängen ($\sim$50 nm) der Leitungselektronen im Leitungskanal wesentlich einfacher mit ringförmig strukturierten 2D-Elektronengasen in Halbleiterheterostrukturen, z. B. InGaAs/InP oder AlGaAs/GaAs (siehe Anhang), durchzuführen. Ein solches Aharanov-Bohm Experiment an einer InGaAs/InP-Heterostruktur ist in Abb. 5.8 dargestellt [3]. Die bei einer Strommessung (Strom durch den Ring), in Abhängigkeit von der Magnetfeldstärke B durch den Ring beobachteten Stromoszillationen $I(B)$, rühren her von den durch (5.92) beschriebenen Elektroneninterferenzen der Teilwellen, die durch den linken und rechten Teil der Ringstruktur laufen und sich am Drainkontakt destruktiv oder konstruktiv überlagern.

Solche Experimente an Metall- oder Halbleiter-Nanoringen sind natürlich nicht ideal. Das Magnetfeld, senkrecht zum Ring orientiert, durchdringt nicht nur den Ring, d. h. die Fläche, die von den Elektronentrajektorien eingeschlossen wird wie in Abb. 5.7, sondern auch den Raumbereich außerhalb des Ringes. Dieser Anteil des **B**-Feldes hat jedoch keinen Einfluss auf die Elektroneninterferenz.

Im Hinblick auf eventuelle Anwendungen in der Quantenelektronik sei erwähnt, dass ein zusätzlich an einem Teilring (links oder rechts) angebrachter zum Ring isolierender Steuer(Gate-)-Kontakt es gestattet, das Potential des Halbleiterquantendrahtes lokal zu ändern (Abb. 5.8a). Auch dies führt, ohne ein äußeres Magnetfeld, zur Änderung der Interferenz am Drainkontakt, z. B. zum Umschalten von konstruktiver auf destruktive Interferenz (Strommaximum $\rightarrow$ Stromminimum). Es handelt sich in diesem Fall also um einen Elektroneninterferenz-Transistor, der Gate-gesteuert zwischen Stromextrema hin- und herschaltet. Forschung auf diesem Gebiet wird heute oft treffend als phasenbasierte Nanoelektronik bezeichnet.

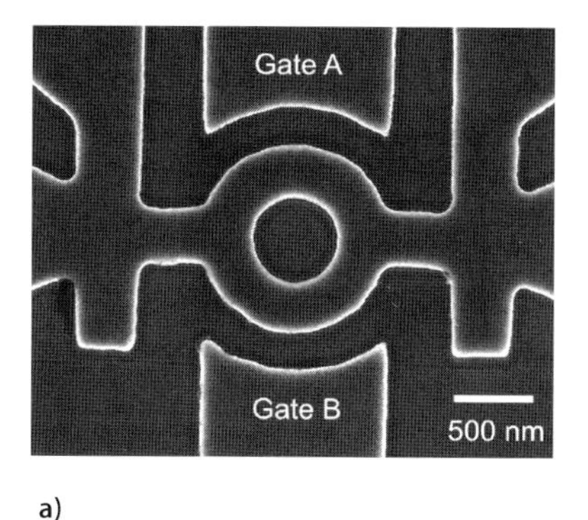

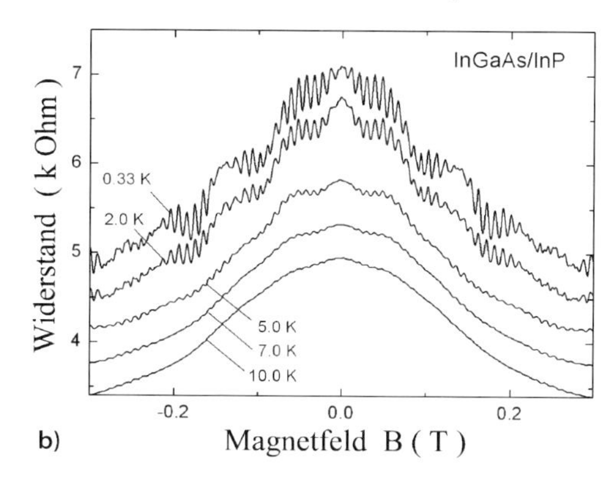

Abb. 5.8a,b. Aharanov-Bohm-Experiment an einem Halbleiterring [3]. **a** Durch Elektronenstrahl-Lithographie (Anhang B) hergestellte Mesa-Ringstruktur mit Zuleitungs- und Ableitungskontakten, *oben* und *unten* sind zwei Gate-Strukturen (A, B) herauspräpariert, mit denen die Phasen der beiden Elektronenwellenfunktionen in den Ringhälften gegeneinander verschoben werden können. Das leitende Gebiet ist ein zweidimensionales Elektronengas (2 DEG) am Interface einer InGaAs/InP-Heterostruktur, das planar in der Mesa ausgedehnt ist (Anhang A). **b** Gemessener Widerstand der Ringstruktur als Funktion des magnetischen Feldes B, das den Ring senkrecht durchdringt. Die Aharanov-Bohm-Oszillation, gemessen bei 0,33 und $2K$ verschwinden bei höheren Temperaturen, weil bei zunehmender inelastischer Streuung die Phasenkohärenz zerstört wird

5.5 Der Spin

5.5.1 Stern-Gerlach-Experiment

Nachdem wir in Abschn. 5.4.3 gesehen haben, dass Elektronen auf Kreisbahnen, d. h. geladene Teilchen mit Drehimpuls, ein magnetisches Moment μ erzeugen, können wir ein grundlegendes Experiment aus der Frühzeit der Quantenmechanik (O. Stern und W. Gerlach, 1922) [4] verstehen.

Stern und Gerlach schickten einen Strahl von neutralen Silberatomen aus einem geheizten Ofen durch ein stark inhomogenes statisches Magnetfeld $B(z)$, das durch zwei asymmetrische Polschuhe (Abb. 5.9) erzeugt wurde. Die Silberatome wurden auf einem Schirm gesammelt und erzeugten dort zwei deutlich separierte Streifenmuster, die anzeigten, dass die Atome zwei definierte, quantisierte magnetische Dipolmomente in z-Richtung besitzen. Um die Aufspaltung im Magnetfeld zu verstehen, halten wir uns vor Augen, dass aus der Energie $E = -\boldsymbol{\mu} \cdot \mathbf{B}$ eines magnetischen Dipols $\boldsymbol{\mu}$ im Feld $\mathbf{B}$ (Abschn. 5.4.3) im Falle eines in z-Richtung inhomogenen Feldes eine Kraft in z-Richtung folgt:

$$\mathbf{K} = -\operatorname{grad} E = \boldsymbol{\nabla}(\boldsymbol{\mu} \cdot \mathbf{B}) \simeq \mu_z \frac{\partial B_z}{\partial z} \mathbf{e}_z \,. \tag{5.94}$$

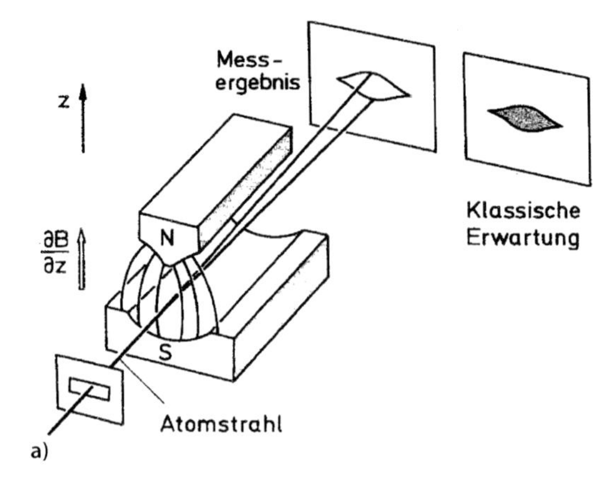

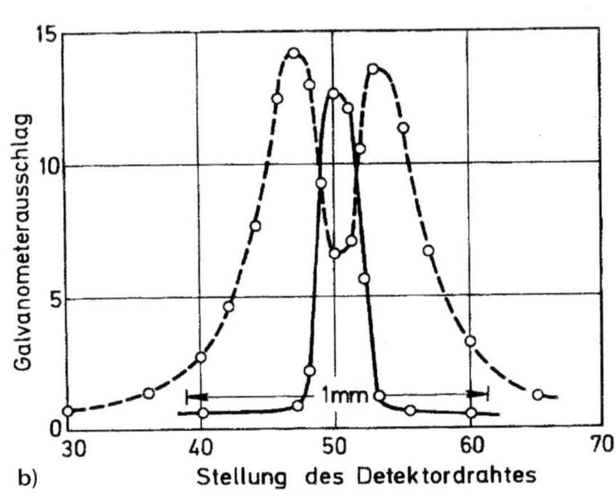

Abb. 5.9a,b. Stern-Gerlach-Experiment zur Messung der Spin-Quantisierung. **a** Schema des Versuchs, bei dem ein Atomstrahl ein inhomogenes Magnetfeld durchfliegt und in zwei Komponenten aufgespaltet wird, im Gegensatz zur klassischen Erwartung einer kontinuierlichen Winkelverteilung. **b** Gemessene Intensitätsverteilung mit (*gestrichelt*) und ohne magnetisches Feld (*durchgezogene Linie*) in einer Versuchsanordnung wie in **a)** mit einem Ag-Atomstrahl [4]

Diese Kraft führt, je nach magnetischem Moment der Atome, zu einer mehr oder weniger starken Ablenkung. Klassisch würde ein mit den Atomen gegebenes Moment regellos in Bezug auf die z-Richtung verteilt sein und somit eine kontinuierliche Schwärzung des Schirms zwischen zwei Extremwerten (Abb. 5.9) verursachen. Dies ist nicht der Fall, das μ_z der Silberatome ist gequantelt, so wie es das Eigenwertproblem für den Drehimpuls (Abschn. 5.2) und damit auch für μ_z (Abschn. 5.4.3) erwarten lässt. Das Erstaunliche aber ist, dass wir keine Mehrfachaufspaltung oder kein $\mu_z = 0$ im Experiment sehen, sondern nur zwei wohldefinierte Werte für μ_z, die sich bei quantitativer Auswertung als $\mu_z \approx \pm(e/m_e)\hbar$ ergeben.

Silberatome besitzen mehrere Elektronen, sodass eine Auswertung dieses Ergebnisses von Stern und Gerlach eine genauere Kenntnis der elektronischen Struktur von Silberatomen voraussetzt. Unmittelbar einsichtig wird der hier beschriebene Sachverhalt jedoch bei dem Experiment von Phipps und Taylor [5], die das gleiche Ergebnis wie Stern und Gerlach, jedoch mit neutralen Wasserstoff (H)-Atomen fanden. H-Atome besitzen nur ein einziges Elektron, das sich im Coulomb-Potential des Protons (Kern) aufhält. Da das magnetische Moment nach (5.69) umgekehrt proportional zur Teilchenmasse ist, kann ein eventuelles Kernmoment (Protonmasse $\approx$2000 $\times$ Elektronmasse) für die beobachtete Aufspaltung von μ_z in zwei Komponenten bei H-Atomen in erster Näherung vernachlässigt werden. Weiterhin muss sich das Elektron des Wasserstoffs im Grundzustand (verschwindender Bahndrehimpuls $L = 0$) befinden. Die gegebenen Versuchsbedingungen können nicht zu einer Anregung in einen höheren Quantenzustand mit $L \neq 0$ führen.

Wir werden also eindeutig zu dem Schluss geführt, dass ein Elektron (hier im H-Atom oder Ag-Atom gebunden) ein inhärentes magnetisches Moment besitzen muss, das sich in einem Magnetfeld B_z parallel oder antiparallel ausrichtet. Je nach Ausrichtung werden die Elektronen, bzw. die Atome, an denen sich die Elektronen befinden, in zwei wohldefinierte Richtungen ausgelenkt (Abb. 5.9).

Während das magnetische Moment $\boldsymbol{\mu}$ eines Elektrons auf einer Kreisbahn mit dem Drehimpuls $\hat{\mathbf{L}}$ nach (5.69) über $\hat{\boldsymbol{\mu}} = (e/2m_e)\hat{\mathbf{L}}$ verknüpft ist, besteht keine Notwendigkeit, diese Verknüpfung auch für das dem Elektron inhärent zugeordnete magnetische Moment anzunehmen. Man führt also den sogenannten Landé-Faktor oder das gyromagnetische Verhältnis g ein, um das inhärente magnetische Moment mit einem, dem Elektron als Teilchen innewohnenden Drehimpuls, dem so genannten **Spin S** zu verknüpfen:

$$\hat{\boldsymbol{\mu}}_{\text{spin}} = g \frac{e}{2m_e} \hat{\mathbf{S}} \,. \tag{5.95}$$

Wir haben sowohl das magnetische Moment als auch den Spin (Drehimpuls) als Operatoren (mit Dachsymbol) geschrieben, da es sich um quantenmechanische Observable handelt, die nicht als Messzahlen existieren. Nur die Eigenwerte dieser Operatoren werden im Experiment als Messgrößen gefunden. Wenn wir in (5.95) den Landé-Faktor $g = 2$ setzen, können wir das im Stern-Gerlach- oder Phipps-Taylor-Experiment gefundene Ergebnis ($\mu_z = 0$, d. h. auch Richtungsquantenzahl $m = 0$) mit den allgemeinen Regeln über Drehimpulsquantelung [(5.28) und (5.29)] in Einklang bringen. Wir brauchen nur anzunehmen, dass für die z-Komponente des Spins S_z die Eigenwerte

$$S_z = m_s \hbar \quad \text{mit } m_s = \pm \frac{1}{2} \tag{5.96}$$

gefunden werden. Die Spin-Richtungsquantenzahl m_s erfüllt dann die Bedingung der Halbzahligkeit (5.29b), die für den üblichen Bahndrehimpuls von Teilchen wegen (5.35b) ausgeschlossen ist. Der Spin als inhärenter Teilchendrehimpuls kann jedoch nur die beiden Werte $S_z = \pm(1/2)\hbar$ annehmen. Beliebige ungerade halbzahlige Werte $\frac{1}{2}\hbar, \frac{3}{2}\hbar, \frac{5}{2}\hbar, \ldots$ für den Drehimpuls (5.29b) ergeben sich aber sofort als Gesamtdrehimpulswerte J eines Teilchens mit Spin $\pm\hbar/2$, das gleichzeitig einen Bahndrehimpuls $\hat{\mathbf{L}}$ besitzt. Der

Gesamtdrehimpuls-Operator eines Teilchens

$$\hat{\mathbf{J}} = \hat{\mathbf{L}} + \hat{\mathbf{S}} \tag{5.97}$$

erfüllt somit die Eigenwertgleichungen

$$\hat{J}_z \,|l, m, m_s\rangle = (m + m_s)\,\hbar\,|l, m, m_s\rangle \ , \tag{5.98a}$$

$$\hat{\mathbf{J}}^2 \,|l, m, m_s\rangle = j\,(j+1)\,\hbar^2\,|l, m, m_s\rangle \ , \tag{5.98b}$$

wobei wir $m_s = \pm\frac{1}{2}$ als Spinquantenzahl eingeführt haben. Nehmen wir also zum Bahndrehimpuls bei Elektronen den Spin hinzu, so läuft die Gesamtrichtungsquantenzahl $m_z = m + m_s$ von $\hat{J}_z$ über ungerade halbzahlige Werte

$$m_z = -j, -j+1 \ldots, \quad , \ldots, j-1, j \quad \text{mit } j = \frac{1}{2}, \frac{3}{2}, \frac{5}{2}, \ldots . \tag{5.99}$$

Dieses Spektrum von Quantenzahlen gilt natürlich nur, wenn Teilchen einen Spin ($s = \frac{1}{2}, m_s = \pm\frac{1}{2}$) haben; für Teilchen ohne Spin ($s = 0$), und solche gibt es, gilt weiterhin die ganzzahlige Folge von Richtungsquantenzahlen (5.35b) des reinen Bahndrehimpulses.

Hier gilt es, einen Augenblick inne zu halten, um diese ungewöhnliche Eigenschaft des Spins von elementaren Teilchen wie Elektronen in seiner „Unanschaulichkeit" zu reflektieren. Nach unserer heutigen Kenntnis hat das Elektron mit einer Ausdehnung von etwa $2{,}8 \cdot 10^{-13}$ cm keine innere Struktur, wie etwa das Proton (bestehend aus 3 Quarks). Es ist in guter Näherung ein elementares „punktförmiges" Teilchen. Dennoch müssen wir ihm, wie das Experiment lehrt, ein inhärentes Drehmoment, den Spin, und damit auch ein elementares magnetisches Moment, das so genannte Bohrsche Magneton

$$\mu_B = e\hbar/2m_e \approx 9{,}28 \cdot 10^{-24}\,\mathrm{J/T} \tag{5.100}$$

zuordnen. Der Spin und das damit verbundene elementare magnetische Moment ist ein quantenmechanisches Phänomen, das sich der klassischen Vorstellung von magnetischen Dipolen, herrührend von Ladungsträgern auf Kreisbahnen, entzieht.

So unanschaulich das Phänomen des Spins auch ist, so natürlich folgt seine Existenz, wenn man die quantenmechanischen Gleichungen mit der vierdimensionalen Raum-Zeit-Welt der Relativitätstheorie in Einklang bringt. Dirac hat analog zur nicht-relativistischen Schrödinger-Gleichung eine relativistische Bewegungsgleichung für ein Elektron aufgestellt, die als Lösungen nicht mehr einfache skalare Wellenfunktionen $\psi(\mathbf{r}, t)$, sondern Paare von Wellenfunktionen, sogenannte Spinoren (ähnlich Vektoren), fordert. Es zeigt sich, dass diese Spinoren jeweils Wellenfunktionen zu verschiedenen Spin-Einstellungen sind. Aus der Dirac-Theorie folgt weiter das hier aus dem Experiment abgeleitete gyromagnetische Verhältnis (Landé-Faktor) für den Spin exakt zu $g = 2$. Wie sich später in der Quantenfeldtheorie (Wechselwirkung von Teilchen mit quantisiertem elektromagnetischem Feld, Kap. 8) und auch im Experiment gezeigt hat, liegt g ein klein wenig oberhalb von 2 ($g \simeq 2{,}0023\ldots$). Experiment und Theorie stimmen hier bis auf die siebente Dezimale überein, ein bemerkenswerter Erfolg sowohl für die Theorie wie auch für die Experimentierkunst.

5.5.2 Der Spin und sein 2D-Hilbert-Raum

Der Spin ist als Drehimpuls also ein Vektor-Operator $\hat{\mathbf{S}} = (\hat{S}_x, \hat{S}_y, \hat{S}_z)$ mit drei (Operator) Komponenten längs der Achsen des x, y, z-Koordinatensystems im 3D-Realraum. Dabei können die einzelnen Komponenten jedoch nur zwei mögliche Messwerte annehmen. Wie für alle Drehimpulsoperatoren gelten die Vertauschungsregeln (5.7) bzw. (5.8) auch für den Spin

$$\left[\hat{S}_x, \hat{S}_y\right] = \mathrm{i}\hbar\hat{S}_z \; , \tag{5.101a}$$

$$\left[\hat{S}_y, \hat{S}_z\right] = \mathrm{i}\hbar\hat{S}_x \; , \tag{5.101b}$$

$$\left[\hat{S}_z, \hat{S}_x\right] = \mathrm{i}\hbar\hat{S}_y \; , \tag{5.101c}$$

$$\hat{\mathbf{S}} \times \hat{\mathbf{S}} = \mathrm{i}\hbar\hat{\mathbf{S}} \; . \tag{5.101d}$$

Weiterhin kann nur jeweils eine Komponente von $\hat{\mathbf{S}}$, z. B. $\hat{S}_z$ mit $\hat{\mathbf{S}}^2$ gleichzeitig gemessen werden, d. h.

$$\left[\hat{\mathbf{S}}^2, \hat{S}_z\right] = \left[\hat{\mathbf{S}}^2, \hat{S}_x\right] = \left[\hat{\mathbf{S}}^2, \hat{S}_y\right] = 0 \; . \tag{5.102}$$

$\hat{S}_z$ und $\hat{\mathbf{S}}^2$ haben also das gleiche System von Eigenzuständen. Aus dem Experiment (Abschn. 5.5.1) wissen wir, dass S_z nur die beiden Werte $\pm\hbar/2$ ($m_s = \pm\,1/2$) annehmen kann. Es hat sich eingebürgert, die beiden entsprechenden Eigenzustände mit $|+\rangle, |-\rangle$ oder anschaulich mit $|\uparrow\rangle, |\downarrow\rangle$ (Spin up, Spin down) zu bezeichnen. Dem entsprechend schreiben wir die Eigenwertgleichungen für die Spinoperatoren, die die möglichen Messwerte als Eigenwerte liefern,

$$\hat{S}_z \left|\uparrow\right\rangle = +\frac{\hbar}{2} \left|\uparrow\right\rangle \; , \tag{5.103a}$$

$$\hat{S}_z \left|\downarrow\right\rangle = -\frac{\hbar}{2} \left|\downarrow\right\rangle \; , \tag{5.103b}$$

$$\hat{\mathbf{S}}^2 \left|\uparrow\right\rangle = s\,(s+1)\,\hbar^2 \left|\uparrow\right\rangle = \frac{3}{4}\hbar^2 \left|\uparrow\right\rangle \; , \tag{5.103c}$$

$$\hat{\mathbf{S}}^2 \left|\downarrow\right\rangle = s\,(s+1)\,\hbar^2 \left|\downarrow\right\rangle = \frac{3}{4}\hbar^2 \left|\downarrow\right\rangle \; . \tag{5.103d}$$

Wir haben es hier also zum ersten Mal mit einem Hilbert-Raum zu tun, der nur durch zwei Zustandsvektoren (2D-Hilbert-Raum) aufgespannt wird (zu unterscheiden vom realen 3D-Raum, in dem die Vektoroperatoren $\hat{S}_x, \hat{S}_y, \hat{S}_z$ definiert sind). Wie auch bei unseren unendlich-dimensionalen und kontinuierlichen Hilbert-Räumen der Operatoren $\hat{H}, \hat{\mathbf{p}}, \hat{\mathbf{x}}$ etc. (Kap. 4), müssen die Spineigenzustände im 2D-Hilbert-Raum orthonormal sein, d. h.

$$\langle\uparrow|\downarrow\rangle = 0 \; ; \; \langle\uparrow|\uparrow\rangle = \langle\downarrow|\downarrow\rangle = 1 \; . \tag{5.104}$$

Die Vollständigkeitsrelation schreibt sich als

$$|\uparrow\rangle\langle\uparrow| + |\downarrow\rangle\langle\downarrow| = \hat{1} \; . \tag{5.105}$$

Sie gewährleistet, dass sich jeder allgemeine Spinzustand als Überlagerung aus den beiden Eigenzuständen $|\uparrow\rangle$ und $|\downarrow\rangle$ darstellen lässt. Ein allgemeiner Spin-Zustand $|s\rangle$ lässt sich daher schreiben als

$$|s\rangle = \alpha_+ |\uparrow\rangle + \alpha_- |\downarrow\rangle \; , \tag{5.106}$$

wo α_+, α_- die Wahrscheinlichkeitsamplituden sind, die angeben, wie stark die beiden Eigenzustände $|\uparrow\rangle$ und $|\downarrow\rangle$ im allgemeinen Zustand vertreten sind. Wegen der Normierung $\langle s|s\rangle = 1$ muss wie üblich gelten

$$|\alpha_+|^2 + |\alpha_-|^2 = 1 \; . \tag{5.107}$$

Wie im Abschn. 4.3 für unendlich-dimensionale Hilbert-Räume ausgeführt, bietet sich im Falle des 2D-Spin-Hilbert-Raumes eine Darstellung des allgemeinen Spin-Zustandes durch 2D-Vektoren bestehend aus den Wahrscheinlichkeitsamplituden an, d. h. der allgemeine Zustand wird dann durch den Vektor

$$\boldsymbol{\alpha} = \begin{pmatrix} \alpha_- \\ \alpha_+ \end{pmatrix} \quad \text{bzw.} \quad \boldsymbol{\alpha}^* = \left(\alpha_+^*, \alpha_-^*\right) \tag{5.108}$$

beschrieben, wo α_+ und α_- die Projektionen des allgemeinen Spin-Zustandsvektors $|s\rangle$ auf die Achsen

$$|\uparrow\rangle \to \begin{pmatrix} 1 \\ 0 \end{pmatrix} \quad \text{und} \quad |\downarrow\rangle \to \begin{pmatrix} 0 \\ 1 \end{pmatrix} \tag{5.109}$$

sind, d. h.

$$\alpha_+ = \langle\uparrow|s\rangle \; , \quad \alpha_- = \langle\downarrow|s\rangle \; . \tag{5.110}$$

Ein allgemeiner Spin-Operator, z. B. $\hat{S}_z$, hat in diesem 2D-Hilbert-Raum die Matrixdarstellung

$$\underline{\underline{S}}_z = \begin{pmatrix} \langle\uparrow|\hat{S}_z|\uparrow\rangle & \langle\uparrow|\hat{S}_z|\downarrow\rangle \\ \langle\downarrow|\hat{S}_z|\uparrow\rangle & \langle\downarrow|\hat{S}_z|\downarrow\rangle \end{pmatrix} \; . \tag{5.111}$$

Analog zu den allgemeinen Drehimpuls-Stufenoperatoren $\hat{L}_\pm$ (5.18a) und (5.22) können wir für den Spin die Stufenoperatoren

$$\hat{S}_\pm = \hat{S}_x \pm \mathrm{i}\hat{S}_y \tag{5.112a}$$

mit der Umkehrung

$$\hat{S}_x = \frac{1}{2}\left(\hat{S} + \hat{S}_-\right) \; , \quad \hat{S}_y = \frac{1}{2i}\left(\hat{S}_+ - \hat{S}_-\right) \tag{5.112b}$$

definieren. $\hat{S}_+$ und $\hat{S}_-$ vermitteln jetzt aber nur zwischen zwei Zuständen (Stufen), den beiden Spinzuständen:

$$\hat{S}_+ \left|\uparrow\right\rangle = 0 \; , \quad \hat{S}_- \left|\uparrow\right\rangle = \hbar \left|\downarrow\right\rangle \; , \tag{5.113a}$$

$$\hat{S}_+ \left|\downarrow\right\rangle = \hbar \left|\uparrow\right\rangle \; , \quad \hat{S}_- \left|\downarrow\right\rangle = 0 \; . \tag{5.113b}$$

Aus der Vektordarstellung (5.109) für $\left|\uparrow\right\rangle$ und $\left|\downarrow\right\rangle$ und aus (5.113) folgt für die Stufenoperatoren unmittelbar die Matrixdarstellung

$$\underline{\underline{S}}_+ = \hbar \begin{pmatrix} 0 & 1 \\ 0 & 0 \end{pmatrix} \; , \quad \underline{\underline{S}}_- = \hbar \begin{pmatrix} 0 & 0 \\ 1 & 0 \end{pmatrix} \; , \quad \underline{\underline{S}}_z = \frac{\hbar}{2} \begin{pmatrix} 1 & 0 \\ 0 & -1 \end{pmatrix} \; . \tag{5.114}$$

Damit können wir nach (5.112b) die drei Komponenten des Spins $\underline{\underline{S}}_x, \underline{\underline{S}}_y, \underline{\underline{S}}_z$ als Matrizen im 2D-Hilbert-Raum schreiben

$$\underline{\underline{S}}_x = \frac{\hbar}{2} \begin{pmatrix} 0 & 1 \\ 1 & 0 \end{pmatrix} \; , \quad \underline{\underline{S}}_y = \frac{\hbar}{2} \begin{pmatrix} 0 & -i \\ i & 0 \end{pmatrix} \; , \quad \underline{\underline{S}}_z = \frac{\hbar}{2} \begin{pmatrix} 1 & 0 \\ 0 & -1 \end{pmatrix} \; . \tag{5.115}$$

Man beachte, dass diese Schreibweise die willkürliche Wahl beinhaltet, dass die Spin-Komponente S_z gemessen wurde, dass also $\underline{\underline{S}}_z$ diagonal mit den Eigenwerten $\pm\hbar/2$ ist.

Pauli hat entsprechend (5.115) die nach ihm benannten Spin-Matrizen

$$\sigma_x = \begin{pmatrix} 0 & 1 \\ 1 & 0 \end{pmatrix} \; , \quad \sigma_y = \begin{pmatrix} 0 & -i \\ i & 0 \end{pmatrix} \; , \quad \sigma_z = \begin{pmatrix} 1 & 0 \\ 0 & -1 \end{pmatrix} \tag{5.116}$$

eingeführt, mit denen sich der Spin-Vektor [jede Vektorkomponente ist eine 2D-Matrix (5.116)] darstellt als

$$\mathbf{S} = \frac{\hbar}{2}\boldsymbol{\sigma} \; . \tag{5.117}$$

Die Paulischen Spin-Matrizen werden bei vielen anderen zweidimensionalen Problemen (Hilbert-Räumen – wir werden noch einige kennen lernen), nicht nur beim Spin, erfolgreich angewendet.

Vom Spin können wir in einem Experiment nur dann Notiz nehmen, wenn die Schrödinger-Gleichung bzw. der Hamilton-Operator einen Term mit Spin-Operatoren enthält. Dies heißt, es muss ein Magnetfeld oder allgemeiner, ein elektromagnetisches Feld vorliegen. Dann lautet der Hamilton-Operator für ein Elektron

$$\hat{H} = \frac{1}{2m}\left(\hat{\mathbf{p}} - e\hat{\mathbf{A}}\left(\mathbf{r}, \mathbf{t}\right)\right)^2 + V\left(\mathbf{r}, t\right) + \mu_B \hat{\boldsymbol{\sigma}} \cdot \mathbf{B} \; . \tag{5.118}$$

Während die potentielle Energie $V(\mathbf{r}, t)$ im Falle zeitabhängiger elektrischer Felder durch das entsprechende elektrische Potential $e\phi(\mathbf{r}, t)$ gegeben ist, enthält nur der letzte Term [μ_B = Bohrsches Magneton (5.100)] die Wechselwirkung des Spins mit dem Magnetfeld, und zwar in der Form der Energie eines magnetischen Dipols $\mu_B\hat{\boldsymbol{\sigma}}$ im **B**-Feld. Bei verschwindendem **B**-Feld haben wir eine normale Schrödinger-Gleichung für ein Elektron zu lösen. Jedoch haben wir mittlerweile gelernt, dass jede Wellenfunktion $\psi(\mathbf{r}, t)$ als Lösung eigentlich zwei Anteile $\psi_\uparrow(\mathbf{r}, t)$ und $\psi_\downarrow(\mathbf{r}, t)$ zu den beiden möglichen Spineinstellungen enthält, die jedoch bei $B = 0$ identisch sind. Die Zustände sind im Spin entartet.

Der Spin ist ein unabhängiger Freiheitsgrad, der neben den räumlichen Freiheitsgraden existiert und von diesen unabhängig ist. Von daher kann er gleichzeitig mit Observablen wie Ort $\hat{\mathbf{r}}$, Impuls $\hat{\mathbf{p}}$ oder Drehimpuls $\hat{\mathbf{L}}$ scharfe Messwerte besitzen. Es gilt:

$$\left[\hat{\mathbf{S}}, \hat{\mathbf{r}}\right] = \left[\hat{\mathbf{S}}, \hat{\mathbf{p}}\right] = \left[\hat{\mathbf{S}}, \hat{\mathbf{L}}\right] = 0 \,. \tag{5.119}$$

Ein Gesamtzustand bestehend aus Ortsfreiheitsgraden, beschrieben durch eine Wellenfunktion, und den beiden Spinzuständen ist also ein Produkt von Orts- und Spinzuständen. Wählen wir als Basis also $|\mathbf{r}\rangle|\downarrow\rangle$ und $|\mathbf{r}\rangle|\uparrow\rangle$, so müssen die Wahrscheinlichkeitsamplituden α_+ und α_- in (5.108)) durch die entsprechenden ortsabhängigen Amplituden, die Wellenfunktionen $\psi_\uparrow$ und $\psi_\downarrow$ ersetzt werden. Ein ganz allgemeiner Zustand, bei dem eine Superposition aller möglichen Einzelzustände vorliegt, drückt sich dann aus als:

$$|\phi\rangle = \int \mathrm{d}^3r \left[\psi_\uparrow(\mathbf{r})\,|\mathbf{r}\rangle\,|\uparrow\rangle + \psi_\downarrow(\mathbf{r})\,|\mathbf{r}\rangle\,|\downarrow\rangle\right] . \tag{5.120a}$$

Wie erwartet, ergeben die Darstellungen im Orts- bzw. im Spin-Raum (Projektionen)

$$\langle\mathbf{r}|\,\phi\rangle = \psi_\uparrow(\mathbf{r})\,|\uparrow\rangle + \psi_\downarrow(\mathbf{r})\,|\downarrow\rangle \tag{5.120b}$$

$$\langle\uparrow|\,\langle\mathbf{r}|\,\phi\rangle = \psi_\uparrow(\mathbf{r})\,;\;\langle\downarrow|\,\langle\mathbf{r}|\,\phi\rangle = \psi_\downarrow(\mathbf{r}) \;. \tag{5.120c}$$

Aus (5.120b) folgt, dass wir bei Spin-Wechselwirkungen in Magnetfeldern zweckmäßigerweise in die zweidimensionale Vektor- bzw. Spin-Matrizendarstellung übergehen. Wir benutzen in der Ortsdarstellung einen zweidimensionalen Spinor

$$\phi(\mathbf{r}) = \begin{pmatrix} \psi_\uparrow(\mathbf{r}) \\ \psi_\downarrow(\mathbf{r}) \end{pmatrix} \tag{5.121}$$

und eine 2D-Schrödinger-Gleichung, in der der Spin durch die Pauli-Matrizen $\boldsymbol{\sigma}$ dargestellt wird:

$$\mathrm{i}\hbar\frac{\partial}{\partial t}\begin{pmatrix} \psi_\uparrow \\ \psi_\downarrow \end{pmatrix} = \left[\left\{\frac{1}{2m}\left(\frac{\hbar}{i}\boldsymbol{\nabla} - e\mathbf{A}\right)^2 + V(\mathbf{r}, t)\right\}\begin{pmatrix} 1\,0 \\ 0\,1 \end{pmatrix} + \mu_B\boldsymbol{\sigma}\cdot\mathbf{B}\right]\begin{pmatrix} \psi_\uparrow \\ \psi_\downarrow \end{pmatrix} . \tag{5.122}$$

Dies ist die sog. Nicht-relativistische Pauli-Gleichung, die immer dann angewendet werden muss, wenn ein äußeres Magnetfeld merkliche Spin-Effekte, d. h. Aufhebung der Spin-Entartung erwarten lässt.

5.5.3 Spin-Präzession

Die einfachste Dynamik eines Spins ist gegeben, wenn wir uns ein Elektron mit Spin im Raum festgehalten vorstellen, z. B. gebunden in einem raumfesten Atom oder Elektron eingesperrt in einem 0D-Quantenpunkt (siehe Abschn. 3.6.1).

Translationsfreiheitsgrade fallen dann weg, und bei konstantem Potential $V(\mathbf{r}) = 0$ im betreffenden Raumbereich, z. B. im Quantenpunkt, lautet die Pauli-Gleichung (5.122) für einen allgemeinen Spinzustand $|s\rangle$ im konstanten Magnetfeld $\mathbf{B}$:

$$\mathrm{i}\hbar \frac{\partial}{\partial t} |s\rangle = \mu_B \boldsymbol{\sigma} \cdot \mathbf{B} |s\rangle = \mu_B \hat{\sigma}_z B_z |s\rangle \ . \tag{5.123}$$

Hierbei haben wir das konstante Magnetfeld in z-Richtung gewählt, so dass nur die z-Komponente σ_z des Spinoperators im Hamilton-Operator auftritt.

Der allgemeinste Spinzustand $|s\rangle$ hat die Gestalt einer Superposition von $|\uparrow\rangle$ und $|\downarrow\rangle$:

$$|s\rangle = \alpha_+ (t) |\uparrow\rangle + \alpha_- (t) |\downarrow\rangle = a_+ \mathrm{e}^{-\mathrm{i}E_\uparrow t/\hbar} |\uparrow\rangle + a_- \mathrm{e}^{-\mathrm{i}E_\downarrow t/\hbar} |\downarrow\rangle \ . \tag{5.124}$$

Da $|\uparrow\rangle$ und $|\downarrow\rangle$ stationäre Eigenzustände sind, müssen ihre Wahrscheinlichkeitsamplituden α_+ und α_- die charakteristischen exponentiellen Zeitabhängigkeiten mit den entsprechenden Energieeigenwerten $E_\uparrow$ und $E_\downarrow$ im Exponenten haben.

Zur Lösung der Schrödinger (Pauli)-Gleichung (5.123) setzen wir den Ansatz $|s\rangle$ (5.124) ein und erhalten:

$$\mathrm{i}\hbar \frac{\partial}{\partial t} \left[\alpha_+ (t) |\uparrow\rangle + \alpha_- (t) |\downarrow\rangle\right] = \mu_B B_z \, \hat{\sigma}_z \left[\alpha_+ (t) |\uparrow\rangle + \alpha_- (t) |\downarrow\rangle\right] \ . \tag{5.125a}$$

Anwendung der Zeitdifferentiation auf $\alpha_+(t)$ und $\alpha_-(t)$ liefert

$$\left(E_\uparrow \alpha_+ |\uparrow\rangle + E_\downarrow \alpha_- |\downarrow\rangle\right) = \mu_B B_z \, \hat{\sigma}_z \left(\alpha_+ |\uparrow\rangle + \alpha_- |\downarrow\rangle\right) \ . \tag{5.125b}$$

Wir multiplizieren diese Gleichung von links einmal mit $\langle\uparrow|$ und dann mit $\langle\downarrow|$ und erhalten wegen der Orthogonalitätsrelationen (5.104)

$$E_\uparrow \alpha_+ = \mu_B B_z \langle\uparrow|\hat{\sigma}_z|\uparrow\rangle \, \alpha_+ + \mu_B B_z \langle\uparrow|\hat{\sigma}_z|\downarrow\rangle \, \alpha_- \ , \tag{5.126a}$$

$$E_\downarrow \alpha_- = \mu_B B_z \langle\downarrow|\hat{\sigma}_z|\downarrow\rangle \, \alpha_- + \mu_B B_z \langle\downarrow|\hat{\sigma}_z|\uparrow\rangle \, \alpha_+ \ . \tag{5.126b}$$

Zur Berechnung der 2D-Matrixelemente $\langle\uparrow|\hat{\sigma}|\uparrow\rangle$ etc. gehen wir in die 2D-Vektordarstellung der Spinzustände (5.109); dann ist z. B.

$$\langle\downarrow|\,\hat{\sigma}_z\,|\uparrow\rangle = (0,1)\begin{pmatrix}1\,0\\0\,1\end{pmatrix}\begin{pmatrix}1\\0\end{pmatrix} = (0,1)\begin{pmatrix}1\\0\end{pmatrix} = 0\;. \tag{5.126c}$$

Nach analogen Rechnungen finden wir aus (5.126):

$$E_\uparrow = \mu_B B_z\;,\; E_\downarrow = -\mu_B B_z\;. \tag{5.127a}$$

Es gibt also, wie erwartet, zwei Eigenwerte für die Energie der stationären Zustände $|\uparrow\rangle$ und $|\downarrow\rangle$, den beiden Einstellungen des Spins im Magnetfeld B_z. Diese beiden Energieeigenwerte können wir mittels der Frequenz $\omega_0 = eB_z/m$ [identisch mit Zyklotronfrequenz (5.56b)] und der Formel für das Bohrsche Magneton $\mu_B = e\hbar/2m$ auch ausdrücken als

$$E_\uparrow/\hbar = \frac{e}{2m}B_z = \omega_0/2\;, \tag{5.127b}$$

$$E_\downarrow/\hbar = -\frac{e}{2m}B_z = -\omega_0/2\;. \tag{5.127c}$$

Damit schreibt sich der Spin-Zustand (5.124):

$$|s\rangle = \alpha_+\,|\uparrow\rangle + \alpha_-\,|\downarrow\rangle = a_+\,\mathrm{e}^{-\mathrm{i}\omega_0 t/2}\,|\uparrow\rangle + a_-\,\mathrm{e}^{\mathrm{i}\omega_0 t/2}\,|\downarrow\rangle\;. \tag{5.128a}$$

Wegen der Normierung muss dabei gelten:

$$\langle s\,|s\rangle = \left|\alpha_+\right|^2 + \left|\alpha_-\right|^2 = \left|a_+\right|^2 + \left|a_-\right|^2 = 1\;. \tag{5.128b}$$

Um uns ein anschauliches Bild über die Bewegung des Spins im Magnetfeld zu machen, berechnen wir nun die Erwartungswerte des mit dem Spin verknüpften Drehimpulses $\langle\frac{\hbar}{2}\hat{\sigma}_x\rangle, \langle\frac{\hbar}{2}\hat{\sigma}_y\rangle, \langle\frac{\hbar}{2}\hat{\sigma}_z\rangle$ in den drei Raumrichtungen. Nur diese Größen sind mit klassischen Bewegungsgrößen vergleichbar. In der zweidimensionalen Vektordarstellung folgt

$$\begin{aligned}\left\langle\frac{\hbar}{2}\hat{\sigma}_z\right\rangle &= \frac{\hbar}{2}\,\langle s|\,\hat{\sigma}_z\,|s\rangle = \frac{\hbar}{2}\left(\alpha_+^*,\alpha_-^*\right)\begin{pmatrix}1 & 0\\0 & -1\end{pmatrix}\begin{pmatrix}\alpha_+\\\alpha_-\end{pmatrix}\\ &= \frac{\hbar}{2}\left(\alpha_+^*,\alpha_-^*\right)\begin{pmatrix}\alpha_+\\-\alpha_-\end{pmatrix} = \frac{\hbar}{2}\left(|\alpha_+|^2 - |\alpha_-|^2\right)\\ &= \frac{\hbar}{2}\left(|a_+|^2 - |a_-|^2\right)\;.\end{aligned} \tag{5.129}$$

Dies ist eine zeitlich konstante Größe, weil nach (5.124) a_+ und a_- nicht von der Zeit abhängen. Die z-Komponente des Spins ist im Mittel (Erwartungswert) in einem konstanten Magnetfeld B_z eine Erhaltungsgröße. Dies gilt nicht für die x- und y-Komponenten, wie wir leicht ausrechnen:

$$\left\langle \frac{\hbar}{2}\hat{\sigma}_x \right\rangle = \frac{\hbar}{2}\left(\alpha_+^*, \alpha_-^*\right)\begin{pmatrix} 0 & 1 \\ 1 & 0 \end{pmatrix}\begin{pmatrix} \alpha_+ \\ \alpha_- \end{pmatrix} = \frac{\hbar}{2}\left(\alpha_+^*, \alpha_-^*\right)\begin{pmatrix} \alpha_- \\ \alpha_+ \end{pmatrix}$$
$$= \frac{\hbar}{2}\left(\alpha_+^*\alpha_-^* + \alpha_-^*\alpha_+^*\right) = a_+a_-\hbar\cos\omega_0 t\ . \tag{5.130a}$$

Analog ergibt sich für die y-Komponente des Erwartungswertes

$$\langle S_y \rangle = \left\langle \frac{\hbar}{2}\hat{\sigma}_y \right\rangle = a_+a_-\hbar\sin\omega_0 t\ . \tag{5.130b}$$

Gemäß (5.130a) und (5.130b) bewegen sich die Erwartungswerte $\langle S_x \rangle$ und $\langle S_y \rangle$ des Spin-Drehimpulses also auf einer Kreisbahn mit der Frequenz $\omega_0 = eB_z/m$ um das Magnetfeld B_z in z-Richtung herum.

Stellen wir uns den Spin – klassisch vereinfacht – als einen Kreisel vor, so dreht sich dieser Kreisel um sich selbst (Spin-Drehmoment), aber gleichzeitig dreht sich die Drehachse des Kreisels um die Richtung des Magnetfeldes herum (Abb. 5.10). Der „Spin-Kreisel" präzisiert um die Richtung des Magnetfeldes mit der Präzessionsfrequenz ω_0. Dies kann er in zwei stabilen Konfigurationen machen, mit seiner z-Ausrichtung in Richtung von B_z und in Gegenrichtung entsprechend den Energieeigenwerten $E_\uparrow$ und $E_\downarrow$. Wir werden später sehen, dass wir mittels eines kleinen oszilierenden magnetischen Feldes senkrecht zu B_z den Spin umklappen können, seine Orientierung zwischen $|\uparrow\rangle$ in $|\downarrow\rangle$ ändern können.

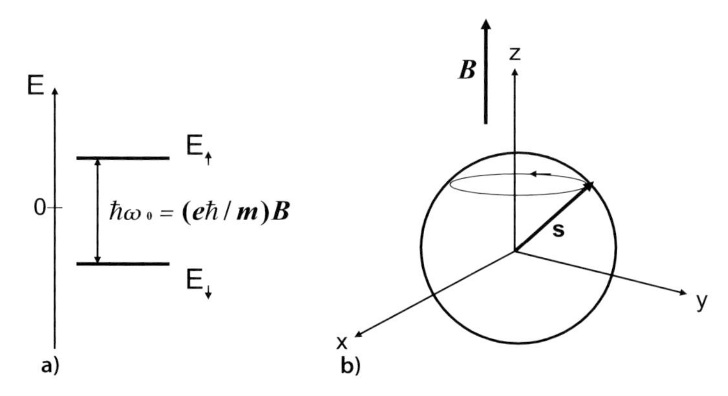

Abb. 5.10a,b. Präzession eines Spins (s) in einem konstanten Magnetfeld B_z in z-Richtung. **a** Zwei stabile Präzessionen mit Spinorientierung in Richtung von B_z und entgegen B_z sind möglich mit den Energien $E_\uparrow$ und $E_\downarrow$. **b** Anschauliche Darstellung der Präzession mit der Energie $E_\uparrow$

5.6 Teilchenarten: Fermionen und Bosonen

5.6.1 Zwei und mehr Teilchen

Bisher haben wir die quantenmechanische Beschreibung immer nur für ein einziges Teilchen, im Allgemeinen ein Elektron entwickelt. Wenn wir mehr als ein Teilchen, im einfachsten Fall gerade einmal zwei, betrachten, dann begegnen uns, allein auf der Basis der Unbestimmtheit der Bewegung des einzelnen Teilchens, d. h. der Beschreibung durch Wellenfunktionen völlig neue, klassisch unerwartete Ergebnisse. Wenn die Wellenfunktionen zweier identischer Teilchen überlappen, haben wir keine Möglichkeit, die Teilchen in Raumbereichen, wo sie beide gleichzeitig anwesend sein können, individuell in ihrer Bewegung zu verfolgen. Die Teilchen sind dort ununterscheidbar. Klassische Teilchen sind demgegenüber immer unterscheidbar, ihre Trajektorien können einzeln verfolgt werden; außerdem gibt es Unterscheidungsmerkmale, wie Farbe etc., von denen man annehmen kann, dass sie auf die Dynamik der Teilchen einen vernachlässigbaren Einfluss haben. Quantenmechanisch haben wir für ein System zweier gleicher Teilchen nur eine Wellenfunktion $\psi(\mathbf{r}_1, \mathbf{r}_2, t)$ zur Verfügung, die mittels $P(\mathbf{r}_1, \mathbf{r}_2) = |\psi(\mathbf{r}_1, \mathbf{r}_2, t)|^2$ die Wahrscheinlichkeitsdichte angibt, zur Zeit t ein Teilchen am Ort $\mathbf{r}_1$ und das andere bei $\mathbf{r}_2$ zu finden. Eine Ortsmessung zur Zeit t ergibt für die beiden Teilchen Ortskoordinatoren $\mathbf{r}_1, \mathbf{r}_2$ und zu einer anderen Zeit t' die Koordinatoren $\mathbf{r}_1', \mathbf{r}_2'$; welches der beiden gleichartigen Teilchen dort gefunden wird, ist grundsätzlich unbestimmt. Die Zweiteilchenwellenfunktion $\psi(\mathbf{r}_1, \mathbf{r}_2, t)$ ist in einem 6-dimensionalen Ortsraum zu einer Zeit t definiert. Nehmen wir noch den Spinfreiheitsgrad dazu, so müssen wir schreiben $\psi(\mathbf{r}_1 s_1, \mathbf{r}_2 s_{2,} t)$, wobei s_i die jeweiligen Spinzustände beschreiben. Diese Definition von $P(\mathbf{r}_1, \mathbf{r}_2)$ als Wahrscheinlichkeitsdichte, die Teilchen jeweils bei $\mathbf{r}_1$ und $\mathbf{r}_2$ zu finden, setzt natürlich voraus, dass die Zweiteilchenwellenfunktion, nunmehr durch Integration über beide Ortsvektorräume, auf eins (Sicherheit, beide Teilchen irgendwo zu finden) normiert ist:

$$1 = \langle\psi|\psi\rangle = \int |\langle\mathbf{r}_1, \mathbf{r}_2|\psi\rangle|^2 \, \mathrm{d}^3r_1 \, \mathrm{d}^3r_2 = \int P(\mathbf{r}_1, \mathbf{r}_2) \, \mathrm{d}^3r_1 \, \mathrm{d}^3r_3 \; . \tag{5.131a}$$

Die Schrödinger-Gleichung für die beiden Teilchen enthält entsprechend die kinetischen Energien $\hat{T}_1 = \hat{p}_1^2/2m$ und $\hat{T}_1 = \hat{p}_2/2m$ und ein Potential $V(\mathbf{r}_1, \mathbf{r}_2)$, das von beiden Teilchenkoordinaten abhängt, weil auf beide Teilchen eine Kraft, meist sogar wechselseitig, ausgeübt wird. Der Hamilton-Operator lautet für die beiden gleichwertigen Teilchen (gleiche Masse m, Spin nicht berücksichtigt):

$$\hat{H} = \frac{\hat{p}_1^2}{2m} + \frac{\hat{p}_2^2}{2m} + V(\mathbf{r}_1, \mathbf{r}_2) \; . \tag{5.131b}$$

Wir stellen sofort fest, dass die mathematische Beschreibung eines Teilchens in zwei Dimensionen identisch ist mit der Beschreibung zweier Teilchen in jeweils einer Dimension. Nehmen wir als Beispiel zwei unabhängige gleichwertige, lineare Oszillatoren (1) und (2); deren Gesamt-Hamilton-Operator lautet

$$\hat{H} = \frac{\hat{p}_1^2 + \hat{p}_2^2}{2m} + \frac{1}{2} m\omega x_1^2 + \frac{1}{2} m\omega x_2^2 \,. \tag{5.132}$$

Wir können x_i, p_i als Orts- und Impulsoperatoren des i-ten Teilchen ($i = 1, 2$) auffassen oder x_1, x_2 und $\hat{p}_1, \hat{p}_2$ als die Operatoren für die beiden Koordinaten ein und desselben Teilchens betrachten.

Weiter folgt unmittelbar, dass im Falle der Separierbarkeit des Potentials $V(\mathbf{r}_1, \mathbf{r}_2)$ in zwei getrennte Potentiale für zwei nicht-wechselwirkende (verschiedene) Teilchen $V(\mathbf{r}_1, \mathbf{r}_2) = V(\mathbf{r}_1) + V(\mathbf{r}_2)$ der Hamilton-Operator lautet:

$$\hat{H} = \hat{H}_1 + \hat{H}_2 = \frac{\hat{p}_1^2}{2m_1} + V_1(\mathbf{r}_1) + \frac{\hat{p}_2^2}{2m_2} + V_2(\mathbf{r}_2) \,. \tag{5.133}$$

Er zerfällt in zwei getrennte Operatoren $\hat{H}_1$ und $\hat{H}_2$, die jeweils nur auf Teilchen (1) bzw. (2) wirken. Damit lautet die Schrödinger-Gleichung für die beiden Teilchen

$$\mathrm{i}\hbar \frac{\partial}{\partial t} |\psi(\mathbf{r}_1, \mathbf{r}_2 t)\rangle = \left(\hat{H}_1 + \hat{H}_2\right) |\psi(\mathbf{r}_1, \mathbf{r}_2 t)\rangle \,. \tag{5.134}$$

Ein Produktansatz für den Zweiteilchenzustand separiert das Problem:

$$|\psi(\mathbf{r}_1, \mathbf{r}_2 t)\rangle = |\psi_1\rangle |\psi_2\rangle \,, \tag{5.135}$$

und wir erhalten aus (5.134):

$$\mathrm{i}\hbar \frac{\partial}{\partial t} |\psi_1\rangle |\psi_2\rangle = \left(\hat{H}_1 + \hat{H}_2\right) |\psi_1\rangle |\psi_2\rangle \,. \tag{5.136a}$$

Da $\hat{H}_1$ nur auf $|\psi_1\rangle$ und $\hat{H}_2$ nur auf $|\psi_2\rangle$ wirkt, können wir beim Einteilchenproblem den Ansatz $|\psi_1 \propto \exp(-\mathrm{i}E_1 t/\hbar)\rangle$ und $|\psi_2 \propto \exp(-\mathrm{i}E_2 t/\hbar)\rangle$ machen und erhalten:

$$\mathrm{i}\hbar \frac{\partial}{\partial t} |\psi_1\rangle |\psi_2\rangle = (E_1 + E_2) |\psi_1\rangle |\psi_2\rangle \,. \tag{5.136b}$$

Für zwei nicht-wechselwirkende Teilchen sind die Einzelenergien E_1 und E_2 getrennt Erhaltungsgrößen und die Gesamtenergie des Systems stellt sich als die Summe der Einzelenergien dar

$$E = E_1 + E_2 \,. \tag{5.137}$$

Bezeichnen wir mit $|E_1\rangle$ und $|E_2\rangle$ die zeitunabhängigen Eigenzustände, die sich aus den beiden separierten Eigenwertgleichungen

$$\hat{H}_1 |E_1\rangle = E_1 |E_1\rangle \,, \quad \hat{H}_2 |E_2\rangle = E_2 |E_2\rangle \tag{5.138}$$

ergeben, so lautet der allgemeine Zustand des Systems der beiden nicht-wechselwirkenden Teilchen:

$$|\psi(t)\rangle = |E_1\rangle\, \mathrm{e}^{-\mathrm{i}E_1 t/\hbar}\, |E_2\rangle\, \mathrm{e}^{-\mathrm{i}E_2 t/\hbar} . \qquad (5.139)$$

Wir wollen festhalten: Für zwei nicht-wechselwirkende Teilchen addieren sich die Einzelenergien der Teilchen zur Gesamtenergie $E = E_1 + E_2$, wobei nicht nur E, sondern auch E_1 und E_2 Erhaltungsgrößen der Bewegung sind. Die Wellenfunktion, bzw. der quantenmechanische Zustand (5.139) des Gesamtsystems ist einfach das Produkt der Zustände der Einzelteilchen. Hierbei hat der neue Hilbert-Raum des Zweiteilchensystems, gebildet aus dem Produkt der beiden Einzelzustände, soviel Dimension wie das Produkt der Dimension der Zustände der beiden Einzelteilchen hat. Letztes gilt auch, wenn die Teilchen wechselwirken und sich der Gesamtzustand nicht als Produkt zweier Einteilchenzustände, wie in (5.139) darstellen lässt.

Machen wir uns das am Beispiel zweier Spins klar. Der Hilbert-Raum eines Spins wird durch die Zustände $|\uparrow\rangle$ und $|\downarrow\rangle$ aufgespannt. Ein Zwei-Spin-Hilbert-Raum, unabhängig, ob die Spins wechselwirken oder nicht, wird durch die vier Zustände $|\uparrow\rangle|\uparrow\rangle, |\uparrow\rangle|\downarrow\rangle, |\downarrow\rangle|\uparrow\rangle, |\downarrow\rangle|\downarrow\rangle$ aufgespannt. Jeder 2-Spin-Zustand lässt sich als lineare Superposition dieser vier Zustände darstellen, andere Zustände existieren nicht in der Basis.

Die Ununterscheidbarkeit zweier subatomarer Partikel (außer durch verschiedene Quantenzahlen) führt uns zu einer weiteren „Absonderlichkeit" im klassischen Sinn. Stellen wir uns einen Zweiteilchenzustand $|a, b\rangle = |a \to \mathbf{r}_1, b \to \mathbf{r}_2\rangle$ vor, bei dem bei einer Ortsmessung Teilchen a gerade bei $\mathbf{r}_1$ und Teilchen b bei $\mathbf{r}_2$ gefunden wird. Dieser Zustand ist bei Ununterscheidbarkeit der Teilchen identisch mit dem Zustand $|b, a\rangle = |b \to \mathbf{r}_1, a \to \mathbf{r}_2\rangle$, wo Teilchen b bei $\mathbf{r}_1$ und Teilchen a bei $\mathbf{r}_2$ detektiert wurde. Beide Zustände $|a, b\rangle$ und $|b, a\rangle$ müssen also gleichwertige Lösungen der Schrödinger-Gleichung sein. Da die Schrödinger-Gleichung eine lineare Differentialgleichung ist, sind auch die Superpositionen (normiert durch $1/\sqrt{2}$)

$$|\psi_S\rangle = \frac{1}{\sqrt{2}} \left(|a, b\rangle + |b, a\rangle\right) , \qquad (5.140a)$$

$$|\psi_A\rangle = \frac{1}{\sqrt{2}} \left(|a, b\rangle - |b, a\rangle\right) \qquad (5.140b)$$

Lösungen; ja, wir müssen sogar $|\psi_S\rangle$ und $|\psi_A\rangle$ als die allgemeinsten Lösungen ansehen. Es gibt für ein Zweiteilchensystem also zwei grundsätzlich unterscheidbare quantenmechanische Zustände, einen symmetrischen $|\psi_S\rangle$, der bei Vertauschung der Teilchen a und b sein Vorzeichen behält, und einen antisymmetrischen $|\psi_A\rangle$, der bei Vertauschung der Teilchen sein Vorzeichen ändert.

Welcher Zustand ist in der Natur realisiert, oder sind es beide? Wir werden im folgenden Abschnitt die Eigenschaft der Symmetrie oder Antisymmetrie eines quantenmechanischen Mehrteilchenzustandes eindeutig mit dem Spin der Teilchen verknüpfen.

Es bleibt noch zu bemerken, dass alles, was wir für zwei Teilchen abgeleitet haben, analog für viele Teilchen gilt. Betrachten wir z. B. ein 3-Teilchensystem, so stellt sich die 3-Teilchenwellenfunktion ohne Berücksichtigung des Spins

$$\psi(\mathbf{r}_1, \mathbf{r}_2, \mathbf{r}_3, t) = \psi_1(\mathbf{r}_1, t)\,\psi_2(\mathbf{r}_2, t)\,\psi_3(\mathbf{r}_3, t) \tag{5.141}$$

als Produkt der Einteilchenwellenfunktionen dar, falls die Teilchen nicht miteinander wechselwirken, d. h. das Potential sich in einzelne Potentiale für die jeweiligen Teilchen separieren lässt:

$$V(\mathbf{r}_1, \mathbf{r}_2, \mathbf{r}_3) = V_1(\mathbf{r}_1)\,V_2(\mathbf{r}_2)\,V_3(\mathbf{r}_3)\ . \tag{5.142}$$

Auch bei mehreren Teilchen können wir zwischen symmetrischen und antisymmetrischen Zuständen unterscheiden, je nachdem ob dieser Zustand, oder die Wellenfunktion sein (ihr) Vorzeichen bei Vertauschen zweier Teilchen ändert. Sei z. B. $|\mathbf{r}_1, \mathbf{r}_2, \mathbf{r}_3, \ldots, \mathbf{r}_N\rangle$ ein N-Teilchenzustand, bei dem wir bei einer Ortsmessung die Teilchen (1), (2), ..., (N) bei $\mathbf{r}_1, \mathbf{r}_2, \ldots, \mathbf{r}_N$ gefunden haben, so müssen wir zwischen dem symmetrischen $|S\rangle$ und dem antisymmetrischen Zustand $|A\rangle$ unterscheiden, für die gilt:

$$|S\rangle = |\mathbf{r}_1, \mathbf{r}_2, \mathbf{r}_3, \ldots, \mathbf{r}_N\rangle_S = |\mathbf{r}_2, \mathbf{r}_1, \mathbf{r}_3, \ldots, \mathbf{r}_N\rangle_S\ , \tag{5.143a}$$

$$|A\rangle = |\mathbf{r}_1, \mathbf{r}_2, \mathbf{r}_3, \ldots, \mathbf{r}_N\rangle_A = -\,|\mathbf{r}_2, \mathbf{r}_1, \mathbf{r}_3, \ldots, \mathbf{r}_N\rangle_A\ . \tag{5.143b}$$

In (5.143) wurden jeweils Teilchen (1) und (2) ausgetauscht, d. h. einmal wurde Teilchen (1) bei $\mathbf{r}_1$ und Teilchen (2) $\mathbf{r}_2$ detektiert und dann Teilchen (1) bei $\mathbf{r}_2$ und Teilchen (2) bei $\mathbf{r}_1$. In der Nomenklatur von (5.143) gibt also jeweils die Stellung in der Reihenfolge der Ortskoordinaten die Teilchennummerierung an, während die Ortskoordinate $\mathbf{r}_1, \mathbf{r}_2$ usw. den Detektionsort beschreibt. N-Teilchenzustände wie in (5.143) sind analog (5.131a) normiert auf eins, um die Wahrscheinlichkeitsinterpretation der Wellenfunktion zu gewährleisten, d. h.:

$$\begin{aligned} 1 = \langle S|S\rangle_S &= \langle \mathbf{r}_1, \mathbf{r}_2, \ldots, \mathbf{r}_N | \mathbf{r}_1, \mathbf{r}_2, \ldots, \mathbf{r}_N\rangle_S \\ &= \int \psi_S^*(\mathbf{r}_1, \mathbf{r}_2, \ldots, \mathbf{r}_N)\,\psi_S(\mathbf{r}_1, \mathbf{r}_2, \ldots, \mathbf{r}_{-N})\,\mathrm{d}^3r_1\,\mathrm{d}^3r_2 \ldots \mathrm{d}^3r_N\ . \end{aligned} \tag{5.144}$$

5.6.2 Spin und Teilchenarten: Pauli-Prinzip

Um den Zusammenhang zwischen Symmetrie bzw. Antisymmetrie einer Zwei(Viel)-Teilchenwellenfunktion gegenüber Vertauschung zweier Teilchen und dem Spin der Teilchen herauszufinden, machen wir ein Gedankenexperiment. Wir denken uns zwei Elektronen im Abstand a voneinander an den Orten $\mathbf{r}_1$ und $\mathbf{r}_2$ im Raum lokalisiert vor (z. B. in Quantenpunkten). Beide

Elektronen haben infolge eines Magnetfeldes B in z-Richtung gleiche Spineinstellung ($\|B$) (Abb. 5.11). Eine Ortswellenfunktion $\psi(\mathbf{r}_1, \mathbf{r}_2)$ beschreibe den räumlichen Anteil des Zweiteilchenzustandes; d. h. wir haben einen räumlichen Überlapp der Einteilchenwellenfunktion zugelassen, sodass für den Ortsanteil des Zustandes eine Produktdarstellung gemäß (5.135) nicht unbedingt gegeben ist. Nach Abschn. 5.5.2 können wir dann die Zweiteilchenfunktion $\phi(1,2)$ in der Ortsdarstellung, unter Berücksichtigung des Spinfreiheitsgrades beider Elektronen schreiben als

$$\langle \mathbf{r}|\phi\rangle = \phi\left(1,2\right) = \psi\left(\mathbf{r}_1, \mathbf{r}_2\right) |\uparrow\rangle^{(1)} |\uparrow\rangle^{(2)} = \psi\left(\mathbf{r}_1, \mathbf{r}_2\right) \begin{pmatrix} 1 \\ 0 \end{pmatrix}^{(1)} \begin{pmatrix} 1 \\ 0 \end{pmatrix}^{(2)} . \tag{5.145}$$

Hierbei haben wir eine Wechselwirkung der Spins ausgeschlossen und deshalb die Spinzustände multiplikativ einmal in der abstrakten Schreibweise $|\uparrow\rangle^{(1)}, |\uparrow\rangle^{(2)}$ (spin up) für Elektron (1) und (2) als auch in der Vektordarstellung im 2D-Hilbert-Raum (5.109) dargestellt. Da die beiden Elektronen identisch und auch bezüglich ihrer Spineinstellung ununterscheidbar sind, können wir sie vertauschen, ohne etwas am quantenmechanischen Zweiteilchenzustand zu ändern. Wir können diese Vertauschung aber formal auch durchführen, in dem wir die Zweiteilchenwellenfunktion um eine Achse (z-Richtung) zwischen den Teilchen, senkrecht zu a (Abb. 5.11) um $180° = \pi$ drehen.

Bezeichnen wir mit $\phi^{(\pi)}(1,2)$ die Wellenfunktion, bei der in (5.145) die beiden Elektronen vertauscht wurden, so können wir die π-Drehung um die z-Achse nach Abschn. 5.3, speziell (5.40), durch den Operator

$$\hat{U}_\pi = \exp\left(\frac{i}{\hbar}\pi \hat{J}_z\right) = \exp\left[\frac{i}{\hbar}\pi\left(\hat{L}_z + \hat{S}_z\right)\right] \tag{5.146}$$

ausdrücken, wobei $\hat{J}_z$ der Gesamtdrehimpulsoperator, bestehend aus Bahndrehimpuls $\hat{L}_z$ und Spin-Drehimpuls $\hat{S}_z$ in z-Richtung ist. Drücken wir $\hat{S}_z$

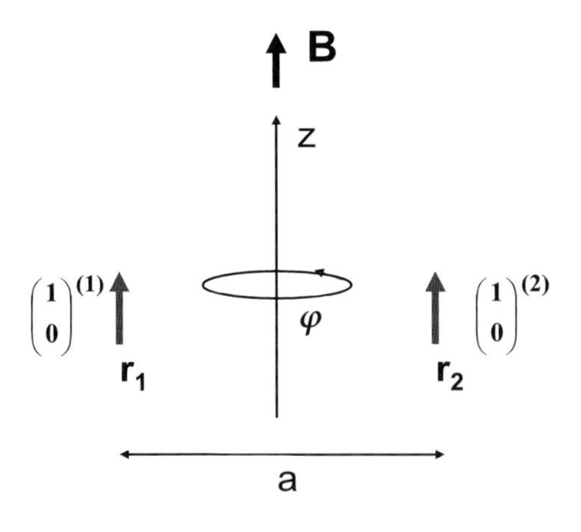

Abb. 5.11. Schematische Darstellung eines Zustandes zweier spinbehafteter Teilchen 1 und 2 an den Raumpunkten $\mathbf{r}_1$ und $\mathbf{r}_2$, deren Spins durch das konstante Magnetfeld $\mathbf{B}$ in z-Richtung gleich orientiert sind (Präzession nicht dargestellt). Ein physikalisch gleicher Zustand kann durch Vertauschen der Teilchen bei $\mathbf{r}_1$ und $\mathbf{r}_2$ oder durch Drehen der Quantenzustände um $\phi = 180°$ um die z-Achse erzeugt werden

für das Zweielektronensystem durch die Summe der Spinmatrizen $\sigma_z^{(1)}$ und $\sigma_z^{(2)}$ aus, die jeweils auf Elektron (1) und (2) wirken, so ergibt sich für die gedrehte Zweiteilchenwellenfunktion

$$\begin{aligned}\phi^{(\pi)}(1,2) &= \exp\frac{i}{\hbar}\left[\pi\hat{L}_z + \frac{\pi}{2}\hbar\hat{\sigma}_z^{(1)} + \frac{\pi}{2}\hbar\hat{\sigma}_z^{(2)}\right]\psi\left(\mathbf{r}_1,\mathbf{r}_2\right)\begin{pmatrix}1\\0\end{pmatrix}^{(1)}\begin{pmatrix}1\\0\end{pmatrix}^{(2)} \\ &= \exp\left(\frac{i}{\hbar}\pi\hat{L}_z\right)\psi\left(\mathbf{r}_1,\mathbf{r}_2\right)\exp\left(\mathrm{i}\frac{\pi}{2}\hat{\sigma}_z^{(1)}\right)\begin{pmatrix}1\\0\end{pmatrix}^{(1)} \\ &\quad \exp\left(\mathrm{i}\frac{\pi}{2}\hat{\sigma}_z^{(2)}\right)\begin{pmatrix}1\\0\end{pmatrix}^{(2)} .\end{aligned} \tag{5.147}$$

In dieser Darstellung wird berücksichtigt, dass $\hat{L}_z$ auf den gesamten Ortsanteil der Wellenfunktion $\psi(\mathbf{r}_1,\mathbf{r}_2)$ wirkt, d. h. diesen in $\psi(\mathbf{r}_2,\mathbf{r}_1)$ überführt, während $\sigma_z^{(1)}$ und $\sigma_z^{(2)}$ jeweils auf die Spinanteile der Zustände von Elektron (1) und (2) wirken.

Wir müssen jetzt verstehen, wie der Operator $\exp(\mathrm{i}\frac{\pi}{2}\hat{\sigma}_z^{(1)})$ auf den zweidimensionalen Vektor des Spin-Zustandes wirkt. Wir erinnern uns, dass gemäß (4.97) in Abschn. 4.3.5 Operatorfunktionen durch ihre Reihenentwicklung dargestellt werden und folgern

$$\exp\left(\frac{\mathrm{i}}{2}\varphi\hat{\sigma}_z\right) = \cos\frac{\varphi}{2}\hat{\sigma}_z + \mathrm{i}\sin\frac{\varphi}{2}\hat{\sigma}_z , \tag{5.148a}$$

wobei gilt

$$\cos\frac{\varphi}{2}\hat{\sigma}_z = \sum_{\nu=0}^{\infty}\frac{(-1)^{\nu}}{(2\nu)!}\frac{\varphi}{2}^{2\nu}\hat{\sigma}_z^{2\nu} , \tag{5.148b}$$

$$\sin\frac{\varphi}{2}\hat{\sigma}_z = \sum_{\nu=0}^{\infty}\frac{(-1)^{\nu}}{(2\nu+1)!}\frac{\varphi}{2}^{2\nu+1}\hat{\sigma}_z^{2\nu+1} . \tag{5.148c}$$

Exponential- und Winkelfunktionen von Operatoren können also durch Vielfachanwendung dieser Operatoren auf den Zustand oder die Wellenfunktion ausgedrückt werden.

Da für die Spin-Matrizen gilt:

$$\hat{\sigma}_z = \begin{pmatrix}1 & 0\\0 & -1\end{pmatrix}, \hat{\sigma}_z^2 = \begin{pmatrix}1 & 0\\0 & 1\end{pmatrix} = \underline{\underline{1}}, \hat{\sigma}_z^3 = \hat{\sigma}_z , \tag{5.149}$$

folgt sofort

$$\cos\frac{\varphi}{2}\hat{\sigma}_z = \sum_{\nu=0}^{\infty}\frac{(-1)^{\nu}}{(2\nu)!}\frac{\varphi}{2}^{2\nu}\underline{\underline{1}} = \left(\cos\frac{\varphi}{2}\right)\underline{\underline{1}} \tag{5.150a}$$

und analog

$$\sin\frac{\varphi}{2}\hat{\sigma}_z = \left(\sin\frac{\varphi}{2}\right)\hat{\sigma}_z . \tag{5.150b}$$

Damit folgt wegen (5.148a) $\exp(\mathrm{i}\pi\hat{\sigma}_z/2) = \mathrm{i}\hat{\sigma}_z$ und die um π gedrehte Zweiteilchenwellenfunktion (5.147) lautet

$$\begin{aligned} \phi^{\pi}(1,2) &= \psi(\mathbf{r}_2, \mathbf{r}_1)(i)\begin{pmatrix}1\\0\end{pmatrix}^{(1)}(i)\begin{pmatrix}1\\0\end{pmatrix}^{(2)} \\ &= -\psi(\mathbf{r}_2, \mathbf{r}_1)\begin{pmatrix}1\\0\end{pmatrix}^{(2)}\begin{pmatrix}1\\0\end{pmatrix}^{(1)} = -\phi(2,1)\,. \end{aligned} \tag{5.151}$$

Wegen der Ununterscheidbarkeit der Elektronen, einschließlich ihrer Spin-Einstellung, können wir die „gedrehte“ Wellenfunktion nicht von der ursprünglichen unterscheiden und erhalten

$$\phi_A^{(\pi)}(1,2) = \phi_A(1,2) = -\phi_A(2,1)\ . \tag{5.152}$$

Dies ist ein sehr wichtiges Ergebnis: Für Teilchen mit halbzahligem Spin ($\hbar/2$), wie Elektronen, muss eine Zweiteilchenwellenfunktion, d. h. auch der allgemeine Zweiteilchenzustand $|1,2\rangle$, antisymmetrisch gegenüber Vertauschung der Teilchen sein; der Zustand bzw. die Wellenfunktion ändert ihr Vorzeichen bei Vertauschung der Teilchen. Wir haben wegen dieser Antisymmetrie die Wellenfunktion (5.152) mit dem Subskript A gekennzeichnet.

Diese Verknüpfung von Antisymmetrie der Wellenfunktion mit halbzahligem Spin gilt natürlich auch für Teilchen mit Spin $3\hbar/2, 5\hbar/2$ etc., wie die Rechnung (5.147) bis (5.152) leicht zeigt.

Hätten wir für die beiden Teilchen in der obigen Rechnung einen ganzzahligen Spin, z. B. $S_z = \pm\hbar$ oder Vielfache von $\hbar$ inklusiv $S_z = 0$ angenommen, so hätten die Drehoperatoren für den Spin-Hilbert-Raum in (5.147) die Gestalt $\exp(\mathrm{i}\pi\hat{\sigma}_z)$ gehabt und wegen $\exp(\mathrm{i}\pi\hat{\sigma}_z) = -\hat{\sigma}_z$ folgt analog

$$\phi_S^{(\pi)}(1,2) = \phi_S(1,2) = \phi_S(2,1)\ . \tag{5.153}$$

Das Subskript S an der Wellenfunktion weist diese als symmetrisch aus; sie ändert bei Vertauschung zweier Teilchen nicht ihr Vorzeichen.

Je nachdem, ob ein Teilchen also einen halbzahligen oder einen ganzzahligen Spin hat, sind die entsprechenden Zweiteilchenwellenfunktionen **antisymmetrisch** oder **symmetrisch** gegenüber Vertauschung dieser Teilchen. Was wir hier für den Spezialfall zweier nicht-relativistischer Teilchen gezeigt haben, lässt sich ganz allgemein für ein Vielteilchensystem in einer sogenannten relativistischen Quantenfeldtheorie (siehe auch Kap. 8) zeigen.

Damit zerfällt die Welt der Teilchen, aller elementaren Teilchen (Elektronen, Protonen, Neutronen, Quarks, Photonen etc.), die wir kennen, in zwei Klassen: Teilchen mit halbzahligem Spin $\hbar/2, 3\hbar/2, 5\hbar/2, \ldots$ werden durch antisymmetrische Vielteilchen-Wellenfunktionen beschrieben, die bei Vertauschung je zweier Teilchen ihr Vorzeichen ändern; diese Teilchen heißen **Fermionen**. Teilchen mit ganzzahligem Spin $0, \hbar, 2\hbar, \ldots$ bedingen symmetrische Vielteilchen-Wellenfunktionen, die bei Vertauschung zweier Teilchen ihr Vorzeichen behalten; solche Teilchen heißen **Bosonen**.

Eine erklärende Bemerkung zur Vielfalt der möglichen Spins ist hier noch angebracht. Wie kommen all die Spins, $S = 0, \frac{1}{2}\hbar, \hbar, \frac{3}{2}\hbar, \ldots$ zustande?

Wir haben gesehen, ein Elektron hat nur den Spin $S = \hbar/2$; das Gleiche gilt für Protonen und Neutronen und auch Quarks, die je zu dritt ein Proton und ein Neutron aufbauen (Abschn. 5.6.4). Wie das Proton und das Neutron aus Quarks und ein Atom aus Protonen und Neutronen (im Kern) sowie Elektronen in der Hülle aufgebaut ist, so sind viele atomare und subatomare Teilchen zusammengesetzt. Der Spin des zusammengesetzten Teilchens (ohne Bahndrehimpuls) ergibt sich dann aus der Überlagerung des Spins der sie aufbauenden Teilchen. Ein Proton hat den Spin $\hbar/2$ (Fermion), weil die drei es aufbauenden Quarks die Spinkomponenten $+\hbar/2, +\hbar/2, -\hbar/2$ haben. In einem supraleitenden Festkörper wird die Supraleitung von sogenannten Cooper-Paaren getragen. Diese zusammengesetzten Teilchen bestehen aus je zwei Elektronen mit entgegengesetztem Spin. Ein Cooper-Paar hat also den Spin $S = 0$ und hat damit bosonischen Charakter.

Neben der Betrachtung des Gesamtspins eines zusammengesetzten Teilchens kann man seinen Charakter – bosonisch oder fermionisch – auch durch Vertauschung zweier Konstituenten in einer entsprechenden Zwei (Mehr)-Teilchenwellenfunktion herausfinden. Als Beispiel wählen wir das H-Atom, das aus einem Proton p und einem Elektron e (beides Fermionen) besteht. Wir betrachten die Wellenfunktion $\psi(p_1, e_1, p_2, e_1)$ zweier H-Atome (1 und 2) und vertauschen jeweils die Fermionen p_1, p_2 und dann e_1 mit e_2. Dabei folgt wegen des fermionischen Charakters von Elektron und Proton

$$\psi\left(p_1, e_1; p_2, e_1\right) = -\psi\left(p_2, e_1; p_1, e_2\right) = \psi\left(p_2, e_2; p_1, e_1\right) \ . \tag{5.154}$$

Wegen der Erhaltung des Vorzeichens bei Vertauschung der beiden H-Atome, ist somit das H-Atom ein Boson.

Allgemein können wir sagen, wenn ein Teilchen aus einer ungeraden Zahl von Fermionen zusammengesetzt ist, ist es ein Fermion. Eine gerade Anzahl von Fermionen, wie beim H-Atom, bauen ein zusammengesetztes Boson auf.

Demnach ist z. B. ^{3}He mit einem Neutron und zwei Protonen im Kern ein Fermion, während ^{4}He mit zwei Protonen und zwei Neutronen im Kern (zusätzlich zwei Elektronen in der Schale) ein Boson darstellt. Wir können für nicht-wechselwirkende Fermionen die Antisymmetrie der Wellenfunktion noch in einer sehr anschaulichen Weise zum Ausdruck bringen, die unter dem Namen **Paulisches Ausschließungsprinzip** (benannt nach seinem berühmten Erfinder Pauli, 1900–1958) bekannt ist. Betrachten wir zwei nicht-wechselwirkende Fermionen, z. B. Elektronen, in einem Potentialkasten, so können sie die Energiezustände (3.64) einnehmen. In diesem Falle bilden die Wellenfunktionen eine diskrete Folge $\psi_n(\mathbf{r}, s)$, wobei n die Folge ganzer Zahlen durchläuft. s (oder $m_s = \pm\frac{1}{2}$) ist die Spinquantenzahl, die wir auch in der Form $\psi_{n,s}(\mathbf{r})$ berücksichtigen können. Finden wir bei einer Ortsmessung ein Teilchen im Zustand $\psi_i(\mathbf{r}_1, s_1)$ bei $\mathbf{r}_1$ mit Spin s_1 und das andere im Zustand

$\psi_j(\mathbf{r}_2, s_2)$ bei $\mathbf{r}_2$ und Spin s_2, so lautet die antisymmetrische Zweiteilchenwellenfunktion wegen der Ununterscheidbarkeit der Teilchen

$$\begin{aligned}\psi_A(\mathbf{r}_1, s_1, \mathbf{r}_2, s_2) &= \frac{1}{\sqrt{2}}\left[\psi_i(\mathbf{r}_1, s_1)\,\psi_j(\mathbf{r}_2, s_2) - \psi_j(\mathbf{r}_1, s_1)\,\psi_i(\mathbf{r}_2, s_2)\right] \\ &= \frac{1}{\sqrt{2}}\begin{vmatrix}\psi_i(\mathbf{r}_1, s_1) & \psi_j(\mathbf{r}_1, s_1) \\ \psi_i(\mathbf{r}_2, s_2) & \psi_j(\mathbf{r}_2, s_2)\end{vmatrix}\,. \end{aligned} \tag{5.155}$$

Weil die Teilchen nicht miteinander wechselwirken, besteht die Zweiteilchenwellenfunktion einfach aus einem Produkt der beiden Einteilchenfunktionen, jedoch müssen die Produkte mit vertauschten Orts- und Spinkoordinaten wegen der Ununterscheidbarkeit bei Fermionen antisymmetrisch (Minus-Vorzeichen) überlagert werden, was zu einer formalen Darstellung durch eine Determinantenschreibweise führt. Wir sehen an der Darstellung (5.155) sofort, dass $\psi_A(\mathbf{r}_1, s_1, \mathbf{r}_2, s_2)$ verschwindet, wenn entweder $i = j$ oder $\mathbf{r}_1 = \mathbf{r}_2, s_1 = s_2$ gilt. Eine Determinante verschwindet, wenn entweder zwei Zeilen oder zwei Spalten identisch sind. Fermionen an ein und demselben Ort dürfen also nicht in ihren Quantenzahlen, einschließlich Spin, übereinstimmen. Oder anders ausgedrückt: nicht-wechselwirkende Fermionen können einen Einteilchen-Quantenzustand nur einmal besetzen; kein Zustand darf mehrfach besetzt sein. Für drei nicht-wechselwirkende Fermionen mit den Einteilchenzuständen $\psi_i(\mathbf{r}_1, s_1), \psi_j(\mathbf{r}_2, s_2), \psi_k(\mathbf{r}_3, s_3)$ stellt sich der normierte antisymmetrische allgemeine Zustand dar als

$$\psi_{ijk}(\mathbf{r}_1, s_1, \mathbf{r}_2, s_2, \mathbf{r}_3, s_3) = \frac{1}{\sqrt{3!}}\begin{vmatrix}\psi_i(\mathbf{r}_1, s_1) & \psi_j(\mathbf{r}_1, s_1) & \psi_k(\mathbf{r}_1, s_1) \\ \psi_i(\mathbf{r}_2, s_2) & \psi_j(\mathbf{r}_2, s_2) & \psi_k(\mathbf{r}_2, s_2) \\ \psi_i(\mathbf{r}_3, s_3) & \psi_j(\mathbf{r}_3, s_3) & \psi_k(\mathbf{r}_3, s_3)\end{vmatrix}\,. \tag{5.156}$$

Wir sehen sofort nach der o. g. Rechenregel für Determinanten, dass bei Gleichsetzung zweier Quantenzahlen $i = j$, $i = k$ oder $j = k$ die Wellenfunktion verschwindet, genau so wie dies bei Gleichsetzung zweier Ortskoordinaten und Spinquantenzahlen geschieht. Die Antisymmetrie des Zustands ist auch gegeben, denn das Vertauschen zweier Zeilen, d. h. $\mathbf{r}_1, s_1 \leftrightarrow \mathbf{r}_2, s_2$ liefert ein Minus-Vorzeichen für die Wellenfunktion.

Die Verallgemeinerung für N Fermionen, die nicht wechselwirken, liegt nahe: Die entsprechende Vielteilchen-Wellenfunktion stellt sich dar als

$$\begin{aligned}&\psi_{n_1 n_2 \ldots n_N}(\mathbf{r}_1, s_1, \mathbf{r}_2, s_2, \mathbf{r}_3, s_3, \ldots \mathbf{r}_N, s_N) \\ &= \frac{1}{\sqrt{N!}}\begin{vmatrix}\psi_{n_1}(\mathbf{r}_1, s_1) & \psi_{n_2}(\mathbf{r}_1, s_1) & \ldots & \psi_{n_N}(\mathbf{r}_1, s_1) \\ \psi_{n_1}(\mathbf{r}_2, s_2) & \psi_{n_2}(\mathbf{r}_2, s_2) & \ldots & \psi_{n_N}(\mathbf{r}_2, s_2) \\ \vdots & \vdots & & \vdots \\ \psi_{n_1}(\mathbf{r}_3, s_3) & \psi_{n_2}(\mathbf{r}_3, s_3) & \cdots & \psi_{n_N}(\mathbf{r}_3, s_3)\end{vmatrix}\,,\end{aligned} \tag{5.157}$$

wobei wir die Teilchenkoordinaten mit $\mathbf{r}_1, \mathbf{r}_2 \ldots \mathbf{r}_N$, deren räumliche Quantenzahlen mit $n_1, n_2 \ldots n_N$ und die Spinquantenzahlen mit $s_1, s_2 \ldots s_N$ bezeichnet haben. Die Darstellung (5.157) einer Fermionen-Vielteilchen-Wellenfunktion heißt **Slater-Determinante**. Für nicht-wechselwirkende Fermionen enthält sie die Antisymmetrieforderung und drückt gleichzeitig aus, dass je zwei Fermionen am gleichen Ort nicht ein und denselben Einteilchen-Quantenzustand, einschließlich Spin, einnehmen können. Es ist zu betonen, dass die Aussage, zwei Teilchen können nicht ein- und denselben Quantenzustand einnehmen, streng nur für nicht-wechselwirkende Teilchen gemacht werden kann. Nur dann können wir einzelnen Teilchen überhaupt wohl definierte Quantenzustände (Quantenzahlen) zuordnen. Im Falle der Wechselwirkung zwischen den Teilchen lässt sich nur eine Vielteilchen-Wellenfunktion definieren, deren Quantenzahlen dem Gesamtsystem und nicht einzelnen Teilchen zugeordnet sind. Hier gilt nur die allgemeinere Antisymmetrie-Bedingung.

Das Paulische Ausschließungsprinzip für Fermionen fordert in seiner allgemeinsten Form für nicht-wechselwirkende Teilchen also die Antisymmetrie der Vielteilchen-Wellenfunktion (Vielteilchenzustand) gegenüber Vertauschung zweier Teilchen. Für nicht-wechselwirkende Teilchen lässt sich diese Forderung reduzieren auf die Aussage, dass zwei Fermionen am gleichen Ort nie in zwei Quantenzahlen übereinstimmen dürfen. Niemals dürfen zwei Fermionen ein- und denselben Quantenzustand besetzen.

5.6.3 Zwei Welten: Fermi- und Bosestatistik

Unsere Welt ist aus komplexen Vielteilchensystemen aufgebaut. Diese Vielteilchensysteme müssten durch eine einzige kohärente Wellenfunktion beschrieben werden, ein für die mathematische Behandlung von Problemen schier unmögliches Unterfangen. Es ist deshalb von außerordentlicher Bedeutung für eine formale Beschreibung, dass wir es in vielen Fällen mit relativ schwacher, oder räumlich und zeitlich begrenzter Wechselwirkung zwischen den vielen Teilchen zu tun haben. In diesem Fall können wir den einzelnen Teilchen, Elektronen oder Atomen u. ä. näherungsweise Einteilchenquantenzustände mit den entsprechenden Quantenzahlen ($n_x, n_y, n_z, \mathbf{k}, s$ etc.) zuordnen. Selbst wenn zwei Teilchen aus großer Entfernung (im atomaren Maßstab) kommend aneinander stoßen, überlappen sich ihre Wellenpakete nur räumlich und zeitlich begrenzt. In diesem räumlich und zeitlich begrenzten Bereich haben wir es mit einer nicht faktorisierbaren Zweiteilchen-Wellenfunktion zu tun. Außerhalb des Streuvolumens, können wir ihnen in guter Näherung wohldefinierte Einteilchenzustände $\mathbf{k}, \mathbf{k}', \ldots, s, s', \ldots$ zuordnen. Damit ist die Frage entscheidend, wie welche Einteilchenzustände in einem makroskopischen Ensemble besetzt sein können. Nach dem Paulischen Ausschließungsprinzip für nicht-wechselwirkende Teilchen (Abschn. 5.6.2) können Fermionen einen Einteilchenzustand nur einmal besetzen. Ist ein Quantenzustand einmal besetzt, so muss ein weiteres Fermion auf einen anderen Zustand „gehen". Bosonen können einen Quantenzustand hingegen beliebig oft besetzen. Im Falle vernachlässigbarer Wechselwirkung besteht für Bosonen die allgemeinste symmetrische Vielteichen-Wellenfunktion – wegen der Ununterscheidbarkeit der Teilchen – aus einer Summe von Produkten aus Einteilchen-Wellenfunktionen, in denen jeweils zwei Bosonen miteinander vertauscht werden. Ein System von Bosonen sei so geartet, dass N bosonische Einteilchenzustände zur Verfügung stehen, Wenn n Zustände bereits besetzt sind, auf wie viele Arten kann dann ein weiteres Boson in das System „eingefügt" werden und mit den bereits vorhandenen Teilchen in einer symmetrischen Vielteilchen-Wellenfunktion kombiniert werden? Außer der Besetzung der N zur Verfügung stehenden Zustände, kann das zusätzliche Teilchen wegen der Ununterscheidbarkeit jeweils noch mit einem der n bereits vorhandenen Teilchen vertauscht werden. Dadurch ergeben sich für das zusätzliche Teilchen $(N + n)$ Möglichkeiten mit den schon vorhandenen zu einer symmetrischen Wellenfunktion kombiniert zu werden. Die Möglichkeit, Bosonen in ein quantenmechanisches System einzubringen, erhöht sich also mit der Anzahl der schon vorhandenen Teilchen n. Bosonen folgen einem „Herdentrieb"; sie sammeln sich dort, wo schon viele sind.

Ganz anders bei Fermionen: Sind von den N zur Verfügung stehenden Zuständen schon n besetzt, dann kann ein zusätzliches Fermion nur noch $(N - n)$ Zustände besetzen.

Mit Hilfe dieser Überlegungen sind wir in der Lage, eine Besetzungsstatistik für Fermionen und Bosonen abzuleiten. Genauer gesagt, stellen wir uns die Frage, mit welcher Wahrscheinlichkeit Fermionen bzw. Bosonen in einem Vielteilchensystem unter der Voraussetzung schwacher Wechselwirkung (im oben beschriebenen Sinn), Einteilchenzustände besetzen. Damit wir Einteilchenzustände definieren können, darf die Wechselwirkung nicht zu stark und die Teilchendichte nicht zu hoch sein, so dass nur zeitlich und räumlich begrenzte Streuvolumina existieren. Wir betrachten dazu ein großes System vieler Teilchen, z. B. ein makroskopisches Ensemble (Gas) quantenmechanischer Teilchen, in dem thermodynamisches Gleichgewicht durch Stöße in räumlich und zeitlich begrenzten Bereichen hergestellt wird. Denken wir uns innerhalb des großen makroskopischen Ensembles zwei, auch makroskopische Unterensembles (1) und (2), dann bedeutet dynamisches, thermodynamisches Gleichgewicht des Gesamtensembles dass es zwischen den Unterensembles (1) und (2) Schwankungen ihrer Gesamtenergien E_1 und E_2 gibt, die immer wieder durch Stöße, hin und zurück zwischen (1) und (2), ausgeglichen werden. Da wir es mit makroskopischen Systemen, sowohl dem Gesamtsystem wie auch den Unterensembles (1) und (2), zu tun haben, gehorchen diese Systeme aus vielen Teilchen, nach dem Korrespondenzprinzip (Abschn. 3.3, 3.4), klassischen Gesetzmäßigkeiten.

In der klassischen Thermodynamik verhalten sich die Wahrscheinlichkeiten w und damit auch die Anzahlen der Realisierung $\nu(E_1)$ und $\nu(E_2)$ zweier Systeme mit den Energien E_1 und E_2 zueinander wie der Boltzmann-Faktor (siehe Höhenformel für den Luftdruck):

$$\frac{w\,(E_1)}{w\,(E_2)} = \frac{\nu\,(E_1)}{\nu\,(E_2)} = \exp\left(-\frac{E_1 - E_2}{k_\mathrm{B}T}\right) , \tag{5.158a}$$

wo k_B die Boltzmann-Konstante und T die Temperatur des Gesamtensembles ist, zu dem die Ensemble (1) und (2) gehören.

Die Relation (5.158a) zeichnet das dynamische Gleichgewicht des Gesamtsystems aus, in dem die Untersysteme jeweils mit verschiedener Häufigkeit gemäß (5.158a) vertreten sind. Dividieren wir die Häufigkeiten $\nu(E_1)$ und $\nu(E_2)$ durch das gleiche Zeitintervall, so gilt die Boltzmann-Beziehung (5.158a) auch für die Raten r mit denen die Systeme (1) und (2) während ihrer Fluktuationen ineinander übergehen:

$$\frac{r_{1\to 2}}{r_{2\to 1}} = \exp\left(-\frac{E_1 - E_2}{k_\mathrm{B}T}\right) . \tag{5.158b}$$

Die Energieänderung zwischen den beiden Teilsystemen kann durch ein einziges Teilchen bewirkt werden, deshalb müssen (5.158a,b) auch für einzelne Teilchen gültig sein. Analog zu den Ensemble-Energien E_1 und E_2 bezeichnen wir mit E_i und E_j Teilchenenergien. Falls für die Energie $E_i(E_j)$ jeweils $N_i(N_j)$ Zustände zur Verfügung stehen und davon $n_i(n_j)$ bereits besetzt sind, dann ist die Anzahl der Teilchen, die im Zeitintervall Δt vom Zustand i in den Zustand j übergehen

$$\nu_{i\to j} = r_{i\to j} n_i\,(N_j \pm n_j)\,\Delta t . \tag{5.159a}$$

Der Unterschied zwischen Bosonen und Fermionen ist wichtig für die Anzahl möglicher Endzustände $(N_j \pm n_j)$. Nach dem oben Gesagten folgen Bosonen dem „Herdentrieb". Hier gilt das Pluszeichen. Fermionen können nur auf unbesetzte Zustände „gehen", deshalb gilt für sie das Minuszeichen. Für die Zahl von Teilchen, die von j nach i springen, gilt analog:

$$\nu_{i\to j} = r_{j\to i} n_j\,(N_i \pm n_i) = r_{i\to j}\left[\exp\left(-\frac{E_i - E_j}{k_\mathrm{B}T}\right)\right] n_j\,(N_i \pm n_i) . \tag{5.159b}$$

Hierbei wurde für das Ratenverhältnis $r_{j\to i}/r_{i\to j}$ die Beziehung (5.158b) angenommen. Im thermodynamischen Gleichgewicht müssen die Übergangsraten für Stöße von i nach j mit denen von j nach i übereinstimmen. Deshalb folgt aus (5.159a) und (5.159b)

$$r_{i\to j} n_i\,(N_j \pm n_j) = r_{i\to j}\left[\exp\left(-\frac{E_i - E_j}{k_\mathrm{B}T}\right)\right] n_j\,(N_i \pm n_i) . \tag{5.160}$$

Aus dieser Gleichgewichtsbedingung folgt

$$\frac{n_i}{N_i \pm n_i}\,\mathrm{e}^{E_i/k_\mathrm{B}T} = \frac{n_j}{N_j \pm n_j}\,\mathrm{e}^{E_j/k_\mathrm{B}T} \tag{5.161}$$

für jeden beliebigen Zustand i oder j. Dies bedeutet, dass die Größe

$$K = \frac{n}{N \pm n} \exp\left(E/k_{\mathrm{B}}T\right) \tag{5.162}$$

für alle Zustände bei fester Temperatur T eine Konstante K ist.

Wir haben deshalb die Indizes i bzw. j weggelassen und mit E die Einteilchenenergie bezeichnet. Zu E gibt es N Zustände, von denen n besetzt sind. Damit folgt aus (5.162) die relative Besetzungszahl n/N für das Einteilchen-Energieniveau E, bzw. die Besetzungswahrscheinlichkeit w

$$w = \frac{n}{N} = \left(\frac{1}{K} \mathrm{e}^{E/k_{\mathrm{B}}T} \mp 1\right)^{-1} . \tag{5.163}$$

Hier gilt das Minuszeichen für Bosonen und das Pluszeichen für Fermionen.

Für **Fermionen** ist es zweckmäßig, die Konstante K, die noch von der Temperatur abhängen kann, durch

$$K = \exp\left(E_{\mathrm{F}}/k_{\mathrm{B}}T\right) \tag{5.164}$$

auszudrücken. Hierbei wird E_{F} als Fermi-Energie bezeichnet. Mit dieser Definition schreibt sich die Besetzungswahrscheinlicht w für Fermionen

$$w = f\left(E\right) = \frac{n}{N} = \frac{1}{\exp\left(\frac{E-E_{\mathrm{F}}}{k_{\mathrm{B}}T}\right) + 1} . \tag{5.165}$$

Diese sogenannte Fermiverteilung $f(E)$ lässt sich anschaulich sehr einfach interpretieren, wenn man berücksichtigt, dass Fermionen einen Quantenzustand nur einmal besetzen dürfen.

Erinnern wir uns an das Problem „eingesperrter“ Elektronen in einem 3D-Potentialkasten (Abschn. 3.6.1). Dieses Modell beschreibt z. B. freie Leitungselektronen in einem Modell. Wir hatten als Lösung der Schrödinger-Gleichung Wellen erhalten, die nur diskrete Wellenzahlen (3.68) im reziproken **k**-Raum annehmen können (Abb. 3.5). Die Zustandsdichte dieser Zustände $D(E)$ für ein dreidimensionales Volumen stellt eine Wurzelfunktion $D^{(3)}(E) \propto \sqrt{E}$ (3.70) dar (Abb. 3.7). Sie gibt an, wie viele Zustände pro Volumen es bei der Energie E (zu verschiedenem **k** und Spin) gibt.

Wie diese Zustände nun mit Elektronen besetzt sein können, wird durch die Fermi-Besetzungswahrscheinlichkeit $f(E)$ geregelt. Die Dichte der besetzten Zustände bei einer Einteilchenenergie E ist

$$n\left(E\right) = D^{(3)}\left(E\right) f\left(E\right) . \tag{5.166}$$

Bei der Temperatur $T = 0$ sind alle Elektronen auf ihren niedrigst möglichen Energiezuständen, d. h. wegen des Pauli-Prinzips füllen sie sukzessive von $E = 0$ her alle Zustände bis zu einer maximalen Energie E_{F} auf (Abb. 5.12a).

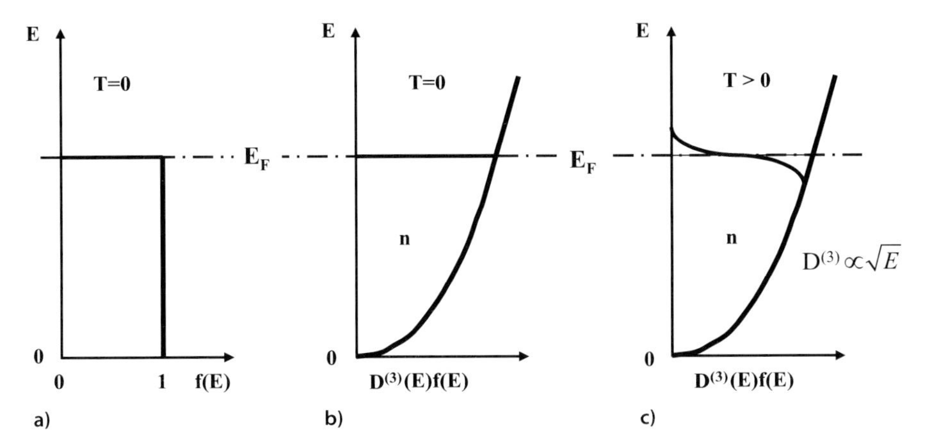

Abb. 5.12a–c. Besetzung der elektronischen Zustände eines Elektronengases im 3D-Potentialkasten, dessen Zustandsdichte $D^{(3)}$ proportional zu $\sqrt{E}$ ist, nach der Fermi-Statistik $f(E)$. **a** Fermi-Funktion $f(E)$ bei $T = 0$. **b** Elektronendichte n als Produkt aus Fermi-Funktion $f(E)$ und Zustandsdichte $D^{(3)}$ bei $T = 0$. **c** Elektronendichte n bei einer endlichen Temperatur $T > 0$

Dies ist gerade die vorher definierte Fermi-Ernergie. Für verschwindende Temperatur $T = 0$ ist deshalb offensichtlich, dass die Fermi-Besetzungswahrscheinlichkeit $f(E)$ eine Kastenfunktion, wie in Abb. 5.12a, sein muss. Unterhalb von E_F sind alle Zustände besetzt, d. h. $f(E) = 1$, oberhalb von E_F sind die Zustände unbesetzt, d. h. $f(E) = 0$ für $E > E_\mathrm{F}$. Dies ist aber genau der funktionale Verlauf, der sich für $T \to 0$ aus (5.165) ergibt. Erhöht man die Temperatur etwas, so werden Elektronen aus Zuständen unterhalb E_F in vorher unbesetzte Zustände oberhalb von E_F übergehen, d. h. qualitativ ergibt sich für die Dichte der besetzten Zustände $n = D^{(3)}(E)f(E)$ bzw. für die Besetzungswahrscheinlichkeit $f(E)$ ein Verhalten wie in Abb. 5.12c. Der funktionale Verlauf der Fermi-Besetzungswahrscheinlichkeit $f(E,T)$ wie wir ihn qualitativ erwarten würden (Abb. 5.12c) wird aber genau durch (5.165) beschrieben, wie Abb. 5.13 zeigt. Die quantitative Darstellung von (5.165) zeigt, dass die sogenannte Aufweichungszone der Fermi-Verteilung auf der Energieachse eine Ausdehnung von etwa $4k_\mathrm{B}T$ hat. Um das in Abb. 5.13 dargestellte Verhalten der Fermi-Verteilung qualitativ einzusehen, betrachte man in (5.165) den Grenzfall $|E - E_\mathrm{F}| \gg k_\mathrm{B}T$. Für $E < E_\mathrm{F}$ hat die Exponentialfunktion ein großes negatives Argument und ist damit gegenüber der Eins im Nenner vernachlässigbar. Es folgt $n = N$ oder $f(E) \approx 1$. Für $E > E_\mathrm{F}$ wird die Exponentialfunktion sehr groß gegenüber der Eins im Nenner und n wird verschwindend klein. Die Schärfe des Übergangs von $f = 1$ nach $f = 0$ hängt von der Temperatur ab (Abb. 5.13).

Eine Herleitung der Fermi-Verteilungsfunktion (5.165) im allgemeinen Kontext der Thermodynamik zeigt, dass die Fermi-Energie E_F nichts anderes als das chemische Potential μ, eins der wichtigsten thermodynamischen

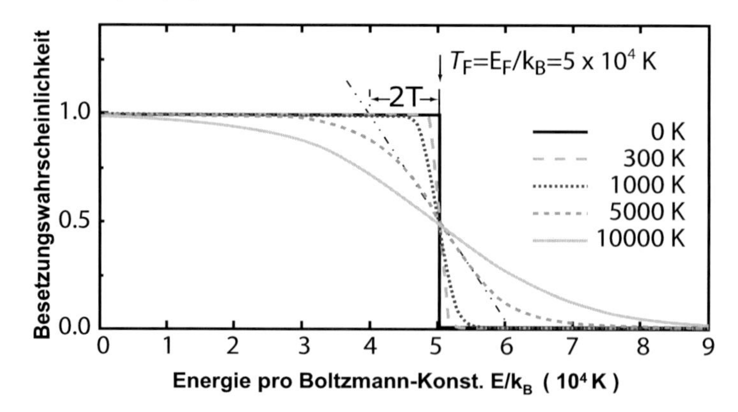

Abb. 5.13. Besetzungswahrscheinlichkeit nach der Fermi-Statistik für verschiedene Temperaturen T als Funktion der Einelektronenenergie E (bezogen auf Boltzmann-Konstante k_B). T_F und E_F sind Fermi-Temperatur bzw. Fermi-Energie

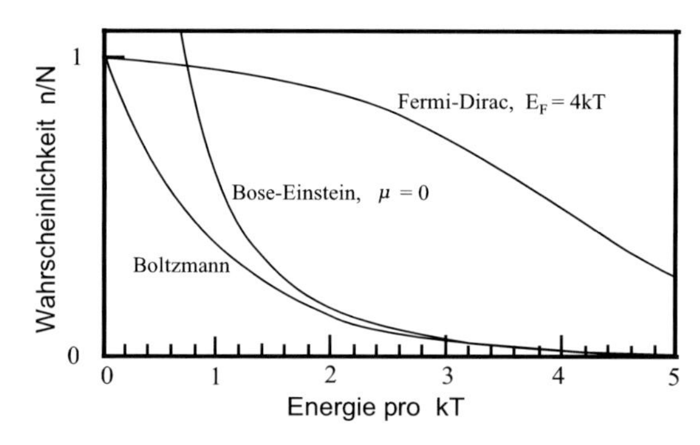

Abb. 5.14. Vergleich der klassischen Boltzman-Verteilungsfunktion mit den Quantenstatistiken nach Fermi-Dirac für Fermionen und nach Bose-Einstein für Bosonen. μ und E_F (Fermi-Energie) sind die jeweiligen chemischen Potentiale

Potentiale ist. Aus (5.163) und (5.164) folgt für die Besetzungswahrscheinlichkeit g_B bosonischer Zustände:

$$w = g_\mathrm{B} = \frac{n}{N} = \frac{1}{\exp\left(\frac{E-\mu}{k_\mathrm{B}T}\right) - 1} \,. \tag{5.167}$$

Auch hier ist μ das chemische Potential des sogenannten Bose-Gases. Der Verlauf der Bose- (manchmal auch Bose-Einstein) Statistik und der klassischen Boltzmann-Statistik ist in Abb. 5.14 dargestellt. Es ist naheliegend, dass für große Energien E/kT (bei der Fermi-Statistik: $E \gg E_\mathrm{F}$), wo die Einteilchenniveaus nur schwach besetzt sind, die Teilchen auch im Raum sehr verdünnt sind, das unterschiedliche Verhalten von Bosonen und Fermionen (bei hoher Verdünnung gibt es viele zu besetzende Zustände) keine Rolle mehr spielt. Fermi- und Bose-Verteilung nähern sich hier an die klassische Boltzmann-Verteilung an.

Betrachten wir noch kurz eine wichtige Anwendung der Bose-Wahrscheinlichkeitsverteilung. Photonen, die elementaren Teilchen des elektromagnetischen Feldes (Kap. 8) haben ganzzahligen Spin $\pm\hbar$ und sind damit Bosonen. Wie wir später genauer diskutieren werden, entsprechen die beiden Spinorientierungen jeweils rechts- oder linkszirkularer Polarisation der Lichtwelle in Bezug auf die Fortpflanzungsrichtung der Photonen (q-Vektor). Photonen als Bosonen gehorchen der Bose-Statistik (5.167).

Damit können wir ein klassisches Problem, das der Strahlungsdichte eines schwarzen Körpers beschreiben. Planck hat bei der Lösung dieses Problems die Türen zur Entwicklung der modernen Physik, insbesondere der Quantenmechanik, aufgestoßen. Die Frage ist, wie sind in einem Hohlraum, in dem elektromagnetische Strahlung im thermischen Gleichgewicht mit den Wänden existiert, die Wellenmoden, d. h. die Lichtfrequenzen ω als Funktion der Temperatur verteilt? Wenn dieser Hohlraum ein kleines Loch besitzt, so wird er elektromagnetische Wellen entsprechend dieser Verteilung abstrahlen, die sogenannte Hohlraumstrahlung oder Strahlung eines schwarzen Körpers.

Wie für Elektronen, die eingesperrt sind in einen Potentialtopf (Abschn. 3.6.1), haben wir im Hohlraum stehende elektromagnetische Wellen als mögliche Schwingungszustände. Bei „periodischen" Randbedingungen (wie bei Elektronen in Abschn. 3.6.1) nimmt ein Schwingungszustand im Raum der Wellenzahlen q daher ein Volumen $V_q = (2\pi/L)^3$ ein, wenn L die Kantenlänge des kubischen makroskopischen Hohlraums ist. Wie für elektronische Zustände berechnen wir die Anzahl der möglichen Photonenzustände im reziproken Raum der Wellenzahl q, indem wir das Volumen einer Schale (Dicke $\mathrm{d}q$) $4\pi q^2\,\mathrm{d}q$ durch das Volumen eines Zustands $(2\pi/L)^3$ dividieren. Wenn wir auf das Volumen L^3 des Hohlraums beziehen, ergibt sich für die Anzahl möglicher Photonenzustände, d. h. Schwingungsmoden des elektromagnetischen Feldes pro Volumen L^3 des Hohlraumes

$$Z(q)\,\mathrm{d}q = 4\pi q^2\,\mathrm{d}q/(2\pi)^3 = \frac{2q^2}{(2\pi)^2}\,\mathrm{d}q\,. \tag{5.168}$$

Hieraus errechnen wir die Zustandsdichte pro Volumen L^3 und pro Energie- bzw. Frequenzintervall ($E = \hbar\omega$) mittels

$$D(\hbar\omega)\,\mathrm{d}\omega = Z(q)\,\mathrm{d}q\,. \tag{5.169}$$

Im Unterschied zu Elektronen, wo die Energie-Wellenzahlbeziehung durch $E = \hbar\omega = \frac{\hbar^2 k^2}{2m}$ gegeben ist, gilt für Photonen die klassische Dispersionsbeziehung $\omega = cq$ mit c als Lichtgeschwindigkeit. Damit folgt aus (5.168) und (5.169) die Zustandsdichte

$$D_{\mathrm{Ph}}(\omega) = \frac{\omega^2}{2\pi^2 c^3}\,. \tag{5.170}$$

Die Strahlungsdichte des Hohlraumes ergibt sich aus der Zustandsdichte (5.170) multipliziert mit der Besetzungswahrscheinlichkeit $g_{\mathrm{B}}(E = \hbar\omega)$ für

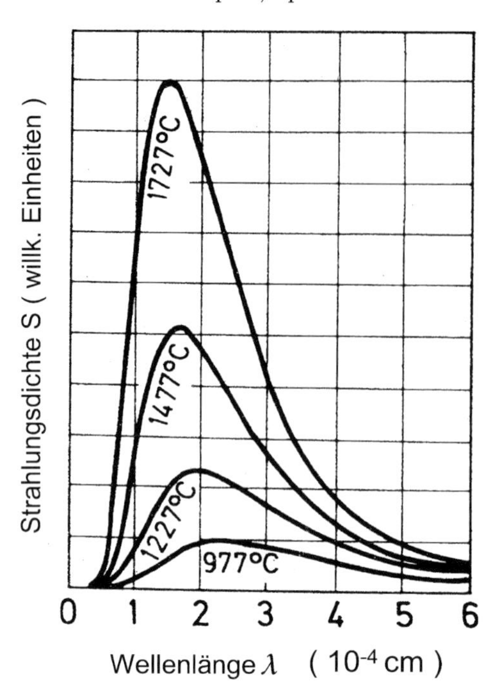

Abb. 5.15. Plancksche Strahlungsenergiedichte S eines schwarzen Körpers für verschiedene Temperaturen als Funktion der Wellenlänge λ der emittierten Strahlung

Bosonen. Wir müssen noch berücksichtigen, dass jeder Photonenzustand gekennzeichnet durch einen Wellenvektor $\mathbf{q}$ im reziproken Raum zwei verschiedene Spinzustände, links und rechts zirkular polarisierte Welle, enthält. Damit folgt für die Strahlungsenergiedichte des Hohlraumes

$$S\left(\hbar\omega\right) = 2g_{\mathrm{B}}\left(\hbar\omega\right)D_{\mathrm{Ph}}\left(\omega\right)\hbar\omega\ . \tag{5.171}$$

Hierbei wurde dem einzelnen Photon natürlich die Teilchenenergie $\hbar\omega$ (Abschn. 2.1) zugeordnet. Beziehen wir in der Bose-Verteilung (5.167) die Einteilchenenergien $E = \hbar\omega$ auf einen Energienullpunkt $\mu = 0$, so ergibt sich für die Strahlungsenergiedichte eines Hohlraumes im thermischen Gleichgewicht

$$S\left(\hbar\omega\right) = \frac{\hbar\omega^3}{\pi^2 c^3}\frac{1}{\exp\left(\hbar\omega/k_{\mathrm{B}}T\right) - 1}\ . \tag{5.172}$$

Dies ist die berühmte Plancksche Strahlungsenergiedichte, die angibt, mit welcher Strahlungsdichte (in Abhängigkeit von der Temperatur T) ein idealer „schwarzer Körper“ elektromagnetische Strahlung emittiert (Abb. 5.15).

5.6.4 Der Elementarteilchenzoo

Wir haben gesehen, dass es aufgrund des inhärenten Spinfreiheitsgrades zwei Teilchenarten gibt, Fermionen und Bosonen, mit verschiedenem Verhalten bezüglich der Besetzung von Einteilchenzuständen (Besetzungsstatistik). Was wissen wir heute generell über die Anzahl und die Eigenschaften existierender Teilchen, die den Gesetzen der Quantenmechanik gehorchen? Während zu Beginn des zwanzigsten Jahrhunderts, als die Quantenmechanik Schritt für Schritt entwickelt wurde, nur das Elektron und das Proton und Neutron, letztere beiden Teilchen als Konstituenten des Atomskerns, als elementare Teilchen bekannt waren, hat die Elementarteilchenphysik seit 1970 ein klares Bild von der Teilchenvielfalt entstehen lassen, das im sogenannten **Standardmodell** seine vorläufige Abrundung erfahren hat.

Wir wollen an dieser Stelle, ohne in die Tiefe zu gehen, nur kurz einige Aussagen des Standardmodells über die uns bekannten Elementarteilchen darstellen [6]. Dies soll nur eine bessere Vorstellung davon vermitteln, bis in welche Tiefe hinab wir heute den Aufbau der Materie verstehen, und auf welche Dinge wir die allgemeinen Gesetze der Quantenmechanik anwenden.

Zwei fundamentale Aussagen in diesem Zusammenhang folgen aus der speziellen Relativitätstheorie, zum einen, dass Masse und Energie äquivalent sind, zum anderen, dass es zu jedem Teilchen ein Antiteilchen gibt. Beide Aussagen, die Äquivalenz von Masse und Energie und die Existenz von Antimaterie sind mittlerweile durch eine Vielzahl experimenteller Fakten belegt.

Zur ersten Aussage sei kurz in Erinnerung gerufen, dass sich der relativistische Impuls p eines Teilchens der Masse m, das sich mit der Geschwindigkeit v bewegt, darstellt als (Lichtgeschwindigkeit c)

$$p = \frac{mv}{\sqrt{1 - v^2/c^2}} \,. \tag{5.173}$$

Man beachte, für $v^2/c^2 \ll 1$ ergibt sich die klassische Form mv des Impulses. Berechnet man mit (5.173) die Arbeit W, die eine Kraft F verrichtet, um einen Körper auf die Geschwindigkeit v zu bringen, so folgt (ohne in Details der Rechnung zu gehen)

$$W = \int F \, \mathrm{d}x = \int \dot{p} \, \mathrm{d}x = \frac{mc^2}{\sqrt{1 - v^2/c^2}} \approx mc^2 + \frac{mv^2}{2} \,. \tag{5.174}$$

Der zweite Term in (5.174) stellt die klassische kinetische Energie des Teilchens dar, während der erste Term eindeutig einem massiven Körper, einem Teilchen, eine Ruheenergie $E = mc^2$ zuordnet. Masse und Energie sind äquivalent, sie lassen sich ineinander umwandeln. Wie dies geschehen kann, sagt die berühmte Einsteinsche Gleichung $E = mc^2$ nicht. Mechanismen der Umwandlung wurden erst durch die relativistische Quantenfeldtheorie (Kap. 8) beschrieben. Dennoch erkennen wir, elementare Teilchen müssen nicht ewig existieren, sie können sich prinzipiell nach einer endlichen Lebensdauer in Energie und diese wieder in ein Teilchen verwandeln. Ein Teilchen, das sich in ein anderes umwandelt, muss natürlich eine größere Masse als das Endprodukt haben, denn sonst wäre der Energiesatz verletzt.

Außerdem hat es sich in der Elementarteilchenphysik eingebürgert, die Ruhemassen m elementarer Teilchen über $E = mc^2$ durch Energie auszudrücken. Dabei erweist sich die GeV($= 10^9$ eV)-Skala als eine brauchbare

Größenordnung. Aus (5.173) und (5.174) leiten wir die relativistische Energie-Impulsbeziehung für ein Teilchen her:

$$E^2 - c^2p^2 = \frac{1}{1 - v^2/c^2} \left(m^2c^4 - m^2c^2v^2\right) = m^2c^4 ,$$

$$E^2 = c^2p^2 + m^2c^4 . \tag{5.175a}$$

Diese Gleichung hat Lösungen mit positiver und negativer Energie

$$E = \pm\sqrt{c^2p^2 + m^2c^4} . \tag{5.175b}$$

Dirac hat diese Lösung zum ersten Mal als realistisch angesehen und sie „ernst“ genommen, statt die negative Lösung als unphysikalisch abzutun. Er postulierte für jedes Elektron bzw. allgemeiner Fermion, ohne auf das Ungewohnte und Unanschauliche der Vorstellung Rücksicht zu nehmen, die Existenz eines bei negativen Energien mit Teilchen vollbesetzten Vakuumgrundzustandes (Abb. 5.16), den sogenannten **Dirac-See**. Im Vakuum sind die Zustände positiver Energie leer. Die Besetzung des Dirac-Sees mit $E < 0$ wird nach der Fermi-Statistik geregelt, sodass jeder Einteilchenzustand unter Berücksichtigung des Spin-Freiheitsgrades nur einmal (bei Spin-Entartung zweimal) besetzt sein darf. Das Vorhandensein eines Elektrons im Vakuum bedeutet die Besetzung eines Zustandes positiver Energie. Dieses Bild des Vakuumzustandes ist völlig analog zu dem eines Halbleiters mit voll besetztem Valenzband und leerem Leitungsband. Das Vakuum enthält im Dirac-Bild eine unendliche negative Ladung. Dieses intuitiv schwer verständliche Bild führt nicht zu Widersprüchen, weil die vollständig besetzten Zustände negativer Energie grundsätzlich unbeobachtbar sind. Elektronen bei $E > 0$ können nicht mit solchen bei $E < 0$ wechselwirken, weil nach dem Pauli-Prinzip bei $E < 0$ keine besetzbaren Zustände zur Verfügung stehen. Führen wir aber dem Vakuumzustand eine Minimalenergie von $2mc^2$ [2mal Ruheenergie eines Elektrons, (5.175b) mit $p = 0$] zu, so kann ein Teilchen von $E = -mc^2$ auf $E = mc^2$ angeregt werden, oder anders interpretiert, im Dirac-See wird bei $E = -mc^2$ ein freier Zustand (Loch) geschaffen und ein Teilchen bei $E = mc^2$, ein freies ruhendes Elektron erzeugt. Der entstandene freie Zustand im Dirac-See wird als Antiteilchen zum Elektron interpretiert. Es hat gleiche Masse und entgegengesetzte Ladung. Dieses Antiteilchen zum Elektron trägt deshalb den Namen Positron. Es wurde 1932 von C.D. Anderson in der Höhenstrahlung entdeckt [7], eine glänzende Bestätigung der Diracschen Vorstellung von Antimaterie. Das Bild ist heutzutage nicht nur für Elektronen, sondern für alle Fermionen gültig. Wir gehen hier nicht auf die Verallgemeinerung auf Anti-Bosonen ein.

Da das Elektron eine Ruhe (Masse)-Energie von etwa 0,5 MeV besitzt, kann der beschriebene Prozess der Elektron-Positron-Erzeugung nur bei Energien oberhalb von $2mc^2 \simeq 1\,\text{MeV}$ stattfinden, d. h. bei Energien, die im Festkörper keine Rolle spielen. Wir können generell sagen, dass Prozesse der Teilchenumwandlung, der Vernichtung oder Entstehung, so hohe Energie,

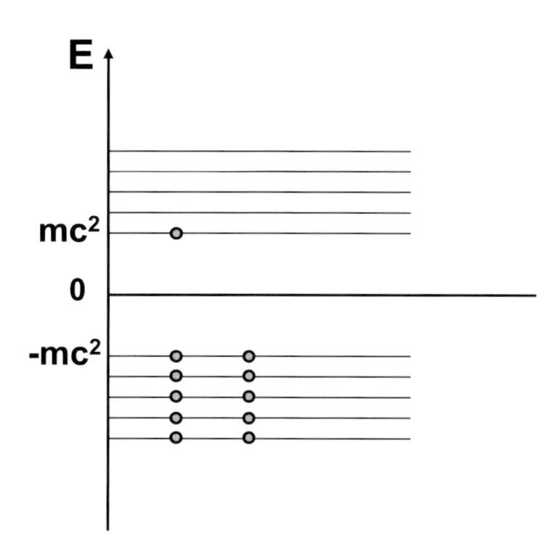

Abb. 5.16. Schematische Darstellung des Dirac-Sees für relativistische Elektronen der Masse m. Negative Zustände mit $mc^2 < 0$ sind bei Vorliegen des Vakuumzustandes besetzt und Zustände mit $mc^2 > 0$ leer. Ein einzelnes Elektron im Vakuum bedeutet Besetzung eines Zustandes mit positiver Energie, so wie hier dargestellt

nämlich mindestens mc^2 beinhalten, dass sie für die Festkörperphysik (abgesehen von instabilen radiaktiven Kernen) irrelevant sind. Zum Studium der Prozesse zwischen Elementarteilchen braucht man Teilchenbeschleuniger, die Teilchen bis weit in den GeV-Energiebereich beschleunigen.

Dennoch sei kurz beschrieben, welche elementaren Teilchen wir heute kennen, welche Bedeutung sie beim Aufbau der Materie haben und wie sie sich in die Kategorie Fermionen oder Bosonen einordnen.

Wie schon zu Beginn des 20sten Jahrhunderts gilt auch heute noch, dass für die uns umgebende Materie unter irdischen Bedingungen, so wie sie in Kristallen, Flüssigkeiten, Gasen, in Halbleiternanostrukturen und in biologischen Systemen auftritt, lediglich Elektronen, Protonen und Neutronen, allesamt Fermionen, wichtig sind. Protonen, zusammen mit Neutronen bauen den Atomkern auf, der von Elektronen in der Atomhülle umgeben ist. Während der Kern fast die gesamte Masse des Atoms trägt, bestimmt die elektronische Hülle weitgehend die Ausdehnung der Atome (Kerne: 10^{-13} cm, Hülle: 10^{-8} cm). Elektronen und Protonen sind dabei die einzigen Teilchen, denen wir mit ziemlicher Sicherheit eine unendliche Lebensdauer zuschreiben.

Während jedoch das Elektron sich immer wieder als elementares, nicht zusammengesetztes Teilchen zeigt, hat man in Streuexperimenten mit Photonen hoher Energie (γ-Teilchen) gefunden, dass die Nukleonen Proton und Neutron aus jeweils drei Unterteilchen zusammengesetzt sein müssen. Da Proton und Neutron Fermionen sind, müssen die sie konstituierenden Teilchen, drei an der Zahl, nach Abschn. 5.6.2 auch Fermionen sein. Ferner muss ihre elektrische Ladung, jeweils über drei Teilchen addiert, entweder die elektronische (positive) Elementarladung des Protons e_0 oder die Ladung Null des Neutrons ergeben.

Mehrere Jahrzehnte Elementarteilchenphysik haben diese elementaren Bestandteile der Nukleonen als wirklich elementar, so wie das Elektron, identifiziert. Diese Teilchen tragen den Namen Quarks, was nichts mit dem deutschen Weichkäse „Quark“ zu tun hat; ihr Name wurde von ihren „Erfindern“, Gell-Mann und Zweig dem Roman „Finnegans Wake“ von James Joyce entnommen.

Damit ergibt sich aus jahrzehntelanger Teilchenforschung, dass Materie aus zwei Sorten wirklich elementarer Teilchen (punktförmig vorzustellen) aufgebaut ist, den **Leptonen** (λεπτός = leicht), wie das Elektron und den **Quarks**. Beide Typen von Grundbausteinen sind Fermionen mit halbzahligem Spin. In Tabelle 5.1 sind alle uns bekannten Leptonen und Quarks zusammengestellt. Auch die elementaren Teilchen, wie die Leptonen können ganz verschiedene Lebensdauern haben; während das Elektron stabil ist ($t = \infty$), leben μ und τ nur kurz, nämlich $2{,}2 \cdot 10^{-6}\,\mathrm{s}(\mu)$ bzw. $2{,}9 \cdot 10^{-13}\,\mathrm{s}(\tau)$. Sowohl Leptonen als auch Quarks treten in Paaren auf, in Tabelle 5.1 jeweils durch Klammern zusammengefasst, z. B. das Elektron e mit seinem Neutrino ν_e (Ladung 0, Spin $\frac{1}{2}$, Masse wesentlich kleiner als die des Elektrons $< 3\,\mathrm{eV}$). Es gibt drei Familien oder Sorten (engl. Flavour) von Leptonen und analog von Quarks, die sich durch wachsende Ruhmassen ihrer Teilchen unterscheiden (Tabelle 5.1). Die erste Familie der Quarks, zugeordnet der Leptonenfamilie (e, ν_e), besteht aus den beiden Quarks u (genannt *up*) und d (genannt *down*). Diese beiden Quarks mit den Massen (Ruhenergien) von jeweils etwa 0,3 GeV sind nach unserem bisherigen Wissen die Teilchen, die als Dreierkombination (uud) das Proton bzw. (udd) das Neutron aufbauen. Aus den dem u- und dem d-Quark zugeschriebenen elektrischen Ladungen von $\frac{2}{3}e_0$ bzw. $-\frac{1}{3}e_0$ erklären sich die Ladungen $+e_0$ und 0 für Proton und Neutron. Obwohl experimentell wegen der Streuexperimente mit hochenergetischen γ-Photonen kein Zweifel an der Dreifachunterstruktur der Nukleonen Proton und Neutron besteht, wurden Quarks nie als Einzelteilchen frei beobachtet. Die Theorie des Standardmodells (siehe weiter unten: Chromodynamik) ist dem entsprechend so geartet, dass die anziehende Kraft zwischen Quarks bei Vergrößerung des Abstandes zunimmt und im Grenzfall gegen Unendlich strebt (Quark-Confinement), ganz im Gegensatz zu der uns vertrauten Coulombkraft zwischen zwei elektrisch geladenen Teilchen (Elektron, Proton).

Schon bevor das Quarkmodell als eine realistische Beschreibung der Natur ernst genommen wurde, war man zu der Ansicht gekommen, dass die beiden Nukleonen Proton und Neutron, nicht nur wegen ihrer ähnlichen Masse (ca. 0,94 GeV), als zwei quantenmechanische Zustände $|p\rangle$ und $|n\rangle$ ein- und desselben Teilchens aufgefasst werden können. Da wir mittlerweile wissen, dass sich die meisten so genannten elementaren Teilchen ineinander umwandeln, wenn nur die Energiebilanz und einige andere Regeln erfüllt sind, beschreiben wir Teilchen durch quantenmechanische Zustände, ähnlich wie Wellenfunktionen eines Elektrons, in der Dirac (bra-ket)-Schreibweise. Das Bild ist: Materie und Energie können gewisse quantenmechanische Zustände, nämlich die der Elementarteilchen annehmen. Die Nukleon-„Wellenfunktionen“ oder Zustän-

Tabelle 5.1. Die drei Familien (Sorten, Flavour) elementarer Fermionen mit Spin $\hbar/2$: Die Leptonen (e), Myon (μ), Tau-Teilchen mit ihren Neutrinos ν_e, ν_μ, ν_τ und die Quarks up (u), down (d); charm (c), strange (s); top (t), bottom (b). Die Massen, soweit sie bekannt sind, sind in der Einheit GeV ($m = E/c^2$) in eckigen Klammern angegeben. Man beachte, dass sich die Ladung der Teilchen in den runden Klammerns jeweils um $\Delta Q = e_0$ unterscheidet. Zu jedem Teilchen existiert ein Antiteilchen mit gleicher Masse und entgegengesetzter elektrischer Ladung ($\bar{u}$ zu u, $\bar{c}$ zu c, $\bar{\nu}_e$ zu ν_e usw.)

	3 Sorten bzw. Familien (Flavour)			**Ladung (e_0)**
Leptonen (Fermionen)	$\begin{pmatrix} \nu_e \\ \mathbf{e}[0{,}5\times10^{-3}] \end{pmatrix}$	$\begin{pmatrix} \nu_\mu \\ \mu\,[0{,}106] \end{pmatrix}$	$\begin{pmatrix} \nu_\tau \\ \tau\,[1{,}78] \end{pmatrix}$	$\left.\begin{matrix} \mathbf{0} \\ \mathbf{-1} \end{matrix}\right\} \Delta Q = e_0$
Quarks (Fermionen)	$\begin{pmatrix} u\,[0{,}33] \\ d\,[0{,}33] \end{pmatrix}$	$\begin{pmatrix} c\,[1{,}5] \\ s\,[0{,}45] \end{pmatrix}$	$\begin{pmatrix} t\,[?] \\ b\,[4{,}9] \end{pmatrix}$	$\left.\begin{matrix} \mathbf{2/3} \\ \mathbf{-1/3} \end{matrix}\right\} \Delta Q = e_0$

de schreiben sich damit

$$|p\rangle = |u\;u\;d\rangle \quad \text{für das Proton,} \tag{5.176a}$$

$$|n\rangle = |u\;d\;d\rangle \quad \text{für das Neutron.} \tag{5.176b}$$

Wir wollen festhalten, dass die uns umgebende Materie unter irdischen Bedingungen, von Mikro-Kelvin bis zu einigen tausend Kelvin, nur die erste Familie von Leptonen (e, ν_e) und Quarks (u, d) als konstituierende Elementarteilchen enthält. Hierbei können wir uns im Rahmen der Physik der kondensierten Materie bis hin zur Biologie, auf die elementaren Teilchen Elektron, Proton und Neutron beschränken, die das Atom aufbauen. Quarks als Bausteine von Proton und Neutron werden uns wegen des „Quarks-Confinements“ in der Natur niemals einzeln begegnen.

Wir wollen dennoch kurz Einiges schildern, was die Elementarteilchenphysik weiter an Erkenntnissen über Teilchen unter ungewöhnlichen Bedingungen, in Teilchenbeschleunigern (CERN, DESY, Fermi-Lab, etc.) oder bei kosmologischen Ereignissen, Urknall, Supernova, etc. gewonnen hat. Die Experimente an Beschleunigern beinhalten die Beobachtung von Streuprozessen hochbeschleunigter Teilchen, z. B. Protonen oder Elektronen an anderen Teilchen (Targets), wiederum Protonen, Neutronen, etc. Bei gewissen Energien $E = mc^2$ treten dann in einem bestimmten Energiebereich $\Delta E = (\Delta m)c^2$ besonders viele Streuprozesse auf, eine bandenartige spektrale Struktur erscheint und man schließt auf die Existenz eines so genannten Elementarteilchens mit endlicher Lebensdauer t. Aus der Energie, bei der die spektrale Bande auftritt, kann man auf die Masse $m = E/c^2$ des Teilchens schließen. Die

Tabelle 5.2. Einige wichtige Hadronen: Baryonen bestehen aus drei Quarks, Mesonen aus einem Quark und Antiquark. Für die uns umgebende Materie sind nur Proton $|p\rangle$ und Neutron $|n\rangle$ wichtig. Die Bezeichnung der Quarks u, d, s ist in Tabelle 5.1 angegeben. Ladung, Masse und Lebensdauer sind experimentelle Werte

	Quark-Inhalt	Ladung (e_0)	Masse (GeV)	Lebensdauer (s)
Baryonen $\|qqq\rangle$ **(Fermionen)**	$\|uud\rangle = \|p\rangle$	+1	0,9383	∞
	$\|udd\rangle = \|n\rangle$	0	0,9396	887
	$\|uuu\rangle = \|\Delta^{++}\rangle$	+2	1,232	$\approx 5{,}5 \times 10^{-24}$
	$\|uds\rangle = \|\Lambda\rangle$	0	1,116	$2{,}6 \times 10^{-10}$
Mesonen $\|q\bar{q}\rangle$ **(Bosonen)**	$\|u\bar{d}\rangle = \|\pi^+\rangle$	+1	0,1396	$2{,}6 \times 10^{-8}$
	$(\|d\bar{d}\rangle - \|u\bar{u}\rangle)/\sqrt{2} = \|\pi^0\rangle$	0	0,1349	$8{,}4 \times 10^{-17}$
	$\|d\bar{u}\rangle = \|\pi^-\rangle$	-1	0,1396	$2{,}6 \times 10^{-8}$
	$\|d\bar{s}\rangle = \|K^0\rangle$	0	0,4977	$8{,}3 \times 10^{-11}$
	$\|u\bar{s}\rangle = \|K^+\rangle$	+1	0,4937	$1{,}24 \times 10^{-8}$

energetische Breite $\Delta E = (\Delta m)c^2$ der beobachteten spektralen Verteilung der Streuereignisse definiert eine Massenunschärfe des elementaren Teilchen und damit über die Unschärferelation $t\Delta E \sim \hbar$ (3.23) eine Lebensdauer t des Teilchens, oder anders ausgedrückt einer Anregung im Elementarteilchenspektrum. Bei kurzlebigen Elementarteilchen spricht man deshalb auch von Resonanzen.

Auf diese Weise hat sich folgende Vorstellung entwickelt, dass neben den Leptonen (Tabelle 5.1) eine Klasse von aus Quarks aufgebauten Elementarteilchen existiert, die man als **Hadronen** (αδρός = groß) bezeichnet (Tabelle 5.2). Hierbei gibt es wiederum zwei Typen von Hadronen, nämlich welche, die aus drei Quarks aufgebaut sind, die **Baryonen** (βαρύς = schwer) $|qqq\rangle$ und solche, die aus Quark und Antiquark bestehen, die **Mesonen** (μεσος = mittel) $|q\bar{q}\rangle$. Baryonen, bestehend aus drei fermionischen Quarks, sind natürlich Fermionen, während Mesonen mit zwei Quarks Bosonen sind. Warum Quarks nur diese beiden Klassen von zusammengesetzten Elementarteilchen aufbauen, werden wir gleich plausibel machen.

In Tabelle 5.2 sind einige wichtige Hadronen, Baryonen und Mesonen mit ihrem „Quark-Inhalt“ zusammengestellt. Es wird unterschieden zwischen Baryonen und Mesonen, die nur aus der ersten Familie (Flavour) von

u- und d-Quarks (Konstituenten der uns umgebenden Materie) bestehen und solchen, die auch charm (c), strange (s) bzw. top (t) und bottom (b) Quarks enthalten. In die erste Kategorie fallen die uns wohlbekannten Nukleonen $|p\rangle$ und $|n\rangle$, Proton und Neutron. Nur das Proton ist stabil. Während das Neutron eine endliche Lebensdauer (887 s) in Kernreaktionen hat. In den meisten Atomkernen lebt es unendlich lange, weil mögliche Zerfallsprodukte (Kerne) eine größere Masse hätten (Widerspruch zum Energiesatz). Hierbei ist entscheidend, dass die Bindungsenergie der Kerne sich als Massendifferenz ausdrücken lässt.

Das Δ^{++}-Baryon (Δ-Resonanz) mit zweifach positiver Ladung ist extrem kurzlebig mit einer Lebensdauer von ca. $5{,}5 \cdot 10^{-24}\,$s. Die Lebensdauern der verschiedenen Baryonen streuen also über einen extrem weiten Bereich von Unendlich bis zu $10^{-24}\,$s. Entsprechend der Zusammensetzung aus jeweils drei Quarks der ersten Familie liegt die Masse dieser Hadronen bei ca. 1 GeV. Geringe Unterschiede erklären sich durch die verschiedenen internen Wechselwirkungen (Masse = Energie).

Bei den Mesonen ist bemerkenswert, dass Teilchen gleicher Masse, aber entgegengesetzter elektrischer Ladung, wie die π-Mesonen $|\pi^+\rangle$ und $|\pi^-\rangle$, Teilchen und Antiteilchen $|u\bar{d}\rangle$ bzw. $|d\bar{u}\rangle$ darstellen.

Eine genauere Analyse der experimentell beobachteten Δ^{++}Resonanz ($|\Delta^{++}\rangle$Baryon, Tabelle 5.2) zeigte, dass dieses Elementarteilchen den Spin $\frac{3}{2}\hbar$ hat, d. h. sein quantenmechanischer Zustand, einschließlich der Spinwellenfunktion, muss dargestellt werden als

$$\left|\Delta^{++}\right\rangle = |u\,u\,u\rangle\,|\uparrow\uparrow\uparrow\rangle \ . \tag{5.177}$$

Nimmt man an, dass der Bahndrehimpuls der Quarks im Grundzustand verschwindet (s-Zustand), so führt die Darstellung (5.177) zu einem Widerspruch zum Pauli-Prinzip, sollte $|\Delta^{++}\rangle$ wirklich ein Fermion sein. Vertauschen zweier Quarks führt den Zustand in sich selbst über, d. h. der Zustand $|\Delta^{++}\rangle$ wäre symmetrisch gegenüber Vertauschung zweier Teilchen und damit nicht fermionisch. Dieser Widerspruch und eine Reihe anderer Argumente führte die Elementarteilchenphysiker zu einer völlig neuen Annahme: Alle Quarks haben zusätzlich zum Spin ein weiteres inhärentes Unterscheidungsmerkmal, das bisher in der Physik nicht bekannt war. Bisher hatten wir die Merkmale Masse, Ladung (plus und minus) sowie Spin (halb- und ganzzahlig) zur Charakterisierung eines Teilchens. Für Quarks müssen wir also neben Masse, Ladung ($\frac{2}{3}e_0$ und $-\frac{1}{3}e$) und Spin noch eine weitere interne Quantenzahl fordern, die aber nicht nur zwei sondern drei diskrete Werte annehmen kann.

Mittels dieser „Dreifaltigkeit“ lässt sich erklären, warum Quarks nur die beiden Hadronenarten, Bayronen $|qqq\rangle$ und Mesonen $|q\bar{q}\rangle$ bilden können.

Physiker haben künstlerische Phantasie, deshalb haben sie diese neue Quarkeigenschaft „**Farbe**“ genannt. Rot (R), Grün (G) und Blau (B) als Elementarfarben ergänzen sich in der Überlagerung zum neutralen Weiß. So wie positive und negative elektrische Ladung und ebenso entgegen gesetzte Spins sich zu null addieren, addieren sich in dieser Dreifaltigkeit R, G, B die drei Farben zu „Null“, dem Weiß. Wenn also ein u, d, s oder c-Quark in drei Farben vorkommt, dann müssen die allgemeinsten Zustände der Hadronen jeweils durch Überlagerung der R, G, B-Wellenfunktionen beschrieben werden, ähnlich wie wir es für Spinwellenfunktionen (5.120) kennengelernt haben.

Für ein bosonisches Meson des Typs $|q\bar{q}\rangle$ lautet also die allgemeinste Überlagerung der drei Farbzustände

$$|q\bar{q}\rangle = \frac{1}{\sqrt{3}}\left(\left|R\bar{R}\right\rangle + \left|G\bar{G}\right\rangle + \left|B\bar{B}\right\rangle\right) , \tag{5.178}$$

wobei der Vorfaktor $1/\sqrt{3}$ die Normierung des Zustandes bewirkt.

Die Darstellung (5.178) ist symmetrisch gegenüber Vertauschung zweier Teilchen $R \leftrightarrow G$ bzw. $R \leftrightarrow B$ oder $G \leftrightarrow B$, was für eine Boson $|q\bar{q}\rangle$ verlangt wird. Ferner ist die Superposition der verschiedenfarbigen Quarks neutral weiß; alle drei Farben kommen in den Mesonen zu gleichen Teilen vor. Man spricht von einem Farb-Singulett, so wie ein System von zwei Teilchen mit entgegen gesetzten Spins, die sich kompensieren, als Singulett bezeichnet wird.

So wie in der Natur elektrisch geladene Teilchen im Zustand niedrigster Energie bevorzugt neutrale Systeme wie Atome bilden, streben farbige Quarks offenbar farbneutrale (weiße) Zustände (Singuletts) wie in Mesonen des Typs (5.178) an. Wie können antisymmetrische, farbneutrale (Singulett)-Zustände für fermionische Baryonen des Typs $|qqq\rangle$ gebildet werden? Eine kurze Überlegung zeigt, dass dies nur durch folgende Darstellung eines Baryonenzustandes geschehen kann:

$$|qqq\rangle = \frac{1}{\sqrt{6}}\left(|RGB\rangle - |RBG\rangle + |BRG\rangle - |BGR\rangle + |GBR\rangle - |GRB\rangle\right) . \tag{5.179}$$

Dieser Zustand ist wiederum farbneutral, also ein Farbsingulett (alle Farben kommen gleich oft vor), aber bei Vertauschung zweier verschieden farbiger Quarks ändert er sein Vorzeichen. Der Zustand beschreibt ein Fermion, wie verlangt für Baryonen. Man sieht sofort, dass durch Hinzunahme der Farbe als weiterer Quantenzahl eines neuen inneren Freiheitsgrades für Quarks das Problem der Darstellung (5.177) für die Δ^{++} Teilchenresonanz gelöst wird. Während $|\Delta^{++}\rangle$ in (5.177) symmetrisch gegenüber Vertauschung zweier Quarks reagiert, führt die Ersetzung von $|u\,u\,u\rangle$ in (5.177) durch eine farbzerlegte Superpositionsdarstellung (5.179) zu einem antisymmetrischen Zustand, so wie es für das Fermion Δ^{++} verlangt wird.

Die Existenz eines neuen inneren Freiheitsgrades mit drei Einstellungen (Farben) für Quarks erklärt alle bisher beobachteten Hadronen und deren Eigenschaften bei Streuprozessen in einem Energiebereich zwischen 100 MeV und 1 TeV. Es sei noch einmal ausdrücklich darauf hingewiesen, dass nur

Quarks Farbe haben. Für Leptonen gibt es diesen inneren Freiheitsgrad mit drei Einstellungen R, G, B nicht.

Entsprechend den unterschiedlichen fundamentalen Teilchen existieren auch verschiedene Wechselwirkungen zwischen Elementarteilchen:

- Die **elektroschwache Wechselwirkung** beinhaltet zwei in der klassischen Physik, bei niedrigen Energien, getrennt auftretende Wechselwirkungen. Einerseits ist sie die Ursache für die zwischen elektrisch geladenen Teilchen auftretende Coulomb-Kraft. Hierbei ist die elektrische Ladung der Ursprung des die Kraft vermittelnden elektrischen Feldes. Andererseits ist diese Wechselwirkung aber auch im Spiel bei Teilchenumwandlungen wie dem radioaktiven β-Zerfall ($n \to p + e + \bar{\nu}_e$). Sie koppelt also bei genügend hoher Energie sowohl an Leptonen ($e, \bar{\nu}_e$) wie auch an Quarks ($|n\rangle = |udd\rangle, |p\rangle = |uud\rangle$) an.
- Die **starke Wechselwirkung** wirkt nur zwischen Quarks, und dies nur auf sehr kurzen Längenskalen ($<10^{-13}$ cm). In größeren Abständen ist sie nicht merkbar (Quark-Confinement). Sie ist ursächlich mit dem Merkmal „Farbe" der Quarks verknüpft, so wie die Coulomb-Kraft auf die elektrische Ladung zurückzuführen ist. Die starke Wechselwirkung bindet zwei oder drei Quarks in Mesonen bzw. Baryonen wie Proton und Neutron. Ihre Außenwirkung (Quadrupol und höhere Momente) über den Proton- und Neutronradius hinaus ist auch verantwortlich für die Bindung von Protonen und Neutronen in Atomkernen. Sie ist also die lange unverstandene Kernkraft, die Atomkerne zusammenhält.
- Die **Gravitation** ist die anziehende Kraft, die zwei Körper ausschließlich aufgrund ihrer Masse aufeinander ausüben. Sie ist im Allgemeinen nur zu beobachten, wenn die elektroschwache Wechselwirkung, die viel stärker ist, wegen elektrisch neutraler Partikel (oder Sternen) nicht beobachtbar ist.

Hier nun müssen wir mehr anschaulich schildern, was eine quantenmechanische, gemeinsame Theorie der Teilchen und Felder (Quantenfeldtheorie, Kap. 8) gezeigt hat: Wechselwirkungen zwischen Teilchen (klassisch durch Felder beschrieben, wie das elektrische $\boldsymbol{\mathcal{E}}$-Feld) kommen durch Austausch von Teilchen (Feldquanten) zustande. Dies ist in Abb. 5.17a grob klassisch veranschaulicht, Ein Teilchen (1) bewege sich geradlinig mit dem Wellenvektor $\mathbf{k}_0$ und sende am Ort A, z. B. durch Zerfall in ein anderes Teilchen, ein Feldquant ω aus, das bei B von einem anderen Teilchen (2) absorbiert wird. Emission von ω bewirkt auf Teilchen (1) einen Rückstoß und ändert seinen Wellenzahlvektor von $\mathbf{k}_0$ nach $\mathbf{k}$. Andererseits führt die Absorption des Feldquants ω durch Teilchen (2) zu einer Impuls(Richtungs)-Änderung von $\mathbf{k'}_0$ nach $\mathbf{k'}$. Dieser Austausch eines Feldteilchens zwischen den beiden Teilchen (1) und (2) lässt sich also auffassen als eine Wechselwirkung zwischen (1) und (2), die bei einer Streuung nahe A und B zu einer Richtungsänderung sowohl von Teilchen (1) als auch von (2) führt. Wissen wir nichts von dem

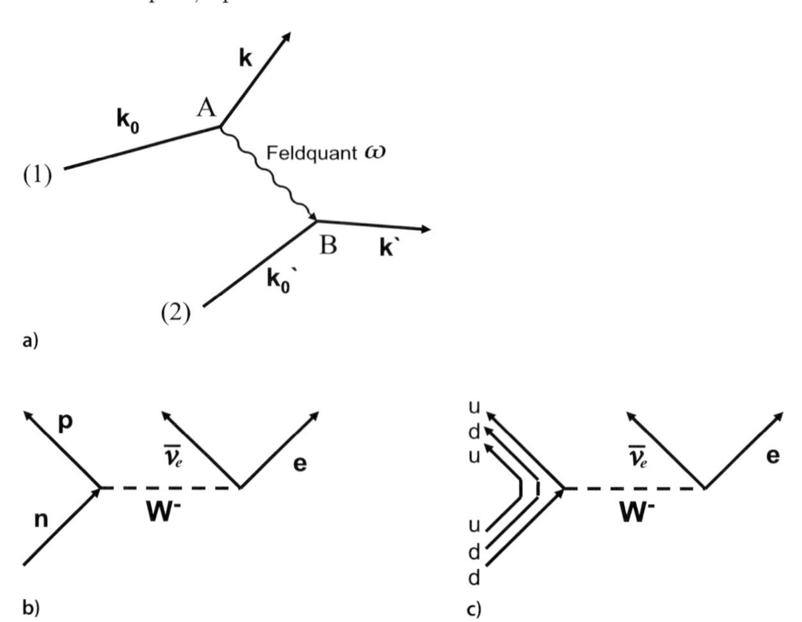

Abb. 5.17a–c. Darstellung der Wechselwirkung zweier Teilchen durch Austausch eines dritten Teilchens, eines Feldquants, durch sog. Feynman-Graphen. **a** Allgemeine Formulierung der Streuung zweier Teilchen (1) und (2) mit Wellenvektoren $\mathbf{k}_0$ und $\mathbf{k'}_0$ unter Austausch eines Feldquants ω. Die Coulomb-Streuung zweier Elektronen aneinander wird hierbei durch Photonen als Feldquanten vermittelt. **b** β-Zerfall eines Neutrons n in ein Proton p. Während der Umwandlung $n \rightarrow p$ wird ein W^--Boson ausgesendet, das in ein Elektron e und ein elektronisches Antineutrino $\bar{\nu}_e$ zerfällt. **c** Darstellung des β-Zerfalls in **b)** im Quark-Bild. Der Prozess wird durch Umwandlung eines d-Quarks in ein u-Quark unter Aussendung des W^--Bosons verstanden

Austausch eines Feldquants, so stellt sich der Prozess als Wechselwirkung (Streuung) zwischen Teilchen (1) und (2) dar, der klassisch durch ein Feld vermittelt wird.

Die oben beschriebenen Wechselwirkungen zwischen den elementaren Fermionen, Leptonen und Quarks, werden also durch eine andere Art elementarer Teilchen, den Feldquanten, allesamt Bosonen mit Spin $\pm\hbar$ vermittelt.

Die Coulomb-Kraft zwischen geladenen Teilchen, z. B. zwei Elektronen oder Elektron und Proton im Atom, klassisch beschrieben durch das elektrische Feld, wird durch Austausch von **Photonen** beschrieben. Photonen haben verschwindende Masse, den Spin $\pm\hbar$ und eine unendliche Lebensdauer.

Die schwache Wechselwirkung, die eine Kopplung zwischen Quarks und Leptonen bewirkt und somit den β-Zerfall ($n \rightarrow p + e + \bar{\nu}_e$) beschreibt, wird durch schwere $\mathbf{W}^{\pm}$**-Bosonen** vermittelt. Diese Teilchen haben eine Ladung $\pm\, e_0$, einen Spin $\pm\hbar$ und eine kurze Lebensdauer von $3{,}1 \cdot 10^{-25}$ s. Mit Hilfe des

W^--Bosons wird z. B. der β-Zerfall durch die Umwandlung eines d-Quarks im Neutron in ein u-Quark (Resultat: ein Proton $|u\,u\,d\rangle$) und gleichzeitiger Aussendung des W^--Bosons erklärt; dieses Boson zerfällt dann in die Endprodukte e und $\bar{\nu}_e$ (Abb. 5.17c).

Quarks werden in den Hadronen $|q\,q\,q\rangle$ durch den Austausch von sogenannten **Gluonen** (glue = engl. Leim) zusammengehalten. Gluonen sind masselos wie Photonen, sie haben den Spin $\pm\hbar$ (Bosonen) und zusätzlich den Freiheitsgrad Farbe (R, G, B) wie die Quarks selbst. Dies ist der Unterschied zur Coulomb-Kraft; die sie vermittelnden Teilchen, die Photonen, tragen keine elektrische Ladung.

Dem gegenüber tragen die Feldquanten der starken Wechselwirkung selbst die Farbeigenschaft, die den durch sie gekoppelten Fermionen, den Quarks zukommt. Man nennt die Theorie der starken Wechselwirkung (Kopplung von Quarks durch Gluonen) Chromodynamik (χρόμος = Farbe), in Analogie zur Quantenelektrodynamik, die die Coulomb-Wechselwirkung zwischen elektrischen Ladungen durch Photonen beschreibt.

Im Gegensatz zu den bisher betrachteten elementaren Wechselwirkungen zwischen Teilchen ist es bis heute nicht gelungen, eine quantentheoretisch fundierte Theorie der Gravitationswechselwirkung zwischen Massen aufzustellen. Dennoch glaubt man, dass in Analogie zu den Mechanismen der elektroschwachen und der starken Wechselwirkung (Quarks, Gluonen) die Gravitation auch durch Feldquanten vermittelt wird. Man hat die Feldquanten (Teilchen) im Experiment zwar noch nicht entdeckt, aber man hat ihnen den Namen **Gravitonen** gegeben. Warten wir ab, ob sie existieren?

Abschließend sei noch einmal betont, dass hier nur ein kurzer Überblick über die uns bisher bekannten Elementarteichen, bzw. Zustände der Materie (Feld)-Realität gegeben wurde. Tiefergehende Theorien über die entsprechenden Wechselwirkungen, wie die Quantenelektrodynamik oder die Chromodynamik basieren natürlich auf den allgemeinen Gesetzen der Quantenmechanik (Teilchen-Welle-Dualismus, Hilbert-Raum, Unschärfe-Relation, etc.), sind aber im Gegensatz zur hier behandelten Theorie im Rahmen der Schrödinger-Gleichung relativistisch. Bei Teilchenreaktionen untereinander, z. B. Umwandlungen von Quarks, sind so hohe Energien im Spiel, dass die entsprechenden Teilchengeschwindigkeiten nicht mehr gegenüber der Lichtgeschwindigkeit c vernachlässigt werden können.

Wenn wir uns jedoch wie in diesem Buch auf Phänomene in kondensierter Materie, insbesondere auch auf Nanostrukturen und deren elektronische Eigenschaften konzentrieren, dann reicht es aus, die nichtrelativistische Formulierung der Quantenmechanik im Rahmen der Schrödinger-Gleichung zu benutzen. Weiterhin sind die hier auftretenden Energien (1−100 eV) weit unterhalb der Größenordnung, wo Teilchenreaktionen auftreten. Es genügt also, das Elektron und den Atomkern, bestehend aus Protonen und Neutronen, als letzte stabile Teilchen anzusehen.

5.7 Drehimpulse in Nanostrukturen und bei Atomen

Wir haben in Abschn. 5.6 und speziell in Abschn. 5.6.4 gesehen, wie der Drehimpuls, insbesondere der Spin ein grundlegendes Ordnungsschema für unsere Welt, bis hinab in den Bereich der kleinsten elementaren Teilchen liefert. Wir werden im Folgenden sehen, dass das Pauli-Prinzip, das aus den Symmetrieeigenschaften der Spinoperatoren folgt, wesentlich die Struktur der uns umgebenden Materie, insbesondere deren Stabilität, erklärt. Warum sind die Atome so aufgebaut, wie wir sie in der Natur finden und wie sie im periodischen System der Elemente angeordnet werden können, vom Wasserstoff über Helium bis zu den schwersten Atomen mit Massen jenseits des Uran? Mit den modernen Methoden der Mikro- und Nanostrukturierung von Halbleitersystemen können wir heute bauelementartige Strukturen präparieren, in denen sich Festkörperelektronen ähnlich verhalten, wie Elektronen in natürlichen Atomen, die uns die Natur liefert. Wir können also die Gesetze des Atomaufbaus experimentell durchspielen und nachvollziehen. Ein Beispiel wollen wir hier betrachten und die Konsequenzen der Drehimpulsgesetze anschaulich machen.

5.7.1 Künstliche Quantenpunkt-Atome

In natürlichen Atomen sind die Elektronen durch das auf sie anziehend wirkende Coulomb-Potential des positiv geladenen Kerns eingeschlossen. Das Einschlusspotential hat die Radiusabhängigkeit $e^2/4\pi\varepsilon_0 r$. Wir können aber mit den Methoden der Halbleitertechnologie auch Elektronen in kleinste quasi-eindimensionale (1D) Bereiche einsperren, so genannte Quantenpunkte. Eine gebräuchliche Methode beruht darauf, dass durch Epitaxie (Anhang) eine GaAs/AlGaAs/$In_{0,05}$ $Ga_{0,95}$ As/AlGaAs/GaAs Schichtstruktur präpariert wird, in der Elektronen im InGaAs-Gebiet (Dicke ca. 12 nm) zwischen je zwei AlGaAs-Barrieren (Dicke 9, bzw. 7,5 nm, unten) wie in einem Potentialkasten eingefangen sind (Abb. 5.18). InGaAs mit dem geringsten verbotenen Band stellt eine Potentialsenke für Elektronen im Leitungsband dar. Mittels lithographischer Strukturierungsmethoden können aus dieser Schichtstruktur Säulen mit Durchmessern unterhalb von 500 nm präpariert werden, die dann eine quasi-1D Einsperrung der Elektronen lateral und vertikal durch die beiden AlGaAs-Barrieren bewirken (Abb. 5.18a). Tunneln von Elektronen aus dem unteren (Source) GaAs-Gebiet durch die untere Barriere in den 1D-Quantenpunkt und Tunneln durch die obere AlGaAs-Barriere in das (Drain) GaAs-Gebiet erlaubt die Beobachtung von Einzelelektron-Tunneleffekten, wie sie in Abschn. 3.7 beschrieben wurden. Hierzu müssen äußere Spannungen zwischen Source- und Drain-Kontakt angelegt werden. Darüber hinaus kann man das Potential des Quantenpunktes (zwischen den AlGaAs-Barrieren) durch eine Spannung am zusätzlich angebrachten metallischen Seitengate-Kontakt gegenüber dem Source-Kontakt verschieben. Wir haben es also mit

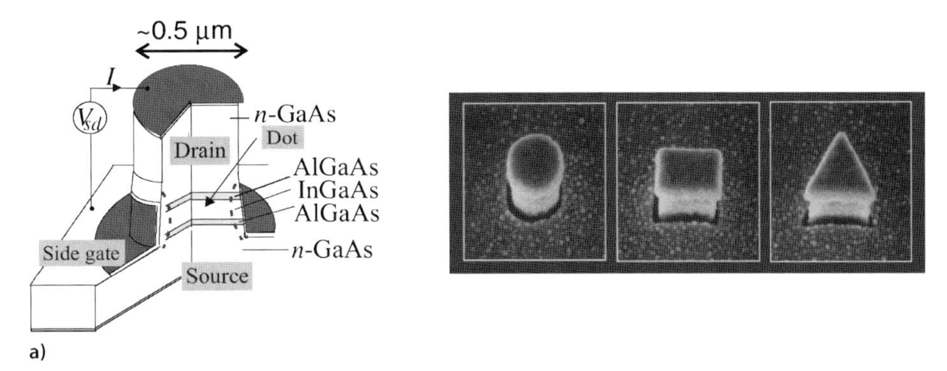

Abb. 5.18a–d. Einzelelektronen-Tunneln durch künstliche Quantenpunkt-Atome [8]. **a** Realisierung eines Halbleiter-Quantenpunktes durch zwei AlGaAs-Tunnelbarrieren, die dazwischen den InGaAs-Quantenpunkt (Dot) bilden, dessen Potential gegenüber dem Drain-Kontakt durch einen metallischen Seitenkontakt (Schottky-Kontakt, side gate) verändert werden kann. Drain- und Source-Gebiet werden durch n-dotiertes GaAs gebildet, Metallkontakte *dunkel schattiert* (*links*); die laterale Strukturierung in Säulen mit einem Durchmesser von ca. 500 nm wurde mit Elektronenstrahl-Lithographie durchgeführt (Anhang B). Rasterelektronenmikroskopische Aufnahmen dreier Säulenstrukturen mit verschiedenen Querschnitten sind *rechts* gezeigt

einer Anordnung zu tun, wie sie in Abb. 3.18a schematisch zur Beschreibung des Einzelelektronen-Tunnels dargestellt wurde. Wie in Abschn. 3.7 beschrieben, gestattet die Messung des Stroms, bzw. der Leitfähigkeit σ, zwischen Source- und Drain-Elektrode als Funktion der Gate-Spannung V_g (Abb. 3.18) eine Spektroskopie der elektronischen Zustände des Quantenpunktes, in dem wir ihre Besetzung mit jeweils $N = 1, 2, 3, \ldots$ Elektronen verfolgen. Hierbei müssen wir berücksichtigen, dass die in den Quantenpunkt hineintunnelnden Elektronen jeweils die diskreten Quantenzustände, die sich aus der Quantisierung innerhalb der „Box" (Abschn. 3.6.1) ergeben, wegen des Pauli-Prinzips nur einmal, bzw. bei Spinentartung doppelt besetzen können. Zusätzlich spürt ein neu hinzukommendes Elektron die Coulomb-Abstoßung der schon vorhandenen Elektronen und muss deshalb gemäß Abschn. 3.7 eine zusätzliche Aufladungsenergie e^2/C (C = Kapazität des Quantenpunktes gegenüber Umgebung) mitbringen, um die Coulomb-Blockade zu überwinden. Dies wird quantitativ in (3.128) für die Additionsenergie $\Delta\mu = (e^2/C) + \Delta E$ eines zusätzlichen Elektrons auf dem Quantenpunkt zum Ausdruck gebracht, wo ΔE die Energiedifferenz zwischen dem leeren Zustand, in den das zusätzliche Elektron hineingeht, und dem höchsten schon besetzten Zustand ist.

Fragen wir uns also zuerst, welches die diskreten Quantenzustände bzw. Energien eines Elektrons im rotationssymmetrischen Quantenpunkt zwischen den beiden AlGaAs-Barrieren sind. Eine Beschreibung der Wellenfunktion kann einmal in kartesischen Koordinaten mit x- und y-Achse in der Ebe-

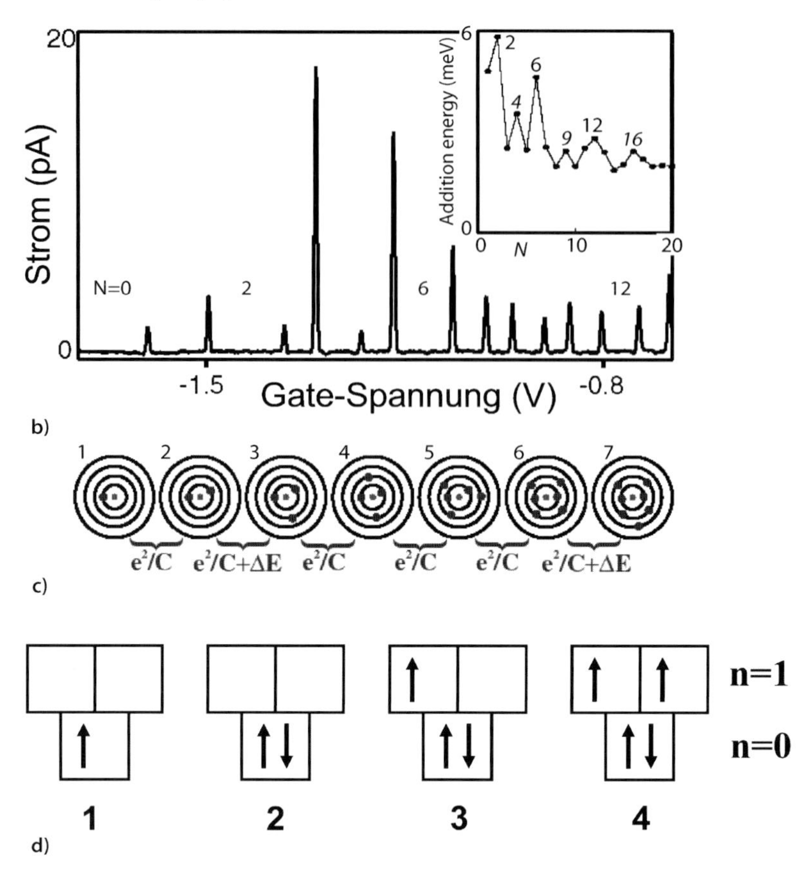

Abb. 5.18a–d. (Fortsetzung) Einzelelektronen-Tunneln durch künstliche Quantenpunkt-Atome [8]. **b** Gemessene Coulomb-Blockade-Oszillation an einem Quantenpunkt wie in textbfa). Die Strompeaks als Funktion der Gate-Spannung zeigen die Besetzung von Quantenzuständen im Quantenpunkt an. Einschub: Auftragung der Additionsenergien für das Hinzufügen von $1, 2, 3, 4, \ldots$ Elektronen auf die Zustände des Quantenpunktes. **c** Schematische Darstellung der sukzessive aufgefüllten elektronischen Zustände des Quantenpunktes in einem Schalenmodell; e^2/C ist die Coulomb-Abstoßung beim Hinzufügen eines weiteren Elektrons, ΔE ist die Energie eines Quantensprungs von einer zur nächst höheren Schale. **d** Darstellung des Schalenmodells durch Kästchen, die Elektronenorbitale darstellen: 1. Schale (Hauptquantenzahl $n = 0$) unteres Kästchen, 2. Schale (Hauptquantenzahl $n = 1$) zwei Kästchen darüber. Jedes Kästchen kann wegen der beiden möglichen Spineinstellungen 2 Elektronen aufnehmen (s. Tabelle 5.3). Nach der Hundschen Regel werden bei 4 Elektronen jeweils zwei Kästchen der 2. Schale mit Elektronen gleichen Spins besetzt

ne der flachen „Box“ und z senkrecht zur Heterostrukturschichtenfolge und zum anderen in Zylinderkoordinaten mit z senkrecht zur Schichtenfolge und r, φ parallel dazu, erfolgen. Wegen der Dimension der „flachen Quantenbox“ (Dicke 10 nm, Durchmesser ca. 500 nm) bieten sich Zylinderkoordinaten zur Beschreibung des quasi-2D-Problems an.

Das Potential $V(r)$, das ein Elektron im Quantenpunkt „sieht“, ist somit zweidimensional und hat ein Minimum bei $r = 0$ im Zentrum der Box. Zur Umrandung hin ist ein annähernd parabolisches Anwachsen von $V(r)$ gegeben, da die untere Leitungsbandkante des Halbeiters unter dem kreisrunden metallischen Gatekontakt nach Maßgabe eines Schottky-Kontaktes parabolisch verbogen ist (Anhang). In guter Näherung können wir deshalb das Potential für ein Elektron in der Box schreiben als

$$V(r) = \frac{1}{2} m^* \omega_0^2 r^2 = \frac{1}{2} m^* \omega_0 \left(x^2 + y^2\right) . \tag{5.180}$$

Hierbei ist m^* eine im Kristallgitter modifizierte sogenannte effektive Masse des Elektrons und ω_0 beschreibt im Wesentlichen die Krümmung des parabolischen Einsperrpotentials.

In kartesischen Koordinaten lautet der Hamilton-Operator für ein Elektron in der Box damit

$$\hat{H} = \frac{\hat{p}_x^2 + \hat{p}_y^2}{2m^*} + \frac{1}{2} m^* \omega_0 \left(x^2 + y^2\right) . \tag{5.181}$$

Dies ist der Hamilton-Operator zweier gleichwertiger senkrecht zueinander schwingender Oszillatoren. Eine Kreisbewegung lässt sich auf die Überlagerung zweier senkrecht zueinander orientierter Schwingungen zurückführen. Die Energieeigenwerte des 2D-Oszillators (5.180) lassen sich somit darstellen als

$$E_{n_x n_y} = E_x + E_y = \left(n_x + \frac{1}{2}\right) \hbar\omega_0 + \left(n_y + \frac{1}{2}\right) \hbar\omega_0 = \left(n_x + n_y + 1\right) \hbar\omega_0 , \tag{5.182}$$

wobei die Quantenzahlen n_x und n_y getrennt die Werte $0, 1, 2, 3, \ldots$ durchlaufen. Aus der Darstellung in kartesischen Koordinaten ergibt sich also unmittelbar das Energiespektrum der Quantenbox zu $(n_x + n_y = n)$

$$E_n = (n + 1) \hbar\omega_0 , \tag{5.183}$$

mit ganzzahligen Quantenzahlen n.

Andererseits lässt sich der Hamilton-Operator des Problems auch in Zylinderkoordinaten darstellen. Wir teilen dabei die kinetische Energie in einen Radialanteil $\hat{T}_r$ und einen Kreisbahnanteil (5.5b) auf:

$$\hat{H} = \hat{T}_r + \frac{\hat{L}_z^2}{2m^* r^2} + \frac{1}{2} m^* \omega_0^2 r^2 . \tag{5.184}$$

Hierbei ist $\hat{T}_r$ die kinetische Energie bei Änderung der Radialkomponente des Ortsvektors und $\hat{L}_z$ der Drehimpulsoperator in z-Richtung. Weil das Potential zentralsymmetrisch ist, ist nach Abschn. 5.3 $\hat{H}$ vertauschbar mit $\hat{L}_z$, d. h. $\hat{H}$ und $\hat{L}_z$ haben das gleiche Eigenfunktionensystem $|n, m\rangle$

$$\hat{H}\,|n, m\rangle = E_{n,m}\,|n, m\rangle \ , \tag{5.185a}$$

$$\hat{L}_z\,|n, m\rangle = m\hbar\,|n, m\rangle \ . \tag{5.185b}$$

Hierbei nimmt die Richtungsquantenzahl des Drehimpulses die Werte $m = 0, \pm 1, \pm 2, \ldots$ an. Wegen der Geometrie des Quantenpunktes (flache, kreisrunde Scheibe) kann der Drehimpuls nur eine Richtung, die z-Richtung senkrecht zur Scheibe, haben. Die Gesamtdrehimpulsquantenzahl l ist also identisch mit dem Betrag der Richtungsquantenzahl $|m|$.

Um die Energieeigenwerte des Systems E_n (5.182) als Funktion der Drehimpulsquantenzahl m, d.h. $E_{n,m}$ darzustellen, müssten wir die Schrödinger-Gleichung in Zylinderkoordinaten, d. h. mit dem Hamilton-Operator (5.183) in den Koordinaten r, φ lösen. Wir sparen uns dies und machen eine qualitative Argumentation, wie folgt: Da die Energie eines in der „Box" kreisenden Teilchen nicht vom Umlaufsinn, also von der Orientierung des Drehimpulses in der $+z$ oder $-z$ Richtung abhängt, muss die Energie von $|m|$ abhängen. Andererseits wird in jedem Fall eine Darstellung von $E_{n,m}$ in der Form (5.182) verlangt; die Lösung des Problems in x-, y-Koordinaten schreibt diese Darstellung vor. In der Folge der ganzen Zahlen n muss also die Richtungsquantenzahl in der Form $|m|$ enthalten sein. Außer durch den Drehimpuls kann eine Zunahme der Energie auch durch eine Zunahme der kinetischen Energie $\hat{T}_r$ in Radialrichtung verursacht sein. In dieser Radialkomponente sind die x-, y-Richtungen gleichwertig, d. h. wenn sich die Quantenzahl für den x-Oszillator um 1 ändert, muss dies auch für den y-Oszillator gelten. Innerhalb der Zahlenfolge n muss es also eine Unterfolge geben, die wie gerade Zahlen $2k$ $(k = 0, 1, 2, \ldots)$ anwächst. Damit werden wir zu der Schlussfolgerung geführt, dass die Energieeigenwerte E_n (5.182) des Problems sich auch darstellen lassen als

$$E_n = E_{k,m} = (2k + |m| + 1)\,\hbar\omega_0 = (n + 1)\,\hbar\omega_0 \ , \tag{5.186}$$

mit $k = 0, 1, 2, 3, \ldots$ und $m = 0, \pm 1, \pm 2, \ldots$ Hierbei beschreibt die Quantenzahl k Zustände zu verschiedenen Radialwellenfunktionen, während die Richtungsquantenzahl m verschiedenen Drehimpulsen, d. h. klassisch verschiedenen Umlaufgeschwindigkeiten des Elektrons Rechnung trägt.

Man nennt die Quantenzahl $n = 2k + |m|$, die die möglichen Energien E_n (5.182) des Systems durchnummeriert, die **Hauptquantenzahl**. Zu einer gegebenen Energie E_n kann es nur einen maximalen Drehimpuls geben, da wachsende Drehimpulse auch gleichzeitig die kinetische Energie erhöhen. Zu einer festen Hauptquantenzahl n kann es also nur eine maximale Drehimpulsquantenzahl $|m| = l$ geben, die sich bestimmt nach

$$l = |m| = n - 2k = n, n-2, n-4 \ldots, 1 \text{ oder } 0 \ . \tag{5.187}$$

Tabelle 5.3. Beschreibung der niederenergetischen Eigenzustände des 2-dimensionalen harmonischen Oszillators durch die verschiedenen Quantenzahlen n, k, m, s. Zusätzlich zu Haupt (n)- und den Drehimpulsquantenzahlen k (meist mit l bezeichnet) bzw. m beschreibt für Elektronen (Fermionen) die Spinquantenzahl s die beiden möglichen Spinorientierungen. Die Elektronenkonfiguration zum Energieeigenwert $\nu\hbar\omega_0$ wird auch als ν-te Schale bezeichnet

Energie-Eigenwert E_n	Haupt-quantenzahl n	Radial-quantenzahl k	Drehimpuls-Qantenzahl m	Spin-Quantenzahl s	Entartungs-grad	
$\hbar\omega_0$	0	0	0	$\pm 1/2$	2	**1. Schale**
$2\hbar\omega_0$	1	0	± 1	$\pm 1/2$	4	**2. Schale**
$3\hbar\omega_0$	2	0 1	± 2 0	$\pm 1/2$ $\pm 1/2$	6	**3. Schale**
$4\hbar\omega_0$	3	0 1	± 3 ± 1	$\pm 1/2$ $\pm 1/2$	8	**4. Schale**

Damit werden die energetisch niedrigsten Eigenzustände beschrieben, wie in Tabelle 5.3 angegeben.

Da jeweils jedes Einelektronenniveau nach dem Pauli-Prinzip zwei Elektronen mit Spin „up“ und „down“ ($s = \pm\frac{1}{2}$) aufnehmen kann, ergeben sich für die drei niedrigsten Energien $\hbar\omega_0$, $2\hbar\omega_0$, $3\hbar\omega_0$ die Entartungsgrade $2, 4, 6$. So viele Elektronen finden also auf den Zuständen mit $n = 0, 1, 2$ Platz; für höhere Zustände lässt sich das Schema leicht analog erweitern.

In Analogie können wir sofort die Eigenzustände eines **3D-Oszillators** angeben. Es handelt sich dann nämlich um die Überlagerung dreier gleicher 1D-Oszillatoren in x, y, z-Richtung; d. h. analog zu (5.185) folgt:

$$E_n^{(3\mathrm{D})} = \left(2k + l + \frac{3}{2}\right) \hbar\omega_0 \; . \tag{5.188}$$

Da jetzt verschiedene Orientierungen des Drehimpulses im Raum möglich sind, muss statt $|m|$ die Gesamtdrehimpulsquantenzahl l auftreten. Hierbei müssen wir jedoch berücksichtigen, dass entsprechend der verschiedenen Drehimpulsorientierungen m ganzzahlige Werte (5.35b) zwischen $-l$ und $+l$ annehmen kann. Die Radialquantenzahl tritt wie beim 2D-Oszillator in der Form $2k$ auf, da unabhängig von der Raumorientierung das Elektron sich auf einer 2D-Kreisbahn befindet. Für die energetisch niedrigsten Zustände mit den Hauptquantenzahlen $n = 0, 1, 2$ ergeben sich somit die Quantenzahlkombinationen

$$\begin{aligned} n &= 0\; ; \quad l = 0\; ; \quad m = 0 \\ n &= 1\; ; \quad l = 1\; ; \quad m = 0, \pm 1 \\ n &= 2\; ; \quad l = 0, 2\; ; \quad m = 0, \pm 2, \pm 1\; . \end{aligned} \tag{5.189}$$

Zur Berechnung des Entartungsgrades müssen wir zusätzlich zu den m-Einstellungen natürlich auch die beiden Spineinstellungen $s = \pm\frac{1}{2}$ hinzunehmen; d. h. für $n = 1$ ergibt sich ein Entartungsgrad von 6.

Kommen wir zur Beschreibung des 2D-Oszillators zurück, mittels dem ja das Verhalten von Elektronen in den „flachen" kreisrunden Quantenpunkten der experimentellen Halbleiterstruktur in Abb. 5.18 beschrieben wird. Eine Spektroskopie der Einelektronenzustände in diesen Quantenpunkten (flache Scheiben) müsste also das Spektrum von Energien E_n aus Tabelle 5.3 ergeben, wobei die Zustände jeweils entsprechend ihrem Entartungsgrad mit Elektronen besetzt werden können.

Das Einzelelektron-Tunnelexperiment [8] (Abb. 5.18) zeigt klar die beschriebenen Vorhersagen. Der Einelektronen-Tunnelstrom (bei kleiner Source-Drain-Spannung) durch den „flachen" Quantenpunkt als Funktion der Gate-Spannung V_g weist scharfe Banden, die Coulomb-Blockade-Oszillationen (Abschn. 3.7) bei den Gate-Spannungen auf, bei denen der Quantenpunkt seine Besetzung mit einem Elektron erhöhen kann. Bei etwa $-1{,}6$ V Gate-Spannung erscheint der erste Peak, der die Besetzung des niedrigsten Energieniveaus $\hbar\omega_0$, die 1. Schale, mit einem Elektron anzeigt. Bei etwa $-1{,}5$ V Gate-Spannung kann unter Überwindung der Coulomb-Abstoßung (Additionsenergie e^2/C) ein zweites Elektron auf der 1. Schale „Platz finden". Jetzt ist nach Tabelle 5.3 und Abb. 5.18a die 1. Schale besetzt und Hinzufügen eines dritten Elektrons verlangt eine Additionsenergie, die der Coulomb-Abstoßung (e^2/C) und dem Quantensprung zur 2. Schale $\hbar\omega_0 = \Delta E$ Rechnung trägt. Dem entsprechend ist der energetische Abstand zwischen der dritten und zweiten Bande etwas größer als zwischen der zweiten und ersten.

Die 2. Schale mit $n = 1$ (Tabelle 5.3, Abb. 5.18c,d) kann insgesamt 4 Elektronen aufnehmen; unter Berücksichtigung der aufgefüllten 1. Schale (2 Elektronen) muss die 3. Schale beim Übergang vom 6. zum 7. Elektron angefüllt werden. In der Tat ist der Abstand zwischen Peak 7 und 6 in Abb. 5.18a etwas größer als der zwischen Peak 6 und 5, nämlich gerade um die Anregungsenergie $\Delta E = \hbar\omega_0$ zwischen den Schalen (Sprung in der Hauptquantenzahl).

Bei einfachen linearen Zusammenhängen zwischen angelegter Gate-Spannung V_g und energetischem Abstand der elektronischen Niveaus müsste der Abstand zwischen den Peaks 6 und 7 bzw. zwischen 2 und 3 in Abb. 5.18a gleich, nämlich gerade gleich $(e^2/C) + \hbar\omega_0$ sein. Dies ist jedoch nicht der Fall. Der Grund ist zum einen, dass sich Spannungsänderungen am Gate wegen der inhärenten Widerstände der Halbleiterstruktur nicht linear auf Verschiebungen des Potentials am Quantenpunkt abbilden. Zum anderen ist die Annahme des so genannten orthodoxen Modells (Abschn. 3.7) für das Einzelelektronen-Tunneln zu einfach. Eine detaillierte, näherungsweise Beschreibung der Abweichung erklärt die experimentellen Befunde in Fig. 5.18a jedoch fast quantitativ [8].

Eine Auftragung der jeweiligen Additionsenergien für das Hinzufügen von $1, 2, 3, 4, 5, \ldots$ Elektronen auf die Zustände des Quantenpunktes (Einschub in

Abb. 5.18) zeigt nicht nur erhöhte Werte bei Beginn des Auffüllens einer neuen Schale, d. h. bei $2, 6, 12$, usw., sondern auch bei den Werten $4, 9$, usw., wo jeweils eine Schale halb gefüllt ist. Wenn vier Elektronen auf dem Quantenpunkt sind, ist z. B. die 2. Schale halb aufgefüllt (Abb. 5.18d). Der Grund hierfür ist in der **Hundschen Regel** zu sehen, die besagt, dass bei Auffüllen einer Schale (Zustand zu einer festen Hauptquantenzahl n) zuerst Elektronen mit gleicher Spin-Orientierung die Schale füllen. Dies ist beendet, wenn die Schale halb voll ist; erst dann werden die Zustände mit jeweils entgegen gesetzter Spinorientierung aufgefüllt. Der Grund hierfür ist wiederum die Forderung der Antisymmetrie der Wellenfunktion, bzw. das Pauli-Prinzip. Für vier Elektronen im Quantenpunkt (Abb. 5.18d) sind 2 Elektronen in der 2. Schale (halb gefüllt). Bei paralleler Spin-Einstellung (symmetrisch in der Spin-Wellenfunktion), muss ihre Ortswellenfunktion antisymmetrisch sein, d. h. bei Vertauschung der beiden Elektronen muss die Ortswellenfunktion ihr Vorzeichen ändern; sie muss also zwischen den beiden Elektronen eine Nullstelle haben. Diese 2-Teilchenwellenfunktion gewährt gegenüber einer symmetrischen Wellenfunktion größt möglichen Abstand der beiden Elektronen voneinander und damit geringere Coulomb-Abstoßungsenergie im Vergleich zu einer symmetrischen Ortswellenfunktion. Es ist also energetisch günstiger erst die Zustände mit gleicher Spin-Orientierung in einer Schale aufzufüllen. Sind diese Zustände bei halb voller Schale aufgefüllt, so verlangt das Hinzufügen eines Elektrons mit antiparallelem Spin (5. Elektron in Abb. 5.18) eine etwas höhere Energie infolge der größeren Coulomb-Abstoßung näher zueinander angeordneter Elektronen.

Das beschriebene Experiment zeigt in hervorragender Weise, welche Bedeutung der Drehimpuls, der Spin und das daraus resultierende Pauli-Prinzip für die innere Struktur elektronischer Zustände und deren wechselseitige Beeinflussung haben. Die hier dargestellten Zusammenhänge liefern auch den Schlüssel zum Verständnis des Aufbaus von natürlichen Atomen und Festkörpern, der sich im Periodensystem der Elemente widerspiegelt.

5.7.2 Atome und Periodensystem

Verglichen mit den in Abschn. 5.7.1 betrachteten künstlichen Atomen in planaren Quantenpunkten haben wir es beim einfachsten natürlichen Atom, dem **Wasserstoff (H)-Atom** mit dem kugelsymmetrischen 3D-Potential des Coulomb-Feldes des positiven Proton-Atomkerns zu tun, das das eine Valenzelektron „einsperrt". Dem entsprechend lautet der Hamilton-Operator statt (5.183) für das Elektron des H-Atoms (m freie Elektronenmasse)

$$\hat{H} = \hat{T}_r + \frac{\hat{L}^2}{2mr^2} + \frac{\mathrm{e}}{4\pi\varepsilon_0 r} \ . \tag{5.190}$$

Hierbei ist der etwa um den Faktor 2000 schwerere Kern im Zentrum des Potentials als ruhend angenommen und wegen des 3D-Charakters des Problems geht der Gesamtdrehimpuls $\hat{L}$, statt nur die z-Komponente ein. Wegen der Radialsymmetrie sind $\hat{L}_z$ und $\hat{L}^2$ vertauschbar mit $\hat{H}$ (Abschn. 5.3), jedoch muss die z-Komponente des Drehimpuls im Gegensatz zur planaren Symmetrie nicht mit dem Gesamtimpuls übereinstimmen. Wir haben also das vollständige System von Eigenwertgleichungen zu lösen:

$$\hat{H} |R_n\rangle |l,m\rangle = E_{n,l,m} |R_n\rangle |l,m\rangle \ , \tag{5.191a}$$

$$\hat{L}^2 |R_n\rangle |l,m\rangle = l(l+1)\hbar^2 |R_n\rangle |l,m\rangle \ , \tag{5.191b}$$

$$\hat{L}_z |R_n\rangle |l,m\rangle = m\hbar |R_n\rangle |l,m\rangle \ . \tag{5.191c}$$

$|l,m\rangle$ sind in ihrer Ortsdarstellung die in Abschn. 5.3 diskutierten Eigenfunktionen des Drehimpulses mit den Eigenwerten $m = -l, -l+1, \ldots, 0, \ldots, l-1, l$ (5.35b). $|R_n\rangle$ ist der Radialzustand, der anschaulich zu verschiedenen Abständen des Elektrons vom Kern gehört und somit verschiedenen Hauptquantenzahlen n, bzw. Energien $E_{n,l,m}$ des Elektrons entspricht. Eine vorgegebene Energie beschränkt natürlich den maximalen Drehimpuls nach oben.

Eine Besonderheit des Coulomb-Potentials ist die Entartung der Energieeigenwerte in l (für alle l fallen die Energien zusammen) und falls kein äußeres Magnetfeld eine Richtung auszeichnet, auch in m. Damit hängt die Elektronenenergie nur noch von der Hauptquantenzahl n ab gemäß (R_y Rydberg-Konstante):

$$E_n = -\frac{\mathrm{e}^4 m}{8\varepsilon_0^2 h^2}\frac{1}{n^2} = -R_y \frac{1}{n^2} \ . \tag{5.192}$$

Gleichung (5.192) wurde hier nicht abgeleitet, dazu müsste man das Eigenwertproblem (5.190) in sphärischen Koordinaten lösen, was wir uns hier ersparen [9]. Bei dieser Lösung des Eigenwertproblems ergibt sich auch die Beschränkung der Drehimpulsquantenzahl l durch die Hauptquantenzahl n [ähnlich zu (5.188)] durch

$$l = 0, 1, 2, \ldots, n-1 \ . \tag{5.193}$$

Zusammengefasst stellt sich also die Mannigfaltigkeit der Quantenzahlen für das Elektron im H-Atom dar als:

$$\begin{aligned} \text{Hauptquantenzahl} \quad & n = 1, 2, 3, \ldots \\ \text{Bahndrehimpulsquantenzahl} \quad & 0 \le l \le n-1 \\ \text{Richtungsquantenzahl} \quad & -l \le m \le l \\ \text{Spinquantenzahl} \quad & s = \pm 1/2 \ . \end{aligned}$$

Damit ergeben sich für das Elektron im H-Atom analog zu (5.188) folgende mögliche Quantenzahlkombinationen

$$\begin{aligned} & n = 1\,; \quad l = 0\,; \quad m = 0\,; \quad s = \pm 1/2 \\ & n = 2\,; \quad l = 0, 1\,; \quad m = 0, \pm 1\,; \quad s = \pm 1/2 \\ & n = 3\,; \quad l = 0, 1, 2\,; \quad m = 0, \pm 1; \pm 2\,, \quad s = \pm 1/2 \ . \end{aligned} \tag{5.194}$$

Wir haben hier im Gegensatz zu (5.188) die Spinquantenzahl mit den beiden möglichen Werten $\pm 1/2$ noch ausdrücklich dazu geschrieben. Die einzelnen Energieniveaus E_m haben also die Entartungsgrade (in Klammern):

$$E_1\,(2)\,,\ E_2\,(8)\,,\ E_3\,(18)\ldots\,. \tag{5.195}$$

Es sei noch angemerkt, dass die quantisierten Energiewerte E_n (5.191) entsprechend dem bindenden Potential negativ sind und dass der Grundzustand den numerischen Wert $E_1 = -13{,}6\,\mathrm{eV}$ hat. Wir werden diesen Wert näherungsweise in Abschn. 6.2.2 ausrechnen.

Die Leiter der negativen Energien E_n strebt für große $n \to \infty$ gegen den Wert Null. Wird das Elektron aus einem Zustand E_n hierhin angeregt, so ist das Atom ionisiert. Das Elektron ist nicht mehr gebunden.

Die aus der Lösung der Schrödinger-Gleichung mit dem $\hat{H}$-Operator (5.190) resultierenden Radialwellenfunktionen $R_n(r) = \langle \mathbf{r}|R_n\rangle$ haben ein Maximum für $r = 0$ und verschwinden für $r \to \infty$. Für $n > 1$ oszillieren sie dazwischen um die Nullachse mit einer Zahl $n-1$ von Nulldurchgängen (Knoten). Rechnet man die Aufenthaltswahrscheinlichkeiten in radialer Richtung $2\pi R_n(r) r^2$ aus, so ergeben sich Maxima bei Radien, die etwa den Bahnen des Bohrschen Atommodells entsprechen, für den Grundzustand also etwa beim Bohrschen Radius von etwa $0{,}5\,\text{Å}$ [9].

Elektronische Anregungen (Abschn. 6.4) erklären das für die Entwicklung der Quantenmechanik wichtige, scharfe Linienspektrum von Wasserstoff, das man in Absorption und Emission beobachtet.

Betrachten wir nun kompliziertere Atome mit höheren Kernladungszahlen $Z > 1$, realisiert durch Z Protonen, je nach Isotop etwa gleich vielen Neutronen im Kern und Z Elektronen in der Hülle. Für diese Atome mit Z Elektronen müsste man ein Z-Teilchenproblem mittels einer Vielteichen-Schrödinger-Gleichung lösen. Üblicherweise macht man dies näherungsweise, indem man im Modell unabhängiger Teilchen die Wechselwirkung der $Z-1$ Elektronen im Atom mit dem hinzukommenden Elektron dadurch ersetzt, dass man das Coulomb-Potential des Kerns für das Z-te Elektron durch ein effektives Potential ersetzt. In diesem effektiven Potential errechnet man die Zustände und Energieeigenwerte des Z-ten Elektrons. Da die hierbei benutzten durch $(Z-1)$ Elektronen abgeschirmten Kernpotentiale (Ladung Ze) kugelsymmetrisch sind, enthalten die Eigenzustände des Z-ten Aufelektrons als Faktoren wiederum die Drehimpulseigenzustände $|l, m\rangle$. Die Wellenfunktionen sind damit nach den Quantenzahlen l und m, und natürlich der Spinquantenzahl s, indizierbar. Da die Potentiale jedoch nicht mehr Coulomb-Potentiale sind, gibt es keine Entartung in der Bahndrehimpulsquantenzahl l, wie beim H-Atom. Die beim H-Atom mehrfach (in l und m) entarteten Energien E_n spalten auf in Niveaus E_{nlm}, wobei die m-Entartung nur bei einem anliegenden Magnetfeld aufgehoben wird.

Das Pauli-Prinzip verlangt nun, dass jeder so berechnete Einteilchenzustand des Atoms nur mit einem Elektron besetzt sein darf. Damit lässt sich abzählen, wie viele Elektronen mit gleicher Hauptquantenzahl n maximal in einem Atom vorkommen können.

- Zu einer Hauptquantenzahl n gibt es n verschiedene Werte für die Bahndrehimpuls-Quantenzahl l.
- Zu jedem Wert von l gibt es $(2l+1)$ verschiedene Werte der magnetischen Richtungsquantenzahl m.
- Zu jedem Zahlenpaar (l, m) gibt es zwei verschiedene Werte der Spinquantenzahl s.
- Zu jedem Zahlenpaar (n, l) gehören maximal $2\,(2l+1)$ Elektronen.

Mit diesen Regeln bzw. den in (5.194) ermittelten Entartungsgraden zu den Hauptquantenzahlen n lässt sich Ordnung in die Vielzahl der Atome bringen. Diese Ordnung drückt sich im **Periodensystem der Elemente** (Abb. 5.19) aus.

Fe 26 – Element und Ordnungszahl
55,85 – Atommasse in u; für einige instabile Elemente in Klammern: Massenzahl des stabilsten Isotops
3d 6, 4s 2, 4p – Elektronenkonfiguration; die vollen Schalen der vorhergehenden Perioden sind mitzurechnen; z. B. vollständige Elektronenkonfiguration des Fe: $1s^2 2s^2 2p^6 3s^2 3p^6 3d^6 4s^2$

Schalen																		
1s	**H** 1 1.008 1																	**He** 2 4.0026 2
2s 2p	**Li** 3 6,939 1 --	**Be** 4 9.012 2											**B** 5 10,81 2 1	**C** 6 12.01 2 2	**N** 7 14,01 2 3	**O** 8 16,00 2 4	**F** 9 19,00 2 5	**Ne** 10 20.18 2 6
3s 3p	**Na** 11 23,00 1 —	**Mg** 12 24,31 2 —											**Al** 13 26,98 2 1	**Si** 14 28,09 2 2	**P** 15 30.97 2 3	**S** 16 32,06 2 4	**Cl** 17 35.45 2 5	**Ar** 18 39,95 2 6
3d 4s 4p	**K** 19 39,10 — 1 —	**Ca** 20 40.08 2 —	**Sc** 21 44,96 1 2 —	**Ti** 22 47,90 2 2 —	**V** 23 50,94 3 2 –	**Cr** 24 52.00 5 1 –	**Mn** 25 54.94 5 2	**Fe** 26 55.85 6 2	**Co** 27 58.93 7 2	**Ni** 28 58.71 8 2	**Cu** 29 63,55 10 1	**Zn** 30 65,38 10 2	**Ga** 31 69,72 10 2 1	**Ge** 32 72,59 10 2 2	**As** 33 74,92 10 2 3	**Se** 34 78,96 10 2 4	**Br** 35 79,90 10 2 5	**Kr** 36 83,80 10 2 6
4d 5s 5p	**Rb** 37 85,47 — 1 —	**Sr** 38 87,62 2 —	**Y** 39 88,91 1 2 —	**Zr** 40 91,22 2 2 —	**Nb** 41 92,91 4 1 —	**Mo** 42 95,94 5 1 —	**T** 43 98,91 6 1 —	**Ru** 44 101,07 7 1 —	**Rh** 45 102,9 8 1	**Pd** 46 106,4 10 –	**Ag** 47 107,9 10 1	**Cd** 48 112,4 10 2	**In** 49 114,8 10 2 1	**Sn** 50 118,7 10 2 2	**Sb** 51 121,8 10 2 3	**Te** 52 127,6 10 2 4	**I** 53 126,9 10 2 5	**Xe** 54 131,3 10 2 6
5d 6s 6p	**Cs** 55 132.9 1 —	**Ba** 56 137,3 2	**La** 57 138,9 1 2	**Hf** 72 178.5 2 2	**Ta** 73 181,0 3 2	**W** 74 183,9 4 2	**Re** 75 186,2 5 2	**Os** 76 190,2 6 2	**Ir** 77 192,2 7 2 —	**Pt** 78 195,1 9 1 —	**Au** 79 197.0 10 1 —	**Hg** 80 200.6 10 2 —	**Tl** 81 204.4 10 2 1	**Pb** 82 207,2 10 2 2	**Bi** 83 209,0 10 2 3	**Po** 84 (210) 10 2 4	**At** 85 (210) 10 2 5	**Rn** 86 (222) 10 2 6
6d 7s 7p	**Fr** 87 (223) — 1 --	**Ra** 88 (226) — 2	**Ac** 89 (227) 1 2	**Ku** 104 (258) 2? 2?	**Ha** 105 (260) 3? 2?													

Schalen														
4f 5d 6s	**Ce** 58 140,1 2 2	**Pr** 59 140,9 3 2	**Nd** 60 144,2 4 — 2	**Pm** 61 (145) 5 2	**Sm** 62 150.4 6 – 2	**Eu** 63 152.0 7 — 2	**Gd** 64 157,3 7 1 2	**Tb** 65 158,9 8 1 2	**Dy** 66 162,5 10 — 2	**Ho** 67 164,9 11 — 2	**Er** 68 167.3 12 — 2	**Tm** 69 168,9 13 — 2	**Yb** 70 173,0 14 — 2	**Lu** 71 175,0 14 1 2
5f 6d 7s	**Th** 90 232,0 2 2	**Pa** 91 231,0 2 1 2	**U** 92 238,0 3 1 2	**Np** 93 237,0 5 — 2	**Pu** 94 239,1 6 — 2	**Am** 95 (243) 7 – 2	**Cm** 96 (247) 7 1 2	**Bk** 97 (247) 9 2	**Cf** 98 (251) 10 2	**Es** 99 (254) 11 — 2	**Fm** 100 (257) 12 — 2	**Md** 101 (256) 13 — 2	**No** 102 (254) 14 — 2	**Lr** 103 (258) 14 1 2

Abb. 5.19. Periodensystem der Elemente, d. h. der natürlichen Atome. Die Bezeichnung $1s^2 2s^2 2p^3$ drückt die Besetzung der $1s$ und $2s$-Schalen mit jeweils 2 und die der $2p$-Schale mit 3 Elektronen aus

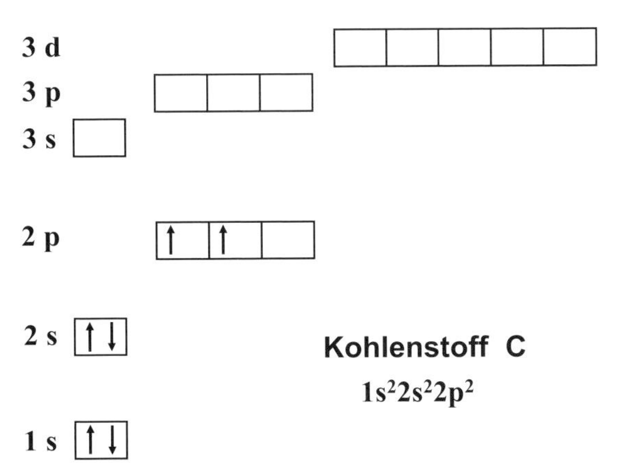

Abb. 5.20. Kästchen- bzw. Schalenmodelldarstellung der natürlichen Atome bis hinauf zur d-Schale. Als Beispiel für die Besetzung mit Elektronen ist das Kohlenstoffatom C betrachtet. An der Besetzung der $2p$-Zustände ist wiederum die Hundsche Regel zu erkennen (vergleiche Abb. 5.18d). Die Bezeichnung $1s^2 2s^2 2p^2$ drückt die Besetzung der $1s$, $2s$ und $2p$-Schale jeweils mit zwei Elektronen aus

Da die einzelnen durch die Hauptquantenzahl n beschriebenen Energieniveaus jetzt in Niveaus mit verschiedenem Drehimpuls l aufspalten, hat sich die Bezeichnung (Abschn. 5.3) s, p, d, f für die zu $l = 0, l = 1, l = 2, l = 3, \ldots$ gehörenden Zustände eingebürgert. Wir bezeichnen also das Energieniveau E_{nl} mit $n = 1$, $l = 0$ als $1s$-Schale, das mit $n = 2$, $l = 0$ als $2s$-, bzw. das mit $n = 2$ und $l = 1$ als $2p$-Schale usw. Chemiker benutzen häufig, analog zu Abb. 5.18d, eine Kästchensymbolik, bei der jedes Kästchen einem Atomorbital entspricht, der durch je zwei Elektronen mit entgegen gesetzter Spin-Einstellung besetzt werden kann. Bei den p-Niveaus entsprechen z. B. die drei Kästchen jeweils den p_z, p_y, p_z-Orbitalen aus Abb. 5.5. Bei dem in Abb. 5.20 schematisch dargestellten Atom sind die $1s$, $2s$ und von den drei möglichen $2p$-Orbitalen, zwei (p_x, p_y) einzeln besetzt. Man beachte, dass wegen der Hundschen Regel (Abschn. 5.7.1) nicht zuerst p_x mit 2 Elektronen gefüllt wird, sondern gleiche Spins in p_x und p_y energetisch günstiger sind. Schauen wir in das Periodensystem, so heißt dieses Atom mit der Kernladungszahl 6 Kohlenstoff (C).

Doch beginnen wir bei Wasserstoff, dem einfachsten Atom, bei der Beschreibung des Periodensystems (Abschn. 5.1). Beim H-Atom ist das $1s$-Orbital mit einem Elektron besetzt, entsprechend der Kernladungszahl 1. Kernladungszahl 2 führt zur Besetzung des $1s$-Orbitals mit zwei Elektronen entgegen gesetzter Spineinstellung, dem Helium (He). Die erste Schale ist voll und abgeschlossen. Deshalb ist He ein Edelgas. Die nächst höhere Kernladungszahl 3 verlangt einfache Besetzung des $2s$-Orbitals. Diese halbe Besetzung des Orbitals verleiht dem Element Lithium (Li) eine hohe chemische Reaktionsfähigkeit (Alkalimetall). Nachdem bei einer Kernladungszahl 10 sowohl das $1s$ wie auch die $2s$ und $2p$-Orbitale voll besetzt sind (Abb. 5.20), haben wir es wiederum mit einem reaktionsunfähigen Element, dem Edelgas Neon (Ne) zu tun. Entlang dieser Argumentation ergibt sich mit steigender Kernladungszahl der in Abb. 5.19 dargestellte Aufbau des Periodensystems der Elemente. Wie wir aus der Darstellung in Abb. 5.19 entnehmen, werden nach den $3p$-Zuständen nicht, wie man nach den Energieniveaus des Wasserstoffatoms annehmen könnte, die $3d$-Zustände aufgefüllt, sondern zunächst die $4s$-Zustände. Mit der nachfolgenden Auffüllung der $3d$-Zustände entsteht die erste Serie der Übergangsmetalle ($3d$-Metalle) von Sc bis Zn. Entsprechend gibt es $4d$- und $5d$-Übergangsmetalle. Der gleiche Effekt bei den f-Zuständen führt zu den sogenannten seltenen Erden von Ce bis Lu. Der Grund für diese Anomalie liegt darin, dass s-Zustände eine nicht verschwindende Aufenthaltswahrscheinlichkeit am Ort des Kerns haben, wodurch sich die abschirmende Wirkung der übrigen Elektronen weniger bemerkbar macht und deshalb die Energie der s-Terme niedriger liegt.

Die in Jahrhunderten experimentell in der Chemie gefundene Reaktionsfähigkeit der Elemente findet im quantenmechanisch begründeten Periodensystem ihre Erklärung.

5.7.3 Quantenringe

Was geschieht, wenn wir analog zum Experiment in 5.7.1 den Quantenpunkt als nanoskopischen Ring für Elektronen ausbilden und von einer Seite her Elektronen in den Ring hinein – und von der gegenüberliegenden Seite über Potentialbarrieren heraustunneln lassen? Der Ring als Ganzes wird sich gegenüber Aufladung durch ein weiteres Elektron wie ein Quantenpunkt verhalten und die erforderliche Energie für das zusätzliche Elektron, die Additionsenergie $\Delta\mu = (e^2/C) + \Delta E$ (3.128), enthält die Aufladungsenergie e^2/C (Vielteilcheneffekt) und die Differenz ΔE zwischen niedrigstem leeren Zustand und dem höchsten schon besetzten Zustand.

Einzelelektronen-Tunnelexperimente im Coulomb-Blockade-Bereich gestatten also über Messung von ΔE wiederum eine Spektroskopie der Einelektronenzustände in einem solchen Quantenring. Derartige Experimente wurden an Quantenringen durchgeführt, die mittels „Split-gate"-Technik (Anhang) in einem zweidimensionalen Elektronengas (2DEG) an der Grenzfläche einer AlGaAs/GaAs-Heterostruktur präpariert wurden [10]. Wie aus Abb. 5.21 ersichtlich, wird das 2DEG, etwa 34 nm unter der Oberfläche der Schichtstruktur, durch lokale Oxidation längs wohl definierter Spuren mittels eines Raster-Kraftmikroskopes an Ladungsträgern verarmt. Die unterhalb der Oxidationsspuren verlaufenden, isolierenden Verarmungszonen teilen das 2DEG in leitende Bereiche, die gegeneinander isoliert sind. So existieren leitende Zu- (Source) und Ableitungskontakte (Drain) zum Quantenring (realisiert durch zentrale und ringförmige Verarmung) $pg1$ und $pg2$,

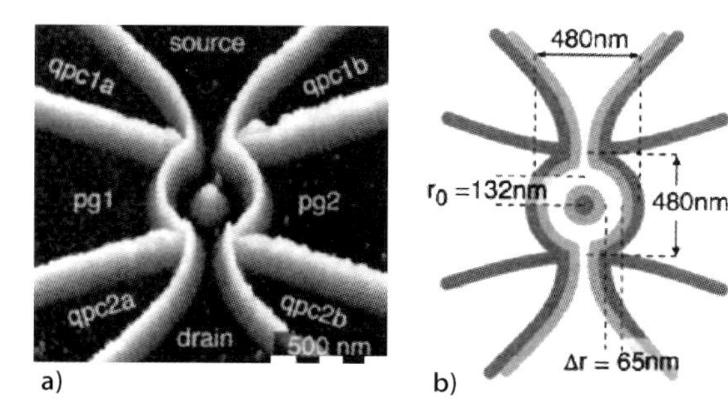

Abb. 5.21a, b. Quantenring, der durch lokale Oxidation der Oberfläche einer AlAs/GaAs-Heterostruktur mit darunter liegendem 2D-Eletronengas (2*DEG*) präpariert wurde [10]. Durch die lokale Oberflächenoxidation mittels eines Rastertunnelmikroskopes (STM) werden im 2*DEG* Barrieren für Elektronen geschaffen, die die leitenden Gebiete im 2*DEG* voneinander trennen (Anhang B). **a** Rasterelektronenbild der Oxidstrukturen, denen im 2*DEG* Barrieren für die Elektronen entsprechen. Source, Drain, *pg*1 usw. sind nicht-oxidierte Bereiche, in denen das darunter liegende 2*DEG* volle elektrische Leitfähigkeit hat. **b** Schematische Darstellung mit Dimensionen des Quantenrings. Dunkle Bereiche bezeichnen die elektronischen Barrieren, während die etwas helleren Streifen die Ausdehnung der Verarmungsrandzonen an den Rändern der Barrieren andeuten

die das Potential des Quantenrings gegenüber Source mittels einer Gatespannung zu modifizieren gestatten. Die vier rechteckig zueinander angeordneten Kontakte *qpc* 1*a*, 2*a*, 1*b*, 2*b* gestatten eine präzise Kontrolle der Quantenpunktkontakte an Ein- und Ausgang des Quantenrings und damit die Einstellung der Tunnelbarrieren für das Einelektronentunneln durch den Ring.

Mit unserem bisherigen Wissen über Elektronen in Ringstrukturen (Aharanov-Bohm-Effekt, Abschn. 5.4.4) lassen sich die Energien der elektronischen Zustände im Ring mit Radius $r_0 = 132\,\mathrm{nm}$ leicht ermitteln. Wir nehmen das Potential V im Ring über den Drahtdurchmesser $\Delta r \simeq 65\,\mathrm{nm}$ der Einfachheit halber als konstant an, obwohl ähnlich wie in Abschn. 5.7.1 eine parabolische Abhängigkeit von r der Realität näher käme. Wegen $V = \mathrm{const} = 0$ brauchen wir für ein Elektron im Ring nur seine kinetische Energie $E_{\mathrm{kin}} = \frac{1}{2}mv^2 = \frac{1}{2}m^* r_0^2 \omega^2$ auf der festen Kreisbahn zu berücksichtigen, wo $m*$ wiederum die durch das Kristallgitter modifizierte effektive Masse des Elektrons ist und ω die Kreisfrequenz des Elektrons bei einem klassischen Umlauf. Weil klassisch für den Drehimpuls $L_z = m^* r_0^2 \omega$ gilt, können wir alle klassischen Größen eliminieren und erhalten aus $E_{\mathrm{kin}} = \frac{1}{2}L_z^2/m^* r_0^2$ den Hamilton-Operator für die Kreisbewegung des Elektrons im Quantenring mit dem festen Radius r_0 zu

$$\hat{H} = \frac{1}{2}\frac{1}{m^* r_0^2}\hat{L}_z^2 \; . \tag{5.196}$$

Da $[\hat{H}, \hat{L}] = 0$ gilt, sind die Eigenlösungen des Problems die des Drehimpulsoperators $\hat{L}_z$, d. h.

$$\hat{L}_z \left|m\right\rangle = m\hbar \left|m\right\rangle \ , \tag{5.197}$$

$$\hat{H} \left|m\right\rangle = E_m \left|m\right\rangle = \frac{\hbar^2}{2m^* r_0^2} m^2 \ . \tag{5.198}$$

Hierbei durchläuft die Richtungsquantenzahl m die Werte $m = 0, \pm 1, \pm 2, \ldots$ und die Wellenfunktion lautet gemäß (5.35a) $\langle r|m\rangle \propto \exp(im\varphi)$.

Das beschriebene Experiment wurde mit einem variablen Magnetfeld B durchgeführt, das senkrecht zur Ringebene (z-Richtung) den Ring durchdringt. Wir müssen deshalb die Energie-Eigenlösungen E_m in Gegenwart eines magnetischen Feldes $\mathbf{B} = (0, 0, B) = \operatorname{rot} \mathbf{A}$ ermitteln. Dann hat der Hamilton-Operator (nur kinetische Energie) die Gestalt $\hat{H} = (\mathbf{p} - e\mathbf{A})^2/2m^*$, die wir analog zum obigen Fall $B = 0$ auf den Operator $\hat{L}_z$ umschreiben wollen. Dies ist nützlich, um die Eigenlösungen in Form der Eigenzustände $|m\rangle$ des Drehimpulsoperators $\hat{L}_z$ darzustellen. Für das magnetische Feld $\mathbf{B} = B\mathbf{e}_z$ umschließen die Feldlinien des Vektorfeldes $\mathbf{A}$ die B-Linien in Richtung des Einheitsvektors $\mathbf{e}_\varphi$, sodass wir für $\mathbf{A}$ den Ansatz

$$\mathbf{A} = \frac{1}{2} B r \mathbf{e}_\varphi \tag{5.199}$$

machen. Mittels der Beziehungen (5.30–5.32), wobei für Zylinderkoordinaten $\vartheta = \pi/2$ gesetzt wird, lässt sich sofort die Richtigkeit des Ansatzes (5.198), d. h. $\mathbf{B} = B\mathbf{e}_z = \operatorname{rot} \mathbf{A}$ zeigen.

Schreiben wir noch den klassischen Impuls als

$$\mathbf{p} = m^* \mathbf{v} = m^* r_0 \dot{\varphi}\, \mathbf{e}_\varphi = m^* r_0 \omega\, \mathbf{e}_\varphi \ , \tag{5.200}$$

so folgt für die klassische kinetische Energie

$$\begin{aligned} E_{\text{kin}} = \frac{(\mathbf{p} - e\mathbf{A})^2}{2m^*} &= \frac{1}{2m^*} \left(m^* r_0 \omega \mathbf{e}_\varphi - \frac{1}{2} e B r_0 \mathbf{e}_\varphi \right)^2 \\ &= \frac{1}{2m^* r_0^2} \left(m^* r_0^2 \omega - \frac{1}{2} e B r_0^2 \right)^2 \ . \end{aligned} \tag{5.201a}$$

Mittels des Drehimpulses $L_z = m^* r_0^2 \omega$ eliminieren wir die klassische Umlauffrequenz ω und schreiben die klassischen Größen gleich als Operatoren ($E_{\text{kin}} \to \hat{H}$):

$$\hat{H} = \frac{1}{2m^* r_0^2} \left(\hat{L}_z - \frac{1}{2} e B r_0^2 \right)^2 \ . \tag{5.201b}$$

Da B eine reine Zahl ist, folgt wiederum $[\hat{H}, \hat{L}_z] = 0$ und wir können die Schrödinger-Gleichung mit Eigenfunktionen $|m\rangle$ des Drehimpulses $\hat{L}_z$ lösen:

$$\hat{H}\,|m\rangle = \frac{1}{2m^* r_0^2}\left(\hat{L}_z - \frac{1}{2}er_0^2 B\right)^2 |m\rangle \ , \tag{5.202a}$$

$$\hat{H}\,|m\rangle = \frac{1}{2m^* r_0^2}\left(m\hbar - \frac{1}{2}er_0^2 B\right)^2 |m\rangle = E_m\,|m\rangle \ . \tag{5.202b}$$

Die Energie-Eigenwerte E_m sind also nach der Richtungsquantenzahl m indiziert und lauten

$$E_m = \frac{1}{2m^* r_0^2}\left(m\hbar - \frac{1}{2}er_0^2 B\right)^2 = \frac{\hbar^2}{2m^* r_0^2}\left(m - \frac{1}{2}\frac{e}{\hbar}r_0^2 B\right)^2 \ . \tag{5.203a}$$

Der magnetische Fluss Φ durch den Ring ist durch $\pi r_0^2 B$ gegeben, sodass sich ergibt

$$E_m = \frac{1}{2m^* r_0^2}\left(m - \frac{e}{h}\Phi\right)^2 = \frac{\hbar^2}{2m^* r_0^2}\left(m - \Phi/\Phi_0\right)^2 \ . \tag{5.203b}$$

Hierbei ist $\Phi_0 = h/e$ das schon in Abschn. 5.4.4 eingeführte magnetische Flussquant. Für einen festen Drehimpuls (Quantenzahl m) liegen die Elektronenenergien als Funktion des magnetischen Feldes oder Flusses Φ (in

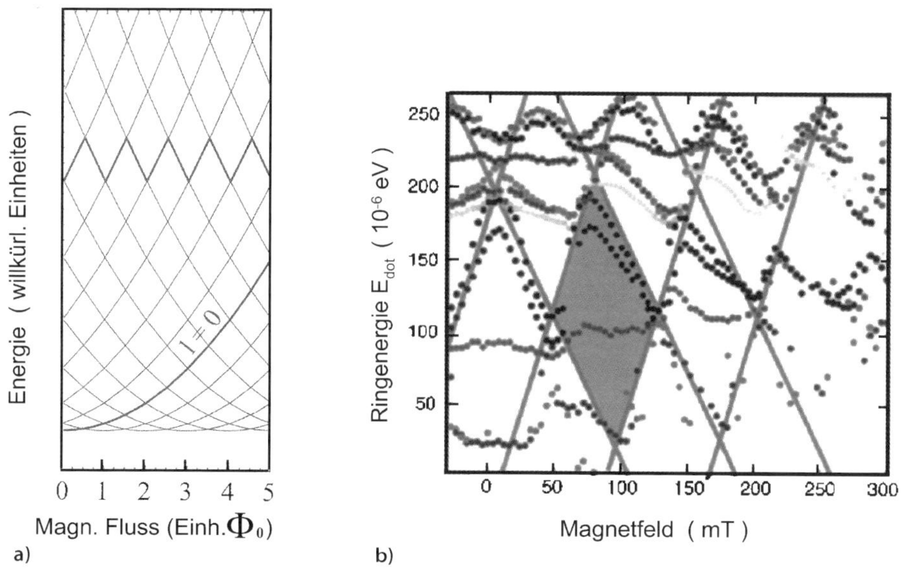

Abb. 5.22a,b. Einelektronen-Energieniveaus des Quantenringes aus Abb. 5.21 als Funktion eines Magnetfeldes bzw. Flusses, der den Ring senkrecht durchdringt. **a** Errechnetes Energiespektrum; die verschiedenen gegeneinander verschobenen Parabeln entsprechen verschiedenen Drehimpulsquantenzahlen (ϕ_0 Flussquant). **b** Durch Einzelelektronen-Tunneln ermitteltes Spektrum der Energiezustände des Quantenringes [10]

Einheiten des Flussquants Φ_0) auf einer Parabel. Verschiedene Drehimpulse zu verschiedenem m führen zu einer Schar gegeneinander verschobener Parabeln (Abb. 5.22a).

In diesem einfachen Bild müssen in einem Einzelelektronen-Tunnelexperiment durch den Ring die durch (5.203b) beschriebenen elektronischen Zustände angenommen werden, wobei jeweils in Abhängigkeit vom magnetischen Fluss die energetisch günstigsten Zustände (Sprung von einer zur nächsten Parabel) angenommen werden. Damit sollte ein Coulomb-Blockade Peak als Funktion des magnetischen Flusses durch den Ring einer Zick-Zack-Linie, wie in Abb. 5.22a fett eingezeichnet, folgen. Wie die Auswertung der experimentellen Daten in Abb. 5.22b zeigt, wird dieses Verhalten tatsächlich näherungsweise über weite Bereiche beobachtet. Zusätzlich treten Energieeigenwerte auf, die nur schwach vom magnetischen Feld (Fluss) abhängen. Eine tiefergehende theoretische Beschreibung erklärt dieses Verhalten durch eine Asymmetrie im Potential (Abweichung von der idealen Ringstruktur), die zur Mischung von Zuständen mit positivem und negativem Drehimpuls führt [10].

Literaturverzeichnis

1. R. Resnick: „Introduction to Special Relativity", John Wiley and Sons, New York (2002), pp. 157
2. A. Tonomura: „The Quantum World Unveilded by Electron Waves", World Scientific, Singapore (1998) und Y. Aharonov and D. Bohm: Phys. Rev. **115**, 485 (1959)
3. J. Appenzeller, Th. Schäpers, H. Hardtdegen, B. Lengeler and H. Lüth: Phys. Rev. **51**, 4336 (1995) und B. Krafft, A. Förster, A. van der Hart, Th. Schäpers: Physica E**9**, 635 (2001)
4. I. Estermann: „Recent Research in Molecular Beams" in „A Collection of papers Dedicated to Otto Stern", Ed. I. Estermann, Academic Press, New York (1959) und H. Kopfermann: Kernmomente, 2. Auflage, Akademische Verlagsgesellschaft, Frankfurt (1956)
5. T.E. Phipps and J.B. Taylor: Phys. Rev. **29**, 309 (1927)
6. Ch. Berger: „Elementarteilchenphysik – Von den Grundlagen zu den modernen Experimenten", Springer Berlin, Heidelberg, New York (2006)
7. C.D. Anderson: Phys. Rev. **43**, 491 (1933)
8. L.P. Kouwenhoven, D.G. Austing and S. Tarucha: Rep. Prog. Phys. **64**, 701 (2001)
9. H. Haken und H.C. Wolf: „Atom- und Quantenphysik", Springer Berlin, Heidelberg, New York (1980), S. 153
10. A. Fuhrer, S. Lüscher, T. Ihn, T. Heinzel, K. Ensslin, W. Wegscheider and M. Bichler: Nature **412**, 822 (2001)
11. F. Schwabl: „Quantenmechanik", 2. Auflage, Springer Berlin, Heidelberg, New York (1990), S. 104, 105

6 Näherungslösungen für wichtige Modellsysteme

Nur in wenigen Fällen sind exakte Lösungen quantenmechanischer Probleme möglich. Wir haben einige kennen gelernt, z. B. das Tunneln von Elektronen durch rechteckige Barrieren, das Tunneln durch rechteckige Doppelbarrieren (Abschn. 3.6.5), Elektronen im unendlich hohen Potentialtopf (Abschn. 3.6.1) oder ein Elektron im harmonischen Oszillatorpotential (Abschn. 4.4.2).

Meist sind die Potentiale so beschaffen, dass einfache analytische Lösungen der Schrödinger-Gleichung für ein Teilchen, erst recht für mehrere Teilchen oder bei zeitabhängigen Potentialen, nicht möglich sind. In diesen Fällen führen zumeist Näherungsmethoden zur Lösung der Schrödinger-Gleichung zum Ziel. Auch wenn heute durch den Einsatz von Großrechnern fast immer komplexere quantenmechanische Probleme gelöst werden können, so liefern die hier vorgestellten Näherungsmethoden oft den Algorithmus zu entsprechenden Rechnersimulationen. Darüber hinaus aber gestatten diese bewährten Näherungsverfahren meist einen tieferen Einblick in die physikalischen Zusammenhänge des Problems. Näherungen beruhen darauf, dass man aufgrund anschaulicher, physikalischer Argumente gewisse Größen oder funktionelle Abhängigkeiten vernachlässigt, um den Rechengang zu vereinfachen. Dies verlangt eine tiefere Einsicht in die physikalischen Zusammenhänge und somit eine schärfere gedankliche Analyse des Problems. Dem entsprechend haben sich verschiedene Typen von Näherungsverfahren etabliert, die gewissen Problemstellungen angemessen sind. Bei sich fast frei bewegenden Teilchen, die nur durch schwache umgebende Potentiale in ihrer freien Bewegung gestört sind, modifiziert man die Bewegungsgleichungen des freien Teilchens, um diesen Potentialen wieder Rechnung zu tragen.

Es ergeben sich unterschiedliche Näherungsverfahren, je nachdem ob man sich stationäre Zustände in einem leicht modifizierten stationären Potential als gestört, aber doch stationär, vorstellt oder ob eine zeitlich veränderliche Störung des Potentials keine stationären Lösungen mehr zulässt. Eine gute Näherung basiert dann darauf, dass stationäre Zustände sich ändern und das System von einem stationären Zustand in einen anderen übergeht.

In diese Kategorie von Problemen gehören auch die Näherungen, die die Streuung von Teilchen beschreiben. Hier propagieren Teilchen frei im Raum und unterliegen beim Passieren eines lokal begrenzten Streu(Stör)-Potentials einer zeitlich begrenzten Störung, die aus einem Anfangszustand neue Streuzustände erzeugt.

6.1 Teilchen in einem schwach veränderlichen Potential: Die WKB-Methode

Wir haben in Abschn. 3.6.3 gesehen, wie freie Teilchen gegen Potentialstufen anlaufen oder durch Energiebarrieren tunneln können. Der Effekt einer Energiebarriere auf ein Teilchen, das darüber hinweg läuft, war, dass die Wellenzahl k, die Wellenlänge $\lambda = 2\pi/k$ bzw. der Impuls $p = \hbar k$ im Bereich der Barriere verändert werden.

Für ein freies Teilchen (Elektron) der Energie E, das sich in einem konstanten Potential V längs x bewegt, ist die Energieeigenfunktion (Wellenfunktion der stationären Schrödinger-Gleichung)

$$\psi(x) = C\,\mathrm{e}^{\pm \mathrm{i}px/\hbar} = C\,\mathrm{e}^{\pm \mathrm{i}kx}\,, \tag{6.1a}$$

wo C die Normierungskonstante ist und der Impuls, bzw. die Wellenzahl $k = 2\pi/\lambda$ gegeben ist durch

$$p = \hbar k = \sqrt{2m\,(E - V)}\,. \tag{6.1b}$$

Unterschiedliche Potentiale V verschieben also die Phase $\mathrm{i}kx$ der ebenen Wellen verschieden.

Stellen wir uns jetzt vor, das Teilchen bewege sich über ein räumlich schwach veränderliches Potential, das zwischen x_0 und x ausgedehnt ist. Das Potential $V(x)$ zwischen x_0 und x kann man sich aus infinitesimal kleinen, jeweils konstanten Potentialbereichen zusammengesetzt denken. Jeder Potentialbereich verschiebt also die Phase der Welle um einen verschiedenen Betrag. Die Gesamtverschiebung der Phase der Elektronenwelle nach Durchlaufen des Potentials zwischen x_0 und x, setzt sich dann zusammen aus den einzelnen Phasenverschiebungen $\delta(px)_i$, die die Elektronenwelle (weiterhin als ebene Welle angenommen) zwischen x_0 und x erleidet. Als Näherungslösung für die Wellenfunktion des Elektrons nach Durchlaufen des Potentials erwarten wir also eine Welle, bei der die aufsummierten Phasenverschiebungen $\delta(px)_i$ im Exponenten der Exponentialfunktion auftreten. Wegen der infinitesimalen Stückelung der Gesamtphase $\frac{1}{\hbar}\sum_i \delta(px)_i$ ersetzen wir die Summe durch ein Integral und erhalten

$$\psi(x) = \psi(x_0)\exp\left[\pm\frac{\mathrm{i}}{\hbar}\int_{x_0}^{x} p(x')\,\mathrm{d}x'\right]\,. \tag{6.2a}$$

Hierbei haben wir dem räumlich variierenden Potential $V(x')$ einen räumlich veränderlichen Impuls $p(x')$, bzw. eine räumlich veränderliche Wellenlänge $\lambda(x')$ der Elektronenwelle zugeordnet:

$$p(x') = \sqrt{2m\,[E - V(x')]}\,. \tag{6.2b}$$

Plus- und Minuszeichen in der Phase von (6.2a) entsprechen wie üblich nach rechts und links laufenden Wellen; die allgemeinste Lösung setzt sich aus beliebigen Linearkombinationen dieser Wellen zusammen.

Wo sind nun die Näherungen in diesem Verfahren verborgen? Zum Einen haben wir angenommen, dass die Wellenfunktion den Charakter einer ebenen Welle (6.2a) behält, obwohl dies für beliebige Potentiale im Allgemeinen nicht der Fall ist. Diese Annahme gilt sicherlich exakt nur für stückweise konstante Potentiale.

In diesem Zusammenhang müssen wir uns fragen, ob es sinnvoll ist, einen Impuls bzw. eine Wellenlänge $p(x) = \hbar k(x) = h/\lambda(x)$ als ortsabhängige Größe zu betrachten. Eine Wellenlänge ist einem ausgedehnten Wellenzug zugeordnet, sie kann nicht für einen Punkt auf der x-Achse definiert werden. $\lambda(x)$ macht nur Sinn, wenn die Änderung $\delta\lambda$ zumindest längs einer Länge λ vernachlässigbar klein ist. d. h. es muss gelten

$$\left|\frac{\delta\lambda}{\lambda}\right| \approx \left|\frac{(\delta\lambda/\,\mathrm{d}x)\cdot\lambda}{\lambda}\right| = \left|\frac{d\lambda}{\mathrm{d}x}\right| \ll 1\,. \tag{6.3}$$

Die hier vorgestellte, nach den Autoren Wentzel, Kramers, Brillouin benannte **WKB-Näherungsmethode** [1] ist also nur unter der Bedingung (6.3) einer extrem kleinen Ortsableitung der Elektronenwellenlänge anwendbar.

Sehen wir uns die Näherung etwas genauer an, indem wir für das stationäre Problem die zeitunabhängige Schrödinger-Gleichung

$$\left[-\frac{\hbar^2}{2m}\frac{\mathrm{d}^2}{\mathrm{d}x^2} + V\,(x)\right]\psi\,(x) = E\psi\,(x) \tag{6.4}$$

mittels des Ansatzes $\psi(x) \propto \exp[\mathrm{i}\varphi(x)]$ lösen. Dieser Ansatz bietet sich an, weil ja die Phase $\varphi(x)$ der Wellenfunktion nach (6.2a) die entscheidende Näherung enthält.

Einsetzen des Ansatzes in (6.4) ergibt

$$[\varphi'\,(x)]^2 - i\varphi''\,(x) = \frac{2m}{\hbar^2}\,[E - V\,(x)] = k^2\,(x) = \frac{i}{\hbar}p^2\,(x)\;. \tag{6.5}$$

Weil das Potential $V(x)$ nur schwach vom Ort x abhängt, sollte dies auch für die Wellenzahl $k(x)$gelten. Wir vernachlässigen also in (6.5) die Krümmung der Phase $\varphi''(x)$. Damit lässt sich (6.5) sofort integrieren:

$$\varphi\,(x) = \pm\int\limits_{x_0}^{x} k\,(x')\,\mathrm{d}x'\;. \tag{6.6}$$

Diese Beziehung entspricht genau dem vorher intuitiv erratenen Phasenintegral in (6.2a). Wir können die Näherung nun durch die Bedingung $|\varphi''(x)| \ll [\varphi'(x)]^2$ beschreiben und mittels der Näherung $\varphi'(x) \simeq k(x)$ erhalten wir als Bedingung

$$\left|\frac{\mathrm{d}k}{\mathrm{d}x}\right| \ll k^2\;, \qquad \left|\frac{1}{k}\frac{\mathrm{d}k}{\mathrm{d}x}\right| \ll |k| \quad , \tag{6.7}$$

eine analoge Formulierung zu (6.3).

Mittels der Darstellung (6.6) erhalten wir aus (6.5)

$$\left[\varphi'(x)\right]^2 = k^2(x) + i\varphi''(x) \simeq k^2(x) \pm ik'(x)\;. \tag{6.8a}$$

Nach Wurzelziehen folgt

$$\varphi'(x) \simeq \pm k(x)\sqrt{1 \pm i\frac{k'(x)}{k^2(x)}}\;, \tag{6.8b}$$

und nach Reihenentwicklung der Wurzel

$$\varphi'(x) \simeq \pm k(x) \pm \frac{ik'(x)}{2k(x)}\;. \tag{6.8c}$$

Integration von (6.8c) liefert

$$\varphi(x) \simeq \pm\int\limits_{x_0}^{x} k(x')\,\mathrm{d}x' \pm \frac{i}{2} ln\, k(x)\;. \tag{6.9}$$

Damit stellt sich die nach WBK genäherte Wellenfunktion dar als (A = Normierungskonstante)

$$\psi(x) \simeq \frac{A}{\sqrt{k(x)}}\exp\left[\pm\mathrm{i}\int\limits_{x_0}^{x} k(x')\,\mathrm{d}x'\right]\;. \tag{6.10}$$

Dies ist bis auf die $1/\sqrt{k(x)}$-Abhängigkeit die vorher ermittelte Wellenfunktion (6.2a). Genau der Vorfaktor $1/\sqrt{k(x)}$ gewährleistet die Stromerhaltung, wenn eine ebene Welle sich durch das Potential $V(x)$ zwischen x_0 und x fortpflanzt. Nach (3.79) ist die Stromdichte einer ebenen Welle nämlich $j = \frac{\hbar k}{m}|\varphi|^2$. Im Rahmen der WBK-Näherung wird so gewährleistet, dass in Regionen, wo das Teilchen sich schneller bewegt, seine Aufenthaltswahrscheinlichkeit geringer ist. Im Rahmen der Näherung wird schwache Rückstreuung (Abschn. 3.6.3) am Potential vernachlässigt.

6.1.1 Anwendung: Tunneln durch eine Schottky-Barriere

Metall-Halbleiterkontakte sind in jedem Halbleiterbauelement zu finden. üblicherweise haben solche Kontakte gleichrichtenden Charakter bei Stromfluss, ein Effekt, der schon in der Frühzeit der Halbleiterelektronik bei der Detektion von Radiowellen nutzbar gemacht wurde. Der Effekt beruht auf der Ausbildung einer sogenannten Schottky-Barriere (Abb. 6.1). Elektronische Grenzflächenzustände an der Metall-/Halbleitergrenzfläche legen die

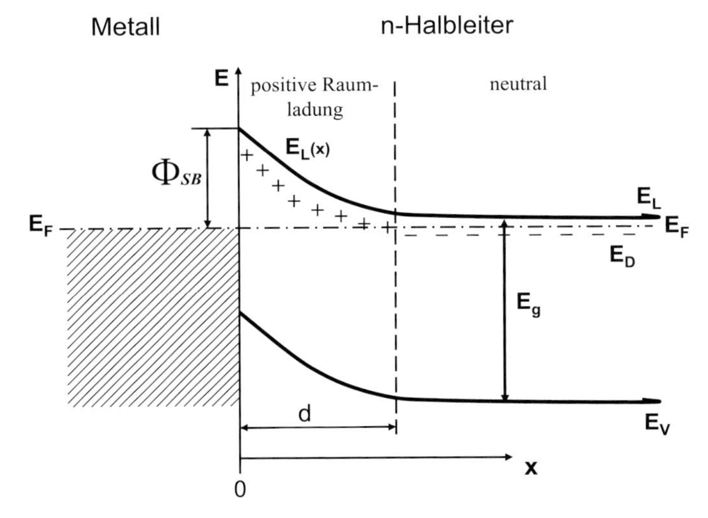

Abb. 6.1. Elektronisches Bänder(Zustands)schema eines Metall/n-Halbleiterübergangs mit Schottky-Barriere. Das Metall ist charakterisiert durch einen Potentialtopf, dessen Einelektronenzustände – jeweils ein Elektron pro Zustand – bis zur Fermi-Energie E_F aufgefüllt sind. E_F als chemisches Potential liegt im n-dotierten Halbleiter im thermischen Gleichgewicht bei der gleichen Energie wie im Metall. Durch elektronische Grenzflächenzustände (Anhang A) wird E_F an der Grenzfläche etwa auf der Hälfte des verbotenen Bandes E_g festgehalten (gepinnt), sodass im Halbleiter eine Bandverbiegung der Leitungsbandkante E_L mit einer an freien Elektronen verarmten Randschicht entsteht. Hier sind die Donatoren über einen Raumbereich d ionisiert (positive ortsfeste Raumladung). E_D Energie der Donatoren im Halbleiter, E_V Valenzbandkante, ϕ_SB Schottky-Barriere

Lage des Fermi-Niveaus (Abschn. 5.6.3) bei einem Energiewert Φ_SB unterhalb der Leitungsbandkante $E_\mathrm{L}(x=0)$ im verbotenen Band E_g fest (Anhang A); man sagt, das Fermi-Niveau E_F ist an der Grenzfläche bei Φ_SB unterhalb von E_L „gepinnt“ (fixiert). Φ_SB ist charakteristisch für die spezielle Metall-/Halbleitergrenzfläche, es hängt z. B. nicht von der Dotierung des Halbleiters ab. Haben wir es, wie in Abb. 6.1, mit einem n-dotierten Halbleiter zu tun, so liegt bei tiefen Temperaturen das Fermi-Niveau E_F tief im Innern ($x > d$) zwischen den Donator-Niveaus bei E_D und der unteren Leitungsbandkante E_L, also nahe am Leitungsband (<30 meV). Weil Φ_SB aber etwa dem halben verbotenen Band (bei GaAs: $\Phi_\mathrm{SB} \simeq 0{,}7\,\mathrm{eV}$) entspricht, biegen sich die elektronischen Bänder in der Nähe des Metallkontaktes nach oben. Die Donator-Niveaus, knapp unterhalb von E_L werden entladen und eine positive raumfeste Raumladung der ionisierten Donatoratome innerhalb einer räumlichen Ausdehnung d resultiert. Diese sogenannte Raumladungszone enthält keine freien Elektronen mehr im Leitungsband, sie ist schlecht leitend und stellt einen hohen elektrischen Widerstand dar, wenn wir eine elektrische Spannung zwischen Metall und Halbleiter anlegen. Legen wir eine negative Spannung an das Metall, so müssen Elektronen in jedem Fall die Energiebarriere Φ_{SB} überwinden, um in das Leitungsband ($E < E_{\mathrm{L}}$) des Halbleiters zu gelangen. Es kann nur ein kleiner Sperrstrom bei dieser Polung fließen, auch bei relativ großen Potentialdifferenzen.

Legen wir jedoch die negative Spannung an die Halbleiterseite, so heben wir dort das Fermi-Niveau gegenüber der Metallseite an. Die untere Leitungsbandkante wird gleichzeitig angehoben und erreicht bzw. überschreitet die Barrierenenergie Φ_{SB}. Immer mehr Elektronen können vom Halbleiter in das Metall fließen und wir beobachten ein exponentielles Anwachsen des sogenannten Durchlassstromes. In dieser Polungsrichtung leitet der Kontakt den Strom, während er bei entgegen gesetzter Polung sperrt (Gleichrichtungseffekt).

Bei genauer Berechnung des Sperrstroms (Polung: Metall negativ, Halbleiter positiv) muss nun neben der thermischen Anregung über die Barriere Φ_{SB} auch Tunneln von Elektronen durch diese Barriere berücksichtigt werden. Zur Beschreibung dieses Effektes eignet sich die dargestellte WKB-Näherung in hervorragender Weise. Tunnelnde Elektronen müssen die Barriere der Höhe Φ_{SB} und der Breite d (Abb. 6.1) überwinden. Zwischen $x = 0$ und $x = d$ fällt die Leitungsbandenergie $E_{\mathrm{L}}(x)$ von Φ_{SB} mit einem gekrümmten Verlauf auf etwa E_{F} ab. Der funktionale Verlauf $E_{\mathrm{L}}(x)$ folgt durch zweimalige Integration der Poisson-Gleichung $\mathrm{d}^2V/\,\mathrm{d}x^2 = -\rho/\varepsilon\varepsilon_0$, wo innerhalb der Raumladungszone d die Raumladung $\rho = eN_{\mathrm{D}}$ durch die konstante Dichte N_{D} der Donatoren angenähert wird. Daraus folgt ein parabolischer Verlauf der Leitungsbandkante innerhalb der Raumladungszone:

$$E_{\mathrm{L}}(x) = \Phi_{\mathrm{SB}}\left[1 - (x/d)^2\right] . \tag{6.11}$$

Aus der Barrierenhöhe Φ_{SB} erhält man die Dicke der Raumladungszone über

$$\Phi_{\mathrm{SB}} = \mathrm{e}^2 N_{\mathrm{D}}\,\mathrm{d}^2/2\varepsilon_0\varepsilon . \tag{6.12}$$

Mittels (6.11) ist die zu durchtunnelnde Barriere vollständig beschrieben.

Um die Tunnelrate (Wahrscheinlichkeit) auszurechnen, müssen wir die Wahrscheinlichkeit ermitteln, mit der sich ein Elektron nach Durchlaufen der Barriere bei $x = d$ befindet. Dazu muss die Wellenfunktion (6.2) bzw. (6.10) quadriert werden.

Hierbei müssen wir berücksichtigen, dass in (6.2a) und (6.10) positive Elektronenenergien E betrachtet wurden, d. h. propagierende Elektronen, die sich energetisch oberhalb des Maximums eines schwach veränderlichen Potentials $V(x)$ befanden. Tunnelnde Elektronen haben Energien $E < V(x)$, d. h. wir müssen $k(x)$ durch $\kappa(x) = \sqrt{2m(V(x) - E)}/\hbar$ ersetzen (Abschn. 3.6.4, Gl. (3.91)). Damit erhalten wir für die Transmissionswahrscheinlichkeit

$$T = |\psi(x = d)|^2 \sim \exp\left[-2\int_0^d \kappa(x)\,\mathrm{d}x\right] , \tag{6.13a}$$

bzw.

$$T \sim \exp\left[-2\int_0^d \left\{\frac{2m\Phi_{\mathrm{SB}}}{\hbar^2}\left(1-\frac{x}{\mathrm{d}}\right)^2\right\}^{1/2}\mathrm{d}x\right] = \exp\left(-\mathrm{d}\sqrt{\frac{2m\Phi_{\mathrm{SB}}}{\hbar^2}}\right) . \tag{6.13b}$$

Die Tunnelwahrscheinlichkeit nimmt mit einer exponentiellen Abklinglänge $\sqrt{\hbar^2/2m\Phi_{\mathrm{SB}}}$ ab. Für GaAs mit $\varepsilon \approx 10$ und $\Phi_{\mathrm{SB}} \approx 0{,}7\,\mathrm{eV}$ beträgt diese Abklinglänge etwa 1 nm. Möchten wir also gut durchlässige Kontakte zum GaAs mit quasi-ohmschem Verhalten herstellen, so darf die Raumladungszone in ihrer Dicke d den Wert 1 nm auf keinen Fall überschreiten. Solche engen Raumladungszonen verlangen aber nach (6.12) extrem hohe Volumendotierungen oberhalb von $10^{19}\,\mathrm{cm}^{-3}$. Quasi-ohmsche Kontakte zwischen Metall und Halbleiter werden deshalb zumeist hergestellt, indem man eine hochdotierte Schicht im Halbleiter durch Epitaxie, Diffusion oder Ionenimplantation unterhalb des Metallkontaktes erzeugt.

6.2 Geschicktes Erraten einer Näherung: Die Variationsmethode

Bei der Lösung quantenmechanischer Probleme hilft uns oft die physikalische Intuition zu manchmal recht guten qualitativen Vorstellungen über die Gestalt der Wellenfunktionen, die Eigenlösungen der stationären Schrödinger-Gleichung sind. In einem bindenden, eindimensionalen Rechteckpotential der Breite d sind die Eigenlösungen stehende Sinus-Wellen mit $d = \lambda/2$, $2\lambda/2$, $3\lambda/2$ usw. (Abschn. 3.6.1). Qualitativ ähnlich sind die Lösungen für das bindende parabolische Potential des harmonischen Oszillators (Abschn. 4.4.2). Allgemein erwarten wir in bindenden Potentialen, die zu einer Ebene spiegelsymmetrisch sind, für den Grundzustand eine nach oben konvexe, zu dieser Ebene spiegelsymmetrische Wellenfunktion. Der erste angeregte Zustand, im Kastenpotential eine stehende Welle mit $d = \lambda$, wird qualitativ in dem allgemeinen bindenden Potential auch bei Spiegelung an der Symmetrieebene sein Vorzeichen ändern (inversionssymmetrisch). Der nächste Zustand ist wieder spiegelsymmetrisch zum Zustand des Potentials, jedoch hat er zwei Knoten ($\psi = 0$) statt einem (Abb. 6.2). Wie die Wellenfunktionen in dem allgemeinen Potential in Abb. 6.2 genau aussehen und wie vor allem die zugehörigen Energieeigenwerte $E_0, E_1, E_2, \ldots$ zahlenmäßig folgen, muss durch Lösung der stationären Schrödinger-Gleichung errechnet werden. Können wir uns mit dem intuitiven Wissen aus Abb. 6.2 eine Näherungslösung des Problems verschaffen?

Nehmen wir an, wir kennen die exakte Lösung des Problems in Abb. 6.2, d. h. die stationäre Schrödinger-Gleichung werde gelöst durch die Kets $|\varphi_n\rangle$, d. h.

$$\hat{H}\,|\varphi_n\rangle = E_n\,|\varphi_n\rangle \ . \tag{6.14}$$

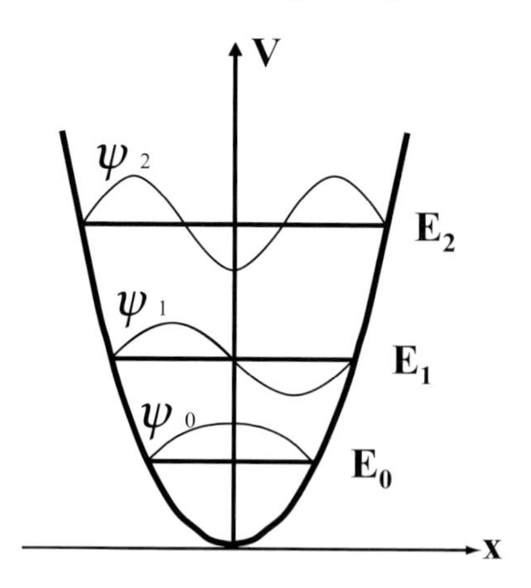

Abb. 6.2. Allgemeines bindendes Potential $V(x)$ mit qualitativ eingezeichneten Wellenfunktionen ψ_0, ψ_1, ψ_2 der niedrigsten bindenden Zustände; Energien E_0, E_1, E_2

Wir können dann für einen beliebigen Zustand $|\psi\rangle$, der vielleicht als qualitativ gute Lösung des Problems erraten wurde (wie in Abb. 6.2) den Energieerwartungswert $\langle\psi|\hat{H}|\psi\rangle$ wie folgt bilden:

$$\langle\psi|\,\hat{H}\,|\psi\rangle = \sum_n \langle\psi|\,\hat{H}\,|\varphi_n\rangle\,\langle\varphi_n|\psi\rangle = \sum_n E_n\,\langle\psi|\varphi_n\rangle\,\langle\varphi_n|\psi\rangle\;. \tag{6.15}$$

Hierbei wurde die Vollständigkeitsrelation für das vollständige Orthonormalsystem $|\varphi_n\rangle$ (4.69a) benutzt. Falls wir statt aller Energieeigenwerte E_n den niedrigsten Wert E_0 des Grundzustandes nehmen, können wir (6.15) nach unten abschätzen:

$$\langle\psi|\,\hat{H}\,|\psi\rangle \geq \sum_n E_0\,\langle\psi|\varphi_n\rangle\,\langle\varphi_n|\psi\rangle = E_0\,\langle\psi|\psi\rangle\;. \tag{6.16a}$$

Damit folgt für irgendeinen geratenen Zustand $|\psi\rangle$ (nicht normiert):

$$E_0 \leq \frac{\langle\psi|\,\hat{H}\,|\psi\rangle}{\langle\psi|\psi\rangle}\;. \tag{6.16b}$$

Der exakte Eigenwert E_0 des Grundzustandes ist also immer kleiner als der errechnete Energiemittelwert $\langle\psi|\hat{H}|\psi\rangle/\langle\psi|\psi\rangle$ für einen beliebigen erratenen „Versuchszustand“ $|\psi\rangle$.

Betrachten wir die Abschätzung (6.16b) etwas genauer, indem wir für den n-ten Eigenzustand (Energiewert E_n) eine Versuchsfunktion

$$|\psi\rangle = |\varphi_n\rangle + |\delta\varphi\rangle \tag{6.17}$$

annehmen, die vom exakten Ket $|\varphi_n\rangle$ um eine Funktion $|\delta\varphi\rangle$ abweicht, die natürlich zu $|\varphi_n\rangle$ orthogonal sein muss, denn sonst wäre sie durch die Wahl des Normierungsfaktors in $|\varphi_n\rangle$ enthalten. Einsetzen von (6.17) in das Funktional (6.16b) ergibt:

$$\begin{aligned}\frac{\langle\psi|\,\hat{H}\,|\psi\rangle}{\langle\psi|\psi\rangle} &= \frac{\left(\langle\varphi_n| + \langle\delta\varphi|\right)\hat{H}\left(|\varphi_n\rangle + |\delta\varphi\rangle\right)}{\left(\langle\varphi_n| + \langle\delta\varphi|\right)\left(|\varphi_n\rangle + |\delta\varphi\rangle\right)} \\ &= \frac{E_n + \langle\delta\varphi|\,\hat{H}\,|\delta\varphi\rangle}{\langle\varphi_n|\varphi_n\rangle + \langle\delta\varphi|\delta\varphi\rangle} = E_n + O\left(|\delta\varphi\rangle^2\right) \ . \end{aligned} \tag{6.18}$$

Während also die erratene Wellenfunktion $|\psi\rangle$ linear um $|\delta\varphi\rangle$ von der exakten Lösung $|\varphi_n\rangle$ abweicht, ist der Fehler in der Bestimmung des Energieeigenwertes quadratisch in $|\delta\varphi\rangle$, d. h. bei kleinem Fehler in der erratenen Wellenfunktion wesentlich besser vernachlässigbar.

Ein Zahlenbeispiel erhärtet diesen allgemeinen Befund: Nehmen wir an, wir haben eine Wellenfunktion $|\psi\rangle$ für den Grundzustand $|\varphi_0\rangle$ des Problems (6.14) intuitiv so erraten, dass $|\psi\rangle$ sich von der richtigen Lösung $|\varphi_0\rangle$ durch 10% „Verschmutzung", d. h. Beimischung des zu $|\varphi_0\rangle$ orthogonalen, nächst höheren Zustands $|\varphi_1\rangle$ unterscheidet:

$$|\psi\rangle = |\varphi_0\rangle + \frac{1}{10}\,|\varphi_1\rangle \ . \tag{6.19}$$

Wir setzen die Versuchsfunktion (6.19) in das Energiefunktional (6.16b) ein, um eine nach unten durch den exakten Energiewert E_0 abgeschätzte Näherungsenergie zu erhalten:

$$\begin{aligned} E\left[\psi\right] = \frac{\langle\psi|\,\hat{H}\,|\psi\rangle}{\langle\psi|\psi\rangle} &= \frac{\left(\langle\varphi_0| + \frac{1}{10}\langle\varphi_1|\right)\hat{H}\left(|\varphi_0\rangle + \frac{1}{10}|\varphi_1\rangle\right)}{\left\langle\varphi_0 + \frac{1}{10}\varphi_1|\varphi_0 + \frac{1}{10}\varphi_1\right\rangle} \\ &= \frac{\langle\varphi_0|\,\hat{H}\,|\varphi_0\rangle + \frac{1}{100}\langle\varphi_1|\,\hat{H}\,|\varphi_1\rangle}{1 + \frac{1}{100}} = \frac{E_0 + 0.01E_1}{1.01} \\ &\simeq 0.99E_0 + 0.01E_1 \ . \end{aligned} \tag{6.20}$$

Obwohl die erratene Versuchsfunktion 10% Beimischung einer „falschen Funktion", verglichen mit der richtigen Lösung enthielt, liegt der errechnete Energieeigenwert nur um 1% neben der richtigen Energie E_0 des Grundzustands.

Um das Näherungsverfahren noch effektiver zu gestalten – wir wissen ja nicht, wie weit wir beim Erraten einer Lösung von der richtigen Funktion abweichen – machen wir die Versuchfunktion ψ von Parametern $\alpha, \beta, \ldots$ abhängig, die wir dann noch numerisch bestimmen können, um das Funktional $E[\psi]$ möglichst klein zu machen, d. h. nahe an den richtigen Eigenwert heranzuführen. Für den Grundzustand $|\varphi_0\rangle$ erraten wir also die Näherung $|\psi_0(\alpha, \beta, \ldots)\rangle$, die das Funktional $E[\psi_0]$ als Funktion der freien Parameter $\alpha, \beta, \ldots$ darstellt:

$$E\left(\alpha, \beta, \ldots\right) = E\left[\psi_0\left(\alpha, \beta, \ldots\right)\right] = \frac{\langle\psi_0\left(\alpha, \beta, \ldots\right)|\,\hat{H}\,|\psi_0\left(\alpha, \beta, \ldots\right)\rangle}{\langle\psi_0\left(\alpha, \beta, \ldots\right)|\psi_0\left(\alpha, \beta, \ldots\right)\rangle} \ . \tag{6.21a}$$

Minimalisieren von (6.21a) mittels der Parameter $\alpha, \beta, \ldots$ führt also zu einer noch besseren Annäherung an E_0 heran, verglichen mit dem einfachen Einsetzen der erratenen Lösung $|\varphi_0\rangle$. Die Minimalisierungsbedingung für (6.21a) verlangt

$$\frac{\partial E}{\partial \alpha} = \frac{\partial E}{\partial \beta} = \ldots = 0 \, , \tag{6.21b}$$

woraus wir die speziellen Parameterwerte $\alpha_0, \beta_0, \ldots$ bestimmen, die (6.21b) erfüllen. Die beste Annäherung an den richtigen Energiewert E_0 ergibt sich dann durch Einsetzen von α_0, β_0 in $E(\alpha, \beta, \ldots)$ (6.21a):

$$E_0 \lesssim E\left(\alpha_0, \beta_0, \ldots\right) \, . \tag{6.21c}$$

Was wir hier im Einzelnen für den Grundzustand des Systems erläutert haben, lässt sich analog auf höhere angeregte Zustände übertragen.

Vom ersten angeregten Zustand $|\varphi_1\rangle$ mit dem exakten Eigenwert E_1 wissen wir, dass $|\varphi_1\rangle$ orthogonal zum Grundzustand $|\varphi_0\rangle$ ist. Zur näherungsweisen Berechnung von E_1 errate man also eine Näherungslösung $|\psi_1(\alpha', \beta', \ldots)\rangle$ mit anpassbaren Parametern, $\alpha', \beta', \ldots$, die orthogonal zu $|\varphi_0\rangle$ oder dessen Näherung $|\varphi_0\rangle$ ist. Man errechne das Funktional

$$E\left(\alpha', \beta', \ldots\right) = \frac{\langle \psi_1\left(\alpha', \beta', \ldots\right)| \, \hat{H} \, |\psi_1\left(\alpha', \beta', \ldots\right)\rangle}{\langle \psi_1\left(\alpha', \beta', \ldots\right)|\psi_1\left(\alpha', \beta', \ldots\right)\rangle} \tag{6.22a}$$

und minimalisiere es bezüglich der Parameter $\alpha', \beta', \ldots$ durch Differenzierung nach $\alpha', \beta', \ldots$ analog (6.21b). Die aus (6.21b) erhaltenen Werte $\alpha_1, \beta_1, \ldots$ für die Anpassparameter minimalisieren das Energiefunktional (6.22a) und liefern die beste Näherung für den ersten angeregten Energiezustand E_1

$$E_1 \lesssim E\left(\alpha_1, \beta_1, \ldots\right) \, . \tag{6.22b}$$

Analog verfahre man für höhere Energieeigenwerte $E_2, E_3, \ldots$. Zur Errechnung von E_2 muss man dann natürlich die Näherungslösung $|\varphi_2\rangle$ orthogonal zu $|\varphi_0\rangle$ und $|\varphi_1\rangle$ erraten.

Um das zugrunde liegende Prinzip des Näherungsverfahrens noch einmal zusammenzufassen, stellen wir fest: Die Eigenlösungen (Zustände) des Hamilton-Operators $\hat{H}$ sind stationäre Punkte des Energiefunktionals $E[\psi]$. Ändert man sie in erster Ordnung, so ändert sich $E[\psi]$ nicht. Der Grundzustand ist überdies das absolute Minimum von $E[\psi]$.

Im folgenden wollen wir die Variationsmethode zur näherungsweisen Lösung der Schrödinger-Gleichung an einigen Beispielen darstellen.

6.2.1 Beispiel des harmonischen Oszillators

Nach Abschn. 4.4.2 ist das Problem des harmonischen Oszillators analytisch lösbar. Im parabolischen, bindenden Potential ($\propto x^2$) haben die Eigenfunktionen die oben beschriebene Gestalt; der Grundzustand (4.124) ohne Knoten, nach oben konvex (Abb. 4.4, $n = 0$), der erste angeregte Zustand mit einem Knoten und inversionssymmetrisch um $x = 0$ (Abb. 4.4, $n = 1$) sowie alle höher angeregten Zustände mit wachsender Knotenzahl und abwechselnd spiegel- bzw. inversionssymmetrisch um $x = 0$ (Abb. 4.4).

Wir wollen die Grundzustandsenergie, die nach (4.122) exakt gleich $0{,}5\hbar\omega$ (ω = Oszillator-Eigenfrequenz) ist, mittels der Variationsmethode berechnen. Mit dem Wissen, dass die Grundzustandswellenfunktion nach oben konvex ist, machen wir die Annahme einer nach unten geöffneten Parabel (Abb. 6.3):

$$\psi_0 = A\left[1 - \left(\frac{x}{a}\right)^2\right] \propto \left(1 - \rho^2\right) . \tag{6.23}$$

Hierbei haben wir zur Minimalisierung des Energiefunktionals (6.21a) zwei freie Parameter a und A zugelassen, von denen A nur eine Normierungskonstante ist, die in der Rechnung zur Bildung von (6.21a) schon im Nenner berücksichtigt ist; es bleibt also nur die Minimalisierung nach a übrig. Mit der Setzung $\rho = x/a$ ergibt sich für den Hamilton-Operator des Oszillators:

$$\hat{H} = -\frac{\hbar^2}{2m}\frac{\mathrm{d}^2}{\mathrm{d}x^2} + \frac{m}{2}\omega^2 x^2 = -\frac{\hbar^2}{2ma^2}\frac{\mathrm{d}^2}{\mathrm{d}\rho^2} + \frac{m\omega^2 a^2}{2}\rho^2 . \tag{6.24}$$

Der Zähler Z des Energiefunktionals (6.21a) folgt damit zu

$$\begin{aligned} Z = \langle\psi_0|\,\hat{H}\,|\psi_0\rangle &= -\frac{\hbar^2}{2m}\int_{-1}^{1}\left(1-\rho^2\right)\frac{\mathrm{d}^2}{a^2\,\mathrm{d}\rho^2}\left(1-\rho^2\right)a\,\mathrm{d}\rho \\ &\quad + \frac{m\omega^2}{2}\int_{-1}^{1} a^2\rho^2\left(1-\rho^2\right)a\,\mathrm{d}\rho \\ &= \frac{4}{3}\frac{\hbar^2}{ma} + \frac{16}{105}\frac{m\omega^2 a^3}{2} , \end{aligned} \tag{6.25a}$$

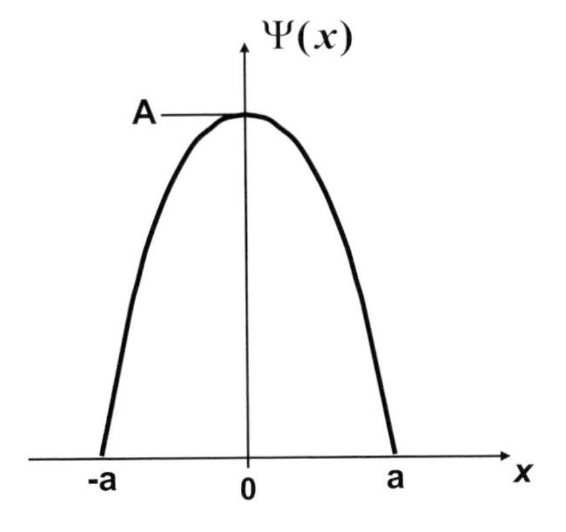

Abb. 6.3. Nach unten geöffnete Parabel als Versuchsfunktion zur näherungsweisen Berechnung der Oszillatorgrundzustandsenergie nach der Variationsmethode

während der Nenner sich ergibt zu

$$N = \langle \psi_0 | \psi_0 \rangle = a \int_{-1}^{1} \left(1 - \rho^2\right)^2 \, \mathrm{d}\rho = \frac{16}{15} a \, . \tag{6.25b}$$

Damit folgt für das Energiefunktional (6.21a)

$$E\left[\psi_0\left(a\right)\right] = \frac{Z}{N} = \frac{5}{4} \frac{\hbar^2}{m a^2} + \frac{1}{14} m \omega^2 a^2 \, . \tag{6.26}$$

Wir minimalisieren dieses Funktional mittels des Parameters a:

$$\frac{\partial E}{\partial a} = -\frac{5}{2} \frac{\hbar^2}{m a^4} + \frac{1}{7} m \omega^2 = 0 \, . \tag{6.27a}$$

Durch Auflösen nach a folgt

$$a^4 = \frac{35}{2} \frac{\hbar^2}{m^2 \omega^2} \quad \text{bzw.} \; a^2 \approx 4{,}18 \frac{\hbar}{m \omega} \, . \tag{6.27b}$$

Einsetzen dieses Wertes in (6.26) liefert den Minimalwert

$$E_{\min} \approx 0{,}597 \hbar \omega \tag{6.27c}$$

für das Energiefunktional, und damit die im Rahmen der erratenen Versuchsfunktion (6.23) beste Näherung für die Grundzustandsenergie $0{,}5\hbar\omega$ des harmonischen Oszillators.

Unter Berücksichtigung der doch recht oberflächlichen Annahmen über ψ_0 (6.23) und der einfachen Rechnung muss die Näherungslösung (6.27c) für den richtigen Wert $\frac{1}{2}\hbar\omega$ als gut bezeichnet werden.

Um den nächst höheren Energieeigenwert E_1 näherungsweise zu ermitteln, müssen wir eine zu (6.23) orthogonale Versuchsfunktion mit einem Knoten annehmen, die um $x = 0$ inversionssymmetrisch ist.

Eine einfache Annahme ist sicherlich

$$\psi_1\left(b, A\right) = A \sin \frac{\pi}{b} x \, , \qquad \psi_1 = 0 \quad \text{für } |x| > b \, . \tag{6.28}$$

Diese Funktion, richtige Eigenlösung für einen rechteckigen Potentialtopf, erfüllt die Symmetrieeigenschaften und hat die richtige Knotenzahl auch für den ersten angeregten Zustand des Oszillatorpotentials. Mit b als Parameter für die Minimalisierung des Energiefunktionals (6.22a) ergibt eine analoge Rechnung zu (6.24) bis (6.27) einen Näherungswert für die Energie des ersten angeregten Oszillatorzustandes $E_1 = \frac{3}{2}\hbar\omega$. Wir überlassen dem Leser diese Übungsaufgabe.

6.2.2 Der Grundzustand des Wasserstoffatoms

Das Wasserstoffatom (H) ist das einfachste Atom. Sein häufigstes Isotop hat als positiven Kern ein Proton, an das durch Coulomb-Anziehung ein negatives Elektron in der Atomhülle gebunden ist. Wir haben es also mit einem Zweikörperproblem zu tun. Da aber das Proton etwa 2000mal schwerer ist als das Elektron, kann man in guter Näherung das Proton als ruhenden Kern annehmen, um den sich das Elektron herum bewegt. Für die Dynamik dieses Elektrons ist das Problem zentralsymmetrisch, sodass wir analog zu (5.183) und (5.5b) die kinetische Gesamtenergie in einen Radialanteil $\hat{T}_r$ und einen Kreisbahnanteil $\hat{L}^2/2m_\mathrm{e}r^2$, mit m_e als Masse des Elektrons aufteilen können. Da wir es nicht wie in (5.183) mit einem um eine Achse rotationssymmetrischen sondern mit einem zentralsymmetrischen (3D) Problem zu tun haben, muss statt $\hat{L}_z^2$ hier der Gesamtdrehimpuls $\hat{L}^2$ eingehen. Mit dem Coulomb-Potential zwischen Elektron und Proton

$$V(r) = \frac{-\mathrm{e}^2}{4\pi\varepsilon_0 r} \tag{6.29}$$

folgt somit für den Hamilton-Operator des H-Atoms

$$\hat{H} = \hat{T}_r + \frac{\hat{L}^2}{2m_\mathrm{e}r^2} - \frac{\mathrm{e}^2}{4\pi\varepsilon_0 r}\,. \tag{6.30}$$

Wegen der kinetischen Energie $\hat{p}^2/2m_\mathrm{e}$ und des Impulsoperators $\hat{\mathbf{p}} = -\mathrm{i}\hbar\nabla$ enthält der Radialteil $\hat{T}_r$ der kinetischen Energie eine zweimalige Ableitung nach dem Radius. Eine detaillierte Rechnung mittels der Vektordarstellungen (5.30–5.32) für Polarkoordinaten liefert (siehe auch Übung 4.7)

$$\hat{T}_r = -\frac{\hbar^2}{2m_\mathrm{e}}\frac{1}{r^2}\frac{\partial}{\partial r}\left(r^2\frac{\partial}{\partial r}\right)\,. \tag{6.31}$$

Wir haben die Rechnung hier nicht ausgeführt, weil die Darstellung des ∇ und Δ-Operators in Kugelkoordinaten in jedem Handbuch der Mathematik zu finden ist.

Wegen der Kugelsymmetrie des Problems sind nach Abschn. 5.3 die Operatoren $\hat{H}$, $\hat{L}^2$, $\hat{L}_z$ miteinander vertauschbar; sie haben das gleiche Eigenfunktionssystem. Die Wellenfunktion des Elektrons im Wasserstoffatom enthalten neben einem Radialbauteil $R_{n.l}(r)$ also die Kugelfunktionen Υ_l^m als Eigenlösungen des Drehimpulsoperators. n als Hauptquantenzahl nummeriert die verschiedenen Energieniveaus im bindenden Coulomb-Potential.

Damit schreibt sich die Schrödinger-Gleichung für das Elektron im H-Atom, nachdem wir bereits den Operator $\hat{L}^2$ auf Υ_l^m haben wirken lassen (5.51b)

$$\begin{aligned}\hat{H}R_{n,l}\Upsilon_l^m &= \left[-\frac{\hbar^2}{2m_\mathrm{e}}\frac{1}{r^2}\frac{\partial}{\partial r}\left(r^2\frac{\partial}{\partial r}\right) + \frac{l(l+1)\hbar^2}{2m_\mathrm{e}} - \frac{\mathrm{e}^2}{4\pi\varepsilon_0 r}\right]R_{nl}\Upsilon_l^m \\ &= E_{n,l,m}R_{nl}\Upsilon_l^m\,. \end{aligned} \tag{6.32}$$

Wir wollen an dieser Stelle nicht auf eine detaillierte Diskussion der Eigenlösungen (Abschn. 5.7.2) eingehen, sondern lediglich näherungsweise die Grundzustandsenergie E_0 im negativen bindenden Coulomb-Potential mittels des Variationsprinzips bestimmen. Der Grundzustand hat sicherlich verschwindenden Drehimpuls ($l = 0$), sodass sich für E_0 mit der Wellenfunktion $\Psi_0 = R_{10}\Upsilon_0^0$ die Schrödinger-Gleichung (Radialanteil) darstellt als:

$$\hat{H}_r \Psi_0 = \left[-\frac{\hbar^2}{2m_e} \frac{1}{r^2} \frac{\partial}{\partial r} \left(r^2 \frac{\partial}{\partial r} \right) - \frac{e^2}{4\pi\varepsilon_0 r} \right] \Psi_0 = E_0 \Psi_0 \, . \tag{6.33}$$

Das es also wegen $l = 0$ nur darum geht, den kugelsymmetrischen Radialanteil des Problems zu lösen, können wir im zu minimierenden Funktional (6.16b) die Integration über die Winkel gleich durch einen Faktor $4\pi r^2$ berücksichtigen und erhalten folgende Abschätzung für die Grundzustandsenergie E_0

$$E_0 \lesssim E[\Psi] = \frac{\int\limits_0^\infty 4\pi r^2 \psi^* \hat{H}_r \psi \, \mathrm{d}r}{\int\limits_0^\infty 4\pi r^2 \psi^* \psi \, \mathrm{d}r} \, . \tag{6.34}$$

Im Funktional $E[\Psi]$ nehmen wir als Versuchsfunktion $\psi(r)$ eine radialsymmetrische Funktion an, die der Lokalisierung des Elektrons in der Nähe des Kerns Rechnung trägt, die also außerhalb eines gewissen Radialabstandes $\rho = 1/\sqrt{a}$ verschwindet. Eine Gauß-Funktion erfüllt sicherlich diese Bedingung. Wir setzen als erratene Näherung für die Grundzustandswellenfunktion an

$$\psi = A \exp\left(-ar^2\right) \, , \tag{6.35}$$

wo A (Normierungskonstante) und a frei wählbar sind und somit a als Minimalisierungsparameter zur Verfügung steht. Damit ergibt sich der Nenner von (6.34) unter Zuhilfenahme gängiger Integraltabellen zu

$$N = \langle \psi | \psi \rangle = \int\limits_0^\infty 4\pi r^2 \, \mathrm{e}^{-2ar^2} \, \mathrm{d}r = 2\pi \int\limits_{-\infty}^\infty r^2 \, \mathrm{e}^{-2ar^2} \, \mathrm{d}r = \frac{\pi}{2a} \sqrt{\frac{\pi}{2a}} = \left(\frac{\pi}{2a} \right)^{3/2} \, . \tag{6.36}$$

Der Zähler des Energiefunktionals (6.34) stellt sich dar als

$$Z = -\frac{4\pi\hbar^2}{2m_e} \int\limits_0^\infty \mathrm{e}^{-ar^2} \left(\frac{\partial}{\partial r} r^2 \frac{\partial}{\partial r} \right) \mathrm{e}^{-ar^2} \, \mathrm{d}r - \frac{e^2}{\varepsilon_0} \int\limits_0^\infty r \, \mathrm{e}^{-2ar^2} \, \mathrm{d}r \, . \tag{6.37a}$$

Nach Ausführen der Differentiationen im Integranden und der Erweiterung des Integrals von minus bis plus Unendlich ergibt sich der Zähler zu

$$Z = -\frac{6\pi a\hbar^2}{m_e}\int\limits_{-\infty}^{\infty} r^2\,e^{-2ar^2}\,dr - \frac{4\pi a^2\hbar^2}{m_e}\int\limits_{-\infty}^{\infty} r^4\,e^{-2ar^2}\,dr + \frac{e^2}{\varepsilon_0}\int\limits_{0}^{\infty} r\,e^{-2ar^2}\,dr$$

$$= \frac{3}{4}\pi^{3/2}\frac{\hbar^2}{m_e}(2a)^{-\frac{1}{2}} - \frac{e^2}{4\pi\varepsilon_0 a} . \tag{6.37b}$$

Damit folgt für das Energiefunktional (6.34)

$$E\left[\psi\left(a\right)\right] = \frac{3}{4}\frac{\hbar^2\left(2a\right)}{m_e} - \frac{e^2\left(2a\right)^{1/2}}{2\varepsilon_0\pi^{3/2}} . \tag{6.38}$$

Die im Rahmen der hier benutzten Versuchsfunktion (6.35) beste Näherung für den Grundzustand ergibt sich durch Minimalisierung des Funktionals (6.38) nach a:

$$\frac{\partial E}{\partial a} = \frac{6}{4}\frac{\hbar^2}{m_e} - \frac{1}{2}\frac{e^2}{\sqrt{2}\varepsilon_0\pi^{3/2}}a^{-\frac{1}{2}} = 0 . \tag{6.39a}$$

Dies liefert schließlich

$$\sqrt{a} = \frac{m_e\,e^2}{3\sqrt{2}\varepsilon_0\hbar^2\pi^{3/2}} , \tag{6.39b}$$

$$a = \frac{m_e^2\,e^4}{18\varepsilon_0^2\pi^3\hbar^4} \quad \left[\mathrm{cm}^{-2}\right] . \tag{6.39c}$$

Da a positiv ist, folgt für die Ableitung $\partial E/\partial a$

$$\frac{\partial E}{\partial a} = \frac{e^2}{2\sqrt{2}\varepsilon_0\pi^{3/2}a^{3/2}} > 0 , \tag{6.40}$$

d. h. wir haben wirklich ein Minimum für die Energie gefunden.

Setzen wir den Wert für a in das Funktional (6.38) ein, so erhalten wir den im Rahmen dieser Näherung besten Wert für die Grundzustandsenergie E_0 des H-Atoms

$$E_0 \lesssim E = -\frac{1}{12}\frac{m_e\,e^4}{\pi^3\varepsilon_0^2\hbar^2} \simeq -12\,\mathrm{eV} . \tag{6.41}$$

Der analytisch ermittelbare und auch im Experiment bestimmte richtige Wert beträgt $-13{,}6\,\mathrm{eV}$. Unser Näherungswert liegt, wie erwartet, ein wenig darüber, aber kommt sehr nahe an das richtige Ergebnis heran.

Aus unserer Näherung können wir natürlich auch eine Information über die Ausdehnung der Grundzustandswellenfunktion im H-Atom erhalten. Gemäß dem Ansatz (6.35) liefert $1/\sqrt{a}$ eine Abschätzung für die Halbwertsbreite der Gauß-Wellenfunktion. Mittels (6.39b) errechnet man für $1/\sqrt{a}$ einen Wert von $10^{-8}\,\mathrm{cm} = 1\,\text{Å}$. Dies trifft genau die Größenordnung des Bohr-Radius $a_0 \simeq 0{,}5\,\text{Å}$, der schon aus der semiklassischen Rechnung im Bohrschen Atommodell folgt.

6.2.3 Moleküle und gekoppelte Quantenpunkte

Wir wollen im Folgenden die Variationsmethode auf eine allgemeine Klasse vom Problemen anwenden, die für weite Bereiche der Physik, vom Verständnis der kovalenten Bindung in Molekülen bis hin zu gekoppelten Quantenpunkten in der Nanoelektronik und der Realisierung der quantenmechanischen Informationseinheit, dem Quantenbit (Q-bit, Abschn. 7.5), von Bedeutung sind.

Das einfachste Molekül in der Natur ist sicherlich das aus zwei Wasserstoffatomen (H) gebildete H_2-Molekül, in dem die beiden Schalenelektronen der beiden H-Atome die kovalente Bindung des Moleküls bewirken. Ja, wir können uns noch ein einfacheres Molekül vorstellen, nämlich das H_2^+-Ion, in dem nur ein Elektron zwei positive Protonen aneinander bindet. Schematisch sind die Verhältnisse in Abb. 6.4 dargestellt. Beide Protonen, in genügend großem Abstand, erzeugen bindende Coulomb-Potentiale der Form $-e/4\pi\varepsilon_0 r$ um sich herum, die das Elektron in diskreten Zuständen binden können. Betrachten wir jeweils die Grundzustände $|L\rangle$ und $|R\rangle$ im linken (L) und rechten (R) atomaren Coulomb-Potential, so haben die entsprechenden Wellenfunktionen ψ bei weit voneinander entfernten Kernen (Protonen), die vom Zentrum her exponentiell abklingende Gestalt $\exp(-r/a)$ (Abschn. 6.2.2, Abb. 6.4b).

Analoges gilt für zwei Quantenpunkte, die man sich entweder lateral mittels der Split-gate oder vertikal mittels einer Mesa-Lithographie auf einem Halbleiterchip realisiert denken kann. Auch hier führen zwei bindende Potentiale (Abb. 6.4g) zu diskreten Energiewerten bzw. Grundzuständen $|L\rangle$ und $|R\rangle$. Es hängt natürlich vom speziellen einschließenden Potential ab, wie im Einzelnen sich diese Zustände als Funktion von r darstellen, und bei welchen Energien die Grundzustände liegen. In kastenförmigen Potentialen z. B. hat die Grundzustandswellenfunktion die Gestalt einer halben Sinuswelle (Abschn. 3.6.1).

In beiden Fällen, dem der beiden Coulomb-Potentiale der Protonen und denen der benachbarten Halbleiterquantenpunkte gilt, dass bei genügend kleiner Entfernung zwischen den einschließenden Potentialen die Barriere dazwischen so dünn wird, dass die Wellenfunktionen der Zustände $|L\rangle$ und $|R\rangle$ über die Barriere hinweg überlappen und wie beim resonanten Tunneln ein kohärenter Gesamtzustand des Zweizentrensystems möglich wird. In anderen Worten, das Elektron im H_2^+-Ion oder in den beiden gekoppelten Quantenpunkten kann sich sowohl links als auch rechts in den Zuständen $|L\rangle$ bzw. $|R\rangle$ aufhalten, wo $|L\rangle$ und $|R\rangle$ die Schrödinger-Gleichung der entkoppelten Systeme

$$\left(\hat{T} + \hat{V}_{\mathrm{L}}\right)|L\rangle = E_{\mathrm{L}}\,|L\rangle \quad \text{und} \quad \left(\hat{T} + \hat{V}_{\mathrm{R}}\right)|R\rangle = E_{\mathrm{R}}\,|R\rangle \tag{6.42}$$

lösen.

Zur näherungsweisen Lösung des Problems mittels der Variationsmethode setzen wir als Versuchsfunktion die lineare Superposition der Zustände $|L\rangle$

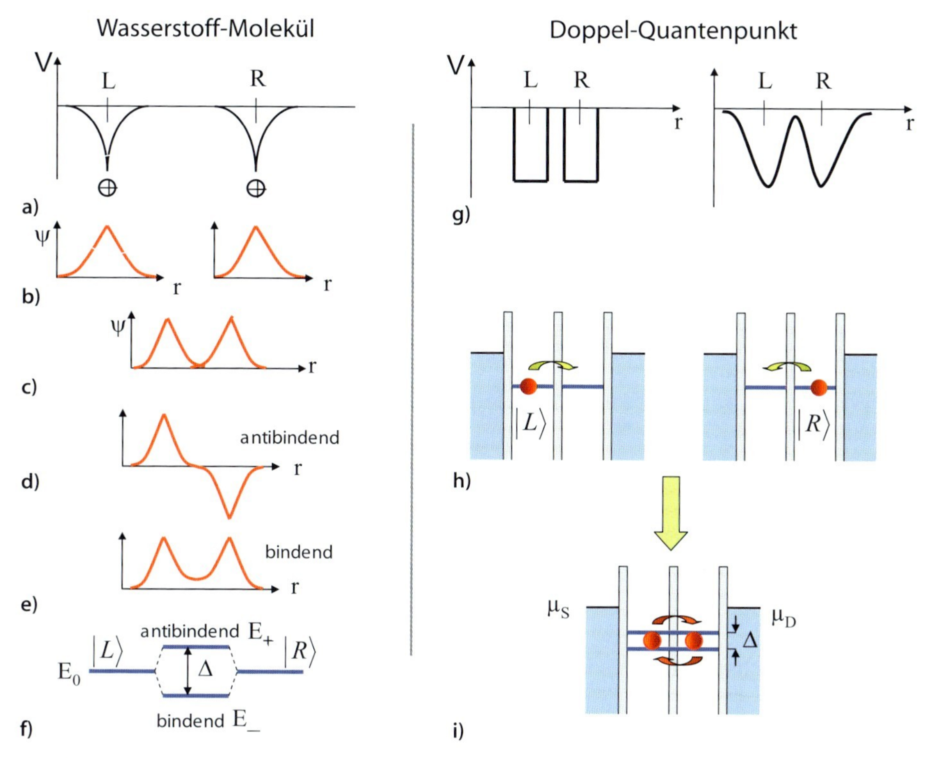

Abb. 6.4a–h. Vergleich eines H_2^+-Ions mit zwei gekoppelten Quantenpunkten, die mit einem Elektron besetzt sind. **a** Potentiale der beiden Protonen im H_2^+-Ion. **b** Qualitative Grundzustandswellenfunktionen für die getrennten Protonpoteniale. **c** Überlappende Wellenfunktionen aus **b**) bei Annäherung der Atomkerne. **d** Antibindender Molekülzustand des Elektrons im Potential der gekoppelten Atome. **e** Bindender Molekülzustand mit erhöhter Aufenthaltswahrscheinlichkeitsdichte des Elektrons zwischen den Kernen. **f** Aufspaltung der Grundzustandsenergien E_0 der freien Atome in antibindendes und bindendes Niveau der gekoppelten Atome. **g** Zwei verschiedene bindende Potentialtypen für den Doppel-Quantenpunkt Die qualitative Ähnlichkeit zu dem des H_2^+-Potentials in **a**) ist evident. Dem entsprechend stellen sich Wellenfunktionen und Energieniveaus genau so dar wie für das H_2^+-Ion, Teilbilder **b**) bis **f**). **h** Anschauliche Darstellung der Wechselwirkung zwischen den beiden Potentialen des Doppel-Quantenpunktes durch Hin- und Hertunneln des Elektrons zwischen den Zuständen $|L\rangle$ und $|R\rangle$, links und rechts. **i** Anschauliche Darstellung des gekoppelten elektronischen Zustandes, bei dem eine Aufspaltung Δ zwischen bindenden und antibindenden Energieniveaus vorliegt. μ_S und μ_D sind die chemischen Potentiale (Fermi-Energien) zweier metallischer Kontakte (Source und Drain), links und rechts, die über Einzelelektronen-Tunneln eine Messung dieser Energien erlauben würden (siehe dazu auch Abb. 5.18)

und $|R\rangle$ an, weil dies dem „Entweder" oder „Oder" des Elektrons im linken oder rechten Potential entspricht:

$$|\psi\rangle \simeq c_{\mathrm{L}}\,|L\rangle + c_{\mathrm{R}}\,|R\rangle \ . \tag{6.43}$$

In anderen Worten, die Grundzustandseigenfunktion für das Elektron im Zweizentrenproblem zweier gekoppelter bindender Potentiale beinhaltet sicher eine partielle Lokalisierung des Elektrons links (L) wie auch rechts (R). Gleichung (6.43) ist deshalb ein guter erster Näherungsansatz, wenn wir die Amplituden c_{L} und c_{R}, im einfachsten Fall reell angenommen, noch als freie Parameter für die Minimalisierung des Energiefunktionals $E[\psi(c_{\mathrm{L}}, c_{\mathrm{R}})]$ (6.21a) benutzen.

Wir wollen das zu lösende Problem noch einmal kurz beschreiben. In der zu lösenden Schrödinger-Gleichung

$$\hat{H}\,|\psi\rangle = E\,|\psi\rangle \tag{6.44a}$$

besteht der Hamilton-Operator aus dem kinetischen Anteil $\hat{T}$ eines Elektrons und den beiden bindenden Potentialen $V_{\mathrm{L}}(r - r_{\mathrm{L}})$ bzw. $V_{\mathrm{R}}(r - r_{\mathrm{R}})$. Für das H_2^+-Molekül mit den beiden positiven Kernen bei r_{L} und r_{R}, die sich abstoßen und im Raum frei bewegen können, müssen wir noch die entsprechende Coulomb-Wechselwirkungsenergie der Kerne berücksichtigen:

$$\hat{H} = \hat{T} + \hat{V}_{\mathrm{L}}\,(r - r_{\mathrm{L}}) + \hat{V}_{\mathrm{R}}\,(r - r_{\mathrm{R}}) + \frac{\mathrm{e}^2}{4\pi\varepsilon_0\,|r_{\mathrm{L}} - r_{\mathrm{R}}|} \ . \tag{6.44b}$$

Im Quantenpunktproblem tritt natürlich der letzte Anteil nicht auf (er ist konstant und kann in der Energienormierung berücksichtigt werden), weil die beiden Zentren der bindenden Potentiale r_{L} und r_{R} raumfest im Halbleiter ausgebildet sind und nicht wie beim Molekül durch frei bewegliche Protonen erzeugt werden.

In der weiteren Rechnung ist es belanglos, ob wir das H_2^+-Molekül oder die gekoppelten Quantenpunkte im Auge haben. Wir errechnen das Funktional (6.21a) mittels (6.43) wie folgt:

$$\begin{aligned} E\,[\psi\,(c_{\mathrm{L}}, c_{\mathrm{R}})] &= \frac{\langle\psi|\,\hat{H}\,|\psi\rangle}{\langle\psi|\psi\rangle} = \frac{(c_{\mathrm{L}}\,\langle L| + c_{\mathrm{R}}\,\langle R|)\,\hat{H}\,(c_{\mathrm{L}}\,|L\rangle + c_{\mathrm{R}}\,|R\rangle)}{(c_{\mathrm{L}}\,\langle L| + c_{\mathrm{R}}\,\langle R|)\,(c_{\mathrm{L}}\,|L\rangle + c_{\mathrm{R}}\,|R\rangle)} \\ &= \frac{c_{\mathrm{L}}^2 H_{\mathrm{LL}} + c_{\mathrm{R}}^2 H_{\mathrm{RR}} + c_{\mathrm{L}}c_{\mathrm{R}} H_{\mathrm{LR}} + c_{\mathrm{L}}c_{\mathrm{R}} H_{\mathrm{RL}}}{c_{\mathrm{L}}^2 + c_{\mathrm{R}}^2 + 2c_{\mathrm{L}}c_{\mathrm{R}} S} \ . \end{aligned} \tag{6.45}$$

Hierbei haben wir folgende Matrixelemente definiert:

$$H_{\mathrm{LL}} = \langle L|\,\hat{H}\,|L\rangle \ , \ H_{\mathrm{RR}} = \langle R|\,\hat{H}\,|R\rangle \ , \tag{6.46a}$$

$$H_{\mathrm{LR}} = \langle L|\,\hat{H}\,|R\rangle \ , \tag{6.46b}$$

$$H_{\mathrm{RL}} = \langle R|\,\hat{H}\,|L\rangle \ , \tag{6.46c}$$

$$S = \langle L|R\rangle = \langle R|L\rangle \ . \tag{6.46d}$$

Wir haben jetzt das Problem so allgemein formuliert, dass anders als im H_2^+-Fall die beiden Potentialmulden, links und rechts verschieden sein können, z. B. zwei in ihrer Dimension verschiedene Quantenpunkte.

Betrachten wir die Matrixelemente etwas genauer: H_{LL} bzw. H_{RR}, die Diagonalelemente, lassen sich für das Quantenpunktsystem, darstellen als

$$H_{\mathrm{LL}} = \langle L|\,\hat{T} + \hat{V}_{\mathrm{L}} + \hat{V}_{\mathrm{R}}\,|L\rangle = E_{\mathrm{L}} + \langle L|\,\hat{V}_{\mathrm{R}}\,|L\rangle = E_{\mathrm{L}} - R_{\mathrm{L}}\ , \tag{6.47a}$$

$$H_{\mathrm{RR}} = \langle R|\,\hat{T} + \hat{V}_{\mathrm{L}} + \hat{V}_{\mathrm{R}}\,|R\rangle = E_{\mathrm{R}} + \langle R|\,\hat{V}_{\mathrm{L}}\,|R\rangle = E_{\mathrm{R}} - L_{\mathrm{R}}\ . \tag{6.47b}$$

Hierbei sind E_{L} und E_{R} die Grundzustandsenergien der nicht gekoppelten Quantenpunkte links und rechts, gemäß den Schrödinger-Gleichungen (6.42) und R_{L} bzw. L_{R} kleine Korrekturen, die durch das Vorhandensein der benachbarten Potentialmulden auftreten. Da es sich um bindende Potentiale handelt, haben wir R_{L} und L_{R} als positiv und mit negativem Vorzeichen eingeführt. R_{L} und L_{R} sind Korrekturen an den Grundzustandenergien der Einzelsysteme, die durch die Umgebung verursacht sind. Mit $S = \langle L|R\rangle = \langle R|L\rangle$ als dem sogenannten Überlappintegral, das durch den Überlapp der Wellenfunktion im Zwischenbereich zwischen r_{L} und r_{R} zustande kommt, schreiben sich die Nichtdiagonalelemente H_{LR} und H_{RL}

$$H_{\mathrm{LR}} = \langle L|\,\hat{T} + \hat{V}_{\mathrm{L}} + \hat{V}_{\mathrm{R}}\,|R\rangle = E_{\mathrm{R}}\,\langle L|R\rangle + \langle L|\,\hat{V}_{\mathrm{L}}\,|R\rangle\ , \tag{6.48a}$$

$$H_{\mathrm{RL}} = \langle R|\,\hat{T} + \hat{V}_{\mathrm{L}} + \hat{V}_{\mathrm{R}}\,|L\rangle = E_{\mathrm{L}}\,\langle R|L\rangle + \langle R|\,\hat{V}_{\mathrm{R}}\,|L\rangle\ . \tag{6.48b}$$

Die beiden Terme $\langle L|\hat{V}_{\mathrm{L}}|R\rangle$ und $\langle R|\hat{V}_{\mathrm{R}}|L\rangle$ koppeln jeweils die Grundzustände links und rechts über die Potentiale $\hat{V}_{\mathrm{L}}$ bzw. $\hat{V}_{\mathrm{R}}$ aneinander an. Im nächsten Abschnitt werden wir sehen, dass sie sich als Wahrscheinlichkeitsamplituden für Elektronenübergänge $|R\rangle \to |L\rangle$ oder $|L\rangle \to |R\rangle$ interpretieren lassen, die durch die Störpotentiale $\hat{V}_{\mathrm{L}}$ auf den Zustand $|R\rangle$ bzw. $\hat{V}_{\mathrm{R}}$ auf $|L\rangle$ hervorgerufen werden. Sie beschreiben so etwas wie Transfer- oder Tunnelamplituden des Elektrons von rechts nach links oder umgekehrt. Benennen wir sie also $-t_{\leftarrow}$ und $-t_{\rightarrow}$, so stellt sich (6.48) dar als:

$$H_{\mathrm{LR}} = E_{\mathrm{R}}S - t_{\leftarrow}\ , \tag{6.48c}$$

$$H_{\mathrm{RL}} = E_{\mathrm{L}}S - t_{\rightarrow}\ . \tag{6.48d}$$

Bei der weiteren Behandlung des Energiefunktionals (6.45) merken wir uns, dass die Diagonalmatrixelemente H_{LL} und H_{RR} bis auf die kleinen Korrekturen R_{L} und L_{R} (6.47) die Grundzustandsenergien E_{L}, E_{R} im linken und rechten Potential darstellen und damit in (6.45) die entscheidenden Beiträge liefern. Sowohl das Überlappintegral S (6.46d) wie auch die Nichtdiagonalmatrixelemente H_{LR} und H_{RL} sind dem gegenüber kleine Größen, die durch den Überlapp der Potentiale oder Wellenfunktionen von links und rechts bestimmt sind.

Zur näherungsweisen Berechnung der Grundzustandsenergie des Zweizentrenproblems minimalisieren wir $E[\psi(c_{\mathrm{L}}, c_{\mathrm{R}})]$ (6.45) bezüglich der Parameter

$c_\mathrm{L}, c_\mathrm{R}$, d. h. es soll gelten

$$\frac{\partial E}{\partial c_\mathrm{L}} = \frac{\partial E}{\partial c_\mathrm{R}} = 0\,. \tag{6.49}$$

Der Einfachheit halber formen wir (6.45) um zu

$$E\left(c_\mathrm{L}^2 + c_\mathrm{R}^2 + 2c_\mathrm{L}c_\mathrm{R}S\right) = c_\mathrm{R}^2 H_\mathrm{LL} + c_\mathrm{R}^2 H_\mathrm{RR} + c_\mathrm{L}c_\mathrm{R}H_\mathrm{LR} + c_\mathrm{L}c_\mathrm{R}H_\mathrm{RL} \tag{6.50}$$

und führen die Differentiationen (6.49) in dieser Formel durch. Wegen der Bedingung (6.49) folgen dann die beiden Beziehungen:

$$c_\mathrm{L}\left(H_\mathrm{LL} - E\right) + c_\mathrm{R}\left(\frac{H_\mathrm{LR} + H_\mathrm{RL}}{2} - ES\right) = 0\,, \tag{6.51a}$$

$$c_\mathrm{R}\left(H_\mathrm{RR} - E\right) + c_\mathrm{L}\left(\frac{H_\mathrm{LR} + H_\mathrm{RL}}{2} - ES\right) = 0\,. \tag{6.51b}$$

Um die Rechnung übersichtlich zu gestalten, führen wir noch folgende Mittelwertdefinitionen für die Diagonal- und Nichtdiagonalelemente des Hamilton-Operators ein:

$$\bar{H} = \left(H_\mathrm{LL} + H_\mathrm{RR}\right)/2\,, \tag{6.52a}$$

$$\bar{h} = \left(H_\mathrm{LR} + H_\mathrm{RL}\right)/2\,. \tag{6.52b}$$

Damit folgt aus (6.51) folgendes Eigenwertproblem für die Energie E:

$$\begin{pmatrix} (H_\mathrm{LL} - E) & (\bar{h} - ES) \\ (\bar{h} - ES) & (H_\mathrm{RR} - E) \end{pmatrix} \begin{pmatrix} c_\mathrm{L} \\ c_\mathrm{R} \end{pmatrix} = 0\,. \tag{6.53a}$$

Eine nichttriviale Lösung verlangt das Verschwinden der Determinante:

$$E^2 - E\frac{H_\mathrm{LL} + H_\mathrm{RR} - 2\bar{h}S}{1 - S^2} + \frac{H_\mathrm{LL}H_\mathrm{RR} - \bar{h}^2}{1 - S^2} = 0\,. \tag{6.53b}$$

Wie erwartet, ergeben sich aus den beiden Grundzustandsenergien E_L, E_R bzw. H_LR,H_RL (6.47) der getrennten Potentialmulden zwei neue Energieniveaus $E_\pm$ als Lösungen von (6.53b) für die gekoppelten Systeme:

$$E_\pm = \frac{\bar{H} - \bar{h}S}{1 - S^2} \pm \frac{1}{1 - S^2}\sqrt{\left(1 - S^2\right)\left(\bar{h}^2 - H_\mathrm{LL}H_\mathrm{RR}\right) + \left(\bar{H} - \bar{h}S\right)^2}\,. \tag{6.54}$$

Betrachten wir zuerst den spiegelsymmetrischen Fall gleichartiger, nur um $(\mathbf{r}_\mathrm{L} - \mathbf{r}_\mathrm{R})$ gegeneinander verschobener Potentialmulden. Dieser Fall ist für das H_2^+-Molekül natürlich gegeben. Für Potentialmulden in zwei Quantenpunkten müssen die technologischen Herstellungsprozesse genügend reproduzierbar sein, um die Spiegelsymmetrie zu gewährleisten.

Mit den Symmetrieforderungen

$$\bar{H} = H_{\mathrm{LL}} = H_{\mathrm{RR}} \quad \text{und} \quad \bar{h} = H_{\mathrm{LR}} = H_{\mathrm{RL}} \tag{6.55}$$

folgt dann aus (6.54)

$$E_{\pm} = \frac{1}{1 \pm S} \left(H_{\mathrm{LL}} \pm H_{\mathrm{RR}} \right) = \frac{1}{1 \pm S} \left(\bar{H} \pm \bar{h} \right) , \tag{6.56a}$$

oder, wenn wir die Darstellungen (6.47) und (6.48) für die Diagonal- und Nichtdiagonalmatrixelemente durch Umgebungskorrekturen $R_{\mathrm{L}} = L_{\mathrm{R}} = \delta$ (wegen Symmetrie) bzw. Tunnelamplituden $t_{\leftarrow} = t_{\rightarrow} = t_{\mathrm{LR}}$ berücksichtigen

$$E_{\pm} = \frac{1}{1 \pm S} \left[(E_0 - \delta) \pm (E_0 S - t_{\mathrm{LR}}) \right] . \tag{6.56b}$$

Hierbei haben wir wegen der Gleichheit der beiden Potentiale links und rechts die Grundzustandsenergien $E_{\mathrm{L}} = E_{\mathrm{R}} = E_0$ gesetzt.

Berücksichtigen wir, das δ und t_{LR} gegenüber E_0 bzw. $E_0 S$ kleine Größen sind und das Überlappintegral auch signifikant kleiner als 1 ist, so folgt aus (6.56) unmittelbar, dass für zwei gleichwertige gekoppelte Systeme, wie das H_2^+-Molekül oder zwei durch eine schwache, durchlässige Barriere (Transmissionsamplitude t_{LR}) gekoppelte Quantenpunkte ein Elektron zwei, über das Gesamtsystem ausgedehnte Quantenzustände mit den Energien E_+ und E_- annehmen kann. Die Energien $E_{\pm}$ liegen oberhalb und unterhalb der Grundzustandsenergien E_0 bzw. $H_{\mathrm{LL}} = H_{\mathrm{RR}}$ der getrennten Systeme (Abb. 6.4f). Im Falle des Moleküls H_2^+ nennt man den energetisch abgesenkten Zustand E_- **bindend** und den höher energetischen E_+ **antibindend**. Die bei E_- gegebene energetische Absenkung gegenüber E_0 begünstigt eine Annäherung der beiden Protonen im H_2^+-Molekül und damit die Bildung eines Moleküls. Diese Ausbildung von bindenden und antibindenden Zuständen ist die Ursache der kovalenten chemischen Bindung von Atomen zu Molekülen. Antibindende Zustände sind angeregte Zustände des Moleküls die, falls sie angeregt sind, zur Dissoziation führen können.

Die tiefere physikalische Ursache für die Aufspaltung der Grundzustandsenergie E_0 in bindende und antibindende Energieniveaus erkennen wir, wenn wir den in (6.53a) zu bestimmenden Eigenvektor $(c_{\mathrm{L}}, c_{\mathrm{R}})$ durch Einsetzen der Eigenwerte (6.56) ausrechnen. Im hier betrachteten Fall gleicher Potentiale rechts und links ergeben sich die Eigenvektoren zu $(1, 1)$ und $(1, -1)$, d. h. die normierten bindenden und antibindenden Eigenzustände der beiden gekoppelten Potentialmulden stellen sich, auf eins normiert, dar als

$$|\psi_{\mathrm{bind.}}\rangle = \frac{1}{\sqrt{2}} \left(|L\rangle + |R\rangle \right) , \tag{6.57a}$$

$$|\psi_{\mathrm{antib.}}\rangle = \frac{1}{\sqrt{2}} \left(|L\rangle - |R\rangle \right) . \tag{6.57b}$$

Beim bindenden Zustand (6.57a) wird durch den Überlapp der linken und rechten Wellenfunktion elektronische Ladung zwischen den beiden Potentialmulden, im Vergleich mit den getrennten Systemen (Abb. 6.4b), angehäuft. Diese negative Ladung bindet im Molekül die beiden positiven Kerne, sie führt zu einer energetisch bevorzugten Situation, verglichen mit den getrennten Atomen, die kovalente Bindung. Im antibindenden Zustand (Abb. 6.4d) besitzt die Gesamtwellenfunktion (6.57b) einen Knoten zwischen den Potentialmulden, die elektronische Ladung verschwindet dort und die positiven Protonladungen im H_2^+ sind weniger gegeneinander abgeschirmt als im Fall zweier getrennter, weit entfernter Kerne. Die Energie E_+ liegt höher als E_0, die Grundzustandsenergien der getrennten Kerne bzw. Potentialmulden.

Für den nicht-spiegelsymmetrischen Fall eines Zweizentrenmoleküls mit ungleichen Partnern wie CO, HF etc. bzw. zweier ungleicher Quantenpunkte (Abb. 6.5a) müssen wir die allgemeine Darstellung der Energieeigenwerte (6.54) näher diskutieren, bezüglich der energetischen Lage von E_+, E_- im Vergleich zu H_{LL}(oder E_{L} und H_{RR} oder E_{R}). Unter Berücksichtigung der verschiedenen Größenordnungen, mit denen die Energien $\bar{H}, \bar{h}S$ etc. in der Formel auftreten, erhalten wir folgendes Resultat: Die Grundzustandsenergien $H_{\mathrm{LL}} = E_{\mathrm{L}} - R_{\mathrm{L}}$ und $H_{\mathrm{RR}} = E_{\mathrm{R}} - L_{\mathrm{R}}$ der getrennten Atome bzw. Quantenpunkte sind natürlich verschieden. Wie erwartet, liegt dann der antibindende Zustand E_+ der wechselwirkenden Bindungszentren oberhalb des energetisch höchsten Zustandes H_{LL} oder H_{RR} und der bindende Zustand E_- unterhalb des energetisch tiefsten Zustandes H_{LL} oder H_{RR} (Abb. 6.5b).

Für Moleküle, bei denen die Zentren der beiden Potentiale, d. h. die positiv geladenen Atomkerne (Protonen bei H_2^+ und H_2) frei beweglich sind, ist es interessant, die Energien E_+ und E_- des antibindenden und bindenden Zustands als Funktion des Abstands $r_{\mathrm{L}} - r_{\mathrm{R}}$ der Atomkerne zu berechnen. Unabhängig von Details der Kernpotentiale (Coulomb-Potential für H_2^+ oder abgeschirmte Potentiale für komplexere Atome) ergibt sich qualitativ ein Anstieg bzw. Abfall von E_+ bzw. E_- mit fallendem Atomabstand $r_{\mathrm{L}} - r_{\mathrm{R}}$ gegenüber den weit voneinander entfernten Kernen ohne Wechselwirkung (Abb. 6.6).

Die Energie des bindenden Zustands E_- sinkt jedoch nicht beliebig weit ab, denn wir haben in unserer näherungsweisen Betrachtung nicht den Fall extrem naher Kerne behandelt. Nähern sich die beiden Potentiale der Kerne immer weiter an, so wird im H_2^+ das Elektron in seiner räumlichen Ausdehnung immer weiter eingeschränkt. Wie in einem engen Potentialtopf muss seine kinetische Energie wegen der Orts-Impuls-Unschärfe immer weiter ansteigen. Hinzu kommt die potentielle Abstoßungsenergie der beiden positiven Kerne. Dies führt für kleine Kernabstände $r_{\mathrm{L}} - r_{\mathrm{R}}$ wiederum zu einem starken Anstieg der Eigenzustandsenergie E_- (gestrichelt in Abb. 6.6). Das Energieminimum zwischen dem abfallenden und ansteigenden Kurventeil $E_-(r_{\mathrm{L}} - r_{\mathrm{R}})$ bestimmt den Gleichgewichtsbindungsabstand r_{B} der beiden Atome im Molekül.

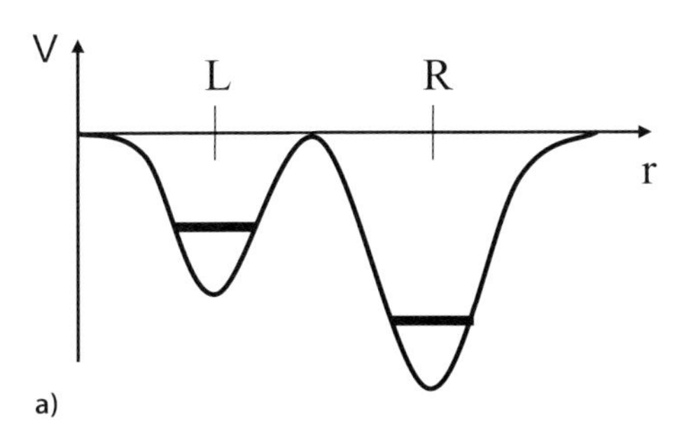

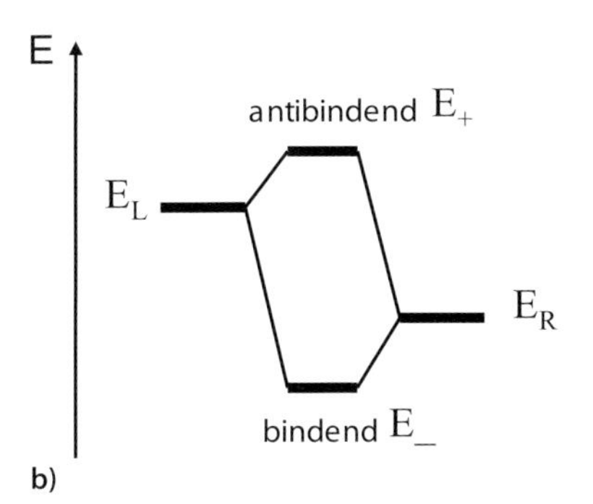

Abb. 6.5. **a** Qualitative Darstellung der Potentiale zweier nicht-spiegelsymmetrischer gekoppelter Quantenpunkte oder eines Zweizentrenmoleküls mit ungleichen atomaren Partnern und deren Energieniveaus der Grundzustände. **b** Aufspaltung der Grundzustandsenergien in antibindende und bindende Energieniveaus

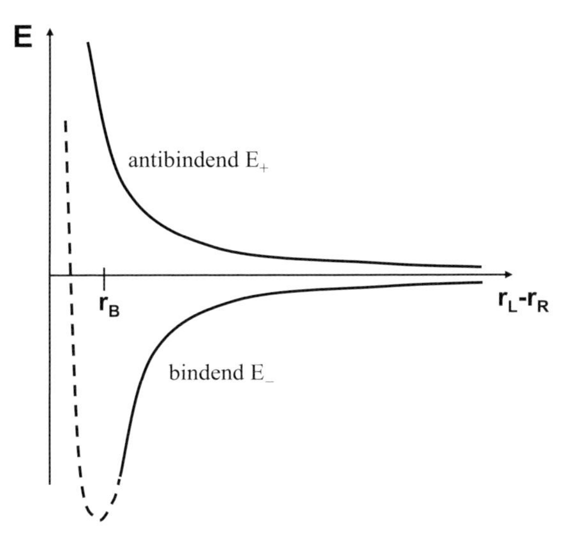

Abb. 6.6. Qualitative Abhängigkeit der Energien E_+ und E_- des antibindenden bzw. des bindenden Zustands als Funktion des Abstands $r_\mathrm{L} - r_\mathrm{R}$ der beiden Atomkerne in einem Zweizentrenmolekül. Der *gestrichelte Verlauf der Kurve* für E_- kann nicht aus der Betrachtung des bindenden und antibindenden Zustandes entnommen werden, sondern ist auf die bei kleinsten Kernabständen stark zunehmende „Einsperrung" des Bindungselektrons zurückzuführen

Das zu Beginn anschaulich entwickelte Bild, dass sich das Elektron einmal links in der Nähe von r_L und dann wieder rechts bei r_R aufhält, d. h. also zwischen den beiden Potentialmulden der Atomkerne oder Quantenpunkte hin- und hertunnelt, lässt sich auch quantifizieren (Abb. 6.4h,i). Wir bilden für den einfacheren symmetrischen Fall (6.56b) die Differenz der Energien des bindenden und antibindenden Zustands

$$E_+ = E_0 - \frac{\delta}{1+S} - \frac{t_{LR}}{1+S} , \tag{6.58a}$$

$$E_- = E_0 - \frac{\delta}{1-S} + \frac{t_{LR}}{1-S} . \tag{6.58b}$$

In guter Näherung folgt daraus

$$\hbar\omega = |E_+ - E_-| \simeq 2\,|t_{LR}| . \tag{6.58c}$$

Die Tunnelwahrscheinlichkeitsamplitude $t_{LR} = \langle L|\hat{V}_L|R\rangle = \langle R|\hat{V}_R|L\rangle$ zwischen den beiden Potentialmulden rechts und links bestimmt damit eine Frequenz ω, mit der das Elektron zwischen den beiden Zentren links und rechts hin- und hertunnelt (Abb. 3.19, Abb. 6.4i und 7.10b).

6.3 Kleine stationäre Potentialstörungen: Zeitunabhängige Störungsrechnung

Beide bisher vorgestellten Näherungsverfahren, die WKB-Methode und das Variationsverfahren, behandeln zeitunabhängige Probleme, bei denen ein zeitunabhängiger Hamilton-Operator stationäre Zustände bzw. Wellenfunktionen als Näherungslösungen des Problems liefert.

Die gleiche Klasse stationärer Probleme wird auch mit der sogenannten zeitunabhängigen Störungsrechnung angegangen. Während jedoch beim Variationsverfahren als Ausgangspunkt für die Näherung eine grobe intuitive Vorstellung über die richtige Lösung dient, verlangt die zeitunabhängige Störungsrechnung, dass sich das zu lösende Problem nur wenig von dem exakt lösbaren unterscheidet.

Nehmen wir als Beispiel ein Atom in einem stationären elektrischen Feld $\boldsymbol{\mathcal{E}}$. Die energetische Lage der Quantenzustände des ungestörten Atoms ($\boldsymbol{\mathcal{E}} = 0$) kommen zustande durch das „Einsperren“ der äußeren Elektronen im atomaren Potential der positiven Kerne. Hier wirken elektrische Feldstärken im Bereich von 10^9 V/cm, weil Elektronen mit Bindungsenergien von größenordnungsmäßig 10–100 eV auf Raumbereiche von 10^{-8} cm eingesperrt sind. Selbst bei extrem starken elektrischen Feldern von etwa 10^6 V/cm, wie sie in Halbleiternanostrukturen oder Raumladungszonen (Abschn. 6.1.1, Abb. 6.1) auftreten, bedeuten diese äußeren Felder nur eine Störung der atomaren Felder im Promillebereich. Äußere elektrische Felder stören die atomaren Potentiale also nur in einem sehr geringen Maß.

Deshalb können wir als Basis für unsere Näherung die ungestörten Zustände der freien Atome annehmen und versuchen herauszufinden, wie kleine Potentialstörungen im Hamilton-Operator oder der Schrödinger-Gleichung diese Zustände bzw. die Energieeigenwerte verändern. Die gestörten Wellenfunktionen sind gegenüber den ungestörten vielleicht ein wenig verschoben und deformiert; dies kann man bei kleinen Störungen berücksichtigen, indem man der ungestörten Wellenfunktion noch kleine Beiträge von ungestörten Wellenfunktionen höherer Quantenzustände beimischt.

Nehmen wir also das ungestörte Problem, beschrieben durch den Hamilton-Operator $\hat{H}$, als gelöst an, d. h. dessen Eigenwerte E_n^0 ergeben sich aus

$$\hat{H}\,|n\rangle = E_n^0\,|n\rangle \ , \tag{6.59}$$

mit $|n\rangle$ als den Zuständen des ungestörten Problems. Nun sei die kleine Störung des zeitunabhängigen Potentials durch einen Operator $\lambda\hat{h}$ beschrieben, wobei λ als numerischer Parameter $(0 < \lambda \leq 1)$ eingeführt wird, der in den folgenden Reihenentwicklungen die Größenordnung der Reihenglieder kennzeichnet.

Zu lösen ist also das leicht gestörte Problem

$$\left(\hat{H} + \lambda\hat{h}\right)|\psi_n\rangle = E_n\,|\psi_n\rangle \quad , \quad 0 < \lambda \leq 1 \ . \tag{6.60}$$

Wir stellen die Eigenwerte E_n und die Zustandsvektoren $|\psi_n\rangle$ formal als Reihen dar, wo höhere Glieder kleinere Korrekturen zur ungestörten Energie bzw. dem Zustand darstellen:

$$E_n = E_n^0 + \lambda\varepsilon_n' + \lambda^2\varepsilon_n'' + \ldots \ , \tag{6.61a}$$

$$|\psi_n\rangle = |n\rangle + \lambda\,|\delta n'\rangle + \lambda^2\,|\delta n''\rangle + \ldots \ . \tag{6.61b}$$

Diese Korrekturen erster, zweiter usw. Ordnung können nun bestimmt werden und liefern, geordnet nach λ, $\lambda^2, \ldots$ immer bessere Lösungen des gestörten Problems.

Wir setzen (6.61) in (6.60) und erhalten

$$\left(\hat{H} + \lambda\hat{h}\right)(|n\rangle + \lambda\,|\delta n'\rangle + \ldots) = \left(E_n^0 + \lambda\varepsilon_n' + \ldots\right)(|n\rangle + \lambda\,|\delta n'\rangle + \ldots) \ . \tag{6.62}$$

Dies muss für alle λ-Werte gelten, d. h. dass die Koeffizienten zu den verschiedenen λ-Potenzen auf beiden Seiten von (6.62) übereinstimmen müssen. Wir betrachten also die Gleichungen für $\lambda^0, \lambda^1, \lambda^2, \ldots$. Für λ^0 folgt

$$\hat{H}\,|n\rangle = E_n^0\,|n\rangle \ , \tag{6.63a}$$

die Schrödinger-Gleichung des ungestörten Problems (6.59), wie wir erwartet haben. Die nächst besseren Lösungen ergeben sich aus den Gleichungen fürλ^1, λ^2 usw.:

$$\lambda^1 : \quad \hat{h}\,|n\rangle + \hat{H}\,|\delta n'\rangle = \varepsilon_n'\,|n\rangle + E_n^0\,|\delta n'\rangle \ , \tag{6.63b}$$

$$\lambda^2 : \quad \hat{h}\,|\delta n'\rangle + \hat{H}\,|\delta n''\rangle = E_n^0\,|\delta n''\rangle + \varepsilon_n'\,|\delta n'\rangle + \varepsilon_n''\,|n\rangle \ . \tag{6.63c}$$

Für die Näherung ersten Grades (λ^1) folgt aus (6.63b):

$$\left(\hat{H} - E_n^0\right) |\delta n'\rangle = \left(\varepsilon' - \hat{h}\right) |n\rangle \ . \tag{6.64}$$

Jetzt entwickeln wir die kleine Störung $|\delta n'\rangle$ des ungestörten Zustands $|n\rangle$ nach dem Orthonormalsystem der ungestörten Eigenzustände $|k\rangle$:

$$|\delta n'\rangle = \sum_k c'_{nk} \, |k\rangle \ , \tag{6.65}$$

wobei die Koeffizienten c'_{nk} zum Ausdruck bringen, dass es sich um eine Näherung zum Zustand $|n\rangle$ in erster Ordnung ($'$) handelt.

Einsetzen von (6.65) in (6.64) ergibt:

$$\sum_k \left(\hat{H} - E_n^0\right) c'_{nk} \, |k\rangle = \left(\varepsilon'_n - \hat{h}\right) |n\rangle \ . \tag{6.66}$$

Um die Störung des Eigenwerts E_n^0 in dieser Näherung zu erhalten, multiplizieren wir von links mit dem Bra $\langle n|$ und berücksichtigen $\hat{H}|k\rangle = E_k^0|k\rangle$:

$$\sum_k c'_{nk} \left(E_k^0 - E_n^0\right) \langle n|k\rangle = \varepsilon'_n - \langle n| \, \hat{h} \, |n\rangle \ . \tag{6.67}$$

Wegen $\langle n|k\rangle = \delta_{nk}$ folgt für die Störung ε'_n erster Ordnung des Eigenwertes E_n^0:

$$\varepsilon'_n = \langle n| \, \hat{h} \, |n\rangle \ . \tag{6.68}$$

Sollten wir $\lambda \neq 1$ gewählt haben, müsste dies noch in (6.68) berücksichtigt werden. Ansonsten besagt dieses einfache Ergebnis, das wir die Störung des Energiewertes ε'_n in erster Näherung als Diagonalmatrixelement der Potentialstörung $\hat{h}$ (Operator) mit dem ungestörten Zustand $|n\rangle$ erhalten.

Um die ersten Entwicklungskoeffizienten c'_{nk} und damit die störungsbedingte Modifikation des Zustandes $|n\rangle$ zu erhalten, multiplizieren wir (6.66) von links mit dem Bra $\langle m|$, wo $m \neq n$ sein soll; damit folgt:

$$\begin{aligned} \sum_k c'_{nk} \left(E_k^0 - E_n^0\right) \langle m|k\rangle &= \varepsilon' \, \langle m|n\rangle - \langle m| \, \hat{h} \, |n\rangle \ , \\ c'_{nm} \left(E_m^0 - E_n^0\right) &= - \langle m| \, \hat{h} \, |n\rangle \ , \\ c'_{nm} &= \frac{\langle m| \, \hat{h} \, |n\rangle}{E_n^0 - E_m^0} \ . \end{aligned} \tag{6.69}$$

Die Störung des Zustandes in 1. Näherung stellt sich damit dar als:

$$|\delta n'\rangle = \sum_{k \neq n} \frac{\langle k| \, \hat{h} \, |n\rangle}{E_n^0 - E_k^0} \, |k\rangle \ . \tag{6.70}$$

Um die Näherung einen Schritt weiter, d. h. bis zu E_n'' und $|\delta n''\rangle$ zu führen, sammeln wir in (6.62) die Glieder in λ^2 und erhalten:

$$\left(\hat{H} - E_n^0\right)|\delta n''\rangle = \left(\varepsilon_n' - \hat{h}\right)|\delta n'\rangle + \varepsilon_n''\,|n\rangle \ . \tag{6.71}$$

Wir setzen für die Störungen $|\delta n''\rangle$ bzw. $|\delta n'\rangle$ des Zustandes $|n\rangle$ die Entwicklungen nach ungestörten Zuständen ein, nämlich (6.65) und

$$|\delta n''\rangle = \sum_k c_{nk}''\,|k\rangle \ , \tag{6.72}$$

und erhalten

$$\sum_k c_{nk}''\hat{H}\,|k\rangle - \sum_k c_{nk}''E_n^0\,|k\rangle = \varepsilon_n' \sum_k c_{nk}'\,|k\rangle - \sum_k c_{nk}'\hat{h}\,|k\rangle + \varepsilon_n''\,|n\rangle \ . \tag{6.73}$$

Wir multiplizieren beide Seiten mit dem Bra $\langle m|$ und erhalten wegen $\langle m|k\rangle = \delta_{mk}$:

$$c_{nm}''\,\langle m|\,\hat{H}\,|m\rangle - c_{nm}''E_n^0 = \varepsilon_n' c_{nm}' - \sum_k c_{nk}'\,\langle m|\,\hat{h}\,|k\rangle + \varepsilon_n''\delta_{mn} \ , \tag{6.74a}$$

$$c_{nm}''\left(E_m^0 - E_n^0\right) = c_{nm}'\varepsilon_n' - \sum_k c_{nk}'\,\langle m|\,\hat{h}\,|k\rangle + \varepsilon_n''\delta_{mn} \ . \tag{6.74b}$$

Um die zweite Korrektur ε_n'' zum Energieeigenwert E_n^0 auszurechnen, müssen wir in (6.74b) $m = n$ setzen. Damit folgt:

$$\varepsilon_n'' = \sum_{k \neq n} c_{nk}'\,\langle n|\,\hat{h}\,|k\rangle + c_{nn}'\,\langle n|\,\hat{h}\,|n\rangle - c_{nn}'\varepsilon_n' \ . \tag{6.74c}$$

Wegen (6.68) heben sich die beiden letzten Terme weg und wir erhalten

$$\varepsilon_n'' = \sum_{k \neq n} c_{nk}'\,\langle n|\,\hat{h}\,|k\rangle \ , \tag{6.75a}$$

bzw. nach Einsetzen von (6.69)

$$\varepsilon_n'' = \sum_{k \neq n} \frac{\left|\langle n|\,\hat{h}\,|k\rangle\right|^2}{E_n^0 - E_k^0} \ . \tag{6.75b}$$

Um die Koeffizienten c_{nm}'' zur Bestimmung der Störung des Zustandes $|\delta n''\rangle$ in 2. Näherung (6.72) zu errechnen, gehen wir wiederum von (6.74b) aus, betrachten jedoch den Fall $m \neq n$. Wir ersparen uns hier diese Ableitung und verweisen auf ausführlichere Bücher der Quantenmechanik. In der Praxis kommt man meist mit den hier betrachteten Näherungen aus, die wir noch einmal zusammenfassen. Das durch das kleine Potential $\hat{h}$ gestörte Problem hat folgende leicht modifizierte Energieeigenwerte E_n und Zustände $|\psi_n\rangle$:

$$E_n = E_n^0 + \langle n|\,\hat{h}\,|n\rangle + \sum_{k\neq n} \frac{\left|\langle n|\,\hat{h}\,|k\rangle\right|^2}{E_n^0 - E_k^0} + \ldots\,, \tag{6.76a}$$

$$|\psi_n\rangle = |n\rangle + \sum_{k\neq n} \frac{\langle k|\,\hat{h}\,|n\rangle}{E_n^0 - E_k^0}\,|k\rangle + \ldots\,. \tag{6.76b}$$

Sehen wir uns einige Implikationen dieser Näherung an:

- Die Forderung, dass das Störpotential $\hat{h}$ genügend klein ist, bedeutet, dass die Reihen (5.76) genügend schnell konvergieren. Dies verlangt, dass die Zähler, d. h. die Matrixelemente $\langle n|\hat{h}|k\rangle$ der Störung wesentlich kleiner sein müssen als die Energieabstände zwischen den ungestörten Eigenenergien E_k^0.
- Ein Problem tritt auf, wenn die Energienenner verschwinden. Dies geschieht, wenn der Zustand $|n\rangle$, an dem wir interessiert sind, mit anderen Zuständen $|k\rangle$ energetisch entartet ist. Dann müssen wir eine modifizierte Störungsrechnung (für entartete Zustände, Abschn. 6.3.1) benutzen.
- Die Störung 1. Ordnung des Eigenzustandes $\langle n|\hat{h}|n\rangle$ kann sowohl positives wie negatives Vorzeichen haben. Betrachten wir jedoch die Änderung in der Grundzustandsenergie E_0^0. Dann sind alle Nenner $E_0^0 - E_k^0$ negativ. Da die Zähler in (6.76a) positiv sind, senkt die Störung die Grundzustandsenergie in zweiter Näherung immer ab.

6.3.1 Störung entarteter Zustände

Die bisher beschriebene Näherungsmethode bricht zusammen, wenn in (6.70) zwei oder mehr ungestörte Energieniveaus gleich sind und damit Energienenner verschwinden. Ein solcher Fall ist der entarteter Zustände, wo ein- und dasselbe Energieniveau zu mehreren quantenmechanischen Zuständen gehört.

Entartungen sind zumeist auf Symmetrieeigenschaften des Potentials zurückzuführen. Zum Beispiel sind die Drehimpulszustände zu verschiedenen Richtungsquantenzahlen m in einem zentralsymmetrischen Potential entartet. Die Zustände mit verschiedenen m haben alle dieselbe Energie. Diese Entartung wird natürlich durch ein zusätzliches Magnetfeld B aufgehoben, weil dann verschiedene Orientierungen m des Drehimpulses in diesem B-Feld zu verschiedenen Energien führen.

Das störungstheoretische Problem für einen entarteten Zustand beruht also darauf, dass durch die Hinzunahme einer symmetriebrechenden Störung aus den vorher gleichwertigen Zuständen zum ungestörten Energieniveau E_n^0 eine neue Wichtung zur Darstellung der gestörten Zustände vorgenommen werden muss. Diese Neubewertung der entarteten Zustände ist aber unbekannt und kann sich erst im Rahmen der Störungsrechnung ergeben. Der Einfachheit halber nehmen wir eine 2-fache Entartung des ungestörten Zustands E_n^0 an, d. h. zwei zueinander orthogonale Zustände $|n_1\rangle$ und $|n_2\rangle$ sind Lösungen der ungestörten Schrödinger-Gleichung zu ein- und demselben Energieeigenwert E_n^0. Die Reihenentwicklung (6.61a) der gestörten Energie muss nun dem Rechnung tragen, dass die kleine Störung $\hat{h}$ die ungestörte Energie E_n^0 in zwei neue, jetzt aufgespaltenen Niveaus modifizieren wird:

$$E_{n1} = E_n^0 + \lambda\varepsilon'_{n1} + \lambda^2\varepsilon''_{n1} + \dots \;, \tag{6.77a}$$

$$E_{n2} = E_n^0 + \lambda\varepsilon'_{n2} + \lambda^2\varepsilon''_{n2} + \dots \;. \tag{6.77b}$$

Bei der Entwicklung der gestörten Eigenfunktionen (6.61b) müssen wir berücksichtigen, dass es bei 2-facher Entartung auch zwei neue Zustände $|\psi_{n1}\rangle$ und $|\psi_{n2}\rangle$ geben muss, in denen die ungestörten Zustände $|n_1\rangle$ und $|n_2\rangle$ jetzt mit neuer Wichtung, gekennzeichnet durch Amplituden c_{11}, c_{12}, c_{21} und c_{22} auftreten, d. h.:

$$|\psi_{n1}\rangle = c_{11}\,|n_1\rangle + c_{12}\,|n_2\rangle + \lambda\,|\delta n'_1\rangle + \dots \;, \tag{6.78a}$$

$$|\psi_{n2}\rangle = c_{21}\,|n_1\rangle + c_{22}\,|n_2\rangle + \lambda\,|\delta n'_2\rangle + \dots \;. \tag{6.78b}$$

Die Bestimmung der c_{ij} liefert dann die richtige Kombination von $|n_1\rangle$ und $|n_2\rangle$, um die der Störung angemessene Symmetrie richtig zu beschreiben.

Zur weiteren Näherungsberechnung gehen wir analog zu (6.62) vor und setzen (6.77) und (6.78) in die gestörte Schrödinger-Gleichung ein:

$$\begin{aligned}&\left(\hat{H} + \lambda\hat{h}\right)\left(c_{11}\,|n_1\rangle + c_{12}\,|n_2\rangle + \lambda\,|\delta n'_1\rangle + \dots\right)\\ &= \left(E_n^0 + \lambda\varepsilon'_{n1}\right)\left(c_{11}\,|n_1\rangle + c_{12}\,|n_2\rangle + \lambda\,|\delta n'_1\rangle + \dots\right)\;,\end{aligned} \tag{6.79a}$$

$$\begin{aligned}&\left(\hat{H} + \lambda\hat{h}\right)\left(c_{21}\,|n_1\rangle + c_{22}\,|n_2\rangle + \lambda\,|\delta n'_2\rangle + \dots\right)\\ &= \left(E_n^0 + \lambda\varepsilon'_{n2}\right)\left(c_{21}\,|n_1\rangle + c_{22}\,|n_2\rangle + \lambda\,|\delta n'_2\rangle + \dots\right)\;.\end{aligned} \tag{6.79b}$$

Vergleich der Glieder zum Koeffizienten λ^0 liefert wie in (6.63a) die Lösung des ungestörten Problems

$$\hat{H}\left(c_{11}\,|n_1\rangle + c_{12}\,|n_2\rangle\right) = E_n^0\left(c_{11}\,|n_1\rangle + c_{12}\,|n_2\rangle\right)\;, \tag{6.80}$$

bzw. die gleiche Beziehung mit den Amplituden c_{21} und c_{22}. Falls $|n_1\rangle$ und $|n_2\rangle$ Eigenzustände mit dem Energieeigenwert E_n^0 sind, sind dies auch alle möglichen Linearkombinationen.

Wir betrachten jetzt analog zu (6.63b) die Glieder zu λ^1, um zur ersten Näherung für die Energien zu gelangen. Aus (6.79) folgt dann:

$$c_{11}\hat{h}\,|n_1\rangle + c_{12}\hat{h}\,|n_2\rangle + \hat{H}\,|\delta n'_1\rangle = c_{11}\varepsilon'_{n1}\,|n_1\rangle + c_{12}\varepsilon'_{n1}\,|n_2\rangle + E_n^0\,|\delta n'_1\rangle\;, \tag{6.81a}$$

$$c_{21}\hat{h}\,|n_1\rangle + c_{22}\hat{h}\,|n_2\rangle + \hat{H}\,|\delta n'_2\rangle = c_{21}\varepsilon'_{n2}\,|n_1\rangle + c_{22}\varepsilon'_{n2}\,|n_2\rangle + E_n^0\,|\delta n'_2\rangle\;. \tag{6.81b}$$

Die Störungen der Zustände $|\delta n_1'\rangle$, $|\delta n_2'\rangle$ müssen natürlich zu $|n_1\rangle$ und $|n_2\rangle$ orthogonal sein, denn sonst wären sie in den ungestörten Zuständen durch Normierungsfaktoren darstellbar, d. h. es gilt

$$\langle n_1|\,\hat{H}\,|\delta n_1'\rangle = E_n^0\,\langle n_1|\delta n_1'\rangle = 0\;, \tag{6.82a}$$

$$\langle n_2|\,\hat{H}\,|\delta n_1'\rangle = E_n^0\,\langle n_2|\delta n_1'\rangle = 0 \tag{6.82b}$$

sowie analoge Beziehungen für $|\delta n_2'\rangle$. Damit erhält man durch Multiplikation von (6.81a) mit den Bras $\langle n_1|$ und $\langle n_2|$ von links:

$$c_{11}\,\langle n_1|\,\hat{h}\,|n_1\rangle + c_{12}\,\langle n_1|\,\hat{h}\,|n_2\rangle = c_{11}\varepsilon_{n1}'\;, \tag{6.83a}$$

$$c_{11}\,\langle n_2|\,\hat{h}\,|n_1\rangle + c_{12}\,\langle n_2|\,\hat{h}\,|n_2\rangle = c_{12}\varepsilon_{n1}'\;. \tag{6.83b}$$

Bezeichnen wir die Matrixelemente des Störoperators $h_{ij} = \langle n_i|\hat{h}|n_j\rangle$, so ergibt sich folgendes Säkulargleichungssystem

$$\begin{pmatrix} (h_{11}-\varepsilon_{n1}') & h_{12} \\ h_{21} & (h_{22}-\varepsilon_{n1}') \end{pmatrix} \begin{pmatrix} c_{11} \\ c_{12} \end{pmatrix} = \begin{pmatrix} 0 \\ 0 \end{pmatrix} \tag{6.84a}$$

zur Bestimmung der Störung des Energieeigenwertes ε_{n1}' und der Amplituden c_{11} und c_{12}, die angeben, wie stark die ungestörten Zustände $|n_1\rangle$ und $|n_2\rangle$ in der Darstellung der gestörten Wellenfunktion vertreten sind.

Die gleiche Vorgehensweise mit (6.81b) liefert analog zu (6.84a):

$$\begin{pmatrix} (h_{11}-\varepsilon_{n2}') & h_{12} \\ h_{21} & (h_{22}-\varepsilon_{n2}') \end{pmatrix} \begin{pmatrix} c_{21} \\ c_{22} \end{pmatrix} = \begin{pmatrix} 0 \\ 0 \end{pmatrix}\;. \tag{6.84b}$$

Beide Eigenwertprobleme zur Bestimmung von ε_{n1}' und ε_{n2}' sind identisch. Zur Ermittlung nicht-trivialer Lösungen muss die Determinante der Matrix verschwinden. Benennen wir den Eigenwert $\varepsilon = \varepsilon_{n1}' = \varepsilon_{n2}'$, so wird verlangt

$$\begin{vmatrix} (h_{11}-\varepsilon) & h_{12} \\ h_{21} & (h_{22}-\varepsilon) \end{vmatrix} = (h_{11}-\varepsilon)\,(h_{22}-\varepsilon) - h_{12}h_{21} = 0\;. \tag{6.85}$$

Lösung dieser quadratischen Gleichung liefert zwei Energiekorrekturen

$$\varepsilon_{\pm} = \frac{h_{11}+h_{22}}{2} \pm \sqrt{h_{12}h_{21} + \frac{1}{4}\,(h_{11}-h_{22})^2}\;. \tag{6.86}$$

Damit sehen wir, dass durch die symmetriebrechende Störung $\hat{h}$ das vorher 2-fach entartete Energieniveau E_n^0 in erster Näherung gemäß (6.77) aufspaltet in die beiden Niveaus

$$E_{n1} = E_n^0 + \varepsilon_+ \quad \text{und} \quad E_{n2} = E_n^0 + \varepsilon_-\;. \tag{6.87}$$

Berechnen wir die Eigenvektoren (c_{11}, c_{12}) bzw. (c_{21}, c_{22}), so ergeben sich symmetrische und antisymmetrische Superpositionen aus $|n_1\rangle$ und $|n_2\rangle$.

Die formale Ähnlichkeit unserer Näherungslösung zum Problem zweier gekoppelter Quantenpunkte oder dem des H_2^+-Moleküls (Abschn. 6.3.2) ist nicht erstaunlich. Wir könnten das Problem des H_2^+-Moleküls ja auch im Rahmen der zeitunabhängigen Störungsrechnung beschreiben. Hierbei wäre dann der positive Nachbarkern (Proton) im H_2^+ als Störpotential für die Zustände eines H-Atoms (ungestörtes System) aufzufassen.

Wir wollen unsere zweidimensionale Rechnung schließlich auf eine d-fache Entartung verallgemeinern. Sei E_n^0 ein Zustandsniveau, das im ungestörten System d-fach entartet ist, so konstruieren wir mir den d orthogonalen Zuständen $|n_1\rangle$, $|n_2\rangle, \dots |n_d\rangle$, die entartet sind, analog zu (6.84) ein d-dimensionales Säkulargleichungssystem mit den Störungsmatrixelementen $\langle n_i|\hat{h}|n_j\rangle$. Lösung dieses Systems ergibt d verschiedene Wurzeln der verschwindenden Determinante. Diese Wurzeln sind die Korrekturen erster Ordnung zur Energie.

6.3.2 Anwendungsbeispiel: Der Stark-Effekt im Halbleiter-Quantentopf

Denken wir uns einen GaAs Quantentopf (Dicke $2L = 10\,\text{nm}$) zwischen zwei AlAs Halbleiterbereichen epitaktisch eingewachsen. Obwohl die Bankdiskontinuität im Leitungsband zwischen GaAs und AlAs ungefähr 0,4 eV beträgt, nehmen wir die Wände des Quantentopfes näherungsweise als unendlich hoch an. Damit ergibt sich in einer eindimensionalen Schrödinger-Gleichung die Darstellung des Potentials für ein Elektron im Leitungsband zu

$$V(x) = \begin{cases} 0 & \text{für } 0 < x < 2L \\ \infty & \text{sonst} \end{cases} . \tag{6.88}$$

Mit m^* als effektiver Masse (Abschn. 8.3.4) für das Leitungselektron hat die (eindimensional genäherte) Schrödinger-Gleichung

$$\hat{H}\,|n\rangle = \left(\frac{p^2}{2m^*} + V(x)\right)|n\rangle = E_n^0\,|n\rangle \tag{6.89}$$

nach Abschn. 3.6.1 die Lösungen

$$\psi_n(x) = \langle x|n\rangle = \frac{1}{\sqrt{L}}\sin\left(\frac{n\pi x}{2L}\right), n = 1, 2, \dots . \tag{6.90}$$

Diese Wellenfunktionen sind für ungerades n spiegelsymmetrisch um das Zentrum des Quantentopfes (symmetrisch) und ändern ihr Vorzeichen bei Spiegelung für gerades n (antisymmetrisch).

Die sich aus (6.89) ergebenden Eigenwerte der Energie sind

$$E_n^{(0)} = \frac{\hbar^2 k_n^2}{2m^*} = \frac{\hbar^2\pi^2 n^2}{8m^* L^2} \quad \text{mit} \quad k_n = \frac{n\pi}{2L} . \tag{6.91}$$

Jetzt denken wir uns senkrecht zur Schichtfolge, also längs x ein elektrisches Feld an die Halbleiterstruktur angelegt, das im Quantentopf zwischen $x = 0$ und $x = 2L$ die Feldstärke $\mathcal{E}$ erzeugt. Wir stören also das System durch einen Störoperator der Energie

$$\hat{h} = \mathrm{e}x\,|\mathcal{E}| \ . \tag{6.92}$$

Bei Feldern von der Größenordnung $10^5\,\mathrm{V/cm}$, die klein im Vergleich zu atomaren Feldern ($\sim 10^9\,\mathrm{V/cm}$) sind, lässt sich dann die zeitunabhängige Störungsrechnung zur Ermittlung der feldinduzierten Änderung ε_n' (6.68) der Energieeigenwerte (6.61a) anwenden. Damit ergibt sich nach (6.68) und (6.90)

$$\varepsilon_n' = \langle n|\,\hat{h}\,|n\rangle = \langle n|\,e\,|\mathcal{E}|\,x\,|n\rangle = \frac{e\,|\mathcal{E}|}{L}\int\limits_0^{2L} x\sin^2\left(\frac{n\pi x}{2L}\right)\mathrm{d}x \ . \tag{6.93}$$

Unter Benutzung der allgemeinen Beziehung

$2\sin x\sin y = \cos(x-y) - \cos(x+y)$ mit $x = y = n\pi x/2L$ folgt aus (6.93)

$$\varepsilon_n' = \frac{e\,|\mathcal{E}|}{2L}\int\limits_0^{2L} x\left[1-\cos\left(\frac{n\pi x}{2L}\right)\right]\mathrm{d}x = \frac{e\,|\mathcal{E}|}{2L}\,\frac{x^2}{2}\bigg|_0^{2L} = eL\,|\mathcal{E}| \ . \tag{6.94}$$

Diese in der elektrischen Feldstärke lineare Verschiebung der Energieniveaus wurde von Stark an atomaren Systemen entdeckt und verdankt ihm seinen Namen.

Für den hier betrachteten AlAs/GaAs/AlAs Quantentopf (GaAs) der Dicke $2L = 10\,\mathrm{nm}$ ergibt sich bei einer anliegenden elektrischen Feldstärke von $10^5\,\mathrm{V/cm}$ eine energetische Änderung der Energieeigenzustände von $\varepsilon_m' = 50\,\mathrm{meV}$.

Solche energetischen Änderungen der Eigenzustände sollten selbst bei Zimmertemperatur ($kT \approx 25\,\mathrm{meV}$) noch messbar sein und für Bauelementanwendungen einsetzbar sein.

Hier nun müssen wir auf eine Eigentümlichkeit des Problems hinweisen: Hätten wir den Quantentopf symmetrisch um den Nullpunkt der x-Achse gelegt, sodass $V(x) = 0$ gilt für $-L < x < L$, so hätten wir ein um 0 symmetrisches Problem vor uns. Statt der sin-artigen Lösungen (6.90) wären die Wellenfunktionen ψ_n cos-artig. Eine analoge Rechnung führt dann wie man leicht sieht, zum Verschwinden der Matrixelemente $\langle n|\hat{h}|n\rangle$ (6.93); ein **linearer Stark-Effekt** [2] existiert nicht mehr.

Wie können wir dieses physikalisch grundsätzlich verschiedene Verhalten bei einer einfachen Verschiebung des Koordinatensystems verstehen?

Die Verschiebung des Koordinatensystems bedeutet, dass wir im ersten Fall ein von Null verschiedenes Moment der elektrischen Ladung bezogen auf den Nullpunkt haben; im zweiten, symmetrischen Fall verschwindet das Moment der Ladung bezogen auf den Nullpunkt. Dieser Fall ist immer dann gegeben, wenn wir das elektrische Feld symmetrisch zum Potentialtopf anlegen, z. B. über zwei zum Potentialtopf symmetrische elektrische Kontakte links und rechts. Dies ist der üblicherweise im Experiment gegebenen Fall. Dann verschwindet also der lineare Stark-Effekt und wir müssen unsere Näherungsrechnung einen Schritt weiter führen, um den sog. **quadratischen Stark-Effekt** zu erhalten. Zur Berechnung werten wir für unser Beispiel den Ausdruck ε_n'' (6.75a) aus. Wir wollen dies nur für den Grundzustand mit $n = 1$ durchführen und müssen deshalb folgende Matrixelemente berechnen:

$$\begin{aligned}\langle 1|\, \hat{h}\, |k\rangle &= \frac{e\,|\mathcal{E}|}{L} \int\limits_0^{2L} x \sin\left(\frac{\pi x}{2L}\right) \sin\left(\frac{k\pi x}{2L}\right) \mathrm{d}x \\ &= \frac{e\,|\mathcal{E}|}{2L} \int\limits_0^{2L} x \left[\cos\frac{(k-1)\,\pi x}{2L} - \cos\frac{(k+1)\,\pi x}{2L}\right] \mathrm{d}x \; . \end{aligned} \tag{6.95a}$$

Nach partieller Integration folgt:

$$\begin{aligned}\langle 1|\, \hat{h}\, |k\rangle &= \frac{e\,|\mathcal{E}|}{2L} \left[\frac{4L^2 \left\{\cos\left(k-1\right)\pi - 1\right\}}{\pi^2 \left(k-1\right)^2} - \frac{4L^2 \left\{\cos\left(k+1\right)\pi - 1\right\}}{\pi^2 \left(k+1\right)^2}\right] \\ &= -\frac{4eL}{\pi^2}\,|\mathcal{E}| \left[\frac{1}{\left(k+1\right)^2} - \frac{1}{\left(k-1\right)^2}\right] = -\frac{16eL}{\pi^2}\,|\mathcal{E}|\,\frac{k}{\left(k^2-1\right)^2} \; . \end{aligned} \tag{6.95b}$$

Für $(k \pm 1)$ gerade verschwindet aus Symmetriegründen das Matrixelement $\langle 1|\hat{h}|k\rangle$. Das Störpotential mischt also zum symmetrischen Grundzustand nur antisymmetrische höhere Zustände bei. Allgemein kann man zeigen, dass für höhere Zustände $n > 1$ in den Störungsmatrixelementen nur Zustände entgegengesetzter Parität zum Zustand $|n\rangle$ beigemischt werden.

Als erste Näherung, d. h. untere Schranke für das Matrixelement (6.95b) berücksichtigen wir nur die Beimischung des ersten angeregten Zustandes $(k = 2)$ zum Grundzustand; es folgt dann:

$$\langle 1|\, \hat{h}\, |2\rangle = -\frac{16e}{9\pi^2}\,(2L)\,|\mathcal{E}| \; . \tag{6.96}$$

Nach (6.75b) folgt dann näherungsweise für den quadratischen Anteil des Stark-Effektes im Grundzustand $|1\rangle$:

$$\varepsilon_1'' \simeq \frac{\left|\langle 1|\, \hat{h}\, |2\rangle\right|^2}{E_1^0 - E_2^0} = -\frac{256}{243\pi^4} \cdot \frac{\left(e2L\right)^2}{E_1^0}\,|\mathcal{E}|^2 \; . \tag{6.97}$$

Eine detaillierte Berechnung der Matrixelemente $\langle 1|\hat{h}|k\rangle$ unter Hinzunahme höherer beigemischter Zustände zeigt, dass sich $\langle 1|\hat{h}|2\rangle$ (6.96) dadurch nur im Prozentbereich ändert. Wir können also in guter Näherung bei der Berechnung der quadratischen Störenergie (6.75b) jeweils nur Beimischungen des nächsthöheren Zustandes berücksichtigen.

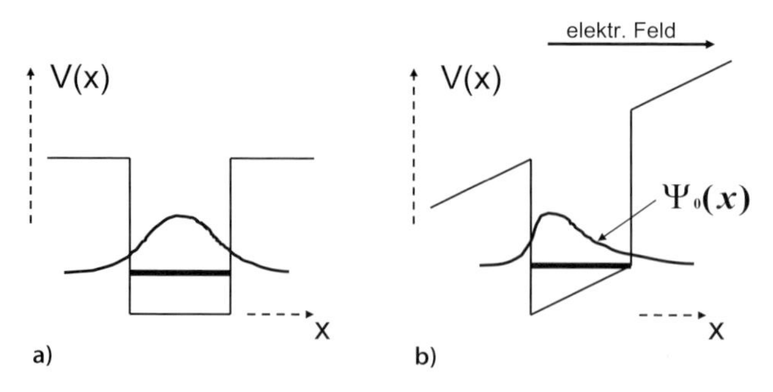

Abb. 6.7a,b. Qualitative Darstellung der Grundzustandswellenfunktion $\psi_0(x)$ eines Elektrons in einem eindimensionalen Quantentopf mit endlich hohen Potentialwänden; $V(x)$ Potentialverlauf, **a** ohne Störung durch ein elektrisches Feld, **b** mit von außen angelegtem elektrischem Feld

Abbildung 6.7a zeigt qualitativ einen Potentialtopf endlicher Höhe, wo die Wellenfunktionen natürlich in die Potentialwände links und rechts eindringen, im Gegensatz zu den idealisierten Lösungen (6.90) für unendlich hohe Potentialwände.

Anlegen eines elektrischen Feldes $\mathcal{E}$ in x-Richtung (Abb. 6.7b) neigt die Potentiallinien (im Halbleiterquantentopf die Unterkante des Leitungsbandes E_c) und verschiebt den Schwerpunkt der elektronischen Grundzustandswellenfunktion durch Beimischung des nächsthöheren Zustandes.

Diese Verschiebung des elektronischen Ladungsschwerpunktes gegenüber einer positiven Ladung, z. B. der von Löchern im Valenzband (wo sich üblicherweise ein Quantentopf für Löcher befindet, Abschn. 8.3.4) bedeutet ein feldinduziertes elektrisches Dipolmoment, das im elektrischen Feld zu einer Energieänderung führt. Ein quadratischer Stark-Effekt rührt also von feldinduzierten Dipolen ($\propto \mathcal{E}$) her, die im Feld eine Energieänderung ($\propto \mathcal{E}$) bewirken. Hingegen tritt ein linearer Stark-Effekt auf, wenn schon im feldfreien Fall ein elektrischer Dipol (siehe oben) gegeben ist, der dann im Feld ausgerichtet wird.

6.4 Übergänge zwischen Quantenzuständen: Zeitabhängige Störungsrechnung

Die bisher betrachteten Näherungsverfahren zielten alle auf eine Lösung der zeitunabhängigen Schrödinger-Gleichung, bei der kleine zeitunabhängige Potentialstörungen die stationären Lösungen des Problems geringfügig ändern. Eine andere Klasse von Problemen begegnet uns, wenn wir ein stationäres physikalisches Problem zeitlich stören, d. h. aus seinem stationären Zustand heraus anregen. Wir erwarten, dass „kleine" zeitliche Störungen das System von anfänglich stationären Zuständen in neue, andere stationäre Zustände hinein anregen oder zerfallen lassen. Die mathematische Beschreibung für dieses Problem ist nahe liegend: wir betrachten eine Schrödinger-Gleichung mit zeitunabhängigem $\hat{H}$-Operator

$$\mathrm{i}\hbar\left|\dot{\psi}\right\rangle = \hat{H}\left|\psi\right\rangle \ , \tag{6.98}$$

deren Lösungen stationär und bekannt sind, d. h. deren Zustandswellenfunktionen bei Vorliegen eines Zustands $|n\rangle$ die bekannte Zeitabhängigkeit $\exp(-\mathrm{i}E_n t/\hbar)$ mit E_n als Energie des Zustands $|n\rangle$ enthalten. Die zeitabhängige Störung führen wir als Störpotential der Form $\hat{h}(t)$ zeitabhängig in (6.98) ein:

$$\mathrm{i}\hbar\left|\dot{\psi}\right\rangle = \left(\hat{H} + \hat{h}\left(t\right)\right)\left|\psi\right\rangle \ . \tag{6.99}$$

Unser Problem besteht also darin, zu ermitteln, mit welcher Wahrscheinlichkeit ein Anfangszustand $|i\rangle$ (i = initial) durch die Wirkung des Störoperators $\hat{h}(t)$ in einen Endzustand $|f\rangle$ (f = final) übergeht. Hierbei gehören $|i\rangle$ und $|f\rangle$ zur Mannigfaltigkeit der stationären Zustände $|n\rangle$ des zeitunabhängigen Problems (6.98). Um uns $\hat{h}(t)$ etwas anschaulicher vorstellen zu können, denke man an einen kurzen elektrischen Spannungsstoß oder ein in der Zeit harmonisch (sinusförmig) sich veränderndes elektrisches Feld, das auf ein Elektron in einem Atom oder in einem Quantentopf wirkt.

Wir suchen also eine Lösung $|\psi(t)\rangle$ von (6.99), die sich in jedem Fall als Entwicklung von orthonormierten Eigenlösungen des ungestörten zeitunabhängigen Problems (6.98) darstellen lässt.

$$\left|\psi\left(t\right)\right\rangle = \sum_n a_n\left(t\right)\mathrm{e}^{-\mathrm{i}E_n t/\hbar}\left|n\right\rangle \ . \tag{6.100}$$

Hierbei haben wir die durch das Potential $\hat{h}(t)$ bewirkte Zeitabhängigkeit der Lösung in die Wahrscheinlichkeitsamplituden $a_n(t)$ „hineingesteckt“, die beschreiben, mit welcher Wahrscheinlichkeit stationäre Zustände $|n\rangle$ des ungestörten Problems als Folge der Störung in der Zeitentwicklung auftreten. Um die Störungsrechnung in erster Ordnung durchzuführen, setzen wir die Entwicklung (6.100) in die zeitabhängige Schrödinger-Gleichung (6.99) ein und wenden $\hat{H}$ auf $|n\rangle$ an:

$$\begin{aligned}&\mathrm{i}\hbar\left[\sum_n \dot{a}_n\left(t\right)\mathrm{e}^{-\mathrm{i}E_n t/\hbar} - i\frac{E_n}{\hbar}a_n\left(t\right)\mathrm{e}^{-\mathrm{i}E_n t/\hbar}\right]\left|n\right\rangle\\ &= \sum_n a_n\left(t\right)E_n\,\mathrm{e}^{-\mathrm{i}E_n t/\hbar}\left|n\right\rangle + \sum_n a_n\left(t\right)\mathrm{e}^{-\mathrm{i}E_n t/\hbar}\hat{h}\left|n\right\rangle \ . \end{aligned} \tag{6.101a}$$

Damit folgt:

$$\mathrm{i}\hbar\sum_n \dot{a}_n\left(t\right)\mathrm{e}^{-\mathrm{i}E_n t/\hbar}\left|n\right\rangle = \sum_n a_n\left(t\right)\mathrm{e}^{-\mathrm{i}E_n t/\hbar}\hat{h}\left(t\right)\left|n\right\rangle \ , \tag{6.101b}$$

eine Gleichung, in der der ungestörte Hamilton-Operator $\hat{H}$ nur noch in Form seiner Eigenwerte E_n auftritt. Nur das zeitabhängige Potential $\hat{h}(t)$ bestimmt die Zeitentwicklung der Wahrscheinlichkeitsamplituden $a_n(t)$. Fragen wir danach, wie ein bestimmter stationärer Endzustand $|f\rangle$ erreicht wird, so müssen wir in (6.101b) die Projektion auf diesen Zustand bilden, indem wir mit dem bra $\langle f| \exp(\mathrm{i}E_f t/\hbar)$ multiplizieren ($\langle f|n\rangle = \delta_{fn}$):

$$\begin{aligned} \mathrm{i}\hbar\dot{a}_f(t) &= \sum_n \langle f|\,\hat{h}(t)\,|n\rangle\, \mathrm{e}^{\mathrm{i}\omega_{fn}t} a_n(t)\;, \\ \text{mit}\quad \omega_{fn} &= (E_f - E_n)/\hbar\;. \end{aligned} \tag{6.102}$$

In dieser Gleichung ist die zeitliche Änderung der Amplitude des Endzustandes $a_f(t)$ zur Zeit t mit allen zur Zeit t vorliegenden Amplituden über die Störungsmatrixelemente $\langle f|\hat{h}|n\rangle$ verknüpft. Im Allgemeinen werden zu dieser Zeit alle $a_n(t)$ von null verschieden sein. Wie sie im Allgemeinen aussehen, hängt von den Anfangsbedingungen des Problems und von der Art der Störung ab.

Wir betrachten die nullte Näherung zur Lösung von (6.102) und erhalten wegen $a_n = 0$, wie erwartet, stationäres Verhalten; der Zustand $|f\rangle$ ändert sich zeitlich nicht.

In erster Ordnung berücksichtigen wir auf der rechten Seite von (6.102) aus der Mannigfaltigkeit a_n nur einen festen Anfangszustand $|i\rangle$ mit $a_i(t=0) = 1$, da ja in nullter Ordnung nur zeitlich konstante Zustände $a_n = \text{const}$ vorliegen. Damit folgt in erster Näherung

$$\begin{aligned} \dot{a}_f(t) &= \frac{-i}{\hbar}\langle f|\,\hat{h}(t)\,|i\rangle\,\mathrm{e}^{\mathrm{i}\omega_{fi}t}\;, \\ \text{mit}\ \hbar\omega_{fi} &= E_f - E_i\;, \end{aligned} \tag{6.103}$$

oder nach Integration

$$a_f(t) = \delta_{fi} - \frac{i}{\hbar}\int_0^t \langle f|\,\hat{h}(t')\,|i\rangle\,\mathrm{e}^{\mathrm{i}\omega_{fi}t'}\,\mathrm{d}t'\;. \tag{6.104}$$

δ_{fi} als Integrationskonstante bringt zum Ausdruck, dass bei Gleichheit von $|i\rangle$ und $|f\rangle$, d. h. stationärem Verhalten die Zustände sich nicht geändert haben.

Wir werden in diesem Zusammenhang höhere Ordnung der Näherung nicht behandeln, sondern uns der wichtigsten Anwendung der zeitabhängigen Störungsrechnung zuwenden, nämlich der Anregung eines atomaren Systems durch eine zeitlich periodische Störung.

6.4.1 Periodische Störung: Fermis Goldene Regel

Denken wir daran, dass eine auf ein atomares System, einen Festkörper oder auf eine Halbleiternanostruktur einfallende Lichtwelle bei entsprechenden

Photonenenergien elektronische Übergänge zwischen stationären Zuständen erzeugen kann, so haben wir es hier mit einem überaus wichtigen Fall zeitabhängiger Störungsrechnung zu tun.

Im einfachsten Fall wirkt durch das zeitlich und räumlich sich periodisch verändernde elektrische Feld der Lichtwelle am Ort eines geladenen atomaren Teilchens, z. B. eines Elektrons, ein zeitlich sich harmonisch änderndes Störpotential der Form

$$\hat{h}\,(t) = \hat{h}_0\,\mathrm{e}^{-\mathrm{i}\omega t}\ . \tag{6.105}$$

$\hat{h}_0$ kann hierbei noch ein ortsabhängiger Operator sein. Errechnen wir unter diesen Umständen nach (6.104) die zeitliche Änderung der Endzustandsamplitude $a_f(t)$, wenn der Anfangszustand $|i\rangle$ gegeben ist, dann gilt:

$$a_f\,(t) = \frac{-i}{\hbar}\int\limits_0^t \langle f|\,\hat{h}_0\,|i\rangle\;\mathrm{e}^{\mathrm{i}(\omega_{fi}-\omega)t'}\,\mathrm{d}t'\ . \tag{6.106a}$$

Hierbei haben wir angenommen, dass das System bei $t = 0$ mit der Störung in Kontakt kam. Damit folgt:

$$a_f\,(t) = -\frac{i}{\hbar}\,\langle f|\,\hat{h}_0\,|i\rangle\,\frac{\mathrm{e}^{\mathrm{i}(\omega_{fi}-\omega)t}-1}{i\,(\omega_{fi}-\omega)}\ . \tag{6.106b}$$

Unter Benutzung der Beziehung

$$\begin{aligned}\left|\mathrm{e}^{\mathrm{i}\varphi}-1\right|^2 &= \left|\mathrm{e}^{\mathrm{i}\varphi/2}\left(\mathrm{e}^{\mathrm{i}\varphi/2}-\mathrm{e}^{-\mathrm{i}\varphi/2}\right)\right|^2\\ &= \left(2\sin\frac{\varphi}{2}\right)^2\end{aligned} \tag{6.107}$$

gewinnen wir aus (6.106b) leicht durch Quadrieren die Übergangswahrscheinlichkeit von $|i\rangle$ nach $|f\rangle$ zur Zeit t:

$$W_{i\to f} = |a_f|^2 = \frac{1}{\hbar^2}\left|\langle f|\,\hat{h}_0\,|i\rangle\right|^2\left[\frac{sin\,\{(\omega_{fi}-\omega)\,t/2\}}{(\omega_{fi}-\omega)\,t/2}\right]^2 t^2\ . \tag{6.108}$$

Die Funktion in eckigen Klammern hat Ähnlichkeit mit der aus Abschn. 4.3.4 (4.80) bekannten Darstellung der δ-Funktion, wenn die Zeitvariable für positive und negative t-Werte definiert ist und der Limes $t \to \infty$ betrachtet wird.

In (6.108) sind jedoch nur positive Werte $t \geq 0$ sinnvoll. Dennoch können wir festhalten, dass die Funktion bei $t = 0$ einen hohen, scharfen „peak“ hat. Wir können die Breite dieses peaks dadurch abschätzen, dass die erste Nullstelle des Zählers bei $(\omega_{fi} - \omega)t/2 = \pi$ erscheint. Damit folgern wir, dass im Wesentlichen solche Endzustände $|f\rangle$ aus $|i\rangle$ hervorgehen, für die gilt:

$$|(\omega_{fi} - \omega)\, t/2| \leq \pi\,, \quad \text{d.h.} \tag{6.109a}$$

$$E_f - E_i = \hbar\omega \pm 2\pi\hbar/t\,, \quad \text{oder} \tag{6.109b}$$

$$E_f - E_i = \hbar\omega\,(1 \pm 2\pi/\omega\, t)\ . \tag{6.109c}$$

Betrachten wir also große Zeiten t, d. h. eine länger wirkende harmonische Störung der Frequenz ω, dann bewirkt diese Störung, der nach Kap. 8 ein Schwingungsquant $\hbar\omega$ zugeordnet werden kann, einen Übergang zwischen den Zuständen $|i\rangle$ und $|f\rangle$ mit

$$E_f - E_i = \hbar\omega\ . \tag{6.109d}$$

Die der anregenden Schwingung entsprechende Quantenenergie $\hbar\omega$ wird verbraucht, um die Energiedifferenz zwischen Anfangs- und Endzustand des Systems aufzubringen.

Für kurze Zeiten ($\omega t < 2\pi$), während der die Störung wirkt, ist der Endzustand bei weitem nicht durch (6.109d) festgelegt. Wie sollte das System in einer kurzen Anschwingphase, in der sich noch keine vollen Schwingungen der Frequenz ω aufbauen konnten, „wissen", mit welcher Frequenz es angeregt wird.

Betrachten wir nun den Fall langer Einwirkung der harmonischen Störung etwas genauer, um einen Ausdruck für die Übergangsrate von $|i\rangle$ nach $|f\rangle$ herzuleiten. Dazu soll die harmonische Störung $\hat{h}$ über einen Zeitraum $\tau/2 < t < \tau/2$ mit $\tau \to \infty$ wirken, d. h. die Wahrscheinlichkeitsamplitude a_f für den Endzustand stellt sich dar als

$$a_f = \frac{-i}{\hbar} \lim_{\tau\to\infty} \int\limits_{-\tau/2}^{\tau/2} \langle f|\, \hat{h}_0\, |i\rangle\ \mathrm{e}^{\mathrm{i}(\omega_{fi}-\omega)t}\, \mathrm{d}t\ . \tag{6.110a}$$

Daraus folgt für die Übergangswahrscheinlichkeit

$$W_{fi} = |a_f|^2 = \frac{1}{\hbar^2} \left|\langle f|\, \hat{h}_0\, |i\rangle\right|^2 \lim_{\tau\to\infty} \int\limits_{-\tau/2}^{\tau/2} \mathrm{e}^{\mathrm{i}(\omega_{fi}-\omega)t}\, \mathrm{d}t \int\limits_{-\tau/2}^{\tau/2} \mathrm{e}^{\mathrm{i}(\omega_{fi}-\omega)t'}\, \mathrm{d}t'\ . \tag{6.110b}$$

Diese Übergangswahrscheinlichkeit wächst natürlich mit der Zeitspanne τ, während der die Störung wirkt. Interessanter ist die Übergangsrate pro Zeiteinheit W_{fi}/τ, die zeitunabhängig ist. Wie können wir also auf der rechten Seite von (6.110b) den Faktor τ herauspräparieren?

Berücksichtigen wir die Darstellungen der δ-Funktion (Abschn. 4.3.4), so ergibt das erste Integral bis auf einen Faktor 2π für $\tau \to \infty$ die δ-Funktion, die im Grenzfall nur endliche Werte liefert für $\omega = \omega_{fi}$, was bei Integration gerade den Wert τ ergibt.

Damit folgt für die Übergangsrate R_{fi} vom Anfangszustand $|i\rangle$ in den Endzustand $|f\rangle$

$$R_{fi} = \frac{W_{fi}}{\tau} = \frac{2\pi}{\hbar^2} \left| \langle f | \hat{h}_0 | i \rangle \right|^2 \delta(\omega_{fi} - \omega) \ . \tag{6.111a}$$

Wenn wir die Frequenz ω_{fi} durch die Energien E_f und E_i der End- und Anfangszustände ausdrücken und die Eigenschaft $\delta(ax) = a^{-1}\delta(x)$ der δ-Funktion ausnutzen, ergibt dies

$$\boxed{R_{fi} = \frac{W_{fi}}{\tau} = \frac{2\pi}{\hbar} \left| \langle f | \hat{h}_0 | i \rangle \right|^2 \delta(E_f - E_i - \hbar\omega) \ .} \tag{6.111b}$$

Diese für die Anwendung so wichtige Formel, die die Berechnung von Übergangsraten aus einem Anfangszustand $|i\rangle$ in einen Endzustand $|f\rangle$ ermöglicht, hat den Namen **Fermis Goldene Regel** [3]. Die δ-Funktion gewährleistet für genügend lange Einwirkung $\tau \to \infty$ der harmonischen Störung, dass Anfangsenergie E_i und Endenergie E_f der Zustände sich gerade um $\hbar\omega$ unterscheiden. Erinnern wir uns, dass bei Anregung durch ein harmonisch schwingendes elektromagnetisches Feld (Licht) $\hbar\omega$ gerade die Photonenenergie der Lichtquanten ist. Die δ-Funktion in (6.111b) drückt also nichts anderes als die Energieerhaltung während des Übergangs von $|i\rangle$ nach $|f\rangle$ aus. Ein Lichtquant der Energie $\hbar\omega$ liefert die Energiedifferenz $E_f - E_i$. Beschreiben wir das Lichtfeld also durch seine in ihm vorhandenen Lichtquanten, dann werden wir bei der Behandlung der Quantenfeldtheorie in Kap. 8 sehen, dass unter Berücksichtigung des Gesamtzustandes, Elektron im System und umgebendes Lichtfeld mit Photonen $\hbar\omega$, diese δ-Funktion in der Form $\delta(E_f^{\text{ges}} - E_i^{\text{ges}})$ausgedrückt wird, wobei E_f^{ges} und E_i^{ges} die Gesamtenergien von Elektron und Lichtfeld darstellen. In dieser Form drückt die δ-Funktion dann aus, dass bei einem Übergang des elektronischen Zustands $|i\rangle$ nach $|f\rangle$ im Gesamtsystem Elektron plus Lichtfeld keine Energie verloren geht oder gewonnen wird.

6.4.2 Elektron-Licht-Wechselwirkung: Optische Übergänge

Wir wollen Fermis Goldene Regel (6.111) zur Berechnung der Übergangsraten zwischen Quantenzuständen auf das uns immer wieder begegnende Problem der Wechselwirkung zwischen Licht und Materie anwenden. Im einfachsten Fall denken wir uns ein Elektron, in einem Atom, in einem Quantenpunkt oder einem Quantentopf in Wechselwirkung mit einem elektromagnetischen Feld, das eingestrahlten Lichtwellen entspricht. Das betrachtete Elektron befinde sich im Potential $V(r)$, dem des atomaren Kernpotentials oder dem Rechteckpotential eines Quantentopfes. Es kann also stationäre Quantenzustände mit diskreten Energieniveaus besetzen. Dann stellt sich nach Abschn. 5.4.3 (5.67) der Gesamt-Hamilton-Operator des Elektrons bei Vorhandensein des elektromagnetischen Feldes, beschrieben durch das Vektorpotential $\hat{\mathbf{A}}(\mathbf{r},t)$ der Strahlung, dar als

$$\hat{H} = \frac{\hat{\mathbf{p}}^2}{2m} + V(\mathbf{r}) - \frac{e}{2m}\left(2\hat{\mathbf{A}} \cdot \hat{\mathbf{p}}\right) . \tag{6.112}$$

Hierbei wurde die Näherung nur linearer Terme in $\hat{\mathbf{A}}$ (kleine Störung) angenommen; weiter ist die Elementarladung $e > 0$ angenommen, sodass das Elektron die Ladung $-e$ trägt. Bei üblichen elektromagnetischen Feldern kann der letzte Term in (6.112) als zeitabhängige Störung der Form

$$\hat{h} = -\frac{e}{m}\hat{\mathbf{A}} \cdot \hat{\mathbf{p}} \tag{6.113}$$

betrachtet werden.

Zur Beschreibung der Lichtwelle nehmen wir ein elektrisches Feld der Form

$$\boldsymbol{\mathcal{E}}(\mathbf{r},t) = 2\mathbf{e}\,\mathcal{E}_0 \cos(\mathbf{q} \cdot \mathbf{r} - \omega t) \ , \tag{6.114a}$$

mit $\mathbf{e}$ als Einheitsvektor senkrecht zum Wellenzahlvektor $\mathbf{q}$ an.

Wegen $\boldsymbol{\mathcal{E}} = -\partial \mathbf{A}/\partial t$ folgt für das Vektorpotential des Lichtfeldes

$$\mathbf{A}(\mathbf{r},t) = (2\mathbf{e}\mathcal{E}_0/\omega)\sin(\mathbf{q} \cdot \mathbf{r} - \omega t) \ . \tag{6.114b}$$

Mit der exponentiellen Darstellung der sin-Funktion ergibt sich damit die Störung (6.115) durch das Lichtfeld als

$$\hat{h} = -\frac{e\mathcal{E}_0}{im\omega}\left[\mathrm{e}^{\mathrm{i}(\mathbf{q}\cdot\mathbf{r}-\omega t)} - \mathrm{e}^{-\mathrm{i}(\mathbf{q}\cdot\mathbf{r}-\omega t)}\right](\mathbf{e} \cdot \hat{\mathbf{p}}) \ . \tag{6.115}$$

Für die Herleitung von Fermis Goldener Regel hatten wir Störungen der Form $\hat{h} = \hat{h}_0 \exp(-\mathrm{i}\omega t)$ angenommen. Damit ergeben sich aus (6.115) zwei Störterme, einer mit $\omega > 0$ und einer mit $\omega < 0$, die nach (6.111b) zu zwei verschiedenen Übergangsraten führen

$$R_{fi}^{(1)} = \frac{2\pi}{\hbar}\left(\frac{e\mathcal{E}_0}{m\omega}\right)^2 |\langle f|\,\mathbf{e}\cdot\hat{\mathbf{p}}\,|i\rangle|^2\,\delta(E_f - E_i - \hbar\omega) \tag{6.116a}$$

$$R_{fi}^{(2)} = \frac{2\pi}{\hbar}\left(\frac{e\mathcal{E}_0}{m\omega}\right)^2 |\langle f|\,\mathbf{e}\cdot\hat{\mathbf{p}}\,|i\rangle|^2\,\delta(E_f - E_i + \hbar\omega) \ . \tag{6.116b}$$

Beide Übergangsraten sind dem Betrage nach gleich, jedoch unterscheiden sie sich in der δ-Funktion, die die Energieerhaltung beim Übergang zwischen Anfangs- und Endzustand beschreibt.

In (6.116a) gilt die Energiebilanz

$$E_f = E_i + \hbar\omega \ , \tag{6.117a}$$

während sie für $R_{fi}^{(2)}$ in (6.117b) lautet

$$E_f = E_i - \hbar\omega \ . \tag{6.117b}$$

Im ersten Fall (6.117a) wird der Endzustand $|f\rangle$ erreicht, indem zur Energie des Anfangszustandes E_i die Energie eines Lichtquants $\hbar\omega$ hinzugefügt wird. Das Lichtquant wird vernichtet beim Übergang $|i\rangle \rightarrow |f\rangle$, es wird absorbiert; wir haben es mit **optischer Absorption** durch Anregung des elektronischen Zustandes $|f\rangle$ zu tun. Im zweiten Fall (6.117b) wird der Endzustand $|f\rangle$ erreicht, indem der Anfangszustand $|i\rangle$ des Elektrons seine Energie E_i um $\hbar\omega$ verringert. Der elektronische Zustand $|i\rangle$ wird „abgeregt" unter Aussendung des Lichtquants $\hbar\omega$. Licht der Quantenenergie $\hbar\omega$ wird emittiert. Der zur optischen Absorption inverse Vorgang, die **optische Emission** beinhaltet den Übergang eines sogenannten angeregten Zustandes $|i\rangle$ in den Grundzustand $|f\rangle$ unter Aussendung von Licht entsprechender Quantenenergie.

Man beachte, dass dieser Emissionsprozess durch eingestrahlte Photonen, d. h. eine Störung durch die äußere Lichtwelle der Frequenz ω stimuliert wird. Wir werden in Abschn. 8.2.2 sehen, dass die hier benutzte klassische Beschreibung des Lichtfeldes durch Feldfunktionen $\mathbf{A}(\mathbf{r}, t), \boldsymbol{\mathcal{E}}(\mathbf{r}, t)$ nicht einer vollen quantenmechanischen Beschreibung entspricht. Beim Lichtfeld, betrachtet an einem festen Ort, haben wir es mit harmonischen Schwingungen dieser Feldvektoren zu tun, die eigentlich nach Maßgabe der Quantisierung des harmonischen Qszillators (Kap. 8) quantisiert werden müssen. Diese Schwingungen können nur durch diskrete Werte der Energie, wie beim harmonischen Oszillator, beschrieben werden. Auch das elektromagnetische Feld hat demnach, wie ein harmonischer Oszillator, eine von null verschiedene Grundzustandsenergie. Wir werden dies in Kap. 8 bei der Quantisierung von allgemeinen Wellenfeldern genauer betrachten. Die Folge wird dann sein, dass ein Elektron in einem Strahlungsfeld auch schon mit diesem Grundzustand des Feldes in Wechselwirkung steht und es zu so genannter spontaner Emission von Photonen aus einem angeregten Zustand an das elektromagnetische Feld kommt. Neben der beschriebenen stimulierten Emission gibt es also noch den Prozess der **spontanen Emission** von Lichtquanten aus einem angeregten elektronischen Zustand. Für die Beschreibung lichtaussendender Systeme wie Halbleiter-Leuchtdioden oder Laser ist dies von entscheidender Bedeutung.

Wir wollen an dieser Stelle noch eine etwas anschaulichere Beschreibung der Übergangsmatrixelemente $\langle f|\mathbf{e}\cdot\hat{\mathbf{p}}|i\rangle$ in den Übergangsraten (6.116) herleiten. Dazu benutzen wir die dynamische Bewegungsgleichung der Quantenmechanik in der Heisenberg-Darstellung (Abschn. 4.3.5) für den Ortsoperator $\hat{\mathbf{r}}$. Die zeitliche Ableitung von $\hat{\mathbf{r}}$, d. h. bis auf die Masse m des Elektrons der Impuls $\hat{\mathbf{p}}$ in (6.116) schreibt sich

$$\mathrm{i}\hbar\dot{\hat{\mathbf{r}}} = \mathrm{i}\hbar\hat{\mathbf{p}}/m = \left[\hat{\mathbf{r}}, \hat{H}\right] = -\left[\hat{H}, \dot{\hat{\mathbf{r}}}\right] , \tag{6.118a}$$

bzw.

$$\hat{\mathbf{p}} = i\frac{m}{\hbar}\left[\hat{H}, \hat{\mathbf{r}}\right] . \tag{6.118b}$$

Damit folgt für den entscheidenden Teil im Matrixelement (6.116)

$$\begin{aligned}\langle f|\,\hat{\mathbf{p}}\,|i\rangle &= i\frac{m}{\hbar}\left[\langle f|\,\hat{H}\hat{\mathbf{r}}\,|i\rangle - \langle f|\,\hat{\mathbf{r}}\hat{H}\,|i\rangle\right] \\ &= i\frac{m}{\hbar}\left(E_f - E_i\right)\langle f|\,\hat{\mathbf{r}}\,|i\rangle \\ &= im\omega_{fi}\,\langle f|\,\hat{\mathbf{r}}\,|i\rangle \ . \end{aligned} \tag{6.119}$$

Die Übergangsrate für Absorption eines Lichtquants (6.116a) und entsprechend die für stimulierte Emission (6.116b) stellt sich dann dar als

$$R_{fi}^{(1)} = \frac{2\pi}{\hbar}\left(\frac{\omega_{fi}}{\omega}\right)^2 \left|\langle f|\,\mathcal{E}_0\mathbf{e}\cdot(e\hat{\mathbf{r}})\,|i\rangle\right|^2 \delta\left(E_f - E_i - \hbar\omega\right) \ . \tag{6.120}$$

Der Störoperator ist in dieser Darstellung das Skalarprodukt aus dem elektrischen Feldamplitudenvektor $\mathcal{E}_0\mathbf{e}$ und dem elektrischen Dipolmoment $e\hat{\mathbf{r}}$ des schwingenden Elektrons. Wir haben es also mit der Energie eines elektrischen Dipols im oszillierenden elektrischen Feld zu tun, ein Energiebeitrag, den wir auch ohne die längere Ableitung über das Vektorpotential des elektromagnetischen Feldes hätten erraten können. Quantenmechanische Übergänge in einem elektromagnetischen Feld sind also an die Existenz elektrischer Dipolmomente im Feld gebunden, zumindest in der hier behandelten sogenannten **Dipolnäherung**.

6.4.3 Optische Absorption und Emission in einem Quantentopf

Ein interessantes, einfaches Anwendungsbeispiel für optische Übergänge in Nanostrukturen sind Anregungen gebundener Zustände in einem Quantentopf. Wir können uns diesen Quantentopf realisiert vorstellen durch eine zwischen zwei AlAs-Schichten (Bandlücke $E_L - E_v \approx 2{,}2\,\mathrm{eV}$) eingebettete GaAs-Schicht (Bandlücke $\approx 1{,}4\,\mathrm{eV}$), einer Dicke zwischen 10 und 100 nm (Abb. 6.8a). Aus Abschn. 3.6 wissen wir, dass sich in einem solchen 2D-Quantentopf die Eigenlösungen darstellen als ein Produkt eines gebundenen Zustandes $\varphi_i(z)$ und einer ebenen Welle [siehe z. B. (3.72)], die sich parallel zur Schichtenfolge im Quantentopf frei fortbewegen kann. Nehmen wir die Schichtenfolge längs der Koordinate z und den Quantentopf in x- und y-Richtung ausgedehnt an (Abb. 6.8), so gilt:

$$\psi_{i\mathbf{k}} = \langle\mathbf{r}|\,i\mathbf{k}\rangle = C\varphi_i\left(z\right)\mathrm{e}^{\mathrm{i}\mathbf{k}\cdot\mathbf{r}_\parallel} \ , \tag{6.121}$$

mit $\mathbf{r}_\parallel$ in der Ebene des Quantentopfes. Im Falle unendlich hoher Quantentopfwände wären $\varphi_i(z)$ natürlich Sinus-Funktionen des Typs (6.90). Die Zustandsenergien $E_i(k)$ eines Elektrons im Quantentopf sind nach Abschn. 3.6

$$E_i\left(\mathbf{k}_\parallel\right) = \varepsilon_i + \frac{\hbar^2 k_\parallel^2}{2m} \ , \tag{6.122}$$

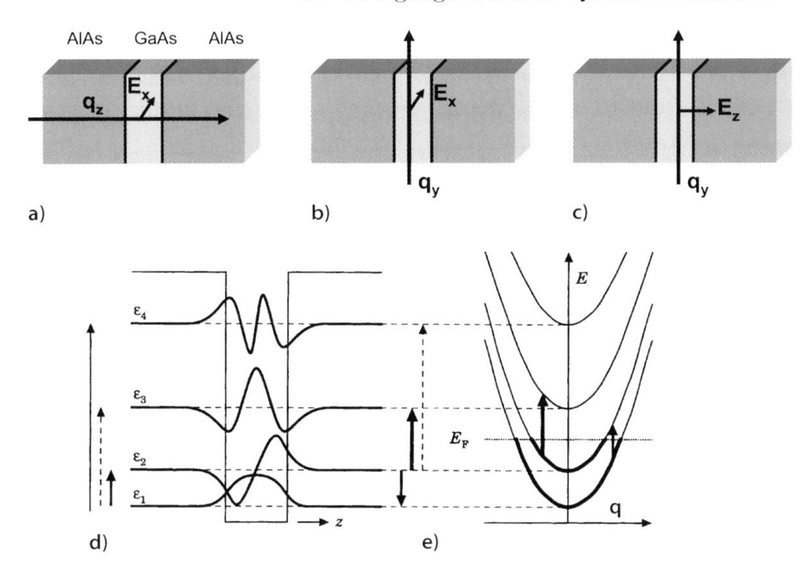

Abb. 6.8a–e. Optische Absorption in einem 1D-Quantentopf aus GaAs, eingebettet zwischen AlAs als Barrierenmaterial. Es wird die Absorption durch elektronische Übergänge zwischen besetzten und unbesetzten Bereichen (getrennt durch Fermi-Energie E_F) der 2D-Subbänder betrachtet. **a–c** mögliche relative Orientierungen von Lichtwellenvektor $\mathbf{q}$ bzw. dem elektrischen Feld $\boldsymbol{\mathcal{E}} = (E_x, E_y, E_z)$ des Lichtes in Bezug auf die Schichtenfolge der AlAs/GaAs-Heterostruktur, um im Rahmen der Dipolnäherung erlaubte Übergänge zu ermöglichen. **d** Wellenfunktionen entlang der z-Richtung, d. h. der Schichtenfolge des Quantentopfes und zugehörige Energieniveaus ε_1 bis ε_4. Die Strichstärke der Pfeile kennzeichnet grob die Oszillatorstärke der Übergänge, wobei gestrichelte Pfeile verbotene Übergänge angeben. **e** Subbandstruktur der elektronischen Zustände für $\mathbf{q}$-Vektor parallel zur Quantentopfschicht, d. h. $\| x, y$. Erlaubte Übergänge sind in dieser Auftragung senkrecht ($\Delta k \simeq 0$), zwischen besetzten und unbesetzten Zuständen

wobei ε_i die Energie der gebundenen Zustände und der rechte Term in $k_\|^2$ die kinetische Energie der freien Bewegung längs $\mathbf{r}_\|$ darstellen. $E_i(\mathbf{k}_\|)$ bilden eine Abfolge von Parabeln längs eines Wellenzahlvektors $\mathbf{k}_\| = (k_x, k_y)$ des 2D-reziproken Raumes (Abb. 6.8e). Man nennt diese Energieparabeln **Subbänder** des Quantentopfes.

Stellen wir uns jetzt vor, die AlAs-Barrieren seien so dotiert, dass das Fermi-Niveau E_F im Quantentopf gerade zwischen den Zuständen ε_2 und ε_3 liegt (Abb. 6.8e), dann kann ein Elektron aus ε_1 oder ε_2 (besetzt) in höhere Zustände ε_3, ε_4 etc. angeregt werden und von dort auch wieder in die energetisch tieferen Zustände zurückkehren. Dies entspricht einer Absorption bzw. Emission von Lichtquanten. Hierfür sind die Übergangsraten nach (6.116) bzw. (6.120) zu errechnen.

Wir sehen sofort, dass für die Bildung der Matrixelemente $\langle j\mathbf{k}'|\mathbf{e}\cdot\hat{\mathbf{p}}|i\mathbf{k}\rangle$ zwischen den End- und Anfangszuständen $|j\rangle\mathbf{k}'$, $|i\mathbf{k}\rangle$ die Orientierung des elektrischen Feldes $\boldsymbol{\mathcal{E}}$, d. h. des Normalenvektors $\mathbf{e}$ der Lichtpolarisation von entscheidender Bedeutung ist. Entscheidend ist, ob die Polarisation des Lichtfeldes, d. h. die Orientierung von $\boldsymbol{\mathcal{E}}$ oder $\mathbf{e}$ in der Ebene der Quantentopfschicht oder senkrecht dazu ist (Abb. 6.8a–c).

Nehmen wir zuerst eine parallele Polarisation, d. h. $\mathbf{e} = (1, 0, 0)$ parallel zu x an (Abb. 6.8a). Die Lichtwelle kann sich dabei entweder längs y oder z, d. h. in der Ebene des Quantentopfes oder senkrecht dazu fortpflanzen. Im beschriebenen Fall gilt für das Matrixelement (6.116)

$$\mathbf{e} \cdot \hat{\mathbf{p}} = -ih\frac{\partial}{\partial x} \,. \tag{6.123a}$$

Die im Operator $\hat{\mathbf{p}}$ auftretende Ableitung nur nach x wirkt nicht auf den gebundenen Anteil $\varphi_i(z)$ der Wellenfunktion (6.121), sodass aus der Orthogonalitätsbedingung unmittelbar folgt

$$\langle j\mathbf{k}'|\, \mathbf{e} \cdot \hat{\mathbf{p}}\, |i\mathbf{k}\rangle = \hbar k_x \,\langle j\mathbf{k}'|i\mathbf{k}\rangle = 0 \,. \tag{6.123b}$$

Bei Einstrahlung von Licht mit einer Polarisation in der Ebene des Quantentopfes, d. h. parallel zur Schichtenfolge der AlAs/GaAs-Doppelheterostruktur, gibt es weder Absorption noch stimulierte (induzierte) Emission von Licht, und dies sowohl für Licht mit Ausbreitungsrichtung (q-Orientierung) parallel und senkrecht zur Schichtenfolge. Betrachten wir jetzt den Fall einer Lichtpolarisation senkrecht zur Schichtenfolge $[\boldsymbol{\mathcal{E}} = (0, 0, E_z)]$ mit Lichtausbreitung parallel zur Schichtenfolge (Abb. 6.8c), dann ergibt sich das Übergangsmatrixelement zu

$$\begin{aligned}\langle j\mathbf{k}'|\, \mathbf{e} \cdot \hat{\mathbf{p}}\, |i\mathbf{k}\rangle &= |C|^2 \int \mathrm{d}z \int \mathrm{d}x\, \mathrm{d}y \varphi_j^*\,(z)\; \mathrm{e}^{\mathrm{i}\left(\mathbf{k}-\mathbf{k}'\right)\cdot \mathbf{r}_\parallel} \hat{p}_z \varphi_i\,(z) \\ &= |C|^2 \int \mathrm{d}z \varphi_j^*\,(z)\, \hat{p}_z \varphi_i\,(z) \int \mathrm{d}x\, \mathrm{d}y \mathrm{e}^{\mathrm{i}\left(\mathbf{k}-\mathbf{k}'\right)\cdot \mathbf{r}_\parallel} \,.\end{aligned} \tag{6.124}$$

Das letzte Integral über $\mathrm{d}x$ und $\mathrm{d}y$ ergibt die δ-Funktion und hat somit nur von Null verschiedene Werte für $\mathbf{k} = \mathbf{k}'$.

Wir halten fest, optische Übergänge, Absorption und stimulierte Emission, werden in Quantentopfstrukturen nur beobachtet, wenn das eingestrahlte Licht eine Polarisation mit einer Feldkomponente E_z senkrecht zur Schichtenfolge besitzt. Weiterhin existieren nur Übergänge mit $\mathbf{k} = \mathbf{k}'$, d. h. Übergänge unter Erhaltung der Wellenzahl des Elektrons. Im Bänderschema der Subbänder (Abb. 6.8e) sind dies nur „senkrechte" Übergänge, d. h. bei Frequenzen, die dem energetischen Abstand der Subbänder entsprechen. Obwohl ein kontinuierliches Spektrum von Subbandzuständen (Parabeln) vorliegt, bestehen die Spektren eines Quantentopfes in Absorption und Emission aus scharfen Banden, deren spektrale Lage nach Abschn. 3.6 unmittelbar mit der Breite des Quantentopfes verknüpft ist. Schreiben wir nun das in (6.124) verbleibende Matrixelement wie folgt um:

$$\langle j|\,\hat{p}_z\,|i\rangle = \int \mathrm{d}z\varphi_j^*\,(z)\,\hat{p}_z\varphi_i\,(z) = im\omega_{ji}\,\langle j|\,\hat{\mathbf{z}}\,|i\rangle\ . \tag{6.125a}$$

Hierbei haben wir die Dipoldarstellung (6.119) benutzt, wo $\hbar\omega_{ji}$ die Energiedifferenz zwischen den Subbändern E_j und E_i ist. Aus der Darstellung des Matrixelements

$$\langle j|\,\hat{\mathbf{r}}\,|i\rangle = \int \mathrm{d}z\varphi_j^*\,(z)\,z\varphi_i\,(z) \tag{6.125b}$$

folgt eine weitere interessante Einschränkung für mögliche optische Übergänge. Denken wir uns bei der Integration in (6.125b) den Nullpunkt der z-Achse in das Zentrum des Quantentopfes gelegt, dann zerfällt das Integral in einen Anteil, bei dem $\varphi_i(z)$ mit positiven z-Werten multipliziert wird und einen Anteil mit negativen z-Werten. Damit sich diese beiden Anteile nicht gegeneinander wegheben, muss entweder $\varphi_i(z)$ oder $\varphi_j(z)$ bei Spiegelung um den Nullpunkt $z = 0$ (Mitte des Potentialtopfes) sein Vorzeichen ändern. Wellenfunktionen, die bei der Spiegelung ihr Vorzeichen ändern, nennt man „von ungerader Parität"; Wellenfunktionen, die bei dieser Spiegelung ihr Vorzeichen behalten, heißen „von gerader Parität". Nach (6.125) sind optische Übergänge also nur möglich zwischen Zuständen verschiedener Parität, d. h. z. B. von $i = 1$ nach $j = 2, 4, \ldots$ und nicht nach $j = 3, 5$ (Abb. 6.8d). Dieses Ergebnis gilt natürlich nur für um das Zentrum symmetrische Quantentöpfe mit einem Potential $V(-z) = V(z)$, bei dem die Eigenzustände in solche mit

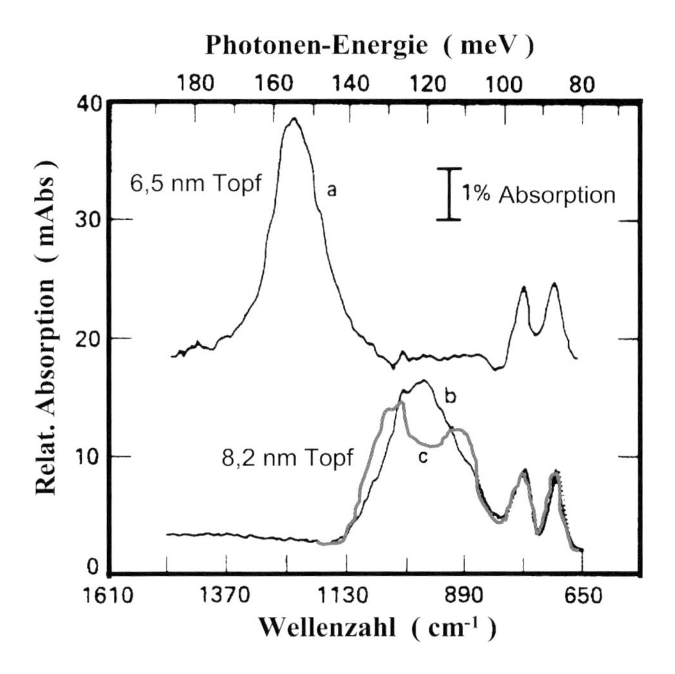

Abb. 6.9a–c. Experimentell bei $T = 300\,\mathrm{K}$ gemessene optische Absorption an einer Folge von 50 Quantentöpfen aus GaAs eingebettet in AlAs. Die Übergänge finden statt zwischen Subbändern der Leitungsband-Quantentöpfe in GaAs [6], **a** Quantentopfdicke 6,5 nm, **b** und **c** Quantentopfdicke 8,2 nm

gerader und ungerader Parität zerfallen. Will man diese sogenannte **Paritätsauswahlregel** aufheben, dann muss man asymmetrische Quantentöpfe präparieren.

Um den Effekt der optischen Absorption zu verstärken und damit messbar zu machen, wird die Absorption an Multi-Quantentopfstrukturen gemessen, bei denen eine Quantentopfschicht, z. B. aus GaAs viele Male gleichartig zwischen AlAs-Barrieren bei der Epitaxie eingebettet wird. In Abb. 6.9 sind Ergebnisse einer optischen Absorptionsmessung an einer Schichtenfolge von jeweils 50 GaAs-Quantentöpfen der Dicken 6,5 nm und 8,2 nm dargestellt. Relativ scharfe Absorptionsbanden, wie aus der Theorie folgt, werden beobachtet. Weiterhin resultiert aus dem dünneren Quantentopf die Absorptionsbande bei höherer Photonenenergie. Je dünner die Quantentopfschicht, desto mehr liegen die Subbänder energetisch auseinander.

6.4.4 Dipolauswahlregeln für Drehimpulszustände

In Abschn. 6.4.3 haben wir gesehen, dass die Symmetrie von Anfangs- und Endzustand und die Polarisation des Lichtfeldes bei optischen Übergängen ganz entscheidend dafür sind, ob überhaupt eine Ankopplung des Lichtfeldes an das atomare System geschieht. So genannte **Auswahlregeln** bewirken unter gewissen Zustandssymmetrien und Einstrahlungsgeometrien ein Verschwinden der Übergangsmatrixelemente $\langle f|\mathbf{r}|i\rangle$ (6.125b) und damit ein Verbot gewisser optischer Übergänge. In höherer als der hier betrachteten Dipolnäherung können natürlich Quadropolmoment-Übergänge mit weitaus geringerer Übergangsrate stattfinden.

Im Rahmen der Dipolnäherung ist es nützlich, allein aufgrund von Symmetrieüberlegungen, gewisse Übergänge anhand von Auswahlregeln als verboten zu erkennen. Das spart Rechenarbeit bei der Ermittlung der Übergangsraten. Für den Potentialtopf haben wir das bereits in Abschn. 6.4.3 getan.

Eine wichtige Klasse von Problemen, von Atomen bis hin zu Quantenpunkten (Abschn. 5.7.1) und Quantenringen (Abschn. 5.7.2) in der Nanophysik basieren auf rotations- oder kugelsymmetrischen Potentialen (Abschn. 5.3). In diesem Fall stellen sich die Eigenlösungen des Problems in der Ortsdarstellung (5.50) dar als ein Produkt aus einem Radialanteil $R_{n,l}(r)$ und den Eigenlösungen $Y_l^m(\vartheta,\varphi)$ (5.53) des Drehimpulsoperators $\hat{L}^2, \hat{L}_z$ (Spin-Freiheitsgrad nicht betrachtet):

$$\langle \mathbf{r}|n,l,m\rangle = R_{n,l}\,(r)\,Y_l^m\,(\vartheta,\varphi) \ . \tag{6.126a}$$

Es ist also interessant, zu untersuchen, ob für optische Übergänge zwischen Zuständen mit verschiedenem Drehimpuls (m,l) Auswahlregeln existieren, die Übergänge erlauben oder verbieten. Wir betrachten deshalb Dipolübergänge zwischen Eigenzuständen des Drehimpulses

$$\langle \mathbf{r}|l,m\rangle = Y_l^m\,(\vartheta,\varphi) \ , \tag{6.126b}$$

indem wir uns die Dipolmatrixelemente des Typs $\langle l', m'|\mathbf{r}|l, m\rangle$ etwas genauer ansehen.

Um eine Auswahlregel für die Richtungsquantenzahl m, d. h. zwischen Zuständen verschiedener Orientierung des Drehimpulses im Raum herzuleiten, müssen wir uns für das Matrixelement $\langle l', m'|z|l, m\rangle$ interessieren, wenn mit z die im Raum ausgezeichnete Richtung (z. B. durch ein Magnetfeld) bezeichnet wird. Wir müssen also Eigenzustände zum Operator $\hat{L}_z$ betrachten. Es liegt deshalb nahe, sich einmal den Kommentator $[\hat{L}_z, \hat{z}]$, in dem neben $\hat{L}_z$ auch der Ortsoperator $\hat{z}$ enthalten ist, näher anzusehen. Aus

$$\hat{L}_z = (\mathbf{r} \times \hat{\mathbf{p}})_z = \hat{x}\hat{p}_y - \hat{y}\hat{p}_x \tag{6.127a}$$

und

$$[\hat{x}\hat{p}_y - \hat{y}\hat{p}_x, \hat{z}] = 0 \tag{6.127b}$$

folgern wir

$$\left[\hat{L}_z, \hat{z}\right] = 0\ . \tag{6.127c}$$

Bilden wir jetzt das Matrixelement des Kommutators (6.127c), so gilt:

$$\begin{aligned} 0 &= \langle l', m'| \left[\hat{L}_z, \hat{z}\right] |l, m\rangle = \langle l', m'| \hat{L}_z\hat{z} |l, m\rangle - \langle l', m'| \hat{z}\hat{L}_z |l, m\rangle \\ &= m' \langle l', m'| \hat{z} |l, m\rangle - m \langle l', m'| \hat{z} |l, m\rangle\ . \end{aligned} \tag{6.127d}$$

Damit folgt für das uns interessierende Matrixelement:

$$\langle l', m'| \hat{z} |l, m\rangle (m' - m) = 0\ . \tag{6.128}$$

Dies bedeutet, dass für ein nicht verschwindendes Übergangsmatrixelement mit Dipolmoment in z-Richtung $m' = m$ gelten muss. Optische Übergänge, bei denen der dem Übergang entsprechende Dipol in z-Richtung schwingt, verlangen eine Erhaltung der Richtungsquantenzahl m.

Für optische Übergänge mit Schwingung des elektrischen Dipols senkrecht zu z, d. h. parallel zu x, y betrachten wir analog den Kommutator $[\hat{L}_z, \hat{x}]$:

$$\begin{aligned} \left[\hat{L}_z, \hat{x}\right] = -\left[\hat{y}\hat{p}_x, \hat{x}\right] &= -\hat{y}\hat{p}_x, \hat{x} + \hat{x}\hat{y}\hat{p}_x \\ &= -\hat{y}\left(\hat{x}\hat{p}_x + \mathrm{i}\hbar\right) + \hat{x}\hat{y}\hat{p}_x \\ &= -\mathrm{i}\hbar\hat{y}\ . \end{aligned} \tag{6.129a}$$

Damit folgt unter Berücksichtigung auch der y-Komponente

$$\left[\hat{L}_z, \hat{x} \pm i\hat{y}\right] = \pm\left(\hat{x} \pm i\hat{y}\right)\hbar\ . \tag{6.129b}$$

Bilden wir von diesem Kommutator, der die Dipolmomente in x- und y-Richtung enthält, wiederum die Matrixelemente mit den Drehimpulszuständen, so ergibt sich

$$\langle l', m'| \left[\hat{L}_z, \hat{x} \pm i\hat{y}\right] |l, m\rangle = \langle l', m'| \pm (\hat{x} \pm i\hat{y}) |l, m\rangle \hbar \ , \tag{6.130a}$$

bzw.

$$\begin{aligned} &\langle l', m'| \hat{L}_z (\hat{x} \pm i\hat{y}) |l, m\rangle - \langle l', m'| \pm (\hat{x} \pm i\hat{y}) \hat{L}_z |l, m\rangle \\ &= (m' - m) \hbar \langle l', m'| (\hat{x} \pm i\hat{y}) |l, m\rangle = \langle l', m'| \pm (\hat{x} \pm i\hat{y}) |l, m\rangle \hbar \ . \end{aligned} \tag{6.130b}$$

Vergleichen wir die beiden letzten Gleichungen in (6.130b), so muss bei nicht verschwindendem Matrixelement für Dipole in x- bzw. y-Richtung gelten $m' - m = \pm 1$.

Wir wollen festhalten: Für optische Dipolübergänge zwischen Drehimpulszuständen $|l, m\rangle$ gelten für die Drehimpuls-Richtungsquantenzahl m die Auswahlregeln

$$m' - m = 0 \quad \text{bei Dipol in } z\text{-Richtung} \ , \tag{6.131a}$$

$$m' - m = \pm 1 \quad \text{bei Dipol in } x, y\text{-Richtung} \ . \tag{6.131b}$$

Die Richtungsquantenzahl m muss also erhalten bleiben oder darf sich nur um ± 1 ändern. Beide Fälle gehören aber zu verschiedenen Ausstrahlungsgeometrien bei stimulierter Emission oder Einstrahlgeometrien, falls Absorption stattfinden soll.

Aus (6.120) folgt, dass die Übergangsrate R_{fi} nur dann von Null verschieden sein kann, wenn das Skalarprodukt aus Richtung der Lichtpolarisation $\mathbf{e}$ (Schwingungsrichtung des elektrischen Feldes) und dem Dipolmomentvektor (Matrixelement) $\mathbf{D}_{fi} = \langle f|e\mathbf{r}|i\rangle$ nicht verschwindet.

Optische Übergänge mit Erhaltung der Richtungsquantenzahl ($m' = m$), bei denen das Dipolmoment $\mathbf{D}_{fi}$ in z-Richtung orientiert ist, verlangen aber eine Lichtpolarisation mit einer elektrischen Feldkomponente in Richtung von $\mathbf{D}_{fi}$, d. h. längs z. Die Ausstrahlungsrichtung des emittierten Lichts, beschrieben durch den Wellenzahlvektor $\mathbf{q} \perp \mathbf{e}$, kann also nicht längs z, d. h. in Richtung des Übergangsdipols $\mathbf{D}_{fi}$ sein; oder umgekehrt, längs z eingestrahltes Licht kann nicht Dipolübergänge mit Dipolmoment $\| z$ anregen und dadurch absorbiert werden (Abb. 6.10a).

Betrachten wir jetzt den Fall eines Übergangsdipol-Matrixelementes $\mathbf{D}_{fi} = \langle f|e\mathbf{r}|i\rangle$ in der x-y-Ebene (Abb. 6.10b–d). Hierfür gilt die Auswahlregel $m' - m = \pm 1$. In dieser Geometrie muss die Lichtpolarisation $\mathcal{E}_0\mathbf{e}$ eine Komponente in der x-y-Ebene haben. Dies ist möglich sowohl für Propagation der Lichtwelle in z-Richtung ($q \| z$) (Abb. 6.10b,c), als auch für Lichtausbreitung in der x-y-Ebene (Abb. 6.10d), wenn $\mathcal{E}_0\mathbf{e}$ eine Komponente parallel zu $\mathbf{D}_{fi}$ (in x-y-Ebene) hat.

Im ersten Fall, der Lichtausbreitung parallel zur z-Achse, schließen wir aus (6.130b) wegen des Nichtverschwindens der Matrixelemente:

$$\langle l', m'| \hat{x} |l, m\rangle = \pm i \langle l', m'| \hat{y} |l, m\rangle \ , \tag{6.132a}$$

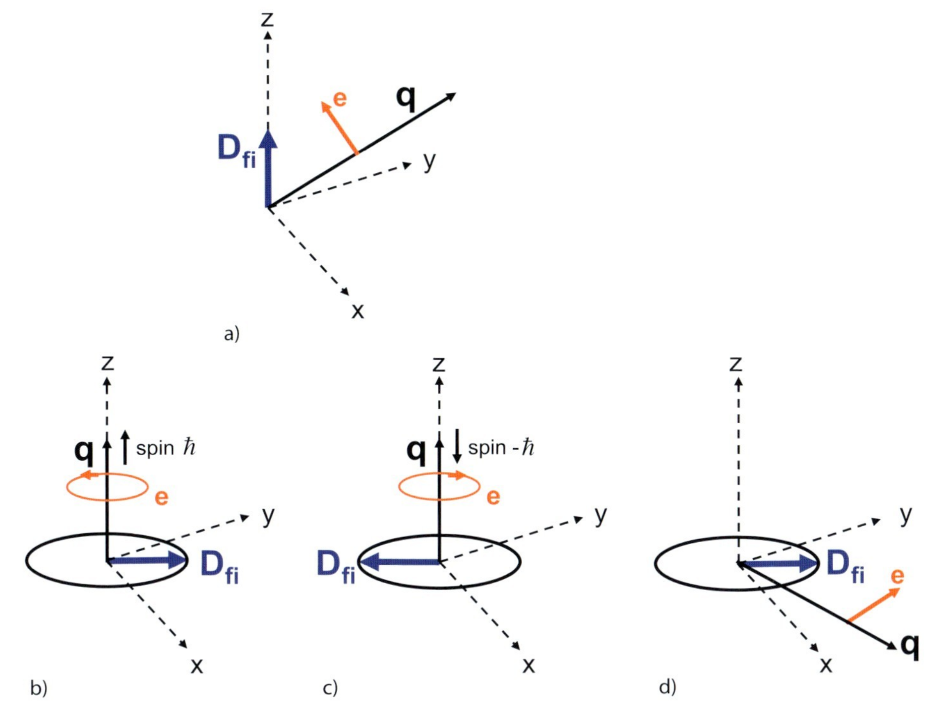

Abb. 6.10a–d. Anschauliche Darstellung der Dipolauswahlregeln für optische Übergänge zwischen Drehimpulszuständen. Optische Absorption oder Emission in der Dipolnäherung ist möglich, **a** wenn das Lichtfeld mit Wellenvektor $\mathbf{q}$ und Schwingungsrichtung $\mathbf{e}$ (Einheitsvektor) seiner elektrischen Feldkomponente eine Komponente des Feldes in Richtung des Übergangsdipols $\mathbf{D}_{fi}$ zwischen Anfangs- und Endzustand des Elektrons hat. **b, c** wenn ein zirkular polarisiertes Lichtfeld sich mit einem Wellenzahlvektor $\mathbf{q}$ senkrecht zum Übergangsdipol $\mathbf{D}_{fi}$ ausbreitet. Je nach Umlaufrichtung der Polarisation ($\mathbf{e}$-Polarisationsrichtungsvektor) ist der Photonenspin in z-Richtung oder entgegengesetzt orientiert. **d** wenn ein linear polarisiertes Lichtfeld sich in der x, y-Ebene des Übergangsdipols $\mathbf{D}_{fi}$ ausbreitet und sein elektrisches Feld (Richtungsvektor $\mathbf{e}$) eine Komponente in Richtung von $\mathbf{D}_{fi}$ hat

bzw. für die Orientierung des Dipolmoment-Matrixelementes

$$\mathbf{D}_{fi} \propto \begin{pmatrix} 1 \\ \pm i \\ 0 \end{pmatrix} . \qquad (6.132b)$$

Zeigt also der Wellenvektor des emittierten Photons (Ausbreitungsrichtung des Lichtes) in die z-Richtung, so ist wegen des Produktes $\mathbf{e} \cdot \mathbf{D}_{fi}$ und (6.132b) das Licht mit der Übergangsrate R_{fi} (6.120) rechts oder links zirkular polarisiert (Abb. 6.10b,c).

Wir lernen aus dieser Diskussion einen wesentlichen Sachverhalt: Da bei dem hier beschriebenen optischen Übergang die Drehimpulskomponente in z-Richtung sich um $\Delta m = \pm 1$ ändert, der Gesamtdrehimpuls aber erhalten werden muss, trägt das Photon, das entweder in der Emission erzeugt, oder in der Absorption vernichtet wird, den Spin $\hbar$ (Boson), so wie wir es in Abschn. 6.4.1 schon ohne nähere Beweisführung dargestellt haben. Hierbei ist natürlich vorausgesetzt, dass das am optischen Übergang beteiligte Elektron seinen Spin nicht ändert. Ein Photon mit rechtszirkularer Polarisation trägt einen Spin $+\hbar$ in Ausbreitungsrichtung, während ein Photon mit linkszirkularer Polarisation einen Spin $-\hbar$, entgegengesetzt zur Ausbreitungsrichtung besitzt. Linear polarisierte Lichtwellen werden durch eine Superposition von links- und rechtszirkular polarisiertem Licht, d. h. von Photonen mit Spins $+\hbar$ und $-\hbar$ beschrieben.

Für ein in der x-y-Ebene schwingendes Übergangsmatrixelement $\mathbf{D}_{fi}$ und Lichtausbreitung in eben dieser Ebene (Abb. 6.10d) muss die Ausbreitungsrichtung (Wellenzahlvektor $\mathbf{q}$) einen endlichen Winkel mit $\mathbf{D}_{fi}$ einschließen, damit das Skalarprodukt $\mathbf{e} \cdot \mathbf{D}_{fi}$ nicht verschwindet. Das mit dem Elektron wechselwirkende Licht (in Absorption oder Emission) ist dann in der x-y-Ebene polarisiert ($\mathbf{e} \perp \mathbf{q}$). Für Lichtausbreitungsrichtungen unter einem endlichen Winkel zur z-Achse und zur x-y-Ebene ist emittiertes Licht elliptisch polarisiert.

Es sei noch einmal darauf hingewiesen, dass linear polarisiertes Licht wie in Abb. 6.10a und b durch eine Superposition von links- und rechtszirkular polarisiertem Licht beschrieben wird. Dies heißt nach Abb. 6.10b,c handelt es sich um einen Superpositionszustand aus den Photonenspins $\pm\hbar$, d. h. einem Photonenzustand mit verschwindendem Spin. Wegen $\Delta m = 0$ kann sich also für Wechselwirkungsprozesse wie in Abb. 6.10a der Spin des Elektrons beim Übergang nicht ändern.

In der bisherigen Betrachtung haben wir nur Änderungen der Richtungsquantenzahl m bei optischen Übergängen betrachtet, d. h. Änderungen der Richtung des Drehimpulses am atomaren System, im einfachsten Fall eines Elektrons. Es stellt sich die Frage, ob auch der Gesamtdrehimpuls eines Elektrons, beschrieben durch den Operator $\hat{L}^2$, Auswahlregeln bei optischen Dipolübergängen unterliegt.

Um dies zu untersuchen, könnten wir wieder analog zu (6.127–6.130) Kommutatoren zwischen $\hat{L}^2$ und $\hat{\mathbf{r}}$ ausrechnen, um Aussagen über ein Nichtverschwinden des Matrixelementes $\langle l', m'|\hat{\mathbf{r}}|l, m\rangle$ bei gewissen Änderungen der Quantenzahl l zu gewinnen. Man könnte auch die Dipolmatrixelemente unmittelbar mit den Drehimpulseigenfunktionen Υ_l^m ausrechnen, um ihr Verschwinden für gewisse Kombinationen l, l' zu überprüfen. Dies alles führt zu umfangreichen formalen Rechnungen. Wir wollen deshalb für Übergänge zwischen $s(l = 0)$ und $p(= 1)$-Zuständen eine anschauliche Betrachtung durchführen, die auch auf viele andere Probleme ähnlich übertragen werden kann, und einen anschaulichen Eindruck der Auswahlregeln vermittelt. Betrachten wir einen optischen Übergang (Absorption oder stimulierte Emission) zwischen einem s-Zustand mit $l = 0$ und einem p_x-Zustand mit $l = 1$, bei dem das Dipolmatrixelement $\mathbf{D}_{fi}$ längs der x-Achse orientiert sein soll, z. B. bei Lichtpropagation längs z (Abb. 6.11a). Wir betrachten also z. B. das Matrixelement $\langle l = 1, m|x|l = 0, m\rangle$, in dem der Anfangszustand $|l = 0, m\rangle = |s, m\rangle$ kugelsymmetrisch und der Endzustand $|l = 1, m\rangle = |p_x, m\rangle$ um die x-Achse herum rotationssymmetrisch mit entgegengesetztem Vorzeichen für positive und negative x-Werte ist. Wir spalten das Übergangsmatrixelement in zwei Anteile für positive und negative x-Werte auf:

$$\begin{aligned}\langle p_x, m|\, x\, |s, m\rangle &= \int\limits_{x>0} \psi^*_{px} x\, \psi_s\, \mathrm{d}^3 r + \int\limits_{x<0} \psi^*_{px} x\, \psi_s\, \mathrm{d}^3 r \\ &= \int\limits_{x>0} \psi^*_{px} x\, \psi_s\, \mathrm{d}^3 r + \int\limits_{x>0} \left(-\psi^*_{px}\right)(-x)\, \psi_s\, \mathrm{d}^3 r \\ &= 2 \int\limits_{x>0} \psi^*_{px} x\, \psi_s\, \mathrm{d}^3 r\ . \end{aligned} \tag{6.133}$$

Im zweiten Teilintegral für $x < 0$ haben wir hierbei $x \to -x$ transformiert und die Antisymmetrie $\psi_{px}(-x) = -\psi_{px}(x)$ (Abb. 6.11a) benutzt. Unabhängig davon, ob der s- oder p-Zustand noch radiale Knotenflächen mit verschwindender Wellenfunktion, infolge der Hauptquantenzahlen n des Radialteils $R_{n,l}(r)$ der Wellenfunktion (6.126) besitzt, bleibt das Matrixelement (6.133) endlich. Der optische Übergang $s \leftrightarrows p_x$ ist nicht verboten.

Betrachten wir analog den Übergang zwischen zwei Zuständen mit gleichem Gesamtdrehimpuls l, jedoch verschiedener Drehimpulsorientierung p_x und p_z (Abb. 6.11b) und Dipolmoment längs x. Die Orbitale von Anfangs- und Endzustand sind antisymmetrisch jeweils bei den Transformationen $z \to -z$ bzw. $x \to -x$. Wir zerlegen deshalb das Matrixelement in vier betragsgleiche Integrale:

$$\begin{aligned}\langle l, p_z|\, x\, |l, p_x\rangle = &\int\limits_{x,z>0} \psi^*_{pz} x\, \psi_{px}\, \mathrm{d}^3 r + \int\limits_{\substack{x>0\\ z<0}} \psi^*_{pz} x\, \psi_{px}\, \mathrm{d}^3 r \\ &+ \int\limits_{\substack{x<0\\ z>0}} \psi^*_{pz} x\, \psi_{px}\, \mathrm{d}^3 r + \int\limits_{x,z>0} \psi^*_{pz} x\, \psi_{px}\, \mathrm{d}^3 r\ . \end{aligned} \tag{6.134a}$$

Wir führen im zweiten, dritten und vierten Integral jeweils die Transformationen $z \to -z$, $x \to -x$ und $x, z \to -x, -z$ durch und erhalten wegen der

Symmetrieeigenschaften der Orbitale p_x und p_z (Abb. 6.11)

$$
\begin{aligned}
\langle l, p_z | \, x \, | l, p_x \rangle = & \int\limits_{x,z>0} \psi_{pz}^* x \, \psi_{px} \, \mathrm{d}^3 r + \int\limits_{x,z>0} \left(-\psi_{pz}^*\right) x \, \psi_{px} \, \mathrm{d}^3 r \\
& + \int\limits_{x,z>0} \psi_{pz}^* \, (-x) \, (-\psi_{px}) \, \mathrm{d}^3 r + \int\limits_{x,z>0} \left(-\psi_{pz}^*\right) (-x) \, (-\psi_{px}) \, \mathrm{d}^3 r \\
= & \, 0 \, .
\end{aligned}
\tag{6.134b}
$$

Wegen der betragsmäßigen Gleichheit der Integrale (siehe Abb. 6.11) verschwindet das Matrixelement mit Dipolmoment längs x zwischen den p_x und p_z Zuständen (Quantenzahl m) mit gleichem Gesamtwert l des Drehimpulses.

Die gleichen anschaulichen Argumente, die zum Verschwinden (6.134b) oder Nichtverschwinden (6.133) von Übergangsmatrixelementen führen, können wir auch auf Übergänge mit Dipolorientierung längs z oder y durchführen. Außerdem sehen wir sofort anschaulich, dass Übergänge zwischen zwei s-Orbitalen ($l = 0$), zugehörig zu verschiedenen Hauptquantenzahlen n (6.126) die kugelsymmetrisch sind, verboten sind. In den entsprechenden Übergangsmatrixelementen können wir analog zu (6.133) das Gesamtintegral in jeweils zwei Anteile mit $x \lessgtr 0, y \lessgtr 0, z \lessgtr 0$, je nach Orientierung des Dipols $\mathbf{D}_{fi}$, aufteilen. Die Transformationen $x \to -x, y \to -y, z \to -z$ lassen in einem Teilintegral ($x < 0, y < 0, z < 0$) die Wellenfunktion unverändert, bewirken jedoch ein negatives Vorzeichen vor dem Teilintegral und führen zum Verschwinden des Übergangsmatrixelementes.

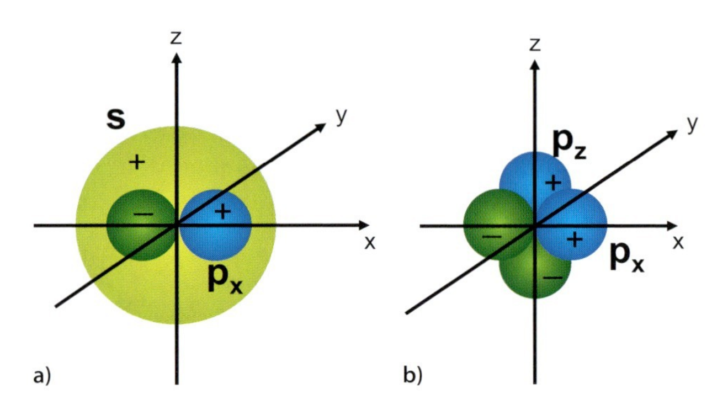

Abb. 6.11a,b. Qualitative räumliche Darstellung der energetisch niedrigsten s, p_x, p_y, p_z Orbitale (s. auch Abb. 5.5) mit Vorzeichen der Wellenfunktionen in den jeweiligen Raumbereichen. **a** Aus der Symmetrie der Orbitale $s(l = 0)$ und p_x ($l = 1$) folgt, dass der optische Übergang $s \leftrightarrows p_x$ in Dipolnäherung erlaubt ist; bei solchen Übergängen ändert sich also die Bahndrehimpulsquantenzahl um $\Delta l = \pm 1$. **b** Aus der Symmetrie der Orbitale $p_x(l = 1)$ folgt, dass Übergänge der Art $p_x \leftrightarrows p_z$ verboten sind, dass also in Dipolnäherung Übergänge mit $\Delta l = 0$ einen verschwindenden Übergangsdipol $\mathbf{D}_{fi}$ haben

Wir verallgemeinern diese Befunde ohne ausführlichen Beweis durch die Auswahlregel für den Gesamtdrehimpuls

$$l' - l = \pm 1 \ . \tag{6.135}$$

Auch diese Auswahlregel für Änderungen des elektronischen Gesamtdrehimpulses bei optischen Dipolübergängen zeigt, dass die am Übergang beteiligten Lichtquanten, die Photonen, einen Drehimpuls (Spin) von $\pm\hbar$ haben müssen. Voraussetzung für diesen Schluss ist wiederum, wie oben, dass das beteiligte Elektron beim Übergang seinen Spin beibehält. Dies ist jedoch selbstverständlich, weil die hier betrachtete Dipolstörung nur auf den Ortsanteil und nicht auf den Spin-Anteil der Wellenfunktion wirkt.

6.5 Übergänge in 2-Niveau-Systemen: Die Rotationswellen-Näherung

In der bisherigen Betrachtung von Übergängen zwischen Quantenzuständen kam es uns im Wesentlichen auf die Ermittlung von Übergangswahrscheinlichkeiten, bzw. Raten an [Fermis Goldene Regel (6.111)]. Um die innere Dynamik solcher Übergänge bei Vorliegen eines zeitlich variierenden Störpotentials genauer zu analysieren, betrachten wir ein einfaches quantenmechanisches Modellsystem mit nur zwei Quantenzuständen. Realisierungen solcher 2-Niveau-Systeme sind zahlreich und von großer praktischer Bedeutung. Man denke nur an den Elektronen- oder Kernspin, der in einem äußeren Magnetfeld zwei energetisch verschiedene Zustände annehmen kann. In zwei gekoppelten Halbleiterquantenpunkten mit einem gebundenen Zustand (falls getrennt) führt die Kopplung über eine dünne energetische Barriere zu zwei neuen Zuständen, dem bindenden und antibindenden (Abschn. 6.2.3). Ähnliches gilt für zwei Atome, die über einen bestimmten Atomorbital kovalent in einem Molekül gebunden sind (Abschn. 6.2.3).

Aber auch für freie Atome lässt sich das Modell des 2-Niveau-Systems häufig anwenden, wenn man zwei atomare Niveaus herausgreift, die energetisch genügend weit von anderen entfernt sind.

6.5.1 2-Niveau-Systeme in Resonanz mit elektromagnetischer Strahlung

Wir betrachten ein elektronisches 2-Niveau-System, z. B. zwei gekoppelte Quantenpunkte mit den beiden Zuständen $|e\rangle$ (excited) und $|g\rangle$, dem Grundzustand. Ein äußeres elektromagnetisches Feld wirkt dann mittels seiner elektrischen Feldkomponente auf ein Elektron, das entweder $|e\rangle$ oder $|g\rangle$ besetzen kann. Übergänge zwischen den Zuständen sind nach Abschn. 6.4 möglich, wenn die eingestrahlte Strahlung der Resonanzbedingung

$$\hbar\omega = E_e - E_g \tag{6.136}$$

gehorcht, wobei E_e und E_g die Energie des angeregten Zustands $|e\rangle$ und des Grundzustands $|g\rangle$ sind.

Die Wirkung des elektrischen Feldes auf das Elektron in den gekoppelten Quantenpunkten oder einem Molekül ergibt sich unmittelbar aus der in Abschn. 6.4.2 betrachteten Dipolnäherung, falls die Ausdehnung des Systems klein gegen die Wellenlänge der Strahlung ist. Dann bewirkt das elektrische Feld $\boldsymbol{\mathcal{E}}(t)$ der Welle am Ort des Elektrons eine Kraft $\mathbf{F} = (-e)\boldsymbol{\mathcal{E}}$ auf dieses, was durch ein Potential $V(\mathbf{x}, t) = e\mathbf{x} \cdot \boldsymbol{\mathcal{E}}$ beschrieben wird. Mit $\mathbf{D}$ als dem entsprechenden Dipolmoment schreibt sich dies als

$$V(\mathbf{x}, t) = e\mathbf{x} \cdot \boldsymbol{\mathcal{E}} = \mathbf{D} \cdot \boldsymbol{\mathcal{E}} \, . \tag{6.137}$$

Für die Dynamik von Spins ist nach Abschn. 5.5.3 analog das mit dem Spin verbundene magnetische Moment im oszillierenden Magnetfeld $\mathbf{B}$ der elektromagnetischen Welle verantwortlich.

Für das elektronische 2-Niveau-System, der gekoppelten Quantenpunkte schreibt sich die Schrödinger-Gleichung mit $\hat{D}$ als Operator

$$\mathrm{i}\hbar\dot{\psi} = \left(\hat{H} + \hat{\mathbf{D}}\boldsymbol{\mathcal{E}}\right)\psi \, . \tag{6.138}$$

Hierbei ist $\hat{H}$ der Hamilton-Operator des ungestörten 2-Niveau-Systems, der die beiden Eigenwerte E_g und E_e hat. Für die Störung durch das elektromagnetische Feld nehmen wir die Schwingungsrichtung des elektrischen Feldes $\boldsymbol{\mathcal{E}}$ parallel zur Verbindungsachse der Quantenpunkte an, sodass wir ein eindimensionales Problem mit den Skalaren $\hat{D}$ und $\mathcal{E}$ behandeln können. Die Zeitabhängigkeit von $\mathcal{E}$ setzen wir an als

$$\mathcal{E}(t) = \mathcal{E}_A \cos\omega t = 2\mathcal{E}_0 \cos\omega t \, , \tag{6.139}$$

wobei die Frequenz der Resonanzbedingung (6.136) gehorcht.

Da das 2-Niveau-System nur zwei zu den Energieniveaus E_g und E_e gehörige Quantenzustände $|g\rangle$ und $|e\rangle$, den Grund- und einen angeregten Zustand besitzt, stellt sich die allgemeinste Lösung als Superposition aus diesen Zuständen dar:

$$\psi = c_g |g\rangle + c_e |e\rangle \, . \tag{6.140}$$

Während $|g\rangle$ und $|e\rangle$ stationäre Zustände von $\hat{H}$ mit Zeitabhängigkeiten $\exp(-\mathrm{i}E_g t/\hbar)$ bzw. $\exp(-\mathrm{i}E_e t/\hbar)$ sind, besitzt (6.140) zwei verschiedene Energieexponenten und ist damit keine stationäre Lösung. Dies erwarten wir auch nicht, wegen der zeitabhängigen Störung. Wir haben jedoch im Sinne einer kleinen Störung $|g\rangle$ und $|e\rangle$ als konstituierende Elemente der allgemeinen Wellenfunktion angenommen und interessieren uns jetzt dafür, was mit

$\psi(t)$ bzw. $|g\rangle$ und $|e\rangle$ in der Zeit passiert. Wie verändern sich also in (6.140) die Amplituden c_g und c_e? Dazu machen wir den zeitabhängigen Ansatz

$$c_g = g\,(t)\;\mathrm{e}^{-\mathrm{i}E_g t/\hbar}\;, \tag{6.141a}$$

$$c_e = f\,(t)\;\mathrm{e}^{-\mathrm{i}E_e t/\hbar}\;, \tag{6.141b}$$

wobei die Exponentialfunktionen die Zeitabhängigkeiten der jeweiligen stationären Lösungen berücksichtigen.

Einsetzen von (6.140) in (6.138) ergibt

$$\mathrm{i}\hbar\left(\dot{c}_g\,|g\rangle + \dot{c}_e\,|e\rangle\right) = \left(\hat{H} + \hat{D}\mathcal{E}\right)\left(c_g\,|g\rangle + c_e\,|e\rangle\right)\;. \tag{6.142}$$

Wegen der Orthogonalitätsbeziehung $\langle e|g\rangle = 0$ folgt nach Multiplikation mit $\langle g|$ bzw. $\langle e|$ von links:

$$\mathrm{i}\hbar\,\dot{c}_g\,(t) = E_\mathrm{g} c_g + \langle g|\,\hat{D}\,|g\rangle\,\mathcal{E}c_g + \langle g|\,\hat{D}\,|e\rangle\,\mathcal{E}c_e\;, \tag{6.143a}$$

$$\mathrm{i}\hbar\,\dot{c}_e\,(t) = E_e c_e + \langle e|\,\hat{D}\,|g\rangle\,\mathcal{E}c_g + \langle e|\,\hat{D}\,|e\rangle\,\mathcal{E}c_e\;. \tag{6.143b}$$

Nehmen wir an, das 2-Niveau-System habe sowohl im Grund- als auch im angeregten Zustand kein statisches Dipolmoment, dann gilt $\langle g|\hat{D}|g\rangle = \langle e|\hat{D}|e\rangle = 0$. Dies ist für zwei gleichartige gekoppelte Quantentöpfe unmittelbar evident, die für das Elektron ein inversionssymmetrisches Potential darstellen.

Die Nicht-Diagonalelemente des Dipolmomentoperators

$$\langle g|\,\hat{D}\,|e\rangle = \langle e|\,\hat{D}\,|g\rangle^* = D_{ge} \tag{6.144}$$

verschwinden wegen der ungleichen Parität von $|g\rangle$ und $|e\rangle$ natürlich nicht. Sie beschreiben das Dipolmoment bei gleichzeitigem Vorliegen des Grund- und angeregten Zustandes.

Einsetzen der Wahrscheinlichkeitsamplituden (6.141) in (6.143) ergibt damit

$$\mathrm{i}\hbar\,\mathrm{e}^{-\mathrm{i}E_g t/\hbar}\dot{g} + E_g g\,\mathrm{e}^{-\mathrm{i}E_g t/\hbar} = E_g g\,\mathrm{e}^{-\mathrm{i}E_g t/\hbar} + D_{ge} f\,\mathrm{e}^{-\mathrm{i}E_e t/\hbar}\mathcal{E}_0\left(\mathrm{e}^{\mathrm{i}\omega t} + \mathrm{e}^{-\mathrm{i}\omega t}\right)\;. \tag{6.145}$$

Wegen der Resonanzbedingung (6.136) folgt hieraus

$$\begin{aligned}\mathrm{i}\hbar\dot{g} &= D_{ge}\mathcal{E}_0\,\mathrm{e}^{-\mathrm{i}\omega t}\left(\mathrm{e}^{\mathrm{i}\omega t} + \mathrm{e}^{-\mathrm{i}\omega t}\right) f\,(t)\\ &= D_{ge}\mathcal{E}_0\left(1 + \mathrm{e}^{-2\mathrm{i}\omega t}\right) f\,(t)\;.\end{aligned} \tag{6.146}$$

Eine analoge Rechnung für (6.143b) ergibt dann das gekoppelte Differentialgleichungssystem

$$\mathrm{i}\hbar\,\dot{g}\,(t) = D_{ge}\mathcal{E}_0\left(1 + \mathrm{e}^{-2\mathrm{i}\omega t}\right) f\,(t)\;, \tag{6.147a}$$

$$\mathrm{i}\hbar\,\dot{f}\,(t) = D_{ge}^*\mathcal{E}_0\left(1 + \mathrm{e}^{2\mathrm{i}\omega t}\right) g\,(t)\;. \tag{6.147b}$$

Würden die $\exp(\pm 2\mathrm{i}\omega t)$-Terme nicht existieren, hätten wir es mit recht einfachen Differentialgleichungen zu tun, deren Lösung sicherlich auf ein oszillatorisches Verhalten von g und f führen würde. Nehmen wir an, dass die zeitliche Änderung von $g(t)$ und $f(t)$ langsam gegenüber der treibenden Frequenz ω des Lichtfeldes (Störung) ist, so kommen wir zur sogenannten **Rotationswellen-Näherung** (rotating wave approximation). Diese Näherung hat ihren Namen von der Behandlung des 2-Niveau-Spin-Systems, wo durch die äußere Störung durch ein hochfrequentes elektromagnetisches Feld die Spin-Orientierung in einem statischen magnetischen Feld geändert wird (Abschn. 6.5.2). Hier soll also die Umorientierung der Spins langsam gegenüber der Frequenz $\omega = (E_e - E_g)/\hbar = (E_\uparrow - E_\downarrow)/\hbar$ erfolgen. Wir werden sehen, dass dies im Allgemeinen erfüllt ist. Mit dieser Näherungsannahme oszilliert der $\exp(\pm 2\mathrm{i}\omega t)$ Term sehr häufig zwischen negativen und positiven Werten hin und her. Bei der Integration von (6.147) heben sich diese Integrationsanteile dann gegenseitig auf, und wir können sie vernachlässigen. Damit ergibt sich im Rahmen der Rotationswellen-Näherung, unter Vernachlässigung der Exponentialterme, das Gleichungssystem

$$\dot{g}(t) = -i\frac{1}{\hbar}D_{ge}\mathcal{E}_0 f(t) \ , \tag{6.148a}$$

$$\dot{f}(t) = -i\frac{1}{\hbar}D_{ge}^{*}\mathcal{E}_0 g(t) \ . \tag{6.148b}$$

Durch einmalige weitere Differentiation eliminieren wir $f(t)$ aus (6.148a) wegen

$$\ddot{g}(t) = -i\frac{1}{\hbar}D_{ge}\mathcal{E}_0 \dot{f} \quad \text{und} \tag{6.149a}$$

$$\dot{f}(t) = \frac{1}{-i}\frac{\hbar}{D_{ge}\mathcal{E}_0}\ddot{g} \ . \tag{6.149b}$$

Damit ergeben sich nach analoger Rechnung für $f(t)$ aus (6.148a) wegen

$$\ddot{g}(t) = -\left|\frac{D_{ge}\mathcal{E}_0}{\hbar}\right|^2 g(t) \ ; \tag{6.150a}$$

$$\ddot{f}(t) = -\left|\frac{D_{ge}\mathcal{E}_0}{\hbar}\right|^2 f(t) \ . \tag{6.150b}$$

Dies sind wohlbekannte Schwingungsgleichungen, bei denen $g(t)$ und $f(t)$ mit einer Frequenz $\Omega = |D_{ge}\mathcal{E}_0/\hbar|$ zwischen ihren Maximal- und Minimalwerten hin- und herschwingen. Diese Extremwerte folgen aus der Normierung der Wellenfunktion ψ (6.140); es gilt nämlich

$$|c_g|^2 + |c_e|^2 = 1 \ , \tag{6.151a}$$

$$|f|^2 + |g|^2 = 1 \ . \tag{6.151b}$$

Setzt man als allgemeine Lösung für $g(t)$ eine Schwingung der Form

$$g(t) = \alpha \cos \Omega t + \beta \sin \Omega t \tag{6.152a}$$

an, so folgt wegen der Randbedingung (6.151b) unmittelbar

$$f(t) = i\beta \cos \Omega\, t - i\alpha \sin \Omega\, t\;. \tag{6.152b}$$

Wir nehmen als Anfangsbedingung an, dass bei $t = 0$ das System im Grundzustand $|g\rangle$ vorliege, dann ist $\beta = 0$ und die Wahrscheinlichkeitsamplituden für Grund- und angeregten Zustand ergeben sich zu

$$c_g(t) = \alpha\,(\cos \Omega\, t)\; \mathrm{e}^{-\mathrm{i}E_g t/\hbar}\;, \tag{6.153a}$$

$$c_e(t) = -i\alpha\,(\sin \Omega\, t)\; \mathrm{e}^{-\mathrm{i}E_e t/\hbar}\;. \tag{6.153b}$$

Die Darstellungen von $c_g(t)$ und $c_e(t)$, bzw. der entsprechenden Besetzungswahrscheinlichkeiten $w_g = |c_g|^2$ und $w_e = |c_e|^2$ für den Grund- und angeregten Zustand zeigen, dass das System in Resonanz mit dem elektromagnetischen Feld zwischen seinen beiden Zuständen hin- und herschwingt. Dies geschieht mit der sogenannten **Rabi-Frequenz**.

$$\Omega = \frac{1}{\hbar}\,|D_{ge}|\,\mathcal{E}_0 = \frac{1}{2\hbar}\,|D_{ge}|\,\mathcal{E}_A\;. \tag{6.154}$$

Sei das Elektron für unser Beispiel der gekoppelten Quantenpunkte zu Beginn im „bindenden" Grundzustand $|g\rangle$, dann können wir das elektromagnetische Feld mit der Resonanzfrequenz $\omega = (E_e - E_g)/\hbar$ für eine ganz bestimmte Zeitspanne t_π einwirken lassen, um das Elektron in den angeregten Zustand $|e\rangle$ zu bringen. Die Länge dieses Pulses ist nach Abb. 6.12 gegeben durch

$$\begin{aligned} \Omega t_\pi &= \frac{1}{2\hbar}\,|D_{ge}|\,\mathcal{E}_A t_\pi = \pi/2 \\ t_\pi &= \frac{\pi\hbar}{|D_{ge}|\,\mathcal{E}_A}\;. \end{aligned} \tag{6.155}$$

Man nennt einen solchen Puls **π-Puls**. Der Name ist entlehnt vom Spin-Problem, bei dem ein Spin in einem konstanten B-Feld durch einen Puls dieser Länge aus dem Zustand $|\uparrow\rangle$ in den Zustand $|\downarrow\rangle$ überführt wird, d. h. bei dem seine z-Komponente um $\pi = 180°$ gekippt wird.

Nach Abb. 6.12 können wir durch einen sogenannten **π /2-Puls** das System aus seinem Grundzustand $|g\rangle$ in einen Zustand überführen, in dem beide Zustände $|g\rangle$ und $|e\rangle$ zu gleichen Teilen enthalten sind; die Pulslänge ist dann analog

$$t_{\pi/2} = \frac{\pi\hbar}{2\,|D_{ge}|\,\mathcal{E}_A}\;. \tag{6.156}$$

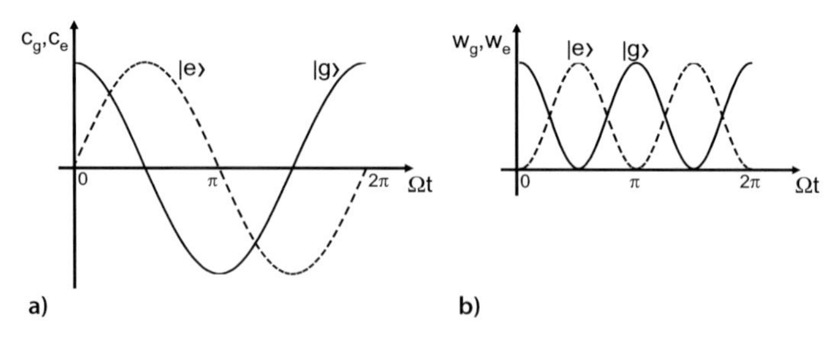

Abb. 6.12a,b. Rabi-Oszillationen für ein 2-Niveau-System mit dem Grundzustand $|g\rangle$ und dem angeregten Zustand $|e\rangle$. Wenn ein solches System in Resonanz mit einem elektromagnetischen Feld der Frequenz ω ist, d. h. $E_e - E_g = \hbar\omega$, dann ändert sich die Besetzung der Zustände $|g\rangle$ und $|e\rangle$ periodisch. **a** Besetzungsamplituden c_g und c_e für die Zustände $|g\rangle$ und $|e\rangle$ als Funktion der Zeit. **b** Besetzungswahrscheinlichkeiten w_g und w_e für $|g\rangle$ und $|e\rangle$ als Funktion der Zeit. Ω ist die Rabi-Frequenz, die durch die Stärke der Ankopplung des Systems an das Lichtfeld, d. h. den Übergangsdipol D_{ge}, bestimmt wird

Der erreichte Zustand hat die Darstellung

$$|S\rangle = \frac{1}{\sqrt{2}}\left(|g\rangle + |e\rangle\right) . \tag{6.157}$$

Dies ist ein sogenannter Superpositionszustand, charakteristisch für ein quantenmechanisches System. Das Elektron ist gleichzeitig in $|g\rangle$ und $|e\rangle$. Klassisch ist so etwas nicht vorstellbar. Jedoch sei schon jetzt bemerkt, dass bei einer Messung am System, in der sein energetischer Zustand ermittelt werden soll, immer entweder $|e\rangle$ oder $|g\rangle$ gefunden wird. Der Superpositionszustand kann nur im nicht durch die Messung gestörten System existieren. Wir werden dieses seltsame Verhalten im nächsten Kapitel näher betrachten.

6.5.2 Umklappen von Spins

Ein ideales 2-Niveau-System ist der Spin eines Teilchens, Elektron- oder Kernspin, der in einem konstanten Magnetfeld **B** zwei energetisch verschiedene Zustände $|\uparrow\rangle$ und $\langle\downarrow|$ annehmen kann. In diesen beiden Zuständen präzessiert der „Spin-Kreisel“ mit der Frequenz $\omega_0 = eB_0/m$ um das Magnetfeld herum, entweder stärker in **B**-Richtung oder entgegengesetzt ausgerichtet (Abschn. 5.5.3). Strahlen wir zusätzlich ein elektromagnetisches Feld ein, dessen magnetische Feldkomponente senkrecht zu **B** orientiert ist, so wirkt dieses zeitabhängige magnetische Feld auf das magnetische Moment μ_{B} des Spins. Wir haben eine ähnliche Situation wie im Falle eines oszillierenden elektrischen Feldes, das auf eine elektrische Ladung (Dipol) wirkt (Abschn. 6.5.1). Wir erwarten Übergänge zwischen $|\uparrow\rangle$ und $\langle\downarrow|$, die zu einem periodischen Umklappen des Spins führen.

Zur formalen Beschreibung ziehen wir die Schrödinger-Gleichung für Spins, die Pauli-Gleichung (5.122) bzw. (5.123) heran. Statt eines konstanten $\boldsymbol{B}$-Feldes setzen wir eine Summe aus einem konstanten und einem oszillierenden dazu senkrechten Magnetfeld in (5.123) ein. Das Magnetfeld sei also gegeben durch:

$$\mathbf{B} = \mathbf{B}_0 + \mathbf{B}_{\text{osc}}(t) \,, \tag{6.158a}$$

$$\mathbf{B}_0 = (0, 0, B_z^0) \,, \tag{6.158b}$$

$$\mathbf{B}_{\text{osc}} = (B_x\,(t)\,, B_y(t), 0) \,. \tag{6.158c}$$

Der allgemeinste Spin-Zustand ist wie in (5.124) eine Überlagerung der beiden Spin-Eigenzustände zum $\hat{\sigma}_z$-Operator:

$$|s\rangle = \alpha_+ \,|\!\uparrow\rangle + \alpha_- \,|\!\downarrow\rangle = a_+ \,\mathrm{e}^{-\mathrm{i}\omega_0 t/2}\,|\!\uparrow\rangle + a_- \,\mathrm{e}^{-\mathrm{i}\omega_0 t/2}\,|\!\downarrow\rangle = \begin{pmatrix} \alpha_+ \\ \alpha_- \end{pmatrix} . \tag{6.159}$$

Hierbei haben wir durch die Exponentialterme der Tatsache Rechnung getragen, dass es sich bei den beiden Spin-Zuständen um stationäre Zustände mit den Energieeigenwerten

$$E_\uparrow/\hbar = \frac{e}{2m} B_z = \omega_0/2 \,, \tag{6.160a}$$

$$E_\downarrow/\hbar = -\frac{e}{2m} B_z = -\omega_0/2 \tag{6.160b}$$

handelt, wo $\mu_\mathrm{B} = e\hbar/2m$ das Bohrsche Magneton ist (Abschn. 5.5.3). Die beiden Niveaus des Systems $E_\uparrow$ und $\mathrm{E}_\downarrow$ sind energetisch also gerade um die Spin-Präzessionsfrequenz $\hbar\omega_0$ voneinander getrennt.

Um die zeitliche Änderung der Wahrscheinlichkeitsamplituden $\alpha_+(t)$ und $\alpha_-(t)$ zu ermitteln, setzen wir (6.159) zusammen mit dem Magnetfeld (6.158) in die Pauli-Gleichung (5.123) ein und erhalten mittels

$$\begin{aligned} \hat{\boldsymbol{\sigma}} \cdot \mathbf{B} &= \hat{\sigma}_x B_x + \hat{\sigma}_y B_y + \hat{\sigma}_z B_z \\ &= \begin{pmatrix} 0 & 1 \\ 1 & 0 \end{pmatrix} B_x(t) + \begin{pmatrix} 0 & i \\ i & 0 \end{pmatrix} B_y(t) + \begin{pmatrix} 1 & 0 \\ 0 & -1 \end{pmatrix} B_z^0 \\ &= \begin{pmatrix} B_z^0 & B_x - iB_y \\ B_x + iB_y & -B_z^0 \end{pmatrix} , \end{aligned} \tag{6.161}$$

$$\mathrm{i}\hbar \frac{\partial}{\partial t}\,|s\rangle = \mu_\mathrm{B} \hat{\boldsymbol{\sigma}} \cdot \mathbf{B}\,|s\rangle \,, \tag{6.162a}$$

$$\mathrm{i}\hbar \begin{pmatrix} \dot{\alpha}_+ \\ \dot{\alpha}_- \end{pmatrix} = \mu_\mathrm{B} \begin{pmatrix} B_z^0 & B_x - iB_y \\ B_x + iB_y & -B_z^0 \end{pmatrix} \begin{pmatrix} \alpha_+ \\ \alpha_- \end{pmatrix} . \tag{6.162b}$$

Die weitere Rechnung gestaltet sich besonders einfach, wenn wir für das oszillierende Magnetfeld $\mathbf{B}_{\text{osc}}$ ein zirkular polarisiertes Feld der Form

$$B_x(t) = A \cos \omega_0 t \,, \tag{6.163a}$$

$$B_y(t) = A \sin \omega_0 t \tag{6.163b}$$

annehmen. Hierbei haben wir die Oszillationsfrequenz des Feldes, d. h. die Umlauffrequenz ω_0 des magnetischen Vektors als identisch mit der Präzessionsfrequenz des Spins (6.160) gewählt. Dies entspricht der Tatsache, dass wir Spin-Übergänge bei der Resonanzbedingung $E_\uparrow - E_\downarrow = \hbar\omega_0$ erwarten.

Mit $\mu_\mathrm{B} = e\hbar/2m$ als Bohrschem Magneton und (6.160) folgt aus (6.162b)

$$\mathrm{i}\hbar \begin{pmatrix} \dot{\alpha}_+ \\ \dot{\alpha}_- \end{pmatrix} = \begin{pmatrix} \frac{1}{2}\hbar\omega_0 & \mu_\mathrm{B}\,(B_x - iB_y) \\ \mu_\mathrm{B}\,(B_x + iB_y) & -\frac{1}{2}\hbar\omega_0 \end{pmatrix} \begin{pmatrix} \alpha_+ \\ \alpha_- \end{pmatrix} . \tag{6.164}$$

Berücksichtigen wir weiter, dass gilt

$$B_x \pm iB_y = A(\cos\omega_0 \pm i\sin\omega_0 t) = A\mathrm{e}^{\pm\mathrm{i}\omega_0 t} , \tag{6.165}$$

so folgt aus (6.164)

$$\mathrm{i}\hbar\dot{\alpha}_+ = \frac{1}{2}\hbar\omega_0\alpha_+ + \mu_\mathrm{B} A\mathrm{e}^{-\mathrm{i}\omega_0 t}\alpha_- \tag{6.166a}$$

$$\mathrm{i}\hbar\dot{\alpha}_- = \mu_\mathrm{B} A\mathrm{e}^{\mathrm{i}\omega_0 t}\alpha_+ - \frac{1}{2}\hbar\omega_0\alpha_- . \tag{6.166b}$$

Wir benutzen jetzt die Darstellungen $\alpha_+(t) = a_+ \exp(-\mathrm{i}\omega_0 t/2)$ und $\alpha_-(t) = a_- \exp(\mathrm{i}\omega_0 t/2)$ aus (6.159) und erhalten aus (6.166)

$$\mathrm{i}\hbar\dot{\alpha}_+ = \frac{1}{2}\hbar\omega_0 a_+\,\mathrm{e}^{-\mathrm{i}\omega_0 t/2} + \mu_\mathrm{B} A a_-\,\mathrm{e}^{-\mathrm{i}\omega_0 t/2} , \tag{6.167a}$$

$$\mathrm{i}\hbar\dot{\alpha}_- = \mu_\mathrm{B} A a_+\,\mathrm{e}^{\mathrm{i}\omega_0 t/2} - \frac{1}{2}\hbar\omega_0 a_-\,\mathrm{e}^{\mathrm{i}\omega_0 t/2} . \tag{6.167b}$$

Differentiation von α_+ und α_- unter Berücksichtigung der Darstellung (6.159) liefert dann schließlich

$$\mathrm{i}\hbar\dot{a}_+ = \mu_\mathrm{B} A a_- , \tag{6.168a}$$

$$\mathrm{i}\hbar\dot{a}_- = \mu_\mathrm{B} A a_+ . \tag{6.168b}$$

Diese Gleichungen für a_+ und a_- sind völlig identisch mit denen für $g(t)$ und $f(t)$ (6.148), den Wahrscheinlichkeitsamplituden des allgemeinen 2-Niveau-Systems in Abschn. 6.5.1.

Die analogen Lösungen zu (6.153) lauten dann für das Spin-System

$$a_-\,(t) \propto (\cos\Omega t)\,\mathrm{e}^{-\mathrm{i}E_\downarrow t/\hbar} , \tag{6.169a}$$

$$a_+\,(t) \propto i\,(\sin\Omega t)\,\mathrm{e}^{-\mathrm{i}E_\uparrow t/\hbar} , \tag{6.169b}$$

wobei jetzt die Rabi-Frequenz im magnetischen Spin-System definiert ist als

$$\Omega = \mu_\mathrm{B} A/\hbar . \tag{6.170}$$

Wiederum bewirkt ein eingestrahltes elektromagnetisches Feld, das mit der Resonanzfrequenz ω_0, dem energetischen Abstand der beiden Spin-Niveaus $E_\uparrow$ und $E_\downarrow$ entsprechend schwingt, ein Hin- und Herschwingen zwischen diesen Zuständen.

Die Rabi-Frequenz, mit der dieses Hin- und Herschwingen erfolgt, ist proportional zur Amplitude A des oszillierenden Magnetfeldes und dem magnetischen Spin-Moment μ_{B}. Im Fall eines Elektrons, das zwei Zustände $|e\rangle$ und $|g\rangle$ besetzen konnte, war die Rabi-Frequenz völlig analog proportional zum elektrischen Dipol D_{ge} bei der Anregung und der elektrischen Feldamplitude (6.154).

Analog zum Fall des Elektrons, das die Zustände $|e\rangle$ und $|g\rangle$ besetzen kann (Abschn. 6.5.1), fragen wir uns, wie lange muss das oszillierende Magnetfeld $\mathbf{B}_{\mathrm{osc}}$ einwirken, damit der Spin aus dem Zustand $|\uparrow\rangle$ in die entgegengesetzte Richtung $|\downarrow\rangle$ umklappt. Dieser sogenannte π-Puls hat die Zeitdauer

$$t_\pi = \frac{\pi\hbar}{2\mu_{\mathrm{B}}A} \,. \tag{6.171}$$

Ein $\pi/2$-Puls der Länge

$$t_{\pi/2} = \frac{\pi\hbar}{4\mu_{\mathrm{B}}A} \tag{6.172}$$

klappt den Spin aus dem „senkrechten“ Zustand (Eigenzustand zu $\hat{\sigma}_z$) in den Überlagerungszustand

$$|S_{\mathrm{superp.}}\rangle = \frac{1}{\sqrt{2}}\left(|\uparrow\rangle + |\downarrow\rangle\right) \tag{6.173}$$

um, bei dem die Spindrehachse senkrecht zum statischen Magnetfeld $\mathbf{B}_o$ ausgerichtet ist.

Diese anschaulich sehr klaren Aussagen lassen sich formal noch darstellen, indem man die Mittelwerte der Spinkoordinaten ausrechnet, die sich, wie hier nicht ausführlich gezeigt wird, ergeben zu

$$\left\langle \hat{S}_z \right\rangle = -\frac{\hbar}{2}\cos(2\Omega t) \ , \tag{6.174a}$$

$$\left\langle \hat{S}_x \right\rangle = -\frac{\hbar}{2}\sin(2\Omega t)\sin(\omega_0 t) \ , \tag{6.174b}$$

$$\left\langle \hat{S}_y \right\rangle = -\frac{\hbar}{2}\sin(2\Omega t)\cos(\omega_0 t) \ . \tag{6.174c}$$

Für die z-Komponente wird das Umklappen mit der Rabi-Frequenz beschrieben.

Die x- und y-Komponenten enthalten noch zusätzlich eine schnelle Umlaufbewegung mit der Frequenz ω_0. Während der Spin von der $+z$ in die $-z$-Richtung umklappt, präzessiert er gleichzeitig mit der Frequenz ω_0 um die z-Achse, die Richtung des statischen Magnetfeldes $\mathbf{B}_o$ (Abb. 6.13).

Wir wollen festhalten, dass ein mit der Spin-Präzessionsfrequenz umlaufendes Magnetfeld $\mathbf{B}_{\mathrm{osc}}$ (um die $\mathbf{B}_o$-Richtung) den Spin umklappt. Hätten wir, wie es in der experimentell realistischen Situation üblich ist, kein zirkular polarisiertes Feld $\mathbf{B}_{\mathrm{osc}}$, sondern ein in x- oder y-Richtung linear polarisiertes Feld angelegt, dann hätte man dieses in zwei zueinander gegensätzlich

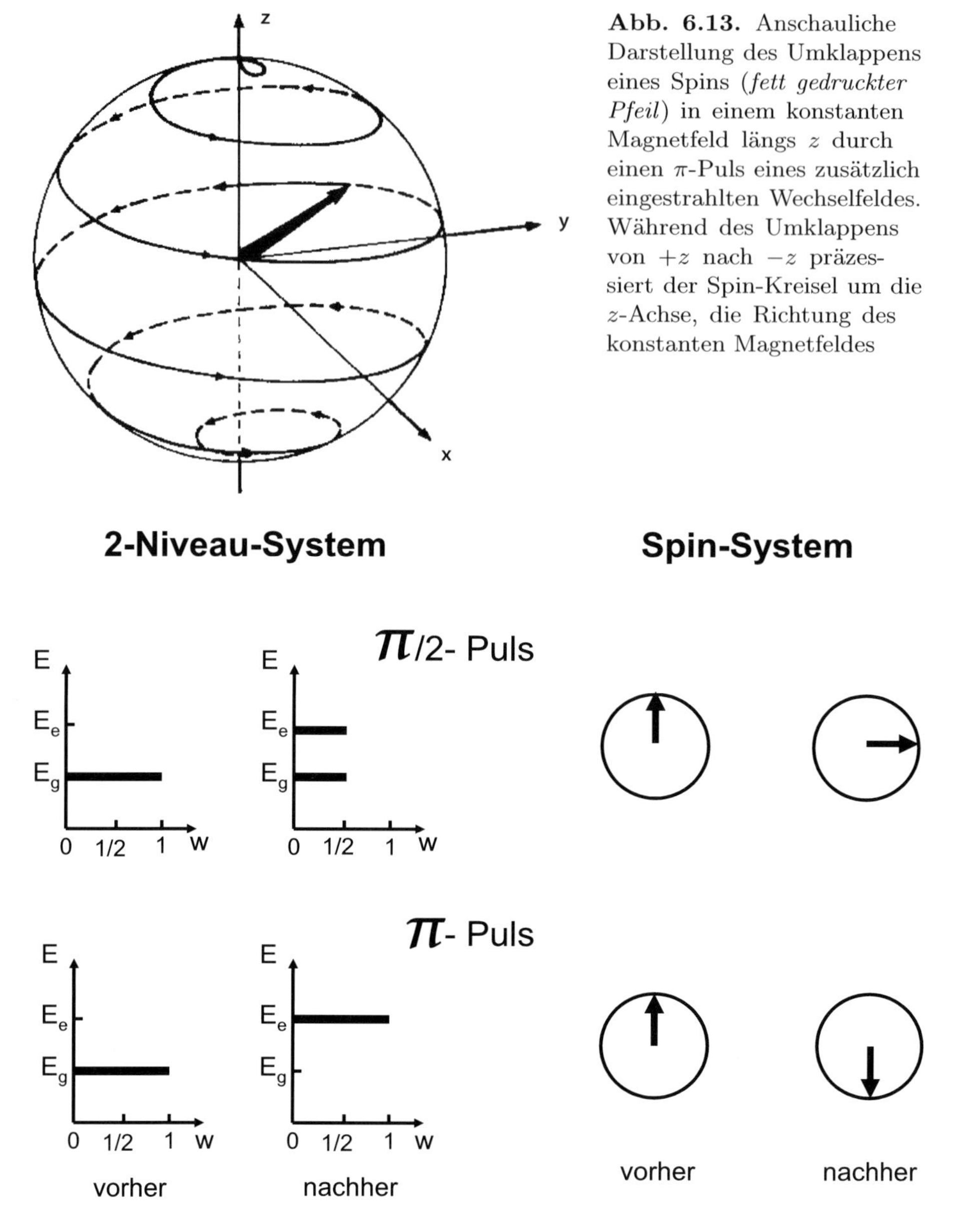

Abb. 6.13. Anschauliche Darstellung des Umklappens eines Spins (*fett gedruckter Pfeil*) in einem konstanten Magnetfeld längs z durch einen π-Puls eines zusätzlich eingestrahlten Wechselfeldes. Während des Umklappens von $+z$ nach $-z$ präzessiert der Spin-Kreisel um die z-Achse, die Richtung des konstanten Magnetfeldes

Abb. 6.14. Vergleich zwischen einem allgemeinen 2-Niveau-System mit den Zuständen $|g\rangle$ und $|e\rangle$ und einem Spin in einem konstanten Magnetfeld unter der Wirkung eines $\pi/2$ und eines π-Pulses anregender elektromagnetischer Strahlung. Für das 2-Niveau-System (*links*) sind die Besetzungswahrscheinlichkeiten w der Zustände gegeben, während für das Spin-System (*rechts*) die Spin-Orientierung dargestellt ist

umlaufende Felder zerlegen können. Eines davon läuft wie hier beschrieben, gleichsinnig mit der Spin-Präzession. Das andere läuft mit doppelter Frequenz $2\omega_0$ vom rotierenden System aus gesehen um. Dieses Feld würde in den Bewegungsgleichungen (6.168) zusätzliche Terme der Gestalt $\exp(\pm 2\mathrm{i}\omega_0 t)$ wie in (6.147) bedingen. Die Vernachlässigung dieser schnell oszillierenden Terme, wie in Abschn. 6.5.1 geschehen, erklärt den Namen „Rotationswellen-Näherung", wie er in Abschn. 6.5.1 schon eingeführt wurde.

Wir stellen in Abb. 6.14 noch einmal schematisch die Wirkung eines $\pi/2$-Pulses und eines π-Pulses auf das elektronische 2-Niveau und auf das Spin-2-Niveau-System dar.

6.5.3 Kernspin-Resonanz in Chemie, Biologie und Medizin

Von Spinresonanz-Experimenten spricht man, wenn in einem statischen Magnetfeld $\mathbf{B}_o$ Teilchenspins durch ein zusätzlich eingestrahltes elektromagnetisches HF-Feld zum Umklappen (Abschn. 6.5.2) gebracht werden. Die beim Spin-Übergang verbrauchte Energie wird dem HF-Feld entnommen und kann dort als spektrale Absorptionsbande bei der der Präzessionsfrequenz ω_0 entsprechenden Photonenenergie $\hbar\omega_0$ beobachtet werden. Dort ist das HF-Feld in Resonanz mit dem Spin-Übergang. Wir werden sehen, dass die Resonanz auch häufig beobachtet wird, indem man die mit dem Spin-Umklappen, d. h. der Bewegung eines magnetischen Dipols in einer Messspule induzierte Wechselspannung misst.

Solche Spin-Resonanzexperimente mit Elektronen (Elektronen-Spinresonanz = ESR) haben in der Festkörperphysik große Bedeutung zur Erforschung der atomaren Nahordnung bei Defekten u. ä. erlangt. Überragende Bedeutung für praktische Anwendungen in der Materialforschung, der Chemie, der Biologie und der Medizin hat jedoch die Kernspin-Resonanz (NMR = nuclear magnetic resonance) erlangt. Dies gilt für spektroskopische wie auch bildgebende Anwendungen (Tomographie) dieser Methode [4].

Dass gerade Kernspins für viele Anwendungen so wichtig geworden sind, liegt daran, dass in kondensierter Materie im Wesentlichen die Elektronenwolke der Valenzelektronen den Raum ausfüllt, während der mit dem Bohrschen Radius verglichen winzige Kern kaum zur Raumerfüllung beiträgt und deshalb nur sehr schwach an das übrige physikalische Geschehen in der kondensierten Phase angekoppelt ist. Die Präzessionsbewegung des Kernspins ist weitgehend unabhängig von translatorischer und rotatorischer Bewegung der Kerne. Strömung in Flüssigkeiten oder thermische Bewegung der Atome beeinflussen Messungen der Kernspin-Resonanz fast nicht. Dies begründet den hohen analytischen Wert der Methode für kondensierte Materie bis hin zu lebenden Zellen in Biologie und Medizin.

Ein Atomkern hat wegen seines Drehimpulses J ein magnetisches Moment μ_N, analog dem Spin (Abschn. 5.5.1) eines Elektrons (5.69), (5.95):

$$\boldsymbol{\mu}_N = g_\mathrm{K} \frac{e}{2m_\mathrm{K}} \mathbf{J} \,. \tag{6.175}$$

Hierbei kann der Drehimpuls wie üblich die Werte $|J| = \sqrt{j(j+1)}\hbar$ annehmen. Jedoch ist die Kernmasse m_K, im Spezialfall die des Protons m_P, des einfachsten Kerns, um einen Faktor 1836 größer ist als die des Elektrons. Magnetische Kernmomente sind also um Faktoren von mindestens 2000 kleiner als die von Elektronen. g_K ist jetzt das gyromagnetische Verhältnis, analog zum Elektronen-Spin ($g \simeq 2$), das jedem Kern speziell zu eigen ist. Man misst Kernmomente wiederum in Analogie zum Elektron, in Einheiten des sogenannten **Kern-Magnetons**

$$\mu_\mathrm{K} = \mu_\mathrm{B}/1836 = \frac{e\hbar}{2m_\mathrm{P}} = 0{,}505 \cdot 10^{-26}\,\mathrm{Am}^2 \ . \tag{6.176}$$

Das gyromagnetische Verhältnis für Kerne g_K lässt sich nicht, wie im Falle des Elektrons, mit Bahndrehimpuls aus elektrodynamischen Überlegungen (Abschn. 5.4.3) ermitteln. Da Proton und Neutron, die Konstituenten von Kernen, wiederum aus drei Quarks bestehen (Abschn. 5.6.4), kann nur die Quantenchromodynamik, die Theorie der Quark-Wechselwirkung diese wichtige Größe liefern. Es sei noch vermerkt, dass auch für Kerne der Drehimpuls $\hat{\mathbf{J}}$ sich wiederum aus dem Bahndrehimpuls $\hat{\mathbf{L}}$ und dem Spin-Drehimpuls $\hat{\mathbf{S}}$ zusammensetzt. Im Grundzustand haben Kerne natürlich einen verschwindenden Bahndrehimpuls, sodass das Kernmoment sich dann nur noch aus den Spinmomenten der Konstituenten zusammensetzt. Sowohl Proton wie Neutron haben halbzahligen Spin $\hbar/2$; d. h. wenn die Kernmassenzahl A gerade ist, hat der Kern einen geradzahligen Spin. Wenn hingegen A ungerade ist, ist der Kernspin ein Vielfaches von $\hbar/2$. In einem Kern tendieren sowohl Protonen wie Neutronen dazu, sich mit entgegengesetzter Spin-Orientierung zu arrangieren (Pauli-Prinzip). Demnach besitzen Kerne mit gerader Zahl von Protonen und Neutronen verschwindenden Spin, d. h. magnetisches Moment. Sie sind in der Kernspin-Resonanz nicht zu gebrauchen. Beispiele sind die in der Natur wichtigen (gerade – gerade) Isotope $^{12}\mathrm{C}$ und $^{16}\mathrm{O}$, die Hauptisotope des Kohlenstoffs und Sauerstoffs.

In Tabelle 6.1 sind für einige wichtige Kerne Spin und magnetisches Moment in Einheiten des Kern-Magnetons (6.176) zusammengestellt. Weiterhin ist die Spin-Präzessionsfrequenz $\omega_0/2\pi$ (NMR-Frequenz) in einem Magnetfeld $B_o = 2{,}3487\,\mathrm{T}$ gegeben. Dieses Feld wurde so gewählt, weil dann die NMR-Frequenz des Protons gerade bei 100 MHz liegt. Dabei gilt natürlich, wie vorher schon ausführlich dargestellt (Abschn. 6.5.2), die Resonanzbedingung (Magnetfeld in z-Richtung):

$$E_\uparrow - E_\downarrow = \hbar\omega_0 = g_\mathrm{K}\mu_\mathrm{K}B_z = g_\mathrm{K}\frac{e\hbar}{2m_\mathrm{P}}B_z \ . \tag{6.177}$$

Das Vorzeichen beim magnetischen Moment gibt an, ob das mit dem Spin verbundene magnetische Moment in Richtung des Spin-Drehimpulses (positives Vorzeichen) oder entgegengesetzt gerichtet ist. Beim Proton $\mathrm{p}(^1\mathrm{H})$ sind Spin und dessen magnetisches Moment gleichsinnig. Im Gegensatz dazu

Tabelle 6.1. Eigenschaften einiger für die Kernspin-Resonanz (NMR) in der Biologie und Medizin interessanten Atomkerne

Kern	Spin	Magn. Moment (Kern-Magnetons)	Natürliches Vorkommen (%)	NMR-Frequenz in $2,3487T$ (MHz)
^{1}H	$\frac{1}{2}$	2,79	99,98	100,00
^{2}H	1	0,86	0,015	15,35
^{3}H	$\frac{1}{2}$	2,98	0	106,68
^{13}H	$\frac{1}{2}$	0,70	1,11	25,14
^{14}H	1	0,40	99,6	7,22
^{15}H	$\frac{1}{2}$	−2,83	0,4	10,13
^{17}H	$\frac{5}{2}$	−1,89	0,04	13,56
^{19}H	$\frac{1}{2}$	2,63	100	94,08
^{31}P	$\frac{1}{2}$	1,13	100	40,48

sind Spin und Spin-Moment beim Elektron antiparallel. Dies liegt wegen der entgegengesetzten elektrischen Ladung von Proton und Elektron intuitiv nahe. An den relativen Häufigkeiten, mit denen die einzelnen Isotope in der Natur vorkommen, lässt sich erkennen, welche Isotope für biologische oder medizinische Anwendungen besonders interessant sind.

In NMR-Experimenten oder Untersuchungen werden nun nicht einzelne Spins in einem Magnetfeld beobachtet, sondern kompakte Materie (Wasser, Zellen, menschliche Körperteile etc.). Diese Materie enthält, wenn wir unser NMR-Experiment auf das ^{1}H-Isotop ausrichten, ca. 10^{23} Protonen im Kubikzentimeter. Betrachten wir die Situation im thermischen Gleichgewicht, so werden, statistisch abhängig von der Temperatur, viele Spins mit dem magnetischen Feld $\mathbf{B}_o$ ausgerichtet sein, entsprechend dem Energiezustand $m_s = \frac{1}{2}$, und auch sehr viele antiparallel zum Feld $\mathbf{B}_o$, entsprechend $m_s = -\frac{1}{2}$. Im thermischen Gleichgewicht regelt sich die Verteilung auf die beiden Eigenzustände nach dem Boltzmann-Faktor (Abschn. 5.6.3):

$$\exp\left(\frac{2\mu_{\mathrm{P}} B_0}{kT}\right) \approx 1 + \frac{2\mu_{\mathrm{P}} B_0}{kT} \,. \tag{6.178}$$

Ein winziger Bruchteil der Protonenspins (Moment μ_p) wird sich bevorzugt in Feldrichtung $\mathbf{B}_o$ ausrichten, weil dies dem energetisch niedrigeren Zustand entspricht. Bei Raumtemperatur ist für Protonen dieser parallel ausgerichtete Bruchteil in einem Feld von 1 T gerade einmal $8 \cdot 10^{-6}$. Dies erklärt die Näherung der Exponentialfunktion in (6.178). Der winzige Überschuss von parallel ausgerichteten Spins erzeugt ein makroskopisches magnetisches Moment; die Kern-Magnetisierung M_N.

Diese Kern-Magnetisierung reagiert auf ein zusätzlich mit der Spin-Präzessionsfrequenz ω_0 (Larmor-Frequenz) eingestrahltes HF-Feld. Strahlen wir einen $\pi/2$-Puls ein, so dreht sich diese Kern-Magnetisierung aus der im

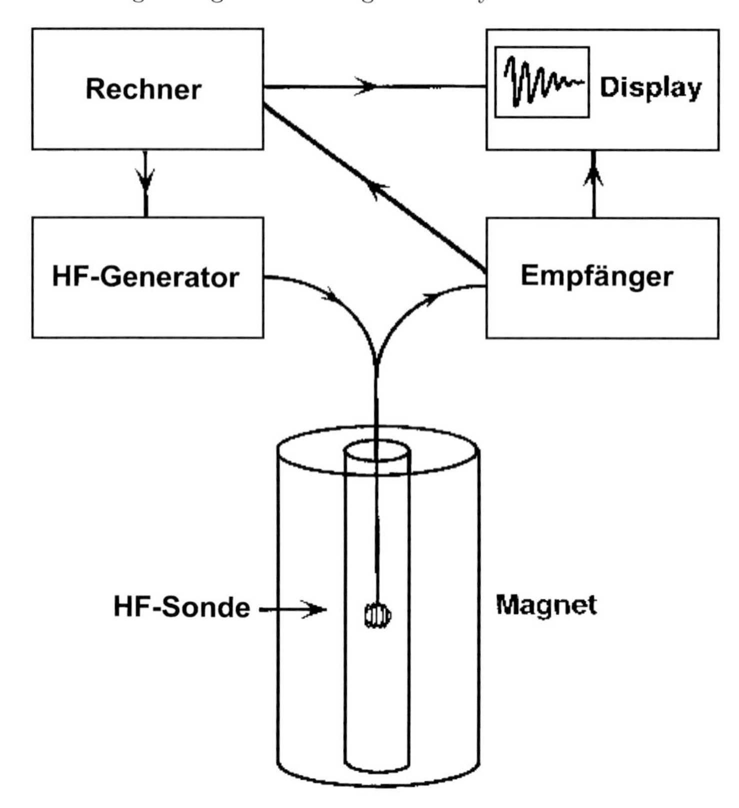

Abb. 6.15. Schematische Darstellung einer Apparatur zur Messung magnetischer Kern-Spinresonanz (NMR)

Gleichgewicht vorliegenden Ausrichtung in $\mathbf{B}_o$-Feldrichtung in eine Richtung senkrecht zu $\mathbf{B}_o$. Nach Abschalten des Pulses streben die Spins wieder ins thermodynamische Gleichgewicht; die Kern-Magnetisierung kippt wieder in $\mathbf{B}_o$-Richtung. Dieser Relaxationsvorgang kann durch eine Messspule, die das zu untersuchende Objekt umgibt, gemessen werden (Abb. 6.15). Die umkippende Kern-Magnetisierung induziert nach dem Induktionsgesetz in der Spule eine mit der Larmor-Frequenz (NMR-Frequenz) oszillierende elektrische Spannung.

Diese, während des Umklappvorgangs abklingende HF-Spannung nach einem $\pi/2$-Puls, ist das sogenannte **NMR-Signal** (Abb. 6.15). Manchmal misst man auch das Abklingen der Nichtgleichgewichtsmagnetisierung nach einem π-Puls. Ein solcher HF-Puls dreht die Gleichgewichtsmagnetisierung von M_{K} (in B-Feldrichtung) nach $-M_{\mathrm{K}}$. Auch hier geht die Magnetisierung nach Abschalten des Pulses wieder in die Feldrichtung zurück, und zwar nach einem exponentiellen Gesetz

$$M\,(t) = M_{\mathrm{K}} \left(1 - 2\,\mathrm{e}^{-t/\tau}\right) . \tag{6.179}$$

τ ist dabei die Relaxationszeit, nach der sich wieder das thermische Gleichgewicht eingestellt hat.

Für die Protonen in reinem Wasser beträgt τ bei Zimmertemperatur etwa 3 s.

Worin besteht nun der entscheidende Mechanismus, der nach Abschalten des π- oder $\pi/2$-Pulses die Spins wieder in ihre Gleichgewichtskonfiguration zurückkehren lässt? Wesentlich ist hier die Nachbarschaft anderer Spins in benachbarten Atomkernen, die ihrerseits am Ort des betrachteten Spins ein winziges Magnetfeld erzeugen. Dieses Magnetfeld fluktuiert in der Zeit, mehr oder weniger stark, je nachdem ob sich die benachbarten Kerne in einer Flüssigkeit, in einem kristallinen Festkörper oder in biologischem Gewebe befinden. Nehmen wir das Beispiel Wasser: Jedes Proton findet hier in einem Abstand von etwa $1{,}5 \cdot 10^{-8}$ cm ein weiteres Proton mit Spin, der ein fluktuierendes Zusatzfeld von etwa ± 5 G $= \pm 5 \cdot 10^{-4}$ T am Ort des ersten Protonspins erzeugt. Die zeitlichen Fluktuationen dieses kleinen Zusatzfeldes finden auf einer Zeitskala von 10^{-11} s statt, die durch die molekulare Bewegung gegeben ist.

Eine spektrale Zerlegung, d. h. Fourier-Analyse dieser Zufallsbewegung der Wassermoleküle bzw. Protonenspins liefert ein konstantes Frequenzspektrum bis zu 10^{11} Hz (das Inverse von 10^{-11} s). Alle Frequenzen bis zu 10^{11} Hz sind mit gleicher Häufigkeit darin vertreten, also auch die NMR-Frequenz, z. B. 100 MHz, mit der die Spins zum Umklappen gebracht werden. Dieses flukturierende Zusatzfeld bewirkt also zusätzlich zum eingestrahlten NMR-Feld (π- oder $\pi/2$-Puls) Umklappen von Spins, und dies auch vom angeregten in den Grundzustand. Der Relaxationsvorgang nach Abschalten des π- oder $\pi/2$-Pulses hängt also sehr empfindlich von der Dynamik der Gesamtheit der Kernspins ab. Wasser als Flüssigkeit und Eis, als wohlgeordneter kristalliner Festkörper, sind ein gutes Beispiel: Im Wasser läuft die Dynamik der Protonenspins auf einer Zeitskala von etwa 10^{-11} s mit einer Relaxationszeit von 3 s ab, während im kristallinen Eis die Protonenspins gemäß dem stabilen Kristallgitter wesentlich stärker an ihre Gleichgewichtspositionen gebunden sind, und eine Relaxationszeit in der Größenordnung $600s$ beobachtet wird. Dies führt wegen der Unschärferelation $\Delta E \cdot \Delta\tau \sim \hbar$, d. h. $\Delta\omega \cdot \Delta\tau \sim 1$ zu extremen Unterschieden in der Frequenzschärfe des NMR-Signals. Für Eis liegt die Frequenzbreite des Signals in der Größenordnung von 50 kHz, während für flüssiges Wasser eine scharfe Bande mit einer Breite von etwa 0,1 Hz beobachtet wird. Wir wollen festhalten, dass die Relaxationszeit, nach der die Spins aus ihrer, durch die π- oder $\pi/2$-Pulse erzeugten Nichtgleichgewichtsausrichtung, wieder ins Gleichgewicht zurückklappen, extrem stark von der Dynamik der umgebenden Spins abhängt. Biologisches Gewebe, das aus Zellmembran, Kompartimenten mit verschiedenen Flüssigkeitsinhalten u. ä. besteht, verhält sich lokal also sehr verschieden im Hinblick auf protonische Relaxationszeiten. Je nach Gewebetyp und Ort in der Zelle werden Relaxationszeiten τ zwischen 50 und 1000 ms beobachtet.

Abbildende NMR, wie sie in der Medizin oder in der Biologie benutzt wird, beruht auf der lokal verschiedenen Relaxationszeit $\tau(\mathbf{r})$, die am Ort $\mathbf{r}$ von Details der Gewebestruktur abhängt (Abb. 6.16). In Abhängigkeit vom Ort $\mathbf{r}$ wird also jeweils das exponentiell abklingende NMR-Signal nach Einstrahlung eines π- oder $\pi/2$-Pulses gemessen und dessen Einhüllende, gegeben durch die Größe τ, wird als Kontrast oder Farbe für die Aufzeichnung des Bildes benutzt. Der Ort, an dem eine bestimmte Relaxationszeit τ gemessen wird, wird festgelegt indem das statische „große“ Magnetfeld (0,02 T – 5 T) nicht homogen ist, sondern wohldefiniert im Bereich des abzubildenden Organs (Kopf etc. oder ganzer Körper) variiert. Dementsprechend variiert die NMR-Frequenz ω_0, die Anregungsfrequenz der Spins, wohldefiniert von Ort zu Ort. Einem speziellen Ortsvolumen $\mathrm{d}V_i$ (Abb. 6.16) entspricht eine wohldefinierte NMR-Frequenz $\omega_0(\mathbf{r}_i)$; ist diese aus der Messung bekannt, kann ihr ein spezifischer Ort $\mathbf{r}_i$ zugeordnet worden. Über umfangreiche, schnelle Rechnerauswertung wird der gemessenen NMR-Frequenz $\omega_0(\mathbf{r}_i)$ ein Ort (Pixel) $\mathbf{r}_i$ zugeordnet und die dort gemessene Relaxationszeit $\tau(\mathbf{r})$ als Helligkeitsgrad oder Farbe aufgezeichnet. So kann z. B. durch den Auswertungsrechner ein Bild konstruiert werden, bei dem einem Gewebeareal bei $\mathbf{r}_2$ mit langer Abklingzeit $\tau_2[\omega_0(\mathbf{r}_2)]$, nach Einstrahlung des π- oder $\pi/2$-Pulses, ein heller Leuchtfleck auf dem Anzeigeschirm und einem Gewebeteil bei $\mathbf{r}_1$ mit kurzer Abklingzeit $\tau_1[\omega_0(\mathbf{r}_1)]$ ein dunkler Fleck zugeordnet ist. Auf diese Weise wird ein Relaxationszeit (τ)-gewichtetes Bild des Körperorgans erzeugt. Durch Abstimmung auf gewisse Kernspin-Übergangsfrequenzen können dann noch Bilder zu verschiedenen Kernen erzeugt werden. Am wichtigsten sind Proton (^{1}H)-basierende Bilder, jedoch werden auch manchmal, je nach gewünschter Information über ein Krankheitsbild, Bilddarstellungen auf der Basis von ^{7}Li, ^{13}C, ^{14}N, ^{15}N oder ^{23}Na erzeugt. Abbildung 6.17 zeigt als Beispiel ein NMR-Bild (Tomogramm) eines menschlichen Kopfes, so wie es heute in der neurologischen Forschung immer wieder aufgezeichnet wird.

Für die Darstellung solcher großräumiger Bilder von menschlichen Organen oder des ganzen Körpers in der Medizin, sind große supraleitende Magnete für die Erzeugung großer magnetischer Felder bis 5 oder 10 T erforderlich, in die der Patient hinein geschoben wird.

Zusätzliche Magnetspulen dienen dazu, definierte statische Feldgradienten zu erzeugen, die die NMR-Frequenz ω_0 von Ort zu Ort gezielt variieren (Definition des Ortes $\mathbf{r}_i$). Weiterhin ist der zu untersuchende Körperteil von einer HF-Spule umgeben, durch die der π- oder $\pi/2$-Puls eingespeist wird. Das danach abklingende NMR-Signal wird durch eine Empfängerspule registriert, die manchmal identisch mit der Einspeisspule ist.

Es ist evident, dass die Aufzeichnung eines NMR-Bildes in der Medizin enorm große Rechnerleistung verlangt, mit der die Abtastung der NMR-Frequenzen $\omega_0(\mathbf{r}_i)$ ortsselektiv, und die Zuordnung der gemessenen Abklingzeiten $\tau[\omega_0(\mathbf{r}_i)]$ zu Bildpunkten in Realzeit erfolgt.

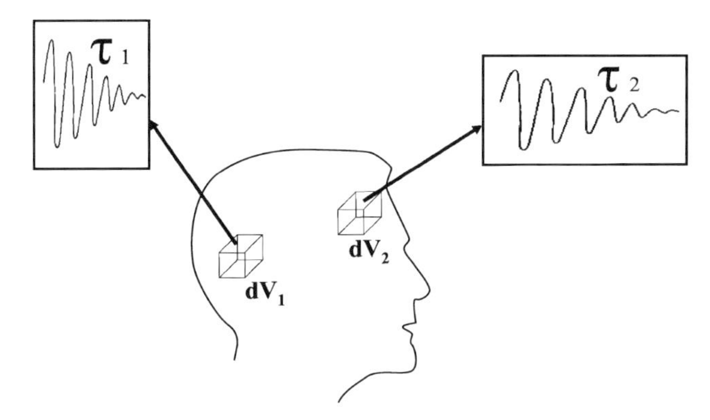

Abb. 6.16. Schema der Bildgewinnung bei der Kernspin-Tomographie (abbildende NMR) in der Biologie und Medizin. Der Kopf des Patienten ist einem räumlich inhomogen verteilten statischen Magnetfeld ausgesetzt. Verschiedene NMR-Frequenzen in den Volumenelementen dV_1 und dV_2 definieren so die Lage dieser Elemente dV_1 und dV_2 im Raum. Die dort gemessenen Abklingzeiten τ_1 und τ_2 nach zusätzlicher Einstrahlung eines $\pi/2$ oder π-Wechselpulses (HF-Strahlung) hängen von der Art des Gewebes ab und werden mit dem Rechner in Helligkeitsgrade oder Farbe umgesetzt

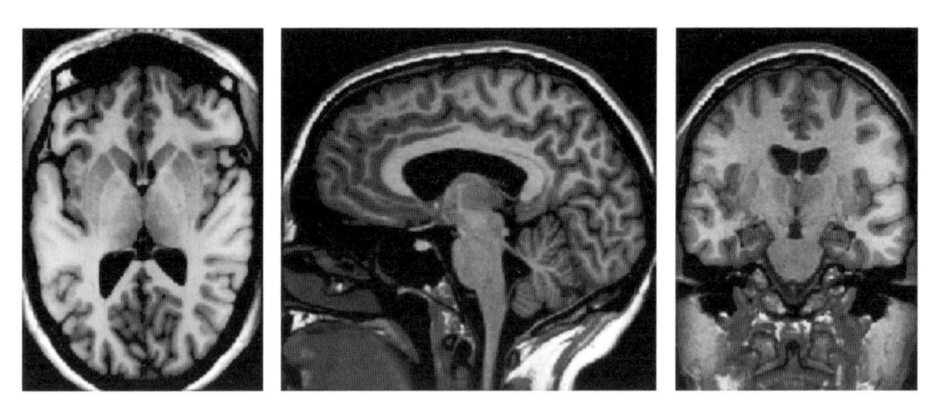

Abb. 6.17. NMR-tomographisches Bild eines menschlichen Gehirns; *von links nach rechts*: axiale, sagittale und coronale Ansicht. Die 3D-Ansicht wurde mit einem klinischen Ganzkörper-Scanner bei einem statischen Magnetfeld von 1,5 T aufgenommen. Die Bildauflösung von 0,6 mm wurde durch Mittelung über 10 getrennte Rasterbilder erreicht [8]

Schließlich sei noch einmal darauf hingewiesen, dass NMR als Spektroskopie, d. h. nicht als abbildende Tomographie, von herausragender Bedeutung für die Aufklärung komplexer Molekülstrukturen bis hin zu biologischen Molekülen wie Proteinen mittlerer Länge oder Nukleinsäuren ist. Für diese Anwendungen werden Materialien mit der einfacheren Anordnung wie in Abb. 6.15 untersucht und das Frequenzspektrum der beobachteten NMR-

Signale mit hoher Auflösung aufgezeichnet. Die Breite der Banden gibt Auskunft über die Lebensdauern, d. h. die Abklingzeiten τ. Jedoch hängt auch die genaue Frequenz einer Resonanz von der chemischen Umgebung des Kerns ab. Die exakte Frequenz ω_0, bei der in einem festen konstanten Magnetfeld z. B. die Protonenresonanz beobachtet wird, hängt davon ab, ob das Proton in einer Methyl-, einer Hydroxyl- oder einer Ethylgruppe gebunden ist. Geringe Verschiebungen der Resonanz rühren von den verschieden angeordneten extranuklearen Elektronenspins her, die eine schwache magnetische Abschirmung bewirken. Aus einer Vielzahl mittlerweile gemessener und tabellierter „Chemischer Verschiebungen (Chemical Shifts)“ lassen sich aus der Feinstruktur, z. B. einer Protonenresonanz, sofort Rückschlüsse auf die chemische Umgebung und die Bindung an andere strukturelle Gruppen ziehen.

NMR-Spektroskopie ist so zu einer unverzichtbaren Methode zur Aufklärung komplexer Molekülstrukturen bis hin zu Biomolekülen geworden.

6.6 Streuung von Teilchen

Streuung von Teilchen, Elektronen, Photonen, Neutronen u. ä. ist eine in der Physik und in der Materialforschung überaus wichtige Methode, um Information über das streuende System, das Target, zu bekommen. In der Festkörperphysik oder der Materialforschung ist die elastische Streuung von Photonen (Röntgenstrahlung) und Elektronen eine Standardmethode, um Aufschluss über die kristalline Struktur von Materialien, Oberflächen oder Nanostrukturen zu bekommen. Ein Beispiel aus der Hochenergiephysik ist die Aufklärung der Substruktur der Nukleonen (Proton und Neutron) als eine Dreierkombination von Quarks durch die Streuung hochenergetischer γ-Teilchen an Protonen (Abschn. 5.6.4).

Streuung von Teilchenwellen an einem Target, wie einem makroskopischen Kristall oder auch an einem zusammengesetzten Teilchen, wie einem Nukleon, ist grundsätzlich ein kompliziertes Vielteilchenproblem. Jedoch führt uns die Art der Durchführung von Streuexperimenten zu einer guten näherungsweisen Beschreibung, die mathematisch handhabbar ist und die die wesentlichen experimentellen Befunde sehr gut beschreibt.

Zum einen beschreiben wir das streuende Target durch ein raumfestes Streupotential, das auf die Teilchen, genauer ein Teilchen des Ensembles der einfallenden Teilchen, den Primärstrahl wirkt. Diesen Primärstrahl denkt man sich als Kugelwelle von einer Quelle Q (Abb. 6.18a) ausgehend, die in großer Entfernung am Ort des Targets fast ebene Wellenfronten hat und deshalb dort als ebene Welle mit dem Wellenzahlvektor k_0 beschrieben werden kann.

Für den Fall inelastischer Streuung lassen wir innere Bewegungsfreiheitsgrade des Streupotentials, z. B. Schwingungen der das Target konstituierenden Atome zu, an die das streuende Teilchen Energie abgeben kann.

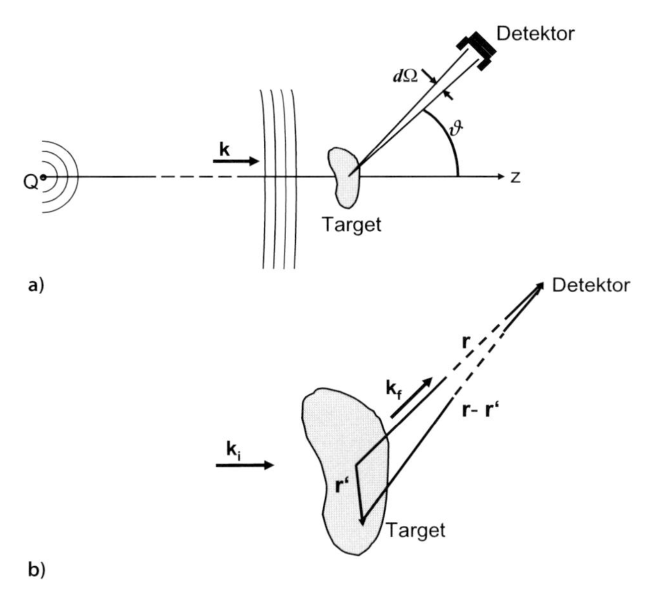

Abb. 6.18a,b. Schematische Darstellung eines Streuexperiments mit Teilchenstrahlen an einem Streu-Target. **a** Von Q läuft eine Teilchenwelle auf das Target zu; in großer Entfernung am Target kann die Kugelwelle durch eine ebene Welle mit $\mathbf{k}$ als Wellenvektor genähert werden. Wiederum in großer Entfernung vom Target werden die gestreuten Teilchen unter dem Winkel ϑ mit einem Detektor einer Winkelauflösung dΩ detektiert. **b** Erklärung der bei der Streuung im Target verwendeten Ortskoordinaten und Wellenzahlvektoren der Teilchen

Bei einem Streuexperiment detektieren wir in großer Entfernung r vom räumlich begrenzt ausgedehnten Target gestreute Teilchen in einem Detektor mit einem kleinen Detektionsöffnungswinkel dΩ. In Bezug auf die Richtung des Primärstrahls (z in Abb. 6.18) ist die Lage des Detektors durch die Winkel ϑ und φ (um die z-Achse herum) definiert. Die räumliche Verteilung der Streustrahlung wird also in einem Abstand r vom Target als Funktion der Winkel ϑ und φ ausgemessen (Abb. 6.18).

Das modellmäßige Szenario eines Streuexperiments, in dem wir näherungsweise die Schrödinger-Gleichung lösen, ist also gekennzeichnet durch eine einlaufende ebene Welle, die einen stationären Fluss eines Ensembles von Teilchen beschreibt; diese Primärteilchen wechselwirken mit einem räumlich eng begrenzten Streupotential während einer endlichen Zeit, während sie das Target passieren. Danach befinden sie sich wieder in Quantenzuständen, die keiner Wechselwirkung mehr unterliegen. Sie propagieren im freien Raum und werden in großer Entfernung vom Target, dem Streupotential, detektiert.

Diese, aus der experimentellen Anordnung intuitiv abgeleitete Näherungsvorstellung liegt der im Folgenden beschriebenen Streutheorie von Teilchen zugrunde.

6.6.1 Streuwellen und differentieller Streuquerschnitt

Bei dem beschriebenen Streuexperiment misst man Streuintensitäten, d. h. wie viele gestreute Teilchen pro Zeiteinheit im Detektor, d. h. unter den Winkeln ϑ, φ, bezogen auf die Richtung des gestreuten Primärstrahls (aus Quelle Q) ankommen. Zur Beschreibung der Streustärke des Targetpotentials muss man noch auf die Rate der das Target treffenden Primärteilchen beziehen und die endliche Winkelöffnung $\mathrm{d}\Omega$ des Detektors berücksichtigen. Damit ist der so genannte differentielle Streuquerschnitt $\mathrm{d}\sigma/\mathrm{d}\Omega$ die wichtigste Beschreibungsgröße für das Experiment:

$$\frac{\mathrm{d}\sigma\,(\vartheta,\varphi)}{\mathrm{d}\Omega}\,\mathrm{d}\Omega = \frac{\text{Anzahl von Teilchen in } \mathrm{d}\Omega/\,\text{sec}}{\text{Anzahl von einfallenden Teilchen/sec}}\,. \tag{6.180}$$

Aufgrund der beschriebenen modellmäßigen Vereinfachung des experimentellen Szenarios stellt sich die Wellenfunktion des streuenden Teilchens als Summe aus einfallender ebener Welle (längs z) und der Streulösung ψ_{sc} dar:

$$\psi_k = A\mathrm{e}^{\mathrm{i}kz} + \psi_{sc}\,(r,\vartheta,\varphi)\ . \tag{6.181}$$

Man beachte, dass hier ein stationäres Strömen von Teilchen in einem Ensemble beschrieben wird, sodass ψ_k eine Lösung der stationären Schrödinger-Gleichung ist.

Da wir uns im Rahmen der betrachteten Näherung auf Detektion von Streuteilchen in großem Abstand r vom Target beschränken, und das Target eine zu r vergleichsweise geringe (verschwindende) Ausdehnung hat, propagieren die gestreuten Teilchen zwischen Target und Detektor als freie Teilchen im Raum. Wir können die Wellenfunktion des Streufeldes ψ_{sc} also durch eine vom Target auslaufende Kugelwelle beschreiben, deren Amplitude mit $1/r$ abnimmt. Die Wahrscheinlichkeit, ein Streuteilchen bei r anzutreffen, nimmt somit, wie erwünscht, wie $1/r^2$ ab. Die innere Struktur des streuenden Potentials spiegelt sich in einer winkelabhängigen Streuamplitude $f(\vartheta,\varphi)$ der Kugelwelle wieder:

$$\psi_k \underset{r\to\infty}{\longrightarrow} A\mathrm{e}^{\mathrm{i}kz} + f\,(\vartheta,\varphi)\,\frac{\mathrm{e}^{\mathrm{i}kr}}{r}\ . \tag{6.182}$$

Im Rahmen dieser Streulösungen für große Entfernungen ($r \to \infty$) vom Streupotential ist alle Information über das streuende Target in der Funktion $f(\vartheta,\varphi)$ enthalten, die dann auch den differentiellen Streuquerschnitt bestimmen muss. Zur Berechnung des Teilchenstromes, der im Experiment gemessen wird, müssten wir den quantenmechanischen Stromdichteoperator (3.79) auf

ψ_k (6.181) anwenden. Dies führt zu einem Problem, weil die Streuwelle ψ_{sc} eine wesentlich kleinere Amplitude als die Primärwelle $A \exp(ikz)$ hat. Da der Strom quadratisch in ψ_k ist, treten gemischte Glieder aus der Summe (6.181) auf, in denen immer die Primärwelle gegenüber der Streuwelle dominiert.

Hier nun machen wir wiederum eine Vereinfachung, die durch die experimentelle Durchführung eines Streuexperimentes gerechtfertigt ist. Obwohl wir für den Primärstrahl am Ort des Targets fast ebene Wellenfronten annehmen können (Abb. 6.18), ist der Strahl der einfallenden Teilchen senkrecht zur Ausbreitungsrichtung durch Aperturen und ähnliches begrenzt und nur soweit in seinem Querschnitt ausgedehnt, dass er das Target voll bestrahlt. Ein großer Teil der Teilchen passiert das Target ohne Streuung und bereitet sich mit dem selben Strahlquerschnitt hinter dem Target längs z aus. Da wir in großer Entfernung hinter dem Target die gestreuten Teilchen detektieren, können wir ohne auf viel Information zu verzichten, Streuteilchen nur außerhalb des räumlich begrenzten Primärstrahls messen. Nur auf diese Weise – unter Ausblendung der Primärteilchen – ist eine hochempfindliche Messung der Streuwellen bzw. Teilchen möglich.

Für die Berechung der Ströme heißt dies, wir können die Stromdichte des Primärstrahls und der Streuwellen getrennt ausrechnen. Für den Primärstrahl folgt mit (3.79)

$$|\mathbf{j}_{\mathrm{inc}}| = \frac{\hbar}{2mi}\left(\mathrm{e}^{-\mathrm{i}kz}\boldsymbol{\nabla}\,\mathrm{e}^{\mathrm{i}kz} - \mathrm{e}^{\mathrm{i}kz}\boldsymbol{\nabla}\,\mathrm{e}^{-\mathrm{i}kz}\right) = \frac{\hbar k}{m}\,. \tag{6.183}$$

Wie erwartet, ist dies die auf ein Teilchen bezogene Teilchengeschwindigkeit.

Zur Berechnung der Streustrahlung in großem Abstand r vom Target

$$\psi_{sc} = f\,(\vartheta,\varphi)\,\frac{\mathrm{e}^{\mathrm{i}kr}}{r} \tag{6.184}$$

müssen wir wegen des Kugelwellencharakters den Nabla-Operator $\boldsymbol{\nabla}$ in Kugelkoordinaten (5.32) verwenden:

$$\boldsymbol{\nabla} = \mathbf{e}_r\frac{\partial}{\partial r} + \mathbf{e}_\vartheta\frac{\partial}{r\partial\vartheta} + \mathbf{e}_\varphi\frac{1}{r\sin\vartheta}\frac{\partial}{\partial\varphi}\,. \tag{6.185}$$

Da wir in großer Entfernung $r \to \infty$ detektieren, sind die Ableitungen in ϑ und φ-Richtung wegen der $1/r$ Faktoren irrelevant und nur die Ableitung in r-Richtung bestimmt die Stromdichte. Unter Vernachlässigung von $1/r^2$-Termen gilt

$$\frac{\partial}{\partial r}f\,(\vartheta,\varphi)\,\frac{\mathrm{e}^{\mathrm{i}kr}}{r} \simeq f\,(\vartheta,\varphi)\,\mathrm{i}k\frac{\mathrm{e}^{\mathrm{i}kr}}{r}\,. \tag{6.186}$$

Damit folgt für die Stromdichte der gestreuten Teilchen

$$\mathbf{j}_{sc} = \mathbf{e}_r\,|f\,(\vartheta,\varphi)|^2\,\frac{1}{r^2}\frac{\hbar k}{m}\,. \tag{6.187}$$

Die Wahrscheinlichkeit für ein Teilchen, im Raumwinkelelement $\mathrm{d}\Omega$ detektiert zu werden, ist

$$W(\mathrm{d}\Omega) = \mathbf{j}_{sc} \cdot \mathbf{e}_r \, r^2 \, \mathrm{d}\Omega \,. \tag{6.188a}$$

Damit folgt für den differentiellen Streuquerschnitt $\mathrm{d}\sigma/\mathrm{d}\Omega$

$$\frac{\partial \sigma}{\partial \Omega} \mathrm{d}\Omega = \frac{W(\mathrm{d}\Omega)}{j_{\mathrm{inc}}} = |f(\vartheta, \varphi)|^2 \, \mathrm{d}\Omega \,, \tag{6.188b}$$

$$\frac{\partial \sigma}{\partial \Omega} = |f(\vartheta, \varphi)|^2 \,. \tag{6.188c}$$

Die Kenntnis der Streuamplitude $f(\vartheta, \varphi)$ liefert also alle Informationen über das Target, die wir aus Messung des differentiellen Streuquerschnitts erhalten können.

6.6.2 Streuamplitude und Bornsche Näherung

Um die wichtigste Größe $f(\vartheta, \varphi)$, die Streuamplitude auszurechnen, müssen wir die Schrödinger-Gleichung, und zwar die zeitunabhängige von Primär- und Streuteilchen, lösen. Weil es sich bei Primärstrahl, wie auch bei den Streustrahlen um frei propagierende Teilchen handelt, enthält diese Schrödinger-Gleichung zwar das Streupotential $V(\mathbf{r})$, aber die Energieeigenzustände sind die freier Teilchen $E_k = \hbar^2 k^2 / 2m$, d. h.

$$\left(\frac{-\hbar^2}{2m} \Delta + V(\mathbf{r}) \right) \psi_{\mathbf{k}} = \frac{\hbar^2 k^2}{2m} \psi_{\mathbf{k}} \,, \tag{6.189a}$$

$$\text{bzw.} \quad \left(\boldsymbol{\nabla}^2 + k^2 \right) \psi_{\mathbf{k}} = \frac{2m}{\hbar^2} V(\mathbf{r}) \, \psi_{\mathbf{k}} \,. \tag{6.189b}$$

Wir setzen die zeitunabhängige Lösung $\psi_{\mathbf{k}}$ analog zu (6.182), jedoch mit einem $\mathbf{k}$-Vektor für die einlaufende Welle in beliebiger Richtung an:

$$\psi_{\mathbf{k}} \underset{r \to \infty}{\longrightarrow} C \mathrm{e}^{\mathrm{i}\mathbf{k}\cdot\mathbf{r}} + f(\vartheta, \varphi) \frac{\mathrm{e}^{\mathrm{i}kr}}{r} \,. \tag{6.190}$$

Man beachte, dass die allgemeine Lösung natürlich noch den Zeitanteil $\exp(-E_k t/\hbar)$ als Faktor enthält. Damit ist dann die Kugelwelle eindeutig als vom Target auslaufende Welle festgelegt. Es ist evident, dass im Bereich der einlaufenden Welle, wo das Streupotential $V(\mathbf{r})$ verschwindet, (6.189b) die einlaufende ebene Welle als Lösung hat. Für die Streuwelle muss das Einsetzen von $\psi_{\mathbf{k}}$ in (6.189b) einen Ausdruck für die Streuamplitude $f(\vartheta, \varphi)$ ergeben, der sich dann als Lösung von (6.189b) darstellt.

Wie können wir also die Differentialgleichung (6.189b) lösen? Wir erinnern uns an die Elektrostatistik, wo mittels der Poisson-Gleichung

$$\boldsymbol{\nabla}^2 \phi = -\frac{\rho(\mathbf{r})}{\varepsilon_0} \tag{6.191}$$

aus der Ladungsdichteverteilung $\rho(\mathbf{r})$ der räumliche Verlauf des elektrischen Potentials $\phi(\mathbf{r})$ ausgerechnet wird. Man beachte, dass (6.189b) eine große Ähnlichkeit mit (6.191) hat. Hier geht man so vor, dass man sich $\rho(\mathbf{r})$ aus einer Ansammlung von Punktladungen $e\delta(\mathbf{r}-\mathbf{r}')$ an Stellen $\mathbf{r}$ bzw. aus kleinen infinitesimalen Raumbereichen mit der Ladung $\rho(\mathbf{r}')\,\mathrm{d}^3\mathbf{r}'$ zusammengesetzt denkt. Für Punktladungen ist das Potential bekannt, nämlich das Coulomb-Potential dieser Punktladung:

$$\mathrm{d}\phi\left(\mathbf{r}\right)=\frac{e\delta\left(\mathbf{r}-\mathbf{r}'\right)}{4\pi\varepsilon_0\left|\mathbf{r}-\mathbf{r}'\right|}\simeq\frac{\rho\left(\mathbf{r}'\right)\mathrm{d}^3r'}{4\pi\varepsilon_0\left|\mathbf{r}-\mathbf{r}'\right|}\,. \tag{6.192}$$

Da (6.191) eine lineare Differentialgleichung ist, setzt sich das Potential $\phi(\mathbf{r})$ dann als eine Summe, eine lineare Superposition aus den Anteilen $\mathrm{d}\phi(\mathbf{r})$ (6.192) zusammen. Für die Lösung von (6.191) im Falle einer Punktladung hat sich der Name Green-Funktion $G(\mathbf{r}-\mathbf{r}')$ eingebürgert, d. h.

$$\boldsymbol{\nabla}^2G\left(\mathbf{r}-\mathbf{r}'\right)=-\delta\left(\mathbf{r}-\mathbf{r}'\right) \tag{6.193a}$$

definiert diese Green-Funktion, die im Falle der Punktladung lautet

$$G\left(\mathbf{r}-\mathbf{r}'\right)=\frac{1}{4\pi\left|\mathbf{r}-\mathbf{r}'\right|}\,. \tag{6.193b}$$

$\phi(\mathbf{r})$ ergibt sich dann als Summe bzw. Integral über die einzelnen Punktladungen mit ihren Green-Funktionen, d. h.

$$\phi\left(\mathbf{r}\right)=\int G\left(\mathbf{r}-\mathbf{r}'\right)\frac{\rho\left(\mathbf{r}'\right)}{\varepsilon_0}\mathrm{d}^3r'=\int\frac{1}{4\pi\varepsilon_0}\frac{\rho\left(\mathbf{r}'\right)}{\left|\mathbf{r}-\mathbf{r}'\right|}\mathrm{d}^3\mathbf{r}'\,. \tag{6.194}$$

Man sieht durch Einsetzen sofort, dass dieses $\phi(\mathbf{r})$ die Poisson-Gleichung (6.191) löst:

$$\boldsymbol{\nabla}^2\phi=\int\boldsymbol{\nabla}^2G\left(\mathbf{r}-\mathbf{r}'\right)\frac{\rho\left(\mathbf{r}'\right)}{\varepsilon_0}\mathrm{d}^3r'=-\int\delta\left(\mathbf{r}-\mathbf{r}'\right)\frac{\rho\left(\mathbf{r}'\right)}{\varepsilon_0}\mathrm{d}^3r'=-\frac{\rho\left(\mathbf{r}\right)}{\varepsilon_0}\,. \tag{6.195}$$

Zur Lösung von (6.189b) gehen wir also analog vor und bestimmen zuerst die entsprechende Green-Funktion aus

$$\left(\boldsymbol{\nabla}^2+k^2\right)G\left(\mathbf{r},\mathbf{r}'\right)=\delta\left(\mathbf{r}-\mathbf{r}'\right)\,. \tag{6.196}$$

Danach brauchen wir nur noch den rechten Term aus (6.189) als „Ladungsdichte“ im Sinne der Poisson-Gleichung aufzufassen und mittels der Green-Funktion aus (6.196) über den Raumbereich des Streupotentials $V(\mathbf{r})$ zu integrieren, um die Lösung $\psi_{\mathbf{k}}$ zu erhalten.

Im Grunde können wir die Green-Funktion eines Punkt-Streuzentrums (statt eines ausgedehnten Streupotentials $V(\mathbf{r})$) erraten: Wir erwarten eine vom Streuzentrum $\hat{r}$ auslaufende Kugelwelle $\mathrm{e}^{\mathrm{i}k|\mathbf{r}-\mathbf{r}'|}/|\mathbf{r}-\mathbf{r}'|$. Formal gehen wir so vor, dass wir wegen der Ähnlichkeit von (6.196) mit (6.193a) einen etwas verallgemeinerten Ansatz für die Green-Funktion im Vergleich zu (6.193b) machen, nämlich

$$G(\mathbf{r}, \mathbf{r}') = G(\mathbf{r} - \mathbf{r}') = \frac{u(\mathbf{r} - \mathbf{r}')}{|\mathbf{r} - \mathbf{r}'|} . \tag{6.197}$$

Die Funktion $u(\mathbf{r} - \mathbf{r}')$ muss dann entsprechend (6.196) für $\mathbf{r} - \mathbf{r}' \neq 0$ aus

$$\left(\boldsymbol{\nabla}^2 + k^2\right) \frac{u(\mathbf{r} - \mathbf{r}')}{|\mathbf{r} - \mathbf{r}'|} = 0 \tag{6.198a}$$

bestimmt werden. Zwecks Vereinfachung der Schreibweise setzen wir $|\mathbf{r} - \mathbf{r}'| = R$ und benutzen den Delta-Operator in der Kugelkoordinatendarstellung

$$\left(\boldsymbol{\nabla}_R^2 + k^2\right) \frac{u(R)}{R} = \left[\frac{1}{R^2} \frac{\partial}{\partial R}\left(R^2 \frac{\partial}{\partial R}\right) + k^2\right] \frac{u(R)}{R} = 0 . \tag{6.198b}$$

Dies führt auf die einfache Differentialgleichung

$$u''(R) = -k^2 u(R) \tag{6.198c}$$

mit den Lösungen $\exp(\pm \mathrm{i}kR)$ für $u(R)$. Damit ergibt sich für die Green-Funktion zu (6.196)

$$G|\mathbf{r} - \mathbf{r}'| = A \frac{\mathrm{e}^{\mathrm{i}k|\mathbf{r}-\mathbf{r}'|}}{|\mathbf{r} - \mathbf{r}'|} + B \frac{\mathrm{e}^{-\mathrm{i}k|\mathbf{r}-\mathbf{r}'|}}{|\mathbf{r} - \mathbf{r}'|} . \tag{6.199a}$$

Da nur vom Streuzentrum auslaufende Kugelwellen (Wahl des Zeitfaktors $\exp(-\mathrm{i}E_k t/\hbar)$) physikalisch sinnvolle Lösungen sind, setzen wir $B = 0$ und erhalten schließlich, wie schon oben vermutet, für die Streuwelle eines Punktstreuers

$$G(\mathbf{r} - \mathbf{r}') = A \frac{\mathrm{e}^{\mathrm{i}k|\mathbf{r}-\mathbf{r}'|}}{|\mathbf{r} - \mathbf{r}'|} . \tag{6.199b}$$

Analog zum Potentialproblem der Elektrostatik ergibt sich jetzt die Lösung des Streuproblems (6.189) durch Superposition, d. h. Integration des rechten Terms $2mV\psi_{\mathbf{k}}/\hbar^2$, in (6.189b), der der Ladungsdichte $-\rho/\varepsilon_0$ entspricht, jeweils multipliziert mit der Green-Funktion (6.199b)

$$\begin{aligned} \psi_{\mathbf{k}} &= C\mathrm{e}^{\mathrm{i}\mathbf{k}\cdot\mathbf{r}} + \frac{2m}{\hbar^2} \int G|\mathbf{r} - \mathbf{r}'| V(\mathbf{r}') \psi_{\mathbf{k}}(\mathbf{r}') \, \mathrm{d}^3 r' \\ &= C\mathrm{e}^{\mathrm{i}\mathbf{k}\cdot\mathbf{r}} + A\frac{2m}{\hbar^2} \int \frac{\mathrm{e}^{\mathrm{i}k|\mathbf{r}-\mathbf{r}'|}}{|\mathbf{r} - \mathbf{r}'|} V(\mathbf{r}') \psi_{\mathbf{k}}(\mathbf{r}') \, \mathrm{d}^3 r' . \end{aligned} \tag{6.200}$$

Wir wollen uns an dieser Stelle nicht mit der detaillierten Bestimmung der Normierungskonstanten beschäftigen. Es sei nur soviel vermerkt, dass A und C ein festes Verhältnis zueinander haben, das die Phase zwischen einlaufender und Streuwelle beschreibt. Durch Einsetzen von (6.199b) in (6.196) und der Grenzwertbetrachtung $|\mathbf{r} - \mathbf{r}'| \to 0$ folgt wegen der Normierung der 3-dimensionalen δ-Funktion $A/C = (-4\pi)^{-1}$.

Wichtiger ist es, den im Folgenden bei Streuproblemen immer auftretenden Integralterm in (6.200) weiter zu analysieren. Im Gegensatz zum elektrostatischen Problem der Poisson-Gleichung (6.193) enthält dieses Integral statt der räumlich fest vorgegebenen Quellladungsdichte ρ mit $V\psi_{\mathbf{k}}$ die noch zu suchende Lösung $\psi_{\mathbf{k}}$ selbst. Eigentlich ist (6.200) gar keine Lösung, sondern nur eine Integralgleichung für $\psi_{\mathbf{k}}$, die noch gelöst werden muss. Wir können dies jedoch sukzessive bis zu beliebig hoher Ordnung durchführen, indem wir durch Einsetzen einer schlechteren bekannten Näherungslösung $\bar{\psi}_{\mathbf{k}}(\mathbf{r}')$ in das Integral, mittels (6.200) eine bessere Näherung $\psi_{\mathbf{k}}(r)$ errechnen. Mit welcher Näherung für $\psi_{\mathbf{k}}(\mathbf{r}')$ starten wir? Die 0-te Näherung ergibt sich natürlich für verschwindendes Streupotential; dann ist die einfallende ebene Welle die Lösung der Schrödinger-Gleichung. Die nächste 1. Näherung für $\psi_{\mathbf{k}}$ ergibt sich dann, indem wir in (6.200) für $\psi_{\mathbf{k}}(\mathbf{r}')$ die einfallende Primärwelle einsetzen. Dies ergibt die so genannte **Bornsche Näherung** für das Streuproblem

$$\psi_{\mathbf{k}}(\mathbf{r}) \propto \mathrm{e}^{\mathrm{i}\mathbf{k}\cdot\mathbf{r}} - \frac{2m}{4\pi\hbar^2}\int \frac{\mathrm{e}^{\mathrm{i}k|\mathbf{r}-\mathbf{r}'|}}{|\mathbf{r}-\mathbf{r}'|} V(\mathbf{r}')\,\mathrm{e}^{\mathrm{i}\mathbf{k}\cdot\mathbf{r}'}\,\mathrm{d}^3r' \,. \tag{6.201}$$

Da das Streupotential räumlich durch die Ausdehnung des Targets eng begrenzt ist, zumindest im Vergleich mit dem Abstand r des Detektors vom Target, gilt im Integral von (6.201) immer $|\mathbf{r}| \gg |\mathbf{r}'|$. Damit können wir im Nenner $|\mathbf{r}-\mathbf{r}'| \approx r$ nähern. Im Exponenten der Exponentialfunktion würde diese Näherung jedoch zu weit führen, da dann die Richtungsabhängigkeit der Streuung weg fiele. Wir nähern hier vorsichtiger:

$$\begin{aligned}
k\,|\mathbf{r}-\mathbf{r}'| &= kr\left|\mathbf{e}_r - \mathbf{e}_{r'}\frac{r'}{r}\right| \\
&= kr\sqrt{\left(\mathbf{e}_r - \mathbf{e}_{r'}\frac{r'}{r}\right)\left(\mathbf{e}_r - \mathbf{e}_{r'}\frac{r'}{r}\right)} \\
&\approx kr\sqrt{\left(1 - 2\frac{\mathbf{r}\cdot\mathbf{r}'}{r^2}\right)} \approx kr\left(1 - \frac{\mathbf{r}\cdot\mathbf{r}'}{r^2}\right) \\
&= kr - (k\mathbf{e}_r)\cdot\mathbf{r}' \\
&= kr - \mathbf{k}_f\cdot\mathbf{r}' \,.
\end{aligned} \tag{6.202}$$

Hierbei haben wir im letzten Schritt $k\mathbf{e}_r$, den Wellenvektor in Beobachtungsrichtung mit $\mathbf{k}_f$ (final) bezeichnet, weil er den Endzustand des Teilchens nach der Streuung bezeichnet. Analog können wir den Anfangszustand vor der Streuung, d. h. den Wellenvektor des einfallenden Teilchens mit $\mathbf{k}_i$ (initial) bezeichnen und erhalten damit aus (6.201)

$$\psi_{\mathbf{k}}(r) \propto \mathrm{e}^{\mathrm{i}\mathbf{k}_i\cdot\mathbf{r}} - \frac{2m}{4\pi\hbar^2}\frac{\mathrm{e}^{\mathrm{i}kr}}{r}\int \mathrm{e}^{-\mathrm{i}\mathbf{k}_f\cdot\mathbf{r}'} V(\mathbf{r}')\,\mathrm{e}^{\mathrm{i}\mathbf{k}_i\cdot\mathbf{r}'}\,\mathrm{d}^3r' \,. \tag{6.203}$$

Dies entspricht genau der zu Beginn in (6.182) und (6.190) dargestellten allgemeinen Streulösung für große Entfernungen vom Target. Eine Kugelwelle des Typs $\mathrm{e}^{\mathrm{i}kr}/r$ läuft vom Target als Streuwelle aus; ihre Amplitude ist räumlich, d. h. als Funktion von ϑ und φ moduliert. Hierbei enthält diese so genannte Streuamplitude $f(\vartheta,\varphi)$ über den Integralterm in (6.203) alle Informationen über die innere Struktur des Targets, das Streupotential $V(\mathbf{r}')$.

Diese Streuamplitude

$$f(\vartheta,\varphi) = -\frac{m}{2\pi\hbar^2}\int e^{i\mathbf{k}_f\cdot\mathbf{r}'} V(\mathbf{r}')\, e^{i\mathbf{k}_i\cdot\mathbf{r}'}\, d^3r' \tag{6.204}$$

ist anschaulich sehr einfach zu interpretieren. Die einfallende Primärwelle mit dem Wellenzahlvektor $\mathbf{k}_i$ regt, vermittelt durch das jeweilige Potential $V(\mathbf{r}')$ am Ort $\mathbf{r}'$, eine Streuwelle $\exp(-i\mathbf{k}_f\cdot\mathbf{r}')$ an, die aus dem Raumelement d^3r' kommend zum Gesamtwellenbild der Streuwelle beiträgt. Die Gesamtstreuwelle des Targets ergibt sich als Überlagerung (Interferenz) aus allen Teilwellen aus den Volumenelementen d^3r' des Targets (Integration über $\mathbf{r}'$ innerhalb des Targets, Abb. 6.18b). Im Rahmen dieser 1. Bornschen Näherung für das Streuproblem, haben wir es also mit einer „Einmal-Streuung" der Primärwelle am Streupotential zu tun. Die nächst bessere Näherung, für die wir die aus der Bornschen Näherung erhaltene Lösung $\psi_\mathbf{k}$ wiederum in (6.200) einsetzen, um eine bessere Lösung des Problems zu erhalten, berücksichtigt deren Zweifach-Streuung am Targetpotential, d. h. Interferenz auch der Wellen, die nach einmaliger Streuung noch einmal einem zweiten Streuprozess unterliegen. Höhere Näherungslösungen in diesem Sinne berücksichtigen 2-fach, 3-fach, 4-fach Streuung usw. Wir werden uns im Folgenden nur auf Einfachstreuung, d. h. die Bornsche Näherung beschränken. Man nennt diese erste Näherung des Streuproblems auch häufig **„kinematische Streutheorie"**; höhere Näherungen mit Berücksichtigung der Mehrfachstreuung bezeichnet man als **dynamische Streutheorie**.

Wenn wir mit

$$\mathbf{K} = \mathbf{k}_f - \mathbf{k}_i\ , \tag{6.205a}$$

$$\text{bzw.}\quad \hbar\mathbf{K} = \mathbf{p}_f - \mathbf{p}_i \tag{6.205b}$$

den Wellenzahl-, bzw. Impulsübertrag, bei der Streuung bezeichnen, d. h. die Änderung des Impulses (bei elastischer Streuung Richtungsänderung) des gestreuten Teilchens bezeichnen, schreibt sich die Streuamplitude (6.204) als

$$f(\vartheta,\varphi) = f(\mathbf{K}) = -\frac{m}{2\pi\hbar^2}\int e^{-i\mathbf{K}\cdot\mathbf{r}'} V(\mathbf{r}')\, d^3r'\ . \tag{6.206}$$

Die Streuamplitude in Bornscher Näherung ist damit nichts anderes als die Fourier-Transformierte des Streupotentials, in Bezug auf den Wellenzahl- bzw. Impulsübertrag an das gestreute Teilchen.

Diese Interpretation der Teilchenstreuung ist völlig analog zur Fresnelschen Interpretation der Lichtbeugung an räumlichen Strukturen, wo sich das Beugungsbild als Überlagerung von Elementarwellen darstellt, die von einzelnen Punkten der beugenden Struktur ausgehen.

Qualitativ können wir bei der Teilchenstreuung also auch folgern, räumlich ausgedehnte Streupotentiale streuen die Teilchen in kleine Winkel, bezogen auf den einfallenden Teilchenstrahl, während kleine Strukturen, gemessen an der Wellenlänge $\lambda = 2\pi/k$ der Wellenfunktion des Primärstrahls, die Teilchen in größere Raumwinkel streuen.

Eine letzte Bemerkung zur Bornschen Näherung: Das Integral der Streuamplitude (6.204) lässt sich natürlich auch schreiben als

$$f(\vartheta, \varphi) \propto \langle \mathbf{k}_f | \hat{V} | \mathbf{k}_i \rangle \ ; \tag{6.207}$$

mit $\langle k_f |$ und $| k_i \rangle$ den Bra und Kets der End- und Anfangszustände des gestreuten Teilchens, nämlich der auslaufenden und der einlaufenden ebenen Welle. In dieser Sichtweise überführt das streuende Potential $V(\mathbf{r})$ einen Anfangs- in einen Endzustand, ein typisches Problem der zeitabhängigen Störungsrechnung (Abschn. 6.4.1). Fermis Goldene Regel (6.111) ist in (6.207) sofort wieder zu erkennen. Wir hätten in der Tat alle Aussagen der Bornschen Näherung über Fermis Goldene Regel ableiten können.

6.6.3 Coulomb-Streuung

Als wohl wichtigstes Anwendungsbeispiel der Streutheorie wollen wir in Bornscher Näherung die Streuung eines geladenen Teilchens (z. B. Elektron) am Coulomb-Potential eines ruhenden geladenen Partikels (Ladung Ze) berechnen. Dieses Problem begegnet uns immer wieder, von den Anfängen der Atomphysik bis hin zur modernen Hochenergiephysik oder der Berechnung des elektrischen Widerstands in der Festkörperphysik. Beim letztgenannten Problem beruht ein wesentlicher Anteil des elektrischen Widerstandes in Halbleitern auf der Streuung der Leitungselektronen an geladenen Störstellen, die durch Dotierung, z. B. positiver, ionisierter As-Rümpfe in Silizium, den Halbleiterkristall eingebaut sind.

Im betrachteten Fall wird die Wechselwirkung zwischen dem streuenden Teilchen (Elektron) und dem ruhenden Target durch das Coulomb-Potential $Z\mathrm{e}^2/4\pi\varepsilon_0 r'$ beschrieben, wo r' der momentane Abstand zwischen Elektron und geladenem Target (Ze) ist. Da dieses Coulomb-Potential kugelsymmetrisch ist, mit $V(\mathbf{r}') = V(r')$, schreibt sich die Streuamplitude (6.206)

$$f(\vartheta, \varphi) = -\frac{m}{2\pi\hbar^2} \int \mathrm{e}^{-\mathrm{i}\mathbf{K}\cdot\mathbf{r}'} V(\mathbf{r}')\, \mathrm{d}^3 r' \tag{6.208}$$

mit $\mathbf{K} = \mathbf{k}_f - \mathbf{k}_i$ als dem Streuvektor, bzw. Wellenzahlübertrag. Mit ϑ als Streuwinkel zwischen den Richtungen des einfallenden und gestreuten Wellenzahlvektors folgt aus Abb. 6.19 für elastische Streuung ($|\mathbf{k}_i| = |\mathbf{k}_f| = k$) unmittelbar

$$\frac{1}{2} K = k \sin(\vartheta/2) \ , \tag{6.209a}$$

$$\text{bzw.} \quad K^2 = 4k^2 \sin^2(\vartheta/2) \ . \tag{6.209b}$$

Wegen der Kugelsymmetrie von $V(\mathbf{r})$ wählen wir bei der Volumenintegration in (6.208) Kugelkoordinaten und legen der Bequemlichkeit halber, die

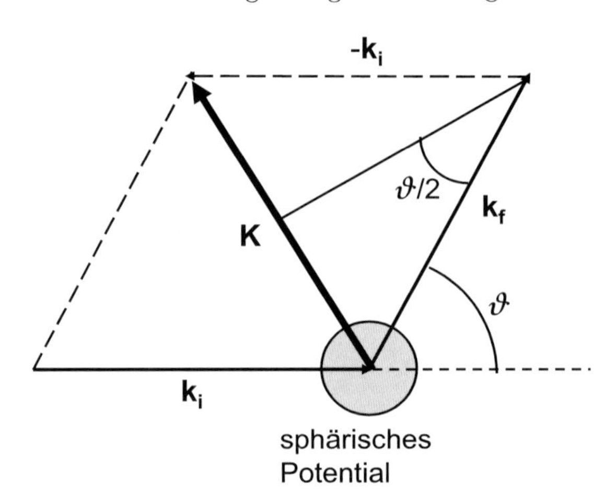

Abb. 6.19. Erklärung der Symbole für Teilchenstreuung an einem sphärischen Potential, z. B. Coulomb-Streuung zwischen einem leichten und einem schweren (nahezu ruhend) Teilchen. $\mathbf{k}_i$ und $\mathbf{k}_f$ Wellenzahlvektoren des einfallenden und des gestreuten Teilchens, $\mathbf{K}$ Wellenzahlübertrag, ϑ Streuwinkel

z-Achse in Richtung des Streuvektors $\mathbf{K}$. Dann gilt

$$\mathbf{K} \cdot \mathbf{r}' = Kr' \cos \vartheta' , \tag{6.210a}$$

$$\mathrm{d}^3 r' = r'^2 \,\mathrm{d}r' \sin \vartheta' \,\mathrm{d}\vartheta' \,\mathrm{d}\varphi' = -r'^2 \,\mathrm{d}r' d\left(\cos \vartheta'\right) \mathrm{d}\varphi' . \tag{6.210b}$$

Die Intergation über φ' ergibt einen Faktor 2π; die Integration über ϑ' wird in eine Integration über $\cos \vartheta'$ transformiert und läuft damit zwischen den Grenzen $\cos \vartheta' = -1(\vartheta' = \pi)$ und $\cos \vartheta' = 1(\vartheta' = 0)$. Damit ergibt sich mit $\cos \vartheta' = \xi$ aus (6.208)

$$\begin{aligned} f\left(\vartheta, \varphi\right) &= \frac{m}{\hbar^2} \int\limits_{\xi=1}^{\xi=-1} \mathrm{d}\xi \,\mathrm{d}r' \,\mathrm{e}^{-\mathrm{i}Kr'\xi} V\left(\mathbf{r}'\right) r'^2 \\ &= \frac{m}{\hbar^2} \int \frac{1}{-\mathrm{i}Kr'} \left[\mathrm{e}^{\mathrm{i}Kr'} - \mathrm{e}^{-\mathrm{i}Kr'}\right] V\left(\mathbf{r}'\right) r'^2 \,\mathrm{d}r' \\ &= -\frac{2m}{\hbar^2} \int \frac{\sin Kr'}{K} V\left(\mathbf{r}'\right) r' \,\mathrm{d}r' = f\left(\vartheta\right) . \end{aligned} \tag{6.211}$$

Es sei betont, dass nach dieser Integration über ϑ' (nicht ϑ), diese Streuamplitude immer noch eine Funktion des Streuwinkels ϑ ist.

Statt nun das singuläre Coulomb-Potential in (6.211) einzusetzen, ziehen wir es vor, das abgeschirmte, so genannte Yukawa-Potential

$$V\left(r'\right) = g \frac{\mathrm{e}^{-\alpha r'}}{r'} \quad \text{mit} \quad g = \frac{Z\,\mathrm{e}^2}{4\pi\varepsilon_0} \tag{6.212}$$

zu benutzen, das bei $r' \to 0$ nicht singulär wird.

Damit folgt aus (6.211)

$$f(\vartheta) = -\frac{2mg}{\hbar^2 K} \int_0^\infty \mathrm{d}r' \frac{1}{2i} \left[\mathrm{e}^{(\mathrm{i}K-\alpha)r'} - \mathrm{e}^{-(\mathrm{i}K+\alpha)r'} \right]$$

$$= -\frac{2mg}{\hbar^2 K} \frac{1}{2i} \left[\frac{-1}{iK-\alpha} + \frac{-1}{iK+\alpha} \right] = \frac{-2mg}{\hbar^2 (K^2+\alpha^2)} . \tag{6.213}$$

Durch Quadrieren der Streuamplitude folgt dann der differentielle Streuquerschnitt (6.188c) unter Berücksichtigung von (6.209b) und (6.212) zu

$$\frac{\mathrm{d}\sigma}{\mathrm{d}\Omega} = \frac{4m^2 g^2}{\hbar^4 (K^2+\alpha^2)} = \frac{m^2 \left(Z\mathrm{e}^2\right)^2}{4\pi^2 \hbar^4 \varepsilon_0^2} \frac{1}{\left[\alpha^2 + 4k^2 \sin^2(\vartheta/2)\right]^2} . \tag{6.214}$$

Streuung am Coulomb-Potential ergibt sich, indem wir die reziproke Abschirmlänge α des Yukawa-Potentials gegen Null gehen lassen. Weiterhin können wir die Wellenzahl k der gestreuten Elektronen durch ihre Energie $E = \hbar^2 k^2/2m$ ausdrücken. Wir erhalten dann den differentiellen Streuquerschnitt für Coulomb-Streuung

$$\frac{\mathrm{d}\sigma}{\mathrm{d}\Omega} = \frac{m^2 \left(Z\mathrm{e}^2\right)^2}{16\pi^2 \hbar^4 \varepsilon_0^2 k^4 \sin^4(\vartheta/2)} = \frac{\left(Z\mathrm{e}^2\right)^2}{64\pi^2 \varepsilon_0 E^2 \sin^4(\vartheta/2)} . \tag{6.215}$$

Eine wesentliche Aussage von (6.215) besteht darin, dass der differentielle Streuquerschnitt für Streuung geladener Teilchen an einem Coulomb-Potential, mit der kinetischen Energie E der streuenden Teilchen wie E^{-2} abnimmt. Je schneller die Teilchen am Streuzentrum vorbeifliegen, umso weniger „merken" sie vom streuenden Potential – eine sehr anschauliche Aussage!

Wir wollen diese Aussage benutzen, um die Temperaturabhängigkeit der Beweglichkeit μ freier Elektronen in einem Halbleiter abzuschätzen, die an geladenen Ionenrümpfen von Dotieratomen gestreut werden. Um die Leitfähigkeit von Halbleitern kontrolliert verändern zu können, dotiert man sie (Abschn. 8.3.4). In einem Si-Kristall werden z. B. fünfwertige As-Atome auf vierwertigen Gitterplätzen eingebaut; hierbei sind dann nur vier Valenzelektronen des As an der chemischen Bindung beteiligt. Das fünfte As-Valenzelektron ist nur sehr schwach am so genannten As-Donator gebunden, und ist bei Zimmertemperatur von diesem abgetrennt. Es steht als quasifreies Elektron zur Verfügung und trägt zum elektrischen Strom bei. Bei seiner Bewegung durch das Kristallgitter im angelegten elektrischen Feld $\boldsymbol{\mathcal{E}}$ wird es dann jedoch an den ionisierten, einwertig positiven As-Donatoren gestreut. Diese Streuprozesse tragen maßgeblich zum elektrischen Widerstand, insbesondere bei Temperaturen unterhalb von 300 K bei.

In der elektrischen Leitfähigkeit $\sigma = \rho^{-1} = en\mu$ werden diese Streuprozesse global durch die Beweglichkeit μ beschrieben, wobei μ ausgedrückt werden kann durch die mittlere Driftgeschwindigkeit $\langle v \rangle$ der Elektronen im Feld:

$$\mu = \langle v \rangle / \mathcal{E} . \tag{6.216}$$

Schon aus der einfachen Drude-Theorie, wie auch aus der semiklassischen Boltzmann-Theorie der elektrischen Leitfähigkeit [5], folgt für die Beweglichkeit die (vereinfachte) Darstellung

$$\mu \propto \frac{e\tau}{m} , \tag{6.217}$$

wo m die Masse der Ladungsträger (im Festkörper die effektive Masse) und τ die mittlere freie Flugzeit zwischen zwei Streuprozessen darstellt. Nun lässt sich einerseits die Temperaturabhängigkeit der mittleren Driftgeschwindigkeit $\langle v \rangle$ leicht aus der Besetzungswahrscheinlichkeit $f\,(E,T)$ (Fermi-Verteilung) der elektronischen Zustände abschätzen und andererseits ist die mittlere freie Flugzeit τ mit dem Streuquerschnitt für Coulomb-Streuung verknüpft.

Wir beachten, dass die Konzentration freier Elektronen im Halbleiter (Leitungsband), verglichen mit der Gesamtelektronendichte ($\sim 10^{23}\,\mathrm{cm}^{-3}$) nur sehr gering, typisch $10^{17} cm^{-3}$, ist. Damit kommen als freie Leitungselektronen nur solche in Betracht, die Zustände weit oberhalb von E_F in der Fermi-Funktion besetzen $[(E - E_\mathrm{F}) \gg 2kT]$. Hierfür gilt die so genannte Boltzmann-Näherung der Fermi-Funktion

$$f\,(E,T) = \frac{1}{\exp\left(\frac{E-E_\mathrm{F}}{kT}\right) + 1} \approx \exp\left(-\frac{E - E_\mathrm{F}}{kT}\right) \ll 1 . \tag{6.218}$$

Die Leitungselektronen im Halbleiter können also näherungsweise, wie bei einem klassischen idealen Gas, mit der Boltzmann-Verteilung beschrieben werden. Damit ergibt sich näherungsweise für den Geschwindigkeitsmittelwert die Temperaturabhängigkeit

$$\langle v \rangle \propto \sqrt{T} . \tag{6.219}$$

Zur Abschätzung des Streuquerschnitts Σ stellen wir uns ein Elektron vor, das sich auf ein Donator-Streuzentrum hinbewegt. Merkliche Streuung geschehe nur, wenn das Teilchen eine Fläche Σ senkrecht zur Flugrichtung um das Streuzentrum durchfliegt. Σ ist damit proportional zum Streuquerschnitt (6.215) und lässt sich abschätzen als

$$\Sigma \propto E^{-2} \propto \langle v \rangle^{-4} . \tag{6.220}$$

Sei λ die mittlere freie Weglänge zwischen zwei Streuprozessen, dann geschieht in einem Volumen $\Sigma\lambda$ gerade ein Streuprozess im Mittel. Mit N_D als Dichte der Donator-Streuzentren gilt dann

$$\Sigma\lambda \propto N_\mathrm{D}^{-1} . \tag{6.221}$$

Drücken wir die mittlere freie Weglänge λ durch die mittlere Flugzeit τ aus:

$$\lambda = \langle v \rangle \, \tau , \tag{6.222}$$

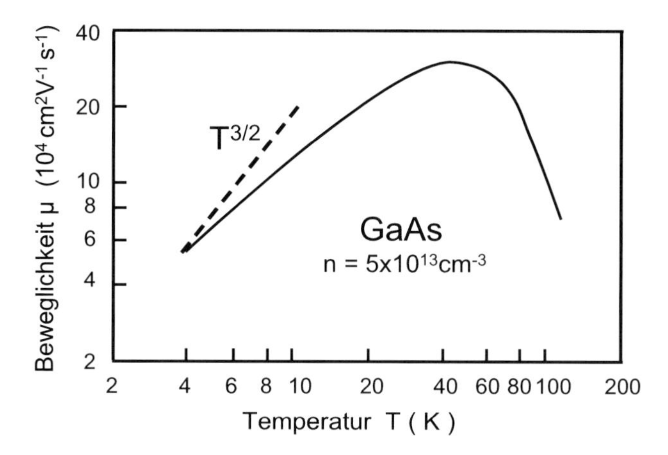

Abb. 6.20. Experimentell ermittelte elektronische Beweglichkeit μ für n-dotiertes GaAs. *Gestrichelt* ist die $T^{3/2}$-Temperaturabhängigkeit von μ eingetragen, die sich aus einer einfachen Abschätzung für elastische Coulomb-Streuung der freien Leitungsbandelektronen an positiven Rümpfen ionisierter Donator-Störstellen ergibt [7]

so ergibt sich

$$\tau \langle v \rangle \Sigma \propto \mathrm{N_D^{-1}} = \mathrm{const} \, , \tag{6.223a}$$

bzw. mit (6.220)

$$\tau \propto \frac{1}{\langle v \rangle \Sigma} \propto \langle v \rangle^3 \, . \tag{6.223b}$$

Damit folgt wegen (6.219) die Temperaturabhängigkeit der Beweglichkeit für Streuung an Dotierstörstellen im Halbleiter (6.217) zu:

$$\mu (T) \propto \mathrm{T}^{3/2} \, . \tag{6.224}$$

Abbildung 6.20 zeigt experimentelle Ergebnisse für n-dotiertes GaAs, die bei Temperaturen unterhalb von ca. 30 K diesen Temperaturverlauf zwar nicht exakt zeigen, jedoch die Tendenz richtig wiedergeben. Ein Grund für die Abweichung der einfachen theoretischen Abschätzung von den experimentellen Daten ist sicherlich das Vorhandensein weiterer Streumechanismen, zusätzlich zur Coulomb-Streuung an den ionisierten Donatorstörstellen. Vor allem bei höheren Temperaturen, oberhalb von 50 K, ist die Abnahme der Beweglichkeit mit wachsender Temperatur auf Streuung der Ladungsträger an Gitterschwingungen (Phononen, Abschn. 8.4) zurückzuführen.

6.6.4 Streuung an Kristallen, an Oberflächen und an Nanostrukturen

Wir wollen als weiteres Anwendungsbeispiel die Streutheorie in ihrer einfachsten Form, der Bornschen Näherung (6.204) auf kristalline Festkörper anwenden, und dies auch auf Systeme mit eingeschränkten Dimensionen, wie kristalline Oberflächen oder Kristallite mit nanoskaligen Dimensionen.

Als einfaches Beispiel für einen makroskopischen Kristall mit Dimensionen im Zentimeterbereich stellen wir uns einen Elementkristall mit einem Atom pro Elementarzelle vor. Hier liegen im Idealfall gleichwertige Atome in einer dreidimensional periodischen Anordnung, dem Kristallgitter, vor. Als zu streuende Teilchen sind vor allem Photonen als Röntgenstrahlen, Elektronen oder Neutronen interessant. Alle Strahlungs- bzw. Teilchenarten haben große Bedeutung für Analysemethoden in der Festkörperphysik. Die Streupotentiale, die die Wechselwirkung der zu streuenden Teilchen mit den Atomen beschreiben, sind natürlich völlig verschieden, weil sie vom Mechanismus der Wechselwirkung abhängen. Bei Neutronen streuen nur die Kerne, d. h. das Streupotential ist über außerordentlich kleine Raumbereiche, verglichen mit dem Atomdurchmesser, ausgedehnt. Röntgenstrahlen sowie Elektronen wechselwirken mit den Elektronen der Atomhülle, d. h. einem räumlich weit ausgedehnteren Potential. Für beide Strahlenarten sind die Potentiale, wegen der verschiedenen Wechselwirkung mit der Hülle, dennoch verschieden.

Da es uns hier nicht auf Details der elementaren Streuprozesse ankommt, sondern mehr die Wirkung des Kristallgitters im Vordergrund steht, beschreiben wir das atomare Streupotential unabhängig von der Strahlenart mit $v(\mathbf{r} - \mathbf{r_n})$. Hierbei beschreibt $\mathbf{r_n}$ die Ruhelage eines Atoms, d. h. die Kernkoordinaten dieses Atoms. Alle Vektoren $\mathbf{r_n}$ spannen also das 3-dimensionale periodische Kristallgitter auf. Wenn $\mathbf{a}, \mathbf{b}, \mathbf{c}$ die Einheitsvektoren der Elementarzelle sind, d. h. im primitiven Gitter die Vektoren von einem Aufatom zu den drei nächsten Nachbaratomen, dann gilt

$$\mathbf{r_n} = m\mathbf{a} + n\mathbf{b} + p\mathbf{c} \,, \quad m, n, p \text{ ganzzahlig} \,. \tag{6.225}$$

Das Tripel ganzer Zahlen m, n, p schreibt man hierbei formal wie einen Vektor $\mathbf{n}$. Damit stellt sich das Gesamtstreupotential $V(\mathbf{r})$ des Kristalls als Summe der Potentiale der Einzelatome dar:

$$V(\mathbf{r}) = \sum_{\mathbf{n}} v(\mathbf{r} - \mathbf{r_n}) \,. \tag{6.226}$$

Dieses idealisierte Potential ist zeitunabhängig. Die Atomorte $\mathbf{r_n}$ sind als fest angenommen. Die Atome können nicht schwingen, sie können als Ganzes keine kinetische Energie aufnehmen. Damit lässt sich natürlich nur die elastische Streuung, ohne Energieübertrag an das Gitter beschreiben.

Um die Streuamplitude (6.204) auszurechnen, setzen wir (6.226) in (6.204) bzw. (6.207) ein und erhalten mit (6.205) bis auf den konstanten Vorfaktor

$$
\begin{aligned}
f(\vartheta,\varphi) &\propto \langle f|\, V(\mathbf{r})\, |i\rangle \\
&= \int \mathrm{d}^3 r'\, \mathrm{e}^{-\mathrm{i}\mathbf{k}_f\cdot\mathbf{r}'} V(\mathbf{r}')\, \mathrm{e}^{\mathrm{i}\mathbf{k}_i\cdot\mathbf{r}'} \\
&= \sum_n \int \mathrm{d}^3 r'\, \mathrm{e}^{-\mathrm{i}\mathbf{K}\cdot(\mathbf{r}'-\mathbf{r}_n)-\mathrm{i}\mathbf{K}\cdot\mathbf{r}_n} v(\mathbf{r}'-\mathbf{r}_n) \\
&= \sum_n \mathrm{e}^{-\mathrm{i}\mathbf{K}\cdot\mathbf{r}_n} \int \mathrm{d}^3 r'\, \mathrm{e}^{-\mathrm{i}\mathbf{K}\cdot(\mathbf{r}'-\mathbf{r}_n)} v(\mathbf{r}'-\mathbf{r}_n)\ .
\end{aligned}
\tag{6.227}
$$

Das Integral unter der Summe läuft jeweils über ein Atom des Gitters. Für alle Atome ist dieses Integral gleich, wir nennen es deshalb **Atomformfaktor** f_A und können es vor die Summe ziehen

$$
f(\vartheta,\varphi) \propto f_\mathrm{A} \sum_n \mathrm{e}^{-\mathrm{i}\mathbf{K}\cdot\mathbf{r}_n} = f_\mathrm{A} \sum_{m,n,p} \left(\mathrm{e}^{-\mathrm{i}\mathbf{K}\cdot\mathbf{a}}\right)^m \left(\mathrm{e}^{-\mathrm{i}\mathbf{K}\cdot\mathbf{b}}\right)^n \left(\mathrm{e}^{-\mathrm{i}\mathbf{K}\cdot\mathbf{c}}\right)^p\ .
\tag{6.228}
$$

Da das atomare Streupotential im wesentlichen kugelsymmetrisch ist, kann f_A analog zu Abschn. 6.6.3 in Kugelkoordinaten ausgewertet werden, d. h.

$$
\begin{aligned}
f_\mathrm{A} &= 4\pi \int v(\mathbf{r}')\, \frac{\sin K r'}{K}\, r'\, \mathrm{d}r' \\
&= 4\pi \int v(\mathbf{r}')\, \frac{\sin\left[4\pi r' \left\{\sin(\vartheta/2)\right\}/2\right]}{4\pi \sin(\vartheta/2)/\lambda}\, r'\, \mathrm{d}r'\ .
\end{aligned}
\tag{6.229}
$$

Hierbei haben wir das Atom am Ort $\mathbf{r}_n = (0,0,0)$ als Bezug genommen und (6.209) sowie $k = 2\pi/\lambda$ für die Wellenzahl des gestreuten Teilchens benutzt. Der Atomformfaktor hängt also noch vom Streuwinkel und der Wellenlänge λ der Strahlung ab.

Wenden wir uns jetzt dem Beitrag des Kristallgitters zur Streuamplitude zu. Mittels der Summenformel für die geometrische Reihe

$$
\sum_{n=0}^{N} a^n = \frac{1-a^{N+1}}{1-a}\ , \quad a < 1
\tag{6.230}
$$

lassen sich die Summen in (6.228) wie folgt auswerten

$$
\sum_m^M \left(\mathrm{e}^{-\mathrm{i}\mathbf{K}\cdot\mathbf{a}}\right)^m = \frac{1-\left(\mathrm{e}^{-\mathrm{i}\mathbf{K}\cdot\mathbf{a}}\right)^{M+1}}{1-\mathrm{e}^{-\mathrm{i}\mathbf{K}\cdot\mathbf{a}}} = \frac{\mathrm{e}^{-\mathrm{i}\mathbf{K}\cdot\mathbf{a}} - \mathrm{e}^{-\mathrm{i}\mathbf{K}\cdot\mathbf{a}M}}{\mathrm{e}^{-\mathrm{i}\mathbf{K}\cdot\mathbf{a}}-1}\ ,
\tag{6.231}
$$

analog die Summen über n und p.

In den Streuquerschnitt (6.188c) geht die Streuamplitude quadratisch ein; nehmen wir also das Absolutquadrat von (6.231), so folgt für den Beitrag des

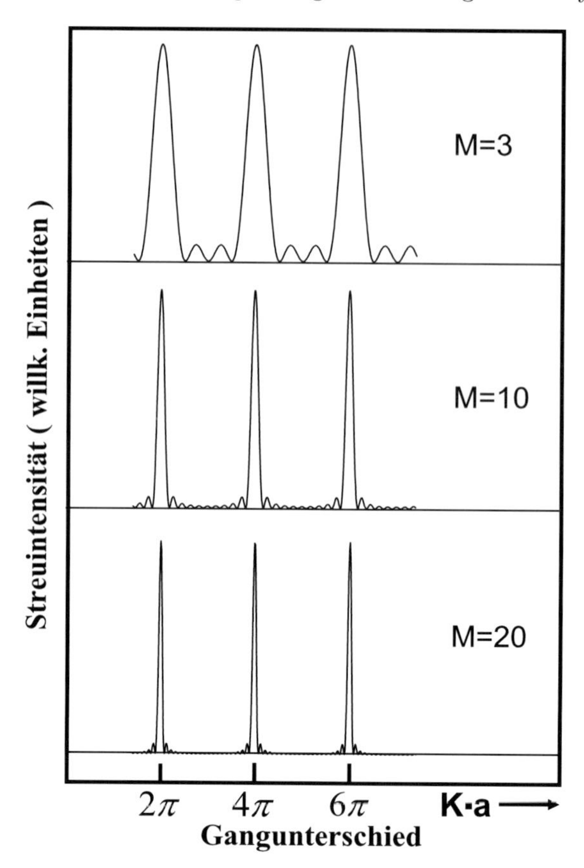

Abb. 6.21. Gitterfunktionen für Beugung (oder Streuung) von ebenen Wellen an einer linearen Anordnung von äquidistanten engen Spalten im Abstand a. $\mathbf{K} \cdot \mathbf{a}$ ist Gangunterschied zwischen gebeugtem und einfallendem Strahl, beschrieben durch den Wellenzahlübertrag $\mathbf{K}$. Die Beugungsreflexe werden schärfer mit wachsender Anzahl M der Streuzentren

Gitters im Streuquerschnitt (in einer Richtung, Summe über m)

$$\left| \sum_{m}^{M} \left(\mathrm{e}^{-\mathrm{i}\mathbf{K}\cdot\mathbf{a}} \right)^m \right|^2 = \frac{1 - \cos\,(M+1)\,\mathbf{K}\cdot\mathbf{a}}{1 - \cos\mathbf{K}\cdot\mathbf{a}} = \frac{\sin^2\left[(M+1)\,\mathbf{K}\cdot\mathbf{a}/2\right]}{\sin^2\left(\mathbf{K}\cdot\mathbf{a}/2\right)}\,, \tag{6.232}$$

und analog für die Summen über n und p.

Die Funktion (6.232) ist von der Beugung am optischen Gitter her bekannt und heißt Gitterfunktion. Nach der l'Hospital'schen Regel (Differentiation von Nenner und Zähler nach $\mathbf{K} \cdot \mathbf{a}$) bleibt sie endlich und hat Hauptmaxima immer dann, wenn der Nenner verschwindet, d. h. bei $\mathbf{K} \cdot \mathbf{a} = 2\pi h$ (h ganzzahlig). Zwischen diesen Hauptmaxima oszilliert die Funktion mit Nullstellen jeweils bei $(M+1)\mathbf{K} \cdot \mathbf{a} = 2\pi$, dort wo der Zähler verschwindet (Abb. 6.21). Zwischen zwei Hauptmaxima existieren also M Nullstellen. Je größer M ist, desto näher liegt die erste Nullstelle beim Hauptmaximum, umso schärfer ist dann die spektrale Bande um das Hauptmaximum als Funktion von $\mathbf{K} \cdot \mathbf{a}$ (Abb. 6.21).

Für einen makroskopischen Kristall mit cm^3-Dimensionen, wo M, N, P jeweils in der Größenordnung 10^8 sind, besitzen die Banden fast die spektrale Schärfe einer Deltafunktion und beobachtbare Streuintensitäten werden nur beobachtet für

$$\begin{aligned} \mathbf{a} \cdot \mathbf{K} &= 2\pi h \, , \\ \mathbf{b} \cdot \mathbf{K} &= 2\pi k \, , \qquad h, k, l \text{ ganzzahlig} \\ \mathbf{c} \cdot \mathbf{K} &= 2\pi l \, . \end{aligned} \tag{6.233}$$

Eine sehr anschauliche Interpretation dieser nach **Laue** (Max von Laue, Nobelpreis 1914) benannten Gleichungen ist im so genannten **reziproken Raum** (reziprok zum Realraum des Kristallgitters) möglich. Ein allgemeiner Vektor dieses reziproken Raumes $\mathbf{G}_{hkl}$ wird durch die Basisvektoren $\mathbf{g}_1, \mathbf{g}_2, \mathbf{g}_3$ ausgedrückt als

$$\mathbf{G}_{hkl} = h\mathbf{g}_1 + k\mathbf{g}_2 + l\mathbf{g}_3 \, . \tag{6.234}$$

Hierbei erfüllen die reziproken Basisvektoren die Beziehungen

$$\begin{aligned} &\mathbf{g}_1 \cdot \mathbf{a} = 2\pi \, , \quad \mathbf{g}_2 \cdot \mathbf{b} = 2\pi \, , \quad \mathbf{g}_3 \cdot \mathbf{c} = 2\pi \, , \\ &\mathbf{g}_1 \cdot \mathbf{b} = \mathbf{g}_3 \cdot \mathbf{b} = 0 \, , \quad \mathbf{g}_2 \cdot \mathbf{a} = \mathbf{g}_3 \cdot \mathbf{a} = 0 \, , \quad \mathbf{g}_1 \cdot \mathbf{c} = \mathbf{g}_2 \cdot \mathbf{c} = 0 \, . \end{aligned} \tag{6.235}$$

Aus diesen Definitionsgleichungen für das reziproke Gitter folgt unmittelbar mittels (6.225)

$$\mathbf{G}_{hkl} \cdot \mathbf{r}_n = hm\,\mathbf{a} \cdot \mathbf{g}_1 + kn\,\mathbf{b} \cdot \mathbf{g}_2 + lp\,\mathbf{c} \cdot \mathbf{g}_3 = 2\pi\nu \, . \tag{6.236}$$

Man sieht weiter sofort, dass sich die Definitionsgleichungen für die Basisvektoren des reziproken Gitters erfüllen lassen durch

$$\mathbf{g}_1 = 2\pi \frac{\mathbf{b} \times \mathbf{c}}{\mathbf{a} \cdot (\mathbf{b} \times \mathbf{c})} \qquad \text{und zyklisch} \, . \tag{6.237}$$

Damit ist die Konstruktionsvorschrift für das reziproke Gitter wie folgt: Der Basisvektor $\mathbf{g}_1$ steht senkrecht auf der von den Vektoren $\mathbf{b}$ und $\mathbf{c}$ des Realgitters aufgespannten Ebene und sein Betrag ist $2\pi/[a\cos(\mathbf{g}_1, \mathbf{a})]$. Für ein rechtwinkliges Gitter ist der Betrag von $\mathbf{g}_1$ also gerade $2\pi/a$. Abbildung 6.22 zeigt, wie aus einem planaren schiefwinkligen Gitter mit den Basisvektoren $\mathbf{a}$ und $\mathbf{b}$ das reziproke Gitter mit $\mathbf{g}_1$ und $\mathbf{g}_2$ konstruiert wird.

Aus (6.235) und (6.236) folgt auch, dass die Laue-Gleichungen (6.233) für das Auftreten von Streureflexen bei Streuung an einem Kristallgitter erfüllt werden, wenn der Wellenzahlübertrag $\mathbf{K}$ gleich einem reziproken Gittervektor ist, d. h.

$$\mathbf{K} = \mathbf{G}_{hkl} \, . \tag{6.238}$$

Die Beugungs- bzw. Streureflexe lassen sich also nach den Gittervektoren des reziproken Gitters, d. h. nach den Zahlen h, k, l, den so genannten **Millerschen Indizes**, indizieren.

Ein Überblick über die möglichen Streureflexe bei Streuung an einem Kristallgitter lässt sich leicht aus der so genannten **Ewald-Konstruktion** gewinnen (Abb. 6.23a): Man konstruiere gemäß der Vorschrift (6.235), bzw. Abb. 6.22 zum Realgitter des Kristalls das reziproke Gitter. Dann zeichne man den Einstrahlwellenvektor $\mathbf{k}_i$, mit Spitze auf den Ursprung (000) weisend, in das reziproke Gitter ein. Wegen der elastischen Streuung, d. h. $k_f = k_i$ ist die Bedingung $\mathbf{G}_{hkl} = \mathbf{K}$ dort erfüllt, wo die Kugel, oder der Kreis in Abb. 6.23a, durch Punkte des reziproken Gitters geht. Der entsprechende Streureflex (hkl) wird im Experiment beobachtet. Aus Abb. 6.23a wird klar, dass bei fester Geometrie des Streuexperiments, d. h. $\mathbf{k}_i$ fest vorgegeben zur Orientierung des streuenden Kristalls und bei fester Wellenlänge λ oder Wellenzahlvektor $\mathbf{k}_i$ nur sehr wenige Reflexe (hkl) beobachtet werden. Um eine größere Anzahl von Reflexen im Experiment zu beobachten, dreht man das Kristallgitter im einfallenden Strahl (**Drehkristallaufnahme**) oder man misst die Beugungsreflexe mit einem ausgedehnten Spektrum $\lambda_{\text{min}} < \lambda < \lambda_{\text{max}}$ einfallender Teilchenenergien (**Bragg-Aufnahme**). Im Fall der Drehkristallaufnahme dreht sich die Ewaldkugel durch das reziproke Gitter und trifft so innerhalb einer Umdrehung alle reziproken Gitterpunkte innerhalb eines Torus, der durch Drehen der Kugel entsteht. Im Falle der Bragg-Aufnahme können wir uns die Ewaldkugel variierend mit einem Radius k_i zwischen $k_{\text{max}}(\propto \lambda_{\text{max}}^{-1})$ und $k_{\text{min}}(\propto \lambda_{\text{min}}^{-1})$ vorstellen, wobei dann auch alle reziproken Gitterpunkte zwischen den Extremvolumina der Kugel getroffen werden.

Es sei noch vermerkt, dass die Intensität der Streureflexe (hkl) nach (6.228) mit dem Absolutquadrat $|f_{\text{A}}|^2$ des Atomformfaktors moduliert ist, d. h. mit wachsendem Streuwinkel ϑ nach (6.229) abnimmt. Diese Abnahme ist umso stärker je weiter das atomare Streupotential $v(\mathbf{r}')$ ausgedehnt ist.

Der Vollständigkeit halber sei noch ein so genannter **Strukturfaktor** erwähnt, der weiterhin die Streureflexe in ihrer Intensität moduliert, wenn die Elementarzelle des Kristallgitters mehr als ein Atom enthält. Dazu sei auf Lehrbücher der Festkörperphysik verwiesen [5].

Betrachten wir nun Streuung an einer kristallinen Oberfläche. Ein solches Experiment verlangt Streuung von Teilchen, die nur sehr wenig oder

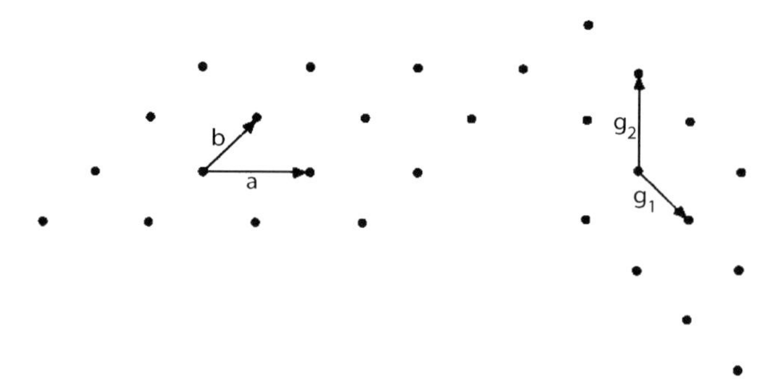

Abb. 6.22. Ebenes Parallelogrammgitter im Realraum (*links*) und das dazugehörige reziproke Gitter (*rechts*). Die Vektoren $\mathbf{a}$ und $\mathbf{g}_2$ bzw. $\mathbf{b}$ und $\mathbf{g}_1$ stehen jeweils senkrecht aufeinander

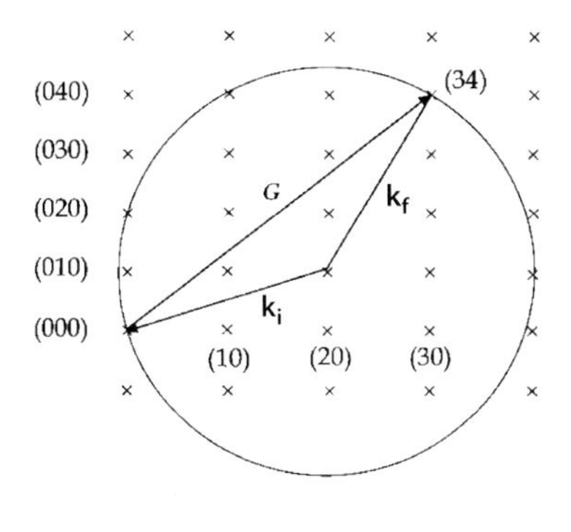

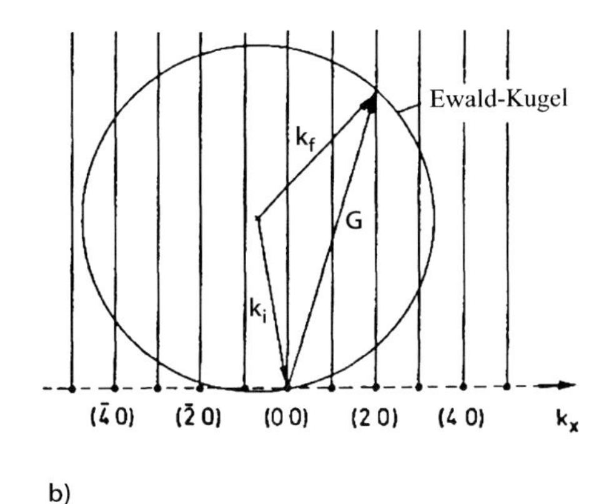

Abb. 6.23a,b. Ewald-Konstruktion zur Ermittlung der Beugungsreflexe bei der Röntgenbeugung, der elastischen Elektronen- und Neutronenstreuung an Kristallstrukturen. **a** Ewald-Kugel im reziproken Gitter eines 3D-Kristalls zur Veranschaulichung der Streubedingung $\mathbf{k}_f - \mathbf{k}_i = \mathbf{K} = \mathbf{G} = \mathbf{G}_{hkl}$. Beugungsreflexe treten auf, wenn die Kugel durch einen Punkt des reziproken Gitters geht. **b** Ewald-Konstruktion für Streuung an einem 2D-Oberflächengitter. Das entsprechende 2D reziproke Gitter mit seinen Gitterpunkten (hk) ist längs $\mathbf{k}_x$ gezeichnet. Die Streubedingung (6.239) ist für den reziproken Gitterpunkt $(hk) = (20)$ dargestellt. Reflexe werden immer beobachtet, wenn die Ewald-Kugel einen reziproken Gitterstab (3. Laue-Bedingung nicht verlangt) schneidet

überhaupt nicht in den Kristall eindringen. In Abschn. 2.3 haben wir als Beispiele die Streuung langsamer Elektronen (*LEED*) und die Streuung von He-Atomen an Metalloberflächen (Abb. 2.6) kennen gelernt. Nehmen wir als Grenzfall an, dass die einfallenden Teilchen nur die Atome der Oberfläche als Streuzentren wahrnehmen. Tiefer liegende Atomlagen werden wegen der hohen Absorption der Primärteilchen nicht mehr erreicht. In der Oberfläche ist dann 2-dimensionale (2D) Periodizität mit den 2D Basisvektoren **a** und **b** gegeben. In (6.228) läuft die Summe dann nur über m und n bis zu sehr großen M und N. Die Summe über p beschränkt sich auf ein Glied, das der obersten Atomlage entspricht. Dies hat zur Folge, dass nur die beiden ersten Laue-Gleichungen (6.233) in h und k erhalten bleiben.

In zwei Dimensionen, denen der obersten Atomlage, können wir dem 2D-Realgitter der obersten Atomlage ein 2D-reziprokes Gitter zuordnen und die entsprechenden Gitterpunkte mit (h,k) indizieren (Abb. 6.23b). Die dritte Dimension, senkrecht zur (h,k)-Ebene, unterliegt keiner Einschränkung, die zu diskreten Gitterpunkten führt. Wir ordnen ihr deshalb Gitterstäbe zu (Abb. 6.23b), die der freien Wahl von $\mathbf{K}_\perp$ der Senkrechtkomponente des Wellenzahlübertrags Rechnung tragen $[\mathbf{K} = (\mathbf{K}_\parallel, \mathbf{K}_\perp)]$. Für die Komponente $\mathbf{K}_\parallel$ des Wellenzahlübertrages parallel zur streuenden Oberfläche gilt für das Auftreten eines Streureflexes analog zu (6.238)

$$\mathbf{K}_{\|} = \mathbf{k}_{f\|} - \mathbf{k}_{i\|} = \mathbf{G}_{hk} \; . \tag{6.239}$$

Die zum 3D-Fall (Abb. 6.23a) analoge Ewald-Konstruktion für Oberflächenstreuung (Abb. 6.23b) zeigt, dass die Ewald-Kugel alle Stäbe, im Gegensatz zu den reziproken Gitterpunkten des 3D-Falles, schneidet. Für alle entsprechenden Gitterpunkte (h, k) werden Streureflexe beobachtet. Oberflächenstreuung an 2D-Strukturen verlangt keine weiteren Maßnahmen, um Streureflexe sichtbar zu machen.

Es sei noch betont, dass bei Eindringen der Primärstrahlung über mehrere Atomlagen (wie bei der Streuung langsamer Elektronen in *LEED*) die dritte Laue-Bedingung im Miller-Index l wieder eine begrenzte Bedeutung erlangt. Die Gitterstäbe des 2D-reziproken Raumes kann man sich dann in ihrer Dicke (Wichtung) moduliert vorstellen mit Maxima dort, wo in k_z-Richtung ein reziproker Gitterpunkt läge. Ändert man die Wellenzahl k_i der einfallenden Strahlung und damit den Radius der Ewald-Kugel, dann durchläuft die Streuintensität eines Reflexes (h, k) Maxima und Minima. Hieraus lässt sich Information über die Eindringtiefe der Primärstrahlung gewinnen.

Denken wir uns jetzt das Streutarget in drei Dimensionen eingeschränkt, d. h. also Streuung von Teilchenstrahlen an Kristalliten mit Dimensionen im 10 nm-Bereich. Gegenüber dem 3D-Kristall mit makroskopischen Dimensionen unterscheidet sich der Fall der Streuung an Nanokristallen nur dadurch, dass M, N, P in (6.228) bzw. (6.232) nicht sehr groß werden, sondern nur Werte von der Größenordnung 10−50 annehmen, d. h. es gibt nur wenige abzählbare Nullstellen in der Streuintensität zwischen den Hauptmaxima und die Hauptbanden, die Bragg-Reflexe, werden als Funktion des Streuwinkels, d. h. in Abhängigkeit von $\mathbf{K} \cdot \mathbf{a}$ relativ breit. Schätzen wir die Winkelbreite eines solchen Bragg-Reflexes durch den Abstand der ersten Null-Stelle vom Intensitätsmaximum ab, so gilt für die erste Nullstelle (Abb. 6.21)

$$\begin{aligned} \frac{1}{2}(M+1)\,\mathbf{K} \cdot \mathbf{a} &= \pi \; , \\ (M+1)\,\mathbf{K} \cdot \mathbf{a} &= 2\pi \; . \end{aligned} \tag{6.240}$$

Da $(M + 1)a$ der Durchmesser des Kristalliten in x-Richtung ist, lässt sich aus der Breite ΔK der Streubande [nach (6.209) entspricht ΔK einer Streuwinkelbreite $\Delta\vartheta$] sofort die Ausdehnung, der Durchmesser d der Kristallite im Streutarget abschätzen:

$$\Delta K d \approx 2\pi \; . \tag{6.241}$$

Für nicht kugelförmige Kristallite sind natürlich die Winkelbreite der Reflexe in den verschiedenen Raumrichtungen auszumessen, um die Ausdehnungen längs x, y, z zu ermitteln. Bei nicht regelmäßig ausgerichteten Kristalliten im Target kann nur ein Mittelwert über die Ausdehnung in den drei Raumrichtungen ermittelt werden.

6.6.5 Inelastische Streuung an einem Molekül

Als Beispiel für inelastische Streuung wollen wir die Streuung von Teilchen, z. B. Elektronen, an einem Zweizentren-Molekül behandeln.

Das Molekül bestehe aus zwei gleichwertigen Atomen, die über eine kovalente chemische Bindung aneinander gebunden sind. Die chemischen Bindungskräfte werden durch ein Bindungspotential beschrieben, das in erster Näherung quadratisch vom Kernabstand abhängt. Im Molekül können die beiden Atome, bzw. deren Kerne, gegeneinander schwingen und auf diese Weise in der Schwingung steckende Energie entweder aufnehmen oder abgeben. Die Streuung eines Elektrons am Molekül kann also neben dem elastischen Anteil auch mit Energieübertrag zwischen Molekül und streuendem Teilchen, d. h. inelastisch, erfolgen.

Seien $\mathbf{r}_1$ und $\mathbf{r}_2$ die Ruhelagen der beiden Kerne, dann beschreiben wir die zeitabhängigen augenblicklichen Koordinaten der beiden Kerne durch

$$\boldsymbol{\rho}_1 = \mathbf{r}_1 + \mathbf{s}\,\mathrm{e}^{-\mathrm{i}\omega t} , \tag{6.242a}$$

$$\boldsymbol{\rho}_2 = \mathbf{r}_2 - \mathbf{s}\,\mathrm{e}^{-\mathrm{i}\omega t} . \tag{6.242b}$$

Hierbei ist ω die aus der „Federkraft" der chemischen Bindung resultierende Eigenfrequenz der Schwingung der Kerne gegeneinander. Die Auslenkungen der beiden Kerne sind wegen der Gleichheit ihrer Masse als betragsmäßig gleich $|\mathbf{s}|$, aber mit entgegengesetztem Vorzeichen (Erhaltung des Schwerpunktes) anzusetzen (Abb. 6.24).

Wir wollen die inelastische Streuung von Elektronen an diesem Molekül wieder in Bornscher Näherung, d. h. unter Vernachlässigung von Mehrfachstreuung beschreiben. Dann lässt sich nach Abschn. 6.6.2 die Streuamplitude $f(\vartheta, \varphi)$ (6.204) auch als eine Übergangsamplitude $a_{fi}(t)$ [in Abschn. 6.4 als $a_f(t)$ bezeichnet] vom Anfangszustand $|i\rangle$ des einlaufenden Elektrons in den Endzustand $|f\rangle$, im Sinne der zeitabhängigen Störungsrechnung (6.104) auffassen. Diese Übergangsamplitude für ein Zeitintervall τ, während dem das

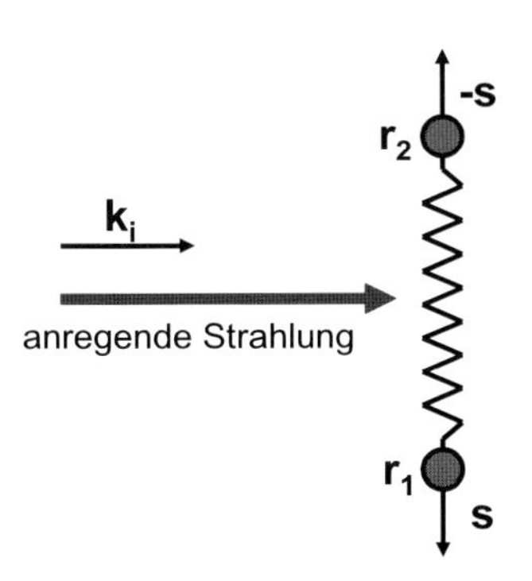

Abb. 6.24. Inelastische Streuung eines Teilchenstrahls mit Einfallswellenzahlvektor $\mathbf{k}_i$ an einem Zweizentrenmolekül, in dem sich gleichartige Atome bei $\mathbf{r}_1$ und $\mathbf{r}_2$ befinden. Eine Molekülschwingung wird durch die Auslenkungen $\pm\mathbf{s}$ beschrieben

Elektron mit dem Streuzentrum wechselwirkt, folgt dann nach (6.104) und (6.204) zu

$$a_{fi}(\vartheta, \varphi, \tau) = -\frac{i}{\hbar} \int_0^\tau \mathrm{d}t \int \mathrm{d}^3 r' \, \langle f | \, V(\mathbf{r}', t) \, | i \rangle \, \mathrm{e}^{\mathrm{i}(E_f - E_i)t/\hbar} \; . \tag{6.243}$$

Hierbei läuft das Raumintegral über das gesamte Streutarget, d. h. das Molekül, wobei das Streupotential $V(\mathbf{r}', t)$ eine Zeitabhängigkeit hat, die der harmonischen Schwingung der Kerne gegeneinander (6.242) entspricht.

Wir fassen jetzt das Streupotential $V(\mathbf{r}', t)$ als Summe der Streupotentiale v der beiden gleichartigen Einzelatome, jedoch mit verschiedenen Raumkoordinaten der Kerne ρ_1 und ρ_2 auf, d. h.

$$V(\mathbf{r}', t) = v\left[\mathbf{r}' - \rho_1(t)\right] + v\left[\mathbf{r}' - \rho_2(t)\right] \; . \tag{6.244}$$

Damit folgt für die Gesamtstreuamplitude (6.243) mit $\rho_n = \rho_1, \rho_2$:

$$\begin{aligned} a_{fi} &= -\frac{i}{\hbar} \int_0^\tau \mathrm{d}t \, \mathrm{e}^{\mathrm{i}(E_f - E_i)t/\hbar} \int \mathrm{d}^3 r' \, \mathrm{e}^{-\mathrm{i}\mathbf{k}_f \cdot \mathbf{r}'} V(\mathbf{r}', t)' \, \mathrm{e}^{\mathrm{i}\mathbf{k}_i \cdot \mathbf{r}'} \\ &= -\frac{i}{\hbar} \sum_{n=1}^{2} \int_0^\tau \mathrm{d}t \, \mathrm{e}^{\mathrm{i}(E_f - E_i)t/\hbar} \int \mathrm{d}^3 r' \, \mathrm{e}^{-i(\mathbf{k}_f - \mathbf{k}_i)\cdot \mathbf{r}'} v\left[\mathbf{r}' - \rho_n(t)\right] \; . \end{aligned} \tag{6.245}$$

Wir substituieren $\mathbf{r}' - \rho_n(t) = \xi$ und $\mathrm{d}^3 r' = \mathrm{d}^3 \xi$ und erhalten

$$a_{fi} = -\frac{i}{\hbar} \sum_{n=1}^{2} \int_0^\tau \mathrm{d}t \, \mathrm{e}^{\mathrm{i}(E_f - E_i)t/\hbar} \mathrm{e}^{-\mathrm{i}(\mathbf{k}_f - \mathbf{k}_i)\cdot \rho_n(t)} \int \mathrm{d}^3 \xi v(\xi) \, \mathrm{e}^{-\mathrm{i}(\mathbf{k}_f - \mathbf{k}_i)\cdot \xi} \; . \tag{6.246}$$

Das letzte Integral über ξ ist für beide Atome des Moleküls gleich, es beschreibt die Streuung am Einzelatom und ist mit $\mathbf{K} = \mathbf{k}_f - \mathbf{k}_i$ als Streuvektor (Wellenzahlübertrag) sofort als der schon bekannte Atomformfaktor f_A, wie wir ihn schon in (6.227) bei Streuung am Kristallgitter kennen gelernt haben, wiederzuerkennen.

Damit folgt aus (6.246)

$$a_{fi} = -\frac{i}{\hbar} \sum_{n=1}^{2} \int_0^\tau \mathrm{d}t \, \mathrm{e}^{\mathrm{i}(E_f - E_i)t/\hbar} \mathrm{e}^{-\mathrm{i}\mathbf{K}\cdot \rho_n(t)} f_\mathrm{A}(\mathbf{K}) \; . \tag{6.247}$$

Mittels der momentanen Kernkoordinaten (6.242) lassen sich die Exponentialfunktionen mit ρ_n im Exponenten darstellen als

$$\mathrm{e}^{-\mathrm{i}\mathbf{K}\cdot \rho_1} = \mathrm{e}^{-\mathrm{i}\mathbf{K}\cdot(\mathbf{r}_1 + \mathbf{s}\exp\{-\mathrm{i}\omega t\})} \approx \mathrm{e}^{-\mathrm{i}\mathbf{K}\cdot \mathbf{r}_1}\left(1 - \mathrm{i}\mathbf{K}\cdot \mathbf{s}\mathrm{e}^{-\mathrm{i}\omega t}\right) \; , \tag{6.248a}$$

$$\mathrm{e}^{-\mathrm{i}\mathbf{K}\cdot \rho_2} \approx \mathrm{e}^{-\mathrm{i}\mathbf{K}\cdot \mathbf{r}_2}\left(1 + \mathrm{i}\mathbf{K}\cdot \mathbf{s}\mathrm{e}^{-\mathrm{i}\omega t}\right) \; . \tag{6.248b}$$

In der Näherung wurde berücksichtigt, dass die Auslenkung s der Kerne dem Betrag nach klein ist ($\ll$10%) gegenüber $\mathbf{r}_1$ und $\mathbf{r}_2$.

Damit folgt für die Übergangsamplitude

$$a_{fi} \approx -\frac{i}{\hbar} f_{\mathrm{A}}(\mathbf{K}) \int_0^{\tau} \mathrm{d}t\, \mathrm{e}^{\mathrm{i}(E_f - E_i)t/\hbar} \cdot \left[\left(\mathrm{e}^{-\mathrm{i}\mathbf{K}\cdot\mathbf{r}_1} + \mathrm{e}^{-\mathrm{i}\mathbf{K}\cdot\mathbf{r}_2}\right) + \mathrm{i}\mathbf{K}\cdot\mathbf{s}\,\mathrm{e}^{-\mathrm{i}\omega t}\left(\mathrm{e}^{-\mathrm{i}\mathbf{K}\cdot\mathbf{r}_2} - \mathrm{e}^{-\mathrm{i}\mathbf{K}\cdot\mathbf{r}_1}\right)\right] . \quad (6.249)$$

Rechnet man aus der Streuamplitude a_{fi} die im Experiment interessierende Streurate (Abschn. 6.4.1)

$$R_{fi} = w_{fi}/\tau = \left|a_{fi}\right|^2/\tau \quad (6.250)$$

aus, so muss durch die Wechselwirkungszeit τ dividiert werden, weil die Wahrscheinlichkeit w_{fi} proportional zu τ ist. Weiterhin ergibt sich bei der Absolutquadratbildung $|a_{fi}|^2$ aus den beiden Summanden in der eckigen Klammer in (6.249) ein Interferenzterm, der jedoch nicht von Interesse ist, wenn man getrennt den elastischen und inelastischen Anteil der gestreuten Teilchen untersucht. Wir teilen also die Amplitude a_{fi} (6.249) auf, in den elastischen Anteil

$$a_{fi}^{\mathrm{el}} \approx -\frac{i}{\hbar} f_{\mathrm{A}}(\mathbf{K}) \left(\mathrm{e}^{-\mathrm{i}\mathbf{K}\cdot\mathbf{r}_1} + \mathrm{e}^{-\mathrm{i}\mathbf{K}\cdot\mathbf{r}_2}\right) \int_0^{\tau} \mathrm{d}t\, \mathrm{e}^{\mathrm{i}(E_f - E_i)t/\hbar} \quad (6.251a)$$

und den inelastischen Anteil

$$a_{fi}^{\mathrm{inel}} \approx -\frac{i}{\hbar} f_{\mathrm{A}}(\mathbf{K}) (\mathbf{K}\cdot\mathbf{s}) \left(\mathrm{e}^{-\mathrm{i}\mathbf{K}\cdot\mathbf{r}_1} + \mathrm{e}^{-\mathrm{i}\mathbf{K}\cdot\mathbf{r}_2}\right) \int_0^{\tau} \mathrm{d}t\, \mathrm{e}^{\mathrm{i}[(E_f - E_i)/\hbar - \omega]t} . \quad (6.251b)$$

Benutzen wir aus Abschn. 6.4.1 die Beziehungen (6.106) bis (6.111), dann ergibt sich für die elastische Streurate aus (6.251a) und (6.250)

$$\begin{aligned} R_{fi}^{\mathrm{el}} &= \frac{2\pi}{\hbar^2} \left|f_{\mathrm{A}}\right|^2 \left|\left(\mathrm{e}^{-\mathrm{i}\mathbf{K}\cdot\mathbf{r}_1} + \mathrm{e}^{-\mathrm{i}\mathbf{K}\cdot\mathbf{r}_2}\right)\right|^2 \delta(E_f - E_i) \\ &= \frac{2\pi}{\hbar^2} \left|f_{\mathrm{A}}\right|^2 2\left[1 + \cos \mathbf{K}\cdot(\mathbf{r}_2 - \mathbf{r}_1)\right] \delta(E_f - E_i) . \end{aligned} \quad (6.252)$$

Die δ-Funktion drückt gerade aus, dass Anfangs- und Endenergie des Teilchens identisch sind, die Streuung also elastisch ist. Die eckige Klammer beschreibt die Intensitätmodulation der Streuung (Beugung) am Doppelspalt. Verglichen mit der früheren Darstellung der Doppelspaltinterferenz (3.5), erscheint in (6.252) die Wellenvektordifferenz $\mathbf{K} = \mathbf{k}_f - \mathbf{k}_i$ statt $\mathbf{k}$ in (3.5). Dies liegt daran, dass wir bei der früheren Betrachtung die beiden Wellen als auslaufend vom Doppelspalt her beschrieben haben.

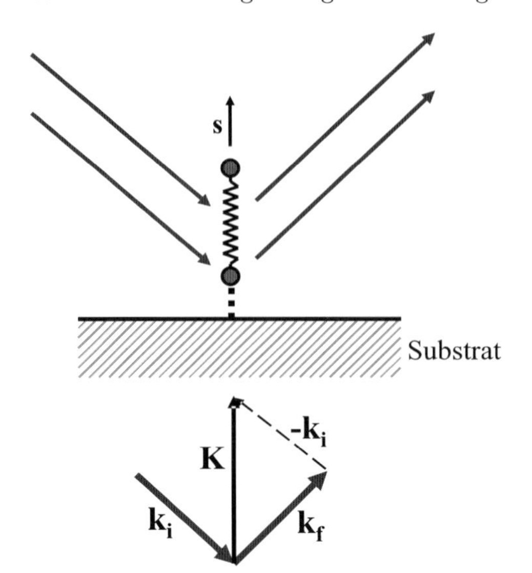

Abb. 6.25. Inelastische Streuung eines Teilchenstrahls an dem Zweizentrenmolekül aus Abb. 6.24, das an einer Oberfläche adsorbiert ist. Der Teilchenstrahl wird während der Streuung an der Oberfläche reflektiert (*oben*). Bei dieser Streuung hat der Wellenzahlübertrag $\mathbf{k}_f - \mathbf{k}_i = \mathbf{K}$ eine Komponente in Richtung der Molekülschwingung (*unten*)

Betrachten wir den Streuanteil a_{fi}^{inel} (6.251b) und rechnen analog die Streurate aus:

$$R_{fi}^{\text{inel}} = \frac{2\pi}{\hbar^2} |f_{\text{A}}|^2 (\mathbf{K} \cdot \mathbf{s})^2 [1 - \cos \mathbf{K} \cdot (\mathbf{r}_2 - \mathbf{r}_1)] \, \delta (E_f - E_i \pm \hbar\omega) \ . \quad (6.253)$$

Die δ-Funktion beschreibt genau den Energieübertrag vom oder an das gestreute Teilchen. Die Streuung ist inelastisch, wobei der Energieübertrag genau dem Schwingungsquant $\hbar\omega$ der Molekülschwingung entspricht. Die Streuintensität ist weiterhin als Funktion von $\mathbf{K}$, d. h. auch der Streurichtung, moduliert, wie wir es von der elastischen Streuung in einem Zweizentrensystem (6.252) her erwarten. Die eigentliche Wechselwirkung zwischen Target und streuendem Teilchen ist im Atomformfaktor f_{A} enthalten. Wichtig ist der Faktor $(\mathbf{K} \cdot \mathbf{s})^2$. Inelastische Streuung erfolgt nur, falls der Streuvektor $\mathbf{K} = \mathbf{k}_f - \mathbf{k}_i$ eine Komponente in Richtung $\mathbf{s}$ der Molekülschwingung besitzt.

Diese Situation ist ideal gegeben, wenn ein Molekül senkrecht auf einer Festkörperoberfläche adsorbiert ist (Abb. 6.25) und langsame Elektronen mit einer Energie von ca. 10–100 eV unter einem schrägen Winkel zur Substratoberfläche eingestrahlt werden. Beobachten wir durch Bragg-Beugung am Substrat schräg abgestreute Elektronen, dann hat $\mathbf{K}$ eine Komponente in $\mathbf{s}$-Richtung.

Literaturverzeichnis

1. H.A. Kramers: Z. Physik **39**, 828 (1926)
2. J. Stark: Verhandlungen der Deutschen Physikalischen Gesellschaft, Jg. XVI, Nr. 7, Braunschweig (1914)

3. G. Wentzel: Z. Physik **43**, 524 (1927) und E. Fermi: Reviews of Modern Physics **4**, 87 (1932)
4. E. Raymond Andrew: „Introduction to Nuclear Magnetic Resonance", in „NMR in Physiology and Biomedicine", Ed. Robert J. Gillies, Academic Press, San Diego, New York (1994), pp. 1–55
5. H. Ibach und H. Lüth: „Festkörperphysik – Einführung in die Grundlagen", 6. Auflage, Springer Berlin, Heidelberg (2002)
6. L.C. West and S.J. Eglash: Appl. Phys. Lett. **46**, 1156 (1985)
7. A.F.J. Levi: „Applied Quantum Mechanics", Cambridge University Press, Cambridge (2003), pp. 387
8. A.-M. Oros-Peusquens, Institut für Medizin, MR-Gruppe, Forschungszentrum Jülich; private Mitteilung (2008)

7 Superposition, Verschränkung und andere Absonderlichkeiten

Das quantenmechanische Verhalten atomarer Teilchen ist anders, als wir es uns anschaulich – gewöhnt an makroskopische Systeme – vorstellen. Der Teilchen-Welle-Dualismus, wie er sich im Doppeltspaltexperiment mit Elektronen (Abschn. 2.4) zeigt, ist entscheidend für das der Anschauung widersprechende Geschehen im atomaren und subatomaren Bereich. Wir werden in diesem Kapitel einige weitere Absonderlichkeiten kennenlernen, die sich zwangsläufig aus dem Teilchen-Welle-Dualismus ergeben. Formal, mathematisch folgen diese Phänomene, die mit unserer makroskopischen Wahrnehmung nicht im Einklang sind, daraus, dass aus der Grundgleichung der Quantenphysik, der Schrödinger-Gleichung, immer eine Wahrscheinlichkeits(Wellen)-Amplitude berechnet wird, aber erst deren Quadrat beobachtbare Größen ergibt. Wie im Doppelspaltexperiment müssen Wahrscheinlichkeitsamplituden, und nicht Wahrscheinlichkeiten wie in der klassischen Statistik addiert werden, um dann durch Quadrieren (im Komplexen) beobachtbare Wahrscheinlichkeiten oder Messmittelwerte zu erhalten. Dies ergibt zusätzliche sogenannte Interferenzterme, die das quantenmechanische Geschehen grundlegend vom klassischen Verhalten unterscheiden, z. B. die Interferenzmuster für die Auftreffwahrscheinlichkeit von Elektronen nach dem Passieren der Doppelspaltanordnung. Eine entscheidende Frage ist, weshalb verschwinden die Interferenzmuster, wenn wir ein zusätzliches Experiment machen, das klärt, durch welchen Spalt das Elektron den Detektor erreicht hat (Abschn. 2.4.2). Das Verschwinden der Doppeltspaltinterferenz bedeutet klassisches, anschauliches Verhalten der Teilchen. Wir nähern uns also der entscheidenden Frage, wie kommt das aus der Anschauung gewohnte Verhalten makroskopischer Systeme zustande? Wodurch verschwinden die für die Quantenphysik wesentlichen Interferenzterme, die bei Quadrieren von Summen aus Wahrscheinlichkeitsamplituden auftreten?

Es sei schon einmal angedeutet, dass diese Art von Fragestellungen von entscheidender Bedeutung für das gerade sich in stürmischer Entwicklung befindende Gebiet der Quanteninformation ist.

7.1 Superposition von Zuständen

Wir wollen den für die Quantenphysik entscheidenden Begriff der Superposition etwas genauer betrachten. Die Schrödinger-Gleichung ist eine lineare Differentialgleichung, d. h. wenn zwei Lösungen ψ_1 und ψ_2 existieren, dann ist auch die lineare Superposition $\psi = c_1\psi_1 + c_2\psi_2$, bzw. in allgemeiner Schreibweise für Zustandsvektoren im Hilbert-Raum $|\psi\rangle = c_1|\psi_1\rangle + c_2|\psi_2\rangle$, eine Lösung.

Dies gilt natürlich ganz allgemein für die Überlagerung aller möglichen Eigenlösungen. Wenn $|n\rangle$ die Eigenzustände der zeitunabhängigen Schrödinger-Gleichung $\hat{H}|n\rangle = E_n|n\rangle$ sind, dann ist die allgemeinste Lösung

$$|\psi\rangle = \sum_n c_n\,|n\rangle\;, \tag{7.1}$$

also eine lineare Superposition aller Eigenzustände. Eine Energiemessung (Operator $\hat{H}$) am Zustand $|\psi\rangle$ zwingt das System in einen der Eigenzustände $|n\rangle$. Hierbei ist die Wahrscheinlichkeit, gerade $|n\rangle$ bei der Messung zu finden, durch $|c_n|^2$ gegeben. Die Energiemessung zerstört den Überlagerungszustand (7.1) und siebt einen einzelnen Eigenzustand heraus. Überlagerungs- bzw. Superpositionszustände existieren solange, wie wir keine Messung an ihnen vornehmen, d. h. solange sie nicht einer Wechselwirkung mit der Messapparatur, oder allgemeiner, ihrer wie auch immer gearteten Umgebung, ausgesetzt sind.

Dieses Verhalten ist uns vom Doppeltspaltexperiment (Abschn. 2.4.2) mit Teilchen wohlbekannt.

Das Elektron kann durch Spalt 1 fliegen, dafür gibt es eine Amplitude ψ_1, oder es kann durch Spalt 2 fliegen, mit einer Wahrscheinlichkeitsamplitude ψ_2. Solange wir nicht durch eine Zusatzmessung eingreifen, die Auskunft über den Weg, Spalt 1 oder Spalt 2, gibt, müssen wir die Amplituden ψ_1 und ψ_2 addieren und erhalten für die Auftreffwahrscheinlichkeit am Beobachtungsort (Schirm) $|\psi_1 + \psi_2|^2$, d. h. gerade das Interferenzmuster, das den Teilchen-Welle-Dualismus zum Ausdruck bringt. Das im Experiment beobachtete Interferenzmuster nach der Detektion sehr vieler Elektronen ist Ausdruck für das Vorliegen des Superpositionszustandes $\psi_1 + \psi_2$ vor der Detektion auf dem Schirm.

Die wesentliche Aussage im Doppeltspaltexperiment ist also: Es gibt zwei Möglichkeiten für ein Elektron, den Detektorschirm zu erreichen (über Spalt 1 oder Spalt 2), zwischen denen nicht unterschieden wird. Der Ausgang des Experiments, das Erscheinen des Interferenzmusters, wird richtig beschrieben, wenn wir die Amplituden ψ_1 und ψ_2 überlagern (nicht die Wahrscheinlichkeiten $|\psi_1|^2, |\psi_2|^2$) und die Auftreffwahrscheinlichkeit auf dem Detektorschirm durch das Absolutquadrat $|\psi_1 + \psi_2|^2$ berechnen. Dieses Prinzip, das **Superpositionsprinzip** der Quantenmechanik, lässt sich allgemein so formulieren: Kann ein physikalisches Ereignis (z. B. Detektion des Teilchens auf dem Schirm) auf mehrere unterschiedliche Weisen realisiert werden, so müssen die für die verschiedenen Realisierungen errechneten Wahrscheinlichkeitsamplituden (Wellenfunktion in Ortsdarstellung) linear superponiert werden. Dies ergibt die allgemeinste Wellenfunktion bzw. den Zustandsvektor, aus der/dem durch Quadrieren bzw. Mittelwertbildung mit Operatoren messbare Wahrscheinlichkeiten oder mittlere Messwerte errechnet werden. Dies gilt nur, solange nicht durch ein Zusatzexperiment zwischen den verschiedenen Realisierungsalternativen unterschieden wird. Geschieht dies, dann müssen die einzelnen Wahrscheinlichkeiten (Absolutquadrate der Amplituden), nicht die Amplituden, addiert werden. Das typisch quantenmechanische Verhalten, z. B. das Auftreten von Interferenzen, verschwindet und die Phänomene werden wieder klassisch anschaulich. Wir werden bald sehen, was die tieferen Ursachen für diese Zusammenhänge sind.

Zuvor jedoch noch einige weitere Beispiele für die Anwendung des Superpositionsprinzips:

- Das Wasserstoff-Ion H_2^+: Wir hatten dieses Problem bereits im Rahmen der Näherungsverfahren detailliert betrachtet (Abschn. 6.2.3). Die beiden Alternativen, Elektron nahe am Proton A bzw. am Proton B werden linear überlagert, um einen Näherungsansatz für eine Versuchswellenfunktion für das Ritzsche Näherungsverfahren zu erhalten. Wir können diesen Ansatz ebenso gut durch das Superpositionsprinzip begründen: Beide Realisierungsmöglichkeiten für H_2^+, Elektron bei Proton A, bzw. Elektron bei Proton B sind gleichwertig und nicht durch irgendein Zusatzexperiment unterschieden. Die entsprechenden Wahrscheinlichkeitsamplituden ψ_1 und ψ_2 müssen also linear superponiert werden, um die allgemeinste Lösung des Problems zu erhalten. Superposition von Wellenamplituden führt hier zur Aufspaltung eines atomaren Zustandes in bindenden und antibindenden Molekülzustand, d. h. zur kovalenten chemischen Bindung.
- In der Elementarteilchenphysik (Abschn. 5.6.4) ist den Quarks, den die Hadronen (Mesonen und Baryonen) konstituierenden Elementarteilchen, die Eigenschaft Farbe zugeordnet, mit den drei Quantenzahlen Rot (R), Grün (G) und Blau (B). Ohne ein Experiment zur Unterscheidung zwischen den verschiedenen Farben (dies existiert bisher nicht), muss der allgemeinste Mesonzustand $|q\bar{q}\rangle$, bestehend aus einem Quark q und einem Antiquark $\bar{q}$ durch eine (additive) lineare Superposition der drei Farbzustände $|R\bar{R}\rangle, |G\bar{G}\rangle, |B\bar{B}\rangle$ dargestellt werden. Die additive Überlagerung (5.177) gewährleistet dabei, dass die Mesonen eine symmetrische Wellenfunktion, d. h. bosonischen Charakter haben.
  Analoges gilt für Baryonen, die aus drei Quarks bestehen wie das Proton $|p\rangle = |uud\rangle$ oder das Neutron $|n\rangle = |udd\rangle$ (Tabelle 5.2). Für das Baryon $|uuu\rangle$, das aus drei gleichen „up“ Quarks besteht, wird der fermionische Charakter mit einer antisymmetrischen Wellenfunktion bei Vertauschen zweier Quarks nur deshalb gewährleistet, weil die drei Quarks verschiedene Farben tragen. Der allgemeinste Zustand $|uuu\rangle$ stellt sich als lineare Superposition der drei u-Quarks, mit jeweils verschiedener Farbe dar

(5.178). Die Vorzeichenwahl in (5.178) gewährleistet den fermionischen Charakter des $|uuu\rangle$ Zustandes. Auch hier gilt natürlich wieder, der Farbsuperpositionszustand (5.178) ist nur solange existent, wie wir nicht ein Experiment zur Bestimmung der Quantenzahl Farbe durchführen (bisher nicht bekannt).

– Ein weiteres Beispiel für die Bedeutung von Superpositionszuständen ist die Streuung zweier gleichartiger Teilchen aneinander. In Abb. 7.1 ist die Streuung zweier Elektronen aneinander schematisch dargestellt. Infolge der Coulomb-Abstoßung weichen die Elektronen einander aus. Wenn sie aufeinander zulaufen, können sie jeweils um ϑ aus ihrer Bahn ausgelenkt werden (Abb. 7.1a), oder sie werden rückgestreut mit einem Streuwinkel $\pi - \vartheta$ (Abb. 7.1b). Da Elektronen ununterscheidbar sind, kann man bei Detektion jeweils eines Elektrons in den Detektoren D_1 und D_2 nicht zwischen den Fällen (a) und (b) unterscheiden. Quantenmechanisch sind die in Abb. 7.1 gezeichneten Trajektorien sinnlos. Wir können den Ort der Teilchen nicht als Funktion der Zeit exakt angeben (Unschärferelation), sondern nur die Detektionsereignisse in Detektor (1) und (2). Der allgemeinste Superpositionszustand für dieses 2-Elektronenstreuereignis ist also eine lineare Überlagerung der beiden Streuereignisse (a) und (b). Die beiden Elektronen sind solange ununterscheidbar, wie wir nicht zusätzlich verschiedene Spins durch das Experiment bei der Einstrahlung präparieren und in den Detektoren nachweisen. Führen wir eine spinabhängige Detektion durch, dann wird der Superpositionszustand aus (a) und (b) nicht mehr weiter existieren.

Wir werden dies detailliert im folgenden Abschnitt diskutieren.

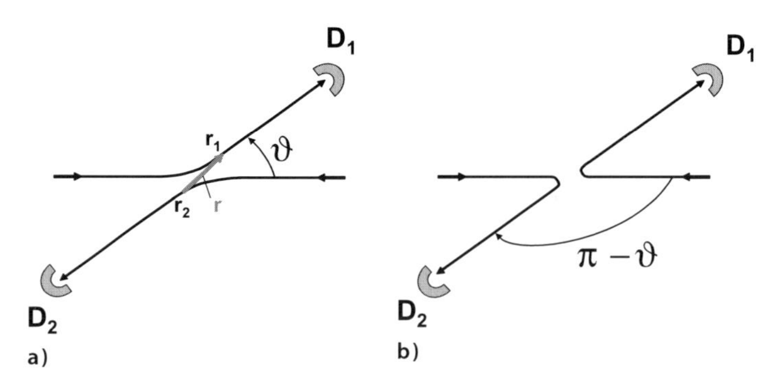

Abb. 7.1. Schematische Darstellung eines Streuprozesse zweier gleichartiger Teilchen aneinander, z. B. zweier Elektronen, die sich über Coulomb-Kräfte abstoßen. Da die Teilchen ununterscheidbar sind, können die Detektoren D_1 und D_2 nicht zwischen den Prozessen (a) und (b), Vorwärts- und Rückwärtsstreuung unterscheiden. Die eingezeichneten Trajektorien sind nur klassisch, jedoch nicht quantenmechanisch relevant. Prozesse a) und b) müssen also in der quantenmechanischen Beschreibung überlagert werden. ϑ bzw. $\pi - \vartheta$ sind die Streuwinkel, $\mathbf{r} = \mathbf{r}_1 - \mathbf{r}_2$ ist der augenblickliche Teilchenabstand

7.1.1 Streuung zweier gleicher Teilchen aneinander: ein spezieller Superpositionszustand

Für die Streuung zweier Teilchen aneinander müssen wir ein Wechselwirkungspotential $V(\mathbf{r} = \mathbf{r}_1 - \mathbf{r}_2)$ zwischen den beiden Teilchen, z. B. die Coulomb-Abstoßung zwischen zwei Elektronen, annehmen, das von der Relativkoordinate $\mathbf{r}$, dem jeweiligen Teilchenabstand $\mathbf{r}_1 - \mathbf{r}_2$, abhängt (Abb. 7.1).

Der Anfangszustand beider Teilchen, lange vor dem Streuereignis, werde beschrieben durch die Zweiteilchenwellenfunktion (keine Wechselwirkung)

$$\psi_{\text{in}} \propto \mathrm{e}^{\mathrm{i}\mathbf{k}_1 \cdot \mathbf{r}_1} \mathrm{e}^{\mathrm{i}\mathbf{k}_2 \cdot \mathbf{r}_2} . \tag{7.2a}$$

Diese Zweiteilchenwellenfunktion lässt sich umformen in

$$\begin{aligned} \psi_{\text{in}} &\propto \exp\left[\mathrm{i}\left(\mathbf{k}_1 + \mathbf{k}_2\right) \cdot \frac{\mathbf{r}_1 + \mathbf{r}_2}{2}\right] \exp\left[\mathrm{i}\frac{\mathbf{k}_1 - \mathbf{k}_2}{2} \cdot \left(\mathbf{r}_1 - \mathbf{r}_2\right)\right] \\ &= \psi_{\text{in}}^{\text{CM}}\left(\mathbf{r}_{\text{CM}}\right) \psi_{\text{in}}^{\text{rel}}\left(\mathbf{r}\right) . \end{aligned} \tag{7.2b}$$

Hierbei ist $\mathbf{r}_{\text{CM}} = (\mathbf{r}_1 + \mathbf{r}_2)/2$ die Koordinate des Schwerpunktes (center of mass: CM) der Teilchen. $\psi_{\text{in}}^{\text{CM}}$ beschreibt also die Bewegung des Schwerpunktes, während $\psi_{\text{in}}^{\text{rel}}(\mathbf{r})$ mit $\mathbf{r} = \mathbf{r}_1 - \mathbf{r}_2$ die Wellenfunktion für die Relativbewegung der Teilchen zueinander darstellt. Das Schwerpunkt (CM)-Koordinatensystem ist definiert durch $\mathbf{k}_1 + \mathbf{k}_2 = \mathbf{0}$, sodass im CM-System $\psi_{\text{in}}^{\text{CM}} = 1$ wird.

Im Schwerpunktsystem stellen sich dann die einlaufenden Wellenfunktionen der Relativbewegung dar als

$$\psi_{\text{in}} \propto \mathrm{e}^{\mathrm{i}\mathbf{k}\cdot(\mathbf{r}_1 - \mathbf{r}_2)} = \mathrm{e}^{\mathrm{i}\mathbf{k}\cdot\mathbf{r}} . \tag{7.3}$$

In der Relativkoordinate $\mathbf{r} = \mathbf{r}_1 - \mathbf{r}_2$ entspricht dies formal einer einlaufenden ebenen Welle, wie in (6.181) bzw. (6.190). Da das Streupotential $V(\mathbf{r})$ nur auf die Relativkoordinate $\mathbf{r}$ wirkt, können wir alle Zusammenhänge aus Abschn. 6.6.1 und 6.6.2 formal übertragen. Es ergibt sich also im Schwerpunkt-Koordinatensystem eine Gesamtwellenfunktion mit ψ_{sc} als Streulösung:

$$\psi\left(\mathbf{r}_1 - \mathbf{r}_2\right) \propto \left[\mathrm{e}^{\mathrm{i}kz} + \psi_{sc}\left(\mathbf{r}_1 - \mathbf{r}_2\right)\right] = \mathrm{e}^{\mathrm{i}kz} + f\left(\vartheta, \varphi\right) \frac{\mathrm{e}^{\mathrm{i}kr}}{r} . \tag{7.4}$$

Wie in Abschn. 6.6.1 ist $f(\vartheta, \varphi)$ die Streuamplitude. Wir haben in (7.4) die z-Achse in die Einlauftrajektorien der beiden Teilchen gelegt. ϑ ist als Streuwinkel wie in Abb. 7.1 definiert und φ misst den Streuwinkel um die Einlaufrichtung herum.

Die beiden Streugeometrien in Abb. 7.1 werden dann durch die verschiedenen Streuamplituden $f(\vartheta, \varphi)$ und $f(\pi - \vartheta, \varphi)$ bzw. $f(\vartheta)$ und $f(\pi - \vartheta)$ beschrieben. Für Streuung zweier Elektronen aneinander über ihre Coulomb-Abstoßung, nimmt $f(\vartheta)$ natürlich den Wert (6.213) an, wobei dann r den Abstand zwischen den beiden Elektronen angibt.

Bei der Streuung gleichartiger Teilchen aneinander können wir zwischen den Streugeometrien (a) und (b) in Abb. 7.1 nicht unterscheiden, die Detektoren D_1 und D_2 registrieren nicht, ob die gemessenen Teilchen aus einer Vorwärts- oder Rückwärtsstreuung resultieren. Beide Szenarien stellen gleichwertige Alternativen für das Detektionsereignis dar. Also müssen für die Streulösung beide Alternativen (a) und (b) in Abb. 7.1., d. h. die Streuamplituden $f(\vartheta)$ und $f(\pi - \vartheta)$ linear superponiert werden. Hier nun ist entscheidend, ob wir es mit Fermionen oder Bosonen zu tun haben.

Vertauschen wir die beiden Teilchen miteinander, so geht nach Abb. 7.1. $\mathbf{r}$ in $-\mathbf{r}$ und ϑ in $\pi - \vartheta$ über. Also ergibt sich für Bosonenstreuung, z. B. zwei He-Atome aneinander, eine symmetrische Streuamplitude

$$f_{\text{bos}} = f\,(\vartheta) + f\,(\pi - \vartheta) \ . \tag{7.5a}$$

Für Fermionstreuung, z. B. zwei Elektronen aneinander, muss die Zweiteilchenwellenfunktion antisymmetrisch sein, d. h. die Gesamtstreuamplitude lautet dann

$$f_{\text{fermi}} = f\,(\vartheta) - f\,(\pi - \vartheta) \ . \tag{7.5b}$$

Wir sehen sofort, dass für Bosonen und Fermionen der differentielle Streuquerschnitt $\mathrm{d}\sigma/\mathrm{d}\Omega = |f_{\text{bos}}|^2 \neq |f_{\text{fermi}}|^2$ durch die Interferenzterme bei der Absolutquadratbildung unterschiedlich ist. Wegen des Pluszeichens in (7.5a) wird er für Bosonen signifikant über dem für Fermionen [Minuszeichen in (7.5b)] liegen.

Noch interessanter wird das Streuexperiment zweier Teilchen aneinander, wenn wir zwei Fermionen, z. B. Elektronen, betrachten und diese Fermionen mit wohl präpariertem Spin von links und rechts aufeinander zulaufen lassen. Beim Streuprozess bleibe die Spinorientierung erhalten (Erhaltung des Drehimpulses bei genügend kleiner Spin-Bahnwechselwirkung). Die Detektoren D_1 und D_2 seien nun auch empfindlich auf die Spinorientierung, d. h. sie können zwischen Spin-up $|\uparrow\rangle$ und Spin-down $|\downarrow\rangle$ unterscheiden.

Zur Beschreibung des Experimentes müssen wir jetzt zusätzlich zum Ortsanteil der Streulösung, d. h. der Zweiteilchenwellenfunktion $\psi_{sc} = \langle \mathbf{r}|12\rangle$ (7.4) noch den Spinanteil $|s_1 s_2\rangle$ des Zustandes hinzunehmen. Je nach Spineinstellung von Elektron (1) und (2) kann man jetzt aufgrund der spinabhängigen Messung in den Detektoren D_1 und D_2 zwischen Vorwärts- und Rückstreuung unterscheiden (Abb. 7.2). Dies muss sich nach Allem, was wir aus dem Doppelspaltexperiment gelernet haben, im Messergebnis bemerkbar machen.

Wir betrachten also die spinbehaftete fermionische Zweiteilchenstreulösung [nur den Anteil ψ_{sc} in (7.4)]:

$$\begin{aligned} \psi_{sc}\,(r)\,|s_1 s_2\rangle &\propto f\,(\vartheta)\,\frac{\mathrm{e}^{ikr}}{r}\,|s_1 s_2\rangle - f\,(\pi - \vartheta)\,\frac{\mathrm{e}^{ikr}}{r}\,|s_2 s_1\rangle \\ &= f\,(\vartheta)\,\psi_{12}\,(r)\,|s_1 s_2\rangle - f\,(\pi - \vartheta)\,\psi_{12}\,(r)\,|s_2 s_1\rangle \ . \end{aligned} \tag{7.6}$$

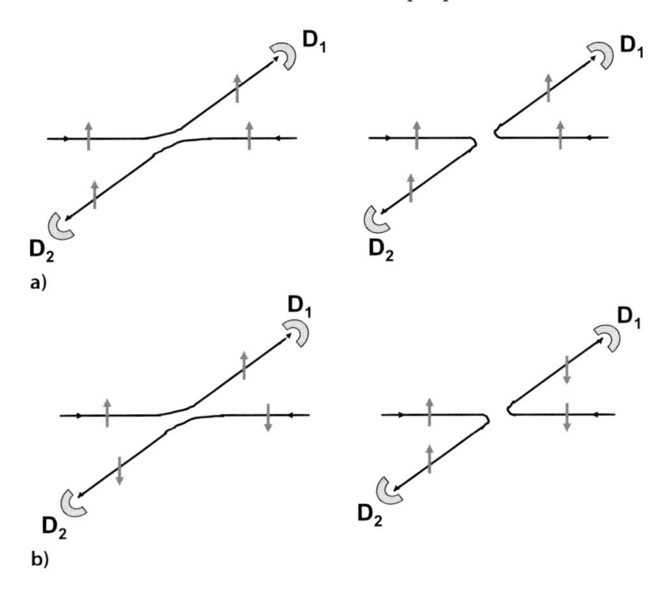

Abb. 7.2a,b. Schematische Darstellung des Zweiteilchenstreuprozesses aus Abb. 7.1, jedoch unter Berücksichtigung wohldefinierter Präparation der Teilchenspins (*graue Pfeile*) vor der Streuung und spinabhängiger Detektion in D_1 und D_2 **a** Bei gleicher Spinorientierung der Teilchen vor der Streuung detektieren D_1 und D_2 gleiche Spineinstellungen bei Vorwärts- und Rückwärtsstreuung. **b** Bei entgegengesetzter Spineinstellung vor der Streuung können die Detektoren D_1 und D_2 zwischen Vorwärts- und Rückwärtsstreuung unterscheiden

Hierbei wurde berücksichtigt, dass bei Vertauschung der Teilchen $\psi_{12}(r) = \mathrm{e}^{ikr}/r$ unverändert bleibt.

Außerdem kann der Zweiteilchenspinzustand $|s_1 s_2\rangle$ zwischen $|\uparrow\downarrow\rangle$, $|\downarrow\uparrow\rangle$, $|\uparrow\uparrow\rangle$, $|\downarrow\downarrow\rangle$ variieren, wobei jeweils verschiedene Zustände orthogonal zueinander sind und gleiche Zustände in der Norm eins ergeben, z. B. $\langle\uparrow\uparrow|\uparrow\uparrow\rangle = 1$ bzw. $\langle\uparrow\downarrow|\uparrow\downarrow\rangle = 1$.

Den räumlichen Anteil der Streulösung $\psi_{sc}(\mathbf{r}_1 - \mathbf{r}_2)$ (7.4) beschreiben wir wieder wie in (7.6) durch $f(\vartheta, \varphi)\mathrm{e}^{ikr}/r = \psi_{12}(r)f(\vartheta)$ bzw. bei Vertauschen der Teilchen durch $\psi_{12}(r)f(\pi - \vartheta)$.

Nehmen wir zuerst den Fall, dass die beiden Elektronen mit gleichen Spineinstellungen eingestrahlt werden. Dann können die Detektoren nicht zwischen Rück- und Vorwärtsstreuung unterscheiden (Abb. 7.2a). In beiden Detektoren (1) und (2) werden gleiche Spineinstellungen $|\uparrow\uparrow\rangle = |\uparrow\rangle_1|\uparrow\rangle_2$ registriert. Die Gesamtlösung stellt sich dar als:

$$\psi_{sc}(r)\,|s_1 s_2\rangle = f(\vartheta)\,\psi_{12}(r)\,|\uparrow\uparrow\rangle - f(\pi - \vartheta)\,\psi_{12}(r)\,|\uparrow\uparrow\rangle\ . \tag{7.7a}$$

Die Spineinstellungen für die beiden Elektronen sind die in den Detektoren D_1 und D_2 als gleich registrierten. Um die Streuwahrscheinlichkeit auszurechnen, müssen wir das Absolutquadrat der Amplitude (7.7a) bilden und erhalten wegen der Normierung $|\psi_{12}|^2 = 1$ für das Absolutquadrat der Streulösung:

$$\begin{aligned} |\psi_{sc}|^2 &= |f(\vartheta)|^2 \langle\uparrow\uparrow|\uparrow\uparrow\rangle + |f(\pi-\vartheta)|^2 \langle\uparrow\uparrow|\uparrow\uparrow\rangle \\ &\quad - [f^*(\vartheta) f(\pi-\vartheta) + f(\vartheta) f^*(\pi-\vartheta)] \langle\uparrow\uparrow|\uparrow\uparrow\rangle \\ &= |f(\vartheta)|^2 + |f(\pi-\vartheta)|^2 - [f^*(\vartheta) f(\pi-\vartheta) + f(\vartheta) f^*(\pi-\vartheta)] \ . \end{aligned} \tag{7.7b}$$

Neben den Wahrscheinlichkeiten $|f(\vartheta)|^2$ und $|f(\pi-\vartheta)|^2$ für Vorwärts- und Rückstreuung treten die Interferenzen aus beiden Prozessen auf.

Betrachten wir jetzt den Fall, dass die Elektronen mit entgegengesetzter Spineinstellung eingestrahlt werden (Abb. 7.2b). Bei spinabhängiger Detektion können die Detektoren jetzt zwischen Vorwärts- und Rückwärtsstreuung unterscheiden. Die Streulösung schreibt sich in diesem Fall analog zu (7.7a)

$$\psi_{sc}(r)\,|s_1 s_2\rangle = f(\vartheta)\,\psi_{12}(r)\,|\uparrow\downarrow\rangle - f(\pi-\vartheta)\,\psi_{12}(r)\,|\downarrow\uparrow\rangle \ , \tag{7.8a}$$

wobei die Spineinstellungen die in den Detektoren D_1 und D_2 gemessenen sind. Durch Quadrieren folgt die Streuwahrscheinlichkeit zu

$$\begin{aligned} |\psi_{sc}|^2 &= |f(\vartheta)|^2 \langle\uparrow\downarrow|\uparrow\downarrow\rangle + |f(\pi-\vartheta)|^2 \langle\downarrow\uparrow|\downarrow\uparrow\rangle \\ &\quad - f^*(\vartheta) f(\pi-\vartheta) \langle\uparrow\downarrow|\downarrow\uparrow\rangle - f(\vartheta) f^*(\pi-\vartheta) \langle\downarrow\uparrow|\uparrow\downarrow\rangle \\ &= |f(\vartheta)|^2 + |f(\pi-\vartheta)|^2 \ . \end{aligned} \tag{7.8b}$$

Wegen der Orthogonalität der Spinzustände bei entgegengesetzten Spinorientierungen fallen die in (7.7b) vorhandenen Interferenzterme zwischen Vorwärts- und Rückwärtsstreuung weg.

Durch die Messung der verschiedenen Spineinstellungen haben wir eine „Welcher Weg“ Information, d. h. eine Unterscheidung zwischen Vorwärts- und Rückstreuung (Abb. 7.1) gewonnen. Die Information über den Weg der Teilchen zerstört die Interferenzterme in der Wahrscheinlichkeit für die Streuung. Die Gesamtwahrscheinlichkeit für die Streuung der beiden Teilchen stellt sich jetzt – so wie es klassisch, nicht quantenphysikalisch – zu erwarten wäre, durch die Summe der Wahrscheinlichkeiten $|f(\vartheta)|^2$ und $|f(\pi-\vartheta)|^2$ für Vorwärts- und Rückwärtsstreuung dar.

Wir haben hier also einen ersten Hinweis gefunden, wie die Interferenzterme im Messergebnis bei zusätzlicher „Welcher Weg“ Information verschwinden, nämlich durch die formale Berücksichtigung der Spinzustände, die diese Information ermöglichen.

7.2 Verschränkung

Wir haben in Abschn. 7.1.1 festgestellt, dass für das Zweielektronen-Streuproblem offenbar die Spinzustände für das Auftreten oder Verschwinden der Interferenzterme bei der Superposition der Amplituden und der danach erfolgten Berechnung der Streuwahrscheinlichkeit [(7.7b) und (7.8b)] verantwortlich sind. Wir wollen dieses interessante Verhalten des Zweiteilchenproblems etwas genauer analysieren, indem wir speziell die Eigenschaften der Spinzustände für den Fall antiparalleler Einstellung, d. h. bei Unterscheidbarkeit zwischen Vorwärts- und Rückwärtsstreuung (7.8) genauer betrachten. Wir wollen festhalten, dass in unserem Gedankenexperiment Wechselwirkungen zwischen den Spins der beiden Elektronen vernachlässigt werden. Die Zweiteilchenspinzustände $|s_1 s_2\rangle$ (7.5) lassen sich deshalb als Produkt aus den Einteilchenspinzuständen darstellen (Abschn. 5.6.1)

$$|s_1 s_2\rangle = |s_1\rangle \, |s_2\rangle \ . \tag{7.9}$$

Die Teilchennummerierung lässt sich auch als Index an den Kets angeben, d. h. z. B. $|s_1 s_2\rangle = |\uparrow\rangle_1 |\downarrow\rangle_2$ für Elektron 1 mit Spin-up und Elektron 2 mit Spin-down. Damit lässt sich der Zweiteilchenstreuzustand (7.8a), bei dem die Elektronen mit entgegengesetztem Spin eingestrahlt werden (Abb. 7.2b), wie folgt schreiben:

$$\psi_{sc} \, |s_1 s_2\rangle = \psi_{12}(r) \left[f(\vartheta) \, |\uparrow\rangle_1 \, |\downarrow\rangle_2 - f(\pi - \vartheta) \, |\downarrow\rangle_1 \, |\uparrow\rangle_2 \right] \ . \tag{7.10}$$

Man beachte, dass die Spineinstellungen der Teilchen 1 und 2 die sind, die in den Detektoren D_1 und D_2 gemessen werden (Abb. 7.2b).

Das Besondere an dem Zweiteilchenzustand (7.10) ist nun, dass er sich nicht als Produkt zweier Einteilchen-Spinzustände schreiben lässt. Dies ist einfach zu beweisen. Nehmen wir einmal an, es gäbe eine Produktdarstellung durch zwei Einteilchen-Spinzustände $|\alpha\rangle$ und $|\beta\rangle$, dann müsste für den Zweiteilchen-Spinzustand in (7.10) gelten

$$|s_1 s_2\rangle = |\alpha\rangle_1 \, |\beta\rangle_2 \ . \tag{7.11}$$

Wir zerlegen die Einteilchenzustände $|\alpha\rangle_1$ und $|\beta\rangle_2$ in die beiden möglichen Spinzustände „up" und „down" des Spin-Hilbert-Raumes:

$$|\alpha\rangle_1 = a \, |\uparrow\rangle_1 + b \, |\downarrow\rangle_1 \ , \tag{7.12a}$$

$$|\beta\rangle_2 = a' \, |\uparrow\rangle_2 + b' \, |\downarrow\rangle_2 \tag{7.12b}$$

und bilden den Produktzustand (7.11)

$$|\alpha\rangle_1 \, |\beta\rangle_1 = aa' \, |\uparrow\rangle_1 \, |\uparrow\rangle_2 + bb' \, |\downarrow\rangle_1 \, |\downarrow\rangle_2 + ab' \, |\uparrow\rangle_1 \, |\downarrow\rangle_2 + a'b \, |\downarrow\rangle_1 \, |\uparrow\rangle_2 \ . \tag{7.13}$$

Damit dieser Produktzustand aus den beiden Einteilchenzuständen identisch mit unserem obigen Streuzustand (7.10) wäre, müsste gelten

$$aa' = 0 \ , \ bb' = 0 \ , \tag{7.14a}$$

$$ab' = f(\vartheta) \ , \quad a'b = -f(\pi - \vartheta) \ . \tag{7.14b}$$

Diese Gleichungen sind widersprüchlich; wir bilden nur

$$-f(\vartheta) f(\pi - \vartheta) = ab' \, a'b = 0 \,, \tag{7.15}$$

wobei wir (7.14a) angewendet haben.

Eine Konsistenz der Gleichungen (7.14) wäre nur für verschwindende Streuamplituden $f(\vartheta)$ bzw. $f(\pi - \vartheta)$ zu erreichen, d. h. für eine nicht existierende Lösung des Streuproblems. Die Zweiteilchen-Streulösung (7.10), bei der antiparallele Spineinstellungen der beiden Elektronen eine „Welche Weg" Information liefert, lässt sich nicht als ein Produkt von zwei Zuständen der beiden einzelnen Elektronen darstellen.

Wir können in diesem Experiment die Elektronen, einschließlich ihrer Spins nicht als entkoppelt beschreiben. Die Elektronen sind über ihren Spin-Freiheitsgrad „intim" miteinander verbunden (korreliert). Schrödinger hat 1935 in einer berühmten Veröffentlichung die Terminologie „**Verschränkung (Entanglement)**" für dieses typisch quantenphysikalische Phänomen geprägt [1], [2].

Verschränkung von Teilchen tritt in vielen quantenphysikalischen Experimenten auf. Wir wollen zwei weitere Beispiele betrachten.

Eine Teilchenquelle (S), ein instabiles Atom oder ein Kern sende in einem Zerfallsprozess gleichwertige Teilchen aus. Wegen der Impulserhaltung muss bei ruhender Quelle für diese Teilchen $\mathbf{k}_1 + \mathbf{k}_2 = \mathbf{0}$ gelten, d. h. die Teilchen werden in entgegengesetzte Richtung ausgesendet.

Zur Detektion der ausgesandten Teilchen verwenden wir eine Anordnung von vier großflächigen Detektoren (Abb. 7.3), die unterscheiden, ob Teilchen (1), links detektiert, oben (up) oder unten (down), bzw. Teilchen (2), oben oder unten nachgewiesen wird. Da die Emissionswahrscheinlichkeit der Quelle (S) isotrop ist, ist das Detektionsereignis Teilchen (1) oben $|\mathrm{up}\rangle_1$ und zeitgleich Teichen (2) unten $|\mathrm{down}\rangle_2$ gleich wahrscheinlich mit dem Ereignis, Teilchen (1) unten $|\mathrm{down}\rangle_1$ und Teilchen (2) oben $|\mathrm{up}\rangle_2$. Beide Amplituden müssen mit gleicher Gewichtung überlagert werden, sodass sich der Gesamtzustand darstellt als:

$$|\psi\rangle = \frac{1}{\sqrt{2}} \left(|\mathrm{up}\rangle_1 \, |\mathrm{down}\rangle_2 \pm |\mathrm{down}\rangle_1 \, |\mathrm{up}\rangle_2 \right) \,. \tag{7.16}$$

Plus- oder Minusvorzeichen hängen davon ab, ob die ausgesendeten Teilchen Bosonen oder Fermionen sind. Ein Vergleich von (7.16) mit (7.10) zeigt die gleichartige Struktur der Zweiteilchenzustände. Der Zustand (7.16) kann nicht in zwei Zustände der Teilchen (1) und (2) faktorisiert werden. Die beiden Einteilchenzustände sind miteinander verschränkt.

Ein weiteres Beispiel für einen verschränkten Zweiteilchenzustand ist besonders interessant. Er liegt dem berühmten Einstein, Rosen, Podolsky (EPR)-Paradoxon (1935) [3] zugrunde, das in Folge, bis heute immer wieder heran gezogen wird, wenn es um die Absonderlichkeiten der Quantenwelt und die philosophische Interpretation der Quantenmechanik geht (Abschn. 7.2.1).

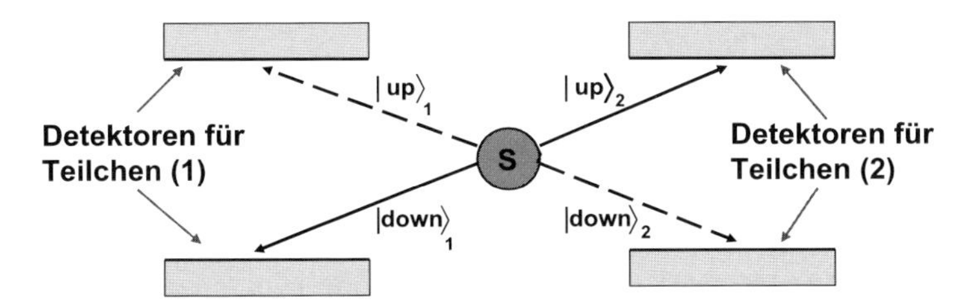

Abb. 7.3. Schema eines Experimentes zur Verschränkung zweier gleichartiger Teilchen, die in entgegengesetzte Richtung aus einer Quelle (S), z. B. einem zerfallenden Atomkern ausgesendet werden. Da die Emissionswahrscheinlichkeit der Quelle (S) isotrop ist, müssen die Emissionsprozesse mit durchgezogenen und gestrichelten Pfeilen (Teilchentrajektorien) überlagert werden

Das Gedankenexperiment in der vereinfachten Version von David Bohm [4] beruht auf einer instabilen Quelle (Atom oder Atomkern), die zwei gleichartige Fermionen (oder auch Bosonen) in entgegengesetzte Richtung emittiert. Wenn die Quelle insgesamt verschwindenden Spin besitzt (Singulet-Zustand), müssen die beiden Zerfallsprodukte – wegen der Spinerhaltung – entgegengesetzten Spin haben (Abb. 7.4). Die Spins der emittierten Teilchen sind antikorreliert. Hierbei ist aber die Spinorientierung beim einzelnen Emissionsprozess völlig undeterminiert.

Rechts werde das Teilchen (A) von Alice (so nennt man in vielen Büchern der Quanteninformationstheorie die Person, die den Detektor A betreibt) detektiert. Der linke Detektor werde von Bob (B) ausgelesen. Beide Emission- bzw. Detektionsereignisse $|\uparrow\rangle_A|\downarrow\rangle_B$ und $|\downarrow\rangle_A|\uparrow\rangle_B$ sind gleich wahrscheinlich. Weiterhin wollen wir annehmen, dass die beiden emittierten Teilchen jeweils durch räumlich eng begrenzte Wellenfunktionen (Wellenpakete) $\psi(\mathbf{r}_A)$ und $\psi(\mathbf{r}_B)$ beschrieben werden. Der Zweiteilchenzustand, der einer gleichzeitigen Emission der beiden Teilchen mit antikorrelierter Spin-Orientierung entspricht, muss dann durch eine lineare Superposition (Minus-Vorzeichen bei

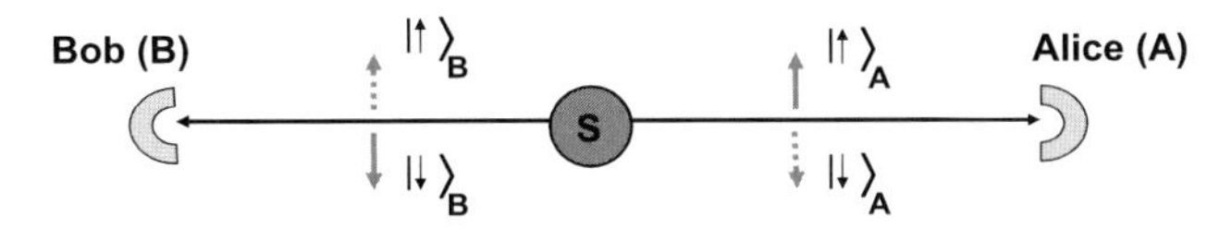

Abb. 7.4. Experiment zur Verschränkung zweier Fermionen über ihren Spinfreiheitsgrad. Eine instabile Quelle S, Atom oder Atomkern in einem Singulet-Zustand, sendet zwei gleichartige Fermionen A und B mit antikorrelierter Spin-Einstellung in entgegengesetzte Richtungen aus, die durch Detektoren von den gedachten Personen *Alice* und *Bob* gemessen werden. Der Zweiteilchenzustand der emittierten Teilchen muss durch eine Superposition der beiden Zustände, angedeutet mit *gestrichelten Spin-Pfeilen* und mit *durchgezogenen Pfeilen*, erzeugt werden

Fermionen) dargestellt werden als:

$$\psi_{AB} \left| s_A s_B \right\rangle = \frac{1}{\sqrt{2}} \left(\left| \uparrow \right\rangle_A \left| \downarrow \right\rangle_B - \left| \downarrow \right\rangle_A \left| \uparrow \right\rangle_B \right) \psi \left(\mathbf{r}_A \right) \psi \left(\mathbf{r}_B \right) \ . \tag{7.17}$$

Dieser Zweiteilchenzustand ist wiederum analog zu (7.10) ein verschränkter Zustand, der sich nicht darstellen lässt als ein Produkt zweier Zustände, die nur jeweils ein Teilchen, das von Alice und das von Bob detektierte, betreffen. Auch wenn wir den Zustand (7.17) zu einem Zeitpunkt betrachten, wo die beiden lokal eng begrenzten Wellenpakete $\psi(\mathbf{r}_A)$ und $\psi(\mathbf{r}_B)$ sich sehr weit voneinander entfernt haben und eine direkte gegenseitige Beeinflussung ausgeschlossen ist, besteht die strenge Antikorrelation der Spinzustände. Alice könnte z. B. an ihrem Teilchen $\psi(\mathbf{r}_A)$ den Spin in Bezug auf die z-Richtung messen und $+\frac{1}{2}\hbar$ finden, dann müsste Bob auf jeden Fall für sein Teilchen $\psi(\mathbf{r}_B)$ den Spin $-\frac{1}{2}\hbar$ messen. Wenn Alice gerade in x-Richtung positiven Spin findet, muss Bob in x-Richtung negativen Spin messen.

Nach den Spin-(Drehimpuls)Vertauschungsrelationen kann man für ein Teilchen nicht gleichzeitig den Spin bezüglich z- und x-Richtung messen. Da Alice aber das eine oder andere durchführen kann, ohne das Teilchen bei Bob (B) zu beeinflussen, sollte der Spin des Teilchens B in der Realität fest bestimmt sein. Gleiches sollte damit im Umkehrschluss auch für Teilchen A gelten. EPR definieren lokale Realität, die den beiden Teilchen zukommen soll, indem sie fordern: Wenn Teilchen A und Teilchen B zwei Systeme sind, die in der Vergangenheit miteinander in Wechselwirkung waren, aber jetzt beliebig weit voneinander entfernt sind, dann hängt der reale Zustand von Teilchen A nicht von dem ab, was gerade mit dem weit entfernten Teilchen B geschieht.

Jedenfalls ist das der Schluss, den uns die klassische Vorstellung, so wie sie auch EPR hatten, nahelegt. EPR zogen daraus den Schluss, dass wegen der quantenmechanisch nicht gleichzeitigen Messbarkeit von z- und x-Spinorientierungen die Quantenmechanik in der existierenden Form unvollkommen ist. Es sollte noch sogenannte **verborgene lokale Parameter** geben, die das Geschehen unterhalb des durch Wellenfunktion und Bra- und Ket-Zuständen bestimmten Formalismus (7.17) bestimmen. Durch diese verborgenen Variablen oder Parameter müssen die Teilchen lokal Information ausgetauscht haben, bevor sie sich trennen und in entgegengesetzte Richtung mit antikorrelierten Spins davonfliegen.

Wir haben es mit der philosophisch interessanten Frage zu tun, ob den beiden Teilchen A und B im Zustand (7.17) eine lokale Realität zukommt, oder ob der verschränkte Zustand (7.17) so etwas wie eine „in der Schwebe gehaltene“ Möglichkeit für die jeweiligen Ergebnisse der Spin-Messungen von Alice und Bob ist, und dies bei strenger Antikorrelation der Spin-Einstellungen. Widerspricht also die Forderung strenger lokaler Realität den Gesetzen der Quantenphysik? Es hat sich gezeigt, dass diese Frage sich experimentell beantworten lässt, und zwar in dem Sinn, dass die quantenphysikalische Realität nicht lokal ist.

7.2.1 Die Bellschen Ungleichungen und ihre experimentelle Überprüfung

John Bell [5] gelang es 1964 Ungleichungen aufzustellen, die auf der Annahme einer lokalen Realität beruhen, und die gleichzeitig experimentell überprüfbar sind.

Den Überlegungen liegt das schon besprochene Gedankenexperiment zugrunde, bei dem eine Quelle S antikorrelierte Spin-$\frac{1}{2}$-Teilchen aussendet, die in entgegengesetzte Richtung davonfliegen (Abb. 7.5). In einer größeren Entfernung von der Quelle sind vor den jeweiligen Detektoren bei Alice (A) und Bob (B) Polarisationsanalysatoren P_A und P_B angebracht, die nur Teilchen durchlassen, wenn ihre Spin-Orientierung $+\hbar/2$ gerade in die vom Analysator augenblicklich vorgegeben Richtung α, bei Alice (A), bzw. β, bei Bob (B) weist. Wegen der Eigenschaft der Quelle S und der Struktur des Zustandes der emittierten Teilchen (7.17) ist klar, dass bei einem Detektionsereignis bei A unter dem Winkel α, bei B ein Teilchen mit $-\hbar/2$ Spin erscheint und deshalb bei einer Polarisatoreinstellung β bei B nicht detektiert wird.

Um Korrelationen von Detektionsereignissen bei A und B zu ermitteln, muss die jeweilige Einstellung der Analysatoren P_A und P_B zufallsbestimmt sein, und eine Beeinflussung des einen durch den anderen muss ausgeschlossen sein. Dazu muss P_B so schnell nach der Wahl von P_A eingestellt werden, dass nicht einmal das Licht die Strecke zwischen P_A und P_B in dieser Zeit zurücklegen kann. Es müssen also in einem solchen Korrelationsexperiment sehr viele Detektionsereignisse von Alice und Bob gemessen werden, und dies bei immer neu zufällig eingestellten Polarisationsrichtungen α (bei A) und β (bei B) der Analysatoren.

Ehe wir zur experimentellen Realisierung eines solch schwierigen Experiments kommen, wollen wir uns die theoretische Analyse genauer ansehen:

Stellen wir uns „mit klarem Menschenverstand" auf den Standpunkt eines lokalen Realismus: Jedes Teilchen habe an sich einen bestimmten Wert des Spins in Bezug auf jede vorgegeben Richtung. Dieser Wert soll sich nicht än-

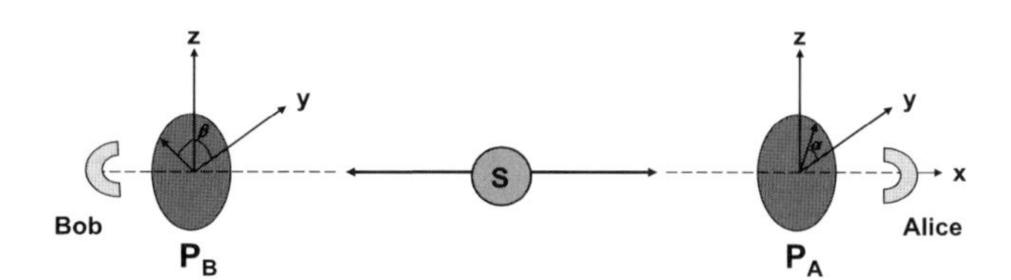

Abb. 7.5. Experiment zur Überprüfung der Bellschen Ungleichungen [5] nach David Bohm [4]. Gleiche Anordnung zweier Detektoren bei *Alice* und *Bob* zur Detektion zweier im Spin antikorrelierter, aus der Quelle S entgegengesetzt emittierter Fermionen wie in Abb. 7.4. Die Spinorientierung der emittierten Teilchen kann durch die Polarisatoren P_A und P_B bestimmt werden. Hierbei kann die Einstellung der Polarisatoren zufallsbestimmt geregelt werden, um Korrelationen zwischen den Spins bei A und B zu messen

dern, wenn an einem weit entfernten Teil der Apparatur etwas verändert wird. Alice und Bob machen sehr viele Messungen unter verschiedenen Winkeln α und β ihrer Analysatoren. Hierbei detektieren sie nur Ereignisse, wenn das bei ihnen ankommende Teilchen bei der jeweiligen Winkeleinstellung einen Spin $+\hbar/2$ hat.

$N(\alpha/\beta)$ sei dann die Anzahl von Detektionsereignissen, bei denen Alice (A) unter dem Winkel α positiven Spin und Bob (B) unter dem Winkel β ein Teilchen mit positivem Spin registrieren. $N(\alpha/\beta)$ kann aber auch interpretiert werden als: A detektiert unter α positiven Spin, jedoch unter β wird bei A nichts registriert, Denn unter β registriert ja B positiven Spin, was bedeutet, dass bei A unter β ein Teilchen mit negativem Spin ankommt, das den Polarisator nicht passiert und deshalb nicht detektiert wird.

Betrachten wir jetzt eine zusätzliche Messung mit dem Polarisator in γ-Orientierung.

Man kann dann die Anzahl $N(\alpha/\beta)$ unterteilen in die Gruppen von Teilchen $N(\alpha\gamma/\beta)$, die zwar bei α und γ mit Spin $+\hbar/2$ durchkommen und $N(\alpha/\beta\gamma)$, die zwar bei α durchkommen, aber nicht bei β und γ.

Beide Klassen von Teilchen, die der unter γ durchgehenden und die der nicht durchgehenden, müssen natürlich zusammen $N(\alpha/\beta)$ ergeben, sodass gilt:

$$N\left(\alpha/\beta\right) = N\left(\alpha\gamma/\beta\right) + N\left(\alpha/\beta\gamma\right) \ . \tag{7.18}$$

$N(\alpha\gamma/\beta)$ ist eine Unterklasse der Teilchen $N(\gamma/\beta)$, weil für $N(\alpha\gamma/\beta)$ zusätzlich zum Passieren des Spinanalysators unter dem Winkel γ noch das Durchgehen bei α gefordert wird. Eine analoge Zusatzbedingung gilt beim Vergleich der Teilchen $N(\alpha/\beta\gamma)$ und $N(\alpha/\gamma)$. Es gilt deshalb auf jeden Fall:

$$N\left(\alpha\gamma/\beta\right) \leq N\left(\gamma/\beta\right) \ , \tag{7.19a}$$

$$N\left(\alpha/\beta\gamma\right) \leq N\left(\alpha/\gamma\right) \ . \tag{7.19b}$$

Damit ergibt sich aus (7.18) und (7.19) die Ungleichung

$$N\left(\alpha/\beta\right) \leq N\left(\alpha/\gamma\right) + N\left(\gamma/\beta\right) \ . \tag{7.20a}$$

Dies ist eine Form der Bellschen Ungleichung, die experimentell nachprüfbar ist, wenn man die oben beschriebenen Forderungen an das Experiment, z. B. zufallsbestimmte Einstellung der Spinanalysatoren P_A und P_B und vernachlässigbare Beeinflussung von P_A und P_B erfüllt. Es sei noch einmal betont, dass (7.20) abgeleitet wurde unter der Voraussetzung, dass den beiden emittierten Teilchen (mit Spin $\hbar/2$) auf dem ganzen Weg von der Quelle S bis zum Detektor ein lokal, im Wellenpaket durch die Vorgeschichte vorgegebener Spin als Realität zugeordnet wurde, also lokale Realität vorausgesetzt wurde, eine Beschreibung die in der alleinigen Angabe des verschränkten Zweiteichenzustandes (7.17) nicht enthalten ist.

Welche Antwort gibt uns die Quantenphysik auf das in (7.20) dargestellte Ergebnis der Bellschen Ungleichung? In der Quantenmechnik können wir die Wahrscheinlichkeiten der Detektionsereignisse, bzw. deren Korrelation ausrechnen, wenn der verschränkte Zweiteilchenzustand (7.17) vorliegt. Um von der Absolutzahl N der Detektionsereignisse in (7.20) auf Wahrscheinlichkeiten w überzugehen, dividieren wir N durch die Gesamtzahl N_0 aller Detektionsereignisse und erhalten

$$w\,(\alpha/\beta) \leq w\,(\alpha/\gamma) + w\,(\gamma/\beta)\ , \tag{7.20b}$$

wobei w immer Werte $0 \leq w \leq 1$ annimmt.

Zur quantenmechanischen Rechnung benötigen wir einen Operator $\hat{O}_A(\alpha)$ der die Wahrscheinlichkeit beschreibt, mit der Alice (A) ein Detektionsereignis registriert, wenn bei der Spinanalysatoreinstellung unter dem Winkel α gerade ein Teilchen mit Spin $+\hbar/2$ registriert wird. Trifft ein Teilchen mit Spin $-\hbar/2$ auf den Analysator, muss das Ergebnis der Mittelwertbildung $\langle s_A|\hat{O}_A(\alpha)|s_A\rangle$ gerade Null ergeben. Anders ausgedrückt, wir benötigen einen Operator $\hat{O}_A(\alpha)$, für den gilt ${}_A\langle\uparrow|\hat{O}_A(\alpha)|\uparrow\rangle_A = 1$ und ${}_A\langle\downarrow|\hat{O}_A(\alpha)|\downarrow\rangle_A = 0$. Es ist leicht einzusehen, dass diese Bedingung für den Operator

$$\hat{O}_A\,(\alpha) = \frac{1}{2}\,(1 + \hat{\boldsymbol{\sigma}}_A \cdot \mathbf{n}_\alpha) \tag{7.21}$$

erfüllt ist, wenn $\mathbf{n}_\alpha$ der Einheitsvektor in α-Richtung in der y-z-Ebene des Analysators P_A bei Alice ist (Abb. 7.5). Wählen wir $\alpha = 90°$, d. h. Detektion in z-Richtung, dann gilt $\hat{\boldsymbol{\sigma}}_A \cdot \mathbf{n}_{90}|\uparrow\rangle = \sigma_z|\uparrow\rangle = |\uparrow\rangle$ und $\hat{\boldsymbol{\sigma}}_A \cdot \mathbf{n}_{90}|\downarrow\rangle = -|\downarrow\rangle$. Der Operator (7.21) „siebt“ also bei positivem Spin den Wert 1 und bei negativem Spin, unter dem gleichen Analysatorwinkel – hier 90° – den Wert 0 heraus. Dies ist genau die Eigenschaft, die wir benötigen, um die Detektionswahrscheinlichkeiten bei Alice (A) bzw. Bob (B) für positive Spinorientierung unter dem Winkel α zu ermitteln.

Mit den Operatoren

$$\hat{O}_A\,(\alpha) = \frac{1}{2}\,(1 + \hat{\boldsymbol{\sigma}}_A \cdot \mathbf{n}_\alpha)\ , \tag{7.22a}$$

$$\hat{O}_B\,(\beta) = \frac{1}{2}\,(1 + \hat{\boldsymbol{\sigma}}_B \cdot \mathbf{n}_\beta) \tag{7.22b}$$

können wir also bei Vorliegen des verschränkten Zweiteilchenzustandes (7.17) die Wahrscheinlichkeit ausrechnen, mit der Alice (A) unter dem Winkel α und Bob (B) unter dem Winkel β Teilchen mit positivem Spin $+\hbar/2$ detektieren. Wir betrachten nur den Spinanteil in (7.17) und berechnen

$$\begin{aligned}&\langle s_A s_B|\,\frac{1}{2}\,(1 + \hat{\boldsymbol{\sigma}}_A \cdot \mathbf{n}_\alpha)\,\frac{1}{2}\,(1 + \hat{\boldsymbol{\sigma}}_B \cdot \mathbf{n}_\beta)\,|s_A s_B\rangle \\ &= \frac{1}{4}\,\langle s_A s_B|\,1 + \hat{\boldsymbol{\sigma}}_A \cdot \mathbf{n}_\alpha + \hat{\boldsymbol{\sigma}}_B \cdot \mathbf{n}_\beta + (\hat{\boldsymbol{\sigma}}_A \cdot \mathbf{n}_\alpha)\,(\hat{\boldsymbol{\sigma}}_B \cdot \mathbf{n}_\beta)\,|s_A s_A\rangle\ .\end{aligned} \tag{7.23}$$

Für die weitere Rechnung benutzen wir das Koordinatensystem in Abb. 7.5 mit der y-z-Ebene zur Beschreibung der Winkeleinstellung der Analysatoren

P_A und P_B und x als der Ausbreitungsrichtung der emittierten Teilchen. Damit gilt:

$$\hat{\boldsymbol{\sigma}}_A \cdot \mathbf{n}_\alpha = (\cos\alpha)\,\hat{\sigma}_y^A + (\sin\alpha)\,\hat{\sigma}_z^A\;, \tag{7.24a}$$

$$\hat{\boldsymbol{\sigma}}_B \cdot \mathbf{n}_\beta = (\cos\beta)\,\hat{\sigma}_y^B + (\sin\beta\,)\,\hat{\sigma}_z^B\;. \tag{7.24b}$$

Aus der Darstellung der Pauli-Spinmatrizen (5.116) leiten wir im zweidimensionalen Spin-Hilbert-Raum mit $\langle\uparrow| = (1,0)$ und $\langle\downarrow| = (0,1)$ sofort die Beziehungen ab:

$$\hat{\sigma}_x\,|\uparrow\rangle = |\downarrow\rangle\;,\quad \hat{\sigma}_x\,|\downarrow\rangle = |\uparrow\rangle\;, \tag{7.25a}$$

$$\hat{\sigma}_y\,|\uparrow\rangle = i\,|\downarrow\rangle\;,\quad \hat{\sigma}_y\,|\downarrow\rangle = -i\,|\uparrow\rangle\;, \tag{7.25b}$$

$$\hat{\sigma}_z\,|\uparrow\rangle = |\uparrow\rangle\;,\quad \hat{\sigma}_z\,|\downarrow\rangle = -\,|\downarrow\rangle\;. \tag{7.25c}$$

Damit finden wir für den $\hat{\boldsymbol{\sigma}}_A \cdot \mathbf{n}_\alpha$-Term in (7.23)

$$\begin{aligned}
&\langle s_A s_B|\,\hat{\boldsymbol{\sigma}}_A \cdot \mathbf{n}_\alpha\,|s_A s_B\rangle = \frac{1}{\sqrt{2}}\left({}_A\langle\uparrow|\,{}_B\langle\downarrow| - {}_A\langle\downarrow|\,{}_B\langle\uparrow|\right)\\
&\cdot\frac{1}{\sqrt{2}}\left\{\mathrm{i}\cos\alpha\left(|\downarrow\rangle_A\,|\downarrow\rangle_B + |\uparrow\rangle_A\,|\uparrow\rangle_B\right) + \sin\alpha\left(|\uparrow\rangle_A\,|\downarrow\rangle_B + |\downarrow\rangle_A\,|\uparrow\rangle_B\right)\right\}\\
&= \frac{1}{2}\left({}_A\langle\uparrow|\uparrow\rangle_A\,{}_B\langle\downarrow|\downarrow\rangle_B - {}_A\langle\downarrow|\downarrow\rangle_A\,{}_B\langle\uparrow|\uparrow\rangle_B\right)\sin\alpha = 0\;.
\end{aligned} \tag{7.26}$$

Analog verschwindet der $\hat{\boldsymbol{\sigma}}_B \cdot \mathbf{n}_\beta$-Term in (7.23). Dies ist nicht weiter verwunderlich wegen des Singulet-Charakters (sich kompensierende Spin-Orientierungen) des Zustandes (7.17).

Wir betrachten jetzt den in den Spinoperatoren quadratischen Anteil in (7.23) und verwenden (7.24):

$$\begin{aligned}
&\langle s_A s_B|\,(\hat{\boldsymbol{\sigma}}_A \cdot \mathbf{n}_\alpha)\,(\hat{\boldsymbol{\sigma}}_B \cdot \mathbf{n}_\beta)\,|s_A s_B\rangle\\
&= \langle s_A s_B|\,(\cos\alpha\cos\beta)\,\hat{\sigma}_y^A\hat{\sigma}_y^B + (\cos\alpha\sin\beta\,)\,\hat{\sigma}_y^A\hat{\sigma}_z^B + (\sin\alpha\cos\beta)\,\hat{\sigma}_z^A\hat{\sigma}_y^B\\
&\quad + (\sin\alpha\sin\beta)\,\hat{\sigma}_z^A\hat{\sigma}_z^B|\frac{1}{\sqrt{2}}\left(|\uparrow\rangle_A\,|\downarrow\rangle_B - |\downarrow\rangle_A\,|\uparrow\rangle_B\right)\\
&= \frac{1}{2}\left({}_A\langle\uparrow|\,{}_B\langle\downarrow| - {}_A\langle\downarrow|\,{}_B\langle\uparrow|\right)\left\{\cos\alpha\cos\beta\left(|\downarrow\rangle_A\,|\uparrow\rangle_B - |\uparrow\rangle_A\,|\downarrow\rangle_B\right)\right\}\\
&\quad - \mathrm{i}\cos\alpha\sin\beta\left(|\downarrow\rangle_A\,|\downarrow\rangle_B - |\uparrow\rangle_A\,|\uparrow\rangle_B\right)\\
&\quad - \mathrm{i}\sin\alpha\cos\beta\left(|\uparrow\rangle_A\,|\uparrow\rangle_B - |\downarrow\rangle_A\,|\downarrow\rangle_B\right)\\
&\quad - \mathrm{i}\sin\alpha\sin\beta\left(|\uparrow\rangle_A\,|\downarrow\rangle_B - |\downarrow\rangle_A\,|\uparrow\rangle_B\right)\\
&= -\,\langle s_A s_B|\,\cos\alpha\cos\beta - \sin\alpha\sin\beta\,|s_A s_B\rangle = -\cos(\alpha-\beta)\;.
\end{aligned} \tag{7.27}$$

Damit ergibt sich die Wahrscheinlichkeit (7.23), mit der Alice (A) unter dem Winkel α und Bob (B) unter dem Winkel β die Spin-Orientierung $+\hbar/2$ detektieren, also die quantenmechanische Korrelation $w_Q(\alpha/\beta)$ eines AB-Ereignisses mit positivem Spin unter α- und β-Richtung zu

$$
\begin{aligned}
w_Q(\alpha/\beta) &= \langle s_A s_B | \frac{1}{2}(1 + \hat{\boldsymbol{\sigma}}_A \cdot \mathbf{n}_\alpha) \frac{1}{2}(1 + \hat{\boldsymbol{\sigma}}_B \cdot \mathbf{n}_\beta) | s_A s_B \rangle \\
&= \frac{1}{4}[1 - \cos(\alpha - \beta)] = \frac{1}{2}\sin^2 \frac{\beta - \alpha}{2} \ . \qquad (7.28)
\end{aligned}
$$

Wir können nun einfach durch Einsetzen verschiedener Detektionswinkel α, β, γ in (7.28) überprüfen, ob das quantenmechanisch ausgerechnete Ergebnis der Bellschen Ungleichung (7.20b) genügt. Setzen wir zum Beispiel:

$$
\alpha = 0^\circ \ , \quad \beta = 90^\circ \ , \quad \gamma = 45^\circ \ , \qquad (7.29a)
$$

dann folgt aus (7.28)

$$
w_Q(\alpha/\beta) = 0,5 \ , \quad w_Q(\alpha/\gamma) = 0,146 \ , \quad w_Q(\gamma/\beta) = 0,146 \ . \qquad (7.29b)
$$

Damit folgt quantenmechanisch

$$
w_Q(\alpha/\beta) > w_Q(\alpha/\gamma) + w_Q(\gamma/\beta) \ . \qquad (7.29c)
$$

Dies ist im Widerspruch zur Bellschen Ungleichung (7.20b), die unter der Voraussetzung lokaler Realität für die beiden emittierten Teilchen hergeleitet wurde. Der gleiche Widerspruch (7.29c) zur Bellschen Ungleichung (7.20b) folgt z. B. auch für die Winkeleinstellungen $\alpha = 0^\circ, \beta = 60^\circ, \gamma = 30^\circ$, wo

$$
w_Q(\alpha/\beta) = \frac{1}{2}\sin^2 30^\circ > \frac{1}{2}\sin^2 15^\circ + \frac{1}{2}\sin^2 15^\circ = w_Q(\alpha/\gamma) + w_Q(\gamma/\beta) \qquad (7.30)
$$

gilt.

Die Aussagen der Quantenphysik sind hier augenscheinlich im Widerspruch zu unserer gewöhnlichen Anschauung lokaler Realität, die in der Bellschen Ungleichung zum Ausdruck kommt. Führen wir uns diesen Widerspruch noch einmal vor Augen: Die übliche Vorstellung, bei der den beiden emittierten Teilchen bezüglich ihrer Spin-Einstellung lokale Realität zukommt, besagt, dass die Teilchen einen durch ihre Vorgeschichte fest vorgegebenen Spinzustand haben, der sich bei den Messungen von Alice und Bob als streng antikorreliert herausstellt. Im quantenphysikalischen Verständnis, ausgedrückt durch den verschränkten Zustand (7.17), hat zunächst keines der beiden emittierten Teilchen einen definierten Spinzustand. Erst durch die Messung in einer bestimmten Basis (Winkeleinstellung des Analysators) gelangt das gemessene Teilchen bei Alice zufällig in einen von zwei möglichen Spinzuständen. Und dann ist das von Bob detektierte Teilchen instantan im dazu orthogonalen (antikorrelierten) Zustand.

Es sei noch bemerkt, dass dieses nichtlokale Phänomen nicht im Widerspruch zur Relativitätstheorie steht, weil die instantane Antikorrelation der Spineinstellungen sich nur durch Messungen von Alice und Bob verifizieren lässt, und eine Informationsübertragung von A nach B mit Überlichtgeschwindigkeit nicht möglich ist.

Es stellt sich nun die entscheidende Frage, welche Antwort gibt das Experiment? Fällt die Entscheidung zugunsten der Bellschen Ungleichung oder gilt die Quantenmechanik?

1976 veröffentlichten Lamehi-Rachti und Mittig [6] eine Arbeit, in der sie durch Bestrahlung eines Wasserstofftargets (Polyethylen-Folie), mittels Protonen aus dem Saclay-Beschleuniger, zwei in der Spin-Orientierung antikorrelierte Protonen erzeugten, die dann in zwei spinauflösenden Detektoren bezüglich ihre Spin-Einstellung auf Korrelationen hin untersucht wurden. Es wurde also bei bestimmten Winkeleinstellungen der Analysatoren die Spin-Orientierung in einer Ebene senkrecht zur Flugrichtung der Protonen vorgegeben und die Korrelation von Detektionsereignissen bei A und B registriert. Das Experiment erfüllte nicht die Bedingung der räumlichen Trennung der Detektionsereignisse, d. h. die Entfernung von A und B war nicht so groß, dass eine Beeinflussung von Messung B durch A und umgekehrt ausgeschlossen werden kann (Lichtgeschwindigkeit ist größte Geschwindigkeit zur Übertragung von Information). Abbildung 7.6 zeigt das Ergebnis der Untersuchung. Für die Winkeldifferenz 30°, 45°, 60° zwischen den Spin-Orientierungen bei A und B liegen die Messpunkte (Korrelation zwischen den Detektionsereignissen) mit ihren Fehlerschranken deutlich unter der durch die Bellsche Ungleichung vorhergesagten Geraden. Die quantenmechanische Vorhersage wird sehr gut im Experiment bestätigt.

Wie schon betont, erfüllen die beschriebenen Experimente mit antikorrelierten Protonen [6] nicht die Bedingung der räumlichen Trennung der Detektionsereignisse bei A und B, denn die Experimente wurden statisch, mit fest eingestellten Spin-Polarisationsdetektoren durchgeführt.

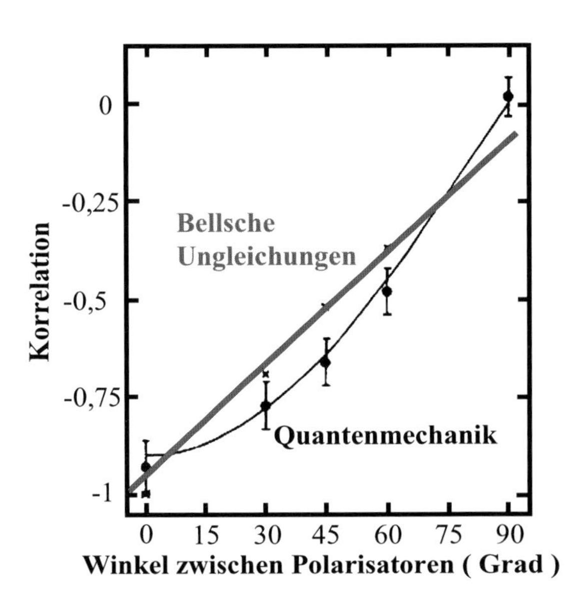

Abb. 7.6. Korrelation zwischen den Spineinstellungen zweier entgegengesetzt aus einem Wasserstoff-Target emittierter Protonen. Die Datenpunkte wurden experimentell gefunden; die *gekrümmte durchgezogene Kurve* stellt die quantenmechanische Vorhersage dar, während die *Gerade* die nach den Bellschen Ungleichungen klassisch erwartete Korrelation wiedergibt [6]

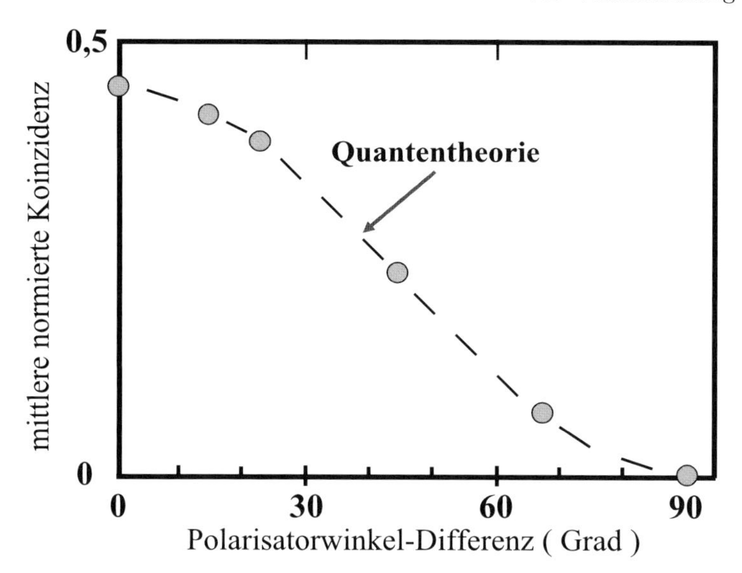

Abb. 7.7. Gemessene Detektionskoinzidenz von *Alice* und *Bob* (Abb. 7.5 als Funktion der zufällig eingestellten Polarisatorwinkel α und β (P_A und P_B in Abb. 7.5) für aus angeregten Cs-Atomen im Spin antikorrelierte Photonen. Die Messpunkte sind die experimentellen Ergebnisse; die *gestrichelte Kurve* die quantenmechanische Vorhersage [7]

Analoge Experimente zu denen mit antikorrelierten Protonen (Fermionen) lassen sich auch mit Photonen durchführen. Photonen sind Bosonen mit Spin $\pm\hbar$; ihr Spin, der einer Links- und Rechtszirkulation der Lichtpolarisation entspricht, lässt sich auch durch zwei zueinander senkrechte, linear polarisierte Wellen beschreiben. Damit sieht man sofort die Analogie zum Zwei-Niveausystem des Spins. Für linear polarisierte Photonen lassen sich nun schnell operierende Polarisatoren bzw. feste Polarisatoren mit verschiedenen Einstellungen, zwischen denen sehr schnelle Schalter hin- und herschalten (in beiden Strahlen getrennt), einsetzen, mit denen die Winkeleinstellungen bei A und B nach einem Zufallsprogramm durchgeführt werden. Dies geschieht, während die Photonen noch auf ihrer Flugbahn sind. Hier ist dann die räumliche Trennung der Detektion bei A und B gegeben. Die Messung von Bob kann die von Alice nicht beeinflussen und umgekehrt.

Alain Aspect und Mitarbeiter [7] haben Anfang der achtziger Jahre des 20. Jahrhunderts solche Messungen an der Universität Paris durchgeführt. Die antikorrelierten Photonen (bezüglich ihrer Polarisation) stammen aus optisch angeregten Cs-Atomen. Abbildung 7.7 zeigt die Messergebnisse. Die gemessenen Koinzidenzen zwischen Messungen bei verschiedenen Polarisatoreinstellungen bei A und B zeigen eine extrem gute Übereinstimmung mit der quantenmechanischen Rechnung (± 1 Standardabweichung).

Auch weitere Experimente zur Korrelation bzw. Antikorrelation von Fermion- oder Boson-Spins in einem verschränkten Zustand des Typs (7.17) zeigten immer wieder, dass die Bellschen Ungleichungen nicht erfüllt werden können. Die Quantentheorie in der vorliegenden Form beschreibt die Experimente in ausgezeichneter Weise.

Wir müssen davon ausgehen, dass die quantenphysikalische Realität nichtlokal ist. Es gibt offenbar keine sogenannten verborgenen Parameter, die unterhalb unserer Wahrscheinlichkeitsbeschreibung den verschränkten Teilchen eine lokale Realität verleihen, und ihren „Lebensweg" deterministisch vorschreiben.

7.2.2 „Welcher-Weg-Information" und Verschränkung: ein Gedankenexperiment

Wir haben in Abschn. 7.1.1 gesehen, dass beim Streuexperiment zweier gleichartiger Fermionen aneinander Verschränkung ihrer Spinfreiheitsgrade die Interferenzterme der Streuamplitude für Vor- und Rückwärtsstreuung zum Verschwinden bringt, wenn entgegengesetzte Spineinstellungen eine Unterscheidung zwischen eben den beiden Streuereignissen, Vor- und Rückwärtsstreuung, erlaubt. „Welcher-Weg-Information" löscht also die Interferenzterme bei der Superposition der beiden gleichwertigen Streuereignisse (Abb. 7.1) aus. Dies erinnert sofort an die Phänomene beim Doppelspalt-Interferenzexperiment (Abschn. 2.4.2), wo die zusätzliche Beobachtung des Weges, d. h. die Information über das Passieren des einen oder anderen Spaltes zum Verschwinden der Doppelspaltinterferenzen führt. Haben wir es hier etwa wiederum mit Verschränkung zweier Systeme, des beobachteten Teilchens und dem „Welcher-Weg"-Detektor zu tun? Scully, Engbert und Walther [8] haben 1991 ein Gedankenexperiment publiziert, das diesen Schluss unmittelbar nahe legt. Auch wenn die experimentelle Bestätigung erst 1998 durch das Experiment von Dürr, Nonn und Rempe [9] geschah, wollen wir das frühere Gedankenexperiment kurz beschreiben, weil es die wesentlichen Zusammenhänge sehr klar zum Ausdruck bringt.

In diesem Gedankenexperiment, das wegen seiner detaillierten Darstellung der experimentellen Anordnung auch durchgeführt werden könnte, wird die Interferenz eines Strahls von Rubidium (Rb)-Atomen an einem Doppelspalt betrachtet. Atome bieten wegen ihrer internen Freiheitsgrade (verschiedene Anregungszustände der Elektronenhülle), im Gegensatz zu „einfachen" Elektronen, Möglichkeiten der „Welcher-Weg"-Detektion. Regt man z. B. durch eine geeignete Lichtwellenlänge (scharfe Spektrallinie aus einem Laser) das äußere Valenzelektron des Rb-Atoms in einen langlebigen, sogenannten Rydberg-Zustand der äußeren Hülle an, so muss das Elektron durch sukzessive „Abregung" zwischen verschiedenen anderen Zuständen wieder in seinen Grundzustand zurückkehren. Läuft das angeregte Atom in dieser Zeit durch einen Hohlraum-Resonator, dessen elektromagnetischen Resonanzzustände (stehende Wellen des elektromagnetischen Feldes im Resonator) gerade der Frequenz der abgestrahlten Strahlung des Rb-Atoms bei der Abregung entsprechen, dann tritt durch Ankopplung des Atoms an den Resonator eine stark überhöhte Abstrahlung, d. h. Abregung gegenüber dem freien Raum auf (stark überhöhte spontane Emission wegen hoher Dichte von vorhandenen elektromagnetischen Schwingungszuständen). Beim Passieren des Resonators wird das Atom abgeregt und der Resonator gewinnt diese Energie als ein Quant an Lichtenergie, einem Photon entsprechender Energie. Hochpräzise Messung der im Resonator vorhandenen Strahlungsleistung gibt dann Auskunft darüber, ob das Rb-Atom hindurchgeflogen ist, oder nicht. Für Rb-Atome entspricht einem für das Experiment brauchbarem Übergang eine Photonenenergie im sehr niedrigen Energiebereich der Mikrowellenstrahlung mit der Frequenz von ca. 21 GHz. Sind schon sehr viele Mikrowellen-Photonen wie bei klassischer thermischer Mikrowellenstrahlung im Resonator, dann wird ein einzelnes durch die Rb-Atomabregung hinzukommendes nicht detektierbar sein. Der Resonator muss also auf extrem niedriger Temperatur sein, d. h. er darf nur ganz wenige, oder kein Photon enthalten, um ein zusätzlich hinzukommendes zu registrieren. Nur dann kann durch Abregung eines Rb-Atoms beim Passieren die „Welcher-Weg"-Information gewonnen werden. Unter dieser Voraussetzung kann man sich also ein Doppelspaltexperiment mit Rb-Atomen wie in Abb. 7.8 etwas vereinfacht so vorstellen: Rb-Atome werden aus einem Ofen verdampft und durch ein Blendensystem in zwei Strahlen aufgeteilt. Zwei Strahlen, beschrieben durch räumlich eng begrenzte Wellenpakte, bewegen sich durch zwei sogenannte Maser-Mikrowellen-Resonatoren (1) und (2) auf zwei Doppelspalte (1) und (2) zu, von denen die Wellenfunktionen ψ_1 und ψ_2 die Ausbreitung der Teilchen in den freien Raum hinein bis zu einem Detektionsschirm (flächenhaft aufgebauter Teilchendetektor) hin beschreiben. Ehe die Rb-Atome in die Maser-Hohlraumresonatoren eintreten, können sie durch einen Laserstrahl in den beschriebenen angeregten Zustand gebracht werden. Ohne Laser-Einstrahlung sind sie im Grundzustand, können kein Mikrowellenphoton in den Maser-Resonatoren abgeben, und eine „Welcher-Weg"-Information ist nicht möglich. Schaltet man jedoch den Laserstrahl ein, dann regt er die Rb-Atome an, und beim Durchfliegen durch Resonator (1) bzw. (2) gibt das Atom dort ein Mikrowellenphoton ab, entweder in Resonator (1) oder in Resonator (2).

In unserer Bra-Ket-Schreibweise beschreiben wir die Zustände der Resonatoren wie folgt: $|1\,0\rangle$ bedeutet, dass ein Mikrowellenphoton ($\sim$21 GHz) in Resonator (1) deponiert wurde, das Rb-Atom also diesen Resonator passiert hat. $|0\,1\rangle$ bedeutet, dass ein Photon in Resonator (2) erzeugt wurde, in Resonator (1) jedoch keines. Was es genau bedeutet, ein Photon wurde in Resonator (1) oder (2) erzeugt, werden wir in größerer Tiefe in Kap. 8 kennenlernen. Das Rb-Atom hat also den Weg (2) genommen. Die inneren Zustände des Rb-Atoms (vereinfacht als 2-Niveau Atom betrachtet) seien $|g\rangle$ und $|e\rangle$ für den Grundzustand bzw. den angeregten Zustand. Aussendung

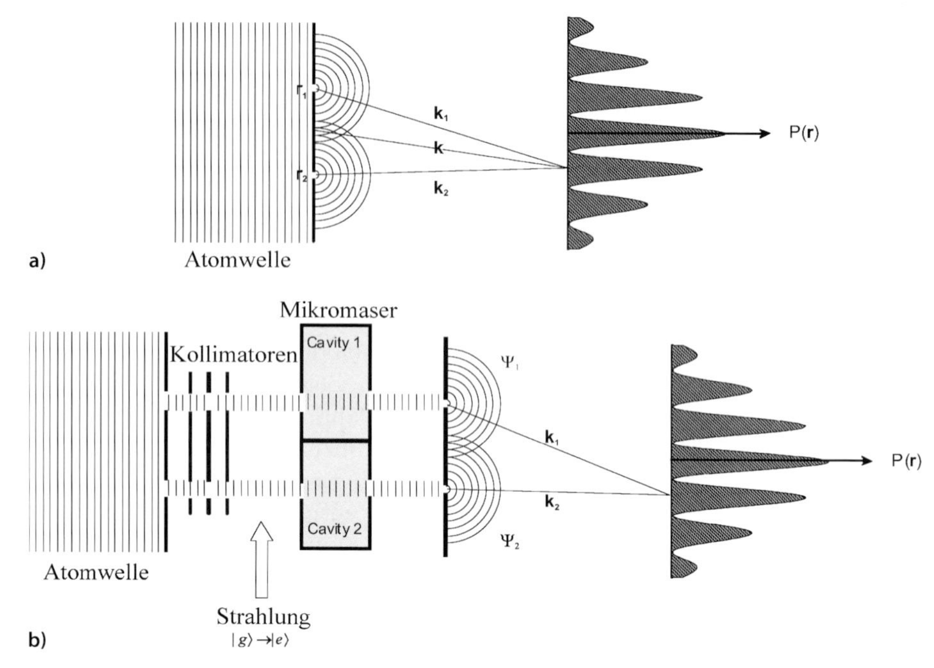

Abb. 7.8a,b. Gedankenexperiment zum Zusammenhang zwischen Verschränkung und „Welcher Weg"-Information bei der Doppeltspaltbeugung von Rb-Atomstrahlen [8]. **a** Einfaches Doppelspaltexperiment mit einlaufendem Atomstrahl, beschrieben als ebene Welle. Teilwellen aus den Öffnungen bei $\mathbf{r}_1$ und $\mathbf{r}_2$ interferieren. **b** Gleiche Versuchsanordnung wie in a) zu Erzeugung und Beobachtung der Doppelspaltinterferenz. Jedoch sind Apparaturen zwischen einlaufender Atomwelle und Doppelspalt eingeschoben, die eine Auslesung ermöglichen, über welchen Spalt (bei $\mathbf{r}_1$ oder $\mathbf{r}_2$) jeweils ein Rb-Atom läuft: Kollimatorblenden präparieren aus der einlaufenden Atomwelle zwei begrenzte Teilbündel, die ausschließlich durch zwei getrennte Hohlraumresonatoren (Cavities) von Mikromasern laufen. Die Cavity-Resonanzen sind auf einen charakteristischen interatomaren Übergang $|g\rangle \leftrightarrows |e\rangle$, bei Rb-Atomen ca. 21 GHz, abgestimmt. Zur Auslesung der „Welcher Weg"-Information werden die Atome vor Eintritt in die Mikromaser durch entsprechende elektromagnetische Strahlung aus dem Grundzustand $|g\rangle$ in den angeregten Zustand $|e\rangle$ gebracht. Je nach Weg, den ein Atom nimmt, wird bei der Abregung von $|e\rangle$ nach $|g\rangle$ ein HF-Photon in Cavity 1 oder Cavitiy 2 nachgewiesen

eines Mikrowellenphotons in einem der Resonatoren bedeutet also, dass am passierenden Atom der Übergang $|e\rangle \to |g\rangle$ (Abschn. 8.2.2) stattfindet.

Beschreiben wir die von den Doppelspalten (Abb. 7.8) ausgehenden Kugelwellen der propagierenden Rb-Atome wie in Abschn. 3.1 durch die Amplituden $\psi_j = C \exp[\mathrm{i}\mathbf{k} \cdot (\mathbf{r} - \mathbf{r}_j) - \mathrm{i}\omega t]$ mit $j = 1, 2$, so können wir für große Entfernungen des flächenhaften Detektors von der Doppelspaltanordnung eine gemeinsame Schwerpunktskoordinate $\mathbf{R} \approx \mathbf{r} - \mathbf{r}_1 \approx \mathbf{r} - \mathbf{r}_2$ (Abb. 7.8) einführen. Sei nun der anregende Laserstrahl ausgeschaltet, dann befinden sich alle Rb-Atome vor Passieren der Resonatoren im Grundzustand $|g\rangle$. Eine „Welcher-Weg"-Information kann nicht ermittelt werden, weil keine Photonen in den Resonatoren deponiert werden können. Der Zustand der Rb-Atome am Detektor muss dann lauten:

$$|\psi(\mathbf{R})\rangle = \frac{1}{\sqrt{2}} \left[|\psi_1(\mathbf{R})\rangle + |\psi_2(\mathbf{R})\rangle \right] |g\rangle \ . \tag{7.31}$$

Die Ortsdarstellung der Schwerpunktkoordinaten-Amplitude lautet somit

$$\psi(\mathbf{R}) = \langle r|\psi\rangle \frac{1}{\sqrt{2}} \left[|\psi_1(\mathbf{R})\rangle + |\psi_2(\mathbf{R})\rangle \right] |g\rangle \ . \tag{7.32}$$

Damit ergibt sich die auf dem Detektorschirm beobachtete Auftreffwahrscheinlichkeit oder Intensität zu

$$I = \psi^* \psi = \frac{1}{2} \left[|\psi_1|^2 + |\psi_2|^2 + \psi_1^* \psi_2 + \psi_2^* \psi_1 \right] \langle g|g\rangle \ . \tag{7.33}$$

Wegen $\langle g|g\rangle = 1$ und

$$\psi_1^* \psi_2 + \psi_2^* \psi_1 = 2\, C^2 \cos \mathbf{k} \cdot (\mathbf{r}_2 - \mathbf{r}_1) \tag{7.34}$$

erhalten wir das wohlbekannte Doppelspalt-Interferenzmuster (3.5), das immer dann auftritt, wenn wir nicht ermitteln, welchen Weg das Teilchen genommen hat.

Schaltet man jetzt die Laserstrahlung ein, und regt die Rb-Atome vor Passieren der Resonatoren in den Zustand $|e\rangle$ an, so geben sie beim Passieren des Resonators (1) dort ein Photon ab, der Resonator geht in den Zustand $|1\ 0\rangle$, bzw. auf dem Weg (2) ein Photon im Resonator (2), d. h. es liegt dort der Zustand $|0\ 1\rangle$ vor. Wir erhalten durch Messung der Resonatorzustände „Welcher-Weg"-Information. Jetzt müssen wir den Zustand der Teilchen am Detektor unter Berücksichtigung der verschiedenen Resonatorzustände schreiben:

$$|\psi\rangle = \frac{1}{\sqrt{2}} \left[|\psi_1\rangle\, |1\ 0\rangle + |\psi_2\rangle\, |0\ 1\rangle \right] |g\rangle \ . \tag{7.35}$$

Hierbei wurde berücksichtigt, dass die Rb-Atome nach Passieren der Resonatoren wieder im Grundzustand $|g\rangle$ sind.

In der Ortsdarstellung ergibt sich aus (7.35) die Wellenamplitude

$$\psi(\mathbf{R}) = \frac{1}{\sqrt{2}} \left[\psi_1\, |1\ 0\rangle + \psi_2\, |0\ 1\rangle \right] |g\rangle \tag{7.36}$$

und damit die Wahrscheinlichkeitsdichte bzw. Intensität I auf dem Detektorschirm zu

$$I = \psi^* \psi = \frac{1}{2} \Big(|\psi_1|^2 + |\psi_2|^2 + \psi_1^* \psi_2 \langle 1\ 0|0\ 1\rangle + \psi_2^* \psi_1 \langle 0\ 1|1\ 0\rangle \Big) \langle g|g\rangle \ . \tag{7.37}$$

Die Zustände der beiden getrennten Resonatoren $|0\ 1\rangle$ und $|1\ 0\rangle$ mit jeweils einem zusätzlichen Photon [wenn in Resonator (1), dann nicht in Resonator (2) und umgekehrt] sind natürlich orthogonal. Somit verschwinden in (7.37) die Interferenzterme mit $\langle 1\ 0|0\ 1\rangle$ und $\langle 0\ 1|1\ 0\rangle$. Die Doppelspaltinterferenz ist durch die Registrierung des Weges der einzelnen Atome verschwunden. Genau das Phänomen, das wir ohne Erklärung in Abschn. 2.4.2 dargestellt haben. Hier nun, in diesem Gedankenexperiment, erkennen wir die Ursache für das seltsame Verhalten von Teilchen bei der Doppelspaltinterferenz. Schalten wir die experimentelle Anordnung zur Ermittlung der „Welcher-Weg"-Information ein (hier Laser und Mikrowellenresonatoren), so werden in (7.35) die Teilchenzustände $|\psi_j\rangle$ mit den Zuständen der Resonatordetektoren $|1\ 0\rangle$ und $|0\ 1\rangle$ verschränkt. Zu detektierende Teilchen und Messapparatur sind nicht mehr als getrennte Systeme zu betrachten. Sie unterliegen dem typisch quantenphysikalischen Phänomen der Verschränkung. Nichtlokalität und Verschränkung erklären den Einfluss der Messapparatur auf die beobachteten Ergebnisse beim Doppelspaltexperiment. Wir werden sehen, dass dies auch im ganz allgemeinen Zusammenhang der Messung, z. B. dem Kollaps des Wellenpaketes (Abschn. 7.4) gilt.

7.3 Reine und gemischte Zustände: Die Dichtematrix

Wir haben gesehen, dass Überlagerungszustände, wie bei der Doppelspaltinterferenz oder der Zweiteilchenstreuung durch Verschränkung mit weiteren Freiheitsgraden, z. B. inneren Freiheitsgraden der interferierenden Teilchen oder des Spins zum Verlust der Interferenzterme bei der Wahrscheinlichkeit (Absolutquadrat der Amplituden) führen. Wir wollen diesen Übergang von den typisch quantenphysikalischen Interferenzen zu den klassischen Zuständen eines Systems, bei dem sich die Wahrscheinlichkeiten und nicht die Wahrscheinlichkeitsamplituden addieren, etwas genauer untersuchen. Dabei wird uns die Einführung eines neuen Operators, der Dichtematrix oder manchmal auch (besser) als statistischer Operator bezeichnet, von großem Nutzen sein.

Zuvor wollen wir uns noch einmal klar vor Augen führen, was der Verlust von Interferenztermen physikalisch bedeutet. Hierbei hilft uns eine weitere Diskussion des Stern-Gerlach-Experimentes (Abschn. 5.5.1)

7.3.1 Quantenmechanische und klassische Wahrscheinlichkeit

Im Stern-Gerlach-Experiment wurde ein Atomstrahl von Silberatomen - natürlich sind auch andere Atome oder Teilchen denkbar – durch Verdampfen aus einem Ofen erzeugt. Beim Durchfliegen der Atome durch ein stark inhomogenes Magnetfeld in z-Richtung tritt dann eine Aufspaltung in zwei Bündel entsprechend den Spinzuständen $|\downarrow\rangle$ und $|\uparrow\rangle$, bezogen auf die z-Richtung des Magnetfeldes, auf. Der Atomstrahl ist in die beiden Spin-Eigenzustände separiert worden, die jetzt als wohldefinierte quantenmechanische Zustände in den beiden Strahlen vorliegen. Eine weitere Messung der Spinorientierung in den Strahlen kann immer nur wieder Spin-up $|\uparrow\rangle$ oder Spin-down $|\downarrow\rangle$ ergeben.

Stellen wir uns jetzt vor, wir lassen den ersten Strahl, in dem nur Atome mit dem Spin-Zustand $|\uparrow\rangle$ sind, durch ein statisches Magnetfeld B_0, auch in z-Orientierung, fliegen und prägen den Atomen durch ein in x-Richtung ($\perp z$) anliegendes oszillierendes Magnetfeld $B_\sim$ einen $\pi/2$-Puls (Abschn. 6.5.2) auf. Dieser $\pi/2$-Puls klappt den Spin aus der z-Richtung in die x-Richtung um und erzeugt so einen Überlagerungszustand

$$|s\rangle_{\mathrm{sup}} = \frac{1}{\sqrt{2}}\left(|\uparrow\rangle + \mathrm{e}^{\mathrm{i}\alpha}|\downarrow\rangle\right) \,, \tag{7.38}$$

in dem beide z-Spinorientierungen gleichwertig vertreten sind. Die Spin-Drehachse liegt jetzt senkrecht zum statischen Magnetfeld B_0 und rotiert mit der Frequenz $E_\uparrow - E_\downarrow = \hbar\omega_0$ um dieses (Abschn. 6.5.2). Wir haben in (7.38) der Allgemeinheit wegen noch einen Phasenfaktor $\exp(\mathrm{i}\alpha)$ zugelassen, der durch Details der Experimentführung bestimmt ist.

Wir können für den Überlagerungszustand die Erwartungswerte $\langle\hat{s}_x\rangle$, $\langle\hat{s}_y\rangle$, $\langle\hat{s}_z\rangle$ ausrechnen, d. h. die Mittelwerte der verschiedenen Spinkomponenten, die sich ergeben, wenn wir viele Messungen der Spinorientierungen in x, y, z-Richtung am Strahl nach Passieren der experimentellen Anordnung durchführen (Messung an einem Ensemble). Es ergibt sich:

$$\begin{aligned}
\langle\hat{s}_z\rangle &= \frac{1}{2}\hbar\langle\hat{\sigma}_z\rangle = \frac{1}{2}\hbar\frac{1}{2}\left(\langle\uparrow| + \mathrm{e}^{-\mathrm{i}\alpha}\langle\downarrow|\right)\hat{\sigma}_z\left(|\uparrow\rangle + \mathrm{e}^{\mathrm{i}\alpha}|\downarrow\rangle\right)\\
&= \frac{1}{4}\hbar\left(\langle\uparrow|\uparrow\rangle - \mathrm{e}^{\mathrm{i}\alpha}\langle\uparrow|\downarrow\rangle + \mathrm{e}^{-\mathrm{i}\alpha}\langle\downarrow|\uparrow\rangle - \langle\downarrow|\downarrow\rangle\right) = 0 &\text{(7.39a)}\\
\langle\hat{s}_x\rangle &= \frac{1}{2}\hbar\langle\hat{\sigma}_x\rangle = \frac{1}{4}\hbar\left(\langle\uparrow| + \mathrm{e}^{-\mathrm{i}\alpha}\langle\downarrow|\right)\hat{\sigma}_x\left(|\uparrow\rangle + \mathrm{e}^{\mathrm{i}\alpha}|\downarrow\rangle\right)\\
&= \frac{1}{4}\hbar\left(\langle\uparrow| + \mathrm{e}^{-\mathrm{i}\alpha}\langle\downarrow|\right)\left(|\downarrow\rangle + \mathrm{e}^{\mathrm{i}\alpha}|\uparrow\rangle\right)\\
&= \frac{1}{4}\hbar\left(\langle\uparrow|\downarrow\rangle + \langle\uparrow|\uparrow\rangle\,\mathrm{e}^{\mathrm{i}\alpha} + \mathrm{e}^{-\mathrm{i}\alpha}\langle\downarrow|\downarrow\rangle + \langle\downarrow|\uparrow\rangle\right)\\
&= \frac{1}{2}\hbar\cos\alpha &\text{(7.39b)}\\
\langle\hat{s}_y\rangle &= \frac{1}{2}\hbar\langle\hat{\sigma}_y\rangle = \frac{1}{4}\hbar\left(\langle\uparrow| + \mathrm{e}^{-\mathrm{i}\alpha}\langle\downarrow|\right)\hat{\sigma}_y\left(|\uparrow\rangle + \mathrm{e}^{\mathrm{i}\alpha}|\downarrow\rangle\right)\\
&= \frac{1}{4}\hbar\left(\langle\uparrow| + \mathrm{e}^{-\mathrm{i}\alpha}\langle\downarrow|\right)\left(i|\downarrow\rangle + \mathrm{i}\,\mathrm{e}^{\mathrm{i}\alpha}|\uparrow\rangle\right)\\
&= -\frac{1}{2}\hbar\sin\alpha\,. &\text{(7.39c)}
\end{aligned}$$

Hierbei werden die Beziehungen (7.25) für die Spinoperatoren verwendet.

Die Messwerte des Spins in x, y und z-Richtung (7.34) sind Mittelwerte, die für den Quantenzustand (7.38) ausgerechnet wurden, in dem $|\uparrow\rangle$ und $|\downarrow\rangle$ gleichwertig vertreten sind. In diesen Mittelwerten ist die maximale Kenntnis über den Quantenzustand enthalten. Da das quantenphysikalische Geschehen inhärent statistisch ist, ausgedrückt durch die Überlagerung von $|\uparrow\rangle$ und $|\downarrow\rangle$ in (7.38), können nur Erwartungs- oder Mittelwerte (7.39) als Messergebnisse an einem Ensemble gewonnen werden, d. h. wir müssen ein- und dieselbe Messung viele Male am gleichen System wiederholen und die Messzahlen mitteln. Dieses statistische Geschehen ist dem quantenphysikalischen Geschehen inhärent, es macht keinen Sinn, mehr Information als durch den Zustand (7.38) gegeben, zu fordern.

Betrachten wir nun den Fall, dass wir den Atomstrahl, der aus dem Ofen kommt, nicht durch eine Stern-Gerlach-Apparatur zur Präparation einer festen Spineinstellung $|\uparrow\rangle$ oder $|\downarrow\rangle$ laufen lassen, sondern gleich mit einem Spin-auflösenden Detektor die Spineinstellung in z-Richtung messen. Da beide Spineinstellungen $|\uparrow\rangle$ und $|\downarrow\rangle$ mit gleichgroßer Wahrscheinlichkeit aus der Quelle ausgesendet werden, müssen wir in 50% der Fälle den Zustand $|\uparrow\rangle$ und in den anderen 50% $|\downarrow\rangle$ detektieren. Man könnte das Gleiche an einem Atomstrahl messen, bei dem die beiden Strahlen $|\uparrow\rangle$ und $|\downarrow\rangle$ des Stern-Gerlach-Versuchs wieder 1:1 gemischt werden. Der Spin-Mittelwert in z-Richtung aus vielen Messungen ergibt sich damit zu:

$$\langle \bar{s}_z \rangle = \frac{1}{2} \langle\uparrow| \hat{s}_z |\uparrow\rangle + \frac{1}{2} \langle\downarrow| \hat{s}_z |\downarrow\rangle = \sum_{i=1}^{2} p_i \langle s_i| \hat{s}_z |s_i\rangle \, . \tag{7.40}$$

Diese Mittelwertbildung, durch oberen Querstrich gekennzeichnet, enthält die inhärent quantenphysikalische Mittelung $\langle\uparrow|\hat{s}_z|\uparrow\rangle$ bzw. $\langle\downarrow|\hat{s}_z|\downarrow\rangle$, aber auch die Mittelung über Wahrscheinlichkeiten p_i (hier $p_i = p_\uparrow = p_\downarrow = \frac{1}{2}$), die dem Rechnung tragen, dass wir aufgrund nicht durchgeführter Spin-Präparation mittels einer Stern-Gerlach-Anordnung nicht wissen, wie der quantenmechanische Ausgangszustand ist. Diese Mittelung beruht also auf einer Unkenntnis über das System, die durch mögliche Zusatzinformation zu beheben wäre. Die Wahrscheinlichkeiten p_i in (7.40) sind klassische Wahrscheinlichkeiten. Die auf vermeidbarer oder gewünschter Unkenntnis über das System beruhen, so wie wir das aus der klassischen statistischen Physik komplexer Systeme kennen. Wir interessieren uns dort einfach nicht für den Weg eines einzelnen Moleküls, wenn uns statistische Größen wie Temperatur oder Druck eines Gases interessieren.

Analog zu (7.40) können wir auch die statistischen Mittelwerte $\langle \bar{s}_x \rangle$ und $\langle \bar{s}_y \rangle$ ausrechnen, die wir als mittlere Messwerte des Spins an den 1:1 gemischten Atomstrahlen oder dem nicht vorpolarisierten (Stern-Gerlach Filter) Strahl erwarten.

Für die gemischten Strahlen, bzw. den nicht-polarisierten Strahl erhalten wir:

$$\begin{aligned} \langle \bar{s}_z \rangle &= \sum_{i=1}^{2} p_i \langle s_i| \hat{s}_z |s_i\rangle = \frac{1}{2} \langle\uparrow| \hat{s}_z |\uparrow\rangle + \frac{1}{2} \langle\downarrow| \hat{s}_z |\downarrow\rangle \\ &= \frac{\hbar}{2} \left(\frac{1}{2} \langle\uparrow|\uparrow\rangle - \frac{1}{2} \langle\downarrow|\downarrow\rangle \right) = 0 \, , \end{aligned} \tag{7.41a}$$

$$\langle \bar{s}_x \rangle = \frac{1}{2} \langle \uparrow | \, \hat{s}_x \, | \uparrow \rangle + \frac{1}{2} \langle \downarrow | \, \hat{s}_x \, | \downarrow \rangle = \frac{\hbar}{4} \left(\langle \uparrow | \, \hat{\sigma}_x \, | \uparrow \rangle + \langle \downarrow | \, \hat{\sigma}_x \, | \downarrow \rangle \right)$$
$$= \frac{\hbar}{4} \left(\langle \uparrow | \downarrow \rangle + \langle \downarrow | \uparrow \rangle \right) = 0 \tag{7.41b}$$

und analog

$$\langle \bar{s}_y \rangle = 0 \, . \tag{7.41c}$$

Im gemischten oder unpolarisierten Strahl treten alle Spinpolarisationen mit gleicher (klassischer) Wahrscheinlichkeit wie ihre entgegengesetzten Polarisationen auf, die Mittelwerte $\langle \bar{s}_z \rangle$, $\langle \bar{s}_x \rangle$, $\langle \bar{s}_y \rangle$ verschwinden, im Gegensatz zu den quantenmechanischen Mittelwerten $\langle \hat{s}_x \rangle$ und $\langle \hat{s}_y \rangle$ (7.39b, 7.39c) gemessen an einem wohlpräparierten Quantenzustand (7.38), über den wir alle überhaupt nur mögliche Informationen haben.

Wir müssen also streng unterscheiden zwischen Systemen und deren Zuständen, die maximal bestimmt sind nach den Gesetzen der Quantenmechanik und Systemen, in denen reine quantenmechanische Zustände, bestimmt durch eine vorherige Messung, gemischt auftreten. Erstere Zustände, die identisch sind mit allen bisher betrachteten Quantenzuständen heißen **reine Zustände**. Letztere Zustände, bei denen eine prinzipiell mögliche Information nicht gegeben ist, sondern nur (klassische) Wahrscheinlichkeiten p_i angeben, wie häufig echte Quantenzustände im Systemensemble auftreten, heißen **gemischte Zustände**. Häufig wird als Beispiel für einen gemischten Zustand ein Ensemble betrachtet, an dem eine Messung vorgenommen wurde, durch das das System in die quantenmechanischen Eigenzustände des Messoperators übergeht, die aber nicht registriert werden.

Sei A eine Observable, die durch den Operator $\hat{A}$ beschrieben werde, und sei das System im reinen Zustand $|\psi\rangle$, der durch eine Messapparatur präpariert wurde, dann erwarten wir bei Messung von A den Mittelwert eines reinen Zustandes

$$\left\langle \hat{A} \right\rangle = \langle \psi | \, \hat{A} \, | \psi \rangle \ . \tag{7.42}$$

Noch einmal präzise gesagt, bedeutet dies, wir erhalten den Mittelwert $\langle \hat{A} \rangle$, indem wir an einem Ensemble im Zustand $|\psi\rangle$ die A-Messung viele Male durchführen und die erhaltenen Messwerte für A mitteln. Nach dieser A-Messung liegen dann Eigenzustände $|n\rangle$ des Operators $\hat{A}$ mit

$$\hat{A} \, |n\rangle = A_n \, |n\rangle \ \text{ und } \ |\psi\rangle = \sum_n a_n \, |n\rangle \tag{7.43}$$

vor. $|a_n|^2$ ist die Wahrscheinlichkeit, mit der der Zustand $|n\rangle$ vorliegt. Wir haben es hier mit einer Mischung von Eigenzuständen $|n\rangle$ zu tun, die mit einer Wahrscheinlichkeit $p_n = |a_n|^2$ im gemischten Ensemble vorkommen.

Führen wir jetzt eine B-Messung (Operator $\hat{B}$) durch, dann muss der Mittelwert $\langle \bar{B} \rangle$ errechnet werden, indem man die quantenmechanischen Mittelwerte $\langle n | \hat{B} | n \rangle$ noch einmal mittelt mit den Wahrscheinlichkeiten $p_n = |a_n|^2$, mit denen die Zustände $|n\rangle$ im Ensemble auftreten:

$$\langle \bar{B} \rangle = \sum_n p_n \langle n| \hat{B} |n\rangle \ . \tag{7.44}$$

$\langle \bar{B} \rangle$ mit eckiger Klammer und oberem Balken drückt die zweifache Mittelung, die quantenmechanische und die klassische über die p_n-Verteilung aus.

Noch einmal zusammengefasst: Bisher wurden quantenmechanische Mittelwerte wie $\langle \psi|\hat{A}|\psi\rangle$ an einem Ensemble von N Systemen ausgerechnet, die alle im gleichen (reinen) Zustand $|\psi\rangle$ waren. Haben wir es mit einem gemischten Zustand zu tun, dann liegt ein Ensemble von N Systemen vor, von denen $n < N$ im Zustand $|n\rangle$ sind. $p_n = n/N$ ist dann für große Zahlen, die Wahrscheinlichkeit, mit der der Zustand $|n\rangle$ im gemischten Ensemble vertreten ist. Die Mittelwertbildung für eine B-Messung muss dann nach (7.44) erfolgen.

Können wir jetzt eine formal einheitliche Rechenvorschrift zur Ermittlung eines Mittelwertes für eine Observable finden, die nicht Notiz davon nimmt, ob das System-Ensemble rein oder gemischt ist? Dies beschäftigt uns im folgenden Abschnitt.

7.3.2 Dichtematrix

Zum Auffinden einer gemeinsamen Darstellung von Erwartungswerten einer Observablen in gemischten und reinen System-Ensembles starten wir vom Mittelwert einer Observablen B in einem gemischten Ensemble (7.44) und wenden die Vollständigkeitsbeziehung für ein beliebiges Orthonormalsystem $\{|i\rangle\}$ (4.69a) an:

$$\langle \bar{B} \rangle = \sum_n p_n \langle n| \hat{B} |n\rangle = \sum_{ni} p_n \langle n|i\rangle \langle i| \hat{B} |n\rangle = \sum_{ni} p_i \langle n|i\rangle \langle i| \hat{B} |n\rangle \ . \tag{7.45}$$

Hierbei wurde p_n durch p_i ersetzt, weil $\langle n|i\rangle = \delta_{ni}$ gilt. Wir definieren jetzt die **Dichtematrix** oder besser den **Statistischen Operator** $\hat{\rho}$ (der Operator $\hat{\rho}$ ist nur in bestimmten Darstellungen eine Matrix) durch

$$\boxed{\hat{\rho} = \sum_i p_i |i\rangle \langle i|} \ . \tag{7.46}$$

Damit schreibt sich der Mittelwert (7.45)

$$\langle \bar{B} \rangle = \sum_n \langle n| \hat{\rho}\hat{B} |n\rangle \ . \tag{7.47}$$

$\hat{\rho}\hat{B}$ ist ein Operatorenprodukt, bei dem zuerst $\hat{B}$ und anschließend noch einmal $\hat{\rho}$ auf einen gewissen Zustand, ein Ket, wirkt. $\langle n|\hat{\rho}\hat{B}|n\rangle$ sind bei einem diskreten Orthogonalsystem $\{|n\rangle\}$ die Diagonalglieder der aus $\hat{\rho}\hat{B}$ gebildeten Matrix (Abschn. 4.3.1). Den Ausdruck (7.47), der durch Summation über die Diagonalglieder einer Matrix entsteht, nennt man **Spur (Sp)** oder im Englischen **Trace (Tr)** dieser Matrix. Ein besonderer Name ist angebracht, weil für hermitesche Matrizen (Operatoren) die Spur unabhängig davon ist, in welchem Orthogonalsystem $\{|n\rangle\}$ wir sie ausrechnen. Man sieht dies sofort ein, weil wir solche Matrizen in Diagonalform transformieren können, wo dann die Eigenwerte der Matrix gerade die Elemente der Diagonale darstellen (Abschn. 4.3.1). Die Eigenwerte sind eindeutig der Matrix zugeordnet und ihre Summe ist charakteristisch für die Matrix. Damit schreibt sich der Mittelwert (7.47) über ein gemischtes Ensemble, unabhängig vom Eigenfunktionssystem

$$\langle \bar{B} \rangle = \mathrm{Sp}\left(\hat{\rho}\hat{B}\right) \ . \tag{7.48}$$

Wir sehen sofort, dass die Schreibweise (7.48) auch den Erwartungswert einer Messung A an einem reinen Zustand (Ensemble) ergibt. Im Falle eines reinen Zustandes gibt es im Ensemble nur einen Zustand $|\psi\rangle$, d. h. bis auf ein spezielles $p_0 = 1$ verschwinden alle anderen p_n. Die Dichtematrix für den reinen Zustand $|\psi\rangle$ lautet damit

$$\boxed{\hat{\rho}_{\mathrm{rein}} = |\psi\rangle \langle\psi|} \ . \tag{7.49}$$

Wir führen nach der Vorschrift (7.48) die Mittelwertbildung in einem beliebigen Orthogonalsystem $\{|n\rangle\}$ durch

$$\begin{aligned} \left\langle \hat{A} \right\rangle &= \mathrm{Sp}\left(\hat{\rho}_{\mathrm{rein}}\hat{A}\right) = \sum_n \langle n|\hat{\rho}_{\mathrm{rein}}\hat{A}\,|n\rangle = \sum_n \langle n|\psi\rangle \langle\psi|\,\hat{A}\,|n\rangle \\ &= \sum_n \langle\psi|\,\hat{A}\,|n\rangle \langle n|\psi\rangle = \langle\psi|\,\hat{A}\,|\psi\rangle \ . \end{aligned} \tag{7.50}$$

Wie erwartet, ergibt die Spurbildung von $\hat{\rho}_{\mathrm{rein}}\hat{A}$ genau den quantenmechanischen Mittelwert, den Erwartungswert der Messgröße A im reinen Zustand $|\psi\rangle$. Die Definition der Dichtematrix (7.46) bzw. (7.49) oder besser des statistischen Operators $\hat{\rho}$ liefert also sowohl für reine wie gemischte Systeme mittels (7.48) bzw. (7.50) die richtigen Ausdrücke für die in einer Messung zu erwartenden mittleren Mess(Erwartungs)werte.

Die Dichtematrix enthält offenbar alle Information über den Zustand eines Quantensystems, für einen reinen Zustand genauso wie die Wellenfunktion ψ oder der Zustand $|\psi\rangle$. Wir können z. B. auch die Aufenthaltswahrscheinlichkeitsdichte für ein Teilchen an einem Ort $\mathbf{r}$, $P(\mathbf{r}) = \psi^*\psi$, durch $\hat{\rho}$ darstellen, indem wir die Diagonalelemente von $\hat{\rho}$ in der Ortsdarstellung $|\mathbf{r}\rangle$ hinschreiben

$$\langle\mathbf{r}|\,\hat{\rho}\,|\mathbf{r}\rangle = \langle\mathbf{r}|\psi\rangle \langle\psi|\mathbf{r}\rangle = \psi^*(\mathbf{r})\,\psi(\mathbf{r}) \ . \tag{7.51}$$

Mittels des Projektionsoperators $\hat{P}_{\mathbf{r}} = |\mathbf{r}\rangle\langle\mathbf{r}|$, der auf den Ortszustand $|\mathbf{r}\rangle$ projeziert, ergibt sich wiederum ein Spur-Ausdruck über die Dichtematrix für die Aufenthaltswahrscheinlichkeitsdichte $P(\mathbf{r})$:

$$
\begin{aligned}
P(\mathbf{r}) = \psi^*\psi &= \mathrm{Sp}\left(\hat{P}_{\mathbf{r}}\hat{\rho}\right) \\
&= \sum_n \langle n|\mathbf{r}\rangle \langle \mathbf{r}|\psi\rangle \langle \psi|n\rangle \\
&= \sum_n \langle \mathbf{r}|\psi\rangle \langle \psi|n\rangle \langle n|\mathbf{r}\rangle = \langle \mathbf{r}|\psi\rangle \langle \psi|\mathbf{r}\rangle \ ;
\end{aligned} \tag{7.52a}
$$

d. h. es gilt auch

$$
\psi^*\psi = \mathrm{Sp}\left(\hat{P}_{\mathbf{r}}\hat{\rho}\right) \ . \tag{7.52b}
$$

Mittels der Dichtematrix können wir weiter ein Kriterium aufstellen, ob ein Zustand rein oder gemischt ist.

Für reine Zustände gilt

$$
\hat{\rho}_{\text{rein}} = |\psi\rangle \langle \psi| \ , \tag{7.53a}
$$

$$
\hat{\rho}^2_{\text{rein}} = |\psi\rangle \langle \psi|\psi\rangle \langle \psi| = \hat{\rho}_{\text{rein}} \ . \tag{7.53b}
$$

Stellen wir $\hat{\rho}_{\text{rein}}$ in einem beliebigen Orthogonalsystem $|n\rangle$ dar und bilden die Spur, so gilt

$$
\mathrm{Sp}\,\hat{\rho}_{\text{rein}} = \sum_n \langle n|\psi\rangle \langle \psi|n\rangle = \langle \psi|\psi\rangle = 1 \ , \tag{7.53c}
$$

$$
\mathrm{Sp}\,\hat{\rho}^2_{\text{rein}} = \mathrm{Sp}\,\hat{\rho}_{\text{rein}} = 1 \ . \tag{7.53d}
$$

Für gemischte Zustände gilt

$$
\hat{\rho} = \sum_n p_n |n\rangle \langle n| \ , \tag{7.54a}
$$

wenn das gemischte Ensemble aus jeweils Zuständen $|n\rangle$ besteht, die mit den Wahrscheinlichkeiten p_n vertreten sind.

$$
\begin{aligned}
\mathrm{Sp}\,\hat{\rho} &= \sum_{in} p_n \langle i|n\rangle \langle n|i\rangle = \sum_{in} p_n \langle n|i\rangle \langle i|n\rangle \\
&= \sum_n p_n \langle n|n\rangle = \sum_n p_n = 1 \ ,
\end{aligned} \tag{7.54b}
$$

$$
\begin{aligned}
\mathrm{Sp}\,\hat{\rho}^2 &= \mathrm{Sp}\left(\sum_{nm} p_n p_m |n\rangle \langle n|m\rangle \langle m|\right) \\
&= \mathrm{Sp}\left(\sum_{nm} p_n p_m |n\rangle \langle m|\,\delta_{nm}\right) = \sum_{in} p_n^2 \langle i|n\rangle \langle n|i\rangle \\
\mathrm{Sp}\,\hat{\rho}^2 &= \sum_n p_n^2 < 1 \ .
\end{aligned} \tag{7.54c}
$$

Während also für reine Zustände die Spuren von $\hat{\rho}$ und $\hat{\rho}^2$ beide identisch gleich 1 sind, gilt dies bei gemischten Zuständen nur für $\mathrm{Sp}\,\hat{\rho}$. $\mathrm{Sp}\,\hat{\rho}^2 < 1$ folgt wegen $p_n < 1$.

Weil das Spin-System mit seinen beiden Eigenzuständen $|\uparrow\rangle$ und $|\downarrow\rangle$ besonders einfach zu überschauen ist, wollen wir hierauf abschließend noch einmal den Formalismus der Dichtematrix anwenden. Gegeben sei ein allgemeiner Spinzustand

$$|s\rangle = a\,|\uparrow\rangle + b\,|\downarrow\rangle = a\begin{pmatrix}1\\0\end{pmatrix} + b\begin{pmatrix}0\\1\end{pmatrix} = \begin{pmatrix}a\\b\end{pmatrix}, \tag{7.55}$$

wobei wir die Vektordarstellung in den Eigenvektoren der $\hat{\sigma}_z$-Komponente gewählt haben.

Der reine Zustand (7.55) hat in dieser Darstellung eine Dichtematrix

$$|s\rangle\,\langle s| = \begin{pmatrix}a\\b\end{pmatrix}(a^*b^*) = \begin{pmatrix}aa^* & ab^*\\ ba^* & bb^*\end{pmatrix}. \tag{7.56}$$

Nach den Regeln der Matrixmultiplikation (Abschn. 4.3.1) sehen wir sofort, dass $|s\rangle\langle s|$ in der Tat eine Matrix ergibt. Man unterscheide hiervon klar das Skalarprodukt der beiden Zustände:

$$\langle s|s\rangle = (a^*b^*)\begin{pmatrix}a\\b\end{pmatrix} = a^*a + b^*b\,. \tag{7.57}$$

Während Ausdrücke der Form $\langle\psi|\psi\rangle$ immer skalare Zahlen darstellen, sind die „Schmetterlingsgebilde“ $|\psi\rangle\langle\psi|$, gebildet aus zwei Hilbert-Vektoren, immer Operatoren oder Matrizen.

Betrachten wir zur Übung noch die Dichtematrizen des reinen Spin-Superpositionszustandes (7.38) und des gemischten Zustandes, wo die Atomstrahlen mit Spin-up- $|\uparrow\rangle$ und Spin-down-Orientierung $|\downarrow\rangle$ zu 50% ($p_\uparrow = p_\downarrow = \frac{1}{2}$) gemischt werden.

Für die Dichtematrix des reinen Zustandes (7.38) gilt [Man beachte die Rechenregel (7.9) für die Darstellung zu $\hat{\sigma}_z$]:

$$\begin{aligned}
\hat{\rho}_{\text{rein}} &= \frac{1}{2}\left(|\uparrow\rangle + \mathrm{e}^{\mathrm{i}\alpha}\,|\downarrow\rangle\right)\left(\langle\uparrow| + \mathrm{e}^{-\mathrm{i}\alpha}\,\langle\downarrow|\right)\\
&= \frac{1}{2}\left(|\uparrow\rangle\,\langle\uparrow| + |\downarrow\rangle\,\langle\downarrow|\right) + \frac{1}{2}\left(\mathrm{e}^{-\mathrm{i}\alpha}\,|\uparrow\rangle\,\langle\downarrow| + \mathrm{e}^{\mathrm{i}\alpha}\,|\downarrow\rangle\,\langle\uparrow|\right)\\
&= \frac{1}{2}\begin{pmatrix}1\\0\end{pmatrix}(1\;0) + \frac{1}{2}\begin{pmatrix}0\\1\end{pmatrix}(0\;1) + \frac{1}{2}\mathrm{e}^{-\mathrm{i}\alpha}\begin{pmatrix}0&1\\0&0\end{pmatrix} + \frac{1}{2}\mathrm{e}^{\mathrm{i}\alpha}\begin{pmatrix}0&0\\1&0\end{pmatrix}\\
&= \frac{1}{2}\begin{pmatrix}1&0\\0&1\end{pmatrix} + \frac{1}{2}\begin{pmatrix}0 & \mathrm{e}^{-\mathrm{i}\alpha}\\ \mathrm{e}^{\mathrm{i}\alpha} & 0\end{pmatrix} = \frac{1}{2}\begin{pmatrix}1 & \mathrm{e}^{-\mathrm{i}\alpha}\\ \mathrm{e}^{\mathrm{i}\alpha} & 1\end{pmatrix}.
\end{aligned} \tag{7.58}$$

Die Dichtematrix des gemischten Zustandes stellt sich dar als

$$\hat{\rho} = p_\uparrow |\uparrow\rangle\langle\uparrow| + p_\downarrow |\downarrow\rangle\langle\downarrow| = \frac{1}{2}\left(|\uparrow\rangle\langle\uparrow| + |\downarrow\rangle\langle\downarrow|\right) = \frac{1}{2}\begin{pmatrix} 1 & 0 \\ 0 & 1 \end{pmatrix} . \tag{7.59}$$

Beim gemischten Zustand (7.59) fehlen in der Dichtematrix, verglichen mit dem reinen Zustand (7.58), die Interferenzterme mit der Phaseninformation $\exp(\pm i\alpha)$. Die Dichtematrix drückt den Sachverhalt sehr klar aus, den wir auch schon bei der Errechnung der Mittelwerte einer Observablen in einem reinen und einem gemischten Ensemble (Abschn. 7.3) gesehen haben. Im gemischten Ensemble gibt es keine Interferenzen, die typisch für kohärente quantenmechanische Zustände sind. Gemischte Ensembles verhalten sich wie klassische Systeme. Die Dichtematrix hat nur noch Diagonalglieder, wie wir an den Matrixdarstellungen in den Spineigenschaften zu $\hat{\sigma}_z$ in (7.58) und (7.59) sehen.

Übergang von einem reinen Superpositionszustand in einen gemischten (klassischen) Zustand bedeutet also, dass die Dichtematrix ihre Nichtdiagonalglieder verliert. Im gemischten Zustand werden Wahrscheinlichkeiten addiert, während im reinen Zustand Amplituden addiert werden und die Absolutquadratbildung Interferenzterme auf der Nichtdiagonalen der Dichtematrix verursacht.

Weil

$$\frac{1}{2\pi}\int_0^{2\pi} \mathrm{e}^{\pm i\alpha}\,\mathrm{d}\alpha = 0 \tag{7.60}$$

gilt, können wir auch sagen, der reine Zustand (7.58) geht in den gemischten (7.59) über, indem über die Phasen der Interferenzterme gemittelt wird:

$$\hat{\rho} = \frac{1}{2\pi}\int_0^{2\pi} \mathrm{d}\alpha\,\hat{\rho}_{\mathrm{rein}} . \tag{7.61}$$

7.4 Quantenumwelt, Messprozess und Verschränkung

Wir haben in Abschn. 7.2.1 gesehen, dass sich die quantenphysikalische Realität durch Nichtlokalität auszeichnet. Alles ist mit allem verbunden oder präziser gesagt verschränkt. In physikalischen Experimenten wollen wir im Allgemeinen aber nur Aussagen über ein bestimmtes Subsystem der gesamten Realität machen. Wenn uns die Anregungszustände eines Atoms interessieren, dann wollen wir keine Notiz davon nehmen, wie das Atom in einem Festkörper gebunden ist, oder wie es in einer Ionenfalle durch elektromagnetische Felder lokalisiert ist. Es ist im Wesen der physikalischen Betrachtungsweise der Welt, dass wir Systeme zu ihrer mathematischen Beschreibung von ihrer Umgebung gedanklich separieren. Dies ist der Kern der physikalischen

Abstraktion, die zu den unerhörten Fortschritten im physikalischen Denken geführt hat. Selbst im physikalischen Messprozess, der ja mehrmals in diesem Buch als ein Kollaps des Wellenpaketes in einen Eigenzustand des Operators der Messgröße beschrieben wurde, wird von der Existenz und Einwirkung des Messapparates auf das Gesamtsystem abstrahiert.

Welche Konsequenzen hat das gedankliche und experimentelle Ausschalten der Umgebung, in die das zu betrachtende Subsystem eingebettet ist, mit der es wegen seiner Verschränkung, d. h. der Nichtlokalität der Quantenwelt verbunden ist, auf unsere Wahrnehmung und physikalische Beschreibung? Dieser subtilen Fragestellung wollen wir im Folgenden etwas weiter auf den Grund gehen.

7.4.1 Subsystem und Umwelt

Um das Wesen der physikalischen Abstraktion, der Beschränkung auf ein mathematisch beschreibbares Subsystem, etwas tiefer zu ergründen, betrachten wir ein System, das aus zwei Subsystemen (1) und (2) besteht. Ein Quantenzustand des Gesamtsystems werde beschrieben durch

$$|\psi\rangle = \sum_{nm} c_{nm} |n\rangle_1 |m\rangle_2 \,. \tag{7.62}$$

Herbei sind $|n\rangle_1$ und $|m\rangle_2$ Orthonormalsysteme der beiden Teilsysteme, die über die Matrix $\{c_{nm}\}$ miteinander verkoppelt sind. Diese Verkopplung bedeutet Verschränkung, denn wir können im Allgemeinen $|\psi\rangle$ nicht durch ein Produkt nur aus Zuständen des Systems (1) und des Systems (2) darstellen. Dies wäre nur möglich, wenn $c_{nm} = \alpha_n \beta_m$ darstellbar wäre. Dann könnten wir schreiben:

$$|\psi\rangle = \sum_{nm} \alpha_n \beta_m |n\rangle_1 |m\rangle_2 = \left(\sum_{nm} \alpha_n |n\rangle_1\right)\left(\sum_{nm} \beta_m |m\rangle_2\right) \,. \tag{7.63}$$

Wir hätten es dann mit zwei (in der Abstraktion) entkoppelten Systemen (Abschn. 5.6.1) zu tun. Die Dichtematrix für das reine Ensemble des Gesamtzustandes (7.62) lautet

$$\hat{\rho} = |\psi\rangle \langle\psi| = \sum_{\substack{nm,\\ n'm'}} c_{nm} c_{n'm'} |n\rangle_1 |m\rangle_2 \, {}_1\langle n'| \, {}_2\langle m'| \,. \tag{7.64}$$

Betrachten wir jetzt das System (2) als die nicht interessierende Umgebung, in die das System (1) eingebettet ist. Wir sind an einer Messgröße A nur am Subsystem (1) interessiert. Nach den Rechenregeln von Abschn. 7.3.2 rechnen wir den Erwartungswert $\langle A\rangle$ durch Spurbildung über $\hat{\rho}\hat{A}$ aus, wobei $\hat{A}$ nur in die Spurbildung über das System (1) eingeht, d. h.

$$\langle A\rangle = \mathrm{Sp}_1 \mathrm{Sp}_2 \left(\hat{\rho}\hat{A}\right) = \mathrm{Sp}_1 \left[(\mathrm{Sp}_2 \hat{\rho})\, \hat{A}\right] \,. \tag{7.65}$$

Die Spurbildung $\mathrm{Sp}_2\hat{\rho}$ berücksichtigt nur Zustände des Subsystems (2), sie reduziert die gesamte Dichtematrix $\hat{\rho}$ zu einer reduzierten Matrix $\hat{\rho}_{\mathrm{red}}$, die dann für die Mittelwertbildung von $\langle A\rangle$ relevant ist.

Es gilt damit durch Spurbildung nur im System (2)

$$\begin{aligned}\hat{\rho}_{\mathrm{red}} = \mathrm{Sp}_2\hat{\rho} &= \sum_{\substack{inm,\\ n'm'}} c_{nm}c^*_{n'm'}\,|n\rangle_1\,{}_1\langle n'|\,\langle i|m\rangle_2\,{}_2\langle m'|i\rangle \\ &= \sum_{\substack{inm,\\ n'm'}} c_{nm}c^*_{n'm'}\,|n\rangle_1\,{}_1\langle n'|\,{}_2\langle m'|i\rangle\,\langle i|m\rangle_2 \\ &= \sum_{nn'm} c_{nm}c^*_{n'm}\,|n\rangle_1\,{}_1\langle n'|\,. \end{aligned} \tag{7.66a}$$

Benennen wir

$$p_{nn'} = \sum_m c_{nm}c^*_{n'm}\,, \tag{7.66b}$$

so stellt sich die reduzierte Dichtematrix dar als

$$\hat{\rho}_{\mathrm{red}} = \sum_{nn'} p_{nn'}\,|n\rangle_1\,{}_1\langle n'|\,. \tag{7.66c}$$

Verglichen mit der Dichtematrix eines gemischten Zustandes (7.46) und (7.54a) bemerken wir eine große Ähnlichkeit. Offenbar hat die Verschränkung mit Teilsystem (2), der Umwelt, bewirkt, dass in der für die Mittelwertbildung $\langle A\rangle$ in Teilsystem (1) relevanten Dichtematrix $\hat{\rho}_{\mathrm{red}}$ statt $|n\rangle\langle n|$ die allgemeineren Kombinationen $|n\rangle\langle n'|$ auftreten. Wir vermuten, dass die Matrixelemente $p_{nn'}$ klassische Wahrscheinlichkeiten sind, die durch den Verzicht von Information über Teilsystem (2), die Umwelt, zustande kommen.

Wir errechnen zur Bestätigung den Mittelwert $\langle A\rangle$ (7.65), d. h. den Erwartungswert einer A-Messung, wenn Teilsystem (2) aus der Betrachtung ausgeschlossen wird.

$$\begin{aligned}\langle A\rangle = \mathrm{Sp}_1\left(\hat{\rho}_{\mathrm{red}}\hat{A}\right) &= \sum_{\substack{inn'\\ m}} c_{nm}c^*_{n'm}\,\langle i|n\rangle_1\,{}_1\langle n'|\,\hat{A}\,|i\rangle \\ &= \sum_{\substack{inm\\ n'}} c_{nm}c^*_{n'm}\,{}_1\langle n'|\,\hat{A}\,|i\rangle\,\langle i|n\rangle_1 \\ &= \sum_{nn'm} c_{nm}c^*_{n'm}\,{}_1\langle n'|\,\hat{A}\,|n\rangle_1 = \sum_{nn'} p_{nn'}\,{}_1\langle n'|\,\hat{A}\,|n\rangle_1\,. \end{aligned} \tag{7.67}$$

In der Tat stellt sich $\langle A \rangle$ dar als eine Summe über quantenmechanische Matrixelemente ${}_1\langle n'|\hat{A}|n\rangle_1$, die im Vergleich zum Mittelwert in einem reinen Ensemble auch Nichtdiagonalelemente der Matrix enthält. $p_{nn'}$ sind damit Wahrscheinlichkeiten für das Auftreten von ${}_1\langle n'|\hat{A}|n\rangle_1$ bei der $\hat{A}$-Messung am Ensemble.

Alles sieht so aus, als ob wir es für die A-Messung mit einem gemischten Ensemble zu tun hätten, indem wir das Teilsystem (2) aus unserer Betrachtung ausgeschlossen haben.

Zum Beweis berechnen wir $\mathrm{Sp}_1 \hat{\rho}^2_{\mathrm{red}}$, weil der Ausdruck im Falle $\mathrm{Sp}_1 \hat{\rho}^2_{\mathrm{red}} < 1$ einwandfrei das Vorliegen eines gemischten Ensembles belegt.

$$
\begin{aligned}
\mathrm{Sp}_1 \hat{\rho}^2_{\mathrm{red}} &= \mathrm{Sp}_1 \sum_{\substack{nn' \\ \nu\nu'}} p_{nn'} p_{\nu\nu'} \, |n\rangle_1 \, {}_1\langle n'|\nu\rangle_1 \, {}_1\langle \nu'| \\
&= \sum_{\substack{inn' \\ \nu\nu'}} p_{nn'} p_{\nu\nu'} \, \langle i|n\rangle_1 \, {}_1\langle n'|\nu\rangle_1 \, {}_1\langle \nu'|i\rangle \\
&= \sum_{\substack{inn' \\ \nu\nu'}} p_{nn'} p_{\nu\nu'} \, {}_1\langle \nu'|i\rangle \, \langle i|n\rangle_1 \, {}_1\langle n'|\nu\rangle_1 \\
&= \sum_{\substack{nn' \\ \nu\nu'}} p_{nn'} p_{\nu\nu'} \delta_{\nu' n} \delta_{n' \nu} = \sum_{nn'} p_{nn'} p_{n'n} < 1 \, .
\end{aligned} \tag{7.68}
$$

Die letzte Schlussfolgerung in (7.68), nämlich $\mathrm{Sp}_1 \hat{\rho}^2_{\mathrm{red}} < 1$ beruht wegen $\sum_{nn'} p_{nn'} = 1$ auf der Interpretation von $p_{nn'}$ als klassischen Wahrscheinlichkeiten mit $p_{nn'} < 1$.

Aus (7.68) ist unmittelbar klar (Abschn. 7.3.2), dass das Außerachtlassen der Umwelt (Teilsystem 2) bei der Ermittlung des Messergebnisses $\langle A \rangle$ nur am Subsystem (1) zu einem gemischten Ensemble für die A-Messung führt.

In der Realität haben wir zumeist eine Situation wie die hier beschriebene, nämlich Vernachlässigung von „Umweltsystemen“ bei der Messung an einem speziellen physikalischen System, das uns interessiert.

Es hat sich in der Literatur ein modischer Term für diesen Sachverhalt eingebürgert, dass ein betrachtetes Quantensystem an weitere Freiheitsgrade der Umgebung (nicht beobachtet) angekoppelt ist. Man bezeichnet sie als **offene Quantensysteme**. Das Gesamtsystem, das im Experiment beobachtete (1) (auf das der Operator $\hat{A}$ wirkt) und das der Umgebung (2) zusammen genommen, bezeichnet man als ein **geschlossenes System**.

Da in den meisten Fällen die Quantensysteme, die wir im Experiment untersuchen, an eine Umgebung (von der Betrachtung ausgeschlossen) angekoppelt sind, haben wir es mit offenen Systemen zu tun. Gemischte Zustandsensembles sind deshalb der übliche Fall, der uns im Experiment begegnet.

7.4.2 Offene Quantensysteme, Dekohärenz und Messprozess

Nach dem, was wir über offene und geschlossene Systeme bisher gelernt haben, erwarten wir, dass in einem offenen System kohärente Superpositionszustände durch Ankopplung an die, meist in der Beschreibung vernachlässigte, Umgebung nur endlich lange existieren können. Wir wollen uns diesen Prozess der **Dekohärenz** eines quantenmechanischen Superpositionszustandes etwas genauer ansehen. Dazu betrachten wir ein 2-Niveau-Atom mit den beiden Energie-Eigenzuständen $|g\rangle$ und $|e\rangle$, wie in Abschn. 7.2, in einer Umgebung, z. B. einem elektromagnetischen Feld. Die Umgebung (Environment E) beschreiben wir global durch einen komplizierten Quantenzustand $|E\rangle$. Die Zeitentwicklung dieses Zustandes sei durch eine unitäre Transformation $\hat{U}(t)$ beschrieben (Abschn. 4.3.5).

Nach einer gewissen Zeit t stellt sich dann die Zeitentwicklung der Zustände wie folgt dar:

$$|g\rangle\,|E\rangle \overset{\hat{U}(t)}{\longrightarrow} |g\rangle\,|E_0\,(t)\rangle \ , \tag{7.69a}$$

$$|e\rangle\,|E\rangle \overset{\hat{U}(t)}{\longrightarrow} |e\rangle\,|E_1\,(t)\rangle \ . \tag{7.69b}$$

Hierbei haben wir angenommen, dass am Anfang der Umgebungszustand $|E\rangle$ vorlag, der sich mittels $\hat{U}(t)$, während der Zeit t, in die Zustände $|E_0\rangle$ bzw. $|E_1\rangle$ entwickelt, je nachdem ob wir es mit der Ankopplung des atomaren Grundzustandes $|g\rangle$ oder des angeregten Zustandes $|e\rangle$ an die Umgebung zu tun haben. Die atomaren Zustände $|g\rangle$ und $|e\rangle$ als Eigenzustände des Hamilton-Operators des betrachteten (offenen) Subsystems sollen sich also in dieser einfachen Betrachtung nicht ändern.

Betrachten wir jetzt einen kohärenten Superpositionszustand des Atoms aus $|g\rangle$ und $|e\rangle$, den wir durch Einstrahlung eines $\pi/2$-Pulses mit der Frequenz $(E_e - E_g)/\hbar = \omega$ (Abschn. 6.5.1) erzeugen, so ergibt sich folgende Zeitentwicklung für den Superpositionszustand $\alpha|g\rangle + \beta|e\rangle$ ($\alpha = \beta$ für exakten $\pi/2$-Puls)

$$(\alpha\,|g\rangle + \beta\,|e\rangle)\,|E\rangle \overset{\hat{U}(t)}{\longrightarrow} \alpha\,|g\rangle\,|E_0\rangle + \beta\,|e\rangle\,|E_1\rangle \ . \tag{7.70}$$

Der aus dem Superpositionszustand des offenen Systems nach der Zeit t hervorgegangene Zustand ist ein mit den Umgebungszuständen verschränkter Zustand (siehe Abschn. 7.2), bei dem der atomare Zustand und der der Umgebung nicht mehr als entkoppelt betrachtet werden können.

Die Dichtematrix für den verschränkten Zustand (7.70) des geschlossenen Systems (2-Niveau-Atom und Umgebung) lautet

$$\begin{aligned}\hat{\rho} &= (\alpha\,|g\rangle\,|E_0\rangle + \beta\,|e\rangle\,|E_1\rangle)\,(\alpha^*\,\langle g|\,\langle E_0| + \beta^*\,\langle e|\,\langle E_1|)\\ &= \alpha\alpha^*\,|g\rangle\,\langle g|\,|E_0\rangle\,\langle E_0| + \beta\beta^*\,|e\rangle\,\langle e|\,|E_1\rangle\,\langle E_1|\\ &= \alpha\beta^*\,|g\rangle\,\langle e|\,|E_0\rangle\,\langle E_1| + \beta\alpha^*\,|e\rangle\,\langle g|\,|E_1\rangle\,\langle E_0| \ .\end{aligned} \tag{7.71}$$

Da wir jedoch nicht an der Umgebung interessiert sind, sondern nur am 2-Niveau-Atom (offenes System), ist die hierfür relevante Dichtematrix die reduzierte Dichtematrix $\hat{\rho}_{\text{red}}$, die durch Spurbildung über die Umgebungszustände aus (7.71) hervorgeht (Abschn. 7.4.1). Für diese Spurbildung stellen wir uns die Umgebungszustände $|E_0\rangle$ und $|E_1\rangle$ nach irgendeinem Orthonormalsystem $|i\rangle$ entwickelt, vor:

$$|E_0\rangle = \sum_i c_{0i} |i\rangle \; , \tag{7.72a}$$

$$|E_1\rangle = \sum_i c_{1i} |i\rangle \; . \tag{7.72b}$$

Noch ein Wort zu den komplizierten Umgebungszuständen: $|E_0\rangle$ und $|E_1\rangle$ sind im Allgemeinen nicht orthogonal zueinander. Sie können, zumindest für kleine Zeiten nach Präparation des Superpositionszustandes (7.70), sehr ähnlich sein und wenig voneinander abweichen. Im System $|i\rangle$ führen wir die Spurbildung zur Berechnung von $\hat{\rho}_{\text{red}}$ über die Umgebung durch:

$$\begin{aligned} \hat{\rho}_{\text{red}} = \text{Sp}_E \hat{\rho} = \alpha\alpha^* |g\rangle \langle g| \sum_i \langle i|E_0\rangle \langle E_0|i\rangle \\ + \beta\beta^* |e\rangle \langle e| \sum_i \langle i|E_1\rangle \langle E_1|i\rangle \\ + \alpha\beta^* |g\rangle \langle e| \sum_i \langle i|E_0\rangle \langle E_1|i\rangle \\ + \beta\alpha^* |e\rangle \langle g| \sum_i \langle i|E_1\rangle \langle E_0|i\rangle \; , \end{aligned} \tag{7.73}$$

Wir wenden für das System $|i\rangle$ die Vollständigkeitsrelation in der Form

$$\sum_i \langle E_0|i\rangle \langle i|E_1\rangle = \langle E_0|E_1\rangle \tag{7.74}$$

an und erhalten aus (7.73)

$$\begin{aligned} \hat{\rho}_{\text{red}} = \text{Sp}_E \hat{\rho} = \alpha\alpha^* |g\rangle \langle g| + \beta\beta^* |e\rangle \langle e| \\ + \alpha\beta^* |g\rangle \langle e| \langle E_1|E_0\rangle \\ + \beta\alpha^* |e\rangle \langle g| \langle E_0|E_1\rangle \; . \end{aligned} \tag{7.75}$$

Jetzt stellen wir die Hilbert-Vektoren $|g\rangle$ und $|e\rangle$ wie Spinoren in der einfachen 2D-Schreibweise dar als

$$|g\rangle = \begin{pmatrix} 1 \\ 0 \end{pmatrix} \; , \quad |e\rangle = \begin{pmatrix} 0 \\ 1 \end{pmatrix} \; . \tag{7.76}$$

Damit folgt für die „Schmetterlingsoperatoren“:

$$|g\rangle\langle g| = \begin{pmatrix} 1 \\ 0 \end{pmatrix} (1\ 0) = \begin{pmatrix} 1 & 0 \\ 0 & 0 \end{pmatrix}, \tag{7.77a}$$

$$|g\rangle\langle e| = \begin{pmatrix} 1 \\ 0 \end{pmatrix} (0\ 1) = \begin{pmatrix} 0 & 1 \\ 0 & 0 \end{pmatrix}, \tag{7.77b}$$

bzw. ähnliche Beziehungen für $|e\rangle\langle e|$ und $|e\rangle\langle g|$, die in den 2D-Matrizen Einsen auf der unteren Diagonalen bzw. unten links (Nichtdiagonale) ergeben.

In der Matrixschreibweise folgt die reduzierte Dichtematrix $\hat{\rho}_{\mathrm{red}}$ für das offene 2-Niveau-System damit als

$$\hat{\rho}_{\mathrm{red}} = \mathrm{Sp}_E \hat{\rho} = \begin{pmatrix} |\alpha|^2 & \alpha\beta^* \langle E_1|E_0\rangle \\ \beta\alpha^* \langle E_0|E_1\rangle & |\beta|^2 \end{pmatrix}. \tag{7.78}$$

Solange die Umgebungszustände $|E_0\rangle$ und $|E_1\rangle$ nicht orthogonal zueinander sind, hat diese Dichtematrix für das offene System des 2-Niveau-Atoms Nichtdiagonalglieder. Wir haben es immer noch mit einem kohärenten Superpositionszustand der Zustände $|g\rangle$ und $|e\rangle$ zu tun. Hierzu erinnern wir an die Dichtematrizen (7.58) und (7.59), bei denen der reine Spinzustand in seiner Dichtematrixdarstellung (7.58) auf der Nichtdiagonalen die Phasenfaktoren $\exp(\pm \mathrm{i}\alpha)$ enthielt, während der gemischte Zustand durch eine Diagonalmatrix ohne Nichtdiagonalglieder (7.59) dargestellt wird. Die Diagonalglieder, beide $1/2$, sind dabei gerade die Wahrscheinlichkeiten, mit denen die beiden Spineinstellungen im Gemisch gefunden werden.

In gleicher Weise stellen $|\alpha|^2$ und $|\beta|^2$ in (7.78) die Wahrscheinlichkeiten für das Vorliegen der Zustände $|g\rangle$ und $|e\rangle$ im Falle eines Gemisches dar, während die Nichtdiagonalglieder $a\beta^*\langle E_1|E_0\rangle$ bzw. $\beta\alpha^*\langle E_0|E_1\rangle$ die Phasenbeziehung im kohärenten Superpositionszustand (7.70) repräsentieren.

Während wir zum Anfangszeitpunkt der Präparation des Superpositionszustandes (7.70) noch von ein und demselben Umgebungszustand $|E\rangle$ ausgehen, entwickelt sich dieser durch die Ankopplung an die jeweils verschiedenen Zustände $|g\rangle$ und $|e\rangle$ immer stärker in zwei verschiedene Zustände $|E_0\rangle$ und $|E_1\rangle$. $|E_0\rangle$ und $|E_1\rangle$ werden dabei in der Zeit graduell immer unähnlicher, bis sie schließlich keinen Überlapp mehr zeigen und orthogonal zueinander sind. Wir haben es also mit einer Zeitentwicklung

$$\langle E|E\rangle = 1 \xrightarrow{U(t)} \langle E_0|E_1\rangle = 0 \tag{7.79}$$

zu tun, die man näherungsweise durch ein exponentielles Abklingen des Skalarproduktes der Umgebungszustände beschreibt:

$$\langle E_0(t)|E_1(t)\rangle = \mathrm{e}^{-\gamma t}. \tag{7.80}$$

G.M. Palme et al. [10] und W. Unruh [11] haben in einer Modellrechnung ein 2-Niveau-System an eine Umgebung von harmonischen Oszillatoren angekoppelt und in der Tat exponentielles Verschwinden der Phasenfaktoren (7.80) in der Dichtematrix des offenen 2-Niveau-Systems gefunden.

Man nennt diesen Prozess, bei dem ein reiner Superpositionszustand durch Verschränkung mit der Umgebung in einen gemischten Zustand übergeht, **Dephasierung**. Dephasierung führt zur Dekohärenz und die charakteristische Zeit $\tau = 1/\gamma$ in (7.80), in der dies geschieht, heißt **Dephasierungszeit**. In den meisten Fällen, soweit wir bisher wissen, ist die Zeit sehr kurz, z. B. in der Größenordnung von 10^{-12} s für Elektron-Loch-Anregungen in Halbleitern [12]. In anderen Fällen geringerer Ankopplung an die Umgebung, wie z. B. bei Kernspins (Abschn. 6.5.3) in paramagnetischen Atomen, kann sie bis zu Werten von 10^{-4} s anwachsen.

Von der Dephasierungszeit zu unterscheiden ist die Zeitkonstante, mit der die Diagonalmatrixelemente in der reduzierten Dichtematrix (7.78) zerfallen. Stellen wir uns eine Anregung des 2-Niveau-Systems in den Zustand $|e\rangle$ vor. Dann wird das System durch Ankopplung an die Umgebung, z. B. ein Wärmebad, nach dieser Zeit wieder in den Grundzustand $|g\rangle$ übergehen. Bei Spin-System können wir beispielsweise durch ein äußeres Magnetfeld eine Spinpolarisation für Teilchen erreichen, die nach einer gewissen Zeit durch Energieübertrag an die Umgebung ins thermische Gleichgewicht führt. Für diese Zeit hat sich die Bezeichnung T_1 eingebürgert, während dann mit T_2 die Dephasierungszeit des Spinsystems bezeichnet wird. T_2 ist also wie o. g. τ die Zeit, mit der ein Spin-Superpositionszustand dephasiert (Verschwinden der Nichtdiagonalelemente in der Dichtematrix). Für gewisse Spin-Systeme haben Golovach et al. [13] abgeschätzt, dass T_2, die Dephasierungszeit, etwa doppelt so groß ist wie T_1.

Das hier betrachtete System, ein 2-Niveau-Atom, angekoppelt an eine Umgebung $|E\rangle$, kann auch als Paradigma für den quantenmechanischen Messprozess gelten. Stellen wir uns vor, wir machen an einem 2-Niveau-System, dessen allgemeiner Zustand eine Superposition von $|g\rangle$ und $|e\rangle$ ist, eine Messung, um zu ermitteln, in welchem Eigenzustand das System ist. Wir benutzen dazu eine makroskopische Messapparatur, die über komplexe Messfühler schließlich zu einer Zeigerstellung an einem Messinstrument führt. Entsprechend dem Vorliegen von $|g\rangle$ oder $|e\rangle$ weise der Zeiger nach oben oder unten. Wir können dann dieses gesamte Messinstrumentarium mit der bisher betrachteten Umgebung und deren Zuständen $|E_0\rangle$ und $|E_1\rangle$ identifizieren. Im Messprozess abstrahieren wir vom Messgerät, d. h. von der Umgebung, denn wir sind interessiert am 2-Niveau-Atom, ob es sich im Zustand $|g\rangle$ oder $|e\rangle$ befindet, genauer mit welcher Wahrscheinlichkeit wir $|g\rangle$ bzw. $|e\rangle$ bei der Messung erhalten.

Ganz analog können wir also sagen, bei der Messung am allgemeinen Superpositionszustand $|\psi\rangle = \alpha|g\rangle + \beta|e\rangle$ wird das komplexe System der Messapparatur mit den Zuständen $|g\rangle$ und $|e\rangle$ verschränkt (7.69). Innerhalb der Dephasierungszeit $\tau(T_2)$ verschwinden die Phasenfaktoren in der reduzierten Dichtmatrix $\hat{\rho}_{\text{red}}$ (7.78) und das 2-Niveau-System erscheint in einem gemischten Zustand, in dem die Zustände $|g\rangle$ bzw. $|e\rangle$ mit den Wahrscheinlichkeiten $|\alpha|^2$ bzw. $|\beta|^2$ registriert werden. Dass $\langle E_1|E_0\rangle$ bzw. $\langle E_0|E_1\rangle$ nach der Dephasierungszeit τ wirklich verschwinden, gewährleistet die eindeutige Ablesung am Messinstrument: Zeiger nach oben oder nach unten. Diese Zustände sind orthogonal zueinander.

Wir haben hier des Rätsels Lösung für den in der „frühen Quantenmechanik" postulierten „Kollaps des Wellenpakets" bei einer Messung an einem Quantensystem (Kap. 3). Der Messvorgang zerstört einen präparierten Zustand $|\psi\rangle$ und erzwingt das Vorliegen eines Eigenzustandes des Operators der Messgröße. Dies geschieht, wie wir jetzt gesehen haben, durch Verschränkung des vorliegenden Zustandes mit den Zuständen der Messapparatur.

7.4.3 Schrödingers Katze

In der Frühzeit der Quantenmechanik hat Schrödinger (1935) das auf den ersten Blick unserer Anschauung völlig entgegenlaufende Geschehen beim quantenmechanischen Messvorgang in einem Gedankenexperiment sehr anschaulich dargestellt [2]. Das Scheinparadoxon wird heute noch immer unter dem Schlagwort „Schrödingers Katze" herangezogen, wenn man das unanschauliche Verhalten von Verschränkung beim Übergang von einem atomaren System zum makroskopischen Geschehen darstellen will.

In Schrödingers eigenen Worten (Zitat) lautet das Gleichnis:

> „Eine Katze wird in eine Stahlkammer gesperrt, zusammen mit folgender Höllenmaschine: In einem Geigerschen Zählrohr befindet sich eine winzige Menge radioaktiver Substanz, so wenig, dass im Laufe einer Stunde vielleicht eines von den Atomen zerfällt, ebenso wahrscheinlich aber auch keines; geschieht dies, so spricht das Zählrohr an und betätigt über ein Relais ein Hämmerchen, das ein Kölbchen mit Blausäure zertrümmert. Hat man dieses ganze System eine Stunde lang sich selbst überlassen, so wird man sich sagen, dass die Katze noch lebt, wenn inzwischen kein Atom zerfallen ist ... Die ψ-Funktion des ganzes Systems würde das so zum Ausdruck bringen, dass in ihr die lebende und die tote Katze ... zu gleichen Teilen gemischt oder verschmiert ist."

Wenn kein Beobachter nachschaut, hätten wir es also mit einem Superpositionszustand aus lebender und toter Katze zu tun, eine Vorstellung, die jeder erfahrenen Realität in unserer Umwelt entgegensteht. Schrödinger wollte hier die scheinbare Widersprüchlichkeit des physikalischen Messvorgangs, der Beobachtung an dem makroskopischen System Katze zum Ausdruck bringen, wenn es denn so etwas wie Verschränkung atomarer Systeme mit makroskopischen Messapparaturen nicht gäbe.

Wie müssen wir das Katzenleben in seiner Abhängigkeit vom statistischen Zerfall eines radioaktiven Atoms nach den Betrachtungen in Abschn. 7.4.2 beschreiben?

Den atomaren Zustand eines zerfallenden Atoms, der das Katze-tötende Relais auslöst, beschreiben wir mit $|1\rangle$, den des nichtzerfallenden Atoms mit $|0\rangle$. Der allgemeinste Zustand des Atoms ist damit der Superpositionszustand $(|1\rangle + |0\rangle)/\sqrt{2}$. Dieser Zustand wechselwirkt mit dem Tötungsmechanismus und der Katze und ergibt den verschränkten Zustand:

$$|1\rangle\,|\text{Katze tot}\rangle + |0\rangle\,|\text{Katze lebend}\rangle\ . \tag{7.81}$$

Diese Darstellung für den Zustand des Gesamtsystems entspricht genau der in (7.70) für ein atomares 2-Niveau-System mit angekoppelter Umgebung. Alle makroskopischen Objekte, mit ihren vielen inneren Freiheitsgraden, die Tötungsmaschine selbst wie auch die Katze, führen in den Endzuständen zu völlig verschiedenen Wellenfunktionen (Zuständen), die sich nicht überlappen. Ein Blick auf die reduzierte Dichtematrix (7.78) und auf die Einstellung der Dekohärenz (7.80) zeigt uns, dass wir im Endergebnis, nach Ablauf der Dephasierungszeit τ, nicht mehr einen kohärenten Zustand (7.81) aus einer Überlagerung aus toter und lebender Katze vorliegen haben, sondern dass die Katze entweder tot oder lebendig ist.

Mittels des Begriffes Verschränkung und Dephasierung von kohärenten Superpositionszuständen löst sich also das alte Rätsel um Schrödingers Katze.

7.5 Superpositionszustände für Quantenbits und Quantenrechnen

In Abschn. 7.4.2 haben wir das Phänomen der Dekohärenz eines quantenmechanischen Superpositionszustandes am Beispiel eines offenen, an eine Umwelt angekoppelten 2-Niveau-Atoms mit den Zuständen $|g\rangle$ und $|e\rangle$ betrachtet. Neben diesen beiden Zuständen können wir, z. B. durch Einstrahlung eines Hochfrequenzpulses (z. B. $\pi/2$-Puls) mit der Photonenenergie $\hbar\omega = E_e - E_g$, den Superpositionszustand

$$|\psi\rangle = \alpha\,|g\rangle + \beta\,|e\rangle \tag{7.82}$$

präparieren (Abschn. 6.5.1). Dies ist der allgemeinste Zustand unseres 2-Niveau-Systems, der vorliegt, wenn wir keine Messung durchführen. Durch die unendliche Mannigfaltigkeit von Wahrscheinlichkeitsamplituden α und β mit $|\alpha|^2 + |\beta|^2 = 1$ kann ein solcher Superpositionszustand mittels der komplexen Zahlen α und β beliebig viel Information tragen. Eine eindeutige, ohne merkliche Dephasierung durchgeführte Operation an (7.82), die in einen neuen Superpositionszustand führt, würde so eine extrem parallele Informationsverarbeitung ermöglichen. Ideen, die auf diesem Ansatz beruhen, fallen heute in das hochaktuelle Gebiet der Quanteninformation oder des Quantenrechnens (Quanten-Computing) [14, 15].

Beim klassischen Rechner basiert die digitale Informationsverarbeitung auf der Operation an zwei wohldefinierten und getrennten elektrischen Zuständen, die im dualen Zahlensystem z. B. den Werten 1 und 0 entsprechen.

Diese kleinste Einheit der Information heißt **Bit**. In Analogie bezeichnet man den Superpositionszustand (7.81) eines quantenmechanischen 2-Niveau-Systems als **Quantenbit** (Q-bit).

Operationen, die ein Q-bit in ein anderes überführen, notwendig zur Verarbeitung dieser hochparallelen Quanteninformation, dürfen also nicht zur Dephasierung der Superpositionszustände führen. Sie müssen durch unitäre Transformationen (Abschn. 4.3.5) darstellbar sein. Die neuen Wahrscheinlichkeitsamplituden müssen ein-eindeutig mit den vorherigen verknüpft sein. Analog zu klassischen Gattern, die ein Bit in ein anderes überführen, sprechen wir von **Quantengattern**, wenn sie ein Q-bit eindeutig durch eine unitäre Transformation in ein anderes Q-bit transformieren. Obwohl das Quantengatter ein Q-bit deterministisch in ein anderes überführt, ist die im Q-bit enthaltene Information in Form von Wahrscheinlichkeitsamplituden α, β (7.82) beim Ein- und Auslesen probabilistisch zu verstehen. Im Gegensatz dazu operiert ein klassischer Rechner (Turing Maschine) völlig deterministisch, sowohl was das Ein- und Auslesen wie auch das Prozessieren der Information in Bits angeht.

Da nach Abschn. 7.4.2 immer Ankopplung an eine wie auch immer geartete Umgebung und damit Dephasierung der Superpositionszustände des Q-bits gegeben ist, können wir nur verlangen, dass für Quantenrechnen mit Q-bits die Dephasierungszeiten klein sind gegenüber der für einen Quantenalgorithmus nötigen Rechenzeit [14].

Die experimentelle Forschung auf dem Gebiet der Quanteninformation ist in diesem frühen Stadium also vor allem darauf gerichtet, quantenmechanische 2-Niveau-Systeme zu realisieren, die genügend lange Dephasierungszeiten für Superpositionszustände eines Q-bits aufweisen.

7.5.1 Gekoppelte Quantenpunkte als Quantenbits

Quantenbits und Quantenrechner können physikalisch durch 2-Niveau-Systeme realisiert werden, beim Quantenrechner natürlich durch Kopplung vieler 2-Niveau-Systeme aneinander. Alle denkbaren 2-Niveau-Systeme sind geeignet, wenn sie nur genügend große Dephasierungszeiten besitzen. Besonders interessant, wegen ihrer langen Dephasierungszeiten sind in diesem Zusammenhang Kernspin-basierende Systeme oder die kohärente Überlagerung zweier entgegengesetzt gerichteten Supraströme. Für die Realisierung von Quantenrechnern, in denen viele Q-bits und damit viele 2-Niveau-Systeme ohne wesentliche Dephasierung aneinander gekoppelt werden müssen, sind vor Allem solche Systeme interessant, die sich analog zur gegenwärtigen Halbleiterelektronik auf einem Festkörperchip integrieren und miniaturisieren lassen. In diesem Zusammenhang sind Q-bits, die durch gekoppelte Quantenpunkte (Abschn. 6.2.3 und 6.5.1) realisiert werden, von besonderem Interesse. Denn für diese Quantenpunkte existiert eine ausgefeilte und wohletablierte Technologie in der Halbleiternanoelektronik.

In Abschn. 6.2.3 haben wir zwei gekoppelte Quantenpunkte, links und rechts, mit Grundzustand $|L\rangle$ und $|R\rangle$, betrachtet. Für gleiche Potentialmulden sind die entsprechenden Grundzustandsenergien der Zustände gleich: $E_{\mathrm{L}} = E_{\mathrm{R}} = E_0$. Lassen wir einen Überlapp der Zustände $|L\rangle$ und $|R\rangle$, d. h. eine Wechselwirkung oder Tunneln zwischen den Zuständen zu, dann bilden die beiden Quantenpunkte ein 2-Niveau-System mit den Energien $E_+ = E_0 + t_{\mathrm{LR}}$ und $E_- = E_0 - t_{\mathrm{LR}}$, wo $t_{\mathrm{LR}} = \langle L|\hat{V}_{\mathrm{L}}|R\rangle = \langle R|\hat{V}_{\mathrm{R}}|L\rangle$ das Matrixelement der Wechselwirkung ist, in dem jeweils die Wirkung der Potentialanteile $\hat{V}_{\mathrm{L}}$ bzw. $\hat{V}_{\mathrm{R}}$ der linken oder rechten Quantenpunkt-Potentiale auf die Wellenfunktion der benachbarten Zustände enthalten ist.

Dieses in Abschn. 6.2.3 beschriebene 2-Niveau-System mit den Energien E_+ und E_- (analog zu E_e und E_g bzw. $|e\rangle$ und $|g\rangle$ in Abschn. 6.5.1) existiert nur solange die beiden Quantenpunkt-Potentiale $\hat{V}_{\mathrm{L}}$ und $\hat{V}_{\mathrm{R}}$ gleichwertig sind.

Legen wir ein elektrisches Feld $\boldsymbol{\mathcal{E}}$ in Richtung der Verbindungsachse der Quantenpunkte an, so wird ein Elektron je nach Feldrichtung mehr im linken oder mehr im rechten Quantenpunkt lokalisiert. Bei vollständiger Lokalisierung präparieren wir die Zustände $|L\rangle$ und $|R\rangle$ (Abb. 7.9), zu unterscheiden von den Superpositionszuständen (6.57)

$$|\psi\rangle = \frac{1}{\sqrt{2}}\left(|L\rangle \pm |R\rangle\right) , \tag{7.83}$$

die das 2-Niveau-System der gekoppelten Quantenpunkte beschreiben. Ein elektrisches Feld in genügender Stärke macht das System asymmetrisch und zerstört das betrachtete 2-Niveau-System des Q-bits. Durch ein elektrisches Feld können wir also das Q-bit an- und ausschalten, was für das experimentelle Studium eines solchen Systems (Abschn. 7.5.2) wichtig ist.

Die Wirkung des elektrischen Feldes $\boldsymbol{\mathcal{E}}$ können wir bei der Berechnung der Energiezustände aus der Schrödinger-Gleichung dadurch berücksichtigen, dass zusätzlich zur Grundzustandsenergie E_0 ein Dipolanteil $\pm\mu\boldsymbol{\mathcal{E}}$ (Abb. 7.9b) berücksichtigt wird, der aus der Lokalisierung des Elektrons im linken oder rechten Quantenpunkt resultiert.

Wir betrachten also, wie in Abschn. 6.2.3 einen allgemeinen Zustand des Systems $|\psi\rangle = c_{\mathrm{L}}|L\rangle + c_{\mathrm{R}}|R\rangle$ und setzen ihn in die Schrödinger-Gleichung

$$\mathrm{i}\hbar\frac{\partial}{\partial t}|\psi\rangle = \hat{H}|\psi\rangle \tag{7.84}$$

für die gekoppelten Quantenpunkte ein. Der Hamilton-Operator $\hat{H}$ enthält neben $\hat{H}_0$, dem Operator für das System der getrennten Quantenpunkte, noch einen Wechselwirkungsterm $\hat{h}$, der durch den Einfluss der jeweiligen Nachbarpotentiale auf die Zustände $|L\rangle$ und $|R\rangle$ zustande kommt. In Abschn. 6.2.3 führt dieses Wechselwirkungspotential auf die Matrixelemente $H_{\mathrm{LR}} = H_{\mathrm{RL}} \approx t_{\mathrm{LR}}$, der Tunnelamplitude für ein Elektron durch die Po-

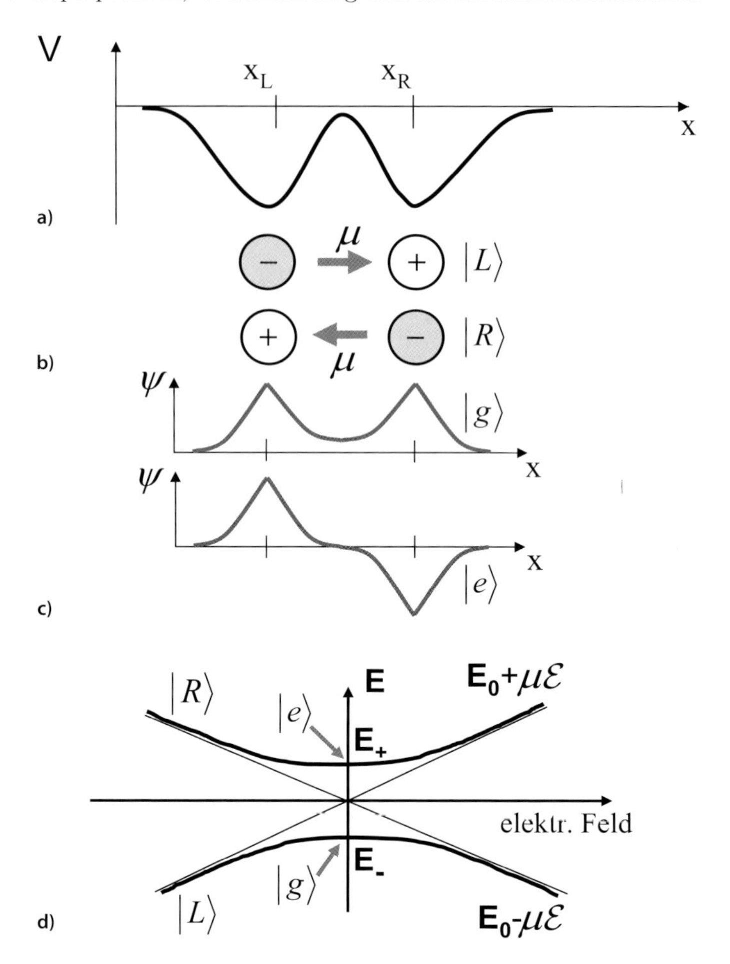

Abb. 7.9a–d. An- und Abschalten eines Quantenbits, das durch ein Elektron in zwei gekoppelten Quantenpunkten realisiert wird (schematisch). **a** Qualitative bindende Potentiale zweier Quantenpunkte bei X_L und X_R. **b** Durch Anlegen eines elektrischen Feldes $\mathcal{E}$ kann das Elektron im linken $|L\rangle$ oder im rechten Quantenpunkt $|R\rangle$ lokalisiert werden, wodurch jeweils elektrische Dipole μ entgegengesetzter Richtung entstehen. **c** Für symmetrische Quantenpunkte (ohne äußeres elektrisches Feld) spalten die Grundzustands-Energieniveaus der Quantentöpfe durch Kopplung (Elektronentunneln) in ein bindendes und antibindendes Niveau E_- und E_+. mit den elektronischen Zuständen $|g\rangle$ und $|e\rangle$ auf. Dieses 2-Niveau-System realisiert das Quantenbit (siehe auch Abb. 6.4). **d** Elektronenenergie E in den gekoppelten Quantenpunkten als Funktion eines äußeren anliegenden Feldes $\mathcal{E}$. *Dünne Geraden* entsprechen dem entkoppelten Fall der Quantenpunkte. Als *fett gezeichnete Kurven* sind die Energien für gekoppelte Quantenpunkte eingezeichnet. Für verschwindendes Feld ist das Quantenbit durch die Zustände $|g\rangle$ und $|e\rangle$ mit den Energien E_- und E_+ realisiert. Das Elektron ist zwischen $|e\rangle$ und $|g\rangle$ delokalisiert. Für wachsende elektrische Feldstärke zerfällt dieser Überlagerungszustand aus $|e\rangle$ und $|g\rangle$ (Q-bit) und das Elektron wird entweder links $|L\rangle$ oder rechts $|R\rangle$ lokalisiert

tentialbarriere zwischen linkem und rechtem Potentialtopf. Damit folgt ohne äußeres elektrisches Feld aus (7.84):

$$\mathrm{i}\hbar\frac{\partial}{\partial t}\left(c_{\mathrm{L}}\left|L\right\rangle+c_{\mathrm{R}}\left|R\right\rangle\right)=\left(\hat{H}_0+\hat{h}\right)\left(c_{\mathrm{L}}\left|L\right\rangle+c_{\mathrm{R}}\left|R\right\rangle\right)\ . \tag{7.85}$$

Im Sinne der schon in Abschn. 6.2.3 zuletzt durchgeführten Näherung ($S\approx 0$), die zu (6.58c) führt, setzen wir

$$\left\langle L\right|\hat{H}_0+\hat{h}\left|L\right\rangle=\left\langle R\right|\hat{H}_0+\hat{h}\left|R\right\rangle\approx\left\langle L\right|\hat{H}_0\left|L\right\rangle=\left\langle R\right|\hat{H}_0\left|R\right\rangle=E_0\ , \tag{7.86a}$$

$$\begin{aligned}\left\langle L\right|\hat{H}_0+\hat{h}\left|R\right\rangle&=\left\langle R\right|\hat{H}_0+\hat{h}\left|L\right\rangle=E_0\left\langle L|R\right\rangle+\left\langle L\right|\hat{h}\left|R\right\rangle\\&\approx H_{\mathrm{LR}}=H_{\mathrm{RL}}=t_{\mathrm{LR}}\ .\end{aligned} \tag{7.86b}$$

Durch Anwendung von $\langle L|$ bzw. $\langle R|$ auf (7.85) folgt damit

$$\mathrm{i}\hbar\frac{\partial}{\partial t}c_{\mathrm{L}}=E_0c_{\mathrm{L}}+t_{\mathrm{LR}}c_{\mathrm{R}}\ , \tag{7.87a}$$

$$\mathrm{i}\hbar\frac{\partial}{\partial t}c_{\mathrm{R}}=t_{\mathrm{LR}}c_{\mathrm{L}}+E_0c_{\mathrm{R}}\ , \tag{7.87b}$$

bzw. mit dem harmonischen Zeitabhängigkeitsansatz (für Eigenzustände) $c_{\mathrm{L}}\propto\exp(-\mathrm{i}\omega t)$, $c_{\mathrm{R}}\propto\exp(-\mathrm{i}\omega t)$

$$\hbar\omega\begin{pmatrix}c_{\mathrm{L}}\\c_{\mathrm{R}}\end{pmatrix}=\begin{pmatrix}E_0&t_{\mathrm{LR}}\\t_{\mathrm{LR}}&E_0\end{pmatrix}\begin{pmatrix}c_{\mathrm{L}}\\c_{\mathrm{R}}\end{pmatrix}\ . \tag{7.88}$$

Das Verschwinden der Matrixdeterminanten ergibt die beiden Eigenwerte

$$\hbar\omega=E_0\pm t_{\mathrm{LR}}=E_{\mp} \tag{7.89}$$

für die neuen Eigenzustände $|g\rangle$, $|e\rangle$ des gekoppelten Systems, den bindenden Grundzustand und den antibindenden, angeregten Zustand $|e\rangle$. Da t_{LR} dem Betrag nach negativ ist, gehören $E_-=E_0+t_{\mathrm{LR}}$ zu $|g\rangle$ und $E_+=E_0-t_{\mathrm{LR}}$ zu $|e\rangle$ und es ergibt sich genau wie in Abschn. 6.2.3 (6.58c) der energetische Abstand $2|t_{\mathrm{LR}}|$ zwischen den Eigenzuständen der gekoppelten Quantentöpfe.

Wir wollen festhalten, dass die Zustände $|g\rangle$ und $|e\rangle$ Eigenzustände der gekoppelten Quantenpunkte mit den Quantenenergien $E_{\mp}$ (7.87) sind. Demgegenüber sind die Zustände $|L\rangle$ und $|R\rangle$ keine Eigenzustände. Die Wahrscheinlichkeitsamplituden c_{L} und c_{R}, mit denen diese Zustände besetzt sind, oszillieren in der Zeit; man kann sich das Elektron als hin- und hertunnelnd vorstellen. Dies sieht man sofort, wenn man (7.87) auf eine alternative Weise löst: Man addiere und subtrahiere (7.86a) und (7.86b) voneinander und erhält

$$\mathrm{i}\hbar\frac{\partial}{\partial t}\left(c_{\mathrm{L}}+c_{\mathrm{R}}\right)=\left(E_0+t_{\mathrm{LR}}\right)\left(c_{\mathrm{L}}+c_{\mathrm{R}}\right)\ , \tag{7.90}$$

$$\mathrm{i}\hbar\frac{\partial}{\partial t}\left(c_{\mathrm{L}}-c_{\mathrm{R}}\right)=\left(E_0-t_{\mathrm{LR}}\right)\left(c_{\mathrm{L}}-c_{\mathrm{R}}\right)\ . \tag{7.91}$$

Die Lösungen sind:

$$c_{\mathrm{L}}+c_{\mathrm{R}}=\alpha\,\mathrm{e}^{-\mathrm{i}(E_0+t_{\mathrm{LR}})t/\hbar}\ ,\quad c_{\mathrm{L}}-c_{\mathrm{R}}=\beta\,\mathrm{e}^{-\mathrm{i}(E_0-t_{\mathrm{LR}})t/\hbar}\ . \tag{7.92}$$

Durch Addition und Subtraktion dieser Lösungen voneinander folgt:

$$c_{\mathrm{L}} = \frac{\alpha}{2} \mathrm{e}^{-\mathrm{i}(E_0 + t_{\mathrm{LR}})t/\hbar} + \frac{\beta}{2} \mathrm{e}^{-\mathrm{i}(E_0 - t_{\mathrm{LR}})t/\hbar} , \tag{7.93}$$

$$c_{\mathrm{R}} = \frac{\alpha}{2} \mathrm{e}^{-\mathrm{i}(E_0 + t_{\mathrm{LR}})t/\hbar} - \frac{\beta}{2} \mathrm{e}^{-\mathrm{i}(E_0 - t_{\mathrm{LR}})t/\hbar} . \tag{7.94}$$

Aus Symmetriegründen gilt $\alpha = \beta = 1$ und wir erhalten

$$c_{\mathrm{L}}(t) = \mathrm{e}^{-\mathrm{i}E_0 t/\hbar} \cos(t_{\mathrm{LR}} t/\hbar) , \tag{7.95a}$$

$$c_{\mathrm{R}}(t) = \mathrm{e}^{-\mathrm{i}E_0 t/\hbar} \left[-\mathrm{i} \sin(t_{\mathrm{LR}} t/\hbar)\right] . \tag{7.95b}$$

Dies bedeutet in der Tat, dass $|L\rangle$ und $|R\rangle$ keine stationären Zustände sind, das Elektron schwingt zwischen dem linken und rechten Potentialtopf hin und her. Die Wahrscheinlichkeit, mit der das Elektron im Zustand $|R\rangle$ ist, folgt aus (7.95b) zu:

$$|c_{\mathrm{R}}(t)|^2 = \sin^2(t_{\mathrm{LR}} t/\hbar) . \tag{7.96}$$

Beide Darstellungen in Form der stationären Lösungen $|g\rangle$, $|e\rangle$ und der nichtstationären Lösungen $|L\rangle$ und $|R\rangle$ sind gleichwertig. Wir können sie durch eine unitäre Matrix ineinander überführen:

$$\begin{pmatrix} |g\rangle \\ |e\rangle \end{pmatrix} = \frac{1}{\sqrt{2}} \begin{pmatrix} 1 & 1 \\ 1 & -1 \end{pmatrix} \begin{pmatrix} |L\rangle \\ |R\rangle \end{pmatrix} . \tag{7.97}$$

Was geschieht, wenn wir ein elektrisches Feld $\mathcal{E}$ in Richtung der Verbindungsachse der Quantenpunkte anlegen? Wie schon vorher qualitativ beschrieben, führt dies zu einer Lokalisierung des Elektrons links oder rechts. Formal müssen wir in (7.87) die Grundzustandsenergie E_0 je nach Richtung des Feldes $\mathcal{E}$ um den Dipolbeitrag $\mu\mathcal{E}$ erhöhen bzw. erniedrigen, d. h. es ergibt sich statt (7.88)

$$\hbar\omega \begin{pmatrix} c_{\mathrm{L}} \\ c_{\mathrm{R}} \end{pmatrix} = \begin{pmatrix} E_0 + \mu\mathcal{E} & t_{\mathrm{LR}} \\ t_{\mathrm{LR}} & E_0 - \mu\mathcal{E} \end{pmatrix} \begin{pmatrix} c_{\mathrm{L}} \\ c_{\mathrm{R}} \end{pmatrix} . \tag{7.98}$$

Analog zu (7.89) folgen zwei stationäre Lösungen mit den Energien

$$E_{\mp} = E_0 \pm \sqrt{t_{\mathrm{LR}}^2 + \mu^2 \mathcal{E}^2} . \tag{7.99}$$

Für verschwindendes elektrisches Feld ergeben sich die stationären Zustände $E_{\mp}$, die als Superpositionszustand ein Q-bit darstellen. Bei starkem elektrischem Feld ($\mu^2\mathcal{E}^2 \gg t_{\mathrm{LR}}^2$) wird das Elektron – je nach Orientierung – entweder in $|L\rangle$ oder $|R\rangle$ lokalisiert; dann sind $|L\rangle$ oder $|R\rangle$ stationäre Zustände des Systems. Man sieht dies sofort an den Zustandsamplituden (7.93, 7.94): E_0 muss durch $E_0 \pm \mu\mathcal{E}$ ersetzt werden, wobei $\mu\mathcal{E}$ für genügend großes elektrisches Feld der bestimmende Term, auch gegenüber t_{LR} wird. Die Zeitabhängigkeiten $\exp(\pm \mathrm{i}\mu\mathcal{E}t/\hbar)$ sind für c_{L} und c_{R} maßgebend. Durch die Lokalisierung des Elektrons in $|L\rangle$ oder $|R\rangle$ ist das Q-bit ausgeschaltet (Abb. 7.9d).

7.5.2 Experimentelle Realisierung eines Quantenbits mit Quantenpunkten

Die in 7.5.1 beschriebene Darstellung eines Q-bits wurde experimentell durch gekoppelte Halbleiter-Quantenpunkte bereits mehrfach realisiert. Hayashi et al. [16] präparierten die gekoppelten Quantenpunkte in der sog. Split-Gate-Technologie (Abschn. 5.7.2, Anhang B) auf einer GaAs/AlGaAs-Heterostruktur mit einem hochbeweglichen 2D-Elektronengas (2DEG) an der Grenzschicht. Auf die Heterostruktur wurden lithographisch drei parallele Metallbahnen als elektrische Gate-Kontakte $G_{\mathrm{L}}, G_{\mathrm{C}}, G_{\mathrm{R}}$ (anliegende Spannungen $V_{\mathrm{L}}, V_{\mathrm{C}}, V_{\mathrm{R}}$) deponiert, unter denen, wegen der Schottky-Randschicht, das 2DEG verarmt ist (Abb. 7.10). Die hierdurch erzeugten energetischen Barrieren lassen sich in ihrer Höhe durch die Spannungen $V_{\mathrm{L}}, V_{\mathrm{C}}, V_{\mathrm{R}}$ variieren. Die beiden lateral eingeschränkten, mit Elektronen besetzten Gebiete dazwischen, definieren als Potentialsenken die beiden durch V_{C} getrennten Quantenpunkte. Das Potential der Quantenpunkte kann gegenüber dem des Source-Gebietes durch die Spannungen V_l und V_r, über die Gates G_l und G_r, getrennt eingestellt werden. Während die Spannungen $V_{\mathrm{L}}, V_{\mathrm{C}}, V_{\mathrm{R}}$ durch Vorexperimente so eingestellt werden, dass sich adäquate Tunnelbarrieren zwischen den Quantenpunkten (V_{C}) sowie dem Source-Gebiet und dem linken Quantenpunkt (V_{L}) bzw. dem Drain-Gebiet und dem rechten Quantenpunkt (V_{R}) ergeben, dienen die Potentiale an Source und Drain sowie die Spannungen V_l und V_r dazu, die Potentiale der beiden Quantenpunkte gegeneinander und gegenüber Source und Drain zu verschieben (Abb. 7.10b). Je nach eingestellten Potentialen kann jetzt ein Elektron von Source in den linken Quantenpunkt durch die linke Barriere hindurch tunneln und dort den Grundzustand der elektrischen Niveaus besetzen, oder bei gleichen Potentialen in beiden Quantenpunkten einen Superpositionszustand (Hin- und Hertunneln durch die zentrale Barriere, V_{C}) in diesen einnehmen (Q-bit). Durch Absenken des Drain-Potentials gegenüber dem rechten Quantenpunkt kann das Elektron durch die rechte Barriere (V_{R}) hindurchtunneln und als Strom durch die Struktur nachgewiesen werden. Bei dieser Strommessung wird das Q-bit natürlich zerstört.

Im Einzelnen wird das Experiment zur Existenz eines Q-bits in den gekoppelten Quantenpunkten wie folgt durchgeführt: Zur Erzeugung des Q-bits wird eine Source-Drain-Spannung V_{sd} von etwa 600 µV zwischen Source- und Drain-Gebiet angelegt. Die Grundzustände $|L\rangle$ und $|R\rangle$ in den beiden Quantenpunkten sind dann nicht in Resonanz ($\mu_{\mathrm{S}} > E_{\mathrm{L}} > E_{\mathrm{R}} > \mu_{\mathrm{D}} = \mu_{\mathrm{S}} - eV_{\mathrm{SD}}$). Wenn die äußeren Tunnelbarrieren höhere Tunnelwahrscheinlichkeiten besitzen als die zentrale Barriere (V_{C}), tunnelt ein Elektron in den linken Quantentopf und der Zustand $|L\rangle$ ist präpariert (Abb. 7.10b) entsprechend einem relativ großen elektrischen Feld zwischen den beiden Quantenpunkten (Abschn. 7.5.1).

Das Q-bit wird realisiert, indem innerhalb von etwa 100 ps die Potentiale so geändert werden, dass Source- und Drain-Gebiete auf gleichem Po-

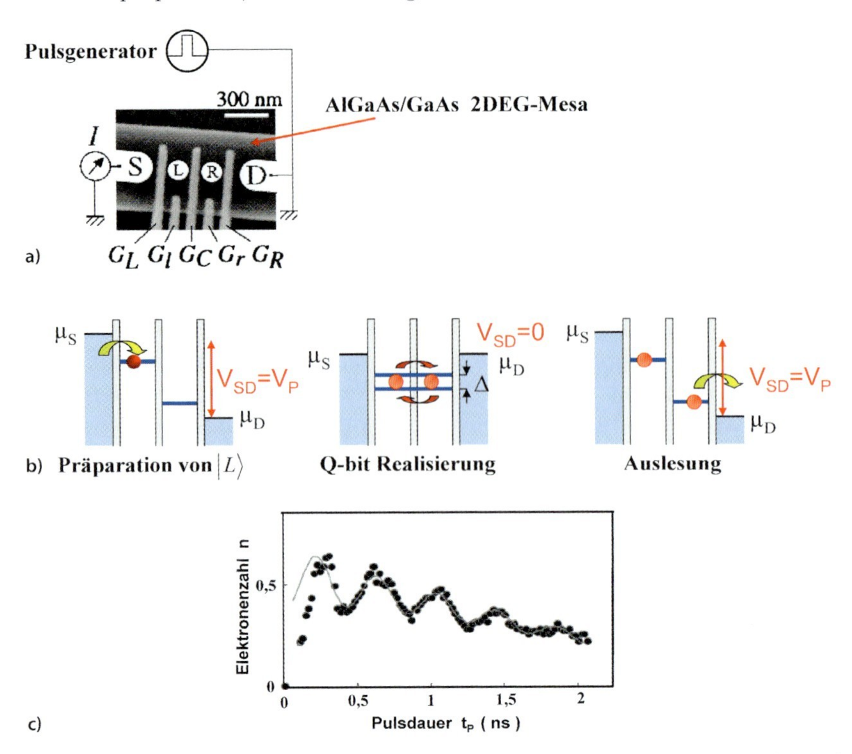

Abb. 7.10a–c. Experimentelle Realisierung eines Quantenbits in zwei gekoppelten GaAs-Quantenpunkten [16]. **a** Rastertunnelmikroskopisches Bild der lithografisch hergestellten Doppelquantenpunktstruktur mit schematisch angedeutetem Messschaltkreis (Anhang B). Die Quantenpunkte L und R sowie die Source (S)- und Drain (D)-Elektroden sind in einem 2DEG am AlGaAs/GaAs-Interface realisiert. Dazu wurden metallische Elektrodenfinger G_L, G_l, G_C, G_r und G_R auf die Heterostruktur (als Mesa präpariert) aufgedampft, die durch ihre darunter liegenden Schottky-Barrieren die verschiedenen leitenden Bereiche S, L, R, D im 2DEG voneinander trennen. **b** Manipulation des Quantenbits (schematisch im Bänderschema). Durch einen adäquaten Spannungspuls $V_P = V_{SD}$ zwischen Source und Drain werden die Grundzustände der beiden Quantenpunkte gegeneinander verschoben und Tunneln eines Elektrons von Source in den linken Quantenpunkt ermöglicht: Präparation von $|L\rangle$. Durch einen darauf folgenden Spannungspuls werden Source- und Drain-Kontakte auf gleiches Potential gebracht ($V_{SD} = 0$). Dadurch sind die gekoppelten Quantenpunkte von Source und Drain isoliert. Wegen der Lage des Fermi-Niveaus $E_F = \mu_S = \mu_D$ ist die Besetzung der beiden neuen durch Kopplung entstandenen Zustände E_- (bindend) und E_+ (antibindend), getrennt durch Δ, gleich wahrscheinlich. Der Superpositionszustand des Quantenbits ist realisiert. Nach zeitlich variierendem Abschalten der Situation $V_{SD} = 0$ kehrt das System in den Ausgangszustand (Präparation von $|L\rangle$) zurück. Das Elektron ist dann entweder in $|L\rangle$ oder $|R\rangle$ lokalisiert. Liegt der Zustand $|R\rangle$ vor, so wird ein Strompuls zwischen S und D gemessen (Auslesung). Bei Vorliegen von $|L\rangle$ erscheint kein Stromsignal. **c** Gemessenes Stromsignal, d. h. Elektronenzahl n, als Funktion der Pulsdauer t_p, während der das Q-bit realisiert wurde

tential liegen, mit gleichen Grundzustandsenergien $E_{\mathrm{L}} = E_{\mathrm{R}} = E_0$ in den Quantenpunkten unterhalb der Fermi-Niveaus μ_{s}, μ_d von Source und Drain (Abb. 7.10b). In diesem Fall können Elektronen weder in das Drain- noch in das Source-Gebiet tunneln; das Q-bit, d. h. der Doppel-Quantenpunkt ist isoliert von der Umwelt, den beiden Zuleitungselektroden. Das System ist von seinem anfangs präparierten Zustand $|L\rangle$ in den Superpositionszustand (7.83) übergegangen. Die beiden Grundzustände $E_{\mathrm{L}} = E_{\mathrm{R}} = E_0$ spalten in E_+ und E_- (Abschn. 7.5.1) auf und das Elektron kann man sich anschaulich als hin- und hertunnelnd zwischen den beiden Quantenpunkten vorstellen. Im Experiment werden diese Potentialverhältnisse mit verschwindender Source-Drain-Spannung $V_{\mathrm{SD}} = 0$ für Pulsdauern t_p von 80 bis 2000 ps eingestellt. Während dieser Zeiten existiert das Q-bit als Superpositionszustand. Das Elektron führt Rabi-Oszillationen (Abschn. 6.5.1) zwischen den beiden Zuständen der gekoppelten Quantenpunkte aus.

Da das Q-bit jedoch vielfältig an seine Umwelt (Phononen, Kapazitäten, usw.) angekoppelt ist, dephasiert der Superpositionszustand innerhalb der Pulsdauer t_p; die Rabi-Oszillationen nehmen in ihrer Amplitude ab. Dieses Verhalten wird experimentell gemessen, indem nach Ablauf der Pulsdauer t_p die Spannungsdifferenz $V_{\mathrm{sd}} \approx 600\,\mu\mathrm{V}$ zwischen Source und Drain innerhalb von 100 ps wieder eingestellt wird. Die Grundzustände E_{L} und E_{R} geraten außer Resonanz. Wenn das Elektron zu diesem Zeitpunkt gerade im rechten Quantenpunkt ist (Zustand $|R\rangle$), tunnelt es über die rechte Barriere (V_{R}) in das Drain-Gebiet und wird als Strom registriert. Wenn das Elektron während seiner Rabi-Oszillation jedoch gerade im linken Potentialtopf (Zustand $|L\rangle$) lokalisiert ist, kann es nicht zum Strom im Drain-Gebiet beitragen. Damit liefert eine Source-Drain-Strommessung als Funktion der Pulsdauer t_p Oszillationen, die das durch die Messung verursachte Vorliegen der Zustände $|R\rangle$ (Strommaximum) oder $|L\rangle$ (Stromminimum) anzeigen (Abb. 7.10c). Die entsprechende Messkurve, mittlere Anzahl von Puls-induzierten, tunnelnden Elektronen $\langle n_p\rangle$ als Funktion der Pulsdauer, zeigt die durch Dephasierung abklingenden Oszillationen des Q-bit-Superpositionszustandes (Abb. 7.10c). Die numerische Auswertung der Ergebnisse liefert eine Oszillationsfrequenz $\Omega/2\pi \approx 2{,}3\,\mathrm{Ghz}$ und eine Dephasierungszeit (Abklingzeit der Oszillation) von etwa 1 ns.

Ein noch eleganteres Experiment wurde von Gorman et al. [17] an zwei gekoppelten Quantenpunkten durchgeführt, die lithographisch aus einer dünnen Si-Schicht auf einem isolierenden Siliziumdioxid (SiO_2)-Substrat (SOI = Silicon on Insulator) herauspräpariert wurden (Abb. 7.11). Das Grundmaterial war ein industrieller SOI-Wafer mit einer Phosphor-dotierten 35 nm dicken Si-Schicht. Der Doppelquantenpunkt (Q-bit) besteht aus zwei teilkreisförmigen Si-Segmenten, die durch eine 20 nm weite Verengung verbunden sind. Diese Einschnürung bildet wegen der am Rande vorhandenen Verarmungsrandschichten (Anhang A) eine Potentialbarriere zwischen den näherungsweise parabolischen Potentialen für Elektronen in den beiden teilkreisförmigen

Quantenpunkten. Weiter wurden lithographisch sechs weitere Kontaktfinger (2 Erdkontakte, Puls-gate, gate 1, 2, 3) aus der leitenden Si-Epischicht herauspräpariert. Spannungen an den Gates 1, 2, 3 dienen dazu, über das resultierende elektrische Feld, im Wesentlichen parallel zur Doppelpunkt-Struktur gerichtet, das Elektron entweder im linken $|L\rangle$ oder im rechten Quantenpunkt $|R\rangle$ zu lokalisieren. Manipulation in der Zeitdomäne, d. h. Initialisierung, Manipulation und Messung des Q-bits (Superpositionszustand) wird durch einen in der Zeit variablen Spannungspuls am Puls-gate (Abb. 7.11) erzeugt. Während der Dauer dieses Pulses sind die beiden Grundzustände der Quantenpunkte in Resonanz, das Q-bit existiert als Superpositionszustand. Nach Abschalten des Pulses ist das Elektron entweder im linken oder im rechten Quantenpunkt lokalisiert. Dieser Zustand entspricht der Messung: Speziell wird eine Lokalisierung im linken Quantenpunkt (Zustand $|L\rangle$) durch einen Einzelelektronen-Transistor (SET = single electron transistor) detektiert, der auch lithographisch aus der dünnen Si-Epischicht herauspräpariert wurde. Er besteht aus einem Quantenpunkt, der durch zwei laterale Verengungen von den Zuleitungselektroden getrennt ist. Das Einzelelektronen-

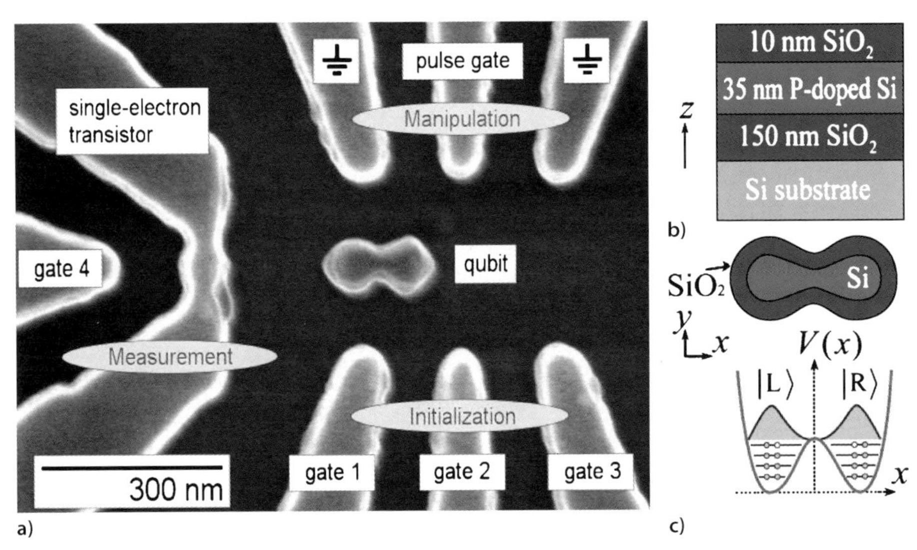

Abb. 7.11a–c. Realisierung eines Quantenbits (*qubit* = Q-bit) durch zwei Si-Quantenpunkte, die lithographisch (Anhang B) aus einer dünnen Si-Schicht (35 nm dick) auf einem oxidierten Si-Wafer (SOI = silicon on Insulator) präpariert wurden [17]. **a** Rastertunnelmikroskopisches Bild der auf dem SOI-Wafer präparierten Struktur. Die *hellen Strukturen* sind die bei der Lithographie stehen gebliebenen, erhabenen, leitenden Si-Bereiche, die von einer SiO_2-Schicht (10 nm dick) bedeckt sind. **b** Schichtstruktur der *hellen Bereiche* in **a**). **c** Schema der gekoppelten Si-Quantenpunkte, die das Q-bit (*qubit*) realisieren. Darunter sind qualitativ Potential $V(x)$ und Energieniveaus in den Quantenpunkten sowie die Wellenfunktionen der Zustände $|L\rangle$ und $|R\rangle$ angegeben

Tunneln durch diese Barrieren wird durch eine Gate-Spannung an Gate 4 gesteuert (Abschn. 3.7). Insbesondere kann eine geeignete Vorspannung den Transistor in die Coulomb-Blockade steuern (Abschn. 3.7). Lokalisierung eines Elektrons im linken Quantenpunkt $|L\rangle$ ändert das Potential am SET und löst die Coulomb-Blockade, was zu einem Stromsignal im SET führt. Auf diese Weise kann mit hoher Empfindlichkeit das Vorliegen des Zustandes $|L\rangle$ detektiert werden.

Damit liefert die Messung des Stromes durch den SET (Abb. 7.12) direkt die Information, ob beim Abschalten des Q-bits, des Superpositionszustandes, die Zustände $|L\rangle$ oder $|R\rangle$ vorliegen. Als Funktion der Pulsdauer Δt, die die Quantenpunkte über das Puls-gate in Resonanz bringt, zeigt der SET-Strom die charakteristischen Rabbi-Oszillationen, die das Vorliegen des Superpositionszustandes (Q-bit) anzeigen. Das Abklingen dieser Oszillationen mit der Zeit (Pulsdauer) zeigt die Dephasierung der Q-bits. Die Messdaten in Abb. 7.12 können durch eine gedämpfte Sinusfunktion beschrieben werden.

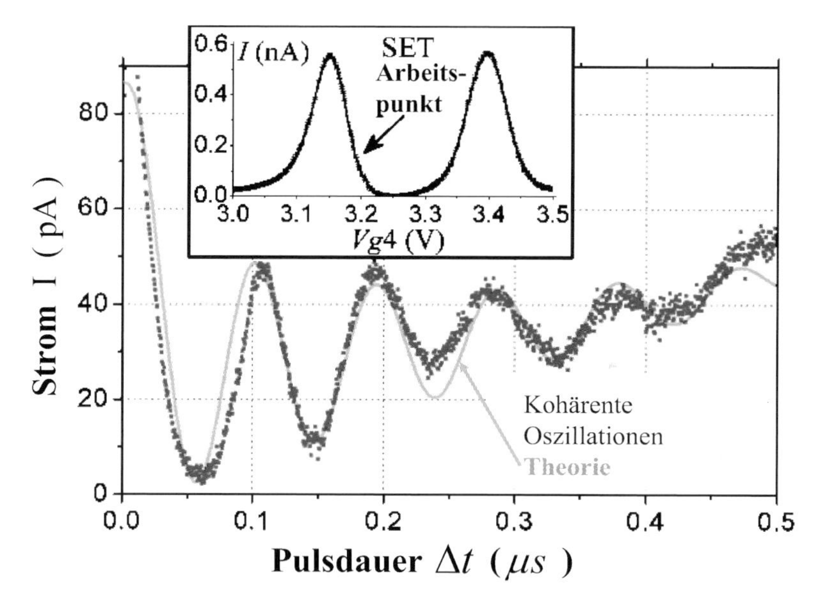

Abb. 7.12. Im Einzelelektronen-Tunneltransistor (single-electron transistor, SET) von Abb. 7.11 gemessener Strom als Funktion der Pulsdauer Δt, während der die Potentiale an den Elektroden in Abb. 7.11a so eingestellt waren, dass das Quantenbit im Si-Doppelquantenpunkt existierte. Maxima in den Stromoszillationen entsprechen einem Aufbrechen der Coulomb-Blockade im SET, d. h. einem Stromfluss durch den Transistor. Dies zeigt an, dass das Elektron gerade im linken Quantenpunkt im Zustand $|L\rangle$ lokalisiert war.
Einschub: Leitfähigkeitsoszillationen infolge von Coulomb-Blockade des zur Messung benutzten Einzelelektronen-Tunneltransistors (SET in Abb. 7.11a). Der Arbeitspunkt für die Messung des Vorliegens des Zustandes $|L\rangle$ im Doppelquantenpunkt ist eingezeichnet [17]

Die Abklingzeit, d. h. die Dephasierungszeit des Q-bits ergibt sich zu etwa 200 ns, also etwa 200mal länger als in dem vorher beschriebenen Experiment von Haysashi et al. [16].

Der Grund für diese längere Dephasierungszeit, d. h. die weitaus längere Existenz des Q-bits liegt auf der Hand. Im Falle der SOI-Quantenpunkte ist eine Ankopplung an die Mess- und Steuerelektroden nur kapazitiv, ohne direkten leitenden elektrischen Kontakt gegeben, während im Split-gate-Experiment von Hayashi et al. [16] eine direkte elektrische Ankopplung des Q-bits über Tunnelkontakte mit Stromtransport vorliegt. Eine stärkere Ankopplung der Umwelt an das Q-bit verursacht ein wesentlich schnelleres Dephasieren.

Wir lernen daraus, dass die Manipulation von Q-bits in möglichen Quantenrechnern nur über sehr schwache Ankopplung der Ein- und Auslese, sowie der Manipulations-Hardware möglich sein wird.

Literaturverzeichnis

1. E. Schrödinger: Proc. Camb. Phil. Soc. **31**, 555 (1935)
2. E. Schrödinger: „Abhandlungen zur Wellenmechanik“, J.A. Barth, Leipzig (1927) and „Briefe zur Wellenmechanik“, Springer Verlag, Wien (1963)
3. A. Einstein, B. Podolsky and N. Rosen: Phys. Rev. **47**, 777 (1935)
4. D. Bohm: Phys. Rev. **85**, 166 (1952)
5. J.S. Bell: Physics **1**, 195 (1964); and Rev. Mod. Phys. **38**, 447 (1966)
6. M. Lamehi-Rachti and W. Mittig: Phys. Rev. **14**, 2543 (1976)
7. A. Aspect, J. Dalibard and G. Roger: Phys. Rev. Lett. **49**, 1804 (1982)
8. M.O. Scully, B.-G. Englert and H. Walther: Nature **351**, 111 (1991)
9. S. Dürr, T. Nonn and G. Rempe: Nature **395**, 33 (1998)
10. G.M. Palma, K.A. Suominen and A.K. Eckert: Proc. R. Soc. London A **452**, 567 (1996)
11. W. Unruh: Phys. Rev. A **51**, 992 (1995)
12. D. Di Vincenzo: Phys. Rev. A **50**, 1015 (1995)
13. V.N. Golovach, A. Khaetskii, D. Loss: Phys. Rev. Lett. **93**, 016601-1 (2004)
14. Hoi-Kwong Lo, S. Popescu and T. Spiller (Eds): „Introduction to Quantum Computation and Information“, World Scientific, Singapore (1998)
15. D. Bouwmeester, A. Ekert and A. Zeilinger (Eds.): „The Physics of Quantum Information“, Springer Berlin, Heidelberg (2000)
16. T. Hayashi, T. Fujisawa, H.D. Cheong, Y.H. Jeong and Y. Hirayama: Phys. Rev. Lett. **91**, 226804-1 (2003)
17. J. Gorman, D.G. Hasko and D.A. Williams: Phys. Rev. Lett. **95**, 090502-1 (2005)

8 Felder und Quanten

Wir sind gestartet mit der experimentell wohl begründeten Aussage, dass alle Materie gleichzeitig Wellen- und Teilchencharakter hat. Für dieses Konzept haben wir einen geeigneten mathematischen Formalismus gefunden. Wir mussten von der klassischen Trajektorie eines sich längs einer Bahn bewegenden Teilchens Abstand nehmen und mussten Operatoren zur Beschreibung von Messgrößen an den atomaren Teilchen einführen. Wesentliche Ingredienzien dieser Beschreibung waren die Wellenfunktion, deren Interpretation als Wahrscheinlichkeitsamplitude und die Vertauschbarkeit oder Nichtvertauschbarkeit von Operatoren. Letzteres stellte sich als die Grundlage des Quantencharakters heraus, weil die Nichtvertauschbarkeit von Operatoren die Unmöglichkeit einer gleichzeitigen Messung zweier Oberservablen, z. B. Ort und Impuls, bedingt. Damit ist der statistische Charakter des Ergebnisses von aufeinander folgenden Orts- und Impulsmessungen gewährleistet. Dieses Konzept wurde bisher nur auf die Dynamik eines einzigen Teilchens angewendet. Auch wenn wir komplexere Systeme mit mehreren Elektronen, z. B. schwere Atome, oder Moleküle und Festkörper betrachtet haben, geschah das im Rahmen der sogenannten Einteilchennäherung, bei der die Wirkung aller anderen Elektronen, außer dem betrachteten Aufelektron, summarisch in ein effektives Potential für ein Teilchen „hineingesteckt“ wird (Abschn. 8.3.3 und 8.3.4).

In keiner Weise gestattet der bisherige Formalismus die Beschreibung der grundlegenden Einsteinschen Lichtquantenhypothese, die ja besagt, dass das elektromagnetische Feld (kontinuierlich über den Raum durch Feldgleichungen beschrieben) aus Partikeln, den Photonen der Energie $E = \hbar\omega$ besteht. Bei diesem Problem haben wir es offensichtlich mit der Gleichzeitigkeit von kontinuierlichen Feldern, d. h. elektromagnetischen Wellen und vielen Teilchen zu tun. Mit modernen höchstempfindlichen Festkörperdetektoren ist man z. B. in der Lage, in einem schwachen Lichtfeld einzelne Photonen getrennt zu detektieren. Photonen bauen also das Lichtfeld auf. Je nach Messung tritt der Feldcharakter, beschrieben durch die Maxwellgleichungen mehr in Erscheinung; in anderen Fällen, insbesondere bei sehr schwachen Feldern ist der Teilchencharakter evident.

Ein ähnliches Problem begegnet uns, wenn wir statt eines Elektrons wie bisher viele Elektronen, die auch noch miteinander wechselwirken, betrachten. Die Vielteilchenwellenfunktion $\psi(\mathbf{r}_1, \mathbf{r}_2, \ldots, \mathbf{r}_N)$ ist dann nicht mehr in Einteilchenwellenfunktionen faktorisierbar. Wie das elektromagnetische Feld ist sie im ganzen Raum an jedem Punkt als Feldfunktion definiert. Nichtsdestotrotz werden wir in einem solchen Vielteilchensystem zu irgendeiner Zeit an einem gewissen Ort mit einem geeigneten Detektor ein einzelnes Elektron detektieren können. Ist es da nicht viel angemessener, einem solchen Vielteilchensystem, das sich über einen gewissen Raumbereich erstreckt, ein Feld zuzuordnen, ähnlich dem elektromagnetischen Feld? Dieses Feld muss aber bei geeigneter Detektion die Präsenz eines Teilchens, eines Elektrons oder eines Photons, zeigen. Wir kämen so zu einer einheitlichen Beschreibung von Vielteilchenfeldern und einzelnen detektierbaren Quanten (Teilchen) in diesen Feldern. Außerdem wäre der Unterschied zwischen Feldern, z. B. dem Lichtfeld und Teilchen, z. B. Elektronen, Photonen usw., aufgehoben. Eine einheitliche Feld-Quantenbeschreibung [1, 4] zeigt wirklich die Komplementarität von Wellen (Feldern) und Teilchen auf, die der Realität, sowohl den klassisch eingeführten Feldern (Licht) wie auch den in der klassischen Physik betrachteten Teilchen (Elektronen) zugrunde liegt.

Übertrieben anschaulich stelle man sich dieses Feld-Quanten-System als eine kontinuierliche „wabernde Schmiere (Wackelpudding)“ im Raum vor, die bei gewissen Messungen an einem Raumpunkt ein Teilchen „gebiert“. Ein festes Quantum an Energie, die Energie des speziellen Teilchens ($E = \hbar\omega$ für das Photon) wird vom Feld in der Messung auf den Detektor transferiert.

8.1 Ingredienzien einer Quantenfeldtheorie

Der für diese physikalische Problemstellung angemessene Formalismus heißt Quantenfeldtheorie [1, 2, 3, 4]. Wie die Schrödingersche Wellenmechanik ist auch die Quantenfeldtheorie erfunden [6], aber sehr klug und nicht durch Zufall. In Erweiterung der Einteilchen-Quantenmechanik werden Hypothesen (Abschn. 1.3) aufgestellt, die dann durch quantitative Messungen verifiziert oder falsifiziert werden. Bei diesen Hypothesen galt es einige Randbedingungen zu erfüllen: Die Theorie soll die Einteilchenquantenmechanik (Schrödinger-Gleichung) für den Fall eines Teilchens enthalten (Abschn. 8.3.2). Im Falle des Lichtfeldes muss für große Felder natürlich die klassische Maxwelltheorie gelten. In beiden Fällen existieren Feldgleichungen für die kontinuierlichen Vielteilchenfelder, die Schrödinger-Gleichung für Elektronen, die Maxwellgleichungen für Photonen. Wie kann man zusätzlich den Teilchencharakter, d. h. das Quantenhafte, ins Spiel bringen? Es muss feldspezifische Größen geben, die nicht gleichzeitig messbar sind, wie z. B. Impuls und Ort in der Einteilchen-Schrödinger-Quantenmechanik. Dadurch wird sichergestellt, dass die Messung einer Größe ein nur statistisch vorhersagbares Ergebnis für die Messung der anderen Größe an diesem Feld zulässt. Dies wird bewirkt durch die Nichtvertauschbarkeit von Operatoren, die diesen Messgrößen (Observablen) zugeordnet sind. Wir müssen also Feldgrößen, z. B. die elektrische Feldstärke des Lichtfeldes, als Operatoren und nicht als Feldfunktionen auffassen, für die wir Vertauschungsrelationen, ähnlich wie für p und x, fordern. Als Rezept für die Vorgehensweise bietet sich der Übergang von der klassischen Mechanik zur Schrödingerschen-Einteilchen-Quantenmechanik an. Eine zentrale Rolle spielt hierbei die Hamilton-Funktion $H(p, x)$, die Gesamtenergie in den unabhängigen Variablen Ort x und Impuls $p = m\dot{x}$ (Abschn. 3.4). Mit der kinetischen Energie $T = p^2/2m$ für ein Teilchen gilt

$$H = T + V(x) = \frac{p^2}{2m} + V(x) = \frac{(m\dot{x})^2}{2m} + V(x) \ . \tag{8.1}$$

Aus den beiden Hamilton-Gleichungen

$$\frac{\partial H}{\partial p} = \dot{x} \tag{8.2a}$$

$$-\frac{\partial H}{\partial x} = \frac{\partial V}{\partial x} = K(x) = \dot{p} \tag{8.2b}$$

folgt die klassische Newtonsche Bewegungsgleichung mit der Kraft $K(x)$ als der Ursache für die Impulsänderung $\dot{p}$. Gleichzeitig macht der Hamilton-Formalismus (8.2) klar, welche Größen in der Quantenmechanik, nämlich p und x für ein Teilchen, nicht gleichzeitig messbar sind, also Vertauschungsrelationen unterworfen werden müssen.

Die Vorgehensweise zur Aufstellung der Quantenfeldtheorie sollte also sein, die Gesamtenergie der entsprechenden Felder als Hamilton-Funktion zu schreiben und daraus zwei unabhängige, sogenannte kanonische Feldgrößen zu extrahieren, die dann als Operatoren Vertauschungsrelationen, analog zu $[p, x]$ unterworfen werden.

Ein weiters Hilfsmittel zur Aufstellung der Quantenfeldtheorie haben wir bei der Behandlung des harmonischen Oszillators kennen gelernt. Durch geschickte Faktorisierung der Schrödinger-Gleichung konnten wir Stufen-Operatoren $\hat{b}$ und $\hat{b}^+$ definieren, die jeweils von einem Eigenzustand entweder hinauf zum nächst höheren ($\hat{b}^+$) oder herunter zum nächst niedrigeren ($\hat{b}$) führten. Bei mehrmaliger Anwendung wird eine Leiter von energetisch äquidistanten Energieeigenwerten $E_n = (n + \frac{1}{2})\hbar\omega$ durchlaufen, wobei jeweils das Quant $\hbar\omega$ zur Gesamtenergie hinzugefügt oder von ihr abgezogen wird. Ein solches Verhalten würden wir gerne für Feldquanten, nämlich den mit dem Feld identifizierten Teilchen haben. Eine Teilchensorte, z. B. Photonen derselben Frequenz ω, hat für jedes Teilchen dieselbe Energie $\hbar\omega$. Mehr oder weniger Teilchen im (Licht) Feld könnten so durch Anwendung ähnlicher Operatoren wie $\hat{b}$ und $\hat{b}^+$ vernichtet oder erzeugt werden.

Entlang der hier beschriebenen Leitlinien lässt sich in der Tat eine Quantenfeldtheorie aufstellen, die in bisher einzigartiger Weise das Verhalten von Teilchenfeldern erklärt und alle Experimente auf diesem Gebiet hervorragend beschreibt. Für die Anwendung besonders wichtig ist die Wechselwirkung des Lichtfeldes mit Atomen und Festkörpern, so wie sie uns bei Lasern begegnet.

8.2 Die Quantisierung des elektromagnetischen Feldes

Das elektromagnetische Feld, beschrieben durch seine elektrische Feldkomponente $\boldsymbol{\mathcal{E}}$ und seine magnetische $\mathbf{H}$ bzw. $\mathbf{B}$, wird durch Feldfunktionen, je sechs Werte (3 Vektorkomponenten für $\boldsymbol{\mathcal{E}}$ und $\mathbf{H}$) an jedem Raumpunkt $\mathbf{r}$ zu einer Zeit t beschrieben. Dass die so erfolgreiche Maxwelltheorie zur Beschreibung dieses Feldes mit der Quantentheorie nicht kompatibel ist, wird aus folgender Überlegung deutlich. Wie messen wir das elektrische und das magnetische Feld? Zur Messung von $\boldsymbol{\mathcal{E}}$ beobachten wir die Bewegung einer Punktladung im Feld. Die Richtung der Ladungsbewegung gibt Aufschluss über die Orientierung des elektrischen Feldes im betrachteten Raumpunkt, während der Betrag der Verschiebung die Größe der Feldstärke angibt. Um das magnetische Feld in seiner Stärke zu bestimmen, müssen wir über die Lorentz-Kraft zusätzlich zur Kraft $\mathbf{K} = ev \times \mathbf{B}$ (Abschn. 5.4.1) die Geschwindigkeit v der Punktladung bestimmen. Falls nun $\boldsymbol{\mathcal{E}}$ senkrecht zu $\mathbf{B}$ orientiert ist, ist die Geschwindigkeit der Punktladung in Richtung ihrer Ortsverschiebung gerichtet. Geschwindigkeit und Ort können jedoch nach der Heisenbergschen Unschärferelation (Abschn. 3.3) nicht gleichzeitig beliebig scharf bestimmt werden. Damit können elektrisches und magnetisches Feld prinzipiell nicht gleichzeitig beliebig genau gemessen werden. Es gilt eine Unschärferelation für $\boldsymbol{\mathcal{E}}$ und $\mathbf{B}$-Feld. Das elektromagnetische Feld muss also quantisiert werden, es müssen Vertauschungsrelationen zwischen zwei Feldgrößen eingeführt werden. Wie das zweckmäßigerweise geschieht, legen die Überlegungen in Abschn. 8.1 nahe.

Wir beginnen unsere Ableitung mit den klassischen Maxwell-Gleichungen für elektrische und magnetische Felder im Vakuum, wo es keine Raumladungen und keine Ströme gibt, wo also gilt:

$$\operatorname{div}\mathbf{D} = \operatorname{div}\varepsilon_0\boldsymbol{\mathcal{E}} = 0\ , \tag{8.3a}$$

$$\operatorname{div}\mathbf{B} = \operatorname{div}\mu_0\mathbf{H} = 0\ , \tag{8.3b}$$

und

$$\operatorname{rot}\boldsymbol{\mathcal{E}} = -\dot{\mathbf{B}}\ , \tag{8.4a}$$

$$\operatorname{rot}\mathbf{H} = -\dot{\mathbf{D}}\ . \tag{8.4b}$$

Durch Anwendung der Operatorbeziehung rot rot = grad div $-\Delta$ leitet man aus (8.4) sofort die Wellengleichungen für die zueinander senkrecht orientierten $\boldsymbol{\mathcal{E}}$ und $\mathbf{B}$-Felder der transversalen elektromagnetischen Wellen ab, wobei die Vakuumlichtgeschwindigkeit sich zu $c = (\varepsilon_0\mu_0)^{-1/2}$ ergibt.

Wie in Abschn. 5.4.4 erweist sich das Vektorpotential $\mathbf{A}$ als die fundamentale Größe, aus der $\mathbf{B}$ und $\boldsymbol{\mathcal{E}}$ gewonnen werden können. $\mathbf{A}$ wird wie in Abschn. 5.4.2 eingeführt durch

$$\mathbf{B} = \operatorname{rot}\mathbf{A}\ , \quad \operatorname{div}\mathbf{A} = 0\ . \tag{8.5}$$

Durch Anwendung des Operators rot auf (8.5) folgt mittels (8.4)

$$\text{rot rot } \mathbf{A} = \text{grad div } \mathbf{A} - \Delta\mathbf{A} = \mu_0 \varepsilon_0 \dot{\boldsymbol{\mathcal{E}}} \, , \tag{8.6a}$$

und mit (8.4a), d. h. $\boldsymbol{\mathcal{E}} = -\dot{\mathbf{A}}$ schließlich

$$\Delta\mathbf{A} - \frac{1}{c^2}\ddot{\mathbf{A}} = 0 \, . \tag{8.6b}$$

Dies ist wiederum, ähnlich wie für $\boldsymbol{\mathcal{E}}$ und $\mathbf{H}$, eine Wellengleichung, die wegen (8.5) auch für das Vektorpotential $\mathbf{A}$ transversale Wellen mit je zwei $\mathbf{A}$-Komponenten senkrecht zur Ausbreitungsrichtung $\mathbf{q}$ (Wellenzahlvektor) ergibt, deren Frequenzen $\omega_{\mathbf{q}}$ gleich sind. In Fourier-Darstellung lautet also die Lösung zu (8.6b)

$$\mathbf{A}\,(\mathbf{r},t) = \frac{1}{\sqrt{V}} \sum_{\mathbf{q},\lambda} A_{\mathbf{q}}\,(t)\,\mathbf{s}_{\mathbf{q},\lambda}\,\mathrm{e}^{\mathrm{i}\mathbf{q}\cdot\mathbf{r}} \, . \tag{8.7}$$

Wir werden in diesem Kapitel den Wellenzahlvektor der Photonen im Unterschied zu dem von Elektronen ($\mathbf{k}$) immer mit $\mathbf{q}$ benennen. $\mathbf{s}_{\mathbf{q},\lambda}$ bezeichnet die Einheitsvektoren ($\perp\mathbf{q}$) der senkrecht zueinander liegenden Schwingungsrichtungen (Polarisationsvektoren) des $\mathbf{A}$-Feldes, wobei $\lambda = 1, 2$ diese durchzählt. Aus der Forderung, dass $\mathbf{A}$ real sein muss, folgt:

$$\mathbf{A}_{\mathbf{q}\lambda} = \mathbf{A}^*_{-\lambda\mathbf{q}} \tag{8.8}$$

mit der Setzung $\mathbf{s}_{\mathbf{q},\lambda} = \mathbf{s}_{-\mathbf{q},\lambda}$.

Wie in Abschn. 3.6.1 für Elektronenwellen haben wir einen sehr großen Kasten mit dem Volumen $V = L^3$ als Definitionsvolumen des elektromagnetischen Feldes angenommen, sodass in dem orthogonalen Entwicklungssystem (8.7) die Wellenzahlen q gequantelt, jedoch quasi-kontinuierlich mit Abständen $\Delta q = 2\pi/L$ auftreten. Ein Übergang zum Kontinuum mit $L \to \infty$ und der Integralschreibweise (4.74) ist jedoch auch möglich. Durch Einsetzen von (8.7) in (8.6) folgt mit der Dispersionsbeziehung für Lichtwellen

$$\omega_q = c\,|q| \tag{8.9}$$

sofort

$$\ddot{A}_{\mathbf{q}\lambda} - \omega_{\mathbf{q}}^2 A_{\mathbf{q}\lambda} = 0 \, . \tag{8.10}$$

Man beachte, dass für beide Lichtpolarisationen $\lambda = 1, 2$ die gleiche Schwingungsfrequenz $\omega_{\mathbf{q}}$ gilt. Die Oszillatordifferentialgleichung (8.10) zeigt, dass die Amplituden $A_{\mathbf{q}\lambda}$ in der Zeit wie $\exp(-\mathrm{i}\omega_{\mathbf{q}}t)$ oszillieren.

Ausgangspunkt für die Quantisierung der Felder ist die Hamilton-Funktion H, die sich als Gesamtenergie des Feldes ergibt:

$$H = E = \frac{1}{2}\int \mathrm{d}^3r\,(\boldsymbol{\mathcal{E}}\cdot\mathbf{D} + \mathbf{H}\cdot\mathbf{B}) = \int \mathrm{d}^3r\,|\boldsymbol{\mathcal{E}}|^2 = \int \mathrm{d}^3r\,|H|^2 \, . \tag{8.11}$$

Wir benutzen die Beziehungen $\boldsymbol{\mathcal{E}} = -\dot{\mathbf{A}}$ und aus (8.7)

$$\mathbf{B} = \operatorname{rot} \mathbf{A} = \frac{1}{\sqrt{V}} \sum_{\mathbf{q},\lambda} A_{\mathbf{q}\lambda}(t) \left[\mathbf{s}_{\mathbf{q},\lambda} \times \mathbf{q}\right] \mathrm{e}^{\mathrm{i}\mathbf{q}\cdot\mathbf{r}} \tag{8.12}$$

sowie die Gleichung

$$(\mathbf{s}_{\mathbf{q}\lambda} \times \mathbf{q}) \cdot \left(\mathbf{s}_{\mathbf{q}'\lambda'} \times \mathbf{q}'\right) = \left(\mathbf{s}_{\mathbf{q}\lambda} \cdot \mathbf{s}_{\mathbf{q}'\lambda'}\right)(\mathbf{q} \cdot \mathbf{q}') - \left(\mathbf{q} \cdot \mathbf{s}_{\mathbf{q}'\lambda'}\right)\left(\mathbf{s}_{\mathbf{q}'\lambda'} \cdot \mathbf{q}\right) \tag{8.13}$$

und erhalten aus (8.11) mittels (8.8)

$$H = E = \frac{1}{2}\varepsilon_0 \sum_{\mathbf{q}\lambda} \left(\dot{A}^*_{\mathbf{q}\lambda}\dot{A}_{\mathbf{q}\lambda} + \omega^2_{\mathbf{q}} A^*_{\mathbf{q}\lambda} A_{\mathbf{q}\lambda}\right) . \tag{8.14}$$

Hierbei wurde neben $(\mathbf{s}_{\mathbf{q}\lambda} \cdot \mathbf{q}) = 0$ noch die Darstellung der δ-Funktion benutzt

$$\frac{1}{V} \int \mathrm{d}^3 r \, \mathrm{e}^{\mathrm{i}(\mathbf{q}-\mathbf{q}')\cdot\mathbf{r}} = \delta(\mathbf{q} - \mathbf{q}') . \tag{8.15}$$

Analog zur Hamilton-Funktion des harmonischen Oszillators (4.109) versuchen wir ähnlich zu (4.110) bis (4.112) eine Faktorisierung mittels des nahe liegenden Ansatzes

$$a_{\mathbf{q}\lambda} = \frac{1}{2}\left(A_{\mathbf{q}\lambda} + \frac{i}{\omega_{\mathbf{q}}}\dot{A}_{\mathbf{q}\lambda}\right) , \quad a^*_{\mathbf{q}\lambda} = \frac{1}{2}\left(A_{\mathbf{q}\lambda} - \frac{i}{\omega_{\mathbf{q}}}\dot{A}_{\mathbf{q}\lambda}\right) . \tag{8.16}$$

Dieser Ansatz (Vorfaktor 1/2) ist so gewählt, dass er die für das elektromagnetische Feld wichtige Randbedingung (8.8) erfüllt und die bei $\dot{A}_{\mathbf{q}\lambda}$ auftretende Zeitdifferentiation mit dem Faktor $i/\omega_{\mathbf{q}}$ gerade die richtige Dimension der Größen liefert. Die Bedingung (8.8) folgt sofort aus der zu (8.16) inversen Darstellung

$$A_{\mathbf{q}\lambda} = a_{\mathbf{q}\lambda} + a^*_{-\mathbf{q}\lambda} , \quad \dot{A}_{\mathbf{q}\lambda} = \frac{\omega_{\mathbf{q}}}{i}\left(a_{\mathbf{q}\lambda} - a^*_{-\mathbf{q}\lambda}\right) , \tag{8.17a}$$

$$A^*_{\mathbf{q}\lambda} = a^*_{\mathbf{q}\lambda} + a_{-\mathbf{q}\lambda} , \quad \dot{A}^*_{\mathbf{q}\lambda} = \frac{\omega_{\mathbf{q}}}{-i}\left(a^*_{\mathbf{q}\lambda} - a_{-\mathbf{q}\lambda}\right) . \tag{8.17b}$$

Setzen wir (8.17) in (8.14) ein, so folgt

$$H = \frac{1}{2}\varepsilon_0 \sum_{\mathbf{q}\lambda} \omega^2_{\mathbf{q}\lambda}\left(2a^*_{\mathbf{q}\lambda}a_{\mathbf{q}\lambda} + 2a^*_{-\mathbf{q}\lambda}a_{-\mathbf{q}-\lambda}\right) . \tag{8.18a}$$

Ersetzen wir in der zweiten Summe $-\mathbf{q}$ durch $\mathbf{q}$, dann ergibt sich die gewünschte Produktdarstellung analog zum Oszillator als

$$H = \varepsilon_0 \sum_{\mathbf{p}\lambda} 2\omega^2_{\mathbf{q}\lambda}\left(a^*_{\mathbf{q}\lambda}a_{\mathbf{q}\lambda}\right) . \tag{8.18b}$$

Hierbei haben wir $a_{\mathbf{q}\lambda}$ mit $a^*_{\mathbf{q}\lambda}$ vertauscht, was für normale Zahlen natürlich selbstverständlich ist.

Aus dem Vergleich der Produktdarstellung (8.18b) mit dem Hamilton-Operator des Oszillators (4.115) erkennen wir jedoch sofort, dass die $a^*_{\mathbf{q}\lambda}, a_{\mathbf{q}\lambda}$ die kanonischen Koordinaten sind, die zur Quantisierung des elektromagnetischen Feldes in nicht vertauschbare Operatoren umgewandelt werden müssen. Wird fordern also für die Nichtvertauschbarkeit $[\hat{a}_{\mathbf{q}\lambda},\, \hat{a}^+_{\mathbf{q}\lambda}] \neq 0$.

Um im Hamilton-Operator des Feldes die Energie in Einheiten von $\hbar\omega_{\mathbf{q}}$ zu erhalten, führen wir statt der $\hat{a}_{\mathbf{q}\lambda}$-Operatoren die Operatoren $\hat{b}_{\mathbf{q}\lambda},\, \hat{b}^+_{\mathbf{q}\lambda}$ mit

$$\hat{a}_{\mathbf{q}\lambda} = \sqrt{\frac{\hbar}{2\varepsilon_0\omega_{\mathbf{q}}}}\hat{b}_{\mathbf{q}\lambda} \tag{8.19}$$

ein, d. h. die Vertauschungsrelationen lauten dann analog zum Oszillator (Abschn. 4.4.2)

$$\left[\hat{b}_{\mathbf{q}'\lambda'},\, \hat{b}^+_{\mathbf{q}\lambda}\right] = \hat{b}_{\mathbf{q}'\lambda'}\,\hat{b}^+_{\mathbf{q}\lambda} - \hat{b}^+_{\mathbf{q}\lambda}\hat{b}_{\mathbf{q}'\lambda'} = \delta_{\mathbf{q}\lambda,\mathbf{q}'\lambda'} \ , \tag{8.20a}$$

$$\left[\hat{b}^+_{\mathbf{q}'\lambda'},\, \hat{b}^+_{\mathbf{q}\lambda}\right] = \left[\hat{b}_{\mathbf{q}'\lambda'},\, \hat{b}_{\mathbf{q}\lambda}\right] = 0 \ . \tag{8.20b}$$

Wegen dieser Nichtvertauschbarkeit von $\hat{a}_{\mathbf{q}\lambda},\, \hat{a}^+_{\mathbf{q}\lambda}$ bzw. $\hat{b}_{\mathbf{q}\lambda},\, \hat{b}^+_{\mathbf{q}\lambda}$ kann der einfache Rechenschritt von (8.18a) nach (8.18b) nicht durchgeführt werden, hingegen müssen wir in (8.18a) die Reihenfolge der Operatoren $\hat{a}^+_{\mathbf{q}\lambda},\, \hat{a}_{\mathbf{q}\lambda}$ bzw. $\hat{a}_{-\mathbf{q}\lambda},\, \hat{a}^+_{-\mathbf{q}\lambda}$ berücksichtigen und bei der Umschreibung auf die $\hat{b}_{-\mathbf{q}\lambda}\, \hat{b}^+_{-\mathbf{q}\lambda}$ bzw. $\hat{b}^+_{-\mathbf{q}\lambda}\hat{b}_{-\mathbf{q}\lambda}$-Operatorfolge die Vertauschungsrelation (8.20) berücksichtigen. Damit folgt

$$\hat{H} = \frac{1}{2}\sum_{\mathbf{q}\lambda}\hbar\omega_{\mathbf{q}}\left(\hat{b}^+_{\mathbf{q}\lambda}\hat{b}_{\mathbf{q}\lambda} + \hat{b}^+_{-\mathbf{q}\lambda}\hat{b}_{-\mathbf{q}\lambda} + 1\right) \ . \tag{8.21}$$

Ersetzen wir in der zweiten Summe $-\mathbf{q}$ durch $\mathbf{q}$, so ergibt sich für den Hamilton-Operator des Lichtfeldes

$$\boxed{\hat{H} = \sum_{\mathbf{q}\lambda}\hbar\omega_{\mathbf{q}}\left(\hat{b}^+_{\mathbf{q}\lambda}\hat{b}_{\mathbf{q}\lambda} + \frac{1}{2}\right) \ .} \tag{8.22}$$

Die einzelnen Summanden in (8.22) sind jeweils für ein bestimmtes $(\mathbf{q}, \lambda)$ Paar identisch mit dem Hamilton-Operator des harmonischen Oszillators (4.115).

Bezeichnen wir mit $|\phi\rangle$einen allgemeinen Vielphotonen-Zustand des elektromagnetischen Feldes, dann ergibt sich die Energie E des Feldes als Eigenwert des Hamilton-Operators aus

$$\hat{H}\,|\phi\rangle = E\,|\phi\rangle \ . \tag{8.23}$$

Wir finden, wie erwartet, für die Operatoren $\hat{b}_{\mathbf{q}\lambda},\, \hat{b}^+_{\mathbf{q}\lambda}$ ein zu den Stufenoperatoren aus Abschn. 4.4.2 analoges Verhalten. Anwendung von $\hat{b}_{\mathbf{q}'\lambda'}$ von links auf (8.23) liefert

$$\sum_{\mathbf{q}\lambda} \hbar\omega_{\mathbf{q}} \left(\hat{b}_{\mathbf{q}'\lambda'} \hat{b}^{+}_{\mathbf{q}\lambda} \hat{b}_{\mathbf{q}\lambda} + \frac{1}{2} \hat{b}_{\mathbf{q}'\lambda'} \right) |\phi\rangle = E\, \hat{b}_{\mathbf{q}'\lambda'} \,|\phi\rangle \;. \tag{8.24a}$$

Im ersten Summenterm links wenden wir die Vertauschungsrelation (8.20) an, wobei die $\hat{b}$-Operatoren mit ungleichen $\mathbf{q}\lambda$ vertauschbar sind, während für gleiche $\mathbf{q}\lambda$ Nichtvertauschbarkeit gilt. Daraus folgt:

$$\sum_{\mathbf{q}\lambda} \hbar\omega_{\mathbf{q}} \left(\hat{b}^{+}_{\mathbf{q}\lambda} b_{\mathbf{q}\lambda} + \frac{1}{2} \right) \left(\hat{b}_{\mathbf{q}'\lambda'} \,|\phi\rangle \right) = \left(E - \hbar\omega_{\mathbf{q}'} \right) \left(\hat{b}_{\mathbf{q}'\lambda'} \,|\phi\rangle \right) \;,$$

$$\hat{H} \left(\hat{b}_{\mathbf{q}'\lambda'} \,|\phi\rangle \right) = \left(E - \hbar\omega_{\mathbf{q}'} \right) \left(\hat{b}_{\mathbf{q}'\lambda'} \,|\phi\rangle \right) \;. \tag{8.24b}$$

Somit ist der Zustand $(\hat{b}_{\mathbf{q}'\lambda'}|\phi\rangle)$ Eigenzustand zu einer um $\hbar\omega_{\mathbf{q}'}$ verringerten Gesamtenergie des Feldes. $\hat{b}_{\mathbf{q}'\lambda'}$ vernichtet im Feld also ein Energiequant der Energie $\hbar\omega_{\mathbf{q}'}$. Ein Teilchen mit dieser Energie, ein Photon, wurde dem Feld entzogen. In diesem neuen Zusammenhang stellt sich $\hat{b}_{\mathbf{q}\lambda}$ als ein Photon (Teilchen)-**Vernichtungsoperator** dar.

Genauso können wir durch Anwendung des Operators $\hat{b}^{+}_{\mathbf{q}\lambda}$ zeigen, dass hierdurch dem Feld ein neues Quant (Teilchen) der Energie $\hbar\omega_{\mathbf{q}\lambda}$ hinzugefügt wird. Im Rahmen der Quantenfeldtheorie sind $\hat{b}^{+}_{\mathbf{q}\lambda}$ und $\hat{b}_{\mathbf{q}\lambda}$ Teilchen-**Erzeugungs-** und **-Vernichtungsoperatoren**. In der Quantenfeldtheorie sind Teilchen, hier Photonen, Anregungszustände des Feldes. Ein allgemeiner Feldzustand liegt also in mannigfaltigen Anregungszuständen vor, er enthält $n_{\mathbf{q}\lambda}, n_{\mathbf{q}'\lambda'}, n_{\mathbf{q}''\lambda''}, \ldots$ Photonen mit den jeweiligen Quantenenergien $\hbar\omega_{\mathbf{q}}, \hbar\omega_{\mathbf{q}'}, \hbar\omega_{\mathbf{q}''}, \ldots$. Einen solchen Vielphotonenzustand bezeichnen wir auch als

$$|\phi\rangle = \big| \ldots, n_{\mathbf{q}\lambda},\; n_{\mathbf{q}'\lambda'},\; n_{\mathbf{q}''\lambda''}, \ldots \big\rangle = |\ldots, n_{\mathbf{q}\lambda}, \ldots\rangle \;. \tag{8.25}$$

Wenden wir auf diesen Zustand den Hamilton-Operator des Feldes (8.22) an, so erhalten wir ganz analog zum harmonischen Oszillator (Abschn. 4.4.2)

$$\begin{aligned} \hat{H}\,|\phi\rangle &= \sum_{\mathbf{q}\lambda} \hbar\omega_{\mathbf{q}} \left(\hat{b}^{+}_{\mathbf{q}\lambda} b_{\mathbf{q}\lambda} + \frac{1}{2} \right) |\ldots, n_{\mathbf{q}\lambda}, \ldots\rangle \\ &= \sum_{\mathbf{q}\lambda} \hbar\omega_{\mathbf{q}} \left(n_{\mathbf{q}\lambda} + \frac{1}{2} \right) |\ldots, n_{\mathbf{q}\lambda}, \ldots\rangle \;, \end{aligned} \tag{8.26a}$$

d. h. die Energiezustände (Eigenzustände) des Feldes zu

$$E = \sum_{\mathbf{q}\lambda} n_{\mathbf{q}\lambda} \hbar\omega_{\mathbf{q}} + \frac{1}{2} \sum_{\mathbf{q}\lambda} \hbar\omega_{\mathbf{q}} \;. \tag{8.26b}$$

Der Operator $\hat{b}^{+}_{\mathbf{q}\lambda} \hat{b}_{\mathbf{q}\lambda}$ heißt aus naheliegenden Gründen Anzahloperator, da seine Eigenwerte $n_{\mathbf{q}\lambda}$ die Anzahl der Photonen $\hbar\omega_{\mathbf{q}}$ im Zustand $|\phi\rangle$ angeben.

Wenn in einem Feld $|\phi\rangle$ $n_{\mathbf{q}\lambda}$ Photonen der Energie $\hbar\omega_{\mathbf{q}}$ (des Typs $\mathbf{q},\lambda$) vorhanden sind und wir wenden darauf den Vernichtungsoperator $\hat{b}_{\mathbf{q}\lambda}$ $n_{\mathbf{q}\lambda}$ mal an

$$\left(\hat{b}_{\mathbf{q}\lambda}\right)^{n_{\mathbf{q}\lambda}} |\phi\rangle = |0\rangle \;, \tag{8.27}$$

dann ist das Feld leer von Photonen, wir erhalten den sogenannten **Vakuumzustand** $|0\rangle$, den Grundzustand des Feldes. Dieser Vakuumzustand besitzt nach (8.26b) jedoch immer eine Energie

$$E_0 = \frac{1}{2}\sum_{\mathbf{q}\lambda} \hbar\omega_{\mathbf{q}} \;, \tag{8.28}$$

und zwar einen unendlich hohen Beitrag, weil in der Summe $\mathbf{q}$ nach oben hin unbegrenzt ist. Für viele Anwendungen spielt diese Energie des Vakuumzustandes keine Rolle, weil wir in der Wahl der Energieskala frei sind und den Nullpunkt auf E_0 legen können. Dennoch werden wir sehen, dass es experimentelle Befunde (Casimir-Kraft, Abschn. 8.2.5) gibt, die sich nur aus der Energie des Vakuumszustandes erklären lassen.

Die Normierungsfaktoren der Vielphotonenzustände ergeben sich ganz analog zu denen der Zustände des harmonischen Oszillators (Abschn. 4.4.2). Aus (8.24b) wissen wir, dass die Operatoren $\hat{b}^+_{\mathbf{q}\lambda}$ und $\hat{b}_{\mathbf{q}\lambda}$ jeweils ein zusätzliches Photon der Energie $\hbar\omega_{\mathbf{q}}$ erzeugen bzw. vernichten; d. h. für die Erzeugung gilt

$$\hat{b}^+_{\mathbf{q}\lambda} \left|\ldots, n_{\mathbf{q}\lambda}, \ldots\right\rangle = C \left|\ldots, (n_{\mathbf{q}\lambda}+1), \ldots\right\rangle \;. \tag{8.29}$$

Der Faktor C muss nun so bestimmt werden, dass beide Zustände, links und rechts in (8.29) normiert sind.

Wir multiplizieren (8.29) von links mit $\langle \ldots, n_{\mathbf{q}\lambda}, \ldots | \hat{b}_{\mathbf{q}\lambda}$ und berücksichtigen, dass $\hat{b}_{\mathbf{q}\lambda}$ der zu $\hat{b}^+_{\mathbf{q}\lambda}$ adjungierte Operator ist, dass also gilt

$$\left(\hat{b}^+_{\mathbf{q}\lambda}\right)^+ = \hat{b}_{\mathbf{q}\lambda} \;. \tag{8.30}$$

Damit folgt

$$\begin{aligned} &\langle \ldots, n_{\mathbf{q}\lambda}, \ldots | \, \hat{b}^+_{\mathbf{q}\lambda} \hat{b}_{\mathbf{q}\lambda} \, | \ldots, n_{\mathbf{q}\lambda}, \ldots \rangle \\ &= C^2 \, \langle \ldots, (n_{\mathbf{q}\lambda}+1), \ldots | \ldots, (n_{\mathbf{q}\lambda}+1), \ldots \rangle \;. \end{aligned} \tag{8.31}$$

Mit der Vertauschungsrelation $\hat{b}_{\mathbf{q}\lambda}\hat{b}^+_{\mathbf{q}\lambda} = \hat{b}^+_{\mathbf{q}\lambda}\hat{b}_{\mathbf{q}\lambda} + 1$ folgt aus (8.31)

$$\begin{aligned} &\langle \ldots, n_{\mathbf{q}\lambda}, \ldots | \, \hat{b}^+_{\mathbf{q}\lambda} \hat{b}_{\mathbf{q}\lambda} \, | \ldots, n_{\mathbf{q}\lambda}, \ldots \rangle + \langle \ldots, n_{\mathbf{q}\lambda}, \ldots | \ldots, n_{\mathbf{q}\lambda}, \ldots \rangle \\ &= C^2 \, \langle \ldots, (n_{\mathbf{q}\lambda}+1), \ldots | \ldots, (n_{\mathbf{q}\lambda}+1), \ldots \rangle \;, \end{aligned} \tag{8.32a}$$

bzw. unter der Voraussetzung, dass die einzelnen Vielteilchenzustände bereits normiert sind

$$n_{\mathbf{q}\lambda} + 1 = C^2 \;. \tag{8.32b}$$

Eine analoge Rechnung zu (8.29) bis (8.32) für die Vernichtungsoperatoren $\hat{b}_{\mathbf{q}\lambda}$ führt dann wegen (8.29) auf die Beziehungen

$$\boxed{\hat{b}^+_{\mathbf{q}\lambda}\,|\ldots, n_{\mathbf{q}\lambda}, \ldots\rangle = \sqrt{n_{\mathbf{q}\lambda}+1}\,|\ldots, (n_{\mathbf{q}\lambda}+1), \ldots\rangle} \tag{8.33a}$$

$$\boxed{\hat{b}_{\mathbf{q}\lambda}\,|\ldots, n_{\mathbf{q}\lambda}, \ldots\rangle = \sqrt{n_{\mathbf{q}\lambda}}\,|\ldots, (n_{\mathbf{q}\lambda}-1), \ldots\rangle} \tag{8.33b}$$

Durch vielfache Anwendung der Erzeugeroperatoren $\hat{b}^+_{\mathbf{q}\lambda}$ auf den (Vakuum) Grundzustand $|0\rangle$ lässt sich ein allgemeiner normierter Feldzustand dann darstellen als

$$|\ldots, n_{\mathbf{q}\lambda}, \ldots\rangle = \prod_{\mathbf{q}\lambda} \frac{1}{\sqrt{n_{\mathbf{q}\lambda}!}} \left(\hat{b}^+_{\mathbf{q}\lambda}\right)^{n_{\mathbf{q}\lambda}} |0\rangle \ . \tag{8.34}$$

Abschließend sei darauf hingewiesen, dass die hier beschriebene Quantisierung des elektromagnetischen Feldes im Gegensatz zur bisher behandelten Einteilchenquantenmechanik (nicht-relativistisch) konsistent mit der speziellen Relativitätstheorie ist. Der Grund besteht darin, dass die zugrundeliegenden klassischen Maxwell-Gleichungen im Gegensatz zur klassischen Mechanik mit der Relativitätstheorie im Einklang sind. Ohne es zu ahnen hat Maxwell mit seiner Theorie des elektromagnetischen Feldes eine relativistische Theorie geschaffen.

Eine Quantisierung des Lichtfeldes innerhalb der 4-dimensionalen Raum-Zeit der Relativitätstheorie liefert keine anderen Ergebnisse als die in diesem Abschnitt beschriebenen.

Weiterhin sei betont, dass die in (8.8) geforderte Realität des Vektorpotentials $\mathbf{A}$ ganz wesentlich für das quantisierte Lichtfeld ist. Komplexe Feldamplituden würden nicht mit der Maxwell-Theorie in Einklang sein.

8.2.1 Was sind Photonen?

In Kap. 2 haben wir bei der Diskussion der Einsteinschen Lichtquantenhypothese dem Lichtfeld Teilchencharakter in Form von Photonen zugeordnet, denen eine Energie $\hbar\omega$ und ein Impuls $\hbar k$ (in diesem Kapitel: $\hbar q$) zugeordnet wurde. Der Begriff Photon als Lichtteilchen diente dazu, die experimentellen Befunde des Photoeffektes und der Compton-Streuung zu beschreiben, aber dieses Teilchen war in keiner Weise im Rahmen der in den folgenden Kapiteln dargestellten Einteilchenquantenmechanik zu verstehen. Dies gelingt nun im Rahmen der Quantisieriung des Lichtfeldes. Nach Abschn. 8.2 sind Photonen Anregungszustände des elektromagnetischen Feldes. Diese Anregungszustände sind gekennzeichnet durch einen Wellenzahlvektor $\mathbf{q}$ und eine Polarisation ($\perp\mathbf{q}$), die zwei zueinander senkrechte Orientierungen $\lambda = 1, 2$ annehmen kann. Den Anregungszuständen kommt eine Photonenergie $\hbar\omega_{\mathbf{q}}$ zu. In einem Feldzustand $|\ldots, n_{\mathbf{q}\lambda}, \ldots\rangle$ mit $n_{\mathbf{q}\lambda}$ Anregungen, d.h. Photonen des Typs $\hbar\omega_{\mathbf{q}}(\lambda)$ können weitere Photonen erzeugt oder vernichtet werden, dies durch die Wirkung der Erzeuger- oder Vernichteroperatoren $\hat{b}^+_{\mathbf{q}\lambda}$, $\hat{b}_{\mathbf{q}\lambda}$. Photonen sind also nicht Teilchen im klassischen herkömmlichen Sinn, sie sind nicht notwendigerweise lokalisiert. Nichtsdestotrotz wird ein einzelnes Lichtquantum in einem Detektor lokal wie ein normales Teilchen durch ein einzelnes „Klicken“ detektiert. Wir werden sehen, dass dieses Teilchenbild als Anregungszustand eines Feldes auch für alle anderen Teilchen z. B. für Elektronen gilt.

Wie steht es nun mit dem Impuls $\hbar\mathbf{k}$ eines Photons, hängt diese Größe auch mit klassischen Feldgrößen der Maxwellschen Feldtheorie zusammen? Was ist im klassischen Lichtfeld der Impuls, oder die Impulsdichte, wenn wir ein Feld in einem Raumvolumen betrachten?

Auf eine Ladung q wirkt im elektromagnetischen Feld $(\boldsymbol{\mathcal{E}}, \mathbf{B})$ die Lorentz-Kraft (Abschn. 5.4.1)

$$\mathbf{K} = q\left(\boldsymbol{\mathcal{E}} + \mathbf{v} \times \mathbf{B}\right) . \tag{8.35}$$

Für viele Teilchen im Einheitsvolumen addieren sich die Ladungen zur Ladungsdichte ρ und die Größe $q\mathbf{v}$ zur Stromdichte $\mathbf{j}$ auf. Damit folgt für die Kraft als Zeitableitung des Impulses für ein Volumen V:

$$\frac{\mathrm{d}}{\mathrm{d}t}\mathbf{P}_{\mathrm{mech}} = \int_V \mathrm{d}^3r \left(\rho\boldsymbol{\mathcal{E}} + \mathbf{j} \times \mathbf{B}\right) . \tag{8.36}$$

Mittels der Maxwell-Beziehungen

$$\rho = \mathrm{div}\left(\varepsilon_0\boldsymbol{\mathcal{E}}\right) , \quad \mathbf{j} = \frac{1}{\mu_0}\,\mathrm{rot}\,\mathbf{B} - \varepsilon_0\dot{\boldsymbol{\mathcal{E}}} \tag{8.37}$$

erhalten wir für den Integranden in (8.36)

$$\rho\boldsymbol{\mathcal{E}} + \mathbf{j} \times \mathbf{B} = \varepsilon_0\left(\boldsymbol{\mathcal{E}}\,\mathrm{div}\,\boldsymbol{\mathcal{E}} + \mathbf{B} \times \dot{\boldsymbol{\mathcal{E}}} - c^2\mathbf{B} \times \mathrm{rot}\,\mathbf{B}\right) . \tag{8.38}$$

Jetzt gilt nach der Kettenregel der Differentiation

$$\mathbf{B} \times \dot{\boldsymbol{\mathcal{E}}} = -\frac{\partial}{\partial t}\left(\boldsymbol{\mathcal{E}} \times \mathbf{B}\right) + \boldsymbol{\mathcal{E}} \times \dot{\mathbf{B}} . \tag{8.39}$$

Damit folgt aus (8.36)

$$\frac{\mathrm{d}}{\mathrm{d}t}\mathbf{P}_{\mathrm{mech}} = \varepsilon_0 \int \mathrm{d}^3r \left[\boldsymbol{\mathcal{E}}\,\mathrm{div}\,\boldsymbol{\mathcal{E}} - \frac{\partial}{\partial t}\left(\mathbf{B} \times \boldsymbol{\mathcal{E}}\right) + \boldsymbol{\mathcal{E}} \times \dot{\mathbf{B}} - c^2\mathbf{B} \times \mathrm{rot}\,\mathbf{B}\right] \tag{8.40a}$$

$$\frac{\mathrm{d}}{\mathrm{d}t}\mathbf{P}_{\mathrm{mech}} + \frac{\mathrm{d}}{\mathrm{d}t}\int \mathrm{d}^3r\varepsilon_0\left(\boldsymbol{\mathcal{E}} \times \mathbf{B}\right)$$
$$= \varepsilon_0 \int \mathrm{d}^3r \left(\boldsymbol{\mathcal{E}}\,\mathrm{div}\,\boldsymbol{\mathcal{E}} + \boldsymbol{\mathcal{E}} \times \dot{\mathbf{B}} - c^2\mathbf{B} \times \mathrm{rot}\,\mathbf{B}\right) . \tag{8.40b}$$

Wie in Lehrbüchern der Elektrodynamik gezeigt wird, lässt sich das Integral auf der rechten Seite von (8.40b) in ein Integral über die das Volumen V

umgebende Fläche umschreiben. Es beschreibt dann einen Impulsfluss durch diese Fläche. Wir leiten dies hier nicht weiter ab, weil auch ohne diese Ableitung Gleichung (8.40b) als eine Gleichung für die Impulserhaltung im Volumen V zu erkennen ist: Die zeitliche Änderung des Gesamtimpulses in V (beide Integralterme links) wird durch den Einfluss und Ausfluss von Impuls in das Volumen V kompensiert.

Die Impulsänderung im Volumen hat zwei Anteile, den des gesamten mechanischen Impulses $\mathbf{P}_{\text{mech}}$ der sich im Feld bewegenden Teilchen und einen Anteil

$$\mathbf{P}_{\text{Feld}} = \frac{1}{c^2} \int \mathrm{d}^3 r \, (\boldsymbol{\mathcal{E}} \times \mathbf{H}) \ , \tag{8.41}$$

der dem elektromagnetischen Feld in V zugeordnet werden muss. Damit lässt sich dem elektromagnetischen Feld eine Impulsdichte

$$\mathbf{p} = \frac{1}{c^2} (\boldsymbol{\mathcal{E}} \times \mathbf{H}) \tag{8.42}$$

zuordnen, die bis auf den Faktor $1/c^2$ dem Poyntingschen Vektor der Energiestromdichte entspricht.

Mittels (8.41) bzw. (8.42) können wir somit durch Einsetzen der den Feldern $\boldsymbol{\mathcal{E}}$ und $\mathbf{H}$ entsprechenden Operatoren den quantenmechanischen Impuls von Photonen ausrechnen. Dazu schreiben wir in (8.41) mittels $\boldsymbol{\mathcal{E}} = -\dot{\mathbf{A}}$ und $\mathbf{H} = \mu_0^{-1} \operatorname{rot} \mathbf{A}$ die Felder auf das Vektorpotential $\mathbf{A}$ um und benutzen die Fourier-Darstellungen (8.7) und (8.12). Damit folgt für den gesamten Feldimpuls im Volumen V ($\mathbf{P}$ statt $\mathbf{P}_{\text{Feld}}$):

$$\mathbf{P} = \varepsilon_0 \frac{1}{V} \sum_{\mathbf{q},\mathbf{q}',\lambda,\lambda'} \int \mathrm{d}^3 r \ \mathrm{e}^{\mathrm{i}(\mathbf{q}+\mathbf{q}')} (-\mathrm{i}) \dot{A}_{\mathbf{q}\lambda} A_{\mathbf{q}'\lambda'} \left(\mathbf{s}_{\mathbf{q}\lambda} \left[\mathbf{q}' \times \mathbf{s}_{\mathbf{q}'\lambda'} \right] \right) \ . \tag{8.43}$$

Bei genügend großem Volumen stellt das Integral eine δ-Funktion dar, wodurch $\mathbf{q}'$ in $-\mathbf{q}$ übergeht, d. h.

$$\mathbf{P} = \varepsilon_0 \sum_{\mathbf{q}\lambda} \mathrm{i} \dot{A}_{\mathbf{q}\lambda} A_{-\mathbf{q}\lambda} \left(\mathbf{s}_{\mathbf{q}\lambda} \times \left[\mathbf{q} \times \mathbf{s}_{-\mathbf{q}\lambda} \right] \right) \ . \tag{8.44}$$

Das doppelte Vektorprodukt schreibt sich als

$$\mathbf{s}_{\mathbf{q}\lambda} \times \left[\mathbf{q} \times \mathbf{s}_{-\mathbf{q}\lambda} \right] = \mathbf{q} \left(\mathbf{s}_{\mathbf{q}\lambda} \cdot \mathbf{s}_{-\mathbf{q}\lambda} \right) - \mathbf{s}_{-\mathbf{q}\lambda} \left(\mathbf{s}_{\mathbf{q}\lambda} \cdot \mathbf{q} \right) \ . \tag{8.45}$$

Mit $\mathbf{s}_{\mathbf{q}\lambda} = \mathbf{s}_{-\mathbf{q}\lambda}$ und $\mathbf{s}_{\mathbf{q}\lambda} \perp \mathbf{q}$ folgt dann

$$\mathbf{P} = \varepsilon_0 \sum_{\mathbf{q}\lambda} \mathrm{i} \mathbf{q} \dot{A}_{\mathbf{q}\lambda} A_{-\mathbf{q}\lambda} = \mathrm{i} \varepsilon_0 \sum_{\mathbf{q}\lambda} \mathbf{q} \dot{A}_{\mathbf{q}\lambda} A^*_{\mathbf{q}\lambda} \ . \tag{8.46a}$$

Letztere Gleichung folgt unmittelbar aus (8.17). Mittels (8.17) ergibt sich aus (8.46a) weiter

$$\mathbf{P} = \varepsilon_0 \sum_{\mathbf{q}\lambda} \mathbf{q} \omega_{\mathbf{q}} \left(a_{\mathbf{q}\lambda} - a^*_{-\mathbf{q}\lambda} \right) \left(a^*_{\mathbf{q}\lambda} + a_{-\mathbf{q}\lambda} \right) \ . \tag{8.46b}$$

An dieser Stelle führen wir die Quantisierung des Feldes ein, indem wir die Skalare $a_{\mathbf{q}\lambda}$, $a^*_{-\mathbf{q}\lambda}$ etc. durch die nicht vertauschbaren Operatoren $\hat{a}_{\mathbf{q}\lambda}$, $\hat{a}^+_{-\mathbf{q}\lambda}$ etc. ersetzen und gleichzeitig mittels (8.19) auf die Erzeuger- und Vernichteroperatoren des Feldes $\hat{b}_{\mathbf{q}\lambda}$, $\hat{b}^+_{\mathbf{q}\lambda}$ umschreiben. Damit ergibt sich der Impulsoperator zu

$$\begin{aligned}\hat{\mathbf{P}} &= \frac{1}{2}\sum_{\mathbf{q}\lambda}\hbar\mathbf{q}\left(\hat{b}_{\mathbf{q}\lambda} - \hat{b}^+_{-\mathbf{q}\lambda}\right)\left(\hat{b}^+_{\mathbf{q}\lambda} + \hat{b}_{-\mathbf{q}\lambda}\right)\\ &= \frac{1}{2}\sum_{\mathbf{q}\lambda}\hbar\mathbf{q}\left(\hat{b}_{\mathbf{q}\lambda}\hat{b}_{-\mathbf{q}\lambda} - \hat{b}^+_{-\mathbf{q}\lambda}\hat{b}^+_{\mathbf{q}\lambda} + \hat{b}_{\mathbf{q}\lambda}\hat{b}^+_{\mathbf{q}\lambda} - \hat{b}^+_{-\mathbf{q}\lambda}\hat{b}_{-\mathbf{q}\lambda}\right) .\end{aligned} \tag{8.47}$$

Wir wenden die aus (8.17) folgende Beziehung $\hat{b}_{-\mathbf{q}\lambda} = \hat{b}^+_{\mathbf{q}\lambda}$ auf die ersten beiden Summanden an und lassen in der letzten Summe die Summation über $\mathbf{q}$ statt über $-\mathbf{q}$ laufen, d. h.

$$\hat{\mathbf{P}} = \frac{1}{2}\sum_{\mathbf{q}\lambda}\hbar\mathbf{q}\left(\hat{b}_{\mathbf{q}\lambda}\hat{b}^+_{\mathbf{q}\lambda} - \hat{b}_{\mathbf{q}\lambda}\hat{b}^+_{\mathbf{q}\lambda}\right) + \frac{1}{2}\sum_{\mathbf{q}\lambda}\hbar\mathbf{q}\left(\hat{b}_{\mathbf{q}\lambda}\hat{b}^+_{\mathbf{q}\lambda} + \hat{b}^+_{\mathbf{q}\lambda}\hat{b}_{\mathbf{q}\lambda}\right) . \tag{8.48}$$

Auf die zweite Summe wenden wir die Vertauschungsrelation (8.20) an und erhalten

$$\hat{\mathbf{P}} = \frac{1}{2}\sum_{\mathbf{q}\lambda}\hbar\mathbf{q}\left(2\hat{b}^+_{\mathbf{q}\lambda}\hat{b}_{\mathbf{q}\lambda} + 1\right) . \tag{8.49a}$$

Da die Summe über $\hbar\mathbf{q}$ gleichviel negative wie positive Anteile $(\pm\mathbf{q})$ enthält, haben sich diese gegenseitig auf und wir erhalten für den Impulsoperator des elektromagnetischen Feldes

$$\hat{\mathbf{P}} = \sum_{\mathbf{q}\lambda}\hbar\mathbf{q}\hat{b}^+_{\mathbf{q}\lambda}\hat{b}_{\mathbf{q}\lambda} . \tag{8.49b}$$

Um zu sehen, welchen Impuls ein Photon der Wellenzahl $\mathbf{q'}$ (in Kap. 2 wurde $\mathbf{q}$ mit k bezeichnet) hat, bestimmen wir den Eigenwert zu $\hat{\mathbf{P}}$ in einem Zustand $|\phi\rangle$ der nur ein Photon des Typs $(\hbar\omega_{\mathbf{q'}}, \mathbf{q'})$ enthält, alle anderen Photonen sind nicht angeregt, d. h.

$$|\phi\rangle = |0, 0, \ldots, \hbar\mathbf{q'}, \ldots, 0, 0, \ldots\rangle = |\hbar\mathbf{q'}\rangle\ . \tag{8.50}$$

Die Eigenwertgleichung lautet

$$\hat{\mathbf{P}}\,|\hbar\mathbf{q'}\rangle = \hbar\mathbf{q'}\,|\hbar\mathbf{q'}\rangle\ , \tag{8.51}$$

denn die Anwendung der in der Summe (8.49b) auftretenden $\hat{b}_{\mathbf{q}\lambda}$ Operatoren mit $\mathbf{q} \neq \mathbf{q'}$ liefert immer Null und nur für $\mathbf{q} = \mathbf{q'}$ folgt der Term $\hbar q'$ in (8.51).

Das einzelne im Feld angeregte Photon hat die Energie $\hbar\omega_{\mathbf{q'}}$ und den Impuls $\hbar\mathbf{q'}$, so wie wir es in Kap. 2 zur Deutung der Experimente gefordert hatten. Die Quantisierung des Lichtfeldes liefert also für Energie und Impuls des Photons, basierend auf den klassischen feldtheoretischen Ausdrücken für Feldenergie und -impuls die entsprechenden Ausdrücke für die Lichtquanten.

Auch den bosonischen Charakter (Spin ganzzahlig) von Photonen schließen wir unmittelbar aus der Quantisierung, d. h. den Vertauschungsregeln der Erzeuger- und Vernichteroperatoren. Wir betrachten einen Zweiphotonenzustand des Feldes, der durch Erzeugung zweier verschiedener Photonen mit $\mathbf{q}\lambda$ und $\mathbf{q}'\lambda'$ aus dem Grundzustand hervorgeht

$$|\mathbf{q}\lambda, \mathbf{q}'\lambda'\rangle = \hat{b}^+_{\mathbf{q}\lambda}\hat{b}^+_{\mathbf{q}'\lambda'}|0\rangle \ . \tag{8.52a}$$

Jetzt vertauschen wir die beiden Photonen und erhalten

$$|\mathbf{q}'\lambda', \mathbf{q}\lambda\rangle = \hat{b}^+_{\mathbf{q}'\lambda'}\hat{b}^+_{\mathbf{q}\lambda}|0\rangle \ . \tag{8.52b}$$

Die Erzeuger- und Vernichteroperatoren sind aus den kanonischen Variablen der klassischen Mechanik, bzw. der Einteilchenquantenmechanik abgeleitet. Ein und derselbe Erzeugungsoperator für zwei verschiedene Teilchen, entsprechend dem Impuls in der Einteilchenquantenmechanik, vertauscht natürlich mit dem des anderen Teilchens, d. h.

$$\left[\hat{b}^+_{\mathbf{q}\lambda}, \hat{b}^+_{\mathbf{q}'\lambda'}\right] = 0 \ . \tag{8.53}$$

Damit folgt aus (8.52) durch Subtraktion der beiden Gleichungen

$$|\mathbf{q}\lambda, \mathbf{q}'\lambda'\rangle = |\mathbf{q}'\lambda', \mathbf{q}\lambda\rangle \ . \tag{8.54}$$

Bei Vertauschen zweier Photonen behält der Feldzustand sein Vorzeichen, dies ist nach Abschn. 5.6.2 das Kriterium für Bosonen: Photonen sind Bosonen mit ganzzahligem Spin.

Um den Spin, allgemein den Drehimpuls von Photonen auszurechnen, könnten wir wieder analog zur Impulsdichte (8.38) von der Drehimpulsdichte des elektromagnetischen Feldes $\mathbf{l} = c^{-2}\mathbf{r} \times (\mathbf{E} \times \mathbf{H})$ ausgehen und die Quantisierung durchführen. Wie hier nicht näher gezeigt wird, erhalten wir einen Drehimpulsanteil parallel zum Wellenzahlvektor $\mathbf{q}$, der zwei Werte $\pm\hbar$ annehmen kann. Es ist fast selbstverständlich, dass diese beiden Drehimpulswerte, als Spin inhärent mit dem Photon verknüpft, den beiden zirkular polarisierten Zuständen (links und rechts um $\mathbf{q}$ herum drehend) der Feldvektoren zuzuordnen sind.

Dass Photonen den Spin $\pm\hbar$ besitzen, haben wir schon aus der Diskussion der Übergangsmatrixelemente zwischen Atomzuständen in Abschn. 6.4.4 geschlossen.

Wir können also zusammenfassend sagen, Photonen sind quantenmechanische Anregungen (Teilchen) des elektromagnetischen Feldes mit der Photonenenergie $\hbar\omega_{\mathbf{q}}$, dem Impuls $\hbar\mathbf{q}$ und den möglichen Spinwerten $\pm\hbar$, wobei $\mathbf{q}$ der Wellenvektor der zugeordneten elektromagnetischen Welle ist.

8.2.2 2-Niveau-Atom im Lichtfeld: Spontane Emission

Als Anwendungsbeispiel für das quantisierte elektromagnetische Feld wollen wir die Wechselwirkung eines 2-Niveau-Systems (Atom) im Lichtfeld behandeln. Hierbei beschreiben wir das 2-Niveau-Atom in Abweichung von Abschn. 6.5.1 mittels Operatoralgebra und das Lichtfeld in der beschriebenen quantisierten Form. Letzteres wird uns ein neues Phänomen, die spontane Emission von Lichtquanten liefern, ein Effekt, der nur durch die Quantisierung des Lichtfeldes erklärt werden kann.

Wie in Abschn. 6.5.1 sei das Atom durch zwei atomare Niveaus E_g, E_e mit den Zuständen $|g\rangle$ und $|e\rangle$ modelliert; nur diese beiden Zustände seien relevant für die Ankopplung ans Lichtfeld. Die Übergangsenergie zwischen diesen Niveaus sei $\hbar\omega = E_g - E_e$. Das Atom wird also durch einen 2-dimensionalen Hilbert-Raum beschrieben, dessen Basisvektoren gerade $|g\rangle$ und $|e\rangle$ sind. Übergänge zwischen diesen beiden Zuständen, d. h. Anregung eines Elektrons aus dem Grundzustand $|g\rangle$ in den angeregten Zustand $|e\rangle$ oder Abregung von $|e\rangle$ nach $|g\rangle$ entsprechen also formal dem Umklappen eines Spins (auch 2-Niveau-System) von einer in die andere Richtung. Operatoren für Übergänge zwischen den Spinzuständen haben wir schon in Abschn. 5.5.2 (5.113) als Kombination der Spinmatrizen $(\hat{\sigma}_x \pm \mathrm{i}\hat{\sigma}_y)$ kennengelernt. Würden wir also unser 2-Niveau-System im Hilbert-Raum des Spins beschreiben, dann können wir qStufenoperatoren, die von $|g\rangle$ nach $|e\rangle$, bzw. von $|e\rangle$ nach $|g\rangle$ führen, analog definieren durch

$$\hat{\sigma}^+ = \frac{1}{2}(\hat{\sigma}_x + \mathrm{i}\hat{\sigma}_y) \ , \tag{8.55a}$$

$$\hat{\sigma} = \frac{1}{2}(\hat{\sigma}_x - i\hat{\sigma}_y) \ . \tag{8.55b}$$

Allgemeiner ist jedoch die Definition von $\hat{\sigma}^+$ und $\hat{\sigma}$ durch „Schmetterlingsoperatoren“ der beiden Zustände $|g\rangle$, $|e\rangle$:

$$\hat{\sigma}^+ = |e\rangle\langle g| \ , \tag{8.56a}$$

$$\hat{\sigma} = |g\rangle\langle e| \ . \tag{8.56b}$$

Man sieht sofort, dass diese Operatoren zwischen den beiden Zuständen unseres Atoms vermitteln:

$$\hat{\sigma}^+|g\rangle = |e\rangle\langle g \mid g\rangle = |e\rangle \ , \quad \hat{\sigma}^+|e\rangle = |e\rangle\langle g \mid e\rangle = 0 \ , \tag{8.57a}$$

$$\hat{\sigma}|g\rangle = |g\rangle\langle e \mid g\rangle = 0 \ , \quad \hat{\sigma}|e\rangle = |g\rangle\langle e \mid e\rangle = |g\rangle \ . \tag{8.57b}$$

Hierbei ist natürlich die Orthogonalität der beiden Zustände vorausgesetzt, d. h. $\langle e|g\rangle = \langle g|e\rangle = 0$.

Denken wir uns das 2-Niveau-Atom in Ruhe, bzw. dessen kinetische Energie als konstant gleich Null gesetzt, so stellt sich der Atom-Hamilton-Operator (nach 4.72) durch seine Eigenwerte E_g und E_e wie folgt dar (Man multipliziere $\hat{H}$ von links und rechts mit dem Einheitsoperator $\hat{1} = |g\rangle\langle g| + |e\rangle\langle e|$)

$$\hat{H} = E_g\,|g\rangle\,\langle g| + E_e\,|e\rangle\,\langle e|\ . \tag{8.58}$$

Häufig nimmt man als Energienullpunkt die Energie $E_g = 0$ des Grundzustandes und erhält mit $\hbar\omega = E_e$ als atomare Anregungsenergie

$$\hat{H} = E_e\,|e\rangle\,\langle e| = \hbar\omega\hat{\sigma}^+\sigma\ . \tag{8.59}$$

Wenden wir uns jetzt der Wechselwirkung mit dem elektromagnetischen Feld (Vektorpotential $\mathbf{A}$) zu. Nach Abschn. 5.4.2 ist bei nicht zu großen elektromagnetischen Feldern der Wechselwirkungs-Hamilton-Operator zwischen einem Elektron (Ladung $-e$) und dem $\hat{\mathbf{A}}$-Feld gegeben durch (5.67)

$$\hat{W} = -\frac{e}{m}\hat{\mathbf{A}}\cdot\hat{\mathbf{p}}\ . \tag{8.60}$$

Hierbei lässt sich nach Abschn. 6.4.2 (6.119) der Impulsoperator $\hat{\mathbf{p}}$ des Atomelektrons auf den Ortsoperator umschreiben gemäß

$$\hat{\mathbf{p}} = im\omega\hat{\mathbf{r}}\ . \tag{8.61}$$

Aus der Fourier-Darstellung des Vektorpotentials $\mathbf{A}$ des Lichtfeldes (8.7) gewinnen wir mittels (8.17a) die Darstellung

$$\mathbf{A} = \frac{1}{\sqrt{V}}\sum_{\mathbf{q}\lambda} a_{\mathbf{q}\lambda}\mathbf{s}_{\mathbf{q}\lambda}\,\mathrm{e}^{\mathrm{i}\mathbf{q}\cdot\mathbf{r}} + \frac{1}{\sqrt{V}}\sum_{\mathbf{q}\lambda} a^*_{-\mathbf{q}\lambda}\mathbf{s}_{\mathbf{q}\lambda}\,\mathrm{e}^{\mathrm{i}\mathbf{q}\cdot\mathbf{r}}\ . \tag{8.62a}$$

Summieren wir in der zweiten Summe über $-\mathbf{q}$ statt $\mathbf{q}$, so folgt

$$\mathbf{A} = \frac{1}{\sqrt{V}}\sum_{\mathbf{q}\lambda}\mathbf{s}_{\mathbf{q}\lambda}\left(a_{\mathbf{q}\lambda}\,\mathrm{e}^{\mathrm{i}\mathbf{q}\cdot\mathbf{r}} + a^*_{\mathbf{q}\lambda}\,\mathrm{e}^{-\mathrm{i}\mathbf{q}\cdot\mathbf{r}}\right)\ . \tag{8.62b}$$

Wir gehen von den skalaren Größen $a_{\mathbf{q}\lambda}$, $a^*_{\mathbf{q}\lambda}$ zu den quantisierten Operatoren über und verwenden gleichzeitig die Darstellung (8.19) der Photon-Erzeuger und Vernichteroperatoren. Damit stellt sich der Operator des Vektorpotentials für das Lichtfeld durch Erzeuger- und Vernichteroperatoren dar als

$$\hat{\mathbf{A}} = \sqrt{\frac{\hbar}{2\varepsilon_0 V}}\sum_{\mathbf{q}\lambda}\frac{1}{\sqrt{\omega_{\mathbf{q}}}}\mathbf{s}_{\mathbf{q}\lambda}\left(\hat{b}_{\mathbf{q}\lambda}\,\mathrm{e}^{\mathrm{i}\mathbf{q}\cdot\mathbf{r}} + \hat{b}^+_{\mathbf{q}\lambda}\,\mathrm{e}^{-\mathrm{i}\mathbf{q}\cdot\mathbf{r}}\right)\ . \tag{8.63}$$

Gleichung (8.63) in den Wechselwirkungsoperator eingesetzt ergibt:

$$\hat{W} = -\frac{e}{m}\sqrt{\frac{\hbar}{2\varepsilon_0 V}}\sum_{\mathbf{q}\lambda}\frac{\mathbf{s}_{\mathbf{q}\lambda}\cdot\hat{\mathbf{p}}}{\sqrt{\omega_{\mathbf{q}}}}\left(\hat{b}_{\mathbf{q}\lambda}\,\mathrm{e}^{\mathrm{i}\mathbf{q}\cdot\mathbf{r}} + \hat{b}^+_{\mathbf{q}\lambda}\,\mathrm{e}^{-\mathrm{i}\mathbf{q}\cdot\mathbf{r}}\right)\ , \tag{8.64a}$$

bzw. mittels (8.61) auf den Ortsoperator umgeschrieben

$$\hat{W} = -\mathrm{i}e\omega\sqrt{\frac{\hbar}{2\varepsilon_0 V}}\sum_{\mathbf{q}\lambda}\frac{\mathbf{s}_{\mathbf{q}\lambda}\cdot\hat{\mathbf{r}}}{\sqrt{\omega_\mathbf{q}}}\left(\hat{b}_{\mathbf{q}\lambda}\,\mathrm{e}^{\mathrm{i}\mathbf{q}\cdot\mathbf{r}} + \hat{b}^+_{\mathbf{q}\lambda}\,\mathrm{e}^{-\mathrm{i}\mathbf{q}\cdot\mathbf{r}}\right) . \tag{8.64b}$$

Im Produkt $-e\mathbf{r}$ erkennen wir das elektrische Dipolmoment $\hat{\mathbf{d}}$ des 2-Niveau-Atoms, über das wie schon in Abschn. 6.4.2 dargestellt, die Ankopplung ans Lichtfeld üblicherweise ausgedrückt wird. Gemäß (4.72) lässt sich jeder Operator durch seine Matrixelemente in einem orthonormalen Eigenzustandssystem darstellen. Der Hilbert-Raum unseres 2-Niveau-Systems hat nur die beiden Zustände $|g\rangle$ und $|e\rangle$; dementsprechend ergibt sich die Darstellung durch Multiplikation von $\hat{\mathbf{d}}$ von links und rechts mit dem Einheitsoperator (4.69a)

$$\begin{aligned}\hat{\mathbf{d}} &= (|e\rangle\langle e| + |g\rangle\langle g|)\,\hat{\mathbf{d}}\,(|e\rangle\langle e| + |g\rangle\langle g|)\\ &= |e\rangle\langle e|\,\hat{\mathbf{d}}\,|e\rangle\langle e| + |e\rangle\langle e|\,\hat{\mathbf{d}}\,|g\rangle\langle g|\\ &\quad + |g\rangle\langle g|\,\hat{\mathbf{d}}\,|e\rangle\langle e| + |g\rangle\langle g|\,\hat{\mathbf{d}}\,|g\rangle\langle g| \ .\end{aligned} \tag{8.65a}$$

Die Dipolmatrixelemente $\langle e|\hat{\mathbf{d}}|e\rangle$ und $\langle g|\hat{\mathbf{d}}|g\rangle$ verschwinden, weil sich bei gleichen Anfangs- und Endzuständen die Integrale wegen $\mathbf{r}$ im Integranden über positive und negative Integrationsgebiete wegheben. Damit folgt

$$\hat{\mathbf{d}} = |e\rangle\langle e|\,\hat{\mathbf{d}}\,|g\rangle\langle g| + |g\rangle\langle g|\,\hat{\mathbf{d}}\,|e\rangle\langle e| \ . \tag{8.65b}$$

Beachten wir, dass für die Matrixelemente gilt $\langle e|\hat{\mathbf{d}}|g\rangle = \mathbf{d}$, bzw. $\langle g|\hat{\mathbf{d}}|e\rangle = \mathbf{d}^*$, dann folgt mit der Darstellung der Stufenoperatoren des 2-Niveau-Systems (8.56)

$$\hat{\mathbf{d}} = \mathbf{d}\hat{\sigma}^+ + \mathbf{d}^*\hat{\sigma} \ , \tag{8.66}$$

bzw. für den Wechselwirkungsoperator (8.64)

$$\hat{W} = i\omega\sqrt{\frac{\hbar}{2\varepsilon_0 V}}\sum_{\mathbf{q}\lambda}\frac{1}{\sqrt{\omega_\mathbf{q}}}\left(\mathbf{s}_{\mathbf{q}\lambda}\cdot\mathbf{d}\hat{\sigma}^+ + \mathbf{s}_{\mathbf{q}\lambda}\cdot\mathbf{d}^*\hat{\sigma}\right)\left(\hat{b}_{\mathbf{q}\lambda}\,\mathrm{e}^{\mathrm{i}\mathbf{q}\cdot\mathbf{r}} + \hat{b}^+_{\mathbf{q}\lambda}\,\mathrm{e}^{-\mathrm{i}\mathbf{q}\cdot\mathbf{r}}\right) . \tag{8.67}$$

Der Gesamt-Hamilton-Operator des Systems 2-Niveau-Atom eingebettet in das Strahlungsfeld setzt sich nun zusammen aus den Anteilen des Atoms $\hat{H}_{\mathrm{at}}$ (8.59), dem des Strahlungsfeldes (Licht: L) $\hat{H}_{\mathrm{L}}$ (8.22) und dem Wechselwirkungsoperator $\hat{W}$ (8.67), d. h.

$$\hat{H} = \hat{H}_{\mathrm{at}} + \hat{H}_{\mathrm{L}} + \hat{W} = \hbar\omega\hat{\sigma}^+\hat{\sigma} + \sum_{\mathbf{q}\lambda}\hbar\omega_\mathbf{q}\left(\hat{b}^+_{\mathbf{q}\lambda}\hat{b}_{\mathbf{q}\lambda} + \frac{1}{2}\right) + \hat{W} \ . \tag{8.68}$$

Die Zustände dieses Systems beinhalten eine Aussage über den Zustand des Atoms ($\nu = g, e$) und über den Zustand des elektromagnetischen Feldes, d. h.

über die Anzahl von Photonen $n_{\mathbf{q}\lambda}$ des jeweiligen Typs $(\omega_{\mathbf{q}\lambda}, \mathbf{q}\lambda)$, die angeregt sind. Wir können den Gesamtzustand also beschreiben als

$$|\phi\rangle = |\nu, \ldots, n_{\mathbf{q}\lambda}, \ldots\rangle \ . \tag{8.69}$$

Wenden wir jetzt den Wechselwirkungsoperator $\hat{W}$ (8.67) auf einen solchen Zustand an, so bedeutet die Anwendung des Operatorproduktes $\hat{\sigma}^+\hat{b}^+_{q\lambda}$ gleichzeitige Erzeugung eines Photons und Anregung des Atoms von $|g\rangle$ nach $|e\rangle$. Hierfür würde ein zweites Photon gebraucht. Da die Photonerzeugungs- und vernichtungsoperatoren eine Zeitabhängigkeit $\exp(\pm i\omega_{\mathbf{q}}t)$ beinhalten, bedeutet dies Mitnahme der doppelten Photonenfrequenzen, auch für die Operatorkombination $\hat{\sigma}\hat{b}_{\mathbf{q}\lambda}$. Im Sinne der Rotationswellennäherung (Abschn. 6.5.1) vernachlässigen wir solche Terme mit zwei Photonen und erhalten durch Ausmultiplikation der Klammern in (8.67) für den Wechselwirkungsoperator

$$\hat{W} = i\omega\sqrt{\frac{\hbar}{2\varepsilon_0 V}} \sum_{\mathbf{q}\lambda} \frac{1}{\sqrt{\omega_{\mathbf{q}}}} \left(\mathrm{e}^{\mathrm{i}\mathbf{q}\cdot\mathbf{r}} \mathbf{s}_{\mathbf{q}\lambda} \cdot \mathbf{d}\hat{\sigma}^+\hat{b}_{\mathbf{q}\lambda} + \mathrm{e}^{-\mathrm{i}\mathbf{q}\cdot\mathbf{r}} \mathbf{s}_{\mathbf{q}\lambda} \cdot \mathbf{d}^*\hat{\sigma}\hat{b}^+_{\mathbf{q}\lambda} \right) . \tag{8.70}$$

Wir beschränken uns jetzt auf den Fall, dass der Atomdurchmesser klein gegenüber der Lichtwellenlänge ist, dann können wir für die folgende Berechnung der Übergangsmatrixelemente (6.111) über das Integrationsvolumen des Atoms $\exp(\pm \mathrm{i}\mathbf{q} \cdot \mathbf{r}) \approx 1$ setzen.

Weiter wollen wir zur Vereinfachung der Rechnung nur ein eindimensionales Problem mit einer einzigen spektral scharfen Lichtwellenlänge, d. h. $\omega_{\mathbf{q}} = \omega_{\mathrm{L}}$ (z. B. Laserstrahl in einem Resonator) betrachten. Dafür schreibt sich dann der Wechselwirkungsoperator

$$\hat{W} = D\hat{\sigma}^+\hat{b}_{\mathrm{L}} + D^*\hat{\sigma}\hat{b}^+_{\mathrm{L}} \ . \tag{8.71}$$

Hierbei haben wir mittels

$$D = i\sqrt{\frac{\hbar}{2\varepsilon_0 V}} \frac{\omega}{\sqrt{\omega_{\mathrm{L}}}} d \tag{8.72}$$

ein verallgemeinertes Dipolmoment eingeführt und die Photonindizies $\mathbf{q}\lambda$ durch L (Licht) für die einzig zu betrachtende Photonenart (feste Frequenz) ν benutzt. Die Zustände des Gesamtsystems Atom und Lichtfeld (8.69) haben dann die Form $|\nu, n_{\mathrm{L}}\rangle$ mit $\nu = g, e$.

Um die optischen Übergänge des Atoms und des Lichtfeldes zu berechnen, müssen wir wie in Abschn. 6.4.1 Fermis Goldene Regel (6.111) anwenden und die Übergangsmatrixelemente $\langle f|\hat{W}|i\rangle$ zwischen Anfangs- (i) und Endzustand (f), jetzt aber des Gesamtsystems Atom und Lichtfeld, ermitteln. Wenden wir den Operator $\hat{W}$ auf einen Zustand $|\nu, n_{\mathrm{L}}\rangle$ an. So wird entweder die Photonenzahl n_{L} um eines erhöht und das Atom um $\hbar\omega$ abgeregt (2. Term in 8.71) oder die Photonenzahl wird um ein Photon $\hbar\omega_{\mathrm{L}}$ verringert und das Atom von $|g\rangle$ nach $|e\rangle$ angeregt (1. Term in 8.71).

Damit sind nur zwei Arten von Matrixelementen bei der Berechnung von $\langle f|\hat{W}|i\rangle$ von Null verschieden und unter Verwendung von (8.33) gilt dafür

$$\begin{aligned}\langle f|\,\hat{W}\,|i\rangle &= \langle g, n_\mathrm{L}+1|\, D^*\hat{\sigma}\hat{b}_\mathrm{L}^+\,|e, n_\mathrm{L}\rangle \\ &= D^*\,\langle g, n_\mathrm{L}+1\,|\,g, n_\mathrm{L}+1\rangle\,\sqrt{n_\mathrm{L}+1}\,, \qquad (8.73\mathrm{a})\end{aligned}$$

$$\begin{aligned}\langle f|\,\hat{W}\,|i\rangle &= \langle e, n_\mathrm{L}-1|\, D\hat{\sigma}^+\hat{b}_\mathrm{L}\,|g, n_\mathrm{L}\rangle \\ &= D\,\langle e, n_\mathrm{L}-1\,|\,e, n_\mathrm{L}-1\rangle\,\sqrt{n_\mathrm{L}}\,. \qquad (8.73\mathrm{b})\end{aligned}$$

Bei (8.73a) handelt es sich um Emission eines Photons $\hbar\omega_\mathrm{L}$ unter gleichzeitiger Abregung des Atoms von $|e\rangle$ nach $|g\rangle$, während durch (8.73b) die Absorption eines Photons durch das Atom aus dem Lichtfeld beschrieben wird.

Damit stellen sich die Übergangsraten (6.111b) nach Fermis Goldener Regel dar als

$$R_\mathrm{em} = \frac{2\pi}{\hbar}\,|D|^2\,(n_\mathrm{L}+1)\,\delta\left(E_f^\mathrm{ges} - E_i^\mathrm{ges}\right) \qquad (8.74\mathrm{a})$$

für die Emission von Photonen aus dem angeregten Atom im Zustand $|e\rangle$ und

$$R_\mathrm{abs} = \frac{2\pi}{\hbar}\,|D|^2\,n_\mathrm{L}\delta\left(E_f^\mathrm{ges} - E_i^\mathrm{ges}\right) \qquad (8.74\mathrm{b})$$

für die Absorption von Photonen durch das Atom im Grundzustand $|g\rangle$.

Für die Energien des Gesamtsystems E_f^ges und E_i^gesergeben sich folgende Bilanzen, wenn man Atom und Lichtfeld zusammennimmt:

$$\begin{aligned}\text{Emission:}\quad E_f^\mathrm{ges} - E_i^\mathrm{ges} &= E_g + (n+1)\,\hbar\omega_\mathrm{L} - (E_e + n\hbar\omega_\mathrm{L}) \\ &= E_g - E_e + \hbar\omega_\mathrm{L} \qquad (8.75\mathrm{a}) \\ \text{Absorption:}\quad E_f^\mathrm{ges} - E_i^\mathrm{ges} &= E_e + (n-1)\,\hbar\omega_\mathrm{L} - (E_g + n\hbar\omega_\mathrm{L}) \\ &= E_e - E_g - \hbar\omega_\mathrm{L} \qquad (8.75\mathrm{b})\end{aligned}$$

Wie schon in Abschn. 6.4.1 ausgeführt, stellen die δ-Funktionen in (8.74) also die Energieerhaltung $E_f^\mathrm{ges} - E_i^\mathrm{ges} = 0$ während des Emissions- und Absorptionsprozesses für das Gesamtsystem dar, dies mit der spektralen Schärfe der δ-Funktionen im Falle der Resonanz $\omega = \omega_\mathrm{L}$. Vergleichen wir (8.74a) mit (8.74b), so stellen wir fest, dass es für die Übergangsraten die Terme

$$R_\mathrm{em}^\mathrm{stim} = R_\mathrm{abs}^\mathrm{stim} \propto \frac{2\pi}{\hbar}\,|D|^2\,n_\mathrm{L} \qquad (8.76\mathrm{a})$$

und bei der Emission einen zusätzlichen Term

$$R_\mathrm{em}^\mathrm{spon} \propto \frac{2\pi}{\hbar}\,|D|^2 \qquad (8.76\mathrm{b})$$

gibt (Abb. 8.1).

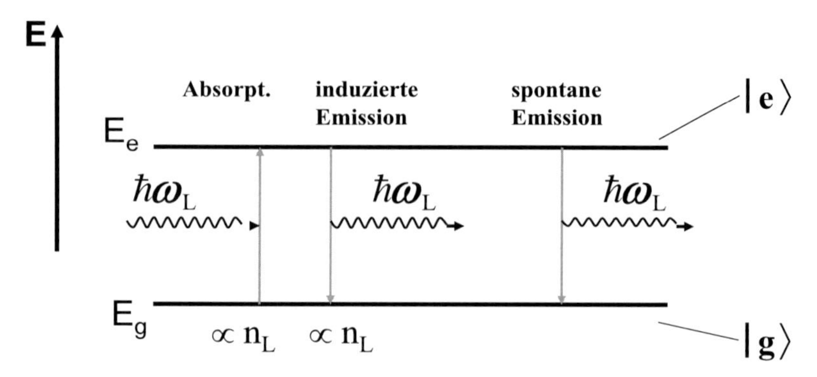

Abb. 8.1. Schematische Darstellung der möglichen Wechselwirkungen zwischen einem 2-Niveau-System mit den Zuständen $|g\rangle$ und $|e\rangle$ und einem elektromagnetischen Feld, das in seiner Photonenenergie $\hbar\omega_{\mathrm{L}}$ in Resonanz ist mit dem elektronischen Übergang $|g\rangle \leftrightarrows |e\rangle$. Bei der Absorption des Photons wird das Elektron von der Grundzustandsenergie E_g auf die Energie E_e des angeregten Zustands angeregt, Übergangsintensität proportional zur Photonendichte n_L. Bei der induzierten Emission wird durch das äußere Lichtfeld ein Übergang von E_e nach E_g angeregt und ein Photon mit $\hbar\omega_{\mathrm{L}}$ ausgesandt, Übergangsintensität proportional zu n_L. Bei der spontanen Emission wird ein Elektron ohne Einwirkung des äußeren Lichtfeldes von E_e nach E_g abgeregt und ein Photon mit $\hbar\omega_{\mathrm{L}}$ emittiert

Da die Photonenzahl n_{L} im Lichtfeld proportional zur Intensität des elektromagnetischen Feldes ist, haben wir hier die Aussagen aus Abschn. 6.4.2 wiedergewonnen, dass es stimulierte Emissions- und Absorptionsprozesse gibt, die bei gleichen Übergangsraten proportional zur Intensität des Lichtfeldes anwachsen (6.116). Sie werden durch die Photonen im Lichtfeld „getriggert".

Durch die Quantisierung des Lichtfeldes ist also bei der Emission der Term der **spontanen Emission** (8.76b) hinzugekommen. Diese spontane Emission von Photonen aus einem angeregten Atom ist unabhängig von der Photonenanzahl im Lichtfeld. Sie ist auch vorhanden, wenn $n_{\mathrm{L}} = 0$ ist in (8.74a), d. h. wenn das elektromagnetische Feld im Grundzustand $|0\rangle$, d. h. ohne angeregte Photonen, vorliegt.

Spontane Emission von Photonen ist zurückzuführen auf die Wechselwirkung eines angeregten Atoms mit dem Vakuumzustand des Lichtfeldes. Dieser Effekt ist eine unmittelbare Konsequenz der Quantisierung des elektromagnetischen Feldes. Man könnte sagen, dass die spontane Emission eine durch die Vakuumfluktuationen des Feldes erzeugte stimulierte Emission von Photonen ist.

8.2.3 Lichtwellen beugen Atome

Im Abschn. 2.4.2 haben wir ein Experiment als grundlegend für das quantenphysikalische Geschehen diskutiert, bei dem Rb-Atome (gutes Modell für

2-Niveau-Atome) durch eine intensitätsstarke stehende Laser-Lichtwelle gebeugt, d. h. in einen durchlaufenden und in einen in 1. Ordnung abgebeugten Atomstrahl aufgeteilt wurden [7]. Ohne im Einzelnen die zugrunde liegenden Mechanismen verstehen zu können, zeigte das Experiment ganz klar den Einfluss einer Ortsmessung an den Atomen (Welcher-Weg-Information) auf die Doppelspaltbeugung der Atomstrahlen.

Das Phänomen der Beugung von Rb-Atomen an einer stehenden Lichtwelle in diesem Experiment [7] ist eine direkte Manifestation der Quantisierung des elektromagnetischen Feldes, die wir jetzt etwas genauer betrachten wollen. Wir haben es also wiederum, wie in Abschn. 8.2.2, mit der Wechselwirkung eines 2-Niveau-Systems mit Lichtwellen zu tun, die durch den Hamilton-Operator (8.68) beschrieben wird. Wir legen den Nullpunkt unserer Energieskala so, dass die Grundzustandsenergie des Lichtfeldes $\sum_{\mathbf{q}\lambda} \frac{1}{2}\hbar\omega_{\mathbf{q}}$ verschwindet und betrachten wiederum, wie in Abschn. 8.2, eine einzige spektral scharfe Laser-Lichtwelle mit $\omega_{\mathrm{L}}, n_{\mathrm{L}}$ in einem 1-dimensionalen Problem. Dann lautet der entsprechende Hamilton-Operator mit $\hat{W}$ aus (8.71)

$$\hat{H} = \hbar\omega\hat{\sigma}^{+}\hat{\sigma} + \hbar\omega_{\mathrm{L}}\hat{b}_{\mathrm{L}}^{+}\hat{b}_{\mathrm{L}} + \left(D\hat{\sigma}^{+}\hat{b}_{\mathrm{L}} + D^{*}\hat{\sigma}\hat{b}_{\mathrm{L}}^{+}\right) . \qquad (8.77\mathrm{a})$$

Lassen wir jetzt eine Verstimmung $\Delta = \omega_{\mathrm{L}} - \omega$ zwischen Laserfrequenz ω_{L} und Kreisfrequenz $\omega = (E_e - E_g)/\hbar$ des elektronischen Übergangs am 2-Niveau-Atom zu, so schreibt sich (8.77a)

$$\hat{H} = \hbar\left(\omega_{\mathrm{L}} - \Delta\right)\hat{\sigma}^{+}\hat{\sigma} + \hbar\omega_{\mathrm{L}}\hat{b}_{\mathrm{L}}^{+}\hat{b}_{\mathrm{L}} + \left(D\hat{\sigma}^{+}\hat{b}_{\mathrm{L}} + D^{*}\hat{\sigma}\hat{b}_{\mathrm{L}}^{+}\right) . \qquad (8.77\mathrm{b})$$

Wir können in Abweichung von Abschn. 8.2.2 in den effektiven Dipolmomenten D, D^{*} (8.72) auch die in (8.70) vernachlässigten Phasenfaktoren $\exp(\pm \mathrm{i}qx)$ hinzufügen (nicht ausgeschrieben). Da am Ende die effektiven Dipolmomente nur in der Form $|D|^2$ eingehen werden, spielt dies jedoch keine wesentliche Rolle in der folgenden Rechnung.

Betrachten wir die Wirkung von $\hat{H}$ auf einen allgemeinen Zustand $|\nu, n_{\mathrm{L}}\rangle$ mit $\nu = e, g$ des vereinten Systems Atom im Lichtfeld, so bewirkt der Wechselwirkungsterm $\hat{W}$ jeweils eine Verringerung der Photonenzahl n_{L}, bei gleichzeitiger Anregung des Atoms von $|g\rangle$ nach $|e\rangle$ oder umgekehrt. Von daher sind nur zwei Zustände des gekoppelten Systems von Interesse, nämlich

$$|g, n_{\mathrm{L}} + 1\rangle \leftrightarrow |e, n_{\mathrm{L}}\rangle . \qquad (8.78)$$

Der allgemeinste zu betrachtende Zustand des Gesamtsystems ist daher

$$|\phi\rangle = c_g\,|g, n_{\mathrm{L}} + 1\rangle + c_e\,|e, n_{\mathrm{L}}\rangle . \qquad (8.79)$$

In dieser 2-dimensionalen Basis müssen wir mit dem Hamilton-Operator (8.77b) die stationäre Schrödinger-Gleichung lösen:

$$\hat{H}\,|\phi\rangle = E\,|\phi\rangle . \qquad (8.80)$$

Um auf die Matrixschreibweise überzugehen, setzen wir (8.79) in (8.80) ein und multiplizieren jeweils mit $\langle g, n+1|$ und $\langle e, n_\mathrm{L}|$ von links. Damit folgt

$$\begin{aligned} &\langle g, n_\mathrm{L}+1|\,\hat{H}\,|g, n_\mathrm{L}+1\rangle\, c_g + \langle g, n_\mathrm{L}+1|\,\hat{H}\,|e, n_\mathrm{L}\rangle\, c_e \\ &= E\,\langle g, n_\mathrm{L}+1\,|\,g, n_\mathrm{L}+1\rangle\, c_g\ , \end{aligned} \tag{8.81a}$$

$$\begin{aligned} &\langle e, n_\mathrm{L}|\,\hat{H}\,|g, n_\mathrm{L}+1\rangle\, c_g + \langle e, n_\mathrm{L}|\,\hat{H}\,|e, n_\mathrm{L}\rangle\, c_e \\ &= E\,\langle e, n_\mathrm{L}\,|\,e, n_\mathrm{L}\rangle\, c_e\ . \end{aligned} \tag{8.81b}$$

Wenden wir jetzt die für $\hat{b}_\mathrm{L}^+, \hat{b}_\mathrm{L}$beschriebene Wirkung auf das Lichtfeld und die für $\hat{\sigma}^+, \hat{\sigma}$ in (8.57) dargestellte Wirkung auf die Zustände (8.78) an, so folgt

$$\langle g, n_\mathrm{L}+1|\,\hat{H}\,|g, n_\mathrm{L}+1\rangle = \hbar\omega_\mathrm{L}\,(n_\mathrm{L}+1)\ , \tag{8.82a}$$

$$\langle g, n_\mathrm{L}+1|\,\hat{H}\,|e, n_\mathrm{L}\rangle = D^*\sqrt{n_\mathrm{L}+1}\ , \tag{8.82b}$$

$$\langle e, n_\mathrm{L}|\,\hat{H}\,|e, n_\mathrm{L}\rangle = \hbar\,(\omega_\mathrm{L}-\Delta) + \hbar\omega_\mathrm{L} n_\mathrm{L}\ , \tag{8.82c}$$

$$\langle e, n_\mathrm{L}|\,\hat{H}\,|g, n_\mathrm{L}+1\rangle = D\sqrt{n_\mathrm{L}+1}\ . \tag{8.82d}$$

Damit lassen sich die Gleichungen (8.81) als Matrixgleichung (Schrödinger Gleichung) darstellen:

$$\begin{pmatrix} \hbar\omega_\mathrm{L}\,(n_\mathrm{L}+1) & D^*\sqrt{n_\mathrm{L}+1} \\ D\sqrt{n_\mathrm{L}+1} & \hbar\omega_\mathrm{L}\,(n_\mathrm{L}+1) - \hbar\Delta \end{pmatrix} \begin{pmatrix} c_g \\ c_e \end{pmatrix} = E \begin{pmatrix} c_g \\ c_e \end{pmatrix}\ . \tag{8.83a}$$

Wir ordnen in der Matrix nach Symmetriegesichtspunkten um und erhalten

$$\begin{aligned} &\left[\begin{pmatrix} (n_\mathrm{L}+1)\,\hbar\omega_\mathrm{L} - \frac{1}{2}\hbar\Delta & 0 \\ 0 & (n_\mathrm{L}+1)\,\hbar\omega_\mathrm{L} - \frac{1}{2}\hbar\Delta \end{pmatrix}\right. \\ &\left. + \begin{pmatrix} \frac{1}{2}\hbar\Delta & D^*\sqrt{n_\mathrm{L}+1} \\ D\sqrt{n_\mathrm{L}+1} & -\frac{1}{2}\hbar\Delta \end{pmatrix}\right] \begin{pmatrix} c_g \\ c_e \end{pmatrix} = E \begin{pmatrix} c_g \\ c_e \end{pmatrix}\ . \end{aligned} \tag{8.83b}$$

In der ersten linken Matrix bestehen die Diagonalglieder aus dem konstanten Gesamtenergiehaushalt des kombinierten Systems und der Verstimmung Δ. Vernachlässigen wir bei nicht zu kleiner Verstimmung Δ die spontane Emission (Abschn. 8.2.2), so können wir diesen Term als konstant annehmen und den Nullpunkt der Energieskala wiederum so legen, dass die Matrix verschwindet. Damit folgt für das zu lösende Problem:

$$\begin{pmatrix} \frac{1}{2}\hbar\Delta - E & D^*\sqrt{n_\mathrm{L}+1} \\ D\sqrt{n_\mathrm{L}+1} & -\frac{1}{2}\hbar\Delta - E \end{pmatrix} \begin{pmatrix} c_g \\ c_e \end{pmatrix} = 0\ . \tag{8.84}$$

Die beiden Eigenwerte E des 2-dimensionalen Problems ergeben sich aus dem Verschwinden der Determinante

$$\det \begin{vmatrix} \frac{1}{2}\hbar\Delta - E & D^*\sqrt{n_\mathrm{L}+1} \\ D\sqrt{n_\mathrm{L}+1} & -\frac{1}{2}\hbar\Delta - E \end{vmatrix} = 0\ . \tag{8.85}$$

Diese Gleichung hat als Lösungen die Eigenwerte

$$E_{\pm} = \pm \frac{1}{2} \hbar \sqrt{\Delta^2 + \frac{4}{\hbar^2} |D|^2 (n_{\mathrm{L}} + 1)} \,. \tag{8.86}$$

Die Anzahl der Photonen im Laserstrahl ist proportional zur Intensität (Energiedichte) des elektromagnetischen Feldes. Für eine stehende Welle zwischen zwei Spiegeln mit ortsfesten Knoten und Bäuchen ist $n_{\mathrm{L}}(x)$ damit eindeutig eine Funktion des Ortes. Wir können für große Photonenzahlen n_{L} deshalb über die Energiedichte $(n_{\mathrm{L}}(x) + 1)$ in (8.86) auf das räumlich periodische elektrische Feld $\mathbf{E}(x)$ umschreiben gemäß

$$\frac{1}{2} \varepsilon_0 \mathcal{E}^2 = \frac{1}{V} (n_{\mathrm{L}} + 1) \hbar \omega_{\mathrm{L}} \,. \tag{8.87}$$

Benutzen wir für das verallgemeinerte Dipolmoment D die Definition (8.72) und setzen näherungsweise die Verstimmung an dieser Stelle gleich Null, d. h. $\omega_{\mathrm{L}} \approx \omega$ (Δ ist sicherlich klein gegenüber ω_{L} bzw. ω), so folgt für die Energieeigenwerte (8.86)

$$E_{\pm} = \pm \frac{1}{2} \hbar \sqrt{\Delta^2 + \frac{1}{\hbar^2} \mathrm{d}^2 \mathcal{E}^2 (x)} \,. \tag{8.88}$$

Hierbei ist $d = \langle e | ex | g \rangle$ das Dipolmoment zwischen Grund- $|g\rangle$ und angeregtem Zustand $|e\rangle$ des 2-Niveau-Atoms und $\mathcal{E}(x)$ das zeitlich oszillierende elektrische Feld der stehenden Laser-Lichtwelle mit räumlich festen Knoten und Bäuchen.

Vergleichen wir (8.88) mit (6.154) so sehen wir sofort, dass der zweite Term unter dem Wurzelzeichen, der quadrierten Rabi-Frequenz entspricht. Wenn die Anregungsenergie des Atoms mit dem Lichtfeld in Resonanz ist ($\Delta = 0$), entsprechen die Eigenwerte (8.88) der positiven und negativen Rabi-Frequenz (6.154). Wir können also eine verallgemeinerte Rabi-Frequenz für den verstimmten Fall ($\Delta \neq 0$) definieren durch

$$\Omega_{\mathrm{gen}} = \sqrt{\Delta^2 + \frac{1}{\hbar^2} \mathrm{d}^2 \mathcal{E}^2} \,. \tag{8.89}$$

Diese Frequenz beschreibt, wie die Zustände $|g, n_{\mathrm{L}} + 1\rangle$ und $|e, n_{\mathrm{L}}\rangle$ in ihrer Population hin- und herschwingen (Rabi flopping), wenn das Atom mit seiner Anregungsenergie $\hbar\omega_{\mathrm{L}}$ des Lichtfeldes um Δ verstimmt ist. Dies ist genau das Verhalten, das wir schon in Abschn. 6.5.1 (Abb. 6.12) für die 2-Niveauzustände $|g\rangle$ und $|e\rangle$ im nichtquantisierten klassischen elektromagnetischen Feld kennengelernt haben.

Entsprechend den beiden Eigenwerten $E_{\pm}$ (8.86, 8.88) gibt es zwei Eigenvektoren $(c_g^{\pm}, c_e^{\pm})$ zu (8.84). Wir erhalten sie durch Einsetzen von $E_{\pm}$ (8.86) in (8.84), auflösen nach $c_g^{\pm}$ bzw. $c_e^{\pm}$ und Normierung. Ohne die Rechnung hier durchzuführen, geben wir das Ergebnis für die Eigenvektorkomponenten an [8]:

$$c_g^{\pm} = \sqrt{1 \pm \Delta/\Omega_{\text{gen}}}\ , \quad c_e^{\pm} = \sqrt{1 \mp \Delta/\Omega_{\text{gen}}}\ . \tag{8.90}$$

Wir können durch Linearkombination, ähnlich wie in Abschn. 6.5.1, zwei neue Eigenzustände bilden

$$|\pm, n_{\text{L}}\rangle = \left(c_g^{\pm}\, |g, n_{\text{L}} + 1\rangle \pm c_e^{\pm}\, |e, n_{\text{L}}\rangle\right) \frac{1}{\sqrt{2}}\ . \tag{8.91}$$

Man spricht bei den Eigenzuständen $|\pm, n_{\text{L}}\rangle$ von **bekleideten Zuständen**, weil sie die Wechselwirkung zwischen Lichtfeld und Atom beinhalten. $|g, n_{\text{L}} + 1\rangle$ und $|e, n_{\text{L}}\rangle$ werden entsprechend als **nackte Zustände** bezeichnet, weil es sich hier um Zustände des Feldes plus Atom handelt.

Den nackten Zuständen entsprechen Energieniveaus, die sich aus (8.86) unter Weglassen des zweiten Wechselwirkungsterms unter der Wurzel ergeben. Der energetische Abstand des Niveaus der nackten Zustände beträgt also $E_+ - E_- = \hbar\Delta$, während für die bekleideten Zustände die Energiedifferenz nach (8.86, 8.88, 8.89) $\hbar\Omega_{\text{gen}}$ ist. Man wundere sich nicht, dass für den Resonanzfall $\Delta = \omega_{\text{L}} - \omega = 0$, wo die Photonenenergie des Feldes mit der Übergangsenergie zwischen $|g\rangle$ und $|e\rangle$ am Atom übereinstimmt, die Energien der nackten Zustände $|g, n_{\text{L}} + 1\rangle$ und $|e, n_{\text{L}}\rangle$ übereinstimmen. Es handelt sich hierbei nämlich um Zustände von Atom und Lichtfeld zusammen. Übergänge am Atom werden energetisch bilanziert durch Anregungen des Lichtfeldes $|n_{\text{L}}\rangle \leftrightarrows |, n_{\text{L}} + 1\rangle$. Übergänge zwischen den bekleideten Zuständen $|+, n_{\text{L}}\rangle \leftrightarrows |-, n_{\text{L}}\rangle$, beschrieben durch die Übergangsenergie $\hbar\Omega_{\text{gen}}$, liegen energetisch höher, weil in ihnen die Wechselwirkungsenergie zwischen Lichtfeld und Atom enthalten ist. Die Verhältnisse sind in Abb. 8.2a dargestellt.

Im Schrödinger-Bild (Abschn. 3.5, Abschn. 4.3.5) ist die Zeitabhängigkeit der Zustände in den Zuständen selbst enthalten, d. h. in den Wahrscheinlichkeitsamplituden $c_g^{\pm}$, $c_e^{\pm}$. Nach Abschn. 3.5 ist diese Zeitabhängigkeit durch die Eigenwerte (8.88) des zeitunabhängigen Problems [Lösung der zeitunabhängigen Schrödinger-Gleichung (8.80)] gegeben durch

$$c_g^{\pm} \propto \exp\left(\pm\frac{\mathrm{i}}{2}\Omega_{\text{gen}} t\right)\ . \tag{8.92}$$

Dies ist wegen (8.91) im Wesentlichen auch die Zeitabhängigkeit der bekleideten Zustände. Hierbei ist zu beachten, dass $\Omega_{\text{gen}}(x)$ im Falle einer stehenden Laser-Lichtwelle in einem Resonator (ortsfeste Knoten und Bäuche) nach (8.88, 8.89) ortsabhängig ist (Abb. 8.2b). Lassen wir das Laser-Lichtfeld nur für eine kurze Zeit τ (Laser-Puls) auf die 2-Niveau-Atome wirken, sodass bei genügend großer Verstimmung Δ gilt:

$$\Omega_{\text{gen}}\tau \approx \Delta\tau > 1\ , \quad \text{bzw.} \quad \Delta > 1/\tau \tag{8.93}$$

dann geschieht nach (8.92) die Umbesetzung des Niveaus sehr schnell.

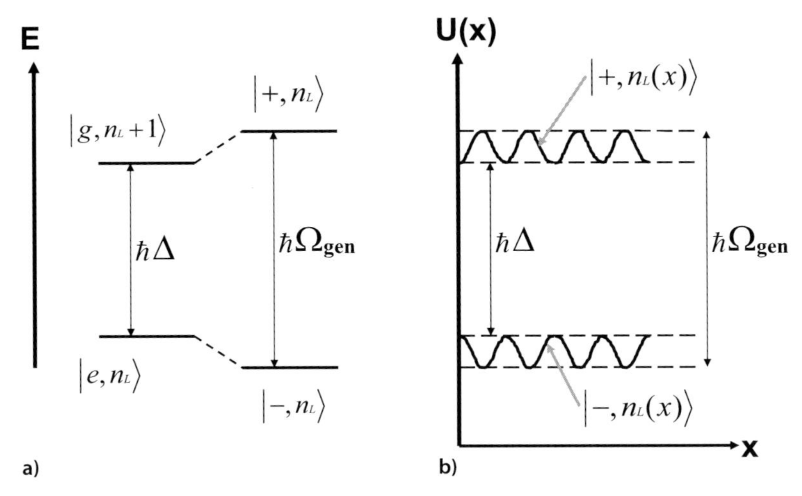

Abb. 8.2a,b. „Nackte" und „bekleidete" elektronische Zustände eines 2-Niveau-Systems (Atom) im quantisierten monochromatischen elektromagnetischen Feld. Die Photonenenergie des Feldes $\hbar\omega_L$ ist gegenüber der Übergangsenergie $\hbar\omega$ zwischen den Zuständen $|g\rangle$ und $|e\rangle$ des 2-Niveau-Systems um $\hbar\Delta$ verstimmt. **a** Energieniveaus der nackten (*links*) und bekleideten (*rechts*) Zustände des Gesamtsystems 2-Niveau-Atom plus Lichtfeld. Die bekleideten Zustandsniveaus sind gegenüber den nackten durch die Wechselwirkung zwischen Atom und Lichtfeld verschoben. Ω_{gen} ist die durch die Verstimmung Δ bestimmte verallgemeinerte Rabi-Frequenz. **b** Energie der bekleideten Zustände $|+, n_L(x)\rangle$ und $|-, n_L(x)\rangle$ als Funktion des Ortes x in einer stehenden Lichtwelle der Frequenz ω_L. Die oszillierenden Energieniveaus wirken auf das 2-Niveau-Atom wie ein Potential $U(x)$

Der nackte Anfangszustand $|g, n_L + 1\rangle$ schwingt adiabatisch in einen der bekleideten Zustände (8.91) über, d. h. fast instantan im Vergleich zur zeitlichen Änderung der Eigenwerte (8.88). Diese Eigenwerte können dann als ein Licht-Atom Potential $U(x)$ für die Bewegung der Atome aufgefasst werden [8]. Nach Abb. 8.2b, bzw. (8.88) ist dieses Potential wegen der stehenden Laser-Lichtwelle räumlich periodisch in x; es wirkt wie ein Beugungsgitter auf die durchfliegenden 2-Niveau-Atome.

Wenn die Laser-Lichtwelle eine Wellenlänge λ_L hat, befinden sich Knoten und Bäuche der stehenden Welle in einem Abstand $\lambda_L/2$ (Abb. 8.3). Dies ist der Periodizitätsabstand des beugenden Gitters.

Nach der üblichen Konstruktion für Beugung am Gitter (Abb. 8.3) muss für das erste Beugungsmaximum der Gangunterschied der abgebeugten Atomstrahlen gerade $\lambda_{Atom} = 2\pi/k_{Atom}$ betragen. Beobachten wir dieses Maximum unter einem Beugungswinkel α, so muss gelten

$$\lambda_{Atom} \sin\alpha = \lambda_L/2 \, . \tag{8.94}$$

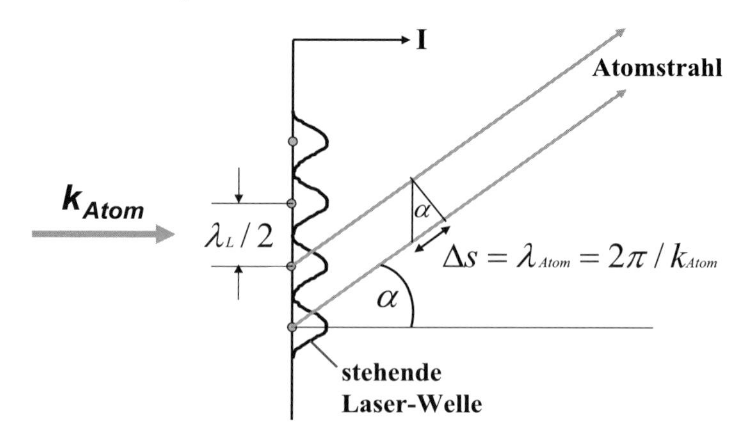

Abb. 8.3. Schematische Darstellung der Beugung eines 2-Niveau-Atomstrahls ($\mathbf{k}_{\text{Atom}}$) am periodischen Gitter einer stehenden Lichtwelle (Wellenlänge λ_L), die in ihrer Frequenz gegenüber dem elektronischen Übergang $|g\rangle \rightleftarrows |e\rangle$ des Atoms verstimmt ist (siehe Abb. 8.2b)

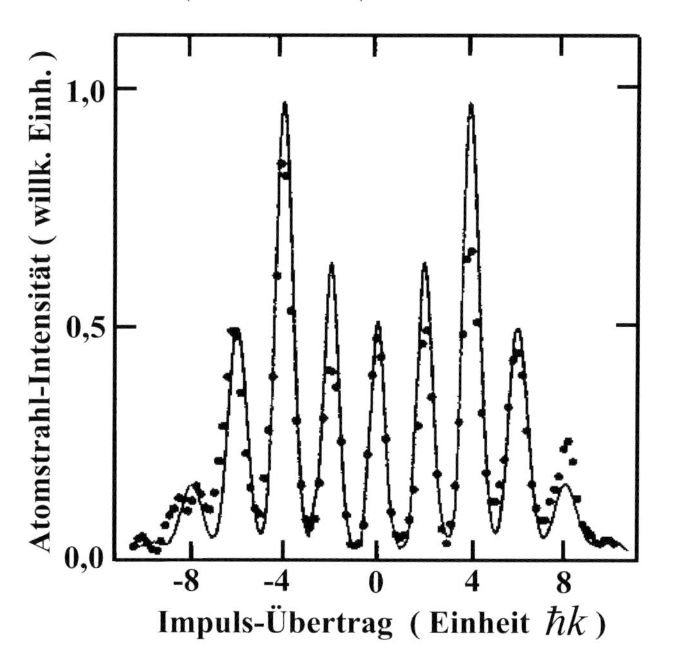

Abb. 8.4. Atomstrahl-Interferenzbild metastabiler He-Atome, die an einer stehenden Lichtwelle abgebeugt werden (siehe Abb. 8.2b und 8.3). Verallgemeinerte Rabi-Frequenz $\Omega_{\text{gen}} = 150\,\text{MHz}$, Verstimmung $\Delta = 120\,\text{MHz}$ [8]

Bei der Beugung des Atomstrahls ins erste Beugungsmaximum wird dann quer zur Einfallsrichtung ein Impulsübertrag auf die Atome von

$$\delta p = \hbar k_{\text{Atom}} \sin \alpha = 2\hbar q_{\text{L}} \tag{8.95}$$

bewirkt (q_{L} Wellenzahlvektor des Laserlichtes).

Abbildung 8.4 zeigt als Beispiel ein experimentelles Beugungsmuster von He-Atomen an einer stehenden Laserlichtwelle ($\lambda_L = 1083\,\text{nm}$) [8]. Das Beugungsbild ist als Funktion des Impulsübertrages (8.95) dargestellt. Bei der verwendeten Rabi-Frequenz von 150 MHz, einer Verstimmung Δ zwischen Atomresonanzfrequenz und Laser-Frequenz von 120 MHz, sowie einer Wechselwirkungszeit des Atomsstrahls mit der stehenden Laser-Welle von $\tau = 20\,\text{ns}$ ist die Bedingung (8.93) für Beugung am Gitter erfüllt.

8.2.4 Noch einmal: „Welcher Weg“-Information und Verschränkung

Nachdem wir jetzt viel über das quantisierte Lichtfeld und Beugung von 2-Niveau-Atomen an stehenden Lichtwellen (Abschn. 8.2.3) gelernt haben, können wir das in Abschn. 2.4.2 beschriebene, grundlegende Experiment von Dürr et al. [7] über das Verschwinden der Doppelspaltinterferenz bei Beobachtung des detaillierten Teilchenweges in aller Tiefe verstehen.

Nach den Ausführungen in Abschn. 8.2.3 wird klar, dass in einer stehenden Laser-Lichtwelle, so wie in Abb. 2.10a und Abb. 8.5b schematisch dargestellt, ein Strahl von Atomen in einen durchgelassenen (C) und einen in 1. Ordnung abgebeugten (B) zerlegt werden, wenn die Lichtfrequenz ω_L an die Übergangsfrequenz ω zwischen zwei wichtigen atomaren Niveaus (2-Niveau-Atom) angepasst ist. Neben der Rabi-Frequenz, d. h. dem Dipolmoment des Übergangs multipliziert mit der elektrischen Feldstärke $\mathcal{E}$ des Lichtfeldes, geht nach (8.88) die Verstimmung $\Delta = \omega_L - \omega$ zwischen Lichtfrequenz und atomarer Übergangsfrequenz in das periodische beugende Potential ein. Bei zweimaligem Durchlaufen der Laser-Lichtwelle erhalten wir die Aufspaltung des Atomstrahls in die beiden Teilbündel B und C (Abb. 2.10a und 8.5b), die im 2. Beugungsgitter in D und F bzw. E und G (Abb. 2.10a) zerlegt werden. Die experimentellen Parameter, insbesondere die Lichtintensität sind so eingestellt, dass die Strahlteiler jeweils eine etwa 50% Aufteilung der Bündel bewirken. Die geringe Geschwindigkeit der Atome im Strahl von etwa 2 m/s und die durch das Ein- und Ausschalten des Laserstrahls (nur für die Wechselwirkungszeit zwischen Atomen und Lichtbeugungsgitter angeschaltet) erlaubt die Verwendung ein und derselben stehenden Laserlichtwelle. Zwischen zwei Lichtpulsen, die das 1. und das 2. Beugungsgitter (Aufteilung in B und C und danach Aufteilung in D und F bzw. E und G) realisieren, fliegen die Atome im freien Flug.

Der spezielle Trick des Experiments besteht nun darin, dass als 2-Niveau-Atom Rb verwendet wird, dessen elektronisches Niveauschema sich vereinfachen lässt, wie in Abb. 8.5a dargestellt. Ohne auf Einzelheiten [9] einzugehen, sei angemerkt, dass das Rb-2-Niveau-Atom eigentlich durch ein 3-Niveau-System dargestellt werden sollte, bei dem der Grundzustand $|g\rangle$ durch zwei energetisch eng beieinander liegende, durch Kernspin-Wechselwirkung aufgespaltene elektronische Zustände $|2\rangle$ und $|3\rangle$ (bezeichnet nach ihren Gesamtdrehimpuls-Quantenzahlen 2 und 3) realisiert wird. Während

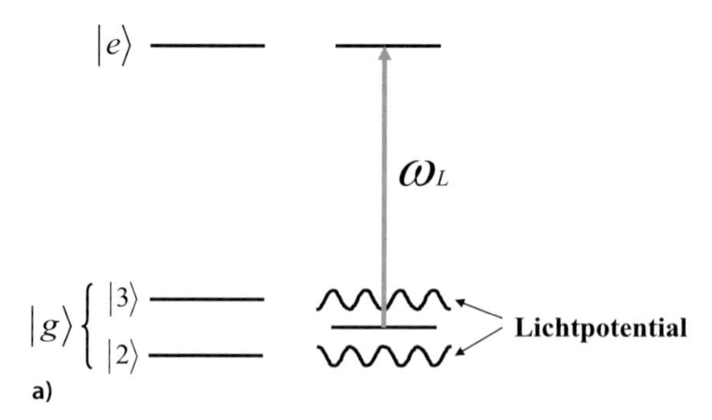

Abb. 8.5a,b. Schema eines Rb-Atomstrahl-Beugungsexperimentes zur Untersuchung des Einflusses der „Welcher Weg"-Information auf die 2-Strahl-Interferenz der Atome [7, 9]. **a** Vereinfachtes Energie-Niveauschema der Rb-Atome: der angeregte Zustand $|e\rangle$ entspricht in der atomphysikalischen Nomenklatur $5^2P_{3/2}$. Der Grundzustand $|g\rangle$ $(5^2S_{1/2})$ ist über Hyperfeinwechselwirkung (über Spins) in zwei energetisch benachbarte Zustände $|3\rangle$ und $|2\rangle$ mit Drehimpulsen $2\hbar$ und $3\hbar$ aufgespalten. *Rechts* ist der Einfluss einer stehenden Lichtwelle der Frequenz ω_L gezeigt. Für die Zustände $|2\rangle$ und $|3\rangle$ ist die Verstimmung Δ betragsmäßig gleich, aber entgegengesetzt im Vorzeichen

die Übergangsfrequenz zwischen $|2\rangle$ und $|3\rangle$ im Mikrowellenbereich bei etwa 3 GHz liegt, entspricht die Übergangsfrequenz zwischen $|e\rangle$ und $|g\rangle$, entweder durch $|2\rangle$ oder durch $|3\rangle$ gegeben, dem sichtbaren Lichtspektrum. Im Experiment wird eine Lichtwellenlänge λ von 780 nm für die stehende Laser-Welle verwendet, die gerade in ihrer Frequenz mitten zwischen die Übergangsenergien $|3\rangle \rightarrow |e\rangle$ und $|2\rangle \rightarrow |e\rangle$ hineinpasst (Abb. 8.5a). Dadurch haben die für das beugende Potential der Laser-Welle relevanten Verstimmungen Δ_2 bzw. Δ_3 zwar gleichen Betrag in (8.88), aber verschiedenes Vorzeichen: $\Delta_2 < 0$, $\Delta_3 > 0$. Unabhängig davon, ob sich die Rb-Atome in $|2\rangle$ oder $|3\rangle$ als Anfangszustand befinden, werden sie nach (8.88) gleichartig gebeugt. Für das Entstehen der Interferenz aus der Überlagerung des Teilbündel D und E bzw. F und G in Abb. 2.10a spielt es keine Rolle, ob der Anfangszustand der Atome $|2\rangle$ oder $|3\rangle$ war.

Wir können jedoch durch zusätzliche Manipulation der Besetzung von $|2\rangle$ oder $|3\rangle$ im Anfangszustand, d. h. durch Manipulation eines inneren Freiheitsgrades der Rb-Atome, den Atomen eine Information über ihren Weg mitgeben, d. h. eine Unterscheidung zwischen Teilbündel B und C herbeiführen.

Durch Einstrahlen der Übergangsfrequenz zwischen $|2\rangle$ und $|3\rangle$, d. h. einer Mikrowellenstrahlung der Frequenz 3 GHz kann je nach Dauer des Pulses eine völlige Umbesetzung (π-Puls) oder eine Überlagerung der Zustände $|2\rangle$ und $|3\rangle$ ($\pi/2$-Puls) erreicht werden (Abschn. 6.5.1).

Für die Auslesung der „Welcher Weg"-Information, d. h. Herkunft der interferierenden Atomstrahlen aus Bündel B und C nach dem ersten Licht-

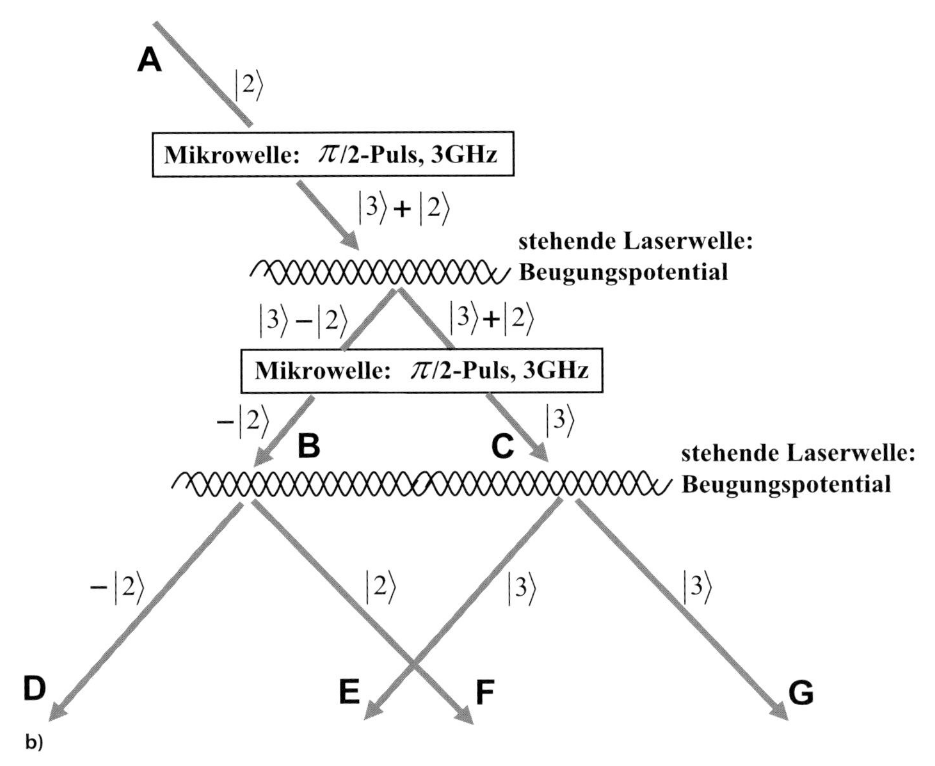

Abb. 8.5b. (Fortsetzung) Schema eines Rb-Atomstrahl-Beugungsexperimentes zur Untersuchung des Einflusses der „Welcher Weg"-Information auf die 2-Strahl-Interferenz der Atome [7, 9]. **b** Schema des gesamten Interferenzexperimentes: Der einfallende Rb-Atomstrahl A wird an einer ersten stehenden Laser-Lichtwelle in zwei Strahlen B und C aufgeteilt. Eine zweite stehende Welle teilt diese Strahlen wiederum in die Strahlen D und F bzw. E und G auf. Die Strahlen D und E bzw. F und G laufen parallel und interferieren jeweils in einer Zweistrahlinterferenz (siehe Abb. 2.10a und b). Information über den Weg einzelner Rb-Atome („Welcher Weg"-Information) kann durch zusätzliche Einstrahlung von 3 GHz-Mikrowellenimpulsen ($\pi/2$) gewonnen werden. Der erste Puls erzeugt einen Superpositionszustand $|3\rangle + |2\rangle$, der nach der Beugung an der stehenden Lichtwelle in die Zustände $|3\rangle - |2\rangle$ und $|3\rangle + |2\rangle$ aufspaltet. Ein zweiter $\pi/2$-Mikrowellenpuls präpariert die beiden Zustände $-|2\rangle$ und $|3\rangle$ in den Strahlen B und C. Diese internen Zustände des Rb-Atoms gestatten nach Beugung an der zweiten stehenden Lichtwelle eine Unterscheidung zwischen den Situationen, dass ein Rb-Atom aus Strahl B oder Strahl C (durch welchen Spalt) herrührt. Es interferieren nämlich Atome mit den inneren Zuständen $-|2\rangle$ und $|3\rangle$ bzw. $|2\rangle$ und $|3\rangle$

beugungsgitter (Abb. 2.10a), ist nun entscheidend, ob das beugende Lichtwellenpotential, d. h. die Verstimmung Δ positiv (Anfangszustand $|3\rangle$) oder negativ (Anfangszustand $|2\rangle$) ist. Obwohl die Wahrscheinlichkeit für Beugung (Streuung) der Atome nicht vom Vorzeichen, sondern nur vom Betrag des Potentials (gleich für beide Anfangszustände $|2\rangle$ und $|3\rangle$) abhängt, bedingt ein verschiedenes Vorzeichen des Potentials eine verschiedene Phase der nach der Beugung auslaufenden Atomwellen. Hier verhalten sich Atomwellen genau wie Lichtwellen. Schon in Abschn. 3.6.3, wo Elektronen gegen eine Potentialschwelle anlaufen, oder in Abschn. 6.1 (WBK Näherung) haben wir gesehen, dass in den Phasen der gestreuten Wellenfunktion immer ein Faktor $\sqrt{2m(E-V)}$ auftritt, wo E die Elektronenenergie und V das durchlaufene Potential ist. Je nach Größe von V im Bezug auf E, kann dieser Faktor reell oder imaginär sein. Im letzteren Fall ändert sich die Phase der Wellenfunktion.

Ohne die Diskussion im Einzelnen mathematisch durchzuführen [9], ziehen wir das klassische optische Analogon für Licht heran: Eine Lichtwelle, die von einem optisch dünneren Medium kommend an einem optisch dichteren Medium gebrochen wird, erleidet einen Phasensprung von π, während Brechung an einem optisch dünneren Medium oder Transmission in ein dünneres oder dichteres Medium keine Phasenänderung bewirkt. Für ein negatives Streupotential erhalten wir einen imaginären Phasenbeitrag im Exponenten der resultierenden Welle, also einen Phasensprung; wir können deshalb folgern:

- Rb-Atom in $|2\rangle \rightarrow$ Potential negativ $\rightarrow$ optisch dicht $\rightarrow$ Phasensprung π
- Rb-Atom in $|3\rangle \rightarrow$ Potential positiv $\rightarrow$ optisch dünn $\rightarrow$ kein Phasensprung

Damit können wir die in Abb. 8.5b dargestellte Abfolge der inneren Quantenzustände der Rb-Atome in den durchlaufenden und abgebeugten Atomstrahlen unter der Wirkung der beugenden Laser-Wellen und der zweimaligen Anwendung von $\pi/2$-Mikrowellenimpulsen (3 HGz) verstehen. Wir nehmen an, dass die Atome zu Beginn bei der Einstrahlung im Grundzustand $|2\rangle$ sind. Dies ist der energetisch niedrigste Zustand, der bei einem kalten Atomstrahl vorwiegend besetzt ist. Zur Ermittlung der „Welcher Weg" Information wird ein erster $\pi/2$-Mikrowellenimpuls eingestrahlt, der die Atome in den Superpositionszustand $(|3\rangle + |2\rangle)/\sqrt{2}$ (Abschn. 6.5.1) bringt. Bei der nachfolgenden Aufspaltung in die beiden Teilbündel B und C erfährt der abgebeugte Atomstrahl B in seiner Komponente $|2\rangle$ eine π-Phasenverschiebung (Vorzeichenwechsel) und die Atome befinden sich dann im Superpositionszustand $(|3\rangle - |2\rangle)/\sqrt{2}$. Die Komponente $|3\rangle$ bleibt unverändert, weil sie ein positives Beugungspotential „sieht" (wird in optisch dünneres Medium abgebeugt). Der durchlaufende Atomstrahl C erfährt analog zum optischen Fall keine Phasenverschiebung. Nach Durchlaufen des 1. Beugungspotentials ist deshalb in den Atomstrahlen eine Verschränkung von äußerem Zustand (Ortswellenfunktion ψ_B bzw. ψ_C) und innerem Freiheitsgrad der Atome eingetreten. Der gesamte verschränkte Zustand der Atomstrahlen schreibt sich somit

$$|\psi\rangle \propto |\psi_B\rangle \left(|3\rangle - |2\rangle\right) + |\psi_C\rangle \left(|3\rangle + |2\rangle\right) \ . \tag{8.96}$$

Diese Verschränkung ist entscheidend für die Speicherung der „Welcher Weg“ Information, wie wir sehen werden.

Der zweite $\pi/2$-Mikrowellenpuls nach Verlassen des ersten Strahlteilers überführt die internen Superpositionszustände $(|3\rangle - |2\rangle)/\sqrt{2}$ und $(|3\rangle + |2\rangle)/\sqrt{2}$ wiederum in Zustände, wo nur $|2\rangle$ und $|3\rangle$ besetzt sind (Abschn. 6.5.1). Dies ist sofort einsichtig, weil ein weiterer $\pi/2$-Puls wiederum zu einem der beiden Zustände $|2\rangle$ oder $|3\rangle$ des 2-Niveau-Systems zurückführen muss.

Wir ziehen zum besseren Verständnis für die Übergänge im 2-Niveau-System das Umklappen eines Spins (Abschn. 6.5.2, Abb. 6.14) heran. Der Superpositionszustand $(|3\rangle + |2\rangle)/\sqrt{2}$ entspricht einem Spin-Superpositionszustand, wo die Spineinstellung $\perp z$ in der x, y-Ebene gegeben ist. Anwendung eines $\pi/2$-Pulses führt auf eine Spineinstellung in positive z-Richtung, d. h. analog in den Zustand $|3\rangle$ zurück. Der Superpositionszustand $(|3\rangle - |2\rangle)/\sqrt{2}$ entspricht auch einer Spineinstellung in der x, y-Ebene $\perp z$, jedoch wegen des negativen Vorzeichens bei $|2\rangle$ in entgegengesetzter Richtung. Dementsprechend führt hier der $\pi/2$-Puls der Mikrowellenstrahlung zu einer Spineinstellung in $-z$-Richtung. Das entspricht dem Zustand $-|2\rangle$.

Damit stellt sich der Zustand der beiden Teilstrahlen B und C nach dem zweiten $\pi/2$-Puls vor Auftreffen auf das zweite Beugungsgitter dar als

$$|\psi\rangle \propto -|\psi_B\rangle\,|2\rangle + |\psi_C\rangle\,|3\rangle \ . \tag{8.97}$$

Das zweite Beugungsgitter, erzeugt durch die stehende Laser-Welle, führt nun zur Aufteilung in die Strahlen D und E bzw. F und G, die jeweils in ihrer räumlichen Überlagerung das Doppelspalt-Interferenzmuster erzeugen. Bezüglich der inneren Zustände gilt, die durchgelassenen Strahlbündel D und G erfahren keine Änderung der inneren Zustände. Bei den abgebeugten Strahlen E und F erfahren nur die Atome im Strahl F eine π-Phasenverschiebung, d. h. $-|2\rangle \to |2\rangle$, weil Atome im Zustand $|2\rangle$ ein negatives Potential durchlaufen, also in ein optisch dichteres Medium abgebeugt werden. Atome im Strahl E mit internem Zustand $|3\rangle$ „sehen“ ein positives Potential bei der stehenden Laser-Welle und behalten deshalb ihren inneren Zustand $|3\rangle$.

Damit folgt für die Darstellung des gesamten Zustandes $|\psi\rangle$ der vier resultierenden Teilbündel D, E, F, G:

$$|\psi\rangle \propto -|\psi_D\rangle\,|2\rangle + |\psi_E\rangle\,|3\rangle + |\psi_F\rangle\,|2\rangle + |\psi_G\rangle\,|3\rangle \ . \tag{8.98}$$

Dies ist ein verschränkter Zustand, wo die Ortswellenfunktionen jeweils mit den internen Zuständen $|2\rangle$ und $|3\rangle$ verschränkt sind. Im Fernfeld laufen jeweils die Teilbündel D und E sowie F und G in getrennten Raumbereichen. Sie erzeugen paarweise durch Superposition die in Abb. 2.10b gemessenen Interferenzmuster, links herrührend von D und E, rechts durch Interferenz von F und G. Diese Interferenzen werden, wie schon in Abschn. 2.4.2 beschrieben, nur beobachtet, wenn nicht durch Anwendung der Mikrowellenpulsfolge „Welcher-Weg-Information“ in den inneren atomaren Zuständen $|2\rangle$ und $|3\rangle$

gespeichert wurde. Wie kommt es, dass bei Einprägung der „Welcher Weg"-Information die Interferenzen verschwinden?

Wir berechnen dazu die von den Teilbündeln D und E herrührende Interferenzintensität als Elektronenaufenthaltswahrscheinlichkeitsdichte $P = \langle\psi_{DE}|\psi_{DE}\rangle$ in einem Abstand z vom 2. Beugungsgitter (Laser-Welle)

$$\begin{aligned} P(z) &\propto (\langle\psi_D|\langle 2| + \langle\psi_E|\langle 3|)(-|\psi_D\rangle|2\rangle + |\psi_E\rangle|3\rangle) \\ &= |\psi_D|^2 \langle 2\,|\,2\rangle + |\psi_E|^2 \langle 3\,|\,3\rangle - \langle\psi_D\,|\,\psi_E\rangle\langle 2\,|\,3\rangle - \langle\psi_E\,|\,\psi_D\rangle\langle 3\,|\,2\rangle \\ &= |\psi_D|^2 + |\psi_E|^2 - \psi_D^*\psi_E\langle 2\,|\,3\rangle - \psi_E^*\psi_D\langle 3\,|\,2\rangle\ . \end{aligned} \tag{8.99}$$

Bei den beiden Teilbündeln handelt es sich um Atomwellenfunktionen von im Raum frei propagierenden Atomen, die wie beim Doppelspaltexperiment (Abschn. 3.1) durch ebene Wellen (3.4) beschrieben werden. Ohne Berücksichtigung der inneren Zustände $|2\rangle$ und $|3\rangle$ ist (8.99) identisch mit der Interferenzintensität zweier Elektronenstrahlen im Doppelspaltexperiment (3.5). Die gemischten Terme $\psi_D^*\psi_E$ und $\psi_E^*\psi_D$ in (8.99) ergeben genau das Interferenzmuster, beschrieben durch $\cos\mathbf{k}\cdot(\mathbf{r}_2-\mathbf{r}_1)$ in (3.5). Ohne Speicherung der „Welcher Weg" Information beobachten wir die Doppelspaltinterferenz der beiden Atomstrahlen D und E, die aus den beiden Quellen B und C resultieren.

Da die Zustände $\langle 2|$ und $\langle 3|$ orthonormal sind, gilt in (8.99)

$$\langle 2\,|\,3\rangle = \langle 3\,|\,2\rangle = 0\ . \tag{8.100}$$

Die Verschränkung der Ortswellenfunktionen ψ_D und ψ_E mit den inneren Atomzuständen, die zur Speicherung und Auslesung über den Weg der Atome, ob von B oder C herrührend, dienen, führt zur Auslöschung des Interferenzmusters (Abschn. 2.4.2).

Dieses hier beschriebene, wirklich durchgeführte Experiment liefert genau das in Abschn. 7.2.2 an einem Gedankenexperiment diskutierte Ergebnis. Doppelspaltinterferenzen atomarer Teilchen verschwinden, wenn man durch Verschränkung mit Zuständen von Messsonden (z. B. innere atomare Zustände) den Weg zu bestimmen versucht, den die Teilchen bei ihrer Interferenz nehmen.

In dem hier diskutierten Experiment wird auch klar, dass die Auslöschung der Interferenzen durch Einschalten der Messsonde für die „Welcher Weg" Information (3 GHz-Pulse) nicht durch einen Impulsübertrag von der Messsonde auf die die Interferenz erzeugenden Teilchen verursacht wird, wie früher angenommen. Die Rb-Atome in den Atomstrahlen besitzen bei einer Geschwindigkeit von etwa 2 m/s und einer atomaren Masse von ca. $85 m_{\mathrm{Proton}}$ einen mechanischen Impuls von etwa $3\cdot 10^{-25}$ kg m/s. Demgegenüber ist der Strahlungsimpuls $\hbar k$ von 3 GHz-Photonen lediglich etwa $6\cdot 10^{-33}$ kg m/s. Dieser Impuls ist als Störung für die propagierenden Rb-Atome vernachlässigbar und kann nicht zur Auslöschung der Interferenz führen.

Das Experiment beweist also eindeutig, dass nur die durch Verschränkung zwischen Messsonde und beobachtetem Teilchen erzeugte quantenmechanische Korrelation das Interferenzmuster auslöscht. Dies geschieht unabhängig davon, ob die „Welcher Weg"-Information vom Beobachter wirklich ausgelesen und registriert wird. Allein das Einschalten der Messapparatur ist entscheidend. Dies ist eine klare Absage an irgendwie geartete idealistische Vorstellungen, dass der beobachtende Mensch die quantenmechanische Messung beeinflusst.

8.2.5 Der Casimir-Effekt

Die niederländischen Physiker Hendrik B.G. Casimir und Dirk Polder sagten 1948 theoretisch einen Effekt voraus, der aus der Energie des elektromagnetischen Vakuumzustandes (8.28) resultiert [10].

Zur Erinnerung an Abschn. 8.2: Die unendlich große Vakuumzustandsenergie $E_0 = (\sum_{\mathbf{q}\lambda} \hbar\omega_{\mathbf{q}\lambda})/2$ resultiert aus den Nullpunktsenergien der einzelnen „Oszillatoren" (Abschn. 4.4.2), die Photonen der Frequenz $\omega_{\mathbf{q}\lambda}$ beschreiben. Sie sind Nullpunktsfluktuationen des Vakuums, das auch ohne das Vorhandensein von Photonen eine innere Energie trägt. Diese Nullpunktfluktuationen entsprechen nach (8.28) natürlich Schwingungsmoden des Vakuums mit den Frequenzen $\omega_{\mathbf{q}\lambda}$. In Anlehnung an Casimirs Überlegungen stelle man sich jetzt zwei parallel zueinander, große, weit ausgedehnte elektrisch leitende Metallplatten in engem Abstand vor. Die Schwingungsmoden des elektromagnetischen Feldes, auch die der Vakuumfluktuationen, erfüllen dann an der Oberfläche der leitenden Platten die Randbedingung, die das elektrische Feld den Moden vorschreibt (Knoten). Dies hat zur Folge, dass zwischen den beiden Platten, wie in einem Resonator, nur stehenden Wellen als Moden existieren können, im Gegensatz zum Vakuumzustand im Außenraum. Die Modenvielfalt im Raum zwischen den Platten ist also eingeschränkt im Vergleich zum Außenraum. Die energetischen Verhältnisse innen und außen sind also verschieden, was eine Kraft auf die beiden Platten zur Folge hat.

Berechnen wir also nach (8.28) die Energie des Vakuumszustandes für den Raum zwischen den Platten. Hierbei nehmen wir an, dass die Platten, quadratisch mit den Kantenlängen L, in einem Abstand x voneinander angeordnet sind. Die Feldmoden, stehende Wellen zwischen den Platten, müssen dann mit ihren Wellenzahlvektoren $q = 2\pi/\lambda$ die Bedingung

$$x = \nu\frac{\lambda}{2} = \nu\frac{\pi}{q}\,, \quad \nu = 1, 2, 3, \ldots \tag{8.101}$$

erfüllen. Wie in Abschn. 3.6.1 sind dann die Feldmoden im Raum der Wellenzahlen q gequantelt mit Intervallen $\Delta q = \pi/x$ für die Richtung senkrecht zu den Platten und mit $\Delta q = \pi/L$ parallel zu den Platten. Damit nimmt ein

Zustand für einen Schwingungsmod im Raum der Wellenzahlvektoren das Volumen

$$(\Delta q)^3 = \frac{\pi^3}{xL^2} \tag{8.102}$$

ein. Wir können damit die Summe über die Nullpunktmoden in (8.28) in ein Integral verwandeln und erhalten für die Vakuumenergie des Feldes zwischen den Platten

$$U \simeq \frac{L^2 x}{\pi^3} \int \hbar\omega_{\mathbf{q}} \,\mathrm{d}^3 q \,. \tag{8.103a}$$

Wir benutzen jetzt die 2D-Plattensymmetrie und führen die 3D-Integration wegen $\mathrm{d}^3 q = \pi q^2 \,\mathrm{d}q$ in eine Integration über q über. Mit der Dispersionsbeziehung $\omega_q = cq$ für Lichtwellen ergibt sich damit aus (8.103a)

$$U \simeq \frac{L^2 x}{\pi^3} \int\limits_{\pi/x}^{\pi/a_0} \hbar c q^3 \,\mathrm{d}q = \frac{L^2 x}{\pi^2} \hbar \left. \frac{q^4}{4} \right|_{\pi/x}^{\pi/a_0} . \tag{8.103b}$$

Die Integration läuft jetzt nur noch über q, von einer unteren Grenze der Wellenzahlvektoren, die durch den Plattenabstand x, d. h. π/x bestimmt ist, bis zu einer oberen Grenze π/a_0, bei der ein irgendwie sinnvoller Abstand a_0 durch die Randbedingung des Feldes an den Plattenoberflächen gegeben ist. Wegen der atomaren Struktur dieser Oberflächen scheint diese Länge a_0 sinnvoll durch eine atomare Dimension, z. B. durch den Bohrschen Radius a_0 abgeschätzt. Wir haben auf diese Weise also das Problem einer bis ins Unendliche laufenden Summe über die Feldmoden zwischen den Platten ($a_0^{-1} \to \infty$) elegant umgangen. Damit ergibt sich näherungsweise die Energie des Vakuumfeldes zwischen den Platten zu

$$U \simeq \frac{1}{4} \frac{L^2 \hbar c}{\pi^2} x \left(\frac{\pi^4}{a_0^4} - \frac{\pi^4}{x^4} \right) = \frac{1}{4} \pi^2 L^2 \hbar c \left(\frac{x}{a_0^4} - \frac{1}{x^3} \right) , \tag{8.103c}$$

wo a_0 der Bohrsche Radius ist.

Aus (8.103c) errechnen wir sofort die anziehende Kraft zwischen den beiden Platten, die Casimir-Kraft pro Flächeneinheit zu

$$F_c = -\frac{1}{L^2} \frac{\mathrm{d}U}{\mathrm{d}x} \simeq \frac{-1}{4} \pi^2 \hbar c \left(\frac{1}{a_0^4} + \frac{3}{x^4} \right) . \tag{8.104a}$$

Neben dem abstandsabhängigen Term $\propto x^{-4}$ erscheint ein konstanter Term, der auf unsere Näherung zurückzuführen ist; er enthält den Bohr-Radius a_0. Ähnlich wie in (8.104a) führt die genauere Ableitung der Formel 8.7 zu einer Abhängigkeit

$$F_c = K_c \frac{1}{x^4} \quad \text{mit} \quad K_c = \frac{\pi h c}{480} = 1{,}3 \cdot 10^{-27} \,\mathrm{Nm}^2 \,. \tag{8.104b}$$

Wie man leicht an der Ableitung der Casimir-Kraft sieht, hängt ihr Betrag und ihre Abstandsabhängigkeit von der Gestalt der gegenüberstehenden leitenden Gegenstände ab. Die Kraft zwischen einer ebenen Platte und einer Kugeloberfläche zeigt eine Abstandsabhängigkeit $F_c \propto x^{-3}$ [11]. Für diesen Fall hat Lamoreaux mittels eines elektromagnetischen Pendels eine Präzisionsmessung der Abstandsabhängigkeit der Casimir-Kraft für Abstände zwischen Platte und Kugel zwischen 0,6 und 10 µm durchgeführt [11]. Die Ergebnisse in Abb. 8.6 bestätigen die theoretische Vorhersage, nach Aussage des Autors, innerhalb von Abweichungen im 5%-Bereich.

Die große experimentelle Herausforderung bei diesen Messungen ist, überlagerte Störeffekte wie eine verbleibende elektrostatische Wechselwirkung auszuschließen oder dafür Korrekturen einzuführen. Noch präzisere Messungen wurden von Bressi et al. [12] an einem System zweier paralleler Platten durchgeführt, von denen eine durch einen Silizium-Cantilever gebildet wurde. Die Bestimmung der Casimir-Kraft geschah über die Messung der Schwingungsfrequenz des Cantilever-Arms. Hierbei konnte sogar der Absolutwert der Konstanten K_c (8.104b) mit einer Genauigkeit von etwa 15% zu $K_c = (1{,}22 \pm 0{,}18) \cdot 10^{-27}\,\mathrm{Nm}^2$ bestimmt werden. Die Übereinstimmung zum theoretischen Wert ist erstaunlich gut, sie erreicht natürlich bei weitem nicht die Präzession mit der spektroskopische Daten in der Quantenelektrodynamik bestätigt werden konnten (Abschn. 5.5.1).

Es ist jedoch interessant zu sehen, wie uns Effekte des quantisierten Lichtfeldes im Bereich der Mikro- und Nanomechanik begegnen, wenn wir nur genau genug hinsehen.

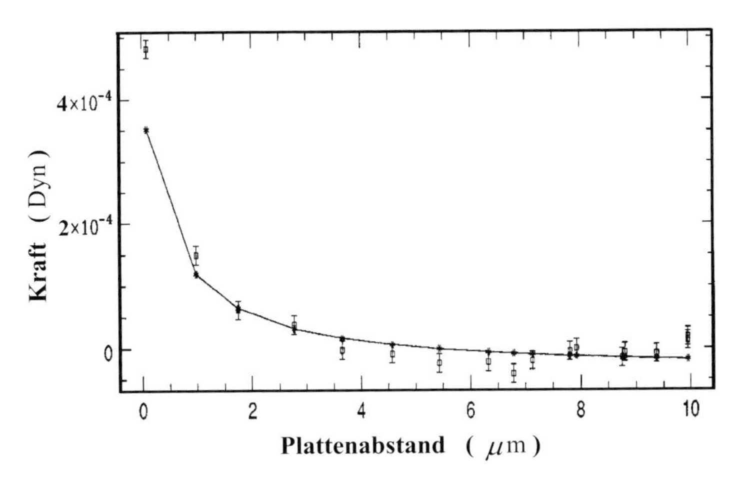

Abb. 8.6. Casimir-Kraft als Funktion des Abstands zwischen einer elektrisch leitenden ebenen Fläche und einer sphärischen Fläche (Quarz mit Gold bedampft); die Messpunkte sind mit einer Kurve optimaler Anpassung (minimale quadratische Abweichung) verbunden [11]

8.3 Das quantisierte Schrödinger-Feld massiver Teilchen

Masselose Photonen als Teilchen gehorchen den Gleichungen des quantisierten elektromagnetischen Feldes (Abschn. 8.2). Elektronen, die mit Masse behaftet sind, werden sowohl als einzelne Teilchen wie auch als Vielteilchensysteme durch die Schrödinger-Gleichung beschrieben. Für den nichtrelativistischen Grenzfall von Teilchengeschwindigkeiten weit unterhalb der Lichtgeschwindigkeit liefert die Schrödinger-Gleichung die adäquate Beschreibung der Teilchen-Wellendynamik. Dies gilt für fermionische Elektronen, aber auch für Bosonen wie z. B. He^4-Atomkerne. Sowohl Fermionen wie Bosonen mit Masse gehorchen in ihrer nicht-relativistischen Dynamik der Schrödinger-Gleichung. Im allgemeinen relativistischen Fall hoher Teilchengeschwindigkeiten (verglichen mit der Lichtgeschwindigkeit c) muss die Schrödinger-Gleichung abgewandelt werden. Hier gelten dann zwei verschiedene Wellengleichungen, die Diracsche Gleichung für Fermionen und die Klein-Gordon-Gleichung für Bosonen. Die Behandlung dieser relativistischen Gleichungen geschieht nicht im Rahmen dieses Buchs, weil wir uns auf nicht-relativistische Phänomene im Festkörper und auf Nanostrukturen beschränken wollen.

Nachdem wir also in Abschn. 8.2 das quantisierte Feld masseloser Photonen kennen gelernt haben, wollen wir uns hier dem Feld eines Vielteilchensystems von massiven Teilchen zuwenden. Das naheliegende Beispiel ist natürlich das eines Vielelektronensystems.

Wie schon zu Beginn von Kap. 8 und in Abschn. 5.6.1 ausgeführt, besitzen Elektronen in einer Vielteilchenwellenfunktion keine Identität mehr: Für räumlich überlappend gedachte Einteilchenwellenfunktionen in einem solchen Ensemble vieler Teilchen können wir im Überlappbereich nicht mehr unterscheiden, von welchem Teilchen die ψ-Funktion herrührt. Wir können nur noch eine globale Feldfunktion angeben, die über den Raum ausgedehnt ist. Bei einer Messung an einem Raumpunkt $\mathbf{r}$ zu einer Zeit t existiert eine gewisse Wahrscheinlichkeit, dort ein Elektron zu detektieren. Die Verhältnisse sind völlig analog zu dem, was wir in Abschn. 8.2 über das elektromagnetische Feld und die es konstituierenden Photonen kennengelernt haben. Im vorliegenden Fall der vielen Elektronen ist die relevante Feldfunktion natürlich die Vielteilchenwellenfunktion ψ, die sich als Lösung einer Vielteilchen-Schrödinger-Gleichung ergibt. Im Gegensatz zum elektromagnetischen Feld, wo das Vektorpotential $\mathbf{A}$ ein Vektorfeld darstellt, ist die ψ-Funktion ein skalares Feld, wenn wir den Spin nicht berücksichtigen. Analog zum elektromagnetischen Feld erwarten wir also, dass eine Quantisierung des Vielteilchen ψ-Feldes Elektronen als Anregungszustände dieses Feldes ergibt. Weil schon die Wellenfunktion ψ aus einer Quantentheorie, entwickelt für die Dynamik eines einzelnen Teilchens, hervorgeht, nennt man die Quantisierung der Vielteilchenwellenfunktion manchmal auch **zweite Quantisierung**; ein mehr historischer Begriff.

Das Schrödinger-Feld $\psi(\mathbf{r})$ haben wir bisher immer stillschweigend auf Elektronen angewendet, die wegen ihres halbzahligen Spins Fermionen sind.

Für ein einziges Teilchen ist es dabei im Formalismus der Wellenfunktion nicht wichtig, ob wir es mit einem Boson oder mit einem Fermion zu tun haben. Erst bei der Betrachtung mehrerer Teilchen müssen wir den fermionischen oder bosonischen Charakter der Wellenfunktion (antisymmetrisch oder symmetrisch) in Betracht ziehen (Abschn. 5.6.2).

Wir werden im Folgenden die Quantisierung des Vielteilchen-Schrödinger-Feldes durchführen, ohne zuerst einmal davon Notiz zu nehmen, ob es sich bei den betroffenen massebehafteten Teilchen um Fermionen oder Bosonen handelt. Bei Anwendung der üblichen Vertauschungsrelationen wie in Abschn. 8.2 für Photonen, erwarten wir, dass nur bosonische Teilchen, wie He^4-Kerne erfasst werden.

Analog zum Vielphotonen-Lichtfeld wird das Schrödinger-Vielteilchenfeld durch die Vielteilchenwellenfunktion ψ beschrieben. Da ψ als Funktion von Ort $\mathbf{r}$ und Zeit t komplexwertig ist, kann man entweder den Real- und Imaginärteil oder ebenso gut ψ und ψ^* als unabhängig voneinander betrachten. Wenn wir die Gesamtenergie H des Vielteilchenfeldes als Integral über den ganzen betrachteten Raum hinschreiben, treten darin also zwei unabhängige Feldgrößen ψ und ψ^* auf:

$$H = \int \mathrm{d}^3 r \psi^*(\mathbf{r}) \left[-\frac{\hbar^2}{2m} \Delta + V(\mathbf{r}) \right] \psi(\mathbf{r}) \, . \tag{8.105}$$

Gleichung (8.105) ist der Energie-Erwartungswert $\langle H \rangle$ des Vielteilchensystems in der Schrödingerschen Wellenmechanik, weil in Klammern der Hamilton-Operator in der gewohnten Form auftritt. H bzw. $\langle H \rangle$ ist somit die Energie des Feldes und entspricht der Energie (8.11) des elektromagnetischen Feldes in Abschn. 8.2, bzw. der Hamilton-Funktion (8.1) der klassischen Mechanik. Der Ausdruck (8.105) kann also in seiner Form einer Hamilton-Funktion als Ausgangspunkt für die Quantisierung des Vielteilchen-Schrödinger-Feldes benutzt werden. Wir können das Energiefunktional H demnach, wie in Abschn. 8.1 ausgeführt, benutzen, um die kanonischen Feldgrößen aufzufinden, für die wir Vertauschungsrelationen analog zu $[p, x] = \hbar/i$ fordern müssen. Wir gehen ganz analog zu (8.1) bis (8.2) vor und berücksichtigen, dass ψ^* linear unabhängig von ψ ist. Die Ableitung der Hamilton-Funktion nach einer impulsartigen Größe (p) muss die Zeitableitung einer ortsartigen Größe ($\dot{x}$) ergeben (8.2a), während die negative Ableitung von H nach der ortsabhängigen Größe (x) die dynamische Bewegungsgleichung, hier also die Schrödinger-Gleichung ergeben muss [siehe (8.2b) für den klassischen Fall]. Die Form der Hamilton-Funktion (8.105) legt nahe, es einmal mit einer Ableitung $\partial/\partial\psi^*$ zu versuchen, weil wir dann eventuell die Schrödinger-Gleichung als dynamische Gleichung des Systems erwarten können. Wir haben es bei einer solchen Ableitung mit einem verallgemeinerten Ausdruck, nämlich der Ableitung nach einer Funktion $\psi(\mathbf{r})$ zu tun; diese Ableitung geschieht an einem festen Ortspunkt $\mathbf{r}$ dieser Funktion, während im Integral (8.105) über alle Orte $\mathbf{r}$ des Raumes integriert wird. Wir lösen dieses Problem, indem wir das Integral (8.105) über alle Orte $\mathbf{r}'$ laufen lassen und durch Einfügen einer $\delta(\mathbf{r}-\mathbf{r}')$-Funktion den Ort $\mathbf{r}$ herausgreifen, an dem die Funktionalableitung geschieht:

$$\begin{aligned}\frac{\partial H}{\partial\psi^*(\mathbf{r})} &= \frac{\partial}{\partial\psi^*(\mathbf{r})}\int \mathrm{d}^3r'\delta(\mathbf{r}-\mathbf{r}')\psi^*(\mathbf{r}')\left[-\frac{\hbar^2}{2m}\Delta+V(\mathbf{r}')\right]\psi(\mathbf{r}')\\ &= \left[-\frac{\hbar^2}{2m}\Delta+V(\mathbf{r})\right]\psi(\mathbf{r})\,. \qquad (8.106)\end{aligned}$$

Wie erwartet, ergibt die Ableitung $\partial H/\partial\psi^*$ die Schrödingersche Bewegungsgleichung, wenn wir (8.106) gleich $i\hbar\dot{\psi}(\mathbf{r})$ setzen. Mit dieser Setzung gilt

$$\frac{\partial H}{\partial\psi^*} = \mathrm{i}\hbar\dot{\psi}\,,\quad \text{bzw.}\quad \frac{\partial H}{\partial(i\hbar\psi^*)} = \dot{\psi}\,. \qquad (8.107)$$

Wir gewinnen den klassischen Hamilton-Formalismus (8.2), wenn wir entsprechend (8.107) $\psi(\mathbf{r})$ als die ortsähnliche kanonische Variable (x) und $\mathrm{i}\hbar\psi^*(\mathbf{r}) = \Pi(\mathbf{r})$ als die impulsähnliche Variable (p) einführen. Aus (8.107) folgt

$$\frac{\partial}{\partial\Pi}H = \dot{\psi} = \frac{1}{\mathrm{i}\hbar}\left[-\frac{\hbar^2}{2m}\Delta+V(\mathbf{r})\right]\psi\,, \qquad (8.108)$$

also die Schrödinger-Gleichung, die gleichzeitig eine der beiden Hamilton-Gleichungen (8.2a) darstellt. Wir stellen die zweite Hamilton-Gleichung (8.2b) dar als

$$\begin{aligned}-\frac{\partial}{\partial\psi}H &= -\frac{\partial}{\partial\psi(\mathbf{r})}\int \mathrm{d}^3r'\delta(\mathbf{r}-\mathbf{r}')\psi^*(\mathbf{r}')\left[-\frac{\hbar^2}{2m}\Delta+V(\mathbf{r}')\right]\psi(\mathbf{r}')\\ &= -\frac{\partial}{\partial\psi(\mathbf{r})}\int \mathrm{d}^3r'\delta(\mathbf{r}-\mathbf{r}')\left\{\left[-\frac{\hbar^2}{2m}\Delta+V(\mathbf{r}')\right]\psi^*(\mathbf{r}')\right\}\psi(\mathbf{r}')\\ &= -\left[\frac{\hbar^2}{2m}\Delta+V(\mathbf{r})\right]\psi^*(\mathbf{r}) = \dot{\Pi} = \mathrm{i}\hbar\dot{\psi}^*(\mathbf{r})\,. \qquad (8.109)\end{aligned}$$

Hierbei mussten wir gemäß (4.12) den Energieoperator im Integral nach vorne verschieben, damit er statt auf ψ dann auf ψ^* wirkt. Nur so lässt sich die Ableitung nach ψ mittels (8.106) durchführen. Mit der Setzung $x\to\psi$, $p\to\Pi = \mathrm{i}\hbar\psi^*$ stellt (8.109) die zweite Hamilton-Gleichung (8.2b) und gleichzeitig die Schrödinger-Gleichung für die konjugiert komplexe Wellenfunktion ψ^* dar.

Damit ist der Hamilton-Formalismus erfüllt und die kanonischen Feldgrößen für das Schrödinger-Feld identifiziert als

$$x \to \psi(\mathbf{r})\,, \qquad (8.110a)$$

$$p \to \Pi(\mathbf{r}) = \mathrm{i}\hbar\psi^*(\mathbf{r})\,. \qquad (8.110b)$$

Diese Feldgrößen müssen bei der Quantisierung der Schrödinger-Feldes als Operatoren $\hat{\psi}$ und $\hat{\Pi}$ aufgefasst und der bekannten Vertauschungsrelation

(4.25) unterworfen werden. Hierbei ist wie üblich (Kap. 4) zu berücksichtigen, dass die Feldfunktion ψ^* in den Operator $\hat{\psi}^+$ übergeht. Damit ergeben sich die Vertauschungsrelationen für die Feldoperatoren

$$\left[\hat{\Pi}(\mathbf{r}), \hat{\psi}(\mathbf{r}')\right] = \frac{\hbar}{i}\delta(\mathbf{r}-\mathbf{r}')\,, \tag{8.111a}$$

bzw.

$$\left[\hat{\psi}^+(\mathbf{r}), \hat{\psi}(\mathbf{r}')\right] = \delta(\mathbf{r}-\mathbf{r}')\,, \tag{8.111b}$$

$$\left[\hat{\psi}(\mathbf{r}), \hat{\psi}(\mathbf{r}')\right] = \left[\hat{\psi}^+(\mathbf{r}), \hat{\psi}^+(\mathbf{r}')\right] = 0\,. \tag{8.111c}$$

Da es sich bei den Feldoperatoren um im 3D-Raum kontinuierliche Operatoren handelt, müssen wir analog zu Abschn. 4.3.4 die δ-Funktion als Einheit im Raum der Operatoren benutzen. Gleichung (8.111c) besagt, dass die orts- und impulsähnlichen Feldoperatoren untereinander vertauschen, was völlig analog zu den klassischen Vertauschungsrelationen (4.25) ist.

Ganz analog zum elektromagnetischen Feld (Abschn. 8.2) gibt es den Vielteilchenzustand $|\phi\rangle$ auf den die Feldoperatoren $\hat{\psi}$ und $\hat{\psi}^+$ wirken. Diese Feldoperatoren $\hat{\psi}$, $\hat{\psi}^+$, die an einem gewissen Ort $\mathbf{r}$ des Feldes operieren, entsprechen beim Lichtfeld (Abschn. 8.2) den ortsabhängigen Operatoren $\hat{\mathbf{A}}(\mathbf{r})$, $\hat{\mathbf{A}}^+(\mathbf{r})$ des Vektorpotentials. Wir hatten in Abschn. 8.2 das Vektorpotential in seine Fourier-Komponenten, die Eigenzustände des elektromagnetischen Feldes zerlegt, um die Erzeugungs- und Vernichtungsoperatoren $\hat{b}^+_{\mathbf{q}\lambda}$ bzw. $\hat{b}_{\mathbf{q}\lambda}$ für Photonen zu erhalten. Ganz analog können wir für das Schrödinger-Feld vorgehen. Um uns jedoch nicht nur auf ebene Wellen wie beim Lichtfeld im Vakuum zu beschränken, zerlegen wir die Feldoperatoren $\hat{\psi}$, $\hat{\psi}^+$ (aus Wellenfunktionen hervorgegangen) nach dem orthogonalen, normierten Eigenfunktionssystem $\varphi_i(\mathbf{r})$, das sich als Lösung der Einteilchen-Schrödinger-Gleichung

$$\left[-\frac{\hbar^2}{2m}\Delta + V(\mathbf{r})\right]\varphi_i = \varepsilon_i\varphi_i \tag{8.112}$$

für das spezielle physikalische Problem ergibt. Für ein Vielteilchenproblem im Feld eines Coulomb-Potentials $V(\mathbf{r})$, z. B. ein Atom, sind hier die Einteilchenzustände im Coulomb-Potential gemeint, die die Folge $\varphi_i(\mathbf{r})$ bilden. Der allgemeinste Zustand, in Form der Wellenfunktion wäre dann

$$\psi(\mathbf{r}) = \sum_i b_i\varphi_i(\mathbf{r})\,, \tag{8.113a}$$

woraus die Zerlegung der Feldoperatoren folgt als

$$\hat{\psi}(\mathbf{r}) = \sum_i \hat{b}_i\varphi_i(\mathbf{r})\,, \tag{8.113b}$$

$$\hat{\psi}^+(\mathbf{r}) = \sum_i \hat{b}_i^+\varphi_i^*(\mathbf{r})\,. \tag{8.113c}$$

Wir müssen einfach die Fourier-Entwicklungskomponenten b_i in (8.113a) als nichtvertauschbare Operatoren in (8.113b) und (8.113c) auffassen. Alle physikalischen Größen, die wir im Vielteilchenfeld bestimmen können, z. B. die Energie, den Impuls u. ä. müssen wir jetzt als Operatoren $\hat{\Omega}$ schreiben, die auf das Feld $|\phi\rangle$ wirken. Die Messgrößen dieser Observablen, die Erwartungswerte, ergeben sich wie im Einteilchen-Schrödinger-Formalismus zu

$$\langle \Omega \rangle = \langle \phi | \hat{\Omega} | \phi \rangle \ . \tag{8.114}$$

Beginnen wir mit der Energie als Observabler im Feld. Gleichung (8.105) gibt den Ausdruck für die Energie im nichtquantisierten Feld an. Wir schreiben diesen Ausdruck als Energieoperator des Feldes:

$$\hat{H} = \int \mathrm{d}^3 r \psi^+(\mathbf{r}') \left[-\frac{\hbar^2}{2m} \Delta + V(\mathbf{r}) \right] \hat{\psi}(\mathbf{r}) \ . \tag{8.115}$$

Wir ersetzen hierin die Feldoperatoren $\hat{\psi}$ und $\hat{\psi}^+$ durch ihre Entwicklungen (8.113b,c) nach Einteilchenwellenfunktionen und erhalten mittels (8.112)

$$\begin{aligned} \hat{H} &= \sum_{ij} \int \mathrm{d}^3 r \hat{b}_i^+ \varphi_i^*(\mathbf{r}) \left[-\frac{\hbar^2}{2m} \Delta + V(\mathbf{r}) \right] \hat{b}_j \varphi_j(\mathbf{r}) \\ &= \sum_{ij} \int \mathrm{d}^3 r \hat{b}_i^+ \varphi_i^*(\mathbf{r}) \varepsilon_j \hat{b}_j \varphi_j(\mathbf{r}) = \sum_{ij} \hat{b}_i^+ \hat{b}_j \varepsilon_j \delta_{ij} \\ &= \sum_i \varepsilon_i \hat{b}_i^+ \hat{b}_i \ . \end{aligned} \tag{8.116}$$

Diese Darstellung ist völlig analog zu (8.22), der des Hamilton-Operators für das elektromagnetische Feld. Haben wir es bei den Operatoren $\hat{b}_i^+$ und $\hat{b}_i$ also wiederum mit Erzeugungs- und Vernichtungsoperatoren für Teilchen oder Quanten im Vielteilchen-Schrödinger-Feld zu tun?

Zur Beantwortung dieser Frage übertragen wir die Vertauschungsrelationen (8.111) auf die Operatoren $\hat{b}_i^+$ und $\hat{b}_i$. Aus (8.111b) folgt durch Einsetzen von (8.113b,c)

$$\begin{aligned} \left[\hat{\psi}(\mathbf{r}'), \hat{\psi}^+(\mathbf{r}) \right] &= \left[\sum_i \hat{b}_i \varphi_i(\mathbf{r}'), \sum_j b_j^+ \varphi_j^*(\mathbf{r}) \right] \\ &= \sum_{ij} \hat{b}_i \hat{b}_j^+ \varphi_i(\mathbf{r}') \varphi_j^*(\mathbf{r}) - \sum_{ij} \hat{b}_j^+ \hat{b}_i \varphi_j^*(\mathbf{r}) \varphi_i(\mathbf{r}') = \delta(\mathbf{r} - \mathbf{r}') \ . \end{aligned} \tag{8.117}$$

Wir integrieren diese Beziehung über den gesamten Raum, d. h. über $\mathbf{r}$ und $\mathbf{r}'$, d. h.

$$\begin{aligned} &\sum_{ij} \hat{b}_i \hat{b}_j^+ \int \mathrm{d}^3 r \, \mathrm{d}^3 r' \varphi_i(\mathbf{r}') \varphi_j^*(\mathbf{r}) - \sum_{ij} \hat{b}_j^+ \hat{b}_i \int \mathrm{d}^3 r \, \mathrm{d}^3 r' \varphi_j^*(\mathbf{r}) \varphi_i(\mathbf{r}') \\ &\quad = \int \mathrm{d}^3 r \, \mathrm{d}^3 r' \delta(\mathbf{r} - \mathbf{r}') = 1 \ . \end{aligned} \tag{8.118}$$

Diese Gleichung kann nur erfüllt werden für $\mathbf{r}' = \mathbf{r}$, d. h. mit $\int \mathrm{d}^3 r \varphi_i(\mathbf{r})\varphi_j^*(\mathbf{r}) = \delta_{ij}$ folgt

$$\left[\hat{b}_i, \hat{b}_j^+\right] = \delta_{ij} \ , \tag{8.119a}$$

und analog

$$\left[\hat{b}_i, \hat{b}_j\right] = 0 \ , \tag{8.119b}$$

$$\left[\hat{b}_i^+, \hat{b}_j^+\right] = 0 \ . \tag{8.119c}$$

Diese Vertauschungsrelationen sind völlig identisch mit denen für Erzeugungs- und Vernichtungsoperatoren für Photonen im Lichtfeld (8.20) und die Energie des Vielteilchen-Schrödinger-Feldes (8.116) stellt sich in diesen Operatoren bis auf die Energie des Vakuumzustandes ganz analog zu der des Lichtfeldes (8.22) dar. Von daher ist es klar, dass die Operatoren $\hat{b}_i^+$ und $\hat{b}_i$ Erzeugungs- und Vernichtungsoperatoren für Teilchen (Quanten) im Vielteilchenfeld sind. Der Index i gibt dabei die möglichen Quantenzustände oder Teilchenanregungszustände mit Energien ε_i an, analog zu den Lichtquanten $\hbar\omega_{\mathbf{q}}$; i bezeichnet hier also den Typ der Anregung oder des Teilchens, so wie die verschiedenen Typen oder Photonen durch $(\mathbf{q}, \lambda)$ bezeichnet wurden. In analoger Weise zu (8.25) können wir den Vielteilchen-Zustand des Schrödinger-Feldes auch schreiben als

$$|\phi\rangle = |\ldots, n_i, n_j, n_k, \ldots\rangle = |\ldots, n_j, \ldots\rangle \ , \tag{8.120}$$

wo n_j jetzt die Anzahl von Teilchen oder Anregungszuständen des Typs j im Feld beschreibt. Wie in Abschn. 8.2 können wir den Hamilton-Feldoperator (8.116) auf einen allgemeinen Feldzustand wirken lassen und erhalten als Feld-Schrödinger-Gleichung

$$\hat{H}\,|\ldots, n_i, n_j, \ldots\rangle = \sum_i \varepsilon_i \hat{b}_i^+ \hat{b}_i\,|\ldots, n_i, n_j, \ldots\rangle = E\,|\ldots, n_j, \ldots\rangle \ , \tag{8.121}$$

wo E die Gesamtenergie des Feldes ist, wenn $\ldots, n_i, n_j, \ldots$ Teilchen der jeweiligen Energien $\ldots, \varepsilon_i, \varepsilon_j, \ldots$ darin angeregt sind. Wenden wir $\hat{H}$ auf den Zustand $\hat{b}_j\,|\ldots, n_i, n_j, \ldots\rangle$ an, so folgt bei Anwendung von (8.12) sowie der Vertauschungsrelationen (8.119)

$$\begin{aligned}\hat{H}\hat{b}_j\,|\ldots, n_j, \ldots\rangle &= \sum_i \varepsilon_i \hat{b}_i^+ \hat{b}_i \hat{b}_j\,|\ldots, n_j, \ldots\rangle = \sum_i \varepsilon_i \hat{b}_i^+ \hat{b}_j \hat{b}_i\,|\ldots, n_j, \ldots\rangle \\ &= \sum_i \varepsilon_i \left(-\delta_{ij} + \hat{b}_j \hat{b}_i^+\right) b_i\,|\ldots, n_j, \ldots\rangle \\ &= (E - \varepsilon_j)\,\hat{b}_j\,|\ldots, n_j, \ldots\rangle \ . \end{aligned} \tag{8.122}$$

$\hat{b}_j |\ldots, n_j, \ldots\rangle = \hat{b}_j |\phi\rangle$ ist also ein Feld-Eigenzustand, bei dem die Gesamtenergie des Feldes E gerade um ein Feldquant j mit der Teilchenenergie ε_j verringert wird. Ein Teilchen des Typs j wurde im Feld vernichtet. Der gesamte Formalismus für Photonen in Abschn. 8.2 lässt sich analog anwenden. Die Gesamtenergie des Teilchenfeldchen stellt sich wie in (8.26b) dar als

$$E = \sum_i n_i \varepsilon_i \; . \tag{8.123}$$

Durch mehrfache Anwendung von $\hat{b}_i$ lässt sich wie in (8.27) ein Vakuum- oder Grundzustand $|0\rangle$ des Feldes erreichen, in dem keine Teilchen mehr vorhanden sind. Die Anwendung des Operators $\hat{b}_i^+$ erzeugt ein Teilchen des Typs i im Feld unter Zunahme der Gesamtenergie um ε_j, und dies bis zu beliebig hohen Teilchenzahlen n_i. Wir haben es nämlich mit Bosonen zu tun.

Analog zu (8.34) lässt sich der allgemeinste bosonische Feldzustand darstellen als

$$|\ldots, n_j, \ldots\rangle = \prod_j \frac{1}{\sqrt{n_j!}} \left(\hat{b}_j^+\right)^{n_j} |0\rangle \; . \tag{8.124}$$

Ebenso lässt sich wie in (8.33) die Wirkung der Erzeuger- und Vernichteroperatoren $\hat{b}_j^+$ und $\hat{b}_j$ mit ihren Normierungsfaktoren $\sqrt{n_j + 1}$ bzw. $\sqrt{n_j}$ darstellen.

Es sei weiter in Erinnerung gerufen, dass im Schrödinger-Bild der allgemeine Vielteilchenzustand zeitabhängig ist mit

$$\left|\psi_{\{n_j\}}(t)\right\rangle = |\ldots, n_j, \ldots\rangle \exp\left(-\frac{\mathrm{i}}{\hbar} E t\right) \; , \tag{8.125}$$

im Gegensatz zum Heisenberg-Bild, wo die Operatoren $\hat{b}_j$, $\hat{b}_j^+$ die Zeitabhängigkeit enthalten.

Da die Wirkung des Erzeugungsoperators $\hat{b}_j^+$ auf einen Zustand $|\phi\rangle$ des Feldes bis zu beliebig hohen Besetzungszahlen n_j für ein Teilchen des Typs j führen kann, haben wir es, wie schon mehrfach angemerkt, hier mit einem Bosonenfeld zu tun. Was müssen wir an unserem Formalismus abändern, um Fermionenfelder, wie z. B. das von Elektronen, zu beschreiben?

8.3.1 Das quantisierte fermionische Schrödinger-Feld

Fermionen wie Elektronen können nach dem Pauli-Prinzip Einteilchenzustände nur einmal besetzen, bzw. die Vielteilchenwellenfunktion ist gegenüber Vertauschung zweier Teilchen antisymmetrisch. Wir müssen für solche Vielteilchenfelder mit den Erzeugungsoperatoren $\hat{a}_i^+$ also fordern

$$\hat{a}_i^+ \hat{a}_i^+ |0\rangle = 0 \; . \tag{8.126a}$$

Hierbei ist im Index i stillschweigend die Spin-Quantenzahl mit eingeschlossen, denn sonst könnten zwei Fermionen mit entgegengesetztem Spin einen Einteilchenzustand besetzen. Gleichung (8.126) gilt nicht nur für den Vakuumzustand $|0\rangle$ des Feldes, sondern für alle Zustände $|\phi\rangle$. Deshalb können wir allgemein schreiben

$$\hat{a}_i^+ \hat{a}_i^+ = 0 \,. \tag{8.126b}$$

Wir bezeichnen für Fermionfelder, im Gegensatz zu bosonischen Feldern (Abschn. 8.3), die Erzeuger- und Vernichteroperatoren mit $\hat{a}_i^+$ und $\hat{a}_i$ in Reminiszenz an „antisymmetrisch". Wir können dann eine sog. Antivertauschungsrelation formulieren, die die Aussage (8.126b) als Spezialfall enthält, nämlich

$$\hat{a}_i^+ \hat{a}_j^+ + \hat{a}_j^+ \hat{a}_i^+ = \left[\hat{a}_i^+, \hat{a}_j^+\right]_+ = 0 \,. \tag{8.126c}$$

Diese Formulierung entspricht der bosonischen Vertauschungsrelation (8.119c), jedoch mit Pluszeichen statt mit Minuszeichen, wie üblich. Deshalb nennen wir (8.126c) eine Antivertauschungsrelation und den Klammersymbol-Operator Antikommutator.

In Analogie zu (8.119) fordern wir deshalb, zuerst einmal als Postulat, für fermionische Felder die Gültigkeit von Antivertauschungsrelationen der Art

$$\hat{a}_i^+ \hat{a}_j + \hat{a}_j \hat{a}_i^+ = \left[\hat{a}_i^+, \hat{a}_j\right]_+ = \delta_{ij} \,, \tag{8.127a}$$

$$\hat{a}_i \hat{a}_j + \hat{a}_j \hat{a}_i = \left[\hat{a}_i, \hat{a}_j\right]_+ = 0 \,, \tag{8.127b}$$

$$\hat{a}_i^+ \hat{a}_j^+ + \hat{a}_j^+ \hat{a}_i^+ = \left[\hat{a}_i^+, \hat{a}_j^+\right]_+ = 0 \,. \tag{8.127c}$$

Mit dieser hypothetischen Einführung von Antivertauschungsrelationen für fermionische Vielteilchenfelder werden wir sehen, dass die charakteristischen Quanteneigenschaften des Feldes wie in Abschn. 8.3 erhalten bleiben, jedoch die durch das Pauli-Prinzip geforderte Antisymmetrie des Vielteilchenzustandes gewährleistet ist.

Wir übertragen erst einmal die Antivertauschungsrelation (8.127) der Erzeuger- und Vernichteroperatoren auf die Feldoperatoren $\hat{\psi}^+(\mathbf{r})$ und $\hat{\psi}(\mathbf{r})$.

Wir nehmen wiederum wie in (8.112) eine Einteilchen-Schrödinger-Gleichung als Lösung für ein einziges Fermion (Elektron) an und entwickeln den Feldoperator $\hat{\psi}(\mathbf{r})$ nach den Einteilchenwellenfunktionen $\varphi_i(\mathbf{r})$, ganz analog zu (8.113):

$$\hat{\psi}(\mathbf{r}) = \sum_i \hat{a}_i \varphi_i(\mathbf{r}) \,. \tag{8.128}$$

Dann lassen sich daraus die Vernichteroperatoren und analog die Erzeugeroperatoren $\hat{a}_i^+$ durch Multiplikation mit $\varphi_j^*(\mathbf{r})$ und Integration über den Raum gewinnen:

$$\int \mathrm{d}^3 r \varphi_j^*(\mathbf{r}) \hat{\psi}(\mathbf{r}) = \sum_i \hat{a}_i \int \mathrm{d}^3 r \varphi_j^*(\mathbf{r}) \varphi_i(\mathbf{r}) = \sum_i \hat{a}_i \delta_{ij} = \hat{a}_j \,. \tag{8.129}$$

Mit dieser Darstellung (8.129) von $\hat{a}_i^+$ und $\hat{a}_i$ gehen wir in die Antivertauschungsrelation (8.127). Wir zeigen das Vorgehen an der Relation (8.127a):

$$\begin{aligned}\left[\hat{a}_i^+, \hat{a}_j\right]_+ = &\int \mathrm{d}^3r\,\mathrm{d}^3r'\varphi_i(\mathbf{r})\varphi_j^*(\mathbf{r}')\hat{\psi}^+(\mathbf{r})\hat{\psi}(\mathbf{r}') \\ &+ \int \mathrm{d}^3r\,\mathrm{d}^3r'\varphi_i^*(\mathbf{r})\varphi_j(\mathbf{r}')\hat{\psi}(\mathbf{r}')\hat{\psi}^+(\mathbf{r}) = \delta_{ij}\end{aligned} \tag{8.130a}$$

Da rechts das Kronnecker-Symbol erhalten werden muss, können wir unter den Integralen $i = j$ setzen und wenden für das orthonormale System $\varphi_i(\mathbf{r})$ die Orthogonalitätsrelation an, d. h.

$$\left[\hat{a}_i^+, \hat{a}_j\right]_+ = \int \mathrm{d}^3r\delta(\mathbf{r}-\mathbf{r}')\left[\hat{\psi}^+(\mathbf{r}), \hat{\psi}(\mathbf{r}')\right]_+ = \delta_{ij}\ , \tag{8.130b}$$

d. h. es folgt

$$\left[\hat{\psi}^+(\mathbf{r}), \hat{\psi}(\mathbf{r}')\right]_+ = \delta(\mathbf{r}-\mathbf{r}')\ , \tag{8.131a}$$

und nach analoger Rechnung

$$\left[\hat{\psi}^+(\mathbf{r}), \hat{\psi}^+(\mathbf{r}')\right]_+ = 0\ , \tag{8.131b}$$

$$\left[\hat{\psi}(\mathbf{r}), \hat{\psi}(\mathbf{r}')\right]_+ = 0\ . \tag{8.131c}$$

Diese Antivertauschungsrelationen für die Feldoperatoren entsprechen bis auf das positive Vorzeichen beim Vertauschen den Relationen (8.111) für Bosonen.

Die Darstellung des Feldenergieoperators (Hamilton-Operator) $\hat{H}$ ist ganz analog zu dem für Bosonen (8.116):

$$\begin{aligned}\hat{H} &= \int \mathrm{d}^3r\hat{\psi}^+(\mathbf{r})\left[-\frac{\hbar^2}{2m}\Delta + V(\mathbf{r})\right]\hat{\psi}(\mathbf{r}) \\ &= \sum_{ij}\int \mathrm{d}^3r\hat{a}_i^+\varphi_i^*(\mathbf{r})\left[-\frac{\hbar^2}{2m}\Delta + V(\mathbf{r})\right]\varphi_j(\mathbf{r})\hat{a}_j \\ &= \sum_{ij}\delta_{ij}\varepsilon_j\hat{a}_i^+\hat{a}_j = \sum_i \varepsilon_i\hat{a}_i^+\hat{a}_i\ .\end{aligned} \tag{8.132}$$

Die Eigenschaft von $\hat{a}_i^+$ als Erzeugungsoperator auch im Falle der geforderten Antivertauschungsrelationen (8.127) zeigen wir durch Anwenden von $\hat{a}_i^+$ auf den Vakuumzustand $|0\rangle$ und Berechnung der zu diesem Zustand gehörigen

Energie des Feldes:

$$\begin{aligned}\hat{H}\left(\hat{a}_i^+|0\rangle\right) &= \sum_j \varepsilon_j \hat{a}_j^+ \hat{a}_j \hat{a}_i^+ |0\rangle \\ &= \sum_j \varepsilon_j \hat{a}_j^+ \left(\delta_{ij} - \hat{a}_i^+ \hat{a}_j\right)|0\rangle = \varepsilon_i \left(\hat{a}_i^+|0\rangle\right) \ . \end{aligned} \tag{8.133}$$

Hierbei wurde verwendet, dass $\hat{a}_j|0\rangle = 0$ gilt, weil im Vakuumzustand kein Teilchen mehr vernichtet werden kann, formal eine direkte Konsequenz von (8.127b). Gleichung (8.133) zeigt, dass $\hat{a}_j|0\rangle$ ein Eigenzustand des Feldes ist, in dem ein Teilchen der Energie ε_i erzeugt wurde. Ein zweites Teilchen derselben Art kann wie erwartet nicht erzeugt werden, denn es gilt wegen (8.127c)

$$\hat{a}_i^+ \hat{a}_i^+ |0\rangle = -\hat{a}_i^+ \hat{a}_i^+ |0\rangle = 0 \ . \tag{8.134}$$

Jedoch können wir (8.133) für beliebige Teilchen $j, k, \ldots, \neq i$ zeigen und somit die Gesamtenergie des Feldes schreiben als

$$\hat{H}|\phi\rangle = \sum_j \varepsilon_j \hat{a}_j^+ \hat{a}_j |\phi\rangle = \sum_j n_j \varepsilon_j \ , \tag{8.135}$$

wobei n_j als Teilchenzahl nur die Werte 1 und 0 annehmen kann, genau das Verhalten von Fermionen in einem Vielteilchenzustand. Analog zu (8.26b) und (8.123) bezeichnen wir

$$\hat{n}_j = \hat{a}_j^+ \hat{a}_j \tag{8.136}$$

als Teilchenzahloperator für die Teilchensorte j. Seine Eigenwerte $n_j = 0, 1$ geben die Anzahl der Teilchen j im Feld an.

Analog zum bosonischen Zustand (8.124) schreiben wir den fermionischen Vielteilchenzustand

$$|\phi\rangle = |\ldots, n_i, n_j, \ldots\rangle = \prod_i \left(\hat{a}_i^+\right)^{n_i} |0\rangle \ , \quad n_i = 0, 1 \ . \tag{8.137a}$$

Weil jedoch gilt

$$\left(\hat{a}_i^+\right)^2 = 0 \text{ und } \left(\hat{a}_i^+\right)^0 = 1 \ , \tag{8.137b}$$

folgt für Fermionen die einfachere Darstellung

$$|\phi\rangle = |\ldots, n_i, n_j, \ldots\rangle = \hat{a}_1^+ \hat{a}_2^+ \ldots, \hat{a}_i^+ \hat{a}_j^+, \ldots, \hat{a}_N^+ |0\rangle \ , \tag{8.137c}$$

falls der Vielteilchenzustand insgesamt N Teilchen, jeweils verschiedenen Typs $1, 2, \ldots, i, j, \ldots, N$ enthält.

Der Operator der Gesamtteilchenzahl ergibt sich einfach durch Summation über alle Teilchen der verschiedenen Typen $1, 2, \ldots, j, \ldots, N$ zu

$$\hat{N} = \sum_j \hat{a}_j^+ \hat{a}_j \ . \tag{8.138}$$

Die Wirkung der Operatoren $\hat{a}_i^+$ und $\hat{a}_i$ als Erzeugungs- und Vernichtungsoperatoren auf einen fermionischen Zustand lässt sich analog zu (8.29) bis (8.33) ermitteln. Es gilt analog zu (8.29):

$$\hat{a}_i^+ \left|\ldots, n_i, \ldots\right\rangle = C \left|\ldots, (n_i + 1), \ldots\right\rangle . \tag{8.139}$$

Wir multiplizieren wiederum von links mit $\left\langle \ldots, n_i, \ldots\right| \hat{a}_i$ und berücksichtigen (8.30). Damit folgt

$$\left\langle \ldots, n_i, \ldots\right| \hat{a}_i \hat{a}_i^+ \left|\ldots, n_i, \ldots\right\rangle = C^2 \left\langle \ldots, (n_i + 1), \ldots \right| \ldots, (n_i + 1), \ldots \rangle . \tag{8.140a}$$

Jetzt wenden wir um Gegensatz zu den bosonischen Vertauschungsrelationen (8.20) die fermionische Antivertauschungsrelation (8.127a) an und erhalten

$$\begin{aligned} &- \left\langle \ldots, n_i, \ldots\right| \hat{a}_i^+ \hat{a}_i \left|\ldots, n_i, \ldots\right\rangle + \left\langle \ldots, n_i, \ldots \right| \ldots, n_i\, , \ldots \rangle \\ &= C^2 \left\langle \ldots, (n_i + 1), \ldots \right| \ldots, (n_i + 1)\, , \ldots \rangle\ , \end{aligned} \tag{8.140b}$$

d. h. mit (8.136) folgt

$$-n_i + 1 = C^2 . \tag{8.140c}$$

Über eine analoge Rechnung mit $\hat{a}_i$ angewandt auf $\left|\ldots, n_i, \ldots\right\rangle$ erhalten wir in Analogie zu (8.33)

$$\boxed{\hat{a}_i^+ \left|\ldots, n_i, \ldots\right\rangle = \sqrt{1 - n_i} \left|\ldots, (n_i + 1), \ldots\right\rangle} \tag{8.141a}$$

$$\boxed{\hat{a}_i \left|\ldots, n_i, \ldots\right\rangle = \sqrt{n_i} \left|\ldots, (n_i - 1), \ldots\right\rangle} \tag{8.141b}$$

(8.141) liefert für die Besetzungszahlen $n_i = 0, 1$ genau das für Fermionen geforderte Verhalten, dass ein Fermion des Typs (i) nur erzeugt werden kann, wenn im Ausgangszustand $n_i = 0$ ist und dass andererseits die Wirkung von $\hat{a}_i$ auf $\left|\ldots, n_i, \ldots\right\rangle$ auf den Zustand $\left|\ldots, (n_i - 1), \ldots\right\rangle$ führt, wenn $n_i = 1$ ist.

Wir werden uns im Folgenden bei der Betrachtung des quantisierten Schrödinger-Feldes auf Fermionen beschränken, weil dies im vorliegenden Zusammenhang der wichtigere Fall ist, zumal damit Elektronen beschrieben werden.

8.3.2 Feldoperatoren und zurück zur Einteilchen-Schrödinger-Gleichung

Wenn wir physikalische Messgrößen, d. h. Erwartungswerte der Art (8.114) für das Vielteilchen-Schrödinger-Feld ausrechnen wollen, benötigen wir eine Vorschrift dafür, wie sich Feldoperatoren $\hat{\Omega}_{\text{Feld}}$ darstellen, d. h. wie sie sich aus den uns bekannten Einteilchen-Operatoren in der Einteilchen-Quantenmechanik (Abschn. 3.5) ergeben. Im Prinzip haben wir dies schon in Abschn. 8.3 bei der Darstellung der Energie des Feldes (8.105) gesehen. Wir nehmen als Ausgangspunkt die Vielteilchen-Feldfunktion $\psi(\mathbf{r})$, die an jedem Raumpunkt $\mathbf{r}$ definiert ist und bilden den Erwartungswert mit dem

Einteilchen-Operator $\hat{\Omega}$, der auch an dem jeweiligen Ort $\mathbf{r}$ wirkt:

$$\langle \Omega \rangle = \int \mathrm{d}^3 r \psi^* (\mathbf{r}) \, \hat{\Omega}(\mathbf{r}) \psi (\mathbf{r}) \ . \tag{8.142a}$$

Analog zu (8.105) und (8.115) gelangen wir zum Feldoperator $\hat{\Omega}_{\text{Feld}}$ der Messgröße (Observable) Ω, indem wir die Feldfunktionen ψ^* und ψ in die Feldoperatoren $\hat{\psi}^+ (\mathbf{r})$ und $\hat{\psi}(\mathbf{r})$ überführen, die dann den Antivertauschungsrelationen (8.131) gehorchen, d. h.

$$\hat{\Omega}_{\text{Feld}} = \int \mathrm{d}^3 r \psi^+ (\mathbf{r}) \, \hat{\Omega}(\mathbf{r}) \hat{\psi}(\mathbf{r}) \ . \tag{8.142b}$$

Wie $\hat{\psi}^+$ und $\hat{\psi}$, bzw. in den entsprechenden Entwicklungen (8.128) die Operatoren $\hat{a}_i^+$ und $\hat{a}_i$ auf den Zustand $|\ldots, n_i, \ldots\rangle$ wirken, wurde in Abschn. 8.3.1 beschrieben. Damit wissen wir auch, wie $\hat{\Omega}_{\text{Feld}}$ auf den Vielteilchenzustand wirkt.

Machen wir uns das klar, indem wir den Impuls eines Vielelektronenfeldes ausrechnen, in dem die Einteilchenzustände, freien Teilchen entsprechend, durch ebene Wellen mit den Wellenvektoren $\mathbf{k}_j$ beschrieben werden.

Mit dem Impulsoperator $\hat{\mathbf{p}} = (\hbar/i)\nabla$ schreibt sich der Impulserwartungswert im nicht-quantisierten Vielteilchenfeld

$$\langle \mathbf{p} \rangle = \int \mathrm{d}^3 r \psi^* \left(\frac{\hbar}{i} \nabla \right) \psi \ . \tag{8.143a}$$

Wir quantisieren durch $\psi^* \to \hat{\psi}^+$ und $\psi \to \hat{\psi}$ und erhalten den Impulsoperator des quantisierten Feldes

$$\hat{\mathbf{p}} = \int \mathrm{d}^3 r \hat{\psi}^+ (\mathbf{r}) \left(\frac{\hbar}{i} \nabla \right) \hat{\psi}(\mathbf{r}) \ . \tag{8.143b}$$

Mit der Entwicklung (8.128) lässt sich der Operator umschreiben auf Erzeuger- und Vernichteroperatoren für Elektronen:

$$\hat{\mathbf{p}} = \sum_{jk} \hat{a}_j^+ \hat{a}_k \frac{\hbar}{i} \int \mathrm{d}^3 r \varphi_j^* (\mathbf{r}) \nabla \varphi_k (\mathbf{r}) \ . \tag{8.144}$$

Wie oben angenommen, haben wir es mit freien Elektronen zu tun, deren Einteilchenwellenfunktionen $\varphi_j(\mathbf{r}) \propto \exp(\mathrm{i}\mathbf{k}_j \cdot \mathbf{r})$ ebenen Wellencharakter haben. Die Gradienten-Operation auf $\varphi_k(\mathbf{r})$ erzeugt deshalb ein $\mathrm{i}\mathbf{k}_k$ d. h.

$$\begin{aligned} \hat{\mathbf{p}} &= \sum_{jk} \hat{a}_j^+ \hat{a}_k \frac{\hbar}{i} \int \mathrm{d}^3 r \, (\mathrm{i}\mathbf{k}_k) \, \varphi_j^* (\mathbf{r}) \varphi_k (\mathbf{r}) \\ &= \sum_{jk} \hat{a}_j^+ \hat{a}_k \, (\hbar \mathbf{k}_k) \, \delta_{jk} = \sum_j \hbar \mathbf{k}_j \hat{a}_j^+ \hat{a}_j \ . \end{aligned} \tag{8.145}$$

Nach (8.136) ergibt die Wirkung von $\hat{a}_j^+ \hat{a}_j$ auf einen Feldzustand $|\phi\rangle$ die Teilchenzahl n_j des Typs (j), d. h.

$$\langle\phi|\hat{\mathbf{p}}|\phi\rangle = \sum_j \hbar\mathbf{k}_j n_j \ . \tag{8.146}$$

Dies ist genau das Ergebnis, das wir erwartet hatten. Der Erwartungswert des Impulses aller im Feld vorhandenen Teilchen ist die Summe der Einteilchenimpulse $\hbar\mathbf{k}_j$.

Wie erhalten wir die Gesamtteilchenzahl im Feld? Wir müssen natürlich die Aufenthaltswahrscheinlichkeit $\psi^*\psi$, gegeben durch die Feldamplituden, über den ganzen Raum aufintegrieren. Der Gesamtteilchenzahloperator stellt sich damit dar als:

$$\begin{aligned}\hat{N} &= \int \mathrm{d}^3r \hat{\psi}^+(\mathbf{r})\hat{\psi}(\mathbf{r}) = \sum_{ij} \hat{a}_i^+ \hat{a}_j \int \mathrm{d}^3r \varphi_i^*(\mathbf{r})\varphi_j(\mathbf{r}) \\ &= \sum_{ij} \hat{a}_i^+ \hat{a}_j \delta_{ij} = \sum_j \hat{a}_j^+ \hat{a}_j \ . \end{aligned} \tag{8.147}$$

Dies ist genau die Darstellung (8.138), die wir schon aus anderen Überlegungen gewonnen haben.

Fragen wir nicht nach der Gesamtteilchenzahl, sondern nach der Teilchendichte, d. h. danach, mit welcher Wahrscheinlichkeit gerade bei $\mathbf{r}'$ ein Teilchen vorhanden ist, dann müssen wir aus dem Integral (8.147) gerade den Ort $\mathbf{r}'$ herausgreifen. Dies tun wir mittels der δ-Funktion; wir schreiben also für den Teilchendichteoperator

$$\hat{\rho}(\mathbf{r}') = \int \mathrm{d}^3r \hat{\psi}^+(\mathbf{r})\delta(\mathbf{r}' - \mathbf{r})\hat{\psi}(\mathbf{r}) = \hat{\psi}^+(\mathbf{r}')\hat{\psi}(\mathbf{r}') \ . \tag{8.148}$$

Wir hätten also gleich in der Teilchendichte $\psi^*\psi$ der Schrödinger-Theorie die Wellenfunktionen in Operatoren umwandeln können, um zu (8.148) zu gelangen.

Wir wollen noch sehen, welches Ergebnis der Teilchendichteoperator bei Anwendung auf den Zustand $\hat{\psi}^+(\mathbf{r}')|0\rangle$ ergibt:

$$\begin{aligned}\hat{\rho}(\mathbf{r}) \left(\hat{\psi}^+(\mathbf{r}')|0\rangle\right) &= \hat{\psi}^+(\mathbf{r})\hat{\psi}(\mathbf{r})\hat{\psi}^+(\mathbf{r}')|0\rangle \\ &= \hat{\psi}^+(\mathbf{r}) \left[\delta\left(\mathbf{r}' - \mathbf{r}\right) - \hat{\psi}^+(\mathbf{r}')\hat{\psi}(\mathbf{r})\right] |0\rangle \\ &= \delta(\mathbf{r} - \mathbf{r}') \left(\hat{\psi}^+(\mathbf{r}')|0\rangle\right) \ . \end{aligned} \tag{8.149}$$

Hierbei haben wir die Antivertauschungsrelationen (8.131a) angewendet und berücksichtigt, dass der Vernichtungsoperator $\hat{\psi}$, eine Summe aus lauter Vernichtungsoperatoren $\hat{a}_i$ (8.128), angewandt auf den Vakuumzustand $|0\rangle$ des Feldes Null ergibt.

Gleichung (8.149) hat eine sehr anschauliche Erklärung: Die $\delta(\mathbf{r}-\mathbf{r}')$-Funktion ist der Eigenwert des Teilchendichteoperators für den Zustand $\hat{\psi}(\mathbf{r}')|0\rangle$, also der Messwert für die Teilchendichte im Feld. Die Teilchendichte ist nur von Null verschieden in unmittelbarer Umgebung von $\mathbf{r}'$, ansonsten verschwindet sie. $\hat{\psi}^+$ erzeugt ein Teilchen im Vakuumzustand am Ort $\mathbf{r}'$, das wir nur detektieren, falls unsere Versuchsanordnung, beschrieben durch den Dichteoperator $\hat{\rho}(\mathbf{r})$ gerade diesen Ort trifft $(\mathbf{r}-\mathbf{r}')$.

Wir können also sagen, $\hat{\psi}^+(\mathbf{r})$ erzeugt ein Teilchen genau am Ort $\mathbf{r}$. Weiter sehen wir aus (8.148), dass Feldgrößen der Einteilchen-Schrödinger-Theorie, wie z. B. die Teilchenwahrscheinlichkeitsdichte $\hat{\psi}^+(\mathbf{r})\hat{\psi}(\mathbf{r})$, die schon die Wellenfunktion enthalten, sofort in die quantisierte Feldtheorie überführt werden können, indem wir nur die Wellenfunktionen durch ihre Operatoren $\hat{\psi}^+$, $\hat{\psi}^+$ ersetzen. Analog zur Wahrscheinlichkeitsdichte kann man den Feldoperator der elektrischen Stromdichte $\mathbf{j}$ wegen (3.79) definieren als

$$\mathbf{j}(\mathbf{r}) = \frac{e\hbar}{2mi}\left[\hat{\psi}^+(\mathbf{r})\nabla\hat{\psi}(\mathbf{r}) - \hat{\psi}(\mathbf{r})\nabla\hat{\psi}^+(\mathbf{r})\right] , \tag{8.150}$$

und den Gesamtstrom-Operator als das Raumintegral über den Ausdruck (8.150).

Betrachten wir wiederum einen Feldzustand $\hat{a}_i^+|0\rangle$, in dem nur ein Elektron (Teilchen) des Typs $(i = \mathbf{k}_i, \uparrow)$, d. h. mit dem Wellenvektor $\mathbf{k}_i$ und Spin-up angeregt ist. In der Einteilchen-Schrödinger-Theorie wäre die Aufenthaltswahrscheinlichkeit durch $\varphi_i^*(\mathbf{r})\varphi_i(\mathbf{r})$ gegeben. Was sagt uns die quantisierte Feldtheorie?

Dazu rechnen wir den Erwartungswert für den Teilchendichteoperator in diesem Feld aus:

$$\begin{aligned}
\langle\phi|\hat{\rho}|\phi\rangle &= \left\langle 0|\hat{a}_i\hat{\psi}^+\hat{\psi}\hat{a}_i^+|0\right\rangle \\
&= \sum_{jk}\langle 0|\hat{a}_i\hat{a}_j^+\varphi_j^*(\mathbf{r})\hat{a}_k\varphi_k(\mathbf{r})\hat{a}_i^+|0\rangle \\
&= \sum_{jk}\varphi_j^*\varphi_k\langle 0|\hat{a}_i\hat{a}_j^+\hat{a}_k\hat{a}_i^+|0\rangle \\
&= \sum_{jk}\varphi_j^*\varphi_k\langle 0|\hat{a}_i\hat{a}_j^+\left(\delta_{ki} - \hat{a}_i^+\hat{a}_k\right)|0\rangle \\
&= \sum_{j}\varphi_j^*\varphi_i\langle 0|\hat{a}_i\hat{a}_j^+|0\rangle \\
&= \sum_{j}\varphi_j^*\varphi_i\langle 0|\delta_{ij} - \hat{a}_j^+\hat{a}_i|0\rangle \\
&= \varphi_i^*(\mathbf{r})\varphi_i(\mathbf{r}) .
\end{aligned} \tag{8.151}$$

Hierbei haben wir zweimal die Antivertauschungsrelation (8.127a) benutzt sowie die Tatsache, dass $\hat{a}_j$ angewandt auf den Grundzustand $|0\rangle$ Null ergibt. Im

Einteilchen-Feldzustand $\hat{a}_i^+ |0\rangle$ ergibt sich also für die mittlere Aufenthaltsdichte dieses Teilchens tatsächlich der Ausdruck, der auch in der Einteilchen-Schrödinger-Theorie gilt. So muss es sein, eine übergeordnete Theorie, die der quantisierten Vielteilchenfelder, muss die einfachere Einteilchentheorie enthalten, wenn beides denn „richtig", d. h. konsistent sein soll.

Wir erwarten also, dass wir auch die Einteilchen-Schrödinger-Gleichung aus dem feldtheoretischen Formalismus zurückgewinnen können. Dazu betrachten wir die zeitunabhängige Schrödinger-Gleichung auf dem quantisierten Feld. Wir müssen dazu den Feldoperator der Energie (8.115) auf einen Einteilchenzustand anwenden und dies gleich setzen mit dem Energie-Eigenwert mal dem Zustand. Der bisher benutzte Einteilchenzustand des Feldes $\hat{a}_i^+ |0\rangle$ ist ein spezieller Zustand, bei dem das Teilchen einen bestimmten $\mathbf{k}_i$-Vektor und Spin hat. Das Teilchen muss jedoch nicht mit wohldefiniertem $\mathbf{k}_i$ und Spin präpariert sein. Der allgemeinste Einteilchenzustand ist eine Überlagerung aller möglichen $\mathbf{k}_i$ und Spin-Zustände (Wellenpaket mit breiter k-Verteilung), d. h. der allgemeinste Zustand eines Teilchen $|1\rangle$ stellt sich dar als

$$|1\rangle = \sum_i c_i \hat{a}_i^+ |0\rangle \ , \tag{8.152a}$$

wo c_i allgemeine Entwicklungskoeffizienten sind, die der Normierung auf ein Teilchen genügen müssen:

$$\sum_i |c_i|^2 = 1 \ . \tag{8.152b}$$

Man kann gemäß (8.129) $\hat{a}_i^+$ auch durch den Erzeuger $\hat{\psi}^+(\mathbf{r})$ ausdrücken als

$$\hat{a}_i^+ = \int \mathrm{d}^3 r \varphi_i(\mathbf{r}) \hat{\psi}^+(\mathbf{r}) \ . \tag{8.153}$$

Setzen wir (8.153) in (8.152a) ein, so stellt sich der allgemeine Einteilchenzustand dar als

$$|1\rangle = \int \mathrm{d}^3 r \sum_i c_i \varphi_i(\mathbf{r}) \hat{\psi}^+(\mathbf{r}) |0\rangle \ . \tag{8.154a}$$

Die Summe über die mit c_i gewichteten orthonormalen Eigenfunktionen $\varphi_i(\mathbf{r})$ ist eine allgemeine Funktion $\chi(\mathbf{r})$, sodass wir (8.154a) auch schreiben können als

$$|1\rangle = \int \mathrm{d}^3 r \chi(\mathbf{r}) \hat{\psi}^+(\mathbf{r}) |0\rangle \ . \tag{8.154b}$$

Wir betrachten die feldtheoretische Schrödinger-Gleichung mit $\hat{H}$ aus (8.115):

$$\hat{H}|1\rangle = E|1\rangle \ . \tag{8.155}$$

Die linke Seite ergibt sich mit (8.115) und (8.154b) zu

$$\begin{aligned}\hat{H}|1\rangle &= \int \mathrm{d}^3r\,\mathrm{d}^3r'\hat{\psi}^+(\mathbf{r})\left[-\frac{\hbar^2}{2m}\Delta_{\mathbf{r}} + V(\mathbf{r})\right]\hat{\psi}(\mathbf{r})\chi(\mathbf{r}')\hat{\psi}^+(\mathbf{r})|0\rangle \\ &= \int \mathrm{d}^3r\,\mathrm{d}^3r'\left\{\hat{\psi}^+(\mathbf{r})\left[-\frac{\hbar^2}{2m}\Delta_{\mathbf{r}} + V(\mathbf{r})\right]\chi(\mathbf{r}')\delta(\mathbf{r}-\mathbf{r}')\right\}|0\rangle \\ &= \int \mathrm{d}^3r\hat{\psi}^+(\mathbf{r})|0\rangle\left[-\frac{\hbar^2}{2m}\Delta + V(\mathbf{r})\right]\chi(\mathbf{r})\,. \end{aligned} \tag{8.156}$$

Hierbei haben wir die Antivertauschungsrelation (8.131a) angewendet und die Symmetrie der δ-Funktion gegenüber Vertauchung von $\mathbf{r}'$ mit $\mathbf{r}$: $\Delta_{\mathbf{r}}\delta(\mathbf{r}-\mathbf{r}') = \Delta_{\mathbf{r}'}\delta(\mathbf{r}-\mathbf{r}')$. Gemäß (8.155) muss (8.156) identisch sein mit

$$E|1\rangle = E\int \mathrm{d}^3r\chi(\mathbf{r})\hat{\psi}^+(\mathbf{r})|0\rangle\,. \tag{8.157}$$

Diese Beziehung muss für alle Orte $\mathbf{r}$ gelten, wobei die Zustände $\hat{\psi}^+(\mathbf{r})|0\rangle$ linear unabhängig sind. Damit müssen auch die Faktoren vor diesen Zuständen identisch sein, d. h.

$$\left[-\frac{\hbar^2}{2m}\Delta + V(\mathbf{r})\right]\chi(\mathbf{r}) = E\chi(\mathbf{r})\,. \tag{8.158}$$

Für die Wahrscheinlichkeitsamplituden

$$\chi(\mathbf{r}) = \sum_i c_i\varphi_i(\mathbf{r}) \tag{8.159}$$

des allgemeinsten Einteilchenzustandes haben wir also in (8.158) die bekannte Einteilchen-Schrödinger-Gleichung zurückgewonnen. Unser quantisierter Vielteilchen-Feldformalismus enthält die Einteilchen-Schrödinger-Theorie!

Analog zu (8.152a) können wir auch den allgemeinen Zweiteilchenzustand $|2\rangle$ formulieren:

$$|2\rangle = \sum_{ij} c_{ij}\hat{a}_i^+\hat{a}_j^+|0\rangle\,. \tag{8.160a}$$

Mittels (8.153) kann man umschreiben auf die Operatoren $\hat{\psi}^+$:

$$|2\rangle = \int \mathrm{d}^3r\,\mathrm{d}^3r'\sum_{ij} c_{ij}\varphi_i(\mathbf{r})\varphi_j(\mathbf{r}')\hat{\psi}^+(\mathbf{r})\hat{\psi}^+(\mathbf{r}')|0\rangle\,. \tag{8.160b}$$

Wir können jetzt eine Zweiteilchenfunktion identifizieren, die analog zu (8.159) eine Wahrscheinlichkeitsamplitude (Wellenfunktion) darstellt:

$$\chi(\mathbf{r},\mathbf{r}') = \sum_{ij} c_{ij}\varphi_i(\mathbf{r})\varphi_j(\mathbf{r}')\,. \tag{8.161}$$

Damit schreibt sich der Zweiteilchenzustand (8.160b)

$$|2\rangle = \int \mathrm{d}^3 r \, \mathrm{d}^3 r' \chi(\mathbf{r}, \mathbf{r}') \hat{\psi}^+(\mathbf{r}) \hat{\psi}^+(\mathbf{r}') |0\rangle \ . \tag{8.162}$$

Die Zweiteilchenwellenfunktion $\chi(\mathbf{r}, \mathbf{r}')$ muss antisymmetrisch sein, wenn unser Formalismus für Fermionen richtig ist. Wir sehen dies sofort, wenn wir in (8.162) die beiden Teilchen bei $\mathbf{r}$ und $\mathbf{r}'$ vertauschen, d. h. wir ändern die Koordinaten wie folgt:

$$\begin{aligned} &\int \mathrm{d}^3 r \, \mathrm{d}^3 r' \chi(\mathbf{r}', \mathbf{r}) \hat{\psi}^+(\mathbf{r}') \hat{\psi}^+(\mathbf{r}) |0\rangle \\ &= \int \mathrm{d}^3 r \, \mathrm{d}^3 r' \chi(\mathbf{r}', \mathbf{r}) \left[-\hat{\psi}^+(\mathbf{r}) \hat{\psi}^+(\mathbf{r}') \right] |0\rangle = -|2\rangle \ . \end{aligned} \tag{8.163}$$

Wir haben bei dieser Rechnung die Antivertauschungsrelation (8.131b) benutzt und sehen, dass $|2\rangle$ in $-|2\rangle$ übergeht, wenn wir die beiden Teilchen vertauschen. Dies ist genau das Verhalten, das wir in Abschn. 5.6.2 für einen fermionischen Zweiteilchenzustand fordern. Auch dieses Ergebnis ist sehr befriedigend. Es ist ein weiterer Beleg dafür, dass der Formalismus des quantisierten fermionischen Schrödinger-Feldes alles enthält, was wir in Kap. 4 und 5 im Rahmen der Einteilchen-Quantenphysik gelernt haben.

8.3.3 Elektronen in Kristallen: Zurück zur Einteilchennäherung

Kondensierte Materie, speziell Festkörper sind Systeme, die für ihre theoretische Beschreibung geradezu danach „rufen", mittels der fermionischen Vielteilchen-Feldtheorie behandelt zu werden. In einem Festkörper haben wir größenordnungsmäßig 10^{23} Elektronen pro cm^3 in chemischen Bindungen oder mehr oder weniger frei beweglich vor einem Hintergrund von atomaren Kernen mit gleichgroßer positiver Ladung, sodass der ideale Festkörper neutral ist. Die Masse steckt fast ganz in den winzigen Atomkernen, während die Raumausfüllung durch die Elektronen bestimmt wird. Da die Elektronen um etwa den Faktor 2000 leichter sind als die Protonen und Neutronen in den Kernen, wird zur theoretischen Behandlung dieses Vielteilchensystems die sogenannte **Born-Oppenheim-Näherung (adiabatische Näherung)** herangezogen. Wegen ihrer geringen Masse folgen die Elektronen fast augenblicklich (adiabatisch) den Bewegungen der schwereren Atomkerne. In ihrer Dynamik sind beide Systeme, das der Atomkerne und das der Elektronen, näherungsweise entkoppelt. Wir können sie erst einmal getrennt behandeln und dann Wechselwirkungen zwischen Elektronen und der Bewegung der Kerne im Nachhinein als Störung einführen (Abschn. 8.4).

In dieser Näherung können wir also die Kernpositionen als raumfest annehmen. Ihre positive Ladung stellt das durch Coulomb-Kräfte bindende Potential für die Elektronen dar. Wir beschränken uns im vorliegenden Zusammenhang auf Kristalle, eine wichtige Klasse von Materialien innerhalb der kondensierten Materie. In diesem Fall spannen die Orte der Atom- bzw. Kernlagen ein 3-dimensionales (3D) periodisches Gitter im Raum auf, wobei die Kernlagen nach (6.225) durch Vektoren $\mathbf{r_n}$ beschrieben werden können, wo $\mathbf{n} = (m, n, p)$ ein Tripel von ganzen Zahlen darstellt, das mit den Gitterbasisvektoren $\mathbf{a}, \mathbf{b}, \mathbf{c}$ die Lage eines speziellen Atoms in Bezug auf ein herausgegriffenes Aufatom angibt. Das periodische Potential der raumfesten positiven Kerne (starres Gitter) stellt sich dann dar als

$$V_{\mathrm{G}}(\mathbf{r}) = V_{\mathrm{G}}(\mathbf{r} + m\mathbf{a} + n\mathbf{b} + p\mathbf{c}) = V_{\mathrm{G}}(\mathbf{r} + \mathbf{r_n}) \ . \tag{8.164}$$

Diese Gitterpotential V_G wirkt auf jedes Elektron, es muss also in den Vielteilchen-Hamilton-Operator (8.115) in die eckige Klammer eingehen. Die Integration über den Raum in (8.115) gewährleistet, dass alle Elektronen erfasst werden. Daneben üben alle Elektronen untereinander eine abstoßende Kraft aufeinander aus, die zwischen jeweils zwei Elektronen an den Orten $\mathbf{r}$ und $\mathbf{r}'$ durch das abstoßende Coulomb-Potential $\mathrm{e}^2/4\pi\varepsilon_0|\mathbf{r} - \mathbf{r}'|$ beschrieben wird. Da die Elektronendichte in der Einteilchen-Schrödinger-Theorie durch $\rho(\mathbf{r}) = e\psi^*\psi$ gegeben ist, stellt sich die gesamte Wechselwirkungsenergie zwischen den Elektronen dar als

$$E_{\mathrm{ww}} = \frac{1}{2} \int \mathrm{d}^3r\,\mathrm{d}^3r'\,\hat{\psi}^*(\mathbf{r}')\psi(\mathbf{r}) \frac{\mathrm{e}^2}{4\pi\varepsilon_0|\mathbf{r} - \mathbf{r}'|} \hat{\psi}^*(\mathbf{r}')\psi(\mathbf{r}) \ . \tag{8.165}$$

Hierbei wird über die Paarwechselwirkung zwischen je zwei Elektronen bei $\mathbf{r}$ und $\mathbf{r}'$ integriert (Faktor $\frac{1}{2}$). In dieser „klassischen“ Formel sind die Wellenfunktionen untereinander vertauschbar. Gehen wir jedoch zum quantisierten Vielteilchenfeld über, so werden sie zu nichtvertauschbaren Operatoren, In welcher Reihenfolge müssen wir nun diese Operatoren schreiben? Folgende Bedingungen helfen uns weiter. Die Coulombsche Wechselwirkungsenergie muss verschwinden, wenn nur ein Teilchen im Feldzustand ist, d. h. die Vernichtungsoperatoren $\hat{\psi}(\mathbf{r})$ und $\hat{\psi}(\mathbf{r}')$ müssen rechts und die Erzeugeroperatoren links stehen. Außerdem müssen die Ortskoordinaten $\mathbf{r}$ und $\mathbf{r}'$ bei Erzeugern und Vernichtern in entgegengesetzer Reihenfolge auftreten, damit bei der Bildung des Erwartungswertes des Wechselwirkungsoperators im Vielteilchenfeld die Wechselwirkungsenergie (8.165) der Schrödinger-Gleichung herauskommt.

Damit ergibt sich der Hamilton-Operator des Vielelektronenfeldes im Kristall zu

$$\begin{aligned} \hat{H} = &\int \mathrm{d}^3r\,\hat{\psi}^+(\mathbf{r}) \left[-\frac{\hbar^2}{2m}\Delta + V_{\mathrm{G}}(\mathbf{r}) \right] \hat{\psi}(\mathbf{r}) \\ &+ \int \mathrm{d}^3r\,\mathrm{d}^3r'\,\hat{\psi}^+(\mathbf{r})\hat{\psi}^+(\mathbf{r}') \frac{\mathrm{e}^2}{4\pi\varepsilon_0|\mathbf{r} - \mathbf{r}'|} \hat{\psi}(\mathbf{r}')\hat{\psi}(\mathbf{r}) \ . \end{aligned} \tag{8.166}$$

Im ersten Integral ist über das Gitterpotential V_G die Coulomb-Anziehung zwischen den Kernen und jedem einzelnen Elektron enthalten, während das zweite Integral die Abstoßung der Elektronen untereinander aufsummiert.

Der Vielteilchenoperator $\hat{H}$ (8.166) wirkt auf elektronische Vielteilchenzustände des Typs (8.137c). Weil $\hat{a}_i$ der zu $\hat{a}_i^+$ adjungierte Operator (8.30) ist, stellt sich der Energieerwartungswert des Feldes mit (8.166) dar als

$$\langle\phi|\hat{H}|\phi\rangle = \langle 0|\hat{a}_N, \ldots, \hat{a}_2\hat{a}_1|\hat{H}|\hat{a}_1^+\hat{a}_2^+, \ldots, \hat{a}_N^+|0\rangle \; . \tag{8.167}$$

Man kann jetzt zu einer optimalen Lösung des Vielteilchenproblems kommen, wenn man wie in Abschn. 6.2 das Variationsverfahren als Näherung benutzt und den Erwartungswert (8.167) minimalisiert:

$$\langle\phi|\hat{H}|\phi\rangle = \text{Minimum} \tag{8.168a}$$

mit der Normierungsnebenbedingung

$$\langle\phi|\phi\rangle = 1 \; . \tag{8.168b}$$

Hierzu entwickelt man in $\hat{H}$ (8.166) zuerst die Feldoperatoren $\hat{\psi}^+$ und $\hat{\psi}$ nach einem orthogonalen Eigenfunktionssystem $\{\phi_i(\mathbf{r})\}$ (8.128) und führt sie so in eine Summe von Vernichter- ($\hat{a}_i$) bzw. Erzeugeroperatoren ($\hat{a}_i^+$) über. Die Funktionen $\varphi_i^*(\mathbf{r})$ und $\varphi_i(\mathbf{r})$ sollen hierbei nur einen irgendwie gearteten Satz orthonormierter Funktionen darstellen. Sie sollen nämlich in ihrer speziellen Gestalt aus dem Minimalisierungsprozess (8.168) hervorgehen und dann das optimale Eigenfunktionssystem (Einteilchenwellenfunktionen) für unser Vielteilchenproblem darstellen. Setzt man die Entwicklung $\hat{\psi}(\mathbf{r}) = \sum_i \hat{a}_i\varphi_i(\mathbf{r})$ in den Feldoperator (8.166) ein, so ergibt sich für den Operator der Feldenergie:

$$\begin{aligned}\hat{H} = &\sum_{ij} \hat{a}_i^+\hat{a}_j \int \mathrm{d}^3r\varphi_i^*(\mathbf{r})\left[-\frac{\hbar^2}{2m}\Delta + V_\mathrm{G}(\mathbf{r})\right]\varphi_j(\mathbf{r}) \\ &+ \frac{1}{2}\sum_{ijkl} \hat{a}_i^+\hat{a}_j\hat{a}_k^+\hat{a}_l \int \mathrm{d}^3r\,\mathrm{d}^3r'\varphi_i^*(\mathbf{r})\varphi_j(\mathbf{r}')\frac{\mathrm{e}^2}{4\pi\varepsilon_0|\mathbf{r}-\mathbf{r}'|}\varphi_k^*(\mathbf{r}')\varphi_l(\mathbf{r}) \; .\end{aligned} \tag{8.169}$$

Bilden wir den zu minimalisierenden Mittelwert $\langle\phi|\hat{H}|\phi\rangle$, so treten Matrixelemente der Gestalt

$$\langle 0|\hat{a}_N, \ldots, \hat{a}_2\hat{a}_1\left|\hat{a}_i^+\hat{a}_j\right|\hat{a}_1^+\hat{a}_2^+, \ldots, \hat{a}_N^+|0\rangle \; , \tag{8.170a}$$

$$\langle 0|\hat{a}_N, \ldots, \hat{a}_2\hat{a}_1\left|\hat{a}_i^+\hat{a}_j^+\hat{a}_k\hat{a}_l\right|\hat{a}_1^+\hat{a}_2^+, \ldots, \hat{a}_N^+\,|0\rangle \tag{8.170b}$$

auf. Wir überlassen dem Leser die Auswertung mittels Anwendung der Antivertauschungsrelationen (8.127) und verweisen auf Übung 8.4. Das Ergebnis für den Erwartungswert der Feldenergie lautet

$$\begin{aligned}\langle\phi|\hat{H}|\phi\rangle = &\sum_{i} \int \mathrm{d}^3r\varphi_i^*(\mathbf{r})\left[-\frac{\hbar^2}{2m}\Delta + V_\mathrm{G}(\mathbf{r})\right]\varphi_j(\mathbf{r}) \\ &+ \frac{1}{2}\sum_{ij} \int \mathrm{d}^3r\,\mathrm{d}^3r'\varphi_i^*(\mathbf{r})\varphi_i(\mathbf{r})\frac{\mathrm{e}^2}{4\pi\varepsilon_0|\mathbf{r}-\mathbf{r}'|}\varphi_j^*(\mathbf{r}')\varphi_j(\mathbf{r}') \\ &- \frac{1}{2}\sum_{ij} \int \mathrm{d}^3r\,\mathrm{d}^3r'\varphi_i^*(\mathbf{r})\varphi_i(\mathbf{r}')\frac{\mathrm{e}^2}{4\pi\varepsilon_0|\mathbf{r}-\mathbf{r}'|}\varphi_j^*(\mathbf{r})\varphi_j(\mathbf{r}') \; .\end{aligned} \tag{8.171}$$

In der ersten Summe sind die Erwartungswerte der Schrödingerschen Einteilchenenergien in den Zuständen $\varphi_i(\mathbf{r})$ zusammengefasst (Einteilchentheorie). Weil $e\varphi_i^*\varphi_i$ die elektrische Ladungsdichte darstellt, enthält die zweite Summe alle Beiträge der Coulomb-Abstoßung zwischen je zwei Elektronen an den Orten $\mathbf{r}$ und $\mathbf{r}'$. Die dritte Summe ist ein klassisch nicht zu verstehender Term. Er enthält Zustandsamplituden (Wellenfunktionen) $\varphi_i^*(\mathbf{r})\varphi_i(\mathbf{r}')$ an verschiedenen Orten, die durch Austausch der Teilchen bei $\mathbf{r}$ und $\mathbf{r}'$ aus der Coulomb-Wechselwirkung hervorgegangen sind. Dieser Term ist eine direkte Folge der Antisymmetrie fermionischer Zustände. Sein Beitrag zur Gesamtenergie wird als **Coulomb-Austauschwechselwirkung** bezeichnet.

Um die Minimalisierung (8.168) durchzuführen, betrachten wir die noch nicht näher bestimmten Eigenfunktionen $\varphi_i^*(\mathbf{r})$ als Variable und leiten, wie in (8.106) beschrieben nach diesen Funktionen ab: $\partial/\partial\varphi_i^*(\mathbf{r})$.

Weiter müssen wir die Nebenbedingung (8.168b) berücksichtigen. Wir tun dies, wie in der Variationsrechnung üblich, indem wir sie mit einem Lagrange-Parameter E multipliziert als Summand zu (8.171) addieren und dann ableiten, d. h. wir suchen das Minimum gemäß

$$\frac{\partial}{\partial\varphi_i^*(\mathbf{r})}\left\{\langle\phi|\hat{H}|\phi\rangle + E\langle\phi|\phi\rangle\right\} = 0\ . \tag{8.172a}$$

Berücksichtigen wir, dass die Nebenbedingung lautet

$$\langle\phi|\phi\rangle = \int \mathrm{d}^3r\varphi_i^*(\mathbf{r})\varphi_i(\mathbf{r}) = 1\ , \tag{8.172b}$$

so folgt aus der Minimalisierung

$$\begin{aligned}&\left[-\frac{\hbar^2}{2m}\Delta + V_\mathrm{G}(\mathbf{r})\right]\varphi_i(\mathbf{r}) + \varphi_i(\mathbf{r})\left[\sum_j\int \mathrm{d}^3r'\frac{\mathrm{e}^2}{4\pi\varepsilon_0|\mathbf{r}-\mathbf{r}'|}\varphi_j^*(\mathbf{r}')\varphi_j(\mathbf{r}')\right]\\ &-\sum_j\int \mathrm{d}^3r'\varphi_i(\mathbf{r}')\frac{\mathrm{e}^2}{4\pi\varepsilon_0|\mathbf{r}-\mathbf{r}'|}\varphi_j^*(\mathbf{r}')\varphi_j(\mathbf{r}) = E\varphi_i(\mathbf{r})\ .\end{aligned} \tag{8.173}$$

Ohne die beiden letzten Summenterme auf der linken Seite stellt (8.173) eine ganz vertraute Einteilchen-Schrödingergleichung für die Eigenzustände $\varphi_i(\mathbf{r})$ im periodischen Potential $V_G(\mathbf{r})$ dar, wenn wir den Lagrange-Parameter E als Energie auffassen. Die beiden Summenterme auf der linken Seite machen die Gleichung zur Bestimmung von $\varphi_i(\mathbf{r})$ jedoch zu einer komplizierten Integro-Differentialgleichung (**Hartree-Fock-Gleichung**), die nur noch auf Großrechnern gelöst werden kann. Hierzu gibt es heute anspruchsvolle **„Self-Consistent-Field" Verfahren**. Sehr wirkungsvoll ist das Verfahren, der **„Charge-Density-Functional Theory"**, mit der heute die elektronische Struktur von Molekülen, Kristallen und Nanostrukturen in sehr guter Übereinstimmung mit experimentellen Daten bestimmt werden kann.

Sehen wir uns die beiden Summenterme etwas genauer an. Der erste Summenterm ist einfach zu verstehen. Da $e\varphi_j^*(\mathbf{r}')\varphi_j(\mathbf{r}')$ die Ladungsdichte am

Ort $\mathbf{r}'$ darstellt, beschreibt der Term die Coulomb-Wechselwirkung zwischen dem Elektron im Zustand $\varphi_i(\mathbf{r})$ und allen anderen Elektronen an den Orten $\mathbf{r}'$ und in allen Zuständen $\varphi_j(\mathbf{r}')$. Der Klammerausdruck lässt sich als ein Potentialbeitrag $v(\mathbf{r})$ schreiben, in dem zwar die zu bestimmenden Wellenfunktionen φ_j^* und φ_j noch vorkommen. Man könnte ihn mit gut geratenen Wellenfunktionen durch ein festes ortsabhängiges Potential, ähnlich $V_G(\mathbf{r})$, ersetzen und dann zu einer Einteilchen-Schrödinger-Gleichung gelangen, die nun statt des Kernpotentials V_G ein effektives Potential $V_{\text{eff}}(\mathbf{r}) = V_G(\mathbf{r}) + v(\mathbf{r})$ enthält:

$$\left[-\frac{\hbar^2}{2m}\Delta + V_{\text{eff}}(\mathbf{r})\right]\varphi_i(\mathbf{r}) = E\varphi_i(\mathbf{r})\ . \tag{8.174}$$

In dieser näherungsweisen Beschreibung enthält V_{eff} die Wirkung der positiven Kerne und die aller anderen Elektronen auf das eine betrachtete Aufelektron. Im Gegensatz zum **Coulomb-Term** [zweiter Term links in (8.173)] lässt sich der dritte Term links in (8.173) nicht einfach auf ein effektives Potential zurückführen, da die Wellenfunktion am Ort $\mathbf{r}$ in der Summe auftritt. Dieser **Austausch-Term** wird oft in erster Näherung vernachlässigt oder physikalisch vernünftig genähert. Dann erhalten wir mit (8.174) näherungsweise eine Einteilchen-Schrödinger-Gleichung. Dies ist bemerkenswert. Wir haben das hochkomplexe Vielelektronenproblem des Festkörpers auf ein Einteilchenproblem zurückgeführt, natürlich nur mit starker Vereinfachung des Coulomb-Terms und der Austauschwechselwirkung. Es ist klar, dass wir viele wichtige Eigenschaften der Materie, wie Ferromagnetismus oder Details der elektronischen Struktur, vor allem die Energien nicht besetzter elektronischer Zustände mit dieser groben Einteilchennäherung nicht quantitativ beschreiben können.

8.3.4 Das Bändermodell: Metalle und Halbleiter

Dennoch gestattet die Einteilchen-Schrödinger-Gleichung (8.174), wichtige Eigenschaften fester Materie zu verstehen.

Wir wollen diesen Ansatz ein wenig weiter verfolgen. Deshalb sei noch einmal kurz zusammengefasst, wie wir vorgehen. $V_{\text{eff}}(\mathbf{r})$ ist das effektive Potential, herrührend von den positiven Atomkernen und den vielen sie abschirmenden Elektronen, in dem sich ein betrachtetes Aufelektron bewegt. Dessen Einelektronenzustände werden durch die Wellenfunktionen $\varphi_i(\mathbf{r})$ beschrieben. Diese Zustände können nach dem Pauli-Prinzip bei Spin-Entartung zweimal mit einem Elektron besetzt werden. Alle aus (8.174) errechneten Zustände φ_i bzw. Energien E_i können dann sukzessive bis zu einer maximalen Energie, der Fermi-Energie besetzt werden.

Wie sehen nun diese Energieniveaus im periodischen Potential eines Kristalls aus? Hier muss betont werden, dass nicht nur das Potential der Kerne $V_G(\mathbf{r})$, sondern auch das der abgeschirmten Kerne $V_{\text{eff}}(\mathbf{r})$ (Rümpfe) gitterperiodisch ist, d. h.

$$V_{\text{eff}}(\mathbf{r}) = V_{\text{eff}}(\mathbf{r} + \mathbf{r_n}) \,. \tag{8.175}$$

Daraus folgen auch für die Energiezustände der Elektronen interessante Symmetrieeigenschaften. Eine periodische Funktion lässt sich in eine Fourier-Reihe entwickeln:

$$V_{\text{eff}}(\mathbf{r}) = \sum_{\mathbf{G}} V_{\mathbf{G}} \, \mathrm{e}^{\mathrm{i}\mathbf{G}\cdot\mathbf{r}} \,. \tag{8.176}$$

An die Vektoren $\mathbf{G}$ müssen Bedingungen geknüpft werden, damit die Translationsinvaranz von $V_{\text{eff}}(\mathbf{r})$ bezüglich aller Gittervektoren $\mathbf{r_n} = m\mathbf{a} + n\mathbf{b} + p\mathbf{c}$ gegeben ist. Es muss nämlich gelten

$$\mathbf{G} \cdot \mathbf{r_n} = 2\pi\nu \,, \quad \nu \text{ ganzzahlig} \,. \tag{8.177}$$

Dies ist aber gerade die Beziehung (6.236), die wir zur Einführung des reziproken Gitters bei der Diskussion von Teilchenstreuung an Kristallen gewonnen haben. $\mathbf{G}$ in (8.176) durchläuft also die Mannigfaltigkeit der reziproken Gittervektoren.

$$\mathbf{G}_{hkl} = h\mathbf{g}_1 + k\mathbf{g}_2 + l\mathbf{g}_3 \,, \tag{8.178}$$

mit der Definition (6.237) für die Basisvektoren $\mathbf{g}_i$ des reziproken Gitters (Abschn. 6.6.4). Für ein eindimensionales Gitter mit dem Atomabstand a im Realraum ist natürlich $G_h = h2\pi/a$.

Zur Lösung von (8.174) entwickeln wir die Wellenfunktion von (8.174) nach ebenen Wellen:

$$\varphi_i(r) = \sum_{\mathbf{k}} C_{\mathbf{k}} \, \mathrm{e}^{\mathrm{i}\mathbf{k}\cdot\mathbf{r}} \tag{8.179}$$

($\mathbf{k}$ quasikontinuierlich bei makroskopischen Kristalldimensionen, Abschn. 3.6.1) und setzen (8.179) wie auch die Potentialentwicklung (8.176) in die Schrödinger-Gleichung (8.174) ein, Damit folgt:

$$\sum_{\mathbf{k}} \frac{\hbar^2 k^2}{2m} C_{\mathbf{k}} \, \mathrm{e}^{\mathrm{i}\mathbf{k}\cdot\mathbf{r}} + \sum_{\mathbf{k'G}} C_{\mathbf{k'}} V_{\mathbf{G}} \, \mathrm{e}^{\mathrm{i}(\mathbf{k'}+\mathbf{G})\cdot\mathbf{r}} = E \sum_{\mathbf{k}} C_{\mathbf{k}} \, \mathrm{e}^{\mathrm{i}\mathbf{k}\cdot\mathbf{r}} \,. \tag{8.180}$$

Nach Umbenennung der Summationsindizes folgt

$$\sum_{\mathbf{k}} \mathrm{e}^{\mathrm{i}\mathbf{k}\cdot\mathbf{r}} \left[\left(\frac{\hbar^2 k^2}{2m} - E \right) C_{\mathbf{k}} + \sum_{\mathbf{G}} V_{\mathbf{G}} C_{\mathbf{k}-\mathbf{G}} \right] = 0 \,. \tag{8.181}$$

Da diese Beziehung für alle mögliche Orte $\mathbf{r}$ gelten muss, verschwindet der Ausdruck in der eckigen Klammer, weil er nicht von $\mathbf{r}$ abhängt. Damit folgt

$$\left(\frac{\hbar^2 k^2}{2m} - E\right) C_{\mathbf{k}} + \sum_{\mathbf{G}} V_{\mathbf{G}} C_{\mathbf{k}-\mathbf{G}} = 0 \ . \tag{8.182}$$

Dieser Satz von algebraischen Gleichungen, der nichts anderes als eine Darstellung der Schrödinger-Gleichung (8.174) im Wellenzahlraum ist, verkoppelt nur solche Entwicklungskoeffizienten $C_{\mathbf{k}}$ von $\varphi_i(\mathbf{r})$ (8.179), deren $\mathbf{k}$-Vektoren sich um jeweils reziproke Gittervektoren $\mathbf{G}$ von diesem $\mathbf{k}$ unterscheiden, d. h. $C_{\mathbf{k}}$ koppelt mit $C_{\mathbf{k}-\mathbf{G}}$, $C_{\mathbf{k}-\mathbf{G}'}$, $C_{\mathbf{k}-\mathbf{G}''}, \ldots$.

Das ursprünglich quasikontinuierliche Problem (Verteilung der $\mathbf{k}$-Vektoren) zerfällt also in N (N: Zahl der Elementarzellen) Probleme, wobei jedes einem $\mathbf{k}$-Vektor aus der Elementarzelle des reziproken Gitters zugeordnet ist. Jedes der N Gleichungssysteme liefert eine Lösung, die sich als Superposition von ebenen Wellen darstellen lässt, deren Wellenzahlvektoren $\mathbf{k}$ sich nur um reziproke Gittervektoren $\mathbf{G}$ unterscheiden. Die Eigenwerte der Schrödinger-Gleichung (8.174) lassen sich also nach $\mathbf{k}$ indizieren: $E_{\mathbf{k}} = E(\mathbf{k})$. Die zu $E_{\mathbf{k}}$ zugehörige Wellenfunktion (8.179) lässt sich somit darstellen als ($i \to \mathbf{k}$):

$$\varphi_{\mathbf{k}} = \sum_{\mathbf{G}} C_{\mathbf{k}-\mathbf{G}} \, \mathrm{e}^{\mathrm{i}(\mathbf{k}-\mathbf{G})\cdot\mathbf{r}} = \left(\sum_{\mathbf{G}} C_{\mathbf{k}-\mathbf{G}} \, \mathrm{e}^{-\mathrm{i}\mathbf{G}\cdot\mathbf{r}}\right) \mathrm{e}^{-\mathrm{i}\mathbf{k}\cdot\mathbf{r}} = u_{\mathbf{k}}(\mathbf{r}) \, \mathrm{e}^{-\mathrm{i}\mathbf{k}\cdot\mathbf{r}} \ . \tag{8.183}$$

Hierbei ist die Funktion $u_{\mathbf{k}}(\mathbf{r})$ als Fourier-Reihe über reziproke Gitterpunkte $\mathbf{G}$ eine gitterperiodische Funktion. Wie in Abschn. 3.6.1 können wir bei einem makroskopischen Kristall periodische Randbedingungen mit $k_i = 0, \pm 2\pi/L, \ldots, \pm 2\pi n_i/L$ (L: makroskopische Länge des Kristallwürfels) fordern. Die Schrödinger-Gleichung (8.174) für das periodische Kristallgitter hat also modulierte ebene Wellen

$$\varphi_{\mathbf{k}}(r) = u_{\mathbf{k}}(\mathbf{r}) \, \mathrm{e}^{\mathrm{i}\mathbf{k}\cdot\mathbf{r}} \tag{8.184a}$$

als Lösungen, mit einem gitterperiodischen Modulationsfaktor

$$u_{\mathbf{k}}(\mathbf{r}) = u_{\mathbf{k}}\left(\mathbf{r} + \mathbf{r}_{\mathbf{n}}\right) \ . \tag{8.184b}$$

Diese Aussage wird nach ihrem Entdecker als **Blochsches Theorem** und die Wellenfunktion (8.184) als **Bloch-Welle** bezeichnet.

Aus der Gestalt der Bloch-Welle (8.184) folgen weitere Symmetrieeigenschaften. Es gilt

$$\begin{aligned} \varphi_{\mathbf{k}+\mathbf{G}}(\mathbf{r}) &= \sum_{\mathbf{G}'} C_{\mathbf{k}+\mathbf{G}-\mathbf{G}'} \, \mathrm{e}^{-\mathrm{i}\mathbf{G}'\cdot\mathbf{r}} \, \mathrm{e}^{\mathrm{i}(\mathbf{k}+\mathbf{G})\cdot\mathbf{r}} \\ &= \left(\sum_{\mathbf{G}''} C_{\mathbf{k}-\mathbf{G}''} \, \mathrm{e}^{-\mathrm{i}\mathbf{G}''\cdot\mathbf{r}}\right) \mathrm{e}^{\mathrm{i}\mathbf{k}\cdot\mathbf{r}} = \varphi_{\mathbf{k}}(\mathbf{r}) \ , \end{aligned} \tag{8.185a}$$

d. h.

$$\varphi_{\mathbf{k}+\mathbf{G}}(\mathbf{r}) = \varphi_{\mathbf{k}}(\mathbf{r}) \,. \tag{8.185b}$$

Bloch-Wellen, deren Wellenzahlen sich um einen reziproken Gittervektor unterscheiden, sind gleich.

Sei $\hat{H}$ der Einteilchen-Hamilton-Operator in (8.174), nicht der in diesem Kapitel überwiegend benutzte Vielteilchen-Feldoperator (8.169), so können wir (8.174) auch schreiben als

$$\hat{H}\varphi_{\mathbf{k}} = E(\mathbf{k})\varphi_{\mathbf{k}} \,, \tag{8.186a}$$

bzw. für das um $\mathbf{G}$ verschobene Problem

$$\hat{H}\varphi_{\mathbf{k}+\mathbf{G}} = E(\mathbf{k}+\mathbf{G})\varphi_{\mathbf{k}+\mathbf{G}} \,. \tag{8.186b}$$

Wegen (8.185b) folgt sofort

$$\hat{H}\varphi_{\mathbf{k}} = E(\mathbf{k}+\mathbf{G})\varphi_{\mathbf{k}} \tag{8.186c}$$

und mittels (8.186a)

$$E(\mathbf{k}) = E(\mathbf{k}+\mathbf{G}) \,. \tag{8.187}$$

In dem gitterperiodischen Kristallpotential (8.175) sind die Energieeigenwerte eines Elektrons also periodisch im Raum der Wellenvektoren $\mathbf{k}$, dem reziproken Raum, der durch die reziproken Gittervektoren $\mathbf{G}_{hkl}$ aufgespannt wird.

Das Periodizitätsintervall, die Elementarzelle des reziproken $\mathbf{k}$-Raumes heißt üblicherweise Brillouin-Zone. Man definiert sie mit ihrem Zentrum in einem Punkt des reziproken Raumes, den Nullpunkt des $\mathbf{k}$-Raumes per definitionem (genannt Γ). Für nähere Details sei auf Bücher der Festkörperphysik [13] verwiesen. Wir wollen uns der Einfachheit halber im Vorliegenden auf einen 1D-Kristall mit dem Atomabstand a (Kette von Atomen im Abstand a) beschränken. Die Punkte des reziproken 1D-Raumes haben dann den Abstand $G = 2\pi/a$ und die 1D-Brillouin-Zone ist um den Nullpunkt herum definiert mit ihren Berandungen π/a und $-\pi/a$ (Abb. 8.7). Wir nehmen das periodische Potential $V_{\text{eff}}(x)$ als verschwindend klein an. Dann sind die Lösungen der Schrödinger-Gleichung (8.174) $\varphi_{\mathbf{k}}(x)$ (mit $i \to k$, $\mathbf{r} \to x$) ebene Wellen $\exp(ikx)$ mit einer Parabel $E = \hbar^2k^2/2m$ als Einelektronen-Energiewerte. Nach (8.186) muss jedoch diese Energieparabel im k-Raum periodisch fortgesetzt werden (Abb. 8.7a), weil trotz des sehr kleinen Potentials die Gitterperiodizität erhalten sein soll. An den Berandungen der Brillouin-Zonen $\pm\pi/a$, $\pm 3\pi/a$, $\pm 5\pi/a$ schneiden sich dabei jeweils zwei Energieparabeln aus benachbarten Brillouin-Zonen. Die Energieeigenwerte sind entartet. Die beiden Lösungen der Schrödinger-Gleichung, zugeordnet den beiden Parabeln, sind gleichwertig. Die allgemeinsten Lösungen, z. B. für den Wert $k = G/2$

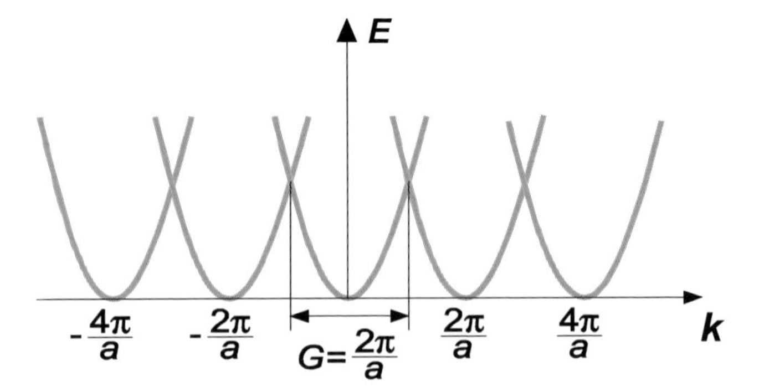

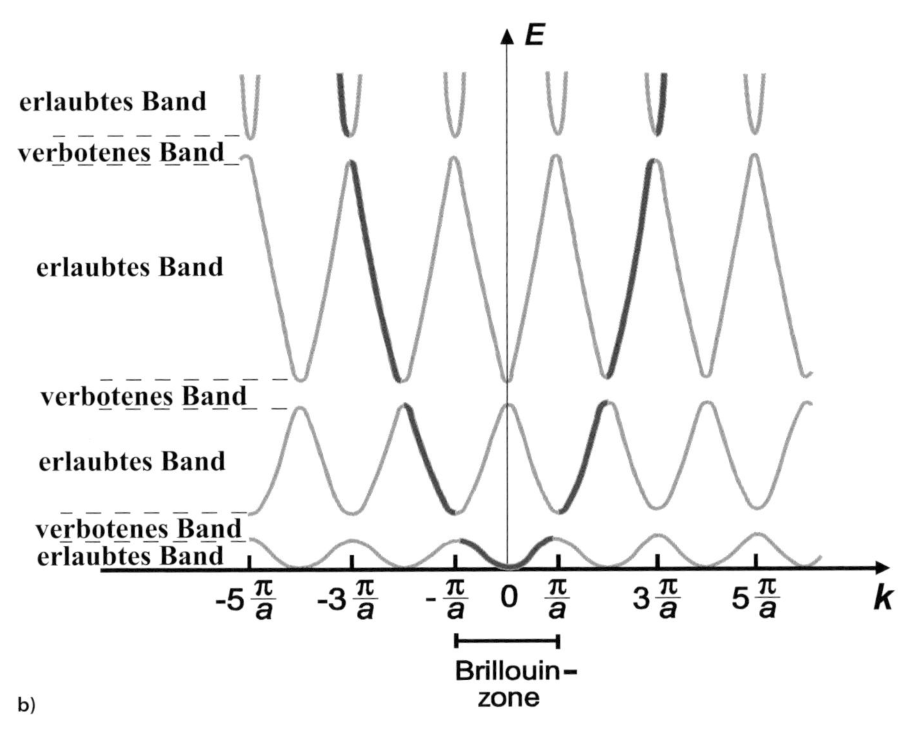

Abb. 8.7a,b. Entstehung der elektronischen Bandstruktur für ein periodisches Kristallgitter, eindimensional mit positiven Atomrümpfen im Abstand a (lineare Kette). **a** Im reziproken Raum der Wellenzahlen k periodisch fortgesetzte Energieparabel des freien Elektrons (Einelektronennäherung). Diese $E(k)$-Abhängigkeit ergibt sich im Grenzfall verschwindenden Gitterpotentials („leeres" Gitter). **b** Energiedispersionskurven $E(k)$ für ein Elektron im 1D-Gitter mit Gitterabstand a, fortgesetzt über die 1. Brillouin-Zone hinaus. In der Näherung vom „freien Elektron" ergeben sich erlaubte und verbotene Energiebänder. Teile der Energieparabel des freien Elektrons sind verstärkt gezeichnet

(Rand der Brillouin-Zone) sind also Superpositionen der Wellen mit $k = G/2$ und $k = (G/2) - G = -G/2$, und dies mit positivem und negativem Vorzeichen:

$$\varphi_+ \propto \left(\mathrm{e}^{\mathrm{i}Gx/2} + \mathrm{e}^{-\mathrm{i}Gx/2}\right) \propto \cos\left(\pi\frac{x}{a}\right) , \tag{8.188a}$$

$$\varphi_- \propto \left(\mathrm{e}^{\mathrm{i}Gx/2} - \mathrm{e}^{-\mathrm{i}Gx/2}\right) \propto \sin\left(\pi\frac{x}{a}\right) . \tag{8.188b}$$

Wie aus Abb. 8.8a ersichtlich, häuft die Wahrscheinlichkeitsdichte $\varphi_+^*\varphi_+$ negative elektronische Ladung am Ort des positiven Atomrumpfes an, während $\varphi_-^*\varphi_-$ negative Ladung zwischen den positiven Rümpfen ansammelt. Im Vergleich zum Fall einer ebenen Welle im Falle verschwindenden Potentials, wo die elektronische Ladung homogen über den Kristall verteilt wird, führt der Zustand $\varphi_-(x)$ zu einer Erhöhung der Energie des Elektrons verglichen mit dem Parabelwert für freie Elektronen. Der Zustand $\varphi_+(x)$ gehört zu einer abgesenkten elektronischen Energie (Abb. 8.8b). Die vorher entarteten Einelektronenenergien bei $k = \pm G/2$ spalten auf und erzeugen auf der Energieskala der Eigenwerte ein **verbotenes Band**, in dem keine Einelektronenenergien existieren. Dies gilt natürlich nur, wenn wir uns das periodische Potential V_{eff} auf endliche Werte „angeschaltet" denken. Das Spektrum der Einelektronenenergien in einem gitterperiodischen Potential besteht also aus abwechselnd erlaubten und verbotenen **Energiebändern** (Abb. 8.7b). Innerhalb eines erlaubten Bandes zeigt $E(k)$ oszillatorisches Verhalten als Funktion der Wellenzahl k. Wegen der Periodizität von $E(k)$ im k-Raum, kann man sich auf die Angabe der Energiebänder $E(k)$ in einer einzigen Brillouin-Zone beschränken. Sowohl an der Unterkante als auch an der Oberkante eines erlaubten Bandes zeigt der $E(k)$-Verlauf in guter Näherung parabolisches Verhalten, d. h. er ist proportional zu $\pm k^2$.

Da für freie Elektronen die Energiedispersion $E = \hbar^2 k^2/2m$, mit m als der Masse des freien Elektrons, lautet, können wir entsprechend den verschiedenen Krümmungen der Energieparabeln $E(k)$ an den unteren und oberen Energiebandkanten effektive Massen m^* für Elektronen im Kristallgitter einführen. Entsprechend den Parabelkrümmungen bei $k = \pi/a$ oder auch bei $k = 0$ (man nennt diesen Punkt Γ) ist diese effektive Masse des Elektrons im Kristallgitter also definiert durch

$$E(k) = \frac{\hbar^2 k^2}{2m^*} + E_0 , \quad E_0 = E_{\max} \text{ oder } E_{\min} \tag{8.189}$$

bzw.

$$m^* = \hbar^2 \left(\frac{\mathrm{d}^2 E}{\mathrm{d}k^2}\right)^{-1} . \tag{8.190a}$$

An der Unterkante eines elektronischen Bandes ist m^* positiv, wie wir es auch von freien Elektronen her kennen. An der Oberkante eines Bandes haben

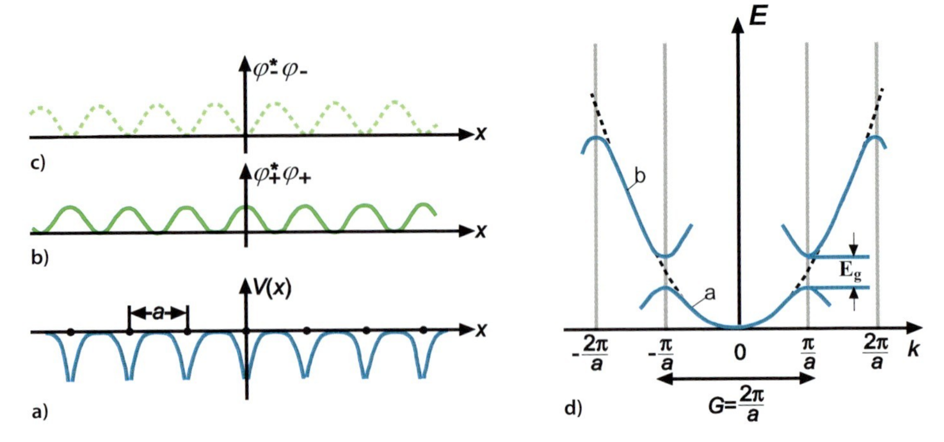

Abb. 8.8. Potential und elektronische Zustände für ein Elektron im periodischen 1D-Potential (Gitterabstand a). **a)** Qualitativer Verlauf der potentiellen Energie $V(x)$. Die *Punkte* zeigen die Orte der positiven Ionenrümpfe an. **b)** Wahrscheinlichkeitsdichte $\rho_+ = \varphi_+^*\varphi_+$ der sich durch Bragg-Reflexion bei $k = \pm\pi/a$ an der Oberkante des erlaubten Bandabschnitts a in Abb. 8.8d ergebenden stehenden Welle (Bandmaximum). **c)** Wahrscheinlichkeitsdichte $\rho_- = \varphi_-^*\varphi_-$ der stehenden Welle an der unteren Bandkante (Bandminimum) des erlaubten Bandes b in Abb. 8.8d. **d)** Aufspalten der Energieparabel des freien Elektrons (*gestrichelt*) an den Rändern der 1. Brillouin-Zone bei $k = \pm\pi/a$, E_g energetische Breite des verbotenen Bandes

wir eine negative Krümmung des $E(k)$-Verlaufes (Abb. 8.7b) und somit eine negative effektive Masse für Elektronen.

In einem realen 3D-Kristall mit dreidimensionalem reziprokem Raum (Abschn. 6.6.4) bilden die Einelektronenzustände natürlich periodische Energieflächen $E(k)$, deren Maxima und Minima wiederum durch Paraboloide beschrieben werden können. Die effektive Masse wird dann im allgemeinsten Fall zu einem Tensor mit verschiedenen Massenkomponenten

$$m_{ij} = \hbar^2 \left(\frac{\partial^2 E}{\partial k_i \partial k_j} \right)^{-1} . \qquad (8.190\text{b})$$

Im Rahmen der hier beschriebenen Einteilchennäherung der Elektronen des Festkörpers können jetzt alle Zustände beschrieben durch $E(k)$ bei Spinentartung mit zwei Elektronen besetzt werden. Je nach Anzahl der Elektronen pro Atom werden die Bandzustände von unten her (niedrigste Energie) sukzessive nach oben hin besetzt. Je nach Material kann das energetisch höchste besetzte Energieniveau in einem erlaubten Band liegen. (Abb. 8.9a) oder identisch mit der Maximalenergie eines Bandes (Abb. 8.9b). In dieser Darstellung der Bänder wurde von der periodischen Oszillation $E(k)$ (Abb. 8.7) keine Notiz genommen, sondern nur erlaubte und verbotene Energiebereiche auf der Energieskala als Bänder markiert. Im Fall, dass ein Band teilweise aufgefüllt wird, nennt man das höchste besetzte Energieniveau Fermi-Energie E_F. Die

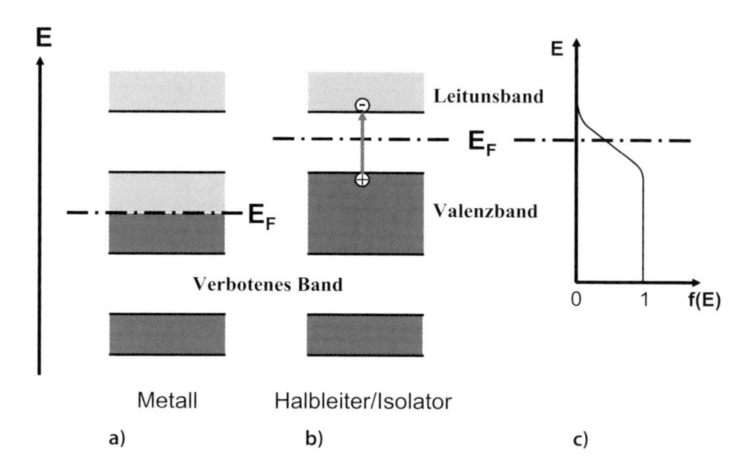

Abb. 8.9a–c. Lage der Fermi-Energie E_F in der Bandstruktur bei einem Metall (*a*) und einem Halbleiter (*b*). **a** Beim Metall liegt E_F in einem erlaubten Band und teilt besetzte von unbesetzten Zuständen. **b** Beim Halbleiter oder Isolator liegt E_F im verbotenen Band zwischen Valenz- und Leitungsband; eine Elektron-Loch-Paaranregung ist eingezeichnet. **c** Fermi-Besetzungswahrscheinlichkeit $f(E)$ in Bezug zum Halbleiter/Isolator-Bänderschema

Elektronen in den energetisch höchsten Zuständen sind dann in der Lage, infinitesimal kleine Energiebeträge δE im elektrischen Feld aufzunehmen, da sie direkt oberhalb von E_F freie Zustände vorfinden. Sie können sich bewegen (genauer ihre Wellenpakete) und beschleunigt werden. Sie können also einen elektrischen Strom tragen. Solche Materialien sind **Metalle**.

Wird bei Auffüllen der Zustände das energetisch höchste Band gerade voll besetzt, so können die Elektronen des Kristalls keine infinitesimalen Energiesteigerungen δE erfahren. Bei tiefen Temperaturen können sie in einem elektrischen Feld nicht beschleunigt werden, Stromfluss ist dann nicht möglich. Das Material ist **Isolator**. Ist jedoch das verbotene Band zwischen dem höchsten besetzten Band und dem darüber liegenden leeren Band energetisch nicht zu breit (0,1 – 3 eV), so können durch thermische oder optische Anregung Elektronen aus dem besetzten Band (**Valenzband**) in das darüber liegende leere Band (**Leitungsband**) angeregt werden. In diesem Band wiederum ist infinitesimale Energieaufnahme und damit Stromtransport möglich. Solche Materialien mit nicht zu großer Bandlücke sind **Halbleiter** (Si, Ge, GaAs, InAs, ...). Bedingt durch die Bandlücke, die durch thermische Anregung überwunden werden muss um Stromtransport zu ermöglichen, zeigen Halbleiter eine mit der Temperatur exponentiell ansteigende Konzentration freier Elektronen und elektrische Leitfähigkeit [13]. Werden Elektronen aus dem Valenzband ins Leitungsband angeregt, dann bleiben im Valenzband leere, unbesetzte elektronische Zustände an der oberen Bandkante zurück. In der Festkörperphysik wird gezeigt, dass sich diese sogenannten **Löcher** oder

Defektelektronen in einem äußeren elektrischen Feld genauso verhalten wie positive Ladungsträger mit einer effektiven Masse (8.190a), die der der Elektronen in diesem Zustand, jedoch mit positivem Vorzeichen entspricht [13]. Bei einer solchen Elektron-Loch-Anregung entspricht die Anzahl der Löcher im Valenzband der der quasifreien Elektronen im Leitungsband. Die statistische Verteilung von Elektronen und Löchern, d. h. unbesetzter elektronischer Zustände, auf der Energieskala geschieht nach der Fermi-Statistik $f(E)$ (Abschn. 5.6.3). Die Wahrscheinlichkeit für die Besetzung und Nichtbesetzung von Zuständen ist symmetrisch zum Fermi-Niveau E_{F} (Abb. 5.13). Um dies bei Vorhandensein eines verbotenen Bandes im Halbleiter zu gewährleisten, muss das Fermi-Niveau E_{F}. etwa in der Mitte des verbotenen Bandes liegen (Abb. 8.9c). Abweichungen von der Mitte sind darauf zurückzuführen, dass die Zustandsdichte an der unteren Leitungsbandkante und der oberen Valenzbandkante wegen der üblicherweise verschiedenen Bandkrümmungen (effektiven Massen) verschieden sind.

Wegen der parabolischen Bandverläufe bei den Bandextrema errechnen sich die Zustandsdichten wie für das freie Elektronengas in drei Dimensionen (Abschn. 3.6.1). Man muss bei den entsprechenden Wurzelabhängigkeiten $\sqrt{E}$ nur die freie Elektronenmasse m durch die effektiven Massen m^* im Valenz- bzw. Leitungsband ersetzen.

Die Bewegung von Elektronen oder Löchern in einer Bandstruktur wird durch die effektive Masse der Ladungsträger m^* statt der freien Masse m bestimmt. Wir sehen dies sofort, wenn wir die Bewegung eines Elektrons im Leitungsband durch die Bewegung eines Wellenpaktes (Abschn. 3.2), diesmal zusammengesetzt aus Bloch-Wellen (8.184a) betrachten. Die Geschwindigkeit ist durch die Gruppengeschwindigkeit

$$\mathbf{v} = \nabla_{\mathbf{k}} \omega(\mathbf{k}) = \frac{1}{\hbar} \nabla_{\mathbf{k}} E(\mathbf{k}) \tag{8.191}$$

mit $E(\mathbf{k})$ als den Energieflächen der Bandstruktur gegeben. Wird nun durch ein elektrisches Feld $\boldsymbol{\mathcal{E}}$ ein Elektron im Leitungsband oberhalb von E_{F} verschoben, so muss sich der elektronische Zustand längs $E(\mathbf{k})$ bewegen, mit einer Energieänderung

$$\delta E = \nabla_{\mathbf{k}} E(\mathbf{k}) \delta \mathbf{k} \, . \tag{8.192}$$

Diese Energieänderung lässt sich korrespondenzmäßig (klassisch) ausdrücken als

$$\delta E = -e \boldsymbol{\mathcal{E}} \cdot \mathbf{v} \delta t \, , \tag{8.193a}$$

bzw.

$$\dot{\mathbf{p}} = \hbar \dot{\mathbf{k}} = -e \boldsymbol{\mathcal{E}} \, . \tag{8.193b}$$

Aus (8.191–8.193) folgt für die Vektorkomponente ν_i der Teilchengeschwindigkeit

$$\dot{v}_i = \frac{1}{\hbar}\frac{\mathrm{d}}{\mathrm{d}t}\left(\nabla_{\mathbf{k}}E\right) = \frac{1}{\hbar}\sum_j \frac{\partial^2 E}{\partial k_i \partial k_j}\dot{k}_j = \frac{1}{\hbar^2}\sum_j \frac{\partial^2 E}{\partial k_i \partial k_j}\left(-e\mathcal{E}_j\right) \ . \tag{8.194}$$

Dies ist eine semiklassische Bewegungsgleichung analog zu $m^*\dot{v} = -e\mathcal{E}$ (eindimensional), in der die effektive Masse in ihrer tensoriellen Form (8.190b) in gewohnter Wiese auftritt.

Abschließend sei noch darauf hingewiesen, dass Halbleiter dotiert werden können. Arsen (fünfwertig) in Silizium (vierwertig) eingebaut, kann bei relativ niedrigen Anregungsenergien ($\sim 40\,\mathrm{meV}$) sein überzähliges Elektron ins Leitungsband abgeben und trägt deshalb bei wesentlich niedrigeren Temperaturen zur Leitfähigkeit bei als dies im „reinen“ intrisischen Halbleiter bei Anregung aus dem Valenzband möglich ist. Zur erhöhten Löcherleitung baut man in Silizium dreiwertige, sogenannte Akzeptoren wie Bor in das Kristallgitter ein.

Für eine tiefergehende Behandlung dieser Probleme sei auf Lehrbücher der Festkörperphysik verwiesen [4, 13].

8.4 Quantisierte Gitterwellen: Phononen

In Abschn. 8.3.3 haben wir gesehen, dass in einem Kristall die Dynamik der schweren Atomrümpfe von der der leichten Elektronen weitgehend entkoppelt ist. Wir können beide Systeme im Rahmen der Born-Oppenheim-Näherung getrennt behandeln und ihre Wechselwirkung als Störung beschreiben. So konnten wir wesentliche Aussagen über das Vielelektronensystem des Festkörpers gewinnen, indem wir die Elektronendynamik im starren periodischen Gitter der Atomkerne behandelten.

Auf der anderen Seite können wir näherungsweise die wesentlich langsamere Dynamik der Atomrümpfe getrennt behandeln, wobei die Elektronen über die chemische Bindung das Potential vermitteln, in dem sich die periodisch angeordneten Atomrümpfe bewegen. Da im stabilen, periodisch aufgebauten Kristall die Atomrümpfe in bindenden Potentialen festgehalten werden, erwarten wir in erster Näherung periodische harmonische Oszillatorschwingungen der Atomrümpfe in ihren bindenden Potentialen der chemischen Bindung, analog zum Verhalten allgemeiner Oszillatoren (Abschn. 4.4). Da ein schwingendes Atom seine nächsten Nachbarn beeinflusst, wird es kollektive Anregungen, ausgedehnt über den ganzen Kristall geben. Wir werden diese Kollektivanregungen der Atome also wiederum durch ein Schwingungsfeld beschreiben können, ähnlich den elastischen Wellen in der klassischen Kontinuumstheorie der Mechanik. So wie klassische Oszillatoren quantisiert werden müssen, wenn wir genau hinsehen (Abschn. 4.4), werden wir also auch hier das Schwingungsfeld der Atome quantisieren müssen.

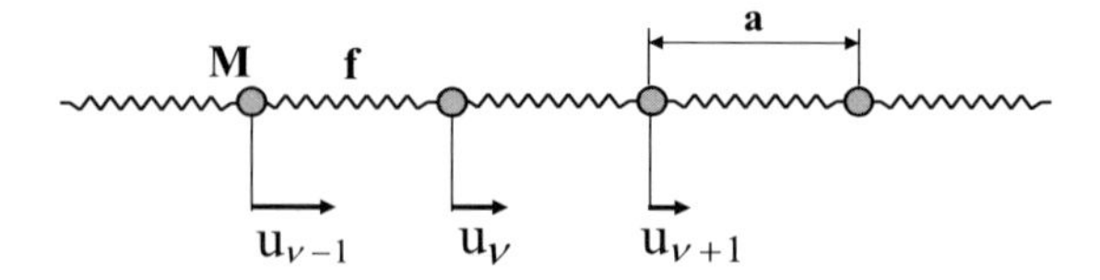

Abb. 8.10. Modell der einatomigen linearen Kette, bestehend aus Atomen der Masse M im Periodizitätsabstand a. u_ν sind die Auslenkungen der Atome bei einer angeregten Gitterwelle. Die chemischen Bindungskräfte sind durch Federn modelliert (Federkonstante f)

Um diese Vorstellung zu formalisieren, betrachten wir ein einfaches eindimensionales Modell eines Kristalls, eine **lineare Kette** von Atomen mit dem Atomabstand a (Abb. 8.10). Die chemische Bindung zwischen den Atomen verursacht ein in erster Näherung parabolisches Potential, d. h. die Kraft auf ein Atom ν ist proportional zur Auslenkung u_ν dieses Atoms aus seiner Ruhelage (Federkraft). Wir symbolisieren sie durch eine Feder mit der Rückstellkraft f. Damit lässt sich für das ν-te Atom eine klassische Bewegungsgleichung aufstellen, die wegen der relativ großen Masse M der Atome, im Vergleich zum Elektron, sicherlich eine gute Näherung ist

$$M\ddot{u}_\nu(t) = f\left[u_{\nu+1}(t) - u_\nu(t)\right] - f\left[u_\nu(t) - u_{\nu-1}(t)\right] , \tag{8.195a}$$

d. h.

$$M\ddot{u}_\nu(t) = f\left(u_{\nu+1} + u_{\nu-1} - 2u_\nu\right) . \tag{8.195b}$$

Die atomare Kette habe N Atome und damit eine Länge $L = Na$. Weil L makroskopisch groß sei, führen wir periodische Randbedingungen (Abschn. 3.6.1) für die Auslenkungen $u_\nu(t)$ ein,

$$\text{d. h.} \qquad u_\nu(t) = u_{\nu+N}(t) \text{ mit } -\frac{N}{2} \leq \nu < \frac{N}{2} . \tag{8.195c}$$

Die Auslenkungen $u_\nu(t)$ sind an einem festen Gitterplatz x_ν definiert (dort, wo das Atom ν ist), sodass $u_\nu(x_\nu, t)$ ein Schwingungsfeld darstellt, das im Gegensatz zum elektromagnetischen oder zum Schrödinger-Feld nur an den diskreten Ortskoordinaten x_ν physikalisch sinnvolle Werte hat.

Zur Lösung von (8.195) machen wir den Ansatz von Wellen (Atomlage $x_\nu = \nu a$), die sich über das Gitter, die Atomkette ausbreiten:

$$u_\nu(t) = u_0(\kappa)\,\mathrm{e}^{-\mathrm{i}\omega(\kappa)t}\,\mathrm{e}^{\mathrm{i}\kappa\nu a} = \frac{1}{\sqrt{N}} A_\kappa(t)\,\mathrm{e}^{\mathrm{i}\kappa\nu a} . \tag{8.196a}$$

Hierbei sorgt $1/\sqrt{N}$ in

$$u_0(\kappa)\,\mathrm{e}^{-\mathrm{i}\omega(\kappa)t} = \frac{1}{\sqrt{N}} A_\kappa(t) \tag{8.196b}$$

für die Normierung und Orthonormalität des Ansatzes (8.196a) im Sinne von

$$\sum_{\nu}^{N} \left(\frac{1}{\sqrt{N}} \mathrm{e}^{\mathrm{i}\kappa\nu a} \right)^* \left(\frac{1}{\sqrt{N}} \mathrm{e}^{\mathrm{i}\kappa\nu a} \right) = 1 , \tag{8.197a}$$

$$\sum_{\nu}^{N} \frac{1}{N} \mathrm{e}^{\mathrm{i}(\kappa-\kappa')} = 0 \text{ für } \kappa \neq \kappa' , \tag{8.197b}$$

d. h.

$$\sum_{\nu}^{N} \frac{1}{\sqrt{N}} \mathrm{e}^{-\mathrm{i}\kappa\nu a} \frac{1}{\sqrt{N}} \mathrm{e}^{-\mathrm{i}\kappa'\nu a} = \delta_{\kappa,\kappa'} . \tag{8.197c}$$

$u_\nu(t)$ (8.196) eingesetzt in die Bewegungsgleichung (8.195) ergibt

$$M\ddot{A}_\kappa \mathrm{e}^{\mathrm{i}\kappa\nu a} = f\left(A_\kappa \mathrm{e}^{\mathrm{i}\kappa a} + A_\kappa \mathrm{e}^{-\mathrm{i}\kappa a} - 2A_\kappa \right) , \tag{8.198a}$$

bzw.

$$\ddot{A}_\kappa = \frac{f}{M} 2 \left(\cos\kappa a - 1 \right) A_\kappa = -4\frac{f}{M} \sin^2 \frac{\kappa a}{2} . \tag{8.198b}$$

Damit folgt die Schwingungsdifferentialgleichung eines harmonischen Oszillators (Abschn. 4.4):

$$\ddot{A}_\kappa(t) + \omega_\kappa^2 A_\kappa(t) = 0 \tag{8.199a}$$

$$\text{mit} \qquad \omega_\kappa^2 = 4\frac{f}{M} \sin^2 \frac{\kappa a}{2} . \tag{8.199b}$$

Die Bewegungsgleichung der einatomigen linearen Kette entkoppelt in N verschiedene Oszillator-Schwingungsgleichungen zu jeweils diskreten, aber wegen sehr großem N, zu quasikontinuierlichen κ-Wellenzahlwerten. Die Frequenzen dieser Oszillatoren als Funktion der Wellenzahlen κ gehorchen dem Dispersionsgesetz (8.199b), das in Abb. 8.11 dargestellt ist. Die Dispersionsbeziehung $\omega(\kappa)$ ist im reziproken Raum der Wellenzahlen κ periodisch mit dem Periodizitätsintervall $2\pi/a$ (Brillouin-Zone) genauso wie die Dispersion der Elektronenwellen in Abschn. 8.3.3. Da das Feld der Gitterwellen (8.196a) in N harmonische Oszillatoren (8.199) zerfällt, müssen wir für diese Oszillatoren natürlich die Regeln der Quantenphysik (Abschn. 4.4) fordern und gelangen so unmittelbar zu der Aussage, dass die Energie eines Oszillators zur Quantenzahl κ gemäß (4.122)

$$E_\kappa = \left(n_\kappa + \frac{1}{2} \right) \hbar\omega_\kappa \tag{8.200}$$

sein muss, wo n_κ den Anregungszustand des speziellen Oszillators κ angibt. Die Gesamtenergie des Feldes der Gitterschwingungen ist damit

$$E = \sum_\kappa \left(n_\kappa + \frac{1}{2} \right) \hbar\omega_\kappa \, . \tag{8.201}$$

Diese Feldenergie der Gitterwellen (hier entkoppelt in einzelne Oszillatoren) ist völlig analog zur Energie des gequantelten Lichtfeldes (8.26b). Wir können n_κ, die Anregungszahl des κ-Oszillators, also auch interpretieren als Anzahl bosonischer Anregungen des Schwingungsfeldes des Kristallgitters. Dementsprechend ordnen wir dem Gitterschwingungsfeld Anregungen oder (Quasi)Teilchen zu, die man **Phononen** nennt. Der Name rührt vom griechischen Wort für Schall (φωνή) her. Denn die Schwingungen mit Frequenzen $\omega(\kappa)$ zu kleinen Wellenzahlen $\kappa < 1/a$, bzw. großen Wellenlängen $\lambda > a$, dort wo die die sin-Abhängigkeit der Dispersion (8.199b) linear genähert werden kann (Abb. 8.11), sind identisch mit Schallwellen der klassischen Kontinumsmechanik [13].

Um den Begriff des Phonons schärfer zu fassen, wollen wir das Schwingungsfeld der Kristallatome nach unserem bewährten „Rezept" quantisieren, indem wir die Bewegungsgleichung (8.195) auf den Hamilton-Formalismus umschreiben. Aus (8.195) ergibt sich die Gesamtenergie des Wellenfeldes, die Hamilton-Funktion zu

$$H = \sum_\nu \frac{p_\nu^2}{2M} + \frac{1}{2} f \sum_\nu \left(u_\nu - u_{\nu+1} \right)^2 \, , \tag{8.202}$$

wo $p_\nu = M\dot{u}_\nu$ der Impuls des ν-ten schwingenden Atoms ist. Für die Auslenkungen u_ν setzen wir mit (8.196) die allgemeinste Form als Fourier-Reihe an:

$$u_\nu(t) = \sum_\kappa \frac{1}{\sqrt{N}} \left[A_\kappa(t) \, \mathrm{e}^{\mathrm{i}\kappa\nu a} + A_\kappa^*(t) \, \mathrm{e}^{-\mathrm{i}\kappa\nu a} \right] , \tag{8.203a}$$

$$p_\nu(t) = M\dot{u}_\nu = \sum_\kappa \frac{i\omega_\kappa M}{\sqrt{N}} \left[-A_\kappa(t) \, \mathrm{e}^{\mathrm{i}\kappa\nu a} + A_\kappa^*(t) \, \mathrm{e}^{-\mathrm{i}\kappa\nu a} \right] . \tag{8.203b}$$

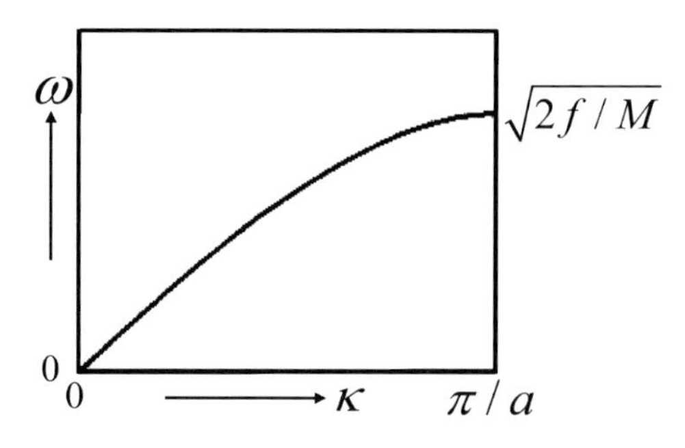

Abb. 8.11. Dispersionskurve $\omega(\kappa)$ der Gitterwellen einer einatomigen linearen Kette (Abb. 8.10)

Zu A_κ muss A_κ^* ergänzt werden, damit $u_\nu(t)$ reell bleibt, wie es für eine klassische Schwingung verlangt wird. Dies ist völlig analog zum Lichtfeld, wo das Vektorpotential **A** auch reell ist.

Wie man leicht sieht, folgen aus (8.202) die richtigen Hamilton-Gleichungen

$$\dot{u}_\nu = \frac{\partial H}{\partial p_\nu} = \frac{1}{M} p_\nu \ , \tag{8.204a}$$

$$\dot{p}_\nu = -\frac{\partial H}{\partial u_\nu} = f\left(u_{\nu+1} + u_{\nu-1} - 2u_\nu\right) \ . \tag{8.204b}$$

Mit (8.196) können wir wegen $\omega_\kappa = \omega_{-\kappa}$(8.199) auch schreiben

$$u_\nu\left(t\right) = \sum_\kappa \frac{1}{\sqrt{N}} \left(A_\kappa + A_{-\kappa}^*\right) \mathrm{e}^{\mathrm{i}\kappa\nu a} \ , \tag{8.205a}$$

$$p_\nu\left(t\right) = \sum_\kappa \frac{-i\omega_\kappa M}{\sqrt{N}} \left(A_\kappa - A_{-\kappa}^*\right) \mathrm{e}^{\mathrm{i}\kappa\nu a} \ , \tag{8.205b}$$

bzw. durch Fourier-Transformation

$$A_\kappa + A_{-\kappa}^* = \frac{1}{\sqrt{N}} \sum_\nu^N \mathrm{e}^{-\mathrm{i}\kappa\nu a} u_\nu\left(t\right) \ . \tag{8.205c}$$

Aus den Hamilton-Gleichungen (8.204) haben wir schon erkannt, dass p_ν und u_ν die kanonischen Variablen sind, die als Operatoren den bosonischen Vertauschungsrelationen

$$\hat{p}_\nu \hat{u}_\mu - \hat{u}_\mu \hat{p}_\nu = \frac{\hbar}{i} \delta_{\mu\nu} \ , \tag{8.206a}$$

$$\hat{u}_\mu \hat{u}_\nu - \hat{u}_\nu \hat{u}_\mu = 0 \ , \tag{8.206b}$$

$$\hat{p}_\mu \hat{p}_\nu - \hat{p}_\nu \hat{p}_\mu = 0 \tag{8.206c}$$

unterworfen werden müssen. Nach (8.203) bzw. (8.205) werden deshalb auch die Größen $A_\kappa(t)$ und $A_\kappa^*(t)$ Operatoren, sodass wir beim Multiplizieren die Reihenfolge beachten müssen. Setzen wir mit dieser Vorsichtsmaßnahme (8.203) bzw. (8.205) in die Hamilton-Funktion (8.202) ein und berücksichtigen die Dispersionbeziehung (8.199b) sowie die Normierungsbedingung (8.197a), so ergibt sich für die Hamilton-Funktion

$$H = \sum_\kappa M\omega_\kappa^2 \left[A_\kappa^*\left(t\right) A_\kappa\left(t\right) + A_\kappa\left(t\right) A_\kappa^*\left(t\right)\right] \ . \tag{8.207}$$

Man sieht die Analogie zu (8.14) für das elektromagnetische Feld. Jetzt führen wir analog zu (8.206) die Quantisierung durch, indem A_κ und A_κ^* in die

Operatoren $\hat{A}_\kappa$ und $\hat{A}_\kappa^+$ überführt werden. Damit wird die Hamilton-Funktion (8.207) zum Feld-Hamilton-Operator $\hat{H}$. Wir führen weiter durch die Setzung

$$\hat{A}_\kappa(t) = \sqrt{\frac{\hbar}{2M\omega_\kappa}}\hat{c}_\kappa(t) \tag{8.208}$$

dimensionslose Amplituden bzw. Operatoren c_κ und $\hat{c}_\kappa^+$ ein. Damit ergibt sich der Feld-Hamilton-Operator aus (8.207) zu

$$\hat{H} = \sum_\kappa \hbar\omega_\kappa \frac{1}{2}\left[\hat{c}_\kappa^+\hat{c}_\kappa + \hat{c}_\kappa\hat{c}_\kappa^+\right] . \tag{8.209}$$

Unter Benutzung der Verknüpfungen (8.205) und (8.208) gewinnen wir Beziehungen zwischen den Feldoperatoren c_κ und $\hat{c}_\kappa^+$ und den kanonischen Variablen (Operatoren) $\hat{u}_\nu, \hat{p}_\nu$:

$$\hat{u}_\nu(t) = \sum_\kappa \sqrt{\frac{\hbar}{2MN\omega_\kappa}}\,\mathrm{e}^{\mathrm{i}\kappa\nu a}\left(\hat{c}_\kappa + \hat{c}_{-\kappa}^+\right) , \tag{8.210a}$$

$$\hat{p}_\nu(t) = \sum_\kappa (-i)\sqrt{\frac{\hbar M\omega_\kappa}{2N}}\,\mathrm{e}^{\mathrm{i}\kappa\nu a}\left(\hat{c}_\kappa - \hat{c}_{-\kappa}^+\right) , \tag{8.210b}$$

bzw. durch Fourier-Transformation sowie Summen- und Differenzbildung die Umkehrung ($\omega_\kappa = \omega_{-\kappa}$)

$$\hat{c}_\kappa = \sum_\nu \left(\sqrt{\frac{M\omega_\kappa}{2\hbar N}}\hat{u}_\nu + i\sqrt{\frac{1}{2\hbar MN\omega_\kappa}}\hat{p}_\nu\right)\mathrm{e}^{-\mathrm{i}\kappa\nu a} , \tag{8.211a}$$

$$\hat{c}_\kappa^+ = \sum_\nu \left(\sqrt{\frac{M\omega_\kappa}{2\hbar N}}\hat{u}_\nu - i\sqrt{\frac{1}{2\hbar MN\omega_\kappa}}\hat{p}_\nu\right)\mathrm{e}^{\mathrm{i}\kappa\nu a} . \tag{8.211b}$$

Unter Verwendung der Vertauschungsrelationen (8.206) leiten wir für $\hat{c}_\kappa$ und $\hat{c}_\kappa^+$ folgende Vertauschungsrelationen ab:

$$\left[\hat{c}_\kappa, \hat{c}_{\kappa'}^+\right] = \hat{c}_\kappa\hat{c}_{\kappa'}^+ - \hat{c}_{\kappa'}^+\hat{c}_\kappa = \delta_{\kappa,\kappa'} , \tag{8.212a}$$

$$\left[\hat{c}_\kappa, \hat{c}_{\kappa'}\right] = \left[\hat{c}_\kappa^+, \hat{c}_{\kappa'}^+\right] = 0 . \tag{8.212b}$$

Dies sind dieselben Relationen, die wir schon für das bosonische Photonenfeld (8.20) in Abschn. 8.2 gefunden haben.

c_κ, und $\hat{c}_\kappa^+$ sind also Vernichter- und Erzeugeroperatoren, die auf dem Feld der Gitterwellen eine Anregung bzw. ein Quasiteilchen oder Phonon mit der Wellenzahl κ vernichten oder erzeugen.

Völlig analog zum quantisierten elektromagnetischen Feld (Abschn. 8.2) erhalten wir aus (8.209) unter Verwendung der Kommutatoren (8.212) den

Hamilton-Operator des Phononfeldes als

$$\hat{H} = \sum_{\kappa} \hbar\omega_{\kappa} \hat{c}_{\kappa}^{+} \hat{c}_{\kappa} + \frac{1}{2} \sum_{\kappa} \hbar\omega_{\kappa} \ . \tag{8.213}$$

Analog zum Feldoperator des Lichtfeldes (8.22) existiert eine Nullpunktsenergie

$$E_0 = \frac{1}{2} \sum_{\kappa} \hbar\omega_{\kappa} \ , \tag{8.214a}$$

auch wenn im Grundzustand $|0\rangle$ des Phononfeldes keine Anregungen mehr existieren. Analog zum Lichtfeld [siehe (8.26b)] ist $\hat{n}_{\kappa} = \hat{c}_{\kappa}^{+} \hat{c}_{\kappa}$ der Phonon-Teilchenzahloperator, der angibt, wie viele Phononen mit der Wellenzahl κ im Zustand $|\phi\rangle = |\ldots, n_{\kappa-1}, n_{\kappa}, n_{\kappa+1}, \ldots\rangle$ angeregt sind. Auf einem Zustand $|\phi\rangle$ des Phononenfeldes hat (8.213), wie erwartet den Eigenwert (8.201), die Gesamtenergie des Feldes.

Analog zum elektromagnetischen Feld lässt sich der allgemeinste bosonische Phononenzustand aus dem Grundzustand $|0\rangle$ aufbauen gemäß

$$|\phi\rangle = |\ldots, n_{\kappa}, \ldots\rangle = \prod_{\kappa} \frac{1}{\sqrt{n_{\kappa}!}} \left(\hat{c}_{\kappa}^{+}\right)^{n_{\kappa}} |0\rangle \ . \tag{8.214b}$$

Im Übrigen gelten alle Beziehungen für bosonische Erzeuger- und Vernichteroperatoren, z. B. (8.33), wie für die Photon-Erzeuger und -Vernichter $\hat{b}_{\mathbf{q}\lambda}^{+}, \hat{b}_{\mathbf{q}\lambda}$ in Abschn. 8.2.

Auch wenn die formale Beschreibung des elektromagnetischen Felds (Abschn. 8.2) und das der Gitterwellen, der Phononen, wegen ihres bosonischen Charakters identisch ist, so müssen wir uns doch einen wesentlichen Unterschied klarmachen. Bei Photonen, den Anregungen des Lichtfeldes, handelt es sich nach unserem physikalischen Verständnis um elementare Teilchen (Abschn. 5.6.4), die ihre Existenz auch in der Hochenergiephysik manifestieren (γ-Quanten in Beschleunigerexperimenten). Phononen hingegen sind Kollektivanregungen, die sich aus Schwingungen der Atome in einem Kristall aufbauen. Man nennt diese Anregungen deshalb auch Quasiteilchen. In beiden Fällen gelten jedoch die Gesetze der Quantenphysik (Unbestimmtheit, Unschärfebeziehungen etc.) und deshalb ist der Formalismus der Quantenfeldtheorie adäquat und wegen des bosonischen Charakters der Anregungen identisch.

Ein weiterer Unterschied besteht darin, dass die Felder verschiedenen Raumsymmetrien unterliegen. Im Falle des elektromagnetischen Feldes im Vakuum herrscht infinitesimale Translationsymmetrie, bzw. der Raum ist homogen und isotrop. Dementsprechend gilt die Dispersionsbeziehung $\omega_{\mathrm{L}} = cq$ für Lichtausbreitung im Vakuum ohne weitere Symmetrieanforderungen für den reziproken Raum der Wellenzahlen q. Gitterwellen und deren Quanten, die Phononen, hingegen existieren auf einem räumlich periodischen Gitter mit Gittervektoren $x_\nu = \nu a$ (eindimensional) oder $\mathbf{r_n} = m\mathbf{a} + n\mathbf{b} + p\mathbf{c}$ im 3D-Raum wie in Abschn. 8.3.3 für Elektronen im Kristall beschrieben. Wie dort ausgeführt, weist der reziproke Raum der Wellenvektoren $\mathbf{k}$ entsprechend der Gitterperiodizität des Realraumes auch eine Gitterperiodizität mit reziproken Translationsgittervektoren $\mathbf{G}_{hkl}$ (8.178) auf. Die Dispersionsbeziehung $\omega(\kappa)$ der Phononen-Feldanregungen (8.199b) ist dann auch periodisch im reziproken Raum (Abb. 8.11), ähnlich wie die elektronischen Energiebänder (8.187) in Abschn. 8.3.3.

Was müssen wir beachten, wenn wir kompliziertere Kristalle als die einatomige Kette (Abb. 8.10, 8.11) betrachten? Für die zweiatomige Kette, bei der jeweils zwei Atome verschiedener Masse M (groß) und m (klein) periodisch angeordnet sind, existieren zwei gekoppelte Schwingungsgleichungen des Typs (8.195), jeweils für die Massen M und m. Dies führt zu zwei verschiedenen Dispersionszweigen (Abb. 8.12) [13]. Phononen des unteren Zweiges (analog zur einatomigen Kette, Abb. 8.11) haben verschwindende Frequenzen für $\kappa \to 0$. Für solch große Wellenlängen, wo ω proportional zu κ ist, haben wir es mit Schallwellen zu tun. Bei sehr großen Wellenlängen ($\lambda \gg a$) bewegen sich benachbarte Atome fast gleichartig und eine Kontinuumsbeschreibung mit sich bewegenden Volumenelementen ΔV, die viele Atome enthalten, ist zulässig [13]. Man nennt den unteren Dispersionzweig in Abb. 8.12 deshalb **akustischen Zweig**. Im Gegensatz zum akustischen Zweig bewegen sich beim oberen Dispersionzweig benachbarte Atome gegensinnig. Entsprechend ergibt sich die Frequenz bei $\kappa = 0$ zu $\sqrt{2f/\mu}$, wo μ die reduzierte Masse aus M und m ist.

Wenn es sich bei den beiden Atomen um elektrisch geladene Ionen wie in NaCl handelt, sind die Gitterwellen des oberen Zweiges mit einem oszillierenden elektrischen Dipolmoment verknüpft, das an ein elektrisches Feld ankoppelt [13]. Verallgemeinert nennt man den oberen Zweig deshalb **optischen Zweig**.

Reale Kristalle sind dreidimensional periodisch mit Gittervektoren $\mathbf{r_n}$. Dementsprechend ist der reziproke Raum dreidimensional mit Wellenzahlenvektoren $\boldsymbol{\kappa}$ und 3D-Brillouin-Zonen als Periodizitätsvolumina im Abstand $\mathbf{G}_{hkl}$ (Abschn. 8.2.2). Es existieren deshalb hier akustische und optische Dispersionsflächen $\omega(\boldsymbol{\kappa})$ statt der Kurven in Abb. 8.12. Im 3D-Realraum können sich die Atome entweder in Richtung der Ausbreitungsrichtung κ der Gitterwelle oder senkrecht (wie beim Lichtfeld; Abschn. 8.2) zu κ bewegen. Entsprechend zerfallen die akustischen bzw. optischen Dispersionsflächen noch einmal in einen sogenannten longitudinalen ($\mathbf{u}_\nu \parallel \boldsymbol{\kappa}$) und zwei transversale ($\mathbf{u}_\nu \perp \boldsymbol{\kappa}$) Dispersionszweige bzw. Schwingungsformen [13]. In allgemeinen Kristallrichtungen sind die longitudinalen und transversalen Wellen häufig gemischt. In jedem Fall müssen wir im 3D-Kristallgitter Phononen, statt durch ihre Frequenzen ω_κ wie bisher, durch $\omega_{\kappa,\lambda}$ bezeichnen, wo $\boldsymbol{\kappa}$ der 3D-Wellenvektor ist und λ den Typ und die Polarisation der Welle angibt, z. B. $\omega_{\boldsymbol{\kappa},\mathrm{TO}}$ mit TO für transversal optisch und Schwingungsrichtung κ.

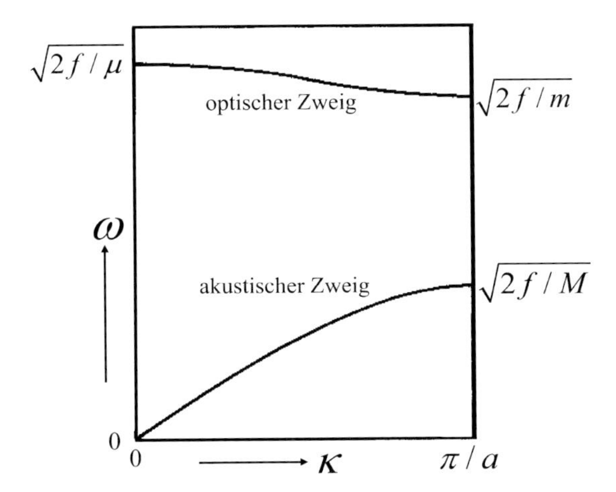

Abb. 8.12. Dispersionskurven $\omega(\kappa)$ der Gitterwellen einer zweiatomigen linearen Kette mit abwechselnd Atomen der Masse M (groß) und m (klein) in gleichem Abstand $a/2$, d. h. mit einem Periodizitätsabstand a. μ ist die reduzierte Masse definiert durch $\mu^{-1} = M^{-1} + m^{-1}$. Beim optischen Zweig bewegen sich für kleine κ die beiden Atome mit den Massen M und m gegeneinander, beim akustischen Zweig gleichsinnig. Am Brillouin-Zonenrand π/a schwingt im optischen Zweig nur das leichte Atom (m), im akustischen Zweig nur das schwere (M). Im reziproken Raum der Wellenzahlen κ setzen sich die Kurven $\omega(\kappa)$ periodisch fort

Phononen sind also Anregungszustände des Gitterwellenfeldes. Für scharfe Wellenzahlvektoren sind die Wellen über den ganzen Kristall delokalisiert. ähnlich wie für Elektronenwellen (Abschn. 3.2) existieren jedoch auch lokal begrenzte Anregungen, die durch Wellenpakete mit einem Spektrum von κ-Vektoren beschrieben werden. Dann zeigt sich der Partikelcharakter dieser Wellen, der z. B. eine Beschreibung thermischer Größen wie der spezifischen Wärme u. ä. durch ein Gas von Phononen, d. h. Quasipartikeln ermöglicht.

8.4.1 Phonon-Phonon-Wechselwirkung

Chemische Bindungskräfte zwischen Atomen (Abschn. 6.2.3) sind nur in erster Näherung harmonisch mit einem parabolischen interatomaren Potential, so wie wir es im vorigen Kapitel vorausgesetzt haben. In höheren Näherungen müssen wir das interatomare Potential durch höhere Potenzen in den Auslenkungen der Atome aus ihrer Gleichgewichtslage beschreiben. Die erste Näherung berücksichtigt als anharmonischen Potentialterm kubische Glieder in den Auslenkungen. Die harmonische Hamilton-Funktion (8.202) wird dann ersetzt durch

$$H = \sum_{\nu} \frac{p_{\nu}^2}{2M} + \frac{1}{2} f \sum_{\nu=0}^{N} (u_{\nu} - u_{\nu+1})^2 + \frac{1}{3!} g \sum_{\nu=0}^{N} (u_{\nu} - u_{\nu+1})^3 \,, \qquad (8.215)$$

wo g die Abweichung vom harmonischen Potential global beschreibt. Dieser anharmonische g-Term (mit h bezeichnet) stellt eine kleine Störung der harmonischen Hamilton-Funktion (8.202) dar. Gehen wir also zum Quantenfeldformalismus [14] über, wobei p_ν, u_ν, H und h zu Operatoren $\hat{p}_\nu, \hat{u}_\nu, \hat{H}$ und $\hat{h}$ werden, dann können wir Lösungen des anharmonischen Problems nach Art der Störungsrechnung (Abschn. 6.3, 6.4) behandeln. Hierbei werden für einen quantisierten Feldzustand $|\phi\rangle$ (8.214) Matrixelemente des Typs $\langle\phi'|\hat{h}|\phi\rangle$ die Dynamik des anharmonischen Kristalls bestimmen.

Wir wenden uns also dem anharmonischen Störoperator zu:

$$\hat{h} = \frac{1}{3!} g \sum_{\nu=0}^{N} \left(\hat{u}_\nu - \hat{u}_{\nu+1}\right)^3 . \tag{8.216}$$

Die Operatoren $\hat{u}_\nu$ sind durch (8.210a) definiert, d. h. es gilt

$$\hat{u}_{\nu+1} = \sum_\kappa \sqrt{\frac{\hbar}{2MN\omega_\kappa}}\, \mathrm{e}^{\mathrm{i}\kappa\nu a} \left(\hat{c}_\kappa + \hat{c}^+_{-\kappa}\right) \mathrm{e}^{\mathrm{i}\kappa a} \tag{8.217}$$

und damit

$$\begin{aligned} \hat{u}_\nu - \hat{u}_{\nu+1} &= \sum_\kappa \sqrt{\frac{\hbar}{2MN\omega_\kappa}}\, \mathrm{e}^{\mathrm{i}\kappa\nu a} \left(1 - \mathrm{e}^{\mathrm{i}\kappa a}\right) \left(\hat{c}_\kappa + \hat{c}^+_{-\kappa}\right) \\ &= \sum_\kappa K_\kappa \mathrm{e}^{\mathrm{i}\kappa\nu a} \left(\hat{c}_\kappa + \hat{c}^+_{-\kappa}\right) . \end{aligned} \tag{8.218}$$

Hierbei beschreibt K_κ die ν-unabhängigen Zahlenfaktoren. Damit folgt für den Störoperator des Feldes

$$\begin{aligned} \hat{h} &= \frac{1}{3!} g \sum_{\nu=0}^{N} \left(\hat{u}_\nu - \hat{u}_{\nu+1}\right)^3 \\ &= \frac{1}{3!} g \sum_{\nu=0}^{N} \sum_{\kappa\kappa'\kappa''} K_\kappa K_{\kappa'} K_{\kappa''} \mathrm{e}^{\mathrm{i}\nu a\left(\kappa+\kappa'+\kappa''\right)} \\ &\quad \cdot \left(\hat{c}_\kappa + \hat{c}^+_{-\kappa}\right) \left(\hat{c}_{\kappa'} + \hat{c}^+_{-\kappa'}\right) \left(\hat{c}_{\kappa''} + \hat{c}^+_{-\kappa''}\right) , \end{aligned} \tag{8.219a}$$

bzw. wenn wir die Klammer unter Berücksichtigung der Operatorenreihenfolge ausmultiplizieren

$$\begin{aligned} \hat{h} = \frac{1}{3!} g \sum_{\nu=0}^{N} \sum_{\kappa\kappa'\kappa''} & K_\kappa K_{\kappa'} K_{\kappa''} \mathrm{e}^{\mathrm{i}\nu a\left(\kappa+\kappa'+\kappa''\right)} \\ \cdot \Big(& \hat{c}_\kappa \hat{c}_{\kappa'} \hat{c}_{\kappa''} + \hat{c}^+_{-\kappa} \hat{c}^+_{-\kappa'} \hat{c}^+_{-\kappa''} + \hat{c}_\kappa \hat{c}^+_{-\kappa'} \hat{c}_{\kappa''} + \hat{c}^+_{-\kappa} \hat{c}_{\kappa'} \hat{c}_{\kappa''} \\ &+ \hat{c}_\kappa \hat{c}_{\kappa'} \hat{c}^+_{-\kappa''} + \hat{c}^+_{-\kappa} \hat{c}^+_{-\kappa'} \hat{c}_{\kappa''} + \hat{c}_\kappa \hat{c}^+_{-\kappa'} \hat{c}^+_{-\kappa''} + \hat{c}^+_{-\kappa} \hat{c}_{\kappa'} \hat{c}^+_{-\kappa''}\Big) . \end{aligned} \tag{8.219b}$$

Die Summe von dreifachen Erzeuger- und Vernichter-Operatorprodukten in (8.219b) erzeugt und vernichtet in einem Phonon-Zustand (8.214) einzelne

Phononen sodass sich die Besetzungszahlen n_κ ändern. Um Störungsmatrixelemente $\langle\phi'|\hat{h}|\phi\rangle$ auszurechnen, müssen wir also statt (8.214b) den allgemeinsten Feldzustand $|\phi\rangle$ heranziehen, der sich als lineare Superposition aus Vielteilchenzuständen des Typs (8.214b) ergibt, nämlich

$$|\phi\rangle = \sum_{n_1,\ldots,n_\kappa,\ldots,n_\infty} \alpha\left(n_1,\ldots,n_\kappa,\ldots\right)|\ldots,n_1,\ldots,n_\kappa,\ldots\rangle \ . \tag{8.220}$$

Hierbei sind $\alpha(n_1,\ldots,n_\kappa,\ldots)$ die Phasenfaktoren oder Amplituden, die angeben, wie Zustände $|\ldots,n_1,\ldots,n_\kappa,\ldots\rangle$ mit verschiedenen Phononbesetzungszahlen überlagert sind. Die Vielteichenzustände $|n_1,\ldots,n_\kappa,\ldots\rangle$ (8.214b) spannen also selbst einen vieldimensionalen Hilbert-Raum auf, der **Fock-Raum** genannt wird. In ihm sind Zustände des Typs (8.220) definiert.

Zur Behandlung von Störungsmatrixelementen $\langle\phi'|\hat{h}|\phi\rangle$ betrachten wir beispielhaft die Wirkung der Operatorkombination $\hat{c}_\kappa\hat{c}^+_{-\kappa'}\hat{c}_{\kappa''}$ aus (8.219b) auf einen Vielteilchenzustand $|\ldots,n_\kappa,\ldots\rangle$. Hierbei berücksichtigen wir, dass für die Teilchenbesetzungszahlen gilt: $n_\kappa = n_{-\kappa}$ (siehe Übung 8.6). Es folgt dann mit (8.33):

$$\begin{aligned}
&\hat{c}_\kappa\hat{c}^+_{-\kappa'}\hat{c}_{\kappa''}\,|\ldots,n_\kappa,n_{\kappa'},n_{\kappa''},\ldots\rangle\\
&= \hat{c}_\kappa\hat{c}^+_{-\kappa'}\sqrt{n_{\kappa''}}\,|\ldots,n_\kappa,n_{\kappa'},\left(n_{\kappa''}-1\right),\ldots\rangle\\
&= \sqrt{n_\kappa\left(n_{\kappa'}+1\right)n_{\kappa''}}\,|\ldots,\left(n_\kappa-1\right),\left(n_{\kappa'}+1\right),\left(n_{\kappa''}-1\right),\ldots\rangle \ .
\end{aligned} \tag{8.221}$$

Im Matrixelement $\langle\phi|\hat{c}_\kappa\hat{c}^+_{-\kappa'}\hat{c}_{\kappa''}|\ldots,n_\kappa,n_{\kappa'},n_{\kappa''},\ldots\rangle$ sind dann wegen der Orthogonalität der Vielteilchenzustände nur die Ausdrücke von Null verschieden für die gilt

$$\langle\phi| = \langle\ldots,\left(n_{\kappa''}-1\right),\left(n_{\kappa'}+1\right),\left(n_\kappa-1\right),\ldots| \ . \tag{8.222}$$

Die Wirkung des Terms (8.221) in der Störung $\hat{h}$ besteht also wirklich darin, dass Phononen des Typs κ und κ'' vernichtet werden und ein Phonon des Typs κ' erzeugt wurde. Betrachten wir nämlich im Rahmen der zeitunabhängigen Störungsrechnung (Abschn. 6.4) oder bei Streuung im Rahmen der Bornschen Näherung (Abschn. 6.6.2) Übergangsmatrixelemente $\langle f|\hat{h}|i\rangle$ mit $|i\rangle$ und $|f\rangle$ als Vielteilchenanfangs- und Endzuständen, so geht der Anfangszustand $|i\rangle = |\ldots,n_\kappa,n_{\kappa'},n_{\kappa''},\ldots\rangle$ durch den Störanteil $\hat{c}_\kappa\hat{c}^+_{-\kappa'}\hat{c}_{\kappa''}$ in den Endzustand $|f\rangle = |\ldots,(n_\kappa-1),(n_{\kappa'}+1),(n_{\kappa''}-1),\ldots,\rangle$ über. Mehr anschaulich haben wir es mit einem Streuprozess zwischen drei Phononen (Quasiteilchen) zu tun: 2 Phononen $(\boldsymbol{\kappa},\boldsymbol{\kappa}'')$ laufen aufeinander zu, im Sinne von Wellenpaketen mit den Wellenvektor-Schwerpunkten $\boldsymbol{\kappa}$ und $\boldsymbol{\kappa}''$, und gehen in ein neues Phonon des Typs $\boldsymbol{\kappa}'$ über. Wir haben hier stillschweigend die eindimensionalen Wellenzahlen κ in 3D-Vektoren $\boldsymbol{\kappa}$ überführt, weil die bisherigen Ableitungen ohne weiteres auf den 3D-Raum eines dreidimensionalen Kristalls übertragbar sind.

Bei solchen Streuprozessen zwischen Teilchen gelten im allgemeinen Erhaltungssätze. Gilt dies auch hier für unsere Quasiteilchen, die Phononen?

Wir können diese Frage sofort mittels des Exponentialterms in (8.219) beantworten. Analog zu (6.230) bis (6.233) können wir diesen Term schreiben als

$$\sum_{\nu=0}^{N} \mathrm{e}^{\mathrm{i}\nu a\left(\kappa+\kappa'+\kappa''\right)} = \sum_{\nu=0}^{N} \left[\mathrm{e}^{\mathrm{i}a\left(\kappa+\kappa'+\kappa''\right)}\right]^{\nu} \tag{8.223}$$

und ihn mittels der Summenformel für die geometrische Reihe auswerten. Analog zu (6.232) und Abb. 6.21 ergibt dieser Term für sehr große N, d. h. einen makroskopischen Kristall (hier lineare Atomkette) einen im Exponenten $a(\kappa + \kappa' + \kappa'')$ spektral sehr scharfen Beitrag, wenn gilt

$$(\kappa + \kappa' + \kappa'')\, a = k 2\pi \ , \quad \text{mit } k \text{ ganzzahlig} \ . \tag{8.224a}$$

Dabei ist $2\pi/a$ der reziproke Gittervektor im Eindimensionalen.

Verallgemeinern wir (8.224a) wiederum auf den 3D-Kristall mit 3D-reziprokem Raum, der durch die reziproken Gittervektoren $\mathbf{G}_{hkl}$ (8.178) aufgespannt wird, so gilt

$$\boldsymbol{\kappa} + \boldsymbol{\kappa}' + \boldsymbol{\kappa}'' = \mathbf{G}_{hkl} \ . \tag{8.224b}$$

Für den Spezialfall $\mathbf{G}_{hkl} = \mathbf{0}$ ist dies, wenn wir noch mit $\hbar$ multiplizieren, der von quantenmechanischen Teilchen her bekannte Impulserhaltungssatz für $\hbar\boldsymbol{\kappa}$. Zwei Teilchen vereinigen sich zu einem dritten (durch „Zusammenkleben"), dann muss der Gesamtimpuls der drei Teilchen sich zu Null ergänzen.

Im Falle der Phononstreuung muss jedoch die Summe der Wellenzahlvektoren einem reziproken Gittervektor $\mathbf{G}_{hkl}$ entsprechen. Gleichung (8.224b) wird deshalb als Wellenvektorerhaltungssatz oder als **Quasiimpulserhaltungssatz** bezeichnet.

Analoge Diskussionen können wir für die verschiedenen Dreierkombinationen aus Erzeuger- und Vernichteroperatoren im Störoperator $\hat{h}$ (8.219b) durchführen. Hierbei sehen wir, dass es verschiedene Phononstreuprozesse gibt, z. B. Vernichtung dreier Phononen und Erzeugung drei neuer Anregungen, Kollision zweier Phononen und Erzeugung eines neuen dritten Phonons (hier diskutiert) oder Aufspaltung eines Phonons in zwei neue Phononen (Abb. 8.13).

Immer jedoch muss der Erhaltungssatz (8.224) gelten. Haben wir es bei diesen Streuprozessen mit Phononen kleiner Wellenvektoren zu tun, deren $|\boldsymbol{\kappa}|$ in die Brillouin-Zone des reziproken Gitters (Periodizitätsvolumen) hineinpassen, dann kann der Erhaltungssatz (8.224) mit $\mathbf{G}_{hkl} = \mathbf{0}$ erfüllt werden (Abb. 8.13). Ein Phonon, das sich in zwei neue aufspaltet, übergibt seinen Vorwärtswellenvektor an die beiden neuen Anregungen oder zwei kollidierende Phononen übertragen ihren Quasiimpuls an das neu entstehende Phonon. Da Phononen gemäß $\hbar\omega_\kappa$ (8.213) Energie transportieren, wird die Gesamtenergie in diesen Fällen mit gleich bleibender Richtung weitertransportiert.

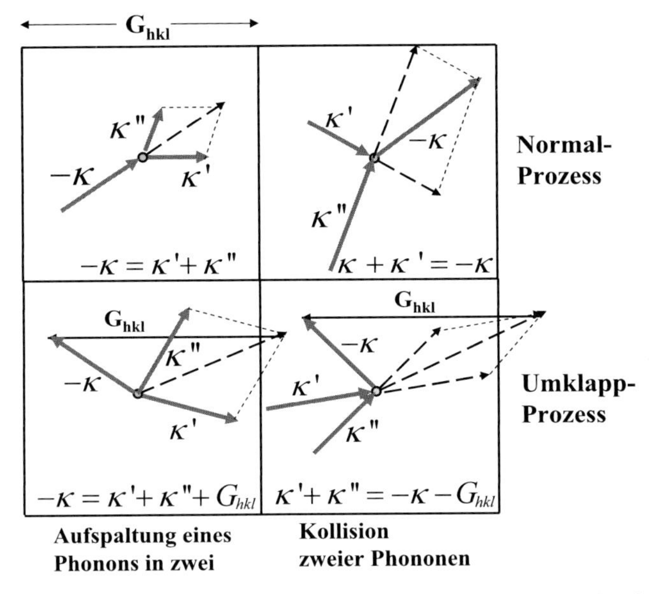

Abb. 8.13. Graphendarstellung wichtiger Phonon-Steuprozesse durch die Wellenzahlvektoren $\boldsymbol{\kappa}$ der Phononen (*graue Pfeile*) in der 1. Brillouin-Zone des reziproken Raumes; $\mathbf{G}_{hkl}$ reziproker Gittervektor. Bei der Aufspaltung eines Phonons in zwei neue (*links*) zerfällt das Phonon κ durch die anharmonische Phononwechselwirkung in die Phononen $\boldsymbol{\kappa}'$ und $\boldsymbol{\kappa}''$ (*links*). Bei der Kollision zweier Phononen (*rechts*) erzeugen diese im Streuprozess ein neues Phonon. Bei Normalprozessen (*oben*) passen die Wellenvektoren in die 1. Brillouin-Zone hinein und der mit den Phononen verbundene Transport, z. B. von Energie, wird bei der Streuung in seiner Richtung nicht verändert. Bei Umklapp-Prozessen weist der aus der Streuung resultierende Wellenvektor über die Grenze der 1. Brillouin-Zone hinaus. Addition eines reziproken Gittervektors $\mathbf{G}_{hkl}$ führt zur räumlichen Umkehrung des Phononentransports in Bezug auf die anfängliche Transportrichtung

Anders verhält es sich bei kürzerwelligen Phononen, deren größere Wellenvektoren an die Grenze der Brillouin-Zone heranreichen. Zur Erfüllung des Erhaltungssatzes (8.224) kann ein reziproker Wellenvektor $\mathbf{G}_{hkl}$ ins Spiel kommen. Dies führt zu sogenannten **Umklapp-Prozessen** (im Gegensatz zu **Normal-Prozessen** mit $\mathbf{G}_{hkl} = \mathbf{0}$), bei denen der aus der Streuung resultierende Wellenvektor in entgegengesetzte Richtung zu dem oder denen der einlaufenden Phononen weist (Abb. 8.13). Die Richtung des Energietransportes wird bei diesen Prozessen umgeklappt, daher der Name.

Wir wollen die physikalischen Implikationen dieser Phonon-Phonon-Wechselwirkung noch einmal kurz präzisieren. Da chemische Bindungspotentiale im Festkörper nur näherungsweise als harmonisch angenommen werden können, existieren in einem realen Kristall oder Festkörper immer Phononstreuprozesse. Phononen, gedacht als Wellenpakete mit mittlerem Wellenzahlvektor $\boldsymbol{\kappa}$ haben also eine mittlere Lebensdauer τ und mit ihrer Gruppengeschwindigkeit $\mathbf{v}_\kappa = \nabla_\kappa \omega(\kappa)$ auch eine mittlere freie Weglänge $\mathbf{v}_\kappa \tau = \lambda_\kappa$ zwischen zwei Stößen. Wie für ein klassisches Boltzmann-Gas oder das Gas der Photonen im elektromagnetischen Feld (Abschn. 5.6.3 und 8.2.1) können wir makroskopische thermodynamische Größen, wie mittlere Energiedichte oder spezifische Wärme ausrechnen, denn die Phononen tragen ja die Teilchenenergie $\hbar\omega_\kappa$ [13].

Besonders interessant ist die Teilchenbeschreibung für den Prozess der **Wärmeleitung** durch Phononen. Wärmeleitung tritt zwischen Bereichen eines Festkörpers auf, die sich auf verschiedenen Temperaturen befinden. Wegen der endlichen freien Weglänge von Phononen können wir für solche Bereiche eine lokale Temperatur definieren, wenn die Ausdehnung ihres Volumens ΔV groß gegen die freie Wellenlänge λ_κ der Phononen ist ($\Delta V \gg \lambda_\kappa^3$). Wegen der beschriebenen Phononstöße kann sich in solchen Bereichen ΔV ein lokales thermisches Gleichgewicht einstellen, bei dem die Besetzung der Phononzustände nach der Bose-Statistik (Abschn. 5.6.3) bei der lokalen Temperatur T bestimmt ist. In benachbarten Volumina mit verschiedenen Temperaturen $T_1 \neq T_2$ sind die Phonon-Zustände dementsprechend verschieden besetzt. Höhere Temperatur bewirkt die Besetzung höherenergetischer Zustände. Damit wird ein Fluss von Phononen aus dem Bereich höherer Temperaturen in den niedrigerer Temperatur bewirkt. Dieser Wärmestrom von Phononen unterliegt natürlich Streuprozessen der Phonon-Phonon-Wechselwirkung. Wir sehen sofort, dass solche Streuprozesse im Falle von Normalprozessen mit kleinen Phonon-Wellenvektoren wegen (8.224) bei $\mathbf{G}_{hkl} = \mathbf{0}$ keinen Energieverlust erzeugen. Nur Umklapp-Prozesse führen zu einem Umlenken des Energietransports und damit zu einem endlichen Wärmewiderstand. Nur bei höheren Temperaturen, wo Phonon-Anregungszustände mit größeren Wellenvektoren $\boldsymbol{\kappa}$ besetzt sind, treten Umklapp-Prozesse auf. Nur dort wird der Wärmewiderstand durch Phononentransport bestimmt. Bei niedrigen Temperaturen, typisch unterhalb von 10 K, gibt es nur Normalprozesse, die eine unendlich hohe Wärmeleitfähigkeit bedingen würden. Hier treten andere Streuprozesse in Erscheinung, die den Wärmestrom begrenzen. Phononen als wellenförmige Anregungen werden ähnlich wie Licht und Elektronenwellen an Störstellen und Oberflächen gestreut. Diese Effekte bewirken den Wärmewiderstand bei tiefen Temperaturen (<10 K).

In weitgehend defektfreien Kristallen finden wir die zunächst etwas seltsam anmutende aber tatsächlich beobachtete Erscheinung, dass die Wärmeleitfähigkeit von den äußeren Abmessungen sowie von der Beschaffenheit der Oberfläche abhängt. Denn in diesen Fällen scheiden Phononstreuung und Streuung der Phononen an Störstellen als Begrenzung des Wärmestroms aus. Dieses dimensionsabhängige Verhalten des Wärmewiderstandes wird besonders interessant, wenn wir es im Zusammenhang mit nanoskalierten kristallinen Materialien betrachten. Systematische Untersuchungen sind bisher nicht bekannt. Für eine tiefergehende formale Behandlung dieser Phänomene sei auf Lehrbücher der Festkörperphysik verwiesen [13].

8.4.2 Elektron-Phonon-Wechselwirkung

Im Rahmen der adiabatischen Born-Oppenheimer-Näherung haben wir wegen der stark verschiedenen Massen von Elektronen und Atomkernen die Dynamik beider Teilsysteme getrennt behandelt, Elektronen im starren Gitter der Atomkerne (Abschn. 8.3.3) und Gitterschwingungen im elektronischen Potential der chemischen Bindungskräfte (Federkonstanten, Abschn. 8.4). Wenn jedoch Gitterwellen, bzw. deren Quanten Phononen, im Kristall angeregt sind, dann sehen Elektronen nicht mehr das starr ideal periodische, zeitlich konstante Potential der Atomkerne oder -rümpfe. Infolge der bei Gitterwellen zeitlich und räumlich periodischen Verschiebung $u_\nu(t)$ (8.196) der Atome existiert eine Störung $\delta V(\mathbf{r},t)$ des ideal gitterperiodischen Potentials $V_{\text{eff}}(\mathbf{r})$ (8.175, 8.176), die im Sinne der zeitabhängigen Störungsrechnung (Abschn. 6.4.1) in den Feld-Hamilton-Operator der Elektronen (8.115) eingesetzt werden muss. Der Gesamtzustand des Vielteilchensystems

$$|\phi\rangle = |\ldots,n_j,\ldots,n_\kappa,\ldots\rangle = |\ldots,n_j,\ldots\rangle\,|\ldots,n_\kappa,\ldots\rangle \tag{8.225}$$

enthält dann die Zustände der Elektronen (8.137), gekennzeichnet durch ihre fermionischen Besetzungszahlen $n_j = 0{,}1$ (j = Wellenzahlvektor $\mathbf{k}$ und Spinquantenzahl s) und die der Phononen, wo der Index κ an der bosonischen Besetzungszahl n_κ den 3D-Wellenvektor $\boldsymbol{\kappa}$ und die Polarisation (Schwingungsrichtung: transversal oder longitudinal) der Phononen enthält.

Analog zu Abschn. 8.3.2, bzw. den Beziehungen (8.142, 8.143) ermitteln wir den Feldoperator $\hat{H}_{\text{ep}}$ der Störung des Elektronenfeldes durch Phononen aus dem Schrödingerschen Einteilchen-Erwartungswert der Potentialstörung $\delta V(\mathbf{r},t)$ zu

$$\hat{H}_{\text{ep}} = \int \mathrm{d}^3r\,\hat{\psi}^+(\mathbf{r})\,\delta\hat{V}(\mathbf{r},t)\,\hat{\psi}(\mathbf{r}) \ . \tag{8.226}$$

Hierbei sind $\hat{\psi}^+$ und $\hat{\psi}$ die Feldoperatoren des fermionischen Elektronenfeldes (8.128), hervorgegangen aus den elektronischen Wellenfunktionen ψ, ψ^*. $\delta V(\mathbf{r},t)$ ist die Störung des effektiven, starren periodischen Kristallpotentials $V_{\text{eff}}(\mathbf{r})$ (8.175) durch die Anregung von Gitterwellen (Phononen). Phononen verursachen wellenartige Verschiebungen $\mathbf{u}_\nu(\mathbf{r}_\nu,t)$ der Atome an den Gitterpunkten $\mathbf{r}_\nu$. Die entsprechenden Feldoperatoren der Verschiebung können durch Phonon-Erzeugungs- und Vernichtungsoperatoren (8.210a) ausgedrückt werden. Während $\mathbf{u}_\nu(\mathbf{r}_\nu)$ nun ursprünglich nur an den Gitterpunkten des Gitters, d. h. den Atomkernpositionen $\mathbf{r}_\nu$ definiert ist, ist die Wirkung dieser lokalen Atombewegung kontinuierlich über den Raum verteilt und überall auf die Elektronen wirksam. Für das Störpotential $\delta\hat{V}(\mathbf{r})$ ist also eine Beschreibung durch ein kontinuierliches Verschiebungsfeld $\mathbf{u}(\mathbf{r})$ angebracht. Damit geht $\mathbf{u}_\nu(\mathbf{r}_\nu)$ in $\mathbf{u}(\mathbf{r})$ über und die Störung des periodischen elektronischen Potentials $V_{\text{eff}}(\mathbf{r})$ (8.175) schreibt sich für kleine $\mathbf{u}$ als

$$\delta V = V_{\text{eff}}[\mathbf{r}+\mathbf{u}(\mathbf{r})] - V_{\text{eff}} = (\nabla V_{\text{eff}})\cdot\mathbf{u}(\mathbf{r}) \ . \tag{8.227}$$

Den Vektor

$$\nabla V_{\mathrm{eff}}(\mathbf{r}) = \mathbf{D} , \tag{8.228}$$

der die durch Gitterdeformationen hervorgerufenen Änderungen des periodischen Gitterpotentials beschreibt, nennt man **Deformationspotential**. Er kann aus Änderungen der elektronischen Bandstruktur (Abschn. 8.3.3) bei mechanischer Kristalldeformation näherungsweise experimentell bestimmt oder mit modernen theoretischen Methoden der Vielteilchen-Festkörperphysik [4] berechnet werden.

Das Verschiebungsfeld $\mathbf{u}(r)$ [$\stackrel{\wedge}{=} \mathbf{u}_\nu(\mathbf{r}_\nu, t)$] stellt sich analog zu (8.210a) in Operatorschreibweise dar als:

$$\hat{\mathbf{u}}(\mathbf{r}) = \sum_{\boldsymbol{\kappa}} \sqrt{\frac{\hbar}{2MN\omega_{\boldsymbol{\kappa}}}} \mathbf{n}_{\boldsymbol{\kappa}} \, \mathrm{e}^{\mathrm{i}\boldsymbol{\kappa}\cdot\mathbf{r}} \left(\hat{c}_{\boldsymbol{\kappa}} + \hat{c}^+_{-\boldsymbol{\kappa}}\right) \tag{8.229}$$

Hierbei ist $\mathbf{n}_{\boldsymbol{\kappa}}$ ein Einheitsvektor, der die Schwingungsrichtung der Atome bei Anregung des Phonons $(\boldsymbol{\kappa}, \omega_{\boldsymbol{\kappa}})$ angibt.

Damit ergibt sich für den zu (8.227) gehörenden Störoperator:

$$\delta\hat{V} = \sum_{\boldsymbol{\kappa}} \sqrt{\frac{\hbar}{2MN\omega_{\boldsymbol{\kappa}}}} \left(\mathbf{D}\cdot\mathbf{n}_{\boldsymbol{\kappa}}\right) \mathrm{e}^{\mathrm{i}\boldsymbol{\kappa}\cdot\mathbf{r}} \left(\hat{c}_{\boldsymbol{\kappa}} + \hat{c}^+_{-\boldsymbol{\kappa}}\right) . \tag{8.230}$$

Die elektronischen Feldoperatoren $\hat{\psi}^+$ und $\hat{\psi}$ entwickeln wir analog zu (8.128) nach Einteilchenwellenfunktionen $\varphi_i(\mathbf{r})$. Hierbei nehmen wir freie Elektronenwellen mit Wellenzahlvektoren $\mathbf{k}$ als vernünftige Eigenlösungen für ein freies Elektronengas an, z. B. freie Elektronen mit effektiver Masse m^* im Metall oder Halbleiterelektronen im Leitungsband. Die Spin-Quantenzahl wird der Einfachheit halber oder wegen Spinentartung nicht berücksichtigt. Dann ist die Darstellung des Vielelektronen-Feldoperators

$$\hat{\psi}(\mathbf{r}) = \sum_{\mathbf{k}} \hat{a}_{\mathbf{k}} \, \mathrm{e}^{\mathrm{i}\mathbf{k}\cdot\mathbf{r}} . \tag{8.231}$$

Mit (8.230) und (8.231) ergibt sich dann für den Störoperator der Elektron-Phonon-Wechselwirkung (8.226), wenn wir noch die Abkürzung

$$\mathbf{D}\cdot\mathbf{n}_{\boldsymbol{\kappa}} = D_{\boldsymbol{\kappa}} \tag{8.232}$$

einführen

$$\begin{aligned} \hat{H}_{\mathrm{ep}} &= \int \mathrm{d}^3 r \sum_{\mathbf{k}\mathbf{k}'} \sum_{\boldsymbol{\kappa}} D_{\boldsymbol{\kappa}} \sqrt{\frac{\hbar}{2MN\omega_{\boldsymbol{\kappa}}}} \hat{a}^+_{\mathbf{k}'} \, \mathrm{e}^{-\mathrm{i}\mathbf{k}'\cdot\mathbf{r}} \, \mathrm{e}^{\mathrm{i}\boldsymbol{\kappa}\cdot\mathbf{r}} \left(\hat{c}_{\boldsymbol{\kappa}} + \hat{c}^+_{-\boldsymbol{\kappa}}\right) \hat{a}_{\mathbf{k}} \, \mathrm{e}^{\mathrm{i}\mathbf{k}\cdot\mathbf{r}} \\ &= \sum_{\mathbf{k}\mathbf{k}'\boldsymbol{\kappa}} D_{\boldsymbol{\kappa}} \sqrt{\frac{\hbar}{2MN\omega_{\boldsymbol{\kappa}}}} \hat{a}^+_{\mathbf{k}'} \hat{a}_{\boldsymbol{\kappa}} \left(\hat{c}_{\boldsymbol{\kappa}} + \hat{c}^+_{-\boldsymbol{\kappa}}\right) \int \mathrm{d}^3 r \, \mathrm{e}^{\mathrm{i}(\mathbf{k}-\mathbf{k}'+\boldsymbol{\kappa})\cdot\mathbf{r}} . \end{aligned} \tag{8.233}$$

Für große, makroskopische Volumina des Kristalls ergibt das Integral (δ-Funktion) in (8.233) wiederum nur einen endlichen Beitrag, falls gilt

$$\mathbf{k} - \mathbf{k}' + \boldsymbol{\kappa} = 0 \,, \tag{8.234a}$$

$$\text{d.h.} \quad \mathbf{k}' = \mathbf{k} + \boldsymbol{\kappa} \,. \tag{8.234b}$$

Damit folgt

$$\hat{H}_{\mathrm{ep}} = \sum_{\mathbf{k}\boldsymbol{\kappa}} D_{\boldsymbol{\kappa}} \sqrt{\frac{\hbar}{2MN\omega_{\boldsymbol{\kappa}}}} \hat{a}^{+}_{\mathbf{k}+\boldsymbol{\kappa}} \hat{a}_{\mathbf{k}} \left(\hat{c}_{\boldsymbol{\kappa}} + \hat{c}^{+}_{-\boldsymbol{\kappa}} \right) \,. \tag{8.235}$$

In der Summe über die Phonon-Erzeugeroperatoren $\hat{c}^{+}_{-\boldsymbol{\kappa}}$ ändern wir den Summationsindex von κ in $-\kappa$ und erhalten für den Elektron-Phonon-Wechselwirkungsoperator

$$\hat{H}_{\mathrm{ep}} = \sum_{\mathbf{k}\boldsymbol{\kappa}} D_{\boldsymbol{\kappa}} \sqrt{\frac{\hbar}{2MN\omega_{\boldsymbol{\kappa}}}} \hat{a}^{+}_{\mathbf{k}+\boldsymbol{\kappa}} \hat{a}_{\mathbf{k}} \hat{c}_{\boldsymbol{\kappa}} + \sum_{\mathbf{k}\boldsymbol{\kappa}} D_{\boldsymbol{\kappa}} \sqrt{\frac{\hbar}{2MN\omega_{\boldsymbol{\kappa}}}} \hat{a}^{+}_{\mathbf{k}-\boldsymbol{\kappa}} \hat{a}_{\mathbf{k}} \hat{c}^{+}_{\boldsymbol{\kappa}} \,. \tag{8.236}$$

Für Phononen sind die Erzeuger- und Vernichteroperatoren $\hat{c}^{+}_{\boldsymbol{\kappa}}$ und $\hat{c}_{\boldsymbol{\kappa}}$ aus den Schwingungsamplituden $A_{\kappa}^{(t)}$ und $A_{\kappa}^{*}(t)$ (8.196) bzw. den entsprechenden Operatoren (8.208) hervorgegangen. Sie haben also eine Zeitabhängigkeit (Heisenberg-Bild)

$$\hat{c}_{\boldsymbol{\kappa}}\,(t) = \hat{c}_{\boldsymbol{\kappa}}\,(o)\; \mathrm{e}^{-\mathrm{i}\omega_{\kappa} t} \,, \tag{8.237a}$$

$$\hat{c}^{+}_{\boldsymbol{\kappa}}\,(t) = \hat{c}^{+}_{\boldsymbol{\kappa}}\,(o)\; \mathrm{e}^{\mathrm{i}\omega_{\kappa} t} \,. \tag{8.237b}$$

Analoge Zeitabhängigkeiten gelten auch für Photon-Erzeugungs- und Vernichtungsoperatoren $\hat{b}_{\mathbf{q}\lambda}, \hat{b}_{\mathbf{q}}\lambda^{+}$, hervorgegangen aus den Feldamplituden $A_{q\lambda}(t) \propto \exp(-\mathrm{i}\omega_{q\lambda} t)$ (8.10) und für die Elektronoperatoren

$$\hat{a}_{j}\,(t) = \hat{a}_{j}\,(o)\; \mathrm{e}^{-\mathrm{i}\varepsilon_{j} t/\hbar} \,, \tag{8.238a}$$

$$\hat{a}^{+}_{j}\,(t) = \hat{a}_{j}\,(o)\; \mathrm{e}^{\mathrm{i}\varepsilon_{j} t/\hbar} \,. \tag{8.238b}$$

Damit hat der Elektron-Phonon-Wechselwirkungsoperator (8.236) die Zeitabhängigkeit

$$\begin{aligned} \hat{H}_{\mathrm{ep}} = \sum_{\mathbf{k}\boldsymbol{\kappa}} D_{\boldsymbol{\kappa}} \sqrt{\frac{\hbar}{2MN\omega_{\boldsymbol{\kappa}}}} \Big[& \hat{a}^{+}_{\mathbf{k}+\boldsymbol{\kappa}}\,(0)\; \hat{a}_{\mathbf{k}}\,(0)\; \hat{c}_{\boldsymbol{\kappa}}\,(0)\; \mathrm{e}^{\mathrm{i}\frac{1}{\hbar}(\varepsilon_{\mathbf{k}+\kappa} - \varepsilon_{\mathbf{k}} - \hbar\omega_{\kappa})t} \\ & + \hat{a}^{+}_{\mathbf{k}-\boldsymbol{\kappa}}\,(0)\; \hat{a}_{\mathbf{k}}\,(0)\; \hat{c}^{+}_{\boldsymbol{\kappa}}\,(0)\; \mathrm{e}^{\mathrm{i}\frac{1}{\hbar}\left(\varepsilon_{\mathbf{k}-\kappa} - e_{\mathbf{k}} + \hbar\omega_{\kappa}\right)t} \Big] \,. \end{aligned} \tag{8.239}$$

Die Störung des Vielteilchen-Elektron-Phonon-Zustandes (8.225) durch das Wechselwirkungspotential $\hat{H}_{\mathrm{ep}}$ (8.239) ist also in der Zeit periodisch.

Wir können zur Berechnung der Übergangsraten (Wahrscheinlichkeiten) Fermis Goldene Regel (6.111) anwenden (Abschn. 6.4.1) Hierbei sind in der Darstellung der Übergangsraten R_{fi} von einem Anfangszustand $|i\rangle$ in einen Endzustand $|f\rangle$ (6.111)

$$R_{fi} = \frac{2\pi}{\hbar} \left| \langle f| \, \hat{H}_{\text{ep}} \, |i\rangle \right|^2 \delta \left(E_f^{\text{ges}} - E_i^{\text{ges}} \right) . \tag{8.240}$$

$|i\rangle$ und $|f\rangle$ Zustände des Gesamtsystems Elektronen und Phononen des Typs (8.225). Die δ-Funktion (endlicher Wert nur für $E_f^{\text{ges}} = E_i^{\text{ges}}$) ergibt sich, wenn die Störung (8.239) für sehr große Zeiten t wirkt, groß im Vergleich zur reziproken Frequenz in den Exponentialfunktionen von (8.239). In diesem Fall drückt die δ-Funktion den Energieerhaltungssatz während der Übergänge im Elektron-Phonon-System aus. Im vorliegenden Fall ergibt die δ-Funktion in (8.240) natürlich nur einen endlichen Wert nach Integration, wenn die Exponenten vor der Zeitkoordinate t in (8.239) verschwinden. Damit gelten neben den $\mathbf{k}$, $\boldsymbol{\kappa}$-Erhaltungsregeln (8.234) auch die Energieerhaltungsregeln für die Elektron-Phonon-Wechselwirkung

$$\varepsilon_{\mathbf{k}+\boldsymbol{\kappa}} = \varepsilon_{\mathbf{k}} + \hbar\omega_{\boldsymbol{\kappa}} \, , \tag{8.241a}$$

$$\varepsilon_{\mathbf{k}-\boldsymbol{\kappa}} = \varepsilon_{\mathbf{k}} - \hbar\omega_{\boldsymbol{\kappa}} \, . \tag{8.241b}$$

8.4.3 Absorption und Emission von Phononen

Betrachten wir jetzt die Störungsmatrixelemente $\langle f|\hat{H}_{\text{ep}}|i\rangle$ in (8.240), Fermis Goldene Regel, etwas genauer. Wegen (8.236) und (8.239) gibt es zwei Operatorkombinationen, die auf mögliche Anfangzustände $|i\rangle = |\ldots n_{\mathbf{k}} \ldots,$ $n_{\boldsymbol{\kappa}} \ldots\rangle$ wirken, nämlich

$$\begin{aligned} &\hat{a}^+_{\mathbf{k}+\boldsymbol{\kappa}} \hat{a}_{\mathbf{k}} \hat{c}_{\boldsymbol{\kappa}} \, |\ldots, n_{\mathbf{k}}, \ldots, n_{\boldsymbol{\kappa}}, \ldots\rangle \\ &\propto |\ldots, (n_{\mathbf{k}} - 1), \ldots, (n_{\mathbf{k}+\boldsymbol{\kappa}} + 1), \ldots, (n_{\boldsymbol{\kappa}} - 1), \ldots\rangle \; , \end{aligned} \tag{8.242a}$$

und

$$\begin{aligned} &\hat{a}^+_{\mathbf{k}-\boldsymbol{\kappa}} \hat{a}_{\mathbf{k}} \hat{c}^+_{\boldsymbol{\kappa}} \, |\ldots, n_{\mathbf{k}}, \ldots, n_{\boldsymbol{\kappa}}, \ldots\rangle \\ &\propto |\ldots, (n_{\mathbf{k}-\boldsymbol{\kappa}} + 1), \ldots, (n_{\mathbf{k}} - 1), \ldots, (n_{\boldsymbol{\kappa}} + 1), \ldots\rangle \; . \end{aligned} \tag{8.242b}$$

Hierbei ergeben sich wegen des fermionischen Charakters der Elektronen ($n_{\mathbf{k}} = 0, 1$) in (8.242a) nur von Null verschiedene Werte, falls $n_{\mathbf{k}} = 1$ (besetzter Zustand) und $n_{\mathbf{k}+\boldsymbol{\kappa}} = 0$ (leerer Zustand) im Anfangsvielteilchenzustand gilt. Man beachte, dass die Matrixelemente in (8.240) nur von Null verschieden sind, wenn die Endzustände $|f\rangle$ identisch sind mit den resultierenden Zuständen in (8.242).

Wir können die Operatorwirkung in (8.242a) deshalb interpretieren als Vernichtung eines Elektrons im Zustand $\mathbf{k}$ und Erzeugung eines Elektrons im

Zustand $(\mathbf{k}+\boldsymbol{\kappa})$ bei gleichzeitiger Vernichtung eines Phonons im Zustand $\boldsymbol{\kappa}$. Dies gilt eben nur dann, wenn der anfängliche Einelektronenzustand $\mathbf{k}$ besetzt war ($n_{\mathbf{k}}=1$) und der resultierende Endzustand $(\mathbf{k}+\boldsymbol{\kappa})$ vorher unbesetzt war ($n_{\mathbf{k}+\boldsymbol{\kappa}}=0$).

Eine analoge Diskussion von (8.242b) führt zu der Interpretation: Ein Elektron im Zustand $\mathbf{k}$ (anfänglich besetzt) wird vernichtet und ein Elektron dafür in $(\mathbf{k}-\boldsymbol{\kappa})$ (anfänglich unbesetzt) erzeugt. Wegen der Energie $\hbar^2k^2/2m^*$ freier Elektronen im Kristall besitzt das erzeugte Elektron $(\mathbf{k}-\boldsymbol{\kappa})$ eine niedrigere Energie als das vorher im Anfangszustand $\mathbf{k}$ vorhandene; diese Energie wird an das im Zustand $\boldsymbol{\kappa}$ neu erzeugte Phonon übertragen.

Hiermit haben wir uns noch einmal den Hintergrund der Energieerhaltungssätze (8.241) vor Augen geführt. In (8.241a) geht ein Elektron vom Zustand $\mathbf{k}$ in den Zustand $\mathbf{k}+\boldsymbol{\kappa}$ über, es erhöht seine Energie um den Betrag $\hbar\omega_{\boldsymbol{\kappa}}$, der durch Vernichtung eines Phonons der Energie $\hbar\omega_{\boldsymbol{\kappa}}$ gewonnen wird. Wir haben es also mit einem Prozess der **Phonon-Absorption** durch das Elektronensystem zu tun.

Prozesse des Typs (8.241b) bzw. (8.242b) beinhalten den Übergang eines Elektrons von $\mathbf{k}$ nach $(\mathbf{k}-\boldsymbol{\kappa})$, d. h. eine Verringerung der kinetischen Energie des Elektrons. Diese Energie wird auf ein neues Phonon $\boldsymbol{\kappa}$ übertragen; wir haben es mit einer **Phonon-Emission** durch das Vielelektronensystem zu tun.

Wir fassen zusammen: Wegen der zeitabhängigen Störung $\hat{H}_{\mathrm{ep}}$ (8.239) sind die entkoppelten Elektron-Phonon-Vielteilchenzustände (8.225) nicht mehr Eigenzustände des Gesamt-Hamilton-Operators der Felder. Es finden Übergänge zwischen dem System der Elektronen und dem der Phononen statt. Elektronen streuen an Phononen oder umgekehrt Phononen an Elektronen. Hierbei können Phononen vernichtet (Absorption) oder erzeugt, d. h. emittiert werden (Emission). Dabei gelten Erhaltungssätze für die Energie und den Wellenvektor vor und nach der Streuung, nämlich für

Phonon-Absorption:

$$\varepsilon_{\mathbf{k}'}=\varepsilon_{\mathbf{k}+\boldsymbol{\kappa}}=\varepsilon_{\mathbf{k}}+\hbar\omega_{\boldsymbol{\kappa}}\ , \tag{8.243a}$$

$$\mathbf{k}'=\mathbf{k}+\boldsymbol{\kappa}\ , \tag{8.243b}$$

Phonon-Emission:

$$\varepsilon_{\mathbf{k}'}=\varepsilon_{\mathbf{k}-\boldsymbol{\kappa}}=\varepsilon_{\mathbf{k}}-\hbar\omega_{\boldsymbol{\kappa}}\ , \tag{8.244a}$$

$$\mathbf{k}'=\mathbf{k}-\boldsymbol{\kappa}\ . \tag{8.244b}$$

Man beachte, dass (8.243a, 8.244b) sich bei Multiplikation mit $\hbar$ auch als Quasi-Impulserhaltungssätze deuten lassen. Hierbei kommt dem Elektron ein realer, mechanischer Impuls $\hbar\mathbf{k}$, $\hbar\mathbf{k}'$ zu, während das Phonon nur einen Quasiimpuls $\hbar\boldsymbol{\kappa}$ besitzt, der nur bis auf einen reziproken Gittervektor $\mathbf{G}_{hkl}$ bestimmt ist (siehe Abschn. 8.4.1). Wie in Übungsaufgabe 8.5 gezeigt wird, hat ein Phonon einen verschwindenden mechanischen Impuls. Die Einzelimpulse der schwingenden Gitteratome addieren sich zu Null.

Die beschriebenen Prozesse lassen sich sehr anschaulich in Graphen (Abb. 8.14) darstellen, wobei die Pfeile (durchgezogen: Elektron, wellenförmig: Phonon) in Richtung und Länge den Wellenvektoren entsprechen und üblicherweise von rechts nach links in der zeitlichen Abfolge gelesen werden.

Elektron-Phononen-Streuprozesse der beschriebenen Art sind von überragender Bedeutung für ein Verständnis des **elektrischen Widerstands** von Festkörpern. In einem ideal periodischen Kristallgitter sind elektronische Bloch-Wellen (8.184) stationäre Zustände (Abschn. 8.3.4), solche Elektronenwellen würden also nicht zu einer Begrenzung des Elektronentransports in Metallen und Halbleitern führen. Ein elektrischer Widerstand kommt nur dadurch zustande, dass Abweichungen von der Gitterperiodizität als Störungen der Schrödinger-Gleichung (8.174) Übergänge zwischen Bloch-Wellen, d. h. Streuprozesse für Elektronen verursachen. Neben Kristalldefekten wie Versetzungen, Fremdatomen, Dotieratomen oder Oberflächen sind Gitterschwingungen, d. h. Phononen, Störungen der idealen Periodizität. Phononen streuen Elektronen, wenn sie in Form von Bloch-Wellenpaketen in Folge eines anliegenden elektrischen Feldes (Abschn. 8.3.4) Strom transportieren. Phonon-Absorption und -Emission ändert Richtung und Betrag der Elektronenimpulse in Feldrichtung und verursacht damit elektrischen Widerstand

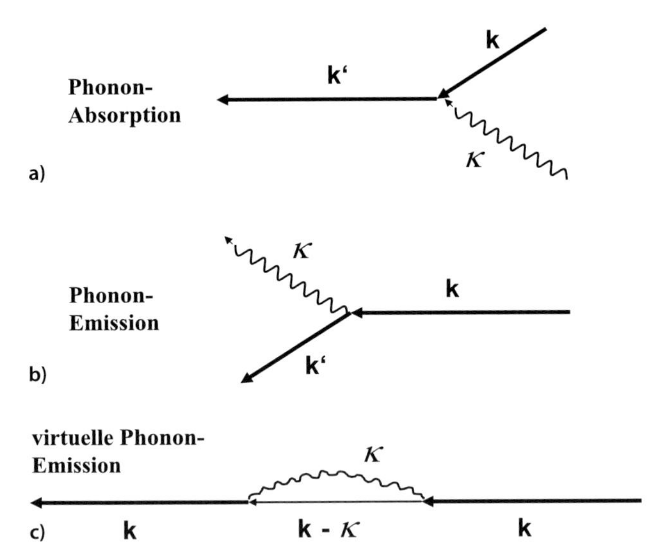

Abb. 8.14. Graphendarstellung verschiedener Elektron-Phonon-Streuprozesse; $\mathbf{k}$ und $\mathbf{k}'$ bezeichnen Elektronwellenvektoren, $\boldsymbol{\kappa}$ den Wellenvektor eines Phonons (Schlangenlinie). **a** Durch Phonon-Absorption wird ein Elektron von $\mathbf{k}$ nach $\mathbf{k}'$ gestreut. **b** Bei der Phonon-Emission wird ein Elektron unter Emission eines Phonons $\boldsymbol{\kappa}$ von $\mathbf{k}$ nach $\mathbf{k}'$ gestreut. **c** Bei der virtuellen Phonon-Emission emittiert ein Elektron bei seiner Bewegung durch das Kristallgitter ein Phonon $\boldsymbol{\kappa}$, das es nach einer Zeit τ, die der Energieunschärfe $\varepsilon_{\mathbf{k}}\tau \simeq \hbar$ unterliegt, wieder absorbiert und dann mit unverändertem Wellenvektor $\mathbf{k}$ weiter propagiert

bei Stromtransport. Phononstreuung ist insbesondere bei höheren Temperaturen, um und unterhalb Raumtemperatur herum, von Bedeutung. Bei niedrigen Temperaturen $T < 100\,\mathrm{K}$ sind wenig Phononen im Kristall angeregt und Streuung an Störstellen gewinnt die Oberhand bei der Begrenzung des Stromtransports. Für weitere Details sei auf Bücher der Festkörperphysik [4, 13] verwiesen.

Ein anderer interessanter Effekt besteht darin, dass Elektronen bei ihrer Propagation durch das Kristallgitter Phononen emittieren und nach einer Zeit τ, die der Energieunschärfe $\varepsilon_k \tau \simeq \hbar$ (3.23) unterliegt, wieder absorbieren können (Abb. 8.14c). Das Elektron läuft nach dieser sog. **Virtuellen Phonon-Emission** wieder mit seinem ursprünglichen Wellenvektor weiter. Eine detaillierte quantenfeldtheoretische Behandlung dieses Effektes [4] zeigt, dass das Elektron durch solche virtuellen Phonon-Emissions- und Absorptionsprozesse seine Energie im Gitter geringfügig erniedrigen kann, seine effektive Masse (Abschn. 8.3.3) jedoch etwas zunimmt. Der Effekt ist anschaulich leicht zu begreifen. Permanente Emission und Absorption von Phononen während der Propagation bedeutet, dass das Elektron aufgrund seiner Coulomb-Wechselwirkung mit den positiven Ionen diese aus ihrer Ruhelage verschiebt (Phononen) und sich so selbst ein tieferes Potentialfeld schafft. Auf diese Weise wird seine Energie abgesenkt, aber es setzt durch die immerwährend anzuregenden und absorbierenden Phononen seiner Bewegung einen stärkeren Widerstand entgegen; es erhöht seine effektive Masse. Ein propagierendes Elektron im Gitter trägt also eine Phononen-Wolke mit sich. Dieses zusammengesetzte Teilchen, Elektron plus Phononen-Wolke heißt **Polaron**. Die Polaronmasse ist geschwindigkeitsabhängig, denn bei hoher Elektronengeschwindigkeit kann das Gitter der schweren Atomkerne der Elektronenbewegung nicht folgen und das Elektron bewegt sich mit seiner „nackten" effektiven Masse m^*.

8.4.4 Feldquanten vermitteln Kräfte zwischen Teilchen

Aus der im vorigen Abschnitt beschriebenen Phonon-Emission und -Absorption lernen wir ein grundlegendes Phänomen der Quantenfeldtheorie, das sowohl die Supraleitung im Festkörper erklärt, wie auch die Teilchenwechselwirkung und -umwandlung in der Elementarteilchenphysik (Abschn. 5.6.4): Wechselwirkung zwischen Teilchen (Feldquanten) wird durch Austausch anderer Feldquanten bewirkt. Wenn wir die Graphen der Phonon-Absorption und -Emission in Abb. 8.14 anschauen, dann kann das in Abb. 8.14b emittierte Phonon (wellenförmiger Pfeil) von einem anderen Elektron absorbiert werden (Abb. 8.14a) und dessen $\mathbf{k}$-Vektor und Energie ändern. So gelangen wir unmittelbar zum Graphen der Abb. 8.15a, wo ein Streuprozess dargestellt ist, bei dem ein Elektron mit Wellenvektor $\mathbf{k}_1$ unter Absorption des Phonons mit Wellenvektor $\boldsymbol{\kappa}$ in den gestreuten Zustand $\mathbf{k'}_1$ übergeht. Gleichzeitig wird das $\boldsymbol{\kappa}$-Phonon von einem zweiten Elektron mit Wellenvektor $\mathbf{k}_2$ emittiert und streut dieses Elektron von $\mathbf{k}_2$ in den Zustand $\mathbf{k'}_2$. Wir haben es mit einem durch ein Phonon vermittelten Streuprozess zwischen zwei Elektronen von $\mathbf{k}_1$ und $\mathbf{k}_2$ nach $\mathbf{k'}_1$ und $\mathbf{k'}_2$ zu tun (Abb. 8.15b).

Stellen wir die Energiebilanz für die beiden Elektronen in ihren End- und Anfangszuständen auf, so folgt mit (8.243) und (8.244)

$$\varepsilon_{\mathbf{k}'_1} + \varepsilon_{\mathbf{k}'_2} = \varepsilon_{\mathbf{k}_1-\boldsymbol{\kappa}} + \varepsilon_{\mathbf{k}_2+\boldsymbol{\kappa}} = \varepsilon_{\mathbf{k}_1} - \hbar\omega_{\boldsymbol{\kappa}} + \varepsilon_{\mathbf{k}_2} + \hbar\omega_{\kappa} = \varepsilon_{\mathbf{k}_1} + \varepsilon_{\mathbf{k}_2} \,. \quad (8.245)$$

Analog folgt aus der Graphenkonstruktion in Abb. 8.15a für die Wellenvektoren der Elektronen

$$\mathbf{k}_1 = \mathbf{k'}_1 + \boldsymbol{\kappa} \,, \quad (8.246a)$$

$$\mathbf{k}_2 + \boldsymbol{\kappa} = \mathbf{k'}_2 \,, \quad (8.246b)$$

$$\text{d. h.} \quad \mathbf{k'}_1 + \mathbf{k'}_2 = \mathbf{k}_1 + \mathbf{k}_2 \,. \quad (8.246c)$$

Damit lässt sich der in Abb. 8.15 dargestellte Prozess unter „Verschweigen“ des Phononaustausches als ein Streuprozess oder eine Wechselwirkung zwischen zwei Elektronen $\mathbf{k}_1, \mathbf{k}_2 \to \mathbf{k'}_1, \mathbf{k'}_2$ darstellen. Energie und Impuls (Wellenvektor) der Elektronen werden bei diesem Streuprozess erhalten, genau das, was man für einen Streuprozess zweier Teilchen aneinander erwartet.

In der Tat lässt sich der Elektron-Phonon-Wechselwirkungsoperator (8.239), der Phononabsorption und -emission enthält, auf einen Operator der Wechselwirkung nur zwischen Elektronen umschreiben, indem alle phononspezifischen Größen in eine Wechselwirkungsamplitude $V_{\mathbf{k}',\mathbf{k},\boldsymbol{\kappa}}$ integriert werden [4]. Wenn wir den Graphen in Abb 8.15a betrachten und die Anfangszustände der beiden Elektronen $\mathbf{k}_1$ und $\mathbf{k}_2$ mit $\mathbf{k}$ und $\mathbf{k}'$ bezeichnen, sowie deren Endzustände entsprechend dem Phononenaustausch (Wellenvektor $\boldsymbol{\kappa}$) mit $\mathbf{k}+\boldsymbol{\kappa}$ bzw. $\mathbf{k}'-\boldsymbol{\kappa}$, so kann man die Wechselwirkung zwischen

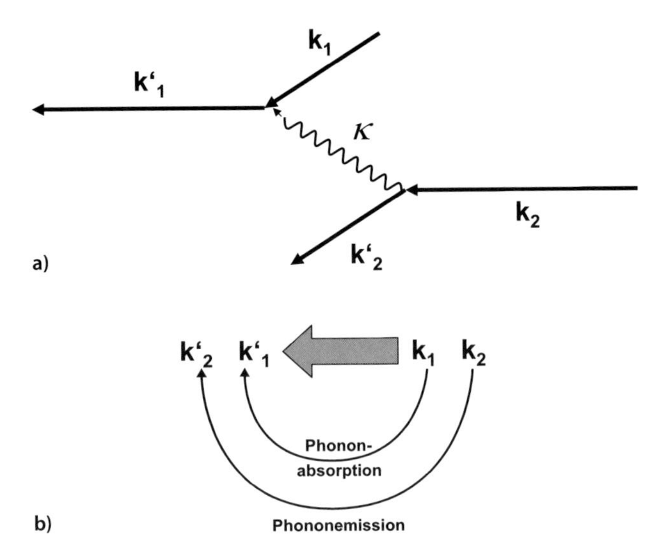

Abb. 8.15a,b. Streuung zweier Elektronen $\mathbf{k}_1$ und $\mathbf{k}_2$ aneinander, die durch Phononenaustausch (Wellenzahlvektor $\boldsymbol{\kappa}$) vermittelt wird. **a** Graphendarstellung des Prozesses durch die Wellenvektoren der beteiligten Teilchen. **b** Schema des Übergangs der Elektronen von $\mathbf{k}_1$, $\mathbf{k}_2$ nach $\mathbf{k}'_1$, $\mathbf{k}'_2$ durch Phononabsorption und -emission

je zwei Elektronen $\mathbf{k}$ und $\mathbf{k}'$ durch Phononenaustausch wegen (8.246) in den Wellenvektoren $\mathbf{k}, \mathbf{k}', \boldsymbol{\kappa}$ auch schreiben als

$$\mathbf{k} \to \mathbf{k} + \boldsymbol{\kappa}\,, \quad \mathbf{k}' \to \mathbf{k}' - \boldsymbol{\kappa}\,. \tag{8.247}$$

Damit können wir den Wechselwirkungsoperator zwischen zwei Elektronen, summiert über alle Elektronen und Phonen, auch ohne die ausführliche Rechnung [4] erraten zu

$$\hat{H}_{\mathrm{ee}} = -\sum_{\mathbf{k}\mathbf{k}'\boldsymbol{\kappa}} V_{\mathbf{k},\mathbf{k}',\boldsymbol{\kappa}} \hat{a}^{+}_{\mathbf{k}+\boldsymbol{\kappa}} \hat{a}_{\mathbf{k}} \hat{a}^{+}_{\mathbf{k}'-\boldsymbol{\kappa}} \hat{a}_{\mathbf{k}'}\,. \tag{8.248}$$

Angewendet auf Vielteilchenzustände des Typs (8.137a) oder Zustände des Gesamtsystems Elektronen und Phononen (8.225) beschreibt (8.248) die phononvermittelte Streuung von Elektronen aneinander gemäß Abb. 8.15a.

Wir haben das Kopplungsmatrixelement $V_{\mathbf{k},\mathbf{k}',\boldsymbol{\kappa}}$ mit einem negativen Vorzeichen versehen, weil die Wechselwirkung zwischen je zwei Elektronen anziehend ist. Schon bei der Diskussion des Polarons (Abschn. 8.4.3) stellte sich heraus, dass ein Elektron sich mit einer Phononenwolke umgibt und sich so ein tieferes Potentialfeld schafft. Diese Potentialerniedrigung führt im vorliegenden Fall zur anziehenden Wirkung auf ein zweites Elektron, deshalb das negative Vorzeichen in (8.248). Anders ausgedrückt, ein Elektron deformiert bei seiner Propagation das Gitter geringfügig, indem es die benachbarten positiven Atomkerne etwas anzieht (Phonon-Wolke). Diese lokal erhöhte positive Ladung zieht ein zweites Elektron an. Hier wird zur Analogie immer das Kugel/Matratzen-Gleichnis herangezogen: Zwei Kugeln, die auf einer Matratze rollen, können ihre Energie erniedrigen, indem die eine Kugel in die von der anderen hervorgerufene Vertiefung rollt. Die Kugeln bewegen sich aufeinander zu.

Wir können noch einige interessante Aussagen über (8.248) gewinnen: Elektronenstöße können nur Elektronen aus besetzte in unbesetzte Zustände transferieren. Bei Metallen trennt das Fermi-Niveau E_{F} (Kugelfläche für freie Elektronen) besetzte von unbesetzten Zuständen (Abschn. 8.3.4, Abb. 8.9). Während typische Fermi-Energien E_F bei etwa 5 eV liegen [13], erreichen maximale Phononenenergien $\hbar\omega^{\max}_{\boldsymbol{\kappa}}$ im Festkörper gerade einmal 50 bis 100 meV. Damit beschränkt sich die phononenvermittelte Wechselwirkung zwischen Elektronen auf eine schmale Schale der Dicke $2\hbar\omega^{\max}_{\boldsymbol{\kappa}}$ von etwa 100 meV um die Fermikugel im reziproken Raum der Elektronen-Wellenvektoren $\mathbf{k}$ (Abb. 8.16).

Beim ersten Anschein ist es verwunderlich, dass die schwache anziehende, phononenvermittelte Elektronenwechselwirkung in Kristallen gegenüber der starken Coulomb-Abstoßung der Elektronen eine Rolle spielen könnte. Dies wird jedoch klar, wenn wir uns die verschiedene Reichweite der Wechselwirkungen vor Augen halten. Elektronen an der Fermi-Oberfläche $E_{\mathrm{F}}(k)$ – nur diese können wegen energetisch benachbarter leerer Zustände Strom transportieren – haben Geschwindigkeiten v_{F} von ungefähr 10^8 cm/s [13].

Demgegenüber ist die Dynamik des Gitters der schweren Kerne langsam. Die maximale Deformation durch Phonon-Emission und -Absorption wird in einer Entfernung von typisch $2\pi v_F/\omega_\kappa^{max}$ hinter dem propagierenden Elektron erreicht. Dort aber ist das Potentialminimum für das zweite angezogene Elektron. Man rechnet diesen Abstand zu größenordnungsmäßig 100 nm aus. Dies ist die typische Reichweite der phononvermittelten Elektron-Elektron-Wechselwirkung. Über solch große Abstände ist die Coulomb-Abstoßung der Elektronen wegen der in Metallen hohen Elektronenkonzentration ($\sim 10^{22}\,\mathrm{cm}^{-3}$) jedoch weitgehend abgeschirmt [13]. Die phononvermittelte Elektron-Elektron-Wechselwirkung (8.248) ist also in der Tat wirksam. Sie ist die Ursache für das Phänomen der **Supraleitung**, bei dem vermöge (8.248) jeweils zwei Elektronen mit entgegengesetztem Spin sich zu sogenannten **Cooper-Paaren** vereinigen und sich dann bosonenartig ohne elektrischen Widerstand, d. h. ohne Streuung an Störstellen oder Phononen durch den Kristall bewegen [4, 13].

Die durch (8.248) beschriebene Elektron-Elektron-Wechselwirkung durch Phonenaustausch kann darüber hinaus als Paradigma für jedwede Teilchenwechselwirkung bis in den relativistischen Bereich der Elementarteilchen (Abschn. 5.6.4) gelten. In den relativistischen Quantenfeldteorien der Elementarteilchen wird die Wechselwirkung zwischen zwei Teilchen (Abb. 5.17), z. B. zwischen den Nukleonen Neutron (n) und Proton (p), durch Austausch von bosonischen Feldquanten eines weiteren quantisierten Feldes erzeugt. Im Sinne der Quantenfeldtheorie gibt es also keine Fernwirkung zwischen Teilchen, so wie noch beim Newtonschen Gravitationsfeld oder bei der Coulomb-Kraft in der klassischen Elektrodynamik. Im letzteren Fall wird die Coulomb-Kraft zwischen zwei Ladungen durch den Austausch von Photonen erklärt. Elektronen verhalten sich im Vakuum so wie Elektronen des Festkörpers in einem

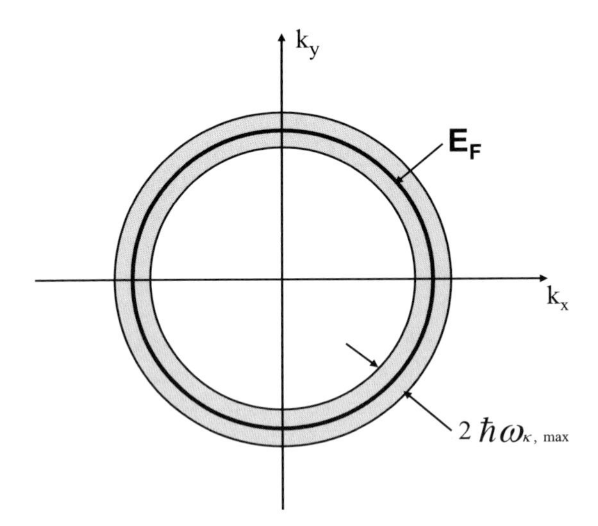

Abb. 8.16a,b. Schematische Darstellung des Bereiches im reziproken Raum der Elektronenwellenvektoren k_x, k_y (*Schnitt senkrecht* zu k_z), in dem bei einem quasifreien Elektronengas die Elektron-Phonon-Wechselwirkung wirksam ist. Nur in einer Energieschale der Dicke $2\hbar\omega_{\kappa,\max}$ ($\omega_{\kappa,\max}$ maximale Phononfrequenz) um die Fermi-Kugel E_F herum können Phononen Elektronen Energie entziehen oder zufügen

Phononfeld. Analog zu Phononen umgeben sie sich mit einer Photonenwolke durch beständige Wechselwirkung mit dem quantisierten elektromagnetischen Feld, das ja auch im Vakuum wegen der Energie des Vakuumzustandes (8.28) vorhanden ist. Wie wir es schon in Abschn. 8.2. für Atome im Lichtfeld kennen gelernt haben, sind Elektronen im Vakuum nicht „nackt", sondern, wenn wir es sehr genau nehmen im Rahmen der Quantenfeldtheorie, „bekleidet" mit einer Photonenwolke. Sie können, ähnlich wie Elektronen im Phononenfeld, Photonen emittieren und absorbieren.

Feynman [15] hat die Teilchenwechselwirkung durch Austausch von Feldquanten sehr einfach am H_2^+-Molekül (Abschn. 6.2.3) veranschaulicht. In der modellmäßigen Beschreibung dieses einfachsten Moleküls ergibt sich die Bindung der beiden Protonen (H-Kerne) durch das delokalisierte Elektron dazwischen. Wie in Abschn. 6.2.3 dargestellt, kann man sich dieses Elektron als hin- und hertunnelnd zwischen den beiden Protonen vorstellen. Hierbei entspricht die doppelte Tunnelamplitude $2|t_{\mathrm{LR}}|$ (6.58c) der Energiedifferenz zwischen bindendem und antibindendem Zustand des H_2^+-Moleküls. Der Austausch des Elektrons zwischen den beiden Protonen verursacht also eine Proton-Proton-Wechselwirkung mit einer Energieabsenkung, d. h. Bindungsenergie B des Gesamtsystems von etwa $|t_{\mathrm{LR}}|$. Nimmt man jetzt Feynman folgend, für die Propagation des hin- und hertunnelnden Elektrons näherungsweise die Amplitude eines freien Teilchens (Abschätzung für $|t_{\mathrm{LR}}|$) an, das sich im freien Raum gemäß einer Kugelwelle $r^{-1}[\exp(ipr/\hbar)]$ fortbewegt, so kann man die Bindungsenergie der beiden Protonen im Abstand R abschätzen durch

$$B \propto \frac{1}{R}\mathrm{e}^{\mathrm{i}pR/\hbar}\ . \tag{8.249}$$

Nehmen wir im Hinblick auf relativistische Verhältnisse, wie sie in der Elementarteilchenphysik gegeben sind, zur Berechnung des Impulses p der die Wechselwirkung vermittelnden Teilchen (Masse μ) die relativistische Impuls-Energie-Beziehung (2.2)

$$\mathrm{e}^2 = p^2c^2 + \mu^2c^4\ , \tag{8.250}$$

so folgt unter Vernachlässigung von $E(\simeq o)$, jedenfalls im Vergleich zu μc^2, der Ruheenergie der tunnelnden Teilchen, für den Impuls p eine imaginäre Größe

$$p \simeq i\mu c\ . \tag{8.251}$$

Gehen wir damit in die Beziehung (8.249), so ergibt sich für die Bindungsenergie, die durch den Austausch des μ-Teilchens verursacht wird:

$$B \propto \frac{1}{R}\mathrm{e}^{-(\mu c/\hbar)R}\ . \tag{8.252}$$

Die Größe $\mu c/\hbar$ ist ein Abklingfaktor, der die Reichweite der Wechselwirkung bestimmt. Für $R \gg (\mu c/\hbar)^{-1}$ verspüren die beiden Teilchen über den Austausch des μ-Teilchens keine Wechselwirkung mehr. Je größer die Masse μ der Austauschteilchen ist, desto kurzreichweitiger ist die durch das μ-Teilchen vermittelte Wechselwirkung. Das Potential $B(R)$ (8.252) heißt **Yukawa-Potential** [16], weil Yukawa 1935 mit ihm die Wechselwirkung zwischen Nukleonen (Proton, Neutron) im Atomkern durch den Austausch von π-Mesonen (Abschn. 5.6.4) erklärte. Mann kann seine Argumente leicht nachvollziehen, wenn man aus Tabelle 5.2 die Masse der π-Mesonen ($\mu_\pi c^2$) zu etwa 0,14 GeV abschätzt. Damit ergibt sich größenordnungsmäßig der Abklingfaktor ($\mu_\pi c/\hbar$) in (8.252) zu $10^{13}\,\text{cm}^{-1}$. Der inverse Wert entspricht aber gerade der Ausdehnung von Atomkernen, d. h. der Reichweite der Kernkräfte der starken Wechselwirkung, die die Nukleonen im Atomkern zusammenhält (Abschn. 5.6.4).

Etwas vereinfacht können wir aus dem Wechselwirkungspotential (8.252) zwischen zwei Teilchen auch den Schluss ziehen, dass bei masselosen Quanten, die die Wechselwirkung vermitteln ($\mu = 0$), das abstandsabhängige Potential $B(R)$ zwischen den Teilchen sich wie $1/R$ verhält. Dies ist aber gerade der Fall für masselose Photonen, durch deren Austausch zwischen Elektronen oder Protonen das R^{-1} Coulomb-Potential der klassischen Elektrodynamik zwanglos erklärt werden kann.

Die Theorie der quantisierten Felder, die Quantenfeldtheorie, hat somit unser Verständnis von der Wechselwirkung zwischen Teilchen (Feldanregungen), verglichen mit der klassischen Physik, auf völlig neue Grundlagen zurückgeführt. Jede Wechselwirkung zwischen Teilchen beruht auf dem Austausch von Teilchen eines weiteren Feldes. Fernwirkung wie in der klassischen Physik (Newtonsche Gravitation) wird über Nahwirkung durch Teilchenaustausch erklärt. Damit kann eine solche Wechselwirkung sich auch niemals schneller als mit Lichtgeschwindigkeit fortpflanzen.

Es ist weiterhin überraschend und „wunderbar", dass sich die Phänomene von Elektronen im Festkörper mit den gleichen Konzepten der Quantenfeldtheorie erklären lassen, die auch für Elementarteilchen gelten, bei Energien, die kosmischen Dimensionen beim Urknall entsprechen.

Literaturverzeichnis

1. M. Peskin, D. Schröder: „Introduction to Quantum Field theory", Addison Wesley (1997)
2. C. Ytzykson, J.B. Zuber: „Quantum Field Theory", Dover (2006)
3. N.N. Bogoliubov and D.V. Shirkov: „Introduction to Theory of Quantized Fields", New York (1959)
4. H. Haken: „Quantenfeldtheorie des Festkörpers", B.G. Teubner, Stuttgart (1993)
5. Ch. Kittel: „Quantum Theory of Solids", 4th edition, John Wiley and Sons Inc. (1967)
6. P. Jordan: Z. Physik **45**, 765 (1927)
7. S. Dürr, T. Nonn and G. Rempe: Nature **395**, 33 (1998)

8. C.S. Adams, M. Sigel and J. Mlynek: Physics Reports **240**, 143 (1994)
9. S. Dürr and G. Rempe: Advances in Atomic, Molecular and Optical Physics **42**, 29 (2000)
10. H.B.G. Casimir and D. Polder: Phys. Rev. **73**, 360 (1948)
11. S.K. Lamoreaux: Phys. Rev. Lett. **78**, 5 (1997)
12. G. Bressi, G. Carugno, R. Onofrio, G. Ruoso: Phys. Rev. Lett. **88**, 041804 (2002)
13. H. Ibach und H. Lüth: Festkörperphysik Einführung in die Grundlagen, 6. Auflage Springer Berlin, Heidelberg (2002)
14. Th. A. Bak (Editor): Aarhus Summer School Lectures 1963, Phonons and Phonon Interactions, W.A. Benjamin, Inc. New York, Amsterdam (1964)
15. R.P. Feynamn, R.B. Leighton, M. Sands: „The Feynman Lectures on Physics", Vol. III, Addison-Wesley, Reading, Massachusetts (1966)
16. H. Yukawa: Proc. Phys. Maths. Soc. Japan **17**, 230 (1935)

A Grenzflächen und Heterostrukturen

In der klassischen Festkörperphysik werden im allgemeinen Festkörpervolumina mit mehr als 10^{22} Atomen per cm^3 betrachtet, bei denen Oberflächeneffekte, basierend auf 10^{15} Atomen pro cm^2, vernachlässigt werden. Oberflächeneffekte müssen jedoch sicherlich berücksichtigt werden, wenn sie in Nanostrukturen mit Dimensionen von mehreren 10 nm wesentliche Eigenschaften, vor allem die elektronische Struktur bestimmen. Man beachte, dass eine GaAs-Nanosäule mit den Dimensionen $50\,\mathrm{nm} \times 50\,\mathrm{nm} \times 90\,\mathrm{nm}$ etwa $0{,}3 \cdot 10^6$ Oberflächenatome hat gegenüber etwa $11 \cdot 10^6$ Volumatomen. Ähnliches gilt für Halbleiterheterostrukturen, in denen maßgebliche elektronische Eigenschaften durch die Grenzflächen zwischen verschiedenen Halbleiterschichten mit Dicken im Nanometerbereich bedingt sind.

Beginnen wir mit einer einfachen Grenzfläche, der 2D-Oberfläche eines sonst ausgedehnten Festkörpers. An einer solchen Oberfläche sind die chemischen Bindungen gebrochen, ein Oberflächenatom hat weniger Nachbarn als eines im Volumen. Die elektronische Struktur in der Nähe der Oberfläche oder auch am Übergang zwischen zwei verschiedenen Halbleitern in einer Heterostruktur ist geändert gegenüber der im Volumen (Abschn. 8.3.4). Oberflächen- und Grenzflächenatome nehmen überlicherweise andere Gleichgewichtspositionen an, verglichen mit Atomen im Inneren. Auch die 2D-Oberflächenperiodizität kann verschieden von der im Volumen sein. Sogenannte Rekonstruktionen mit 2D-Überstrukturen treten an Oberflächen auf. Solche Rekonstruktionen werden überlicherweise mit Notationen wie (2×1) oder (7×7) beschrieben, bei denen die Zahlen in den Klammern das Verhältnis der primitiven Translationsvektoren der 2D-Überstruktur zu denen der Volumen-Elementarzelle angeben.

Die andersartige atomare Oberflächenstruktur verursacht natürlich neuartige sogenannte elektronische Oberflächenzustände oder auch Grenzflächenzustände, verglichen mit denen, die in der elektronischen Volumen-Bandstruktur (Abschn. 8.3.4) auftreten. Ihre Wellenfunktionen sind nahe der Oberfläche oder der Grenzfläche über Raumbereiche von Nanometern lokalisiert. Die Wellenamplitude klingt über diesen Nanometerbereich ins Vakuum und/oder das Volumen des Festkörpers hinein exponentiell ab (Abb. A.1a). Die Verteilung dieser Einelektronen-Oberflächenzustände auf der Energieachse ist verschieden von der im Volumen [Bandstruktur $E(\mathbf{k})$]. Für eine

Oberfläche ist dies leicht einzusehen. Wegen der geringen Zahl von Nachbarn haben die Wellenfunktionen von Oberflächenatomen weniger Überlapp zu benachbarten Wellenfunktionen. Die Aufspaltung und Verschiebung atomarer Niveaus von Oberflächenatomen durch Wechselwirkung mit den Nachbarn ist somit geringer als für Volumenatome (Abschn. 6.2.3). Wichtige Energieniveaus, wie die aus denen z. B. Leitungsband und Valenzband hervorgehen, sind deshalb für Oberflächenatome energetisch näher bei denen der freien Atome (Abb. A.1b).

Jeder Atomorbital, der an der chemischen Bindung mitwirkt und somit im Kristall eines der elektronischen Bänder verursacht, liefert dabei auch ein Oberflächenzustandsniveau E_{ss}. Oberflächenzustände, die so von der Volumenbandstruktur abgeleitet sind, sogenannte **intrinsische Oberflächenzustände** (im Gegensatz zu **extrinsischen**, hergeleitet von Oberflächendefekten oder Adsorbatatomen) haben 2D-Translationssymmetrie entlang der Oberfläche eines idealen Kristalls. Ihre Wellenfunktionen ψ_{ss} haben deshalb Bloch-Wellen-Charakter für Ortskoordinaten $\mathbf{r}_{\parallel}$ und Wellenvektoren $\mathbf{k}_{\parallel}$ parallel zur Oberfläche (Abschn. 8.3.4)

$$\psi_{ss}\left(\mathbf{r}_{\parallel}, z\right) = u_{\mathbf{k}\parallel}\left(\mathbf{r}_{\parallel}, z\right) \exp\left(i\mathbf{k}_{\parallel} \cdot \mathbf{r}_{\parallel}\right) \ , \tag{A.1}$$

während ihre Amplitude exponentiell ins Vakuum und in den Kristall hinein abfällt. Die Energieeigenwerte intrinsischer Oberflächenzustände sind also auf einem 2D-periodischen Oberflächengitter, bzw. dem zugehörigen reziproken 2D-Gitter ($\mathbf{k}_{\parallel}$) definiert und formen analog zum 1D- und 3D-Fall (Abschn. 8.3.4) eine 2D-Bandstruktur $E(\mathbf{k}_{\parallel})$ mit Dispersion entlang der $\mathbf{k}_{\parallel}$-Richtungen des reziproken Gitters (Abb. 8.7). Dies bedingt in einer Auftragung der Oberflächenzustandsdichte N_{ss} über der Energie E breitere Oberflächenzustandsbänder (Abb. A.1c). Da Oberflächenzustände von Zuständen des Volumens, d. h. hier speziell vom Leitungs- und Valenzband eines Halbleiters abgeleitet sind, haben sie – abhängig von ihrer Herkunft – verschiedenen Umladungscharakter. Zustände, die vom Leitungsband herrühren und meist nahe an der unteren Leitungsbandkante liegen (Abb. A.1c), sind wie Leitungsbandzustände negative geladen, wenn sie mit einem Elektron besetzt sind und neutral im unbesetzten Fall. Analog zum Volumenfall, wo diese Zustände jedoch knapp oberhalb des Valenzbandes liegen, heißen sie deshalb Akzeptor-Oberflächenzustände. Zustände, die vom Valenzband abgeleitet sind, haben Donatorcharakter, sie sind neutral im besetzten Zustand und positiv geladen, wenn sie leer sind. Es existiert deshalb im Band der Oberflächenzustände ein Neutralitätsniveau E_{N} (Abb. A.1c). Wenn das Fermi-Niveau E_{F} diese Energie E_{N} kreuzt, sind die Oberflächenzustände in ihrer Gesamtheit neutral, sie tragen keine elektrische Ladung. Liegt E_{F} etwas oberhalb von E_{N}, dann tragen die Oberflächenzustände negative Ladung. Bei $E_{\mathrm{F}} < E_{\mathrm{N}}$ sind die Oberflächenzustände positiv aufgeladen. Um neutrale Verhältnisse im gesamten Oberflächenbereich eines Halbleiters zu gewährleisten (Energieminimum), muss eine etwaige Ladung in Oberflächenzuständen

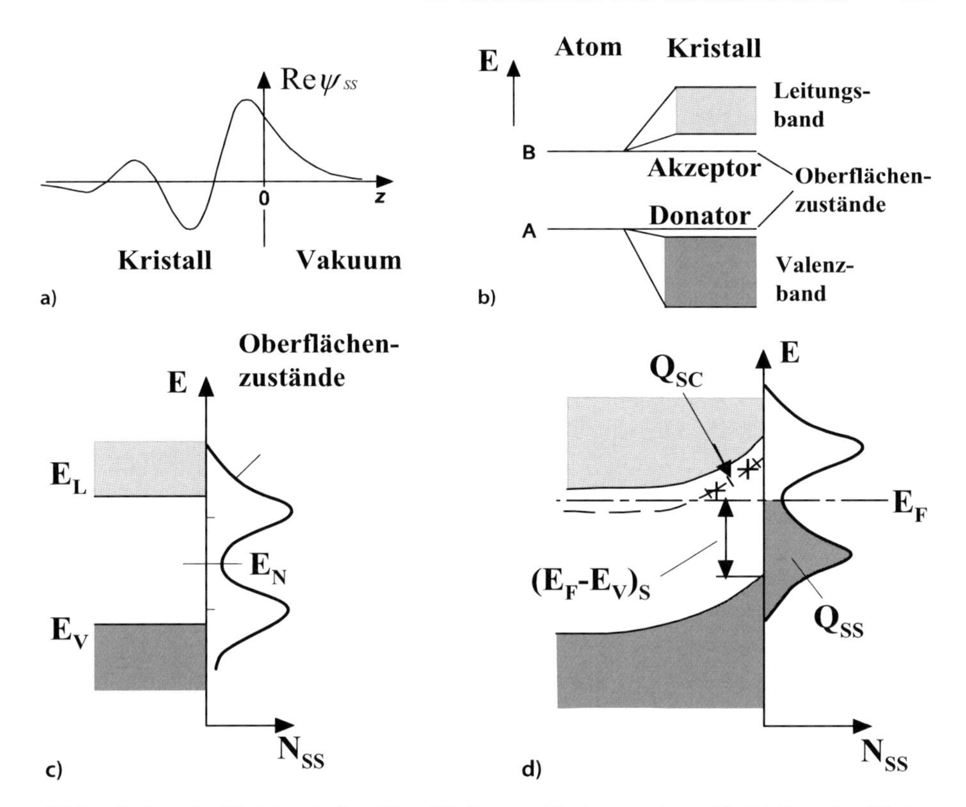

Abb. A.1a–d. Elektronische Oberflächenzustände an einer Halbleiteroberfläche. **a** Wellenfunktion $Re\psi_{SS}$ eines Oberflächenzustandes lokalisiert an der Oberfläche bei $z = 0$ (qualitativ) **b** Aufspaltung zweier atomarer Niveaus A und B in Volumen-Valenzband und -Leitungsband durch kovalente Wechselwirkung der Atome im Kristall. Die akzeptor- und donatorartigen Niveaus der Oberflächenzustände spalten von den Volumenbändern ab wegen schwächerer Wechselwirkung zu weniger Nachbaratomen als im Volumen. **c** Wegen der 2D-Translationssymmetrie der Oberfläche zeigen die Oberflächenzustände Dispersion entlang $\mathbf{k}_{\|}$ und formen breitere Bänder in der Oberflächenzustandsdichte N_{SS}. E_{N} Neutralitätsniveau der Oberflächenzustände. **d** Wegen Ladungsneutralität an der Oberfläche schneidet das Fermi-Niveau E_{F} die Oberflächenzustandsdichte N_{SS} nahe bei E_{N}. Dies führt zu einer Bandverbiegung im n-dotierten Halbleiter (Verarmungsrandschicht mit positiver Raumladung)

durch Ladung in der darunter liegenden Raumladungszone des Halbleiters kompensiert werden. Die Lage von E_{F} im Inneren des Halbleiters wird durch die Volumendotierung festgelegt. Bei einem n-dotierten Halbleiter liegt E_{F} deshalb knapp unter der Leitungsbandkante (Abb. A.1d). Für einen solchen n-dotierten Halbleiter verbiegen sich deshalb die elektronischen Bänder nahe der Oberfläche nach oben, um eine möglichst geringe Aufladung der Oberflächenzustände zu ermöglichen (E_{F} nahe E_{N}).

Die Volumendonatoren in der sogenannten Verarmungsrandschicht werden ionisiert unter Zurücklassung positiver Donatorenrümpfe. Der Betrag der Bandaufbiegung ist durch die Bedingung gegeben, dass die positive Ladung Q_{sc} in der Raumladungs(Verarmungs)zone durch die negative Ladung Q_{ss} in den Oberflächenzuständen kompensiert wird. E_{F} muss deshalb ein wenig oberhalb des Neutralitätsniveaus E_{N} liegen. Für übliche Oberflächenzustandsdichten N_{ss} in der Größenordnung von $10^{15}\,\mathrm{cm}^{-2}\,(\mathrm{eV})^{-1}$ ist die Abweichung $(E_{\mathrm{N}} - E_{\mathrm{F}})$ winzig, in der Größenordnung von 10^{-2} bis $10^{-3}\,\mathrm{eV}$. Das Fermi-Niveau E_{F} ist also an der Oberfläche festgehalten, „gepinnt", in der Nähe des Niveaus E_{N}. Es ändert seine energetische Lage nur unwesentlich bei Änderung der Volumendotierung oder der Temperatur. Die „Pinning"-Position $(E_{\mathrm{F}} - E_{\mathrm{N}})_s$ an der Oberfläche ist charakteristisch für die spezielle Oberfläche, sie heißt Oberflächenpotential.

Die hier für die Vakuum/Festkörperoberfläche entwickelten Vorstellungen können leicht auf die ideale Metall/Halbleiter-Grenzfläche (Schottky-Barriere, Abschn. 6.1.1) und Halbleiterheterostrukturen übertragen werden, bei denen zwei oder mehrere verschiedene Halbleiterschichten wie AlAs/GaAs oder InGaAs/InP epitaktisch aufeinander abgeschieden werden.

Bei einem idealen Metall/Halbleiter-Übergang tunneln die delokalisierten Bloch-Wellen des Metalls (Potentialtopf mit Elektronen bis E_{F} aufgefüllt) in den Halbleiter hinein, wenn ihre Energiezustände gerade in das verbotene Band (Abschn. 8.3.4) des Halbleiters fallen (Abb. A.2a). Da im verbotenen Band keine elektronischen Zustände des Halbleiters existieren, müssen diese exponentiellen „Bloch-Schwänze" im Halbleiter durch eine Superposition von Valenz- und Leitungsbandwellenfunktionen, eine Fourier-Reihe, dargestellt werden. Ähnlich wie bei Oberflächenzuständen haben diese sogenannten Metall-induzierten Grenzflächenzustände (MIGS = metall induced gap states) Donator- und Akzeptorcharakter und ihre Ausdehnung ist begrenzt auf die direkte Umgebung des Übergangs. Weiterhin existiert wiederum ein Neutralitätsniveau E_{N}, das die donatorartigen MIGS von den akteptorartigen (obere Hälfte des verbotenen Bandes) trennt (Abb. A.2b). Da E_{N} üblicherweise nahe der Mitte des verbotenen Bandes des Halbleiters liegt (ähnliche Beteiligung von Valenz- und Leitungsband zu den MIGS), ist dort das Fermi-Niveau E_{F} „gepinnt". Sowohl beim n- wie beim p-dotierten Halbleiter resultieren daraus Bandverbiegungen im Halbleiter. Für einen n-dotierten Halbleiter ist die entstehende Verarmungsrandschicht mit der Schottky-Barriere $e\phi_{\mathrm{SB}}$ in Abb. A.2c dargestellt (siehe auch Abb. 6.1). Im Idealfall ist die Höhe der Schottky-Barriere wiederum eindeutig einem speziellen Metall/Halbleiterübergang zugeordnet.

Ähnliche Regeln wie für die freie Oberfläche und die Schottky-Barriere regeln auch die relative Einstellung der Bänderschemata zweier Halbleiterschichten in einer Heterostruktur zueinander. Wenn zwei Halbleiter mit verschiedener Bandlücke epitaktisch aufeinander abgeschieden werden, existieren zwei energetische Bereiche ΔE_{L} und ΔE_{V} [Leitungsband- bzw. Valenzband-

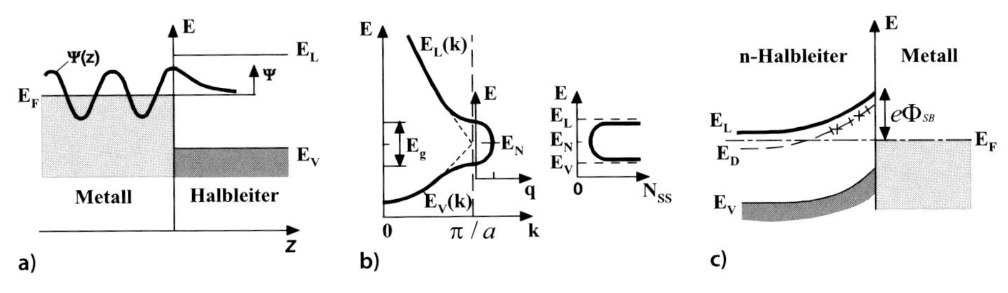

Abb. A.2a–c. Metall-induzierte Grenzflächenzustände (MIGS metal induced gape states) an einer Halbleiteroberfläche. **a** Ursache der MIGS: Blochzustände der freien Elektronen im Metall klingen bei Energien des verbotenen Bandes in den Halbleiter hinein ab. Diese „Bloch-Schwänze" müssen durch eine Superposition von Valenz- und Leitungsbandzuständen dargestellt werden. E_{V} und E_{L} Valenzband- und Leitungsbandkanten. **b** Im einfachen Modell einer eindimensionalen (1D) Kette von Atomen (Reale Bandstruktur $E_{\mathrm{V}}(k)$ und $E_{\mathrm{L}}(k)$ von Valenz- und Leitungsband, E_g verbotenes Band) füllen die exponentiell abklingenden Oberflächen (Grenzflächen)-Zustände (Abb. A.1a) mit imaginärem Wellenvektor $\kappa = iq$ das verbotene Band. E_{N} Neutralitätsniveau, N_{SS} Grenzflächenzustandsdichte der MIGS. **c** Beim Metall/Halbleiter-Schottky-Kontakt muss das Fermi-Niveau E_{F} die Zustandsdichte der MIGS nahe bei E_{N} kreuzen. Damit bildet sich analog zu Abb. A1d eine Verarmungsrandschicht mit Schottky-Barriere $e\Phi_{\mathrm{SB}}$ aus

Diskontinuität (offset), Abb. A.3b], wo das Kontinuum der Leitungsband- bzw. Valenzbandzustände des eines Halbleiters (mit kleinerer Lücke, z. B. GaAs) an das verbotenen Band des Halbleiters mit größerer Lücke (z. B. AlAs) angrenzt. Wie beim Schottky-Kontakt (Abb. A.2a) tunneln die Blochzustände des Halbleiters mit kleinerer Lücke in das verbotene Band des Halbleiters mit größerer Lücke, und dies sowohl für leere Leitungsband- als auch für besetzte Valenzbandzustände. Gleichartige Argumente wie beim Schottky-Kontakt führen zu dem Schluss, dass die Neutralitätsniveaus E_{N} beider Halbleiter sich an der Grenzfläche anpassen müssen, damit die Grenzfläche neutral bleibt. Kleinere Unterschiede zwischen den Neutralitätsniveaus beider Halbleiter rühren von Ladungstransfers zwischen den Grenzflächenatomen auf beiden Seiten der Grenzfläche her. Diese Regel des Aufeinanderfallens der Neutralitätsniveaus bestimmt die Banddiskontinuitäten ΔE_{L} und ΔE_{V} als charakteristische Größen für einen speziellen Halbleiter-Heteroübergang.

Die Lage des Fermi-Niveaus E_{F} ist im Volumen beider Halbleiter durch die Dotierung festgelegt. Weiterhin muss E_{F} im thermischen Gleichgewicht auf beiden Seiten des Übergangs den gleichen Wert haben. Um beide Bedingungen, spezifisch festgelegte Banddiskontinuitäten ΔE_{L}, ΔE_{V} bei gleichzeitig vorgegebener Lage von E_{F} durch die Volumendotierungen, zu erfüllen, müssen sich auf beiden Seiten des Halbleiterübergangs Bandverbiegungen mit speziellen Raumladungszonen einstellen. Ein für die Quantenelektronik besonders wichtiger Fall, n-dotierter Halbleiter mit großer Lücke angrenzend an

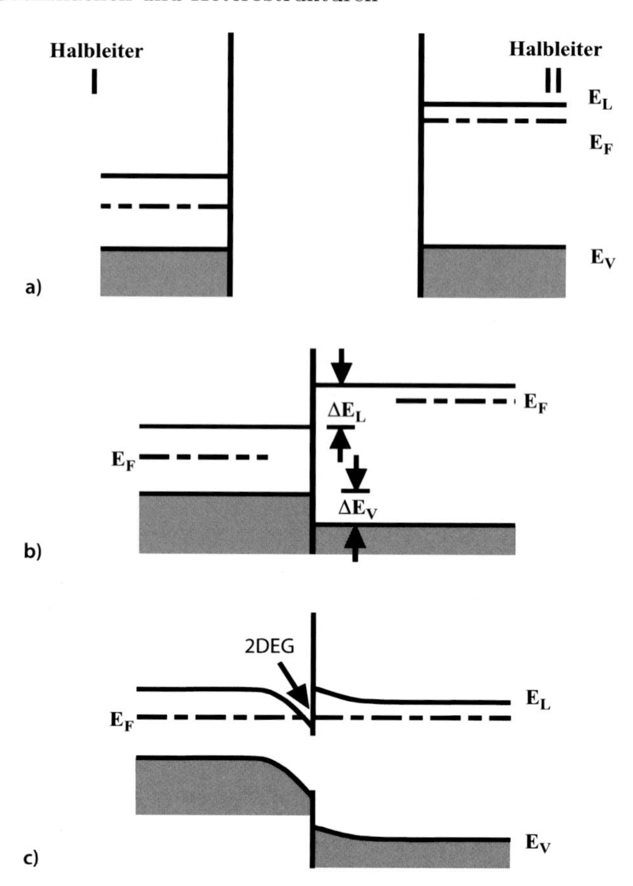

Abb. A.3a–c. Ausbildung einer Halbleiter-Heterostruktur mit einem 2-dimensionalen Elektronengas (2DEG) an der Grenzfläche. **a** Die Bandstrukturen der beiden Halbleiter I (schwach n-dotiert oder intrinsisch) und II (stark n-dotiert), räumlich getrennt. **b** Die beiden Halbleiter im Kontakt, jedoch nicht im thermischen Gleichgewicht; die beiden Fermi-Niveaus E_{F} sind verschieden (nur gedanklich möglich). Die Band-Diskontinuitäten (Offsets) ΔE_{V} und ΔE_{L} sind dadurch bestimmt, dass die Neutralitätsniveaus der Grenzflächenzustände in ΔE_{V} und ΔE_{L} übereinstimmen. **c** Beide Halbleiter im Kontakt und im thermischen Gleichgewicht (reale Situation); ideale Grenzfläche ohne Grenzflächenzustände im gemeinsamen verbotenen Band. Die Bandverbiegungen in beiden Halbleitern sind durch die Volumendotierungen und die grenzflächenspezifischen Band-Diskontinuitäten ΔE_{V} und ΔE_{L} festgelegt. Im gezeichneten Fall bildet sich an der Grenzfläche im Halbleiter mit niedriger Bandlücke ein 2DEG aus

einen fast intrinsischen (nicht dotiert) Halbleiter mit niedriger Bandlücke ist in Abb. A.3c dargestellt.

Wegen des nach oben gebogenen Leitungsbandes im n-dotierten Halbleiter mit großer Bandlücke (z. B. AlAs) werden in der Nähe des Übergangs die Volumendonatoren ionisiert; sie geben ihr Elektron in den dreieckigen Potentialtopf im Halbleiter mit kleiner Bandlücke (z. B. GaAs) ab, der aus der Abwärtsbiegung des Leitungsbandes dort resultiert. Diese Leitungsbandelektronen sind in einem Potentialtopf der Dicke 1 bis 2 nm eingesperrt, sie bilden ein 2D-Elektronengas (2 DEG) mit freier Beweglichkeit parallel zur Grenzfläche. Ihre Energieeigenwerte stellen sich also dar durch

$$E_j = \varepsilon_j + \frac{\hbar^2 k_{\parallel}^2}{2m_{\parallel}^*} \,, \tag{A.2}$$

wo ε_j die Eigenwerte der Quantisierung senkrecht zur Grenzfläche im dreieckigen Potentialtopf sind. $k_{\parallel}$ ist ein Wellenvektor parallel zur Grenzfläche (freie Bewegung der Elektronen) und $m_{\parallel}^*$ die entsprechende elektronische effektive Masse. Der Halbleiter mit kleiner Energielücke, in dem sich die Elektronen des 2 DEG bewegen, ist nicht vorsätzlich dotiert. Die Störstellen, von denen die Elektronen stammen, befinden sich räumlich vom 2 DEG getrennt, im benachbarten Halbleiter. Störstellenstreuung (Abschn. 6.6.3) der Elektronen, sogar bei hohen Dotierungskonzentrationen, ist stark unterdrückt. Bei niedrigen Temperaturen erreichen diese quasifreien Leitungselektronen im 2 DEG Beweglichkeiten μ, die um Größenordnungen über denen von Elektronen im Volumen dotierter Halbleiter liegen, z. B. bis zu 10^7 cm^2/Vs in AlGaAs/GaAs-Heterostrukturen.

Die hier beschriebenen Heterostrukturen mit hochbeweglichen 2 DEGs sind die wichtigsten Bauteile für Strukturen, insbesondere Nanostrukturen, die zur Erforschung von Quanteneffekten im Festkörper dienen. Außerdem sind solche Heterostrukturen, insbesondere in den Materialsystemen AlGaAs/GaAs, InGaAs/InP, AlGaN/GaN die Basis für die Herstellung des schnellsten Feldeffekt-Transistors (FET), des HEMT (high electron mobility transistor), der aus der modernen Höchstfrequenz-Elektronik nicht mehr wegzudenken ist. Heterostrukturen mit einem hochbeweglichen 2 DEG wie in Abb. A.3c werden deshalb häufig als HEMT-Strukturen bezeichnet.

B Präparation von Halbleiter-Nanostrukturen

Die Möglichkeit, Nanostrukturen mit typischen Dimensionen zwischen 10 nm und einigen 100 nm herzustellen, hat die Voraussetzungen für viele Experimente zur Quantenphysik und für quantenelektronische Bauelemente geschaffen. Zwei wichtige experimentelle Grundlagen für die Präparation von Nanostrukturen sind die Epitaxie, d. h. das kristalline (manchmal auch nichtkristalline Deposition) Aufwachsen verschiedener Materialien mit Schichtdicken bis hinab von einigen Nanometern aufeinander und lithographische Methoden zur lateralen Strukturierung dieser Schichten auf der Nanometerskala. Wir beschränken uns im vorliegenden Zusammenhang auf Halbleiter-Materialsysteme, weil diese für die Quantenelektronik die wichtigste Materialklasse darstellen.

Die wichtigsten Epitaxiemethoden für Halbleiterheterostrukturen sind die **Molekularstrahlepitaxie** (**M**olecular **B**eam **E**pitaxie, MBE) und die **metallorganische Gasphasenepitaxie** (**M**etal **O**rganic **V**apour **P**hase **E**pitaxie, MOVPE).

Bei der MBE handelt es sich im Prinzip um das Verdampfen der Ausgangsmaterialien, z. B. As, Al, und Ga für AlGaAs und der Deposition auf einem Substrat z. B. GaAs. Dieser weit vom thermodynamischen Gleichgewicht ablaufende Prozess wird in einer Ultrahochvakuum (UHV)-Kammer mit Ausgangsdrücken von 10^{-8} Pa durchgeführt (Abb. B.1). UHV-Bedingungen sind wegen der erforderlichen Reinheit der Halbleitermaterialien nötig. Die UHV-Kammer ist wegen der gewünschten Vakuumbedingungen im Inneren mit einem Stickstoff (N_2)-gekühlten Kryoschild ausgekleidet, durch den hindurch elektrisch geheizte Effusionszellen die Ausgangsmaterialen (Ga, As, In u. ä. in fester Form) für das Kristallwachstum liefern. Sogenannte Shutter, mechanisch betriebene, rechnergesteuerte Klappen schließen und öffnen die einzelnen Effusionszellen und schalten die jeweiligen Molekularstrahlen ein und aus. Die Deposition geschieht auf einem geheizten Substrat, z. B. einem GaAs-Wafer, der während der Epitaxie rotiert, um eine möglichst homogene Abscheidung zu erzielen. Typische Substrattemperaturen für III-V-Halbleiter liegen zwischen 500 und 700 °C. Bei Wachstumsraten von 1 µm/h, d. h. 0,3 nm/s können atomar scharfe Übergänge zwischen zwei verschiedenen, aufeinander deponierten Schichten (Abb. 3.15) erzeugt werden, wenn die Shutter-Umschaltzeiten unterhalb einer Sekunde liegen. Wie in Abb. B.1 ge-

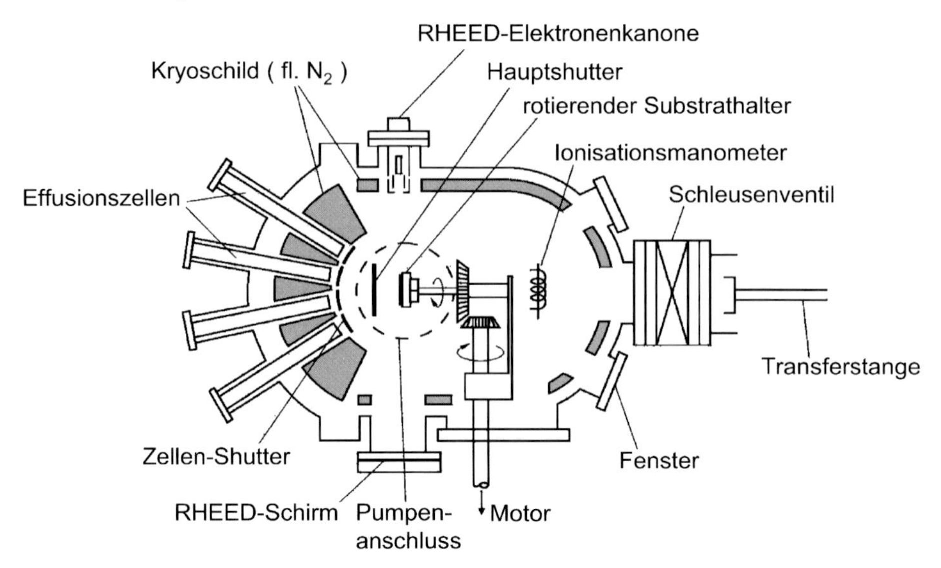

Abb. B.1. Schema einer Molekularstrahlepitaxie (MBE)-Anlage zur Herstellung von III-V-Halbleiterheterostrukturen: UHV-Kammer mit Kyroschild und eingebauten Depositions- und Charakterisierungseinheiten

zeigt, enthält eine MBE-Anlage üblicherweise ein Ionisationsmanometer und eine Elektronenkanone sowie einen dazu gegenüberliegenden fluoreszierenden Leuchtschirm. Damit können während des Schichtwachstums Elektronenbeugungsbilder (RHEED = **R**eflection **H**igh **E**nergy **E**lectron **D**iffraction) zur Kontrolle des Wachstums aufgenommen werden.

Während MBE vor allem in der Grundlagenforschung erhebliche Bedeutung hat, wird in der industriellen Anwendung das MOVPE-Verfahren bevorzugt, weil es keine UHV-Bedingungen verlangt. Bei der MOVPE, hier erklärt für das eptitaktische Wachstum von GaAs-Schichten, wird festes GaAs aus gasförmigen Quellen, die Ga und As enthalten abgeschieden. Bevorzugt werden AsH_3 und das metallorganische Gas Trimethylgallium [TMG = $Ga(HC_3)_3$] verwendet. Die Gesamtreaktion, die über komplizierte Zwischenschritte abläuft, schreibt sich $[Ga(CH_3)_3]_{gas} + [AsH_3]_{gas} \rightarrow [GaAs]_{fest} + [3CH_4]_{gas}$. AsH_3 wird hierbei unmittelbar aus einer Gasflasche über ein geregeltes Gasflussventil in den aus Quarz bestehenden Reaktor geleitet. Die metallorganische Komponente TMG befindet sich in einem Kolben, in der der TMG-Dampfdruck durch ein Temperaturbad eingestellt wird. Wasserstoff (H_2) wird als Trägergas durch diesen Kolben geleitet und transportiert das TMG zum Reaktor. Im Quarzreaktor rotiert das Substrat, ein GaAs-Wafer, auf einem geheizten Suszeptor. Im Gegensatz zur MBE ist in der MOVPE das Wachstum der Schicht durch ein komplexes Wechselspiel ineinander greifender Prozesse bestimmt: diffusiver Transport der gasförmigen Ausgangsmaterialien zum geheizten Substrat, Zerlegung der Ausgangsmaterialien in der

Gasphase und an der Oberfläche der wachsenden Schicht, Einbau der Ga- und As-Atome in die Schicht, diffusiver Abtransport der gasförmigen Reaktionsprodukte. Neben den eigentlichen chemischen Prozessen des Wachstums spielen also strömungsdynamische Faktoren eine ebenso wichtige Rolle zur Erzielung optimaler epitaktischer Schichtabscheidung bei der MOVPE.

Gegenüber der MBE bietet die MOVPE den für die Erzeugung von Nanostrukturen wichtigen Vorteil des nichtgerichteten Wachstums: Es gibt keine durch die Richtung von Molekularstrahlen bevorzugte gerichtete Abscheidung. Weiterhin erlauben die chemischen Oberflächenprozesse auf dem Substrat **selektives Wachstum**. Bedeckt man den Substratwafer mit einer strukturierten Maske (z. B. SiO_2-Schicht mit wohldefinierten Öffnungen), so kann man die Wachtumsbedingungen (Temperatur, Gasfluss u. ä.) so einstellen, dass Wachstum nur in den Öffnungen, d. h. auf der freien Substratoberfläche, jedoch nicht auf der wenig reaktiven Maske geschieht.

Für das MOVPE-Wachstum anderer Schichten als GaAs, z. B. AlGaAs, InP oder InGaAs gelten analoge Aussagen. Es werden z. B. Ausgangsmaterialien wie PH_3 (Phospin) oder TMIn, TMAl u. ä. eingesetzt, die natürlich etwas abgeänderte Wachstumsbedingungen gegenüber GaAs verlangen.

Mittels MBE oder MOVPE lassen sich also Heteroschichtsysteme mit Schichtdicken unterhalb von 1 nm und atomar scharfen Übergängen herstellen. Um 3D-Nanostrukturen durch „maschinelle“ Strukturierung (**top-down**) herzustellen, ist **Lithographie** (λίϑος = Stein, γράφειν = schreiben) erforderlich. Hierdurch werden in z-Richtung nanostrukturierte Schichtfolgen auch in der x- und y-Richtung parallel zur Schicht nanostrukturiert und damit 3D-Nanostrukturen erzeugt. Laterale Strukturierung bis in den 100 nm Bereich wird zurzeit mittels optischer Lithographie, d. h. Belichtungsmethoden mit sichtbarem und UV-Licht durchgeführt. Nanostrukturierung bis auf die 5–10 nm-Skala wird mittels sogenanntem Elektronenstrahlschreiben, der Elektronenstrahl-Lithographie (e-beam-lithography) erreicht. Beide Prozesse sind darin ähnlich, dass ein **Photolack** (photoresist) entweder durch Licht oder durch einen Elektronenstrahl belichtet und dadurch chemisch und strukturell bezüglich seiner Löslichkeit in einem organischen Lösungsmittel verändert wird. Bei der optischen Lithographie geschieht die Belichtung durch eine Maske (entweder Durchleuchtung oder durch optische Projektion), d. h. das gewünschte Muster wird in seiner Gesamtheit parallel, in einem einzigen Beleuchtungsschritt auf den Lack übertragen. Bei der Elektronenstrahl-Lithographie geschieht die Belichtung seriell, indem ein fokusierter Elektronenstrahl rechnergesteuert über den Lack geführt wird. Dies geschieht in einer elektronenmikroskopischen Säule wie bei einem Rasterelektronenmikroskop. Verglichen mit der optischen Lithographie ist die Elektronenstrahl-Lithographie also zeit- und kostenintensiver. Für industrielle Anwendung zielt deshalb die Forschung darauf ab, die Elektronenstrahl-Lithographie in der Nanostrukturwissenschaft durch parallele Belichtungsverfahren mit extrem kurzwelliger elektromagnetischer Strahlung zu ersetzen (z. B. EUV, extreme UV).

Um laterale Strukturen im belichteten Photolack auf Halbleiterschichtsysteme oder Wafer zu übertragen, werden verschieden Ätzverfahren eingesetzt. Die wichtigsten Übertragungsverfahren sind in Abb. B.2 zusammengestellt. Es geht um die beiden wichtigen Prozesse, laterale Metallstrukturen auf einem Halbleiterwafer zu erzeugen oder direkt Strukturen in den Wafer hinein zu ätzen. Im ersten Fall der Metallstrukturen auf dem Wafer sind zwei Wege möglich: Man kann eine durch Verdampfung deponierte Metallschicht (1. Schritt) strukturiert ätzen. Dazu wird diese Metallschicht (typische Dicke 100 nm) mit dem organischen Photolack (Resist: häufig PMMA = polymethyl metacrylate) in einer Lackschleuder durch Aufsprühen bedeckt. Im hier beschriebenen Prozess wird ein sog. Negativlack benutzt, bei dem die nachfolgende Belichtung (3. Schritt) durch eine Maske oder durch einen Elektronenstrahl lokal, in den beleuchteten Arealen, zu einer Verfestigung der chemischen Struktur des Lackes (Polymerbildung), d. h. zu einer geringeren Löslichkeit führt. Bei der nachfolgenden Entwicklung (4. Schritt) werden durch ein organisches Lösungsmittel die nichtbelichteten Areale des Lacks entfernt. Die verbleibenden Lackstrukturen schützen nun die darunter liegende Metallschicht davor, bei Ätzen entfernt zu werden. Ätzen von Strukturen kann je nach verlangten Anforderungen nasschemisch in Lösungen ($HCl, H_2O_2 \cdots$) erfolgen oder in einer Plasmaentladung (O_2) durch Ionenbeschuss mit mehr oder weniger chemisch aktiven Beimischung ($HF, HBr, \cdots$). Letztere Methode, die in Ionenätzanlagen erfolgt, heißt **Reaktives Ionenätzen** (RIE = reactive ion etching). Die Metallätzung (5. Schritt) hinterlässt nun auf dem Wafer Nanostrukturen, bestehend aus Metall und darüber liegender Lackschicht. In einem 6. Schritt wird in einem Ofen durch Veraschung der Lack entfernt und die gewünschten Metall-Nanostrukturen bleiben auf dem Wafer zurück.

Da III-V Halbleiter und Metalle sehr ähnliches Ätzverhalten zeigen, eignet sich die beschriebene Methode zu Erzeugung metallischer Nanostrukturen nur sehr begrenzt. Hier wird der sogenannte **Lift-Off-Prozess** bevorzugt angewendet. Die III-V-Wafer-Oberfläche wird mit einem Positivlack bedeckt (1. Schritt). Ein solcher Lack wird durch Belichtung, optisch oder durch Elektronenstrahl, chemisch so verändert, dass er in den belichteten Bereichen leichter löslich wird (Aufbrechen von Polymer-Bindungen). Danach wird der Positivlack belichtet, optisch oder durch Elektronenstrahl (2. Schritt). Nach der Entwicklung, dem Entfernen des Lacks an den belichteten Stellen (3. Schritt), ist der Wafer dann mit einer strukturierten Lackschicht bedeckt. Eine nachfolgende Deposition von Metall bedeckt sowohl Lack und Waferbereiche mit Metall (4. Schritt). Im Lift-Off-Prozess werden nun im 5. Schritt die verbliebenen metallbedeckten Lackstrukturen entfernt und nur die auf dem Wafer angeordneten Metallstrukturen bleiben übrig, genauso wie in der vorher beschriebenen Metall-Ätzung.

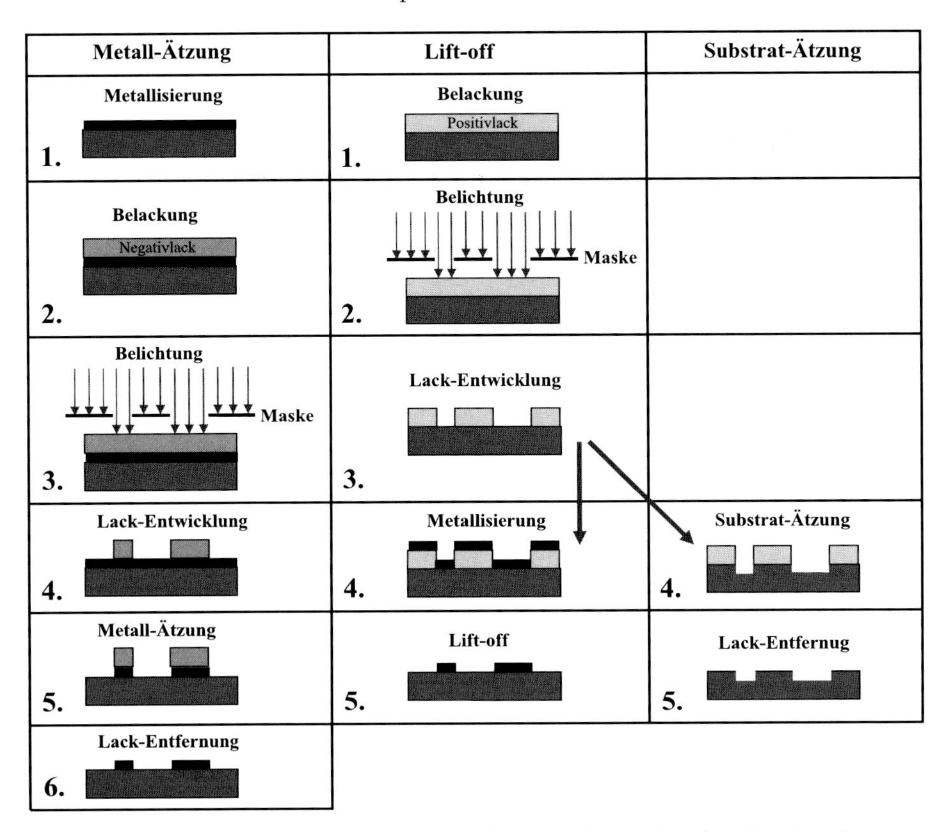

Abb. B.2. Schematische Darstellung wichtiger lithographischer Strukturierungsverfahren für Halbleiter. Die Belichtung (3. Schritt bei der Metall-Ätzung, bzw. 2. Schritt beim Lift-off-Prozess) geschieht in der optischen Lithographie (dargestellt) durch Beleuchtung des Photolacks durch eine Maske oder bei der Elektronenstrahl-Lithographie durch einen über die Lackschicht geführten fokussierten Elektronenstrahl

Diesen mit Positivlack durchgeführten Prozess kann man auch einsetzen, um Strukturen direkt in den Halbleiter-Wafer zu übertragen. Nach der Belichtung (2. Schritt) muss man nur einen Ätzschritt, meist RIE, anschließen, der direkt das Halbleitersubstrat angreift (4. Schritt). Hierbei entstehen entsprechende Vertiefungen im Halbleiter, bzw. entsprechende 3D-Nanostrukturen, die erhaben aus dem Halbleiter-Wafer herausragen. Diese Strukturierungsmethode eignet sich also hervorragend, um Halbleiter-Heterostruktuen, die schon in ihrer Schichtstruktur zwei Barrieren, z. B. aus AlAs eingebettet in GaAs (Abb. 3.15) aufweisen, weiter in 3D-Quantenpunkte zu überführen, indem die laterale Einschränkung durch lithographische Herausformung von Säulenstrukturen (Abb. 5.18a) erreicht wird. In einem letzten 5. Schritt wird dann nur noch der übrig gebliebene Photolack entfernt. Besondere Bedeutung haben die beschriebenen Strukturierungsverfahren im Hinblick auf HEMT-Strukturen (Anhang A) mit eingebetteten 2DEGs am Halbleiterübergang, z. B. zwischen GaAs und AlGaAs. Beispiele zur Erzeugung von 0D-Quantenpunkten oder 1D-Leitungskanälen im 2DEG sind in Abb. B.3 dargestellt. Die beschriebene Substrat-Ätzung (Abb. B.2) wird in Abb. B.3a verwendet, um aus einer AlGaAs/GaAs-HEMT-Struktur eine Mesa (erhabene Struktur, benannt nach den Mesa-Tafelbergen der amerikanischen Wüste) herauszuätzen, die lateral das 2DEG begrenzt. Das 2DEG dehnt sich innerhalb der Mesa nicht bis zum Rand hin aus, weil die Mesaoberfläche natürlich eine Verarmungsrandschicht aufweist (Anhang A). Eine ähnliche lokale Einschränkung des 2DEG lässt sich durch lateral strukturierte, aufgedampfte Metall-Gates (Abb. B.3b) erzielen, unter denen sich eine Schottky-Barriere mit Verarmungsrandschicht ausbildet, die das 2DEG dort lokal von Elektronen entleert. Diese, häufig als „Split-gate"-Anordnung bezeichnete Struktur, bietet den großen experimentellen Vorteil, dass man die Ausdehnung und Elektronenbesetzung des 2DEG-Kanals (oder Quantenpunktes) durch eine am Metall-Gate anliegende Spannung variieren kann. In Abb. B.4 sind durch diese Technik hergestellte Quantenpunkte (schematisch) und Doppelquantenpunkte (Elektronenrasterbild) dargestellt. Damit sich ein 2DEG in einer AlGaAs/GaAs-Heterostruktur voll ausbilden kann, muss es von der Oberfläche der Struktur mindestens so weit entfernt sein, dass es nicht in die Oberflächenverarmungsrandschicht (Abb. A.1d) hineinragt. Wäre dies der Fall, so würde es von Elektronen entleert und der entsprechende Raumbereich wäre isolierend. Genau dies macht man sich zunutze, um ein 2DEG lateral zu strukturieren. Man dünnt mittels lithographisch präparierter Masken durch Ätzen die obere AlGaAs-Schicht überall dort ab, wo isolierende Barrieren das 2DEG einschränken sollen (Abb. B.3c). Nur wo die HEMT-Struktur ihre ursprüngliche Dicke behält, existiert das 2DEG weiter.

Das Abdünnen der oberen AlGaAs-Schicht einer HEMT-Struktur kann auch durch andere Methoden ersetzt werden, die dort den Halbleiter AlGaAs zerstören. Man kann z. B. lokal Ionen in hoher Dosis implantieren oder den Halbleiter in die Tiefe hinein oxidieren, um darunter das 2DEG von Elektronen zu verarmen. Hier haben sich in letzter Zeit das Rastertunntelmikroskop (Abb. 3.10) oder das Rasterkraftmikroskop zur lokalen Oxidation von Halbleiteroberflächen auf der Nanometerskala bewährt (Abb. 5.21). Mittels eines Rasterkraftmikroskopes mit leitender Spitze kann ein auf der Oberfläche vorhandener Wasserfilm anodisch in der Nähe der Metallspitze oxidiert werden, indem die Spitze als Anode gegen das geerdete Substrat geschaltet wird.

Alle bisher vorgestellten Methoden der Herstellung von Nanostrukturen gehen von makroskopischen Festkörpern aus und verwenden lithographische Techniken zur Verkleinerung bis in den Nanometerbereich (top-down). Hier nun sind in den letzten Jahren mit wachsender Bedeutung Verfahren ins Blickfeld gerückt, bei denen man das Selbstorganisationsprinzip der Natur, wie wir es vom Kristallwachstum her kennen, einsetzt. Wenn man die rich-

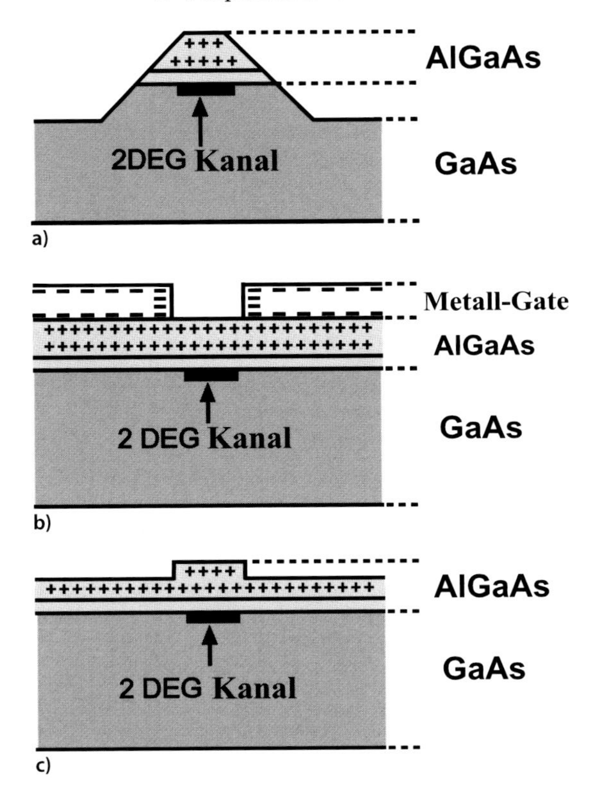

Abb. B.3a–c. Verfahren zur Definition enger, lateral begrenzter Bereiche eines 2-dimensionalen Elektronengases (2DEG), in dem 2D-Leitfähigkeit gegeben ist (0D-Quantenpunkt oder 1D-Leitfähigkeitskanal). **a** Lithographisch präparierte Mesa auf einer AlGaAs/GaAs-Heterostruktur. **b** Split-Gate Metallkontakte mit darunter liegender Verarmungsrandschicht eines Schottky-Kontaktes auf einer AlGaAs/GaAs-Heterostruktur. **c** Lokale Abdünnung der AlGaAs-Schicht verringert die Dichte der Donatoren und schiebt die Verarmungsrandschicht lokal in das 2DEG, d. h. bildet dort ein Barriere aus

tigen physikalischen und chemischen Voraussetzungen schafft, bilden sich Nanostrukturen von selbst aus, ohne den Einsatz komplexer und kostenintensiver Lithographietechniken (**bottom-up**-Ansatz).

Ein weites Feld ist die Selbstorganisation organisch-chemischer Nanopartikel und Fadenstrukturen, auf das hier nicht weiter eingegangen wird. Speziell für die Halbleiterphysik hat das epitaktische Wachstum von Halbleiterwhiskern (Halbleiter-Nanosäulen) enorme Bedeutung gewonnen. Deponiert man auf einem Halbleiter-Wafer metallische Tröpfchen mit Durchmessern von 10 – 100 nm, so wirken diese als Nuklationskeime und als Katalysatoren beim Kristallwachstum in der Epitaxie, sowohl in der MBE wie auch in der MOVPE. Bei der MOVPE bewirken diese metallischen Keime eine gesteigerte katalyti-

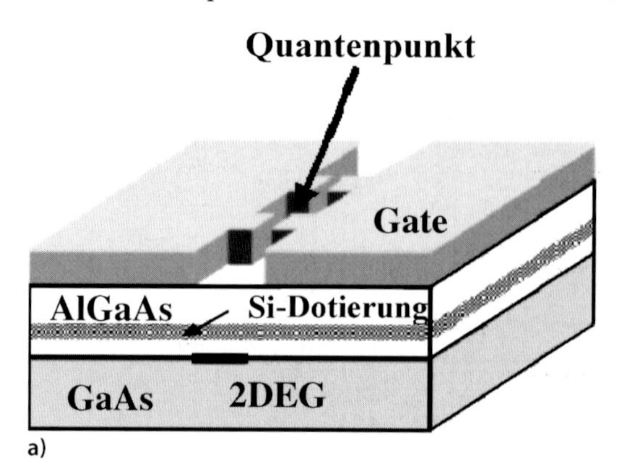

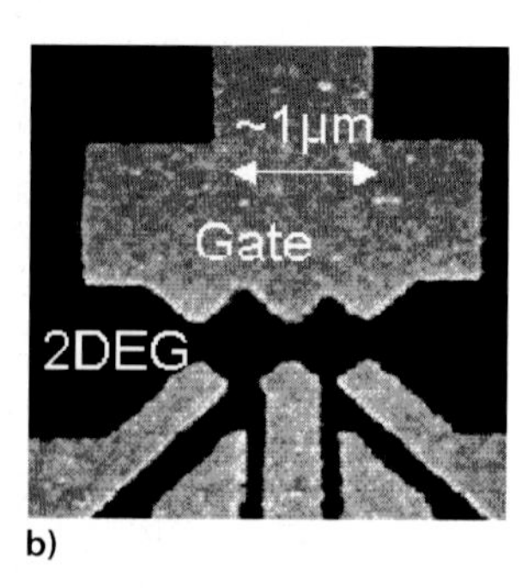

Abb. B.4a,b. Quantenpunkte in einem 2DEG in einer AlGaAs/GaAs-Heterostruktur, realisiert durch die Split-Gate-Technologie. **a** Schematische Darstellung der Erzeugung eines einzelnen Quantenpunktes durch metallische Gate-Elektroden. Die Si-Dotierung der AlGaAs-Schicht ist als eine Schichtdotierung eingezeichnet. **b** Rastertunnelmikroskopisches Bild einer Doppelquantenpunktstruktur im AlGaAs/GaAs-Materialsystem. Die beiden Quantenpunkte im darunter liegenden 2DEG werden durch eine Sägezahnstruktur des oberen metallischen Gates und der unten angeordneten verschiedenen Gate-Finger dargestellt

sche Zersetzung der gasförmigen Ausgangsmaterialien und lassen bei geeigneten Wachstumsparametern nur Wachstum an der Stelle des Metallkeims zu. Dies führt zu Whisker-Wachstum; 10 bis 100 nm dicke Nanosäulen wachsen bis zu Längen von Mikrometern und können nach Abtrennung vom Substrat und elektrischer Kontaktierung, meist mit lithographisch präparierten Metallkontakten (Abb. B.5b), zur Untersuchung von Quanteneffekten dienen.

Im Falle des MBE-Wachstums von Gruppe III-Nitriden (GaN, InN) reicht es schon, den MBE-Prozess unter stickstoffreichen Wachstumsbedingungen ablaufen zu lassen, um solche III-Nitrid-Whisker zu erzeugen; eine Vorbedeckung der GaN-Oberfläche mit Metallkeimen ist nicht erforderlich (Abb. B.5). Besonders interessant an diesem Whiskerwachstum ist die Tatsache, dass man während des Wachstums die Quellen in der MBE oder MOVPE umschalten kann und auf diese Weise in den Whiskern Schichtstrukturen erzeugen kann, genauso wie beim 2D-Schichtwachstum. Die gesamte Heterostrukturtechnologie der Halbleiter lässt sich auf Nanosäulen übertragen. Das ermöglicht die Herstellung von Quantenpunkten oder Resonanztunneldioden durch zwei Barrieren im Whisker schon beim Wachstum.

Denkt man an Anwendungen in der Quantenelektronik, dann wäre ein geordnetes Wachstum dieser Halbleiter-Nanosäulen, sowohl bezüglich ihrer Dicke und Länge als auch in ihrer räumlichen Anordnung wünschenswert. Dies kann man erreichen, indem man die Metallkeime mit einheitlicher Dicke an wohlbstimmten Plätzen deponiert.

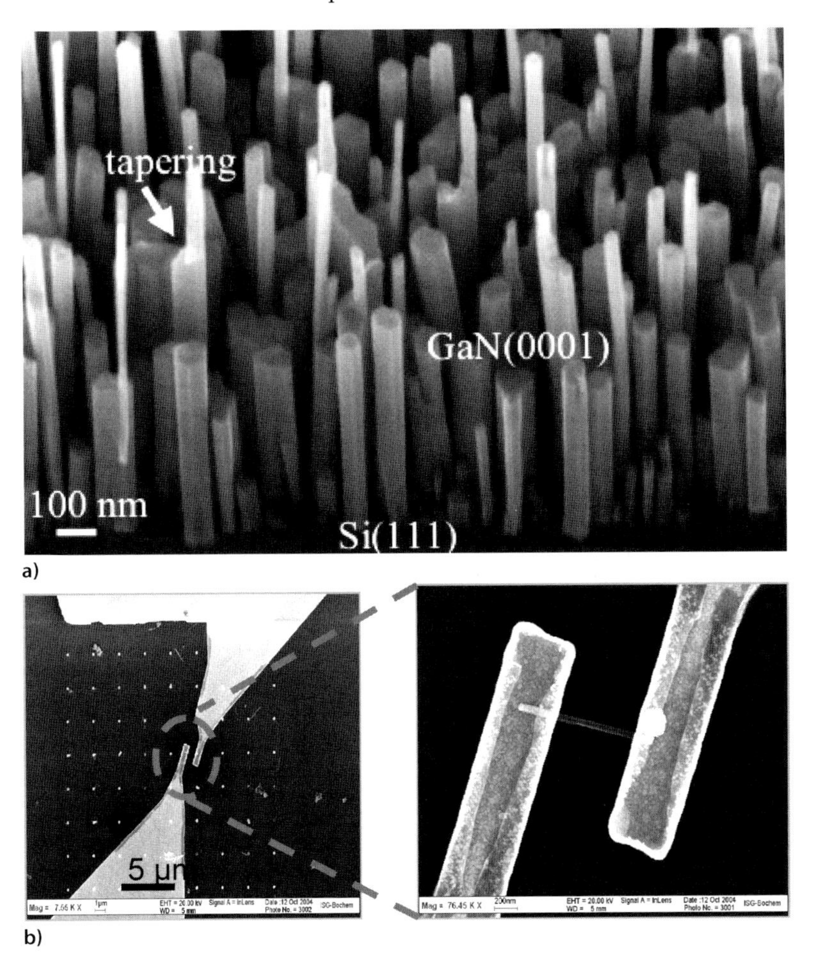

Abb. B.5a,b. GaN-Nanosäulen (Whisker) mit (0001)-Orientierung, die in der MBE auf einem Si(111)-Substrat unter stickstoffreichen Wachstumsbedingungen deponiert wurden. **a** Rasterelektronenmikroskopisches Bild der Whisker auf dem Substrat. Manche Whisker zeigen nach oben hin eine Verjüngung ihres Durchmessers (tapering). **b** Einzelner Whisker, deponiert auf einem oxidierten Si-Wafer mit lithographisch präparierten Metallkontakten zur Leitfähigkeitsmessung

Es hat sich aber auch ein geordnetes selektives Wachstum mittels vorher auf dem Wafer abgeschiedener Masken (Lithographie erforderlich) als erfolgreich herausgestellt. In Abb. B.6 ist als Beispiel das geordnete Wachstum von GaAs-Säulen auf GaAs(111) mit Durchmessern von etwa 100 nm dargestellt. Die Maske aus einem anorganischen Negativ-Photolack (HSQ = Hydrogen Silesquioxan) wurde mittels Elektronenstrahl-Lithographie hergestellt (Abb. B.6a). Die GaAs-Säulen wurden in der MOVPE mit den Ausgangs-

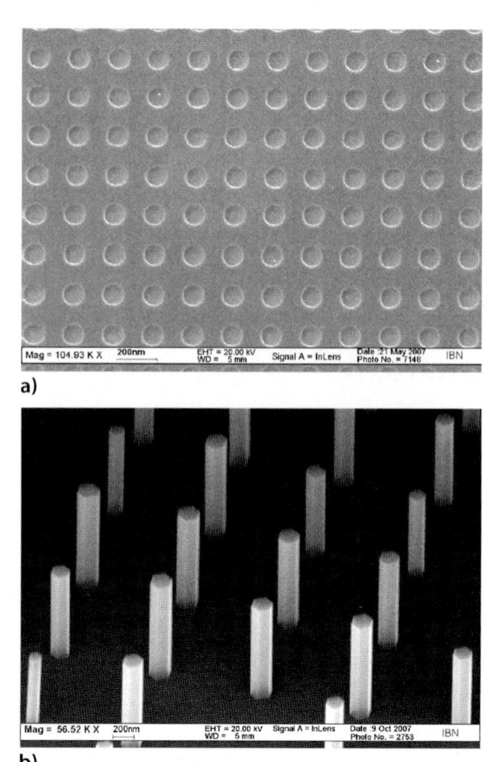

Abb. B.6a,b. Geordnetes selektives Wachstum von GaAs-Nanosäulen auf einem GaAs(111)-Wafer in der MOVPE. **a** Anorganische HSQ-Maske, lithographisch auf dem GaAs(111)-Wafer präpariert. In den 150 nm weiten Löchern scheint die freie GaAs-Oberfläche durch. **b** Die GaAs-Säulen wurden mit Wachstumstemperatur von 750 °C mit den Quellgasen AsH_3 und TMGa deponiert

materialien AsH_3 und TMGa bei einer Wachstumstemperatur von 750 °C hergestellt.

Es sei noch einmal betont, dass für die Herstellung dieser wohlgeordneten Säulen das in der MOVPE mögliche selektive Wachstum entscheidend ist, bei dem die nicht-reaktive Maskenoberfläche durch die fehlende Fähigkeit einer oberflächenkatalytischen Zersetzung der Ausgangsgase kein GaAs-Wachstum zulässt.

Das Wachstum von Halbleiter-Nanosäulen in MBE und MOVPE wurde mittlerweile für alle Halbleitersysteme, Si, SiGe, GaAs, InAs, GaN, InN, ZnO, ... gezeigt und lässt interessante neue Entwicklungen im Hinblick auf eine zukünftige Quantenelektronik erwarten.

Übungen

Übungen zu Kapitel 3

3.1 Ein Teilchen der Masse m sei in einem eindimensionalen Potentialkasten mit unendlich hohen Wänden eingesperrt. Man berechne für irgendeinen stationären Zustand die Orts- und Impulsunschärfe und zeige dass die Heisenbergsche Unschärferelation erfüllt ist.

3.2 Die Wellenfunktion $\psi(x)$ trage den mittleren Impuls $\langle p \rangle$. Man zeige, dass dann die Wellenfunktion $[\exp(\mathrm{i} p_0 x/\hbar)]\psi(x)$ den mittleren Impuls $\langle p \rangle + p_0$ hat.

3.3 Ein Elektron befinde sich in einem eindimensionalen rechteckigen Quantentopf der Breite L mit unendlich hohen „Energiewänden".

(a) Man gebe die Wellenfunktionen $\psi_1(x,t)$ und $\psi_2(x,t)$ des Grundzustandes und des ersten angeregten Zustandes sowie deren Energien an.

(b) Man berechne die Aufenthaltswahrscheinlichkeitsdichte des Überlagerungszustandes aus ψ_1 und ψ_2 sowie die mittlere Ortskoordinate $\langle x \rangle$ in diesem Zustand.

3.4 Man zeige, dass die Wellenfunktion

$$\psi\,(x,t) = A\,\mathrm{e}^{\mathrm{i}(kx-\omega t)} + B\,\mathrm{e}^{\mathrm{i}(-kx-\omega t)}$$

einen Teilchenfluss proportional zu $(A^2 - B^2)$ beschreibt.

3.5 Eine Wellenfunktion $\psi(x)$ sei an einer Stelle x_0 unstetig, d. h. sie mache einen Sprung von $\psi_1(x_0 - \varepsilon)$ nach $\psi_2(x_0 + \varepsilon)$ für $\varepsilon \to 0$. Man zeige, dass diese Unstetigkeit einen unendlichen Beitrag $\Delta\langle \hat{T} \rangle \to \infty$ zum Erwartungswert der kinetischen Energie $\hat{T} = \hbar^2 \hat{p}^2/2m$ verursacht.

3.6 Beim einfachsten Atom, dem des Wasserstoffs H, wird eine Elektron durch die Coulomb-Kraft $K = -\frac{1}{4\pi\varepsilon_0}\frac{e^2}{r^2}$ an den positiven Kern des Protons gebunden. Man stelle die Schrödinger-Gleichung für das Elektron im H-Atom auf und zeige, dass $\psi(r) = Ae^{-r/a_0}$ die Lösung für den Grundzustand darstellt. Wie groß ist die Bindungsenergie des Elektrons in diesem Grundzustand?

3.7 Ein Teilchen der Masse m sei in einem kubischen Kasten der Länge L auf einem quantisierten Zustand $\psi_n(r)$ eingesperrt.

Man berechne die Kraft $K = -\partial E/\partial L$, wenn die Wände des Kastens langsam nach innen verschoben werden. Dabei bleibe das Teilchen im gleichen Quantenzustand.
Man vergleiche mit dem klassischen Fall, dass ein Teilchen die Energie E_n habe. Man berechne dazu seine mittlere Geschwindigkeit und die Frequenz, mit der das Teilchen auf die Kastenwände stößt sowie den Impulsübertrag pro Stoß und daraus die mittlere Kraft.

3.8 Die Fermi-Energie E_F kann im freien Elektronengasmodell eines Metalls unter Berücksichtigung des Pauli-Prinzips (jeder elektronische Zustand kann nur von einem oder bei Spinentartung von zwei Elektronen besetzt sein) als die Energie definiert werden, bis zu der alle elektronischen Zustände vom energetischen Boden des Potentialtopfes her beginnend bei $T = 0\,\mathrm{K}$ besetzt sind.
Man bereche die Fermi-Wellenlänge λ_F der Elektronen an der Fermi-Kante als Funktion der Elektronenkonzentration für ein 3D, 2D, 1D-Elektronengas.

Übungen zu Kapitel 4

4.1 Man bilde die zu

$$\underline{\underline{M}} = \begin{pmatrix} 1 & 2 & 3 \\ 0 & 2 & 2 \\ 3 & 2 & 1 \end{pmatrix}$$

inverse Matrix $\underline{\underline{M}}^{-1}$ und zeige, dass dann gilt $\underline{\underline{M}}\,\underline{\underline{M}}^{-1} = \underline{\underline{1}}$.

4.2 Man bestimme die Eigenwerte und normierten Eigenvektoren der Matrix

$$\underline{\underline{M}} = \begin{pmatrix} 1 & 3 & 1 \\ 0 & 2 & 0 \\ 0 & 1 & 4 \end{pmatrix} .$$

Sind die Eigenvektoren orthogonal?

4.3 Man betrachte die Matrix

$$\underline{\underline{\Omega}} = \begin{pmatrix} \cos\varphi & \sin\varphi \\ -\sin\varphi & \cos\varphi \end{pmatrix} .$$

a) Man zeige, dass die Matrix unitär ist.
b) Man zeige, dass die Eigenwerte $e^{\mathrm{i}\varphi}$ und $\mathrm{e}^{-\mathrm{i}\varphi}$ sind.
c) Man berechne die entsprechenden Eigenvektoren und zeige, dass sie orthogonal zueinander sind.

4.4 Man beweise die Kommutatorbeziehungen

$$\left[\hat{A},\hat{B}\right]+\left[\hat{B},\hat{A}\right]=0$$
$$\left[\hat{A},\hat{B}+\hat{C}\right]=\left[\hat{A},\hat{B}\right]+\left[\hat{A},\hat{C}\right]$$
$$\left[\hat{A},\hat{B}\hat{C}\right]=\left[\hat{A},\hat{B}\right]\hat{C}+\hat{B}\left[\hat{A},\hat{C}\right]$$
$$\left[\hat{A},\left[\hat{B},\hat{C}\right]\right]+\left[\hat{C},\left[\hat{A},\hat{B}\right]\right]+\left[\hat{B},\left[\hat{C},\hat{A}\right]\right]=0$$

4.5 Man zeige, dass für die δ-Funktion gilt:

$$\delta\left(cx\right)=\frac{1}{|c|}\delta\left(x\right)\ ;\quad c\neq o\,,\ \text{reell}\,.$$

4.6 Man zeige, dass der Operator $(\alpha+\hat{b}^{+})$ angewendet auf einen Zustand des harmonischen Oszillators einen Überlagerungszustand zweier Zustände erzeugt. α ist eine normale C-Zahl.

4.7 Man zeige mittels partieller Integration, dass der Impulsoperator $\hat{p}_x = -\mathrm{i}\hbar\partial/\partial x$ hermitesch ist, d. h. dass gilt

$$\int\psi^{*}\hat{p}\varphi\,\mathrm{d}x=\left(\int\varphi^{*}\hat{p}\psi\,\mathrm{d}x\right)^{*}\,.$$

a) Welche Bedingung muss man für $x\rightarrow\pm\infty$ an die Wellenfunktion stellen?

b) Man zeige, dass in Kugelkoordinaten der Operator $-\mathrm{i}\hbar\partial/\partial r$ nicht hermitesch ist, dass deshalb der Impulsoperator in Kugelkoordinaten die Gestalt $\hat{p}_r=-\mathrm{i}\hbar\frac{1}{r}\frac{\partial}{\partial r}r$ haben muss, um hermitesch zu sein.

4.8 Man löse die Schrödinger-Gleichung für ein negatives bindendes δ-Potential $V(x)=-a\delta(x)$, indem man sie um den Wert Null herum integriert und nach einem bindenden Zustand mit $\psi(\pm x)\rightarrow 0$ für $x\rightarrow\infty$ und $x\rightarrow-\infty$ suche.

4.9 Man beweise das Ehrenfest-Theorem

$$\frac{\mathrm{d}}{\mathrm{d}t}\left\langle\Omega\right\rangle=-\frac{i}{\hbar}\left\langle\left[\hat{\Omega},\hat{H}\right]\right\rangle$$

für die zeitliche Änderung des Erwartungswertes $\langle\Omega\rangle$ eines Operators $\hat{\Omega}$, der wie der Hamilton-Operator $\hat{H}$ nicht von der Zeit explizit abhängt. Dazu betrachte man im Einzelnen die Zeitableitung

$$\frac{\mathrm{d}}{\mathrm{d}t}\left\langle\Omega\right\rangle=\frac{\mathrm{d}}{\mathrm{d}t}\left\langle\psi\left|\hat{\Omega}\right|\psi\right\rangle$$

und benutze für $\langle\dot{\psi}|$ und $|\dot{\psi}\rangle$ die Schrödinger-Gleichung.
Man zeige weiter, dass die klassische Beziehung $\dot{x}=p/m$ für die Mittelwerte von Ort $\langle x\rangle$ und Impuls $\langle p\rangle$ gilt.

Übungen zu Kapitel 5

5.1 Man beweise einige interessante Eigenschaften der Pauli-Spinoperatoren $\hat{\sigma}_i$

a) $[\hat{\sigma}_i, \hat{\sigma}_j]_+ = \hat{\sigma}_i\hat{\sigma}_j + \hat{\sigma}_j\hat{\sigma}_i = 0$ für $i \neq j$. Man bezeichnet diesen Operator als Antikommutator, er spielt eine wichtige Rolle bei der Quantisierung von Fermionenfeldern (Abschn. 8.3.1)

b) $\hat{\sigma}_i^2 = \hat{1}$

c) $[\hat{\sigma}_i, \hat{\sigma}_j]_+ = 2\delta_{ij}\hat{1}$

d) $(\mathbf{a} \cdot \hat{\boldsymbol{\sigma}})(\mathbf{b} \cdot \hat{\boldsymbol{\sigma}}) = \mathbf{a} \cdot \mathbf{b}\hat{1} + i(\mathbf{a} \times \mathbf{b}) \cdot \hat{\boldsymbol{\sigma}}$ mit $\mathbf{a}$ und $\mathbf{b}$ als beliebigen 3D-Vektoren.

5.2 Ein Strahl von Fermionen (Spin $\frac{1}{2}$-Teilchen) passiere längs der y-Achse zwei kollineare Stern-Gerlach (SG) Apparaturen, die eine Aufspaltung in zwei Strahlen mit entgegengesetzter Spineinstellung bewirken. In beiden SG-Apparaturen sei der untere resultierende Strahl blockiert. Im ersten SG-Apparat sei das **B**-Feld in z-Richtung, im zweiten SG-Apparat in x-Richtung orientiert.
Welcher Bruchteil von Teilchen, die den ersten SG-Apparat passiert haben, wird hinter dem zweiten SG-Apparat nachgewiesen.

5.3 Man beweise, dass der Operator $\delta\mathbf{s} \cdot \hat{\mathbf{p}}$ mit $\hat{\mathbf{p}}$ als Impulsoperator eine infinitesimale Verschiebung der Wellenfunktion um $\delta\mathbf{s}$ bewirkt. Man betrachte dazu die Beziehung

$$\left\langle x, y \left| \hat{1} - \frac{i}{\hbar}\delta\mathbf{s} \cdot \hat{\mathbf{p}} \right| \psi \right\rangle = \psi\left(x - \delta s_x, y - \delta s_y\right)$$

5.4 Zur Zeit $t = 0$ sei ein Elektron im Spinzustand $s_z = \hbar/2$. Wie viel Zeit braucht ein Spin-Umklapp-Prozess nach Anschalten eines zeitlich konstanten Magnetfeldes von 0,1 Tesla?

5.5 Ein He-Atom sei ionisiert zu He^+, ihm fehle also ein Elektron. Man schätze die Energiedifferenz zwischen Grundzustand und 1. angeregtem Zustand für das verbliebene Elektron. Im Wasserstoffatom beträgt die Grundzustandsbindungsenergie 13,6 eV.

5.6 Man berechne für ein 2D-Elektronengas die Fermi-Energie E_F, wenn die 2D-Dichte der Elektronen (Abschn. 3.6.1) $n = 10^{12}\,\mathrm{cm}^{-2}$ beträgt. Wie groß ist die de Broglie-Wellenlänge eines Elektrons bei der Fermi-Energie?

5.7 Man betrachte wie in Abschn. 5.7.3 einen eindimensionalen leitenden Ring mit Radius r_0.

a) Man beweise, dass die stationären Eigenlösungen für ein Elektron in diesem Ring die Gestalt $\psi(\varphi) = \frac{1}{\sqrt{2\pi r_0}}e^{im\varphi}$ haben, mit m als Drehimpuls-Richtungsquantenzahl.

b) Man berechne den Strom in diesem Ring als Funktion von φ bei verschwindender Temperatur und vergleiche mit dem klassischen Ausdruck für ein im Ring kreisendes Elektron.

Übungen zu Kapitel 6

6.1 Man löse die Schrödinger-Gleichung für ein Elektron, das in einem zweidimensionalen, rechteckigen Potentialkasten der Länge L eingesperrt ist. Man ermittle Energieeigenwerte und Wellenfunktionen (Zustände). Jetzt werde eine kleine Störung $v = ay$ eingeschaltet (a konstant). Wie ändern sich die Energien des Grundzustandes und des ersten angeregten Zustandes?

6.2 Ein Elektron sei in ein eindimensionales Dreieckspotential der Form $V = C|x|$ eingesperrt. Man berechne näherungsweise die Energien des Grundzustandes und des ersten angeregten Zustandes. Hierzu benutze man das Variationsverfahren mittels einer vernünftig erratenen Versuchfunktion mit einem Anpassparameter.

6.3 Mittels der Bornschen Näherung berechne man den differentiellen Streuquerschnitt für die Streuung eines Elektrons an der kugelsymmetrischen Ladungsverteilung $\rho(r)$ eines Atoms. Das Ergebnis soll dargestellt werden durch den (Rutherford) Streuquerschnitt an einer Punktladung und einen Formfaktor f als Funktion des Wellenzahlübertrages K. Man vergleiche $f(K)$ für den Fall einer homogenen Ladungsverteilung $\rho(r) = \text{const}$ für $r \leq R$ und einer Gauß-Ladungsverteilung $\rho(r)$ mit der gleichen Halbwertsbreite R.

6.4 Man zeige, dass bei Streuung an einem kugelsymmetrischen Potential $V(r)$ die Streuamplitude $f(\vartheta, \phi)$ (6.211) für niedrige Teilchenenergien ($k \to 0$), d. h. Wellenzahlüberträge $K = 2k \sin(\vartheta/2) \to 0$, sich schreiben lässt als

$$f(\vartheta) \simeq -\frac{mV_0 r_0^3}{\hbar^2}$$

wo V_0 eine effektive Höhe und r_0 eine effektive Reichweite des Streupotentials darstellen. Die Streuung ist also weitgehend isotrop, d. h. unabhängig von ϑ.

6.5 Man zeige, dass bei Streuung an einem kugelsymmetrischen Potential $V(r)$ die Streuamplitude $f(\vartheta, \phi)$ (6.211) für hohe Teilchenenergien nur Beträge liefert, wenn gilt

$$Kr' \cos \vartheta' = Kr'\xi < \pi \; .$$

Dazu betrachte man den oszillierenden Term $\exp(\mathrm{i}Kr'\xi)$ in (6.211) und folgere, dass die Streuamplitude nur merkliche Beiträge in Vorwärtsrichtung innerhalb eines Winkelbereiches $\vartheta < 1/kr_0$ liefert. r_0 ist die effektive Reichweite des Streupotentials.

Übungen zu Kapitel 7

7.1 Der hermitesche Operator $\hat{A}$, ausgedrückt durch die entsprechende Matrix $\underline{\underline{A}}$ habe die Eigenwerte $\lambda_1, \lambda_2, \lambda_3, \ldots, \lambda_n$.

a) Man beweise für den Fall eines zweidimensionalen Hilbert-Raumes (Spin):

$$\begin{aligned} \mathrm{Sp}\,\underline{\underline{A}} &= \lambda_1 + \lambda_2 \\ \mathrm{Det}\,\underline{\underline{A}} &= \lambda_1 \lambda_2 \end{aligned}$$

b) Man beweise die Spur- und Determinantenbeziehungen in a) für einen n-dimensionalen Hilbert-Raum

7.2 Man zeige, dass die Dichtematrix eines Ensembles von Spins (mit $\frac{1}{2}\hbar$), realisiert durch ein Ensemble von Fermionen, geschrieben werden kann als

$$\hat{\rho} = \frac{1}{2}\left(\hat{1} + \mathbf{a} \cdot \hat{\boldsymbol{\sigma}}\right) ,$$

wo $\mathbf{a}$ ein normaler 3D-Vektor ist.
Weiter beweise man, dass $\mathbf{a}$ der mittleren Spinpolarisation $\langle \sigma \rangle$ entspricht.
Benutze, dass jede 2×2 Matrix als Linearkombination von $\underline{\underline{1}}$ und den Pauli-Matrizen dargestellt werden kann.

7.3 Man zeige mithilfe von Übung 7.2, dass der in (7.22) benutzte Operator $\hat{O}_A(\alpha)\hat{O}_B(\beta)$, definiert durch (7.21), den Operator für eine Korrelation zwischen Messergebnissen Spinorientierung α bei „Alice" und Spinorientierung β bei „Bob" im Falle der Emission zweier antikorrelierter Spin $\frac{1}{2}$-Teilchen in entgegengesetzte Richtung darstellt (Abb. 7.5).

7.4 Man zeige mithilfe der Schrödinger-Gleichung

$$\mathrm{i}\hbar\frac{\partial}{\partial t}\,|\psi\rangle = \hat{H}\,|\psi\rangle$$

dass für die Dichtematrix $\hat{\rho}$, sowohl im Falle reiner Zustände (7.48) wie auch gemischter Zustände (7.45) eine Zeitentwicklung gemäß

$$\frac{\partial}{\partial t}\hat{\rho}\,(t) = -\frac{i}{\hbar}\left[\hat{H}, \hat{\rho}\right]$$

folgt. Man beachte, dass das Ergebnis (von Neumann-Gleichung) der Heisenbergschen Bewegungsgleichung für Operatoren (4.104) bis auf ein Vorzeichen gleicht!

7.5 Die Zeitentwicklung eines Zustandes kann mittels des unitären Propagators $\hat{U}$ (4.96) dargestellt werden als

$$|\psi\,(t)\rangle = \hat{U}\,|\psi\,(o)\rangle \ .$$

Man beweise, dass sich mittels dieses Propagators $\hat{U}$ die Zeitentwicklung der Dichtematrix ergibt zu

$$\hat{\rho}(t) = \hat{U}\hat{\rho}(o)\,\hat{U}^{+} \ .$$

7.6 Nach John von Neumann lässt sich die Entropie (Operator) eines quantenmechanischen Systems durch seine Dichtematrix $\hat{\rho}$ wie folgt darstellen.

$$\hat{S} = -kSp\,(\hat{\rho}ln\hat{\rho}) \ .$$

a) Man berechne die mittlere Entropie $\langle\psi|\hat{S}|\psi\rangle$ für den Quantenbit-Zustand

$$|\psi\rangle = a\,|o\rangle + b\,|1\rangle \ ,$$

wo $|o\rangle$ und $|1\rangle$ entweder durch Spinzustände $|\uparrow\rangle$, $|\downarrow\rangle$ oder durch Grund- und Anregungszustand $|g\rangle$, $|e\rangle$ eines 2-Niveau-Atoms realisiert werden.

b) Man zeige, dass bei der Zeitentwicklung eines reinen Zustandes, z. B. des Quantenbits $|\psi\rangle$ in a) durch einen unitären Propagator $\hat{U}$ (4.96) die Entropie S sich nicht ändert:

$$\frac{\partial}{\partial t}\hat{S} = 0 \ .$$

Reine Zustände entwickeln sich in der Zeit reversibel, eine Bedingung für die Prozessierung von Quantenbits in Quantenrechnern.

c) Durch Messung am Quantenbit-Zustand $|\psi\rangle$ in a) geht dieser in einen gemischten Zustand mit der Dichtematrix $\hat{\rho} = |a|^2|0\rangle\langle 0| + |b|^2|1\rangle\langle 1|$ über. (Beweis!) Man zeige, dass sich dabei die Entropie von Null auf den Wert

$$S = -k\left(|a|^2\,ln\,|a|^2 + |b|^2\,ln\,|b|^2\right)$$

verändert hat.

7.7 In der Quanteninformation spielt die Hadamard-Transformation, realisiert durch einen Quantengate-Operator $\hat{G}_H$ eine wichtige Rolle. Der Operator $\hat{G}_H$ ist definiert durch seine Wirkung auf ein 2-Niveau-System wie folgt:

$$\hat{G}_H\,|0\rangle = \frac{1}{\sqrt{2}}\left(|0\rangle + |1\rangle\right) \ ; \quad \hat{G}_H\,|1\rangle = \frac{1}{\sqrt{2}}\left(|0\rangle - |1\rangle\right) \ .$$

Man untersuche die Wirkung von $\hat{G}_H$ auf einen verschränkten Zweiteilchenzustand

$$|\psi\rangle = \frac{1}{\sqrt{2}}\left(|0\rangle_A\,|1\rangle_B + |1\rangle_A\,|0\rangle_B\right) \ ,$$

wie er zur Überprüfung der Bellschen Ungleichungen (Abschn. 7.2.1) benutzt wird.

Man zeige, dass der resultierende Zustand wiederum verschränkt ist.

Übungen zu Kapitel 8

8.1 Ein geschlossener widerstandsloser elektrischer Oszillatorkreis bestehe aus einer Kapazität C und einer Induktivität L in Serie.

a) Man stelle die Schwingungsgleichung für die Ladung Q auf und ermittle die Resonanzfrequenz zu $\omega = (\mathrm{LC})^{-1/2}$

b) Mit $\Phi_B = \mathrm{LI}$ als magnetischem Fluss in der Induktivität und $Q = \mathrm{CU}$ als der in der Kapazität gespeicherten Ladung berechne man die gesamte im Oszillator gespeicherte Energie (Hamilton-Funktion).

c) Man quantisiere den Oszillator, indem man entsprechend zu $\hat{x}$ und $\hat{p}$ beim mechanischen Oszillator konjugierte Variable herausfinde und die entsprechenden Operatoren einer Vertauschungsrelation analog zu $[\hat{p}, \hat{x}] = -\mathrm{i}\hbar$ unterwerfe.

d) Welche Größen des Oszillators können nicht gleichzeitig beliebig genau gemessen werden und wie groß ist die minimale im Oszillator gespeicherte Energie?

8.2 Der Gesamtteilchenzahl-Operator (8.147) schreibt sich als

$$\hat{N} = \int \mathrm{d}^3 r \hat{\psi}^+ (\mathbf{r}) \, \hat{\psi} (\mathbf{r}) \; .$$

Man zeige für Bosonen- und Fermionenfelder die Beziehung

$$\hat{\psi} (\mathbf{r}) \, \hat{N} = \left(\hat{N} + 1 \right) \hat{\psi} (\mathbf{r}) \; .$$

8.3 **Jordan-Wigner-Matrizen**

a) Man zeige, dass sich die fermionischen Antivertauschungsrelationen (8.127) für Erzeuger- und Vernichteroperatoren durch die sogenannten Jordan-Wigner-Matrizen (JW-Matrizen)

$$\hat{a}^+ = \frac{1}{2} \left(\hat{\sigma}_x + i \hat{\sigma}_y \right) \quad \text{und} \quad \hat{a} = \frac{1}{2} \left(\hat{\sigma}_x - i \hat{\sigma}_y \right)$$

erfüllen lassen, wo $\hat{\sigma}_x$ und $\hat{\sigma}_y$ die Pauli-Spinmatrizen (5.116) sind. In dieser Darstellung wird die Besetzung eines Einelektronenzustandes dargestellt durch

$$|1\rangle = \begin{pmatrix} 1 \\ 0 \end{pmatrix} , \quad |0\rangle = \begin{pmatrix} 0 \\ 1 \end{pmatrix} \; .$$

b) Mehrteilchenzustände verlangen eine Indizierung der JW-Matrizen mit $i = (\mathbf{k}, s)$ als Wellenvektor und Spinquantenzahl

$$|\Phi\rangle = \hat{a}_1^+ \hat{a}_2^+, \ldots, \hat{a}_i^+, \ldots, \hat{a}_N^+ \, |0\rangle \; .$$

Man stelle die Eigenwertwertgleichung für den Teilchenzahloperator $\hat{N}$ (8.138) auf und berechne mittels des JW-Matrizenformalismus den Eigenwert.

c) Man beweise mittels des JW-Matrizenformalismus die Antisymmetrie eines fermionischen Zweiteilchenzustandes.
d) Man schreibe die Vielteilchenwellenfunktion eines Fermi-Sees freier Elektronen hin, in dem alle elektronischen Zustände unterhalb des Fermi-Wellenvektors k_F besetzt und alle Zustände oberhalb leer sind.

8.4 **Vielteilchen-Matrixelemente**

a) Mit Hilfe der fermionischen Antivertauschungsrelationen für Elektronen (8.127) beweise man für das Matrixelement (8.170a)

$$\langle 0|\, \hat{a}_N, \ldots, \hat{a}_2\hat{a}_1 \left|\hat{a}_i^+\hat{a}_j\right| \hat{a}_1^+\hat{a}_2^+, \ldots, \hat{a}_N^+\, |0\rangle = \begin{cases} \delta_{ij} & \text{falls } j = 1, 2, \ldots, N \\ 0 & \text{sonst .} \end{cases}$$

Man beachte, dass $\hat{a}_j$ auf einen unbesetzten Zustand nicht wirkt, durch das Operatorenprodukt durchgezogen werden kann und dann unmittelbar auf $|0\rangle$ wirkt und Null ergibt. Weiterhin sind Zustände mit verschiedenen Elektronenbesetzungen zueinander orthogonal.

b) In analoger Weise zeige man für das Matrixelement (8.170b)

$$\langle 0|\, \hat{a}_N, \ldots, \hat{a}_2\hat{a}_1 \left|\hat{a}_i^+\hat{a}_k^+\hat{a}_j\hat{a}_l\right| \hat{a}_1^+\hat{a}_2^+, \ldots, \hat{a}_N^+\, |0\rangle$$
$$= \begin{cases} \delta_{il}\delta_{kj} & \text{für } i \neq k,\ l \neq j;\ i = 1, 2, \ldots, N,\ k = 1, 2, \ldots, N \\ 0 & \text{sonst} \end{cases}$$

Hilfe: Man mache sich die Rechenschritte klar, indem man in a) und in b) zuerst einmal Zustände mit 1, 2, 3 bzw. 4 Elektronen betrachtet, d. h. etwa $\hat{a}_1^+\hat{a}_2^+|0\rangle$ oder $\hat{a}_1^+\hat{a}_2^+\hat{a}_3^+|0\rangle$.

8.5 Man zeige an der einatomigen linearen Kette mit N Atomen, dass für eine angeregte Gitterschwingung (8.203) der mechanische Gesamtimpuls aller schwingenden Atome verschwindet. Man diskutiere das Ergebnis im Zusammenhang mit dem Phonon-Quasiimpuls $\hbar\kappa$ (κ ist Wellenzahl).

8.6 Mit Hilfe der Phonon-Erzeugungs- und Vernichtungsoperatoren $\hat{c}_\kappa^+, \hat{c}_\kappa$ zeige man, dass für die Teilchenzahlen und Teilchenzahloperatoren gilt

$$\hat{n}_\kappa = \hat{n}_{-\kappa} \quad \text{bzw.} \quad n_\kappa = n_{-\kappa}$$

Sachverzeichnis

Druck: Krips bv, Meppel, Niederlande
Verarbeitung: Stürtz, Würzburg, Deutschland